现代物理基础丛书 55

# 物理学中的数学方法

王怀玉 著

科学出版社
北京

## 内 容 简 介

本书介绍了物理学科研工作所需的数学知识和相应的数学基础，包括10章内容，分别是变分法、希尔伯特空间、二阶线性常微分方程、贝塞尔函数、狄拉克$\delta$函数、格林函数、范数、积分方程、数论在物理逆问题中的应用和任意维空间的基本方程. 本书内容与本科阶段已经学过的数理方法衔接，并尽可能地反映最新的科研成果. 本书对概念的说明与公式的推导力求详尽全面，内容叙述清楚，便于读者学习. 各章末尾大量的习题有助于读者巩固和扩展正文中学到的知识内容.

本书可作为大学物理系和理工科各专业的本科高年级学生和研究生的教材或参考书，也可供高校教师和科研人员参考.

**图书在版编目(CIP)数据**

物理学中的数学方法/王怀玉著. —北京：科学出版社，2013
(现代物理基础丛书；55)
ISBN 978-7-03-036788-4
Ⅰ. ①物… Ⅱ. ①王… Ⅲ. ①数学物理方法 Ⅳ. ①O411.1
中国版本图书馆 CIP 数据核字 (2013) 第 037407 号

责任编辑：钱 俊 鲁永芳／责任校对：李 影
责任印制：赵 博／封面设计：陈 敬

科学出版社出版
北京东黄城根北街 16 号
邮政编码：100717
http://www.sciencep.com
中煤（北京）印务有限公司印刷
科学出版社发行 各地新华书店经销
*
2013 年 3 月第 一 版 开本：B5(720×1000)
2024 年 9 月第十一次印刷 印张：39 1/4
字数：769 000

**定价：168.00 元**

(如有印装质量问题，我社负责调换)

# 《现代物理基础丛书》编委会

# 前　言

本书主要是为非数学专业的理工科高年级大学生、研究生和科研工作者编写的.

本书以作者历年来为物理系研究生讲授《物理学中的数学方法》课程的讲稿为基础写作. 在写作过程中, 作者尽力使本书能够面向理工科的本科高年级学生和研究生, 即对物理系和非物理系都适用, 也尽量使本书可以作为科研工作者的参考书.

作者假定, 读者已经学习了线性代数、复变函数和数学物理方法等基本内容, 作者称之为前接内容. 作者在授课过程中了解到, 来自不同高校的学生所学过的前接内容不尽相同, 并且不同学生对前接内容的掌握程度也参差有别. 因此, 作者在写作本书时特别注意与前接内容的衔接, 让读者带有回顾性地进入本书内容, 希望使读者学习起来感到轻松一些. 只有最后 4 章完全是新的内容. 本书的内容也尽量兼顾到教学过程中学生提出的问题. 对于举例中涉及的物理方面的内容, 作者假定读者已经了解普通物理、理论力学、电动力学和量子力学的基本知识.

对与数学相关的基础理论, 作者叙述时注重逻辑的严密性和条理性, 同时尽量做到浅显易懂. 作者力图把一些基本概念及其相互之间的关系讲清楚. 对于公式, 尽可能给出较为详细的推导过程. 凡是篇幅过长的证明, 或者所需要的知识内容超出本书的范围的证明, 一般都省略其过程. 本书涉及的数学比较宽泛, 但是不包括群论的内容, 因为已经有一些专门论述群论及其应用的基础理论读物.

本书引用了一些物理学中的例子, 并尽量吸纳一些最新的研究成果, 包括一些作者自己的科研成果.

本书前 8 章中的绝大部分内容是教科书上已经比较成熟的内容. 不过, 作者认为有必要用更有条理的方式重新叙述, 使读者更容易理解掌握. 尽量把知识点讲清楚. 例如, 对于伴随微分方程的内容, 一些英文的教科书和文献有所涉及, 但是作者认为讲得还不够清楚. 因此, 作者在第 2、3、6 章中, 补充了这方面的内容. 这样, 就构成了对伴随微分方程的全面叙述. 作者自认为, 本书把这方面的内容讲清楚了. 又如, 将格林函数的镜像法的原理做了介绍. 这样, 读者在实际应用时就不是光靠猜想来得到镜像点了.

最后两章是力图既介绍数学的基础知识, 又是将有关的新的科研进展反映到教科书中的一个尝试.

第 9 章介绍数论的基础知识及其在物理学与材料学等方面的应用. 这方面的应用是中国人的首创. 作者认为应该把这一巧妙的方法介绍给大家. 这一章的数

学基础相对简单, 却能够给出有用且比较普遍的结果. 在比较基础的教科书中, 鲜见中国人的如此经典而又系统的工作. 增添的这一章内容, 应该是这方面的一种弥补.

第 10 章介绍了任意维空间的一些基本的方程. 现代物理学的研究已不仅限于人们生活的三维实空间和一维时间, 而且也不限于欧几里得空间. 本书力图以求解二阶常微分方程作为起点, 引入关于任意维空间的一些基本知识. 利用连带盖根鲍尔方程及其解连带盖根鲍尔多项式, 使我们清楚地了解了任意维欧几里得空间中角动量量子数的取值和投影关系. 作者还运用了赝球坐标系的概念. 尽管是在讨论欧几里得空间时引入的, 但是显然, 对于某些非欧几里得空间的讨论也是非常有用的. 作者以最浅显的语言, 引入了度规张量的概念, 可以不需要借助对称性也就是群论的语言. 以这样一种方式, 作者认为是易于让初学者接受的. 最后, 还针对正在进行研究的德西特空间质量问题的物理含义从几何的角度给出一种解释.

作者首先要感谢陈难先院士. 第 9 章介绍的数论在物理学中的应用都来自于陈先生的原创性工作. 承蒙陈先生在他的专著出版之前就让作者阅读手稿. 作者同时要感谢陈先生的博士生龙遥、蔡进、赵寒月和研究组的申江教授的讨论. 作者也要感谢王崇愚院士给予的指导和帮助.

作者还要感谢以下各位教授: 清华大学物理系的朱嘉麟, 首都师范大学物理系的周云松, 北京大学物理系的荀坤和韩汝珊, 山东大学物理系的仝殿民和郑雨军, 湖南大学物理系的余亚斌, 北京师范大学物理系的周彬. 多年来他们与作者在数学和物理方面的许多讨论和对作者的各种帮助使作者受益匪浅, 尤其是在写作第 10 章时, 与周彬有过仔细的讨论. 作者感谢中山大学物理系李超博士后的有益讨论.

作者还要感谢家人苗青、苗卉、苗寄春和王念慈的长期支持和帮助.

最后, 作者要特别感谢陆修崑老师. 作者就读常州戚墅堰中学时, 他是作者的数学老师. 回想起 1972 年, 作者还在读初二时, 陆老师就主动借了一本微积分的教科书让作者学习, 并且及时答疑, 这使得作者能够在那样的年代里就比较早地接触到高等数学的一些知识. 此外, 从陆老师借给作者的其他书籍和直接的传授中, 作者还学到一些不列入当时的数学教科书范围的内容. 而且, 作者在中学度过的四年半的时间里, 陆老师自始至终担任作者所在班级的班主任. 因此, 陆老师除了传授知识, 也和全班同学建立了深厚的师生情谊. 自 1975 年中学毕业后至今, 尽管辗转各地, 作者与陆老师的联系未曾中断, 不断地在与陆老师的交流中受到教益. 本书也是作者作为学生向陆老师的一个汇报.

感谢科学出版社的钱俊编辑为出版本书而做的大量工作.

写作本书时, 涉及的有些科研工作得到国家自然科学基金 (课题编号 61275028 和 11074145) 和国家重大科学研究计划 (课题号 2012CB927402) 的资助, 在此一并感谢. 作者还要感谢薛其坤院士为出版本书提供的大力支持.

书中内容如有疏漏或者不当之处, 欢迎读者批评指正.

王怀玉

2012 年 3 月谨识于清华园

# 目　　录

# 第1章　变　分　法

变分法是数学物理中的一种重要方法, 它研究某类特殊的变量 —— 泛函的极大值和极小值问题. 这里所讨论的只是变分法的一些最基本的内容以及一些应用.

## 1.1　泛函和泛函的极值问题

### 1.1.1　泛函的概念

下面先从几个最简单的例子引进泛函的概念.

**例 1**　设已给 $x$ 轴上两点 $x=x_0$ 和 $x=x_1$, $y=y(x)$ 是定义在区间 $[x_0,x_1]$ 上的有连续一阶导数的函数, 则曲线 $y=y(x)$ 的长为

$$l[y(x)]=\int_{x_0}^{x_1}\sqrt{1+y'^2}\mathrm{d}x \tag{1.1.1}$$

当函数 $y(x)$ 改变成另一函数 $y_1(x)$ 时, $l[y(x)]$ 也随之改变成代表函数 $y_1(x)$ 的曲线在 $[x_0,x_1]$ 上的弧长 $l[y_1(x)]$. 这就是说, 由式 (1.1.1) 定义的变量 $l$ 依赖于"整个函数" $y(x)$.

**定义 1**　具有某种共同性质的函数集, 称为**函数类**.

例如, 把在区间 $[x_0,x_1]$ 上连续的函数的集合记为 $C[x_0,x_1]$. 把在区间 $[x_0,x_1]$ 上有连续一阶导数的函数称为在 $[x_0,x_1]$ 上的 $C_1$ 类函数, 这类函数的集合记为 $C_1[x_0,x_1]$. 以此类推, 把在区间 $[x_0,x_1]$ 上有连续 $n$ 阶导数的函数称为此区间上的 $C_n$ 类函数, 这类函数的集合记为 $C_n[x_0,x_1]$. 如果一个函数 $y(x)$ 在区间 $[x_0,x_1]$ 上 $n$ 次连续可导, 它就属于 $C_n[x_0,x_1]$, 简记为 $y(x)\in C_n$. 这一记号也用于多元函数, 如 $z(x,y)\in C_2(D)$, 就意味着函数 $z(x,y)$ 在域 $D$ 上有连续的二阶偏导数.

**例 2**　设 $D$ 是平面上的已给区域, 函数 $z(x,y)\in C_1(D)$, 那么与之相应的曲面面积为

$$S[z(x,y)]=\iint\limits_D\sqrt{1+z'^2_x+z'^2_y}\mathrm{d}x\mathrm{d}y \tag{1.1.2}$$

显然, 变量 $S$ 也是依赖于"整个函数" $z(x,y)$ 的.

现在引进**泛函**的概念.

**定义 2**　设 $R$ 是一数域, 设 $Y$ 是已给定的某函数集, 这一集合记为 $\{y(x)\}$, 如果对于 $Y$ 中的每一个函数 $y(x)$, 有变量 $J\in R$ 的值与之对应, 那么就说变量 $J$ 是

函数 $y(x)$ 的**泛函**, 记为 $J=J[y(x)]$, 而此函数集称为泛函 $J[y(x)]$ 的**定义域**, 有时也称为泛函的**容许函数**. 简言之, 泛函是函数集 $Y$ 到数域 $R$ 上的一个映射, 映射的自变元是一个函数, 而属于 $Y$ 的每一个函数 $y(x)$ 称为容许函数. 读者不难自己类似地给出依赖于多个函数的泛函的定义.

按此定义, 积分式 (1.1.1) 和式 (1.1.2) 分别是在 $C_1[x_0,x_1]$ 和 $C_1(D)$ 上的泛函.

**例 3**　傅里叶变换

$$F[f(x)]=\int_{-\infty}^{\infty} f(x)\mathrm{e}^{-\mathrm{i}kx}\mathrm{d}x$$

就是一个泛函. 这个泛函以 $k$ 为参量. 一旦确定了 $k$ 之后, 对于每一个函数 $f(x)$ 都确定了泛函的一个数值. 函数 $f(x)$ 就是泛函的容许函数. 可以把这个泛函看成自变量 $k$ 的函数, 记做 $F(k)$, 但是 $F(k)$ 的数值并不由函数的定义给出, 而是按照上式根据函数 $f(x)$ 的具体形式给出.

### 1.1.2　泛函的极值问题

1. 有关泛函极值的概念

变分法的基本问题是关于泛函的极值问题. 例如, 1696 年由约翰・伯努利提出的, 并且对变分法的发展有过重大影响的**最速降线问题**(又称**捷线问题**): 在铅直平面内, 所有连接两定点 $A$、$B$ 的曲线中, 求出一条曲线来, 使初速为零的质点在重力作用下, 自 $A$ 点沿着这条曲线下落到 $B$ 点所需时间最短 (介质的摩擦和阻力不计).

首先, 若单纯从路程的角度, $A$ 点到 $B$ 点的直线路程是最短的, 但是因为下滑过程并不能较快获得很大的速度, 所以所需时间不是最短的.

如图 1.1 所示, 以 $A$ 点为坐标原点, $Ox$ 轴取水平方向, $Oy$ 轴铅直向下. 设 $y=y(x)$ 是连接点 $A(0,0)$ 和点 $B(a,b)$ 的一条光滑曲线, 质点沿这条曲线下滑. 由于曲线是光滑的, 在质点运动的切线方向上不受力; 而法向作用力只改变运动速

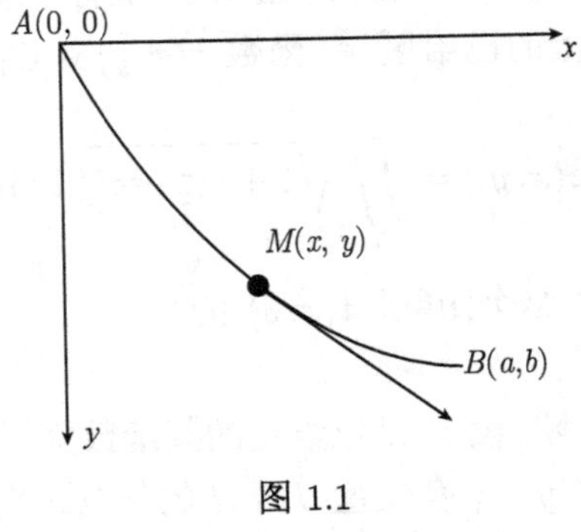


图 1.1

度的方向, 不改变速度的大小. 因初速度为零, 故质点下滑到任意点 $M(x,y)$ 的速率为

$$v=\sqrt{2gy} \tag{1.1.3}$$

其中 $g$ 是重力加速度.

若以 $S$ 表示曲线的弧长, $\mathrm{d}t$ 表示时间的微分, 则

$$v=\frac{\mathrm{d}S}{\mathrm{d}t}=\frac{\sqrt{1+y'^2}\mathrm{d}x}{\mathrm{d}t} \tag{1.1.4}$$

所以

$$\mathrm{d}t=\frac{\sqrt{1+y'^2}\mathrm{d}x}{v}=\frac{\sqrt{1+y'^2}}{\sqrt{2gy}}\mathrm{d}x \tag{1.1.5}$$

由此可得质点沿着曲线 $y=y(x)$ 自 $A$ 点下滑到 $B$ 点所需的时间 $T$ 为

$$T[y(x)]=\int_0^a\frac{\sqrt{1+y'^2}}{\sqrt{2gy}}\mathrm{d}x \tag{1.1.6}$$

这样, 最速降线问题的数学提法是: 求一条满足边界条件

$$y(0)=0,\quad y(a)=b \tag{1.1.7}$$

的曲线 $y=y(x)$, 使得泛函 $T[y(x)]$ 取最小值.

下面给出泛函极值以类似于函数的极大极小值的定义. 先给出曲线 $y=y(x)$ 的 $\varepsilon$-邻域的概念.

**定义 3** 定义在 $[x_0,x_1]$ 上的曲线 $y=y(x)$ 的 **$\varepsilon$-邻域**是指适合下列条件的一切可能的曲线 $y=y_1(x)$ (图 1.2): 它在整个区间 $[x_0,x_1]$ 上, 满足不等式

$$|y_1(x)-y(x)|\leqslant\varepsilon \tag{1.1.8}$$

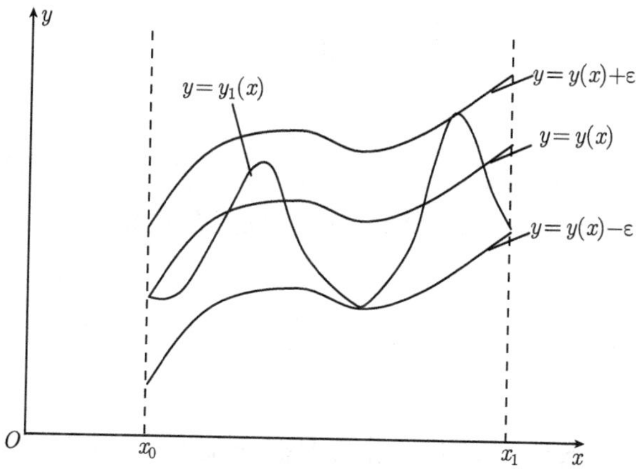


图 1.2

此时也称 $y_1(x)$ 与 $y(x)$ 有**零级$\varepsilon$-接近度**. 对于 $C_1$ 类函数, 曲线 $y=y(x)$ 的 $\varepsilon$-邻域的概念是, 除要求满足不等式 (1.1.8) 外, 还要求满足

$$|y_1'(x)-y'(x)|\leqslant\varepsilon \tag{1.1.9}$$

此时称 $y_1(x)$ 与 $y(x)$ 有**一级$\varepsilon$-接近度**. 完全类似地, 可以给出 **$n$ 级$\varepsilon$-接近度**的定义. 固定一条曲线 $y=y_0(x)$ 之后, 与 $y_0(x)$ 具有 $n$ 级 $\varepsilon$-接近度的所有曲线的集合称为 $y_0(x)$ 的 **$n$ 级$\varepsilon$-邻域**.

**定义 4**　设 $J[y(x)]$ 是定义在某个函数类 $\{y(x)\}$ 上的泛函, 如果存在 $\varepsilon>0$, 使得它在函数 $y_0(x)$ 上的值不小于它在函数类 $\{y(x)\}$ 中且与 $y_0(x)$ 有某确定级数的 $\varepsilon$-接近度的任何函数 $y_1(x)$ 上的值, 即

$$J[y_0(x)]\geqslant J_1[y_1(x)] \tag{1.1.10}$$

那么称泛函 $J[y(x)]$ 在函数 $y_0(x)$ 上达到**相对极大值**. 如果泛函 $J[y(x)]$ 在函数 $y_0(x)$ 的零级 $\varepsilon$- 邻域, 式 (1.1.10) 总是成立的, 那么称 $J[y(x)]$ 在函数 $y_0(x)$ 上达到**相对强极大值**, 简称**强极大值**. 如果泛函 $J[y(x)]$ 在函数 $y_0(x)$ 的一级 $\varepsilon$- 邻域, 式 (1.1.10) 总是成立的, 那么称 $J[y(x)]$ 在函数 $y_0(x)$ 上达到**相对弱极大值**, 简称**弱极大值**. 类似地, 将式 (1.1.10) 中的 $\geqslant$ 号改为 $\leqslant$ 号, 就可以给出泛函**相对极小值**、**强极小值**、**弱极小值**等的定义. 下面, 我们把这些名词一律简称为**极值**, 把使泛函 $J$ 取极值的曲线 $y_0(x)$ 称为**极值曲线**.

2. 变分学基本引理

为了以后的需要, 现在给出**变分学的基本引理**[1].

**引理 1**　设 $f(x)$ 是区间 $[x_0,x_1]$ 上的连续函数, 若对于任何在 $x=x_0$ 和 $x=x_1$ 两点为零的 $C_2$ 类函数 $\eta(x)$, 积分

$$\int_{x_0}^{x_1} f(x)\eta(x)\mathrm{d}x=0 \tag{1.1.11}$$

则 $f(x)\equiv 0$.

**证明**　用反证法. 设在某点 $\xi(x_0<\xi<x_1)$ 处 $f(x)$ 不等于零, 如 $f(\xi)>0$, 因 $f(x)$ 是连续函数, 故必存在 $\xi$ 的邻域 $\xi_1<\xi<\xi_2$, 在此邻域内 $f(x)>0$, 命

$$\eta(x)=\begin{cases}0, & x_0\leqslant x\leqslant \xi_1\\ (x-\xi_1)^4(x-\xi_2)^4, & \xi_1\leqslant x\leqslant\xi_2\\ 0, & \xi_2\leqslant x\leqslant x_1\end{cases}$$

它满足引理中的一切条件. 事实上, 由定义有 $\eta(x_0)=\eta(x_1)=0$, 不难验证 $(x-\xi_1)^4(x-\xi_2)^4$ 和它对 $x$ 的一阶及二阶导数在 $x=\xi_1$ 及 $x=\xi_2$ 都为 0, 而在区间

$[\xi_1, \xi_2]$ 之外 $\eta(x)$ 恒等于零, 由此可见, 此函数和它的一阶及二阶导数在整个区间 $[x_0, x_1]$ 的连续性. 但对此函数, 积分

$$\int_{x_0}^{x_1} f(x)\eta(x)\mathrm{d}x = \int_{\xi_1}^{\xi_2} f(x)\eta(x)\mathrm{d}x > 0 \tag{1.1.12}$$

这与所设矛盾. 因此 $f(x) = 0$. 证明完毕.

注意此引理的条件是, 对于任何在 $x = x_0$ 和 $x = x_1$ 两点为零的 $C_2$ 类函数 $\eta(x)$, 式 (1.1.11) 都成立, 才有引理的结论. 若只对其中特定几个满足条件的 $\eta(x)$, 从式 (1.1.11) 不能得出 $f(x) = 0$ 的结论.

**引理 2** 设 $f(x, y)$ 在域 $D$ 内连续, 若对任何在边界 $C$ 上为零的域 $D$ 内的 $C_2$ 类函数 $\eta(x, y)$, 有

$$\iint\limits_D f(x, y)\eta(x, y)\mathrm{d}x\mathrm{d}y = 0$$

则 $f(x, y) = 0$.

**证明** 若在 $D$ 内某点 $(a, b)$ 有 $f(a, b) > 0$, 则在以 $(a, b)$ 为圆心, 充分小 $\rho$ 为半径的圆 $K$ 内有 $f(x, y) > 0$, 令

$$\eta(x, y) = \begin{cases} 0, & (x-a)^2 + (y-b)^2 \geqslant \rho^2 \\ [(x-a)^2 + (y-b)^2 - \rho^2]^4, & (x-a)^2 + (y-b)^2 < \rho^2 \end{cases}$$

显然 $\eta(x, y)$ 满足引理中的要求, 但对这个 $\eta$, 有

$$\iint\limits_D f(x, y)\eta(x, y)\mathrm{d}x\mathrm{d}y = \iint\limits_K f(x, y)\eta(x, y)\mathrm{d}x\mathrm{d}y > 0$$

这与所设矛盾, 故 $f(x, y)$ 在 $D$ 中处处为零. 证明完毕.

显然, 引理 1 和引理 2 分别针对一维和二维情况. 对于三重积分或多重积分的情况, 也有类似的引理.

## 1.2 泛函的变分和最简单情形的欧拉方程

### 1.2.1 泛函的变分

设已给泛函

$$J[y(x)] = \int_{x_0}^{x_1} F(x, y, y')\mathrm{d}x \tag{1.2.1}$$

其中 $F$ 是三个变元 $x, y, y'$ 的连续函数, 且有连续的二阶偏导数, 又 $y(x) \in C_2$.

由于泛函的变分在研究泛函极值曲线的必要条件时的作用相当于导数 (或微分) 在研究函数极值时的作用, 下面先给出泛函变分的概念.

设想函数 $y(x)$ 稍有变动, 变为 $y(x)+\delta y(x)$, 这里 $\delta y(x)$ 表示一个函数, 而不是 $\delta$ 乘 $y(x)$, $\delta y(x)$ 称为函数 $y(x)$ 的**变分**. 如果 $y$ 和 $y+\delta y$ 都是泛函的容许函数, 下面研究泛函式 (1.2.1) 的值的增量 (为方便起见, 记 $\delta y' = (\delta y(x)'))$.

$$\begin{aligned}\Delta J = J[y+\delta y] - J[y] &= \int_{x_0}^{x_1} [F(x, y+\delta y, y'+\delta y') - F(x, y, y')]\mathrm{d}x \\ &= \int_{x_0}^{x_1} \left[\frac{\partial F}{\partial y}\delta y + \frac{\partial F}{\partial y'}\delta y'\right]\mathrm{d}x + \int_{x_0}^{x_1} (\varepsilon_1 \delta y + \varepsilon_2 \delta y')\mathrm{d}x \end{aligned} \tag{1.2.2}$$

其中

$$\lim_{\delta y\to 0, \delta y'\to 0} \varepsilon_1 = 0, \quad \lim_{\delta y\to 0, \delta y'\to 0} \varepsilon_2 = 0 \tag{1.2.3}$$

把式 (1.2.2) 最后一个等式中的第一个积分称为泛函 $J[y]$ 在"点" $y(x)$ 的变分, 记为 $\delta J$, 即

$$\delta J = \int_{x_0}^{x_1} \left(\frac{\partial F}{\partial y}\delta y + \frac{\partial F}{\partial y'}\delta y'\right)\mathrm{d}x \tag{1.2.4}$$

显然, 变分 $\delta J$ 关于 $\delta y$ 是线性的. 再考虑泛函值的增量和变分之差 $\Delta J - \delta J$, 如果记

$$\|\delta y\| = \max_{x_0 \leqslant x \leqslant x_1} \{|\delta y(x)|, |\delta y'(x)|\} \tag{1.2.5}$$

则

$$|\Delta J - \delta J| = \left|\int_{x_0}^{x_1} (\varepsilon_1 \delta y + \varepsilon_2 \varepsilon y')\mathrm{d}x\right| \leqslant \max(|\varepsilon_1| + |\varepsilon_2|)(x_1 - x_0)\|\delta y\| \tag{1.2.6}$$

则由式 (1.2.3) 可知, $\Delta J - \delta J$ 是 $\|\delta y\|$ 的高阶无穷小量. 这样, 就可以说变分 $\delta J$ 是泛函增量 $\Delta J$ 的线性主部. 这与函数微分学中的情况是一致的, 函数的微分是函数无穷小增量的线性主部.

例如, 设 $J[y] = \int_{x_0}^{x_1} (y^2 + y'^2)\mathrm{d}x$, 则

$$\begin{aligned}\Delta J = J[y+\delta y] - J[y] &= \int_{x_0}^{x_1} [(y+\delta y)^2 + (y'+\delta y')^2] - \int_{x_0}^{x_1} (y^2 + y'^2)\mathrm{d}x \\ &= \int_{x_0}^{x_1} (2y\delta y + 2y'\delta y')\mathrm{d}x + \int_{x_0}^{x_1} [(\delta y)^2 + (\delta y')^2]\mathrm{d}x \end{aligned} \tag{1.2.7}$$

其中第一个积分是与 $\delta y$ 成线性的, 第二个积分是 $\|\delta y\|$ 的高阶无穷小量, 所以

$$\delta J = \int_{x_0}^{x_1} (2y\delta y + 2y'\delta y')\mathrm{d}x \tag{1.2.8}$$

当然, 这个结果用式 (1.2.4) 可以立即得到.

正如函数 $f(x)$ 的微分可以表示为对参数的导数, 即

$$\mathrm{d}f=\frac{\mathrm{d}}{\mathrm{d}\alpha}f(x+\alpha\Delta x)\mid_{\alpha=0} \tag{1.2.9}$$

泛函 $J[y]$ 的变分 $\delta J$ 也可以表示为对参数 $\alpha$ 的导数, 即

$$\delta J=\frac{\mathrm{d}}{\mathrm{d}\alpha}J[y+\alpha\delta y]\mid_{\alpha=0} \tag{1.2.10}$$

事实上

$$\begin{aligned}\frac{\mathrm{d}}{\mathrm{d}\alpha}J[y+\alpha\delta y]|_{\alpha=0}&=\int_{x_0}^{x_1}\frac{\mathrm{d}}{\mathrm{d}\alpha}F(x,y+\alpha\delta y,y'+\alpha\delta y')\mathrm{d}x\mid_{\alpha=0}\\&=\int_{x_0}^{x_1}\left(\frac{\partial F}{\partial y}\delta y+\frac{\partial F}{\partial y'}\delta y'\right)\mathrm{d}x=\delta J\end{aligned} \tag{1.2.11}$$

下面还会用式 (1.2.10) 进行推导.

泛函的变分式 (1.2.4) 也可写成如下形式:

$$\delta J=\int_{x_0}^{x_1}\delta F\mathrm{d}x \tag{1.2.12}$$

这样, 泛函的变分写成对被积函数的变分. 写成这个形式的时候, 就把函数 $F$ 视为当 $x$ 取固定值时依赖于函数 $y$ 和 $y'$ 的泛函. 比较式 (1.2.12) 与式 (1.2.4) 可知

$$\delta F=\frac{\partial F}{\partial y}\delta y+\frac{\partial F}{\partial y'}\delta y' \tag{1.2.13}$$

回顾一个二元函数

$$f=f(x,y)$$

它的微分是

$$\mathrm{d}f=\frac{\partial f}{\partial x}\mathrm{d}x+\frac{\partial f}{\partial y}\mathrm{d}y$$

可见, 泛函的一阶变分的形式与函数的一阶微分形式是相同的. 只不过前者是函数的函数, 而后者是自变量的函数. 用字母 d 表示微分, 而用字母 $\delta$ 表示变分. 泛函 $F$ 对它所依赖的某个函数 $y$ 求偏导数时的 $\partial F/\partial y$, 与一个函数 $f$ 对其一个自变量 $x$ 的求偏导的操作是一样的.

再看二阶变分. 把 $\delta J$ 看做一个泛函, $\delta F$ 是一个与 $F$ 同样意义上的泛函, 那么有

$$\delta^2 J=\int_{x_0}^{x_1}\delta^2 F\mathrm{d}x \tag{1.2.14}$$

把式 (1.2.13) 再应用一遍, 有

$$\begin{aligned}
\delta^2 F =& \frac{\partial \delta F}{\partial y}\delta y + \frac{\partial \delta F}{\partial y'}\delta y' \\
=& \left(\delta y \frac{\partial}{\partial y} + \delta y' \frac{\partial}{\partial y'}\right)\delta F = \left(\delta y \frac{\partial}{\partial y} + \delta y' \frac{\partial}{\partial y'}\right)^2 F \\
=& \frac{\partial}{\partial y}\left(\frac{\partial F}{\partial y}\delta y + \frac{\partial F}{\partial y'}\delta y'\right)\delta y + \frac{\partial}{\partial y'}\left(\frac{\partial F}{\partial y}\delta y + \frac{\partial F}{\partial y'}\delta y'\right)\delta y' \\
=& \left(\frac{\partial^2 F}{\partial y^2}\delta y + \frac{\partial^2 F}{\partial y \partial y'}\delta y'\right)\delta y + \left(\frac{\partial F}{\partial y}\delta y + \frac{\partial F}{\partial y'}\delta y'\right)\delta \frac{\partial}{\partial y} y \\
& + \left(\frac{\partial F}{\partial y}\delta \frac{\partial}{\partial y} y + \frac{\partial F}{\partial y'}\delta \frac{\partial}{\partial y} y'\right)\delta y + \left(\frac{\partial^2 F}{\partial y' \partial y}\delta y + \frac{\partial^2 F}{\partial y'^2}\delta y'\right)\delta y' \\
=& \frac{\partial^2 F}{\partial y^2}(\delta y)^2 + 2\frac{\partial^2 F}{\partial y \partial y'}\delta y' \delta y + \frac{\partial^2 F}{\partial y'^2}(\delta y')^2
\end{aligned}$$

再回顾二元函数的二阶微分为

$$\mathrm{d}^2 f = \frac{\partial^2 f}{\partial x^2}(\mathrm{d}x)^2 + 2\frac{\partial^2 f}{\partial x \partial y}\mathrm{d}x\mathrm{d}y + \frac{\partial^2 f}{\partial y^2}(\mathrm{d}y)^2 = \left(\mathrm{d}x\frac{\partial}{\partial x} + \mathrm{d}y\frac{\partial}{\partial y}\right)^2 f$$

经比照可知, 对泛函的变分完全可以像对函数的微分那样来进行.

同理, 容易证明, 两个函数乘积的变分和函数倒数的变分分别为

$$\delta(F_1 F_2) = F_2 \delta F_1 + F_1 \delta F_2 \tag{1.2.15}$$

和

$$\delta\left(\frac{1}{F}\right) = -\frac{1}{F^2}\delta F \tag{1.2.16}$$

现在来证明对于泛函变分的相应的公式, 先看两个泛函 $J_1$ 和 $J_2$ 的乘积的变分, 其中

$$J_1 = \int_{a_1}^{b_1} F_1(x_1, y_1, y_1')\mathrm{d}x_1$$

和

$$J_2 = \int_{a_2}^{b_2} F_2(x_2, y_2, y_2')\mathrm{d}x_2$$

那么

$$\begin{aligned}
\delta(J_1 J_2) =& \int_{a_2}^{b_2}\mathrm{d}x_2 \int_{a_1}^{b_1}\mathrm{d}x_1 \delta(F_1 F_2) = \int_{a_2}^{b_2}\mathrm{d}x_2 \int_{a_1}^{b_1}\mathrm{d}x_1 (F_2 \delta F_1 + F_1 \delta F_2) \\
=& \int_{a_2}^{b_2} F_2 \mathrm{d}x_2 \int_{a_1}^{b_1}\mathrm{d}x_1 \delta F_1 + \int_{a_2}^{b_2}\delta F_2 \mathrm{d}x_2 \int_{a_1}^{b_1}\mathrm{d}x_1 F_1 = J_2 \delta J_1 + J_1 \delta J_2
\end{aligned} \tag{1.2.17}$$

对于泛函式 (1.2.1) 的倒数 $1/J$ 的变分可以用如下方式证明:

$$\begin{aligned}\delta\left(\frac{1}{J}\right) &= \frac{1}{\displaystyle\int_{x_0}^{x_1} F\left(x, y+\delta y, y'+\delta y'\right) \mathrm{d}x} - \frac{1}{\displaystyle\int_{x_0}^{x_1} F(x,y,y')\mathrm{d}x} \\ &= \frac{1}{\displaystyle\int_{x_0}^{x_1} F(x,y,y')\mathrm{d}x + \int_{x_0}^{x_1}\left(\frac{\partial F}{\partial y}\delta y + \frac{\partial F}{\partial y'}\delta y'\right)\mathrm{d}x} - \frac{1}{J} \\ &= \frac{1}{J+\delta J} - \frac{1}{J} = \frac{1}{J}\left(\frac{1}{1+\delta J/J} - 1\right)\end{aligned}$$

如果记$\|\delta y\| \equiv \max\limits_{x_0\leqslant x\leqslant x_1}\{|\delta y|, |\delta y'|\}$, $\varepsilon_1 = \max\limits_{x_0\leqslant x\leqslant x_1}\left\{\left|\frac{\partial F}{\partial y}\right|\right\}$, $\varepsilon_2 = \max\limits_{x_0\leqslant x\leqslant x_1}\left\{\left|\frac{\partial F}{\partial y'}\right|\right\}$, 则 $\delta J \leqslant |x_1 - x_0|(\varepsilon_1+\varepsilon_2)\|\delta y\|$, 即 $\delta J$ 是 $\|\delta y\|$ 的高一阶小量.

这样将 $\left(1+\frac{\delta J}{J}\right)^{-1}$ 作泰勒展开至一阶小量, 得到

$$\delta\left(\frac{1}{J}\right) = \frac{1}{J}\left[\left(1+\frac{\delta J}{J}\right)^{-1} - 1\right] = \frac{1}{J}\left(1 - \frac{\delta J}{J} - 1\right) = -\frac{1}{J^2}\delta J$$

可见

$$\delta\left(\frac{1}{J}\right) = -\frac{1}{J^2}\delta J \tag{1.2.18}$$

### 1.2.2 最简单情形的欧拉方程

1. 欧拉方程

**定理 1** 设 $y(x)$ 是泛函式 (1.2.1) 的极值曲线, 则在 $y=y(x)$ 这个泛函的变分

$$\delta J = 0 \tag{1.2.19}$$

**证明** 由于这里要讨论的是极值曲线 $y(x)$ 所应满足的必要条件, 所以可选取特殊形式的函数 $y^*$ 来比较 $J[y]$ 和 $J[y^*]$, 例如, 取

$$y^*(x) = y(x) + \alpha\delta y(x) \tag{1.2.20}$$

其中 $\alpha$ 是小参数 (从而 $y^*(x)$ 与 $y(x)$ 就有指定的 $\varepsilon$- 接近度), $\delta y(x)$ 是任意固定的 $C_2$ 类函数.

由所设条件, $\alpha$ 的函数 $J[\alpha] = J[y^*] = J[y+\alpha\delta y]$ 在 $\alpha=0$ 取极值, 故根据式 (1.2.10), 必有

$$\delta J = \frac{\mathrm{d}}{\mathrm{d}\alpha}J[y+\alpha\delta y]\,|_{\alpha=0} = 0 \tag{1.2.21}$$

即泛函 $J[y]$ 在 $y=y(x)$ 的变分 $\delta J = 0$. 证明完毕.

**定理 2**　设 $y(x)$ 是泛函式 (1.2.1) 的极值曲线, 则函数 $y=y(x)$ 必满足微分方程

$$F_y-\frac{\mathrm{d}}{\mathrm{d}x}F_{y'}=0 \tag{1.2.22}$$

或

$$F_{y'y'}y''+F_{yy'}y'+F_{xy'}-F_y=0 \tag{1.2.23}$$

其中, $F_{yy'}$ 是 $F$ 对 $y$ 及 $y'$ 的二阶偏导数.

**证明**　现在取更特殊形式的函数

$$y^*=y+\alpha\delta y$$

来比较 $J[y]$ 和 $J[y^*]$, 这里要求 $y^*$ 与 $y$ 在 $x=x_0$ 和 $x=x_1$ 两点处取相同的值, 即

$$y^*(x_0)=y(x_0),\quad y^*(x_1)=y(x_1)$$

亦即

$$\delta y(x_0)=0,\quad \delta y(x_1)=0 \tag{1.2.24}$$

利用前面所得到的变分 $\delta J$ 的表达式 (1.2.4), 并对积分的后一项进行分部积分, 得

$$\delta J=\int_{x_0}^{x_1}(F_y\delta y+F'_y\delta y')\mathrm{d}x=F'_y\delta y(x)|_{x_0}^{x_1}+\int_{x_0}^{x_1}\left(F_y-\frac{\mathrm{d}}{\mathrm{d}x}F_{y'}\right)\delta y\mathrm{d}x \tag{1.2.25}$$

由式 (1.2.24) 知, 第一项为零, 因此

$$\delta J=\int_{x_0}^{x_1}\left(F_y-\frac{\mathrm{d}}{\mathrm{d}x}F_{y'}\right)\delta y\mathrm{d}x \tag{1.2.26}$$

再由变分学基本引理知, 极值曲线 $y(x)$ 必满足微分方程

$$F_y-\frac{\mathrm{d}}{\mathrm{d}x}F_{y'}=0$$

证明完毕.

二阶常微分方程 (1.2.22) 或方程 (1.2.23) 称为泛函 (1.2.1) 的极值问题的**欧拉方程**, 它的通解中含有两个任意常数. 通常讨论泛函的极值时, 对容许函数在边界 $x_0$ 和 $x_1$ 处的值总要加上一些附加的要求. 例如, 要求两端点固定, 即

$$y(x_0)=y_0,\quad y(x_1)=y_1 \tag{1.2.27}$$

其中 $x_0,y_0,x_1,y_1$ 都是常数, 从边界条件 (1.2.27) 确定出欧拉方程的解中的常数后, 就可求得泛函 (1.2.1) 的可能的极值曲线.

2. 两种特殊情况

下面就两种特殊的情况讨论欧拉方程.

第一种情况：设 $F$ 不依赖于 $y$, 即 $F = F(x, y')$, 因 $F_y = 0$, 故此时欧拉方程为

$$\frac{\mathrm{d}}{\mathrm{d}x} F_{y'} = 0 \tag{1.2.28}$$

从而得**首次积分**

$$F_{y'}(x, y') = C_1 \tag{1.2.29}$$

这是一个不显含 $y$ 的一阶微分方程, 它可用解出 $y'$ 再积分的方法或适当选择参数的方法求解.

**例 1** 求泛函

$$J = \int_{x_0}^{x_1} \frac{\sqrt{1 + y'^2}}{x} \mathrm{d}x$$

满足边界条件

$$y(x_0) = y_0, \quad y(x_1) = y_1$$

的极值曲线.

**解** 因 $F$ 不依赖于 $y$, 故其欧拉方程的首次积分为

$$F_{y'} = \frac{y'}{x\sqrt{1 + y'^2}} = C_1$$

解出 $y'$ 得

$$y' = \frac{C_1 x}{\sqrt{1 - C_1^2 x^2}}$$

再积分得

$$x^2 + (y - C_2)^2 = 1/C_1^2, \quad C_1 \neq 0$$

这是中心在纵轴上的圆族, 再由所给边界条件确定 $C_1$ 和 $C_2$, 即可得极值曲线.

第二种情况：设 $F$ 不依赖于 $x$, 即 $F = F(y, y')$, 因 $F_{xy'} = 0$, 故由式 (1.2.23), 欧拉方程为

$$y'' F_{y'y'} + y' F_{y'y} - F_y = 0 \tag{1.2.30}$$

而由

$$\begin{aligned}\frac{\mathrm{d}}{\mathrm{d}x}(F - y' F_{y'}) &= F_y y' + F_{y'} y'' - y'' F_{y'} - y'^2 F_{yy'} - y' y'' F_{y'y'} \\ &= -y'(y'' F_{y'y'} + y' F_{yy'} - F_y) = 0\end{aligned} \tag{1.2.31}$$

可知方程 (1.2.30) 有首次积分

$$F - y' F_{y'} = C_1 \tag{1.2.32}$$

再对此一阶微分方程积分, 并由边界条件定出常数, 就能求出可能的极值曲线.

**例 2**　求泛函

$$T[y(x)] = \int_0^a \frac{\sqrt{1+y'^2}}{\sqrt{2gy}} \mathrm{d}x$$

满足边界条件

$$y(0) = 0, \quad y(a) = b$$

的极值曲线.

**解**　因为 $F = \sqrt{\dfrac{1+y'^2}{2gy}}$ 不依赖于 $x$, 故此时欧拉方程有首次积分

$$F - y'F_{y'} = C$$

即

$$\sqrt{\frac{1+y'^2}{2gy}} - y'\frac{1}{\sqrt{2gy}}\frac{y'}{\sqrt{1+y'^2}} = C$$

化简上式, 并记 $C_1 = 1/2gC^2$, 则得

$$y(1+y'^2) = C_1$$

用参数法解此方程: 令

$$y' = \cot\frac{\theta}{2}$$

于是方程化为

$$y = \frac{C_1}{1+y'^2} = C_1 \sin^2\frac{\theta}{2} = \frac{C_1}{2}(1-\cos\theta)$$

$$\mathrm{d}x = \frac{\mathrm{d}y}{y'} = \frac{C_1 \sin(\theta/2)\cos(\theta/2)\mathrm{d}\theta}{\cot(\theta/2)} = \frac{C_1}{2}(1-\cos\theta)\mathrm{d}\theta$$

将后一等式积分, 得 $x = \dfrac{C_1}{2}(\theta - \sin\theta)$, 故所求积分曲线的参数方程为

$$x = \frac{C_1}{2}(\theta - \sin\theta) + C_2, \quad y = \frac{C_1}{2}(1-\cos\theta)$$

由边界条件 $y(0) = 0$, 可得 $C_2 = 0$, 如此得到

$$x = \frac{C_1}{2}(\theta - \sin\theta), \quad y = \frac{C_1}{2}(1-\cos\theta)$$

此为一圆滚线族 (或称旋轮线), 滚圆的半径为 $C_1/2$, 常数 $C_1$ 可由圆滚线通过点 $B$ 这个条件来确定. 因此, 所求的最速降线为通过 $A$、$B$ 两点的圆滚线.

此外还有两种特例[1], 就不在此处介绍了.

这里再次指出，正如方程 $f'(x) = 0$ 的根，只是函数 $y = f(x)$ 取极值的必要条件，根据已给条件定出的欧拉方程的特解，也只是泛函式 (1.2.1) 取极值的必要条件，而不是充分条件. 但是对于许多实际问题，特别是工程技术、力学、物理学中引出的变分问题，这样求得的函数 $y = y(x)$ 常常就是使泛函 $J[y(x)]$ 取极值的函数. 下面几节中通过变分得到函数所应满足的方程，也都是泛函取极值的必要条件. 对于泛函取极值的充分条件，不是不可以讨论，不过还需加上其他的条件[1]，此处不予赘述.

## 1.3 多个函数和多个自变量的情形

### 1.3.1 多个函数

当泛函依赖于多个函数时，也不难给出欧拉方程. 下面对于含两个未知函数的泛函

$$J[y(x), z(x)] = \int_{x_0}^{x} F(x, y, y', z, z')\mathrm{d}x \tag{1.3.1}$$

进行讨论. 设 $F$ 对所有变元有连续二阶偏导数，又设 $y(x), z(x) \in C_2$. 现假定泛函式 (1.3.1) 在 $y(x)$、$z(x)$ 处取极值，讨论函数 $y(x)$、$z(x)$ 应满足的必要条件.

下面的讨论与只依赖于一个函数的泛函完全相同. 取比较曲线 $y^* = y + \alpha\delta y, z^* = z + \alpha\delta z$，这里 $\alpha$ 是小参数，且

$$\delta y(x_0) = \delta y(x_1) = \delta z(x_0) = \delta z(x_1) = 0 \tag{1.3.2}$$

把 $y^*$、$z^*$ 代入式 (1.3.1)，得到含参数 $\alpha$ 的函数

$$J(\alpha) = \int_{x_0}^{x_1} F(x, y + \alpha\delta y, y' + \alpha\delta y', z + \alpha\delta z, z' + \alpha\delta z')\mathrm{d}x$$

由于当 $\alpha = 0$ 时，$J(\alpha)$ 取极值，故有

$$J'(\alpha)\,|_{\alpha=0} = \int_{x_0}^{x_1} (F_y\delta y + F_{y'}\delta y' + F_z\delta z + F_{z'}\delta z')\mathrm{d}x = 0$$

把

$$\delta J = \int_{x_0}^{x_1} (F_y\delta y + F_{y'}\delta y' + F_z\delta z + F_{z'}\delta z')\mathrm{d}x \tag{1.3.3}$$

称为泛函式 (1.3.1) 的**变分**. 由上可知，泛函式 (1.3.1) 在 $y(x)$、$z(x)$ 取极值的必要条件是：在 $y(x)$、$z(x)$ 处泛函的变分为零.

如果把式 (1.3.3) 的积分中的第二项和第四项进行分部积分，并利用式 (1.3.2)，即得

$$\delta J = [F_{y'}\delta y + F_z\delta z]|_{x_0}^{x_1} + \int_{x_0}^{x_1} \left[\left(F_y - \frac{\mathrm{d}}{\mathrm{d}x}F_{y'}\right)\delta y + \left(F_z - \frac{\mathrm{d}}{\mathrm{d}x}F_{z'}\right)\delta z\right]\mathrm{d}x$$

$$= \int_{x_0}^{x_1} \left( F_y - \frac{\mathrm{d}}{\mathrm{d}x} F_{y'} \right) \delta y \mathrm{d}x + \int_{x_0}^{x_1} \left( F_z - \frac{\mathrm{d}}{\mathrm{d}x} F_{z'} \right) \delta z \mathrm{d}x = 0 \tag{1.3.4}$$

特别地, 取 $\delta z = 0$, 则

$$\int_{x_0}^{x_1} \left( F_y - \frac{\mathrm{d}}{\mathrm{d}x} F_{y'} \right) \delta y \mathrm{d}x = 0$$

再由基本引理, 得

$$F_y - \frac{\mathrm{d}}{\mathrm{d}x} F_{y'} = 0$$

同理

$$F_z - \frac{\mathrm{d}}{\mathrm{d}x} F_{z'} = 0$$

综合上述可知, 如果 $y(x)$、$z(x)$ 给泛函式 (1.3.1) 以极值时, 它们必须满足二阶微分方程组

$$\begin{cases} F_y - \dfrac{\mathrm{d}}{\mathrm{d}x} F_{y'} = 0 \\ F_z - \dfrac{\mathrm{d}}{\mathrm{d}x} F_{z'} = 0 \end{cases} \tag{1.3.5}$$

解此微分方程组, 并利用已给边界条件, 例如, 在两端点固定的极值问题中, 有

$$\begin{cases} y(x_0) = y_0, \quad y(x_1) = y_1 \\ z(x_0) = z_0, \quad z(x_1) = z_1 \end{cases} \tag{1.3.6}$$

这样确定出常数后, 就可以求得可能的极值曲线.

对于两个函数 $y(x)$ 和 $z(x)$ 的情况, 可以考虑这样的几何图像: 建立坐标系, 设想 $x$ 是 $y$ 和 $z$ 的函数, 空间有一条曲线, 这条曲线实际上包含了 $y(x)$ 和 $z(x)$ 两个函数.

**例 1**　求泛函

$$J = \int_0^{\pi/2} (y'^2 + z'^2 + 2yz) \mathrm{d}x$$

满足边界条件

$$\begin{cases} y(0) = 0, \quad y\left(\dfrac{\pi}{2}\right) = 1 \\ z(0) = 0, \quad z\left(\dfrac{\pi}{2}\right) = -1 \end{cases}$$

的极值曲线.

**解**

$$F = y'^2 + z'^2 + 2yz$$

由式 (1.3.5), 它的欧拉方程组为

$$\begin{cases} y'' - z = 0 \\ z'' - y = 0 \end{cases}$$

这是一个二阶线性联立方程组, 消去 $z$ 得

$$y^{(4)}-y=0$$

容易求得其通解为

$$y=C_1\mathrm{e}^{x}+C_2\mathrm{e}^{-x}+C_3\cos x+C_4\sin x$$

再由 $z=y''$, 得

$$z=C_1\mathrm{e}^{x}+C_2\mathrm{e}^{-x}-C_3\cos x-C_4\sin x$$

利用边界条件, 求得

$$C_1=0,\quad C_2=0,\quad C_3=0,\quad C_4=1$$

故所求极值曲线为

$$y=\sin x,\quad z=-\sin x$$

如果有 $M$ 个函数, 一个自变量, $y_\alpha(x)(\alpha=1,2,\cdots,M)$, 用 $\{y_\alpha(x)\}$ 表示这一组 $M$ 个函数. 泛函是

$$J[\{y_\alpha(x)\}]=\int_{x_0}^{x}F(x,\{y_\alpha(x)\},\{y'_\alpha(x)\})\mathrm{d}x \tag{1.3.7}$$

那么, 容易将式 (1.3.5) 扩展为以下包含 $M$ 个方程的方程组:

$$\frac{\partial F}{\partial y_\alpha}-\frac{\mathrm{d}}{\mathrm{d}x}\frac{\partial F}{\partial y'_\alpha}=0,\quad \alpha=1,2,\cdots,M \tag{1.3.8}$$

### 1.3.2 多个自变量

现在考虑多个自变量的情形. 为简单起见, 以二元函数 $u(x,y)$ 的泛函

$$J[u]=\iint\limits_D F(x,y,u,u_x,u_y)\mathrm{d}x\mathrm{d}y \tag{1.3.9}$$

为例讨论重积分所表示的泛函的极值问题. 这里 $D$ 为 $xy$ 平面上的某给定区域, 函数 $F$ 对所有的变元有连续二阶偏导数, 且 $u(x,y)\in C_2(D)$.

设 $u=u(x,y)$ 是泛函式 (1.3.9) 取极值的函数 (极值曲面), 为求出它应满足的必要条件, 取比较函数为

$$u^*=u(x,y)+\alpha\eta(x,y)$$

其中 $\eta(x,y)$ 是任意的 $C_2$ 类函数, 但满足边界条件 $\eta(x,y)|_C=0$, $\alpha$ 是小参数, 显然, $u^*$ 和 $u$ 在边界上取相同的值, 将 $u^*$ 代入泛函式 (1.3.9), 得

$$J[u^*]=\iint\limits_D F(x,y,u+\alpha\eta,p+\alpha\eta_x,q+\alpha\eta_y)\mathrm{d}x\mathrm{d}y=J(\alpha)$$

为书写简便, 这里令 $p=u_x$, $q=u_y$. 于是, 与前面所述相同, 极值曲面 $u(x,y)$ 应满足 $J'(0)=0$, 由此得

$$\begin{aligned}J'(0)=&\iint\limits_D (F_u\eta+F_p\eta_x+F_q\eta_y)\mathrm{d}x\mathrm{d}y\\=&\iint\limits_D\left(F_u-\frac{\partial}{\partial x}F_p-\frac{\partial}{\partial y}F_q\right)\eta(x,y)\mathrm{d}x\mathrm{d}y\\&+\iint\limits_D\left[\frac{\partial}{\partial x}(F_p\eta)+\frac{\partial}{\partial y}(F_q\eta)\right]\mathrm{d}x\mathrm{d}y=0\end{aligned}\tag{1.3.10}$$

利用格林公式, 可将式 (1.3.10) 的后一个二重积分化为线积分, 即

$$\iint\limits_D\left[\frac{\partial}{\partial x}(F_p\eta)+\frac{\partial}{\partial y}(F_q\eta)\right]\mathrm{d}x\mathrm{d}y=\int_C(F_p\eta\mathrm{d}y-F_q\eta\mathrm{d}x)\tag{1.3.11}$$

由边界条件 $\eta(x,y)|_C=0$, 故这一线积分为 0, 所以

$$J'(0)=\iint\limits_D\left(F_u-\frac{\partial}{\partial x}F_p-\frac{\partial}{\partial y}F_q\right)\eta(x,y)\mathrm{d}x\mathrm{d}y=0$$

再利用基本引理, 就得到

$$F_u-\frac{\partial}{\partial x}F_p-\frac{\partial}{\partial y}F_q=0\tag{1.3.12}$$

这就是函数 $u(x,y)$ 必须满足的方程, 它称为**奥斯特罗格拉茨基方程**(简称奥氏方程), 亦称欧拉方程. 方程 (1.3.12) 中含有未知函数的偏导数是一个偏微分方程.

**例 2**　泛函

$$J[u]=\iint\limits_D(u_x^2+u_y^2)\mathrm{d}x\mathrm{d}y$$

的奥氏方程为

$$\Delta u=\frac{\partial^2u}{\partial x^2}+\frac{\partial^2u}{\partial y^2}=0$$

这是有名的二维拉普拉斯方程. $J[u]$ 的满足已知边界条件 $u(x,y)|_C=u_0(x,y)$ 的极值曲面, 就是区域 $D$ 内的狄利克雷问题或者第一边值问题

$$\begin{cases}\Delta u=\dfrac{\partial^2u}{\partial x^2}+\dfrac{\partial^2u}{\partial y^2}=0,\quad (x,y)\in D\\u(x,y)|_C=u_0(x,y)\end{cases}$$

的解.

回顾以上几个定理, 证明的思路都是: 将泛函写成某一个参量 $\alpha$ 的函数, 然后对参量求导取极值. 如果需要, 还可以将泛函设成是 $\alpha$ 和 $\beta$, 甚至更多参量的函数, 然后对各参量求导取极值.

如果有 $N$ 个自变量 $x_i(i=1,2,\cdots,N)$, 用 $\{x_i\}$ 表示这一组 $N$ 个自变量, 一个函数 $y=y(x_1,x_2,\cdots,x_N)=y(\{x_i\})$, 泛函就是

$$J[y]=\int_R F\left(x_1,x_2,\cdots,x_N,y,\frac{\partial y}{\partial x_1},\frac{\partial y}{\partial x_2},\cdots,\frac{\partial y}{\partial x_N}\right)\mathrm{d}x_1\mathrm{d}x_2\cdots\mathrm{d}x_N \qquad (1.3.13\text{a})$$

此式也简记为

$$J[y]=\int_R F\left(\{x_i\},y,\left\{\frac{\partial y}{\partial x_i}\right\}\right)\mathrm{d}^N x \qquad (1.3.13\text{b})$$

容易将式 (1.3.12) 扩展为以下方程:

$$\frac{\partial F}{\partial y}-\sum_{i=1}^{N}\frac{\partial}{\partial x_i}\frac{\partial F}{\partial(\partial y/\partial x_i)}=0 \qquad (1.3.14)$$

最后, 若是 $N$ 个变量 $x_i(i=1,2,\cdots,N)$, $M$ 个函数 $y_\alpha(\{x_i\})(\alpha=1,2,\cdots,M)$, 泛函就是

$$J[\{y_\alpha(\{x_i\})\}]=\int_R F\left(\{x_i\},\{y_\alpha(\{x_i\})\},\left\{\frac{\partial y_\alpha}{\partial x_i}\right\}\right)\mathrm{d}^N x \qquad (1.3.15)$$

结合式 (1.3.8) 和式 (1.3.14), 得到多变量多函数时的欧拉方程组如下:

$$\frac{\partial F}{\partial y_\alpha}-\sum_{i=1}^{N}\frac{\partial}{\partial x_i}\frac{\partial F}{\partial(\partial y_\alpha/\partial x_i)}=0,\quad \alpha=1,2,\cdots,M \qquad (1.3.16)$$

这是包含 $M$ 个方程的方程组.

## 1.4 泛函的条件极值问题

类似于求函数的条件极值问题, 在许多泛函的极值问题中, 容许函数也受到一些附加条件的限制. 下面将讨论两种类型的泛函的条件极值问题.

### 1.4.1 等周问题

这种问题起源于下面的几何问题: 如图 1.3 所示, 求一条通过点 $A$、$B$ 且有定长 $l$ 的曲线, 使曲边梯形 $ABCD$ 的面积取极大值. 设 $y=y(x)$ 为所求曲线, 不难看出, 问题归结为求泛函

$$S[y]=\int_{x_0}^{x_1} y(x)\mathrm{d}x \qquad (1.4.1)$$

满足边界条件 $y(x_0)=y_0$、$y(x_1)=y_1$ 和条件 $\int_{x_0}^{x}\sqrt{1+y'^2}\mathrm{d}x=l$ 的极大值.

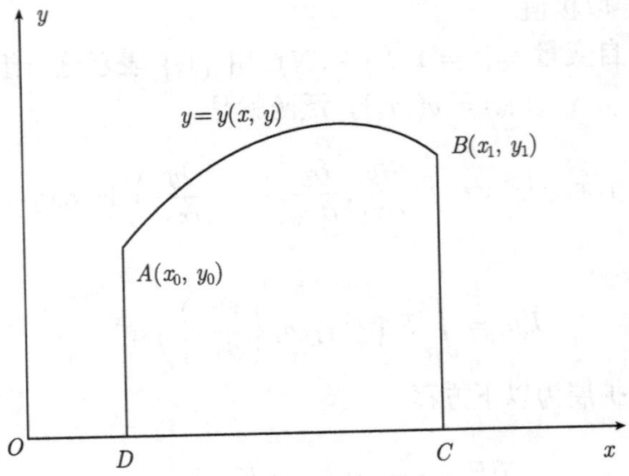


图 1.3

由于题中要求曲边梯形 $ABCD$ 的周长为定值, 因此这个问题叫做**等周问题**.

一般地, 提出下列问题: 在使泛函

$$J_1=\int_{x_0}^{x}G(x,y,y')\mathrm{d}x=l(\text{常数}) \tag{1.4.2}$$

的一切曲线中, 确定出这样一条曲线, 它使泛函

$$J=\int_{x_0}^{x}F(x,y,y')\mathrm{d}x \tag{1.4.3}$$

取极值. 这类问题统称为**等周问题**, 条件 (1.4.2) 称为**等周条件**.

类似于求多元函数条件极值, 拉格朗日乘子法对等周问题也有下面的定理, 它把条件极值的变分问题归结为无条件极值的变分问题.

**定理 1**(拉格朗日)　若曲线 $y=y(x)$ 是所提问题的极值曲线, 但 $y=y(x)$ 不是泛函 $J_1$ 的极值曲线, 则必存在一常数 $\lambda$, 使得 $y=y(x)$ 是泛函

$$\int_{x_0}^{x_1}H(x,y,y')\mathrm{d}x \tag{1.4.4}$$

的极值曲线, 其中

$$H=F+\lambda G \tag{1.4.5}$$

故 $y=y(x)$ 必满足欧拉方程

$$H_y-\frac{\mathrm{d}}{\mathrm{d}x}H_{y'}=0 \tag{1.4.6}$$

**证明** 取比较函数

$$y^*(x) = y(x) + \alpha\eta_1(x) + \beta\eta_2(x) \tag{1.4.7}$$

其中 $\alpha$ 和 $\beta$ 是小参数, $\eta_1(x)$ 和 $\eta_2(x)$ 是任意固定的 $C_2$ 类函数, 且 $\eta_1(x_0) = \eta_1(x_1) = \eta_2(x_0) = \eta_2(x_1) = 0$. 将 $y^*(x)$ 分别代入式 (1.4.2) 和式 (1.4.3), 得

$$J(\alpha,\beta) = \int_{x_0}^{x} F(x, y + \alpha\eta_1 + \beta\eta_2, y' + \alpha\eta_1' + \beta\eta_2')\mathrm{d}x \tag{1.4.8}$$

和

$$J_1(\alpha,\beta) = \int_{x_0}^{x} G(x, y + \alpha\eta_1 + \beta\eta_2, y' + \alpha\eta_1' + \beta\eta_2')\mathrm{d}x = l \tag{1.4.9}$$

因 $y(x)$ 是在条件 (1.4.2) 下泛函 $J[y]$ 的极值曲线, 而 $\alpha = \beta = 0$ 时 $y^* = y$, 所以当 $\alpha = \beta = 0$ 时, 二元函数 $J(\alpha,\beta)$ 在条件 $J_1(\alpha,\beta) = l$ 下取极值. 于是由普通函数的条件极值问题的拉格朗日乘子法, 有

$$\left.\begin{aligned} \frac{\partial J}{\partial \alpha} + \lambda\frac{\partial J_1}{\partial \alpha} = 0 \\ \frac{\partial J}{\partial \beta} + \lambda\frac{\partial J_1}{\partial \beta} = 0 \end{aligned}\right\}, \quad \alpha = \beta = 0 \tag{1.4.10}$$

其中 $\lambda$ 是待定常数. 把 $J$ 和 $J_1$ 代入这两个方程, 得

$$\left.\begin{aligned} \int_{x_0}^{x_1} [(F_y + \lambda G_y)\eta_1 + (F_{y'} + \lambda G_{y'})\eta_1']\mathrm{d}x = 0 \\ \int_{x_0}^{x_1} [(F_y + \lambda G_y)\eta_2 + (F_{y'} + \lambda G_{y'})\eta_2']\mathrm{d}x = 0 \end{aligned}\right\} \tag{1.4.11}$$

再分别将这两个积分的第二项进行分部积分, 并注意到 $\eta_1(x_0) = \eta_1(x_1) = \eta_2(x_0) = \eta_2(x_1) = 0$, 得

$$\int_{x_0}^{x_1} \left[(F_y + \lambda G_y) - \frac{\mathrm{d}}{\mathrm{d}x}(F_{y'} + \lambda G_{y'})\right]\eta_1\mathrm{d}x = 0 \tag{1.4.12}$$

$$\int_{x_0}^{x_1} \left[(F_y + \lambda G_y) - \frac{\mathrm{d}}{\mathrm{d}x}(F_{y'} + \lambda G_{y'})\right]\eta_2\mathrm{d}x = 0 \tag{1.4.13}$$

由所设条件, $y(x)$ 不满足方程 $G_y - \dfrac{\mathrm{d}}{\mathrm{d}x}G_{y'} = 0$, 故可选取 $\eta_2(x)$ 使

$$\int_{x_0}^{x_1} \left(G_y - \frac{\mathrm{d}}{\mathrm{d}x}G_{y'}\right)\eta_2\mathrm{d}x \neq 0 \tag{1.4.14}$$

从而由式 (1.4.13), 得

$$\lambda = \frac{\displaystyle\int_{x_0}^{x_1} \left(F_y - \frac{\mathrm{d}}{\mathrm{d}x}F_{y'}\right)\eta_2\mathrm{d}x}{\displaystyle\int_{x_0}^{x_1} \left(G_y - \frac{\mathrm{d}}{\mathrm{d}x}G_{y'}\right)\eta_2\mathrm{d}x} \tag{1.4.15}$$

因 $\eta_2$ 与 $\eta_1$ 是相互独立的, 故 $\lambda$ 是与 $\eta_1$ 无关的常数. 最后再对式 (1.4.12) 应用基本引理, 得

$$F_y + \lambda G_y - \frac{\mathrm{d}}{\mathrm{d}x}(F_{y'} + \lambda G_{y'}) = 0 \tag{1.4.16}$$

证明完毕.

式 (1.4.16) 是一个含参数 $\lambda$ 的二阶常微分方程, 它的通解中含三个待定常数 $C_1$、$C_2$ 和 $\lambda$, 它们可由等周条件 (1.4.2) 和已给边界条件, 如 $y(x_0) = y_0$、$y(x_1) = y_1$ 确定.

**例 1** 求泛函

$$S = \int_{x_0}^{x_1} y\mathrm{d}x, \quad y(x_0) = y_0, \quad y(x_1) = y_1$$

满足等周条件

$$\int_{x_0}^{x_1} \sqrt{1+y'^2}\mathrm{d}x = l$$

的极值曲线.

**解** 作辅助泛函

$$J = \int_{x_0}^{x_1} (y + \lambda\sqrt{1+y'^2})\mathrm{d}x$$

令 $H = y + \lambda\sqrt{1+y'^2}$, 其欧拉方程为

$$H_y - \frac{\mathrm{d}}{\mathrm{d}x}H_{y'} = 0$$

因 $H$ 不含 $x$, 故其首次积分为

$$H - y'H_{y'} = C_1$$

即

$$y + \lambda\sqrt{1+y'^2} - \frac{\lambda y'^2}{\sqrt{1+y'^2}} = C_1$$

或

$$y - C_1 = -\frac{\lambda}{\sqrt{1+y'^2}}$$

用参数法解此微分方程, 令 $y' = \tan t$, 得

$$y - C_1 = -\lambda\cos t, \quad \mathrm{d}x = \frac{\mathrm{d}y}{y'} = \frac{\lambda\sin t\mathrm{d}t}{\tan t} = \lambda\cos t\mathrm{d}t, \quad x = \lambda\sin t + C_2$$

于是所求极值曲线的参数方程为

$$x - C_2 = \lambda\sin t, \quad y - C_1 = -\lambda\cos t$$

消去参数 $t$, 得 $(x-C_2)^2+(y-C_1)^2=\lambda^2$, 这是一族圆, $C_1$、$C_2$ 及 $\lambda$ 可由条件

$$y(x_0)=y_0,\quad y(x_1)=y_1,\quad \int_{x_0}^{x_1}\sqrt{1+y'^2}\mathrm{d}x=l$$

确定.

### 1.4.2 测地线问题

求两个函数 $y(x)$ 及 $z(x)$, 它们给泛函

$$J=\int_{x_0}^{x_1}F(x,y,y',z,z')\mathrm{d}x \tag{1.4.17}$$

以极值, 且满足附加条件

$$G(x,y,z)=0 \tag{1.4.18}$$

这个问题, 在力学中是所谓的约束问题, 从几何上看就是求一条曲线, 它位于曲面 (1.4.18) 内且给泛函 (1.4.17) 以极值. 注意现在是一个自变量 $x$ 和两个函数 $y(x)$ 和 $z(x)$. 考虑约束曲面时, 可建立坐标系, 设 $x$ 是 $y$ 和 $z$ 的函数, 随着 $y$ 和 $z$ 的变化, $x$ 的数值构成一个曲面, 极值曲线就在这个曲面上, 它包含了 $y(x)$ 和 $z(x)$ 两个函数.

解这个问题的一个很自然的想法就是: 从方程 (1.4.18) 确定 $z$ 为 $x$、$y$ 的函数, 且将这个函数代入式 (1.4.17), 这样就归结为只有一个待求函数 $y(x)$ 的没有附加条件的寻常的变分问题. 下面就沿着这个想法求出极值函数 $y(x)$ 及 $z(x)$ 应当满足的方程.

设 $G_z\neq 0$, 则依隐函数存在定理, 可以由式 (1.4.18) 解出 $z=\varphi(x,y)$, 代入式 (1.4.17) 得

$$J=\int_{x_0}^{x_1}F(x,y,y',\varphi,\varphi_x+\varphi_y y')\mathrm{d}x \tag{1.4.19}$$

为方便起见, 令 $F^*(x,y,y')=F(x,y,y',\varphi,\varphi_x+\varphi_y y')$, 于是 $y(x)$ 应满足欧拉方程

$$F_y^*-\frac{\mathrm{d}}{\mathrm{d}x}F_{y'}^*=0 \tag{1.4.20}$$

因

$$\begin{aligned}
F_y^*&=F_y+F_z\varphi_y+F_{z'}(\varphi_{xy}+\varphi_{yy}y')\\
F_{y'}^*&=F_{y'}+F_{z'}\varphi_y\\
\frac{\mathrm{d}}{\mathrm{d}x}F_{y'}^*&=\frac{\mathrm{d}}{\mathrm{d}x}F_{y'}+\varphi_y\frac{\mathrm{d}}{\mathrm{d}x}F_{z'}+F_{z'}(\varphi_{xy}+\varphi_{yy}y')
\end{aligned} \tag{1.4.21}$$

这样式 (1.4.20) 就成为

$$F_y+\varphi_y\left(F_z-\frac{\mathrm{d}}{\mathrm{d}x}F_{z'}\right)-\frac{\mathrm{d}}{\mathrm{d}x}F_{y'}=0 \tag{1.4.22}$$

又 $\varphi_y = \dfrac{\partial z}{\partial y} = -\dfrac{G_y}{G_z}$, 代入式 (1.4.22), 得

$$\frac{1}{G_y}\left(F_y - \frac{\mathrm{d}}{\mathrm{d}x}F_{y'}\right) = \frac{1}{G_z}\left(F_z - \frac{\mathrm{d}}{\mathrm{d}x}F_{z'}\right) \tag{1.4.23}$$

这个等式的两端沿着极值曲线是同一个函数, 记为 $-\lambda(x)$, 于是得

$$\begin{cases} \dfrac{\mathrm{d}}{\mathrm{d}x}F_{y'} - [F_y + \lambda(x)G_y] = 0 \\ \dfrac{\mathrm{d}}{\mathrm{d}x}F_{z'} - [F_z + \lambda(x)G_z] = 0 \end{cases} \tag{1.4.24}$$

这就是极值函数 $y(x)$ 和 $z(x)$ 所应满足的二阶微分方程组.

综上所述, 得到定理 2.

**定理 2** 设函数 $y(x)$、$z(x)$ 使泛函 (1.4.17) 取得极值, 并满足方程 (1.4.18), 则必有适当的因子 $\lambda(x)$ 存在, 使得 $y(x)$、$z(x)$ 满足泛函 $J^* = \displaystyle\int_{x_0}^{x_1} H(x, y, y', z, z')\mathrm{d}x$ 的欧拉方程

$$\begin{cases} \dfrac{\mathrm{d}}{\mathrm{d}x}H_{y'} - H_y = 0 \\ \dfrac{\mathrm{d}}{\mathrm{d}x}H_{z'} - H_z = 0 \end{cases} \tag{1.4.25}$$

其中 $H = F + \lambda(x)G$.

注意式 (1.4.24) 与式 (1.4.25) 的差别, 后者的第一项中写的是 $H_{y'}$ 而不是 $F_{y'}$, 这是因为现在的约束条件 (1.4.18) 中, $G$ 不含 $y'$ 和 $z'$.

**例 2**(短程线问题) 求在曲面 $\varphi(x, y, z) = 0$ 上两定点 $A(x_0, y_0, z_0)$ 和 $B(x_1, y_1, z_1)$ 间的最短距离.

**解** 已经知道, 两点间的距离是由公式

$$l = \int_{x_0}^{x_1} \sqrt{1 + y'^2 + z'^2}\mathrm{d}x$$

表示的. 因此, 这个问题就是要在条件 $\varphi(x, y, z) = 0$ 下求泛函 $l$ 的极小值. 作辅助泛函

$$l^* = \int_{x_0}^{x_1} \left[\sqrt{1 + y'^2 + z'^2} + \lambda(x)\varphi(x, y, z)\right] \mathrm{d}x$$

写出它的欧拉方程

$$\lambda(x)\varphi_y - \frac{\mathrm{d}}{\mathrm{d}x}\frac{y'}{\sqrt{1 + y'^2 + z'^2}} = 0$$
$$\lambda(x)\varphi_z - \frac{\mathrm{d}}{\mathrm{d}x}\frac{z'}{\sqrt{1 + y'^2 + z'^2}} = 0$$

由这两个方程及约束条件 $\varphi(x,y,z)=0$ 就可以确定因子 $\lambda(x)$ 及函数 $y=y(x)$ 和 $z=z(x)$, 而已给边界条件 $y(x_0)=y_0, y(x_1)=y_1$ 和 $z(x_0)=z_0, z(x_1)=z_1$, 可用来确定通解中的常数.

在力学中, 常要用到更一般形式的约束问题, 现将结果叙述如下: 求含有 $n$ 个变量函数的泛函

$$J[y_1,y_2,\cdots,y_n]=\int_{x_0}^{x_1}F(x;y_1,y_2,\cdots,y_n;y_1',y_2',\cdots,y_n')\mathrm{d}x \tag{1.4.26}$$

在 $m$ 个约束条件

$$\varphi_k(x,y_1,y_2,\cdots,y_n)=0,\quad k=1,2,\cdots,m,\quad m<n \tag{1.4.27}$$

下的极值问题, 归结为泛函

$$J^*=\int_{x_0}^{x_1}\left[F+\sum_{k=1}^{m}\lambda_k(x)\varphi_k\right]\mathrm{d}x \tag{1.4.28}$$

的欧拉方程组

$$\frac{\mathrm{d}}{\mathrm{d}x}F_{y_i'}-\left[F_{y_i}+\sum_{k=1}^{m}\lambda_k(x)\frac{\partial\varphi_k}{\partial y_i}\right]=0,\quad i=1,2,\cdots,n \tag{1.4.29}$$

## 1.5 自然边界条件

前面讲了泛函的极值曲线或极值曲面必满足欧拉方程, 它是一个常微分方程或偏微分方程. 为了把极值曲线或极值曲面完全确定出来, 对它们就要附加一定的边界条件. 在前面所举的例子中, 所加的边界条件都是预先给定极值函数在边界上所取的值, 如条件式 (1.2.27). 相应地, 对两端点变分的结果是零, 见式 (1.2.24).

但是在实际问题中所遇到的边界条件却要广泛得多, 甚至连边界本身都可以变动, 仍以最简单的典型泛函

$$J[y]=\int_{x_0}^{x_1}F(x,y,y')\mathrm{d}x \tag{1.5.1}$$

为例讨论. 一般说来, 它的积分限 $x_0$、$x_1$ 和容许函数在边界上的值 $y(x_0)$ 和 $y(x_1)$ 都是可变的, 即曲线的端点可变动. 为了简单起见, 下面只讨论当式 (1.5.1) 中的积分限 $x_0$、$x_1$ 不变, 而 $y(x_0)$ 和 $y(x_1)$ 的值可变的情形. 从几何上看, 就是容许曲线的两端点可以在两条平行于 $y$ 轴的直线 $x=x_0$ 和 $x=x_1$ 上变动, 如图 1.4.

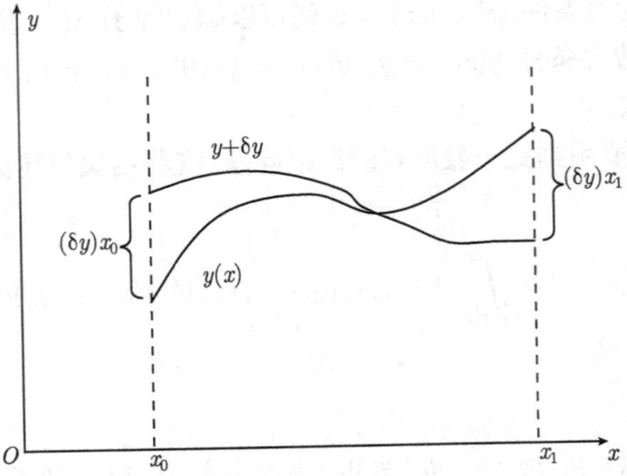


图 1.4 积分限 $x_0$、$x_1$ 不变, 但是端点的位置, 也就是在 $x_0$、$x_1$ 处的值 $y(x_0)$ 和 $y(x_1)$ 可以变化

泛函极值的基本条件是, 其变分为零, 即

$$\delta J = 0 \tag{1.5.2}$$

故只能从此式出发进行讨论.

由式 (1.2.25) 知

$$\delta J = F_{y'}\delta y(x)|_{x_0}^{x_1} + \int_{x_0}^{x_1}\left(F_y - \frac{\mathrm{d}}{\mathrm{d}x}F_{y'}\right)\delta y\mathrm{d}x = 0 \tag{1.5.3a}$$

注意, 前面的欧拉方程是根据固定端点的式 (1.2.24) 的条件得到的. 此处不能再利用这一条件, 因为端点是变动的. 不过, 由于变动端点泛函的容许曲线包括了固定端点泛函的容许曲线, 因此只要 $y(x)$ 是泛函 (1.5.1) 的极值曲线, 那么它一定是满足欧拉方程的. 假定找到了这一泛函问题的解 $y = y^*(x)$, 则端点值 $y(x_0)$ 和 $y(x_1)$ 为固定的常数, 于是可将这一边界条件增加到原来的变分问题中, 构成固定边界变分问题. 显然, $y^*(x)$ 也就必然是这一固定变分问题的解. 因而 $y^*(x)$ 必满足欧拉方程

$$F_y - \frac{\mathrm{d}}{\mathrm{d}x}F_{y'} = 0$$

也就是说, 无论端点是否固定, 极值曲线总是满足欧拉方程的. 因此式 (1.5.3a) 就只剩下第一项. 有

$$\delta J = (F_{y'}\delta y)_{x_1} - (F_{y'}\delta y)_{x_0} = 0 \tag{1.5.3b}$$

因为函数在端点的改变量 $(\delta y)_{x_0}$ 和 $(\delta y)_{x_1}$ 是独立的 (图 1.4), 故必有

$$F_{y'}\,|_{x=x_0} = 0, \quad F_{y'}\,|_{x=x_1} = 0 \tag{1.5.4}$$

这就是 $y(x)$ 在端点 $x=x_0$ 和 $x=x_1$ 所应满足的条件, 称为**自然边界条件**.

特别地, 如果容许曲线的一端固定, 如左端点固定, 即

$$y(x_0)=y_0 \tag{1.5.5}$$

右端点在定值线 $x=x_1$ 上变动, 那么此时 $\delta y(x)=0$, 而 $\delta y(x_1)$ 是任意的, 于是由式 (1.5.3) 可得自然边界条件

$$F_{y'}|_{x=x_1}=0 \tag{1.5.6}$$

**例** 在 1.2 节中, 已求得最速降线问题的欧拉方程的通解是圆滚线族

$$x=C_1(\theta-\sin\theta)+C_2,\quad y=C_1(1-\cos\theta)$$

如果设最速线的左端固定, 即 $y(0)=0$, 而右端点可在直线 $x=x_1$ 上变动. 此时, 由 $y(0)=0$ 仍得 $C_2=0$, 而由式 (1.5.6) 来确定 $C_1$, 因 $F=\sqrt{\dfrac{1+y'^2}{2gy}}$, 故

$$F_{y'}|_{x=x_1}=\left.\frac{y'}{\sqrt{2gy(1+y'^2)}}\right|_{x=x_1}=0$$

由此有 $y'(x_1)=0$. 因此, 所求的圆滚线应当和直线 $x=x_1$ 相交成直角 (图 1.5), 由 $y'(x_1)=0$, 不难算得顶点 $B$ 对应于 $\theta=\pi$, 所以

$$x_1=C_1\pi,\quad C_1=\frac{x_1}{\pi}$$

于是, 可能的极值曲线只能是

$$x=\frac{x_1}{\pi}(\theta-\sin\theta),\quad y=\frac{x_1}{\pi}(1-\cos\theta)$$

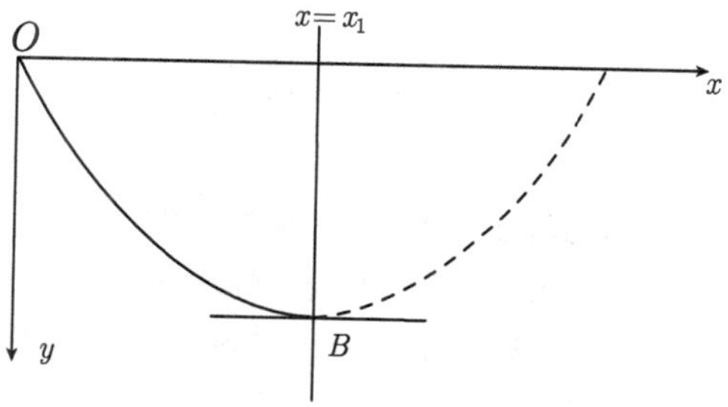


图 1.5 圆滚线起点固定在原点, 终点在直线 $x=x_1$ 上变动. 则圆滚线和直线 $x=x_1$ 一定直角相交

当端点 $x_0$、$x_1$ 本身及其函数值 $y(x_0)=y_0$ 和 $y(x_1)=y_1$ 都可以变动, 即两个端点 $(x_0,y_0)$ 和 $(x_1,y_1)$ 都是可以任意变动的时候, 情况就比较复杂了. 这里不作具体的推导, 只给出结果[1,2]. 此时极值函数应满足的自然边界条件如下:

$$F_{y'}\Big|_{x=x_0}=0,\quad F_{y'}\Big|_{x=x_1}=0 \tag{1.5.7a}$$

$$(F-y'F_{y'})_{x=x_0}=0,\quad (F-y'F_{y'})_{x=x_1}=0 \tag{1.5.7b}$$

欧拉方程与此边界条件联立才能解出极值曲线, 即欧拉方程通解中的两个积分常数以及 $x_0$、$x_1$ 需由自然边界条件 (1.5.7) 确定.

如果泛函的容许曲线的两个端点 $(x_0,y_0)$ 和 $(x_1,y_1)$ 不是任意变化的, 而是分别沿着固定的曲线 $g_0(x_0)$ 和 $g_1(x_1)$ 变动, 即

$$y_0=g_0(x_0) \tag{1.5.8a}$$

$$y_1=g_1(x_1) \tag{1.5.8b}$$

此时有

$$\delta y_0=g_0'(x_0)\delta x_0 \tag{1.5.9a}$$

$$\delta y_1=g_1'(x_1)\delta x_1 \tag{1.5.9b}$$

式 (1.5.8) 相当于约束条件. 此时容许曲线应满足的自然边界条件为

$$[F+(g_0'-y')F_{y'}]_{x=x_0}=0 \tag{1.5.10a}$$

$$[F+(g_1'-y')F_{y'}]_{x=x_1}=0 \tag{1.5.10b}$$

此条件称为横截条件, 它表现了端点处极值曲线的导数与限定曲线 $g_0(x_0)$ 和 $g_1(x_1)$ 的导数间的关系. 此时, 应用式 (1.5.9) 和式 (1.5.10) 确定欧拉方程中解的积分常数和 $x_0$、$x_1$ 的数值以获得极值曲线.

## 1.6 变分原理

数学中的变分学理论在物理上的应用一般称为变分原理. 变分原理是从自然现象中归纳得到, 然后以原理的形式表现出来, 作为推导物质的运动或者存在的状态所应该满足的方程的出发点. 变分原理是一种属于科学假设范畴的极值原则, 它在各学科中表现为不同的形式.

例如, 在光学中表现为**光行最速原则 —— 费马原则**: 光从 $A$ 点传到 $B$ 点, 永远沿时间为最少的路线传播. 设光在某平面介质内沿曲线 $y=y(x)$ 进行传播, 用

$v(x,y)$ 表示在介质内点 $(x,\ y)$ 的光速, 则类似于最速降线问题的推导, 可知光线沿曲线 $y=y(x)$ 由 $A(x_0,y_0)$ 点传播到 $B(x_1,y_1)$ 点所需的时间 $T$ 为

$$T[y]=\int_{x_0}^{x_1}\frac{\sqrt{1+y'^2}}{v(x,y)}\mathrm{d}x \tag{1.6.1a}$$

根据费马原则, 确定光的路线问题, 就变成确定一条曲线使泛函 $T[y]$ 取最小值. 如果用时间 $t$ 作为自变量, 那么光前进的路径上每一点坐标 $x$、$y$ 都是时间的函数, $x=x(t),y=y(t)$. 则式 (1.6.1a) 可写成

$$T[x(t),y(t)]=\int_{t_0}^{t_1}\frac{\sqrt{\dot{x}^2+\dot{y}^2}}{v(x,y)}\mathrm{d}t \tag{1.6.1b}$$

下面分别介绍经典力学和量子力学中的变分原理.

### 1.6.1 经典力学的变分原理

在经典力学中变分原理主要是指**哈密顿最小作用原理**, 简称**哈密顿原理**.

哈密顿原理是指: 一个力学系统中, 如果将系统的动能 $T$ 和势能 $U$ 相减构成系统的**拉格朗日量**(也简称**拉氏量**)

$$L=T-U \tag{1.6.2}$$

其中动能和势能可以是广义坐标和广义动量的函数, 而广义坐标和广义动量是随时间而变化的, 那么构造如下泛函:

$$J=\int_{t_0}^{t_1}L\mathrm{d}t \tag{1.6.3}$$

系统在一段时间内的一切可能的 (即与约束相容的) 运动中, 实现的是这样一种运动, 它由泛函 $J$ 的变分为零

$$\delta J=0 \tag{1.6.4}$$

决定, 也就是泛函到达极值. 在一般常遇到的力学问题中, 这极值总是最小值, 所以也称之为最小作用原理. 式 (1.6.4) 的 $J$ 也称为**作用量**.

下面以保守力场为例, 说明哈密顿原理.

设已给质点系的第 $i$ 个质点的质量为 $m_i$, 坐标为 $(x_i,y,z),i=1,2,3,\cdots,m$. 又设在质点 $m_i$ 上作用着以 $U(t,x_1,y_1,z_1,\cdots,x_n,y_n,z_n)$ 为势函数的力 $\boldsymbol{F}_i(i=1,2,\cdots,n)$

$$F_{i,x}=-\frac{\partial U}{\partial x_i},\quad F_{i,y}=-\frac{\partial U}{\partial y_i},\quad F_{i,z}=-\frac{\partial U}{\partial z_i} \tag{1.6.5}$$

已经知道, 质点系的运动是用牛顿方程组描写的, 即各质点的运动曲线方程 $x = x_i(t), y = y_i(t), z = z_i(t)$ 满足

$$\begin{cases} m_i\ddot{x}_i = F_{i,x} = -\dfrac{\partial U}{\partial x_i} \\ m_i\ddot{y}_i = F_{i,y} = -\dfrac{\partial U}{\partial y_i} \\ m_i\ddot{z}_i = F_{i,z} = -\dfrac{\partial U}{\partial z_i} \end{cases} \tag{1.6.6}$$

质点系的位能为 $U$, 动能为

$$T = \frac{1}{2}\sum_{i=1}^{n} m_i(\dot{x}_i^2 + \dot{y}_i^2 + \dot{z}_i^2) = T(\dot{x}_1, \dot{y}_1, \dot{z}_1, \cdots, \dot{x}_n, \dot{y}_n, \dot{z}_n)$$

假定质点系的起始位置 $x_1(t_0), y_1(t_0), z_1(t_0), \cdots, z_n(t_0)$ 和终了位置 $x_1(t_1), \cdots, z_n(t_1)$ 固定, 考虑泛函

$$J_1 = \int_{t_0}^{t_1} T(\dot{x}_1, \cdots, \dot{z}_n)\mathrm{d}t$$

和

$$J_2 = \int_{t_0}^{t_1} U(t_1, x_1, \cdots, z_n)\mathrm{d}t$$

计算这两个泛函的变分

$$\delta J_1 = \int_{t_0}^{t_1}\left(\frac{\partial T}{\partial \dot{x}_1}\delta\dot{x}_1 + \cdots + \frac{\partial T}{\partial \dot{z}_n}\delta\dot{z}_n\right)\mathrm{d}t$$

把每项分部积分, 并注意

$$\delta x_1(t_0) = \delta x_1(t_1) = \cdots = \delta z_n(t_0) = \delta z_n(t_1) = 0$$

可得

$$\begin{aligned} \delta J_1 &= -\int_{t_0}^{t}\left[\left(\frac{\mathrm{d}}{\mathrm{d}t}\frac{\partial T}{\partial \dot{x}_1}\right)\delta x_1 + \cdots + \left(\frac{\mathrm{d}}{\mathrm{d}t}\frac{\partial T}{\partial \dot{z}_n}\right)\delta z_n\right]\mathrm{d}t \\ &= -\int_{t_0}^{t}(m_1\ddot{x}_1\delta x_1 + \cdots + m_n\ddot{z}_n\delta z_n)\mathrm{d}t \end{aligned}$$

其次

$$\delta J_2 = \int_{t_0}^{t}\left(\frac{\partial U}{\partial x_1}\delta x_1 + \cdots + \frac{\partial U}{\partial z_n}\delta z_n\right)\mathrm{d}t$$

由牛顿方程组 (1.6.6), 可得

$$\delta J_1 = \delta J_2$$

即

$$\delta(J_1 - J_2) = 0$$

由上述讨论可见：如果函数 $x_1(t), y_1(t), z_1(t), \cdots, x_n(t), y_n(t), z_n(t)$ 在时间 $t_0 \leqslant t \leqslant t_1$ 内描述质点系的运动，那么在这些函数处，泛函

$$J_1 - J_2 = \int_{t_0}^{t_1} (T - U)\mathrm{d}t = \int_{t_0}^{t_1} L\mathrm{d}t \tag{1.6.7}$$

取极值. 这就是说，上述质点系是遵循哈密顿原理的.

反之，一旦把系统的泛函 (1.6.7) 写出来之后，使这一泛函取极值的相应的欧拉–拉格朗日方程组就是牛顿第二定律的运动方程 (1.6.6). 在前几节中，我们一直称之为欧拉方程的方程组，在物理学中应用时，也常称为**欧拉–拉格朗日方程组**，甚至更有简称为**拉格朗日方程组**的.

动能和势能一般是广义坐标和广义动量的函数. 如果有 $n$ 对广义坐标 (用 $\{q_i(t)\}$ 表示) 和广义动量 (用 $\{\dot{q}_i(t)\}$ 表示)，那么根据 1.3.1 节对多个函数的情况的讨论可知，此时的拉格朗日方程组可按式 (1.3.8) 写成

$$\frac{\mathrm{d}}{\mathrm{d}t}\frac{\partial L}{\partial \dot{q}_i} - \frac{\partial L}{\partial q_i} = 0, \quad i = 1, 2, \cdots, n \tag{1.6.8}$$

动能是不显含时间的，而且一般说来，它是广义动量的二次函数. 假如势能 $U$ 是不依赖于时间 $t$ 的，那么 $L$ 就不显含 $t$，根据 1.1.2 节中对不含自变量的特例的讨论可知，有一个首次积分. 这个首次积分的常数 $E$ 就是体系的总能量[3]，它等于动能加势能

$$E = T + U$$

因此，势能不显含时间意味着系统的总能量守恒. 如果势能不显含某一广义坐标 $q_i$，那么由式 (1.6.8) 知，拉格朗日函数对相应的广义动量的求导是一个常数，即

$$\frac{\partial L}{\partial \dot{q}_i} = P_i \tag{1.6.9}$$

这个常数 $P_i$ 是与广义动量成正比的. 因此势能不显含坐标 $q_i$ 意味着系统相对于这个坐标的动量守恒.

现在假定上述质点系的坐标还受到 $m$ 个约束条件

$$\varphi_j(t, x_1, y_1, z_1, \cdots, x_n, y_n, z_n) = 0, \quad j = 1, 2, \cdots, m \tag{1.6.10}$$

利用哈密顿原理，很容易导出这个质点系的运动方程.

事实上，由哈密顿原理，各质点的运动曲线

$$x_i = x_i(t), \quad y_i = y_i(t), \quad z_i = z_i(t)$$

应使泛函

$$J = \int_{t_0}^{t_1} (T - U)\mathrm{d}t = \int_{t_0}^{t_1} \left[ \frac{1}{2} \sum_{i=1}^{n} m_i(\dot{x}_i^2 + \dot{y}_i^2 + \dot{z}_i^2) - U \right] \mathrm{d}t$$

取极值, 这是一个条件极值的变分问题. 作辅助泛函

$$J^* = \int_{t_0}^{t_1} \left[ \frac{1}{2} \sum_{i=1}^{n} m_i(\dot{x}_i^2 + \dot{y}_i^2 + \dot{z}_i^2) - U + \sum_{j=1}^{m} \lambda_j(t)\varphi_j \right] \mathrm{d}x$$

这个泛函的欧拉方程

$$\left.\begin{aligned} m_i\ddot{x}_i &= -\frac{\partial U}{\partial x_i} + \sum_{j=1}^{m} \lambda_j(t) \frac{\partial \varphi_j}{\partial x_i} \\ m_i\ddot{y}_i &= -\frac{\partial U}{\partial y_i} + \sum_{j=1}^{m} \lambda_j(t) \frac{\partial \varphi_j}{\partial y_i} \\ m_i\ddot{z}_i &= -\frac{\partial U}{\partial z_i} + \sum_{j=1}^{m} \lambda_j(t) \frac{\partial \varphi_j}{\partial z_i} \end{aligned}\right\} \quad i = 1, 2, \cdots, n$$

就是质点系的运动微分方程.

现在将哈密顿原理推广到一般的系统. 如果能够写出一个系统的拉格朗日量, 那么作用量就由式 (1.6.3) 构造. 一般将作用量写成 $S$

$$S = \int_{t_0}^{t_1} L\mathrm{d}t \tag{1.6.11}$$

系统的运动方程就由作用量的变分为零 ($\delta S = 0$) 决定. 由于通常情况下, $\delta S = 0$ 使得作用量 $S$ 达到极小值, 因此也常称为最小作用量原理. 式 (1.6.11) 中的 $L$ 也常被称为拉格朗日密度.

在一般的系统中, 拉格朗日量有可能不是动能减势能. 后面将会给出相对论力学系统的一个例子.

**例**　一个粒子在一个半径为 $R$ 的球面受到重力的作用, 求其运动方程[4].

**解**　由于是在球面上运动, 因此采用球坐标 $(r, \theta, \varphi)$ 是比较方便的. 以球心为原点, 可写出粒子的运动动能为

$$T = \frac{1}{2} m(\dot{r}^2 + r^2\dot{\theta}^2 + r^2 \sin^2 \theta \dot{\varphi}^2)$$

它的势能为

$$U = mgz = mgr \cos \theta$$

这样, 就写出拉格朗日量

$$L=\frac{1}{2}m(\dot{r}^2+r^2\dot{\theta}^2+r^2\sin^2\theta\dot{\varphi}^2)-mgr\cos\theta \tag{1.6.12}$$

由于要求粒子只能在球面上运动, 即 $r=R$, 这就给出了一个约束条件

$$G(t,r,\theta,\varphi)=r-R=0$$

根据 1.4 节的介绍, 现在实际上是要求泛函

$$\int_{t_0}^{t_1}F(t,r,\theta,\varphi)\mathrm{d}t$$

的极值问题. 其中

$$\begin{aligned}F(t,r,\theta,\varphi)&=L+\lambda(t)G\\&=\frac{1}{2}m(\dot{r}^2+r^2\dot{\theta}^2+r^2\sin^2\theta\dot{\varphi}^2)-mgr\cos\theta+\lambda(t)(r-R)\end{aligned}$$

注意, 类似于测地线问题, 此处的 $\lambda$ 可能是时间 $t$ 的函数.

运用欧拉–拉格朗日方程, 即仿照式 (1.4.29), 写出各微分方程. 对于 $r$ 有

$$m\ddot{r}-(mr\dot{\theta}^2+mr\sin^2\theta\dot{\varphi}^2)+mg\cos\theta-\lambda(t)=0 \tag{1.6.13a}$$

对于 $\theta$, 有

$$mr^2\ddot{\theta}-mr^2\sin\theta\cos\theta\dot{\varphi}^2-mgr\sin\theta=0 \tag{1.6.13b}$$

函数 $F$ 中不含角度 $\varphi$, 因此有一个首次积分. 仿照式 (1.2.28) 写出首次积分为

$$mr^2\sin^2\theta\dot{\varphi}=p_\varphi \tag{1.6.13c}$$

用 $p_\varphi$ 表示这个首次积分的常数, 它具有角动量的量纲, 并且它正是与广义坐标 $\varphi$ 对应的广义动量. 约束条件给出了第四个方程

$$r=R \tag{1.6.13d}$$

现在式 (1.6.13) 的四个等式可以用来求解 $r(t)$、$\theta(t)$、$\varphi(t)$ 和 $\lambda(t)$ 四个函数.

实际上, 式 (1.6.13d) 已经明确给出了 $r(t)$ 的运动方程. 由式 (1.6.13c)

$$\dot{\varphi}=\frac{p_\varphi}{mR^2\sin^2\theta}$$

函数 $\varphi(t)$ 的表达式有赖于 $\theta(t)$ 的表达式. 把式 (1.6.13c) 代入式 (1.6.13b), 得到

$$mR^2\ddot{\theta}=\frac{p_\varphi^2}{mR^2\sin^3\theta}\cos\theta+mgR\sin\theta$$

此式两边乘以 $\dot{\theta}\mathrm{d}t$, 即可进行积分, 得到

$$\frac{1}{2}mR^2\dot{\theta}^2 = -\frac{p_\varphi^2}{2mR^2\sin^2\theta} - mgR\cos\theta + C_2 \tag{1.6.14}$$

若写成以下形式:

$$\frac{1}{2}mR^2\dot{\theta}^2 + \frac{p_\varphi^2}{2mR^2\sin^2\theta} + mgR\cos\theta = C_2$$

则容易看到, 等式左边分别是两个角向的动能和势能, 因此积分常数 $C_2$ 实际上就是粒子的总能量. 事实上, 拉格朗日函数 (1.6.12) 是不显含时间的, 因此这个系统的总能量是守恒的.

函数 $\theta(t)$ 的形式不容易求得解析解. 由式 (1.6.13a) 得

$$\lambda(t) = -mR\dot{\theta}^2 - mR\sin^2\theta\dot{\varphi}^2 + mg\cos\theta \tag{1.6.15}$$

此式的前两项分别是两个角向运动的离心力的负值, 第三项是重力的负号. 把式 (1.6.14) 与式 (1.6.13c) 代入式 (1.6.15), 得到

$$\begin{aligned}\lambda(t) &= \frac{p_\varphi^2}{mR^3\sin^2\theta} + 2mg\cos\theta - 2\frac{C_2}{R} - \frac{p_\varphi^2}{mR^3\sin^2\theta} + mg\cos\theta \\ &= \frac{1}{R}(3mgR\cos\theta - 2C_2)\end{aligned}$$

本例的两个积分常数确实表现出系统总能量守恒和一个广义动量守恒. 一般的物理系统中的积分常数都是有着明确的物理意义的.

### 1.6.2　量子力学的变分原理

量子力学系统的一个基本的性质是: 如果一个系统的哈密顿量 $H$ 已知, 基态能量为 $E_0$, 那么对于任何一个满足所要求边界条件的函数 $\varPhi$, 下式一定成立

$$\frac{\displaystyle\int \varPhi^* H\varPhi \mathrm{d}\Omega}{\displaystyle\int \varPhi^*\varPhi \mathrm{d}\Omega} \geqslant E_0$$

当 $\varPhi$ 正好是基态波函数时, 上式取等号[5].

从这一不等式出发, 可以利用变分法求得尽可能接近基态的波函数. 先设一个满足波函数边界条件的函数 $\varPhi(\boldsymbol{r}, \alpha_1, \alpha_2, \alpha_3, \cdots, \alpha_l)$, 其中 $(\alpha_1, \alpha_2, \alpha_3, \cdots, \alpha_l)$ 是 $l$ 个可变参数, 计算哈密顿量在这个波函数中的平均值

$$E(\alpha_1, \alpha_2, \cdots, \alpha_l) = \frac{\displaystyle\int \varPhi^* H\varPhi \mathrm{d}\Omega}{\displaystyle\int \varPhi^*\varPhi \mathrm{d}\Omega} \geqslant E_0$$

如果适当地选择参数 $(\alpha_1, \alpha_2, \alpha_3, \cdots, \alpha_l)$, 使 $E$ 取极小值, 那么它就接近方程的基态能量 $E_0$, 而相应参数下的 $\Phi$ 就是近似的基态波函数. 这组参数应满足的必要条件为

$$\frac{\partial E}{\partial \alpha_k} = 0, \quad k = 1, 2, \cdots, l$$

求解这组方程便可确定最佳的参数值, 使得计算得到的能量 $E$ 的数值最接近 $E_0$.

具体的做法是, 先根据物理的考虑, 确定待求解的波函数的形式, 里面含有某些参量, 然后用变分求极限值的方法来确定这些参量的数值, 这一方法称为**里茨变分法**[1,6,7]. 里茨变分法适用于任何近似求解极值曲线的问题. 此处不介绍用里茨变分法求解问题的具体步骤, 读者可参考相关书籍[1,6,7].

如果能够写出量子力学系统的拉格朗日量或者是总能量来构成作用量, 它是波函数的泛函, 那么对于波函数求变分可得到波函数所满足的方程. 下面会有相应的例子.

## 1.7 变分法在物理学中的应用

如 1.6 节所述, 变分原理是推导系统的状态或者运动应该满足的方程的一个重要方法. 原则上, 任何物理学中的运动方程都可以在合理的物理前提下, 利用变分法推得, 尽管实际上许多是按照变分原理以外的思路得到的.

物理学中, 一个系统的物理量随时间和空间的分布一般由一组函数 $\phi_\alpha(r, t)$ 描写, 其中 $r$ 表示空间位置的变量, $t$ 表示时间. 下标 $\alpha$ 的取值范围由系统的内部性质决定. 例如, 对于电磁场, $\alpha$ 是指电磁场的三个空间坐标的分量; 对于量子力学的单粒子系统, $\alpha$ 是本征状态的标志, 一般称为量子数. 又如, 固体中电子的系统, 标志状态的量子数常采用波矢 $\boldsymbol{k}$. 函数 $\phi_\alpha(r, t)$ 满足一组偏微分方程组. 可以把这样的函数统称为场, 它们满足的微分方程称为场方程.

要得到场方程, 首先要选取合适的场的拉格朗日函数密度 $L$. 在经典力学的范围内, 根据分析力学, 它应该是动能减去势能: $L = T - U$. 不过, 只有用空间坐标和动量作为自变量时, 写出来的才是真正的动能和势能. 采用广义坐标和广义动量时, 写出来的是广义的动能和势能, 如电磁场的情况. 在非经典力学的系统中, 如相对论和量子力学中, 拉格朗日量不是简单的动能减势能.

一般说来, 拉格朗日函数密度具有

$$L = L(\{x_i\}, \{\phi_\alpha(\{x_i\})\}, \{\partial_i \phi_\alpha(\{x_i\})\}) \tag{1.7.1}$$

的形式. 此处用英文字母 $i$ 标记自变量, $\alpha$ 标记函数. 可以有 $N$ 个变量和 $M$ 个函数. 式 (1.7.1) 中简写 $\partial_i = \dfrac{\partial}{\partial x_i}$.

构造作用量

$$S=\int_R L\mathrm{d}^N x \tag{1.7.2}$$

之后, 最小作用原理要求其变分为零. 这就是 1.3 节介绍的多变量多函数的变分问题. 可按照式 (1.3.16) 写出欧拉–拉格朗日方程

$$\frac{\partial L}{\partial \phi_\alpha}-\sum_{i=1}^{N}\frac{\partial^2 L}{\partial x_i(\partial_i\phi_\alpha)}=0,\quad \alpha=1,2,\cdots,M \tag{1.7.3}$$

这也就是物理量所满足的场方程.

写出一个拉氏量的时候, 要明确其中的函数 $\{\phi_\alpha\}$ 是什么, 自变量 $\{x_i\}$ 是什么.

前面由变分法得到的都是微分方程. 一般情况下, 由变分法得到的方程也可能是积分方程, 或者积分微分方程, 这完全取决于拉氏量的构造.

需要说明的是, 满足变分原理的拉格朗日函数密度并不唯一.

例如, 设式 (1.7.2) 的积分区域固定, 在区域边界上函数 $\{\phi_\alpha\}$ 的数值是确定的, 如果 $L$ 再附加一项 $\sum\limits_{j=1}^{N}\partial_j\Gamma_j(\{x_i\},\{\phi_\alpha(\{x_i\})\})$, 其中 $\Gamma_j$ 可以是任意的可导函数, 那么由最小作用原理, 得到

$$\delta\int_R\left[L+\sum_{j=1}^{N}\partial_j\Gamma_j(\{x_i\},\{\phi_\alpha(\{x_i\})\})\right]\mathrm{d}^N x=\delta\int_R L\mathrm{d}^N x+\delta\oint\sum_{j=1}^{N}\Gamma_j\mathrm{d}l_j$$

其中后一项是在区域边界上的线积分, 积分结果取决于函数 $\{\phi_\alpha\}$ 在边界上的数值, 而这数值已知是确定的, 因此第二项的变分总是为零, 即

$$\delta\int_R\left[L+\sum_{j=1}^{N}\partial_j\Gamma_j\right]\mathrm{d}^N x=\delta\int_R L\mathrm{d}^N x \tag{1.7.4}$$

所以 $L$ 和 $L+\sum\limits_{j=1}^{N}\partial_j\Gamma_j$ 是等效的, 描述的是同一物理体系.

变分原理没有说明如何选取拉氏密度量, 拉氏密度量的选取是以现有的物理方程为基础, 带有很大的“猜”的成分, 检验正确与否的标准就是其导出的方程与实际的物理方程是否一致, 或者, 由导出的方程计算的理论结果是否与实验一致. 薛定谔方程的导出就属于后一种情况.

### 1.7.1　在经典物理中的应用

1. *麦克斯韦电磁场方程组*

由电磁学已有的方程, 电磁场的拉氏量可以写为

$$L=-\frac{1}{4\mu}\sum_{ij}F_{ij}F_{ij}+\sum_i J_i A_i \tag{1.7.5}$$

其中

$$F_{ij}=\frac{\partial A_j}{\partial x_i}-\frac{\partial A_i}{\partial x_j} \tag{1.7.6}$$

为四维电磁场反对称张量的分量. 四维向量 $\{A_i\}$ 和 $\{J_i\}$ 由下式定义:

$$\{A_i\}\equiv\{A_1,A_2,A_3,\mathrm{i}\varphi/c\}\equiv\{\boldsymbol{A},\mathrm{i}\varphi/c\} \tag{1.7.7a}$$

$$\{J_i\}\equiv\{j_1,j_2,j_3,\mathrm{i}c\rho\}\equiv\{\boldsymbol{j},\mathrm{i}c\rho\} \tag{1.7.7b}$$

其中 $\boldsymbol{A}$ 和 $\varphi$ 分别是电磁场的矢势和标势, $\boldsymbol{j}$ 和 $\rho$ 分别是电流密度和电荷密度[8]. 四维时空坐标则是

$$\{x_i\}\equiv\{x_1,x_2,x_3,\mathrm{i}ct\}\equiv\{\boldsymbol{r},\mathrm{i}ct\} \tag{1.7.7c}$$

式 (1.7.5) 符合洛伦兹变换的不变性. 在相对论系统中, 作用量的洛伦兹不变性是寻找系统拉格朗日量的重要依据.

写出了拉氏量, 代入拉格朗日方程就可以得到场方程. 式 (1.7.5) 中, 代入 $\boldsymbol{E}$ 和 $\boldsymbol{B}$, 可以改写为

$$L=\frac{1}{2}\varepsilon\boldsymbol{E}^2-\frac{1}{2\mu}\boldsymbol{B}^2+\boldsymbol{j}\cdot\boldsymbol{A}-\rho\varphi \tag{1.7.8}$$

与经典力学中的 $L=T-U$ 对比, 此形式的拉氏量可以理解为: 前两项为广义的动能 (注意不是电磁场能量, 电磁场能量对应于由拉氏量导出的哈密顿量), 后两项为与速度有关的广义势能. 现在的拉氏量是四维电磁势 $\{A_i\}$ 的函数, 而自变量则是空间坐标 $\{x_i\}$. 因此这是一个多函数多自变量的变分的问题, 要求的是电磁场所满足的方程.

将拉氏量 (1.7.5) 代入拉格朗日方程, 对于前三个广义坐标, 得

$$\begin{aligned}
&\frac{\partial L}{\partial A_1}-\sum_{j=1}^{4}\frac{\partial}{\partial x_j}\frac{\partial L}{\partial(\partial A_1/\partial x_j)}\\
=&j_1-\frac{1}{2\mu}\left\{\frac{\partial}{\partial x_2}\left[2\left(\frac{\partial A_2}{\partial x_1}-\frac{\partial A_1}{\partial x_2}\right)\right]+\frac{\partial}{\partial x_3}\left[2\left(\frac{\partial A_1}{\partial x_3}-\frac{\partial A_3}{\partial x_1}\right)\right]\right.\\
&\left.+\frac{\partial}{\partial(\mathrm{i}ct)}\left[2\left(\frac{\partial \mathrm{i}\varphi}{c\partial x_1}-\frac{\partial A_1}{\partial(\mathrm{i}ct)}\right)\right]\right\}\\
=&j_1-\frac{1}{\mu}\left(\frac{\partial}{\partial x_2}B_z-\frac{\partial}{\partial x_3}B_y-\frac{1}{c^2}\frac{\partial}{\partial t}E_x\right)\\
=&j_1-\frac{1}{\mu}\left[(\nabla\times\boldsymbol{B})_1+\frac{1}{c^2}\frac{\partial E_x}{\partial t}\right]=0
\end{aligned}$$

因此

$$\frac{1}{\mu}(\nabla\times\boldsymbol{B})_1=j_1+\varepsilon\frac{\partial E_x}{\partial t} \tag{1.7.9a}$$

同理, 得到

$$\frac{1}{\mu}(\nabla\times\boldsymbol{B})_2=j_2+\varepsilon\frac{\partial E_y}{\partial t} \tag{1.7.9b}$$

$$\frac{1}{\mu}(\nabla\times\boldsymbol{B})_3=j_3+\varepsilon\frac{\partial E_z}{\partial t} \tag{1.7.9c}$$

其中式 (1.7.9b)、式 (1.7.9c) 可以由式 (1.7.9a) 取指标轮换得到, 即取指标 1→2→3→1 和 $x\to y\to z\to x$. 以上三式合起来就是

$$\frac{1}{\mu}\nabla\times\boldsymbol{B}=\boldsymbol{J}+\varepsilon\frac{\partial \mathbf{E}}{\partial t} \tag{1.7.9d}$$

对于第四个广义坐标, 得

$$\begin{aligned}&\frac{\partial L}{\partial A_4}-\sum_{j=1}^{4}\frac{\partial}{\partial x_j}\frac{\partial L}{\partial(\partial A_4/\partial x_j)}=-\frac{\partial(\rho\varphi)}{\partial(\mathrm{i}\varphi/c)}+\frac{1}{2\mu}\left[\frac{\partial}{\partial x_1}2\left(\frac{\partial \mathrm{i}\varphi}{c\partial x_1}-\frac{\partial A_x}{\partial(\mathrm{i}ct)}\right)\right.\\&\left.+\frac{\partial}{\partial x_2}2\left(\frac{\partial \mathrm{i}\varphi}{c\partial x_2}-\frac{\partial A_y}{\partial(\mathrm{i}ct)}\right)+\frac{\partial}{\partial x_3}2\left(\frac{\partial \mathrm{i}\varphi}{c\partial x_3}-\frac{\partial A_z}{\partial(\mathrm{i}ct)}\right)\right]\\&=\mathrm{i}c\rho+\frac{1}{\mathrm{i}c\mu}\left(\frac{\partial E_x}{\partial x_1}+\frac{\partial E_y}{\partial x_2}+\frac{\partial E_z}{\partial x_3}\right)=\mathrm{i}c\rho+\frac{1}{\mathrm{i}c\mu}\nabla\cdot\boldsymbol{E}=0\end{aligned}$$

由此得到

$$\varepsilon\nabla\cdot\boldsymbol{E}=\rho \tag{1.7.10}$$

式 (1.7.6) 本身表示以下两个方程:

$$\boldsymbol{B}=\nabla\times\boldsymbol{A},\quad \boldsymbol{E}=-\nabla\varphi-\frac{\partial\boldsymbol{A}}{\partial t}$$

由此得到

$$\nabla\cdot\boldsymbol{B}=\nabla\cdot(\nabla\times\boldsymbol{A})=0 \tag{1.7.11}$$

$$\nabla\times\boldsymbol{E}=\nabla\times\left(-\nabla\varphi-\frac{\partial\boldsymbol{A}}{\partial t}\right)=-\nabla\times\nabla\varphi-\frac{\partial}{\partial t}\nabla\times\boldsymbol{A}=-\frac{\partial\boldsymbol{B}}{\partial t} \tag{1.7.12}$$

式 (1.7.9)~ 式 (1.7.12) 就是我们熟知的麦克斯韦方程组

$$\begin{cases}\nabla\times\boldsymbol{H}=\boldsymbol{J}+\dfrac{\partial\boldsymbol{D}}{\partial t}\\ \nabla\times\boldsymbol{E}=-\dfrac{\partial\boldsymbol{B}}{\partial t}\\ \nabla\cdot\boldsymbol{B}=0\\ \nabla\cdot\boldsymbol{D}=\rho\end{cases}$$

可见, 麦克斯韦电磁场方程组可以从拉氏量 (1.7.5) 出发, 利用变分法的欧拉–拉格朗日方程组推导出来.

2. 电子系统的托马斯–费米方程[9]

固体金属是一个多电子系统, 如果电子之间的相互作用与电子的动能相比是个小量, 就可以忽略相互作用能, 而认为电子基本上是自由的 (当然不能跑出固体以外), 这样的电子系统称为自由电子气. 对于高密度电子系统, 由于每个电子局域在很小的空间范围内, 量子力学中的不确定关系使得电子的动能很大. 相比之下, 电子间的相互作用能是小量, 所以认为金属中的电子是近自由的假定是合理的.

只考虑电子的动能而忽略它们的相互作用能的这一理论称为费米电子气理论. 如果粒子数密度是均匀的, 电子依照泡利不相容原理在每个能级上填充一个电子 (考虑到电子自旋, 则有自旋相反的两个电子填充在每个能级上), 那么在零温下这个电子系统的电子填充到的最高能级记为

$$E_{\mathrm{F}} = \frac{\hbar^2 k_{\mathrm{F}}^2}{2m} \tag{1.7.13}$$

其是 $E_{\mathrm{F}}$ 称为费米能级, 相应的波矢 $k_{\mathrm{F}}$ 称为费米波矢. $p_{\mathrm{F}} = \hbar k_{\mathrm{F}}$ 则称为费米动量. 可以证明, 费米波矢按下式计算:

$$k_{\mathrm{F}} = \left(3\pi^2 \frac{N}{V}\right)^{1/3} = (3\pi^2 \rho_0)^{1/3} \tag{1.7.14}$$

其中

$$\rho_0 = \frac{N}{V} \tag{1.7.15}$$

是电子数密度. 式 (1.7.13) 只给出电子的最高动能. 系统中平均每个粒子的动能是

$$\varepsilon_{\mathrm{K}} = \frac{3}{5} E_{\mathrm{F}}$$

系统的电子总动能是

$$E_{\mathrm{K}} = \frac{3}{5} N E_{\mathrm{F}} = \frac{3}{5} N \frac{\hbar^2 k_{\mathrm{F}}^2}{2m}$$

利用式 (1.7.14), 把单位体积内的动能写成

$$t = \frac{E_{\mathrm{K}}}{V} = c_{\mathrm{K}} \rho_0^{5/3} \tag{1.7.16}$$

其中

$$c_{\mathrm{K}} = \frac{3\hbar^2}{10m} (3\pi^2)^{2/3}$$

是个常量.

零温时电子所能填充的最高能量也称为该温度下费米电子气的化学势 $\mu$. 在有外场引起的势能 $v$ 时, 化学势是最高动能加上势能 $v$, 即

$$\mu = \frac{p_{\mathrm{F}}^2}{2m} + v \tag{1.7.17}$$

托马斯–费米的方法[9] 是：在处理原子和分子等其他系统中的多电子问题时，假定其中的电子数密度也具有式 (1.7.15) 的形式. 只是这样的系统中, 电子的密度不见得是均匀的, 它是空间坐标的函数. 与此对应的是, 费米动量也不见得是处处相等的. 若在某处 $\Delta V$ 的体积内有 $\Delta N$ 个电子, 该处的密度就是

$$\rho(\boldsymbol{r}) = \frac{\Delta N}{\Delta V} = \frac{k_{\mathrm{F}}^3(\boldsymbol{r})}{3\pi^2} = \frac{p_{\mathrm{F}}^3(\boldsymbol{r})}{3\pi^2\hbar^3} \tag{1.7.18}$$

在多原子系统中, 电子一定受到势场的作用. 如果单位体积内的粒子的势能是 $v(\boldsymbol{r})$, 那么整个系统的势能就是

$$V_{\mathrm{ext}} = \int \rho(\boldsymbol{r})v(\boldsymbol{r})\mathrm{d}^3\boldsymbol{r} \tag{1.7.19}$$

动能也必然是位置的函数, 所以把式 (1.7.16) 改写为

$$t(\boldsymbol{r}) = c_{\mathrm{K}}\rho^{5/3}(\boldsymbol{r}) \tag{1.7.20}$$

单位体积的能量就是

$$E = t(\boldsymbol{r}) + v(\boldsymbol{r}) \tag{1.7.21}$$

这里的总能量与化学势的概念是一致的, 只是这里的化学势实际上是单位体积内的量. 平衡态时系统的化学势只有一个, 所以它是不随坐标变化的, 即为式 (1.7.17). 把式 (1.7.18) 代入式 (1.7.17), 化学势也可以通过密度来表达, 即

$$\mu = \frac{(3\pi^2)^{2/3}\hbar^2}{2m}\rho^{2/3}(\boldsymbol{r}) + v(\boldsymbol{r}) \tag{1.7.22}$$

式 (1.7.22) 是托马斯–费米理论的基本方程. 它只适用于动能大于零, 即

$$\mu - v(\boldsymbol{r}) > 0$$

的区域. 在经典物理禁戒的区域, 密度必须为零.

以上讨论都是忽略了电子间的库仑相互作用能的情形. 现在, 如果要把这一能量也考虑进来, 那么系统的总能量就由三部分构成：动能 (1.7.20), 外场中的势能 (1.7.19) 和库仑能, 即

$$E = c_{\mathrm{K}}\int \rho^{5/3}(\boldsymbol{r})\mathrm{d}^3\boldsymbol{r} + \int \rho(\boldsymbol{r})v(\boldsymbol{r})\mathrm{d}^3\boldsymbol{r} + \frac{1}{2}\frac{e^2}{4\pi\varepsilon_0}\int \frac{\rho(\boldsymbol{r})\rho(\boldsymbol{r}')}{|\boldsymbol{r}-\boldsymbol{r}'|}\mathrm{d}^3\boldsymbol{r}\mathrm{d}^3\boldsymbol{r}' \tag{1.7.23}$$

这里的外场包括原子核、外磁场、外电场等对电子的作用. 其中核电荷数是 $Z$ 的原子核对电子的作用势能就具有 $-Ze^2/4\pi\varepsilon_0 r$ 这样的形式. 注意：式 (1.7.23) 最后一项有一个 $1/2$ 的因子, 这是因为对两个坐标在全空间积分, 就把每一对相互作用计算了两次.

电子密度本身是空间的函数, 所以现在的总能量是密度的泛函. 系统的基态应该是: 在一定的密度分布下, 吉布斯自由能的最小值. 也就是说, 吉布斯函数对于密度的变分应该为零, 即

$$\delta(E-\mu N)=0 \tag{1.7.24}$$

在这里化学势 $\mu$ 起到了一个拉格朗日乘子的作用, 因为有一个粒子数守恒的约束条件是

$$\int \rho(\boldsymbol{r})\mathrm{d}^3\boldsymbol{r}=N \tag{1.7.25}$$

将式 (1.7.23) 和式 (1.7.25) 代入式 (1.7.24), 变分的结果导致

$$\int\left\{\frac{5}{3}c_{\mathrm{K}}\rho^{2/3}(\boldsymbol{r})+v(\boldsymbol{r})-\mu+\frac{e^2}{4\pi\varepsilon_0}\int\frac{\rho(\boldsymbol{r}')}{|\boldsymbol{r}-\boldsymbol{r}'|}\mathrm{d}^3\boldsymbol{r}'\right\}\delta\rho\mathrm{d}^3\boldsymbol{r}=0$$

令 $\delta\rho$ 为 $C_2$ 类函数, 那么根据变分学的基本引理, 就得到化学势的表达式为

$$\mu=\frac{5}{3}c_{\mathrm{K}}\rho^{2/3}(\boldsymbol{r})+v(\boldsymbol{r})+\frac{e^2}{4\pi\varepsilon_0}\int\frac{\rho(\boldsymbol{r}')}{|\boldsymbol{r}-\boldsymbol{r}'|}\mathrm{d}^3\boldsymbol{r}' \tag{1.7.26}$$

与式 (1.7.22) 相比, 式 (1.7.26) 把电子之间的库仑相互作用能考虑进去了.

式 (1.7.26) 是系统内电荷密度分布应该满足的方程. 此例由变分法得到的是一个积分方程. 这一理论的一个显著特点是, 各个物理量都可以写成系统密度的泛函. 密度分布确定了, 这个系统的状态就完全确定了.

需要注意的是, 在这一理论中, 没有用到算符, 也没有波函数的概念, 所以还是属于经典理论 (不过在考虑电子动能的时候用到了泡利不相容原理). 这就是为什么前面提到动能必须大于零的原因.

作为全同费米子的电子气体, 其交换作用是不可忽略的, 它导致了一项新的能量, 称为交换作用能 $E_{\mathrm{ex}}$. 上面并没有考虑到这一能量. 狄拉克考虑了这个问题. 他经过仔细分析, 发现交换能 $E_{\mathrm{ex}}$ 也可以写成密度的泛函. 具体形式是

$$E_{\mathrm{ex}}=-c_{\mathrm{e}}\int\rho^{4/3}(\boldsymbol{r})\mathrm{d}^3\boldsymbol{r} \tag{1.7.27}$$

其中

$$c_{\mathrm{e}}=\frac{3e^2}{4}\left(\frac{3}{\pi}\right)^{1/3}$$

交换作用的效果是使系统的总能量降低. 把式 (1.7.27) 加入式 (1.7.23) 中, 通过式 (1.7.24) 的变分, 得到化学势的表达式为

$$\mu=\frac{5}{3}c_{\mathrm{K}}\rho^{2/3}(\boldsymbol{r})+v(\boldsymbol{r})+\frac{e^2}{4\pi\varepsilon_0}\int\frac{\rho(\boldsymbol{r}')}{|\boldsymbol{r}-\boldsymbol{r}'|}\mathrm{d}^3\boldsymbol{r}'-\frac{4}{3}c_{\mathrm{e}}\rho^{1/3}(\boldsymbol{r}) \tag{1.7.28}$$

上面的理论也常被称为托马斯–费米–狄拉克理论, 虽然它考虑了交换能, 但没有使用算符与波函数, 所以仍然属于经典理论, 只是利用了量子力学中的一些概念. 这一理论提示: 在一个多体系统中, 密度可以作为基本的变量, 它决定了各种能量的数值.

此例中的泛函 (1.7.23) 只依赖于函数 $\rho$, 而与其导数无关.

3. **电磁场中的带电粒子**[8,10]

拉格朗日方程为

$$\frac{\partial L}{\partial q_\alpha}-\frac{\mathrm{d}}{\mathrm{d}t}\frac{\partial L}{\partial \dot{q}_\alpha}=0 \tag{1.7.29}$$

现在要求的是一个带电粒子的运动, 拉氏量中的函数 $\{q_\alpha\}$ 就是粒子的空间坐标 $\boldsymbol{r}(t)$, 自变量是时间 $t$. 矢势 $\boldsymbol{A}$ 和标势 $\varphi$ 也都是 $\boldsymbol{r}(t)$ 的函数. 因此属于三个函数和一个自变量的情况. 要注意与拉氏量式 (1.7.5) 的区别.

1) 非相对论情形

拉格朗日量为

$$L=\frac{1}{2}mv^2-e(\varphi-\boldsymbol{v}\cdot\boldsymbol{A}) \tag{1.7.30}$$

运用拉格朗日方程得

$$\frac{\partial}{\partial x}L-\frac{\mathrm{d}}{\mathrm{d}t}\frac{\partial}{\partial v_x}L=-e\left(\frac{\partial}{\partial x}\varphi-\frac{\partial}{\partial x}\boldsymbol{v}\cdot\boldsymbol{A}\right)-\frac{\mathrm{d}}{\mathrm{d}t}mv_x-e\frac{\mathrm{d}}{\mathrm{d}t}A_x=0$$

其中

$$\begin{aligned}\boldsymbol{v}\cdot\frac{\partial}{\partial x}\boldsymbol{A}-\frac{\mathrm{d}}{\mathrm{d}t}A_x&=v_x\frac{\partial}{\partial x}A_x+v_y\frac{\partial}{\partial x}A_y+v_z\frac{\partial}{\partial x}A_z-\frac{\mathrm{d}}{\mathrm{d}t}A_x\\&=(\boldsymbol{v}\cdot\nabla)A_x-\frac{\mathrm{d}}{\mathrm{d}t}A_x-v_y\frac{\partial}{\partial y}A_x-v_z\frac{\partial}{\partial z}A_x+v_y\frac{\partial}{\partial x}A_y+v_z\frac{\partial}{\partial x}A_z\\&=-\frac{\partial}{\partial t}A_x+v_y\left(\frac{\partial}{\partial x}A_y-\frac{\partial}{\partial y}A_x\right)-v_z\left(\frac{\partial}{\partial z}A_x-\frac{\partial}{\partial x}A_z\right)\\&=-\frac{\partial}{\partial t}A_x+v_yB_z-v_zB_y=-\frac{\partial}{\partial t}A_x+(\boldsymbol{v}\times\boldsymbol{B})_x\end{aligned}$$

把另外两个分量也都写出来, 合起来就是

$$\frac{\mathrm{d}}{\mathrm{d}t}\boldsymbol{p}=e(\boldsymbol{E}+\boldsymbol{v}\times\boldsymbol{B}) \tag{1.7.31}$$

这就是电磁场中的带电粒子满足的运动方程, 其中 $\boldsymbol{E}=-\nabla\varphi-\dfrac{\partial}{\partial t}\boldsymbol{A}$.

2) 相对论情形

拉格朗日量为

$$L=-mc^2\sqrt{1-v^2/c^2}-e(\varphi-\boldsymbol{v}\cdot\boldsymbol{A}) \tag{1.7.32}$$

运用拉格朗日方程 (1.7.29), 得到的运动方程也是式 (1.7.31) 的形式, 只是现在的动量是相对论动量的表达式. 注意式 (1.7.32) 的第一项不是粒子的动能, 也不是粒子总能量, 而是一个负值. 此时的拉格朗日量不是动能减势能.

### 1.7.2 在量子力学中的应用

1. *薛定谔方程*

薛定谔的最初的论文就是利用变分法得到了量子力学的基本方程[11]. 该方程随之以他的名字命名.

分析力学中有哈密顿–雅可比微分方程

$$H\left(q, \frac{\partial S}{\partial q}\right) = E \tag{1.7.33}$$

哈密顿量就是能量的数值, $S$ 是作用量. 设一个未知量 $\psi$, 作用量可以用 $\psi$ 通过以下方式来表示:

$$S = K \ln \psi \tag{1.7.34}$$

即 $\psi = \exp(S/K)$. 显然, $\psi$ 应该是一个无量纲的量; $K$ 是个常数, 它应具有作用量的量纲. 现在, 要让 $\psi$ 函数负担的物理上的功能是, 它描述一个微观粒子的运动状态或者存在的方式. 相应地, 对这个函数数学上的要求是, 它在整个空间内是单值、有限、连续、有一阶和二阶导数的. 那么式 (1.7.33) 写成

$$H\left(q, \frac{K}{\psi}\frac{\partial \psi}{\partial q}\right) = E \tag{1.7.35}$$

薛定谔是这样考虑的: 哈密顿量是动能加上势能, 即 $H = T + U$. 势能是坐标的函数; 动能部分是 $\psi$ 及其导数的函数, 并设动能是 $\psi$ 及其导数的二次函数. 此处有一个观念上的改变: 在经典力学中, 动能与广义坐标对时间的导数有关; 而现在动能则是和一个函数对于空间坐标的导数有关. 这样, 在直角坐标系中, 式 (1.7.35) 可写成如下形式:

$$\frac{K^2}{2m\psi^2}\left[\left(\frac{\partial \psi}{\partial x}\right)^2 + \left(\frac{\partial \psi}{\partial y}\right)^2 + \left(\frac{\partial \psi}{\partial z}\right)^2\right] + V(\boldsymbol{r}) = E$$

或者

$$\frac{K^2}{2m}\left[\left(\frac{\partial \psi}{\partial x}\right)^2 + \left(\frac{\partial \psi}{\partial y}\right)^2 + \left(\frac{\partial \psi}{\partial z}\right)^2\right] - (E - V(\boldsymbol{r}))\psi^2 = 0 \tag{1.7.36}$$

写出一个 $1/2m$ 的因子是为了接近经典力学的动能的形式. 式 (1.7.36) 形式上可以直接求解函数 $\psi$, 但由于这是关于 $\psi$ 的二次方程, 解出来的函数 $\psi$ 可能不是唯一的. 为了得到可以求出唯一解的方程, 要借助变分法.

把式 (1.7.36) 左边的量不看成是零, 而是一个函数, 那么它就是一个微观粒子的拉格朗日量. 构造泛函

$$J=\iiint \mathrm{d}x\mathrm{d}y\mathrm{d}z\left[\left(\frac{\partial\psi}{\partial x}\right)^2+\left(\frac{\partial\psi}{\partial y}\right)^2+\left(\frac{\partial\psi}{\partial z}\right)^2-\frac{2m}{K^2}(E-V(\boldsymbol{r}))\psi^2\right] \tag{1.7.37}$$

令 $\psi$ 变化, 求此泛函的极值. 拉氏量中, 有一个函数 $\psi$ 和三个自变量 $(x, y, z)$. 现在的变分问题是

$$\delta J=\delta\iiint \mathrm{d}x\mathrm{d}y\mathrm{d}z\left[\left(\frac{\partial\psi}{\partial x}\right)^2+\left(\frac{\partial\psi}{\partial y}\right)^2+\left(\frac{\partial\psi}{\partial z}\right)^2-\frac{2m}{K^2}(E-V(\boldsymbol{r}))\psi^2\right]=0$$

注意, 其中势能 $V(\boldsymbol{r})$ 虽然也是空间坐标的函数, 但是它的数值在各点是固定的, 而不是可变的. 因此对于 $V(\boldsymbol{r})$ 不施行变分. 根据变分的步骤运作

$$\delta J=2\iiint \mathrm{d}x\mathrm{d}y\mathrm{d}z\left[\psi_x\delta\psi_x+\psi_y\delta\psi_y+\psi_z\delta\psi_z-\frac{2m}{K^2}(E-V(\boldsymbol{r}))\psi\delta\psi\right]=0$$

对动能项做分部积分

$$\delta J=\int\delta\psi\frac{\partial\psi}{\partial n}\mathrm{d}s+\iiint \mathrm{d}x\mathrm{d}y\mathrm{d}z\left[-\psi_{xx}-\psi_{yy}-\psi_{zz}-\frac{2m}{K^2}(E-V(\boldsymbol{r}))\psi\right]\delta\psi=0$$

变分的结果是

$$-\nabla^2\psi-\frac{2m}{K^2}(E-V(\boldsymbol{r}))\psi=0 \tag{1.7.38}$$

和

$$\int\delta\psi\frac{\partial\psi}{\partial n}\mathrm{d}s=0 \tag{1.7.39}$$

其中 $\mathrm{d}s$ 是无限接近被积区域表面的面积元.

式 (1.7.38) 就是函数 $\psi$ 应该满足的方程, 与式 (1.7.36) 比较, $\psi$ 的平方项不再出现. 然后, 薛定谔把氢原子的势能代入式 (1.7.38), 采用球坐标系求解微分方程得到能量的本征值, 与实验结果的巴耳末公式对照, 得到常数 $K$ 恰好就是普朗克常量. 这说明方程 (1.7.38) 是正确的. 该方程也就被命名为定态薛定谔方程.

函数 $\psi$ 被称为一个微观粒子的**波函数**. 薛定谔方程描述的是单个微观粒子的情况. 如果是多个粒子, 那么波函数就应该比单粒子的波函数复杂. 多粒子的系统也称**多体系统**. 如何确定多体系统的波函数呢? 哈特里 (Hartree) 和福克 (Fock) 发展了以下方法.

### 2. 哈特里自洽场方法

已知包含 $N$ 个电子的系统的哈密顿量为

$$H=\sum_{i=1}^{N}\left(-\frac{1}{2}\nabla_i^2+v_i\right)+\frac{1}{2}\sum_{i\neq j}^{N}\frac{1}{|\boldsymbol{r}_i-\boldsymbol{r}_j|} \tag{1.7.40}$$

此处采用了原子单位. 哈密顿量中, 第一项是电子的动能, 注意, 在量子力学中, 动能表示成波函数对空间坐标的导数. 电子所处的势场能 $v_i$(包括原子核对它的库仑作用势能和外场能等), 式 (1.7.40) 的最后一项是电子之间的库仑相互作用能.

哈特里[12] 首先假设, 系统的波函数可以写成各单电子波函数 $\varphi$ 之积, 即

$$\Phi(\boldsymbol{r}_1,\boldsymbol{r}_2,\cdots,\boldsymbol{r}_N)=\varphi_{k1}(\boldsymbol{r}_1)\varphi_{k2}(\boldsymbol{r}_2)\cdots\varphi_{kN}(\boldsymbol{r}_N) \tag{1.7.41}$$

其中每一个单电子波函数都是满足归一化条件的, 即

$$\int|\varphi_{ki}(\boldsymbol{r})|^2\,\mathrm{d}^3\boldsymbol{r}=1,\quad i=1,2,\cdots,N \tag{1.7.42}$$

其中下标 $k_i$ 表示单电子所处的状态. 例如, 有的电子处于原子的 1s 轨道, 有的处于 2p 轨道等.

哈密顿量 (1.7.40) 在波函数中的平均值 $\overline{H}$ 为

$$\begin{aligned}\overline{H}=&\sum_i\int\varphi_{ki}^*(\boldsymbol{r})\left(-\frac{1}{2}\nabla_i^2+v_i\right)\varphi_{ki}(\boldsymbol{r})\mathrm{d}^3\boldsymbol{r}\\&+\frac{1}{2}\sum_{i\neq j}\sum\int|\varphi_{ki}^*(\boldsymbol{r})|^2\frac{1}{|\boldsymbol{r}-\boldsymbol{r}'|}|\varphi_{kj}(\boldsymbol{r}')|^2\mathrm{d}^3\boldsymbol{r}\mathrm{d}^3\boldsymbol{r}'\end{aligned} \tag{1.7.43}$$

现在用薛定谔变分原理: 波函数所满足的方程应该是 $\overline{H}$ 对波函数变分的极值, 即设单粒子态 $\varphi_i$ ($\varphi_i^*$) 做微小变化, $\varphi_i\to\varphi_i+\delta\varphi_i(\varphi_i^*\to\varphi_i^*+\delta\varphi_i^*)$, 在保证满足式 (1.7.42) 的归一化条件之下, 要求 $\overline{H}$ 取值 (条件极值), 即

$$\delta\left\{\overline{H}-\sum_i\varepsilon_i\int|\varphi_{ki}(\boldsymbol{r})|^2\mathrm{d}^3\boldsymbol{r}\right\}=0 \tag{1.7.44}$$

其中 $\varepsilon_i(i=1,2,\cdots,N)$ 是由归一化 (1.7.42) 的约束条件而带来的拉氏乘子. 现在泛函中的函数就是 $N$ 个单电子波函数 $\varphi$, 自变量是空间坐标 $\boldsymbol{r}$. 对于式 (1.7.44) 中的两项都做变分, 每个单粒子波函数及其复共轭都是独立变量.

$$\begin{aligned}\delta\,\overline{H}=&\sum_i\int\left[\delta\varphi_{ki}^*\left(-\frac{1}{2}\nabla_i^2+v_i\right)\varphi_{ki}+\varphi_{ki}^*\left(-\frac{1}{2}\nabla_i^2+v_i\right)\delta\varphi_{ki}\right]\mathrm{d}^3\boldsymbol{r}\\&+\sum_{i\neq j}\iint[\delta\varphi_{ki}^*\varphi_{ki}+\varphi_{ki}^*\delta\varphi_{ki}]\frac{1}{|\boldsymbol{r}-\boldsymbol{r}'|}|\varphi_{kj}(\boldsymbol{r}')|^2\mathrm{d}^3\boldsymbol{r}\mathrm{d}^3\boldsymbol{r}'\end{aligned}$$

$$\delta\int\varphi_{ki}^*\varphi_{ki}\mathrm{d}^3\mathbf{r}=\int(\delta\varphi_{ki}^*\varphi_{ki}+\varphi_{ki}^*\delta\varphi_{ki})\mathrm{d}^3\mathbf{r} \tag{1.7.45}$$

代入式 (1.7.44), 并注意 $\delta\varphi_{ki}^*$、$\delta\varphi_{ki}$ 都是任意的. 因此令 $\delta\varphi_{ki}^*$、$\delta\varphi_{ki}$ 的系数分别为零, 得到

$$\left[-\frac{1}{2}\nabla^2+v(\boldsymbol{r})+\sum_{j\neq i}\int|\varphi_{kj}(\boldsymbol{r}')|^2\frac{1}{|\boldsymbol{r}-\boldsymbol{r}'|}\mathrm{d}^3\boldsymbol{r}'\right]\varphi_{ki}(\boldsymbol{r})=\varepsilon_i\varphi_{ki}(\boldsymbol{r}),\quad i=1,2,\cdots,N \tag{1.7.46}$$

及其复共轭方程, 此即哈特里方程, 它是单电子波函数满足的方程. 注意这是个积分微分方程. 我们已经把式 (1.7.46) 中 $-\frac{1}{2}\nabla_i^2+v_i(\boldsymbol{r})$ 中的下标 $i$ 去掉了, 因为这一形式对所有单粒子都相同. 如果把方程组 (1.7.46) 写成

$$H_1\varphi_{ki}(\boldsymbol{r})=\varepsilon_i\varphi_{ki}(\boldsymbol{r})$$

的形式, 那么

$$H_1=-\frac{1}{2}\nabla^2+v(\boldsymbol{r})+\sum_{j\neq i}\int|\varphi_{kj}(\boldsymbol{r}')|^2\frac{1}{|\boldsymbol{r}-\boldsymbol{r}'|}\mathrm{d}^3\boldsymbol{r}'$$

易见, $H_1$ 是厄米的, 即

$$H_1^\dagger=H_1$$

所以式 (1.7.46) 解出的本征值一定是实数, 且属于不同本征值的本征波函数是正交的.

方程式 (1.7.46) 中左边括号内的第二项代表其余电子对第 $i$ 个电子的库仑排斥作用. 这样把其他粒子的作用等效为一个场的作用, 称为平均场近似.

哈特里方程虽然比严格的多电子薛定谔方程简单一些, 但它是一个非线性的微分积方程组, 严格求解仍然很困难. 哈特里提出, 采用逐步迭代, 最后达到自洽的方案来求解它, 即先假设一个适当的势场 $V^{(0)}(\boldsymbol{r}_i)$ 代替方程式 (1.7.46) 中的

$$v(\boldsymbol{r})+\sum_{j\neq i}\int|\varphi_{kj}(\boldsymbol{r}')|^2\frac{1}{|\boldsymbol{r}-\boldsymbol{r}'|}\mathrm{d}^3\boldsymbol{r}' \tag{1.7.47}$$

这一势场也称为有效势. 由有效势求解出单电子波函数 $\varphi_{ki}^{(0)}(i=1,2,\cdots,z)$, 然后用所得到的波函数代入式 (1.7.47), 计算出新的有效势的值 $V^{(1)}(\boldsymbol{r}_i)$. 比较 $V^{(1)}(\boldsymbol{r}_i)$ 与 $V^{(0)}(\boldsymbol{r}_i)$, 如果差别大于所要求的精度, 则取有效势为 $V^{(1)}(\boldsymbol{r}_i)$, 重复上述步骤, 直到在要求的精确度范围内, 假设的有效势与计算得到的有效势相一致为止, 即达到前后自洽. 所以这种方法称为自洽场方法. 这实际上是一种迭代方法, 只是现在不但由方程解出的本征函数需要迭代, 方程中所要用到的势能也要由算出的函数构成.

总结以上内容, 可以说明: 哈特里自洽场方法的物理根据是, 在原子中, 电子受到原子核及其他电子的作用, 可以近似地用一个平均场代替.

注意: 哈特里波函数没有考虑电子的交换反对称性要求. 但在哈特里方法中, 泡利原理已部分地考虑进去了. 这表现在写出哈特里波函数 (1.7.41) 时, 每个电子的量子态都不相同.

仅从式 (1.7.46) 本身, 不能判定这样的本征方程有多少个, 即 $i$ 从 1 到几, 不能确定. 原则上, 这样解出的波函数可以有任意多个. 把每个波函数对应的能量 $\varepsilon_i$ 按从低到高的顺序排列, 每次迭代计算后由最低 $N$ 个能级的波函数构成新的有效势式 (1.7.47).

当迭代计算结束时, 就认为最低 $N$ 个能级的轨道上有电子填充. 而比它们能级更高的轨道上是空的, 即没有电子占据.

3. **哈特里–福克自洽方程组**

1) 斯莱特行列式

上面提到, 哈特里波函数没有考虑电子的交换反对称性要求. 福克[13] 对此作了改进. 他假设, 在哈密顿量 (1.7.40) 下, $N$ 个全同费米子组成的多电子系统波函数的形式取为

$$\Psi(q_1,\cdots,q_N)=\frac{1}{\sqrt{N!}}\sum_P(-1)^{\delta_P}P\left[\varphi_{k1}(q_1)\cdots\varphi_{kN}(q_N)\right] \tag{1.7.48}$$

其中 $q_i$ 代表第 $i$ 个电子的全部坐标 $(\boldsymbol{r}_i,s_{iz})$, $s_{iz}$ 表示自旋, $\varphi_i$ 表示正交归一化的单粒子态, 它是空间波函数与自旋波函数的乘积, 其中空间波函数待求. 因子 $(-1)^{\delta_P}$ 表示两个粒子的坐标交换时应该乘以 $-1$. 式 (1.7.48) 是一个相当简略的写法, 更清楚一些, 可写成如下形式:

$$\Psi(1,2,\cdots,N)=\frac{1}{\sqrt{N!}}\begin{vmatrix}\varphi_1(q_1) & \varphi_1(q_2) & \cdots & \varphi_1(q_N)\\ \varphi_2(q_1) & \varphi_2(q_2) & \cdots & \varphi_2(q_N)\\ \vdots & \vdots & & \vdots\\ \varphi_N(q_1) & \varphi_N(q_2) & \cdots & \varphi_N(q_N)\end{vmatrix} \tag{1.7.49}$$

现在系统的波函数还是表示成独立粒子波函数 $\varphi_i$ 的乘积形式, 但是已经涉及交换反对称性. 波函数写成这样的行列式的形式, 称为斯莱特行列式. 可以把式 (1.7.49) 与式 (1.7.41) 比较. 式 (1.7.49) 中有 $N!$ 项, 其中对角线上的元素相乘得到的那一项就是式 (1.7.41) 的波函数.

2) 哈特里–福克自洽方程组

现在把式 (1.7.40) 的哈密顿量写成如下形式:

$$H=-\sum_{i}\frac{\hbar^2}{2m}\nabla_i^2+\frac{1}{2}\sum_{i\neq j}u(\boldsymbol{r}_i,\boldsymbol{r}_j) \tag{1.7.50}$$

在式 (1.7.49) 的多体波函数中, 能量平均值为

$$\begin{aligned}\overline{H}=&\langle\Psi|H|\Psi\rangle=-\frac{\hbar^2}{2m}\sum_i\int\mathrm{d}^3\boldsymbol{r}\varphi_i^*(\boldsymbol{r})\nabla^2\varphi_i(\boldsymbol{r})\\&+\frac{1}{2}\sum_{i\neq j}\iint\mathrm{d}^3\boldsymbol{r}\mathrm{d}^3\boldsymbol{r}'\varphi_i^*(\boldsymbol{r})\varphi_j^*(\boldsymbol{r}')u(\boldsymbol{r},\boldsymbol{r}')\varphi_i(\boldsymbol{r})\varphi_j(\boldsymbol{r}')\\&-\frac{1}{2}\sum_{i\neq j}\iint\mathrm{d}^3\boldsymbol{r}\mathrm{d}^3\boldsymbol{r}'\varphi_i^*(\boldsymbol{r})\varphi_j^*(\boldsymbol{r}')u(\boldsymbol{r},\boldsymbol{r}')\varphi_j(\boldsymbol{r})\varphi_i(\boldsymbol{r}')\end{aligned} \tag{1.7.51}$$

这里已假定相互作用与粒子自旋无关, 所以自旋部分波函数没有明显写出. 此式可以与式 (1.7.43) 相比较. 前两项就是式 (1.7.43), 最后一项是第二项的相互作用项中把一对粒子所处的状态交换之后的结果, 因此这一项体现了交换效应, 称为交换作用能, 而前面的这一项称为直接库仑作用能.

仍然利用变分原理, 即像式 (1.7.44) 那样求条件极值. 现在对哈密顿量的变分结果如下:

$$\begin{aligned}\delta\,\overline{H}=&-\frac{\hbar^2}{2m}\sum_i\int\mathrm{d}^3\boldsymbol{r}\delta\varphi_i^*(\boldsymbol{r})\nabla^2\varphi_i(\boldsymbol{r})+\sum_{i\neq j}\iint\mathrm{d}^3\boldsymbol{r}\mathrm{d}^3\boldsymbol{r}'\delta\varphi_i^*(\boldsymbol{r}')\varphi_j^*(\boldsymbol{r}')u\varphi_i(\boldsymbol{r})\varphi_j(\boldsymbol{r}')\\&-\sum_{i\neq j}\iint\mathrm{d}^3\boldsymbol{r}\mathrm{d}^3\boldsymbol{r}'\delta\varphi_i^*(\boldsymbol{r})\varphi_j^*(\boldsymbol{r}')u\varphi_i(\boldsymbol{r}')\varphi_j(\boldsymbol{r})+\text{复共轭项}\end{aligned} \tag{1.7.52}$$

把式 (1.7.52)、式 (1.7.45) 代入式 (1.7.44), $\delta\varphi_{ki}^*$、$\delta\varphi_{ki}$ 的系数分别为零, 得到下列方程及其复共轭方程:

$$\begin{aligned}&-\frac{\hbar^2}{2m}\nabla^2\varphi_i(\boldsymbol{r})+\sum_{j(\neq i)}\int\mathrm{d}^3\boldsymbol{r}'\varphi_j^*(\boldsymbol{r}')u\varphi_j(\boldsymbol{r}')\varphi_i(\boldsymbol{r})-\sum_{j(\neq i)}\int\mathrm{d}^3\boldsymbol{r}'\varphi_j^*(\boldsymbol{r}')u\varphi_i(\boldsymbol{r}')\varphi_j(\boldsymbol{r})\\&=\varepsilon_i\varphi_i(\boldsymbol{r})\end{aligned} \tag{1.7.53}$$

此即哈特里–福克自洽方程组. 与哈特里方程 (1.7.46) 相比, 不同之处在于式 (1.7.53) 中出现了势能作用的交换项, 它是由波函数的交换反对称性所导致的.

注意直接库仑能和交换能中对 $j$ 的求和都要求 $j\neq i$. 如果 $j=i$, 那就是自己对自己的库仑作用和自己对自己的交换作用, 分别称为自库仑相互作用能和自交换相互作用能. 这样的能量是不存在的. 但是当 $j=i$ 时, 这两项形式上相等, 符号相反, 所以正好相互抵消. 所以, 式 (1.7.53) 左边第二、第三两项中的 $\sum\limits_{j(\neq i)}$ 可以换为 $\sum\limits_{j}$. 式 (1.7.53) 可改写成

$$-\frac{\hbar^2}{2m}\nabla^2\varphi_i(\boldsymbol{r})+\int \mathrm{d}^3\boldsymbol{r}'V(\boldsymbol{r},\boldsymbol{r}')\varphi_i(\boldsymbol{r}')=\varepsilon_i\varphi_i(\boldsymbol{r}) \tag{1.7.54}$$

其中

$$V(\boldsymbol{r},\boldsymbol{r}')=\delta(\boldsymbol{r}-\boldsymbol{r}')\sum_j\int \mathrm{d}^3\boldsymbol{r}''u(\boldsymbol{r},\boldsymbol{r}'')\left|\varphi_j(\boldsymbol{r}'')\right|^2-\sum_j u(\boldsymbol{r},\boldsymbol{r}')\varphi_j^*(\boldsymbol{r}')\varphi_j(\boldsymbol{r}) \tag{1.7.55}$$

这一方程组也采用自洽迭代的方式求解. 如果把式 (1.7.53) 写成

$$H_1\varphi_i=\varepsilon_i\varphi_i \tag{1.7.56}$$

的形式, 那么, $H_1$ 是厄米的, 即仍然有 $H_1^\dagger=H_1$. 所以式 (1.7.53) 解出的本征值一定是实数, 且属于不同本征值的本征波函数是正交的.

仅从式 (1.7.53) 本身, 不能判定这样的本征方程有多少个, 即 $i$ 从 1 到几, 不能确定. 原则上, 这样解出的波函数可以有任意多个. 我们把每个波函数对应的能量 $\varepsilon_i$ 按从低到高的顺序排列. 但是因为系统中实际有 $N$ 个电子, 由最低 $N$ 个能级的波函数构成每一次的新的有效势 (1.7.55). 当迭代计算结束时, 我们认为最低 $N$ 个能级的那些轨道上有电子填充, 而比它们能级更高的轨道上是空的, 即没有电子占据. 这些考虑与哈特里自洽场方程是一样的.

最后简单提一下另外几个利用变分方法求出系统应满足的微分方程的例子.

计算固体中电子结构的密度泛函方法的科恩–沈吕九方程[14] 也是用变分法得到的. 其中的能量泛函都只写成电子密度的函数, 而与电子密度的梯度无关. 这个假设对电子密度不太高的情况是合适的. 当电子密度比较高时, 能量泛函就应该与电子密度的梯度有关. 这时, 对密度函数的一阶导数也要考虑进去.

式 (1.7.46) 和式 (1.7.53) 是对单粒子波函数变分后得到的自洽方程组. 对于强关联电子系统, 由于同一轨道上自旋相反的两个电子的关联起着重要的作用, 一种尝试是: 在展开斯莱特行列式之后, 凡是双占据轨道, 要对二粒子波函数进行变分, 而不是对单粒子波函数进行变分[15,16].

在超导体中, 当温度接近超导转变温度的时候, 可以定义一个序参量 $\psi$, 它具有超导电子波函数的物理意义. 金兹堡和朗道写出了此时在电磁场中的超导体的自由能. 然后根据变分原理推导出了序参量所应该满足的金兹堡–朗道方程组[17].

希尔伯特用变分法推出了爱因斯坦的宇宙学方程, 当然这是在爱因斯坦得到了该方程以后的事情.

## 习　题

1. 设 $f(x)$ 和 $g(x)$ 是区间 $C_1[a,b]$ 内的函数, $\eta(x)$ 是任何属于 $C_3[a,b]$ 且 $\eta(a)=0$ 和 $\eta(b)=0$ 的函数. 证明以下两个命题[18]:

(1) 若积分 $\int_a^b f(x)\eta'(x)\mathrm{d}x = 0$, 则在此区间上 $f(x)$ 一定是个常数.

(2) 若积分 $\int_a^b [f(x)\eta(x) + g(x)\eta'(x)]\mathrm{d}x = 0$, 则在此区间上必有 $f(x) = g'(x)$.

2. 求以下泛函的全增量和变分:

(1) $J[y] = \int_a^b \sqrt{1+y'^2}\mathrm{d}x$.

(2) $J[y] = \int_{x_0}^{x_1} (x^2y + y^2 + yy')\mathrm{d}x$.

(3) $J[y] = \int_0^1 y^3y'^2\mathrm{d}x$, 条件是两端点固定.

3. 设两端点固定, 求下列泛函的极值曲线:

(1) $J[y] = \int_{x_0}^{x_1} \sqrt{y(1+y'^2)}\mathrm{d}x$.

(2) $J[y] = \int_{x_0}^{x_1} \frac{1+y^2}{y'^2}\mathrm{d}x$.

(3) $J[y] = \int_{x_0}^{x_1} (y^2 + y'^2 - 2y\sin x)\mathrm{d}x$.

(4) $J[y] = \int_{x_0}^{x_1} \sqrt{x^2+y^2}\sqrt{1+y'^2}\mathrm{d}x$.

4. 求以下泛函的带端点条件的极值曲线, 并通过考察全增量判断所得曲线使泛函 $J$ 取极小值.

(1) $J[y] = \int_0^2 (xy' + y'^2)\mathrm{d}x, y(0) = 1, y(2) = 0$.

(2) $J[y] = \int_0^1 (12xy + yy' + y'^2)\mathrm{d}x, y(0) = 1, y(1) = 4$.

(3) $J[y] = \int_1^2 y'(1 + x^2y')\mathrm{d}x, y(1) = 3, y(2) = 5$.

(4) $J[y] = \int_0^{\pi/4} (y'^2 - y^2 + y)\mathrm{d}x, y(0) = y(\pi/4) = 0$.

5. 证明: 泛函 $J[y] = \int_{x_0}^{x_1} F(x, y, y', y'')\mathrm{d}x$ 取极值的必要条件是

$$F_y - \frac{\mathrm{d}}{\mathrm{d}x}F_{y'} + \frac{\mathrm{d}^2}{\mathrm{d}x^2}F_{y''} = 0$$

其中假定 $F$ 对各变元有三阶连续导数, 且 $y(x)$ 和 $y'(x)$ 在 $x = x_0$ 和 $x = x_1$ 处的值均给定.

6. 求下列泛函的极值曲线所应满足的微分方程:

(1) $J[y] = \int_{x_0}^{x_1} (16y^2 - y''^2 + x^2)\mathrm{d}x$.

(2) $J[y] = \int_{x_0}^{x_1} (y'''^2 + 2xy)\mathrm{d}x$.

7. 求下列泛函的极值曲线：

(1) $J[y,z]=\int_{x_0}^{x_1}(2yz-2y^2+y'^2-z'^2)\mathrm{d}x$.

(2) $J[y,z]=\int_{x_0}^{x_1}(y'^2+z'^2+y'z')\mathrm{d}x$.

8. 写出下列泛函的奥氏方程：

(1) $J[z(x,y)]=\iint\limits_D\left[\left(\frac{\partial z}{\partial x}\right)^2-\left(\frac{\partial z}{\partial y}\right)^2\right]\mathrm{d}x\mathrm{d}y$.

(2) $J[u(x,y,z)]=\iiint\limits_V\left[\left(\frac{\partial u}{\partial x}\right)^2+\left(\frac{\partial u}{\partial y}\right)^2+\left(\frac{\partial u}{\partial z}\right)^2+2uf(x,y,z)\right]\mathrm{d}x\mathrm{d}y\mathrm{d}z$.

(3) $J[u(x,y)]=\iint\limits_D[au_x^2+bu_y^2+cu^2+2uf(x,y)]\mathrm{d}x\mathrm{d}y$, 其中 $a$ 和 $b$ 为常数, $f(x,y)$ 是固定的已知函数.

9. 证明：在 $\iiint\limits_V u^2(x,y,z)\mathrm{d}x\mathrm{d}y\mathrm{d}z=1$ 的条件下, 使泛函

$$J[y]=\iiint\limits_V F(x,y,z,u,u_x,u_y,u_z)\mathrm{d}x\mathrm{d}y\mathrm{d}z$$

取极值的必要条件是 $u(x,y,z)$ 满足方程

$$F_u-\frac{\partial}{\partial x}F_{u_x}-\frac{\partial}{\partial y}F_{u_y}-\frac{\partial}{\partial z}F_{u_z}-\lambda u=0$$

其中 $\lambda$ 是参数.

10. 求下列等周问题的极值曲线：

(1) 泛函 $J[y]=\int_0^1(y'^2+x^2)\mathrm{d}x, y(0)=0, y(1)=0$ 等周条件：$\int_0^1 y^2\mathrm{d}x=2$.

(2) $J[y]=\int_{x_0}^{x_1}y'^2\mathrm{d}x, \int_{x_0}^{x_1}y\mathrm{d}x=a$, $a$ 是常数.

(3) $J[y,z]=\int_0^1(y'^2+z'^2-4xz'-4z)\mathrm{d}x, y(0)=z(0)=0; y(1)=z(1)=1;$

$\int_0^1(y'^2-xy'-z'^2)\mathrm{d}x=2$

(提示：含多个函数的泛函的等周问题的解法, 与一个未知函数的情形相同).

11. 求圆柱面 $r=R$ 上的短程线 (提示：用柱面坐标 $r,\varphi,z$ 求解较便利).

12. 写出在条件 $\int_0^{x_1}r(x)y^2\mathrm{d}x=1; y(0)=0, y(x_1)=0$ 下, 泛函 $J[y]=\int_0^{x_1}[p(x)y'^2+q(x)y^2]\mathrm{d}x$ 的极值曲线所应满足的微分方程. 其中 $r(x)$、$p(x)$ 和 $q(x)$ 是三个固定的已知函数.

13. 设函数 $y(x)$ 的左端固定在原点, 即 $y(0)=0$, 另一边界点在直线 $x=\pi/4$ 上滑动. 试求泛函 $J[y]=\int_0^{\pi/4}(y^2-y'^2)\mathrm{d}x$ 的极值曲线.

14. 通过平面上某一轴同侧的两定点, 连接一条曲线, 使此曲线绕轴旋转所成的旋转曲面具有最小侧面积. 试把这个问题写成数学表达式, 并求出极值曲线的表达式.

15. 给定空间某点坐标 $(x_0, y_0)$, 如 $(0,1)$, 画出通过该点的各种参量数值的悬链线, 这些线都相切于一根包络线.

16. 求泛函 $J[y]=\int_0^1 (y'^2-yy'+y^2)\mathrm{d}x$ 满足下列边界条件的极值曲线:

(1) $y(x)$ 过点 $P_1(0,1)$, 在 $x=1$ 处满足自然边界条件.

(2) $y(x)$ 过点 $P_2(1,2)$, 在 $x=0$ 处满足自然边界条件.

(3) $y(x)$ 在 $x=0$ 和 $x=1$ 都满足自然边界条件.

17. 证明: 式 (1.7.5) 的拉格朗日量可用电磁场表达, 即写成式 (1.7.8).

18. 从式 (1.7.32) 的拉格朗日量, 得到粒子的运动方程 (1.7.31).

19. 证明: 如果取 $\psi$ 和 $\psi^*$ 作为独立的场变量, 且场的实拉格朗日密度为

$$L=\frac{\hbar^2}{2m}\nabla\psi\cdot\nabla\psi^*+U(r,t)\psi\psi^*-\frac{\mathrm{i}\hbar}{2}(\dot{\psi}\psi^*-\psi\dot{\psi}^*)$$

其中 $\nabla$ 为梯度算符, $\dot{\psi}$ 上的一点表示对时间求偏导, 即 $\dot{\psi}=\dfrac{\partial\psi}{\partial t}$. 将这个拉格朗日密度代入欧拉–拉格朗日方程之后, 导致一个什么方程?

## 附录 1A　函数的极值问题

泛函变分的公式和以下函数求导的公式有着对应关系.

一元函数 $f(x)$ 在 $x=x_0$ 处取极值的必要条件是

$$\left.\frac{\mathrm{d}f(x)}{\mathrm{d}x}\right|_{x=x_0}=0 \tag{1A.1}$$

先根据此式计算得到 $x_0$, 再由此点的二阶导数大于零、小于零或者等于零判断此点处函数是取极小值、极大值还是拐点.

对于多元函数, 我们来考虑**无约束的极值问题**和**有约束的极值问题**.

### 1. 无约束的极值问题

二元函数 $f(x,y)$ 在 $x=x_0$ 和 $y=y_0$ 处取极值的必要条件是

$$\left.\frac{\partial f(x,y)}{\partial x}\right|_{x=x_0,y=y_0}=0,\quad \left.\frac{\partial f(x,y)}{\partial y}\right|_{x=x_0,y=y_0}=0 \tag{1A.2}$$

先根据此式计算得到 $(x_0,y_0)$, 再由此点的二阶导数判断此点处函数是否取到极值.

$n$ 元函数 $f(x_1,x_2,\cdots,x_n)$ 在 $x_i=x_{i,0}(i=1,2,\cdots,n)$ 点处取极值的必要条件是

$$\left.\frac{\partial f(x_1,x_2,\cdots,x_n)}{\partial x_i}\right|_{x_i=x_{i,0}(i=1,2,\cdots,n)}=0,\quad i=1,2,\cdots,n \tag{1A.3}$$

2. 有约束的极值问题

有约束的极值问题也称为**条件极值问题.**

设有一个二元函数

$$u = u(x, y) \tag{1A.4}$$

限制要求其在给定条件

$$g(x, y) = 0 \tag{1A.5}$$

时的极值问题. 此时, 构造一个新的函数

$$L = u + \lambda g \tag{1A.6}$$

其中 $\lambda$ 是一个待定的参量. 如果取极值时 $\lambda = \lambda_0$, 那么, 在给定条件下函数 $u$ 在 $(x_0, y_0, \lambda_0)$ 处取得极值的必要条件是函数 $L$ 对 $x$ 和 $y$ 的一阶导数

$$\left.\frac{\partial L}{\partial x}\right|_{x=x_0, y=y_0, \lambda=\lambda_0} = 0, \quad \left.\frac{\partial L}{\partial y}\right|_{x=x_0, y=y_0, \lambda=\lambda_0} = 0 \tag{1A.7}$$

由此式和

$$g(x_0, y_0) = 0 \tag{1A.8}$$

约束条件一起, 有三个方程, 可以解出极值点 $(x_0, y_0)$ 和参数 $\lambda$ 的数值 $\lambda = \lambda_0$.

这个求解过程也可以从另一个角度看. 把原来的约束条件下求极值的问题看做是对三个自变量 $(x, y, \lambda)$ 的函数 $L$ 求极值. 于是, 根据前面多元函数求极值的必要条件, 应该有: 数 $L$ 对 $(x, y, \lambda)$ 三个自变量的一阶偏导数在 $(x_0, y_0, \lambda_0)$ 处为零. 前两个条件就是式 (1A.7), 后一个条件就是式 (1A.8).

函数 $L$ 常称为**拉格朗日函数**, 参量 $\lambda$ 称为**拉格朗日乘数**或**拉格朗日乘子**. 这一方法称为**拉格朗日乘数法**.

一般地, 如果要求一个 $n$ 元函数 $f(x_1, x_2, \cdots, x_n)$ 在 $m$ 个约束条件

$$g_j(x_1, x_2, \cdots, x_n), \quad j = 1, 2, \cdots, m \tag{1A.9}$$

下在 $x_i = x_{i,0}(i = 1, 2, \cdots, n)$ 点处取极值, 那么构造一个带有 $m$ 个拉格朗日乘数 $\{\lambda_j\}$ 的函数 $L$ 如下:

$$L = f(x_1, x_2, \cdots, x_n) + \sum_{j=1}^{m} \lambda_j g_j(x_1, x_2, \cdots, x_n) \tag{1A.10}$$

取极值的必要条件是: 函数 $L$ 对 $n$ 个自变量的一阶偏导数在自变量为 $x_{i,0}(i = 1, 2, \cdots, n)$ 处和参量为 $\lambda_j = \lambda_{j,0}(j = 1, 2, \cdots, m)$ 处的值应为零, 即

$$\left.\frac{\partial L}{\partial x_i}\right|_{x_i=x_{i,0}(i=1,2,\cdots,n);\lambda_j=\lambda_{j,0}(j=1,2,\cdots,m)} = 0, \quad i = 1, 2, \cdots, n \tag{1A.11}$$

或者, 更确切地, 写成

$$\left[\frac{\partial f(x_1,x_2,\cdots,x_n)}{\partial x_i}+\sum_{j=1}^{m}\lambda_j\frac{\partial g_j(x_1,x_2,\cdots,x_n)}{\partial x_i}\right]_{x_i=x_{i,0}(i=1,2,\cdots,n);\lambda_j=\lambda_{j,0}(j=1,2,\cdots,m)}=0,\quad i=1,2,\cdots,n \tag{1A.12}$$

式 (1A.11) 有 $n$ 个方程, 加上式 (1A.9) 的 $m$ 个方程, 决定了 $n$ 个数 $x_{i,0}(i=1,2,\cdots,n)$ 和 $m$ 个参数 $\lambda_{j,0}(j=1,2,\cdots,m)$ 的数值.

## 参 考 文 献

[1] 吴迪光. 变分法. 北京：高等教育出版社, 1987.

[2] 王一平, 陈逢时, 傅德民. 数学物理方法. 北京：电子工业出版社, 2006.

[3] 周衍柏. 理论力学教程. 北京：高等教育出版社, 1986.

[4] Byron F W, Fuller R W. 物理学中的数学方法. 第一卷. 熊家炯, 曹小平译. 北京：科学出版社, 1982.

[5] 周世勋. 量子力学教程. 北京：高等教育出版社, 1979.

[6] 郭敦仁. 数学物理方法. 北京：高等教育出版社, 1993.

[7] 吴崇试. 数学物理方法. 北京：北京大学出版社, 1999.

[8] 郭硕鸿. 电动力学. 北京：高等教育出版社, 2008.

[9] Callaway J, March N H. Solid State Physics. Vol. 38. London：Academic Press, INC. LTD., 1984.

[10] 朗道, 栗弗席兹. 场论. 北京：人民教育出版社, 1979.

[11] Schrödinger E. Annalen der Physik, 1926, 79(4); Schrödinger E.Collected Papers on Wave Mechanics (Translated from the second German edition). London and Glasgow：Blackie & Son Limited, 1928.

[12] Hartree D R. Proc. Cambridge Philos Soc, 1928, 24：89; 曾谨言. 量子力学. 下册. 北京：科学出版社, 1984.

[13] Fock V. Z. Phys., 1930, 61：209; 曾谨言. 量子力学. 卷Ⅱ. 北京：科学出版社, 1995.

[14] Kohn W, Sham L J. Phys Rev, 1965, 140：A1133.

[15] Wang H Y. Approximation method for calculation of strongly correlated systems of electrons. Phys Rev B, 2000, 62(20)：13383.

[16] Wang H Y, Han R E, Chen N X. Density-functional formula for strongly correlated systems. Progress in Natural Science, 2005, 15(5)：395.

[17] 李正中. 固体理论. 北京：高等教育出版社, 2002.

[18] 王载舆. 数学物理方程及特殊函数. 北京：清华大学出版社, 1991.

# 第 2 章　希尔伯特空间

## 2.1　线性空间、内积空间和希尔伯特空间

### 2.1.1　线性空间

1. 距离空间

在考虑一个集合中的两个元素之间的关系时，一个基础知识是希望描述这两个元素之间相互靠近的程度，或者相互偏离的程度. 例如，两个数 $x$ 和 $y$ 的差的绝对值的大小，就是这种关系的一种描述. 现在用"距离"这个概念来定义这种关系[1,2].

**定义 1**　设 $X$ 是一个非空集合，对于 $X$ 中的任意两个元素 $x$ 和 $y$，按照一定的法则定义一个非负实数 $\rho(x,y)$，满足下面三个条件，则称 $\rho(x,y)$ 是元素 $x$ 和 $y$ 之间的**距离**，$X$ 是按照 $\rho(x,y)$ 作成的一个**距离空间**或**度量空间**. $X$ 中的元素也称为它的**点**. 空间 $X$ 中满足 $\rho(x,a)\leqslant r$ 的点 $x$ 的全体称为以点 $a$ 为中心、$r$ 为半径的**球**(**闭球**)，也称为点 $a$ 的**邻域**.

(i) $\rho(x,y)\geqslant 0$，等号当且仅当 $x=y$ 时成立 (非负性);

(ii) $\rho(x,y)\leqslant\rho(x,z)+\rho(y,z)$(三角不等式);

(iii) $\rho(x,y)=\rho(y,x)$(对称性).

以上三条称为**距离三公理**.

对称性也可以由前两条推导得到. 事实上，在 (ii) 中取 $z=x$，则有

$$\rho(x,y)\leqslant\rho(x,x)+\rho(y,x)$$

由非负性知 $\rho(x,x)=0$，因此

$$\rho(x,y)\leqslant\rho(y,x)$$

由于 $x$ 和 $y$ 是任意的，交换 $x$ 和 $y$ 得到

$$\rho(y,x)\leqslant\rho(x,y)$$

要使这两个不等式同时成立只能取等号，这就得到了对称性.

以下是常见的距离空间.

**例 1**　实数空间 $R$. 对于 $R$ 中的任意两个实数 $x$ 和 $y$，定义

$$\rho(x,y)=|x-y|$$

为两个实数 $x$ 和 $y$ 之间的距离, 它符合距离三公理. 由此, $R$ 是一个距离空间.

复数空间 $Z$ 按此定义距离之后, 也是一个距离空间.

**例 2**　令 $R_n$ 是 $n$ 维欧几里得空间. 它的点有形式 $(x_1, x_2, \cdots, x_n)$, 对元素 $x=(x_1, x_2, \cdots, x_n)$ 和 $y=(y_1, y_2, \cdots, y_n)$ 定义

$$\rho(x,y)=\left[\sum_{i=1}^{n}(x_i-y_i)^2\right]^{1/2}$$

作为距离. 也可以定义

$$\rho(x,y)=\sum_{i=1}^{n}|x_i-y_i|$$

或者

$$\rho(x,y)=\max_{i}|x_i-y_i|$$

作为距离. 由此, $n$ 维欧几里得空间是一个距离空间.

**例 3**　以 $C[a,b]$ 表示定义在区间 $[a,b]$ 上连续函数的全体, 对 $x(t), y(t) \in C[a,b]$, 定义

$$\rho(x,y)=\max_{a\leqslant t\leqslant b}|x(t)-y(t)|$$

作为距离. 由此, $C[a,b]$ 是一个距离空间.

**定义 2**　若函数 $x(t)$ 在区间 $[a,b]$ 上的积分

$$\int_a^b |x(t)|^p\,\mathrm{d}t<\infty,\quad p\geqslant 1$$

即积分是有限的, 则称函数 $x(t)$ 在 $[a,b]$ 上是 $p$ **次可积**的. $[a,b]$ 上的 $p$ 次可积函数的全体构成 $p$ **次可积空间**, 记为 $L_p[a,b](p\geqslant 1)$.

**例 4**　在区间 $[a,b]$ 上的 $p$ 次可积空间. 对于 $x(t), y(t)\in L_p[a,b]$, 定义

$$\rho(x,y)=\left(\int_a^b |x(t)-y(t)|^p\,\mathrm{d}t\right)^{1/p} \tag{2.1.1}$$

作为距离. 由此, $p$ 次可积空间 $L_p[a,b](p\geqslant 1)$ 是一个距离空间. 以后, 当说到 $p$ 次可积空间 $L_p$ 时, 总是默认 $p\geqslant 1$.

### 2. 收敛和极限的概念

有了距离的概念, 就可以在距离空间 $X$ 中引进收敛和极限的概念.

**定义 3**　令 $x, x_n(n=1,2,\cdots)\in X$, 若当 $n\to\infty$ 时, 数列 $\rho(x,x_n)\to 0$, 或者说, 对于给定的 $\varepsilon>0$, 存在 $N>0$, 使得当 $n>N$ 时, $\rho(x,x_n)<\varepsilon$, 就称点列 $\{x_n\}$ 按照距离 $\rho(x,y)$**收敛于**$x$, 记做

$$\lim_{n\to\infty}x_n=x \tag{2.1.2}$$

或者 $x_n \to x(n \to \infty)$. 这时, 称 $\{x_n\}$ 为**收敛点列**, $x$ 称为点列 $\{x_n\}$ 的**极限**.

由距离空间三公理及极限的定义, 易知距离空间中收敛点列的极限是唯一的.

收敛和极限是以距离来定义的, 因此, 以后在讲到收敛和极限时, 实质上已经定义了某种距离. 任何一个收敛和极限都是针对已经定义好了的距离而言的.

距离 $\rho(x,y)$ 是 $x,y$ 的连续函数, 即, 如果 $x_n \to x_0, y_n \to y_0$, 那么 $\rho(x_n,y_n) \to \rho(x_0,y_0)$. 证明如下:

由距离的三角不等式, 得

$$\rho(x_n,y_n) \leqslant \rho(x_n,x_0) + \rho(x_0,y_0) + \rho(y_n,y_0)$$

从而有

$$\rho(x_n,y_n) - \rho(x_0,y_0) \leqslant \rho(x_n,x_0) + \rho(y_n,y_0)$$

当 $n \to \infty$ 时, $x_n \to x_0, y_n \to y_0$, $\rho(x_n,x_0) \to 0, \rho(y_n,y_0) \to 0$, 不等式右边的极限为零, 因此结论得证.

**定义 4** 设 $\{x_n\}$ 是距离空间 $X$ 中的一个点列. 如果任给 $\varepsilon > 0$, 存在 $N > 0$, 使得当自然数 $m,n > N$ 时

$$\rho(x_m,x_n) < \varepsilon \tag{2.1.3}$$

则称 $\{x_n\}$ 是 $X$ 中**基本序列**或者**柯西序列**.

距离空间 $X$ 中的收敛点列一定是这个空间中的柯西序列. 反过来, 距离空间 $X$ 中的柯西序列不一定是这个空间中的收敛点列.

点 $x$ 是序列 $\{x_n\}$ 的极限当且仅当 $x$ 的任一邻域含有从某一下标开始的所有点. 完全含于某一个球的点集称为是**有界**的.

### 3. 空间的完备性

**定义 5** 如果距离空间 $X$ 中的柯西序列收敛于 $X$ 中的点, 则称空间 $X$ 是**完备的距离空间**, 简称为**完备空间**. 否则, 就称空间 $X$ 是**不完备**的.

这是关于空间完备性的定义. 除此之外, 就没有其他的空间完备性的定义了. 因此, 以后提及空间的完备性, 一定是指可以在集合中定义距离而构成距离空间, 并且此距离空间是完备的.

**例 5** 实数空间 $R$ 在定义了距离 $\rho(x,y) = |x-y|$ 之后, 是完备的.

**例 6** 把全体有理数的集合记为 $Y$, 对于 $Y$ 中的任意两个元素 $x$ 和 $y$, 定义 $\rho(x,y) = |x-y|$ 为两个有理数 $x$ 和 $y$ 之间的距离, 它符合距离三公理. 由此, $Y$ 是一个距离空间. 取其中一个序列 $\{S_n\}$: $S_n = \sum\limits_{m=1}^{n} \dfrac{1}{m!}$, 容易看出, 这个序列符合柯西序列的定义, 因此是一个柯西序列. 这个序列的极限是 $\mathrm{e}-1$, 不是一个有理数 (证

明见附录 2A), 因而, 此序列的极限不在有理数空间之内. 因此, 有理数空间是不完备的.

**定义 6**　距离空间 $X$ 称为可分的, 如果存在一个可数点集 $\{x_n\} \subset X$, 使得对于 $X$ 中的每一点 $x \in X$, 都有 $\{x_n\}$ 中的一个子列 $\{x_{n_k}\}$, 使得 $\lim\limits_{n_k \to \infty} \rho(x_{n_k}, x) = 0$.

这个定义表明, 如果把所有这样的子列构成一个空间, 那么它也是一个距离空间, 记为 $Y$. 显然, 空间 $Y$ 中的点也都在空间 $X$ 内. 因此, $Y \subset X$, 即 $Y$ 是 $X$ 的子空间, 或者称为子集.

### 4. 线性空间

距离的概念虽然给出了空间中元素之间的某种关系, 但仅有距离的概念, 对于元素之间的关系的了解还是不完全清楚的. 元素之间还可以有其他的关系. 通常所考虑的空间, 同时是一个代数系统, 即空间中元素之间存在某种代数关系. 如果只着眼于空间中的代数结构, 即元素之间的加法运算和数与空间元素的乘法运算时, 就可以定义线性空间的概念.

**定义 7**　设 $X$ 是某些元素组成的集合, $K$ 是复数域 (或者实数域), 如果下列条件 (i), (ii) 成立, 那么称 $X$ 是 $K$ 上的一个**线性空间**, 简称 $X$ 为**线性空间**. 对应于 $K$ 是复数域或者实数域, 分别称 $X$ 为**复线性空间**或者**实线性空间**. 也可称 $X$ 为**向量空间**, 其中的元素也可称为**向量**.

(i) 在 $X$ 内定义加法运算, 用 + 号表示, 使得 $x, y \in X$ 时, $x + y \in X$, 且满足:

(a) $x + y = y + x$(加法交换律);

(b) $(x + y) + z = x + (y + z)$(加法结合律);

(c) 在 $X$ 内有一个零元素, 记为 $\theta$, 对任意 $x \in X$, 有 $x + \theta = x$;

(d) 对任意 $x \in X$, 存在逆元素 $-x \in X$, 使得 $x + (-x) = \theta$.

(ii) 对任意元素 $x, y \in X$ 和任意数 $\alpha, \beta \in K$, 定义数与元素之间的数乘 $\alpha x \in X$, 且满足:

(e) $1x = x$;

(f) $(\alpha\beta)x = \alpha(\beta x)$(数乘交换律);

(g) $(\alpha + \beta)x = \alpha x + \beta x$(数乘分配律);

(h) $\alpha(x + y) = \alpha x + \alpha y$(数乘结合律).

其中的 $\theta$ 元素也称为零向量. 上述的 (a)~ (h) 称为**线性空间八公理**.

以下是线性空间的例子.

**例 7**　实平面向量集 $R_2$, 即 $R_2 = \{(x_1, x_2)\}$, $x_1$、$x_2$ 是实数. 定义其加法为对应的坐标分量相加, 数乘是数与坐标分量相乘. 具体地讲, 对于给定的实数 $\alpha$ 和向量 $x = (x_1, x_2)$, $y = (y_1, y_2)$, 加法和数乘分别是

$$x + y = (x_1 + y_1, x_2 + y_2), \quad \alpha x = (\alpha x_1, \alpha x_2)$$

$R_2$ 中的零元素为 $\theta = (0,0)$, $x = (x_1, x_2)$ 的逆元素为 $-x = (-x_1, -x_2)$. 显然, $R_2$ 在上述加法和数乘意义下构成实线性空间.

**例 8** 对于例 3 中的集合 $C[a,b]$, 其中的元素 $f(x) \in C[a,b]$. 取任意实数 $\alpha$ 和 $C[a,b]$ 中的任意两个元素 $f, g \in C[a,b]$, 定义加法和数乘运算如下:

$$(f+g)(x) = f(x) + g(x), \quad a \leqslant x \leqslant b$$

$$(\alpha f)(x) = \alpha f(x), \quad a \leqslant x \leqslant b$$

$C[a,b]$ 中的零元素 $\theta$ 为 $[a,b]$ 上恒为零的函数 $\theta = f(x) \equiv 0$, $f(x)$ 的逆元素为 $-f(x)$ 依连续函数的性质, 易知 $C[a,b]$ 是实线性空间.

**例 9** 次数 $\leqslant n$ 的实系数多项式 $p_n(x)$ 可以写成

$$p_n(x) = a_0 + a_1 x + \cdots + a_n x^n$$

其中 $a_i (i = 1, 2, \cdots, n)$ 是给定的实数. 既然是实数, $a_i$ 中的某些或者全部也可以是 0. 例如, 四次多项式中也包含 $1 + 3x + 5x^3$, 尽管其真实的最高次数是 3. 把定义在 $[a,b]$ 上的 $n$ 次实系数多项式的全体记为 $P_n[a,b]$.

$P_n[a,b] = a_0 + a_1 x + \cdots + a_n x^n$, $a_i (i = 1, 2, \cdots, n)$ 是给定的实数, $a \leqslant x \leqslant b$, 其中元素的加法运算和数乘运算定义为通常的多项式相加和与实数的相乘. 则 $P_n[a,b]$ 是一个实线性空间.

显然, $P_n[a,b] \subset C[a,b]$, 即线性空间 $P_n[a,b]$ 是线性空间 $C[a,b]$ 的一个子集.

### 5. 空间的维数和基底

**定义 8** 设 $X$ 是一个线性空间, $x_1, x_2, \cdots, x_n \in X$. 若一个向量 $x \in X$ 可以写成如下形式:

$$x = a_1 x_1 + a_2 x_2 + \cdots + a_k x_k$$

其中系数 $a_1, a_2, \cdots, a_k$ 不全为零, 就称 $x$ 是 $x_1, x_2, \cdots, x_k$ 的**线性组合**. 并且称 $x, x_1, x_2, \cdots, x_k$ 这 $k+1$ 个向量是**线性相关**的. 若当且仅当 $a_1 = a_2 = \cdots = a_n = 0$ 时, 有

$$a_1 x_1 + a_2 x_2 + \cdots + a_n x_n = \theta$$

则称 $x_1, x_2, \cdots, x_n$ 是**线性无关**的, 否则称 $x_1, x_2, \cdots, x_n$ 是**线性相关**的. 若 $x_1, x_2, \cdots, x_n$ 是线性无关的, 则称它是线性空间 $X$ 的一个**线性无关组**. 若元素列

$x_1, x_2, \cdots, x_n, \cdots$ 中的任意有限个元素都是线性无关的, 则称 $\{x_n\}$ 构成线性空间 $X$ 的一个**线性无关系**.

**定义 9**　设 $\{x_1, x_2, \cdots, x_n\}$ 是线性空间 $X$ 的一个线性无关组. 如果 $X$ 的每一个非零元素 $x$ 都是 $\{x_1, x_2, \cdots, x_n\}$ 的线性组合, 则称 $X$ 是一个 ***n* 维的线性空间**, 并且称 $\{x_1, x_2, \cdots, x_n\}$ 为 $X$ 的一组**基底**或者一个**基组**, 简称一组**基**. 此时, 还称这一基组是**完备**的. 如果 $\{x_1, x_2, \cdots\}$ 是 $X$ 的一个线性无关系, 且 $X$ 的每一个非零元素 $x$ 均可表示为 $x = \sum\limits_{i=1}^{\infty} a_i x_i, a_i (i = 1, 2, \cdots)$ 是实数, 则称 $X$ 为**无限维的线性空间**, $\{x_1, x_2, \cdots\}$ 是它的一组基底.

注意: 基组的完备性与空间的完备性这两个概念是不同的. 基组的完备性是指, 此空间中的任何一个向量都可以用这一基组的线性组合来表示.

可以证明, 线性空间的维数是确定的, 不因选取不同的基底而改变. 一个 $n$ 维的线性空间的每一组基底都由 $n$ 个元素组成, 并且 $n$ 维线性空间至少有一组基底.

基底选取合适, 会非常有利于实际的计算.

**例 10**　设 $X = P_n[a, b]$, 选择 $B_n = \{1, x, x^2, \cdots, x^n\}$, 则 $B_n$ 是 $X$ 的一组基底. 并且 $X$ 是 $n+1$ 维的线性空间. 在 $P_n[a, b]$ 中还可以选择其他形式的基底, 有些从应用的角度来说比 $B_n$ 要好.

**例 11**　设 $X = C[-1, 1]$, 选择 $A = \{x, |x|\}$, $A$ 是一线性无关组, 但它不能构成 $C[-1, 1]$ 的一组基底, 因为 $C[-1, 1]$ 中的一些元素并不能由 $x, |x|$ 的线性组合表示. 例如, 元素 $\sin x \in C[-1, 1]$, 无论怎样选择 $a_1, a_2$, 均不能用 $a_1 x + a_2 |x|$ 来表示 $\sin x$.

**例 12**　设 $X = C[0, 2\pi]$, 则 $A = \{1, \sin x, \sin 2x, \cdots, \sin nx\}$ 是一线性无关组. 因为, 若有常数 $a_0, a_1, \cdots, a_n$, 使得

$$a_0 + a_1 \sin x + a_2 \sin 2x + \cdots + a_n \sin nx \equiv 0$$

则必有 $a_0 = a_1 = a_2 = \cdots = a_n = 0$. 事实上, 取 $x_0, x_1, \cdots, x_n \in [0, \pi/2]$, 且当 $i \neq j$ 时, $x_i \neq x_j (i, j = 0, 1, 2, \cdots, n)$, 将 $x_i (i = 0, 1, 2, \cdots, n)$ 代入上面的方程, 得一关于 $a_0, a_1, \cdots, a_n$ 的齐次线性方程组. 容易验证其系数矩阵的行列式不为零. 故解得 $a_0 = a_1 = a_2 = \cdots = a_n = 0$.

### 2.1.2　内积空间

1. 内积空间

**定义 10**　设 $X$ 是复线性空间. 如果 $X$ 中的一对向量 $x$ 和 $y$, 与数域 $F$ 内一个数有唯一的对应关系, 记为 $(x, y)$, 并满足以下四个条件, 则称 $(x, y)$ 为 $x$ 与 $y$ 的**内积或者纯量积**.

(i) $(x,y)=(y,x)^*$;

(ii) $(x+y,z)=(x,z)+(y,z)$;

(iii) $(\alpha x,z)=\alpha^*(x,z)$;

(iv) $(x,x)\geqslant 0$, 等号当且仅当 $x=\theta$ 时成立.

其中 * 号表示复共轭. 以上四条常称为**内积四公理**.

在实向量空间中, 条件 (i) 和条件 (iii) 中的 * 号不起作用, 可以略去. 不论是实内积空间还是复内积空间, 条件 (i) 意味着任何向量与其自身的内积总是实数, 从而保证了条件 (iv) 的不等式有意义.

**定义 11** 在数域 $K$ 上定义了内积的线性空间 $X$ 称为**内积空间**或者**准希尔伯特空间**. $K$ 是实数域时, 相应的内积空间称为**实内积空间**, 也称**欧几里得空间**; $K$ 是复数域时, 相应的内积空间称为**复内积空间**, 也称**酉空间**.

以下是内积的例子.

**例 13** 设 $x=(\xi_1,\xi_2,\cdots,\xi_n), y=(\eta_1,\eta_2,\cdots,\eta_n)$ 是 $n$ 维复数域空间 $C^n$ 上的两个向量. 如果定义内积

$$(x,y)=\sum_{i=1}^{n}\xi_i^*\eta_i \tag{2.1.4}$$

容易验证, 它是满足内积公理的. 若等式右端的 $\xi_i$ 不取复共轭, 则当 $F^n$ 是复数域时, 不满足内积公理.

当定义

$$(x,y)=\sum_{i=1}^{n}p_i\xi_i^*\eta_i \tag{2.1.5}$$

时, 只要 $p_i(i=1,2,\cdots,n)$ 是一组给定的正数, 它也是满足内积公理的. $p_i(i=1,2,\cdots,n)$ 称为**权**. 即向量的内积也可以定义成**带权的内积**.

**例 14** 若 $x(t)$ 和 $y(t)$ 是多项式空间中的两个向量, 这些多项式定义在 $[0,1]$ 区间上, 则可取

$$(x,y)=\int_0^1 x^*(t)y(t)\mathrm{d}t \tag{2.1.6}$$

作为内积的定义. 也可取

$$(x,y)=\int_0^1 x^*(t)y(t)w(t)\mathrm{d}t \tag{2.1.7}$$

来定义内积, 其中在给定的区间内 $w(t)>0$, 并且 $w(t)$ 不随向量变化, 称 $w(t)$ 为**权函数**. 带权函数的内积简称为带权内积.

**例 15** 若 $f(x_1,x_2,\cdots,x_n)$ 和 $g(x_1,x_2,\cdots,x_n)$ 是 $n$ 维函数空间的两个向量, 每一维的定义区间都是 $[a,b]$, 则可取

$$(f,g)=\int_a^b \mathrm{d}x_1 \int_a^b \mathrm{d}x_2 \cdots \int_a^b \mathrm{d}x_n \rho(x_1,x_2,\cdots,x_n) f^*(x_1,x_2,\cdots,x_n) g(x_1,x_2,\cdots,x_n)$$

作为带权内积的定义. 其中 $\rho(x_1,x_2,\cdots,x_n)>0$ 是权函数.

**定理 1** 内积满足**施瓦茨不等式**:

$$|(x,y)| \leqslant \sqrt{(x,x)}\sqrt{(y,y)} \tag{2.1.8}$$

**证明** 若 $x=\theta$ 或者 $y=\theta$, 等号成立. 若 $x$ 与 $y$ 都不是零向量, 令 $z=\dfrac{x}{\sqrt{(x,x)}}$, 则显然有 $(z,z)=1$. 对任意的复数 $\lambda$, 恒有

$$\begin{aligned}
0 &\leqslant (\lambda z-y,\lambda z-y)\\
&=|\lambda|^2(z,z)-\lambda^*(z,y)-\lambda(y,z)+(y,y)\\
&=|\lambda|^2-\lambda^*(z,y)-\lambda(z,y)^*+|(z,y)|^2-|(z,y)|^2+(y,y)\\
&=[\lambda^*-(z,y)^*][\lambda-(z,y)]|-|(z,y)|^2+(y,y)
\end{aligned}$$

作为特例, 取 $\lambda=(z,y)$, 则不等式化简为

$$|(z,y)|^2 \leqslant (y,y)$$

即

$$\left|\left(\frac{x}{\sqrt{(x,x)}},y\right)\right|^2 \leqslant (y,y)$$

或者

$$|(x,y)|^2 \leqslant (y,y)(x,x)$$

证明完毕.

**例 16** 在二维欧几里得空间, 由施瓦茨不等式, 可以定义一个量

$$|\cos\varphi|=\frac{|(x,y)|}{\sqrt{(x,x)}\sqrt{(y,y)}}$$

显然 $|\cos\varphi|\leqslant 1$. 量 $\varphi$ 可以称为向量 $x$ 和 $y$ 之间的夹角.

**例 17** 在 $n$ 维酉空间中, 由例 13 定义的内积

$$(x,y)=\sum_{i=1}^n \xi_i^*\eta_i$$

由施瓦茨不等式, 得到

$$\left|\sum_{i=1}^n \xi_i^*\eta_i\right|^2 \leqslant \sum_{i=1}^n|\xi_i|^2\sum_{i=1}^n|\eta_i|^2$$

此式称为**柯西不等式**.

**例 18** 由例 14 定义的内积

$$(x,y)=\int_0^1 x^*(t)y(t)\mathrm{d}t$$

由施瓦茨不等式, 得到

$$\left|\int_0^1 x^*(t)y(t)\mathrm{d}t\right|^2 \leqslant \int_0^1 |x(t)|^2\mathrm{d}t\int_0^1 |y(t)|^2\mathrm{d}t$$

**定理 2** 在任何内积空间中, 对任意向量 $x$ 与 $y$, 均有不等式

$$\sqrt{(x+y,x+y)}\leqslant\sqrt{(x,x)}+\sqrt{(y,y)} \tag{2.1.9}$$

此式称为**三角不等式**.

**证明** 利用施瓦茨不等式, 得

$$\begin{aligned}(x+y,x+y)&=(x,x)+(y,y)+(x,y)+(y,x)\\&\leqslant\sqrt{(x,x)}^2+\sqrt{(y,y)}^2+2\sqrt{(x,x)}\sqrt{(y,y)}=\left(\sqrt{(x,x)}+\sqrt{(y,y)}\right)^2\end{aligned}$$

证明完毕.

**定理 3** 在任何内积空间中, 对任意向量 $x$ 与 $y$, 均有等式

$$(x+y,x+y)+(x-y,x-y)=2[(x,x)+(y,y)] \tag{2.1.10}$$

此式称为**平行四边形公式**. 它的几何意义是: 平行四边形对角线长度平方之和等于四边平方之和.

**定义 12** 一个向量 $x$ 与其自身的内积的根号 $\sqrt{(x,x)}$ 称为该向量的**模**, 记为 $\|x\|$. 即定义

$$\|x\|\equiv\sqrt{(x,x)} \tag{2.1.11}$$

模一定不为负, 即

$$\|x\|\geqslant 0$$

**定义 13** 模等于 1 的向量称为**单位向量**.

显然, 每一个向量 $x$ 都可以通过 $\dfrac{x}{\sqrt{(x,x)}}$ 的运算而成为单位向量. 这样的运算称为**归一化**.

2. 正交归一向量组

**定义 14** 当且仅当向量 $x$ 与 $y$ 的内积为零, 即 $(x,y)=0$ 时, 称 $x$ 与 $y$**正交**. 由于 $(y,x)=(x,y)^*$, 因此, 当 $(x,y)=0$ 时, 有 $(y,x)=0$. 这样, 虽然内积的定义没有像距离那样的对称关系, 但是正交性却具有对称关系. 特别地, 零向量与所有向量正交, 即 $(x,\theta)=0$.

**定义 15** 若有向量集合 $\{x_1,x_2,\cdots\}$, 对于任意 $i\neq j$, 有 $(x_i,x_j)=0$, 则称该向量集合是**正交向量集合**. 若对于所有的 $i$ 和 $j$, 有

$$(x_i,x_j)=\delta_{ij} \tag{2.1.12a}$$

则称向量集合 $\{x_1,x_2,\cdots\}$ 是**正交归一**的. 正交归一基组也称为**幺正基组**, 简称为**幺正基**, 常用 $\{e_1,e_2,\cdots\}$ 来表示.

$$(e_i,e_j)=\delta_{ij} \tag{2.1.12b}$$

例如, 三维直角坐标系的三个轴上的三个单位向量之间, 就是正交归一的.

**定义 16** 在 $n$ 维向量空间中, 任取一组正交的基底之后, 该空间中的所有非零向量都可以写成这一正交基底的线性组合, 则称该正交基底是**完备**的.

如果一个非零向量 $x$ 可以写成正交归一向量集的线性组合

$$x=\sum_{i=1}^{n}\alpha_i e_i \tag{2.1.13}$$

那么组合系数 $\alpha_i$ 就特别容易求得, 由式 (2.1.12), 在式 (2.1.13) 两边用 $x_j$ 做内积, 得到

$$\alpha_j=(e_j,x),\quad j=1,2,\cdots,n \tag{2.1.14}$$

**定理 4** 正交归一集是线性无关的.

**证明** 当一个零向量 $\theta$ 写成正交归一集 $\{e_1,e_2,\cdots,e_n\}$ 的线性组合时, $\theta=\sum\limits_{i=1}^{n}\alpha_i e_i$, 其组合系数由式 (2.1.14) 算得为 $\alpha_j=(e_j,\theta)=0$ $(j=1,2,\cdots,n)$, 因此线性组合的系数一定是零. 又线性组合的系数都是零时, 得到的是零向量. 证明完毕.

由此定理, 任何 $n$ 个向量的正交归一集是 $n$ 维向量空间中的基.

**定理 5** 若 $\{e_1,e_2,\cdots,e_m\}$ 是 $m$ 维内积空间中任一正交归一集, 对于该空间中的任意向量 $x$, 写成该正交归一集的线性组合 $x=\sum\limits_{i=1}^{m}\alpha_i e_i$ 之后, 取前 $n(n\leqslant m)$ 个正交归一基向量 $\{e_1,e_2,\cdots,e_n\}$, 有

$$\|x\|^2\geqslant\sum_{i=1}^{n}|\alpha_i|^2 \tag{2.1.15}$$

其中等号当且仅当 $n=m$ 时成立. 向量 $x'=x-\sum_{i=1}^{n}\alpha_i e_i$ 与 $\{e_1,e_2,\cdots,e_n\}$ 中的每一个向量正交. 式 (2.1.15) 称为**贝塞尔不等式**.

**证明**

$$
\begin{aligned}
0\leqslant \|x'\|^2=(x',x')&=\left(x-\sum_{i=1}^{n}\alpha_i e_i, x-\sum_{i=1}^{n}\alpha_i e_i\right)\\
&=(x,x)-\left(x,\sum_{i=1}^{n}\alpha_i e_i\right)-\left(\sum_{i=1}^{n}\alpha_i e_i,x\right)+\left(\sum_{i=1}^{n}\alpha_i e_i,\sum_{j=1}^{n}\alpha_j e_j\right)\\
&=\|x\|^2-\sum_{i=1}^{n}|\alpha_i|^2-\sum_{i=1}^{n}|\alpha_i|^2+\sum_{i=1}^{n}|\alpha_i|^2=\|x\|^2-\sum_{i=1}^{n}|\alpha_i|^2
\end{aligned}
$$

即得式 (2.1.15). 又

$$
(e_j,x')=\left(e_j,x-\sum_{i=1}^{n}\alpha_i e_i\right)=(e_j,x)-\left(e_j,\sum_{i=1}^{n}\alpha_i e_i\right)=\alpha_i-\sum_{i=1}^{n}\alpha_i(e_j,e_i)=0
$$

证明完毕.

利用正交归一基组, 容易得到

$$
(x,y)=\left(\sum_{i=1}^{n}(e_i,x)e_i,\sum_{j=1}^{n}(e_j,y)e_j\right)=\sum_{i=1}^{n}(e_i,x)(e_i,y) \tag{2.1.16}
$$

此式称为**帕塞瓦尔等式**. 此式是正交归一基组完备性的一个等价表述.

3. 度量矩阵

设 $\{d_1,d_2,\cdots,d_n\}$ 是一基组. 两个向量 $x$ 和 $y$ 用这一基组来表示, 即为 $x=\sum_{i=1}^{n}\alpha_i d_i$ 和 $y=\sum_{i=1}^{n}\beta_i d_i$. 作这两个向量的内积, 得

$$
\begin{aligned}
(x,y)&=\left(\sum_{i=1}^{n}\alpha_i d_i,\sum_{j=1}^{n}\beta_j d_j\right)=\sum_{i,j=1}^{n}\alpha_i^*(d_i,d_j)\beta_j\\
&=(\alpha_1^*,\alpha_2^*,\cdots,\alpha_n^*)M\begin{pmatrix}\beta_1\\ \beta_2\\ \vdots\\ \beta_n\end{pmatrix}=\alpha^\dagger M\beta
\end{aligned} \tag{2.1.17}
$$

其中定义了矩阵

$$M = \begin{pmatrix} (d_1,d_1) & (d_1,d_2) & \cdots & (d_1,d_n) \\ (d_2,d_1) & (d_2,d_2) & \cdots & (d_2,d_n) \\ \vdots & \vdots & & \vdots \\ (d_n,d_1) & (d_n,d_2) & \cdots & (d_n,d_n) \end{pmatrix}$$

$M$ 由各基向量之间的内积决定. 称矩阵 $M$ 为在基 $\{d_1, d_2, \cdots, d_n\}$ 下的**度量矩阵**.

度量矩阵有以下性质:

(i) 容易看出, $M^\dagger = M$, 因此度量矩阵是一个厄米矩阵. 在实空间内, 度量矩阵是一个实对称矩阵.

(ii) 因为对于任意的 $x \neq 0$, 有

$$(x, x) = \alpha^\dagger M \alpha \geqslant 0$$

因此度量矩阵也是一个厄米正定矩阵, 在实空间是一正定矩阵.

(iii) 当基组是幺正的, 度量矩阵具有最简单的形式, 就是单位矩阵.

显然, 当基组是正交归一基组时, 内积具有最简单的形式. 因此, 前面定义的内积形式 (式 (2.1.4)~ 式 (2.1.7)) 时已经默认采用了正交归一基组. 当基组非正交归一时, 内积应该是含有度量矩阵 (式 (2.1.17)) 的形式. 不过, 式 (2.1.15)~ 式 (2.1.17) 是与基组的选择无关的.

本书以后写下的内积, 总是采用式 (2.1.4)~ 式 (2.1.7) 这样最简单的形式, 而不再使用式 (2.1.17) 这样的一般形式. 也就是说, 总是默认基组是正交归一的. 不过在有一基组时, 不一定总是正交归一的. 应该有一个方法能够把一个任意的基组转变为正交归一的. 这个方法就是格拉姆–施密特正交化方法.

4. 格拉姆–施密特正交化方法

设 $\{x_1, x_2, \cdots, x_n\}$ 是 $n$ 维向量空间中的一组线性无关组. 可以用这一基组来构造该空间中一完备的正交归一集. 构造的方法称为格拉姆–施密特正交化方法. 具体如下, 令

$$\begin{aligned}
&y_1 = x_1, e_1 = \frac{y_1}{\|y_1\|} \\
&y_2 = x_2 - (x_2, e_1)e_1, \quad e_2 = \frac{y_2}{\|y_2\|} \\
&y_3 = x_3 - (x_3, e_2)e_2 - (x_3, e_1)e_1, e_3 = \frac{y_3}{\|y_3\|} \\
&\quad \vdots \\
&y_n = x_n - \sum_{i=1}^{n-1}(x_n, e_i)e_i, e_n = \frac{y_n}{\|y_n\|}
\end{aligned}$$

一般的步骤为

$$y_k = x_k - \sum_{i=1}^{k-1}(x_k, e_i)e_i, \quad e_k = \frac{y_k}{\|y_k\|}, \quad k = 1, 2, \cdots, n \tag{2.1.18}$$

由此构造出来的新的、模都是 1 的基组 $\{e_1, e_2, \cdots, e_n\}$. 它们是相互正交的, 因为 $e_k$ 总是和每一个 $e_j(j < k)$ 正交的. 这可用数学归纳法来证明.

$$(e_2, e_1) = \left(\frac{y_2}{\|y_2\|}, e_1\right) = \frac{1}{\|y_2\|}(x_2 - (x_2, e_1)e_1, e_1) = 0$$

假如 $e_{k-1}$ 与每一个 $e_j(j < k-1)$ 正交, 那么, $e_k$ 与每一个 $e_j(j < k)$ 的内积为

$$\begin{aligned}(e_k, e_j) &= \left(\frac{y_k}{\|y_k\|}, e_j\right) = \frac{1}{\|y_k\|}\left(x_k - \sum_{i=1}^{k-1}(x_k, e_i)e_i, e_j\right) \\ &= \frac{1}{\|y_k\|}\left[(x_k, e_j) - \sum_{i=1}^{k-1}(x_k, e_i)(e_i, e_j)\right] \\ &= \frac{1}{\|y_k\|}\left[(x_k, e_j) - \sum_{i=1}^{k-1}(x_k, e_i)\delta_{ij}\right] = 0\end{aligned} \tag{2.1.19}$$

结论: 新的基组 $\{e_1, e_2, \cdots, e_n\}$ 是幺正基.

以上步骤归结为如下定理.

**定理 6** 在 $n$ 维内积空间中恒存在幺正基组 $\{e_1, e_2, \cdots, e_n\}$.

把用式 (2.1.18) 的方法产生的各向量 $y_i$ 写成

$$y_k = \beta_k e_k, \quad k = 1, 2, \cdots, n$$

容易证明

$$\|y_k\| \leqslant \|x_k\|, \quad k = 1, 2, \cdots, n \tag{2.1.20}$$

事实上

$$\|y_k\|^2 = (y_k, y_k) = \left(y_k, x_k - \sum_{i=1}^{k-1}(x_k, e_i)e_i\right) = |(y_k, x_k)| \leqslant \|y_k\|\,\|x_k\|$$

其中第三个等号用到式 (2.1.19), 最后用到施瓦茨不等式. 因此式 (2.1.20) 得证. 这是因为向量 $y_k$ 总是由向量 $x_k$ 中减去某些部分得到的. 这就是说, 正交化过程之后向量的长度多少有所“缩短”.

5. 海德蒙德不等式

可以将一个矩阵 $A=\{a_{ij}\}$ 写成列向量排列的形式如下:

$$A=[\boldsymbol{\alpha}_1,\boldsymbol{\alpha}_2,\cdots,\boldsymbol{\alpha}_n]$$

其中 $\boldsymbol{\alpha}_k$ 是第 $k$ 个列向量.

$$\boldsymbol{\alpha}_k=[a_{1k},a_{2k},\cdots,a_{nk}]^{\mathrm{T}}$$

那么, 当这一组向量 $\{\boldsymbol{\alpha}_1,\boldsymbol{\alpha}_2,\cdots,\boldsymbol{\alpha}_n\}$ 是相互正交的时候, 矩阵 $AA^\dagger$ 是一个对角矩阵. 其中第 $k$ 个对角元是

$$\|\boldsymbol{\alpha}_k\|^2=\sum_{i=1}^{n}|a_{ik}|^2$$

因此得到矩阵 $AA^\dagger$ 的行列式是

$$|\det(A^\dagger A)|=\|\boldsymbol{\alpha}_1\|^2\|\boldsymbol{\alpha}_2\|^2\cdots\|\boldsymbol{\alpha}_n\|^2 \tag{2.1.21}$$

又因为 $\det A^\dagger=(\det A)^*$, 所以有

$$|\det A|=\|\boldsymbol{\alpha}_1\|\|\boldsymbol{\alpha}_2\|\cdots\|\boldsymbol{\alpha}_n\| \tag{2.1.22}$$

式 (2.1.22) 表明, 在各列向量线性无关的前提下, 一个矩阵的行列式等于各列向量的模的乘积.

现在假定有一个矩阵

$$B=[\boldsymbol{x}_1,\boldsymbol{x}_2,\cdots,\boldsymbol{x}_n]$$

其中列向量组 $\{\boldsymbol{x}_1,\boldsymbol{x}_2,\cdots,\boldsymbol{x}_n\}$ 并不是全都相互正交的, 这时就不能仿照式 (2.1.21) 写成矩阵 $BB^\dagger$ 的行列式, 因为还有不正交向量之间的交叉乘积的项. 这时, 可以采用前面的格拉姆–施密特正交化方法, 把矩阵写成如下形式:

$$B_1=[\boldsymbol{y}_1,\boldsymbol{y}_2,\cdots,\boldsymbol{y}_n]$$

现在向量组 $\{\boldsymbol{y}_1,\boldsymbol{y}_2,\cdots,\boldsymbol{y}_n\}$ 是通过式 (2.1.18) 这样的运算由 $\{\boldsymbol{x}_1,\boldsymbol{x}_2,\cdots,\boldsymbol{x}_n\}$ 得来的. 既然向量组 $\{\boldsymbol{y}_1,\boldsymbol{y}_2,\cdots,\boldsymbol{y}_n\}$ 是相互正交的, 就可以计算矩阵 $B_1$ 的行列式为

$$|\det B_1|=\|\boldsymbol{y}_1\|\|\boldsymbol{y}_2\|\cdots\|\boldsymbol{y}_n\|$$

一方面, 在从矩阵 $B$ 转化为矩阵 $B_1$ 的过程中, 每一次都是在一个列上减去其他列的若干倍, 这样的操作是不改变行列式的值的, 因此有

$$|\det B_1|=|\det B|$$

另一方面, 由 $\{\boldsymbol{x}_1, \boldsymbol{x}_2, \cdots, \boldsymbol{x}_n\}$ 进行正交化得到 $\{\boldsymbol{y}_1, \boldsymbol{y}_2, \cdots, \boldsymbol{y}_n\}$ 之后, 每个向量的长度是被缩短了, 见式 (2.1.20), 因此得到

$$|\det B| \leqslant \|\boldsymbol{x}_1\| \, \|\boldsymbol{x}_2\| \cdots \|\boldsymbol{x}_n\| \tag{2.1.23}$$

这就是**海德蒙德不等式**. 它表明, 一个矩阵的行列式小于等于各列向量的模的乘积, 当且仅当各列向量之间相互正交时, 等号成立. 同样, 也可以把矩阵写成由行向量组成, 可得到同样的结论: 一个矩阵的行列式小于等于各行向量的模的乘积, 当且仅当各行向量之间相互正交时, 等号成立.

### 2.1.3 希尔伯特空间

**定义 17** 一个内积空间, 如果其中每一个柯西序列都收敛于这个空间之内, 那么称之为**完备的内积空间**, 又称为**希尔伯特空间**.

也就是说, 一个内积空间中可以定义距离, 那么它同时也是一个距离空间; 如果这个距离空间又是完备的话, 那么就称之为希尔伯特空间. 显然, 不能定义距离的内积空间也就谈不上完备性, 就不能称之为希尔伯特空间.

以后用 $H$ 表示希尔伯特空间, 简称 $H$ 空间, 如果希尔伯特空间是 $n$ 维的, 就用 $H_n$ 表示.

**定义 18** 若定义在 $[a,b]$ 上的复函数 $f(x)$ 在此区间上的积分 $\int_a^b |f|^2 \, \mathrm{d}x$ 存在且有极限, 则称函数 $f(x)$ 在 $[a,b]$ 上是**复平方可积**的, 简称**平方可积**的, 此空间记为 $L_2[a,b]$. 这是 2.1.1 节定义 2 中 $p$ 次可积的 $p=2$ 的特殊情形. 因为常用, 特意列出.

平方可积函数与一个标量的乘积仍然是平方可积的. 两个平方可积函数之和仍然是平方可积的.

**定义 19** 组元是定义在闭区间 $[a,b]$ 上实变量 $x$ 的复值函数, 它们是平方可积的, 并且符合下面 (i)、(ii) 两条要求, 这些组元的集合形成的向量空间称为**平方可积的函数空间**, 记为 $L_2[a,b]$, 简记为 $L_2$, 常简称为**函数空间**.

(i) 加法规则: 若 $f_1(x) \in L_2$, $f_2(x) \in L_2$, 则

$$(f_1 + f_2)(x) \equiv f_1(x) + f_2(x) = f(x) \in L_2$$

(ii) 数乘规则: 若 $f(x) \in L_2, \alpha \in Z$, 则 $\alpha f \equiv \alpha f(x) \in L_2$.

如式 (2.1.1) 那样定义两个函数 $f$ 和 $g$ 之间的距离 $\rho(f,g)$

$$\rho(f,g) = \left[\int_a^b |f(x) - g(x)|^2 \, \mathrm{d}x\right]^{1/2} \tag{2.1.24}$$

可知 $L_2$ 是一个距离空间.

**定义 20**　属于函数空间 $L_2$ 的两个函数 $f_1$ 和 $f_2$ 的**内积**定义为

$$(f_1, f_2) = \int_a^b f_1^*(x) f_2(x) \mathrm{d}x$$

或者

$$(f_1, f_2) = \int_a^b f_1^*(x) f_2(x) w(x) \mathrm{d}x$$

其中权函数 $w(x) > 0$.

在闭区间 $[a, b]$ 上的实变量的复平方可积的完备的内积空间, 是一个希尔伯特空间. 这是一个常用的希尔伯特空间.

根据模的定义, 平方可积亦指模有限, 即

$$\|f\| = \left[\int_a^b |f|^2 \mathrm{d}x\right]^{1/2} < \infty$$

任何一对平方可积函数的内积 $(f_1, f_2)$ 存在. 证明

$$\begin{aligned}\left|\int_a^b f_1^* f_2 \mathrm{d}x\right| &\leqslant \int_a^b |f_1^* f_2| \mathrm{d}x = \int_a^b |f_1||f_2| \mathrm{d}x \\ &\leqslant \frac{1}{2}\int_a^b (|f_1|^2 + |f_2|^2) \mathrm{d}x = \frac{1}{2}(\|f_1\| + \|f_2\|) < \infty\end{aligned}$$

若 $(f, f) = 0$, 并不隐含：对于 $[a, b]$ 中所有 $x$, $f(x) = 0$. 它只能在孤立点上取非零值, 尽管孤立点的个数可能有无限多个. 只能在孤立点上取非零值的函数也称为几乎处处为零的函数.

**定义 21**　如果一个函数 $f(x)$ 在区间 $[a, b]$ 上的取值处处为零, 即 $f(x) = 0, x \in [a, b]$, 则称 $f(x)$ 为区间 $[a, b]$ 上的**零函数**. 在此区间上几乎处处等于零的函数称为**广义零函数**. 既非零函数又非广义零函数的函数称为**非零函数**. 本书以后提到的函数, 若无特别说明, 都是指非零函数.

例如, 在 $[0, 1]$ 区间上定义一个函数为：在有理数的位置上函数值为 1, 在无理数的位置上函数值为 0. 这是个广义零函数.

若 $(f, f) = 0$, 则 $f$ 是个零函数或者广义零函数.

反之, 若函数 $f(x)$ 是 $[a, b]$ 上的一个零函数或者广义零函数, 则一定有 $(f, f) = 0$. 并且

$$\int_a^b f(x) \mathrm{d}x = 0 \tag{2.1.25}$$

此处讲的广义零函数, 在孤立点上取的函数值是有限的. 在孤立点上的取值为无限的情况将在第 5 章中讨论.

**定理 7**(里斯–费希尔) 设函数 $f_1(x), f_2(x), \cdots$ 是函数空间中的组元, 若

$$\lim_{n,m\to\infty} \|f_n - f_m\|^2 \equiv \lim_{n,m\to\infty} \int_a^b |f_n - f_m|^2 \, \mathrm{d}x = 0 \tag{2.1.26}$$

则存在一平方可积函数 $f(x)$, 而序列 $\{f_n(x)\}$ “平均” 收敛于它; 即存在一个 $f(x)$ 使得

$$\lim_{n\to\infty} \int_a^b |f(x) - f_n(x)|^2 \, \mathrm{d}x = 0 \tag{2.1.27}$$

即平方可积函数 (模有限的函数) 空间是**完备**的.

根据距离的定义式 (2.1.24), 两个函数之差的模 $\left[\int_a^b |f(x) - f_n(x)|^2 \, \mathrm{d}x\right]^{1/2}$ 就是一种距离. 在这个距离空间内, 式 (2.1.26) 符合条件 (2.1.3). 而函数序列 $\{f_n(x)\}$ 与函数 $f(x)$ 都在此距离空间内. 因此, 这是一个完备的距离空间.

由希尔伯特空间的定义可知, 这个概念其实是相当宽泛的. 例如, 已经定义了内积的完备的 $n$ 维数组空间 $C^n$ 就属于希尔伯特空间. 可是, 某些文献上所说的希尔伯特空间, 常特指已经定义了内积的完备的函数空间, 本书则将其称为希尔伯特函数空间, 即以后提到希尔伯特函数空间的时候, 总是默认其中的向量是定义在 $[a, b]$ 上的函数 $f(x)$.

## 2.2 内积空间中的算子

### 2.2.1 算子与伴随算子

1. 算子

函数 $y = f(x)$ 表示, 在实数域 $\boldsymbol{R}$ 中任取一个数 $x$, 就可以通过这个表达式得到另一个实数 $y$. 因此这个函数反映的是从实数集 $\boldsymbol{R}$ 到实数集 $\boldsymbol{R}$ 的一个对应规则. 对于 $n$ 元实变函数则是 $\boldsymbol{R}^n$ 中的点集到实数集 $\boldsymbol{R}$ 的一个对应规则. 映射则是函数概念的推广. 如果把定义域和值域都换成一般的集合, 就可得到映射的概念[3].

**定义 1** 设 $X$ 和 $Y$ 是两个集合, 如果存在一个法则 $F$, 使得对任意一个元素 $x \in X$, 都存在唯一一个元素 $y \in Y$ 与之对应, 则称 $F$ 为集合 $X$ 到集合 $Y$ 的一个**映射**, 简记为 $F$: $X \to Y$. 元素 $y$ 称为元素 $x$ 在映射 $F$ 下的**像**, 记为 $y = F(x)$, 也称 $y$ 为 $F$ 在 $x$ 处的**值**. 称 $x$ 为 $y$ 在 $F$ 下的**原像**. $X$ 称为映射 $F$ 的**定义域**, $Y$ 称为 $F$ 的**值域**. 当 $X = Y$ 时, $F$ 称为集合到自身的一个映射.

例如, 距离是集合到实数集的映射.

当定义域和值域都是实数集时, 如果原像是一个实数, 得到的映射也是一个实数, 对应的映射就是一元实函数.

两个原像映射得到一个像的例子是距离的定义式.

一个长度为 $n$ 的复向量的模也是一个原像到一个像的映射, 只不过定义域是 $n$ 维的复数域, 值域则是正实数域.

**定义 2**　设 $V$ 和 $U$ 是同一域 $K$ 上的两个集合, $T$ 是 $V$ 到 $U$ 的映射, 若 $x \in V, y \in U$, 有 $Tx = y$, 则称 $T$ 是 $V$ 到 $U$ 的**算子**, 也称 $T$ 是 $V$ 到 $U$ 的**变换**. 设 $T$ 是 $V$ 到 $V$ 的映射, 若对所有 $x \in V, Tx = x$, 则称 $T$ 是**恒等算子**, 也称为**单位算子**, 或称为**单位变换**. 常将单位变换记做 $I$: $Ix = x$.

需要明确的是, $V$ 和 $U$ 是同一域 $K$ 上的两个空间的映射才称为变换. 一般的映射的定义中, 对于定义域 $X$ 和值域 $Y$ 没有原则上的限制.

简单地说, 一个算子作用在一个向量上之后, 就得到另外一个向量. 例如, 求导就是一个算子. 它将一个函数变成其导函数.

**定义 3**　设 $V$ 和 $U$ 是同一域 $K$ 上的两个内积空间, $T$ 是 $V$ 到 $U$ 的算子, 若算子 $T$ 满足:

(i) 对所有 $x, y \in V$, $T(x + y) = Tx + Ty$　(2.2.1)

(ii) 对所有 $x \in V$, 数域 $K$ 中所有纯量 $\alpha \in K$, $T(\alpha x) = \alpha Tx$　(2.2.2)

则称 $T$ 为 $V$ 到 $U$ 的**线性算子**或者**线性变换**.

**例 1**　定义一个积分算子 $K$ 如下:

$$Kf \equiv \int_a^b k(x, y) f(y) \mathrm{d}y$$

算子 $K$ 是线性的, 因为

$$\begin{aligned} K(f_1 + f_2) &\equiv \int_a^b k(x, y)[f_1(y) + f_2(y)] \mathrm{d}y \\ &= \int_a^b k(x, y) f_1(y) \mathrm{d}y + \int_a^b k(x, y) f_2(y) \mathrm{d}y \\ &= Kf_1 + Kf_2 \end{aligned}$$

$$K(\alpha f) \equiv \int_a^b k(x, y) \alpha f \mathrm{d}y = \alpha \int_a^b k(x, y) f(y) \mathrm{d}y = \alpha Kf$$

所以, 由此定义的积分算子是一个**线性积分算子**. 其中的函数 $k(x, y)$ 称为**积分核**.

下面提到的算子都是指线性算子.

由本节定义 2, 恒等算子 $I$ 是指它作用在空间中任意元上, 该元都不变. 除了恒等算子, 可能还有其他的算子, 作用在某个元上是不变的

$$u = Tu \tag{2.2.3}$$

满足此式时, 元 $u$ 称为算子 $T$ 的**固定点**. 此式可用于迭代求解, 即为了求出解 $u$, 先设 $u_0$, 用 $u_1 = Tu_0$ 得到 $u_1$, 再用 $u_2 = Tu_1$ 得到 $u_2$, 等等. 那么由此得到的系列 $u_0, u_1, \cdots, u_n, \cdots$ 不断逼近 $u$. 其中 $u_0$ 称为初始值. 这样求解的方法称为**迭代法**, 或者**逐次逼近法**. 可是这样得到的系列一定是逼近解的吗? 如果算子 $T$ 是个收缩算子, 那么答案是肯定的. 为此, 先来定义收缩的概念.

**定义 4** 度量空间中两个元 $u$ 和 $v$, 被算子 $T$ 作用前后的距离满足如下关系:

$$\rho(Tu, Tv) \leqslant \lambda\rho(u, v) \tag{2.2.4}$$

则称算子 $T$ 是**利普希茨连续**的. 若式 (2.2.4) 中的数 $\lambda < 1$, 则称算子 $T$ 是个**收缩算子**, 简称**收缩**.

**定理 1** 设算子 $T$ 是完备度量空间 $X$ 中的收缩, 则式 (2.2.3) 有且仅有一个解. 此解可以任选一初始值用迭代法求得.

**证明** (1) 固定点的唯一性. 设此收缩有两个固定点, 记为 $u$ 和 $v$, 且 $u = Tu$, $v = Tv$, 那么有 $\rho(Tu, Tv) = \rho(u, v)$. 因 $T$ 是个收缩, 必然有 $\rho(Tu, Tv) \leqslant \lambda\rho(u, v)$, 即 $\rho(u, v) \leqslant \lambda\rho(u, v)$, 其中 $\lambda < 1$. 因而, 只能是 $\rho(u, v) = 0$, 也就是 $u = v$.

(2) 固定点的存在性. 设 $u_0$ 是初始值. 经过上述迭代, 就得到了序列 $u_0, u_1, \cdots, u_n, \cdots$. 下面证明这是个柯西序列. 容易得到

$$\rho(u_n, u_{n+1}) = \rho(Tu_{n-1}, Tu_n) \leqslant \lambda\rho(u_{n-1}, u_n) \leqslant \cdots \leqslant \lambda^n\rho(u_0, u_1)$$

对于 $k > n$, 反复运用距离的三角不等式 (或者由习题 1), 可得

$$\begin{aligned}
\rho(u_n, u_k) &\leqslant \rho(u_n, u_{n+1}) + \rho(u_{n+1}, u_{n+2}) + \cdots + \rho(u_{k-1}, u_k) \\
&\leqslant \lambda^n\rho(u_0, u_1) + \lambda^{n+1}\rho(u_0, u_1) + \cdots + \lambda^{k-1}\rho(u_0, u_1) \\
&= \lambda^n\rho(u_0, u_1)(1 + \lambda + \lambda^2 + \cdots + \lambda^{k-n-1}) \leqslant \rho(u_0, u_1)\frac{\lambda^n}{1-\lambda}
\end{aligned}$$

已知 $\lambda < 1$, 可见 $k, n \to \infty$ 时, 距离 $\rho(u_n, u_k) \to 0$. 故序列 $\{u_n\}$ 是个柯西序列, 其极限记为 $u$. 因空间是完备的, 极限就在此空间内, 所以, $u_n \to u$. 证明完毕.

这一证明过程也说明, 任选一个初始值, 用迭代法即可求得解.

注意, 此定理没有用到内积的概念, 只需要距离的概念, 所以在完备的度量空间中适用.

2. 伴随算子

**定义 5** 取线性算子 $T$ 的厄米共轭, 记为 $T^\dagger$, 且对于任意两个向量 $x$ 和 $y$ 满足:

$$(Tx, y) = (x, T^\dagger y) \tag{2.2.5}$$

则称 $T^\dagger$ 是 $T$ 的**伴随算子**或**共轭算子**.

需要说明一点, 算子具体作用到向量上时, 总是具体表现为某种形式. 例如, 在有限维向量空间中, 线性变换就是用一个矩阵来表示, 微分算子则是用一个微分符号来表示. 这里所说的算子的厄米共轭, 是指取算子的具体形式的复共轭, 同时把其中含有的指标取成与原来相反的顺序.

伴随算子具有如下一些性质:

**定理 2** 设 $X$ 是希尔伯特空间, $A$、$B$ 是 $X$ 到 $X$ 的线性算子. 对于复数域 $C$ 上的任何复数 $\boldsymbol{\alpha} \in C$, 有

(i) $(A+B)^\dagger = A^\dagger + B^\dagger$;

(ii) $(\alpha A)^\dagger = \alpha^* A^\dagger$;

(iii) $(A^\dagger)^\dagger = A$;

(iv) $(A\cdot B)^\dagger = B^\dagger \cdot A^\dagger$.

其中 $\cdot$ 表示映射的复合, 以后将 $\cdot$ 省略, 把 $A\cdot B$ 简洁地写成 $AB$.

由 (ii), 以后在说到一个数的伴随时, 就是指取它的复共轭.

**定义 6** 设 $A$ 和 $B$ 都是线性算子, 若 $AB = BA = I$, 则称 $B$ 是 $A$ 的**逆算子**, 简称**逆**, 并记为 $B = A^{-1}$. 若 $A^\dagger A = AA^\dagger$, 则称 $A$ 为**正规算子**. 若 $A^\dagger A = AA^\dagger = I$, 则称 $A$ 为**酉算子**. 设 $A$、$B$ 和 $C$ 都是线性算子, 若 $BA = I$, 则称 $B$ 是 $A$ 的**左逆算子**, 简称**左逆**; 若 $AC = I$, 则称 $C$ 是 $A$ 的**右逆算子**, 简称**右逆**.

若一个算子的左逆和右逆都存在, 那么, 左右逆一定相等. 这是因为

$$B = B(AC) = (BA)C = C$$

此时的左右逆就是这个算子的逆, 即 $B = C = A^{-1}$. 以后总是只考虑左右逆都存在或者都不存在的情况. 对于后者, 就说算子的逆不存在.

**例 2** $n$ 维欧几里得空间 $E$ 是实数域上的 $n$ 维向量空间. 此空间中的元素是有 $n$ 个分量的列向量 $x$. $E$ 到 $E$ 的线性变换 $T$ 的变换矩阵用 $B$ 表示, $B$ 是一个幺正矩阵, 即 $BB^{\mathrm{T}} = B^{\mathrm{T}}B = I$, 其中 $B^{\mathrm{T}}$ 是 $B$ 的转置矩阵. 此空间内向量 $u$ 的变换是 $v = Bu$. $T$ 的伴随算子 $T^\dagger$ 的变换矩阵是 $B^{\mathrm{T}}$. 两个向量 $x$ 和 $y$ 的内积写成 $(x,y) = x^{\mathrm{T}}y$, 那么式 (2.2.5) 在本例中的表示就是

$$(Bx)^{\mathrm{T}}y = x^{\mathrm{T}}B^{\mathrm{T}}y$$

**例 3** 酉空间是复数域上的 $n$ 维向量空间. 对于 $n$ 维酉空间 $U$, 取定一基组后, $U$ 到 $U$ 的线性变换 $T$ 就是给定基组下的一个变换矩阵, 用 $A$ 表示. 设在此空间内有一个向量 $u$, 经过 $T$ 线性变换之后, 成为此空间中另一个向量 $v$, 写出这一变换, 就是

$$v = Au$$

$T$ 的伴随算子 $T^\dagger$ 的变换矩阵是 $A^\dagger$, 是 $A$ 的厄米共轭矩阵. 此空间内两个向量 $x$ 和 $y$ 的内积写成 $(x,y)=x^\dagger y$. 那么式 (2.2.5) 在本例中的表示就是

$$(Ax)^\dagger y = x^\dagger A^\dagger y$$

由此例可知, 在酉空间中, 与线性变换对应的变换矩阵是 $A$, 它的伴随矩阵就是 $A$ 的厄米共轭矩阵 $A^\dagger$. 若 $AA^\dagger = A^\dagger A = I$, 则该线性变换是酉变换.

**例 4** 线性积分算子. 设 $k(s,t)$ 在 $a \leqslant s,t \leqslant b$ 区间上是可积 (复值) 函数. $L_2[a,b]$ 是二次可积空间. 其中内积的定义为

$$(x,y)=\int_a^b x^*(t)y(t)\mathrm{d}t$$

$T$ 是 $L_2[a,b]$ 到 $L_2[a,b]$ 的线性算子, 其定义为: 对 $x\in L_2[a,b]$, 有

$$(Tx)(s)=\int_a^b k(s,t)x(t)\mathrm{d}t, \quad s\in[a,b]$$

此时, $T$ 的伴随算子 $T^\dagger$ 为: 对 $y\in L_2[a,b]$, 有

$$(T^\dagger y)(s)=\int_a^b k^*(t,s)y(t)\mathrm{d}t, \quad s\in[a,b]$$

注意, 式中将积分核取复共轭并且变量位置要交换. 那么式 (2.2.5) 在本例中的表示就是

$$\int_a^b \mathrm{d}s y(s)\int_a^b k^*(s,t)x^*(t)\mathrm{d}t = \int_a^b \mathrm{d}s x^*(s)\int_a^b k^*(t,s)y(t)\mathrm{d}t$$

3. 微分算子的伴随算子

以上内容介绍了线性代数中表示伴随算子的伴随矩阵和积分算子的伴随算子. 它们都是很容易确定的. 对于微分算子的伴随算子则不是那么容易就能确定的. 下面举例说明微分算子的伴随算子应该如何确定.

**例 5** 设有一阶微分算子 $L=\dfrac{\mathrm{d}}{\mathrm{d}x}$, 它作用于定义在区间 $[0,1]$ 上的函数 $u(x)$ 上的效果是: $Lu(x)=\dfrac{\mathrm{d}}{\mathrm{d}x}u(x)$, 并且已知在区域的边界上, 函数满足 $u(0)=2u(1)$, 即

$$Lu(x)=\frac{\mathrm{d}}{\mathrm{d}x}u(x), \quad u(0)=2u(1) \tag{2.2.6}$$

求此微分算子的伴随算子.

根据定义式 (2.2.5), 应该有

$$(v,Lu)=(L^\dagger v,u) \tag{2.2.7}$$

在函数 $f(x)$ 的定义区间上作内积:

$$(v, Lu) = \int_0^1 v^*(x)\frac{\mathrm{d}}{\mathrm{d}x}u(x)\mathrm{d}x = [v^*(x)u(x)]_0^1 - \int_0^1 u(x)\frac{\mathrm{d}}{\mathrm{d}x}v^*(x)\mathrm{d}x$$
$$= [v^*(x)u(x)]_0^1 + \int_0^1 \left[-\frac{\mathrm{d}}{\mathrm{d}x}v(x)\right]^* u(x)\mathrm{d}x$$

如果要满足式 (2.2.7), 上式的第一项必须为零. 利用边界条件 $u(0) = 2u(1)$, 有

$$[v^*(x)u(x)]_0^1 = u(1)v^*(1) - u(0)v^*(0) = u(1)[v^*(1) - 2v^*(0)] = 0$$

可见, 伴随微分算子的表达式如下:

$$L^\dagger v(x) = -\frac{\mathrm{d}}{\mathrm{d}x}v(x), \quad v(1) = 2v(0) \tag{2.2.8}$$

注意, 这里已经取了边界条件的复共轭. 与伴随算子相对应的边界条件不同于原来算子的边界条件 (式 (2.2.6)). 式 (2.2.8) 中的方程和边界条件分别成为式 (2.2.6) 的伴随方程和伴随边界条件.

由此例可知, 在求微分算子的伴随算子之前, 要知道它所作用的函数的边界条件, 即伴随算子包括两部分: 它的形式和它所作用的函数所应满足的边界条件. 对于微分算子来说, 伴随算子的定义必须与边界条件有关, 因为需要用到分部积分.

**例 6**　一个微分算子以及它所作用的函数满足的边界条件如下:

$$Lu(x) = \frac{\mathrm{d}^2}{\mathrm{d}x^2}u(x), \quad 0 < x < 1; \quad u(1) - \alpha u(0) = 0, \quad u'(1) - \beta u'(0) = 0$$

求其伴随算子及其所作用的函数满足的边界条件.

由于是二阶微分方程, 所以边界条件有两个等式. 仍然根据伴随算子的定义, 通过分部积分的办法把对函数 $u$ 的微分转移到对函数 $v$ 的微分.

$$\begin{aligned}
&\int_0^1 \mathrm{d}x v^*(x)Lu(x)\\
=&\int_0^1 \mathrm{d}x v^*(x)u''(x) = [v^*(x)u'(x)]_0^1 - [v^{*'}(x)u(x)]_0^1 + \int_0^1 \mathrm{d}x u(x)v^{*''}(x)\\
=&v^*(1)u'(1) - v^*(0)u'(0) - [v^{*'}(1)u(1) - v^{*'}(0)u(0)] + \int_0^1 \mathrm{d}x u(x)v^{*''}(x)\\
=&[\beta v^*(1) - v^*(0)]u'(0) - [v^{*'}(1)\alpha - v^{*'}(0)]u(0) + \int_0^1 \mathrm{d}x u(x)v^{*''}(x)
\end{aligned}$$

得到伴随方程和伴随边界条件为

$$L^\dagger v(x) = \frac{\mathrm{d}^2}{\mathrm{d}x^2}v(x), \quad 0 < x < 1; \quad \beta^* v(1) - v(0) = 0, \quad v'(1)\alpha^* - v'(0) = 0$$

在例 5 中, $L=\dfrac{\mathrm{d}}{\mathrm{d}x}$, 得到 $L^{\dagger}=-\dfrac{\mathrm{d}}{\mathrm{d}x}$, 则称 $-\dfrac{\mathrm{d}}{\mathrm{d}x}$ 是 $\dfrac{\mathrm{d}}{\mathrm{d}x}$ 的形式伴随算子. 说到形式伴随算子的时候, 是没有考虑作用的区间, 也没有考虑边界条件的. 因此形式伴随算子并不是真正的伴随算子. 只有满足合适的边界条件之后, 形式伴随算子才是真正的伴随算子. 在例 5 中, 满足 $v(1)=2v(0)$ 的条件之后, $-\dfrac{\mathrm{d}}{\mathrm{d}x}$ 才是在 $[0,1]$ 上满足条件 $u(0)=2u(1)$ 的 $\dfrac{\mathrm{d}}{\mathrm{d}x}$ 的真正伴随算子.

例 6 中形式伴随算子恰好和算子本身的形式是一样的, 即 $L^{\dagger}=\dfrac{\mathrm{d}^2}{\mathrm{d}x^2}=L$.

**例 7** 一般形式的一阶微分算子

$$L=q_1(x)\frac{\mathrm{d}}{\mathrm{d}x}+q_0(x) \tag{2.2.9a}$$

仍用例 5 中分部积分的办法, 得到

$$\begin{aligned}(v,Lu)&=\int_a^b v^*\left[\left(q_1\frac{\mathrm{d}}{\mathrm{d}x}+q_0\right)u\right]\mathrm{d}x=[q_1v^*u]_a^b+\int_0^1\left[\left(-q_1\frac{\mathrm{d}}{\mathrm{d}x}+q_0-q_1'\right)v^*\right]u\mathrm{d}x\\&=\int_0^1\left[\left(-q_1^*\frac{\mathrm{d}}{\mathrm{d}x}+q_0^*-q_1^{*'}\right)v\right]^*u(x)\mathrm{d}x+[q_1v^*u]_a^b\end{aligned}$$

因此, 形式伴随算子是

$$L^{\dagger}=-q_1^*(x)\frac{\mathrm{d}}{\mathrm{d}x}+q_0^*(x)-q_1^{*'}(x) \tag{2.2.9b}$$

当这个算子作用于定义在区间 $[a,b]$ 上的函数时, 若要求它是伴随算子, 则必须满足下面的边界条件:

$$[q_1(x)v^*(x)u(x)]_a^b=0 \tag{2.2.9c}$$

**例 8** 一般形式的二阶微分算子

$$L=p_2(x)\frac{\mathrm{d}^2}{\mathrm{d}x^2}+p_1(x)\frac{\mathrm{d}}{\mathrm{d}x}+p_0(x) \tag{2.2.10a}$$

这是本书以后考虑最多的微分算子. 根据式 (2.2.7) 并利用分部积分, 可以写出其形式伴随算子[4] 为

$$L^{\dagger}=p_2^*\frac{\mathrm{d}^2}{\mathrm{d}x^2}+(2p_2'^*-p_1^*)\frac{\mathrm{d}}{\mathrm{d}x}+p''^*_2-p'^*_1+p_0^* \tag{2.2.10b}$$

当这个算子作用于定义在区间 $[a,b]$ 上的函数时, 若要求它是伴随算子, 则必须满足下面的边界条件:

$$[p_2(u'v^*-uv^{*'})+(p_1-p_2')uv^*]_a^b=0 \tag{2.2.10c}$$

微分算子作用于定义在区间 $[a,b]$ 上的函数时, 有

$$(v, Lu) - (L^\dagger v, u) = \int_a^b \mathrm{d}x(v^* Lu - (L^\dagger v)^* u) = [J(u,v)]_a^b \tag{2.2.11}$$

将此式的上限 $b$ 看做一个变量, 对之求导, 就得到

$$v^* Lu - (L^\dagger v)^* u = \frac{\mathrm{d}}{\mathrm{d}x} J(u,v) \tag{2.2.12}$$

式 (2.2.12) 称为**拉格朗日等式**. 而相应的积分形式 (2.2.11) 称为**格林公式**. 称 $J(u,v)$ 为函数 $u$ 和 $v$ 的**结**. 结的表达式由微分算子 $L$ 的具体形式来确定. 例如, 对于例 5 来说, 是

$$J(u,v) = v^*(x)u(x)$$

对于例 6 来说, 是

$$J(u,v) = v^*(x)u'(x) - v^{*'}(x)u(x)$$

对于例 7 的一阶微分算子来说, 则应该是

$$J(u,v) = q_1 uv^* \tag{2.2.13a}$$

例 5 是例 7 当 $q_1 = 1, q_0 = 0$ 时的特例. 对于例 8 的二阶微分算子来说, 则应该是

$$J(u,v) = p_2(u'v^* - uv^{*'}) + (p_1 - p_2')uv^* \tag{2.2.13b}$$

例 6 是例 8 当 $p_2 = 1, p_1 = p_0 = 0$ 时的特例.

### 2.2.2　自伴算子

1. 自伴算子的定义和性质

**定义 7**　若一个线性算子 $A$ 与其伴随算子相等, 即

$$A^\dagger = A \tag{2.2.14}$$

则称 $A$ 为**自伴算子**, 或者称线性算子 $A$**是自伴的**. 实空间的自伴算子也称为**对称算子**, 复空间的自伴算子也称为**厄米共轭算子**, 简称**厄米算子**. 此时有

$$(Ax, y) = (x, Ay) \tag{2.2.15}$$

自伴算子的性质如下:

**定理 3**　(i) 设 $A$ 和 $B$ 是自伴算子, 那么 $A+B$ 也是自伴算子.

(ii) 设 $A$ 和 $B$ 是自伴算子, 当且仅当 $AB = BA$ 时, $AB$ 也是自伴的.

(iii) 设 $A$ 是自伴的, 当且仅当 $\boldsymbol{\alpha}$ 是实数时, $\boldsymbol{\alpha} A$ 也是自伴的.

**定理 4**　在实空间中, 若线性算子 $A$ 是对称的, 则

$$(y, Ax) = (x, Ay) \tag{2.2.16}$$

**证明** 设 $x$ 和 $y$ 是实向量, 则

$$(y, Ax) = (Ay, x) = (x, Ay)^* = (x, Ay)$$

最后一步用到向量 $x$ 和 $y$ 与算子 $A$ 都是在实空间中的, 因此 $(x, Ay)$ 是个实数. 证明完毕.

**定理 5** 若算子 $A$ 是自伴的, 则对空间中的任意向量 $x$, 内积 $(x, Ax) = 0$ 的充要条件是 $A = 0$.

**证明** 充分条件是显然的, 当 $A = 0$ 时, 对任意向量 $x$, 一定有 $(x, Ax) = 0$. 下面分实空间和酉空间两种情况证明必要条件.

(i) 在实空间中, 对任意两个向量 $x$ 和 $y$, 作内积:

$$(x + y, A(x + y)) = (x, Ax) + (y, Ay) + (x, Ay) + (y, Ax) = 0 \tag{2.2.17}$$

由条件得

$$(x, Ay) + (y, Ax) = 0 \tag{2.2.18}$$

因 $x$ 和 $y$ 是实向量, 由式 (2.2.16) 得

$$(x, Ay) = 0 \tag{2.2.19}$$

因 $x$ 和 $y$ 是任意的两个向量, 式 (2.2.19) 表明只能有 $A = 0$.

(ii) 在酉空间中, 对任意两个复向量 $x$ 和 $y$, 与式 (2.2.17) 一样作内积. 同样得到式 (2.2.18).

$$(x, Ay) + (y, Ax) = 0 \tag{2.2.20}$$

此式虽然与式 (2.2.18) 的形式相同, 不过要注意此式中的 $x$ 和 $y$ 是复向量. 将 $y$ 代之以 $\mathrm{i}y$, 就得到

$$(x, A\mathrm{i}y) + (\mathrm{i}y, Ax) = 0$$

把 i 这个因子提出来时, 后一项应有一负号. 由此得到

$$(x, Ay) - (y, Ax) = 0 \tag{2.2.21}$$

将式 (2.2.21) 与式 (2.2.20) 相加得到

$$(x, Ay) = 0$$

因 $x$ 和 $y$ 是任意的, 故只能有 $A = 0$. 证明完毕.

**定理 6** 设 $A$ 是酉空间的线性算子, 则对所有向量 $x$, 内积 $(x, Ax)$ 总是实数的充要条件是: $A$ 为厄米算子.

**证明** 充分条件: 若 $A$ 是厄米算子, 则

$$(x, Ax) = (Ax, x) = (x, Ax)^*$$

故 $(x, Ax)$ 一定是实数.

必要条件：当 $(x, Ax)$ 是实数时, 有

$$(x, Ax) = (x, Ax)^* = (Ax, x) = (x, A^\dagger x)$$

因此得到

$$(x, (A - A^\dagger)x) = 0$$

因向量 $x$ 是任意的, 故此式表明 $A = A^\dagger$, 即 $A$ 为厄米算子. 证明完毕.

注意, 此定理不能应用于实空间, 因为在实空间中任意 $(x, Ax)$ 总是实数, 不需要 $A$ 是对称的条件. 因此, 实空间中, $A$ 为对称算子是 $(x, Ax)$ 为实数的充分条件, 非必要条件.

**例 9**　例 2 中的变换矩阵 $B$ 和例 3 中的变换矩阵 $A$ 显然都是正规矩阵, 它们代表了正规算子的变换, 也就是正规变换. 并且, 它们也都是酉矩阵, 代表了酉算子的变换, 也就是酉变换.

厄米矩阵 $A = A^\dagger$ 和实对称矩阵 $B = B^{\mathrm{T}}$ 都是有限维线性空间中自伴算子的表示矩阵.

对于自伴算子, 例 2～ 例 4 中的内积分别写成如下形式：

$$(Bx)^{\mathrm{T}} y = x^{\mathrm{T}} B y$$
$$(Ax)^\dagger y = x^\dagger A y$$
$$\int_a^b \mathrm{d}s y(s) \int_a^b k^*(t,s) x^*(t) \mathrm{d}t = \int_a^b \mathrm{d}s x^*(s) \int_a^b k(s,t) y(t) \mathrm{d}t$$

对于微分算子 $L$, 若形式伴随算子与算子本身的形式相等, 即 $L^\dagger = L$, 则称此算子形式是自伴的. 形式自伴的微分算子不一定是自伴的. 是否是真正的自伴算子还要看边界条件.

对于一般的一阶微分算子, 容易从式 (2.2.9) 看出, 形式自伴条件的一种情况是

$$q_0 = q_0^*, \quad q_1 = -q_1^* \tag{2.2.22}$$

即 $q_0$ 是个实数, 而 $q_1$ 是个虚数. 如果式 (2.2.9c) 满足, 算子式 (2.2.9) 就是自伴的.

对于一般的二阶微分算子, 容易从式(2.2.10)看出形式自伴的最简单情况是: $p_2$、$p_1$ 和 $p_0$ 三个函数都是实的, 并且

$$p_2' = p_1 \tag{2.2.23a}$$

此时这个形式自伴算子可以写成紧缩的形式

$$L = \frac{\mathrm{d}}{\mathrm{d}x}\left(p_2(x)\frac{\mathrm{d}}{\mathrm{d}x}\right) + p_0(x) \tag{2.2.23b}$$

此时函数 $u$ 和 $v$ 的结式 (2.2.13) 化简为

$$J(u,v) = p_2(u'v^* - uv^{*'}) \tag{2.2.24}$$

如果

$$[p_2(u'v^* - uv^{*'})]_a^b = 0 \tag{2.2.25}$$

算子式 (2.2.23) 就是自伴的.

例如, 例 5 中的一阶微分算子 $L = \frac{\mathrm{d}}{\mathrm{d}x}$ 形式上不是自伴的, 而动量算子 $p = \mathrm{i}\frac{\mathrm{d}}{\mathrm{d}x}$ 则是形式自伴的, 二阶微分算子 $L = \frac{\mathrm{d}^2}{\mathrm{d}x^2}$ 也是形式自伴的, 即 $L^\dagger = L$; 例 6 中的边界条件满足之后, 算子就是自伴的. 我们把式 (2.2.11) 的各种情况列于表 2.1 中.

**表 2.1 式 (2.2.11) 中的各种情况**

| | $L^\dagger \neq L$ | $L^\dagger = L$ |
|---|---|---|
| $[J(u,v)]_a^b \neq 0$ | $L^\dagger$ 非 $L$ 的伴随算子 | $L$ 是形式自伴算子 |
| $[J(u,v)]_a^b = 0$ | $L^\dagger$ 是 $L$ 的伴随算子 | $L$ 是自伴算子 |

2. 算子的特征值

**定义 8** 若算子 $A$ 作用在一个非零向量 $x$ 上的结果等于一个数 $\lambda$ 乘以这个向量, 即

$$Ax = \lambda x \tag{2.2.26a}$$

则式 (2.2.26a) 称为**特征值方程**, $\lambda$ 称为这个算子的**特征值**, 与特征值 $\lambda$ 相应的向量称为**特征向量**. 一个算子的伴随算子 $A^\dagger$ 的特征方程

$$A^\dagger y = \gamma y \tag{2.2.26b}$$

称为式 (2.2.26a) 的**伴随特征方程**, 或者简称为**伴随方程**, 其中的 $\gamma$ 和 $y$ 分别称为 $\lambda$ 和 $x$ 的**伴随特征值**和**伴随特征向量**.

特征向量总是对应于某一特征值的. 一个特征值可能有不止一个相互线性无关的特征向量. 若一个特征值 $\lambda$ 有 $k$ 个相互线性无关的特征向量与其对应, 即

$$Ax_i = \lambda x_i, \quad i = 1, 2, \cdots, k \tag{2.2.27}$$

则称 $\lambda$ 的**秩**是 $k$, 也称为**简并度**. 数学家常用秩这个名称, 而物理学家则常用简并度这个名称. 若特征向量是函数, 也称为**特征函数**. 物理学家常把特征值和特征函数称为**本征值**和**本征函数**. 本书同时使用这两套名称.

有限维线性空间中的线性变换算子是一个变换矩阵, 其特征值的计算在线性代数中已经讨论过了. 微分算子的特征值也是容易讨论的. 在第 3 章将对二阶微分算子进行介绍. 积分算子的特征值将在第 8 章中讨论. 不管算子的具体形式如何, 有一些共性是根据自伴算子的定义和内积的定义立即就可以得到的.

假定算子的特征值总是可以按照某种规则排序 (如实数就按从小到大排序), 那么, 第 $n$ 个特征值记为 $\lambda_n$, 相应的特征向量记为 $x_n$.

**定理 7**　如果算子 $A$ 是正规算子, 那么有以下结论成立:

(i) 若向量 $x$ 是 $A$ 的属于特征值 $\lambda$ 的特征向量, 则它一定是 $A^\dagger$ 的属于特征值 $\lambda^*$ 的特征向量, 即 $Ax=\lambda x \Leftrightarrow A^\dagger x=\lambda^* x$;

(ii) 属于不同特征值的特征向量是相互正交的.

**证明**　(i) 设 $Ax=\lambda x$, 因 $A$ 是正规算子, 故

$$(Ax, Ax)=(A^\dagger Ax, x)=(AA^\dagger x, x)=(A^\dagger x, A^\dagger x)$$

若 $A$ 是正规的, 则 $A-\lambda I$ 也是正规的. 将上式中的 $A$ 代之以 $A-\lambda I$, 则

$$((A-\lambda I)x, (A-\lambda I)x)=((A-\lambda I)^\dagger x, (A-\lambda I)^\dagger x)$$

故 $(A-\lambda I)x=0 \Leftrightarrow (A^\dagger-\lambda^* I)x$. 从而 $Ax=\lambda x \Leftrightarrow A^\dagger x=\lambda^* x$.

(ii) 若算子有两个不同的特征方程 $Ax_1=\lambda_1 x_1$ 和 $Ax_2=\lambda_2 x_2$, 作如下内积:

$$(A^\dagger x_1, x_2)=(x_1, Ax_2)$$

两边用特征方程代入, 得到

$$(\lambda_1^* x_1, x_2)=\lambda_1(x_1, x_2)=\lambda_2(x_1, x_2)$$

因此 $(\lambda_1-\lambda_2)(x_1, x_2)=0$, 当 $\lambda_1\neq\lambda_2$ 时, 只能有 $(x_1, x_2)=0$. 从而, 属于不同特征值的特征向量是相互正交的. 证明完毕.

定理 7 中的 $A$ 如果是自伴算子, 就必然有 $\lambda=\lambda^*$, 因此得到以下推论.

**推论**　如果算子 $A$ 是自伴算子, (i)$A$ 的特征值一定是实数; (ii) 属于不同特征值的特征向量是相互正交的.

从定理 7 的证明过程可以看到, 取一个数的"伴随数", 就是数量矩阵的伴随矩阵, 这个数就成为复共轭. 因此, 一个数的伴随数就是其复共轭.

在量子力学中, 物理量是用微分算子来表示的, 算子的特征值就是可测量的物理量, 而可测物理量一定是实数. 这就是说, 表示物理量的微分算子一定是自伴算子. 由上面的讨论可知, 微分算子是自伴的, 它是形式自伴的, 并且结用上下限代入后一定为零. 在常用的量子力学教科书上通常未提到结为零, 这是因为, 在实际的物理系统中, 后一条件总是满足的.

物理学家常把能够代表物理量的算子称为**算符**. 以后将不加区分地称算子或者算符.

实际上, 对于伴随算子的特征值问题, 有更为一般的定理. 首先假设以下条件满足. 若内积

$$(f, y) = 0 \tag{2.2.28}$$

其中 $f$ 是空间中除 $y$ 以外的任何一个向量, 那么一定有 $y = 0$, 即 $y$ 是零向量.

**定理 8** 在满足上述条件下, (i) 若向量 $x_n$ 是 $A$ 的属于特征值 $\lambda_n$ 的特征向量, 那么, $A^\dagger$ 的特征值是 $\lambda_n^*$, 相应的特征向量记为 $y_n$, 也就是说, $A$ 和 $A^\dagger$ 的特征值是一一对应, 互为复共轭的. 相应地, 特征向量和伴随特征向量也是一一对应的. (ii) 若一个特征向量和一个伴随特征向量是分别属于不同特征值的, 那么它们之间相互正交, 即

$$(\lambda_n - \lambda_m)(y_m, x_n) = 0 \tag{2.2.29}$$

**证明** (i) 根据已给条件, 知 $Ax_n - \lambda_n x_n = 0$. 取一个向量 $y$ 作内积, 得到 $(y, (A-\lambda_n I)x_n) = 0$. 由伴随算子的定义, 有 $((A-\lambda_n I)^\dagger y, x_n) = ((A^\dagger - \lambda_n^* I)y, x_n) = 0$. 若 $(A^\dagger - \lambda_n^* I)y = f \neq 0$, 由于 $y$ 是任意取的, $f$ 也是任意的, 根据上述条件, 只能是 $x_n$ 恒为零. 但是 $x_n$ 是 $A$ 的特征向量, 不恒为零. 所以只能是 $(A^\dagger - \lambda_n^* I)y = 0$. 因此 $\lambda_n^*$ 是 $A^\dagger$ 的特征值. 相应的特征向量记为 $y_n$.

(ii) 若已知 $Ax_n - \lambda_n x_n = 0$ 和 $A^\dagger y_m - \lambda_m^* y_m = 0$, 作内积 $(y_m, Ax_n) = (y_m, \lambda_n x_n) = \lambda_s n(y_m, x_n)$, 同时又有 $(y_m, Ax_n) = (A^\dagger y_m, x_n) = \lambda_n(y_m, x_n) = (\lambda_m^* y_m, x_n) = \lambda_m(y_m, x_n)$, 这就得到式 (2.2.29). 当 $m \neq n$, 则有

$$(y_m, x_n) = 0, \quad m \neq n \tag{2.2.30}$$

一个算子的特征向量与其伴随算子的特征向量之间的这种正交性, 称为双正交性. 此时, 算子本身的属于不同特征值之间的特征向量是否具有正交性是无法证明的, 即当 $m \neq n$ 时, $(x_m, x_n)$ 不一定为零.

3. 等距变换

**定义 9** 保持向量的模不变的线性变换称为**等距变换**. 即若 $U$ 是一线性算子, 它作用在空间中的任意向量 $x$ 上, 有

$$\|Ux\| = \|x\| \tag{2.2.31}$$

此时算子 $U$ 称为**等距变换算子**, 或**等距算子**.

等距算子的这一定义与以下两种定义完全是等价的:

$$U^\dagger U = I \tag{2.2.32}$$

和

$$(Ux, Uy) = (x, y) \tag{2.2.33}$$

容易证明式 (2.2.31)∼ 式 (2.2.33) 的两两之间都是互为充要条件的.

**定理 9**　等距算子的特征值的绝对值是 1.

**证明**　若 $Ux = \lambda x$, 那么 $(Ux, Ux) = (\lambda x, \lambda x) = \|\lambda\|^2 (x, x) = (x, x)$, 故 $\|\lambda\| = 1$. 证明完毕.

**定理 10**　(i) 对内积空间, 一个正交归一集 $\{e_i\}$ 经等距变换之后的集合 $\{Ue_i\}$ 仍然是一个正交归一集; (ii) 对希尔伯特空间, 一个完备的正交归一集 $\{e_i\}$ 经等距变换之后的集合仍然是一个完备正交归一集.

**证明**　(i) 如果 $(e_i, e_j) = \delta_{ij}$, 那么 $(Ue_i, Ue_j) = (e_i, e_j) = \delta_{ij}$;

(ii) 只要证明等距变换后得到的正交归一集仍然是完备的即可. 为此利用帕塞瓦尔等式 (2.1.16), 因为它是正交归一基组完备性的一个等价的表述. 即有

$$\sum_i (x, Ue_i)(Ue_i, y) = \sum_i (U^\dagger x, e_i)(e_i, U^\dagger y) = (U^\dagger x, U^\dagger y) = (x, UU^\dagger y) = (x, y)$$

其中第二个等号利用正交归一基组 $\{e_i\}$ 是完备的. 上式表示等距变换后得到的集合 $\{Ue_i\}$ 是完备的. 证明完毕.

等距变换的一个最简单的例子是实际三维空间中的直角坐标系的旋转. 这一变换把一直角坐标系变换成另一直角坐标系, 这一变换不改变空间中任一向量的长度, 且变换矩阵的特征值的绝对值都是 1.

在 2.1.2 节的例 16 中定义了两个向量之间的夹角. 表达式如下:

$$|\cos\varphi| = \frac{|(x, y)|}{\sqrt{(x, x)}\sqrt{(y, y)}}$$

显然等距变换不改变两个向量之间的夹角. 在这个意义上, 等距变换是保角变换.

**定义 10**　若 $A^\dagger = -A$, 则称 $A$ 是**反自伴变换**.

反自伴变换显然是正规变换. 由例 5 知, 一阶微分算子 $\dfrac{\mathrm{d}}{\mathrm{d}x}$ 是一个形式反自伴算子.

**定理 11**　反自伴变换的特征值为纯虚数.

**证明**　设 $Ax = \lambda x$, 则 $\lambda^*(x, x) = (\lambda x, x) = (x, A^\dagger x) = (x, -Ax) = -\lambda(x, x)$, 可见 $\lambda = -\lambda^*$. 证明完毕.

由此可知, 动量算子必须带有一个纯虚数才能得到实的特征值. 这正是式 (2.2.22) 所表明的内容.

最后强调, 以上讨论的关于算子的所有性质, 对于任何线性算子都成立, 即除了线性代数中的线性变换, 对于积分算子、微分算子等也都是成立的.

在第 7 章中将对算子作更进一步的讨论.

### 2.2.3 非齐次线性代数方程组有解的择一定理

现在来回顾线性代数方程组的求解. 因为有了伴随算子的概念, 可以将求解的条件概括得更加全面, 并将求解的条件用择一定理的形式表现出来.

设有一个非齐次的线性代数方程组如下:

$$\begin{pmatrix} a_{11} & a_{12} & \cdots & a_{1n} \\ a_{21} & a_{22} & \cdots & a_{2n} \\ \vdots & \vdots & & \vdots \\ a_{n1} & a_{n2} & \cdots & a_{nn} \end{pmatrix} \begin{pmatrix} y_1 \\ y_2 \\ \vdots \\ y_n \end{pmatrix} = \begin{pmatrix} b_1 \\ b_2 \\ \vdots \\ b_n \end{pmatrix} \tag{2.2.34}$$

令

$$A = \begin{pmatrix} a_{11} & a_{12} & \cdots & a_{1n} \\ a_{21} & a_{22} & \cdots & a_{2n} \\ \vdots & \vdots & & \vdots \\ a_{n1} & a_{n2} & \cdots & a_{nn} \end{pmatrix},$$

$$y = \begin{pmatrix} y_1 \\ y_2 \\ \vdots \\ y_n \end{pmatrix} = (y_1, y_2, \cdots, y_n)^{\mathrm{T}}, \quad b = (b_1, b_2, \cdots, b_n)^{\mathrm{T}}$$

那么上式写成

$$Ay = b \tag{2.2.35}$$

这是将向量 $y$ 变换为向量 $b$ 的线性变换. 矩阵 $A$ 就是线性变换的表示矩阵. 将向量 $b$ 代之以零向量, 就得到相应的齐次线性方程:

$$Au = 0 \tag{2.2.36}$$

取矩阵 $A$ 的厄米共轭, 就得到上述方程的伴随方程:

$$A^{\dagger}v = 0 \tag{2.2.37}$$

有的文献将伴随方程的解写成 $u^{\dagger}$ 的形式. 伴随方程就是 $A^{\dagger}u^{\dagger} = 0$ 的形式. 一般地, 只要不是自伴算子, 即 $A^{\dagger} \neq A$, 那么 $u^{\dagger} \neq u$.

在线性代数中已经知道, 如果矩阵 $A$ 的行列式不为零, 即 $\det A \neq 0$, 则齐次方程 (2.2.36) 只有零解, 方程 (2.2.37) 同此, 因为必然有 $\det A^{\dagger} = (\det A)^*$. 此时, 方程组 (2.2.35) 有唯一解: $y = A^{-1}b$.

当 $\det A = 0$ 时情况怎样呢？这时，齐次方程 (2.2.36) 及其伴随方程 (2.2.37) 是有非零解的. 那么此时方程 (2.2.35) 是否无非零解呢？不一定. 如果方程组 (2.2.35) 中的非齐次项 $b$ 与齐次伴随方程 (2.2.37) 的解 $v$ 正交，即

$$(b, v) = 0 \tag{2.2.38}$$

那么非齐次方程 (2.2.35) 有非零解. 可以作以下的内积：

$$(Ay, v) - (y, A^{\dagger}v) = (b, v) = 0$$

其中用到式 (2.2.35) 和式 (2.2.37). 根据伴随算子的定义知，此式的左边一定为零. 因此就得到了式 (2.2.38).

注意，如果方程组 (2.2.37) 有 $k$ 个线性无关的解 $v_i, i = 1, 2, \cdots, k$, 那么式 (2.2.38) 指向量 $b$ 与每一个 $v_i$ 都正交，即

$$(b, v_i) = 0, \quad i = 1, 2, \cdots, k \tag{2.2.39}$$

以上内容总结为定理 12.

**定理 12**　非齐次线性代数方程组 (2.2.35) 有解的条件是，其系数矩阵 $A$ 的行列式不为零，即 $\det A \neq 0$; 或者 $\det A = 0$ 但同时非齐次项 $b$ 与齐次伴随方程 (2.2.37) 的所有线性无关的解正交.

由于方程组 (2.2.35) 有解的条件是在两个条件中选择一个，因此叫作**择一定理**.

式 (2.2.39) 也称为非齐次线性代数方程组有解的**相容性条件**.

以上是关于求解线性代数方程组的择一定理. 求解微分方程和积分方程也有相应的择一定理，将分别在第 3 章和第 8 章中介绍.

## 2.3　完备的正交归一函数集合

### 2.3.1　收敛的类别

函数集合完备性的定义依赖于收敛的概念. 先给出关于函数的三种收敛的定义如下：

**定义 1**　一函数序列 $\{h_n(x)\}$ 定义在区间 $[a, b]$ 上，若

$$\lim_{n \to \infty} \int_a^b |h(x) - h_n(x)|^2 \, \mathrm{d}x = 0 \tag{2.3.1}$$

即对于任意 $\varepsilon$, 存在一个 $N(\varepsilon)$, 使当 $n > N$ 时，有

$$\int_a^b |h(x) - h_n(x)|^2 \, \mathrm{d}x < \varepsilon \tag{2.3.2}$$

则称函数序列 $\{h_n(x)\}$ 在 $[a,b]$ 上**平均收敛**于 $h(x)$.

**定义 2** 一函数序列 $\{h_n(x)\}$ 定义在区间 $[a,b]$ 上, 对于 $[a,b]$ 中的任一 $x$ 和任一 $\varepsilon>0$, 存在一个整数 $N(x,\varepsilon)$, 使得当 $n>N$ 时, 有

$$|h(x)-h_n(x)|<\varepsilon \tag{2.3.3}$$

称函数序列 $\{h_n(x)\}$ 在 $[a,b]$ 上**逐点收敛**于 $h(x)$.

**定义 3** 一函数序列 $\{h_n(x)\}$ 定义在 $[a,b]$ 上, 对于任意 $\varepsilon>0$, 存在一个与 $x$ 无关的整数 $N(\varepsilon)$, 使当 $n>N$ 时, 对于 $[a,b]$ 中所有的 $x$ 满足

$$|h(x)-h_n(x)|<\varepsilon \tag{2.3.4}$$

则称函数序列 $\{h_n(x)\}$ 在 $[a,b]$ 上**一致收敛**于 $h(x)$.

式 (2.3.4) 与第 1 章中定义零级 $\varepsilon$-接近度的表达式是一样的.

由 2.1 节的内容知, 任何收敛和极限都蕴涵着已经定义了的一种距离. 此处的式 (2.3.2)~ 式 (2.3.4) 三式的左边分别定义了三种距离, 其中式 (2.3.3) 和式 (2.3.4) 的两种距离虽然在形式上似乎是一样的, 但含义有所差别. 三种收敛的概念分别对应于一种距离的定义.

定义 1~ 定义 3 中, $h_n(x)$ 本身可以是另一序列的部分和, 即 $h_n(x)=\sum\limits_{i=1}^{n}k_i(x)$. 例如, 若 $\lim\limits_{n\to\infty}\int_a^b\left|h(x)-\sum\limits_{i=1}^{n}k_i(x)\right|^2\mathrm{d}x=0$, 则级数 $\sum\limits_{i=1}^{\infty}k_i(x)$ 平均收敛于 $h(x)$.

逐点收敛, 整数 $N(x,\varepsilon)$ 与 $x$ 有关; 一致收敛, $N(\varepsilon)$ 与 $x$ 无关. 这说明后者的条件更强.

三种收敛之间的关系: 若一致收敛, 则一定是逐点收敛的; 若一致收敛, 则一定是平均收敛的.

对于一致收敛性, 有定理 1.

**定理 1** 若对于任意 $\varepsilon>0$, 存在一个整数 $N(\varepsilon)$, 使当 $r>N$, $s>N$ 时, 对于 $[a,b]$ 中所有的 $x$, 满足

$$|h_r(x)-h_s(x)|<\varepsilon$$

则函数序列 $\{h_n(x)\}$ 在 $[a,b]$ 上一致收敛.

对比式 (2.1.3) 知, 定义了距离 $\rho(h_r(x),h_s(x))=|h_r(x)-h_s(x)|$ 之后, 序列 $\{h_n(x)\}$ 是一个柯西序列. 这个序列是一致收敛的.

如果 $h_n(x)$ 本身是另一序列的部分和, 即 $h_n(x)\equiv\sum\limits_{i=1}^{n}k_i(x)$, 那么

$$|h_r(x)-h_s(x)|=\left|\sum_{i=1}^{r}k_i-\sum_{i=1}^{s}k_i\right|=\left|\sum_{i=r+1}^{s}k_i(x)\right|<\varepsilon$$

若存在一致收敛或逐点收敛, 可以写出

$$h(x) = \lim_{n\to\infty} h_n(x) = \sum_{i=1}^{\infty} k_i(x)$$

由 2.1.1 节知, 基于收敛和极限的概念定义了空间完备性的概念. 类似地, 有了函数集合的收敛和极限的概念之后, 就可以定义函数集合, 也就是函数空间的完备性了.

### 2.3.2　函数集合的完备性

**定义 4**　对于定义在 $[a,b]$ 上的一函数集合 $\{f_n\}$, 若

$$(f_n, f_m) \equiv \int_a^b f_n^*(x) f_m(x) \mathrm{d}x = \delta_{nm}$$

则函数集合 $\{f_n\}$ 称为在 $[a,b]$ 上是**正交归一**的.

对于一个在 $[a,b]$ 上非负的**权重函数**$w(x)$, 若

$$(f_n, f_m) \equiv \int_a^b f_n^*(x) f_m(x) w(x) \mathrm{d}x = \delta_{nm}$$

则函数集 $\{f_n\}$ 称为在 $[a,b]$ 上对于**权重函数 $w(x)$ 正交归一**的. 权函数为 1 时, 就简称为**正交归一**.

**例**　定义在 $[-\pi,\pi]$ 上的傅里叶函数集 $f_n(x) = \dfrac{\mathrm{e}^{\mathrm{i}nx}}{\sqrt{2\pi}}(n = 0, \pm1, \pm2, \cdots)$, 则 $\{f_n\}$ 在 $[-\pi,\pi]$ 上是正交归一的. 容易验证

$$(f_n, f_m) = \int_{-\pi}^{\pi} f_n^*(x) f_m(x) \mathrm{d}x = \frac{1}{2\pi}\int_{-\pi}^{\pi} \mathrm{e}^{\mathrm{i}(m-n)x}\mathrm{d}x = 0, 当 m \neq n$$

$$(f_n, f_n) = \int_{-\pi}^{\pi} f_n^*(x) f_n(x) \mathrm{d}x = \frac{1}{2\pi}\int_{-\pi}^{\pi} 1\mathrm{d}x = 1$$

所以, $(f_n, f_m) = \delta_{mn}$.

利用平均收敛可以定义正交函数集的完备性.

**定义 5**　设 $g(x)$ 为希尔伯特函数空间中的任意函数, $\{f_i(x)\}$ 为希尔伯特函数空间中的正交归一函数集. 若存在常数序列$\{a_i\}$, 使得部分和序列 $g_n(x) \equiv \sum_{i=1}^{n} a_i f_i(x)$ 平均收敛于 $g(x)$, 则称函数集 $\{f_i(x)\}$ 是一个**完备的正交归一集合**.

等价地, 若均方误差可以任意小, 即

$$\lim_{n\to\infty}\int_a^b |g - g_n|^2 \mathrm{d}x = \lim_{n\to\infty}\int_a^b \left|g - \sum_{i=1}^{n} a_i f_i\right|^2 \mathrm{d}x = 0$$

则集合 $\{f_i\}$ 是一个完备的正交归一函数集. 应注意系数序列 $\{a_i\}$ 与 $n$ 无关.

若 $\lim\limits_{n\to\infty}\int_a^b\left|f-\sum\limits_{i=1}^n a_i f_i\right|^2\mathrm{d}x=0$, 用符号表示

$$f(x)\doteq\sum_{i=1}^{\infty}a_i f_i(x) \tag{2.3.5}$$

等号上面加一点表示在平均收敛的意义下相等.

**定义 6** 设 $f(x)$ 为希尔伯特函数空间中的任意一个函数, 并设存在一个正交归一函数集 $\{f_i(x)\}$, 使得级数 $\sum\limits_{i=1}^{\infty}c_i f_i(x)$ 一致收敛于 $f(x)$, 即

$$f(x)=\sum_{i=1}^{\infty}c_i f_i(x) \tag{2.3.6}$$

系数 $c_i$ 称为**广义傅里叶系数**或**展开系数**, 也称为 $f(x)$ 在基函数 $f_i(x)$ 上的投影分量. 式 (2.3.6) 称为 $f(x)$ 的**广义傅里叶展开**. 展开系数用下式来计算:

$$(f_n,f)=\sum_{i=1}^{\infty}c_i(f_n,f_i)=\sum_{i=1}^{\infty}c_i\delta_{ni}=c_n$$

注意, 在定义函数集的完备性的时候, 只要求满足平均收敛的条件. 而在定义任意函数的广义傅里叶展开的时候, 用了一致性收敛的条件. 也就是说, 单纯的完备性不一定能够保证实现广义傅里叶展开. 函数集 $\{f_i(x)\}$ 的完备性 (式 (2.3.5)) 并不隐含式 (2.3.6) 成立.

一致收敛则蕴涵平均收敛, 式 (2.3.6) 的成立保证式 (2.3.5) 是成立的. 此时任一函数 $f(x)$ 能够用 $\{f_i(x)\}$ 展开, 说明 $\{f_i(x)\}$ 是完备的.

现在考虑非负量

$$M_n=\int_a^b\left|f(x)-\sum_{i=1}^n a_i f_i(x)\right|^2\mathrm{d}x\geqslant 0$$

其中 $\{f_i(x)\}$ 是正交归一集合, 且 $f(x)$ 是希尔伯特空间中的任意函数. 现在要问: 对于给定的 $n(\geqslant 1)$, 系数 $a_i$ 应如何取值, 使得均方误差 $M_n$ 为最小? 为了回答这个问题, 现将 $M_n$ 的表达式展开

$$\begin{aligned}M_n&=\left(f-\sum_{i=1}^n a_i f_i, f-\sum_{i=1}^n a_i f_i\right)\\&=(f,f)-\sum_{i=1}^n a_i c_i^*-\sum_{i=1}^n a_i^* c_i-\sum_{i,j=1}^n a_i^* a_j\delta_{ij}\end{aligned}$$

其中 $c_i=(f_i,f)$, 加上和减去 $\sum\limits_{i=1}^n|c_i|^2$, 得到

$$M_n = (f,f) + \sum_{i=1}^{n} |a_i - c_i|^2 - \sum_{i=1}^{n} |c_i|^2$$

显然, 取 $a_i = c_i (i = 1, 2, \cdots, n)$ 时, $M_n$ 极小. 此时

$$M_n = (f,f) - \sum_{i=1}^{n} |c_i|^2 \geqslant 0$$

改写成

$$(f,f) \geqslant \sum_{i=1}^{n} |c_i|^2 = \sum_{i=1}^{n} |(f_i, f)|^2$$

如果记 $s_n = \sum_{i=1}^{n} |c_i|^2$, 则由上式知, 序列 $s_1, s_2, \cdots, s_n, \cdots$ 单调递增且有上界 $(f,f)$. 因 $f$ 是平方可积函数, 当 $n$ 趋于无穷大时, 上式成为

$$(f,f) \geqslant \sum_{i=1}^{\infty} |c_i|^2 \tag{2.3.7}$$

无穷级数 $\sum_{i=1}^{n} |c_i|^2$ 是收敛的. 与有限维空间中的式 (2.1.15) 比较, 式 (2.3.7) 是无限维空间中的贝塞尔不等式.

当且仅当存在集合 $\{a_i\}$, 使得 $\lim_{n\to\infty} M_n = 0$ 时, 正交归一集 $\{f_i\}$ 是完备的. 若集合 $\{f_i\}$ 是完备的, 则 $a_i = c_i (i = 1, 2, \cdots)$, 且对任意 $f$, 贝塞尔不等式中的等号成立

$$(f,f) = \sum_{i=1}^{\infty} |c_i|^2 = \sum_{i=1}^{\infty} |(f_i, f)|^2 \tag{2.3.8}$$

式 (2.3.8) 称为**完备性关系**.

与有限维空间一样, 无限维空间中也有帕塞瓦尔关系:

$$(f,g) = \sum_{i=1}^{\infty} (f, f_i)(f_i, g) \tag{2.3.9}$$

证明见习题 27.

**定义 7**　若没有与集合中每一个函数正交的非零函数, 则正交归一函数集称作是**封闭**的.

**定理 2**　对于希尔伯特函数空间中一个正交归一函数集, 当且仅当它是封闭的, 它是完备的.

**证明**　先证明集合的完备性意味着它的封闭性. 采用反证法, 假定正交归一集 $\{f_i\}$ 是完备的但不封闭. 设存在已经归一的非零函数 $f(x)$, 对 $\{f_i\}$ 中的所有基, 都有

$$(f_i, f) = \int_a^b f_i^* f \mathrm{d}x = 0$$

则对此函数有

$$\lim_{n\to\infty} \int_a^b \left| f - \sum_{i=1}^{n} (f_i, f) f_i \right|^2 \mathrm{d}x = \int_a^b |f|^2 \mathrm{d}x = 1 \neq 0$$

根据完备性, 上式左边应该是等于零的. 因此, 非封闭性的假定不成立. 故完备性蕴涵封闭性.

再证明其逆: 正交归一函数集的封闭性意味着它的完备性. 仍用反证法. 假定正交归一集 $\{f_i\}$ 是封闭的但不完备. 则存在某函数 $f(x)$, 使得

$$\|f\|^2 > \sum_{i=1}^{\infty} |(f_i, f)|^2$$

因为不等式右边的 $\sum\limits_{i=1}^{\infty} |(f_i, f)|^2$ 收敛, 故序列 $\{g_m(x)\}$ 是希尔伯特空间中的柯西序列, 其中

$$g_m = \sum_{i=1}^{m} (f_i, f) f_i$$

这时因为

$$(g_m(x) - g_s(x), g_m(x) - g_s(x)) = \left( \sum_{i=s+1}^{m} (f_i, f) f_i, \sum_{i=s+1}^{m} (f_i, f) f_i \right) = \sum_{i=s+1}^{m} |(f_i, f)|^2$$

在 $m$ 和 $s$ 均充分大时, 上式可小于任意正数 $\varepsilon$. 因希尔伯特函数空间本身是完备的空间, 则柯西序列 $\{g_m(x)\}$ 必平均收敛于此空间中的某个函数 $g(x)$, 因此, $(f_i, f) = (f_i, g)(i = 1, 2, \cdots)$, 即 $(f_i, f - g) = 0(i = 1, 2, \cdots)$. 现在证明, 只要 $f - g$ 是非零函数, 就会导致 $\{f_i\}$ 是非封闭的结论. 利用内积的不等式 $(f - g, f - g)^{1/2} \geqslant (f, f)^{1/2} - (g, g)^{1/2}$, 对所有的 $m$, 有

$$\begin{aligned}(f - g, f - g)^{1/2} &= (f - g_m - (g - g_m), f - g_m - (g - g_m))^{1/2} \\ &\geqslant (f - g_m, f - g_m)^{1/2} - (g - g_m, g - g_m)^{1/2}\end{aligned}$$

因 $m \to \infty$ 时, $(g - g_m, g - g_m) \to 0$, 对所有的 $m$,

$$\begin{aligned}(f - g_m, f - g_m)^{1/2} &= \left( f - \sum_{i=1}^{m} (f_i, f) f_i, f - \sum_{i=1}^{m} (f_i, f) f_i \right)^{1/2} \\ &= (f_i, f_i)^{1/2} - \left( \sum_{i=1}^{m} |(f_i, f)|^2 \right)^{1/2} > 0\end{aligned}$$

故有 $(f-g, f-g)>0$, 即 $f-g$ 是非零函数. 证明完毕.

希尔伯特空间中的函数可以用给定的完备正交归一函数集 $\{f_i\}$ 来展开, 展开的系数几乎处处唯一地确定, 并且给定函数的展开系数是唯一的.

### 2.3.3　$N$ 维数域空间和希尔伯特函数空间

$N$ 维数域空间 $C^N$ 中的向量都是一组 $N$ 个数, 希尔伯特函数空间中的向量都是函数 $f(x)$, 这两者都属于线性空间. 在各自定义了内积之后, 都属于内积空间. 上面关于线性空间和内积空间的一些定义和概念在两者中都适用, 一些公式是一一对应的, 如基组、展开、内积、正交归一性、模、完备性、格拉姆–施密特正交化方法、贝塞尔不等式和帕塞瓦尔等式等. 表 2.2 中将 $N$ 维数域空间 $C^N$ 和希尔伯特函数空间作一对照.

**表 2.2　$N$ 维数域空间 $C^N$ 和希尔伯特函数空间的对照**

| 项目 | $N$ 维数域空间 $C^N$ | 希尔伯特函数空间 |
|---|---|---|
| 维数 | $N$ | 既可以是有限维也可以是无限维, 即 $N$ 可以无限大 |
| 基组 | 基矢 $\{\boldsymbol{e}_i\}$ | 基函数 $\{f_i(x)\}$ |
| 空间内向量用基组展开 | 任何向量可以用基矢展开 $\boldsymbol{x}=\sum_i^N x_i\boldsymbol{e}_i$ | 任何函数可以用基函数展开 $f(x)=\sum_{i=1}^N c_i f_i(x)$ |
| 内积的定义 | $\boldsymbol{x}\cdot\boldsymbol{y}=\sum_i^N x_i^* y_i$ | $(f_1,f_2)=\int_a^b f_1^*(x)f_2(x)\mathrm{d}x$ |
| 带权内积的定义 | $\boldsymbol{x}\cdot\boldsymbol{y}=\sum_i^n p_i x_i^* y_i$ <br> $p_i>0(i=1,2,\cdots,n)$ | $(f_1,f_2)=\int_a^b f_1^*(x)f_2(x)w(x)\mathrm{d}x$ <br> $w(x)>0$ |
| 基组的正交归一性 | $\boldsymbol{e}_i\cdot\boldsymbol{e}_j=\delta_{ij}$ | $\int_a^b f_n^*(x)f_m(x)w(x)\mathrm{d}x=\delta_{nm}$ |
| 展开系数 (投影分量) | $x_i=\boldsymbol{x}\cdot\boldsymbol{e}_i$ | $c_i=\int_a^b f^*(x)f_i(x)w(x)\mathrm{d}x$ |
| 模的平方 | $\Vert\boldsymbol{x}\Vert^2=\boldsymbol{x}\cdot\boldsymbol{x}=\sum_{i=1}^N \vert x_i\vert^2$ | $\Vert f\Vert^2=(f,f)=\sum_{i=1}^N \vert c_i\vert^2$ |
| 零向量 | $x_i=0\quad(i=1,2,\cdots,N)$ <br> $\Leftrightarrow \boldsymbol{x}=\boldsymbol{0}$ | $c_i=0\quad(i=1,2,\cdots,N)$ <br> $\Leftrightarrow f(x)=0$ |
| 线性无关 (线性独立) 和线性相关的概念 | 对于向量组 $\{\boldsymbol{x}_1,\boldsymbol{x}_2,\cdots,\boldsymbol{x}_m\}$, 若 $\sum_i^m \lambda_i\boldsymbol{x}_i=\boldsymbol{0}$, 当且仅当 $\lambda_1=\lambda_2=\cdots=\lambda_m=0$, 则称该向量组是线性无关的; 否则, 称该向量组是线性相关的 | 对于函数组 $\{\varphi_1(x),\varphi_2(x),\cdots,\varphi_m(x)\}$, 若 $\sum_i^m a_i\varphi_i(x)=0$, 当且仅当 $a_1=a_2=\cdots=a_m=0$, 则称该函数组是线性无关的; 否则, 称该函数组是线性相关的 |

注: $N$ 维数域空间中的向量用黑体字母表示, 内积用 · 表示

实际上, 在希尔伯特函数空间中, 任意一个函数都可以用一个完备集来展开. 这个完备集中的函数组可以是非正交的, 只要是线性无关的函数组即可. 与 $C^N$ 中一个向量可以用一组非正交的基组展开一样, 在希尔伯特空间中, 也可以用非正交归一的函数集来展开一个函数, 只是计算展开系数不太方便. 这时, 可以通过格拉姆–施密特方法构造一个正交归一基函数组.

表 2.2 中希尔伯特函数空间中的函数可以是多元函数. 例如, 二元函数

$$f(x,y)=\sum_{i,j=1}^{N}c_i d_j f_i(x)g_j(y)$$

系数对应于张量.

由第 3 章的介绍可知, 二阶微分方程的本征函数可以提供希尔伯特函数空间的完备函数集.

由于希尔伯特函数空间是完备的内积空间, 2.2 节关于内积空间中算子的理论在希尔伯特函数空间完全适用.

### 2.3.4 正交多项式

1. 正交多项式的基本性质

在所有函数中, 多项式从形式上来说是最为简单的, 并且它们具有一些非常简单而又有用的性质. 现在介绍关于正交多项式的几个定理[3,5].

**定义 8** 设 $\rho(x)$ 是 $[a,b]$ 上的权函数, $\varphi_n(x)$ 是 $[a,b]$ 上首项系数 $a_n\neq 0$ 的 $n$ 次多项式. 如果多项式序列 $\{\varphi_n(x)\}$ 在 $[a,b]$ 上带权 $\rho(x)$ 正交, 即

$$(\varphi_n,\varphi_m)=\int_a^b\varphi_n(x)\varphi_m(x)\rho(x)\mathrm{d}x=h_m\delta_{nm} \tag{2.3.10}$$

称 $\varphi_n(x)$ 为 $[a,b]$ 上**带权$\rho(x)$的$n$次正交多项式**.

**定理 3** (i) 正交多项式 $\varphi_0(x),\varphi_1(x),\cdots,\varphi_n(x)$ 线性无关; (ii) 任意 $n$ 次多项式 $P_n(x)$ 均可表示为它们的线性组合; (iii) $\varphi_n(x)$ 与任一次数小于 $n$ 的多项式正交.

这一定理的证明作为习题 28.

**定理 4** 区间 $[a,b]$ 上的 $n(\geqslant 1)$ 次正交多项式 $\varphi_n(x)$ 有 $n$ 个互异的实根, 即单重实根, 且全部落在 $(a,b)$ 内.

**证明** 由于

$$(\varphi_n,\varphi_0)=\int_a^b\varphi_n(x)\varphi_0(x)\rho(x)\mathrm{d}x=0,\quad n\geqslant 1$$

且 $\rho(x)>0$, 故 $\varphi_n(x)$ 在 $(a,b)$ 内一定变号. 因此 $\varphi_n(x)$ 在 $(a,b)$ 内有根.

设 $\varphi_n(x)$ 在 $(a,b)$ 内的根是 $x_1,x_2,\cdots,x_k$, 则可将 $\varphi_n(x)$ 写成

$$\varphi_n(x)=(x-x_1)^{\gamma_1}(x-x_2)^{\gamma_2}\cdots(x-x_k)^{\gamma_k}$$

因 $x$ 的变化每一个根 $x_i$ 都要变号, 故 $\gamma_1,\gamma_2,\cdots,\gamma_k$ 都是奇数. 现要证明：一定有

$k = n$, 因此 $\gamma_1 = \gamma_2 = \cdots = \gamma_k = 1$. 令

$$q(x) = (x - x_1)(x - x_2)\cdots(x - x_k)$$

这是一个 $k$ 次多项式. 假设 $k < n$, 则必有

$$(\varphi_n, q) = \int_a^b \varphi_n(x)q(x)\rho(x)\mathrm{d}x = 0 \tag{2.3.11}$$

由于 $\gamma_1 = \gamma_2 = \cdots = \gamma_k = 1$, 这个积分的被积函数是各乘数项 $(x - x_i)$ 的偶次方, 因而整个被积函数恒为正, 应该有

$$(\varphi_n, q) = \int_a^b \varphi_n(x)q(x)\rho(x)\mathrm{d}x > 0$$

与式 (2.3.11) 矛盾. 故只能有 $k = n$. 证明完毕.

在定理 5、定理 6 中, 设 $n$ 次多项式 $\varphi_n(x)$ 的最高次项系数为 $a_n$, $h_n$ 由式 (2.3.10) 确定.

**定理 5**　任意相邻的三个正交多项式, 具有下列递推关系:

$$\varphi_{n+1}(x) = (\alpha_n x - \beta_n)\varphi_n(x) - \gamma_{n-1}\varphi_{n-1}(x) \tag{2.3.12}$$

其中 $\alpha_n, \beta_n, \gamma_{n-1}$ 是与 $x$ 无关的常数.

**证明**　令

$$\varphi_{n+1}(x) - \frac{a_{n+1}}{a_n}x\varphi_n(x) = \sum_{i=1}^n A_i\varphi_i(x)$$

上式右边因为是 $n$ 次多项式, 故写成正交多项式的线性组合. 两边同乘以 $\varphi_m(x)$, 作带权内积

$$(\varphi_{n+1}, \varphi_m) - \frac{a_{n+1}}{a_n}(\varphi_n, x\varphi_m) = \sum_{i=1}^n A_i(\varphi_i, \varphi_m)$$

当 $m \leqslant n - 2$ 时, 上式左边第一项显然为零; 第二项中, 因为 $x\varphi_m(x)$ 是最高次项小于 $n$ 的多项式, 所以与 $\varphi_n(x)$ 是带权正交的, 结果也为零. 故右边也应为零. 又因为

$$\sum_{i=1}^n A_i(\varphi_i, \varphi_m) = \sum_{i=1}^n A_i\delta_{mi}(\varphi_m, \varphi_m) = A_m h_m$$

因而 $A_m = 0, m \leqslant n - 2$. 当 $m$ 分别为 $m = n - 1$ 和 $n$ 时, 有

$$A_{n-1}(\varphi_{n-1}, \varphi_{n-1}) = -\frac{a_{n+1}}{a_n}(\varphi_n, x\varphi_{n-1})$$

$$A_n(\varphi_n, \varphi_n) = -\frac{a_{n+1}}{a_n}(\varphi_n, x\varphi_n)$$

可见

$$\varphi_{n+1}(x)-\frac{a_{n+1}}{a_n}x\varphi_n(x)=A_{n-1}\varphi_{n-1}(x)+A_n\varphi_n(x)$$

因此得到式 (2.3.12). 其中

$$\alpha_n=\frac{a_{n+1}}{a_n},\quad \gamma_{n-1}=-A_{n-1}=\frac{a_{n+1}}{a_n}\frac{(\varphi_n,x\varphi_{n-1})}{(\varphi_{n-1},\varphi_{n-1})},\quad \beta_n=-A_n=\frac{a_{n+1}}{a_n}\frac{(\varphi_n,x\varphi_n)}{(\varphi_n,\varphi_n)} \tag{2.3.13}$$

均是与 $x$ 无关的常数. 证明完毕.

$\gamma_{n-1}$ 也常写成另外一个形式:

$$\gamma_{n-1}=\frac{a_{n+1}a_{n-1}}{a_n^2}\frac{h_n}{h_{n-1}} \tag{2.3.14}$$

其中 $a_{n-1}$ 是 $\varphi_{n-1}$ 的最高次项的系数.

**定理 6** 正交多项式有如下关系式[6]:

$$\sum_{m=1}^{n}\frac{1}{h_m}\varphi_m(x)\varphi_m(y)=\frac{a_n}{a_{n+1}h_n}\frac{\varphi_{n+1}(x)\varphi_n(y)-\varphi_n(x)\varphi_{n+1}(y)}{x-y} \tag{2.3.15}$$

当 $x=y$ 时, 有

$$\sum_{m=1}^{n}\frac{1}{h_m}\varphi_m^2(x)=\frac{a_n}{a_{n+1}h_n}[\varphi'_{n+1}(x)\varphi_n(x)-\varphi'_n(x)\varphi_{n+1}(x)] \tag{2.3.16}$$

**证明** 由式 (2.3.12) 可得

$$\varphi_{m+1}(x)\varphi_m(y)=(\alpha_m x-\beta_m)\varphi_m(x)\varphi_m(y)-\gamma_{m-1}\varphi_{m-1}(x)\varphi_m(y)$$

将 $x$ 和 $y$ 交换, 就得到

$$\varphi_{m+1}(y)\varphi_m(x)=(\alpha_m y-\beta_m)\varphi_m(y)\varphi_m(x)-\gamma_{m-1}\varphi_{m-1}(y)\varphi_m(x)$$

两式相减, 就得到

$$\begin{aligned}&\alpha_m(x-y)\varphi_m(x)\varphi_m(y)\\=&\varphi_{m+1}(x)\varphi_m(y)-\varphi_{m+1}(y)\varphi_m(x)-\gamma_{m-1}[\varphi_m(x)\varphi_{m-1}(y)-\varphi_m(y)\varphi_{m-1}(x)]\end{aligned}$$

把式 (2.3.13) 的 $\alpha_n$ 和式 (2.3.14) 的 $\gamma_{n-1}$ 代入上式, 得

$$\begin{aligned}\frac{a_{m+1}}{a_m}(x-y)\varphi_m(x)\varphi_m(y)=&\varphi_{m+1}(x)\varphi_m(y)-\varphi_{m+1}(y)\varphi_m(x)\\&-\frac{a_{m+1}a_{m-1}}{a_n^2}\frac{h_m}{h_{m-1}}[\varphi_m(x)\varphi_{m-1}(y)-\varphi_m(y)\varphi_{m-1}(x)]\end{aligned}$$

或者写成

$$(x-y)\frac{\varphi_m(x)\varphi_m(y)}{h_m}=\frac{a_m}{a_{m+1}h_m}[\varphi_{m+1}(x)\varphi_m(y)-\varphi_{m+1}(y)\varphi_n(x)]\\ -\frac{a_{m-1}}{a_m h_{m-1}}[\varphi_m(x)\varphi_{m-1}(y)-\varphi_m(y)\varphi_{m-1}(x)]$$

令

$$q_m=\frac{a_m}{a_{m+1}h_m}[\varphi_{m+1}(x)\varphi_m(y)-\varphi_{m+1}(y)\varphi_n(x)]$$

那么有

$$(x-y)\frac{\varphi_m(x)\varphi_m(y)}{h_m}=q_m-q_{m-1}$$

因 $q_{m-1}=0$, 将上式两边对 $m$ 从 0 到 $n$ 求和, 即得式 (2.3.15).

当 $x=y$ 时, 有

$$\sum_{m=1}^{n}\frac{1}{h_m}\varphi_m^2(x)=\frac{a_n}{a_{n+1}h_n}\lim_{y\to x}\frac{[\varphi_{n+1}(x)-\varphi_{n+1}(y)]\varphi_n(y)-[\varphi_n(x)-\varphi_n(y)]\varphi_{n+1}(y)}{x-y}$$
$$=\frac{a_n}{a_{n+1}h_n}[\varphi'_{n+1}(n)\varphi_n(x)-\varphi'_n(x)\varphi_{n+1}(x)]$$

即式 (2.3.16). 证明完毕.

**推论**　对所有 $x$, 有 $\varphi'_{n+1}(n)\varphi_n(x)-\varphi'_n(x)\varphi_{n+1}(x)>0$.

第 3 章通过一些特定的二阶微分方程的解可以得到几个常见的正交多项式.

2. 构造正交多项式

有了定理 5, 就可以人为地构造区间 $[a,b]$ 上带权 $\rho(x)$ 的正交多项式 $\{\varphi_n(x)\}$[7]. 利用的是如下一组公式:

$$\varphi_0(x)=1 \tag{2.3.17a}$$

$$\varphi_1(x)=(x-x_0) \tag{2.3.17b}$$

$$\varphi_{n+1}(x)=(\alpha_n x-\beta_n)\varphi_n(x)-\gamma_{n-1}\varphi_{n-1}(x) \tag{2.3.17c}$$

$$\alpha_n=\frac{a_{n+1}}{a_n},\quad \gamma_{n-1}=\frac{a_{n+1}a_{n-1}}{a_n^2}\frac{(\varphi_n,\varphi_n)}{(\varphi_{n-1},\varphi_{n-1})},\quad \beta_n=\frac{a_{n+1}}{a_n}\frac{(\varphi_n,x\varphi_n)}{(\varphi_n,\varphi_n)} \tag{2.3.17d}$$

其中

$$(\varphi_n,\varphi_n)=\int_a^b\varphi_n(x)\varphi_n(x)\rho(x)\mathrm{d}x,\quad (\varphi_n,x\varphi_x)=\int_a^b\varphi_n(x)\varphi_n(x)x\rho(x)\mathrm{d}x \tag{2.3.17e}$$

具体步骤如下:

点 $x_0$ 的数值由 $\varphi_0(x)$ 和 $\varphi_1(x)$ 的正交性得到. 令

$$(\varphi_0,\varphi_1)=\int_a^b (x-x_0)\rho(x)\mathrm{d}x=0$$

可知

$$x_0=\frac{\displaystyle\int_a^b x\rho(x)\mathrm{d}x}{\displaystyle\int_a^b \rho(x)\mathrm{d}x}$$

从 $n=1$ 开始. 已知 $\varphi_0(x)$ 和 $\varphi_1(x)$ 的表达式, 有 $a_0=a_1=1$. 设 $a_2=1$, 那么由式 (2.3.17d) 可得 $\alpha_1=1$, 并可计算出 $\gamma_0$ 和 $\beta_1$ 的值. 由式 (2.3.17c) 即可得到 $\varphi_2(x)$ 的表达式. 再设 $a_3=1$, 那么由式 (2.3.17d) 可得 $\alpha_2=1$, 并可计算出 $\gamma_1$ 和 $\beta_2$ 的值. 由式 (2.3.17c) 即可得到 $\varphi_3(x)$ 的表达式. 如此不断地进行下去. 定理 5 证明了一个正交多项式系一定有式 (2.3.12) 的递推关系. 反之, 可以证明, 由式 (2.3.17a)~ 式 (2.3.17e) 构造的多项式系一定是正交多项式[7].

容易看出, 对任意 $n$, 有 $a_n=1$. 因此式 (2.3.17c) 和式 (2.3.17d) 可化简成如下形式:

$$\varphi_{n+1}(x)=(x-\beta_n)\varphi_n(x)-\gamma_{n-1}\varphi_{n-1}(x) \tag{2.3.18a}$$

$$\gamma_{n-1}=\frac{(\varphi_n,\varphi_n)}{(\varphi_{n-1},\varphi_{n-1})},\quad \beta_n=\frac{(\varphi_n,x\varphi_n)}{(\varphi_n,\varphi_n)} \tag{2.3.18b}$$

# 2.4 魏尔斯特拉斯定理与多项式逼近

## 2.4.1 魏尔斯特拉斯定理

**定理 1**(魏尔斯特拉斯定理) 若 $f(x)$ 在闭区间 $[a,b]$ 上连续, 则存在一个多项式序列 $P_n(x)$, 它在 $[a,b]$ 上一致收敛于函数 $f(x)$: $\lim\limits_{n\to\infty}P_n(x)=f(x)$.

此定理表明: 人们可以建立 $x$ 幂的多项式序列, 使它一致收敛于有限闭区间 $[a,b]$ 上连续的任意函数. 作为一个推论, 可以证明在任意闭区间 $[a,b]$ 上存在一个完备的正交归一函数集. 这一定理有多种证明, 详细步骤可参考文献 [1]. 此处只给出一个简单的证明.

证明思路: 函数 $f(x)$ 定义在区间 $[a,b]$ 上, 通过变量替换与加减某些多项式, 过渡成为: 函数 $h(x)$ 定义在区间 $[0,1]$ 上, 并且 $h(0)=h(1)=0$. 因而只要证明 $h(x)$ 在区间 $[0,1]$ 上满足定理即可. 构造函数 $P_n(x)=\displaystyle\int_{-1}^{1}f(x+t)\delta_n(t)\mathrm{d}t, 0\leqslant x\leqslant 1$, 其中函数 $\delta_n(x)$ 是一个具有某些特定性质的多项式. 再通过变量变换, 并利用 $f(x)$ 的一致连续性, 即可证明此定理.

**证明**　设 $f(x)$ 定义在 $[a,b]$ 上, 考虑函数 $h(z)$, 定义 $h(z)=h\left(\dfrac{x-a}{b-a}\right)\equiv f(x)$, 显然 $f(a)=h(0)$, $f(b)=h(1)$, 且区间 $[a,b]$ 中的任一 $x$ 相应于 $[0,1]$ 中的一个 $z$. 于是, 若 $h(z)$ 可以用 $z$ 的多项式逼近, 那么任一 $z=\dfrac{x-a}{b-a}$ 的多项式也是 $x$ 的一个多项式, 因此可以从逼近 $h$ 的多项式过渡到逼近 $f$ 的多项式.

同样, 假设在 $z=0$ 和 $z=1$ 时, $h(z)=0$, 否则, 定义对于 $[0,1]$ 中的 $z$, $g(z)=h(z)-h(0)-z[h(1)-h(0)]$, 显然 $g(0)=g(1)=0$, 因为 $g(z)$ 和 $h(z)$ 的差只是一个多项式, 若可用多项式逼近 $g(z)$, 则可以用相同的多项式再加上多项式 $h(0)+z[h(1)-h(0)]$ 来逼近 $h(z)$.

于是, 假定原始函数 $f(x)$ 定义在 $[0,1]$ 上, 且 $f(0)=f(1)=0$, $f(x)$ 在 $[0,1]$ 以外的值与要证明的内容无关, 为证明过程方便起见, 在这里令它恒等于零.

设

$$P_n(x)=\int_{-1}^{1} f(x+t)\delta_n(t)\mathrm{d}t,\quad 0\leqslant x\leqslant 1 \tag{2.4.1}$$

其中

$$\delta_n(t)=\begin{cases} c_n(1-t^2)^n, & 0\leqslant |t|\leqslant 1\\ 0, & |t|>1\end{cases} \tag{2.4.2}$$

要证明的是当 $n\to\infty$ 时, $\lim\limits_{n\to\infty}P_n(x)=f(x)$.

式 (2.4.2) 所给出的函数 $\delta_n(x)$ 将在第 5 章作详细介绍, 此处先给出这个函数的基本性质. 显然, 这是个偶函数, 取系数 $c_n=\dfrac{(2n+1)!}{2^{2n+1}(n!)^2}$, 得到在 $[-1,1]$ 上 $0\leqslant\delta_n(x)\leqslant 1$, 且在此区间上有归一化的特点, 即

$$\int_{-1}^{1}\delta_n(x)\mathrm{d}x=1 \tag{2.4.3}$$

对于任意给定的一个小于 1 的正数 $\gamma$ $(0<\gamma<1)$, 有

$$\int_{\gamma}^{1}\delta_n(x)\mathrm{d}x\leqslant\sqrt{n}(1-\gamma^2)^n \tag{2.4.4}$$

其中 $1-\gamma^2=z<1$ 是小于 1 的数. 当 $n\to\infty$ 时, $z^n$ 趋于零, 且 $z^n$ 比 $1/\sqrt{n}$ 更快地趋于零. 证明如下：当 $n\to\infty$ 时, $z^n$ 与 $1/\sqrt{n}$ 之比是零比零型的. 可令 $y=1/z>1$, 运用洛必达法则, 即分子和分母对 $n$ 都求一次导, 得

$$\lim_{n\to+\infty}z^n\sqrt{n}=\lim_{n\to+\infty}\frac{\sqrt{n}}{y^n}=\lim_{n\to+\infty}\frac{1}{2\sqrt{n}y^n\ln y}=0 \tag{2.4.5}$$

由假设, $f(x)$ 在 $[0,1]$ 以外取值均为零, 即 $t\leqslant -x$ 或 $t\geqslant 1-x$ 时, $f(x+t)\equiv 0$. 因此式 (2.4.1) 可以改写成

$$P_n(x)=\int_{-x}^{1-x} f(x+t)\delta_n(t)\mathrm{d}t$$

作变量置换 $t \to t - x$, 得

$$P_n(x) = \int_0^1 f(t)\delta_n(t-x)\mathrm{d}t = \int_0^1 f(t)c_n[1-(t-x)^2]^n\mathrm{d}t$$

此式表明, $x$ 幂的系数是对 $t$ 的定积分, 因此 $P_n(x)$ 是一个 $x$ 的 $2n$ 次多项式.

由于 $f(x)$ 在闭区间 $[0,1]$ 上连续, 所以是一致连续的. 对于任给 $\varepsilon > 0$, 存在 $\gamma$ 使得对于 $[0,1]$ 中所有 $x$, 满足 $|f(x+\gamma) - f(x)| < \varepsilon$. 所以

$$\begin{aligned}
|P_n(x) - f(x)| &= \left|\int_{-1}^1 [f(x+t) - f(x)]\,\delta_n(t)\mathrm{d}t\right| \\
&\leqslant \int_{-1}^1 |f(x+t) - f(x)|\,\delta_n(t)\mathrm{d}t \\
&= \left(\int_{-1}^{-\gamma} + \int_{-\gamma}^{\gamma} + \int_{\gamma}^{1}\right) |f(x+t) - f(x)|\,\delta_n(t)\mathrm{d}t
\end{aligned}$$

因为 $\delta_n(t) \geqslant 0$, 式中把函数 $\delta_n$ 的绝对值去掉了. 令 $|f(x)|$ 的最大值等于 $M$, 则

$$\int_\gamma^1 |f(x+t) - f(x)|\,\delta_n(t)\mathrm{d}t \leqslant \int_\gamma^1 [|f(x+t)| + |f(x)|]\delta_n(t)\mathrm{d}t \leqslant 2Mn^{1/2}(1-\gamma^2)^n$$

$\int_{-1}^{-\gamma} |f(x+t) - f(x)|\,\delta_n(t)\mathrm{d}t$ 的估算同此. 再由 $f(x)$ 的一致连续性可知当 $|t| < \gamma$ 时, $|f(x+t) - f(x)| < \varepsilon/2$, 所以

$$\int_{-\gamma}^{\gamma} |f(x+t) - f(x)|\,\delta_n(t)\mathrm{d}t < \frac{\varepsilon}{2}\int_{-\gamma}^{\gamma} \delta_n(t)\mathrm{d}t \leqslant \frac{\varepsilon}{2}$$

故

$$|P_n(x) - f(x)| < 4Mn^{1/2}(1-\gamma^2)^n + \frac{\varepsilon}{2}$$

由式 (2.4.5), 当 $n$ 值足够大时, $n^{1/2}(1-\gamma^2)^n$ 的值可以任意小, 特别是可以小于 $\varepsilon/2$. 所以存在 $N$, 使得当 $n > N$ 时, 对于预先给定的任意小的 $\varepsilon$, 满足 $|P_n(x) - f(x)| < \varepsilon$, 即 $\lim\limits_{n\to\infty} |P_n(x) - f(x)| = 0$ , 也就是 $P_n(x)$ 在 $[0,1]$ 上一致收敛于连续函数 $f(x)$. 证明完毕.

### 2.4.2 多项式逼近

魏尔斯特拉斯定理使得在计算一个函数的数值时, 可以用一个逼近它的多项式来代替这个函数作计算.

一个函数的泰勒展开, 也相当于用一个特殊的多项式来逼近这个函数. 泰勒展开与魏尔斯特拉斯定理的多项式逼近的对照见表 2.3.

**表 2.3　泰勒展开与魏尔斯特拉斯定理的多项式逼近的对照**

| 项目 | 泰勒展开 | 魏尔斯特拉斯定理 |
|---|---|---|
| 对函数的要求 | 各阶导数存在, 即“解析” | 函数在区间连续 |
| 收敛范围 | 收敛半径可以有限也可以无限 | 有限区间 |
| 适用范围 | 仅能适用于收敛区间 | 收敛区域以外多项式逼近仍可以存在 |

泰勒展开仅能在已经明确的收敛区间内适用. 而对于多项式逼近, 魏尔斯特拉斯定理证明了在收敛区域内, 多项式逼近一定存在; 在收敛区域之外, 并没有证明一定不能用多项式逼近, 因此, 在收敛区域以外还是有可能使用多项式逼近的. 下面只考虑在收敛区间内的逼近[8].

泰勒展开式是无穷多项的. 例如, $\mathrm{e}^{-x}$ 在 $x=0$ 点邻域上的泰勒展开式是

$$\mathrm{e}^{-x}=1-x+\frac{1}{2}x^2-\frac{1}{3}x^3+\cdots+(-1)^n\frac{x^n}{n!}+\cdots$$

在 $x=0$ 点附近, 级数收敛较快, 可以取前几项之和来计算 $x=0$ 附近各点的近似值. 但是随着 $x$ 增大, 级数收敛变得很慢. 如果要达到预定的精确度, 展开式的项数必然要取的相当多, 这就给计算带来了困难.

魏尔斯特拉斯定理证明的多项式逼近, 也是指最高次数趋于无穷大的. 无穷多项的形式对于实际的应用当然是不利的. 对于函数 $f(x)$, 期望能够找到一个次数 $n$ 有限且不太大的多项式 $P_n(x)$, 它与 $f(x)$ 之间的误差在 $x_0$ 点附近可能不是很精确, 而对于 $f(x)$ 的整个区间来说, 其误差分布比较均匀. 这就有一个如何来衡量误差的问题. 下面提到的 $n$ 次多项式 $P_n(x)$ 中的 $n$ 都是有限的.

**定义 1**　设 $n$ 次多项式

$$P_n(x)=\sum_{k=0}^{n}a_kx^k$$

在区间 $[a,b]$ 上逼近已知函数 $f(x)$, 称 $|f(x)-P_n(x)|$ 为**绝对误差**.

显然, 绝对误差在区间内是随 $x$ 变化的. 下面介绍在整个区间内评价误差的两个概念.

1. 一致逼近

**定义 2**　设函数 $f(x)$ 在区间 $[a,b]$ 上连续, 对于任意给定的正数 $\varepsilon$, 总存在一个 $n$ 次多项式 $P_n(x)$, 使不等式

$$|f(x)-P_n(x)|\leqslant\varepsilon$$

在区间 $[a,b]$ 上处处成立, 那么称多项式 $P_n(x)$ 在区间 $[a,b]$ 上**一致逼近**函数 $f(x)$(这与第 1 章中定义的 $\varepsilon$-接近度的概念是类似的). 也可以说, 对区间 $[a,b]$ 上任一点的误差绝对值都不超过预先要求的同一个精度 $\varepsilon$, 称 $\varepsilon$ 为**偏差值**. 如果在 $x=\xi$ 处,

多项式 $P_n(x)$ 与函数 $f(x)$ 的误差绝对值最大, 即

$$\max_{x\in[a,b]}|f(x)-P_n(x)|=|f(x)-P_n(x)|_{x=\xi}=\varepsilon$$

则称 $x=\xi$ 为**偏差点**. 依 $[f(x)-P_n(x)]_{x=\xi}$ 值的正负分别称为**正偏差点**和**负偏差点**.

这个定义以偏差值 $\varepsilon$ 的大小衡量一致逼近的程度, 故与 $f(x)$ 一致逼近的多项式可以有无数多个, 不过不同多项式的逼近程度可能有所不同.

**定义 3** 如果固定 $n$, 而变动多项式 $P_n(x)$, 称

$$E_n=\min_{P_n}\left\{\max_{x\in[a,b]}|f(x)-P_n(x)|\right\}=\max_{x\in[a,b]}|f(x)-P_n^*(x)|$$

为 $f(x)$ 的**最小偏差**. 称 $P_n^*(x)$ 为 $f(x)$ 的**最佳一致逼近多项式**.

对于最佳一致逼近的问题, 切比雪夫证明了定理 2～定理 5.

**定理 2** 当 $n$ 固定后, 在所有 $n$ 次多项式中一定存在一个且只有一个 $n$ 次多项式是 $f(x)$ 的最佳一致逼近多项式.

**定理 3** 如果给定了偏差值 $\varepsilon$, 与函数 $f(x)$ 一致逼近的多项式中, 以最佳一致逼近多项式的次数为最低. 若偏差值越小, 也就是精确度越高, 则最佳一致逼近多项式的次数也越高.

**定理 4** $P_n^*(x)$ 是 $[a,b]$ 上连续函数 $f(x)$ 的 $n$ 次最佳一致逼近多项式的充要条件是: $P_n^*(x)-f(x)$ 在 $[a,b]$ 上至少有 $n+2$ 个正负交替的偏差点 $\xi_i(i=1,2,\cdots,n+2)$[9].

这样的点组称为**切比雪夫交错点组**.

定理 4 从理论上给出了一个求最佳一致逼近多项式的方法. 设 $f(x)$ 是 $[a,b]$ 上连续函数, 其最佳一致逼近多项式

$$P_n^*(x)=\sum_{k=0}^{n}a_k^*x^k$$

的 $n+1$ 个系数 $a_i^*$ $(i=0,1,2,\cdots,n)$ 及最小偏差 $E_n$ 和 $n+2$ 个偏差点 $a\leqslant x_1^*<x_2^*<\cdots<x_{n+2}^*\leqslant b$, 一共 $2n+4$ 个未知数, 应满足方程组

$$\begin{cases}(f(x_k^*)-P_n^*(x_k^*))^2=E_n^2\\(x_k^*-a)(x_k^*-b)(f'(x_k^*)-P_n^{*'}(x_k^*))=0,\quad k=0,1,2,\cdots,n+2\end{cases}$$

**定义 4** 由

$$T_n(x)=\cos(n\arccos x),\quad -1\leqslant x\leqslant 1\tag{2.4.6}$$

定义的多项式称为**切比雪夫多项式**[10]. $T_n(x)$ 是 $n$ 次多项式, 其最高次项的系数是 $2^{n-1}$. 若将切比雪夫多项式的最高幂次的系数化为 1, 则称它为**首一切比雪夫多项式**, 记为 $\tilde{T}_n(x)$, 即

$$\tilde{T}_n(x) = \frac{1}{2^{n-1}} T_n(x) \tag{2.4.7}$$

从定义式 (2.4.6) 容易看出 $T_n(x)$ 有以下性质:

(i) 在区间 $[-1,1]$ 上 $T_n(x)$ 的绝对值小于等于 1.

$$|T_n(x)| \leqslant 1 \tag{2.4.8}$$

(ii) 在区间 $[-1,1]$ 上 $T_n(x)$ 具有 $n+1$ 个极值点

$$x_l = \cos\frac{l\pi}{n}, \quad l = 0,1,2,\cdots,n \tag{2.4.9}$$

$T_n(x)$ 在这些极值点上的值为

$$T_n(x_l) = T_n\left(\cos\frac{l\pi}{n}\right) = (-1)^l, \quad l = 0,1,2,\cdots,n \tag{2.4.10}$$

容易看出, 这 $n+1$ 个极值是正负交替的, 因此在它们之间有 $n$ 个零点.

(iii) 在区间 $[-1,1]$ 上, $T_n(x)$ 是带权正交归一的.

$$(T_m(x), T_n(x)) = \int_{-1}^{1} \frac{T_m(x)T_n(x)}{\sqrt{1-x^2}} \mathrm{d}x = \delta_{mn} \tag{2.4.11}$$

其中 $w(x) = 1/\sqrt{1-x^2}$ 是权函数.

(iv) 区间 $[-1,1]$ 上的 $n$ 次多项式 $P_n(x) \in H_{n+1}$ 总是可以用切比雪夫多项式展开如下:

$$P_n(x) = \sum_{l=0}^{n} c_l T_l(x) \tag{2.4.12}$$

系数 $c_l$ 由以下内积决定:

$$c_l = (P_n(x), T_l(x)) = \int_{-1}^{1} \frac{P_n(x)T_l(x)}{\sqrt{1-x^2}} \mathrm{d}x, \quad l = 0,1,2,\cdots,n \tag{2.4.13}$$

一般地, 最高次项的系数为 1 的 $n$ 次多项式也称为 **$n$次首一多项式**. 例如, 式 (2.4.7) 定义的 $\tilde{T}_n(x)$ 就是 $n$ 次首一切比雪夫多项式.

**定理 5**　在区间 $[-1,1]$ 上所有 $n$ 次首一多项式中, $\tilde{T}_n(x)$ 与零函数的偏差值最小, 为 $\dfrac{1}{2^{n-1}}$.$\tilde{T}_n(x)$ 是此区间上零函数的最佳一致逼近多项式.

注意定理 5 与定理 4 的区别. 定理 4 中, 当 $P_n^*(x)$ 是 $n$ 次多项式时, $P_n^*(x) - f(x)$ 应有 $n+2$ 个正负交替的偏差点. 现在 $\tilde{T}_n(x)$ 是 $n$ 次的, 它在 $[-1,1]$ 上只有 $n+1$ 个正负交替的偏差点.

要证明定理 5 可用下面的方法. 构造多项式

$$P_{n-1}^*(x) = x^n - \tilde{T}_n(x)$$

那么, 由

$$x^n - P_{n-1}^*(x) = \tilde{T}_n(x) \tag{2.4.14}$$

知, 若 $\tilde{T}_n(x)$ 是 $[-1,1]$ 上零函数的最佳一致逼近多项式, 则式 (2.4.14) 中的 $P_{n-1}^*(x)$ 是 $[-1,1]$ 上 $x^n$ 的最佳一致逼近多项式. 因此定理 5 与定理 5′ 等价.

**定理 5′** 在区间 $[-1,1]$ 上所有 $n-1$ 次多项式 $P_{n-1}(x)$ 中, 由式 (2.4.14) 确定的 $P_{n-1}^*(x)$ 与 $x^n$ 的偏差值最小, 为 $\frac{1}{2^{n-1}}.x^n - \tilde{T}_n(x)$ 是 $x^n$ 的最佳一致逼近多项式.

**证明** 由定义式 (2.4.6) 和性质式 (2.4.9) 知, $x^n - P_{n-1}^*(x) = \tilde{T}_n(x)$ 在区间 $[-1,1]$ 上有 $n+1$ 个偏差点, 且在偏差点上的偏差值为

$$\left|\tilde{T}_n(x_l)\right| = \left|\tilde{T}_n\left(\cos\frac{l\pi}{n}\right)\right| = \frac{1}{2^{n-1}}, \quad l = 0,1,2,\cdots,n \tag{2.4.15}$$

是正负交替的, 即 $x^n - P_{n-1}^*(x)$ 在区间 $[-1,1]$ 上有 $n+1$ 个正负交替的偏差点. 故由定理 4 知, $P_{n-1}^*(x) = x^n - \tilde{T}_n(x)$ 是 $[-1,1]$ 上 $x^n$ 的最佳一致逼近多项式. 证明完毕.

因为式 (2.4.14) 中的多项式 $P_{n-1}^*(x)$ 是 $n-1$ 次的, 所以 $x^n - P_{n-1}^*(x)$ 就应有 $n+1$ 个正负交替的偏差点. 这完全符合定理 4.

由此可知, 对非零函数和零函数的最佳一致逼近应分别作如下叙述:

若 $n$ 次多项式 $P_n(x)$ 是非零函数 $f(x)$ 的最佳一致逼近多项式, 则 $P_n(x)-f(x)$ 在区间上至少有 $n+2$ 个点组成的交错点组.

若 $n$ 次首一多项式 $P_n(x)$ 是零函数的最佳一致逼近多项式, 则 $P_n(x)$ 在区间上至少有 $n+1$ 个点组成的交错点组. 注意, 这里规定的是首一多项式. 如果去掉"首一"这个限制, 那么零函数的最佳逼近就是零函数.

定理 5 和定理 5′ 是完全等价的, 有的文献[11] 写成前者的形式, 有的文献中则写成后者的形式.

现在证明, 在 $[-1,1]$ 上, 除了 $\tilde{T}_n(x)$ 之外不存在另外的最高次系数为 1 的 $n$ 次多项式最佳一致逼近于零函数. 用反证法, 设另有一个 $n$ 次首一多项式 $T_n^*(x)$ 最佳一致逼近于零函数, 即

$$|T_n^*(x)| < \frac{1}{2^{n-1}}, \quad x \in [-1,1] \tag{2.4.16}$$

作函数

$$R(x) = \tilde{T}_n(x) - T_n^*(x) \tag{2.4.17}$$

显然 $R(x)$ 是 $n-1$ 次多项式. $\tilde{T}_n(x)$ 在所有偏差点上的偏差值都相同, 为 $2^{1-n}$. 由于 $T_n^*(x)$ 的偏差值应小于等于 $\tilde{T}_n(x)$ 的偏差值, $R(x)$ 与 $\tilde{T}_n(x)$ 同号. $\tilde{T}_n(x)$ 在 $[-1,1]$ 上有 $n+1$ 个偏差点如式 (2.4.15) 所示, 因此, 在这 $n+1$ 个偏差点处, $R(x)$ 也交替变号, 那么 $R(x)$ 在 $[-1,1]$ 上至少有 $n$ 个零点, 而这与 $R(x)$ 是 $n-1$ 次多项式相矛盾.

由此可见, 在 $[-1,1]$ 上, $\tilde{T}_n(x)$ 是零函数的唯一最佳一致逼近多项式. 同样也能说明, 在 $[-1,1]$ 上, $n-1$ 次多项式 $P_{n-1}^*(x)=x^n-\tilde{T}_n(x)$ 是 $x^n$ 的唯一最佳一致逼近多项式.

2. 平方逼近

**定义 5** 设函数 $f(x)$ 在 $[a,b]$ 上平方可积, 若找到一个 $n$ 次多项式 $P_n(x)$, 使得

$$\delta=\int_a^b [f(x)-P_n(x)]^2\mathrm{d}x \tag{2.4.18}$$

为最小, 则称 $\delta$ 为 $P_n(x)$ 与 $f(x)$ 在 $[a,b]$ 上的**平均平方误差**, 简称**均方误差**. 这是一种以 $\delta$ 的大小衡量 $P_n(x)$ 与 $f(x)$ 的逼近程度的方法. 需要注意的是, 如果 $P_n(x)$ 是与 $f(x)$ 的均方误差很小的函数, 那么在个别点上它与 $f(x)$ 的误差有可能很大.

**定义 6** 已知 $f(x)\in C[a,b]$ 且平方可积, 在所有 $n$ 次多项式中找出一个 $P_n^*(x)$, 使得

$$\Delta=\int_a^b [f(x)-P_n^*(x)]^2 w(x)\mathrm{d}x \tag{2.4.19}$$

为最小, 则称在 $[a,b]$ 上 $P_n^*(x)$**最佳平方逼近 (最小平方逼近)** 于$f(x)$. $\Delta$ 称为**带权$w(x)$的均方误差**. 这是一种以 $\Delta$ 的大小衡量 $P_n^*(x)$ 与 $f(x)$ 的逼近程度的方法. 定义 5 中的均方误差其实为权函数 $w(x)=1$ 的特例.

最佳平方逼近多项式是存在的且唯一的.

在区间 $[-1,1]$ 上, $\tilde{T}_n(x)$ 为 $f(x)\equiv 0$ 的近似的最佳平方逼近. 也就是说, 当 $P_n^*(x)=\tilde{T}_n(x)$ 时, 使得

$$\Delta=\int_{-1}^1 \frac{[P_n^*(x)]^2}{\sqrt{1-x^2}}\mathrm{d}x \tag{2.4.20}$$

为最小. 设 $P_n^*(x)$ 是最高次系数为 1 的 $n$ 次多项式, 由式 (2.4.12), 有下列展开

$$P_n^*(x)=\sum_{l=0}^n a_l\tilde{T}_l(x)$$

代入式 (2.4.20), 由 $T_n(x)$ 的正交归一性 (式 (2.4.11)) 得

$$\Delta=\sum_{l=0}^n a_l^2\frac{1}{(2^{l-1})^2}\int_{-1}^1\frac{[T_l(x)]^2}{\sqrt{1-x^2}}\mathrm{d}x=\frac{\pi}{2}\sum_{l=0}^n\frac{a_l^2}{(2^{l-1})^2}$$

$$= \frac{\pi}{2}\left(\frac{a_0^2}{2^{-2}} + \frac{a_1^2}{2} + \cdots + \frac{a_n^2}{2^{2n-2}}\right)$$

显然, 当 $P_n^*(x) = \tilde{T}_n(x)$ 时, $\Delta$ 的值最小, 即当 $a_0 = a_1 = \cdots = a_{n-1} = 0,\ a_n = 1$ 时,

$$\Delta = \int_{-1}^{1} \frac{[\tilde{T}_n(x)]^2}{\sqrt{1-x^2}}\mathrm{d}x = \frac{\pi}{2^{2n-1}}$$

为最小. 因此 $\tilde{T}_n(x)$ 近似地最佳平方逼近于零.

此处并没有证明不存在其他多项式最佳平方逼近于零. 事实上, 在区间 $[-1,1]$ 上最佳平方逼近于零的多项式是第 3 章要介绍的勒让德多项式.

本节关于多项式最佳逼近的理论在计算方法中进行数值逼近时有重要应用.

## 习　题

1. 证明: 距离满足不等式

$$\rho(x,y) \leqslant \rho(x,z_1) + \rho(z_1,z_2) + \cdots + \rho(z_{n-1},z_n) + \rho(z_n,y)$$

这一不等式的几何意义是: 一个多边形的一条边的长度小于等于所有其他边的长度之和.

2. 证明: 任一收敛点列一定是柯西序列.

3. 连续函数空间 $C[-1,1]$ 是不完备的. 定义一个连续函数的序列 $\{y_n(t)\}$ 如下:

$$y_n(t) = \begin{cases} 0, & -1 \leqslant t \leqslant 0 \\ nt, & 0 < t < 1/n \\ 1, & 1/n \leqslant t \leqslant 1 \end{cases}$$

序列中的每一个元素都是连续函数. 证明: 此序列是柯西序列, 但收敛于一个不连续的函数.

4. 已经举例说明有理数空间是不完备的. 还有别的不完备空间吗? 请举例说明.

5. 判定下列集合对于指定运算是否成为实数域上的线性空间:

(1) 所有 $n$ 阶可逆矩阵, 对矩阵的加法及数与矩阵的乘法.

(2) 所有 $m \times n$ 实矩阵, 对矩阵的加法及数与矩阵的乘法.

(3) 所有 $m \times n$ 复矩阵, 对矩阵的加法及数与矩阵的乘法.

6. 证明内积不等式: $\sqrt{(x-y,x-y)} \geqslant \sqrt{(x,x)} - \sqrt{(y,y)}$.

7. 证明: 零向量与所有向量正交.

8. 证明平行四边形公式 (2.1.10).

9. 若 $\{x_1,x_2,\cdots,x_m\}$ 是 $m$ 维内积空间中任一正交归一集, 对于该空间中的任意向量 $x$ 和 $y$, 证明帕塞瓦尔等式: $(x,y) = \sum_{i=1}^{m}(x,x_i)(x_i,y)$. 注意: 是在有限维情况下的证明.

10. 由 2.1 节例 12, 设 $X = C[0,2\pi]$, 则 $A = \{1, \sin x, \sin 2x, \cdots, \sin nx\}$ 是一线性无关组. 定义该空间中两个连续函数 $f_1(x), f_2(x)$ 的内积为 $(f_1,f_2) = \int_0^{2\pi} f_1^*(x)f_2(x)\mathrm{d}x$. 证明这组基是正交但不归一的. 并写出正交归一基组的形式.

11. 设 6 次多项式空间 $X = P_6[-1,1]$, 则 $A = \{1, x, x^2, x^3, x^4, x^5, x^6\}$ 是一线性无关组. 定义该空间中两个 6 次多项式 $f_1(x), f_2(x)$ 的内积为 $(f_1, f_2) = \int_{-1}^{1} f_1^*(x) f_2(x) \mathrm{d}x$. 证明这组基是非正交归一的. 请构造正交归一基组. 并回答: 最后得到的正交归一基组是什么多项式? 为什么得到的是这一多项式而不是其他多项式?

12. 证明: 三角函数系 $1, \cos x, \sin x, \cos 2x, \sin 2x, \cdots, \cos nx, \sin nx, \cdots$ 是定义在 $[-\pi, \pi]$ 上的正交基组. 如果要它成为正交归一基组, 各基函数的系数应该如何改写?

13. 勒让德多项式的定义为

$$P_n(x) = \frac{1}{2^n n!} \frac{\mathrm{d}^n}{\mathrm{d}x^n} (x^2 - 1)^n, \quad n = 1, 2, \cdots$$

证明: $\{P_n(x)\}$ 是区间 $[-1, 1]$ 上的正交基组. 如果要它成为正交归一基组, $P_n(x)$ 的系数应该写成什么形式?

14. 证明: 若三个向量 $a, b, c$ 有以下关系:

$$c = a + b$$

并且 $a$ 和 $b$ 正交, 那么它们的模满足关系:

$$\|c\|^2 = \|a\|^2 + \|b\|^2$$

15. 一个微分算子以及它所作用的函数满足的边界条件如下:

$$Lu(x) = \left(\frac{\mathrm{d}}{\mathrm{d}x} + 1\right) u(x), \quad 0 < x < 1; \quad u(0) - \alpha u(1) = 0$$

求其伴随算子及其所作用的函数满足的边界条件.

16. 对于微分算子式 (2.2.10a), 证明其形式伴随算子是式 (2.2.10b), 并证明结的表达式是式 (2.2.13b).

17. 对于算子 $L = \frac{\mathrm{d}^2}{\mathrm{d}x^2} + 4\frac{\mathrm{d}}{\mathrm{d}x} - 3$, 微分方程是 $Lu(x) = 0, a < x < b$, 边界条件是 $4u(a) + u'(a) = 0, 4u(b) + u'(b) = 0$. 求伴随方程 $L^\dagger v(x) = 0, a < x < b$ 的伴随算子的表达式和函数 $v(x)$ 满足的边界条件, 并求结 $[J(u(x), v(x))]_a^b$.

18. 微分方程 $u''(x) = f(x), 0 < x < 1$ 只有一个边界条件 $u(0) = \gamma$. 请证明其伴随方程有三个边界条件. (提示, 在求伴随边界条件时, 还需要用到原微分方程)

19. 三阶微分算子的一般形式是.

$$L = r_3(x)\frac{\mathrm{d}^3}{\mathrm{d}x^3} + r_2(x)\frac{\mathrm{d}^2}{\mathrm{d}x^2} + r_1(x)\frac{\mathrm{d}}{\mathrm{d}x} + r_0(x)$$

写出其形式伴随算子和结函数. 若要求此算子是自伴的, 条件是什么?

20. 证明自伴算子的性质: 设 $A$ 和 $B$ 是自伴算子, 当且仅当 $AB = BA$ 时, $AB$ 也是自伴的.

21. 仿照一维情形, 写出三维空间内二阶微分算子

$$L = p_2(\boldsymbol{r})\nabla^2 + p_1(\boldsymbol{r})\nabla + p_0(\boldsymbol{r})$$

的形式伴随算子. 它是形式自伴的条件是什么? 写出形式自伴算子. 写出函数 $u(\boldsymbol{r})$ 和 $v(\boldsymbol{r})$ 的结 $J(u(\boldsymbol{r}),v(\boldsymbol{r}))$. 若算子 $L$ 是自伴算子, 则它对于结 $J(u(\boldsymbol{r}),v(\boldsymbol{r}))$ 的要求是什么?

22. 已知形式自伴的二阶微分算子是

$$L=\frac{\mathrm{d}}{\mathrm{d}x}\left(p_2(x)\frac{\mathrm{d}}{\mathrm{d}x}\right)+p_0(x)$$

一个齐次二阶微分方程

$$Lu(x)=0,\quad a<x<b$$

加上齐次边界条件

$$\begin{pmatrix}\alpha_{1,1} & \alpha_{1,2}\\ \alpha_{2,1} & \alpha_{2,2}\end{pmatrix}\begin{pmatrix}u(a)\\ u'(a)\end{pmatrix}+\begin{pmatrix}\beta_{1,1} & \beta_{1,2}\\ \beta_{2,1} & \beta_{2,2}\end{pmatrix}\begin{pmatrix}u(b)\\ u'(b)\end{pmatrix}=\begin{pmatrix}0\\ 0\end{pmatrix}$$

称为二阶微分方程的齐次边值问题. 令

$$\alpha=\begin{pmatrix}\alpha_{1,1} & \alpha_{1,2}\\ \alpha_{2,1} & \alpha_{2,2}\end{pmatrix},\quad \beta=\begin{pmatrix}\beta_{1,1} & \beta_{1,2}\\ \beta_{2,1} & \beta_{2,2}\end{pmatrix}$$

若算子 $L$ 的伴随算子的齐次边值问题具有完全相同的形式, 即方程是

$$L^{\dagger}v(x)=0,\quad a<x<b$$

边界条件是

$$\begin{pmatrix}\alpha_{1,1} & \alpha_{1,2}\\ \alpha_{2,1} & \alpha_{2,2}\end{pmatrix}\begin{pmatrix}v(a)\\ v'(a)\end{pmatrix}+\begin{pmatrix}\beta_{1,1} & \beta_{1,2}\\ \beta_{2,1} & \beta_{2,2}\end{pmatrix}\begin{pmatrix}v(b)\\ v'(b)\end{pmatrix}=\begin{pmatrix}0\\ 0\end{pmatrix}$$

即齐次边界条件中的系数 $\alpha$ 和 $\beta$ 不变. 那么称这一齐次边值问题是自伴的[12].

证明: 齐次边值问题为自伴的充要条件是

$$p_2(b)\det\alpha=p_2(a)\det\beta$$

并证明, 对于如下两种特殊的边界条件, 这一条件总是满足的. 一种是未混合边界条件: $\alpha_{1,1}\,u(a)+\alpha_{1,2}u'(a)=0, \beta_{2,1}u(b)+\beta_{2,2}u'(b)=0$. 另一种是周期性边界条件: $y(a)=y(b)$, $p_2(a)y'(a)=p_2(b)y'(b)$

23. 证明: 等距变换的三个定义式, 式 (2.2.31)~ 式 (2.2.33) 两两之间都是互为充要条件的.

24. 证明: 若一致收敛, 则一定是逐点收敛的. 若一致收敛, 则一定是平均收敛的.

25. 证明: 函数序列

$$f_n(x)=\frac{2\sqrt{n}}{(\pi/2)^{1/4}}nx\mathrm{e}^{-(nx)^2}$$

对所有 $x$ 点逐点收敛于零, 即

$$\lim_{n\to\infty}f_n(x)=0$$

但不平均收敛于零, 即

$$\lim_{n\to\infty}\int_{-\infty}^{\infty}|f_n(x)-0|^2\mathrm{d}x=1\neq 0$$

此例说明, 逐点收敛不蕴涵平均收敛.

26. 证明 2.3.1 节中的定理 1.

27. 将贝塞尔完备性关系 (2.3.8) 用于函数 $f+\lambda g$ 并随后减去与 $f$ 和 $g$ 相应的等式, 试用这种方法来证明希尔伯特空间中的帕塞瓦尔关系 (2.3.9). 第 9 题证明的是有限维的情况, 本题证明的是无限维的情况.

28. 证明 2.3 节中的定理 3.

29. 证明式 (2.3.14).

30. 在区间 $[1/4,1]$ 上构造权函数 $\rho(x)=1$ 的正交多项式, 至 $\varphi_3(x)$ 的表达式.

31. 在区间 $[0,1]$ 上构造权函数 $\rho(x)=1$ 的正交多项式, 至 $\varphi_3(x)$ 的表达式.

32. 写出切比雪夫多项式直至 $T_n(x)$, $n=0,1,2,3,4,5$ 的表达式.

33. 证明: 在区间 $[-1,1]$ 上 $T_n(x)$ 有 $n+1$ 个极值点如式 (2.4.9) 所示.

34. 从切比雪夫多项式的定义 $T_n(x)=\cos(n\arccos x)$ 出发,

(1) 求特殊点的值: $T_n(1),T_n(-1),T_{2n+1}(0),T_{2n}(0)$.

(2) 写出奇偶性关系, 即 $T_n(-x)$ 与 $T_n(x)$ 的关系.

(3) 求出 $T_n(x)$ 的零点的位置.

(4) 证明递推公式:

$$\begin{aligned}&T_{n+1}-2xT_n+T_{n-1}=0\\&(1-x^2)T_n'=nxT_n-nT_{n+1}\\&2(1-x^2)T_n'=n(T_{n-1}-T_{n+1})\\&2T_nT_m=T_{n+m}+T_{n-m},\quad n>m\end{aligned}$$

(5) 证明 $T_n(x)$ 满足二阶微分方程: $(1-x^2)T_n''(x)-xT_n'(x)+n^2T_n(x)=0$.

(6) 证明 $T_m(T_n(x))=T_{mn}(x)$.

(7) 证明 $T_{2n}(x)=2[T_n(x)]^2-1$.

(8) 证明 $T'_{2n+1}(x)=(2n+1)\left[2\sum\limits_{i=0}^{n}T_{2i}(x)-1\right]$.

(9) 证明 $T'_{2n}(x)=4n\sum\limits_{i=0}^{n-1}T_{2i+1}(x)$.

35. 证明: $T_n(x)$ 具有带权函数 $\rho(x)=\dfrac{1}{\sqrt{1-x^2}}$ 的正交性: $\displaystyle\int_{-1}^{1}\frac{1}{\sqrt{1-x^2}}T_n(x)T_m(x)\mathrm{d}x=\frac{\pi}{2}\delta_{nm}\varepsilon_m$, 其中 $\varepsilon_0=2,\varepsilon_m=1(m\geqslant 1)$.

36. 利用 35 题的结果和式 (2.3.16), 证明切比雪夫多项式的以下关系:

$$T'_{n+1}(n)T_n(x)-T'_n(x)T_{n+1}(x)>1$$

37. 利用 2.3 节的定理 5, 求得切比雪夫多项式的递推公式.

38. 计算 $\sum_{n=0}^{\infty} t^n e^{in\theta}$. 将得到的结果两边取实数, 从而证明公式

$$\frac{1-xt}{1-2xt+t^2}=\sum_{n=0}^{\infty} T_n(x)t^n$$

此式称为切比雪夫多项式的母函数关系.

39. 证明: $|T_n'(x)| \leqslant n^2, -1 \leqslant x \leqslant 1$. 等号在何时成立?

# 附录 2A　数 e 不是一个有理数的证明

以下无穷级数之和得到的数记为 e:

$$\sum_{n=0}^{\infty} \frac{1}{n!} = \mathrm{e} \tag{2A.1}$$

级数 $\sum_{n=0}^{k} \frac{1}{n!}$ 是随 $k$ 的增加而单调升的, 并且在 $k \to \infty$ 时趋于极限 e.

用反证法, 设以下极限是有理数, 即

$$\lim_{k\to\infty} \sum_{n=0}^{k} \frac{1}{n!} = \frac{p}{q} \tag{2A.2}$$

其中 $p$ 和 $q$ 都是正整数, 并且总是可以设 $q > 2$. 当 $k$ 足够大时, $\left|\frac{p}{q} - \sum_{n=0}^{k} \frac{1}{n!}\right|$ 一定足够小. 设

$$\left|\frac{p}{q} - \sum_{n=0}^{k} \frac{1}{n!}\right| < \frac{1}{4q!} \tag{2A.3}$$

只要 $k$ 足够大, 式 (2A.3) 总是成立的. 由于 $\sum_{n=0}^{k} \frac{1}{n!}$ 是随 $k$ 的增加而单调升的, 因此

$$0 < \frac{p}{q} - \sum_{n=0}^{k} \frac{1}{n!} < \frac{1}{4q!}$$

此式两边乘以 $q!$, 并进行移项, 得到

$$0 < p(q-1)! - q!\sum_{n=0}^{q} \frac{1}{n!} < \frac{1}{4} + q!\sum_{n=q+1}^{k} \frac{1}{n!} \tag{2A.4}$$

此不等式的中间肯定是个正整数, 右边可以作如下估计:

$$\frac{q!}{(q+1)!} + \frac{q!}{(q+2)!} + \cdots + \frac{q!}{k!}$$

$$
\begin{aligned}
&<\frac{1}{q+1}+\frac{1}{(q+1)(q+2)}+\cdots+\frac{1}{(q+1)(q+2)\cdots(k-1)k} \\
&<\frac{1}{3}+\frac{1}{3^2}+\cdots+\frac{1}{3^{k-q}}<\frac{1}{2}
\end{aligned}
$$

将这一结果代入式 (2A.4), 得到

$$0<\text{正整数}<\frac{3}{4}$$

出现矛盾, 因为一个正整数不可能小于 3/4. 因而, 式 (2A.2) 中右边是有理数的假设不正确. 式 (2A.1) 的求和极限值 e 不是一个有理数.

## 参考文献

[1] 莫国瑞, 刘开第. 函数逼近论方法. 北京：科学出版社, 2003.

[2] 徐利治, 周蕴时, 孙玉柏. 逼近论. 北京：国防出版社, 1985.

[3] 张晓丹. 应用计算方法教程. 北京：机械工业出版社, 2008.

[4] Al-Gwaiz M A. Sturm-Liouville Theory and Its Application. London: Springer-Verlag London Limited, 2008.

[5] Hassani S. Mathematical Physics, A Modem Introduction to Its Foundations. New York : Springer-Verlag, 1999.

[6] Andrews G E, Askey R, Roy R. Special Function. Cambridge: Cambridge University Press, 2000.

[7] 徐士良. 数值分析与算法. 北京：机械工业出版社, 2007.

[8] 杨应辰, 成如翼, 徐明聪. 数学物理方程. 特殊函数. 北京：国防工业出版社, 1991.

[9] 清华大学应用数学系, 现代应用数学手册编委会. 现代应用数学手册. 计算方法分册. 北京：北京出版社, 1990.

[10] Rivlin T J. The Chebyshev Polynomials. New York: John Wiley & Sons, Inc., 1974.

[11] 蒋尔雄, 赵风光, 苏仰锋. 数值逼近. 上海：复旦大学出版社, 2008.

[12] Stakgold I. Green's Functions and Boundary Value Problems. New York: John Wiley &Sons, 1979.

# 第 3 章　二阶线性常微分方程

## 3.1　二阶线性常微分方程的一般理论

### 3.1.1　解的存在唯一性定理

物理问题经常在数学上表现为二阶微分方程, 可以是常微分方程或者是偏微分方程. 通常情况下, 偏微分方程是通过分离变量法分解为几个常微分方程进行求解的. 因而, 解决常微分方程是解决偏微分方程的基础.

**定义 1**　包含自变量 $x$, 未知函数 $y$ 及其某些导数或微分的方程, 称为**常微分方程**, 简称**微分方程**.

**定义 2**　微分方程中出现的未知函数的最高阶导数的阶数, 称为**微分方程的阶**.

**定义 3**　若在微分方程中, 未知函数及其导数都没有二次以上的幂次, 则称为**线性微分方程**, 否则称为**非线性微分方程**.

在实际问题中, 最常遇到的是二阶线性常微分方程. 它的一般形式是

$$y''(x) + p(x)y'(x) + q(x)y(x) = f(x) \tag{3.1.1}$$

常称这种形式是**二阶线性常微分方程的标准型**. 如果 $f(x) \equiv 0$, 则称方程是**齐次**的; 如果 $f(x) \neq 0$, 则称方程是**非齐次**的. 对于齐次方程

$$y''(x) + p(x)y'(x) + q(x)y(x) = 0 \tag{3.1.2}$$

可以证明 (解的存在唯一性定理): 对于初值问题

$$\begin{cases} y'' + p(x)y' + q(x)y = 0 \\ y(x_0) = \alpha, y'(x_0) = \beta \end{cases} \tag{3.1.3}$$

其中 $x \in [a, b]$, $x_0$ 在区间 $[a, b]$ 上, 解存在且唯一.

现不在此处给出冗长的证明过程, 只介绍证明的思路. 令 $z = y'$, 方程 (3.1.2) 变成方程组:

$$\begin{cases} z' = -p(x)z - q(x)y \\ y' = z \end{cases}$$

这是一阶齐次线性方程组. 它与原方程等价. 类似地, 与初值问题等价的问题是, 只要一般地证明下述初值问题的解的存在性与唯一性就行了.

$$\begin{cases} y_1' = a_{11}(x)y_1 + a_{12}(x)y_2 \\ y_2' = a_{21}(x)y_1 + a_{22}(x)y_2 \\ y_1(x_0) = \alpha, \quad y_2(x_0) = \beta \end{cases} \tag{3.1.4}$$

证明的过程是, 先设两个初始函数 $y_{1,1}, y_{2,1}$(可以取 $y_{1,1} = \alpha, y_{2,1} = \beta$), 代入式 (3.1.4) 的右边, 经过积分后, 得到两个新的函数 $y_{1,2}, y_{2,2}$, 把新的函数再代入式 (3.1.4) 的右边, 又经过积分得到新的函数 $y_{1,3}, y_{2,3}$, 这样代入下去, 就得到了一个函数序列 $\{y_{1,n}, y_{2,n}\}$. 然后证明这一函数序列是一致收敛于式 (3.1.4) 的解的. 即方程组 (3.1.4) 一定是有解的, 这就是解的存在性. 由于这一函数序列是逐步逼近方程组的解的, 这一过程称为**逐步逼近法**.

再证明解的唯一性, 假设有两对函数 $y_1(x)$, $y_2(x)$ 和 $z_1(x)$, $z_2(x)$ 均满足方程组 (3.1.4), 令

$$u_1 = y_1 - z_1, \quad u_2 = y_2 - z_2$$

对于初值问题

$$\begin{cases} u_1' = a_{11}(x)u_1 + a_{12}(x)u_2 \\ u_2' = a_{21}(x)u_1 + a_{22}(x)u_2 \\ u_1(x_0) = 0, \quad u_2(x_0) = 0 \end{cases} \tag{3.1.5}$$

其解一定为零, $u_1 = 0, u_2 = 0$. (可以看做仍然运用逐步逼近法, 现在的初始函数值 $u_{1,1} = \alpha = 0, u_{2,1} = \beta = 0$). 因而, $y_1 \equiv z_1, y_2 \equiv z_2$. 定理叙述如下:

**定理 1**(解的存在唯一性定理)　如果函数 $a_{ij}(x)$ $(i, j = 1, 2)$ 在含 $x_0$ 的区间 $[a, b]$ 上连续, 则在该区间上, 初值问题 (3.1.4) 有且只有一组解 $y_1 = y_1(x), y_2 = y_2(x)$.

由唯一性定理的证明过程, 也可以把唯一性定理叙述为: 如果有两个函数 $y_1$ 和 $y_2$ 都满足式 (3.1.2) 且满足同样的初始条件, 那么这两个函数是恒等的, 即 $y_1 \equiv y_2$. 本章附录 A 利用收缩算子的概念证明式 (3.1.4) 的解的存在唯一性.

对于高阶的齐次线性常微分方程, 同样有解的存在性与唯一性定理. 证明的思路也与二阶的情况类似: 先化成一阶线性微分方程组, 然后用逐次逼近法证明.

本节先介绍齐次方程解的结构, 然后给出非齐次方程解的表达式.

### 3.1.2　齐次方程解的结构

1. 基本解组

**定义 4**　设有两个函数 $y_1(x)$ 和 $y_2(x)$, 如果存在两个不同时为零的常数 $c_1$ 和

$c_2$, 使得

$$c_1y_1(x)+c_2y_2(x)=0 \tag{3.1.6}$$

在区间 $[a,b]$ 上恒成立, 就称 $y_1(x)$ 和 $y_2(x)$ 是在区间 $[a,b]$ 上**线性相关**的. 反之, 如果只有当 $c_1$ 和 $c_2$ 同时为零, 式 (3.1.6) 才成立, 那么称这两个函数是**线性无关**的, 线性无关也称作线性独立. 例如, $\sin x$ 和 $\cos x$ 这两个函数就是线性无关的; $x^2$ 和 $x^3$ 这两个函数也是线性无关的. 线性无关的概念实际上在第 2 章介绍希尔伯特空间时已经介绍过了, 这里只是针对常微分方程两个解函数的情况重复了一遍.

根据定义 4, 如果函数 $y_1(x)$ 和 $y_2(x)$ 在区间 $[a,b]$ 上线性相关, 那么一定存在两个不同时为零的常数 $c_1$ 和 $c_2$, 使得式 (3.1.6) 在区间 $[a,b]$ 上成立. 将式 (3.1.6) 微分一次, 便得

$$c_1y_1'(x)+c_2y_2'(x)=0 \tag{3.1.7}$$

**定义 5** 行列式

$$W(y_1,y_2)=\begin{vmatrix} y_1(x) & y_2(x) \\ y_1'(x) & y_2'(x)\end{vmatrix} \tag{3.1.8}$$

称为由函数 $y_1(x)$ 和 $y_2(x)$ 构成的**朗斯基行列式**. 类似地, 可以定义 $N$ 个函数的朗斯基行列式, 它由这 $N$ 个函数及其一次、二次至 $N-1$ 次的导数所构成.

如果线性方程 (3.1.6) 和线性方程 (3.1.7) 有非零解 $c_1$ 和 $c_2$, 那么, 系数行列式, 也就是 $y_1(x)$ 和 $y_2(x)$ 构成的朗斯基行列式应该为零, 即

$$W(y_1,y_2)=0 \tag{3.1.9}$$

这样, 就得到定理 2.

**定理 2** 如果函数 $y_1(x)$ 和 $y_2(x)$ 线性相关, 那么它们的朗斯基行列式处处等于零.

必须指出, 定理 2 的逆定理不成立. 即若 $y_1(x)$ 和 $y_2(x)$ 的朗斯基行列式恒等于 0, 这两个函数未必线性相关. 例如

$$y_1(x)=\begin{cases}(x-1)^2, & 0\leqslant x\leqslant 1\\ 0, & 1\leqslant x\leqslant 2\end{cases},\quad y_2(x)=\begin{cases}0, & 0\leqslant x\leqslant 1\\ (x-1)^2, & 1\leqslant x\leqslant 2\end{cases}$$

这两个函数在区间 $[0,2]$ 上是线性无关的, 因为当等式

$$c_1y_1(x)+c_2y_2(x)=0$$

在 $[0,1]$ 上恒成立时, 可以推知 $c_1=0$; 若上式在 $[1,2]$ 上恒成立可得 $c_2=0$; 故若

上式在 $[0,2]$ 上恒成立, 只有 $c_1=c_2=0$. 但是它们的朗斯基行列式

$$W(y_1,y_2)=\begin{vmatrix}(x-1)^2 & 0\\ 2(x-1) & 0\end{vmatrix}=0,\quad 0\leqslant x\leqslant 1$$

$$W(y_1,y_2)=\begin{vmatrix}0 & (x-1)^2\\ 0 & 2(x-1)\end{vmatrix}=0,\quad 1\leqslant x\leqslant 2$$

即在 $[0,2]$ 上 $W(y_1,y_2)=0$.

那么在什么条件下, 定理 2 的逆定理成立呢? 请看定理 3.

**定理 3**　设函数 $y_1(x)$ 和 $y_2(x)$ 都是方程 (3.1.2) 的解, 如果 $W(y_1,y_2)$ 在 $(a,b)$ 中的某点等于 0, 那么 $y_1(x)$ 和 $y_2(x)$ 在 $[a,b]$ 上线性相关.

**证明**　事实上, 如果在点 $x_0$ 有 $W(y_1(x_0),y_2(x_0))=0$, 那么一定存在一对不同时为零的数 $c_1$ 和 $c_2$, 使得

$$c_1y_1(x_0)+c_2y_2(x_0)=0 \tag{3.1.10a}$$

$$c_1y_1'(x_0)+c_2y_2'(x_0)=0 \tag{3.1.10b}$$

考虑函数

$$y(x)=c_1y_1(x)+c_2y_2(x)$$

由于 $y_1(x)$ 和 $y_2(x)$ 都是方程 (3.1.2) 的解, 故 $y(x)$ 也是它的解. 另一方面, 由式 (3.1.10), $y(x)$ 满足

$$y(x_0)=0,\quad y'(x_0)=0$$

也就是说, $y(x)$ 是满足初值问题 (3.1.5) 的, 因此其解在 $(a,b)$ 上恒等于零. 即在 $[a,b]$ 上对不同时为零的数 $c_1$ 和 $c_2$, 总有 $y(x)=c_1y_1(x)+c_2y_2(x)=0$ 成立. 证明完毕.

由以上证明过程, 得到:

**推论 1**　设 $y_1(x)$ 和 $y_2(x)$ 都是方程 (3.1.2) 的解, 如果 $y_1(x)$ 和 $y_2(x)$ 线性相关, 则 $W(y_1,y_2)$ 处处为零; 如果它们线性无关, 则 $W(y_1,y_2)$ 处处不为零.

如果 $y_1(x)$ 和 $y_2(x)$ 都是方程 (3.1.2) 的解, 则朗斯基行列式还有下面这样一个重要的性质. 把它对 $x$ 求导, 即

$$\begin{aligned}\frac{\mathrm{d}}{\mathrm{d}x}W(y_1,y_2)&=\frac{\mathrm{d}}{\mathrm{d}x}\begin{vmatrix}y_1 & y_2\\ y_1' & y_2'\end{vmatrix}=\begin{vmatrix}y_1' & y_2'\\ y_1' & y_2'\end{vmatrix}+\begin{vmatrix}y_1 & y_2\\ y_1'' & y_2''\end{vmatrix}\\&=\begin{vmatrix}y_1 & y_2\\ -py_1'-qy_1 & -py_2'-qy_2\end{vmatrix}=\begin{vmatrix}y_1 & y_2\\ -py_1' & -py_2'\end{vmatrix}=-p\begin{vmatrix}y_1 & y_2\\ y_1' & y_2'\end{vmatrix}\end{aligned}$$

需要说明的是, 对 $n$ 阶行列式的求导, 就是分别对每一行求导得到一个新行列式, 然后对所有这些行列式求和. 利用行列式的性质：把某行的倍数加到另一行, 行列式的值不变. 同时利用原方程

$$y_1''(x) = -p(x)y_1'(x) - q(x)y_1(x)$$

$$y_2''(x) = -p(x)y_2'(x) - q(x)y_2(x)$$

最后的结果是, $W$ 满足微分方程

$$\frac{\mathrm{d}}{\mathrm{d}x}W = -p(x)W$$

积分的结果为

$$W = W_0 \exp\left[-\int_{x_0}^{x} p(t)\mathrm{d}t\right] \tag{3.1.11}$$

其中 $W_0 = W(x_0)$ 是朗斯基行列式在 $x_0$ 点的值.

式 (3.1.11) 称为**刘维尔公式**, 它给出了方程的系数和朗斯基行列式之间的关系. 从此式也可以看出, 一旦 $y_1$ 和 $y_2$ 在 $[a,b]$ 上都是方程 (3.1.2) 的解, 则在 $(a,b)$ 范围内, 如果 $W$ 在某点为零, 则它处处为零; 如果 $W$ 在某点不为零, 则它处处不为零.

需要说明的是, (i) 定理 3 及其推论的适用区域是 $(a,b)$, 不包括端点. 从本章习题 7 可以看到, 有时候, 满足同样边界条件的两个线性无关的解, 在端点上的朗斯基行列式在端点处的值也可以为零. (ii) 刘维尔公式 (3.1.11) 对于 $p(x)$ 的奇点或者不可积分的点不适用, 因而, 定理 3 及其推论对于这样的点也不适用.

**定理 4**(齐次方程解的结构定理)　设 $y_1(x)$ 和 $y_2(x)$ 是方程 (3.1.2) 的一对线性无关的解, 则对任意常数 $c_1$ 和 $c_2$,

$$y(x) = c_1y_1(x) + c_2y_2(x) \tag{3.1.12}$$

也是方程 (3.1.2) 的解. 反之, 方程 (3.1.2) 的任意一个解一定可以表示成式 (3.1.12) 的形式.

**证明**　这个定理的第一部分是显然的. 为了证明第二部分, 注意 $y_1(x)$ 和 $y_2(x)$ 是线性无关的, 所以 $W(x_0) \neq 0$. 现设 $y(x)$ 是任意一个解. 由 $W(x_0) \neq 0$ 可知, 一定可以找到一对常数 $c_1$ 和 $c_2$, 使得

$$c_1y_1(x_0) + c_2y_2(x_0) = y(x_0)$$

$$c_1y_1'(x_0) + c_2y_2'(x_0) = y'(x_0)$$

也就是说, 函数 $y(x)$ 和

$$c_1y_1(x) + c_2y_2(x) \tag{3.1.13}$$

同是方程 (3.1.2) 的解, 并且满足相同的初始条件, 因此依据唯一性定理, 应有 $y(x) = c_1y_1(x) + c_2y_2(x)$. 证明完毕.

**定义 6** 如果 $y_1(x)$ 和 $y_2(x)$ 是方程 (3.1.2) 的一对线性无关的解, 取两个彼此无关的常数 $c_1$ 和 $c_2$, 构成表达式 (3.1.13), 令 $c_1$ 和 $c_2$ 取各种可能的值时, 就得到方程 (3.1.2) 的所有可能的解. 表达式 (3.1.13) 称为方程 (3.1.2) 的**通解**. 通解的表达式 (3.1.13) 中的 $y_1(x)$ 和 $y_2(x)$ 都称为方程的**特解**. 一对线性无关的特解 $y_1(x)$ 和 $y_2(x)$ 称为**基本解组**.

由此可见, 表达式 (3.1.13) 具有重要的意义. 由定理 4 知, 方程的任意一个解都可以通过一对线性无关的解的线性组合以式 (3.1.13) 的形式表示出来. 通解是特解的线性组合, 在不考虑初始条件的时候, 组合系数可以是任意的. 而初始条件决定了组合系数的具体的数值. 换言之, 满足初始条件的组合系数是确定的.

现在的问题全部归结为求方程 (3.1.2) 的一个基本解组, 或者是求两个线性无关的特解. 但是解的结构定理本身并没有说明基本解组是否一定存在.

**定理 5** 方程 (3.1.2) 的基本解组一定存在.

**证明** 任取两组数 $\alpha_1, \beta_1$ 和 $\alpha_2, \beta_2$, 要求它们满足

$$\begin{vmatrix} \alpha_1 & \alpha_2 \\ \beta_1 & \beta_2 \end{vmatrix} \neq 0$$

那么由下面两个初值问题:

$$\begin{cases} y'' + p(x)y' + q(x)y = 0 \\ y(x_0) = \alpha_1, \quad y'(x_0) = \beta_1 \end{cases}$$

和

$$\begin{cases} y'' + p(x)y' + q(x)y = 0 \\ y(x_0) = \alpha_2, \quad y'(x_0) = \beta_2 \end{cases}$$

所得的解 $y_1$ 和 $y_2$ 就是线性无关的. 因为当 $x = x_0$ 时有

$$W(y_1, y_2) = \begin{vmatrix} \alpha_1 & \alpha_2 \\ \beta_1 & \beta_2 \end{vmatrix} \neq 0$$

证明完毕.

证明的过程说明, 基本解组不仅存在, 而且无穷多. 只不过不同的特解可能满足不同的初始条件. 但是, 要找到一对线性无关的解, 并没有什么一般性的方法.

不过, 若能用某种方法找到一个不恒等于零的特解 $y_1(x)$, 那么, 就有可能通过积分的办法找到另一个与之线性独立的特解 $y_2(x)$. 其方法如下:

设 $y_1(x)$ 是方程 (3.1.2) 的一个非零解, 那么一定存在一个解 $y_2(x)$, 使得 $y_1(x)$ 和 $y_2(x)$ 线性无关. 这时由刘维尔公式有

$$y_1y_2' - y_1'y_2 = c\exp\left[-\int p(t)\mathrm{d}t\right]$$

两边同除以 $y_1^2$, 得

$$\frac{y_1y_2' - y_1'y_2}{y_1^2} = \frac{\mathrm{d}}{\mathrm{d}x}\frac{y_2}{y_1} = \frac{c}{y_1^2}\exp\left[-\int p(t)\mathrm{d}t\right]$$

两边同积分, 得

$$y_2 = y_1\int \mathrm{d}x\frac{c}{y_1^2}\exp\left[-\int p(x)\mathrm{d}x\right] + c_1y_1 \tag{3.1.14}$$

这样, $y_2$ 就通过 $y_1$ 表示出来了.

式 (3.1.14) 也称为**刘维尔公式**. 它给出了从一个特解求出另一个特解的一个普遍的方法. 式 (3.1.14) 也表明这样一个事实: 一旦求出一个 $y_2$ 是与 $y_1$ 线性无关的, 那么 $y_2$ 加上 $y_1$ 的任意倍数后, 仍然是与 $y_1$ 线性无关的. 于是, 求解方程 (3.1.2) 的通解问题就归结到求它的一个非零特解.

**例 1** 求方程 $xy'' - y' = 0$ 的通解.

**解** 容易看出, $y = 1$ 是它的一个特解, 因而另一个与它线性无关的特解便可由刘维尔公式求出:

$$y_2 = \int \mathrm{d}x\exp\left[\int\frac{1}{x}\mathrm{d}x\right] = \frac{x^2}{2}$$

故方程的通解为

$$y = c_1 + c_2\frac{x^2}{2}$$

2. 关于解的零点的定性性质

**定理 6**(施图姆分离定理) 若 $y_1(x)$ 和 $y_2(x)$ 是方程 (3.1.2) 的线性无关的两个解, 则 $y_1(x)$ 在 $y_2(x)$(或 $y_2(x)$ 在 $y_1(x)$) 的两个相邻的零点之间恰有一个零点.

方程 (3.1.2) 通过变换

$$y(x) = u(x)\exp\left[-\frac{1}{2}\int p(x)\mathrm{d}x\right] \tag{3.1.15}$$

可化为

$$u''(x) + Q(x)u(x) = 0 \tag{3.1.16}$$

其中

$$Q(x) = q(x) - \frac{1}{4}p^2(x) - \frac{1}{2}p'(x)$$

现在证明式 (3.1.16). 将式 (3.1.15) 分别求一次和两次导数:

$$y' = u'\exp\left(-\frac{1}{2}\int p\mathrm{d}x\right) - \frac{1}{2}pu\exp\left(-\frac{1}{2}\int p\mathrm{d}x\right)$$
$$y'' = \exp\left(-\frac{1}{2}\int p\mathrm{d}x\right)\left[u'' - pu' - \frac{1}{2}p'u + \frac{1}{4}p^2u\right]$$

代入式 (3.1.2)

$$\exp\left(-\frac{1}{2}\int p\mathrm{d}x\right)\left[u'' - pu' - \frac{1}{2}p'u + \frac{1}{4}p^2u + p(u' - \frac{1}{2}pu) + qu\right] = 0$$

即得到式 (3.1.16).

**定理 7**　设 $u(x)$ 为方程 (3.1.16) 的任一非零解, 若 $Q(x) < 0$, 则 $u(x)$ 至多有一个零点, 若对一切 $x > 0$, $Q(x) > 0$, 且

$$\int_1^{\infty} Q(x)\mathrm{d}x = \infty$$

则 $u(x)$ 在正 $x$ 轴上有无穷多个零点.

例如, $Q(x) = 1$, 则解为 $u(x) = \sin x$ 或者 $u(x) = \cos x$; $Q(x) = -1$, 则解为 $u(x) = \sinh x$ 或者 $u(x) = \cosh x$.

**定理 8**(施图姆比较定理)　若 $u(x)$ 和 $v(x)$ 分别为方程

$$u''(x) + Q(x)u(x) = 0$$

与

$$\nu''(x) + R(x)\nu(x) = 0$$

的非零解, 其中 $Q(x) > R(x) > 0$, 则在 $v(x)$ 的任意两个零点之间, $u(x)$ 至少有一个零点.

### 3.1.3　非齐次方程的解

1. 通解的表达式

对齐次方程 (3.1.2) 的解的结构了解清楚之后, 现在可以给出非齐次方程 (3.1.1) 的解. 有定理 9:

**定理 9**　若 $w(x)$ 是非齐次方程 (3.1.1) 的一个特解, 则对齐次方程 (3.1.2) 的任意解 $u(x)$, 函数 $u(x) + w(x)$ 也是非齐次方程 (3.1.1) 的解. 反之, 方程 (3.1.1) 的任意一个解 $y(x)$ 都能表示成

$$y(x) = u(x) + w(x) \tag{3.1.17}$$

的形式.

**证明** 事实上, 若 $u(x)$ 是方程 (3.1.2) 的解, 将 $u(x)+w(x)$ 代入式 (3.1.1), 得

$$\begin{aligned}&(u+w)''+p(u+w)'+q(u+w)\\=&u''+pu'+qu+w''+pw'+qw=0+f=f\end{aligned}$$

所以 $u(x)+w(x)$ 也是方程 (3.1.1) 的解.

反之, 设 $y(x)$ 是方程 (3.1.1) 的任意解, 将 $y(x)-w(x)$ 代入式 (3.1.1), 得

$$\begin{aligned}&(y-w)''+p(y-w)'+q(y-w)\\=&y''+py'+qy-w''-pw'-qw=f-f=0\end{aligned}$$

可见, 函数 $u(x)=y(x)-w(x)$ 是齐次方程 (3.1.2) 的解. 从而非齐次方程的任意解可写成式 (3.1.17) 的形式. 证明完毕.

从而, 为了求得非齐次方程 (3.1.1) 的所有解, 只要找到其一个特解 $w(x)$, 将它和齐次方程 (3.1.2) 的所有解相加即可. 设 $y_1(x)$ 和 $y_2(x)$ 是方程 (3.1.2) 的一对线性无关的特解, 那么在表达式

$$y=c_1y_1+c_2y_2+w \tag{3.1.18}$$

中, 令 $c_1,c_2$ 取各种可能的常数值, 就得到了方程 (3.1.1) 的全部解. 式 (3.1.18) 称为方程 (3.1.1) 的**通解**, 其中 $w(x)$ 称为方程 (3.1.1) 的一个**特解**.

### 2. 特解的表达式

从 3.2 节至第 4 章, 将会介绍对于一些具体的 $p(x),q(x)$, 如何求得齐次方程的一对线性无关的特解. 现在假定 $y_1(x)$ 和 $y_2(x)$ 已经求出, 以此来写出特解 $w(x)$ 的表达式.

设 $w(x)$ 可以由 $y_1(x)$ 和 $y_2(x)$"线性组合", 写成以下形式:

$$w(x)=a_1(x)y_1(x)+a_2(x)y_2(x) \tag{3.1.19}$$

组合系数也是 $x$ 的函数. 式 (3.1.19) 显然是应该满足方程 (3.1.1) 的. 现在有两个函数 $a_1(x),a_2(x)$ 是待求的, 因此要有两个限制条件. 为此, 先将式 (3.1.19) 求导一次, 得

$$w'(x)=a_1(x)y_1'(x)+a_2(x)y_2'(x)+a_1'(x)y_1(x)+a_2'(x)y_2(x)$$

加一限制条件, 令

$$a_1'(x)y_1(x)+a_2'(x)y_2(x)=0 \tag{3.1.20}$$

就得到

$$w'(x) = a_1(x)y_1'(x) + a_2(x)y_2'(x) \tag{3.1.21}$$

将它再求导一次, 得

$$w''(x) = a_1(x)y_1''(x) + a_2(x)y_2''(x) + a_1'(x)y_1'(x) + a_2'(x)y_2'(x) \tag{3.1.22}$$

将式 (3.1.17)、式 (3.1.19)、式 (3.1.21) 和式 (3.1.22) 代入式 (3.1.1), 得

$$a_1(y_1'' + py_1' + qy_1) + a_2(y_2'' + py_2' + qy_2) + a_1'y_1' + a_2'y_2' = f$$

由于 $y_1(x)$ 和 $y_2(x)$ 是齐次方程的解, 上式即为

$$a_1'(x)y_1'(x) + a_2'(x)y_2'(x) = f(x) \tag{3.1.23}$$

式 (3.1.20) 和式 (3.1.23) 构成了求解 $a_1'(x), a_2'(x)$ 的线性方程组. 由于 $y_1(x)$ 和 $y_2(x)$ 是线性无关的, 其朗斯基行列式如式 (3.1.8) 所示, 处处不为零. 容易解得

$$a_1'(x) = -\frac{y_2(x)f(x)}{W(y_1, y_2)}, \quad a_2'(x) = \frac{y_1(x)f(x)}{W(y_1, y_2)}$$

积分得

$$a_1(x) = -\int \frac{y_2(x)f(x)}{W(y_1, y_2)}\mathrm{d}x, \quad a_2(x) = \int \frac{y_1(x)f(x)}{W(y_1, y_2)}\mathrm{d}x$$

此处可不考虑积分常数, 因为这里只需要找到一个特解即可. 故特解可写成

$$w(x) = -y_1(x)\int \frac{y_2(x)f(x)}{W(y_1, y_2)}\mathrm{d}x + y_2(x)\int \frac{y_1(x)f(x)}{W(y_1, y_2)}\mathrm{d}x \tag{3.1.24}$$

**例 2** 求方程 $xy'' - y' = x^2$ 满足初始条件 $y(1) = 1, y'(1) = 1$ 的解.

**解** 此方程所对应的齐次方程的两个线性无关解已经在本节例 1 中求出, 分别为 1 和 $x^2/2$. 其朗斯基行列式为

$$W(y_1, y_2) = \begin{vmatrix} y_1 & y_2 \\ y_1' & y_2' \end{vmatrix} = \begin{vmatrix} 1 & x^2/2 \\ 0 & x \end{vmatrix} = x$$

应用式 (3.1.24), 注意原方程应写成 $y'' - y'/x = x$, 才能得到正确的 $f(x)$.

$$w(x) = -\int \frac{x^2 x}{2x}\mathrm{d}x + \frac{x^2}{2}\int \frac{x}{x}\mathrm{d}x = -\frac{x^3}{6} + \frac{x^2}{2}x = \frac{x^3}{3}$$

于是原方程的通解为

$$y(x) = c_1 + c_2\frac{x^2}{2} + \frac{x^3}{3}$$

由初始条件求出的两个系数分别为 $c_1 = \dfrac{2}{3}, c_2 = 0$. 故满足初始条件的解为

$$y(x) = \frac{2}{3} + \frac{x^3}{3}$$

非齐次方程的另一种标准解法是格林函数方法, 将在第 6 章中介绍.

# 3.2 施图姆–刘维尔型方程的特征值问题

## 3.2.1 施图姆–刘维尔型方程的形式

现在把二阶线性常微分方程写成如下含一个参数 $\lambda$ 的形式:

$$A(x)y''+B(x)y'+[\lambda-C(x)]y=0,\quad a\leqslant x\leqslant b \tag{3.2.1}$$

其中 $A(x)$、$B(x)$ 和 $C(x)$ 都是实函数, $\lambda$ 是一个常数. 将方程的各项同乘以

$$\rho(x)=\frac{1}{A(x)}\exp\int\frac{B(x)}{A(x)}\mathrm{d}x \tag{3.2.2}$$

则可把方程 (3.2.1) 化为如下形式:

$$\frac{\mathrm{d}}{\mathrm{d}x}\left[p(x)\frac{\mathrm{d}y}{\mathrm{d}x}\right]+[\lambda\rho(x)-q(x)]y=0,\quad a\leqslant x\leqslant b \tag{3.2.3}$$

其中

$$p(x)=A(x)\rho(x)=\exp\int\frac{B(x)}{A(x)}\mathrm{d}x \tag{3.2.4a}$$

它在 $[a,b]$ 内连续可微.

$$q(x)=C(x)\rho(x) \tag{3.2.4b}$$

在区间 $[a,b]$ 内连续.

证明式 (3.2.3) 如下:

$$\begin{aligned}\rho'(x)&=-\frac{A'(x)}{A^2(x)}\exp\int\frac{B(x)}{A(x)}\mathrm{d}x+\frac{B(x)}{A^2(x)}\exp\int\frac{B(x)}{A(x)}\mathrm{d}x\\&=-\frac{A'(x)}{A(x)}\rho(x)+\frac{B(x)}{A(x)}\rho(x)\\p'(x)&=A'(x)\rho(x)+A(x)\rho'(x)\\&=A'(x)\rho(x)+A(x)\left[-\frac{A'(x)}{A(x)}\rho(x)+\frac{B(x)}{A(x)}\rho(x)\right]=B(x)\rho(x)\end{aligned}$$

因此

$$p'(x)=B(x)\rho(x) \tag{3.2.5}$$

式 (3.2.3) 的左边就成为

$$\begin{aligned}&\frac{\mathrm{d}}{\mathrm{d}x}\left[p(x)\frac{\mathrm{d}y}{\mathrm{d}x}\right]+[\lambda\rho(x)-q(x)]y\\=&p'(x)\frac{\mathrm{d}y}{\mathrm{d}x}+p(x)\frac{\mathrm{d}^2y}{\mathrm{d}x^2}+[\lambda\rho(x)-C(x)\rho(x)]y\end{aligned}$$

$$=B(x)\rho(x)\frac{\mathrm{d}y}{\mathrm{d}x}+A(x)\rho(x)\frac{\mathrm{d}^2y}{\mathrm{d}x^2}+[\lambda\rho(x)-C(x)\rho(x)]y=0$$

因为 $\rho(x)=\dfrac{1}{A(x)}\exp\displaystyle\int\frac{B(x)}{A(x)}\mathrm{d}x\neq 0$, 所以得到式 (3.2.1) 式. 证明完毕.

**定义 1**　形如式 (3.2.3) 的二阶微分方程称为**施图姆–刘维尔 (S – L) 型方程**. 式中的 $p(x)$ 称为**核函数**, $\rho(x)$ 称为方程的正交函数系解的**权函数**.

如果定义一个算符 $L$(施图姆–刘维尔算符) 如下:

$$L=-A(x)\frac{\mathrm{d}^2}{\mathrm{d}x^2}-B(x)\frac{\mathrm{d}}{\mathrm{d}x}+C(x)=\frac{1}{\rho(x)}\left[-\frac{\mathrm{d}}{\mathrm{d}x}p(x)\frac{\mathrm{d}}{\mathrm{d}x}+q(x)\right] \tag{3.2.6}$$

式 (3.2.3) 就成为如下形式:

$$Ly=\lambda y,\quad a\leqslant x\leqslant b \tag{3.2.7}$$

下面定义带权 $\rho(x)$ 的内积为

$$(f,g)=\int_{-\infty}^{\infty}f^*(x)g(x)\rho(x)\mathrm{d}x \tag{3.2.8}$$

要求算符 $L$ 是厄米算符, 就需要满足:

$$(Lf,g)=(f,Lg) \tag{3.2.9}$$

厄米算符即为自伴算符. 由于 $A(x)$、$B(x)$ 和 $C(x)$ 都是实函数, 且微分算符已经写成式 (3.2.6) 最后的形式, 由式 (2.2.23) 知, 这已经是一个形式自伴算符. 还要求满足的条件就是式 (2.2.25)

$$[p(x)(g(x)f'^*(x)-f^*(x)g'(x))]_a^b=[p(x)W(g,f^*)]_a^b=0 \tag{3.2.10}$$

其中 $W(g,f^*)$ 是函数 $g,f^*$ 的朗斯基行列式. 注意, 由于式 (3.2.7) 中分母有一因子 $\rho(x)$, 内积总是带权 $\rho(x)$ 的. 以后提到施图姆–刘维尔算子 (3.2.6) 而不加说明时, 都是指自伴算子.

### 3.2.2　施图姆—刘维尔方程的边界条件

可以对施图姆–刘维尔方程求通解. 实际应用中, 总是会加上边界条件. 常见的有以下一些边界条件.

1. 三类齐次边界条件

第一类齐次边界条件

$$y(a)=0,\quad y(b)=0 \tag{3.2.11}$$

第二类齐次边界条件

$$y'(a) = 0, \quad y'(b) = 0 \tag{3.2.12}$$

第三类齐次边界条件

$$y(a) - hy'(a) = 0, \quad y(b) + hy'(b) = 0 \tag{3.2.13}$$

这是区间端点的函数值本身及其导数的线性组合, 其中 $h$ 是正常数.

也可以在 $a$, $b$ 两点给出不同的齐次边界条件. 如在 $x = a$ 点处给出第一类齐次边界条件, 在 $x = b$ 点处给出第二类齐次边界条件.

上述三类边界条件可以概括写为

$$\alpha_1 y'(a) + \alpha_2 y(a) = 0, \quad \beta_1 y'(b) + \beta_2 y(b) = 0 \tag{3.2.14a}$$

其中 $\alpha_1$, $\alpha_2$, $\beta_1$, $\beta_2$ 是实常数, 且

$$\alpha_1^2 + \alpha_2^2 \neq 0, \quad \beta_1^2 + \beta_2^2 \neq 0 \tag{3.2.14b}$$

即 $\alpha_1$ 和 $\alpha_2$ 不同时为零, $\beta_1$ 和 $\beta_2$ 不同时为零. 注意, 由式 (3.2.13) 应有: $\alpha_1$ 和 $\alpha_2$ 反号, $\beta_1$ 和 $\beta_2$ 同号.

2. 周期性边界条件

$$y(a) = y(b), \quad y'(a) = y'(b) \tag{3.2.15a}$$

要求函数 $p(x)$, $q(x)$, $\rho(x)$ 均为周期函数

$$p(a) = p(b), \quad q(a) = q(b), \quad \rho(a) = \rho(b) \tag{3.2.15b}$$

3. 自然边界条件

如果在区间 $[a, b]$ 的端点 $a$ 有 $p(a) = 0$, 这时可从理论上证明: 如果 $y_1(x)$, $y_2(x)$ 是方程 (3.2.3) 的两个线性无关的解, $\lim\limits_{x\to a} y_1(a)$ 为有限值的话, 则 $y_2(x)$ 必在 $a$ 点附近无界. 因此, 当 $p(a) = 0$ 时, 为了保证符合物理实际的通解的有界性, 就在通解上附加一个自然边界条件

$$y(a) < \infty, \quad p(a) = 0 \tag{3.2.16a}$$

此时由于 $y(a)$ 有限且 $p(a) = 0$, 可以得到

$$[p(x)y(x)y'(x)]_{x=a} = 0 \tag{3.2.16b}$$

同理, 如果 $p(b)=0$, 在 $b$ 端加上自然边界条件

$$y(b)<\infty,\quad p(b)=0 \tag{3.2.17a}$$

此时由于 $y(a)$ 有限且 $p(b)=0$, 可以得到

$$[p(x)y(x)y'(x)]_{x=b}=0 \tag{3.2.17b}$$

如果在两端有 $p(a)=0$ 且 $p(b)=0$, 则在两端均附加自然边界条件: $y(a)<\infty$ 且 $y(b)<\infty$. 这样的条件常出现在方程的通解在区域端点为无穷大时的情况.

二阶微分方程最一般的边界条件是如下形式:

$$B_1(y)=\alpha_{1,1}y(a)+\alpha_{1,2}y'(a)+\beta_{1,1}y(b)+\beta_{1,2}y'(b)=\gamma_1 \tag{3.2.18a}$$

$$B_2(y)=\alpha_{2,1}y(a)+\alpha_{2,2}y'(a)+\beta_{2,1}y(b)+\beta_{2,2}y'(b)=\gamma_2 \tag{3.2.18b}$$

其中 $B_1(y)$ 和 $B_2(y)$ 是表达式的简写形式. 常见的是写成如下形式:

$$B_1(y)=\gamma_1,\quad B_2(y)=\gamma_2 \tag{3.2.18c}$$

某些文献将这两式更进一步简写成

$$B(y)=\gamma \tag{3.2.18d}$$

当 $\gamma_1,\gamma_2$ 都为零, 即 $\gamma=0$, 就是**齐次边界条件**; 否则就是**非齐次边界条件**. 以上列出的三类边界条件, 周期边界条件和自然边界条件, 都是特殊的情况, 也是解决实际问题时经常遇到的情况. 除了以上这些边界条件, 还可能有其他的条件. 例如, 对于振子振动的问题, 经常给出初始时刻的振动位移和振动速度, 这时给出的就是式 (3.1.3) 的初始条件. 将上述或者其他的边界条件和初始条件统称为边界条件.

### 3.2.3　施图姆–刘维尔特征值问题

**定义 2**　方程 (3.2.3) 与一定的边界条件一起构成**施图姆–刘维尔特征值问题**. 在此边界条件下, 使得方程有非零解的参数 $\lambda$ 的值称为方程的**特征值**. 与特征值 $\lambda$ 对应的解函数称为 $\lambda$ 的**特征函数**.

1. 关于施图姆–刘维尔特征值问题的定理

下述施图姆–刘维尔的四个定理总结了这类特征值问题的共同性质, 即特征值和特征函数的性质.

**定理 1**(存在定理) 如果在区间 $[a,b]$ 上, $p(x)$ 及其导数连续, $q(x)$ 连续或者最多在边界上有一阶极点, 则施图姆–刘维尔特征值问题存在无限多个分立的实数特征值, 它们构成一个单调递增数列, 即

$$\lambda_1 \leqslant \lambda_2 \leqslant \lambda_3 \leqslant \lambda_4 \leqslant \cdots \leqslant \lambda_n \leqslant \lambda_{n+1} \leqslant \cdots \tag{3.2.19}$$

相应于这无穷多个特征值有无穷多个特征函数

$$y_1(x), \quad y_2(x), \quad y_3(x), \quad y_4(x), \cdots, y_n(x), y_{n+1}(x), \cdots \tag{3.2.20}$$

它们称为特征函数族. 如果区域是无限的并且是自然边界条件, 那么, 特征值可能是连续的.

**定义 3** 特征值的全体 $\{\lambda_n\}$ 称为这一特征值问题的**谱**. 若 $\{\lambda_n\}$ 是一系列分立的值, 则称为**分立谱**; 若为连续值, 则称为**连续谱**.

**定理 2**(非负定理) 若式 (3.2.3) 中 $\rho(x) > 0, p(x) \geqslant 0, q(x) \geqslant 0$, 则所有的特征值均不为负, 即

$$\lambda_n \geqslant 0, \quad n = 1, 2, 3, \cdots \tag{3.2.21}$$

**定理 3**(正交性定理) 对应于不同特征值 $\lambda_m$ 和 $\lambda_n$ 的特征函数 $y_m(x)$ 和 $y_n(x)$ 在区间 $[a,b]$ 上带权 $\rho(x)$ 正交, 即

$$\int_a^b y_m^*(x) y_n(x) \rho(x) \mathrm{d}x = 0 \tag{3.2.22}$$

**定理 4**(完备性定理) 特征函数族 $\{y_n(x)\}$ 在区间 $[a,b]$ 上构成一个完备系. 任意一个具有一阶连续导数及至少分段连续二阶导数的函数 $f(x)$, 只要它满足特征值问题的边界条件, 则一定可以按特征函数系 $\{y_n(x)\}$ 展开为绝对一致收敛的级数, 即

$$f(x) = \sum_{n=1}^{\infty} f_n y_n(x) \tag{3.2.23}$$

式中的 $f_n$ 称为展开系数. 它们用如下方法来确定:

在式 (3.2.23) 两边乘以 $\rho(x)$, 在区间 $[a,b]$ 上积分, 利用式 (3.2.22), 可得到

$$f_n = \frac{\displaystyle\int_a^b \rho(x) f(x) y_n^*(x) \mathrm{d}x}{\displaystyle\int_a^b \rho(x) |y_n(x)|^2 \mathrm{d}x} \tag{3.2.24}$$

式 (3.2.23) 右边的级数称为**广义傅里叶级数**, $f_n$ 叫做**广义傅里叶系数**. 式 (3.2.24) 中, 分母上的积分的平方根叫做 $y_n(x)$ 的**模**, 记做 $N_n$, 即

$$N_n^2 = \int_a^b \rho(x) |y_n(x)|^2 \mathrm{d}x \tag{3.2.25}$$

所以式 (3.2.24) 也可改写为

$$f_n = \frac{1}{N_n^2}\int_a^b \rho(x)f(x)y_n^*(x)\mathrm{d}x \tag{3.2.26}$$

如果特征函数 $y_n(x)$ 的模等于 1, 那么 $y_n(x)$ 就称为**归一化特征函数**. 这时式 (3.2.26) 又可化简为

$$f_n = \int_a^b \rho(x)f(x)y_n^*(x)\mathrm{d}x \tag{3.2.27}$$

特征函数 $y_n(x)$ 除以模 (常数), 就成了归一化的特征函数.

在许多情况下, 定理 4 的条件可以适当放宽. 把对函数 $f(x)$ 要求一阶连续导数及至少分段连续二阶导数, 放宽成函数 $f(x)$ 是分段光滑的, 式 (3.2.23) 的展开收敛于 $f(x)$ 的每一点的左右极限的平均值, 式

$$\sum_{n=1}^{\infty} f_n y_n(x) = \frac{1}{2}[f(x+0^+)+f(x-0^+)]$$

包括不连续点. 对于具体的特征函数系, 可参看 3.4 节的一些定理和 4.7 节关于傅里叶–贝塞尔级数的定理.

2. 定理的证明

要证明定理 1~ 定理 3 需要利用本章习题 6 和习题 7 中的证明结果:

$$[p(x)y(x)y'(x)]_{x=a} \geqslant 0,\quad [p(x)y(x)y'(x)]_{x=b} \leqslant 0 \tag{3.2.28}$$

$$[p(x)W(y_1,y_2)]_a^b = 0 \tag{3.2.29}$$

如果有特征值 $\lambda_1$ 和 $\lambda_2$ 及其相应的特征函数 $y_1$ 和 $y_2$, 那么有

$$\frac{\mathrm{d}}{\mathrm{d}x}\left[p(x)\frac{\mathrm{d}y_1}{\mathrm{d}x}\right] = -[\lambda_1\rho(x)-q(x)]y_1,\quad \frac{\mathrm{d}}{\mathrm{d}x}\left[p(x)\frac{\mathrm{d}y_2^*}{\mathrm{d}x}\right] = -[\lambda_2^*\rho(x)-q(x)]y_2^*$$

以 $y_2^*$ 乘前一式, $y_1$ 乘后一式, 然后两式相减得

$$(\lambda_1-\lambda_2^*)\rho(x)y_1y_2^* = y_2^*\frac{\mathrm{d}}{\mathrm{d}x}\left[p(x)\frac{\mathrm{d}y_1}{\mathrm{d}x}\right] - y_1\frac{\mathrm{d}}{\mathrm{d}x}\left[p(x)\frac{\mathrm{d}y_2^*}{\mathrm{d}x}\right] = -\frac{\mathrm{d}}{\mathrm{d}x}[p(x)W(y_1,y_2)]$$

将此式两边从 $a$ 到 $b$ 积分

$$(\lambda_1-\lambda_2^*)\int_a^b \mathrm{d}x\rho(x)y_1y_2^* = -\frac{\mathrm{d}}{\mathrm{d}x}[p(x)W(y_1,y_2)]_a^b = 0 \tag{3.2.30}$$

其中用到式 (3.2.29). 有了以上准备工作, 现在证明定理 1~ 定理 3[1].

**定理 1 的证明**

(i) 特征值 $\lambda$ 是实数. 在式 (3.2.30) 中令 $\lambda_1=\lambda_2, y_1=y_2$, 那么

$$(\lambda_1-\lambda_1^*)\int_a^b \mathrm{d}x\rho(x)|y_1(x)|^2=0$$

因 $\rho(x)$ 在区间 $[a,b]$ 上不变号, 故 $\int_a^b \mathrm{d}x\rho(x)|y_1(x)|^2\neq 0$. 只可能有

$$\lambda_1=\lambda_1^*$$

即特征值是实数.

(ii) $\lambda$ 是分立的. 将属于特征值 $\lambda$ 的两个线性无关解记为 $y_1(x,\lambda)$ 和 $y_2(x,\lambda)$. 因特征函数是依赖于 $\lambda$ 的 (在函数中表明这一依赖性), 则方程 (3.2.3) 的通解为

$$y=Ay_1(x,\lambda)+By_2(x,\lambda)$$

其中常数 $A$ 和 $B$ 由边界条件确定. 对于三类齐次边界条件 (3.2.14)

$$\alpha_1[Ay_1'(a,\lambda)+By_2'(a,\lambda)]+\alpha_2[Ay_1(a,\lambda)+By_2(a,\lambda)]=0$$
$$\beta_1[Ay_1'(b,\lambda)+By_2'(b,\lambda)]+\beta_2[Ay_1(b,\lambda)+By_2(b,\lambda)]=0$$

写成求解常数 $A$ 和 $B$ 的线性方程组

$$\begin{cases}[\alpha_1y_1'(a,\lambda)+\alpha_2y_1(a,\lambda)]A+[\alpha_1y_2'(a,\lambda)+\alpha_2y_2(a,\lambda)]B=0\\ [\beta_1y_1'(b,\lambda)+\beta_2y_1(b,\lambda)]A+[\beta_1y_2'(b,\lambda)+\beta_2y_2(b,\lambda)]B=0\end{cases}$$

常数 $A$ 和 $B$ 有非零解的条件是

$$\Delta(\lambda)=\begin{vmatrix}\alpha_1y_1'(a,\lambda)+\alpha_2y_1(a,\lambda) & \alpha_1y_2'(a,\lambda)+\alpha_2y_2(a,\lambda)\\ \beta_1y_1'(b,\lambda)+\beta_2y_1(b,\lambda) & \beta_1y_2'(b,\lambda)+\beta_2y_2(b,\lambda)\end{vmatrix}=0 \tag{3.2.31}$$

对于周期性边界条件 (3.2.15a), 则有

$$Ay_1(a,\lambda)+By_2(a,\lambda)=Ay_1(b,\lambda)+By_2(b,\lambda)$$
$$Ay_1'(a,\lambda)+By_2'(a,\lambda)=Ay_1'(b,\lambda)+By_2'(b,\lambda)$$

写成求解常数 $A$ 和 $B$ 的线性方程组

$$\begin{cases}[y_1(a,\lambda)-y_1(b,\lambda)]A+[y_2(a,\lambda)-y_2(b,\lambda)]B=0\\ [y_1'(a,\lambda)-y_1'(b,\lambda)]A+[y_2'(a,\lambda)-y_2'(b,\lambda)]B=0\end{cases}$$

常数 $A$ 和 $B$ 有非零解的条件是

$$\Delta(\lambda)=\begin{vmatrix}y_1(a,\lambda)-y_1(b,\lambda) & y_2(a,\lambda)-y_2(b,\lambda)\\ y_1'(a,\lambda)-y_1'(b,\lambda) & y_2'(a,\lambda)-y_2'(b,\lambda)\end{vmatrix}=0 \tag{3.2.32}$$

式 (3.2.31) 和式 (3.2.32) 都是确定特征值 $\lambda$ 的方程, 即 $\lambda$ 是 $\Delta(\lambda)$ 的零点. 根据微分方程的理论, $\Delta(\lambda)$ 在整个复平面上解析. 已知特征值 $\lambda$ 是实数, 故 $\Delta(\lambda)$ 只在实轴上才可能为零. 从而在有限处, $\Delta(\lambda)$ 只能有有限个零点, 即在有限区间内满足 $\Delta(\lambda)=0$ 的解 $\lambda$ 只有有限个 (否则 $\Delta(\lambda)\equiv 0$). 所以, 特征值是分立的.

对于区域 $[a,b]$ 是有限的, 方程的解要满足自然边界条件的情况, 特征值也只能取分立值.

对于一些特定的 $p(x),\rho(x),q(x)$, 已经给出了特征函数系的形式. 式 (3.2.31) 和式 (3.2.32) 实际上给出了求解相应的特征值的方法. 例如, 对贝塞尔方程的特征值就是这样求解的.

对于无限远处的自然边界条件, 有可能会出现连续特征值. 例如, 对方程 $y''+\lambda^2 y=0$ 加上无限远处的自然边界条件, 特征值就是连续的.

**定理 2 的证明**

在式 (3.2.3) 中, 令 $\lambda=\lambda_n$ 是特征值, $y=y_n$ 是相应的特征函数. 在方程两端乘以 $y_n^*$, 继而两边从 $a$ 到 $b$ 积分

$$
\begin{aligned}
&-\int_a^b \mathrm{d}x[\lambda_n\rho(x)-q(x)]y_n y_n^*\\
=&\int_a^b \mathrm{d}x y_n^*\frac{\mathrm{d}}{\mathrm{d}x}\left[p(x)\frac{\mathrm{d}y_n}{\mathrm{d}x}\right]\\
=&[y_n^*p(x)y_n']_a^b-\int_a^b \mathrm{d}x p(x)\frac{\mathrm{d}y_n}{\mathrm{d}x}\frac{\mathrm{d}y_n^*}{\mathrm{d}x}
\end{aligned}
$$

其中做了一次分部积分. 整理得

$$
\begin{aligned}
\lambda_n\int_a^b \mathrm{d}x\rho(x)|y_n|^2=&-[yp(x)_n^*(x)y_n'(x)]_{x=b}+[p(x)y_n^*(x)y_n'(x)]_{x=a}\\
&+\int_a^b \mathrm{d}x p(x)\left|\frac{\mathrm{d}y_n}{\mathrm{d}x}\right|^2+\int_a^b \mathrm{d}x q(x)|y_n|^2
\end{aligned}
$$

上式右边的后两项由于 $p(x)\geqslant 0, q(x)\geqslant 0$ 而大于等于零, 前两项由于式 (3.2.28) 而大于等于零. 因此, $\lambda_n\displaystyle\int_a^b \mathrm{d}x\rho(x)|y_n|^2\geqslant 0$. 因为 $\rho(x)\geqslant 0$, 故 $\displaystyle\int_a^b \mathrm{d}x\rho(x)|y_n|^2\geqslant 0$. 得到结论: $\lambda_n\geqslant 0$. 证明完毕.

**定理 3 的证明**

在式 (3.2.30) 中, 令 $\lambda_1=\lambda_m,\lambda_2^*=\lambda_n,y_1=y_m,y_2^*=y_n^*$, 即得到

$$
(\lambda_m-\lambda_n)\int_a^b y_m(x)y_n^*(x)\rho(x)\mathrm{d}x=0
$$

因为 $\lambda_m\neq\lambda_n$, 所以 $\displaystyle\int_a^b y_m(x)y_n^*(x)\rho(x)\mathrm{d}x=0$. 证明完毕.

由于现在的施图姆–刘维尔算子是一个厄米算子, 定理 1 证明中的 (i) 和定理 3 就是自伴算子的一般结论, 已经在 2.2.2 小节定理 7 的推论中叙述. 此处对于施图姆–刘维尔算子的具体情况给予了证明.

定理 4 的证明已经超出了本书的范围, 在后面将只针对多项式解集这一特殊情况证明定理 4.

按照式 (3.2.6) 定义的施图姆–刘维尔算符 $L$, 已经把式 (3.2.1) 写成式 (3.2.7) 的形式. 此方程的特征值和对应的特征函数是指它们满足

$$Ly_n(x) = \lambda_n y_n(x), \quad n = 1, 2, 3, \cdots \tag{3.2.33}$$

特征值亦称**本征值**或者**固有值**, 特征函数亦称**本征函数**或者**固有函数**. 以下简记式 (3.2.19) 为 $\{\lambda_n\}$, 式 (3.2.20) 为 $\{y_n(x)\}$.

在 3.1 节中叙述的解的存在且唯一的定理仍然成立. 如果能够找到方程的一个特解, 那么一定有一个与之线性独立的特解可通过刘维尔公式求得. 由刘维尔公式联系的两个特解共同决定了特征值. 方程的解是这两个特解的线性组合. 组合系数由物理条件也就是具体的边界条件确定. 在定理 4 中, 构成区间上完备系的特征函数系 $\{y_n(x)\}$ 中的每一个 $y_n(x)$ 都是两个特解在符合边界条件下的线性组合.

本书只对初始条件证明了微分方程解的存在唯一定理. 对于一般的边界条件, 没有给出关于解存在的普遍证明. 同一个二阶微分方程, 在有些边界条件下, 可以具有非零的特征函数系; 在另外一些边界条件下, 就没有非零的特征函数系.

### 3.2.4 施图姆–刘维尔特征值问题举例

(1) 若 $p(x) = 1$, $q(x) = 0$, $\rho(x) =$ 常数, $a = 0, b = l$, 两端固定, 则得

$$y'' + \lambda y = 0 \tag{3.2.34a}$$

$$y(0) = y(l) = 0 \tag{3.2.34b}$$

特征值是 $\lambda_n = (n\pi/l)^2$, 特征函数是 $y_n = \sin(n\pi/l)$, 是 $[0, l]$ 上的一个正交完备系. 此方程在两端固定的小振动问题中遇到, 如琴弦的振动.

(2) 若 $p(x) = 1$, $q(x) = 0$, $\rho(x) =$ 常数, $a = 0, b = l$, 边界条件如下:

$$y'' + \lambda y = 0 \tag{3.2.35a}$$

$$y'(0) = 0, \quad y'(l) + \gamma y(l) = 0 \tag{3.2.35b}$$

特征值是 $\lambda_n = \mu_n^2$, 其中 $\mu_n$ 是方程 $-\mu \sin \mu l + \gamma \cos \mu l = 0$ 的正根, 特征函数是 $y_n = \cos \mu_n x$, 是 $[0, l]$ 上的一个正交完备系. 此方程在研究有界杆上温度分布问题时遇到.

(3) 若 $p(x) = x, \rho(x) = x, q(x) = \nu^2/x$, $a = 0, b = R$, 则成为

$$\frac{1}{x}\frac{\mathrm{d}}{\mathrm{d}x}\left(x\frac{\mathrm{d}y}{\mathrm{d}x}\right) + \left(\lambda - \frac{\nu^2}{x^2}\right)y = 0, \quad 0 \leqslant x \leqslant R \tag{3.2.36}$$

此方程称为 $\nu$ 阶贝塞尔方程或者 $\nu$ 阶柱函数方程. 它的解称为 $\nu$ 阶贝塞尔函数或者 $\nu$ 阶柱函数. 此方程在用柱坐标解决物理问题时经常遇到.

(4) 若 $p(x) = x^2, \rho(x) = x^2, q(x) = \nu(\nu+1)$, $a = 0, b = R$, 则成为

$$\frac{1}{x^2}\frac{\mathrm{d}y}{\mathrm{d}x}\left(x^2\frac{\mathrm{d}y}{\mathrm{d}x}\right) + \left[\lambda - \frac{\nu(\nu+1)}{x^2}\right]y = 0 \tag{3.2.37}$$

此方程称为 $\nu$ 阶球贝塞尔方程. 它的解称为 $\nu$ 阶球贝塞尔函数. 此方程在求解电磁波满足的亥姆霍兹方程时会遇到.

(5) 若 $p(x) = 1 - x^2, \rho(x) = 1, q(x) = 0$, $a = -1, b = 1$, 则成为勒让德方程

$$\frac{\mathrm{d}}{\mathrm{d}x}\left[(1-x^2)\frac{\mathrm{d}y}{\mathrm{d}x}\right] + \lambda y = 0, \quad -1 \leqslant x \leqslant 1 \tag{3.2.38}$$

此方程在求解均匀电场中的导体球外的电势时得到.

(6) 若 $p(x) = 1 - x^2, \rho(x) = 1, q(x) = m^2/(1-x^2)$, $a = -1, b = 1$, 则成为连带勒让德方程

$$\frac{\mathrm{d}}{\mathrm{d}x}\left[(1-x^2)\frac{\mathrm{d}y}{\mathrm{d}x}\right] + \left(\lambda - \frac{m^2}{1-x^2}\right)y = 0, \quad -1 \leqslant x \leqslant 1 \tag{3.2.39}$$

此方程在求解角动量的特征方程时遇到.

(7) 若 $p(x) = \mathrm{e}^{-x^2}$, $\rho(x) = 2\mathrm{e}^{-x^2}$, $q(x) = 0$, $a = -\infty, b = \infty$, 则成为厄米方程

$$\frac{1}{2\mathrm{e}^{-x^2}}\frac{\mathrm{d}}{\mathrm{d}x}\left(\mathrm{e}^{-x^2}\frac{\mathrm{d}y}{\mathrm{d}x}\right) + \lambda y = 0, \quad -\infty < x < \infty \tag{3.2.40}$$

$$y'' - 2xy' + 2\lambda y = 0, \quad -\infty < x < \infty$$

此方程在求解简谐振子的特征方程时遇到.

(8) 若 $p(x) = x\mathrm{e}^{-x}, \rho(x) = \mathrm{e}^{-x}, q(x) = 0$, $a = 0, b = \infty$, 则成为拉盖尔方程

$$\mathrm{e}^x\frac{\mathrm{d}}{\mathrm{d}x}\left(x\mathrm{e}^{-x}\frac{\mathrm{d}y}{\mathrm{d}x}\right) + \lambda y = 0, \quad 0 \leqslant x < \infty \tag{3.2.41}$$

$$xy'' + (1-x)y' + \lambda y = 0, \quad -\infty < x < \infty$$

此方程在求解氢原子的径向特征方程时遇到.

# 3.3 施图姆–刘维尔型方程的多项式解集

多项式是最简单的函数. 第 2 章介绍过魏尔斯特拉斯定理, 任何函数都可以用多项式一致逼近. 因而, 本书特别关注多项式. 现在讨论施图姆–刘维尔特征值问题的解是多项式的情况, 即

$$y_n(x) = Q_n(x) = \sum_{i=0}^{n} c_i x^i \tag{3.3.1}$$

是 $n$ 次多项式. 此时的施图姆–刘维尔特征值问题也称为**多项式的施图姆–刘维尔系统**.

## 3.3.1 核函数和权函数的可能的形式

1. 可选择的参量

解是多项式, 这对于核函数和权函数的形式规定了特殊的要求. 在式 (3.3.1) 中分别取 $n = 0, 1, 2$ 代入式 (3.2.1) 得到

$$\begin{aligned}
&[\lambda_0 - C(x)]Q_0 = [\lambda_0 - C(x)]c_0 = 0\\
&B(x)Q_1' + [\lambda_1 - C(x)]Q_1 = B(x)c_1 + [\lambda_1 - C(x)](c_1 x + c_0) = 0\\
&A(x)Q_2'' + B(x)Q_2' + [\lambda - C(x)]Q_2\\
=&A(x)c_2 + B(x)(2c_2 x + c_1) + [\lambda - C(x)](c_2 x^2 + c_1 x + c_0) = 0
\end{aligned}$$

由此可知, 此时的 $A(x)$、$B(x)$ 和 $C(x)$ 三个实函数应该具有如下形式:

$$A(x) = A_0 + A_1 x + A_2 x^2 \tag{3.3.2a}$$

$$B(x) = B_0 + B_1 x \tag{3.3.2b}$$

$$C(x) = C_0 \tag{3.3.2c}$$

由式 (3.3.2) 可知多项式的施图姆–刘维尔固有值问题的所有性质可用 6 个参数 $A_0, A_1, A_2, B_0, B_1, C_0$ 决定. 显然, $C_0$ 是可以归并到 $\lambda$ 中去的. 或者, 可直接令 $C_0 = 0$. 这样, 实际上是 5 个参量. 但是对于式 (3.2.6) 定义的算符 $L$ 由于以下原因存在 3 个自由度:

(1) 算符 $L$ 可以被乘以一个常数 $\alpha_1$, 它不改变 $Q_n$, 而使特征值乘以 $\alpha_1$.

(2) 可使变量 $x$ 位移常数 $\alpha_2$, 于是 $Q_n(x)$ 被 $Q_n(x + \alpha_2)$ 代替, 而特征值不变.

(3) 变量 $x$ 可以乘以常数 $\alpha_3$: $x \to \alpha_3 x$, 于是 $Q_n(x)$ 被换为 $Q_n(\alpha_3 x)$, 而特征值保持不变.

由于这 3 个非本质的自由度, 并不是 5 个参数全都自由变化. 完全自由的参数只有 $5-3=2$ 个. 以下可以随意规定其中 3 个参量, 只剩下 2 个参量是待定的即可.

在算符 $L$ 是厄米的条件 (3.2.10) 中, 如果 $f$ 和 $g$ 都是多项式, 那么, 要求当 $x\to\infty$ 时, $p(x)$ 比 $x$ 的任意次方的倒数都更快地趋于零. $B(x)=0$ 时, $p(x)$ 就是一个常数, 就不满足这个要求. 一个最简单的例子就是方程 $y''+y=0$, 此方程的两个线性无关的特解是 $y=\sin x$ 和 $y=\cos x$, 当 $x\to\infty$ 时, $y$ 都不能趋于零. 当 $B(x)=$ 常数时, 也不满足要求 (习题 9), 因此 $B(x)$ 中 $x$ 的一次项一定存在.

$A(x)$ 可以是 $x$ 的二次函数, 线性函数和常数. 下面分别按照这三种情况进行讨论.

2. $A(x)$ **是二次的**

此时有

$$p(x)=\exp\int\frac{B_0+B_1x}{A_0+A_1x+A_2x^2}\mathrm{d}x \tag{3.3.3}$$

(1) $A(x)$ 存在复根. 为方便, 取 $A_2=1$, 设 $\omega$ 和 $\omega^*$ 是 $A(x)$ 的两个复根, 则 (习题 10)

$$p(x)=[A(x)]^{B_1/2}\exp\left[\frac{B_0+B_1Re\omega}{|\mathrm{Im}\omega|}\arctan\left(\frac{x-\mathrm{Re}\omega}{|\mathrm{Im}\omega|}\right)\right] \tag{3.3.4}$$

可以看出, $p(x)$ 永不为零, 即当 $x\to\infty$ 时, $p(x)$ 不趋于零, 所以不能满足端点要求. 因此 $A(x)$ 复根的情形不予考虑.

(2) $A(x)$ 存在实根. 为方便起见, 选参数使得 $A_2=1$ 且 $A(x)=1-x^2$, 那么它的根是 $\omega=\pm1$. 取 $B_0=s-r$ 和 $B_1=-(r+s+2)$. 即只有 $r$ 和 $s$ 两个参数是待定的. 于是

$$\frac{B(x)}{A(x)}=\frac{-(r+s+2)x+s-r}{1-x^2}=\frac{s+1}{1+x}-\frac{r+1}{1-x} \tag{3.3.5}$$

可以算得

$$p(x)=(1+x)^{s+1}(1-x)^{r+1} \tag{3.3.6}$$

或

$$\rho(x)=(1+x)^s(1-x)^r \tag{3.3.7}$$

当 $|x|\to\infty$ 时, $p(x)$ 是不能比 $x$ 的任意次方的倒数都更快地趋于零的. 不过, 若 $r>-1,s>-1$, 则在 $x=1$ 和 $x=-1$ 处, $p(\pm1)=0$. 如此, 可以把区间 $[-1,1]$ 上 $\rho(x)$ 的表达式 (3.3.7) 与在此区间以外 $\rho(x)$ 为零的解连接起来, 这就符合要求了.

于是, 得到符合要求的权函数是

$$\rho(x) = \begin{cases} (1+x)^s(1-x)^r, & |x| \leqslant 1 \\ 0, & |x| > 1 \end{cases} \quad (r, s > -1) \tag{3.3.8}$$

此时, 相应的解是多项式 $Q_n(x)$, 带有参数 $r$ 和 $s$, 称为指标 $r$, $s$ 的**雅可比多项式**, 用 $J_n^{(r,s)}(x)$ 来表示. 它也称为**广义超球多项式**[1,2], 用 $P_n^{(r,s)}(x)$ 来表示, 特别地, 当 $r = s$ 时, $P_n^{(r,r)}(x)$ 称为**超球多项式**.

如果对算符 $L$, 令 $x \to 1 - 2x$, 那么在区间 $[0,1]$ 上, $A(x) = x(1-x)$, $B(x) = -(r+s+2)x + r + 1$, 则

$$\frac{B(x)}{A(x)} = \frac{-(r+s+2)x + r + 1}{x(1-x)} = \frac{r+1}{x} - \frac{s+1}{1-x} \tag{3.3.9}$$

求得

$$p(x) = x^{r+1}(1-x)^{s+1} \tag{3.3.10}$$

对于 $r, s > -1$, 权重函数就是

$$\rho(x) = x^r(1-x)^s \tag{3.3.11}$$

这就是说, 对于在区间 $[-1,1]$ 上的权重函数 $\rho(x) = (1+x)^s(1-x)^r$ 与区间 $[0,1]$ 上 $\rho(x) = x^r(1-x)^s$ 的正交多项式的差别仅在于一个变量的线性变换.

现在来看定义在 $[-1,1]$ 上的雅可比多项式的一些特殊情形, 也就是 $r, s$ 的数值取一些特殊值的情形. 本书只关注那些 $r = s$ 的情形. 那么由式 (3.3.5) 可以看出 $B(x) = -2(r+1)x$, 即 $B_1 = -2(r+1), B_0 = 0$.

容易看出, 只要是 $B_0 = 0$, 则施图姆–刘维尔算符 $L$ 在变量置换 $x \to -x$ 下是不变的. 如果令 $P$ 表示把 $x$ 变成 $-x$ 的算子, 则 $PL = LP$. 即任意 $L$ 的特征函数可以同时选作 $P$ 的特征函数. $P$ 称为**宇称算子**, 它在物理领域中起着重要的作用.

(1) 对于 $r = s = \mu(> -1)$, $\rho(x) = (1-x^2)^\mu$ 相应的多项式称为指标 $\mu$ 的**超球多项式或盖根鲍尔多项式**, 表示成 $G_n^\mu(x) \equiv P_n^{(\mu,\mu)}(x)$.

(2) 对于 $r = s = -1/2$, $\rho(x) = (1-x^2)^{-1/2}$, 记 $T_n(x) \equiv J_n^{(-1/2,-1/2)}(x)$, 令 $x = \cos\theta$, 由于在 $\theta \in [-\pi, \pi]$ 上, $T_n(\cos\theta) \propto \cos n\theta$, 所以在 $[-1,1]$ 上以 $x$ 为变量时, $T_n(x) \propto \cos(n \arccos x)$, 这样的多项式就是**切比雪夫多项式**.

(3) 对于 $r = s = 0$, $\rho(x) = 1$, 则 $J_n^{(0,0)}(x) = P_n(x)$, 称为**勒让德多项式**.

### 3. $A(x)$ 是一个线性函数

$A(x)$ 选择为 $A(x) = x$ 的形式, 只保留 $B(x)$ 中的两个参量未定. 于是

$$p(x) = \exp\left[\int \frac{B_0 + B_1 x}{x} \mathrm{d}x\right] = \exp(B_0 \ln x + B_1 x) = x^{B_0} \mathrm{e}^{B_1 x} \tag{3.3.12}$$

若 $B_1<0$, 则为满足无限远处的条件, $\rho(x)$ 必须选择为对所有 $x<a$($a$ 待定) 均为零. 若 $B_0>0$, 则在 $x=0$ 处 $p(0)=0$, 所以把 $x=0$ 作为连接点, 则条件得到满足 (若 $B_1>0$, 则 $p(x)$ 必须在正 $x$ 轴上为零, 故一般约定选取 $B_1<0$). 为方便起见, 取 $B_1=-1$.

取 $B_0=s+1, s>-1$, 则对于正 $x$

$$\rho(x>0)=x^s\mathrm{e}^{-x} \tag{3.3.13}$$

对于负 $x$, $\rho(x\leqslant 0)=0$. 对应于这种条件的 $Q_n(x)$ 称为**索宁多项式**, 记为 $S_n^{\mu}(x)$. 如果 $s=m$($m$ 取整数), 就是 $m$ 阶的**连带拉盖尔多项式**, 记为 $L_n^m(x)$. 若 $s=0$, 则 $L_n^0(x)\equiv L(x)$ 称为**拉盖尔多项式**.

此时的定义区间是 $[0,\infty)$, 此区间不是关于原点对称的. 因此, 不要求施图姆–刘维尔算符 $L$ 在 $x\to -x$ 变换下的不变性, $B_0$ 就可以不为零. 这样的方程和函数应该出现在涉及径向的方程中. 例如, 二维极坐标和三维球坐标系的亥姆霍兹方程分离变量之后导致的径向方程.

4. $A(x)$ 是一个常数

那么, 最简单地, 选择 $A(x)=1$ 即可. 于是

$$p(x)=\exp\left[\int(B_0+B_1x)\mathrm{d}x\right]=\mathrm{e}^{B_0x}\mathrm{e}^{B_1x^2/2}=\beta\exp\left[\frac{1}{2}B_1\left(x+\frac{B_0}{B_1}\right)^2\right] \tag{3.3.14}$$

选择 $B_1<0$, 则 $x\to\pm\infty$ 时, 第二个因子更快地趋于 0. 这样, 总是满足无穷远处的条件. 为方便起见, 选择 $B_1=-2, B_0=0, \beta=1$. 可得

$$\rho(x)=\mathrm{e}^{-x^2} \tag{3.3.15}$$

对应的 $Q_n(x)$ 是**厄米多项式**.

此时的定义区间是关于原点对称的, $B_0=0$, 也就符合施图姆–刘维尔算符 $L$ 在 $x\to -x$ 变换下的不变性.

把上面分析的结果统一在表 3.1 中.

注意, 二阶常微分方程 (3.2.1) 应有两个线性无关的特解. 这两个特解的线性组合在满足一定的边界条件的时候, 式 (3.2.1) 中的参数 $\lambda$ 只能取一系列特定的值, 它们就是特征值. 相应地, 符合边界条件的解函数就是特征函数. 在表 3.1 中, 只给出了每一个权函数在 $x$=0 附近的多项式特解, 未给出另一个特解, 但是给出了特征值 $\lambda_n$. 这是因为, 在其边界条件下, 解函数中只有多项式这一个特解, 另一个特解不出现 (其组合系数为零). 其边界条件是: 解函数在表 3.1 规定的适用区间上有界 (注意边界条件中的点不一定在区域边界上, 可以是区间内的点).

**表 3.1 施图姆–刘维尔正交多项式完备集及有关参量**

| $A(x)$ | $A_0$ | $A_1$ | $A_2$ | $B_0$ | $B_1$ | 权函数 $\rho(x)$ | 适用区间 | 多项式名称<br>特征值$\lambda_n$ |
|---|---|---|---|---|---|---|---|---|
| 是$x$的二次函数 | 1 | 0 | −1 | $s-r$ | $-(r+s+2)$ | $(1-x)^r(1+x)^s$ | $[-1,1]$ | 广义超球<br>$n(n+r+s+1)$ |
| | 0 | 1 | −1 | $r+1$ | $-(r+s+2)$ | $x^r(1-x)^s$ | $[0,1]$ | 雅可比<br>$n(n+r+s+1)$ |
| | 1 | 0 | −1 | 0 | $-2(\mu+1)$ | $(1-x^2)^m$ | $[-1,1]$ | 盖根鲍尔<br>$n(n+2\mu+1)$ |
| | 1 | 0 | −1 | 0 | −1 | $(1-x^2)^{-1/2}$ | $[-1,1]$ | 切比雪夫<br>$n^2$ |
| | 1 | 0 | −1 | 0 | −2 | 1 | $[-1,1]$ | 勒让德<br>$n(n+1)$ |
| 是$x$的线性函数 | 0 | 1 | 0 | $\mu+1$ | −1 | $x^\mu e^{-x}$ | $[0,\infty)$ | 索宁 $n$ |
| | 0 | 1 | 0 | $m+1$ | −1 | $x^m e^{-x}$ | $[0,\infty)$ | 连带拉盖尔<br>$n(\geqslant m)$ |
| | 0 | 1 | 0 | 1 | −1 | $e^{-x}$ | $[0,\infty)$ | 拉盖尔 $n$ |
| 常数 | 1 | 0 | 0 | 0 | −2 | $e^{-x^2}$ | $(-\infty,\infty)$ | 厄米 $2n$ |

注: $r,s>-1$, $m$ 和 $n$ 是自然数, $\mu$ 可以是不等于负整数的任意实数或者复数

### 3.3.2 多项式的级数表达式和微商表示

1. 多项式的级数表达式

施图姆–刘维尔多项式的级数表达式见表 3.2.

**表 3.2 施图姆–刘维尔多项式的级数表达式**

| 多项式名称 | 级数表达式 |
|---|---|
| 广义超球多项式 | $P_n^{(r,s)}(x)=(r+1)_n\sum\limits_{k=0}^{n}\dfrac{(r+s+1+n)_k}{k!(n-k)!(r+1)_k}\left(\dfrac{x-1}{2}\right)^k$ |
| 雅可比多项式 | $J_n^{(r,s)}(x)=\dfrac{(s-r-n)_n}{(s)_n}\sum\limits_{k=0}^{n}\dfrac{(-1)^k n!(r+n)_k}{k!(n-k)!(1+r-s)_k}(1-x)^k$ |
| 盖根鲍尔多项式 | $G_n^{\mu}(x)=\sum\limits_{k=0}^{n}\dfrac{(n-k-1)!!}{k!(n-2k)!}\dfrac{(2\mu)_{n+k}}{(\mu+1/2)_k}\left(\dfrac{x-1}{2}\right)^k$ |
| 切比雪夫多项式 | $T_0(x)=1,\ T_n(x)=\dfrac{n}{2}\sum\limits_{k=0}^{[n/2]}(-1)^k\dfrac{(n-k-1)!}{k!(n-2k)!}(2x)^{n-2k},\ n\geqslant 1$ |
| 勒让德多项式 | $P_n(x)=\sum\limits_{k=0}^{[n/2]}\dfrac{(-1)^k(2n-2k)!}{2^n k!(n-k)!(n-2k)!}x^{n-2k}$ |
| 索宁多项式 | $S_n^{\mu}(x)=\sum\limits_{k=0}^{n}\dfrac{(-1)^k}{k!(n-k)!}\dfrac{(\mu+1)_n}{(\mu+1)_k}x^k$ |
| 连带拉盖尔多项式 | $L_n^{(m)}(x)=\sum\limits_{k=0}^{n-m}\dfrac{(-1)^{m+k}(n!)^2}{k!(m+k)!(n-m-k)!}x^k$ |

续表

| 多项式名称 | 级数表达式 |
|---|---|
| 拉盖尔多项式 | $L_n(x)=\sum_{k=0}^{n}\frac{(-1)^k(n!)^2}{(k!)^2(n-k)!}x^k$ |
| 厄米多项式 | $H_n(x)=\sum_{k=0}^{[n/2]}\frac{(-1)^k n!}{k!(n-2k)!}(2x)^{n-2k}$ |

表 3.2 中的符号如下：

$$[l/2]=\begin{cases} l/2 & (l\text{为偶数}) \\ (l-1)/2 & (l\text{为奇数}) \end{cases}$$

令

$$(\alpha)_k=\alpha(\alpha+1)\cdots(\alpha+k-1)=\frac{\Gamma(\alpha+k)}{\Gamma(\alpha)},\quad (\alpha)_0=1 \tag{3.3.16a}$$

$(\alpha)_k$ 称为高斯符号. 若 $\alpha=n$ 是整数, 则

$$(n)_k=n(n+1)\cdots(n+k-1)=\frac{(n+k-1)!}{(n-1)!} \tag{3.3.16b}$$

$\Gamma(\alpha)$ 函数的定义[2] 是

$$\Gamma(z)=\int_0^\infty \mathrm{e}^{-t}t^{z-1}\mathrm{d}t,\quad \mathrm{Re}z>0 \tag{3.3.17}$$

其中 $z$ 是复数.

2. 广义洛巨格公式

施图姆–刘维尔系统的多项式解可由广义洛巨格公式来统一地表达[3]

$$Q_n(x)=K_n\frac{1}{\rho(x)}\frac{\mathrm{d}^n}{\mathrm{d}x^n}[A^n(x)\rho(x)] \tag{3.3.18}$$

其中常数 $K_n$ 的选择取决于物理上的应用. 这个解是正交的多项式. 这样就要证明三点, 第一点要证明 $Q_n(x)$ 的表达式是多项式, 并且最高次数为 $n$; 第二点要证明正交性; 第三点要证明它是多项式的施图姆–刘维尔系统的解. 证明如下[4]:

(1) 证明 $\frac{1}{\rho(x)}\frac{\mathrm{d}^n}{\mathrm{d}x^n}[A^n(x)\rho(x)]$ 是个多项式.

首先证明, 如果

$$f(x)=A^k(x)\rho(x)r_l(x) \tag{3.3.19}$$

其中 $r_l(x)=\sum\limits_{i=0}^{l}c_ix^i$ 是 $x$ 的 $l$ 次多项式, 则

$$f'(x)=A^{k-1}(x)\rho(x)s_{l+1}(x) \tag{3.3.20a}$$

其中 $s_{l+1}(x)$ 是 $x$ 的 $l+1$ 次多项式. 由式 (3.2.4) 和式 (3.2.5)

$$\begin{aligned}f'(x)&=[A^{k-1}(x)]'p(x)r_l(x)+A^{k-1}(x)p'(x)r_l(x)+A^{k-1}(x)p(x)r_l'(x)\\&=A^{k-1}(x)\rho(x)[(k-1)A'(x)r_l(x)+B(x)r_l(x)+A(x)r_l'(x)]\\&=A^{k-1}(x)\rho(x)[c_l(A_2(2k+l-2)+B_1)x^{l+1}+\cdots]\end{aligned} \tag{3.3.20b}$$

已知 $c_l\neq 0$, 系数 $A_2$ 和 $B_1$ 的情况是: $B_1\neq 0$ 且 $B_1<0$, $A_2$ 与 $B_1$ 同号, 这些都反映在表 3.1 中. 因此, 当 $k\geqslant 1$ 时, 方括号中 $x$ 的 $l+1$ 次方的系数 $c_l(A_2(2k+l-2)+B_1)$ 不为零, 即方括号中为 $l+1$ 次的多项式. 故式 (3.3.20a) 得证.

现在对 $f(x)=A^n(x)\rho(x)$ 求导 $n$ 次, 其中 $r_0(x)=1$. 那么由式 (3.3.19) 知

$$\frac{\mathrm{d}^l}{\mathrm{d}x^l}[A^n(x)\rho(x)]=A^{n-l}(x)\rho(x)s_{0+l}(x)=A^{n-l}(x)\rho(x)s_n(x) \tag{3.3.21a}$$

特别地, 当 $l=n$ 时, 即为

$$\frac{\mathrm{d}^n}{\mathrm{d}x^n}[A^n(x)\rho(x)]=\rho(x)s_n(x) \tag{3.3.21b}$$

故 $\dfrac{1}{\rho(x)}\dfrac{\mathrm{d}^n}{\mathrm{d}x^n}[A^n(x)\rho(x)]$ 是 $x$ 的 $n$ 次多项式.

(2) 正交性关系是指

$$\int_a^b Q_m^*Q_n\rho\mathrm{d}x=0,\quad n\neq m \tag{3.3.22}$$

为方便起见且不失一般性, 命 $n>m$, 则有

$$\begin{aligned}\int_a^b Q_m^*Q_n\rho\mathrm{d}x&=\int_a^b Q_m^*\frac{\mathrm{d}^n}{\mathrm{d}x^n}[A^n(x)\rho(x)]\mathrm{d}x\\&=\left\{Q_m^*\frac{\mathrm{d}^{n-1}}{\mathrm{d}x^{n-1}}[A^n(x)\rho(x)]\right\}_{-\infty}^{\infty}-\int_a^b\left(\frac{\mathrm{d}}{\mathrm{d}x}Q_m^*\right)\frac{\mathrm{d}^{n-1}}{\mathrm{d}x^{n-1}}[A^n(x)\rho(x)]\mathrm{d}x\\&=\{Q_m^*A(x)\rho(x)s_{n-1}(x)\}_{-\infty}^{\infty}-\int_a^b\left(\frac{\mathrm{d}}{\mathrm{d}x}Q_m^*\right)\frac{\mathrm{d}^{n-1}}{\mathrm{d}x^{n-1}}[A^n(x)\rho(x)]\mathrm{d}x\end{aligned}$$

其中做了一次分部积分, 再利用式 (3.3.21a). 因为当 $x\to\infty$ 时, $p(x)=A(x)\rho(x)$ 比 $x$ 的任何次幂的倒数更快地趋于零, 因此第一项为零. 同此, 再继续做 $m$ 次分部积分得到

$$\int_a^b Q_m^*Q_n\rho\mathrm{d}x=(-1)^{m+1}\int_a^b\left(\frac{\mathrm{d}^{m+1}}{\mathrm{d}x^{m+1}}Q_m^*\right)\frac{\mathrm{d}^{n-m-1}}{\mathrm{d}x^{n-m-1}}[A^n(x)\rho(x)]\mathrm{d}x$$

被积函数为零, 因此式 (3.3.22) 得证. 式 (3.3.22) 表示 $\{Q_n(x)\}$ 是线性无关多项式集.

由此结果, 易证: 对于任意的 $m$ 次多项式 $r_k$, 有

$$\int_a^b r_k(x)Q_n(x)\rho(x)\mathrm{d}x = 0, \quad n > k \tag{3.3.23}$$

这是因为, $r_m$ 可以用线性无关多项式集 $\{Q_n(x)\}$ 展开, 即

$$r_k(x) = \sum_{m=0}^{k} g_m Q_m(x) \tag{3.3.24}$$

因此, 利用式 (3.3.22) 得到

$$\int_a^b r_k(x)Q_n(x)\rho(x)\mathrm{d}x = \sum_{m=0}^{k} g_m \int_a^b Q_m(x)Q_n(x)\rho(x)\mathrm{d}x = 0$$

(3) 证明 $Q_n(x) = \dfrac{1}{\rho(x)}\dfrac{\mathrm{d}^n}{\mathrm{d}x^n}[A^n(x)\rho(x)]$ 是多项式的施图姆–刘维尔系统的解[4].

设

$$R_n(x) = \frac{1}{\rho(x)}\frac{\mathrm{d}}{\mathrm{d}x}\left[p(x)\frac{\mathrm{d}Q_n(x)}{\mathrm{d}x}\right] \tag{3.3.25}$$

因为 $Q_n(x)$ 是 $n$ 阶多项式, 则 $\dfrac{\mathrm{d}Q_n(x)}{\mathrm{d}x}$ 是 $n-1$ 阶多项式. 由式 (3.3.20a) 可知, $R_n(x)$ 应是 $n$ 阶多项式.

先证明当 $m < n$ 时, $R_n(x)$ 和 $Q_m(x)$ 带权 $\rho(x)$ 正交, 即

$$I_{mn} = \int_a^b Q_m(x)R_n(x)\rho(x)\mathrm{d}x = 0, \quad m < n \tag{3.3.26}$$

证明如下.

分部积分一次, 得

$$\begin{aligned} I_{mn} &= \int_a^b Q_m(x)\frac{\mathrm{d}}{\mathrm{d}x}\left[p(x)\frac{\mathrm{d}Q_n(x)}{\mathrm{d}x}\right]\mathrm{d}x \\ &= \left[Q_m(x)p(x)\frac{\mathrm{d}Q_n(x)}{\mathrm{d}x}\right]_{-\infty}^{+\infty} - \int_a^b \frac{\mathrm{d}Q_m(x)}{\mathrm{d}x}p(x)\frac{\mathrm{d}Q_n(x)}{\mathrm{d}x}\mathrm{d}x \end{aligned}$$

因在 $x \to \infty$ 时, 核函数 $p(x)$ 比 $x$ 的任何次幂的倒数都更快地趋于零, 故上式右边第一项为零, 把第二项被积函数中 $Q_n(x)$ 和 $Q_m(x)$ 的位置调换一下, 得

$$I_{mn} = -\int_a^b \left[p(x)\frac{\mathrm{d}Q_m(x)}{\mathrm{d}x}\right]\frac{\mathrm{d}Q_n(x)}{\mathrm{d}x}\mathrm{d}x$$

$$= -\left[Q_n(x)p(x)\frac{\mathrm{d}Q_m(x)}{\mathrm{d}x}\right]_{-\infty}^{+\infty} + \int_a^b Q_n(x)\rho(x)\frac{1}{\rho(x)}\frac{\mathrm{d}}{\mathrm{d}x}\left[p(x)\frac{\mathrm{d}Q_m(x)}{\mathrm{d}x}\right]\mathrm{d}x = 0$$

上式第二项中的被积函数 $r_m(x) = \dfrac{1}{\rho(x)}\dfrac{\mathrm{d}}{\mathrm{d}x}\left[p(x)\dfrac{\mathrm{d}Q_m(x)}{\mathrm{d}x}\right]$ 是一个 $m$ 次多项式. 由式 (3.3.23) 积分结果为零. 故式 (3.3.26) 得证.

二阶微分方程的形式可见式 (3.2.3) 和式 (3.2.7)

$$\frac{\mathrm{d}}{\mathrm{d}x}\left[p(x)\frac{\mathrm{d}y}{\mathrm{d}x}\right] + [\lambda\rho(x) - C(x)\rho(x)]\,y = 0 \tag{3.3.27}$$

其中 $\rho(x) = \dfrac{1}{A(x)}\exp\displaystyle\int\dfrac{B(x)}{A(x)}\mathrm{d}x$, $p(x) = A(x)\rho(x)$. 并且, 多项式的施图姆–刘维尔方程中, $A(x)$、$B(x)$、$C(x)$ 分别是阶数最多为 2、1、0 的多项式, $C(x)$ 是常数, 可以吸收到 $\lambda$ 中, 所以方程 (3.3.27) 可以写成

$$\frac{\mathrm{d}}{\mathrm{d}x}\left[p(x)\frac{\mathrm{d}y}{\mathrm{d}x}\right] + \lambda\rho(x)y = 0 \tag{3.3.28}$$

因 $R_n(x)$ 是 $n$ 阶多项式. 因此, 它可以用多项式 $Q_m(x)$ 作如下展开:

$$R_n(x) = -\sum_{m=0}^{n} c_m Q_m(x) \tag{3.3.29}$$

因 $Q_m(x)$ 有带权正交性 (3.3.22), 所以可以求出展开系数

$$c_m = -\frac{\displaystyle\int_a^b Q_m(x)\rho(x)R_n(x)\mathrm{d}x}{\displaystyle\int_a^b Q_m^2(x)\rho(x)\mathrm{d}x} \tag{3.3.30}$$

当 $m < n$ 时, 由式 (3.3.26), 可知 $c_m = 0$. 因此, 只有 $c_n$ 才不为零. 即展开式 (3.3.29) 的右边不为零的项只有 $c_nQ_n(x)$ 这一项. 因而

$$R_n(x) = -c_nQ_n(x)$$

把式 (3.3.25) 代入, 得到

$$\frac{\mathrm{d}}{\mathrm{d}x}\left[p(x)\frac{\mathrm{d}Q_n(x)}{\mathrm{d}x}\right] + c_n\rho(x)Q_n(x) = 0$$

即多项式 (3.3.18) 是满足二阶微分方程的. 证明完毕.

将表 3.1 中的各 $A(x)$ 和相应的权函数 $\rho(x)$ 代入式 (3.3.18), 得到各种情况的洛巨格公式列于表 3.3.

**表 3.3 施图姆–刘维尔多项式解的洛巨格公式**

| | |
|---|---|
| 广义洛巨格公式 $Q_n(x)$ | $K_n\dfrac{1}{\rho(x)}\dfrac{\mathrm{d}^n}{\mathrm{d}x^n}[A^n(x)\rho(x)]$ |
| 广义超球多项式 $P_n^{(r,s)}(x)$ | $\dfrac{(-1)^2}{2^n n!}(1-x)^{-r}(1+x)^{-s}\dfrac{\mathrm{d}^n}{\mathrm{d}x^n}[(1-x)^{n+r}(1+x)^{n+s}]$ |
| 雅可比多项式 $J_n^{(r,s)}(x)$ | $\dfrac{x^{1-s}(1-x)^{s-r}}{(s)_n}\dfrac{\mathrm{d}^n}{\mathrm{d}x^n}[x^{n+s-1}(1+x)^{n+r-s}]$ |
| 盖根鲍尔多项式 $G_n^{\mu}(x)$ | $\dfrac{(-1)^n(\mu+1)_n}{2^n n!(\mu)_n}(1-x^2)^{-\mu}\dfrac{\mathrm{d}^n}{\mathrm{d}x^n}(1-x^2)^{n+\mu}$ |
| 切比雪夫多项式 $T_n(x)$ | $\dfrac{(-1)^n}{(2n-1)!!}(1-x^2)^{1/2}\dfrac{\mathrm{d}^n}{\mathrm{d}x^n}(1-x^2)^{n-1/2}$ |
| 勒让德多项式 $P_n(x)$ | $\dfrac{(-1)^n}{2^n n!}\dfrac{\mathrm{d}^n}{\mathrm{d}x^n}(1-x^2)^n$ |
| 索宁多项式 $S_n^{\mu}(x)$ | $\dfrac{1}{n!}x^{-\mu}\mathrm{e}^x\dfrac{\mathrm{d}^n}{\mathrm{d}x^n}(x^{n+\mu}\mathrm{e}^{-x})$ |
| 连带拉盖尔多项式 $L_n^m(x)$ | $\dfrac{(-1)^n n!}{(n-m)!}\mathrm{e}^x\dfrac{\mathrm{d}^{n-m}}{\mathrm{d}x^{n-m}}(x^n\mathrm{e}^{-x})$ |
| 拉盖尔多项式 $L_n(x)$ | $\mathrm{e}^x\dfrac{\mathrm{d}^n}{\mathrm{d}x^n}(x^n\mathrm{e}^{-x})$ |
| 厄米多项式 $H_n(x)$ | $(-1)^n\mathrm{e}^{x^2}\dfrac{\mathrm{d}^n}{\mathrm{d}x^n}\mathrm{e}^{-x^2}$ |

注: $r,s>-1$, $m$ 和 $n$ 是自然数, $\mu$ 可以是不等于负整数的任意实数或者复数

在复变函数中有柯西积分公式

$$f(x)=\frac{1}{2\pi\mathrm{i}}\oint_C\frac{f(t)}{t-x}\mathrm{d}t \tag{3.3.31}$$

其中 $x$ 点在积分围道所包围的区间内, 围道以逆时针方向为正方向. 式 (3.3.31) 两边对 $x$ 求导 $n$ 次, 就得到

$$f^{(n)}(x)=\frac{n!}{2\pi\mathrm{i}}\oint_C\frac{f(t)}{(t-x)^{n+1}}\mathrm{d}t \tag{3.3.32}$$

此式称为**古尔萨公式**.

有了古尔萨公式, 广义洛巨格公式可用积分形式来表示为

$$Q_n(x)=K_n\frac{1}{\rho(x)}\frac{n!}{2\pi\mathrm{i}}\oint_C\frac{A^n(t)\rho(t)}{(t-x)^{n+1}}\mathrm{d}t \tag{3.3.33}$$

式 (3.3.18) 也称为多项式解 $Q_n(x)$ 的微商表示. 不过, 并不是只有多项式解才有微商表示. 在 3.4 节中, 还会介绍一些与多项式的施图姆–刘维尔系统有关的一些方程和函数. 它们的解不是多项式解, 但是也有相应的微商表示, 只是不能写成式 (3.3.18) 那样统一的表达式, 因为前面已经证明了式 (3.3.18) 一定是个多项式. 现在将相应的微商表示列于表 3.4.

表 3.4 与多项式的施图姆–刘维尔系统有关的一些解的微商表示

| $Q_n(x)$ | 微商表示 |
|---|---|
| 第二类切比雪夫函数 $U_n(x)$ | $\dfrac{(-1)^{n-1}n}{(2N-1)!!}\dfrac{\mathrm{d}^{n-1}}{\mathrm{d}x^{n-1}}(1-x^2)^{n-1/2}$ |
| 第二类切比雪夫多项式 $U_n^*(x)$ | $\dfrac{(-1)^{n-1}(n+1)}{(2n+1)!!\sqrt{1-x^2}}\dfrac{\mathrm{d}^{n-1}}{\mathrm{d}x^{n-1}}(1-x^2)^{n+1/2}$ |
| 第一类连带勒让德函数 $P_l^m(x)$ | $\dfrac{(-1)^l}{2^l l!}(1-x^2)^{m/2}\dfrac{\mathrm{d}^{l+m}}{\mathrm{d}x^{l+m}}(1-x^2)^l$ |
| 第一类韦伯–厄米函数 $\Psi_n(x)$ | $(-1)^n\mathrm{e}^{x^2/2}\dfrac{\mathrm{d}^n}{\mathrm{d}x^n}\mathrm{e}^{-x^2}$ |
| 韦伯函数(抛物线柱函数)$D_n(x)$ | $(-1)^n\mathrm{e}^{x^2/4}\dfrac{\mathrm{d}^n}{\mathrm{d}x^n}\mathrm{e}^{-x^2/2}$ |

注: $m$ 和 $n$ 是自然数

### 3.3.3 母函数关系

**定义 1** 设函数 $f(t)$ 在 $t=0$ 的某邻域内可展开为收敛的幂级数

$$f(t)=\sum_{n=0}^{\infty}a_n t^n$$

则称 $f(t)$ 是序列 $\{a_n\}$ 的**母函数**, 也称**普通生成函数**, 简称**普生成函数**. 若有一个函数 $g(t)$ 可以展开成以下收敛级数的形式:

$$g(t)=\sum_{n=0}^{\infty}\frac{a_n}{n!}t^n$$

则称 $g(t)$ 是序列 $\{a_n\}$ 的**指数生成函数**, 简称**指生成函数**.

**定义 2** 设 $\{Q_n(x)\}$ 是某一函数序列, 若有一个二元函数 $F(x,t)$ 在 $(x,t)$ 空间的某个邻域内可以展开成以下关于 $x,t$ 收敛的级数形式:

$$F(x,t)=\sum_{n=0}^{\infty}Q_n(x)t^n \tag{3.3.34}$$

则称 $F(x,t)$ 是函数序列 $\{Q_n(x)\}$ 的**母函数**, 也称**普通生成函数**, 简称**普生成函数**. 若有一个二元函数 $G(x,t)$ 可以展开成以下关于 $x,t$ 收敛的级数形式:

$$G(x,t)=\sum_{n=0}^{\infty}\frac{Q_n(x)}{n!}t^n \tag{3.3.35}$$

则称 $G(x,t)$ 是函数序列 $\{Q_n(x)\}$ 的**指数生成函数**, 简称**指生成函数**. 式 (3.3.34) 和式 (3.3.35) 都称为 $\{Q_n(x)\}$ 的**母函数关系**.

母函数关系对于推导一些递推公式是非常有用的.

现在把后面几节要讲到的一些函数的母函数列于表 3.5 和表 3.6 中[1]. 从这两个表中可以明显看出以下一些关系：在盖根鲍尔多项式 $G_n^m(x)$ 中取 $m=1/2$ 就得到勒让德多项式 $P_n(x)$, $P_n(x)=G_n^{1/2}(x)$[2], 这一点与表 3.1 是一致的; 连带勒让德函数 $P_n^m(x)$ 中取 $m=0$ 就得到勒让德多项式 $P_n(x)$, $P_n(x)=P_n^0(x)$; 厄米多项式 $H_n(x)$ 乘以因子 $\exp(-x^2/2)$ 就得到第一类韦伯–厄米函数 $\Psi_n(x)$, $\Psi_n(x)=H_n(x)\exp(-x^2/2)$; 厄米多项式 $H_n(x)$ 乘以因子 $\exp(-x^2/4)$ 就得到韦伯函数 (抛物线柱函数)$D_n(x)$, $D_n(x)=H_n(x)\exp(-x^2/4)$.

**表 3.5 一些函数的普生成函数**

| 母函数的展开系数 $Q_n(x)$ | 母函数 $G(x,t)=\sum\limits_{n=0}^{\infty}Q_n(x)t^n$ |
|---|---|
| 广义超球多项式 $P_n^{(r,s)}(x)$ | $2^{r+s}\dfrac{(1-t+x)^{-r}(1+t+x)^{-s}}{x}$ |
| 盖根鲍尔多项式 $G_n^{\mu}(x)$ | $\dfrac{2^{\mu}\Gamma(\mu+1/2)}{(1-2xt+t^2)^{\mu+1/2}\sqrt{\pi}}$ |
| 切比雪夫多项式 $T_n(x)$ | $\dfrac{1-xt}{1-2xt+t^2}$ |
| 第二类切比雪夫函数 $U_{n+1}(x)$ | $\dfrac{\sqrt{1-x^2}}{1-2xt+t^2}$ |
| 第二类切比雪夫多项式 $U_n^*(x)$ | $\dfrac{1}{1-2xt+t^2}$ |
| 勒让德多项式 $P_n(x)$ | $\dfrac{1}{\sqrt{1-2xt+t^2}}$ |
| 第一类连带勒让德函数 $P_n^m(x)$ | $\dfrac{(2m-1)!!(1-x^2)^{m/2}}{(1-2xt+t^2)^{m+1/2}}$ |
| 索宁多项式 $S_n^{\mu}(x)$ | $\dfrac{1}{(1-t)^{\mu+1}}\exp\left(-\dfrac{xt}{1-t}\right)$ |

**表 3.6 一些函数的指生成函数**

| 母函数的展开系数 $Q_n(x)$ | 母函数 $F(x,t)=\sum\limits_{n=0}^{\infty}\dfrac{Q_n(x)}{n!}t^n$ |
|---|---|
| 雅可比多项式 $(s)_nJ_n^{(r,s)}\left(\dfrac{1-x}{2}\right)$ | $\dfrac{2^{r-1}(1-t+\sqrt{1-2xt+t^2})^{1-s}}{(1+t+\sqrt{1-2xt+t^2})^{r-s}}$ |
| 拉盖尔多项式 $L_n(x)$ | $\dfrac{1}{1-t}\exp\left(-\dfrac{xt}{1-t}\right)$ |
| 厄米多项式 $H_n(x)$ | $\exp(2xt-t^2)$ |
| 第一类韦伯–厄米函数 $\Psi_n(x)$ | $\exp(2xt-t^2-x^2/2)$ |
| 韦伯函数 (抛物线柱函数)$D_n(x)$ | $\exp(2xt-t^2-x^2/4)$ |

续表

| | |
|---|---|
| 半奇数阶贝塞尔函数 $J_{n-1/2}(x)$ | $\sqrt{\dfrac{2}{\pi x}}\cos\sqrt{x^2-2xt}$ |
| 半奇数阶贝塞尔函数 $(-1)^n J_{-n+1/2}(x)$ | $\sqrt{\dfrac{2}{\pi x}}\sin\sqrt{x^2-2xt}$ |
| 第一类球贝塞尔函数(球贝塞尔函数)$j_{n-1}(x)$ | $\dfrac{1}{x}\cos\sqrt{x^2-2xt}$ |
| 第二类球贝塞尔函数(诺伊曼函数)$y_{n-1}(x)$ | $\dfrac{1}{x}\sin\sqrt{x^2-2xt}$ |

注意： 雅可比多项式的母函数 $\dfrac{2^{r-1}(1-t+\sqrt{1-2xt+t^2})^{1-s}}{(1+t+\sqrt{1-2xt+t^2})^{r-s}}$ 生成的是 $(s)_n J_n^{(r,s)}\left(\dfrac{1-x}{2}\right)$, 比雅可比多项式多一个与 $n$ 有关的常数因子. 还有这样的情况: 函数序列的母函数既不是普生成函数也不是指生成函数, 如连带拉盖尔多项式和第二类勒让德函数. 还有, 整数阶贝塞尔函数和变形贝塞尔函数的母函数展开之后, 求和关系是从 $-\infty$ 至 $+\infty$. 这些母函数关系都未列入表 3.5 和表 3.6 中.

由母函数关系, 还可以得到多项式的回路积分表达式.

从式 (3.3.34) 知

$$\frac{F(x,t)}{t^{m+1}}=\sum_{n=0}^{\infty}Q_n(x)t^{n-m-1}$$

现在在 $t$ 复平面上取一个包围原点的闭合回路, 在此闭合回路上积分. 由于 $Q_n(x)$ 是多项式, 它本身没有极点. 上式右端只有 $n=m$ 的那一项有一级极点. 因此积分结果为

$$Q_m(x)=\frac{1}{2\pi \mathrm{i}}\oint\frac{F(x,z)}{z^{m+1}}\mathrm{d}z\quad(\text{积分回路包含原点})$$

同理, 已知多项式的指生成函数 $G(x,t)$, 有以下回路积分表达式:

$$Q_m(x)=\frac{m!}{2\pi \mathrm{i}}\oint\frac{G(x,z)}{z^{m+1}}\mathrm{d}z\quad(\text{积分回路包含原点})$$

### 3.3.4 正交的施图姆–刘维尔多项式解集的完备性定理

**定理 1** 在权函数 $\rho(x)\neq 0$ 的区间上定义希尔伯特空间. 在这样的希尔伯特空间中正交的施图姆–刘维尔多项式解集 $\{Q_n(x)\}$ 是完备的[5].

此定理实际上是 3.2.3 小节中介绍的定理 4 的多项式特例. 因为凡是施图姆–刘维尔方程的解集都是完备的, 作为其中特例的多项式解集当然也是完备的. 只不过对于多项式解集, 这个定理的证明特别简单, 即可通过这个解集的封闭性来说明其完备性. 需要注意的是在希尔伯特空间中, 相应于施图姆–刘维尔多项式的内积表达式中带有权函数 $\rho(x)$

$$(f, g) \equiv \int_{-\infty}^{\infty} f^*(x) g(x) \rho(x) \mathrm{d}x$$

权函数不为零的区间见表 3.1 中的适用区间.

根据 2.3 节中的定理 2, 一个函数集, 当且仅当它是封闭的, 它是完备的. 故只要证明施图姆–刘维尔多项式解集是封闭的即可. 封闭的含义是: 不存在与集合中每一个函数正交的非零函数. 即如果一个函数与多项式解集中的每一个都正交, 那么它一定不是一个非零函数.

**证明** 设存在某个函数 $f(x)$, 它与所有 $Q_n(x)$ 正交, 即对于所有的 $n$, $(f, Q_n) = 0$ 成立. 因为 $x^m$ 可写成 $Q_0, Q_1, \cdots, Q_m$ 的线性组合

$$x^m = \sum_{i=0}^{m} c_i Q_i$$

于是

$$(f, x^m) = 0 \quad (\text{对所有 } m) \tag{3.3.36}$$

现在对所有实数 $k$ 考虑以下内积:

$$g(k) = (\mathrm{e}^{\mathrm{i}kx}, f) = \int_{-\infty}^{\infty} f(x) \mathrm{e}^{-\mathrm{i}kx} \rho(x) \mathrm{d}x \tag{3.3.37}$$

注意, 在适用区间以外已经规定了权函数为零, 因此把积分上下限写成正、负无穷大不影响积分的结果. 现在把函数 $\mathrm{e}^{\mathrm{i}kx}$ 泰勒展开

$$\mathrm{e}^{-\mathrm{i}kx} = \sum_{m=0}^{\infty} \frac{(-\mathrm{i}k)^m}{m!} x^m$$

则立即由式 (3.3.37) 可知, $g(k) = 0$. 而 $g(k)$ 恰是 $f(x)\rho(x)$ 的傅里叶变换, 因此 $f(x)\rho(x)$ 应该是几乎处处为零的. 可是在希尔伯特空间中 $\rho(x) \neq 0$, 故 $f(x)$ 在希尔伯特空间中几乎处处为零. 可见, 与施图姆–刘维尔多项式解集中所有函数都正交的函数 $f(x)$ 不是一个非零函数. 因此说, 集 $\{Q_n(x)\}$ 是封闭的, 因而它是一个完备的正交集. 证明完毕.

### 3.3.5 正交多项式解集在数值积分中的应用

1. 带权积分

带权积分是指如下形式的积分:

$$F = \int_a^b \mathrm{d}x \rho(x) f(x) \tag{3.3.38}$$

其中 $\rho(x)$ 是 $[a, b]$ 上的权函数, $f(x)$ 是被积函数. 如果式 (3.3.38) 的右边不能解析地积分出来, 而又需要在实际中求出这一积分的数值, 那么就只能采用数值积分.

数值积分的做法是：在被积区间 $[a,b]$ 内，按照一定的规则选择 $n$ 个点，每个点上选取相应的权重. 第 $i$ 个点 $x_i$ 处的权重是 $w_i$. 将积分写成如下求和形式：

$$\int_a^b \mathrm{d}x\rho(x)f(x) \approx \sum_{i=1}^{n} w_i f(x_i) \tag{3.3.39}$$

那么由式 (3.3.39) 算出的数值就认为是式 (3.3.38) 积分的数值. 把式 (3.3.39) 称为**机械求积公式**，$x_i$ 称为**求积节点**，$w_i$ 称为**求积系数**或者**权重系数**.

求积节点的位置和数目及相应的权重可以有不同的选择方式. 当然，由此得到的计算量和计算精度各不相同. 对于每一种权函数 $\rho(x)$，在同样的计算精度下，选择求积节点的数目最少的那种计算方式. 或者说，在求积节点的数目相同时，选择计算精度最高的那种计算方式. 在节点数固定的条件下，通过适当选取节点的位置和计算求积系数，能够达到最高计算精度的求积公式 (3.3.39) 称为**高斯型求积公式**[6]. 这可以利用权函数 $\rho(x)$ 对应的多项式解集来实现.

在式 (3.3.38) 中，如果积分区间 $[a,b]$ 恰是表 3.1 中多项式解集 $\{\varphi_n(x)\}$ 的适用区间，$\rho(x)$ 恰好是此适用区间的权函数，就可以将式 (3.3.38) 中的函数 $f(x)$ 用 $\rho(x)$ 所对应的多项式解集展开，然后根据预定的节点数目求出节点的位置和相应的求积系数. 这样的节点称为**高斯节点**，这样的求积系数称为**高斯系数**.

选取节点位置和相应权重的理论分析过程，这里不再介绍，只给出最终结论. 根据分析可以知道，当节点数定为 $n$ 时，节点位置应该选取在 $n$ 次正交多项式 $\varphi_n(x)$ 的零点的位置. 由 2.3 节定理 4 已经知道，$\varphi_n(x)$ 在 $[a,b]$ 上刚好有 $n$ 个单重实根，因此这一点很自然就达到了. 而各节点上的求积系数由下式给出：

$$w_i = \int_a^b \mathrm{d}x\rho(x)\frac{\varphi_n(x)}{(x-x_i)\varphi_n'(x)} > 0, \quad i=1,2,\cdots,n \tag{3.3.40}$$

对于各种具体的多项式解集，节点的位置和求积系数的计算公式已经给出，并有专门的程序[7~9]. 下面只简单介绍结论.

### 2. 高斯–勒让德求积公式

设求积区间为 $[-1,1]$，权函数 $\rho(x)=1$. 高斯–勒让德积分公式是

$$\int_{-1}^{1} \mathrm{d}xf(x) = \sum_{i=1}^{n} w_i f(x_i) \tag{3.3.41}$$

这一积分的优点是权函数是 1，这意味着对于任意被积函数都是适用的. 只是积分区间应有限.

如果积分区间是 $[a,b]$，那么就用下面的公式把被积函数转化为在区间 $[-1,1]$ 内积分：

$$x = \frac{a+b}{2} + \frac{b-a}{2}t \tag{3.3.42}$$

因此

$$\int_a^b \mathrm{d}x f(x) = \frac{b-a}{2}\int_{-1}^1 \mathrm{d}t f\left(\frac{a+b}{2}+\frac{b-a}{2}t\right) \tag{3.3.43}$$

由于权函数是 1, 故这样的变换不影响权函数.

3. 高斯–切比雪夫求积公式

设求积区间为 $[-1,1]$, 权函数 $\rho(x) = \frac{1}{\sqrt{1-x^2}}$. 高斯–切比雪夫求积公式是

$$\int_{-1}^1 \mathrm{d}x \frac{1}{\sqrt{1-x^2}} f(x) = \sum_{i=1}^n w_i f(x_i) = \frac{\pi}{n}\sum_{i=1}^n f(x_i) \tag{3.3.44}$$

此时零点的位置特别简单, 为

$$x_i = \cos\frac{2(n-i)+1}{2n}\pi \tag{3.3.45}$$

由式 (3.3.40) 容易计算出权重系数为

$$w_i = \frac{\pi}{n}, \quad i = 1, 2, \cdots, n \tag{3.3.46}$$

各点的权重系数恰好都是一样的. 因此, 计算特别简单.

如果一个被积函数 $g(x)$ 在区间 $[-1,1]$ 上的权函数不是 $1/\sqrt{1-x^2}$, 那么容易把积分写成

$$\int_{-1}^1 \mathrm{d}x g(x) = \int_{-1}^1 \mathrm{d}x \frac{1}{\sqrt{1-x^2}}\sqrt{1-x^2}g(x) = \int_{-1}^1 \mathrm{d}x \frac{1}{\sqrt{1-x^2}} f(x) \tag{3.3.47}$$

如果积分区间是 $[a,b]$ 而非 $[-1,1]$, 可用式 (3.3.42) 的办法变换到 $[-1,1]$ 上的积分. 然后利用式 (3.3.47) 凑成高斯–切比雪夫求积公式的形式.

4. 高斯–拉盖尔求积公式

设求积区间为 $[0,\infty]$, 权函数 $\rho(x) = \mathrm{e}^{-x}$. 高斯–拉盖尔求积公式是

$$\int_0^\infty \mathrm{d}x \mathrm{e}^{-x} f(x) = \sum_{i=1}^n w_i f(x_i)$$

这一公式可用来计算正半实轴上的无穷大区间的积分.

5. 高斯–厄米求积公式

设求积区间为 $[-\infty,\infty]$, 权函数 $\rho(x) = \mathrm{e}^{-x^2}$. 高斯–厄米求积公式是

$$\int_{-\infty}^\infty \mathrm{d}x \mathrm{e}^{-x^2} f(x) = \sum_{i=1}^n w_i f(x_i)$$

这一公式可用来计算整个实轴上的无穷大区间的积分.

6. 高斯–雅可比求积公式

设求积区间为 $[-1,1]$, 权函数 $\rho(x)=(1-x)^\alpha(1+x)^\beta$. 高斯–雅可比求积公式是

$$\int_{-1}^{1}\mathrm{d}x(1-x)^\alpha(1+x)^\beta f(x)=\sum_{i=1}^{n}w_i f(x_i)$$

这一公式的两个特例是：当 $\alpha=\beta=0$ 时, 就成为高斯–勒让德求积公式; 当 $\alpha=\beta=-1/2$ 时, 就成为高斯–切比雪夫求积公式.

与其他数值积分法相比, 高斯求积公式具有精度高、收敛快、稳定性好的优点.

## 3.4 与多项式的施图姆–刘维尔系统有关的方程和函数

由上述内容已知, 如果要求施图姆–刘维尔方程 (3.2.1) 的解是多项式, 那么 $A(x)$ 和 $B(x)$ 的系数已在表 3.1 中列出. $A(x)$ 和 $B(x)$ 的系数如表 3.1 确定之后, 就能够求得特征值以及对应的多项式特解. 不过, 施图姆–刘维尔方程还可以有一个与多项式线性无关的解, 因为在 3.1 节中已经说明了二阶常微分方程可以有一对线性无关的特解. 既然一个解已经是多项式的, 另一个就应该是非多项式的解. 原则上, 非多项式的特解可以由多项式的特解利用刘维尔公式 (3.1.14) 得到.

这两个线性无关的特解的线性组合构成该特征值的通解, 将通解代入边界条件, 得到线性组合的系数的值.

对于多项式的施图姆–刘维尔方程求导若干次以后, 所得到方程就不属于多项式系统了, 有些被称为连带方程. 既然连带方程是由多项式的施图姆–刘维尔型方程求导若干次以后得到的, 它的特征函数一般就比较容易求得.

本节简要介绍拉盖尔函数、勒让德函数、切比雪夫函数和厄米函数[1,2,10].

### 3.4.1 拉盖尔函数

1. 索宁多项式 (广义拉盖尔多项式)

方程

$$xy''+(\mu+1-x)y'+\lambda y=0,\quad 0\leqslant x\leqslant\infty \tag{3.4.1}$$

称为**广义拉盖尔方程**. $\mu$ 可以是不等于负整数的任意实数或者复数. 当满足以下边界条件:

$$y(x=0)<\infty,\quad y(x=+\infty)\sim x^n \tag{3.4.2}$$

时, 特征值为

$$\lambda=n,\quad n=0,1,2,\cdots \tag{3.4.3}$$

特征函数用洛巨格公式表示如下:

$$S_n^\mu(x) = \frac{1}{n!}x^{-\mu}\mathrm{e}^x\frac{\mathrm{d}^n}{\mathrm{d}x^n}(x^{n+\mu}\mathrm{e}^{-x}) \tag{3.4.4}$$

这是一个 $n$ 次多项式, 称为**索宁多项式**, 又称为**广义拉盖尔多项式**, 记为 $S_n^\mu(x)$. 式 (3.4.4) 列于表 3.3.

索宁多项式的级数表达式是

$$S_n^\mu(x) = \sum_{k=0}^{n}\frac{(-1)^k}{k!(n-k)!}\frac{(\mu+1)_n}{(\mu+1)_k}x^k \tag{3.4.5}$$

式 (3.4.5) 列于表 3.2.

索宁多项式的母函数关系是

$$\frac{1}{(1-t)^{\mu+1}}\exp\left(-\frac{xt}{1-t}\right) = \sum_{n=0}^{\infty}S_n^\mu(x)t^n \tag{3.4.6}$$

这一母函数列于表 3.5.

索宁多项式的归一化系数是

$$\int_0^\infty \mathrm{d}x x^\mu \mathrm{e}^{-x}|S_n^\mu(x)|^2 = \frac{\Gamma(\mu+n+1)}{n!} \tag{3.4.7}$$

索宁多项式具有以下加法公式:

$$S_n^{\mu+\nu+1}(x+y) = \sum_{k=0}^{n}S_k^\mu(x)S_{n-k}^\nu(y)$$

方程 (3.4.1) 的另一个特解可由刘维尔公式得到.

2. 拉盖尔多项式

在 (3.4.1) 中取 $\mu=0$, 则

$$xy'' + (1-x)y' + \lambda y = 0 \tag{3.4.8}$$

称为**拉盖尔方程**. 它在式 (3.4.2) 的边界条件下, 特征值是式 (3.4.3), 特征函数是**拉盖尔多项式**, 记为 $L_n(x)$, 用洛巨格公式表示如下:

$$L_n(x) = \mathrm{e}^x\frac{\mathrm{d}^n}{\mathrm{d}x^n}(x^n\mathrm{e}^{-x}) \tag{3.4.9}$$

这是一个 $n$ 次多项式. 式 (3.4.9) 列于表 3.3.

拉盖尔多项式的级数表达式是

$$L_n(x) = \sum_{k=0}^{n} \frac{(-1)^k (n!)^2}{(k!)^2 (n-k)!} x^k \tag{3.4.10}$$

虽然拉盖尔方程 (3.4.8) 是在广义拉盖尔方程 (3.4.1) 中取 $\mu = 0$ 得到的, 可是特征函数盖尔多项式并不是简单地在索宁多项式中取 $\mu = 0$. 比较式 (3.4.5) 和式 (3.4.10) 可知

$$L_n(x) = n! S_n^0(x) \tag{3.4.11}$$

盖尔多项式的母函数关系是

$$\frac{1}{1-t} \exp\left(-\frac{xt}{1-t}\right) = \sum_{n=0}^{\infty} \frac{L_n(x)}{n!} t^n \tag{3.4.12}$$

这一母函数式列于表 3.6. 式 (3.4.11) 右边有一因子, 使得拉盖尔多项式的母函数是指生成函数, 而索宁多项式的母函数是普生成函数.

由式 (3.4.7) 和式 (3.4.11) 知, 拉盖尔多项式的归一化系数如下:

$$\int_0^\infty \mathrm{d}x x^\mu \mathrm{e}^{-x} |L_n(x)|^2 = (n!)^2$$

方程 (3.4.8) 的另一个特解可由刘维尔公式得到.

### 3. 连带拉盖尔多项式

对于拉盖尔方程 (3.4.8) 求导 $m$ 次可得到**连带拉盖尔方程**

$$xy'' + (m+1-x)y' + (\lambda - m)y = 0 \tag{3.4.13}$$

其中 $m$ 是正整数且 $0 \leqslant m \leqslant n$. 当满足以下边界条件:

$$y(x=0) < \infty, \quad y(x \to +\infty) \sim x^{n-m} \tag{3.4.14}$$

时, 特征值为

$$\lambda = n, \quad n = m, m+1, m+2, \cdots \tag{3.4.15}$$

特征函数用洛巨格公式表示如下:

$$L_n^{(m)}(x) = (-1)^n \frac{n!}{(n-m)!} \mathrm{e}^x \frac{\mathrm{d}^{n-m}}{\mathrm{d}x^{n-m}} (x^n \mathrm{e}^{-x}) \tag{3.4.16}$$

这是一个 $n-m$ 次多项式, 称为**连带拉盖尔多项式**. 式 (3.4.16) 列于表 3.3.

连带拉盖尔多项式的级数表达式是

$$L_n^{(m)}(x)=\sum_{k=0}^{n-m}\frac{(-1)^{m+k}(n!)^2}{k!(m+k)!(n-m-k)!}x^k \tag{3.4.17}$$

式 (3.4.17) 列于表 3.2.

连带拉盖尔多项式的母函数关系是

$$\frac{(-1)^m}{(1-t)^{m+1}}\exp\left(-\frac{xt}{1-t}\right)=\sum_{n=m}^{\infty}L_n^{(m)}(x)t^{n-m} \tag{3.4.18}$$

这一关系未列入母函数关系表中.

**定理 1** 若 $f(x)$ 在 $(0,\infty)$ 上任一有限区间上分段光滑, 则

$$\sum_{n=0}^{\infty}c_nL_n^{(m)}(x)=\frac{1}{2}[f(x+0^+)+f(x-0^+)]$$

其中

$$c_n=\frac{n!}{\Gamma(n+m+1)}\int_0^{\infty}x^m\mathrm{e}^{-x}L_n^{(m)}(x)f(x)\mathrm{d}x$$

连带拉盖尔方程 (3.4.13) 是由拉盖尔方程 (3.4.8) 对 $x$ 求导 $m$ 次得到的. 恰好, 方程的解连带拉盖尔多项式也可以由拉盖尔多项式对 $x$ 求导 $m$ 次得到, 即有以下关系式:

$$L_n^{(m)}(x)=\frac{\mathrm{d}^m}{\mathrm{d}x^m}L_n(x) \tag{3.4.19}$$

在连带拉盖尔方程 (3.4.13) 中取 $m=0$ 时就回到拉盖尔方程 (3.4.8). 在连带拉盖尔多项式中取 $m=0$ 时就回到拉盖尔多项式, 即 $L_n^{(0)}(x)=L_n(x)$.

连带拉盖尔多项式与索宁多项式之间有关系式

$$L_n^{(m)}(x)=(-1)^m n!S_{n-m}^m(x) \tag{3.4.20a}$$

或者

$$L_{n+m}^{(m)}(x)=(-1)^m(n+m)!S_n^m(x) \tag{3.4.20b}$$

广义拉盖尔方程、拉盖尔方程和连带拉盖尔方程, 它们的另一个线性无关的解都属于合流超几何函数[1].

拉盖尔方程在求解氢原子的径向特征函数的方程时遇到.

### 3.4.2 勒让德函数

1. 勒让德多项式

方程

$$(1-x^2)y''-2xy'+\lambda y=0 \tag{3.4.21}$$

称为**勒让德方程**. 当满足以下边界条件:

$$y(x=\pm 1)<\infty \tag{3.4.22}$$

时, 特征值为

$$\lambda=l(l+1),\quad l=0,1,2,\cdots \tag{3.4.23}$$

用特征值代入勒让德方程后

$$(1-x^2)y''-2xy'+l(l+1)y=0 \tag{3.4.24}$$

称为 $l$ **阶勒让德方程**, 其特征函数用洛巨格公式表示如下:

$$P_l(x)=\frac{(-1)^l}{2^l l!}\frac{\mathrm{d}^l}{\mathrm{d}x^l}(1-x^2)^l \tag{3.4.25}$$

这是一个 $l$ 次多项式, 称为**勒让德多项式**. 式 (3.4.25) 列于表 3.3.

勒让德多项式的级数表达式是

$$P_l(x)=\sum_{k=0}^{[l/2]}(-1)^k\frac{(2l-2k)!}{2^l k!(l-k)!(l-2k)!}x^{l-2k} \tag{3.4.26}$$

式 (3.4.26) 列于表 3.2.

勒让德多项式的母函数关系是

$$\frac{1}{\sqrt{1-2xt+t^2}}=\sum_{n=0}^{\infty}P_n(x)t^n \tag{3.4.27}$$

这一母函数列于表 3.5. 勒让德多项式 $P_l(x)$ 也称为**第一类勒让德函数**.

勒让德多项式的归一化系数如下:

$$\int_{-1}^{1}\mathrm{d}x|P_n(x)|^2=\frac{2}{2n+1}$$

**定理 2** 若 $f(x)$ 在 $[-1,1]$ 上有定义, $(1-x^2)^{-1/4}f(x)$ 在 $[-1,1]$ 上的积分存在且绝对收敛, 则

$$\sum_{n=0}^{\infty}c_nP_n(x)=\frac{1}{2}[f(x+0^+)+f(x-0^+)],\quad -1<x<1$$

其中

$$c_n = \frac{2n+1}{2}\int_{-1}^{1} P_n(x)f(x)\mathrm{d}x$$

这一展开级数称为**傅里叶–勒让德级数**.

勒让德方程 (3.4.24) 的另一个线性无关的解记为 $Q_l(x)$. 它可由刘维尔公式求得.

$$Q_l(x) = P_l(x)\int \frac{\mathrm{d}x}{[P_l(x)]^2(1-x^2)} \tag{3.4.28}$$

称 $Q_l(x)$ 为**第二类勒让德函数**. 在边界处 $x=\pm 1$, $Q_l(\pm 1)$ 的值是无穷大的. $Q_l(x)$ 的母函数关系是

$$\frac{1}{x-t} = \sum_{n=0}^{\infty}(2n+1)Q_n(x)P_n(t) \tag{3.4.29}$$

这一表达式的特点是: 它把线性无关的两个特解在一个母函数关系中表出. 此关系式未列入母函数关系表中.

勒让德方程 (3.4.24) 的通解就是

$$y = AP_l(x) + BQ_l(x)$$

将方程 (3.4.24) 扩展为以下形式:

$$(1-z^2)y''(z) - 2zy'(z) + \nu(\nu+1)y(z) = 0 \tag{3.4.30}$$

其中 $\nu$ 可以是任意复常数, 自变量 $z$ 也可以是复数. 那么, 式 (3.4.30) 称为 $\nu$ 阶勒让德方程. 这个方程的两个特解 $P_\nu(z)$ 和 $Q_\nu(z)$ 分别称为 $\nu$ 次第一类勒让德函数和 $\nu$ 次第二类勒让德函数. 它们的表达式如下:

$$P_\nu(z) = \frac{1}{2\pi \mathrm{i}}\oint_{C_1}\frac{(t^2-1)^\nu}{2^\nu(t-z)^{\nu+1}}\mathrm{d}t \tag{3.4.31}$$

$$Q_\nu(z) = \frac{1}{4\mathrm{i}\sin\nu\pi}\oint_{C_2}\frac{(t^2-1)^\nu}{2^\nu(t-z)^{\nu+1}}\mathrm{d}t \tag{3.4.32}$$

其中 $C_1$ 为沿 $(-\infty,-1)$ 切开的 $t$ 平面上的一条正向闭曲线, 且使 $1, z$ 是 $C_1$ 所围的区域的内点.$C_2$ 为在 $t$ 平面上沿负向绕点 1 一周, 沿正向绕点 $-1$ 一周的平放的 8 字 $(\infty)$ 形的闭合曲线. 式 (3.4.31) 称为 $P_\nu(z)$ 的**希里夫利积分**表示. 若 $\mathrm{Re}(\nu+1)>0$, 也可以将式 (3.4.32) 的积分路径变形得到

$$Q_\nu(z) = \frac{1}{2^{\nu+1}}\int_{-1}^{1}\frac{(1-t^2)^\nu}{(z-t)^{\nu+1}}\mathrm{d}t \tag{3.4.33}$$

当 $\nu$ 为整数时, 用此式比较方便.

方程 (3.4.30) 的通解为

$$y = AP_\nu(x) + BQ_\nu(x)$$

其中当 $\nu = l$ 为正整数时, $P_\nu(x)$ 退化为勒让德多项式 $P_l(x)$, $Q_\nu(x)$ 退化为 $Q_l(x)$.

2. 连带勒让德函数

对勒让德方程 (3.4.24) 求导 $m$ 次, 并将方程 (3.4.24) 中的函数 $y$ 代之以 $(1-x^2)^{k/2}y^{(k)}$, 可得到连带勒让德方程

$$(1-x^2)y'' - 2xy' + \left[l(l+1) - \frac{m^2}{1-x^2}\right]y = 0 \tag{3.4.34}$$

其中 $m$ 是正整数且 $0 \leqslant m \leqslant l$. 当满足边界条件 (3.4.22) 时, 特征值为

$$l = m, m+1, m+2, \cdots \tag{3.4.35}$$

连带勒让德方程的两个线性无关的解分别为**第一类连带勒让德函数**

$$P_l^m(x) = (1-x^2)^{m/2}\frac{\mathrm{d}^m P_l(x)}{\mathrm{d}x^m} \tag{3.4.36}$$

和**第二类连带勒让德函数**

$$Q_l^m(x) = (1-x^2)^{m/2}\frac{\mathrm{d}^m Q_l(x)}{\mathrm{d}x^m} \tag{3.4.37}$$

在边界处 $x = \pm 1$, $P_l^m(x)$ 满足式 (3.4.22) 的边界条件, $Q_l^m(\pm 1)$ 的值是无穷大的.

$P_l^m(x)$ 的微商表示是

$$P_l^m(x) = \frac{(-1)^l}{2^l l!}(1-x^2)^{m/2}\frac{\mathrm{d}^{l+m}}{\mathrm{d}x^{l+m}}(1-x^2)^l \tag{3.4.38}$$

式 (3.4.38) 列于表 3.4.

$P_l^m(x)$ 的母函数关系是

$$\frac{(2m-1)!!(1-x^2)^{m/2}}{(1-2xt+t^2)^{(2m+1)/2}} = \sum_{n=0}^{\infty} P_n^m(x)t^n \tag{3.4.39}$$

这一母函数关系列于表 3.5.

连带勒让德多项式的归一化系数如下:

$$\int_{-1}^{1} \mathrm{d}x|P_n^m(x)|^2 = \frac{(n+m)!}{(n-m)!}\frac{2}{2n+1}$$

**定理 3**　任意一个在 $[-1,1]$ 上连续且在端点处值为零的函数 $f(x)$ 可以按连带勒让德函数系在平均收敛的意义下展开成

$$f(x)=\sum_{n=m}^{\infty}c_nP_n^m(x)$$

其中

$$c_n=\frac{2n+1}{2}\frac{(n-m)!}{(n+m)!}\int_{-1}^{1}P_n^m(x)f(x)\mathrm{d}x$$

方程 (3.4.34) 的通解为

$$y=AP_l^m(x)+BQ_l^m(x)$$

需要注意的是, 虽然连带勒让德方程是由勒让德方程对 $x$ 求导 $m$ 次得到的, 可是方程的解连带勒让德函数不能简单地看做由勒让德函数对 $x$ 求导 $m$ 次得到, 见式 (3.4.36) 和式 (3.4.37).

在连带勒让德方程中取 $m=0$ 时就回到勒让德方程; 在连带勒让德函数中取 $m=0$ 时就回到勒让德函数, 即 $P_n^0(x)=P_n(x), Q_n^0(x)=Q_n(x)$.

3. 球谐函数

三维拉普拉斯方程在球坐标下的形式为

$$\nabla^2u=\frac{1}{r^2}\frac{\partial}{\partial r}\left(r^2\frac{\partial u}{\partial r}\right)+\frac{1}{r^2\sin\theta}\frac{\partial}{\partial\theta}\left(\sin\theta\frac{\partial u}{\partial\theta}\right)+\frac{1}{r^2\sin^2\theta}\frac{\partial^2u}{\partial\varphi^2}=0 \tag{3.4.40}$$

采用分离变量法, 设

$$u=R(r)\Theta(\theta)\Phi(\varphi) \tag{3.4.41}$$

代入式 (3.4.40), 并乘以 $\dfrac{r^2}{R\Theta\Phi}$, 分离变量得到

$$\frac{1}{R}\frac{\mathrm{d}}{\mathrm{d}r}\left(r^2\frac{\mathrm{d}R}{\mathrm{d}r}\right)=\lambda \tag{3.4.42}$$

$$\frac{1}{\Theta\sin\theta}\frac{\mathrm{d}}{\mathrm{d}\theta}\left(\sin\theta\frac{\mathrm{d}\Theta}{\mathrm{d}\theta}\right)+\frac{1}{\Phi\sin^2\theta}\frac{\mathrm{d}^2\Phi}{\mathrm{d}\varphi^2}=-\lambda \tag{3.4.43}$$

式 (3.4.43) 再分离变量写成

$$\frac{1}{\Phi}\frac{\mathrm{d}^2\Phi}{\mathrm{d}\varphi^2}=-m^2,\quad m=0,\pm1,\pm2,\cdots \tag{3.4.44}$$

$$\frac{\sin\theta}{\Theta}\frac{\mathrm{d}}{\mathrm{d}\theta}\left(\sin\theta\frac{\mathrm{d}\Theta}{\mathrm{d}\theta}\right)+\lambda\sin^2\theta=m^2 \tag{3.4.45}$$

对于式 (3.4.45), 令 $x=\cos\theta$, 并将 $\Theta(\theta)$ 改记为 $p(x)$, 则变为

$$(1-x^2)\frac{\mathrm{d}^2p}{\mathrm{d}x^2}-2x\frac{\mathrm{d}p}{\mathrm{d}x}+\left(\lambda-\frac{m^2}{1-x^2}\right)p=0 \tag{3.4.46}$$

这就是**连带勒让德方程**. 如果定解问题与 $\varphi$ 无关, $\varPhi(\varphi)$ 亦与 $\varphi$ 无关, 那么 $m=0$, 这时方程 (3.4.46) 成为

$$(1-x^2)\frac{\mathrm{d}^2p}{\mathrm{d}x^2}-2x\frac{\mathrm{d}p}{\mathrm{d}x}+\lambda p=0 \tag{3.4.47a}$$

这就是**勒让德方程**. 式 (3.4.46) 和式 (3.4.47) 的具有物理意义的解的特征值是

$$\lambda=l(l+1),\quad l=0,1,2,\cdots,m=0,\pm1,\pm2,\cdots,\pm l \tag{3.4.47b}$$

需要注意的是, 仅从方程 (3.4.44), 特征值 $|m|$ 的取值是没有上限的. 但是由于式 (3.4.46) 的限制, $|m|$ 是有上限的, 如式 (3.4.47b) 所示.

设连带勒让德方程 (3.4.49) 在边界上解析的解为连带勒让德函数 $\Theta(\theta)=P_l^m(\cos\theta)$, 方程 (3.4.44) 的解是 $\varPhi(\varphi)=\mathrm{e}^{\mathrm{i}m\varphi}$, 乘积

$$Y_l^m(\theta,\varphi)=\Theta(\theta)\varPhi(\varphi)=P_l^m(\cos\theta)\mathrm{e}^{\mathrm{i}m\varphi} \tag{3.4.48}$$

称为**球谐函数**, 它是方程 (3.4.43) 的解.

**定理 4** 任意一个在球面上连续的函数 $f(\theta,\varphi)$ 可以按球谐函数系展开为一平均收敛的级数

$$f(\theta,\varphi)=\sum_{n=0}^{\infty}\sum_{m=0}^{n}A_{mn}Y_n^m(\theta,\varphi)=\sum_{n=0}^{\infty}\sum_{m=0}^{n}(a_n^m\cos m\varphi+b_n^m\sin m\varphi)P_n^m(\cos\theta)$$

其中

$$a_n^m=\frac{2n+1}{2\pi\varepsilon_m}\frac{(n-m)!}{(n+m)!}\int_0^{\pi}\mathrm{d}\theta\int_0^{2\pi}\mathrm{d}\varphi f(\theta,\varphi)P_n^m(\cos\theta)\cos m\varphi\sin\theta$$
$$b_n^m=\frac{2n+1}{2\pi}\frac{(n-m)!}{(n+m)!}\int_0^{\pi}\mathrm{d}\theta\int_0^{2\pi}\mathrm{d}\varphi f(\theta,\varphi)P_n^m(\cos\theta)\sin m\varphi\sin\theta$$
$$\varepsilon_m=\begin{cases}2, & m=0\\ 1, & m\neq0\end{cases}$$

本节讨论的勒让德函数, 包括勒让德多项式、连带勒让德函数、球谐函数等, 它们可统称为**球函数**.

4. 最佳平方逼近

勒让德多项式 $P_n(x)$ 的最高次项的系数是 $\dfrac{2n(2n-1)\cdots(n+1)}{2^n n!}=\dfrac{(2n)!}{2^n(n!)^2}$. 若将勒让德多项式的最高幂次化为 1, 则称它为**首一勒让德多项式**, 记为 $\tilde{P}_n(x)$, 即

$$\tilde{P}_n(x)=\frac{2^n(n!)^2}{(2n)!}P_n(x)$$

**定理 5** 在 $[-1,1]$ 上所有最高项系数为 1 的 $n$ 次多项式中, $\tilde{P}_n(x)$ 与零的平方偏差最小. 因此 $\tilde{P}_n(x)$ 是零的最佳平方逼近 $n$ 次多项式.

### 3.4.3 切比雪夫函数

1. 切比雪夫函数

方程

$$(1-x^2)y''-xy'+\lambda y=0,\quad -1\leqslant x\leqslant 1 \tag{3.4.49}$$

称为**切比雪夫方程**. 这个方程的求解比较方便, 只要做以下变换. 令

$$x=\cos\theta \tag{3.4.50}$$

原方程成为

$$\frac{\mathrm{d}^2 z(\theta)}{\mathrm{d}\theta^2}+\lambda z(\theta)=0 \tag{3.4.51}$$

显然, 这一方程的特征值是

$$\lambda=n^2 \tag{3.4.52}$$

两个线性无关的解分别为

$$z_1(\theta)=\cos n\theta \tag{3.4.53}$$

和

$$z_2(\theta)=\sin n\theta \tag{3.4.54}$$

相应地, 方程 (3.4.49) 的两个线性无关的解分别为

$$y_1=\cos(n\arccos x)=T_n(\cos\theta)=T_n(x) \tag{3.4.55}$$

和

$$y_2=\sin(n\arccos x)=U_n(\cos\theta)=U_n(x) \tag{3.4.56}$$

易见, 在 $[-1,1]$ 区域内

$$\max|T_n(x)|=1,\quad \max|U_n(x)|=1 \tag{3.4.57}$$

即这两个特解的绝对值总是小于等于 1 的.

$T_n(x)$ 是一个 $n$ 次多项式, 它就是已经在 2.4.2 小节中定义的切比雪夫多项式, 也称为**第一类切比雪夫函数**. 这个解在边界 $x=\pm 1$ 处的值 $y(\pm 1)$ 是解析的. 由式 (3.4.55) 容易看出 $T_n(1)=1, T_n(-1)=(-1)^n$. 在 2.4.2 小节中已经列出了切比雪夫多项式的一些性质.

切比雪夫多项式的洛巨格公式是

$$T_n(x)=\frac{(-1)^n}{(2n-1)!!}(1-x^2)^{1/2}\frac{\mathrm{d}^n}{\mathrm{d}x^n}(1-x^2)^{n-1/2} \tag{3.4.58}$$

这一公式列于表 3.3.

切比雪夫多项式的级数表达式是

$$T_0(x)=1 \tag{3.4.59a}$$

$$T_n(x)=\frac{n}{2}\sum_{k=0}^{[n/2]}(-1)^k\frac{(n-k-1)!}{k!(n-2k)!}(2x)^{n-2k},\quad n\geqslant 1 \tag{3.4.59b}$$

式 (3.4.59) 列于表 3.2.

切比雪夫多项式的母函数关系

$$\frac{1-xt}{1-2xt+t^2}=\sum_{n=0}^{\infty}T_n(x)t^n \tag{3.4.60}$$

这一母函数列于表 3.5.

**定理 6**　若 $f(x)$ 在 $[-1,1]$ 上分段光滑, 则

$$\frac{c_0}{2}+\sum_{n=0}^{\infty}c_nT_n(x)=\frac{1}{2}[f(x+0^+)+f(x-0^+)],\quad -1\leqslant x\leqslant 1$$

其中

$$c_n=\frac{2}{\pi}\int_{-1}^{1}\frac{T_n(x)}{\sqrt{1-x^2}}f(x)\mathrm{d}x$$

式 (3.4.56) 中的 $U_n(x)$ 称为**第二类切比雪夫函数**, 它不是多项式. $U_n(x)$ 满足的边界条件是 $y(\pm 1)=0$, 由式 (3.4.56) 容易看出 $U_n(\pm 1)=0$. 易证, $U_n(x)$ 与切比雪夫多项式之间有如下关系:

$$U_n(x)=\frac{\sqrt{1-x^2}}{n}\frac{\mathrm{d}T_n(x)}{\mathrm{d}x} \tag{3.4.61}$$

由此可得到 $U_n(x)$ 的级数表达式为

$$U_n(x)=\sqrt{1-x^2}\sum_{k=0}^{[(n-1)/2]}(-1)^k\frac{(n-k-1)!}{k!(n-2k-1)!}(2x)^{n-2k-1} \tag{3.4.62}$$

$U_n(x)$ 的微商表示为

$$U_n(x) = \frac{(-1)^{n-1} n}{(2n-1)!!} \frac{\mathrm{d}^{n-1}}{\mathrm{d}x^{n-1}} (1-x^2)^{n-1/2} \tag{3.4.63}$$

式 (3.4.63) 列于表 3.4.

第二类切比雪夫函数的母函数关系是

$$\frac{\sqrt{1-x^2}}{1-2xt+t^2} = \sum_{n=0}^{\infty} U_{n+1}(x) t^n \tag{3.4.64}$$

注意其中的展开系数是 $U_{n+1}$ 而不是像通常那样的 $U_n$, 见表 3.5.

切比雪夫方程 (3.4.49) 的通解为

$$y = AT_n(x) + BU_n(x)$$

2. 连带切比雪夫函数

对切比雪夫方程 (3.4.49) 求导 $m$ 次, 可得到**连带切比雪夫方程**

$$(1-x^2)y'' - (2m+1)xy' + (\lambda - m^2)y = 0 \tag{3.4.65}$$

其中 $m$ 是正整数且 $0 \leqslant m \leqslant n$. 当满足以下边界条件:

$$y'(\pm 1) < \infty \tag{3.4.66}$$

时, 特征值为

$$\lambda = (n+m)^2, \quad n = 0, 1, 2, \cdots \tag{3.4.67}$$

方程的两个特解都称为**连带切比雪夫函数**, 它们可以由切比雪夫函数对 $x$ 求导 $m$ 次得到, 即有以下关系式:

$$T_n^{(m)}(x) = \frac{\mathrm{d}^m}{\mathrm{d}x^m} T_n(x) \tag{3.4.68}$$

和

$$U_n^{(m)}(x) = \frac{\mathrm{d}^m}{\mathrm{d}x^m} U_n(x) \tag{3.4.69}$$

$T_n^{(m)}(x)$ 和 $U_n^{(m)}(x)$ 分别称为 $n$ 次 $m$ 阶的第一类、第二类连带切比雪夫函数. 在连带切比雪夫方程 (3.4.65) 中取 $m=0$ 时就回到切比雪夫方程 (3.4.49); 在连带切比雪夫函数中取 $m=0$ 时就回到切比雪夫函数, 即 $T_n^{(0)}(x) = T_n(x), U_n^{(0)}(x) = U_n(x)$.

连带切比雪夫方程 (3.4.65) 的通解为

$$z = AT_n^{(m)}(x) + BU_n^{(m)}(x)$$

当 $m>1$ 时, 实际上 $T_n^{(m)}(x)$ 和 $U_n^{(m)}(x)$ 都很少用. 常用的是取

$$\lambda = n+m$$

这时连带切比雪夫方程成为以下形式:

$$(1-x^2)z''-(2m+1)xz'+n(n+2m)z=0$$

与表 3.1 中的盖根鲍尔方程的形式一致, 所以此式就是盖根鲍尔方程. 它的通解为

$$z=AC_n^m(x)+DU_n^m(x)$$

其中

$$C_n^m(x)=\frac{1}{2^{m-1}(m-1)!(n+m)}\frac{\mathrm{d}^m}{\mathrm{d}x^m}T_{n+m}(x)$$
$$D_n^m(x)=\frac{1}{2^{m-1}(m-1)!(n+m)}\frac{\mathrm{d}^m}{\mathrm{d}x^m}U_{n+m}(x)$$

$C_n^m(x)$ 称为 $n$ 次 $m$ 阶的盖根鲍尔多项式. 盖根鲍尔方程中的 $m$ 如果不取整数, 而是取为 $m=1/2$, 那么就成为勒让德方程.

3. 第二类切比雪夫多项式

当 $m=1$ 时的连带切比雪夫方程

$$(1-x^2)y''-3xy'+(\lambda-1)y=0 \tag{3.4.70}$$

满足 $y(\pm1)$ 解析的特征值为

$$\lambda=(n+1)^2,\quad n=0,1,2,\cdots \tag{3.4.71}$$

相应的特征函数为

$$U_n^*(x)=\frac{1}{n+1}\frac{\mathrm{d}T_{n+1}(x)}{\mathrm{d}x} \tag{3.4.72}$$

它称为**第二类切比雪夫多项式**. 因 $T_{n+1}(x)$ 是 $n+1$ 次多项式, 所以 $U_n^*(x)$ 是 $n$ 次多项式. $T_{n+1}(x)=\cos(n+1)\theta$, 则由式 (3.4.72) 得到

$$U_n^*(x)=\frac{\sin(n+1)\theta}{\sin\theta} \tag{3.4.73}$$

将 $T_{n+1}(x)$ 级数表达式 (3.4.58) 中的 $n$ 换成 $n+1$ 代入式 (3.4.72), 得到 $U_n^*(x)$ 的级数表达式为

$$U_n^*(x)=\sum_{k=0}^{[n/2]}(-1)^k\frac{(n-k)!}{k!(n-2k)!}(2x)^{n-2k} \tag{3.4.74}$$

$U_n^*(x)$ 的微商表示为

$$U_n^*(x) = \frac{(-1)^{n-1}(n+1)}{(2n+1)!!\sqrt{1-x^2}} \frac{\mathrm{d}^{n-1}}{\mathrm{d}x^{n-1}}(1-x^2)^{n+1/2} \tag{3.4.75}$$

式 (3.4.75) 列于表 3.4.

第二类切比雪夫多项式的母函数关系是

$$\frac{1}{1-2xt+t^2} = \sum_{n=0}^{\infty} U_n^*(x)t^n, \quad |t| < 1 \tag{3.4.76}$$

这一母函数列于表 3.5.

第二类切比雪夫多项式 $U_n^*(x)$ 与第一类切比雪夫多项式 $T_n(x)$ 之间的关系, 除了式 (3.4.72) 之外, 还有

$$T_n(x) = U_n^*(x) - xU_{n-1}^*(x) \tag{3.4.77}$$

和

$$(1-x^2)U_n^*(x) = xT_{n+1}(x) - T_{n+2}(x) \tag{3.4.78}$$

第二类切比雪夫多项式 $U_n^*(x)$ 与第二类切比雪夫函数 $U_n(x)$ 之间的关系有

$$U_{n+1}(x) = \sqrt{1-x^2}U_n^*(x) \tag{3.4.79}$$

方程 (3.4.70) 的另一个线性无关的特解是 $\dfrac{\mathrm{d}U_{n+1}(x)}{\mathrm{d}x}$.

### 3.4.4　厄米函数

本小节简要介绍厄米方程的解, 以及厄米函数、韦伯–厄米函数和韦伯函数, 因为这三种函数紧密相关.

1. 厄米多项式

**厄米方程**

$$y'' - 2xy' + \lambda y = 0, \quad -\infty \leqslant x \leqslant \infty \tag{3.4.80}$$

满足的边界条件为 $y(x \to \pm\infty) \sim x^n$, 即当 $x$ 趋于无穷大时, 函数是以 $x$ 的幂次趋于无穷大的, 得到的特征值为

$$\lambda = 2n \tag{3.4.81}$$

相应的特征函数是**厄米多项式**$H_n(x)$, 其洛巨格公式是

$$H_n(x) = (-1)^n \mathrm{e}^{x^2} \frac{\mathrm{d}^n}{\mathrm{d}x^n} \mathrm{e}^{-x^2}$$

该式列于表 3.3.

厄米多项式的级数表达式可以写成

$$H_n(x)=\sum_{k=0}^{[n/2]}(-1)^k\frac{n!}{k!(n-2k)!}(2x)^{n-2k},\quad n=0,1,2,\cdots \tag{3.4.82}$$

式 (3.4.82) 列于表 3.2.

厄米多项式的母函数关系是

$$\exp(2xt-t^2)=\sum_{n=0}^{\infty}\frac{H_n(x)}{n!}t^n \tag{3.4.83}$$

这一母函数列于表 3.6.

厄米多项式的归一化系数如下:

$$\int_{-\infty}^{\infty}\mathrm{e}^{-x^2}|H_n(x)|^2\mathrm{d}x=\sqrt{\pi}2^n n!$$

**定理 7** 若 $f(x)$ 在任一有限区间上是分段光滑的, 则

$$\sum_{n=0}^{\infty}c_nH_n(x)=\frac{1}{2}[f(x+0^+)+f(x-0^+)],\quad -\infty<x<\infty$$

其中

$$c_n=\frac{1}{\sqrt{\pi}2^n n!}\int_{-\infty}^{\infty}\mathrm{e}^{-x^2}H_n(x)f(x)\mathrm{d}x$$

厄米多项式具有以下加法公式:

$$H_n(x+y)=2^{-n/2}\sum_{k=0}^{n}\frac{n!}{k!(n-k)!}H_n(\sqrt{2}x)H_{n-k}(\sqrt{2}y) \tag{3.4.84}$$

如果边界条件换成 $y(x\to\pm\infty)\sim\exp(x^2)$, 即当 $x$ 趋于无穷大时, 函数是以 $\exp(x^2)$ 的方式趋于无穷大的, 那么得到的厄米方程的另一个线性无关的解为

$$G_n(x)=H_n(x)\int\frac{\exp(x^2)}{[H_n(x)]^2}\mathrm{d}x \tag{3.4.85}$$

$G_n(x)$ 称为**第二类厄米函数**.

厄米方程 (3.4.80) 的通解为

$$y=AH_n(x)+BG_n(x)$$

在式 (3.3.14) 中取 $B_1=-1$, 得到厄米方程的另一个形式为

$$y''-xy'+\lambda y=0,\quad -\infty\leqslant x\leqslant\infty \tag{3.4.86}$$

在式 (3.4.80) 中令 $x = u/\sqrt{2}$, 那么 $\dfrac{\mathrm{d}}{\mathrm{d}x}y = \sqrt{2}\dfrac{\mathrm{d}y}{\mathrm{d}u}$, $\dfrac{\mathrm{d}^2}{\mathrm{d}x^2}y = 2\dfrac{\mathrm{d}^2y}{\mathrm{d}u^2}$, 也可得到式 (3.4.86), 式 (3.4.86) 的特征值为

$$\lambda = n \tag{3.4.87}$$

相应的多项式的特征函数记为 $He_n(x)$, 与厄米函数之间的关系为 $He_n(x) = C(n)H_n(x/\sqrt{2})$, 即相差一个常数因子, 这个常数因子可以与 $n$ 有关, 也可以由归一化条件得到. $C(n) = 2^{-n/2}$, 见习题 26. 因此

$$He_n(x) = 2^{-n/2}H_n(x/\sqrt{2}) \tag{3.4.88}$$

式 (3.4.86) 的另一个线性无关的特征函数是

$$Ge_n(x) = 2^{-n/2}G_n(x/\sqrt{2}) \tag{3.4.89}$$

2. 韦伯–厄米函数

**第一种韦伯方程**

$$z'' + (\lambda - x^2)z = 0, \quad -\infty \leqslant x \leqslant \infty \tag{3.4.90}$$

满足的条件为 $z(\pm 1) < \infty$. 令 $z = e^{-x^2/2}y$, 代入式 (3.4.90), 得到

$$y'' - 2xy' + (\lambda - 1)y = 0$$

这正是厄米方程. 只是特征值为

$$\lambda = 2n + 1, \quad n = 0, 1, 2, \cdots \tag{3.4.91}$$

已知厄米方程的一对线性无关的解是厄米多项式 $H_n(x)$ 和第二类厄米函数 $G_n(x)$. 相应地, 第一种韦伯方程的一对线性无关的解就应该是 $\Psi_n(x) = C_1(n)\mathrm{e}^{-x^2/2}H_n(x)$ 和 $\Phi_n(x) = C_2(n)\mathrm{e}^{-x^2/2}G_n(x)$. 如果函数都是归一化的, 那么系数恰好都是 1, 即 $C_1(n) = 1, C_2(n) = 1$. 因此

$$\Psi_n(x) = \mathrm{e}^{-x^2/2}H_n(x) \tag{3.4.92}$$

和

$$\Phi_n(x) = \mathrm{e}^{-x^2/2}G_n(x) \tag{3.4.93}$$

$\Psi_n(x)$ 和 $\Phi_n(x)$ 分别称为**第一类和第二类韦伯–厄米函数**.

已知韦伯–厄米函数和厄米函数的两个关系式, 容易由后者的性质推出前者的一些性质.

例如, 在厄米多项式的母函数关系式的两边乘以 $e^{-x^2/2}$, 就立即得到 $\Psi_n(x)$ 的母函数关系式为

$$\exp(2xt - t^2 - x^2/2) = \sum_{n=0}^{\infty} \frac{\Psi_n(x)}{n!} t^n \tag{3.4.94}$$

这一母函数列于表 3.6. 同样, 在厄米多项式的洛巨格公式两边乘以 $e^{-x^2/2}$, 就立即得到 $\Psi_n(x)$ 的微商表示为

$$\Psi_n(x) = (-1)^n e^{x^2/2} \frac{d^n}{dx^n} e^{-x^2} \tag{3.4.95}$$

式 (3.4.95) 列于表 3.4.

韦伯–厄米函数具有以下加法公式:

$$\Psi_n(x+y) = 2^{-n/2} e^{(x-y)^2/2} \sum_{k=0}^{n} \frac{n!}{k!(n-k)!} \Psi_n(\sqrt{2}x) \Psi_{n-k}(\sqrt{2}y)$$

3. 韦伯函数 (抛物线柱函数)

**第二种韦伯方程**

$$z'' + \frac{1}{2}\left(\lambda - \frac{1}{2}x^2\right) z = 0, \quad -\infty \leqslant x \leqslant \infty \tag{3.4.96}$$

满足的条件为 $z(x \to \pm\infty) < \infty$. 令 $z = e^{-x^2/4} y$, 代入第二种韦伯方程, 得到

$$y'' - xy' + \frac{1}{2}(\lambda - 1)y = 0$$

这正是另一种厄米方程 (3.4.86), 它的特征值为 $(\lambda - 1)/2 = n$, 即

$$\lambda = 2n + 1, \qquad n = 0, 1, 2, \cdots \tag{3.4.97}$$

两个线性无关的特解分别是 $He_n(x)$ 和 $Ge_n(x)$, 见式 (3.4.88) 和式 (3.4.89). 因此, 第二种韦伯方程的一对线性无关的特征函数如下:

第一个特征函数是

$$\begin{aligned} D_n(x) &= e^{-x^2/4} He_n(x) = 2^{-n/2} e^{-x^2/4} H_n(x/\sqrt{2}) \\ &= 2^{-n/2} e^{-x^2/4} e^{(x/\sqrt{2})^2/2} \Psi_n(x/\sqrt{2}) = 2^{-n/2} \Psi_n(x/\sqrt{2}) \end{aligned} \tag{3.4.98}$$

它称为**韦伯函数**, 或者称为**抛物线柱函数**.

第二个特征函数是

$$E_n(x) = e^{-x^2/4} Ge_n(x) = 2^{-n/2} e^{-x^2/4} G_n(x/\sqrt{2}) = 2^{-n/2} \Phi_n(x/\sqrt{2}) \tag{3.4.99}$$

它称为**第二类韦伯函数**.

在厄米多项式的母函数关系式的两边乘以 $\exp(-x^2/4)$, 就立即得到 $D_n(x)$ 的母函数关系式为

$$\exp(2xt - t^2 - x^2/4) = \sum_{n=0}^{\infty} \frac{D_n(x)}{n!} t^n \tag{3.4.100}$$

这一母函数列于表 3.6. 在 $\Psi_n(x)$ 的洛巨格公式中令 $x \to x/\sqrt{2}$ 并乘以 $2^{-n/2}$, 就立即得到 $D_n(x)$ 的微商表示为

$$D_n(x) = 2^{-n/2}(-1)^n \mathrm{e}^{(x/\sqrt{2})^2/2} \frac{\mathrm{d}^n}{\mathrm{d}(x/\sqrt{2})^n} \mathrm{e}^{-(x/\sqrt{2})^2} = (-1)^n \mathrm{e}^{x^2/4} \frac{\mathrm{d}^n}{\mathrm{d}x^n} \mathrm{e}^{-x^2/2} \tag{3.4.101}$$

式 (3.4.101) 列于表 3.4.

韦伯函数具有以下加法公式:

$$D_n(x+y) = 2^{-n/2} \mathrm{e}^{(x-y)^2/4} \sum_{k=0}^{n} \frac{n!}{k!(n-k)!} D_n\big(\sqrt{2}x\big) D_{n-k}\big(\sqrt{2}y\big)$$

#### 4. 拉普拉斯方程在抛物线柱坐标下的解

对于拉普拉斯方程

$$\boldsymbol{\nabla}^2 u = \frac{\partial^2 u}{\partial x^2} + \frac{\partial^2 u}{\partial y^2} + \frac{\partial^2 u}{\partial z^2} = 0 \tag{3.4.102}$$

可以引进抛物线柱坐标 $\xi, \eta, z$, 令

$$x = \frac{1}{2}(\xi^2 - \eta^2), \quad y = \xi\eta, \quad z = z \tag{3.4.103}$$

相应的求导变换如下:

$$\begin{aligned}
\frac{\partial u}{\partial \xi} &= \xi \frac{\partial u}{\partial x} + \eta \frac{\partial u}{\partial y} \\
\frac{\partial u}{\partial \eta} &= -\eta \frac{\partial u}{\partial x} + \xi \frac{\partial u}{\partial y} \\
\frac{\partial^2 u}{\partial \xi^2} &= 2\frac{\partial u}{\partial x} + 2\xi\eta \frac{\partial^2 u}{\partial x \partial y} + \left(\frac{\eta}{\xi} - \frac{\xi}{\eta}\right) \frac{\partial u}{\partial y} + \xi^2 \frac{\partial^2 u}{\partial^2 x} + \eta^2 \frac{\partial^2 u}{\partial y^2} \\
\frac{\partial^2 u}{\partial \eta^2} &= -2\frac{\partial u}{\partial x} - 2\xi\eta \frac{\partial^2 u}{\partial x \partial y} + \left(\frac{\xi}{\eta} - \frac{\eta}{\xi}\right) \frac{\partial u}{\partial y} + \eta^2 \frac{\partial^2 u}{\partial x^2} + \xi^2 \frac{\partial^2 u}{\partial y^2}
\end{aligned}$$

那么在新坐标系中拉普拉斯方程成为以下形式:

$$\frac{1}{\xi^2 + \eta^2} \left( \frac{\partial^2 u}{\partial \xi^2} + \frac{\partial^2 u}{\partial \eta^2} \right) + \frac{\partial^2 u}{\partial z^2} = 0$$

现在应用分离变量法. 令

$$u(\xi,\eta,z)=X(\xi)Y(\eta)Z(z)$$

代入方程后, 化为

$$\begin{cases} X''+(\alpha-m^2\xi^2)X=0\\ Y''-(\alpha+m^2\eta^2)Y=0\\ Z''+m^2Z=0 \end{cases}$$

其中 $\alpha$ 和 $m$ 为分离变量常量. 由第三个方程的齐次边界条件容易定出 $m$ 的数值. 在前两个方程中, 分别令

$$\sqrt{2m}\xi=\zeta,\quad \alpha=m\mu$$

和

$$\sqrt{2m}\eta=\zeta,\quad \alpha=-m\mu$$

则它们都可以化为

$$\frac{\mathrm{d}^2w}{\mathrm{d}\zeta^2}+\frac{1}{2}\left(\mu-\frac{1}{2}\zeta^2\right)w=0$$

其中 $w$ 既可以是 $X$, 也可以是 $Y$. 这个方程就是第二种韦伯方程. 它满足 $w(\zeta\to\pm\infty)<\infty$ 的特征值是

$$\mu=2n+1,\quad n=0,1,2,\cdots$$

相应的本征函数是

$$w=D_n(\zeta)$$

这应该就是 $D_n(x)$ 被称为抛物线柱函数的缘由.

表 3.7 中列出一些函数的奇偶性以及在特殊点的值.

**表 3.7 一些函数的奇偶性以及在特殊点的值**

| 函数 $Q_n(x)$ | 奇偶性 | 特殊点的值 |
|---|---|---|
| 广义超球多项式 $P_n^{(r,s)}(x)$ | $P_n^{(r,s)}(-x)=(-1)^nP_n^{(s,r)}(x)$ | $P_n^{(r,s)}(1)=\dfrac{(r+1)_n}{n!}$ |
| 雅可比多项式 $J_n^{(r,s)}(x)$ | | $J_n^{(r,s)}(0)=1,\quad J_n^{(r,s)}(1)=\dfrac{(s-r-n)_n}{(s)_n}$ |
| 盖根鲍尔多项式 $G_n^m(x)$ | $G_n^m(-x)=(-1)^nG_n^m(x)$ | $G_n^m(1)=\dfrac{(2m)_n}{n!},\quad G_{2n+1}^m(0)=0$<br>$G_{2n}^m(x)(0)=(-1)^n\dfrac{(m)_n}{n!}$ |
| 切比雪夫多项式 $T_n(x)$ | $T_n(-x)=(-1)^nT_n(x)$ | $T_n(1)=1$<br>$T_{2n+1}(0)=0,\quad T_{2n}(0)=(-1)^n$ |
| 第二类切比雪夫函数 $U_n(x)$ | $U_n(-x)=(-1)^{n+1}U_n(x)$ | $U_n(\pm1)=1$<br>$U_{2n}(0)=0,\quad U_{2n+1}(0)=(-1)^n$ |

续表

| 函数 $Q_n(x)$ | 奇偶性 | 特殊点的值 |
| --- | --- | --- |
| 第二类切比雪夫多项式$U_n^*(x)$ | $U_n^*(-x)=(-1)^n U_n^*(x)$ | $U_n^*(1)=n+1$<br>$U_{2n}^*(0)=(-1)^n,\quad U_{2n+1}^*(0)=0$ |
| 勒让德多项式$P_n(x)$ | $P_n(-x)=(-1)^n P_n(x)$ | $P_n(1)=1,\quad P_{2n+1}(0)=0$<br>$P_{2n}(0)=(-1)^n\dfrac{(2n)!}{2^{2n}(n!)^2}$ |
| 第一类连带勒让德函数$P_n^m(x)$ | $P_n^m(-x)=(-1)^{n+m}P_n^m(x)$ | $P_n^m(\pm 1)=0$<br>$P_n^m(0)=0,\quad n-m=$奇数<br>$(-1)^{(n-m)/2}\dfrac{(n+m-1)!!}{(n-m)!!},\quad n-m=$偶数 |
| 索宁多项式$S_n^\mu(x)$ | | $S_n^\mu(0)=\dfrac{(\mu+1)_n}{n!}$ |
| 连带拉盖尔多项式$L_n^{(m)}(x)$ | | $L_n^{(m)}(0)=(-1)^n\dfrac{(n!)^2}{(n-m)!m!}$ |
| 拉盖尔多项式 $L_n(x)$ | | $L_n(0)=n!$ |
| 厄米多项式$H_n(x)$ | $H_n(-x)=(-1)^n H_n(x)$ | $H_{2n}(0)=(-1)^n\dfrac{(2n)!}{n!}$<br>$H_{2n+1}(0)=0$ |
| 第一类韦伯–厄米函数$\Psi_n(x)$ | $\Psi_n(-x)=(-1)^n\Psi_n(x)$ | $\Psi_{2n}(0)=(-1)^n\dfrac{(2n)!}{n!}$<br>$\Psi_{2n+1}(0)=0$ |
| 韦伯函数(抛物线柱函数)$D_n(x)$ | $D_n(-x)=(-1)^n D_n(x)$ | $D_{2n}(0)=(-1)^n(2n-1)!$<br>$D_{2n+1}(0)=0$ |
| 贝塞尔函数 $J_n(x)$ | $J_n(-x)=(-1)^n J_n(x)$ | $J_n(0)=\begin{cases}1, & n=0\\ 0, & n\geqslant 1\end{cases}$ |
| 第一类变型贝塞尔函数$I_n(x)$ | $I_n(-x)=(-1)^n I_n(x)$ | $I_n(0)=\begin{cases}1, & n=0\\ 0, & n\geqslant 1\end{cases}$ |
| 第一类球贝塞尔函数(球贝塞尔函数)$j_n(x)$ | $j_n(-x)=(-1)^n j_n(x)$ | $j_n(0)=\begin{cases}1, & n=0\\ 0, & n\geqslant 1\end{cases}$ |
| 第二类球贝塞尔函数(诺伊曼函数)$y_n(x)$ | $y_n(-x)=(-1)^{n+1}y_n(x)$ | $y_n(0)\sim x^{-(n+1)}\to\infty$ |

最后要指出以下两点:

(1) 在上述表中列出的函数, 一般称为特殊函数.

**定义 1**　幂函数、指数函数、对数函数、三角函数、反三角函数, 称为**基本初等函数**. 由基本初等函数经过有限次加减乘除四则运算及有限次复合所得的函数, 称为**初等函数**. 初等函数的例子有多项式, 有理函数、双曲函数、反双曲函数等. 不属于初等函数的函数常称为**特殊函数**.

特殊函数有时也称为**高等函数**或者**高等超越函数**. 它大致可分成三大类. ①由某些特定形式的积分所定义的函数. 例如, 由式 (3.3.17) 定义的 Γ 函数、B 函数、误差函数、菲涅耳积分、指数积分、对数积分、正弦积分、余弦积分等.

②用分离变量法解偏微分方程时所得出的某些二阶线性常微分方程的解, 以及根据这类函数所满足的微分方程的奇点进行分类的函数. 本章和第 4 章给出了一些例子. ③椭圆函数.

根据初等函数的定义可知, 表 3.2 中列出的八种多项式的级数表达式中, 有五种未用到特殊函数且求和的项数有限, 因此它们都属于初等函数; 表 3.4 中的函数也都是初等函数, 尽管它们不是多项式. 可是在数学手册中, 表 3.2 和表 3.4 中列出的函数, 常被作为特殊函数的第二大类在特殊函数的栏目中列出. 在一些文献中也是如此[2,10,11].

(2) 这些方程的解是在一定区域 $[a,b]$ 得到的. 而有的方程在区域 $[a,b]$ 之外也是可能有解的, 但是方程的解不一定具有前面列出的性质, 例如, 正交归一性等. 本书作者在求解铁磁系统的二阶常微分方程时遇到这样一例, 下面作简要介绍.

## 3.5 切比雪夫双曲函数

### 3.5.1 微分方程的建立

本节利用切比雪夫方程求解磁化强度的一般表达式, 但是方程的求解区域在表 3.1 中所规定的区域之外. 这是作者在科研过程中遇到的一个实例[12~16].

从海森伯模型可以了解磁性系统的一些物理性质. 用自旋算符 $S^z$ 表示磁化强度的 $z$ 分量. 那么可测量的磁化强度的数值就是 $\langle S^z\rangle$, 其中 $\langle\cdot\rangle$ 表示一个物理量对热力学系综做平均. 磁化强度的数值与自旋量子数 $S$ 是有关的. 显然, $S$ 越大, 那么磁化强度的数值就越大. $S$ 只能取整数和半整数, 即

$$S=\frac{1}{2},\quad 1,\quad \frac{3}{2},\quad 2,\quad \frac{5}{2},\quad 3,\quad \cdots \tag{3.5.1}$$

利用多体格林函数方法[17], 分别取 $S=\frac{1}{2},1,\frac{3}{2},2,\frac{5}{2}$ 等, 可以得到 $\langle S^z\rangle$ 和关联函数 $\langle S^zS^z\rangle$ 的表达式. 然后综合这些公式, 猜测出, 对于任意 $S$, 它们的表达式[13,14] 应该是

$$\langle S^z\rangle=\frac{[(2S+1)R+Q](Q-R)^{2S+1}+[(2S+1)R-Q](Q+R)^{2S+1}}{2R^2[(Q+R)^{2S+1}-(Q-R)^{2S+1}]} \tag{3.5.2}$$

和

$$\langle S^zS^z\rangle=\frac{2S(S+1)-Q\langle S^z\rangle(3-R^2)}{2R^2} \tag{3.5.3}$$

其中 $Q$ 是一个已知的量, 它与系统的能谱有关.$R$ 的表达式是 $R^2=1+|q_{13}|^2$, 其中 $q_{13}=\langle S^x\rangle/\langle S^z\rangle$ 是 $x$ 和 $z$ 方向磁化强度分量的比值.$R=1$ 表示磁化强度只有 $z$ 分量, 没有其他方向的分量.

式 (3.5.2) 和式 (3.5.3) 毕竟是归纳得到的, 因此必须有一个对任意 $S$ 适用的严格证明.

为了严格求出一般的表达式, 发现定义如下一个函数是方便的:

$$f(u) = \langle \exp(uS^z) \rangle \tag{3.5.4}$$

其中 $u$ 是这个函数的自变量. 由泰勒展开知道, 这个函数包含的各级关联函数, 就是各级导数的初始值. 例如, 磁化强度和最低级关联函数分别是一次和二次导数的初始值, 即

$$f'(0) = \langle S^z \rangle \tag{3.5.5}$$

$$f''(0) = \langle (S^z)^2 \rangle \tag{3.5.6}$$

函数本身的初始值为 1, 即

$$f(0) = 1 \tag{3.5.7}$$

运用多体格林函数方法并做了无规相近似之后, 得到函数 (3.5.4) 所满足的方程如下[15]:

$$f''(u) - \frac{V(u)}{W(u)} \frac{[W(u)]^2 - 2(R^2-1)}{[W(u)]^2 + 4(R^2-1)} f'(u) - \frac{[W(u)]^2}{[W(u)]^2 + 4(R^2-1)} S(S+1) f(u) = 0 \tag{3.5.8}$$

其中

$$W(u) = (Q+1)\mathrm{e}^{u/2} - (Q-1)\mathrm{e}^{-u/2} \tag{3.5.9a}$$

$$V(u) = (Q+1)\mathrm{e}^{u/2} + (Q-1)\mathrm{e}^{-u/2} \tag{3.5.9b}$$

### 3.5.2　微分方程的求解

现在来求二阶常微分方程 (3.5.8) 的解析解[16]. 方程的形式看上去比较复杂, 需要寻找正确的求解途径. 为此先作变量代换. 令

$$p = \frac{V(u)}{2\sqrt{Q^2 - R^2}} = \frac{(Q+1)\mathrm{e}^{u/2} + (Q-1)\mathrm{e}^{-u/2}}{2\sqrt{Q^2 - R^2}} \tag{3.5.10}$$

$$n = 2S \tag{3.5.11}$$

方程 (3.5.8) 变换为

$$(p^2-1)f''(p) + 3pf'(p) - [(n+1)^2 - 1]f(p) = 0 \tag{3.5.12}$$

这是连带切比雪夫方程 (3.4.70). 一般地, 切比雪夫方程的形式是

$$(p^2-1)f''(p) + pf'(p) - n^2 f(p) = 0 \tag{3.5.13}$$

连带切比雪夫方程的形式是

$$(p^2-1)f''(p)+(2m+1)pf'(p)-((n+m)^2-m^2)f(p)=0 \tag{3.5.14}$$

见式 (3.4.49) 和式 (3.4.65), 式 (3.5.12) 是式 (3.5.14) 中 $m=1$ 的情形. 但是本节的情况还有所不同. 在一般的连带切比雪夫方程中, 变量 $-1\leqslant p\leqslant 1$. 因此解为第一类和第二类切比雪夫函数 $T(p)$ 和 $U(p)$, 它们都是三角函数, 称为**正常切比雪夫函数**或者**三角切比雪夫函数**. 函数值的绝对值都是小于等于 1 的, 即 $|T_n(p)|\leqslant 1$, $|U_n(p)|\leqslant 1$. 在定义区间上属于不同特征值的特征函数具有正交归一性. 但是在方程 (3.5.12) 中, 变量 $p$ 是大于 1 的. 这个结论只要在式 (3.5.10) 中取一个特殊值 $u=0$ 就可以得到.

$$p(u=0)=\frac{Q}{\sqrt{Q^2-R^2}}>1 \tag{3.5.15}$$

当 $p>1$ 时, 变量代换 $p=\cosh t$, 则将方程 (3.5.12) 变为 $f''(t)-n^2f(t)=0$, 得到方程 (3.5.12) 的解为

$$T_n^{\times}(p)=\cosh(n\mathrm{arc}\cosh p) \tag{3.5.16a}$$

$$U_n^{\times}(p)=\sinh(n\mathrm{arc}\cosh p) \tag{3.5.16b}$$

这两个函数的适用区间是: $[1,\infty)$ 和 $(-\infty,-1]$, 其中 $T_n^{\times}(p)$ 是多项式, 函数的值大于零.

$$T_n^{\times}(p)\geqslant 1,\quad U_n^{\times}(p)\geqslant 0 \tag{3.5.17}$$

且没有上限, 分别称为**第一类和第二类双曲切比雪夫函数**, 或者统称为**反常切比雪夫函数**. 实际上, 只要记住公式 $\cos \mathrm{i}p=\cosh p$ 和 $\sin \mathrm{i}p=\mathrm{i}\sinh p$, 有一部分三角切比雪夫函数适用的公式对双曲三角切比雪夫函数也同样适用[17].

洛巨格公式如下:

$$T_n^{\times}(p)=\frac{(-1)^n}{(2n-1)!!}(1-p^2)^{1/2}\frac{\mathrm{d}^n}{\mathrm{d}p^n}(1-p^2)^{n-1/2}$$

$$U_n^{\times}(p)=\frac{(-1)^n n}{(2n-1)!!}\frac{\mathrm{d}^{n-1}}{\mathrm{d}p^{n-1}}(1-p^2)^{n-1/2}$$

它们与表 3.2 中 $T_n(x)$ 和表 3.3 中 $U_n(x)$ 的表达式具有相同的形式.

和三角切比雪夫函数一样, 连带切比雪夫方程 (3.5.12) 的解是双曲切比雪夫函数的导数, 即

$$T_n^{\times(m)}(p)=\frac{\mathrm{d}^m}{\mathrm{d}p^m}T_n^{\times}(p),\quad U_n^{\times(m)}(p)=\frac{\mathrm{d}^m}{\mathrm{d}p^m}U_n^{\times}(p)$$

若取 $m=1$, 得到的就是方程 (3.5.12) 的两个线性无关的解.

由于双曲切比雪夫函数的定义区间没有上限, 而且函数值随变量无限增长, 故无法讨论它们的正交归一性问题. 由式 (3.5.16), 可以认为特解 $T_n^\times(p)$ 和 $U_n^\times(p)$ 是相互线性独立的. 进而认为 $\frac{\mathrm{d}}{\mathrm{d}p}T_n^\times(p)$ 和 $\frac{\mathrm{d}}{\mathrm{d}p}U_n^\times(p)$ 也是线性独立的. 由此, 方程 (3.5.12) 的通解为

$$f(p)=A_n\frac{\mathrm{d}}{\mathrm{d}p}T_n^\times(p)+B_n\frac{\mathrm{d}}{\mathrm{d}p}U_n^\times(p) \tag{3.5.18}$$

在式 (3.5.18) 中求导之后, 按式 (3.5.10) 代回变量 $u$. 下面要确定其中的系数. 为此要讨论解的初始条件. 它们就是式 (3.5.5)~ 式 (3.5.7), 即解的一阶导数、二阶导数和函数本身的初值. 这样实际上有三个初始条件. 由于只要两个初始条件就能把式 (3.5.18) 中的两个系数确定下来, 故选择其中最简单的两个, 式 (3.5.5) 和式 (3.5.7). 前面曾经提到, 由于方程对任意 $S$ 都适用, 因此必须至少有一个初始条件是适用于任意 $S$ 的. 式 (3.5.5) 正是可以适用于任意 $S$ 的. 为方便起见, 把式 (3.5.5) 改造成如下形式:

$$\langle S^z\rangle=f'(u=0)=\frac{(n+1)(d_n+1/d_n)}{2R(d_n-1/d_n)}-\frac{Q}{2R} \tag{3.5.19}$$

其中

$$d_n=\sqrt{\frac{Q+R}{Q-R}}^{\,n+1} \tag{3.5.20}$$

从而求得系数是

$$A_n=\frac{2R}{(n+1)(d_n-1/d_n)\sqrt{Q^2-R^2}},\quad B_n=0 \tag{3.5.21}$$

最后得到方程 (3.5.8) 的解析解为

$$f(u)=R\frac{\left[V(u)+\sqrt{[V(u)]^2-4(Q^2-R^2)}\right]^{n+1}-\left[V(u)+\sqrt{[V(u)]^2-4(Q^2-R^2)}\right]^{-n-1}}{2^n[(Q+R)^{n+1}-(Q-R)^{n+1}]\sqrt{[V(u)]^2-4(Q^2-R^2)}} \tag{3.5.22}$$

最后要提一下, 式 (3.5.11) 表明自旋量子数 $S$ 确实只能取正整数或者半正整数, 如式 (3.5.1) 那样. 否则方程 (3.5.12) 是无解的.

本节的内容表明: ① 在变量大于 1 的区域, 虽然泰勒级数展开是不收敛的, 但是方程还是有解的; ② 变量大于 1 的切比雪夫方程和切比雪夫函数也有其物理应用.

此例说明可以有这样的情况: 方程的解本身并不是可测量的物理量, 解的导数的初值则是可测量的物理量. 正如本例中方程的解 $f(u)$ 不是可测量的物理量, 可测量的物理量是由式 (3.5.5) 决定的磁化强度.

## 3.6 二阶常微分方程的复变函数理论

在讨论二阶微分方程的时候, 总是设定自变量是实数. 一般情况下, 应该从自变量是复数的角度来讨论问题. 这一点是柯西最早指出的[18]. 本节简要介绍二阶常微分方程的解析理论[18,19]. 除非特别说明, 以下函数均默认是复变函数, 自变量是复数

### 3.6.1 齐次线性方程组的解

1. 齐次线性方程组的基本理论

1) 一阶常微分方程组解的存在唯一定理

先来看一阶微分方程组的情况. 设有以下方程组:

$$w_s' = f_s(z, w_1, w_2, \cdots, w_n), \quad s = 1, 2, \cdots, n \tag{3.6.1}$$

定义一个列向量: $w = (w_1, w_2, \cdots, w_n)^{\mathrm{T}}$, 则 $w' = \dfrac{\mathrm{d}w}{\mathrm{d}z} = (w_1', w_2', \cdots, w_n')^{\mathrm{T}}$. 把方程组 (3.6.1) 写成紧凑的形式

$$w' = f(z, w) \tag{3.6.2}$$

初值问题是

$$\begin{cases} w' = f(z, w) \\ w(z_0) = w_0 \end{cases} \tag{3.6.3}$$

要求的是: 复平面 $C$ 的某个含 $z_0$ 点的区域 $R$ 上的一个解析函数 $\varphi(z)$, 使之满足

$$\varphi(z_0) = w_0, \quad \varphi'(z) = f(z, \varphi), \quad z \in R$$

**定理 1**(柯西) 若函数 $f_s(z, w_1, w_2, \cdots, w_n)(s = 1, 2, \cdots, n)$ 在

$$|z - z_0| < r, \quad |w_s - w_s(z_0)| < \rho, \quad s = 1, 2, \cdots, n$$

区域上是解析的, 并满足

$$|f_s(z, w_1, w_2, \cdots, w_n)| \leqslant M, \quad s = 1, 2, \cdots, n$$

其中 $r > 0, \rho > 0, M > 0$ 都是常数; 则初值问题 (3.6.3) 至少在区域

$$|z - z_0| < r(1 - \mathrm{e}^{-\rho/(n+1)Mr})$$

上存在唯一解.

讨论一个高阶齐次线性方程的时候, 从数学的角度来说, 是将高阶齐次线性方程化为一阶齐次线性方程组. 即如果有如下初值问题:

$$\begin{cases} y^{(n)}(z)+\alpha_1(z)y^{(n-1)}(z)+\cdots+\alpha_{n-1}(z)y'(z)+\alpha_n y(z)=0 \\ y(z_0)=\gamma_0, \quad y'(z_0)=\gamma_1, \quad y''(z_0)=\gamma_2, \quad \cdots, \quad y^{(n-1)}(z_0)=\gamma_{n-1} \end{cases} \tag{3.6.4}$$

定义

$$w_1=y, \quad w_1'=y'=w_2, \quad w_2'=w_1''=y''=w_3, \quad \cdots, \quad w_n'=w_1^{(n)}=y^{(n)} \tag{3.6.5}$$

之后, 原方程就写成如下线性方程组:

$$\begin{cases} w_1'=w_2 \\ w_2'=w_3 \\ \qquad \vdots \\ w_{n-1}'=w_n \\ w_n'=-\alpha_1 w_n-\cdots-\alpha_{n-1}w_2-\alpha_n w_1 \end{cases} \tag{3.6.6}$$

线性方程组 (3.6.6) 可以更简洁地写成

$$w'=A(z)w \tag{3.6.7}$$

其中 $A(z)=(a_{ij}(z))$ 是在某一单连通域 $G\subset C$ 上单值解析的 $n\times n$ 阶矩阵函数.

写成式 (3.6.7) 的形式之后, 一方面, 原方程多少经过了扩展; 另一方面, 讨论起来也更加方便了, 因为这样的形式可能利用到线性代数理论的一些成果.

在 3.1 节中, 二阶微分方程就是化成线性方程组的形式来讨论解的存在与唯一性的. 这对高阶方程并且是复变函数的情况同样适用.

式 (3.6.7) 只是式 (3.6.2) 的一个特列, 其中 $f(z,w)=A(z)w$, 因此方程 (3.6.7) 的解的存在唯一性是显然的. 只不过方程的形式更简单, 是齐次一阶常微分线性方程组, 因此解的存在唯一性可以表述成如下定理:

**定理 2**　若 $A(z)$ 在单连通域 $G\subset C$ 上单值解析, 且 $z_0\in G$, $w_0\in C^n$, 则初值问题

$$\begin{cases} w'=A(z)w \\ w(z_0)=w_0 \end{cases} \tag{3.6.8}$$

在 $G$ 上必存在唯一的单值解析解 $w(z)$.

2) 基本解矩阵

方程 (3.6.7) 的所有解构成一个 $n$ 维复线性空间. 这个解空间必存在 $n$ 个线性无关的解 $w_1(z),w_2(z),\cdots,w_n(z)$, 而一般解 $w$ 总是可以表示成这 $n$ 个线性无关解

的线性组合, 即

$$w(z) = c_1 w_1(z) + c_2 w_2(z) + \cdots + c_n w_n(z), \quad c_i \in C$$

又设 $w_{(1)}(z), w_{(2)}(z), \cdots, w_{(n)}(z)$(下标表示列序) 是方程 (3.6.7) 的任意 $n$ 个解, 则由它们可以构成一个**解矩阵**, 记为

$$W(z) = (w_{(1)}(z), w_{(2)}(z), \cdots, w_{(n)}(z)) \tag{3.6.9}$$

其中 $w_{(i)}(z)$ 是解矩阵 $W(z)$ 的第 $i$ 列, 即

$$W'(z) = A(z)W(z)$$

若这 $n$ 个解是**线性无关**的, 我们记为

$$W(z) = (w^{(0)}(z), w^{(1)}(z), \cdots, w^{(n-1)}(z))$$

称此解矩阵构成 (3.6.7) 的一个**基本解矩阵**. 解矩阵和基本解矩阵都满足方程 $w'(z) = A(z)W(z)$. 一个解矩阵是基本解矩阵的充要条件是: 它的行列式 $\Phi(z) = \det W(z)$ 在某一点 $z_0 \in G$ 处不为零. $\Phi(z) = \det W(z)$ 就是原方程 (3.6.4) 的解的朗斯基行列式.

若 $W(z)$ 是式 (3.6.7) 的解矩阵, 那么 $\Phi(z) = \det W(z)$ 满足方程

$$\Phi'(z) = \mathrm{tr}(A(z))\Phi(z)$$

**定理 3** 若 $W(z)$ 是式 (3.6.7) 的一个基本解矩阵, 那么方程 (3.6.7) 的所有基本解矩阵 $V$ 都可以表成如下形式:

$$V(z) = W(z)C \tag{3.6.10}$$

此处 $C$ 是一个非奇异常数矩阵.

### 2. 孤立奇点及其分类

1) 孤立奇点导致多值函数

以上讨论都是假定了方程 (3.6.7) 中的 $A(z) = (a_{ij}(z))$ 是在某一单连通域 $G \subset C$ 上单值解析的 $n \times n$ 阶矩阵函数. 下面讨论具有孤立奇点的情况.

**定义 1** 如果在方程

$$w' = A(z)w \tag{3.6.11}$$

中, $A(z) = (a_{ij}(z))$ 在某一区域 $0 < |z - z_0| < r$($r$ 是某一正数) 内单值解析, 而在 $z_0$ 处是非解析的, 即在 $A(z)$ 中至少有一个元素 $a_{ij}(z)$ 在点 $z_0$ 处是非解析的, 这种点称为 $A(z)$ 的**孤立奇点**, 也称为方程组 (3.6.11) 的**孤立奇点**.

方程组 (3.6.11) 和方程 (3.6.7) 形式虽然相同, 但两者的 $A(z)$ 的解析性质不同. 后面提到式 (3.6.7) 时, 表示 $A(z)$ 在某一单连通域 $G \subset C$ 上单值解析; 提到方程 (3.6.11) 时, 则表示 $A(z)$ 在点 $z_0$ 处非解析.

当存在孤立奇点时, 定理 2 显然是不适用的. 由于 $0 < |z - z_0| < r$ 非单连通区域, 故方程 (3.6.11) 的解有可能是多值的.

**例 1** 考虑 $n = 1$ 时的微分方程

$$w' = \frac{\alpha}{z} w \tag{3.6.12}$$

其中 $\alpha$ 是一常数. 把复平面上除去 $z = 0$ 的点之后的区域简记为 $C - \{0\}$, 称作区域 $K$, 也记做 $K = C - \{0\}$. 方程中的 $A(z) = \dfrac{\alpha}{z}$ 在 $C - \{0\}$ 内单值解析. 而 $z = 0$ 是它的孤立奇点. 但方程有一个基本解 $w = z^{\alpha}$(注意 $z^{\alpha} \neq 0$), 它在 $\alpha = \dfrac{1}{2}$ 时是多值的, 这是因为 $w = \sqrt{z}$ 是一个多值函数.

**例 2** 考虑 $n = 2$ 时的二阶方程组

$$\begin{pmatrix} w_1' \\ w_2' \end{pmatrix} = \begin{pmatrix} 0 & 1/z \\ 0 & 0 \end{pmatrix} \begin{pmatrix} w_1 \\ w_2 \end{pmatrix}$$

其中 $A(z) = \begin{pmatrix} 0 & 1/z \\ 0 & 0 \end{pmatrix}$ 在 $C - \{0\}$ 内单值解析, $z = 0$ 是它的孤立奇点. 但是方程有一个多值的基本解矩阵

$$W = \begin{pmatrix} \mathrm{Ln} z & 1 \\ 1 & 0 \end{pmatrix}$$

其中第一个解是多值的, 第二个解是单值的. 这是因为

$$\mathrm{Ln} z = \ln |z| + \mathrm{i} \arg z + \mathrm{i} 2k\pi \tag{3.6.13}$$

是一个多值函数.

例 1 和例 2 表明, 当方程组有孤立奇点时, 确实出现了解为多值函数的情况.

2) 有孤立奇点时的解

为了对有孤立奇点方程的解的讨论提供一个思路, 现考察下面这个形式简单的方程:

$$w' = \frac{A}{z} w, \quad A = (a_{ij}) \quad (n \times n\text{阶常数矩阵}) \tag{3.6.14}$$

这一方程组称为**柯西方程组**. 本节例 1 和例 2 是柯西方程组的两个特例.

显然, $z = 0$ 是方程 (3.6.14) 的孤立奇点, 方程右端的系数矩阵在 $K = C - \{0\}$ 内单值解析.

为了求出方程 (3.6.14) 的解, 作变换

$$z = \mathrm{e}^s \tag{3.6.15}$$

函数就变为 $w(z) = u(s)$, 原方程就变为

$$u' = Au \tag{3.6.16}$$

这个方程是常系数线性方程组, 具有基本解矩阵

$$U = \mathrm{e}^{As} = \sum_{k=0}^{\infty} \frac{A^k}{k!} s^k$$

这个解在整个复平面上单值解析.

原方程组 (3.6.14) 也有一个基本解矩阵：

$$W(z) = U(\mathrm{Ln}z) = \mathrm{e}^{A\mathrm{Ln}z} = \sum_{k=0}^{\infty} \frac{A^k}{k!} (\mathrm{Ln}z)^k$$

它在 $K = C - \{0\}$ 内是解析的, 可是非单值.

由定理 3, 方程组 (3.6.16) 的一般解矩阵是 $u = \mathrm{e}^{As}C = \sum\limits_{k=0}^{\infty} \frac{A^k}{k!} s^k C$, 此处 $C$ 是任一常数矩阵. 因而, 方程组 (3.6.14) 的一般解矩阵是

$$w(z) = \mathrm{e}^{A\ln z}C = \sum_{k=0}^{\infty} \frac{A^k}{k!} (\ln z)^k C$$

这个例子说明, 通过变换 (3.6.15), 可以把具有某孤立点的多连通域上的方程组转化为单连通域上的方程组, 从而可通过单值解获得多值解的表达式.

如果方程组 (3.6.11) 最多有一个孤立奇点 $z_0 \in C$, 那么方程组在 $z_0$ 附近解的定性结构由下述定理给出.

**定理 4**　设 $A(z)$ 在区域 $0 < |z - z_0| < r$($r$ 是某一正数) 内单值解析, 则方程组 (3.6.11) 必存在一基本解矩阵 $W(z)$. 它具有形式

$$W(z) = V(z)(z - z_0)^B, \quad 0 < |z - z_0| < r \tag{3.6.17}$$

其中 $V(z)$ 在 $0 < |z - z_0| < r$ 内是单值解析的 $n \times n$ 阶矩阵函数, 而 $B$ 是 $n \times n$ 阶常数矩阵.

此定理的证明思路是：不失一般性, 设 $z_0 = 0$. 作式 (3.6.15) 那样的变换, 把方程 (3.6.11) 变成

$$u'(s) = \mathrm{e}^s A(\mathrm{e}^s) u(s) \tag{3.6.18}$$

的形式. 此方程右端的系数矩阵 $e^sA(e^s)$ 在区域 $\mathrm{Re}s<\ln r$ 上是单值解析的, 因而, 方程 (3.6.18) 就和方程 (3.6.7) 的性质相同了, 它的一个基本解矩阵记为 $U(s)$. 因系数矩阵 $e^sA(e^s)$ 是以 $2\pi i$ 为周期的, 又由定理 3 知, $U(s)C$ 也是方程 (3.6.18) 的解. 故存在一个非奇异的常数矩阵 $C$, 使 $U(s+2\pi i)=U(s)C$. 复变函数中有一引理: 对于任一非奇异的 $n\times n$ 阶矩阵 $A$, 必然存在 $n\times n$ 阶矩阵 $B$, 使 $e^B=A$. 利用这一引理, 可把常数矩阵 $C$ 写成 $C=e^{2\pi iB}$ 的形式. 令 $T(s)=U(s)e^{-Bs}$, 则 $T(s)$ 以 $2\pi i$ 为周期, 但非式 (3.6.18) 的解.$U(s)=T(s)e^{Bs}$. 则方程 (3.6.11) 的解为 $W(z)=U(\mathrm{Ln}z)=T(\mathrm{Ln}z)e^{B\ln z}=T(\mathrm{Ln}z)z^B=V(z)z^B$. 这就是式 (3.6.17) 的形式.

在定理 4 的条件下, 方程 (3.6.11) 的任意一个基本解矩阵 $W(z)$ 都具有形式 (3.6.17). 这是因为对于任意非奇异常数矩阵 $C$, 既然 $U(s)C$ 是方程 (3.6.18) 的解, $W(z)C$ 当然也就是方程 (3.6.11) 的解.

$$W(z)C=V(z)z^BC=V(z)CC^{-1}z^BC=V_1(z)z^{B_1}$$

其中 $V_1(z)=V(z)C, B_1=C^{-1}BC$.

把区域 $0<|z-z_0|<r$ 简记为 $K_r^{z_0}$, 把区域 $0<|z|<r$ 简记为 $K_r^0$. 将区域 $K_r^0$ 从其中心 $z=0$ 开始沿负实轴割开, 于是得到一个单连通域, 把它记做 $K_r^-$. 这个区域是由圆域 $|z|<r$ 内部除了 $\mathrm{Re}z\leqslant 0, \mathrm{Im}z=0$ 的所有点 $z$ 构成的集合.

**定理 5**　设 $A(z)$ 在区域 $K_r^0$ 内单值解析, $z=0$ 是 $A(z)$ 的 $m(\geqslant 1)$ 级极点, 则对方程组 (3.6.11) 在 $K_r^-$ 上的任意单值解析解 $w(z)$, 都必然存在两个正常数 $a$ 和 $b$ 使

$$|w(z)|=\begin{cases} a|z|^{-b}, & m=1 \\ a\exp(b|z|^{1-m}), & m>1 \end{cases}\quad (z\in K_{r/2}^-) \tag{3.6.19}$$

3) 奇异点的分类和富克斯型方程组

(1) 有限奇异点.

**定义 2**　设方程组 (3.6.11) 中的 $A(z)$ 是在区域 $0<|z-z_0|<r$ 上单值解析的 $n\times n$ 阶矩阵函数. 若 $A(z)$ 在 $z_0$ 处解析, 则称 $z_0$ 为 $A(z)$ 的**常点**; 若 $z_0$ 是 $A(z)$ 的奇点但是极限 $\lim\limits_{z\to z_0}A(z)$ 存在, 则称 $z_0$ 为 $A(z)$ 的**可去奇点**. 例如, $\lim\limits_{z\to 0}\dfrac{\sin z}{z}$ 存在, 因而 $z_0=0$ 是 $\dfrac{\sin z}{z}$ 的可去奇点. 常点和可去奇点统称为方程组 (3.6.11) 的**正则点**.

若 $z_0$ 是 $A(z)$ 的一级极点, 则称 $z_0$ 是方程组 (3.6.11) 的**第一类 (或弱) 奇点**.

若 $z_0$ 既不是方程组 (3.6.11) 的正则点, 又不是它的第一类奇点, 则称 $z_0$ 是方程组 (3.6.11) 的**第二类 (或强) 奇点**. 即这类极点至少是二级以上的极点.

对于第一类奇点, 定理 4 的结论可以再加强一些. 这就是下面的定理 6.

**定理 6** 设方程组 (3.6.11) 中的 $A(z)$ 在区域 $0<|z-z_0|<r$ 内单值解析, 并且 $z_0$ 是该方程组的第一类 (或弱) 奇点, 则方程组 (3.6.11) 的每个基本解矩阵 $W(z)$ 均有形式

$$W(z)=V(z)(z-z_0)^B \tag{3.6.20}$$

其中 $V(z)$ 在 $|z-z_0|<r$ 内是单值解析的 $n\times n$ 阶矩阵函数, $B$ 是 $n\times n$ 阶常数矩阵.

定理 6 与定理 4 的区别在于, 式 (3.6.17) 的条件 $0<|z-z_0|<r$ 在式 (3.6.20) 中放宽为 $|z-z_0|<r$.

(2) 无限奇异点.

考虑方程组 (3.6.11), 如果 $A(z)$ 在区域 $|z|>r$ 上是单值解析的, 则无穷远点 $\infty$ 也成为方程组 (3.6.11) 的一个孤立奇点. 为了对无穷远点 $\infty$ 进行分类, 作变换 $\xi=\dfrac{1}{z}$, $w(z)=u(\xi)$, 则方程组 (3.6.11) 变成

$$u'(\xi)=-\frac{1}{\xi^2}A\left(\frac{1}{\xi}\right)u(\xi),\quad 0<|\xi|<\frac{1}{r} \tag{3.6.21}$$

此时, 依照 $\xi=0$ 是式 (3.6.21) 的正则点, 或是第一类奇异点, 或是第二类奇异点, 分别称 $z=\infty$ 是式 (3.6.21) 的正则点, 或是第一类奇异点, 或是第二类奇异点.

如将式 (3.6.21) 的矩阵函数 $A\left(\dfrac{1}{\xi}\right)$ 展开成罗朗级数

$$A\left(\frac{1}{\xi}\right)=\sum_{k=-\infty}^{\infty}B_k\xi^k,\quad 0<|\xi|<\frac{1}{r}$$

那么按上述定义, 依照对所有的 $k\leqslant 1$ 有 $B_k=0$, 或对所有的 $k\leqslant 0$ 有 $B_k=0$ 但 $B_1\neq 0$, 或不是对所有的 $k\leqslant 0$ 有 $B_k=0$, 无穷远点 $\infty$ 将分别是方程组 (3.6.11) 的正则点、第一类奇点、第二类奇点.

**定理 7** 设方程组 (3.6.11) 中的 $A(z)$ 在区域 $|z|>r$ 上单值解析, 则 $z=\infty$ 是该方程组的第一类奇点的充要条件是, $z=\infty$ 为 $A(z)$ 的一级零点或者 $A(z)$ 可展开成如下形式的级数:

$$A(z)=\frac{B_1}{z}+\frac{B_2}{z^2}+\frac{B_3}{z^3}+\cdots,\quad |z|>r \tag{3.6.22}$$

且 $B_1\neq 0$; 而 $z=\infty$ 是该方程的正则点的充要条件是 $A(z)$ 的不低于二级的零点或 $A(z)$ 可展开成如下的级数形式:

$$A(z)=\frac{B_2}{z^2}+\frac{B_3}{z^3}+\cdots,\quad |z|>r \tag{3.6.23}$$

以上两式中的 $B_i(i=1,2,3,\cdots)$ 是常数矩阵.

此外, 方程组 (3.6.11) 的每个基本解矩阵 $W(z)$ 均具有形式

$$W(z)=\begin{cases}U(z)z^B, & \text{当}z=\infty\text{为第一类奇点}\\ U(z), & \text{当}z=\infty\text{为正则点}\end{cases}\quad (|z|>r)$$

其中 $U(z)$ 在 $|z|>r$(包括 $z=\infty$) 上是单值解析的矩阵函数, $B$ 是一常数矩阵.

(3) 富克斯型方程组.

**定义 3** 如果方程组

$$w'=A(z)w \tag{3.6.24}$$

在复平面 $C$ 上除了具有有限个第一类奇点 (允许有 $\infty$ 点) 外, 其余都是它的正则点, 则称方程组 (3.6.24) 为**富克斯型方程组**.

**定理 8** 方程组 (3.6.24) 为富克斯型的充要条件是 $A(z)$ 具有形式

$$A(z)=\sum_{j=1}^{k}\frac{1}{z-z_j}R_j \tag{3.6.25}$$

其中 $z_1,z_2,\cdots,z_k$ 是 $k$ 个互异的第一类奇点, $R_j$ 是非零的常数矩阵.

由此定理, 若方程组 (3.6.24) 为富克斯型的, 即 $A(z)$ 具有形式 (3.6.25), 则由 $zA(z)$ 在 $z\to\infty$ 的极限可以看出, 当 $\sum\limits_{j=1}^{k}R_j=0$(或者 $\neq 0$) 时无穷远点是方程组 (3.6.24) 的正则点 (或者第一类奇点).

对于富克斯型方程, 可以用以下寻找幂级数解的方法来求方程的解.

### 3. 幂级数解

考虑如下方程组:

$$w'=A(z)w \tag{3.6.26}$$

其中 $A(z)$ 是在 $0<|z-z_0|<r$ 上单值解析的 $n\times n$ 阶矩阵函数, $z_0$ 是方程组的第一类奇点. 即方程组 (3.6.26) 是富克斯型方程中只有一个奇点的情况. 为简单起见, 假定 $z_0=0$. 此时 $A(z)$ 可写成

$$A(z)=\frac{1}{z}\sum_{k=0}^{\infty}A_kz^k,\quad 0<|z|<r \tag{3.6.27}$$

其中 $A_k(i=0,1,2,\cdots)$ 是 $n\times n$ 阶常数矩阵, 且 $A_0\neq 0$.

为了求出方程组 (3.6.26) 在 $z=0$ 附近的解析解 $w(z)$, 令

$$w(z)=\sum_{k=0}^{\infty}w_kz^k \tag{3.6.28}$$

其中 $w_k$ 是 $n\times n$ 阶常数矩阵. 把式 (3.6.28) 代入式 (3.6.26), 得

$$z\sum_{k=1}^{\infty}kw_kz^{k-1}=\sum_{i=0}^{\infty}A_iz^i\sum_{j=0}^{\infty}w_jz^j$$

比较上式两边 $z^k$ 的系数, 得

$$kw_k=\sum_{i=0}^{k}A_{k-i}w_i,\quad k=0,1,2,\cdots \tag{3.6.29}$$

把右边的 $A_0w_k$ 项移到左边, 得

$$\begin{cases}-A_0w_0=0\\(I-A_0)w_1=A_1w_0\\\qquad\vdots\\(kI-A_0)w_k=A_kw_0+A_{k-1}w_1+\cdots+A_1w_{k-1}\\\qquad\vdots\end{cases} \tag{3.6.30}$$

其中 $I$ 是单位矩阵.

将方程 (3.6.28) 的系数序列记为 $(w_k)_0^{\infty}$, 称满足式 (3.6.29) 或式 (3.6.30) 的任一序列 $(w_k)_0^{\infty}$ 为方程组 (3.6.26) 的一个**形式解**.

**定理 9**(解的幂级数展开定理) 对方程组 (3.6.26), 设

(i) 关于矩阵 $A(z)$ 的级数 (3.6.27) 在 $0<|z|<r$ 上收敛;

(ii) $(w_k)_0^{\infty}$ 为方程组 (3.6.26) 的一个形式解;

则由 $(w_k)_0^{\infty}$ 产生的幂级数 (3.6.28) 必在 $|z|<r$ 上收敛, 从而在其上确定了方程组 (3.6.26) 的一个单值解析解.

此定理有以下三个重要推论:

**推论 1** 若级数 (3.6.27) 在 $0<|z|<r$ 上收敛, $\lambda=0$ 是矩阵 $A_0$ 的特征根, 并对所有的自然数 $k$, 矩阵 $kI-A_0$ 都是非奇异的, 则 $A_0$ 对应于 $\lambda=0$ 的特征向量 $w_0\neq 0$, 并且式 (3.6.26) 在 $|z|<r$ 上都相应存在着一个形如式 (3.6.28) 的单值解析解, 其中的系数 $w_k(k\geqslant 1)$ 由式 (3.6.30) 所决定.

这一推论的含义是, $w_0\neq 0$ 指式 (3.6.30) 的第一式有非零解 (与后面各式比较, 有 $\lambda=0$). 解出 $w_0$ 之后, 再逐步解出其余各 $w_k$, 条件是式 (3.6.30) 各式左边的 $kI-A_0$ 都是非奇异的.

**推论 2** 在推论 1 的条件下, 若 $A_0$ 对应 $\lambda=0$ 有 $p$ 个线性无关的特征向量, 则式 (3.6.26) 在 $|z|<r$ 上就存在着 $p$ 个线性无关的形如式 (3.6.28) 的单值解析解.

这个推论的含义是, 如果式 (3.6.30) 的第一式有 $p$ 个线性无关的非零解, 那么从任一个解 (如第 $m$ 个解 $w_{m,0}$) 开始, 都可以由式 (3.6.30) 的各式求得各 $w_{m,k}$, 构

成一个解组, 记为

$$w_m(z)=\sum_{k=0}^{\infty}w_{m,k}z^k,\quad m=1,2,\cdots,p$$

这 $p$ 个解是线性无关的. 否则, 令 $z=0$, 那么 $w_m(0)=w_{m,0}\ (m=1,2,\cdots,p)$, 若 $p$ 个 $w_m(0)$ 线性相关, 就导致 $p$ 个特征向量 $w_{m,0}(m=1,2,\cdots,p)$ 线性相关, 这就与前提条件矛盾.

**推论 3**　若级数 (3.6.27) 在 $0<|z|<r$ 上收敛, 某个复数 $\lambda$ 是 $A_0$ 的特征根, 但所有的 $\lambda+k$($k$ 是自然数) 都不是 $A_0$ 的特征根, 则对 $A_0$ 对应于 $\lambda$ 的特征向量 $w_0$, 式 (3.6.26) 在 $|z|<r$ 上都存在一个形如

$$w(z)=z^{\lambda}\sum_{k=0}^{\infty}w_kz^k \tag{3.6.31}$$

的解析解, 代入式 (3.6.26) 可知, 系数 $w_k(k\geqslant 1)$ 由方程组

$$((\lambda+k)I-A_0)w_k=\sum_{i=0}^{k-1}A_{k-i}w_i,\quad k=0,1,2,\cdots \tag{3.6.32}$$

所决定.

若 $A_0$ 有对应于 $\lambda$ 的 $p$ 个线性无关的特征向量, 则式 (3.6.26) 在 $|z|<r$ 上就存在 $p$ 个线性无关的形如式 (3.6.31) 的解析解.

推论 1 和推论 2 都是针对 $A_0$ 的特征值 $\lambda=0$ 的情况. 推论 3 则是针对 $A_0$ 的特征值 $\lambda\neq 0$ 的情况. 推论 3 的来源是: 作变换 $w=z^{\lambda}u$, 那么 $u$ 所满足的方程就与 $w$ 所满足的方程 (3.6.26) 一样且具有同样的特性, 对于 $u$ 的解适用定理 9 及其前两个推论. 当然前提是 $\lambda$ 为 $A_0$ 的特征值. 当 $\lambda=0$ 时, 自动回到推论 1 和推论 2 的情况.

4. 一般解

以上给出的是方程组 (3.6.26) 在式 (3.6.27) 条件下的幂级数形式的解式 (3.6.28). 相当于只找了微分方程的一个特解. 根据前面的讨论知, 由于系数矩阵的式 (3.6.27) 的形式, 作形如式 (3.6.15) 那样的变换可得到多值解. 这样的解称为**一般解**. 现在此处也作这一变换

$$z=\mathrm{e}^s,\quad w(z)=u(s) \tag{3.6.33}$$

则式 (3.6.26) 变为

$$u'(s)=\mathrm{e}^sA(\mathrm{e}^s)u=\sum_{k=0}^{\infty}A_k\mathrm{e}^{ks}u \tag{3.6.34}$$

对于一般解, 也有一个一般解的级数展开定理, 就不在此叙述了, 下面只介绍如何构造这个解.

构造式 (3.6.34) 的解的过程可以像式 (3.6.28) 往后那样的方式进行. 不过从最一般的情况式 (3.6.31) 开始进行操作. 设式 (3.6.34) 具有如下形式的解:

$$u(s)=\mathrm{e}^{\lambda s}\sum_{k=0}^{\infty}u_k(s)\mathrm{e}^{ks} \tag{3.6.35}$$

代入式 (3.6.34), 得

$$\mathrm{e}^{\lambda s}\sum_{k=0}^{\infty}[u_k'+(\lambda+k)u_k]\mathrm{e}^{ks}=\sum_{k=0}^{\infty}A_k\mathrm{e}^{ks}\mathrm{e}^{\lambda s}\sum_{l=0}^{\infty}u_l(s)\mathrm{e}^{ls} \tag{3.6.36}$$

比较两边 $\mathrm{e}^{ks}$ 的系数, 得

$$u_k'+(\lambda+k)u_k=\sum_{i=0}^{k}A_{k-i}u_i(s)$$

把 $A_0$ 项移到左边. 得到如下方程组:

$$\begin{cases}u_0'+(\lambda I-A_0)u_0=0\\ u_1'+((\lambda+1)I-A_0)u_1=A_1u_0\\ \qquad\vdots\\ u_1'+((\lambda+k)I-A_0)u_k=A_ku_0+A_{k-1}u_1+\cdots+A_1u_{k-1}\\ \qquad\vdots\end{cases} \tag{3.6.37}$$

首先看其中的第一式. 一旦取 $\lambda$ 为 $A_0$ 的一个特征值, 得到相应的特征向量之后, 就可解出 $u_0(s)$ 是关于 $s$ 的一个向量多项式 (这是因为 $y'=A_0y$ 的解是 $y=\mathrm{e}^{\lambda s}u_0(s)$, 其中 $u_0(s)$ 是关于 $s$ 的向量多项式). 其次由此 $u_0(s)$, 从式 (3.6.37) 的第二式开始往下, 可逐步解出 $u_1(s),u_2(s),\cdots$. 它们都是关于 $s$ 的向量多项式.

现在设 $A_0$ 有 $l$ 个互异的特征值 $\lambda_1,\lambda_2,\cdots,\lambda_l$. 对应每个 $\lambda_j$ 都有 $m_j$ 个线性无关的解, 显然应该有 $m_1+m_2+\cdots+m_l=n$. 对于第 $j$ 个特征值 $\lambda_j$ 的第 $i(i=1,2,\cdots,m_j)$ 个特征向量, 可以从式 (3.6.37) 的第一式解出 $u_0^{(ij)}(s)$, 再从其后各式依次解出 $u_k^{(ij)}(s)(k=1,2,\cdots)$. 这样, 就解出 $n$ 组 $\{u_k^{(ij)}(s)\}_0^{(ij)}(k=1,2,\cdots)$. 代入式 (3.6.35) 后, 得到式 (3.6.34) 的解为

$$u^{(ij)}(s)=\mathrm{e}^{\lambda_j s}\sum_{k=0}^{\infty}u_k^{(ij)}(s)\mathrm{e}^{ks},\quad i=1,2,\cdots,m_l;j=1,2,\cdots,l \tag{3.6.38}$$

一共有 $n$ 个解, 它们都是单值解析解. 可以证明, 这 $n$ 个解是线性无关的, 因此构成了式 (3.6.34) 的一个基本解组.

然后, 将式 (3.6.33) 代回, 得到如下基本解组:

$$w^{(ij)}(z)=z^{\lambda_j}\sum_{k=0}^{\infty}u_k^{(ij)}(\text{Ln}z)z^k,\quad i=1,2,\cdots,m_l;j=1,2,\cdots,l \tag{3.6.39}$$

如果按 Ln$z$ 的幂次整理, 则得

$$\begin{aligned}w^{(ij)}(z)&=z^{\lambda_j}\{h_0^{(ij)}(z)+(\text{Ln}z)h_1^{(ij)}(z)+\cdots+(\text{Ln}z)^q h_q^{(ij)}(z)\},\\ &i=1,2,\cdots,m_l;j=1,2,\cdots,l\end{aligned} \tag{3.6.40}$$

其中 $h_k^{(ij)}(z)(k=0,1,2,\cdots,q)$ 是在 $|z|<r$ 上单值解析的向量函数. 至于式 (3.6.40) 中到底出现多少带对数因子的项, 要根据 $A_0$ 的若尔当标准型来决定, 应该有 $q<n$.

现考虑 $n=2$ 情况下的方程组作为说明:

$$w'=A(z)w \tag{3.6.41}$$

其中 $A(z)$ 是 $2\times 2$ 阶矩阵函数, 它在 $0<|z|<r$ 上是单值解析的, 而 $z=0$ 是第一类奇点. 此时

$$A(z)=\frac{1}{z}\sum_{k=0}^{\infty}A_k z^k,\quad 0<|z|<r \tag{3.6.42}$$

设 $A_0$ 的两个特征根为 $\lambda,\mu$, 并假定 $\text{Re}\lambda\leqslant\text{Re}\mu$.

根据定理 9 的推论 3, 此方程组对应 $\mu$ 有形如

$$w_1(z)=z^{\mu}h(z) \tag{3.6.43}$$

的一个解, 其中 $h(z)$ 是在 $|z|<r$ 上单值解析的 2 维向量函数. 而另一个与 $w_1$ 线性无关的解可表成

$$w_2(z)=z^{\lambda}[h_1(z)+h_2(z)\text{Ln}z] \tag{3.6.44}$$

其中 $h_1(z),h_2(z)$ 是在 $|z|<r$ 上单值解析的 2 维向量函数. 因只有两个特征值, 故解中最多只出现 Ln$z$ 的一次项.

若 $\lambda-\mu$ 不是整数或者 $\lambda=\mu$, 但 $A_0$ 对应有两个线性无关的特征向量, 则 $w_2$ 中不出现含有对数的项, 即 $h_2(z)=0$; 若 $\lambda-\mu$ 是整数或者 $\lambda=\mu$, 但 $A_0$ 仅对应有一个特征向量, 则 $w_2$ 中可能会出现含有对数的项, 即有可能 $h_2(z)\neq 0$.

具体求出 $w_1(z)$、$w_2(z)$ 中的 $h(z)$, $h_1(z)$, $h_2(z)$ 的步骤如下:

把式 (3.6.43) 代入方程组 (3.6.26), 然后借助递推公式 (3.6.37), 可求得 $h(z)$; 把式 (3.6.44) 代入方程组 (3.6.26), 然后借助递推公式 (3.6.37), 可求得 $h_1(z)$ 和 $h_2(z)$.

我们最后复述从式 (3.6.37) 可直观看出的两种最简单的情况. 若式 (3.6.42) 的级数中, 只有 $A_0$ 这一项, 那么, 从式 (3.6.37) 可看出, 除 $u_0$ 之外的所有的 $u_k$ 都为零. 此时解式 (3.6.39) 只有首项而无级数形式. 若式 (3.6.42) 的级数中, 无 $A_0$ 但有其他项 $A_i,i\neq 0$ 存在, 则解式 (3.6.39) 是个级数, 只不过其中 $\lambda=0$.

### 3.6.2 二阶常微分方程

现在应用前面讲的线性方程组的理论具体讨论二阶线性方程. 方程的形式是

$$w''(z)+a(z)w'(z)+b(z)w(z)=0 \tag{3.6.45}$$

其中 $a(z)$、$b(z)$ 是在区域 $0<|z-z_0|<r$ 内的单值解析函数.

1. 二阶常微分方程解的结构

在 3.1 节中已经介绍了实函数时二阶齐次微分方程解的存在和唯一性定理以及解的结构. 在该节中, 从开头一直到式 (3.1.14) 的概念、定理和公式等的所有内容对于复变函数的情况仍然适用, 如用逐次逼近法证明解的存在性、线性无关的基本解组、通解、朗斯基行列式及其性质等, 只要把实函数 $y(x)$ 换成复变函数 $w(z)$ 即可[2]. 只是对于两个刘维尔公式要稍作修改, 一是方程的系数和朗斯基行列式的关系的式 (3.1.11); 另一个是从一个特解求出另一个特解的式 (3.1.14). 因为这两个公式中都有积分. 对于实函数, 积分路径是明确的; 对于复变函数, 积分路径可以是不经过被积函数的奇点的任意路径.

现将这两个公式重写如下: 如果 $w_1(z)$ 和 $w_2(z)$ 是方程 (3.6.45) 的两个线性无关的解, 则定义朗斯基行列式如下:

$$\Delta(z)=w_1w_2'-w_2w_1' \tag{3.6.46}$$

它与方程 (3.6.45) 中的系数 $a(z)$ 的关系是

$$\Delta(z)=\Delta(z_0)\exp\left[-\int_{z_0}^{z}a(\zeta)\mathrm{d}\zeta\right] \tag{3.6.47}$$

从一个特解求出另一个特解的刘维尔公式是

$$w_2=w_1\int\mathrm{d}\zeta\,\frac{c}{w_1^2}\exp\left[-\int a(\zeta)\mathrm{d}\zeta\right]+c_1w_1 \tag{3.6.48}$$

以上两式中的积分路径都不经过被积函数的奇点.

能够单纯利用刘维尔公式从一个特解求出另一个特解的情况不多. 因此, 有必要从其他途径来寻求基本解组.

2. 奇点的分类

**定义 4** 若 $z_0$ 是 $a(z)$ 和 $b(z)$ 的**常点**或者**可去奇点**, 则称 $z_0$ 为方程 (3.6.45) 的**正则点**.

若 $z_0$ 非方程 (3.6.45) 的正则点, 但 $a(z)$ 的不高于一级的极点是 $b(z)$ 的不高于二级的极点, 则称 $z_0$ 是方程 (3.6.45) 的**第一类奇点**.

若 $z_0$ 既不是方程 (3.6.45) 的正则点, 又不是它的第一类奇点, 则称 $z_0$ 是方程 (3.6.45) 的**第二类奇点**.

对于无限远点, 也参照前面的办法来考虑. 仍然考虑方程 (3.6.45), 并设其中的 $a(z)$、$b(z)$ 是在区域 $|z|>R$ 内的单值解析函数. 此时, 称无限远点 $\infty$ 是方程的一个孤立奇点. 为了对这个奇点分类, 作变换

$$\xi=\frac{1}{z},\quad w(z)=u(\xi)$$

方程 (3.6.45) 就化为同一类型的方程:

$$u''(\xi)+a^*(\xi)u'(\xi)+b^*(\xi)u(\xi)=0 \tag{3.6.49}$$

其中

$$a^*(\xi)=\frac{2}{\xi}-\frac{1}{\xi^2}a\left(\frac{1}{\xi}\right),\quad b^*(\xi)=\frac{1}{\xi^4}b\left(\frac{1}{\xi}\right) \tag{3.6.50}$$

是 $0<|\xi|<\dfrac{1}{R}$ 上的单值解析函数.

于是, 按照 $\xi=0$ 是方程 (3.6.49) 的正则点, 或是第一类奇点, 或是第二类奇点, 分别称无限远点 $\infty$ 是方程 (3.6.45) 的正则点, 或是第一类奇点, 或是第二类奇点.

根据此定义, 得到下面的定理.

**定理 10**　无限远点 $\infty$ 最多是方程 (3.6.45) 的第一类奇点 (即或为正则点, 或为第一类奇点) 的充要条件是: $a(z)$ 以 $z=\infty$ 为其不低于一级的零点, $b(z)$ 以 $z=\infty$ 为其不低于二级的零点, 即在 $z=\infty$ 附近有展开式

$$a(z)=\frac{a_1}{z}+\frac{a_2}{z^2}+\frac{a_3}{z^3}+\cdots \tag{3.6.51a}$$

$$b(z)=\frac{b_2}{z^2}+\frac{b_3}{z^3}+\cdots \tag{3.6.51b}$$

特别地, $z=\infty$ 为方程 (3.6.45) 的正则点的充要条件是: 在 $z=\infty$ 附近有展开式 (3.6.51), 其中 $a_1=2, b_2=b_3=0$.

**例 3**　二阶方程

$$(z+2)z^2w''(z)+(z+2)w'(z)-4zw(z)=0$$

由于

$$a(z)=\frac{1}{z^2},\quad b(z)=\frac{-4}{z(z+2)}$$

所以 $z=0$ 是第二类奇点, $z=-2$, $z=\infty$ 是第一类奇点. 复 $z$ 平面上其余的所有点都是正则点.

**例 4** 二阶方程

$$(\sin z)w''(z) - zw'(z) + (\mathrm{e}^z - 1)w(z) = 0$$

由于

$$a(z) = -\frac{z}{\sin z}, \quad b(z) = \frac{\mathrm{e}^z - 1}{\sin z}$$

所以 $z = 0$ 是正则点, $z = k\pi(k = \pm1, \pm2, \cdots)$ 都是第一类奇点, 因为这些点都是 $\sin z$ 的单零点. 由此可见, $z = \infty$ 是一系列奇点的极限点, 因此它不是孤立的, 从而不属于任何一类.

3. **解的级数展开**

考虑方程 (3.6.45) 中, $a(z)$, $b(z)$ 是在区域 $0 < |z - z_0| < r$ 内的单值解析函数, $z = z_0$ 点是方程的正则点或是第一类奇点. 此时有

$$a(z) = \frac{c(z)}{z - z_0}, \quad b(z) = \frac{d(z)}{(z - z_0)^2}, \quad 0 < |z - z_0| < r \tag{3.6.52}$$

$c(z)$, $d(z)$ 是在区域 $|z - z_0| < r$ 内的解析函数. 作变换

$$u_1 = w, \quad u_2 = (z - z_0)w'$$

方程 (3.6.45) 化为如下方程组:

$$u' = Au, \quad u = \begin{pmatrix} u_1 \\ u_2 \end{pmatrix} = \begin{pmatrix} w \\ (z - z_0)w' \end{pmatrix} \tag{3.6.53}$$

其中

$$A = \frac{1}{z - z_0}\begin{pmatrix} 0 & 1 \\ -d(z) & 1 - c(z) \end{pmatrix} \tag{3.6.54}$$

点 $z = z_0$ 是方程 (3.6.53) 的第一类奇点.

把 $A$ 展开成罗朗级数之后, 式 (3.6.53) 成为

$$u' = \frac{1}{z - z_0}\sum_{m=0}^{\infty} A_m (z - z_0)^m u$$

其中各 $A_m$ 都是 $2 \times 2$ 阶常数矩阵

$$A_m = \frac{1}{m!}\frac{\mathrm{d}^m}{\mathrm{d}z^m}\begin{pmatrix} 0 & 1 \\ -d(z) & 1 - c(z) \end{pmatrix}_{z=z_0}$$

特别地,

$$A_0 = \begin{pmatrix} 0 & 1 \\ -b_0 & 1-a_0 \end{pmatrix} \tag{3.6.55}$$

其中 $a_0 = c(z_0), b_0 = d(z_0)$. 计算这两个数值的一种简单方法是

$$a_0 = c(z_0) = \lim_{z\to z_0}(z-z_0)a(z), \quad b_0 = \lim_{z\to z_0}(z-z_0)^2 b(z)$$

于是 $A_0$ 的特征方程 $\det(A_0 - \lambda I) = 0$ 就是

$$\lambda(\lambda-1) + a_0\lambda + b_0 = 0 \tag{3.6.56}$$

这个方程称为方程 (3.6.53) 关于奇点 $z_0$ 的**判定方程**. 此判定方程的根的特征决定着方程 (3.6.53)、进而方程 (3.6.45) 的解的结构. 因此, 称方程 (3.6.56) 的根为方程 (3.6.45) 对应于 $z_0$ 的**指数**.

今设方程 (3.6.55) 的两个根为 $\lambda, \mu$, 且 $\mathrm{Re}\lambda \leqslant \mathrm{Re}\mu$. 根据前面的讨论知, 方程 (3.6.45) 必存在形如

$$u_1(z) = (z-z_0)^\mu h(z-z_0) \tag{3.6.57a}$$

$$u_2(z) = (z-z_0)^\lambda [h_1(z-z_0) + h_2(z-z_0)\ln(z-z_0)] \tag{3.6.57b}$$

的基本解组. 其中 $h(z-z_0), h_1(z-z_0), h_2(z-z_0)$ 都是在 $|z-z_0| < r$ 上的单值解析函数. 为了具体求出这三个函数, 可借助递推公式 (3.6.37) 计算. 但有时直接通过比较系数计算更为方便.

最简单也是最常见的情况是, 矩阵 $A$ 只有 $A_0$ 项. 这时方程的解就不是级数形式. 先由式 (3.6.56) 算出 $A_0$ 的两个特征值 $\lambda, \mu$, 且 $\mathrm{Re}\lambda \leqslant \mathrm{Re}\mu$. 特征值 $\mu$ 和 $\lambda$ 对应的特征向量分别记为 $c_1$ 和 $c_2$. 第一个特解就是

$$u_1(z) = (z-z_0)^\mu \tag{3.6.58a}$$

即式 (3.6.57a) 中的 $h(z)$=1.$c_1 \neq c_2$ 时的第二个特解就是

$$u_2(z) = (z-z_0)^\lambda \ln(z-z_0) \tag{3.6.58b}$$

即式 (3.6.57b) 中的 $h_1 = 0, h_2 = 1$.

一般情况下, 可令 $w(z) = (z-z_0)^\mu h(z-z_0)$, 代入方程 (3.6.45), 并注意式 (3.6.52), 即可得到求解 $h(z-z_0)$ 的方程

$$(z-z_0)^2 h'' + [2\mu + c(z)](z-z_0)h' + [\mu(\mu-1) + c(z)\mu + d(z)]h = 0 \tag{3.6.59}$$

然后将 $h(z-z_0) = \sum_{i=0}^{\infty} \beta_i (z-z_0)^i$ 代入方程 (3.6.59), 即可求出 $h(z-z_0)$.

若 $c(z)$ 和 $d(z)$ 恰好是满足指标方程 (3.6.56) 的, 那么方程 (3.6.59) 就化简成

$$(z-z_0)h''+[2\mu+c(z)]h'=0$$

此时, 函数 $h$ 是常数并且是一个显然的解. 这就是式 (3.6.58a) 的情况.

原则上, 写出第一个特解之后, 第二个特解就可以立即由刘维尔公式求出来.

4. 求另一线性无关解的一种方法[20]

当方程 (3.6.53) 中的系数矩阵 $A$ 是式 (3.6.54) 那样的级数时, 通过刘维尔公式求另一个线性无关解有时是非常困难的. 此处给出一种比较实用的方法. 将原二阶齐次微分方程写成标准形式

$$A(z)w''(z)+B(z)w'(z)+C(z)w(z)=0 \tag{3.6.60}$$

假设此方程的一个特解 $w_1$ 已经求出. 设第二个解的形式为

$$w_2(z)=u(z)w_1(z)+v(z) \tag{3.6.61}$$

其中函数 $u$ 和 $v$ 待求. 将式 (3.6.61) 代入式 (3.6.60), 得到

$$A(z)(u''w_1+2u'w_1'+uw_1''+v'')+B(z)(u'w_1+uw_1'+v')+C(z)(uw_1+v)=0$$

减去原方程之后为

$$A(z)(u''w_1+2u'w_1'+v'')+B(z)(u'w_1+v')+C(z)v=0$$

现在把此方程整理为两部分

$$[A(z)u''+B(z)u']w_1+A(z)v''+B(z)v'+C(z)v+A(z)2u'w_1'=0 \tag{3.6.62a}$$

根据式 (3.2.7), 写成如下微分形式:

$$\frac{\mathrm{d}}{\mathrm{d}z}\left[p(z)\frac{\mathrm{d}}{\mathrm{d}z}u\right]+\left[\frac{\mathrm{d}}{\mathrm{d}z}p(z)\frac{\mathrm{d}}{\mathrm{d}z}-q(z)\right]v+A(z)\rho(z)2u'w_1'=0 \tag{3.6.62b}$$

设函数 $u$ 所满足的方程就是令式 (3.6.62b) 的左边第一项为零的方程

$$[p(z)u'(z)]'=0 \tag{3.6.63a}$$

那么, 一次积分得到

$$p(z)u'(z)=c_1 \tag{3.6.63b}$$

其中 $c_1$ 是常数, 可设为 1. 容易解出

$$u(z) = c_1 \int \frac{\mathrm{d}z}{p(z)} \tag{3.6.63c}$$

这样, 函数 $u$ 就求出来了. 把式 (3.6.63b) 代入式 (3.6.62a) 的后半部分, 得到函数 $v$ 满足的方程

$$A(z)v'' + B(z)v' + C(z)v = -2c_1 w_1' \tag{3.6.64}$$

此式虽然并不比方程 (3.6.60) 简单, 甚至还多出来一个非齐次项, 但是由于第一个解 $w_1$ 已经求出, 可以利用它的一些已知的性质, 使得求解式 (3.6.64) 比较方便. 例如, 当 $w_1$ 是一个多项式, 并且已知它的一些性质, 如母函数关系、递推公式等, 那么, 就很容易求解式 (3.6.64). 勒让德方程就是如此. 第二个线性无关解的表达式就是式 (3.6.61).

5. *无穷远点*

对于无穷远点 $\infty$ 来说, 如果它最多是方程 (3.6.45) 的第一类奇点, 那么方程 (3.6.49) 关于 $\xi = 0$ 的判定方程就称为方程 (3.6.45) 的关于奇点 $\infty$ 的判定方程; 而这个方程的根便称为方程 (3.6.45) 的关于奇点 $\infty$ 的指数. 下面给出这一判定方程.

作变换 $\xi = 1/z$ 和 $w(z) = u(\xi)$, 方程 (3.6.45) 化为同一类型的方程:

$$u''(\xi) + \frac{1}{\xi}\left[2 - \frac{1}{\xi}a\left(\frac{1}{\xi}\right)\right]u'(\xi) + \frac{1}{\xi^4}b\left(\frac{1}{\xi}\right)u(\xi) = 0$$

如果 $\xi = 0$ 最多是此方程的第一类奇点, 那么矩阵 $A_0$ 应为

$$A_0 = \begin{pmatrix} 0 & 1 \\ -\dfrac{1}{\xi^2}b\left(\dfrac{1}{\xi}\right) & 1 - \left[2 - \dfrac{1}{\xi}a\left(\dfrac{1}{\xi}\right)\right] \end{pmatrix}_{\xi=0}$$

即

$$A_0 = \begin{pmatrix} 0 & 1 \\ -z^2 b(z) & -1 + za(z) \end{pmatrix}_{z=\infty}$$

因此求出判定方程为

$$\lambda(\lambda+1) - (za(z))_{z=\infty}\lambda + (z^2 b(z))_{z=\infty} = 0 \tag{3.6.65}$$

因此, 只要求得式 (3.6.65) 的两个根, 那么就可以求得方程 (3.6.45) 在无穷远点 $\infty$ 附近的一个基本解组.

6. **二阶常微分方程的多项式解集**

对表 3.2 中的多项式解的级数表达式, 在将其中的实变量 $x$ 换成复变量 $z$ 之后, 都是相应的二阶常微分方程的多项式解. 表 3.2~ 表 3.6 中的实变量 $x$ 换成复变量 $z$ 之后, 仍然适用.

举例来说, 对于 3.4.3 小节中介绍的切比雪夫方程及其解切比雪夫函数, 只要在式 (3.4.49)~ 式 (3.4.79) 中作如下改动: 将实变函数 $y(x)$ 改为复变函数 $w(z)$, 将式 (3.4.49) 中 $(-1 \leqslant x \leqslant 1)$ 的限制勾销并去掉式 (3.4.57), 将实数 $\theta$ 改成复数 $\xi$, 将式 (3.4.52) 中的 $\lambda = n^2$ 改成 $\lambda = \alpha^2$, 现在的 $\alpha$ 是任意复数, 去掉所有的边界条件, 那么余下所有的公式在复变函数的范围内都是适用的. 读者可以按此改动将式 (3.4.49)~ 式 (3.4.79) 写成相应的复变函数形式.

在介绍常微分方程的复变函数的理论时, 不涉及边界条件, 因此也就不涉及特征值问题, 本书只讨论如何求出两个线性无关的特解.

3.1 节 ~3.4 节讨论的都是自变量为实数的情况. 对于表 3.1 中的各种情况, 容易看出, 判定方程的根都是重合的. 因而, 在 $x$=0 附近, 除了多项式这个特解, 而另一个特解一定有 $\ln x$ 这个因子. 这就是为什么在求解区间上有界这个条件下, 解函数只出现多项式特解, 而另外一个特解不出现. 从而特征值也就确定了, 如表 3.1 中列出的数值.

## 3.7 非自伴的二阶常微分方程

### 3.7.1 常微分方程的伴随方程

3.6 节的内容介绍的是自变量都是复数, 函数也自然是复数的情况. 本节考虑自变量是实数但函数可以是复数的情况.

在一个方程中, 将算子代之以伴随算符, 就得到这个方程的伴随方程. 对于线性代数方程组, 取系数矩阵的厄米共轭就得到伴随方程, 如 2.2.3 小节所述.

常微分方程和边界条件构成边值问题. 相应地, 伴随方程和伴随边界条件构成伴随边值问题. 为了写出伴随边值问题, 除了将边值问题中的微分算子代之以其伴随算子, 还要利用式 (2.2.11) 的结果为零写出伴随方程相应的边界条件.

显然, 在一个微分方程

$$Lu(x) - \lambda u(x) = 0 \tag{3.7.1}$$

中, 用形式伴随算子 $L^\dagger$ 代入, 就得到

$$L^\dagger v(x) - \lambda^\dagger v(x) = 0 \tag{3.7.2}$$

注意, 伴随方程 (3.7.2) 的解 $v$ 与方程 (3.7.1) 的解 $u$ 是不同的. 也可以把 $v$ 写成 $u^\dagger$, 以表明这是伴随方程的解, 可以称为 $u$ 的伴随函数. 注意, 当说到微分方程的时候, 一定含有边界条件, 因为微分方程的解是针对一定边界条件求得的. 伴随方程的边界条件由下式得到:

$$(v, Lu) - (L^\dagger v, u) = [J(u, v)]_a^b = 0 \tag{3.7.3}$$

如果一个边值问题与其伴随边值问题的解完全相同, 就称这个边值问题是自伴的. 自伴边值问题要满足如下两个条件: 微分算子是形式自伴的, 伴随方程的边界条件与原方程的边界条件完全相同. 满足这两个条件之后, 伴随边值问题与原边值问题实际上就完全相同, 也就具有相同的解. 这两个条件中有一个不满足, 方程就不是自伴的.3.1 节 ~3.4 节考虑的都是自伴边值问题.

若微分方程的边值问题是自伴的, 我们就称这个边值问题中的微分算子是自伴的. 此处微分算子的自伴的条件比表 2.1 中要多一条: 伴随边界条件与原边界条件相同. 这一条满足之后, 式 (3.7.3) 就自然满足.

### 3.7.2　施图姆—刘维尔算子

考虑二阶常微分方程的施图姆–刘维尔算子

$$L = -A(x)\frac{\mathrm{d}^2}{\mathrm{d}x^2} - B(x)\frac{\mathrm{d}}{\mathrm{d}x} + C(x) = \frac{1}{\rho(x)}\left[-\frac{\mathrm{d}}{\mathrm{d}x}p(x)\frac{\mathrm{d}}{\mathrm{d}x} + q(x)\right] \tag{3.7.4}$$

其中各函数可以是复数, 边界条件中的系数也可以是复数. 现在考虑其伴随算子.

**定理 1**　若二阶微分算子是施图姆–刘维尔型 (式 (3.7.4)) 的, 那么它的复共轭就是它的形式伴随算子, 即

$$L^\dagger = \frac{1}{\rho^*}\left(-p^*\frac{\mathrm{d}^2}{\mathrm{d}x^2} - p'^*\frac{\mathrm{d}}{\mathrm{d}x} + q^*\right) = L^* \tag{3.7.5}$$

但是权函数 $\rho(x)$ 不变. 此时, 特征方程

$$L(x)u_n(x) = \lambda_n u_n(x) \tag{3.7.6}$$

与其伴随特征方程

$$L^\dagger(x)v_n(x) = \gamma_n v_n(x) \tag{3.7.7}$$

的关系是: 特征值互为复共轭, 即

$$\gamma_n = \lambda_n^* \tag{3.7.8}$$

相应的特征函数也互为复共轭

$$v_n(x) = u_n^*(x) \tag{3.7.9}$$

**证明** 首先来证明式 (3.7.3) 左边两个内积的权函数相同.

$$
\begin{aligned}
(v, Lu) &= \int_a^b \rho(x)v^*(x)\frac{1}{\rho(x)}\left[-\frac{\mathrm{d}}{\mathrm{d}x}p(x)\frac{\mathrm{d}}{\mathrm{d}x}+q(x)\right]u(x)\mathrm{d}x \\
&= \int_a^b v^*\left[-p\frac{\mathrm{d}^2}{\mathrm{d}x^2}-p'\frac{\mathrm{d}}{\mathrm{d}x}+q\right]u\mathrm{d}x \\
&= \int_a^b \left[\left(-p\frac{\mathrm{d}^2}{\mathrm{d}x^2}-p'\frac{\mathrm{d}}{\mathrm{d}x}+q\right)v^*\right]u\mathrm{d}x+[J(u,v)]_a^b \\
&= \int_a^b \rho\left[\frac{1}{\rho^*}\left(-p^*\frac{\mathrm{d}^2}{\mathrm{d}x^2}-p'^*\frac{\mathrm{d}}{\mathrm{d}x}+q^*\right)v\right]^* u\mathrm{d}x+[J(u,v)]_a^b \\
&= (L^\dagger v, u)+[J(u,v)]_a^b
\end{aligned}
\tag{3.7.10}
$$

可见, 从 $(v, Lu)$ 转成 $(L^\dagger v, u)$ 的过程中, 权函数没有变化, 并且得到了式 (3.7.5). 如果将特征值方程 (3.7.6) 的两边取复共轭

$$
L^*(x)u_n^*(x)=\lambda_n^* u_n^*(x) \tag{3.7.11}
$$

与伴随方程 (3.7.7) 比较, 就得到式 (3.7.8) 和式 (3.7.9). 证明完毕.

特征方程与伴随方程的特征值互为复共轭这一点, 已经在 2.2 节中由定理 8 给予一般性的证明. 本定理指出, 对于施图姆–刘维尔算子的情况, 特征函数也是互为复共轭的.

对于式 (3.7.7) 的解所满足的边界条件, 需要通过式 (3.7.6) 的边界条件和式 (3.7.3) 右边为零来获得. 此处列举一个简单又常见的类型.

**定理 2** 若算子 (3.7.4) 中的

$$
p(x)=1 \tag{3.7.12}
$$

且式 (3.7.6) 的解满足非混合的齐次边界条件

$$
\begin{cases}
\alpha_1 u(a)+\alpha_2 u'(a)=0 \\
\beta_1 u(b)+\beta_2 u'(b)=0
\end{cases}
\tag{3.7.13}
$$

那么, 伴随方程 (3.7.7) 满足如下齐次边界条件:

$$
\begin{cases}
\alpha_1^* v(a)+\alpha_2^* v'(a)=0 \\
\beta_1^* v(b)+\beta_2^* v'(b)=0
\end{cases}
\tag{3.7.14}
$$

即只要将式 (3.7.13) 中的系数取复共轭.

**证明** 利用式 (2.2.25)

$$
[J(u,v)]_a^b = u'(b)v^*(b)-u(b)v'^*(b)-u'(a)v^*(a)+u(a)v'^*(a)
$$

$$= u'(b)v^*(b) + \beta_2 u'(b)v'^*(b)/\beta_1 + \alpha_1 u(a)v^*(a)/\alpha_2 + u(a)v'^*(a)$$
$$= [\beta_1 v^*(b) + \beta_2 v'^*(b)]u'(b)/\beta_1 + [\alpha_1 v^*(a) + \alpha_2 v'^*(a)]u(a)/\alpha_2 = 0$$

式中已将边界条件 (3.7.13) 代入. 由此, 立即得到式 (3.7.14). 证明完毕.

此时, 如果这些系数都是实数, 并且二阶微分算子 (3.7.4) 中的权函数 $\rho$ 和函数 $q$ 都是实数, 那么边值问题就是自伴的. 第 2 章习题 22 给出一个更一般的情况.

**例 1**　有如下边值问题:

$$u''(x) + \lambda u(x) = 0, \quad 0 \leqslant x \leqslant 1, \quad u'(0) - \alpha u(0) = 0, \quad u'(1) - \beta u(1) = 0 \tag{3.7.15}$$

其中系数 $\alpha$ 和 $\beta$ 是复数, 求其特征值和特征函数, 并写出这个方程的伴随方程.

**解**　为方便起见, 将参数 $\lambda$ 写成 $\lambda = \mu^2$. 方程的解显然是

$$u(x) = A\sin\mu x + B\cos\mu x$$

由边界条件来定两个系数

$$A\mu - \alpha B = 0$$
$$A\mu\cos\mu - B\mu\sin\mu - \beta A\sin\mu - \beta B\cos\mu = 0$$

由此两式得到的特征值的表达式比较复杂. 故只考虑其中一个特别简单的情形, 即 $\alpha = \beta \neq 0$, 那么特征值满足下式:

$$(\mu + \alpha^2/\mu)\sin\mu = 0$$

若 $\sin\mu_n = 0$, 则特征值是

$$\mu_n = n\pi, \quad n = 1, 2, 3, \cdots \tag{3.7.16a}$$

相应的归一化特征函数是

$$u_n(x) = \sqrt{\frac{2}{n^2\pi^2 + \alpha^2}}(\alpha\sin\mu_n x + n\pi\cos\mu_n x) \tag{3.7.16b}$$

若 $\mu + \alpha^2/\mu = 0$, 则特征值只有一个

$$\mu = \mathrm{i}\alpha \tag{3.7.17a}$$

相应的归一化的特征函数用 $\alpha$ 作为下标来表示

$$u_\alpha(x) = \sqrt{\frac{2\alpha}{\mathrm{e}^{2\alpha} - 1}}\mathrm{e}^{\alpha x} \tag{3.7.17b}$$

本征谱是式 (3.7.16b) 这一系列函数加上式 (3.7.17b) 这一个函数. 函数 (3.7.17b) 看上去很奇怪, 好像是凭白多出的. 但这个函数是有物理意义的. 由于区间端点处的函数值不为零, 这是一个从端点开始指数上升或者指数下降的函数, 是与区域边界紧密联系的, 反映区域边界特性的一个函数.

现在写出式 (3.7.15) 的伴随边值问题. 此例中微分算子和边界条件符合定理 2 的条件. 容易得到伴随边值问题如下：

$$v''(x)+\gamma v(x)=0,\quad 0\leqslant x\leqslant 1,\quad v'(0)-\alpha^* v(0)=0,\quad v'(1)-\beta^* v(1)=0 \tag{3.7.18}$$

伴随边值问题的特征值和特征函数分别是式 (3.7.16) 和式 (3.7.17) 的复共轭. 可以验证此例中的双正交性：

$$(v_n,u_m)=\int_0^1 v_n^*(x)u_m(x)\mathrm{d}x=\delta_{nm} \tag{3.7.19}$$

容易验证

$$(u_n,u_m)=\int_0^1 u_n^*(x)u_m(x)\mathrm{d}x\neq 0,\quad n\neq m \tag{3.7.20}$$

由于特征函数 $u_\alpha$ 与 $u_n$ 是属于不同特征值的, 所以它们之间也具有双正交性关系

$$(v_n,u_\alpha)=(v_\alpha,u_n)=0 \tag{3.7.21}$$

### 3.7.3 非自伴二阶常微分方程的完备集

从上述的例 1 看到, 非自伴方程也是可以有特征值和特征函数系的. 这样的特征函数系是否可以构成完备集呢? 一般情况下, 没有这样的结论. 但是对于一些特殊情况, 是可以证明这一结论的. 有以下定理[21]：

**定理 3** 设有如下边值问题：

$$\begin{cases} L(x)u(x)+\lambda u(x)=0,\quad a\leqslant x\leqslant b\\ a_1u'(a)+b_1u'(b)+a_0u(a)+b_0u(b)=0\\ c_1u'(a)+d_1u'(b)+c_0u(a)+d_0u(b)=0\end{cases} \tag{3.7.22}$$

其中微分算子 $L(x)$ 是非自伴的施图姆–刘维尔算子 (3.7.4), 函数 $A(x)$、$B(x)$、$C(x)$ 是分段连续的, 边界条件中各系数是复数. 如果 $L(x)$ 的伴随算子存在, $L(x)$ 的每一个本征值的简并度为 1, 即一个本征值只对应一个本征函数, 并且满足以下三个条件之一：

$$a_1d_1-b_1c_1\neq 0 \tag{3.7.23}$$

$$a_1d_1-b_1c_1=0,\quad |a_1|+|b_1|>0,\quad 2(a_1c_0+b_1d_0)\neq\pm(b_1c_0+a_1d_0)\neq 0 \tag{3.7.24}$$

$$a_1 = b_1 = c_1 = d_1 = 0, \quad a_0 d_0 - b_0 c_0 \neq 0 \tag{3.7.25}$$

那么, $L(x)$ 的本征函数集是复平方可积函数空间上的完备集, 任意属于 $L_2[a,b]$ 的函数 $f(x)$ 可以做如下展开:

$$f(x) = \sum_{n=1}^{\infty} (v_n, f) u_n(x)$$

其中 $v_n(x)$ 是伴随方程的特征函数, 伴随算子 $L^{\dagger}(x)$ 的特征值 $\kappa_n$ 与 $L(x)$ 的特征值 $\mu_n$ 一一对应且互为复共轭:

$$\kappa_n = \mu_n^*$$

需要说明的是, 定理 3 中给出的条件是充分的而非必要的. 其中的边界条件是齐次边界条件.

例 1 中的边界条件是符合式 (3.7.24) 的, 因此, 其本征函数集构成完备集. 函数 $f(x)$ 依此完备集的展开是

$$f(x) = \sum_{n=1}^{\infty} (v_n, f) u_n(x) + (v_\alpha, f) u_\alpha(x)$$

其中各本征函数已在例 1 中求出.

非自伴的二阶常微分方程的实际例子是[22−26], 在求解电磁场中的问题时, 自变量是空间坐标, 而物质的介电系数和磁导率有可能是复数, 并且是分段连续的. 当二阶微分算符中出现复系数, 算符就不是自伴的.

## 3.8　非齐次方程有解的条件

本节只考虑自变量为实数的情况. 3.7 节叙述了齐次二阶微分方程的求解, 对于非齐次微分方程, 设 $L$ 是个一般的二阶微分算符 (不要求是自伴的), 将其一般的边值问题简写成如下形式:

$$\begin{cases} Ly(x) = f(x), & a < x < b \\ B(y) = \gamma \end{cases} \tag{3.8.1}$$

其中边界条件 $B(y) = \gamma$ 是指如下两式的简写 (见式 (3.2.18)):

$$\begin{cases} \alpha_{1,1} y(a) + \alpha_{1,2} y'(a) + \beta_{1,1} y(b) + \beta_{1,2} y'(b) = \gamma_1 \\ \alpha_{2,1} y(a) + \alpha_{2,2} y'(a) + \beta_{2,1} y(b) + \beta_{2,2} y'(b) = \gamma_2 \end{cases} \tag{3.8.2}$$

这是非齐次边界条件.(若是齐次边界条件就写成 $B(y) = 0$). 在前面的边值问题中, 有一个参量 $\lambda$, 在式 (3.8.1) 中认为已经把它归并到算子 $L$ 中了. 注意式 (3.8.1) 是个非齐次方程.

将式 (3.8.1) 分写成两个边值问题:

$$\begin{cases} Lw(x) = 0, \quad a < x < b \\ B(w) = \gamma \end{cases} \tag{3.8.3}$$

和

$$\begin{cases} Ls(x) = f(x), \quad a < x < b \\ B(s) = 0 \end{cases} \tag{3.8.4}$$

(3.8.4) 是非齐次方程齐次边界条件, 式 (3.8.3) 则是齐次方程非齐次边界条件. 若这两个边值问题的解 $w(x)$ 和 $s(x)$ 都已经解出, 那么边值问题 (3.8.1) 的解就是

$$y(x) = w(x) + s(x) \tag{3.8.5}$$

边值问题 (3.8.3) 是齐次方程加上非齐次边界条件. 这正是 3.1 节 ~3.5 节讨论的内容. 这一边值问题是否有解和如何求解已经明确了.

现在考虑边值问题 (3.8.4) 是否有解. 为此写下其相应的齐次方程的边值问题

$$\begin{cases} Lu(x) = 0, \quad a < x < b \\ B(u) = 0 \end{cases} \tag{3.8.6}$$

和它的齐次伴随方程的边值问题

$$\begin{cases} L^{\dagger}v(x) = 0, \quad a < x < b \\ B^{\dagger}(v) = 0 \end{cases} \tag{3.8.7}$$

齐次伴随边界条件要通过式 (3.7.3) 来求得.

正如在 3.2.3 小节提到的, 对于式 (3.8.6) 这样的边值问题, 不能一般地预先知道是否有解.

能够确定的是, 可以根据伴随齐次边值问题 (3.8.7) 是否有解, 判断相应的非齐次边值问题 (3.8.4) 是否有解. 这一情况与 2.2.3 小节中的线性代数方程组有解的择一定理是类似的.

**定理 1** (i) 若齐次边值问题 (3.8.6) 无非零解, 那么其伴随边值问题 (3.8.7) 也无非零解, 此时边值问题 (3.8.4) 有且仅有一非零解;(ii) 若齐次边值问题 (3.8.6) 有非零解, 那么其伴随边值问题 (3.8.7) 也有非零解, 这两个解不见得相同, 因为算符的形式和边界条件是不同的 (如 3.7 节讨论的情况). 此时边值问题 (3.8.4) 有非零解的条件是

$$(f, v) = 0 \tag{3.8.8}$$

即式 (3.8.4) 中的非齐次项 $f(x)$ 与式 (3.8.7) 中的解函数 $v(x)$ 正交. 若式 (3.8.7) 的解函数有 $k$ 个, 即 $v_1(x), v_2(x), \cdots, v_k(x)$, 那么 $f(x)$ 与这 $k$ 个函数都必须正交.

条件 (3.8.8) 很容易从以下内积看出来:

$$(Ls,v)-(s,L^{\dagger}v)=(f,v)=0 \tag{3.8.9}$$

根据伴随算符的定义, 此式左边一定为零.

这个定理就是二阶线性非齐次微分方程有解的择一定理. 它表示边值问题 (3.8.4) 有解的条件是二中选一, 或者是齐次伴随边值问题 (3.8.7) 无非零解, 或者齐次伴随边值问题 (3.8.7) 有非零解同时满足条件 (3.8.8)[27].

式 (3.8.8) 也称为边值问题 (3.8.4) 有非零解的相容性条件. 注意边界条件是齐次的. 对于非齐次的边界条件, 则不需要相容性条件. 这个定理没有涉及式 (3.8.3).

本节内容只是判断非齐次微分方程是否有解. 至于如何按照一定的方法求出非齐次方程的解, 在 3.1.3 小节中已经给出了一个方法, 具体的将在第 6 章利用格林函数的方法进行更全面的讨论.

**例 1**　有如下边值问题:

$$-u''(x)-\pi^2u(x)=f(x),\quad 0<x<1, u(1)+u(0)=0,\quad u'(1)+u'(0)=0$$

写出此边值问题有解的条件.

**解**　先写出其齐次伴随边值问题. 为此, 用式 (3.7.3) 写出伴随边界条件. 二阶微分算子的结函数见式 (2.2.13b).

$$\begin{aligned}[J(u,v)]_0^1&=-[u'v^*-uv'^*]_0^1\\&=-[u'(1)v^*(1)-u(1)v'^*(1)-u'(0)v^*(0)+u(0)v'^*(0)]\\&=u'(0)[v^*(1)+v^*(0)]-u(0)[v'^*(1)-v'^*(0)]=0\end{aligned}$$

因此写出齐次伴随边值问题

$$-v''(x)-\pi^2v(x)=0,\quad 0<x<1,\quad v(1)+v(0)=0,\quad v'(1)+v'(0)=0$$

这一微分方程的通解 $v(x)=A\sin\pi x+B\cos\pi x$ 总是满足边界条件的. 通解是两个线性无关解的叠加. 因此这一伴随边值问题实际上有两个线性无关的解, 即

$$v_1(x)=\sin\pi x,\quad v_2(x)=\cos\pi x$$

所以, 原边值问题有解的条件有两个

$$\int_0^1 f(x)\sin\pi x\mathrm{d}x=0,\quad \int_0^1 f(x)\cos\pi x\mathrm{d}x=0$$

最后指出, 本章前几节讨论的都是自伴边值问题. 那么什么样的边值问题是自伴的呢? 若二阶微分算子是形式自伴的, 即实函数的施图姆–刘维尔算子, 边界条件

是 3.2.3 小节中给出的三个边界条件, 并且边界条件中的系数都是实数, 那么, 边值问题就是自伴的. 其中, 齐次边界条件和周期性边界条件可以归为式 (3.8.2) 的统一的形式, 只不过是齐次的, 即 $B(u)=0$. 需要注意的是, 若边界条件不是齐次的, 即 $B(u)=\gamma\neq 0$, 那么边值问题就不是自伴的.

对于自伴边值问题, 因算子是自伴的, 有如下性质:

$$Lu^*=(Lu)^*,\quad B(u^*)=[B(u)]^* \tag{3.8.10}$$

即自伴算子作用在函数的复共轭上, 就等于算子作用在函数上以后再取复共轭. 函数的复共轭的边界条件, 就等于函数的边界条件取复共轭.

**例 2** 有如下一阶微分方程的边值问题:

$$\left[q_1(x)\frac{\mathrm{d}}{\mathrm{d}x}+q_0(x)\right]y(x)=f(x),\quad a<x<b,\quad \alpha y(a)+\beta y(b)=0 \tag{3.8.11}$$

当 $f(x)=0$ 时齐次边值问题是自伴的条件是什么? 当 $f(x)\neq 0$ 时有解的条件是什么?

**解** 齐次边值问题是

$$\left[q_1(x)\frac{\mathrm{d}}{\mathrm{d}x}+q_0(x)\right]u(x)=0,\quad a<x<b,\quad \alpha u(a)+\beta u(b)=0 \tag{3.8.12}$$

齐次伴随方程是

$$\left[-q_1^*(x)\frac{\mathrm{d}}{\mathrm{d}x}+q_0^*(x)\right]v(x)=0,\quad a<x<b \tag{3.8.13a}$$

一阶微分算子的形式自伴条件已由式 (2.2.22) 给出, 即 $q_0=q_0^*, q_1=-q_1^*$. 现在求函数 $v(x)$ 应该满足的边界条件. 结函数见式 (2.2.13a)

$$[J(u,v)]_a^b=q_1(b)u(b)v^*(b)-q_1(a)u(a)v^*(a)=0$$

由边界条件得到

$$q_1(b)\alpha v^*(b)+q_1(a)\beta v^*(a)=0$$

取复共轭. 因 $q_1$ 必须是个纯虚数, 故

$$q_1(b)\alpha^* v(b)+q_1(a)\beta^* v(a)=0 \tag{3.8.13b}$$

可见, 若要求齐次边值问题是自伴的, 则这个边界条件应该与式 (3.8.12) 中的完全相同. 这要求 $q_1(x)$ 是个常数, 系数 $\alpha$ 和 $\beta$ 互为复共轭. 由定理 1, 边值问题 (3.8.11) 有解的条件是, 式 (3.8.13) 的解与函数 $f(x)$ 正交, 即 $\displaystyle\int_a^b v^*(x)f(x)\mathrm{d}x=0$.

可以证明, 若式 (3.8.12) 中的边界条件是非齐次的, 即 $\alpha u(a)+\beta u(b)=\gamma$, 则边值问题就不是自伴的.

## 习　题

1. 为什么物理问题经常在数学上表现为二阶微分方程?

2. 仿照两个函数的情形考虑三个函数的情况. 假设函数 $y_1(x), y_2(x), y_3(x)$ 都具有二阶导数, 那么定义它们的朗斯基行列式为

$$\Delta(y_1, y_2, y_3) = \begin{vmatrix} y_1(x) & y_2(x) & y_3(x) \\ y_1'(x) & y_2'(x) & y_3'(x) \\ y_1''(x) & y_2''(x) & y_3''(x) \end{vmatrix}$$

证明：如果 $y_1, y_2, y_3$ 线性相关, 则 $\Delta(y_1, y_2, y_3)$ 处处为零. 由此可推知 $n$ 个函数的类似的结论.

3. 仿照二阶线性常微分方程的一般理论, 对于如下三阶线性常微分方程

$$\begin{cases} y''' + f_2(x)y'' + f_1(x)y' + f_0(x)y = 0 \\ y(x_0) = a_0, \quad y'(x_0) = a_1, \quad y''(x_0) = a_2 \end{cases} \qquad (x, x_0 \in [a, b])$$

如果已知方程的三个解为 $y_1, y_2, y_3$, 定义它们的朗斯基行列式 $\Delta(y_1, y_2, y_3)$ 如上题.

证明: (1) 如果 $\Delta(y_1, y_2, y_3)$ 在 $[a, b]$ 中某点等于零, 那么 $y_1, y_2, y_3$ 在 $[a, b]$ 上线性相关.(2) 如果 $y_1, y_2, y_3$ 线性相关, $\Delta(y_1, y_2, y_3)$ 在 $[a, b]$ 上处处为零, 若它们线性无关, 则 $\Delta(y_1, y_2, y_3)$ 处处不为零.

如果 $y_1, y_2, y_3$ 是线性无关解, 将 $\Delta(y_1, y_2, y_3)$ 对 $x$ 求导, 是否可以得到类似二阶情况的刘维尔公式 (3.1.11) 那样的等式?

由这些结论, 容易推知 $n$ 阶线性常微分方程的类似的结论.

4. $y''(x) + \lambda^2 y(x) = 0$ 有两个线性无关的特解. 证明：利用刘维尔公式可以由其中一个求出另一个.

5. 二阶微分算子的一般形式是式 (3.2.1), 它也可以转化成式 (3.2.3) 的形式, 这时的算子就是形式自伴的. 但是在第 2 章中, 由式 (2.2.10a) 得到式 (2.2.23b) 的时候, 要求 $p_2' = p_1$. 对应于式 (3.2.1), 就是要求 $A'(x) = B(x)$. 但是并没有使用 $A'(x) = B(x)$ 这一条件, 就从算子的一般形式得到了自伴的形式, 见式 (3.2.6). 这是什么原因?

6. 证明：若函数 $y(x)$ 是施图姆–刘维尔型方程的解, 求解区域是 $[a, b]$, 核函数 $p(x) > 0$, 则对于三类齐次边界条件和自然边界条件, 有

$$[p(x)y(x)y'(x)]_{x=a} \geqslant 0, \quad [p(x)y(x)y'(x)]_{x=b} \leqslant 0$$

7. 如果两个函数 $y_1(x)$ 和 $y_2(x)$ 都满足核函数为 $p(x)$ 的区间 $[a, b]$ 内的施图姆–刘维尔型方程以及相同的边界条件, 由这两个解构成朗斯基行列式 $W(y_1, y_2)$. 证明：对于三类齐次边界条件、周期性边界条件、自然边界条件, 下式总是成立的:

$$[J(y_1, y_2)]_a^b = [p(x)W(y_1, y_2)]_a^b = 0$$

8. 说明：贝塞尔方程 $x^2y'' + xy' + (x^2 - \nu^2)y = 0$ 和球贝塞尔方程 $x^2y'' + 2xy' + [x^2 - l(l+1)]y = 0$ 都不属于多项式的施图姆–刘维尔系统.

9. 证明：在 (3.3.3) 中, 若 $B(x)=$ 常数, 而 $A(x)$ 是二次多项式, 那么当 $x\to\infty$ 时, $p(x)$ 不能比 $x$ 的任意次方的倒数都更快地趋于零.

10. 由式 (3.3.3) 计算得到式 (3.3.4).

11. 由式 (3.3.40) 计算高斯–切比雪夫求积公式的求积系数 (3.3.46).

12. 用数学归纳法证明：当拉盖尔方程是 $xy''+(1-x)y'+\nu y=0$, 连带拉盖尔方程的形式是 $xz''+(m+1-x)z'+(\nu-m)z=0$, 其中 $z=y^{(m)}$.

13. 如果 $(1-x^2)^n$ 是二阶常微分方程的解, 那么写出这个常微分方程. 这个方程是否是勒 让德方程? 由此方程出发, 证明勒让德多项式 $P_n(x)=\dfrac{\mathrm{d}^n}{\mathrm{d}x^n}(1-x^2)^n=[(1-x^2)^n]^{(n)}$ 满足勒让德方程. 再进一步证明连带勒让德函数 $(1-x^2)^{m/2}\dfrac{\mathrm{d}^m}{\mathrm{d}x^m}P_n(x)=(1-x^2)^{m/2}[P_n(x)]^{(m)}$ 是连带勒让德方程

$$(1-x^2)\frac{\mathrm{d}^2}{\mathrm{d}x^2}y-2x\frac{\mathrm{d}}{\mathrm{d}x}y+\left[n(n+1)-\frac{m^2}{1-x^2}\right]y=0$$

的解.

14. 从勒让德多项式 $P_n(x)$ 的多项式表示出发, 推得 $P_n(x)$ 的奇偶性关系. 由勒让德多项式 $P_n(x)$ 的母函数关系, 求出 $P_n(1)$ 和 $P_n(-1)$ 的值.

15. 从勒让德多项式 $P_n(x)$ 的母函数关系出发, 证明下列递推关系：

$$(n+1)P_{n+1}-(2n+1)xP_n+nP_{n-1}=0$$

$$nP_n-xP_n'+P_{n-1}'=0$$

$$nP_{n-1}-P_n'+xP_{n-1}'=0$$

$$(2n+1)P_n-P_{n+1}'+P_{n-1}'=0$$

16. 证明：对于勒让德多项式 $P_n(x)$, $\displaystyle\int_{-1}^{1}x^nP_n(x)\mathrm{d}x=\frac{2^{n+1}(n!)^2}{(2n+1)!}$.

17. 将两个函数 $f_1(x)=\begin{cases}-1, & -1\leqslant x<0\\ 1, & 0<x\leqslant 1\end{cases}$ 和 $f_2(x)=|x|(-1\leqslant x\leqslant 1)$ 分别用勒让德多项式展开, 求各自的展开系数.

18. 将函数 $f(x)=\begin{cases}0, & -1\leqslant x<\alpha\\ 1/2, & x=\alpha\\ 1, & \alpha<x\leqslant 1\end{cases}$ 用勒让德多项式展开, 求展开系数.

19. 证明式 (3.4.28).

20. 已知前几阶勒让德函数的表达式是：

$$P_0(x)=1,\quad P_1(x)=x,\quad P_2(x)=\frac{1}{2}(3x^2-1),$$
$$P_3(x)=\frac{1}{2}(5x^3-3x),\quad P_4(x)=\frac{1}{8}(35x^4-30x^2+3)$$

(1) 证明：函数

$$\operatorname{arc\,tanh}x=\frac{1}{2}\ln\left(\frac{1+x}{1-x}\right)$$

是零阶勒让德方程的解. 这个函数能否利用刘维尔公式得到?

(2) 将 $l=0,1,2$ 代入刘维尔公式, 计算得到第二类勒让德函数 $Q_0(x),Q_1(x),Q_2(x)$ 的表达式.

(3) 如果令 $x=\cos\theta$, 写出 $Q_0(\cos\theta),Q_1(\cos\theta),Q_2(\cos\theta)$ 以 $\theta$ 为自变量的表达式.

(4) 由式 (3.4.36) 和式 (3.4.37), 写出以下第一类和第二类连带勒让德函数的表达式[28]: $P_1^1(x),P_2^1(x),P_2^2(x),P_3^1(x),P_3^2(x),P_3^3(x),Q_1^1(x),Q_2^1(x),Q_2^2(x)$.

21. 用数学归纳法证明: 切比雪夫方程的形式是 $(1-x^2)y''-xy'+\nu^2y=0$, 连带切比雪夫方程的形式是 $(1-x^2)z''-(2m+1)xz'+(\nu^2-m^2)z=0$, 其中 $z=y^{(m)}$.

22. 证明:

$$\frac{1-t^2}{1-2xt+t^2}=T_0(x)+2\sum_{n=1}^{\infty}T_n(x)t^n$$

23. 证明第二类切比雪夫函数 $U_n(x)$ 与切比雪夫多项式 $T_n(x)$ 的关系为: $U_n(x)=\dfrac{\sqrt{1-x^2}}{n}\dfrac{\mathrm{d}T_n(x)}{\mathrm{d}x}$. 并从此式出发, 利用第 2 章习题 34 关于切比雪夫多项式 $T_n(x)$ 的结果,

(1) 求特殊点的值: $U_n(1),U_n(-1),U_{2n+1}(0),U_{2n}(0)$.

(2) 写出奇偶性关系, 即 $U_n(-x)$ 与 $U_n(x)$ 的关系.

(3) 证明递推公式:

$$U_{n+1}-2xU_n+U_{n-1}=0$$

$$(1-x^2)U_n'=nxU_n-nU_{n+1}$$

$$2(1-x^2)U_n'=n(U_{n-1}-U_{n+1})$$

$$(1-x^2)U_n'=nU_{n-1}-nxU_n$$

$$(1-x^2)U_n''(x)-xU_n'(x)+n^2U_n(x)=0$$

(4) 证明 $U_n(x)$ 具有带权函数 $\rho(x)=\dfrac{1}{\sqrt{1-x^2}}$ 的正交性: $\displaystyle\int_{-1}^{1}\frac{1}{\sqrt{1-x^2}}U_n(x)U_m(x)\mathrm{d}x=\frac{\pi}{2}\delta_{nm}$.

24. 从第二类切比雪夫多项式 $U_n^*(x)$ 与切比雪夫多项式 $T_n(x)$ 的关系 $U_n^*(x)=\dfrac{1}{n+1}\dfrac{\mathrm{d}T_{n+1}(x)}{\mathrm{d}x}$ 出发, 利用第 2 章习题 34 关于切比雪夫多项式 $T_n(x)$ 的结果,

(1) 求特殊点的值: $U_n^*(1),U_n^*(-1),U_{2n+1}^*(0),U_{2n}^*(0)$.

(2) 写出奇偶性关系, 即 $U_n^*(-x)$ 与 $U_n^*(x)$ 的关系.

(3) 证明递推公式:

$$U_{n+1}^*-2xU_n^*+U_{n-1}^*=0$$

$$(1-x^2)U_n'^*=(n+2)xU_n^*-(n+1)U_{n+1}^*$$

$$2(1-x^2)U_n'^*=(n+2)U_{n-1}^*-nU_{n+1}^*$$

$$(1-x^2)U_n'^*=(n+1)U_{n-1}^*-nxU_n^*$$

$$(1-x^2)U_n''(x)-3xU_n'^*(x)+n(n+2)U_n^*(x)=0$$

(4) 证明 $U_n^*(x)$ 具有带权函数 $\rho(x)=\sqrt{1-x^2}$ 的正交性：$\int_{-1}^{1}\sqrt{1-x^2}U_n^*(x)U_m^*(x)\mathrm{d}x=\frac{\pi}{2}\delta_{nm}$.

25. 证明式 (3.4.77) 和式 (3.4.78).

26. 对于方程 $y''-B_1xy'+\lambda y=0$, 做什么样的变换, 可以变为厄米方程的形式? 这个方程的特征函数和特征值是什么? 证明：由归一化得到厄米多项式 $He_n(x)$ 的常数因子是 $C_n=2^{n/2}$.

27. 证明厄米多项式 $H_n(x)$ 的母函数关系. 从 $H_n(x)$ 的母函数关系推导 $H_n(x)$ 的微商表示.

28. 从厄米多项式 $H_n(x)$ 的多项式表示出发, 推得 $H_n(x)$ 的奇偶性关系.

29. 从厄米多项式 $H_n(x)$ 的母函数关系出发,

(1) 证明下列递推关系：

$$H_{n+1}-2xH_n+2nH_{n-1}=0$$

$$H_n'=2nH_{n-1}$$

$$H_n-2xH_{n-1}+H_{n-1}'=0$$

$$xH_n'-nH_{n-1}'-nH_n=0$$

(2) 求出 $x=0$ 点的值：$H_{2n}(0),H_{2n+1}(0)$.

30. 证明厄米多项式的积分表示式是

$$H_n(x)=\frac{2^n}{\sqrt{\pi}}\int_{-\infty}^{\infty}(x+\mathrm{i}t)^n\mathrm{e}^{-t^2}\mathrm{d}t$$

并利用这个结果推导出厄米多项式的级数表示式 (3.4.82).

31. 对于方程 $\frac{1}{\xi^2+\eta^2}\left(\frac{\partial^2u}{\partial\xi^2}+\frac{\partial^2u}{\partial\eta^2}\right)+\frac{\partial^2u}{\partial z^2}=0$, 用分离变量法, 令 $u(\xi,\eta,z)=X(\xi)Y(\eta)Z(z)$ 之后, 求得 $\begin{cases}X''+(\alpha-m^2\xi^2)X=0\\Y''-(\alpha+m^2\eta^2)Y=0\\Z''+m^2Z=0\end{cases}$.

32. 利用 2.3 节的定理 5, 求得下列多项式相邻三个多项式之间的递推公式.

(1) 勒让德多项式.

(2) 厄米多项式.

33. 写出双曲切比雪夫多项式 $T_0^\times(p),T_1^\times(p),T_2^\times(p),T_3^\times(p),T_4^\times(p),T_5^\times(p),T_6^\times(p)$ 的表达式.

34. 证明：将式 (3.5.18) 代入方程 (3.5.12) 之后, 系数是式 (3.5.21), 并求出解的表达式 (3.5.22).

35. 证明：切比雪夫多项式可以写成如下形式：

$$T_n(x)=\frac{1}{2}\left[\left(x+\sqrt{x^2-1}\right)^2+\left(x-\sqrt{x^2-1}\right)^2\right]$$

写成这个表达式之后, 函数的定义区域就是 $-\infty < x < \infty$. 当 $|x| \leqslant 1$ 时, 就是三角切比雪夫多项式. 当 $|x| \geqslant 1$ 时, 就是双曲切比雪夫多项式. 相应地, 第二类切比雪夫函数 $U_n(x)$ 应写成什么形式?

36. 对连带切比雪夫方程 $(1-z^2)w'' - (2m+1)zw' + (\alpha^2 - m^2)w = 0$, 它的两个特解分别是 $T_\alpha^{(m)}(z) = \dfrac{\mathrm{d}^m}{\mathrm{d}z^m}T_\alpha(z)$ 和 $U_\alpha^{(m)}(z) = \dfrac{\mathrm{d}^m}{\mathrm{d}z^m}U_\alpha(z)$. 证明: 利用刘维尔公式可由其中一个求出另一个.

37. 证明: $U_n(x)$ 的最高次项系数是 $2^n$.

38. 证明: $\dfrac{1}{2} + \displaystyle\sum_{k=1}^{n} T_{2k}(x) = \dfrac{1}{2}U_{2k}(x)$ $\left(\text{提示: } \sin A\cos B = \dfrac{1}{2}[\sin(A-B) + \sin(A+B)]\right)$.

39. 找出下列方程的奇点, 并说明奇点的类型.

(1) $z^2(z-1)w''(z) - 2(z-1)w'(z) + 3zw(z) = 0$.

(2) $z(3z+1)w''(z) - (z+1)w'(z) + 2w(z) = 0$.

40. 证明: $z = \infty$ 为方程 (3.6.45) 的正则点的充要条件是: 在 $z = \infty$ 附近有展开式 (3.6.51), 其中 $a_1 = 2, b_2 = b_3 = 0$.

41. 将二阶常微分方程 $w''(z) + \dfrac{\alpha}{z^2}w(z) = 0$ 转变成一阶微分方程组. 求其一个基本解组, 并指出 $\alpha$ 取何值时所有的解都是有理函数.

42. 求下列方程在 $z = 0$ 附近的级数解.

(1) $w''(z) + bz^2w(z) = 0$, $w''(z) + bz^2w'(z) = 0$.

(2) $w''(z) + zw'(z) + w(z) = 0$.

(3) $2z^2w''(z) - (z+z^2)w'(z) + w(z) = 0$.

(4) $4z^2w''(z) + 4z^2w'(z) + w(z) = 0$.

(5) $4z^2w''(z) + 4zw'(z) - w(z) = 0$.

(6) $z^2w''(z) + (2z+z^2)w'(z) + (z-2)w(z) = 0$.

43. 求下列方程在 $z = \infty$ 附近的级数解:

(1) $z^4w''(z) - (z - 2z^2)w'(z) + w(z) = 0$.

(2) $(z^2-1)w''(z) + 2zw'(z) + w(z) = 0$.

44. 试证: 任一最多有一个有限奇异点 $z = z_0$ 的二阶富克斯型方程必具有形式

$$w''(z) + \frac{r}{z-z_0}w'(z) + \frac{s}{(z-z_0)^2}w(z) = 0$$

其中 $r$ 和 $s$ 都是复常数, 并求出它的一个基本解组, 特别对 $r = s = 0$ 及 $r = 2$、$s = 0$ 的情况, 解有什么特点?

45. 试求合流超几何方程 $zw''(z) + (\gamma - z)w'(z) - \alpha w(z) = 0$, $\gamma$ 和 $\alpha$ 都是复常数, 在 $z = 0$ 附近的一个基本解组.

46. 对于式 (3.7.16a) 和式 (3.7.17a) 的特征值, 求出相应的归一化特征函数 (3.7.16b) 和 (3.7.17b). 证明式 (3.7.19)～式 (3.7.21).

47. 有以下边值问题:

$$u'(x) = f(x), \quad 0 < x < 1; \quad u(0) = 0, \quad u(1) = 0$$

这是个一阶微分方程，但是有两个边界条件. 边界条件太多了. 但这并不表示这个边值问题就一定没有解. 运用微分方程边值问题解的择一定理，请写出本式的伴随边值问题，这一伴随问题的解是什么？然后运用择一定理的相容性条件 (3.8.8)，写出本式有解的条件. 选择一个满足相容性条件的函数 $f(x)$，求出本式的解.

48. 写出以下边值问题:

$$-u''(x) = f(x), \quad 0 < x < 1; \quad u(1) - u(0) = 0, \quad u'(1) - u'(0) = 0$$

有解的条件.

49. 若二阶微分算子 (3.7.4) 中

$$p(x) = 1$$

边界条件是

$$\begin{cases} \alpha_1 u(a) + \beta_1 u(b) = 0 \\ \alpha_2 u'(a) + \beta_2 u'(b) = 0 \end{cases}$$

那么，伴随方程中函数 $v$ 满足怎样的边界条件？此时，如果边界条件中的系数都是实数，边值问题是否自伴的？

50. 证明：若式 (3.8.12) 中的边界条件是非齐次的，$\alpha u(a) + \beta u(b) = \gamma$，那么边值问题就不是自伴的.

51. 求伴随边值问题 (3.7.18) 本征函数系，并证明 (3.7.19), (3.7.20) 和 (3.7.21) 三式.

## 附录 3A 初值问题 (3.1.4) 的解的存在唯一性的证明

现在要证明的是如下一阶线性微分方程组的解的存在唯一性:

$$\begin{cases} y_1' = a_{11}(x)y_1 + a_{12}(x)y_2 \\ y_2' = a_{21}(x)y_1 + a_{22}(x)y_2 \qquad (x \in [a, b]) \\ y_1(x_0) = \alpha, \quad y_2(x_0) = \beta \end{cases} \tag{3A.1}$$

其中系数函数 $a_{ij}(x)$ 在区间 $[a, b]$ 上连续. 既然是在闭区间上连续，那么它们一定有一上界. 设这一上界为 $M$.

$$|a_{ij}(x)| \leqslant M \tag{3A.2}$$

将式 (3A.1) 两端积分成如下形式:

$$\begin{cases} y_1 = \alpha + \int_{x_0}^{x} \mathrm{d}x[a_{11}(x)y_1 + a_{12}(x)y_2] \\ y_2 = \beta + \int_{x_0}^{x} \mathrm{d}x[a_{21}(x)y_1 + a_{22}(x)y_2] \end{cases} \tag{3A.3}$$

成为一积分方程组, 它们是满足原微分方程组的初始条件的. 为简便起见, 设上限 $x \geqslant x_0$. 证明了式 (3A.3) 解的存在唯一性, 也就证明了式 (3A.1) 解的存在唯一性. 现利用 2.2.1 小节中介绍的收缩算子的概念进行证明.

定义度量空间 $K$ 中的一个元是由两个函数组成的

$$Y(x) = \{y_1(x), y_2(x)\}, \quad x \in [a, b] \tag{3A.4}$$

这是 $x$ 的函数. 并且定义, 此空间中的两个元 $Y$ 和 $Z$ 之间与 $x$ 有关的距离为

$$\rho(Y(x), Z(x)) = \rho_1(y_1(x), z_1(x)) + \rho_2(y_2(x), z_2(x)) \tag{3A.5}$$

其中

$$\rho_i(y_i(x), z_i(x)) = \max_{t\in[x_0,x]} |y_1(t) - z_1(t)|, \quad i = 1, 2 \tag{3A.6}$$

由此, 式 (3A.3) 左边构成度量空间 $K$ 中如式 (3A.4) 定义的一个元 $Y$. 右边可以看做是一个算子 $T$ 作用在这个元上的效果, 即式 (3A.3) 写成如下算子作用的形式:

$$Y = TY \tag{3A.7}$$

逐次迭代, 即以 $Y_0$ 作为初始的元, 代入方程 (3A.3) 右侧后, 得到左侧的结果为 $Y_1$. 再把 $Y_1$ 代入方程 (3A.3) 右侧, 得到左侧的结果为 $Y_2$. 如此不断进行下去, 迭代得到的序列为

$$Y_0, Y_1, Y_2, \cdots = \{y_{10}(x), y_{20}(x)\}, \{y_{11}(x), y_{21}(x)\}, \{y_{12}(x), y_{22}(x)\}, \cdots \tag{3A.8}$$

如果能够证明

$$\rho(Y_{n+1}, Y_n) = \rho(TY_n, TY_{n-1}) \leqslant \lambda\rho(Y_n, Y_{n-1}) \tag{3A.9}$$

其中 $\lambda < 1$, 即 $T$ 是个收缩算子, 那么, 根据 2.2.1 小节的定理 1, 方程就有且仅有唯一解. 也就是说, 序列 (3A.8) 收敛于式 (3A.3) 的解.

将 $Y_2$ 减去 $Y_1$, 则其中第一式为

$$y_{12} - y_{11} = \int_{x_0}^{x} \mathrm{d}x[a_{11}(x)(y_{11} - y_{10}) + a_{12}(x)(y_{21} - y_{20})] \tag{3A.10}$$

两边取绝对值, 得

$$\begin{aligned}|y_{12} - y_{11}| &\leqslant \int_{x_0}^{x} \mathrm{d}x[|a_{11}(x)||y_{11} - y_{10}| + |a_{12}(x)||y_{21} - y_{20}|] \\ &\leqslant \rho_1(y_{11}, y_{10}) \int_{x_0}^{x} \mathrm{d}x|a_{11}(x)| + \rho_2(y_{21}, y_{20}) \int_{x_0}^{x} \mathrm{d}x|a_{12}(x)|\end{aligned}$$

$$\leqslant [\rho_1(y_{11}, y_{10}) + \rho_2(y_{21}, y_{20})]M(x - x_0)$$
$$= \rho(Y_1, Y_0)M(x - x_0) \tag{3A.11}$$

其中已用到式 (3A.2). 式 (3A.11) 右边已经是 $[x_0,x]$ 区间上的最大值, 因此左边可以写成距离, 即

$$\rho_1(Y_2, Y_1) \leqslant \rho(Y_1, Y_0)M(x - x_0) \tag{3.A.12a}$$

同理可得

$$\rho_2(Y_2, Y_1) \leqslant \rho(Y_1, Y_0)M(x - x_0) \tag{3A.12b}$$

将式 (3A.12a) 与式 (3A.12b) 相加, 得到

$$\rho(Y_2, Y_1) = \rho(TY_1, TY_0) \leqslant 2\rho(Y_1, Y_0)M(x - x_0) \tag{3A.13}$$

若 $2M(x - x_0) < 1$, 则式 (3A.13) 就符合式 (3A.9). 但是实际上 $2M(x - x_0) < 1$ 的条件不一定能够满足.

可以再迭代一次, 由式 (3A.11) 可知

$$|y_{13} - y_{12}| \leqslant \int_{x_0}^{x} \mathrm{d}x[|a_{11}(x)||y_{12} - y_{11}| + |a_{12}(x)||y_{22} - y_{21}|]$$
$$= 2\rho(Y_1, Y_0)M^2 \int_{x_0}^{x} \mathrm{d}x(x - x_0) = 2\rho(Y_1, Y_0)M^2 \frac{(x - x_0)^2}{2}$$

也就是得到

$$\rho_1(Y_3, Y_2) \leqslant 2\rho(Y_1, Y_0)M^2 \frac{(x - x_0)^2}{2}$$

并且进而得到

$$\rho(T^2Y_1, T^2Y_0) = \rho(Y_3, Y_2) \leqslant 4\rho(Y_1, Y_0)M^2 \frac{(x - x_0)^2}{2}$$

再迭代一次可得

$$\rho(T^3Y_1, T^3Y_0) = \rho(Y_4, Y_3) \leqslant 16\rho(Y_1, Y_0)M^3 \frac{(x - x_0)^3}{3!}$$

易见, 经过 $n$ 次迭代之后, 可有

$$\rho(T^nY_1, T^nY_0) = \rho(Y_{n+1}, Y_n) \leqslant \rho(Y_1, Y_0)\frac{(4M)^n}{4} \cdot \frac{(x - x_0)^n}{n!} \tag{3A.14}$$

随着 $n$ 的增加, 式 (3A.14) 右边的系数 $\dfrac{(4M)^n}{4} \cdot \dfrac{(x - x_0)^n}{n!}$ 显然是不断减小的. 设 $n = N$ 时, 有

$$\frac{(4M)^N}{4} \cdot \frac{(x - x_0)^N}{N!} = \lambda < 1$$

这时, 可定义一个新的算子

$$T^N = V$$

它满足下式:

$$\rho(VY_1, VY_0) = \rho(T^N Y_1, T^N Y_0) \leqslant \lambda\rho(Y_1, Y_0) < \rho(Y_1, Y_0)$$

可见, 算子 $V$ 是一个收缩算子. 结论: 从式 (3A.3) 出发进行迭代, 一定可求得解, 并且解是唯一的. 当式 (3A.3) 中 $x < x_0$ 时, 证明过程是类似的.

# 附录 3B　二重求和中变量的代换

这里只给出以下等式, 不给出证明. 证明可见参考文献 [1].

$$\sum_{n=0}^{\infty}\sum_{k=0}^{\infty} A(k,n) = \sum_{n=0}^{\infty}\sum_{k=0}^{n} A(k,n-k) \tag{3B.1}$$

$$\sum_{n=0}^{\infty}\sum_{k=0}^{\infty} B(k,n) = \sum_{n=0}^{\infty}\sum_{k=0}^{\infty} B(k,n+k) \tag{3B.2}$$

$$\sum_{n=0}^{\infty}\sum_{k=0}^{\infty} A(k,n) = \sum_{n=0}^{\infty}\sum_{k=0}^{[n/2]} A(k,n-2k) \tag{3B.3}$$

$$\sum_{n=0}^{\infty}\sum_{k=0}^{[n/2]} B(k,n) = \sum_{n=0}^{\infty}\sum_{k=0}^{\infty} B(k,n+2k) \tag{3B.4}$$

$$\sum_{n=0}^{\infty}\sum_{k=0}^{\infty} C(k,n) = \sum_{n=0}^{\infty}\sum_{k=0}^{[n/2]} C(k,n-k) \tag{3B.5}$$

$$\sum_{n=0}^{\infty}\sum_{k=0}^{\infty} D(k,n) = \sum_{n=-\infty}^{\infty}\sum_{k=0}^{\infty} D(k,n+k) \tag{3B.6}$$

# 附录 3C　关于施图姆–刘维尔理论向狄拉克型方程的推广

本章介绍的关于二阶常微分方程的施图姆–刘维尔理论在物理学的应用上的成功是不言而喻的. 以非相对论量子力学为例, 一个微观粒子的运动或者存在状态是服从薛定谔方程的. 如果势能是不含时间的, 那么, 分离变量出时间因子之后, 定态薛定谔方程是二阶微分方程. 由此方程求解出的特征值就是系统的能量. 相应的特征函数就是每个能量值所对应的系统可以存在的状态. 施图姆–刘维尔第 3 个定理说明, 特征值是有一下限的. 在量子力学体系中, 能量确实是有一下限. 与能量下限对应的状态称为基态. 而与其他更高能量相应的状态则称为激发态. 当系统不受外界扰动的时候, 粒子处于能量最低基态. 当有外场时, 粒子可能实现从基态和激发态之间的跃迁. 跃迁过程中总能量守恒.

可是, 考虑相对论量子力学的时候, 就出现了新的情况. 一个相对论粒子服从的量子力学方程是狄拉克方程[29]. 求解自由粒子的狄拉克方程, 得到能量的表达式为 $E = \pm c\sqrt{p^2 + m^2c^2}$, 其中 $m$ 和 $p$ 分别是粒子的静止质量和动量, $c$ 是光速. 也就是说, 粒子可以有正能量和负能量两支. 正能量是没有上限而有一个下限, 这与施图姆–刘维尔理论是一致的. 但是负能量则是没有下限的. 这就与施图姆–刘维尔理论不一致了. 出现无下限的谱, 是因为狄拉克方程的形式与施图姆–刘维尔型方程有所不同. 因此, 有必要将施图姆 - 刘维尔理论推广到能够应用于狄拉克型方程的情况. 杨振宁做了这个推广工作[30]. 他注意到, 在狄拉克方程中, 求导是写成矩阵形式的, 因此解函数必须至少是二分量的. 他给出了适合于狄拉克型方程的四个定理. 具体内容不在此介绍, 有兴趣的读者可以看他的原文.

## 参考文献


[1] 刘式适, 刘式达. 特殊函数. 北京: 气象出版社, 2002.

[2] 王竹溪, 郭敦仁. 特殊函数概论. 北京: 北京大学出版社, 2000.

[3] 王一平, 陈逢时, 傅德民. 数学物理方法. 北京：电子工业出版社, 2006.

[4] Hassani S. Mathematical Physics, A Modem Introduction to Its Foundations. New York：Springer-Verlag, 1999.

[5] Byron F W, Fuller R W. 物理学中的数学方法. 第一卷. 熊家炯, 曹小平译. 北京：科学出版社, 1982.

[6] 刘钦圣, 张晓丹, 王兵团. 数值计算方法教程. 北京: 冶金工业出版社, 1998.

[7] 徐士良, 孙甲松. 科学计算通用程序集. 沈阳：辽宁科学技术出版社, 1997.

[8] 徐士良. 常用算法程序集：C 语言描述. 北京：清华大学出版社, 2004.

[9] Press W H. C 数值算法. 傅祖芸, 赵梅娜, 丁岩石译. 北京: 电子工业出版社, 2004.

[10] Andrews L C. Special Functions for Engineers and Applied Mathematicians. New York: Mechillan Publishing Company, Adivision of Macmillan, Inc., 1985.

[11] Andrews G E, Askey R, Roy R, Special Function. Cambridge: Cambridge University Press, 2000.

[12] Wang H Y, Chen K Q, Wang E G. The fermion Green's function theory for calculation of magnetization. Int J Mod Phys B, 2002, 16(25): 3803.

[13] Wang H Y, Wang C Y, Wang E G. Magnetization in the case of anisotropic exchange interaction. Phys Rev B, 2004, 69: 174431.

[14] Wang H Y, Dai Z H, Fröbrich P, et al. Many-body Green's function theory of ferromagnetic systems with single-ion anisotropies in more than one direction. Phys Rev B,

2004, 70: 134423.

[15] Wang H Y, Zhou B, Chen N X. Statistical average of spin operators for calculation of three-component magnetization. Commun Theor Phys, 2005, 43: 753.

[16] Wang H Y, Long Y, Chen N X. Statistical average of spin operators for calculation of three-component magnetization: (Ⅱ) the solution of the equation. Commun Theor Phys, 2006, 45 (1): 175.

[17] 王怀玉. 凝聚态函数的格林函数理论. 北京: 科学出版社, 2008.

[18] 尤秉礼. 常微分方程补充教程. 北京: 人民教育出版社, 1981.

[19] 叶彦谦. 常微分方程讲义. 北京: 人民教育出版社, 1982.

[20] Ince E L. Ordinary Differential Equations. U. S. A.: Diver Publications, Inc., 1956.

[21] Hanson G W, Yakolev A B. Operator Theory for Electromagnetics-An Introduction. Berlin：Spriger-Verlag, 2002

[22] Li C, Zhou Y S, Wang H Y, et al. Wavelength squeeze of surface plasmon polariton in a subwavelength metal slit. J Opt Soc Am B, 2010, 27(1): 59-63.

[23] Zhou Y S, Gu B Y, Wang H Y. Band-gap structures of surface-plasmon polaritons in a subwavelength metal slit filled with periodic dielectrics. Phys Rev A, 2010, 81: 015801.

[24] Li C, Zhou Y S, Wang H Y, et al. Investigation of the wave behaviors inside a step-modulated subwavelength metal slit. Optics express, 2011, 19, 19(11): 10073-10087.

[25] Li C, Zhou Y S, Wang H Y. Scattering mechanism in a step-modulated subwavelength metal slit: a multi-mode multi-reflection analysis. Eur Phy J D, 2012, 66: 9.

[26] Li C, Zhou Y S, Wang H Y. Plasmonic band structures and optical properties of subwavelength metal/dielectric/metal Bragg waveguides. Optics express, 2012, 20(7): 7726-7740.

[27] Stakgold I. Green's Functions and Boundary Value Problems. New York: John Wiley &Sons, 1979.

[28] 哈林登. 正弦电磁场. 孟侃译. 上海: 上海科学技术出版社, 1964.

[29] 曾谨言. 量子力学. 下册. 北京：科学出版社, 1981.

[30] Yang C N. Generalization of Sturm-Liouville theory to a system of ordinary differential equations with dirac type spectrum. Commun Math Phys, 1987, 112: 205-216.

# 第 4 章　贝塞尔函数

第 3 章介绍了二阶常微分方程的复变函数的理论, 给出了构造解的基本步骤. 本章将步骤应用于求解贝塞尔方程. 对于其他二阶方程的求解, 如勒让德方程、厄米方程等, 都可以用类似的步骤求解.

除 4.7 节外, 用 $z$ 表示自变量是复数. 当自变量为实数时, 用 $x$ 表示并进行说明.

## 4.1　贝塞尔方程

### 4.1.1　贝塞尔方程及其解

考虑贝塞尔方程

$$z^2w'' + zw' + (z^2 - \nu^2)w = 0 \tag{4.1.1}$$

其中 $\nu$ 是一个复参数, 且 $\mathrm{Re}\nu \geqslant 0$. 这个方程的特征值是 $\nu^2$, 对应于 $\nu^2$ 应该有两个线性无关的解. 根据 3.6 节的讨论, 显然 $z=0$ 是第一类奇点, $z=\infty$ 是第二类奇点. 称式 (4.1.1) 为 $\nu$ 阶贝塞尔方程. 现在求此方程在 $z=0$ 附近解的表达式 [1,2].

将方程 (4.1.1) 与式 (3.6.45)、式 (3.6.52)、式 (3.6.55) 对照, 可知 $a_0=1, b_0=-\nu^2$, 因此, 关于 $z=0$ 的判定方程, 见式 (3.6.56), 为

$$P_\nu(\lambda) = \lambda^2 - \nu^2 = 0 \tag{4.1.2}$$

解出两个根 $\lambda_1=\nu, \lambda_2=-\nu$. 这里 $\lambda_1, \lambda_2$ 是方程 (4.1.1) 关于 $z=0$ 的两个指数. 下面来看这两个特征值对应的特征向量:

$$A_0 = \begin{pmatrix} 0 & 1 \\ -b_0 & 1-a_0 \end{pmatrix} = \begin{pmatrix} 0 & 1 \\ \nu^2 & 0 \end{pmatrix}$$

$$\begin{pmatrix} 0 & 1 \\ \nu^2 & 0 \end{pmatrix}\begin{pmatrix} a_1 \\ a_2 \end{pmatrix} = \begin{pmatrix} a_2 \\ \nu^2 a_1 \end{pmatrix} = \lambda\begin{pmatrix} a_1 \\ a_2 \end{pmatrix}, \quad \frac{a_2}{a_1} = \lambda$$

只要两个特征值不相等, 它们就对应不同的特征向量. 当 $\nu$=0 时, 两个特征值相等, 必有一个特解是含对数项的. 另外, 当两个特征值之差为整数的时候, 其中一个特解可能含有对数项. 现在要注意的是, 式 (4.1.1) 写成式 (3.6.53) 那样的形式之后,

系数矩阵 $A$ 是一个级数, 而不是只有 $A_0$ 一项. 这是因为现在式 (4.1.1) 的 $w$ 项前是一个级数, 尽管只有两项. 因此, 现在必须采用级数法求解.

按照式 (3.6.57a), 在 $0<|z|<\infty$ 的范围内, 设一个特解的形式为

$$w(z)=z^{\lambda}h(z) \tag{4.1.3a}$$

将这一解的形式代入式 (4.1.1) 之后, 得到 $h(z)$ 满足的方程可按照式 (3.6.59) 写出

$$z^2h''+(2\lambda+1)zh'+[\lambda(\lambda-1)+\nu+z^2-\nu^2]h=0$$

$$zh''+(2\lambda+1)h'+zh=0 \tag{4.1.3b}$$

其中用到了 $\lambda=\nu$. 现在可以设函数 $h(z)$ 的形式为如下级数:

$$h(z)=\sum_{k=0}^{\infty}c_kz^k \tag{4.1.3c}$$

$$z\sum_{k=0}^{\infty}c_kz^{k-2}k(k-1)+\sum_{k=0}^{\infty}c_kz^{k-1}k(2\lambda+1)+z\sum_{k=0}^{\infty}c_kz^k=0$$

将上式代入式 (4.1.3b). 经过比较系数, 得

$$\sum_{k=0}^{\infty}c_kk(k+2\lambda)z^k+\sum_{k=2}^{\infty}c_{k-2}z^k=0$$

此处记

$$\begin{gathered}0(0+2\lambda)c_0=0\\(1+2\lambda)c_1=0\end{gathered} \tag{4.1.4}$$

$$k(k+2\lambda)c_k+c_{k-2}=0,\quad k\geqslant 2 \tag{4.1.5}$$

先考虑 $\lambda\neq 1/2$, 也就是

$$\nu\neq\pm 1/2 \tag{4.1.6}$$

($\nu=\pm 1/2$ 已被包含在情况 (2) 中. ) 由式 (4.1.4), 一定有

$$c_1=0 \tag{4.1.7a}$$

然后由式 (4.1.5) 得到

$$c_1=c_3=c_5=\cdots=0 \tag{4.1.7b}$$

又 $c_0$ 可以不为零, 取

$$c_0=1 \tag{4.1.8}$$

当取 $\lambda=\lambda_1=\nu$ 时, 式 (4.1.5) 写成

$$k(k+2\nu)c_k+c_{k-2}=0,\quad k\geqslant 2$$

由此可见

$$c_k=-\frac{c_{k-2}}{k(k+2\nu)}=0,\quad k\geqslant 0 \tag{4.1.9}$$

可令

$$c_0=1,\quad c_{2m}=-\frac{c_{2(m-1)}}{4m(m+\nu)}=0,\quad m\geqslant 1 \tag{4.1.10}$$

$$\begin{aligned}&c_2=-\frac{1}{4(1+\nu)},\quad c_4=-\frac{c_2}{8(2+\nu)}=\frac{1}{4^2 2!(2+\nu)(1+\nu)},\quad \cdots\\&c_{2m}=-\frac{(-1)^m}{4^m m!(\nu+1)_m},\quad m\geqslant 1\end{aligned} \tag{4.1.11}$$

其中 $(\nu+1)_m$ 是高斯符号, 其定义见式 (3.3.16). 代入式 (4.1.3), 得到解的表达式为

$$w_\nu(z)=\sum_{m=0}^{\infty}\frac{(-1)^m}{4^m m!(\nu+1)_m}z^{\nu+2m},\quad 0<|z|<\infty \tag{4.1.12}$$

为了求出与式 (4.1.12) 线性无关的特解, 进一步考虑 $\lambda=\lambda_2=-\nu$ 的情况. 在此, 回顾 3.6.1 小节末尾的讨论, 分以下四种情形讨论:

(1) $\lambda_1-\lambda_2=2\nu$ 非整数.

此时, 由于当 $k$ 是整数时, $P_\nu(\lambda+k)\neq 0$, 从式 (4.1.7)~ 式 (4.1.12) 的推导都仍然适用, 只要将这些公式中的 $\nu$ 换成 $-\nu$, 就得到另一个解

$$w_{-\nu}(z)=\sum_{m=0}^{\infty}\frac{(-1)^m}{4^m m!(-\nu+1)_m}z^{-\nu+2m},\quad 0<|z|<\infty \tag{4.1.13}$$

两个解 $w_{-\nu}$ 与 $w_\nu$ 是线性无关的, 因为它们的展开式是由 $z$ 的不同幂次项开始的. 因此线性组合 $a_1w_\nu+a_2w_{-\nu}$ 只有当 $a_1=a_2=0$ 时才恒为零.

(2) $\lambda_1-\lambda_2=2\nu=2n+1(n\geqslant 0)$, 即 $\nu$ 是正的半整数.

在式 (4.1.5) 中

$$k(k-2n-1)=\begin{cases}\neq 0, & k\neq 2n+1\\ =0, & k=2n+1\end{cases} \tag{4.1.14}$$

于是, 当 $k<2n+1$ 时, 由式 (4.1.9)

$$k(k-2n-1)c_k+c_{k-2}=0 \tag{4.1.15}$$

解出

$$c_1=c_3=c_5=\cdots=c_{2n-1}=0 \tag{4.1.16}$$

其次, 当 $k=2n+1$ 时, 由式 (4.1.9), $0c_{2n+1}+c_{2n-1}=0$. 可取 $c_{2n+1}=0$. 这样

$$c_1=c_3=c_5=\cdots=0 \tag{4.1.17}$$

对于 $k$ 是偶数的情况, 式 (4.1.7)~ 式 (4.1.12) 的推导都仍然适用. 因此得到两个线性无关的解

$$w_{n+1/2}(z)=\sum_{m=0}^{\infty}\frac{(-1)^m}{4^m m!(n+1/2+1)_m}z^{n+1/2+2m},\quad 0<|z|<\infty \tag{4.1.18a}$$

$$w_{-n-1/2}(z)=\sum_{m=0}^{\infty}\frac{(-1)^m}{4^m m!(-n-1/2+1)_m}z^{-n-1/2+2m},\quad 0<|z|<\infty \tag{4.1.18b}$$

(3) $\nu=n$ 是整数.

此时, $\lambda_1=n>0, \lambda_2=-n$. 一个特解仍然按式 (4.1.12) 写出.

$$w_1(z)=\sum_{m=0}^{\infty}\frac{(-1)^m}{4^m m!(n+1)_m}z^{n+2m},\quad 0<|z|<\infty \tag{4.1.19}$$

另一个特解, 根据对式 (3.6.44) 的讨论, 应该出现带对数因子的项. 为了求出这一特解, 做变换

$$z=\mathrm{e}^s,\quad w(z)=u(s) \tag{4.1.20}$$

则式 (4.1.1) 变成

$$u''(s)+(\mathrm{e}^{2s}-n^2)u(s)=0 \tag{4.1.21}$$

设这个方程有形如

$$u(s)=\mathrm{e}^{\lambda_2 s}\sum_{k=0}^{\infty}u_k(s)\mathrm{e}^{ks}\quad (u_k(s)\text{是线性的}) \tag{4.1.22}$$

的解. 因 $u_k(s)$ 是线性的, 它的两次导数为零. 将式 (4.1.22) 代入式 (4.1.21), 整理之后, 得

$$\sum_{k=0}^{\infty}[2(\lambda_2+k)u_k'(s)+k(2\lambda_2+k)u_k(s)]\mathrm{e}^{ks}+\sum_{k=2}^{\infty}u_{k-2}(s)\mathrm{e}^{ks}=0$$

其中用到 $\lambda_2^2-n^2=0$. 比较系数, 可得

$$\begin{cases}2\lambda_2u_0'=0\\ 2(\lambda_2+1)u_1'+(2\lambda_2+1)u_1=0\\ 2(\lambda_2+k)u_k'+k(2\lambda_2+k)u_k+u_{k-2}=0,\quad k\geqslant 2\end{cases} \tag{4.1.23a}$$

将 $\lambda_2 = -n$ 代入式 (4.1.23a), 得

$$\begin{cases} -2nu_0' = 0 \\ 2(1-n)u_1' + (1-2n)u_1 = 0 \\ 2(k-n)u_k' + k(k-2n)u_k + u_{k-2} = 0, \quad k \geqslant 2 \end{cases} \tag{4.1.23b}$$

显然

$$u_1 = 0$$

并因此有

$$u_1 = u_3 = u_5 = \cdots = 0 \tag{4.1.24}$$

可令 $u_0 = 1$, $2(2-n)u_2' + 2(2-2n)u_2 + u_0 = 0$. 当 $u_2$ 含 $s$ 的一次项时, 不满足此式, 因此 $u_2$ 只能是常数. 同此, $u_k(0 < k = 2m < 2n)$ 都只能是常数.

$$2m(2m-2n)u_{2m} + u_{2(m-1)} = 0, \quad 0 < m < n$$

$$u_2 = \frac{u_0}{4(n-1)} = \frac{1}{4(n-1)}, \quad u_4 = \frac{u_2}{4\cdot 2(n-2)} = \frac{1}{4^2\cdot 2(n-1)(n-2)}$$

$$u_{2m} = \frac{1}{4^m m!(n-1)(n-2)\cdots(n-m)} = \frac{(n-m-1)!}{4^m m!(n-1)!}, \quad 0 < m < n \tag{4.1.25}$$

对 $k = 2n$, 有

$$2nu_{2n}' + 0u_{2n} + u_{2n-2} = 0$$

由此解出

$$u_{2n} = \alpha_0(s + \beta_0) \tag{4.1.26}$$

其中

$$\alpha_0 = -\frac{u_{2n-2}}{2n} = -\frac{1}{2n}\frac{(-1)^{n-1}}{4^{n-1}(n-1)!(1-n)_{n-1}} = -\frac{2}{4^n n!(n-1)!} \tag{4.1.27}$$

而 $\beta_0$ 为任一常数.

当 $k = 2n+2$ 时,

$$2(n+2)u_{2n+2}' + 4nu_{2n+2} + u_{2n} = 0$$

一般地, 当 $k \geqslant 2n+2m(m \geqslant 1)$ 时, 可设

$$u_{2n+2m} = \alpha_m(s + \beta_m)$$

其中, $\alpha_m$ 和 $\beta_m$ 都是待定常数. 代入式 (4.1.23b) 得

$$2(n+2m)u_{2n+2m}' + 4m(n+m)u_{2n+2m} + u_{2n+2m-2} = 0$$

得到

$$2(n+2m)\alpha_m+4m(n+m)\alpha_m(s+\beta_m)+\alpha_{m-1}(s+\beta_{m-1})=0$$

比较系数后, 得到

$$\begin{aligned}&4m(n+m)\alpha_m+\alpha_{m-1}=0\\&2(n+2m)\alpha_m+4m(n+m)\alpha_m\beta_m+\alpha_{m-1}\beta_{m-1}=0\end{aligned}$$

由第一式得到

$$\alpha_m=-\frac{\alpha_{m-1}}{4m(n+m)}=\frac{1}{4m(n+m)}\frac{\alpha_{m-2}}{4(m-1)(n+m-1)}=\frac{(-1)^m\alpha_0}{4^m m!(n+1)_m} \tag{4.1.28}$$

代入第二式

$$\begin{aligned}&2(n+2m)\alpha_m+4m(n+m)\alpha_m\beta_m-4m(n+m)\alpha_m\beta_{m-1}=0\\&n+2m+2m(n+m)\beta_m-2m(n+m)\beta_{m-1}=0\\&\beta_m=\beta_{m-1}-\frac{n+2m}{2m(n+m)}=\beta_{m-1}-\frac{1}{2}\left(\frac{1}{m}+\frac{1}{n+m}\right)\end{aligned}$$

由此得

$$\beta_m=\beta_0-\frac{1}{2}\sum_{j=1}^{m}\left(\frac{1}{j}+\frac{1}{n+j}\right)$$

令

$$H_m=\sum_{j=1}^{m}\frac{1}{j}=1+\frac{1}{2}+\frac{1}{3}+\cdots+\frac{1}{m} \tag{4.1.29}$$

并选取

$$\beta_0=-\frac{1}{2}(H_n-\gamma)=-\frac{1}{2}\psi(n) \tag{4.1.30}$$

其中 $\gamma$ 是欧拉常数, 第二个等式可见附录 4A. 那么得到

$$\beta_m=-\frac{1}{2}(H_m+H_{m+n}-2\gamma)=-\frac{1}{2}[\psi(m+1)+\psi(m+n+1)] \tag{4.1.31}$$

总结以上, 得到: 当 $k=2m<2n$, 有式 (4.1.25); 当 $k\geqslant 2n+2m(m\geqslant 0)$ 时, 有式 (4.1.26)~ 式 (4.1.31). 代入式 (4.1.22)

$$u(s)=\mathrm{e}^{\lambda_2 s}\sum_{m=0}^{n-1}u_{2m}\mathrm{e}^{2ms}+e^{\lambda_2 s}\sum_{m=0}^{\infty}\alpha_m(s+\beta_m)\mathrm{e}^{(2n+2m)s} \tag{4.1.32}$$

再把 $z=\mathrm{e}^s$ 代回.

$$w_2(z)=z^{-n}\sum_{m=0}^{n-1}u_{2m}z^{2m}+z^{-n}\sum_{m=0}^{\infty}\alpha_m(\ln z+\beta_m)z^{2n+2m}$$

$$
\begin{aligned}
&=\ln z\sum_{m=0}^{\infty}\alpha_m z^{n+2m}+\sum_{m=0}^{\infty}\alpha_m\beta_m z^{n+2m}+\sum_{m=0}^{n-1}u_{2m}z^{2m-n}\\
&=\alpha_0\ln z\sum_{m=0}^{\infty}\frac{(-1)^m}{4^m m!(n+1)_m}z^{n+2m}\\
&\quad-\frac{\alpha_0}{2}\sum_{m=0}^{\infty}\frac{(-1)^m[\psi(m+1)+\psi(m+n+1)]}{4^m m!(n+1)_m}z^{n+2m}\\
&\quad+\sum_{m=0}^{n-1}\frac{(n-m-1)!}{4^m m!(n-1)!}z^{2m-n}
\end{aligned}
\tag{4.1.33}
$$

其中 $\alpha_0$ 是式 (4.1.27).

式 (4.1.19) 的 $w_1$ 和式 (4.1.33) 的 $w_2$ 是线性无关的. 它们构成了方程 (4.1.1) 在 $\nu^2=n^2\neq 0$ 时的一个基本解组.

(4) $\nu=0$.

此时, $\lambda_1=\lambda_2=0$. 这种情况可以作为 (3)$\nu=n$ 是整数中的 $n=0$ 的特例. 只要在式 (4.1.23b) 中令 $n=0$, 以后各式都适用. 相应于式 (4.1.32) 就只有第二项而没有第一项. 因此对应于式 (4.1.19) 和式 (4.1.33) 写出的两个特解是

$$
w_1(z)=\sum_{m=0}^{\infty}\frac{(-1)^m}{4^m m!(1)_m}z^{2m}=\sum_{m=0}^{\infty}\frac{(-1)^m}{4^m(m!)^2}z^{2m},\quad 0<|z|<\infty \tag{4.1.34}
$$

$$
\begin{aligned}
w_2(z)=&\alpha_0\ln z\sum_{m=0}^{\infty}\frac{(-1)^m}{4^m m!(1)_0}z^{2m}-\frac{\alpha_0}{2}\sum_{m=0}^{\infty}\frac{(-1)^m[\psi(m+1)+\psi(m+1)]}{4^m m!(1)_0}z^{2m}\\
=&\alpha_0\ln z\sum_{m=0}^{\infty}\frac{(-1)^m}{m!}\left(\frac{z}{2}\right)^{2m}-\alpha_0\sum_{m=0}^{\infty}\frac{(-1)^m\psi(m+1)}{m!}\left(\frac{z}{2}\right)^{2m}
\end{aligned}
\tag{4.1.35}
$$

总结: 贝塞尔方程的特征值是 $\nu^2$, 它的两个线性无关的特解则是分别对应于 $\nu$ 和 $-\nu$ 的. 当 $\nu$ 非整数时, 解式 (4.1.12) 和式 (4.1.13) 对应于式 (3.6.43) 和式 (3.6.44), 或者式 (3.6.57), 并且其中 $h_2(z)=0$ 的情况; 当 $\nu$ 是整数时, 解式 (4.1.19) 和式 (4.1.33) 同样对应于式 (3.6.43) 和式 (3.6.44), 或者式 (3.6.57), 只是其中 $h_2(z)\neq 0$. 式 (4.1.34) 和式 (4.1.35) 只是式 (4.1.19) 和式 (4.1.33) 在 $\nu=0$ 时的特例.

在许多参考文献 [3~14] 中, 默认了贝塞尔方程的自变量是实数 $x$. 有一些参考文献 [1,2,15~18] 则默认了自变量是复数 $z$. 从上面的推导过程可以看出, 自变量完全可以是复数 $z$.

### 4.1.2 第一类和第二类贝塞尔函数

根据上面的讨论, 可以把贝塞尔方程的基本解组总结如下.

1. $\nu$ 非负整数

第一个特解 (4.1.12) 对于任意的 $\nu$ 都适用. 习惯上将其除以常数 $2^\nu\Gamma(\nu+1)$ 之后记为 $J_\nu$, 即

$$J_\nu(z)=\frac{w_\nu(z)}{2^\nu\Gamma(\nu+1)}=\sum_{m=0}^{\infty}\frac{(-1)^m}{m!\Gamma(m+\nu+1)}\left(\frac{z}{2}\right)^{2m+\nu},\quad 0<|z|<\infty$$

其中 $\Gamma$ 函数的定义见式 (3.3.17). 另一个线性无关的特解是

$$J_{-\nu}(z)=\frac{w_{-\nu}(z)}{2^{-\nu}\Gamma(-\nu+1)}=\sum_{m=0}^{\infty}\frac{(-1)^m}{m!\Gamma(m-\nu+1)}\left(\frac{z}{2}\right)^{2m-\nu},\quad 0<|z|<\infty$$

经常可以把此两式统一写成

$$J_{\pm\nu}(z)=\sum_{m=0}^{\infty}\frac{(-1)^m}{m!\Gamma(m\pm\nu+1)}\left(\frac{z}{2}\right)^{2m\pm\nu}\tag{4.1.36}$$

称 $J_\nu(z)$($\nu$ 非负整数) 为$\nu$ **阶第一类贝塞尔函数**, 简称**贝塞尔函数**. 由于式 (4.1.36) 的求和中有无限多项, 因此贝塞尔函数毫无疑问属于特殊函数.

2. $\nu=n$ 为正整数

此时, 式 (4.1.36) 仍适用, $\Gamma(m+n+1)=(m+n)!$. 这个特解就是

$$J_n(z)=\sum_{m=0}^{\infty}\frac{(-1)^m}{m!(m+n)!}\left(\frac{z}{2}\right)^{2m+n}\tag{4.1.37}$$

称 $J_n(z)$($n$ 为整数) 为整数阶贝塞尔函数. 注意 $J_n(z)$ 与 $J_{-n}(z)$ 不是线性无关的 (如果是线性无关的, 也就不需要式 (4.1.33) 这个解了). 后面将证明它们之间有以下关系:

$$J_{-n}(z)=(-1)^nJ_n(z)\tag{4.1.38}$$

贝塞尔方程的另一个特解应该是式 (4.1.33) 的形式. 常将式 (4.1.33) 与式 (4.1.37) 作线性组合, 记为 $Y_n$, 即

$$Y_n(z)=-\frac{2^n(n-1)!}{\pi}w_2(z)-\frac{2\ln 2}{\pi}J_n(z)\tag{4.1.39}$$

现在来看 $w_2(z)$ 的表达式 (4.1.33). 当 $n$ 是正整数时, 有

$$(n+1)_k=\frac{(n+k)!}{n!}$$

式 (4.1.33) 右边第一项可写成

$$\sum_{m=0}^{\infty}\frac{(-1)^m}{4^m m!(n+1)_m}z^{n+2m}=2^n n!\sum_{m=0}^{\infty}\frac{(-1)^m}{m!(n+m)!}\left(\frac{z}{2}\right)^{n+2m}=2^n n!J_n(z)$$

其中用到式 (4.1.37). 式 (4.1.33) 写成

$$\begin{aligned}w_2(z) =&\alpha_0 2^n n! J_n(z)\ln z\\&-\frac{\alpha_0}{2}2^n n!\sum_{m=0}^{\infty}\frac{(-1)^m[\psi(m+1)+\psi(m+n+1)]}{m!(n+m)!}\left(\frac{z}{2}\right)^{n+2m}\\&+\frac{1}{2^n}\sum_{m=0}^{n-1}\frac{(n-m-1)!}{m!(n-1)!}\left(\frac{z}{2}\right)z^{2m-n}\end{aligned}$$

代入式 (4.1.39), 把式 (4.1.27) 的 $\alpha_0$ 也代入, 得

$$\begin{aligned}Y_n(z) =&-\frac{2^n(n-1)!}{\pi}\left\{-\frac{2}{4^n n!(n-1)!}2^n n! J_n(z)\ln z\right.\\&+\frac{2^n n!}{4^n n!(n-1)!}\sum_{m=0}^{\infty}\frac{(-1)^m[\psi(m+1)+\psi(m+n+1)]}{m!(n+m)!}\left(\frac{z}{2}\right)^{n+2m}\\&\left.+\frac{1}{2^n}\sum_{m=0}^{n-1}\frac{(n-m-1)!}{m!(n-1)!}\left(\frac{z}{2}\right)^{2m-n}\right\}-\frac{2\ln 2}{\pi}J_n(z)\\=&\frac{2}{\pi}J_n(z)\ln\frac{z}{2}-\frac{1}{\pi}\sum_{m=0}^{\infty}\frac{(-1)^m[\psi(m+1)+\psi(m+n+1)]}{m!(n+m)!}\left(\frac{z}{2}\right)^{n+2m}\\&-\frac{1}{\pi}\sum_{m=0}^{n-1}\frac{(n-m-1)!}{m!}\left(\frac{z}{2}\right)^{2m-n}\end{aligned}\tag{4.1.40}$$

$Y_n(z)$ 称为**第二类贝塞尔函数或诺伊曼函数**. 有些文献 [3~5,15] 用 $N_n(z)$ 来标记第二类贝塞尔函数.

诺伊曼函数经常用另一种更简洁的形式来表达. 可以证明

$$Y_n(z)=\lim_{\nu\to n}\frac{J_\nu(z)\cos\nu\pi-J_{-\nu}(z)}{\sin\nu\pi}\tag{4.1.41}$$

由式 (4.1.38) 知式 (4.1.41) 右边是零比零型. 但是极限是存在的. 在附录 4B 中证明表达式 (4.1.41) 和式 (4.1.40) 是相等的.

当 $\nu$ 非实数中的整数时, 式 (4.1.41) 右边分母不为零. 可以直接写

$$Y_\nu(z)=\frac{J_\nu(z)\cos\nu\pi-J_{-\nu}(z)}{\sin\nu\pi}\tag{4.1.42}$$

此式右边的 $J_\nu(z)$ 与 $J_{-\nu}(z)$ 是线性无关的. 因此这样叠加得到的 $Y_\nu(z)$ 也就和 $J_\nu(z)$ 线性无关. 因而, 贝塞尔方程的通解不仅可以写成 $J_\nu(z)$ 与 $J_{-\nu}(z)$ 的线性叠加, 也可以写成 $J_\nu(z)$ 与 $Y_\nu(z)$ 的线性叠加, 即

$$w(z)=AJ_\nu(z)+BY_\nu(z)\tag{4.1.43}$$

这是最常用的通解的表达式. 当 $\nu = n$ 为正整数时, 就是式 (4.1.37) 的 $J_n$ 与式 (4.1.41) 的 $Y_n$ 线性叠加.

大多数参考文献 [5~12,15~18] 中, 求出了第一类贝塞尔函数作为贝塞尔方程的一个特解之后, 就根据方程应该有另一个线性无关的解而写出式 (4.1.43), 并先用式 (4.1.42) 定义第二类贝塞尔函数, 然后说明或者证明这样定义的 $Y_\nu$ 就是贝塞尔方程的另一个线性无关的解. 文献 [11], [15], [16] 分别给出了按照式 (4.1.43) 取这个特解的理由. 这里采用的是参考文献 [1 ~ 4]、[13]、[14] 的做法, 在 4.1.1 小节中直接求出两个线性无关的特解, 然后证明了第二个特解可以写成式 (4.1.42) 的形式.

## 4.2　贝塞尔函数的基本性质

根据 $\nu$ 阶贝塞尔函数的定义, $\nu$ 可以是任意复数的. 不过实际上用到的都是 $\nu$ 为实数的情况. 此后书中都默认 $\nu$ 是实数.

由贝塞尔函数的定义, 易得

$$J_\nu(-z) = \sum_{m=0}^{\infty} \frac{(-1)^m}{m!\Gamma(m+\nu+1)} \left(-\frac{z}{2}\right)^{2m+\nu} = (-1)^\nu J_\nu(z) \tag{4.2.1}$$

若宗量 $z = x$ 是实数, 那么 $J_\nu(x)$ 和 $Y_\nu(x)$ 都是实函数.

### 4.2.1　贝塞尔函数的递推公式

1. 基本的递推公式

$$(z^\nu J_\nu)' = z^\nu J_{\nu-1} \tag{4.2.2}$$

$$(z^{-\nu} J_\nu)' = -z^{-\nu} J_{\nu+1} \tag{4.2.3}$$

$$J_\nu = \frac{z}{2\nu}(J_{\nu-1} + J_{\nu+1}) \tag{4.2.4}$$

$$J'_\nu = \frac{1}{2}(J_{\nu-1} - J_{\nu+1}) = J_{\nu-1}(z) - \frac{\nu}{z}J_\nu(z) = \frac{\nu}{z}J_\nu(z) - J_{\nu+1}(z) \tag{4.2.5}$$

本章将这四式统称为递推公式 [3~18]. 如果分得细致一些, 可以将式 (4.2.2) 和式 (4.2.3) 称为微分关系. 下面来证明这四式.

**证明**　由 $J_\nu$ 的表达式 $J_\nu(z) = \sum\limits_{k=0}^{\infty}(-1)^k \dfrac{1}{k!}\dfrac{1}{\Gamma(k+1+\nu)}\left(\dfrac{z}{2}\right)^{2k+\nu}$, 两边乘上 $z^\nu$ 再对 $z$ 求导, 得到

$$\frac{\mathrm{d}}{\mathrm{d}z}(z^\nu J_\nu) = \frac{\mathrm{d}}{\mathrm{d}z}\left[\sum_{k=0}^{\infty} \frac{(-1)^k 2^\nu}{\Gamma(k+1)\Gamma(k+1+\nu)}\left(\frac{z}{2}\right)^{2k+2\nu}\right]$$

$$
\begin{aligned}
&=\sum_{k=0}^{\infty}\frac{2^{\nu}}{2}\frac{(-1)^k(2k+2\nu)}{\Gamma(k+1)\Gamma(k+1+\nu)}\left(\frac{z}{2}\right)^{2k+2\nu-1}\\
&=z^{\nu}\sum_{k=0}^{\infty}\frac{(-1)^k}{\Gamma(k+1)\Gamma(k+\nu)}\left(\frac{z}{2}\right)^{2k+\nu-1}=z^{\nu}J_{\nu-1}
\end{aligned}
$$

即式 (4.2.2). 同理

$$
\begin{aligned}
\frac{\mathrm{d}}{\mathrm{d}z}(z^{-\nu}J_{\nu})&=\frac{\mathrm{d}}{\mathrm{d}z}\left[\sum_{k=0}^{\infty}\frac{2^{-\nu}(-1)^k}{\Gamma(k+1)\Gamma(k+1+\nu)}\left(\frac{z}{2}\right)^{2k}\right]\\
&=\sum_{k=0}^{\infty}\frac{2^{-\nu}}{2}\frac{(-1)^k2k}{\Gamma(k+1)\Gamma(k+1+\nu)}\left(\frac{z}{2}\right)^{2k-1}\\
&=-\sum_{k=1}^{\infty}\frac{z^{-\nu}(-1)^{k-1}}{\Gamma(k)\Gamma(k+1+\nu)}\left(\frac{z}{2}\right)^{2k+\nu-1}
\end{aligned}
$$

令 $n=k-1$

$$
\frac{\mathrm{d}}{\mathrm{d}z}(z^{-\nu}J_{\nu})=-\sum_{n=0}^{\infty}\frac{z^{-\nu}(-1)^n}{\Gamma(n+1)\Gamma(n+2+\nu)}\left(\frac{z}{2}\right)^{2n+1+\nu}=-z^{-\nu}J_{\nu+1}
$$

即式 (4.2.3).

$$
(z^{\nu}J_{\nu})'=\nu z^{\nu-1}J_{\nu}+z^{\nu}J_{\nu}'=z^{\nu}J_{\nu-1} \tag{4.2.6a}
$$

$$
(z^{-\nu}J_{\nu})'=-\nu z^{-\nu-1}J_{\nu}+z^{-\nu}J_{\nu}'=-z^{-\nu}J_{\nu+1} \tag{4.2.6b}
$$

也就是

$$
\nu J_{\nu}+zJ_{\nu}'=zJ_{\nu-1} \tag{4.2.7a}
$$

$$
-\nu J_{\nu}+zJ_{\nu}'=-zJ_{\nu+1} \tag{4.2.7b}
$$

此两式相减, 得

$$
2\nu J_{\nu}=z(J_{\nu-1}+J_{\nu+1})
$$

即得式 (4.2.4).

式 (4.2.7) 的两式相加, 得 $2J_{\nu}'=J_{\nu-1}-J_{\nu+1}$, 这就是式 (4.2.5) 的第一个等号. 再应用式 (4.2.4) 得到式 (4.2.5) 的后面两个等号.

根据微分关系, 可以通过 $\nu$ 阶贝塞尔函数, 求出低一阶 ($\nu-1$ 阶) 或高一阶 ($\nu+1$ 阶) 的贝塞尔函数. 特别地, 当 $\nu=0$ 时, 有

$$
J_0'(z)=J_{-1}(z)=-J_1(z)
$$

由此可以断言, $J_0(z)$ 的极值点就是 $J_1(z)$ 的零点.

另外两个递推关系表明, 有两个相邻阶的贝塞尔函数, 就可以求出更高一阶的贝塞尔函数.

2. 进一步的递推公式

$$\left(\frac{1}{z}\cdot\frac{\mathrm{d}}{\mathrm{d}z}\right)^m(z^\nu J_\nu)=z^{\nu-m}J_{\nu-m} \tag{4.2.8a}$$

$$\left(\frac{1}{z}\cdot\frac{\mathrm{d}}{\mathrm{d}z}\right)^m(z^{-\nu} J_\nu)=(-1)^m z^{-\nu-m}J_{\nu+m} \tag{4.2.8b}$$

**证明**　由式 (4.2.2) 可得

$$\frac{1}{z}\cdot\frac{\mathrm{d}}{\mathrm{d}z}(z^\nu J_\nu)=z^{\nu-1}J_{\nu-1} \tag{4.2.9}$$

此即式 (4.2.8a) 当 $m=1$ 的情况. 把 $\frac{1}{z}\cdot\frac{\mathrm{d}}{\mathrm{d}z}$ 视为一整体运算符 (算子). 反复运用式 (4.2.9), 得到

$$\left(\frac{1}{z}\cdot\frac{\mathrm{d}}{\mathrm{d}z}\right)^2(z^\nu J_\nu)=\left(\frac{1}{z}\cdot\frac{\mathrm{d}}{\mathrm{d}z}\right)\left(\frac{1}{z}\cdot\frac{\mathrm{d}}{\mathrm{d}z}\right)(z^\nu J_\nu)=\left(\frac{1}{z}\cdot\frac{\mathrm{d}}{\mathrm{d}z}\right)(z^{\nu-1}J_{\nu-1})=z^{\nu-2}J_{\nu-2} \tag{4.2.10}$$

可见: 算子 $\frac{1}{z}\cdot\frac{\mathrm{d}}{\mathrm{d}z}$ 作用在函数 $z^\nu J_\nu$ 上的结果是使指标 $\nu$ 减 1. 重复以上步骤, 可得式 (4.2.8a). 同理, 从式 (4.2.3) 出发, 可证得式 (4.2.8b).

3. 第二类贝塞尔函数的递推公式

式 (4.2.2)~ 式 (4.2.5) 中, 把表示第一类贝塞尔函数的 $J$ 换成第二类贝塞尔函数 $Y$, 公式仍然都成立. 因此第二类贝塞尔函数的递推公式如下:

$$\begin{cases}(z^\nu Y_\nu)'=z^\nu Y_{\nu-1}\\(z^{-\nu}Y_\nu)'=-z^{-\nu}Y_{\nu+1}\\Y_{\nu-1}+Y_{\nu+1}=\dfrac{2\nu}{z}Y_\nu\\Y_{\nu-1}-Y_{\nu+1}=2Y_\nu'\end{cases} \tag{4.2.11}$$

其中前两式可以根据定义式 (4.1.42) 和式 (4.2.2)、式 (4.2.3) 得到. 例如

$$\begin{aligned}[z^\nu Y_\nu(z)]'=&\frac{[z^\nu J_\nu(z)]'\cos\nu\pi-[z^{-(-\nu)}J_{-\nu}(z)]'}{\sin\nu\pi}\\=&z^\nu\frac{J_{\nu-1}(z)\cos\nu\pi+J_{-(\nu-1)}(z)}{\sin\nu\pi}=z^\nu Y_{\nu-1}(z)\end{aligned}$$

式 (4.2.11) 的后两式可以由前两式得到.

### 4.2.2 贝塞尔函数的渐近式

当 $z \to \infty$ 而 $\nu$ 固定时, 有

$$J_\nu(z \to \infty) \sim \sqrt{\frac{2}{\pi z}} \cos\left(z - \frac{\nu\pi}{2} - \frac{\pi}{4}\right), \quad -\pi < \arg z < \pi \tag{4.2.12}$$

$$Y_\nu(z \to \infty) \sim \sqrt{\frac{2}{\pi z}} \sin\left(z - \frac{\nu\pi}{2} - \frac{\pi}{4}\right), \quad -\pi < \arg z < \pi \tag{4.2.13}$$

当 $z$ 固定而 $|\nu|$ 很大时, $J_\nu(z)$ 的渐进展开式为 [16]

$$J_{\nu\to\infty}(z) \approx \exp\left[\nu + \nu \ln \frac{z}{2} - \left(\nu + \frac{1}{2}\right) \ln \nu\right] \left[\frac{1}{\sqrt{2\pi}} + \frac{c_1}{\nu} + \frac{c_2}{\nu^2} + \cdots\right] \tag{4.2.14}$$

当 $z \to 0$ 时, 有

$$J_\nu(z \to 0) \sim \frac{1}{\Gamma(\nu+1)} \left(\frac{z}{2}\right)^\nu \tag{4.2.15a}$$

如果 $\nu$ 是实数, 那么, 对于 $\nu > 0$, 有

$$J_\nu(z \to 0) \sim \frac{1}{\Gamma(\nu+1)} \left(\frac{z}{2}\right)^\nu \to 0 \tag{4.2.15b}$$

$$J_{-\nu}(z \to 0) \sim \frac{1}{\Gamma(-\nu+1)} \left(\frac{z}{2}\right)^{-\nu} \to \infty \tag{4.2.15c}$$

### 4.2.3 贝塞尔函数的零点

1. 零点的性质

(i) 对于任意给定的实数 $\nu$, $J_\nu(z)$ 有无穷多个实数零点. 即在这些实数 $z$ 点上, $J_\nu(z) = 0$.

(ii) 当 $\nu$ 是实数且大于 0 时, 必有

$$J_\nu(0) = 0 \tag{4.2.16}$$

这一点从表达式 (4.1.36) 中容易看出.

(iii) $J_\nu(z)$ 除去 $z = 0$(如果它是零点) 可能是例外, 都是一阶零点.

事实上, 如果 $z_0 \neq 0$ 是 $J_\nu(z)$ 的二级或者更高级零点, 则有 $J_\nu(z_0) = 0$ 且 $J'_\nu(z_0) = 0$, 而 $J_\nu(z)$ 满足一个线性齐次二阶微分方程. 于是由第 3 章叙述的微分方程的解的存在唯一性定理, 必有 $J_\nu(z) \equiv 0$.

(iv) 当 $\nu > -1$ 时, $J_\nu(z)$ 的所有零点都是实数. 即当 $J_\nu(z) = 0$ 时, $z$ 的位置一定在实数轴上. 注意这一点与性质 (i) 的区别. 在 (i) 中, 除了实零点, 还可能有复零点.

(v) 若 $J_\nu(z)=0$, 则 $J_\nu(-z)=0$.

这说明, $J_\nu(z)$ 的零点是关于原点对称分布的.

(vi) $J_\nu(z)$ 与 $J_{\nu+1}(z)$ 无公共零点.

事实上, 把微分关系 $(z^{-\nu}J_\nu)'=-z^{-\nu}J_{\nu+1}$ 展开后, 得到 $J_\nu'(z)-\nu z^{-1}J_\nu(z)=-J_{\nu+1}(z)$. 若在 $z_0$ 点有 $J_\nu(z_0)=J_{\nu+1}(z_0)=0$, 则必有 $J_\nu'(z_0)=0$. 说明 $z_0$ 是 $J_\nu(z)$ 的二阶零点. 这与 (iii) 的结论矛盾.

以下三条针对 $J_\nu$ 当 $\nu>0$ 的情况, 已知零点都是实数 $x$, 且零点的分布关于原点对称. 只考虑正半实轴 $x>0$ 上的零点.

先复述微分学中的**罗尔定理**: 若函数 $f(x)$ ①在区间 $[a,b]$ 上连续, ②在 $(a,b)$ 上可导, ③ $f(a)=f(b)$, 则存在 $\xi\in(a,b)$, 使得 $f'(\xi)=0$. 在几何上, 表示曲线 $y=f(x)$ 过点 $C(\xi,f(\xi))$ 的切线是水平的.

(vii) 在 $J_\nu(x)$ 的两个相邻的正零点之间, 分别有且只有一个 $J_{\nu-1}(x)$ 和 $J_{\nu+1}(x)$ 的零点. 反之亦然.

**证明**　设 $x_1$ 和 $x_2$ 是 $J_\nu(x)$ 的两个相邻的正零点. 则 $x_1$ 和 $x_2$ 也是 $x^\nu J_\nu(x)$ 的零点. 由罗尔定理知, $J_\nu(x)$ 的两个相邻的正零点之间, 必然存在一点 $a$: $x_1<a<x_2$, 使得 $(x^\nu J_\nu(x))'|_{x=a}=0$. 由微分关系 $(x^\nu J_\nu(x))'=x^\nu J_{\nu-1}(x)$, 有 $J_{\nu-1}(a)=0$, 同理, 由另一个微分关系 $(x^{-\nu}J_\nu(x))'=-x^{-\nu}J_{\nu+1}(x)$, 必然存在一点 $b$: $x_1<b<x_2$, 使得 $J_{\nu+1}(b)=0$. 如果在 $(x_1,x_2)$ 内有另外一点 $a_1$, 设 $a_1>a$: $x_1<a<a_1<x_2$, 使得 $J_{\nu-1}(a_1)=0$, 那么根据以上证明过程知, 必然存在一点 $x_3$ 在 $a$ 和 $a_1$ 之间: $x_1<a<x_3<a_1<x_2$, 使得 $J_\nu(x_3)=0$. 这与 $x_1$ 和 $x_2$ 是 $J_\nu(x)$ 的两个相邻的正零点前提相矛盾. 因此结论得证. 证明完毕.

(viii) $J_\nu(x)$ 的最小正零点比 $J_{\nu+1}(x)$ 的最小正零点更接近于原点.

**证明**　设 $b$ 是 $J_{\nu+1}(x)$ 的最小正零点, 由微分关系 $(x^{\nu+1}J_{\nu+1}(x))'=x^{\nu+1}J_\nu(x)$ 知, 函数 $x^{\nu+1}J_{\nu+1}(x)$ 在两个零点 0 与 $b$ 之间, 一定存在一点 $\xi$: $0<\xi<b$, 使得 $(x^{\nu+1}J_{\nu+1}(x))'|_{x=a}=0$(罗尔定理), 即 $a^{\nu+1}J_\nu(a)=0$. 因 $a\neq 0$, 故 $J_\nu(a)=0$, 故 $J_\nu(x)$ 的最小正零点比 $J_{\nu+1}(x)$ 的最小正零点更接近于原点. 证明完毕.

问题: 能否应用同样的推理, 从微分关系 $(x^{-\nu}J_\nu(x))'=x^{-\nu}J_{\nu+1}(x)$ 出发, 得到 $J_{\nu+1}(x)$ 的最小正零点比 $J_\nu(x)$ 的最小正零点更接近于原点的结论? 答案是否定的. 由 $J_\nu(x)$ 的级数公式可知, $x^{-\nu}J_\nu(x)|_{x=0}=\dfrac{1}{2^\nu\Gamma(\nu+1)}\neq 0=x^{-\nu}J_\nu(x)|_{x=a}$, 即 $x^{-\nu}J_\nu(x)$ 这个函数在 $x=0$ 处不是零点, 因此不能再套用罗尔定理.

(ix) 方程 $J_\nu'(x)=0$ 有无穷多个实根.

因已知 $J_\nu(x)$ 有无穷多个实零点. 由罗尔定理知, 在任意两个零点之间, 都存在一点, 使得 $J_\nu'(x)=0$. 更一般地, 可以证明, 方程

$$J_\nu(x)+hJ_\nu'(x)=0\quad (h\text{为常数})$$

有无穷多个实根.

从上面所述贝塞尔函数的零点性质, 可知实变量的贝塞尔函数 $J_\nu(x)$ 的图形很像三角函数的图形. 再联系前面介绍的渐近式, 渐近式确实有一个三角函数的因子. 此外, 渐近式还有一个衰减因子 $\dfrac{1}{\sqrt{x}}$. 因而, $J_\nu(x)$ 是一个衰减振荡函数, 它在 $x$ 轴上下来回摆动而且逐渐靠近 $x$ 轴.

2. $\nu > -1$ 时, $J_\nu(z)$ 的所有零点都是实数的证明

现在要证明的是上述性质 (iv). 先做如下准备工作. 在式 (4.1.1) 中, 将复变量 $z$ 写成实变量 $x$, 得

$$\frac{\mathrm{d}}{\mathrm{d}x}[xJ_\nu'(x)] + (x - \frac{\nu^2}{x})J_\nu(x) = 0 \tag{4.2.17}$$

再将 $x$ 写成 $z_1x$, 其中 $z_1$ 是个复的常量, 得

$$\frac{\mathrm{d}}{\mathrm{d}x}[xJ_\nu'(z_1x)] + \left(z_1^2x - \frac{\nu^2}{x}\right)J_\nu(z_1x) = 0$$

同样, 对于另一个复数 $z_2$, 有

$$\frac{\mathrm{d}}{\mathrm{d}x}[xJ_\nu'(z_2x)] + \left(z_2^2x - \frac{\nu^2}{x}\right)J_\nu(z_2x) = 0$$

两式分别乘以 $J_\nu(z_2x)$ 和 $J_\nu(z_1x)$ 之后相减. 其中

$$\begin{aligned}&J_\nu(z_2x)\frac{\mathrm{d}}{\mathrm{d}x}[xJ_\nu'(z_1x)] - J_\nu(z_1x)\frac{\mathrm{d}}{\mathrm{d}x}[xJ_\nu'(z_2x)]\\=&\frac{\mathrm{d}}{\mathrm{d}x}[J_\nu(z_2x)xJ_\nu'(z_1x) - J_\nu(z_1x)xJ_\nu'(z_2x)]\end{aligned}$$

在区间 $[0,a]$ 上对 $x$ 积分, 得

$$[xJ_\nu(z_2x)J_\nu'(z_1x)] - xJ_\nu(z_1x)J_\nu'(z_2x)]_0^a + (z_1^2 - z_2^2)\int_0^a xJ_\nu(z_1x)J_\nu(z_2x)\mathrm{d}x = 0$$

$$\begin{aligned}&(z_1^2 - z_2^2)\int_0^a xJ_\nu(z_1x)J_\nu(z_2x)\mathrm{d}x\\=&-a\left[J_\nu(z_2x)z_1J_\nu'(z_1x) - J_\nu(z_1x)z_2J_\nu'(z_2x)\right]_{x=a}\end{aligned} \tag{4.2.18}$$

现在可以进行证明了. 用反证法, 分两种情形讨论:

(i) 若 $z_1 = b + \mathrm{i}c(b \neq 0, c \neq 0)$ 是 $J_\nu(z)$ 的零点, 那么由于 $J_\nu(z)$ 的展开式中的系数都是实数, 因此 $z_2 = z_1^* = b - \mathrm{i}c$ 也是 $J_\nu(z)$ 的零点. 把 $z_1$ 和 $z_2$ 代入式 (4.2.18), 把积分上限取为 1, 即 $a = 1$. 因已经设 $J_\nu(z_1) = J_\nu(z_2) = 0$, 故只剩下

$$(z_1^2 - z_2^2)\int_0^1 xJ_\nu(z_1x)J_\nu(z_2x)\mathrm{d}x = 0$$

因 $z_1 \neq z_2$, 因而 $z_1^2 \neq z_2^2$

$$\int_0^1 x J_\nu(z_1 x) J_\nu(z_2 x) \mathrm{d}x = 0$$

因 $z_1$ 和 $z_2$ 互为复共轭, $z_1 x$ 和 $z_2 x$ 就是互为复共轭, $J_\nu(z_1 x)$ 和 $J_\nu(z_2 x)$ 就是互为复共轭. 因而

$$\int_0^1 x |J_\nu(z_1 x)|^2 \mathrm{d}x = 0$$

但在 $[0,1]$ 上, 被积函数是正值连续函数, 故此积分不可能等于零. 因此, $z_1 = b + \mathrm{i}c (b \neq 0, c \neq 0)$ 不可能是 $J_\nu(z)$ 的零点.

(ii) 若 $z_1 = \mathrm{i}c (c \neq 0)$ 和 $z_2 = -\mathrm{i}c$ 是 $J_\nu(z)$ 的零点, 则 $z_1^2 = z_2^2$, 刚才的证明已不适用. 但由定义

$$J_\nu(\mathrm{i}c) = (\mathrm{i}c)^\nu \sum_{m=0}^{\infty} \frac{c^{2m}}{m!\Gamma(m+\nu+1) 2^{2m+\nu}}$$

由于 $\nu > -1$, 故 $m + \nu + 1 > 0 (m = 0, 1, 2, \cdots)$, 于是 $\Gamma(m + \nu + 1) > 0$. 故上式右端为正项级数, 其值当然不为零, 因此与 $J_\nu(\mathrm{i}c) = 0$ 矛盾.

结论: $\nu > -1$ 时, $J_\nu(z)$ 的所有零点都是实数.

### 4.2.4　朗斯基行列式

由式 (3.6.47), 可以计算基本解组 $J_{\pm\nu}(z)$ 的朗斯基行列式:

$$J_\nu J'_{-\nu} - J_{-\nu} J'_\nu = c \exp\left[-\int \frac{1}{z} \mathrm{d}z\right] = c \exp[-\ln z] = \frac{c}{z}$$

为了定出常数 $c$, 只需要从 $J_\nu J'_{-\nu} - J_{-\nu} J'_\nu$ 的表达式中挑出 $z^{-1}$ 项的系数. 将贝塞尔函数及其导数的表达式写出如下:

$$J_{\pm\nu}(z) = \sum_{m=0}^{\infty} \frac{(-1)^m}{m!\Gamma(m \pm \nu + 1)} \left(\frac{z}{2}\right)^{2m \pm \nu}$$

$$J'_{\pm\nu}(z) = \frac{1}{2} \sum_{m=0}^{\infty} \frac{(-1)^m (2m \pm \nu)}{m!\Gamma(m \pm \nu + 1)} \left(\frac{z}{2}\right)^{2m \pm \nu - 1}$$

观察可知, 只有 $m = 0$ 的项符合要求. 因而

$$z \left[\frac{1}{\Gamma(\nu+1)} \left(\frac{z}{2}\right)^\nu \frac{1}{2} \frac{(-\nu)}{\Gamma(-\nu+1)} \left(\frac{z}{2}\right)^{-\nu-1} - \frac{1}{\Gamma(-\nu+1)} \left(\frac{z}{2}\right)^{-\nu} \frac{1}{2} \frac{\nu}{\Gamma(\nu+1)} \left(\frac{z}{2}\right)^{\nu-1}\right]$$

$$= -\frac{2\nu}{\Gamma(\nu+1)\Gamma(-\nu+1)} = -\frac{2}{\Gamma(\nu)\Gamma(-\nu+1)}$$

再利用 $\Gamma$ 函数的公式 [15]

$$\Gamma(\nu)\Gamma(-\nu+1)=\frac{\pi}{\sin\nu\pi}$$

得到

$$J_\nu J'_{-v}-J_{-\nu}J'_\nu=-\frac{2}{\pi z}\sin\nu\pi \tag{4.2.19}$$

注意, $\nu$ 不能为整数.

如果取 $J_\nu(z)$ 和 $Y_\nu(z)$ 作为基本解组, 那么对于 $\nu$ 为整数也成立. 由 $Y_\nu(z)$ 的定义, 可知

$$\begin{aligned}J_\nu Y'_\nu-Y_\nu J'_\nu=&\frac{1}{\sin\nu\pi}[J_\nu(J'_\nu\cos\nu\pi-J'_{-\nu})-(J_\nu\cos\nu\pi-J_{-\nu})J'_\nu]\\=&-\frac{1}{\sin\nu\pi}(J_\nu J'_{-\nu}-J_{-\nu}J'_\nu)=\frac{2}{\pi z}\end{aligned} \tag{4.2.20}$$

还可以证明

$$\begin{vmatrix}J_\nu(z) & J_{\nu-1}(z)\\ Y_\nu(z) & Y_{\nu-1}(z)\end{vmatrix}=\begin{vmatrix}J_\nu(z) & J'_\nu(z)\\ Y_\nu(z) & Y'_\nu(z)\end{vmatrix}=\frac{2}{\pi z}$$

特别当 $\nu=1$ 时, 得

$$J_1(z)Y_0(z)-J_0(z)Y_1(z)=\frac{2}{\pi z}$$

## 4.3 整数阶贝塞尔函数

在 $J_\nu$ 的表达式中取 $\nu=n$ 是整数就得到整数阶贝塞尔函数.

$$J_n(z)=\left(\frac{z}{2}\right)^n\sum_{k=0}^{\infty}\frac{(-1)^k}{k!\Gamma(n+k+1)}\left(\frac{z}{2}\right)^{2k} \tag{4.3.1}$$

现在来证明式 (4.1.38).

$$\begin{aligned}J_{-n}(z)=&\left(\frac{z}{2}\right)^{-n}\sum_{k=0}^{\infty}\frac{(-1)^k}{k!\Gamma(-n+k+1)}\left(\frac{z}{2}\right)^{2k}\\=&\left(\frac{z}{2}\right)^{-n}\sum_{k=0}^{n-1}\frac{(-1)^k}{k!\Gamma(-n+k+1)}\left(\frac{z}{2}\right)^{2k}+\left(\frac{z}{2}\right)^{-n}\sum_{k=n}^{\infty}\frac{(-1)^k}{k!\Gamma(-n+k+1)}\left(\frac{z}{2}\right)^{2k}\end{aligned}$$

当 $k<n$ 时, $\Gamma(-n+k+1)=\infty$. 因此上式第一项为零. 第二项中令 $-n+k=l$, 得

$$J_{-n}(z)=\left(\frac{z}{2}\right)^{-n}\sum_{n+l=n}^{\infty}\frac{(-1)^{n+l}}{(n+l)!\Gamma(l+1)}\left(\frac{z}{2}\right)^{2(n+l)}$$

$$=(-1)^n\left(\frac{z}{2}\right)^n\sum_{l=0}^{\infty}\frac{(-1)^l}{(n+l)!\Gamma(l+1)}\left(\frac{z}{2}\right)^{2l}$$

与式 (4.3.1) 比较, 得

$$J_{-n}(z)=(-1)^nJ_n(z) \tag{4.3.2}$$

由此结果与式 (4.1.41), 还可得到

$$Y_{-n}(z)=(-1)^nY_n(z) \tag{4.3.3}$$

在式 (4.2.3) 中, 令 $\nu=0$, 可得

$$J_0'(z)=-J_1(z) \tag{4.3.4}$$

由式 (4.2.2) 中, 令 $\nu=1$, 可得

$$(zJ_1(z))'=zJ_0(z) \tag{4.3.5}$$

如果 $z=x$ 是实数, 则可以写成如下的积分形式:

$$xJ_1(x)=\int_0^x\xi J_0(\xi)\mathrm{d}\xi \tag{4.3.6}$$

### 4.3.1　奇偶性和特殊点的值

1. 奇偶性

由式 (4.2.1) 得知

$$J_n(-z)=(-1)^nJ_n(z) \tag{4.3.7}$$

即整数阶贝塞尔函数 $J_n(z)$ 的奇偶性依阶数 $n$ 确定.

2. $z\longrightarrow 0$ 时的值

$$J_0(0)=1,\quad J_n(0)=0,\quad n\geqslant 1 \tag{4.3.8a}$$

由式 (4.1.40) 容易得到, 当 $n=0$ 时, 有

$$Y_0(z\to 0)\sim\frac{2}{\pi}\ln\frac{z}{2}\to-\infty \tag{4.3.8b}$$

当 $z\to 0$ 时, 对于 $n>0$, 有

$$Y_n(z\to 0)\sim-\frac{(n-1)!}{\pi}\left(\frac{2}{z}\right)^n \tag{4.3.8c}$$

### 4.3.2 整数阶贝塞尔函数的母函数

1. 母函数关系

整数阶贝塞尔函数 $J_n(z)$ 的母函数关系如下：

$$e^{z(t-1/t)/2}=\sum_{n=-\infty}^{\infty}J_n(z)t^n=\cdots+J_{-1}(z)t^{-1}+J_0(z)t^0+J_1(z)t+J_2(z)t^2+\cdots \quad (4.3.9)$$

因此，整数阶贝塞尔函数 $J_n(z)$ 的母函数是 $e^{z(t-1/t)/2}$. 式 (4.3.9) 的证明如下：

利用指数函数的幂级数展开式

$$e^{zt/2}=\sum_{l=0}^{\infty}\frac{1}{l!}\left(\frac{z}{2}\right)^l t^l,\quad e^{-z/2t}=\sum_{m=0}^{\infty}\frac{1}{m!}\left(-\frac{z}{2t}\right)^m$$

把这两个展开式的左右两边分别相乘

$$e^{zt/2}e^{-z/2t}=\sum_{l=0}^{\infty}\frac{1}{l!}\left(\frac{zt}{2}\right)^l\sum_{m=0}^{\infty}\frac{1}{m!}\left(-\frac{z}{2t}\right)^m=\sum_{m=0}^{\infty}\sum_{l=0}^{\infty}\frac{(-1)^m}{m!l!}\left(\frac{z}{2}\right)^{l+m}t^{l-m}$$

后一步是合并成按 $t$ 的幂次排列. 现在令 $l-m=n$, 把对 $l$ 的求和换成对 $n$ 的求和. 不过, 因为 $l$ 和 $m$ 的变化范围都是从 0 至 $\infty$, 现在 $n$ 的变化范围必须是从 $-\infty$ 到 $\infty$. [如果将 $n$ 的变化范围写成从 $-m$ 到 $\infty$, 就会漏掉从 $-\infty$ 到 $-(m+1)$ 的项].

$$e^{zt/2}e^{-z/2t}=\sum_{n=-\infty}^{\infty}\sum_{m=0}^{\infty}\frac{(-1)^m}{m!(n+m)!}\left(\frac{z}{2}\right)^{n+2m}t^n=\sum_{n=-\infty}^{\infty}J_n(z)t^n$$

证明完毕. 由于式 (4.3.9) 的求和范围是从 $-\infty$ 至 $+\infty$, 这一母函数关系未列入表 3.5 中.

在式 (4.3.9) 中令 $t=1$, 得到

$$\sum_{n=-\infty}^{\infty}J_n(z)=1 \quad (4.3.10a)$$

利用式 (4.3.2) 得到

$$J_0(z)+2\sum_{n=1}^{\infty}J_{2n}(z)=1 \quad (4.3.10b)$$

又在式 (4.3.9) 中将 $t$ 换成 $-t$, 得

$$e^{-z(t-1/t)/2}=\sum_{n=-\infty}^{\infty}J_n(z)(-1)^n t^n$$

与式 (4.3.9) 相乘, 有

$$1=\sum_{n=-\infty}^{\infty}J_n(z)t^n\sum_{m=-\infty}^{\infty}J_m(z)(-1)^m t^m=\sum_{n=-\infty}^{\infty}t^n\sum_{m=-\infty}^{\infty}(-1)^m J_m(z)J_{n-m}(z) \tag{4.3.11}$$

比较式 (4.3.11) 两端 $t$ 的零次方项系数, 利用式 (4.3.7), 得到如下关系:

$$\sum_{n=-\infty}^{\infty}J_n^2(z)=J_0^2(z)+2\sum_{n=1}^{\infty}J_n^2(z)=1$$

此式表明, 如果 $z=x$ 是实数, 那么

$$|J_0(x)|\leqslant 1,\quad |J_n(x)|\leqslant\frac{1}{\sqrt{2}},\quad n=1,2,\cdots$$

比较式 (4.3.11) 两端 $t$ 的非零次方项系数, 则得到如下关系:

$$\sum_{m=-\infty}^{\infty}(-1)^m J_n(z)J_{n-m}(z)=0$$

2. 加法公式

利用贝塞尔函数的母函数关系可得到贝塞尔函数的加法公式

$$J_n(z_1+z_2)=\sum_{m=-\infty}^{\infty}J_{n-m}(z_1)J_m(z_2) \tag{4.3.12a}$$

为此, 可写出母函数如下:

$$\exp\left[(z_1+z_2)\frac{1}{2}\left(t-\frac{1}{t}\right)\right]=\exp\left[z_1\frac{1}{2}\left(t-\frac{1}{t}\right)\right]\exp\left[z_2\frac{1}{2}\left(t-\frac{1}{t}\right)\right]$$

两边分别按贝塞尔函数展开

$$\sum_{n=-\infty}^{\infty}J_n(z_1+z_2)t^n=\sum_{m=-\infty}^{\infty}J_m(z_1)t^m\sum_{n=-\infty}^{\infty}J_n(z_2)t^n$$

两边取 $t$ 的同次幂的系数就得到加法公式. 特别当 $n=0$ 时, 有

$$J_0(z_1+z_2)=\sum_{m=-\infty}^{\infty}J_{-m}(z_1)J_m(z_2)=\sum_{m=-\infty}^{\infty}(-1)^m J_m(z_1)J_m(z_2) \tag{4.3.12b}$$

再令 $z_1=z_2$, 得倍数公式

$$J_0(2z)=\sum_{m=-\infty}^{\infty}(-1)^m[J_m(z)]^2=[J_0(z)]^2+2\sum_{m=1}^{\infty}(-1)^m[J_m(z)]^2 \tag{4.3.13}$$

另外还有一个重要的加法公式：如果从 $O$ 点到 $P_1$ 和 $P_2$ 两点的位矢分别是 $\boldsymbol{r}_1$ 和 $\boldsymbol{r}_2$，这两个位矢之间的夹角为 $\theta$，则 $P_1$ 和 $P_2$ 之间的距离为

$$R=|\boldsymbol{r}_1-\boldsymbol{r}_2|=\sqrt{r_1^2+r_2^2-2r_1r_2\cos\theta}$$

那么有

$$\begin{aligned}J_0(kR)&=\sum_{m=-\infty}^{\infty}J_m(kr_1)J_m(kr_2)\mathrm{e}^{\mathrm{i}m\theta}\\&=J_0(kr_1)J_0(kr_2)+2\sum_{m=1}^{\infty}(-1)^mJ_m(kr_1)J_m(kr_2)\cos m\theta\end{aligned}$$

此式在 $r_1$, $r_2$ 和 $\theta$ 为复数时也成立.

3. 贝塞尔函数的积分表达式

由母函数关系可得整数阶贝塞尔函数 $J_n(z)$ 的回路积分表达式

$$J_m(z)=\frac{1}{2\pi i}\oint\frac{\mathrm{e}^{z\zeta/2-z/2\zeta}}{\zeta^{m+1}}\mathrm{d}\zeta \quad (\text{积分回路包含原点}) \tag{4.3.14}$$

在式 (4.3.9) 中, 令 $t=\mathrm{e}^{\mathrm{i}\varphi}$, 得到

$$\exp[z(\mathrm{e}^{\mathrm{i}\varphi}-\mathrm{e}^{-\mathrm{i}\varphi})/2]=\mathrm{e}^{\mathrm{i}z\sin\varphi}=\sum_{n=-\infty}^{\infty}J_n(z)\mathrm{e}^{\mathrm{i}n\varphi} \tag{4.3.15}$$

两边乘以 $\mathrm{e}^{-\mathrm{i}m\varphi}$ 并对 $\varphi$ 在 $[-\pi,\pi]$ 区间上积分, 利用

$$\frac{1}{2\pi}\int_{-\pi}^{\pi}\mathrm{e}^{\mathrm{i}(n-m)\varphi}\mathrm{d}\varphi=\delta_{mn}$$

得到

$$J_n(z)=\frac{1}{2\pi}\int_{-\pi}^{\pi}\mathrm{e}^{\mathrm{i}(z\sin\varphi-n\varphi)}\mathrm{d}\varphi \tag{4.3.16}$$

将欧拉公式 $\mathrm{e}^{\mathrm{i}z}=\cos z+\mathrm{i}\sin z$ 代入, 得到

$$J_n(z)=\frac{1}{2\pi}\int_{-\pi}^{\pi}[\cos(z\sin\varphi-n\varphi)+\mathrm{i}\sin(z\sin\varphi-n\varphi)]\mathrm{d}\varphi \tag{4.3.17}$$

被积函数的后一项是 $\varphi$ 的奇函数, 在 $[-\pi,\pi]$ 上积分为零. 前一项则是 $\varphi$ 的偶函数, 因此得到整数阶贝塞尔函数的积分表达式为

$$J_n(z)=\frac{1}{\pi}\int_0^{\pi}\cos(z\sin\varphi-n\varphi)\mathrm{d}\varphi \tag{4.3.18}$$

此式称为**贝塞尔表达式**.

4. 贝塞尔函数与三角函数之间的关系

在式 (4.3.18) 中取 $n=0$, 得到

$$J_0(z)=\frac{1}{\pi}\int_0^{\pi}\cos(z\sin\varphi)\mathrm{d}\varphi \tag{4.3.19}$$

由式 (4.3.15), 利用 $J_{-n}(z)=(-1)^nJ_n(z)$, 可得

$$\begin{aligned}\mathrm{e}^{\mathrm{i}z\sin\varphi}=&J_0(z)+\sum_{n=1}^{\infty}(J_n(z)\mathrm{e}^{\mathrm{i}n\varphi}+(-1)^nJ_n(z)\mathrm{e}^{-\mathrm{i}n\varphi})\\=&J_0(z)+\sum_{n=1}^{\infty}J_{2n}(z)(\mathrm{e}^{\mathrm{i}2n\varphi}+\mathrm{e}^{-\mathrm{i}2n\varphi})+\sum_{n=0}^{\infty}J_{2n+1}(z)(\mathrm{e}^{\mathrm{i}(2n+1)\varphi}-\mathrm{e}^{-\mathrm{i}(2n+1)\varphi})\\=&J_0(z)+\sum_{n=1}^{\infty}J_{2n}(z)2\cos 2n\varphi+\sum_{n=0}^{\infty}J_{2n+1}(z)2\mathrm{i}\sin(2n+1)\varphi\end{aligned} \tag{4.3.20a}$$

$$\begin{aligned}\mathrm{e}^{\mathrm{i}z\cos\varphi}=&\mathrm{e}^{\mathrm{i}z\sin(\pi/2-\varphi)}=J_0(z)+\sum_{n=1}^{\infty}(J_n(z)\mathrm{e}^{\mathrm{i}n(\pi/2-\varphi)}+J_{-n}(z)\mathrm{e}^{-\mathrm{i}n(\pi/2-\varphi)})\\=&J_0(z)+\sum_{n=1}^{\infty}(J_n(z)\mathrm{i}^n\mathrm{e}^{-\mathrm{i}n\varphi}+J_{-n}(z)(-\mathrm{i})^n\mathrm{e}^{\mathrm{i}n\varphi})\\=&J_0(z)+\sum_{n=1}^{\infty}(J_n(z)\mathrm{i}^n\mathrm{e}^{-\mathrm{i}n\varphi}+(-1)^nJ_n(z)(-\mathrm{i})^n\mathrm{e}^{\mathrm{i}n\varphi})\\=&J_0(z)+\sum_{n=1}^{\infty}\mathrm{i}^nJ_n(z)2\cos n\varphi\end{aligned} \tag{4.3.20b}$$

在式 (4.3.20a) 和式 (4.3.20b) 中, 令 $z\to -z$, 则分别有

$$\mathrm{e}^{-\mathrm{i}z\cos\varphi}=J_0(z)+\sum_{n=1}^{\infty}(-\mathrm{i})^nJ_n(z)2\cos n\varphi \tag{4.3.21a}$$

$$\mathrm{e}^{-\mathrm{i}z\sin\varphi}=J_0(z)+\sum_{n=1}^{\infty}J_{2n}(z)2\cos 2n\varphi-\sum_{n=0}^{\infty}J_{2n+1}(z)2\mathrm{i}\sin(2n+1)\varphi \tag{4.3.21b}$$

由此得到以下公式:

$$\begin{aligned}\cos(z\cos\varphi)=&\frac{1}{2}(\mathrm{e}^{\mathrm{i}z\cos\varphi}+\mathrm{e}^{-\mathrm{i}z\cos\varphi})\\=&J_0(z)+\sum_{n=1}^{\infty}\mathrm{i}^n[1+(-)^n]J_n(z)\cos n\varphi\end{aligned}$$

$$=J_0(z)+2\sum_{n=1}^{\infty}(-1)^n J_{2n}(z)\cos 2n\varphi \tag{4.3.22a}$$

$$\sin(z\cos\varphi)=\frac{1}{2\mathrm{i}}(\mathrm{e}^{\mathrm{i}z\cos\varphi}-\mathrm{e}^{-\mathrm{i}z\cos\varphi})=2\sum_{n=0}^{\infty}(-1)^n J_{2n+1}(z)\cos(2n+1)\varphi \tag{4.3.22b}$$

$$\cos(z\sin\varphi)=\frac{1}{2}(\mathrm{e}^{\mathrm{i}z\sin\varphi}+\mathrm{e}^{-\mathrm{i}z\sin\varphi})=J_0(z)+2\sum_{n=1}^{\infty}J_{2n}(z)\cos 2n\varphi \tag{4.3.23a}$$

$$\sin(z\sin\varphi)=\frac{1}{2\mathrm{i}}(\mathrm{e}^{\mathrm{i}z\sin\varphi}-\mathrm{e}^{-\mathrm{i}z\sin\varphi})=2\sum_{n=0}^{\infty}J_{2n+1}(z)\sin(2n+1)\varphi \tag{4.3.23b}$$

令 $\varphi=0$ 代入, 得到

$$\begin{cases}\cos z=J_0(z)+2\sum\limits_{n=1}^{\infty}(-1)^n J_{2n}(z)\\ \sin z=2\sum\limits_{n=0}^{\infty}(-1)^n J_{2n+1}(z)\end{cases} \tag{4.3.24}$$

此即整数阶贝塞尔函数与三角函数之间的重要公式.

物理上, 三角函数代表平面波. 贝塞尔函数是亥姆霍兹方程在柱坐标下径向方程的解. 因而在物理上贝塞尔函数代表柱面波. 以上三角函数与贝塞尔函数之间的关系表示了平面波按柱面波的展开. 这在电磁理论中计算电磁散射是很有用的[19].

## 4.4 半奇数阶贝塞尔函数

阶数为半奇数 (即 $\nu=n+1/2$, $n$ 为整数) 的贝塞尔函数可用初等函数来表达. 可以先从两个角度给出 $J_{\pm 1/2}(z)$ 的表达式.

对于 $\nu=1/2$ 的贝塞尔方程

$$z^2w''+zw'+\left(z^2-\frac{1}{4}\right)w=0 \tag{4.4.1}$$

做变换

$$w(z)=\frac{u(z)}{\sqrt{z}}$$

代入贝塞尔方程, 整理后得

$$u''(z)+u(z)=0$$

这一方程的两个线性无关的解是 $u(z)=\sin z$ 和 $u(z)=\cos z$. 故而方程 (4.4.1) 的两个线性无关解是 $u(z)=\dfrac{\sin z}{\sqrt{z}}$ 和 $u(z)=\dfrac{\cos z}{\sqrt{z}}$.

也可以从贝塞尔函数的定义式 (4.1.36) 来得到此表达式

$$J_{1/2}(z)=\sum_{m=0}^{\infty}\frac{(-1)^m}{m!\Gamma(m+1/2+1)}\left(\frac{z}{2}\right)^{2m+1/2} \tag{4.4.2}$$

回顾 Γ 函数的公式是

$$\Gamma(k+\nu+1)=(k+\nu)(k+\nu-1)\cdots(1+\nu)\Gamma(1+\nu)$$

和

$$\Gamma(1/2)=\sqrt{\pi}$$

因此式 (4.4.2) 的求和为

$$\begin{aligned}J_{1/2}(z)&=\left(\frac{z}{2}\right)^{1/2}\sum_{m=0}^{\infty}\frac{(-1)^m z^{2m}/2^{2m}}{m!\left(m+\frac{1}{2}\right)\left(m-\frac{1}{2}\right)\left(m-\frac{3}{2}\right)\cdots 3\cdot 1\Gamma(1/2)}\\&=\frac{\sqrt{z}}{\sqrt{2\pi}}\sum_{m=0}^{\infty}\frac{(-1)^m z^{2m}}{(2m)!!(2m+1)!!}=\sqrt{\frac{2}{\pi z}}\sum_{m=0}^{\infty}\frac{(-1)^m z^{2m+1}}{(2m+1)!}\\&=\sqrt{\frac{2}{\pi z}}\sin z\end{aligned} \tag{4.4.3}$$

同理

$$\begin{aligned}J_{-1/2}(z)&=\sum_{m=0}^{\infty}\frac{(-1)^m}{m!\Gamma(m+1/2)}\left(\frac{z}{2}\right)^{2m-1/2}\\&=\left(\frac{z}{2}\right)^{-1/2}\sum_{m=0}^{\infty}\frac{(-1)^m z^{2m}/2^{2m}}{m!\left(m-\frac{1}{2}\right)\left(m-\frac{3}{2}\right)\cdots 3\cdot 1\Gamma(1/2)}\\&=\frac{\sqrt{2}}{\sqrt{\pi z}}\sum_{k=0}^{\infty}\frac{(-1)^m z^{2m}}{(2m)!!(2m-1)!!}\\&=\sqrt{\frac{2}{\pi z}}\sum_{k=0}^{\infty}\frac{(-1)^m}{(2m)!}z^{2m}=\sqrt{\frac{2}{\pi z}}\cos z\end{aligned} \tag{4.4.4}$$

由贝塞尔函数的递推公式可以推出 $n\geqslant 1$ 时的各个奇数阶贝塞尔函数 $J_{n\pm 1/2}$ 的表达式. 下面给出最简单的几个:

$$J_{3/2}(z)=\frac{1}{z}J_{1/2}(z)-J_{-1/2}(z)=\sqrt{\frac{2}{\pi z}}\left(\frac{\sin z}{z}-\cos z\right)$$

$$\begin{aligned}J_{5/2}(z) =& \frac{3}{z}J_{3/2}(z) - J_{1/2}(z) = \sqrt{\frac{2}{\pi z}}\left[\frac{3}{z}\left(\frac{\sin z}{z} - \cos z\right) - \sin z\right] \\ =& \sqrt{\frac{2}{\pi z}}\left[\left(\frac{3}{z^2} - 1\right)\sin z - \frac{3}{z}\cos z\right]\end{aligned}$$

$$\begin{aligned}J_{-3/2}(z) =& -\frac{1}{z}J_{-1/2}(z) - J_{1/2}(z) = \sqrt{\frac{2}{\pi z}}\left(-\frac{\cos x}{z} - \sin z\right) \\ =& -\sqrt{\frac{2}{\pi z}}\left(\sin x + \frac{\cos z}{z}\right)\end{aligned}$$

$$\begin{aligned}J_{-5/2}(z) =& -\frac{3}{z}J_{-3/2}(z) - J_{-1/2}(z) \\ =& \sqrt{\frac{2}{\pi z}}\left[\frac{3}{z}\left(\sin z + \frac{\cos z}{z}\right) - \cos z\right] \\ =& \sqrt{\frac{2}{\pi z}}\left[\frac{3}{z}\sin x + \left(\frac{3}{z^2} - 1\right)\cos z\right]\end{aligned}$$

当 $|z| \gg 1$ 时, 可用下列关系式做近似计算:

$$J_{3/2}(z) \approx -\sqrt{\frac{2}{\pi z}}\cos z, \quad J_{-3/2}(z) \approx -\sqrt{\frac{2}{\pi z}}\sin z$$
$$J_{5/2}(z) \approx -\sqrt{\frac{2}{\pi z}}\sin z, \quad J_{-5/2}(z) \approx -\sqrt{\frac{2}{\pi z}}\cos z$$

由贝塞尔函数的递推公式, 得到

$$\begin{aligned}J_{n+1/2} =& (-1)^n z^{n+1/2}\left(\frac{1}{z}\frac{\mathrm{d}}{\mathrm{d}z}\right)^n (z^{-1/2}J_{1/2}) \\ =& (-1)^n\sqrt{\frac{2}{\pi z}}z^{n+1}\left(\frac{1}{z}\frac{\mathrm{d}}{\mathrm{d}z}\right)^n\frac{\sin z}{z} \qquad (4.4.5a)\end{aligned}$$

$$J_{-n-1/2} = \sqrt{\frac{2}{\pi z}}z^{n+1}\left(\frac{1}{z}\frac{\mathrm{d}}{\mathrm{d}z}\right)^n\frac{\cos z}{z} \qquad (4.4.5b)$$

利用第二类贝塞尔函数的定义式 (4.1.42), 容易得到 $Y_{n+1/2}$ 与 $J_{n+1/2}$ 之间的关系:

$$\begin{aligned}Y_{n+1/2}(z) =& \frac{J_{n+1/2}(z)\cos(\pi(n+1/2)) - J_{-n-1/2}(z)}{\sin(\pi(n+1/2))} \\ =& (-1)^{n+1}J_{-n-1/2}(z) \qquad (4.4.6a)\end{aligned}$$

$$Y_{-n-1/2}(z) = (-1)^n J_{n+1/2}(z) \qquad (4.4.6b)$$

半奇数阶贝塞尔函数的母函数关系

$$\sqrt{\frac{2}{\pi z}}\cos\sqrt{z^2-2zt}=\sum_{m=0}^{\infty}\frac{J_{m-1/2}(z)}{m!}t^m \tag{4.4.7a}$$

$$\sqrt{\frac{2}{\pi z}}\sin\sqrt{z^2-2zt}=\sum_{m=0}^{\infty}\frac{(-1)^m}{m!}J_{-m+1/2}(z)t^m \tag{4.4.7b}$$

这两个生成函数已列于表 3.6 中.

半奇数阶贝塞尔函数的其他公式可以在贝塞尔函数的相应公式中令 $\nu$ 为半奇数得到.

容易看到, 当 $z\to\infty$ 时, 各半奇数阶贝塞尔函数都是振荡衰减的. 写出渐近公式如下:

$$J_{\nu+1/2}(z\to\infty)\sim\sqrt{\frac{2}{\pi z}}\cos\left(z-\frac{\nu+1}{2}\pi\right) \tag{4.4.8a}$$

$$Y_{\nu+1/2}(z\to\infty)\sim\sqrt{\frac{2}{\pi z}}\sin\left(z-\frac{\nu+1}{2}\pi\right) \tag{4.4.8b}$$

## 4.5　第三类贝塞尔函数和球贝塞尔函数

### 4.5.1　第三类贝塞尔函数

1. 第三类贝塞尔函数的定义

第三类贝塞尔函数由下列公式来定义:

$$H_\nu^{(1)}(z)=J_\nu(z)+\mathrm{i}Y_\nu(z) \tag{4.5.1a}$$

$$H_\nu^{(2)}(z)=J_\nu(z)-\mathrm{i}Y_\nu(z) \tag{4.5.1b}$$

它们又分别称为**第一类和第二类汉克尔函数**.

由于汉克尔函数是贝塞尔方程 (4.1.1) 两个线性无关解 $J_\nu(z)$ 和 $Y_\nu(z)$ 的线性组合, 所以 $H_\nu^{(1)}(z)$ 和 $H_\nu^{(2)}(z)$ 也是贝塞尔方程 (4.1.1) 的两个线性无关的解.

汉克尔函数既然是 $J_\nu(z)$ 和 $Y_\nu(z)$ 的线性组合, 所以也具有与 $J_\nu(z)$ 和 $Y_\nu(z)$ 完全相同的递推公式. 例如, 在式 (4.2.2)~ 式 (4.2.5) 中, 把 $J$ 换成 $H_\nu^{(1)}$ 或者 $H_\nu^{(2)}$, 公式仍然成立. 明确写出如下:

$$\begin{cases}[z^\nu H_\nu^{(i)}(z)]'=z^\nu H_{\nu-1}^{(i)}(z)\\ [z^{-\nu}H_\nu^{(i)}(z)]'=-z^{-\nu}H_{\nu+1}^{(i)}(z)\\ z[H_{\nu-1}^{(i)}(z)+H_{\nu+1}^{(i)}(z)]=2\nu H_\nu^{(i)}(z)\\ H_{\nu-1}^{(i)}(z)-H_{\nu+1}^{(i)}(z)=2[H_\nu^{(i)}(z)]'\end{cases} \tag{4.5.2}$$

式中, $i=1,2$.

通常把第一、第二、第三类贝塞尔函数统称为**柱函数**. 柱函数都有相同的递推关系 (4.2.2)~(4.2.5). 也可以说, 满足递推关系 (4.2.2)~(4.2.5) 的函数定义为柱函数.

利用 $Y_\nu(z)$ 的表达式 $Y_\nu(z)=\dfrac{J_\nu(z)\cos\nu\pi-J_{-\nu}(z)}{\sin\nu\pi}$, 代入式 (4.5.1), 则得

$$H_\nu^{(1)}(z)=J_\nu(z)+\mathrm{i}\frac{J_\nu(z)\cos\nu\pi-J_{-\nu}(z)}{\sin\nu\pi}=\frac{1}{\mathrm{i}\sin\nu\pi}[J_{-\nu}(z)-\mathrm{e}^{-\mathrm{i}\nu\pi}J_\nu(z)] \quad (4.5.3\mathrm{a})$$

$$H_\nu^{(2)}(z)=J_\nu(z)-\mathrm{i}\frac{J_\nu(z)\cos\nu\pi-J_{-\nu}(z)}{\sin\nu\pi}=\frac{1}{\mathrm{i}\sin\nu\pi}[\mathrm{e}^{\mathrm{i}\nu\pi}J_\nu(z)-J_{-\nu}(z)] \quad (4.5.3\mathrm{b})$$

从而得出下面两个重要的关系式:

$$H_{-\nu}^{(1)}(z)=\frac{J_\nu(z)-\mathrm{e}^{\mathrm{i}\nu\pi}J_{-\nu}(z)}{-\mathrm{i}\sin\nu\pi}=\frac{\mathrm{e}^{\mathrm{i}\nu\pi}}{\mathrm{i}\sin\nu\pi}[J_{-\nu}(z)-\mathrm{e}^{-\mathrm{i}\nu\pi}J_\nu(z)]=\mathrm{e}^{\mathrm{i}\nu\pi}H_\nu^{(1)}(z) \quad (4.5.4\mathrm{a})$$

$$H_{-\nu}^{(2)}(z)=\frac{\mathrm{e}^{-\mathrm{i}\nu\pi}J_{-\nu}(z)-J_\nu(z)}{-\mathrm{i}\sin\nu\pi}=\mathrm{e}^{-\mathrm{i}\nu\pi}H_\nu^{(2)}(z) \quad (4.5.4\mathrm{b})$$

### 2. 整数阶汉克尔函数

当 $\nu=n$(整数) 时, 汉克尔函数可表示为

$$H_n^{(1)}(z)=J_n(z)+\mathrm{i}Y_n(z) \quad (4.5.5\mathrm{a})$$

$$H_n^{(2)}(z)=J_n(z)-\mathrm{i}Y_n(z) \quad (4.5.5\mathrm{b})$$

当 $n=0$ 时, 利用文献 [16] 给出的当 $z=x,|\mathrm{Re}\nu|<1$ 时汉克尔函数的一种积分表示式

$$H_\nu^{(1)}(x)=\frac{2\mathrm{e}^{-\mathrm{i}\nu\pi/2}}{\pi i}\int_0^\infty \mathrm{e}^{\mathrm{i}x\cosh t}\cosh(\nu t)\mathrm{d}t$$
$$H_\nu^{(2)}(x)=-\frac{2\mathrm{e}^{\mathrm{i}\nu\pi/2}}{\pi i}\int_0^\infty \mathrm{e}^{-\mathrm{i}x\cosh t}\cosh(\nu t)\mathrm{d}t$$

由此可得, 当 $n=0$ 时,

$$H_0^{(1)}(-x)=-H_0^{(2)}(x) \quad (4.5.6)$$

可以一般地证明

$$H_0^{(1)}(-z)=-H_0^{(2)}(z)$$

3. 半奇数阶汉克尔函数

当阶数 $\nu$ 为半奇数时, 同样也可以用初等函数表示出来. 如在式 (4.5.1) 中, 令 $\nu=1/2$, 即得

$$H_{1/2}^{(1)}(z)=J_{1/2}(z)+\mathrm{i}Y_{1/2}(z)=\sqrt{\frac{2}{\pi z}}\sin z-\mathrm{i}\sqrt{\frac{2}{\pi z}}\cos z=-\mathrm{i}\sqrt{\frac{2}{\pi z}}\mathrm{e}^{\mathrm{i}z} \tag{4.5.7a}$$

$$H_{1/2}^{(2)}(z)=J_{1/2}(z)-\mathrm{i}Y_{1/2}(z)=\sqrt{\frac{2}{\pi z}}\sin z+\mathrm{i}\sqrt{\frac{2}{\pi z}}\cos z=\mathrm{i}\sqrt{\frac{2}{\pi z}}\mathrm{e}^{-\mathrm{i}z} \tag{4.5.7b}$$

利用式 (4.4.4) 和式 (4.4.6), $Y_{-1/2}(z)=+J_{1/2}(z)$, 得到

$$H_{-1/2}^{(1)}(z)=J_{-1/2}(z)+\mathrm{i}Y_{1/2}(z)=\sqrt{\frac{2}{\pi z}}\cos z+\mathrm{i}\sqrt{\frac{2}{\pi z}}\sin z=\sqrt{\frac{2}{\pi z}}\mathrm{e}^{\mathrm{i}z}$$

$$H_{-1/2}^{(2)}(z)=J_{-1/2}(z)-\mathrm{i}Y_{1/2}(z)=\sqrt{\frac{2}{\pi z}}\cos z-\mathrm{i}\sqrt{\frac{2}{\pi z}}\sin z=\sqrt{\frac{2}{\pi z}}\mathrm{e}^{-\mathrm{i}z}$$

可见

$$H_{-1/2}^{(1)}(z)=H_{1/2}^{(2)}(z),\quad H_{-1/2}^{(2)}(z)=H_{1/2}^{(1)}(z)$$

由于式 (4.4.6), 半奇数阶的汉克尔函数也可以仅用半奇数阶的贝塞尔函数表示出来.

$$H_{n+1/2}^{(1)}(z)=J_{n+1/2}(z)+\mathrm{i}(-1)^{n+1}J_{-(n+1/2)}(z) \tag{4.5.8a}$$

$$H_{n+1/2}^{(2)}(z)=J_{n+1/2}(z)+\mathrm{i}(-1)^{n}J_{-(n+1/2)}(z) \tag{4.5.8b}$$

再根据式 (4.4.5), 得到半奇数阶汉克尔函数的微分表达式

$$\begin{aligned}H_{n+1/2}^{(1)}(z)&=(-1)^n\sqrt{\frac{2}{\pi z}}z^{n+1}\left(\frac{1}{z}\frac{\mathrm{d}}{\mathrm{d}z}\right)^n\frac{\sin z}{z}+\mathrm{i}(-1)^{n+1}\sqrt{\frac{2}{\pi z}}z^{n+1}\left(\frac{1}{z}\frac{\mathrm{d}}{\mathrm{d}z}\right)^n\frac{\cos z}{z}\\&=\mathrm{i}(-1)^{n+1}\sqrt{\frac{2}{\pi z}}z^{n+1}\left(\frac{1}{z}\frac{\mathrm{d}}{\mathrm{d}z}\right)^n\frac{\mathrm{e}^{\mathrm{i}z}}{z}\end{aligned} \tag{4.5.9a}$$

$$\begin{aligned}H_{n+1/2}^{(2)}(z)&=(-1)^n\sqrt{\frac{2}{\pi z}}z^{n+1}\left(\frac{1}{z}\frac{\mathrm{d}}{\mathrm{d}z}\right)^n\frac{\sin z}{z}-\mathrm{i}(-1)^{n+1}\sqrt{\frac{2}{\pi z}}z^{n+1}\left(\frac{1}{z}\frac{\mathrm{d}}{\mathrm{d}z}\right)^n\frac{\cos z}{z}\\&=\mathrm{i}(-1)^{n}\sqrt{\frac{2}{\pi z}}z^{n+1}\left(\frac{1}{z}\frac{\mathrm{d}}{\mathrm{d}z}\right)^n\frac{\mathrm{e}^{-\mathrm{i}z}}{z}\end{aligned} \tag{4.5.9b}$$

4. 汉克尔函数的渐近式

此处完全利用汉克尔函数的定义式 $H_\nu^{(1)}(z) = J_\nu(z) + \mathrm{i}Y_\nu(z)$ 和 $H_\nu^{(2)}(z) = J_\nu(z) - \mathrm{i}Y_\nu(z)$.

当 $z \to \infty$ 且 $\nu \neq 0$ 时, 由式 (4.2.12) 和式 (4.2.13) 得到

$$H_\nu^{(1)}(z \to \infty) \sim \sqrt{\frac{2}{\pi z}} \mathrm{e}^{\mathrm{i}\left(z - \frac{\nu\pi}{2} - \frac{\pi}{4}\right)} \tag{4.5.10a}$$

$$H_\nu^{(2)}(z \to \infty) \sim \sqrt{\frac{2}{\pi z}} \mathrm{e}^{-\mathrm{i}\left(z - \frac{\nu\pi}{2} - \frac{\pi}{4}\right)} \tag{4.5.10b}$$

当 $z = x$ 是实数并且趋于无穷大时, $H_\nu^{(1)}(x \to \infty)$ 或者 $H_\nu^{(2)}(x \to \infty)$ 是传播方向相反的两个衰减平面波.

当 $\nu = n > 0$ 为正整数且 $z \to 0$ 的情况, 由式 (4.3.8) 结合可知

$$H_n^{(1)}(z \to 0) \sim -\mathrm{i}\frac{(n-1)!}{\pi}\left(\frac{2}{z}\right)^n \tag{4.5.10c}$$

$$H_n^{(2)}(z \to 0) \sim \mathrm{i}\frac{(n-1)!}{\pi}\left(\frac{2}{z}\right)^n \tag{4.5.10d}$$

当 $\nu = 0$ 时, 有

$$H_0^{(1)}(z \to 0) \sim \mathrm{i}\frac{2}{\pi}\ln\frac{z}{2} \tag{4.5.10e}$$

$$H_0^{(2)}(z \to 0) \sim -\mathrm{i}\frac{2}{\pi}\ln\frac{z}{2} \tag{4.5.10f}$$

当 $z = x$ 是实数, $H_0^{(1)}(x \to 0) \sim \mathrm{i}\frac{2}{\pi}\ln\frac{|x|}{2}, H_0^{(2)}(x \to 0) \sim -\mathrm{i}\frac{2}{\pi}\ln\frac{|x|}{2}$. 也得到式 (4.5.6).

### 4.5.2 球贝塞尔函数

1. 球贝塞尔函数的定义

方程

$$z^2w'' + 2zw' + (z^2 - \nu(\nu+1))w = 0 \tag{4.5.11}$$

称为 **$\nu$阶球贝塞尔方程**. 做变换

$$w(z) = \frac{u(z)}{\sqrt{z}}$$

代入球贝塞尔方程, 整理后得

$$z^2u'' + zu' + \left(z^2 - \left(\nu + \frac{1}{2}\right)^2\right)u(z) = 0 \tag{4.5.12}$$

这是 $\nu + 1/2$ 阶贝塞尔方程. 它的基本解组自然是第一类和第二类贝塞尔函数 $J_{\nu+1/2}(z)$ 和 $Y_{\nu+1/2}(z)$. 因而 $\nu$ 阶球贝塞尔方程 (4.5.11) 的基本解组就是 $\frac{1}{\sqrt{z}}J_{\nu+1/2}(z)$ 和 $\frac{1}{\sqrt{z}}Y_{\nu+1/2}(z)$.

将第一类、第二类、第三类贝塞尔函数除以 $\sqrt{z}$ 之后的函数, 统称为**球贝塞尔函数**. 它们的记号和名称如下:

$$j_\nu(z) = \sqrt{\frac{\pi}{2z}}J_{\nu+1/2}(z) \quad (\nu\text{阶球贝塞尔函数}) \tag{4.5.13a}$$

$$y_\nu(z) = \sqrt{\frac{\pi}{2z}}Y_{\nu+1/2}(z) \quad (\nu\text{阶球诺伊曼函数}) \tag{4.5.13b}$$

$$h_\nu^{(1)}(z) = \sqrt{\frac{\pi}{2z}}H_{\nu+1/2}^{(1)}(z), \quad (\nu\text{阶第一类球汉克尔函数}) \tag{4.5.13c}$$

$$h_\nu^{(2)}(z) = \sqrt{\frac{\pi}{2z}}H_{\nu+1/2}^{(2)}(z) \quad (\nu\text{阶第二类球汉克尔函数}) \tag{4.5.13d}$$

它们都是球贝塞尔方程 (4.5.11) 的解.

由定义, 得到上述球贝塞尔函数之间有如下关系:

$$\begin{cases} h_\nu^{(1)}(z) = j_\nu(z) + \mathrm{i}y_\nu(z) \\ h_\nu^{(2)}(z) = j_\nu(z) - \mathrm{i}y_\nu(z) \end{cases} \tag{4.5.14}$$

式(4.5.13)中定义的任意两个函数都是线性无关的. 因而, 球贝塞尔方程(4.5.11)的通解可以写为 v

$$w(z) = Aj_\nu(z) + By_\nu(z) \tag{4.5.15}$$

或者

$$w(z) = Aj_\nu(z) + Bh_\nu^{(1)}(z) \tag{4.5.16}$$

或者

$$w(z) = Ah_\nu^{(1)}(z) + Bh_\nu^{(2)}(z) \tag{4.5.17}$$

球贝赛尔方程是亥姆霍兹方程在球坐标下的径向方程. 因而在物理上球贝赛尔函数代表面波.

既然球贝塞尔函数是根据第一类、第二类、第三类贝塞尔函数来表达的, 球贝塞尔函数的性质也就可以从第一类、第二类、第三类贝塞尔函数的性质推出. 以下只列举其中一些.

2. 球贝塞尔函数的递推关系

由贝塞尔函数的递推关系, 可以得到球贝塞尔函数的递推关系. 如果以 $\psi_\nu$ 记式 (4.5.13) 定义的四个球贝塞尔函数 $j_\nu(z), n_\nu(z), h_\nu^{(1)}(z), h_\nu^{(2)}(z)$ 中的任何一个, 则它的基本递推关系如下:

$$(2\nu+1)\psi_\nu = z(\psi_{\nu+1}+\psi_{\nu-1}) \tag{4.5.18}$$

$$(2\nu+1)\psi'_\nu = \nu\psi_{\nu+1}-(\nu+1)\psi_{\nu+1} \tag{4.5.19}$$

$$\psi'_\nu = \frac{\nu}{z}\psi_\nu - \psi_{\nu+1} \tag{4.5.20}$$

$$\psi'_\nu = \psi_{\nu-1} - \frac{\nu+1}{z}\psi_\nu \tag{4.5.21}$$

例如, 在贝塞尔函数的递推公式 $(z^{-\nu}J_\nu)' = -z^{-\nu}J_{\nu+1}$ 中, 将 $\nu$ 写成 $\nu+1/2$, 则 $(z^{-\nu-1/2}J_{\nu+1/2})' = -z^{-\nu-1/2}J_{\nu+1+1/2}$. $\dfrac{1}{z}\cdot\dfrac{\mathrm{d}}{\mathrm{d}z}\cdot\dfrac{j_\nu(z)}{z^\nu} = -\dfrac{j_{\nu+1}(z)}{z^{\nu+1}}$. 这是球贝塞尔函数的递推公式. 同样可得球诺伊曼函数的递推公式: $\dfrac{n_{\nu+1}(z)}{z^{\nu+1}} = -\dfrac{1}{z}\cdot\dfrac{\mathrm{d}}{\mathrm{d}z}\left[\dfrac{n_\nu(z)}{z^\nu}\right]$. 它们都属于式 (4.5.20).

3. 整数阶球贝塞尔函数的表达式

已经知道, 当 $\nu=n$ 为整数时, 半奇数阶的第一、第二、第三类贝塞尔函数都是可以用初等函数来表示的. 因此整数阶的球贝塞尔函数也可以用初等函数来表示.

由式 (4.4.5) 可得第一类和第二类正整数阶的球贝塞尔函数的微分表示

$$\begin{aligned} j_n(z) =& \sqrt{\frac{\pi}{2z}}J_{n+1/2} = \sqrt{\frac{\pi}{2z}}(-1)^n\sqrt{\frac{2}{\pi z}}z^{n+1}\left(\frac{1}{z}\frac{\mathrm{d}}{\mathrm{d}z}\right)^n\frac{\sin z}{z} \\ =&(-1)^n z^n\left(\frac{1}{z}\frac{\mathrm{d}}{\mathrm{d}z}\right)^n\frac{\sin z}{z} \end{aligned} \tag{4.5.22a}$$

$$\begin{aligned} y_n(z) =& \sqrt{\frac{\pi}{2z}}Y_{n+1/2}(z) = \sqrt{\frac{\pi}{2z}}(-1)^{n+1}J_{-n-1/2} \\ =&\sqrt{\frac{\pi}{2z}}(-1)^{n+1}\sqrt{\frac{2}{\pi z}}z^{n+1}\left(\frac{1}{z}\frac{\mathrm{d}}{\mathrm{d}z}\right)^n\frac{\cos z}{z} \\ =&(-1)^{n+1}z^n\left(\frac{1}{z}\frac{\mathrm{d}}{\mathrm{d}z}\right)^n\frac{\cos z}{z} \end{aligned} \tag{4.5.22b}$$

由式 (4.5.9) 可得正整数阶的球汉克尔函数的微分表示

$$h_n^{(1)}(z) = \sqrt{\frac{\pi}{2z}}H_{n+1/2}^{(1)}(z) = \sqrt{\frac{\pi}{2z}}\mathrm{i}(-1)^{n+1}\sqrt{\frac{2}{\pi z}}z^{n+1}\left(\frac{1}{z}\frac{\mathrm{d}}{\mathrm{d}z}\right)^n\frac{\mathrm{e}^{\mathrm{i}z}}{z}$$

$$=\mathrm{i}(-1)^{n+1}z^n\left(\frac{1}{z}\frac{\mathrm{d}}{\mathrm{d}z}\right)^n\frac{\mathrm{e}^{\mathrm{i}z}}{z} \tag{4.5.23a}$$

$$\begin{aligned}h_n^{(2)}(z)=&\sqrt{\frac{\pi}{2z}}H_{n+1/2}^{(2)}(z)\\=&\sqrt{\frac{\pi}{2z}}\mathrm{i}(-1)^n\sqrt{\frac{2}{\pi z}}z^{n+1}\left(\frac{1}{z}\frac{\mathrm{d}}{\mathrm{d}z}\right)^n\frac{\mathrm{e}^{-\mathrm{i}z}}{z}\\=&\mathrm{i}(-1)^n z^n\left(\frac{1}{z}\frac{\mathrm{d}}{\mathrm{d}z}\right)^n\frac{\mathrm{e}^{-\mathrm{i}z}}{z}\end{aligned} \tag{4.5.23b}$$

上述等式对于 $n=0$ 时也成立. 此时各表达式如下:

$$j_0(z)=\sqrt{\frac{\pi}{2z}}J_{1/2}(z)=\frac{\sin z}{z} \tag{4.5.24a}$$

$$y_0(z)=\sqrt{\frac{\pi}{2z}}Y_{1/2}(z)=-\frac{\cos z}{z} \tag{4.5.24b}$$

$$h_0^{(1)}(z)=-\frac{\mathrm{i}}{z}\mathrm{e}^{\mathrm{i}z} \tag{4.5.24c}$$

$$h_0^{(2)}(z)=\frac{\mathrm{i}}{z}\mathrm{e}^{-\mathrm{i}z} \tag{4.5.24d}$$

对于负整数阶的球贝塞尔函数, 可以利用前面的关系式. 由式 (4.4.5b) 可知

$$\begin{aligned}j_{-n}(z)=&\sqrt{\frac{\pi}{2z}}J_{-n+1/2}(z)=\sqrt{\frac{\pi}{2z}}\sqrt{\frac{2}{\pi z}}z^n\left(\frac{1}{z}\frac{\mathrm{d}}{\mathrm{d}z}\right)^{n-1}\frac{\cos z}{z}\\=&z^{n-1}\left(\frac{1}{z}\frac{\mathrm{d}}{\mathrm{d}z}\right)^{n-1}\frac{\cos z}{z}\\=&(-1)^n y_{n-1}(z)\end{aligned} \tag{4.5.25a}$$

最后一个等号来自于式 (4.5.22b). 由式 (4.4.6b)

$$\begin{aligned}y_{-n}(z)=&\sqrt{\frac{\pi}{2z}}Y_{-n+1/2}(z)=\sqrt{\frac{\pi}{2z}}(-1)^{n-1}J_{n-1+1/2}(z)\\=&\sqrt{\frac{\pi}{2z}}(-1)^{n-1}(-1)^{n-1}\sqrt{\frac{2}{\pi z}}z^n\left(\frac{1}{z}\frac{\mathrm{d}}{\mathrm{d}z}\right)^{n-1}\frac{\sin z}{z}\\=&z^{n-1}\left(\frac{1}{z}\frac{\mathrm{d}}{\mathrm{d}z}\right)^{n-1}\frac{\sin z}{z}=(-1)^{n-1}j_{n-1}(z)\end{aligned} \tag{4.5.25b}$$

最后的等号来自式 (4.5.22a).

由式 (4.5.9) 可得

$$
\begin{aligned}
h_{-n}^{(1)}(z) =& \sqrt{\frac{\pi}{2z}} H_{-n+1/2}^{(1)}(z) = \sqrt{\frac{\pi}{2z}} H_{-(n-1/2)}^{(1)}(z) \\
=& \sqrt{\frac{\pi}{2z}} \mathrm{e}^{\mathrm{i}(n-1/2)\pi} H_{n-1/2}^{(1)}(z) = z^{n-1} \left(\frac{1}{z}\frac{\mathrm{d}}{\mathrm{d}z}\right)^{n-1} \frac{\mathrm{e}^{\mathrm{i}z}}{z} \\
=& \mathrm{i}(-1)^{n-1} h_{n-1}^{(1)}(z)
\end{aligned} \tag{4.5.25c}
$$

$$
\begin{aligned}
h_{-n}^{(2)}(z) =& \sqrt{\frac{\pi}{2z}} H_{-n+1/2}^{(2)}(z) = \sqrt{\frac{\pi}{2z}} H_{-(n-1/2)}^{(2)}(z) \\
=& \sqrt{\frac{\pi}{2z}} \mathrm{e}^{\mathrm{i}(n-1/2)\pi} H_{n-1/2}^{(2)}(z) \\
=& z^{n} \left(\frac{1}{z}\frac{\mathrm{d}}{\mathrm{d}z}\right)^{n-1} \frac{\mathrm{e}^{-\mathrm{i}z}}{z} = \mathrm{i}(-1)^{n-1} h_{n-1}^{(2)}(z)
\end{aligned} \tag{4.5.25d}
$$

例如

$$
j_{-1}(z) = \sqrt{\frac{\pi}{2z}} J_{-1/2}(z) = \frac{\cos z}{z}
$$

4. **整数阶球贝塞尔函数的奇偶性**

$$
j_n(-z) = (-1)^n(-z)^n \left(\frac{1}{(-z)}\frac{\mathrm{d}}{\mathrm{d}(-z)}\right)^n \frac{\sin(-z)}{(-z)} = (-1)^n j_n(z) \tag{4.5.26a}
$$

$$
y_n(-z) = (-1)^{n+1}(-z)^n \left(\frac{1}{(-z)}\frac{\mathrm{d}}{\mathrm{d}(-z)}\right)^n \frac{\cos(-z)}{(-z)} = (-1)^{n+1} y_n(z) \tag{4.5.26b}
$$

5. **整数阶球贝塞尔函数的母函数关系**

在半奇数阶贝塞尔函数的母函数关系 (4.4.7) 的两边乘以 $\sqrt{\dfrac{\pi}{2z}}$, 可以得到整数阶球贝塞尔函数的母函数关系:

$$
\frac{1}{z}\cos\sqrt{z^2-2zt} = \sum_{m=0}^{\infty} \frac{1}{m!}\sqrt{\frac{\pi}{2z}} J_{m-1/2}(z) t^m = \sum_{m=0}^{\infty} \frac{1}{m!} j_{m-1}(z) t^m \tag{4.5.27a}
$$

$$
\begin{aligned}
\frac{1}{z}\sin\sqrt{z^2-2zt} =& \sum_{m=0}^{\infty} \frac{1}{m!}\sqrt{\frac{\pi}{2z}} (-1)^m J_{-m+1/2}(z) t^m \\
=& \sum_{m=0}^{\infty} \frac{1}{m!}\sqrt{\frac{\pi}{2z}} Y_{m-1/2}(z) t^m = \sum_{m=0}^{\infty} \frac{1}{m!} y_{m-1}(z) t^m
\end{aligned} \tag{4.5.27b}
$$

其中用到式 (4.4.6a). 这两个母函数关系已列于表 3.6 中. 不过应注意, 指标是 $m-1$.

6. 整数阶球贝塞尔函数在特殊点的值

$$j_0(0)=1,\quad j_n(0)=0,\quad n>1 \tag{4.5.28}$$

$$y_n(z\to\infty)\sim\frac{1}{z^{n+1}},\quad n\geqslant 0 \tag{4.5.29}$$

这是因为 $j_0(z)=\dfrac{\sin z}{z}$, 故当 $z\to 0$ 时, $j_0(z\to 0)\to 1$. 而 $j_n(0)=0, n>1$ 可由 $j_n(z)$, 也就是 $\sqrt{\dfrac{\pi}{2z}}J_{n+1/2}(z)$ 的级数表达式看出来. $y_0(z)=\dfrac{\cos z}{z}$, $y_0(z\to 0)\sim\dfrac{1}{z}$. $y_n(z\to\infty)$ 的行为也可以从 $\sqrt{\dfrac{\pi}{2z}}Y_{n+1/2}(z)$ 的级数表达式看出来.

7. 球贝塞尔函数的渐近式

在式 (4.4.8) 和式 (4.5.10) 的两边乘以 $\sqrt{\dfrac{\pi}{2z}}$, 就得到球贝塞尔函数当 $z\to\infty$ 时的渐近式:

$$j_\nu(z\to\infty)\sim\frac{1}{z}\cos\left(z-\frac{\nu+1}{2}\pi\right) \tag{4.5.30a}$$

$$y_\nu(z\to\infty)\sim\frac{1}{z}\sin\left(z-\frac{\nu+1}{2}\pi\right) \tag{4.5.30b}$$

$$h_v^{(1)}(z\to\infty)\sim\frac{1}{z}\mathrm{e}^{\mathrm{i}(z-\nu\pi/2-\pi/4)},\quad -\pi<\arg z<2\pi \tag{4.5.30c}$$

$$h_v^{(2)}(z\to\infty)\sim\frac{1}{z}\mathrm{e}^{-\mathrm{i}(z-\nu\pi/2-\pi/4)},\quad -2\pi<\arg z<\pi \tag{4.5.30d}$$

8. 利用球贝塞尔函数的展开式

一个平面波可以用球贝塞尔函数展开如下:

$$\mathrm{e}^{\mathrm{i}z\cos\theta}=\sum_{n=0}^{\infty}(2n+1)\mathrm{i}^n j_n(z)P_n(\cos\theta) \tag{4.5.31}$$

其中 $P_n(\cos\theta)$ 是勒让德多项式.

空间有 $\boldsymbol{r}$ 和 $\boldsymbol{r}'$ 这两个位矢, 它们之差的绝对值为

$$|\boldsymbol{r}-\boldsymbol{r}'|=\sqrt{r^2+r'^2-2rr'\cos\theta}$$

其中 $\theta$ 是 $\boldsymbol{r}$ 和 $\boldsymbol{r}'$ 之间的夹角. 将 $\boldsymbol{r}$ 和 $\boldsymbol{r}'$ 这两个位矢之差的贝塞尔函数用 $\boldsymbol{r}$ 和 $\boldsymbol{r}'$ 这两个位矢的贝塞尔函数来展开, 这样的公式称为叠加定理 [19].

$$H_0^{(2)}(k|\boldsymbol{r}-\boldsymbol{r}'|)=\sum_{m=-\infty}^{\infty}\mathrm{e}^{\mathrm{i}m(\theta-\theta')}\begin{cases}J_m(kr)H_m^{(2)}(kr'), & r<r'\\ J_m(kr')H_m^{(2)}(kr), & r>r'\end{cases} \tag{4.5.32}$$

此式称为贝塞尔函数的叠加定理.

以下四式是零阶球贝塞尔函数用球贝塞尔函数来展开, 都被称为球贝塞尔函数的叠加定理.

第一类零阶球贝塞尔函数的展开

$$j_0(k|\boldsymbol{r}-\boldsymbol{r}'|)=\frac{\sin(k|\boldsymbol{r}-\boldsymbol{r}'|)}{k|\boldsymbol{r}-\boldsymbol{r}'|}=\sum_{n=0}^{\infty}(2n+1)j_n(kr)j_n(kr')P_n(\cos\theta) \tag{4.5.33a}$$

第二类零阶球贝塞尔函数的展开

$$y_0(k|\boldsymbol{r}-\boldsymbol{r}'|)=\frac{\cos(k|\boldsymbol{r}-\boldsymbol{r}'|)}{k|\boldsymbol{r}-\boldsymbol{r}'|}=\sum_{n=0}^{\infty}(2n+1)y_n(kr)y_n(kr')P_n(\cos\theta) \tag{4.5.33b}$$

第一类零阶球汉克尔函数的展开

$$h_0^{(1)}(k|\boldsymbol{r}-\boldsymbol{r}'|)=\sum_{n=0}^{\infty}(2n+1)P_n(\cos\theta)\begin{cases} j_n(kr)h_n^{(1)}(kr'), & r<r' \\ j_n(kr')h_n^{(1)}(kr), & r>r' \end{cases} \tag{4.5.33c}$$

第二类零阶球汉克尔函数的展开

$$h_0^{(2)}(k|\boldsymbol{r}-\boldsymbol{r}'|)=\sum_{n=0}^{\infty}(2n+1)P_n(\cos\theta)\begin{cases} j_n(kr)h_n^{(2)}(kr'), & r<r' \\ j_n(kr')h_n^{(2)}(kr), & r>r' \end{cases} \tag{4.5.33d}$$

以上这些用球贝塞尔函数展开的公式在电磁理论中有应用.

## 4.6 虚变量 (或变形) 贝塞尔函数

### 4.6.1 第一类和第二类变形的贝塞尔函数

1. 变形贝塞尔函数的定义

如果在贝塞尔方程 $z^2w''(z)+zw'(z)+(z^2-\nu^2)w(z)=0$ 中, 将变量 $z$ 用 $\mathrm{i}z$ 来代替, 那么就变成

$$z^2w''+zw'-(z^2+\nu^2)w=0 \tag{4.6.1}$$

所以称此方程为**虚变量 (或变形) 的贝塞尔微分方程**. 注意, 现在的 $z$ 还是一般的复数.

显然, $J_\nu(\mathrm{i}z)$ 就是式 (4.6.1) 的一个解.

$$J_\nu(\mathrm{i}z)=\mathrm{i}^\nu\left(\frac{z}{2}\right)^\nu\sum_{m=0}^{\infty}\frac{(-1)^m}{m!\Gamma(m+1+\nu)}\left(\frac{\mathrm{i}z}{2}\right)^{2m} \tag{4.6.2}$$

如下定义一个函数:

$$I_\nu(z) = \mathrm{i}^{-\nu} J_\nu(\mathrm{i}z) = \left(\frac{z}{2}\right)^\nu \sum_{m=0}^{\infty} \frac{1}{m!\Gamma(m+1+\nu)} \left(\frac{z}{2}\right)^{2m} \tag{4.6.3}$$

它称为**虚变量 (或变形) 贝塞尔函数**(或**第一类虚变量的贝塞尔函数**). 例如, 零阶虚变量的贝塞尔函数是

$$I_0(z) = J_0(\mathrm{i}z) = 1 + \left(\frac{z}{2}\right)^2 + \frac{1}{(2!)^2}\left(\frac{z}{2}\right)^4 + \frac{1}{(3!)^2}\left(\frac{z}{2}\right)^6 + \cdots + \frac{1}{(k!)^2}\left(\frac{z}{2}\right)^{2k} + \cdots$$

从式 (4.2.1) 易得

$$I_\nu(-z) = \mathrm{i}^{-\nu} J_\nu(-\mathrm{i}z) = \mathrm{i}^{-\nu}(-1)^\nu J_\nu(\mathrm{i}z) = (-1)^\nu I_\nu(z) \tag{4.6.4}$$

只要在贝塞尔函数的公式中将 $z$ 换成 $\mathrm{i}z$, 就得到第一类虚变量贝塞尔函数的有关公式.

下面按 $\nu$ 是非整数和整数两种情况讨论方程 (4.6.1) 的解.

(i) 当 $\nu$ 非整数时, $I_{\pm\nu}(z)$ 是方程 (4.6.1) 的两个线性无关的解. 所以方程 (4.6.1) 的通解为

$$w(x) = AI_\nu(z) + BI_{-\nu}(z) \tag{4.6.5}$$

其中 $A$、$B$ 是任意常数. 对于其他通解形式, 定义, 当 $\nu$ 非整数时, 有

$$K_\nu(z) = \frac{\pi}{2}\frac{I_{-\nu}(z) - I_\nu(z)}{\sin\nu\pi} \tag{4.6.6}$$

$K_\nu(z)$ 被称为**第二类虚变量的贝塞尔函数**. 显然 $K_\nu(z)$ 与 $I_\nu(z)$ 线性无关. 因此, 方程 (4.6.1) 的通解又可写为

$$w(z) = AI_\nu(z) + BK_\nu(z) \tag{4.6.7}$$

若 $z = x$ 是实数, 则 $I_\nu(x)$ 和 $K_\nu(x)$ 都是实函数.

(ii) 当 $\nu = n$ 是整数时, 由于 $J_{-n}(z) = (-1)^n J_n(z)$, 那么由定义式 (4.6.3) 立即可得

$$I_{-n}(z) = \mathrm{i}^n J_{-n}(\mathrm{i}z) = \mathrm{i}^n(-1)^n J_n(\mathrm{i}z) = \mathrm{i}^{2n}(-1)^n I_n(z) = I_n(z) \tag{4.6.8}$$

其中 $I_n(z)$ 和 $I_{-n}(z)$ 是线性相关的. 不能仅用它们来构成方程 (4.6.1) 的通解. 此时必须寻找式 (4.6.1) 的另一个线性无关解.

来看 $K_\nu(z)$ 的定义式 (4.6.6). 当 $\nu \to n$ 为整数时, 由于式 (4.6.8), 式 (4.6.6) 的右端是个零比零型. 用洛必达法则求 $\nu \to n$ 时的极限, 得

$$
\begin{aligned}
K_n(z) &= \lim_{\nu\to n}\frac{\pi}{2}\frac{1}{\pi\cos\nu\pi}\left[\frac{\partial I_{-\nu}(z)}{\partial\nu}-\frac{\partial I_\nu(z)}{\partial\nu}\right]=\frac{(-1)^n}{2}\left[\frac{\partial \mathrm{i}^\nu J_{-\nu}(\mathrm{i}z)}{\partial\nu}-\frac{\partial \mathrm{i}^{-\nu} J_\nu(\mathrm{i}z)}{\partial\nu}\right]_{\nu=n}\\
&=\frac{(-1)^n}{2}\left[\mathrm{i}^\nu J_{-\nu}(\mathrm{i}z)\ln\mathrm{i}+\mathrm{i}^\nu\frac{\partial J_{-\nu}(\mathrm{i}z)}{\partial\nu}+\mathrm{i}^{-\nu}J_\nu(\mathrm{i}z)\ln\mathrm{i}-\mathrm{i}^{-\nu}\frac{\partial J_\nu(\mathrm{i}z)}{\partial\nu}\right]_{\nu=n}\\
&=\frac{(-1)^n}{2}\left[(I_{-\nu}(z)+I_\nu(z))\ln\mathrm{i}+\mathrm{i}^\nu\frac{\partial J_{-\nu}(\mathrm{i}z)}{\partial\nu}-\mathrm{i}^{-\nu}\frac{\partial J_\nu(\mathrm{i}z)}{\partial\nu}\right]_{\nu=n}
\end{aligned}\tag{4.6.9}
$$

利用附录 4B 中的式 (4B.2) 和式 (4B.7)

$$
\begin{aligned}
\lim_{\nu\to n}\mathrm{i}^{-\nu}\frac{\partial J_\nu(\mathrm{i}z)}{\partial\nu} &=\mathrm{i}^{-n}\left[J_n(\mathrm{i}z)\ln\frac{\mathrm{i}z}{2}-\sum_{m=0}^{\infty}\frac{(-1)^m\psi(m+n+1)}{m!(m+n)!}\left(\frac{\mathrm{i}z}{2}\right)^{2m+n}\right]\\
&=I_n(z)\ln\frac{\mathrm{i}z}{2}-\sum_{m=0}^{\infty}\frac{\psi(m+n+1)}{m!(m+n)!}\left(\frac{z}{2}\right)^{2m+n}
\end{aligned}
$$

$$
\begin{aligned}
&\lim_{\nu\to n}\mathrm{i}^{\nu}\frac{\partial J_{-\nu}(\mathrm{i}z)}{\partial\nu}\\
=&\mathrm{i}^n(-1)^n\left[-J_n(\mathrm{i}z)\ln\frac{\mathrm{i}z}{2}+\sum_{m=0}^{\infty}\frac{(-1)^m\psi(m+1)}{(m+n)!m!}\left(\frac{\mathrm{i}z}{2}\right)^{2m+n}\right.\\
&\left.+\sum_{m=0}^{n-1}\frac{(n-m-1)!}{m!}\left(\frac{\mathrm{i}z}{2}\right)^{2m-n}\right]\\
=&-I_n(z)\ln\frac{\mathrm{i}z}{2}+\sum_{m=0}^{\infty}\frac{\psi(m+1)}{(m+n)!m!}\left(\frac{z}{2}\right)^{2m+n}\\
&+(-1)^n\sum_{m=0}^{n-1}\frac{(-1)^m(n-m-1)!}{m!}\left(\frac{z}{2}\right)^{2m-n}
\end{aligned}
$$

其中用到式 (4.6.3) 和式 (4.6.8). 将这两个结果代入式 (4.6.9).

$$
\begin{aligned}
K_n(z)=&\frac{(-1)^n}{2}\left[-2I_n(z)\ln\frac{z}{2}\right.\\
&+\sum_{m=0}^{\infty}\frac{\psi(m+1)+\psi(m+n+1)}{(m+n)!m!}\left(\frac{z}{2}\right)^{2m+n}\\
&\left.+(-1)^n\sum_{m=0}^{n-1}\frac{(-1)^m(n-m-1)!}{m!}\left(\frac{z}{2}\right)^{2m-n}\right]\\
=&(-1)^{n+1}I_n(z)\ln\frac{z}{2}+\frac{(-1)^n}{2}\sum_{m=0}^{\infty}\frac{\psi(m+1)+\psi(m+n+1)}{(m+n)!m!}\left(\frac{z}{2}\right)^{2m+n}\\
&+\frac{1}{2}\sum_{m=0}^{n-1}\frac{(-1)^m(n-m-1)!}{m!}\left(\frac{z}{2}\right)^{2m-n}
\end{aligned}\tag{4.6.10}
$$

利用式 (4B.3)

$$\begin{aligned}
&\sum_{m=0}^{\infty}\frac{\psi(m+1)+\psi(m+n+1)}{(m+n)!m!}\left(\frac{z}{2}\right)^{2m+n}\\
=&\sum_{m=0}^{\infty}\frac{-2\gamma+H_n+H_{m+n}}{(m+n)!m!}\left(\frac{z}{2}\right)^{2m+n}\\
=&-2\gamma\sum_{m=0}^{\infty}\frac{1}{(m+n)!m!}\left(\frac{z}{2}\right)^{2m+n}+\sum_{m=0}^{\infty}\frac{H_n+H_{m+n}}{(m+n)!m!}\left(\frac{z}{2}\right)^{2m+n}\\
=&-2\gamma I_n(z)+\sum_{m=0}^{\infty}\frac{H_n+H_{m+n}}{(m+n)!m!}\left(\frac{z}{2}\right)^{2m+n}
\end{aligned}$$

可把式 (4.6.10) 写成

$$\begin{aligned}
K_n(z)=&(-1)^{n+1}I_n(z)\left(\ln\frac{z}{2}+\gamma\right)\\
&+\frac{(-1)^n}{2}\sum_{m=0}^{\infty}\frac{H_n+H_{m+n}}{(m+n)!m!}\left(\frac{z}{2}\right)^{2m+n}\\
&+\frac{1}{2}\sum_{m=0}^{n-1}\frac{(-1)^m(n-m-1)!}{m!}\left(\frac{z}{2}\right)^{2m-n}
\end{aligned}\tag{4.6.11}$$

当 $n=0$ 时, 此式最后一项不出现. 零阶第二类虚变量贝塞尔函数为

$$K_0(z)=-\left(\ln\frac{z}{2}+\gamma\right)I_0(z)+\sum_{k=0}^{\infty}\frac{1}{(k!)^2}\left(\sum_{m=1}^{k}\frac{1}{m}\right)\left(\frac{z}{2}\right)^{2k}\tag{4.6.12}$$

因为 $K_n(z)$ 是与 $I_n(z)$ 线性无关的, 在 $\nu=n$ 是整数时, 方程 (4.6.1) 的通解可以写成

$$w(z)=AI_n(z)+BK_n(z)$$

综合上述, 不论 $\nu$ 是否为整数, 式 (4.6.6) 的定义对任意 $\nu$ 都适用. 虚变量贝塞尔方程 (4.6.1) 的通解均可表示为式 (4.6.7) 的形式.

由式 (4.6.8) 得到

$$K_{-\nu}(z)=\frac{\pi}{2}\frac{I_\nu(z)-I_{-\nu}(z)}{\sin(-\nu)\pi}=K_\nu(z)\tag{4.6.13}$$

当 $\nu=n$ 整数时, 有如下奇偶性:

$$K_n(-z)=\frac{\pi}{2}\lim_{\nu\to n}\frac{I_{-\nu}(-z)-I_\nu(-z)}{\sin\nu\pi}=(-1)^nK_n(z)\tag{4.6.14}$$

$I_\nu(z)$ 和 $K_\nu(z)$ 都无实的零点.

**2. 第二类变形贝塞尔函数和汉克尔函数之间的关系**

将式 (4.1.42) 代入式 (4.5.1)

$$H_{\nu}^{(1)}(z) = J_{\nu}(z) + \mathrm{i}\frac{J_{\nu}(z)\cos\nu\pi - J_{-\nu}(z)}{\sin\nu\pi} = \frac{\mathrm{i}}{\sin\nu\pi}[\mathrm{e}^{-\mathrm{i}\nu\pi}J_{\nu}(z) - J_{-\nu}(z)] \quad (4.6.15a)$$

$$H_{\nu}^{(2)}(z) = J_{\nu}(z) - \mathrm{i}\frac{J_{\nu}(z)\cos\nu\pi - J_{-\nu}(z)}{\sin\nu\pi} = \frac{-\mathrm{i}}{\sin\nu\pi}[\mathrm{e}^{\mathrm{i}\nu\pi}J_{\nu}(z) - J_{-\nu}(z)] \quad (4.6.15b)$$

虚变量时, 利用式 (4.6.3), $I_{\nu}(z) = \mathrm{i}^{-\nu}J_{\nu}(\mathrm{i}z) = \mathrm{e}^{-\mathrm{i}\nu\pi/2}J_{\nu}(\mathrm{i}z)$, 有

$$H_{\nu}^{(1)}(\mathrm{i}z) = \frac{\mathrm{i}}{\sin\nu\pi}[\mathrm{e}^{-\mathrm{i}\nu\pi}J_{\nu}(\mathrm{i}z) - J_{-\nu}(\mathrm{i}z)] = \frac{\mathrm{i}\mathrm{e}^{-\mathrm{i}\nu\pi/2}}{\sin\nu\pi}[I_{\nu}(z) - I_{-\nu}(z)] \quad (4.6.16a)$$

$$\begin{aligned} H_{\nu}^{(2)}(-\mathrm{i}z) &= \frac{-\mathrm{i}}{\sin\nu\pi}[\mathrm{e}^{\mathrm{i}\nu\pi}J_{\nu}(-\mathrm{i}z) - J_{-\nu}(-\mathrm{i}z)] \\ &= \frac{-\mathrm{i}}{\sin\nu\pi}[J_{\nu}(\mathrm{i}z) - \mathrm{e}^{\mathrm{i}\nu\pi}J_{-\nu}(\mathrm{i}z)] \\ &= \frac{-\mathrm{i}\mathrm{e}^{\mathrm{i}\nu\pi/2}}{\sin\nu\pi}[I_{\nu}(z) - I_{-\nu}(z)] \end{aligned} \quad (4.6.16b)$$

后一式中用到式 (4.2.1), $J_{\nu}(-z) = (-1)^{\nu}J_{\nu}(z) = \mathrm{e}^{-\mathrm{i}\nu\pi}J_{\nu}(z)$.

现在, 利用式 (4.6.6), 可得到

$$H_{\nu}^{(1)}(\mathrm{i}z) = -\frac{2}{\pi}\mathrm{i}\mathrm{e}^{-\mathrm{i}\nu\pi/2}K_{\nu}(z) \quad (4.6.17a)$$

$$H_{\nu}^{(2)}(-\mathrm{i}z) = \frac{2}{\pi}\mathrm{i}\mathrm{e}^{\mathrm{i}\nu\pi/2}K_{\nu}(z) \quad (4.6.17b)$$

**3. 递推关系**

$I_{\nu}(z)$ 和 $K_{\nu}(z)$ 满足以下递推公式:

$$\begin{aligned} [z^{\nu}I_{\nu}(z)]' &= z^{\nu}I_{\nu-1}(z) \\ [z^{-\nu}I_{\nu}(z)]' &= z^{-\nu}I_{\nu+1}(z) \\ [z^{\nu}K_{\nu}(z)]' &= -z^{\nu}K_{\nu-1}(z) \\ [z^{-\nu}K_{\nu}(z)]' &= -z^{-\nu}K_{\nu+1}(z) \end{aligned} \quad (4.6.18)$$

读者容易根据贝塞尔函数的递推关系自己证明.

特别地, 有

$$\begin{cases} [zI_1(z)]' = zI_0(z) \\ I_0'(z) = I_1(z) \\ [zK_1(z)]' = -zK_0(z) \\ K_0'(z) = -K_1(z) \end{cases} \quad (4.6.19)$$

由式 (4.6.18) 可推得 $I_\nu(z)$ 和 $K_\nu(z)$ 满足以下递推公式：

$$\begin{cases} z[I_{\nu-1}(z)-I_{\nu+1}(z)]=2\nu I_\nu(z) \\ z[K_{\nu-1}(z)-K_{\nu+1}(z)]=-2\nu I_\nu(z) \\ I_{\nu-1}(z)+I_{\nu+1}(z)=2I'_\nu(z) \\ K_{\nu-1}(z)+K_{\nu+1}(z)=-2K'_\nu(z) \end{cases} \tag{4.6.20}$$

反复运用式 (4.6.18) 可得到以下递推关系：

$$\left(\frac{1}{z}\frac{\mathrm{d}}{\mathrm{d}z}\right)^m (z^\nu I_\nu)=z^{\nu-m}I_{\nu-m}(z)$$
$$\left(\frac{1}{z}\frac{\mathrm{d}}{\mathrm{d}z}\right)^m (z^{-\nu} I_\nu)=z^{-(\nu+m)}I_{\nu+m}(z)$$
$$\left(\frac{1}{z}\frac{\mathrm{d}}{\mathrm{d}z}\right)^m (z^\nu K_\nu)=(-1)^m z^{\nu-m}K_{\nu-m}(z)$$
$$\left(\frac{1}{z}\frac{\mathrm{d}}{\mathrm{d}z}\right)^m (z^{-\nu} K_\nu)=(-1)^m z^{-(\nu+m)}K_{\nu+m}(z)$$

4. *渐近式*

当 $z\to\infty$ 时, 有

$$I_\nu(z\to\infty)\sim\frac{1}{\sqrt{2\pi z}}\mathrm{e}^z$$
$$K_\nu(z\to\infty)\sim\sqrt{\frac{\pi}{2z}}\mathrm{e}^{-z}$$

### 4.6.2　整数阶变形贝塞尔函数

1. *母函数关系*

在贝塞尔函数的母函数关系 $\exp\left(\frac{z}{2}\left(t-\frac{1}{t}\right)\right)=\sum\limits_{n=-\infty}^{\infty}J_n(z)t^n$ 中, 令 $z\to \mathrm{i}z, t\to -\mathrm{i}t$, 就可以得到

$$\exp\left(\frac{\mathrm{i}z}{2}\left(\frac{t}{\mathrm{i}}-\frac{\mathrm{i}}{t}\right)\right)=\exp\left(\frac{z}{2}\left(t+\frac{1}{t}\right)\right)=\sum_{n=-\infty}^{\infty}J_n(\mathrm{i}z)\left(\frac{t}{\mathrm{i}}\right)^n=\sum_{n=-\infty}^{\infty}I_n(z)t^n \tag{4.6.21}$$

因此 $I_n(z)$ 的母函数为 $\exp\left(\frac{z}{2}\left(t+\frac{1}{t}\right)\right)$. 由于求和范围是从 $-\infty$ 至 $+\infty$, 这一母函数关系未列入表 3.5 中.

2. *加法公式*

利用贝塞尔函数的加法公式

$$\begin{aligned}I_n(z_1+z_2) =&\mathrm{i}^{-n}J_n(\mathrm{i}z_1+\mathrm{i}z_2)=\mathrm{i}^{-n}\sum_{m=-\infty}^{\infty}J_{n-m}(\mathrm{i}z_1)J_m(\mathrm{i}z_2)\\ =&\mathrm{i}^{-n}\sum_{m=-\infty}^{\infty}\mathrm{i}^{n-m}I_{n-m}(z_1)\mathrm{i}^mI_m(z_2)\\ =&\sum_{m=-\infty}^{\infty}I_{n-m}(z_1)I_m(z_2)\end{aligned} \tag{4.6.22a}$$

特别地, 有

$$\begin{aligned}I_0(z_1+z_2)=&\sum_{m=-\infty}^{\infty}I_{-m}(z_1)I_m(z_2)=\sum_{m=-\infty}^{\infty}I_m(z_1)I_m(z_2)\\ =&I_0(z_1)I_0(z_2)+2\sum_{m=1}^{\infty}I_m(z_1)I_m(z_2)\end{aligned} \tag{4.6.22b}$$

再令 $z_1=z_2$, 得倍数公式

$$I_0(2z)=\sum_{m=-\infty}^{\infty}[I_m(z)]^2=[I_0(z)]^2+2\sum_{m=1}^{\infty}[I_m(z)]^2 \tag{4.6.23}$$

3. 特殊点的值和渐进行为

当 $\nu=0$ 时, $I_0(0)=1$. 这是因为 $I_0(z)=J_0(-\mathrm{i}z)$, $J_0(0)=1$.

$$K_0(z\to 0)\sim -\ln\frac{z}{2}\to\infty$$

当 $z\to 0$ 时, 对于 $n>0$, 有 $I_n(0)=0$. 这是因为 $I_n(z)=\mathrm{i}^nJ_n(-\mathrm{i}z)$, $J_n(0)=0$.

$$K_n(z\to 0)\sim -\frac{(n-1)!}{\pi}\left(\frac{2}{z}\right)^n$$

这与第二类贝塞尔函数的行为是一致的.

$I$ 和 $K$ 之间的关系为

$$I_1(z)K_0(z)+I_0(z)K_1(z)=\frac{1}{z} \tag{4.6.24}$$

第二类虚变量贝塞尔函数用第一类和第二类贝塞尔函数表出

$$K_n(z)=\frac{\pi}{2}(-\mathrm{i})^{n+1}[J_n(\mathrm{i}z)+\mathrm{i}Y_n(\mathrm{i}z)] \tag{4.6.25}$$

### 4.6.3　半奇数阶变形贝塞尔函数

当 $\nu$ 等于半奇数时, 变形贝塞尔函数也可以用初等函数表示出来. 例如

$$I_{1/2}(z)=\mathrm{i}^{-1/2}J_{1/2}(\mathrm{i}z)=\mathrm{i}^{-1/2}\sqrt{\frac{2}{\pi\mathrm{i}z}}\sin\mathrm{i}z=\sqrt{\frac{2}{\pi z}}\sinh z$$

$$I_{-1/2}(z)=\mathrm{i}^{-1/2}J_{-1/2}(\mathrm{i}z)=\mathrm{i}^{-1/2}\sqrt{\frac{2}{\pi\mathrm{i}z}}\cos\mathrm{i}z=\mathrm{i}\sqrt{\frac{2}{\pi z}}\cosh z$$

$$K_{1/2}(z)=\frac{\pi\mathrm{i}^{1/2+1}}{2}H_{1/2}^{(1)}(\mathrm{i}z)=\frac{\pi\mathrm{i}^{1/2+1}}{2}(-\mathrm{i})\sqrt{\frac{2}{\pi\mathrm{i}z}}\mathrm{e}^{\mathrm{i}(\mathrm{i}z)}=\sqrt{\frac{\pi}{2z}}\mathrm{e}^{-z}$$

当 $z$ 取实值时, 这些公式都是实函数.

## 4.7　变量为实数的贝塞尔函数

### 4.7.1　贝塞尔方程的特征值问题

在解决实际的物理问题时用到的一般是实变量的 $\nu$ 阶贝塞尔方程.

$$x^2y''+xy'+(x^2-\nu^2)y=0 \tag{4.7.1}$$

其中 $\nu$ 是任意实常数. 本节所有的量, 如不加说明, 都是实数.

实变量的贝塞尔方程可以具体讨论带有边界条件的边值问题. 特征值问题等. 实变量的贝塞尔函数可以讨论其正交归一性、广义傅里叶展开等问题等.

比较普遍的情况是, 从具体的物理模型推得的贝塞尔方程具有以下形式:

$$x^2y''+xy'+(\lambda x^2-\nu^2)y=0 \tag{4.7.2}$$

或者

$$\frac{1}{x}\cdot\frac{\mathrm{d}}{\mathrm{d}x}\left(x\frac{\mathrm{d}y}{\mathrm{d}x}\right)+\left(\lambda-\frac{\nu^2}{x^2}\right)y=0,\quad 0\leqslant x\leqslant R \tag{4.7.3}$$

注意这里加进了一个参量 $\lambda$. 令 $\lambda=1$ 即回到通常的 $\nu$ 阶贝塞尔方程. 现在方程加上了定义区间 $a=0,b=R$. 与式 (3.2.36) 对照, 知式 (4.7.3) 中, $p(x)=x,\rho(x)=x,q(x)=\nu^2/x$.

可以看出, 在贝塞尔方程 (4.7.3) 中, $p(a)=p(0)=0$, 所以在 $x=0$ 端点要规定自然边界条件

$$|y(0)|<\infty \tag{4.7.4}$$

设要求的解满足下列三个齐次边界条件之一:

$$y(R)=0 \tag{4.7.5a}$$

$$y'(R) = 0 \tag{4.7.5b}$$

$$\alpha y'(R) + \beta y(R) = 0 \tag{4.7.5c}$$

或者, 综合写成

$$\alpha y'(R) + \beta y(R) = 0 \tag{4.7.5d}$$

其中 $\alpha,\beta$ 是不同时为零的非负实数.

由于核函数 $p(x) = x$ 非周期函数, 因此不可能有周期性条件.

为方便起见, 以下记:

$$\lambda = k^2 \tag{4.7.6}$$

并只取正的 $k$ 值.

方程 (4.7.3) 的通解为

$$y(x) = AJ_\nu(kx) + BY_\nu(kx) \tag{4.7.7}$$

已知第二类贝塞尔函数 $Y_\nu(kx \to 0) \to \infty$. 因此, 为了满足自然边界条件 (4.7.4), 必须取 $B = 0$. 即

$$y(x) = AJ_\nu(kx) \tag{4.7.8}$$

由于贝塞尔方程是施图姆–刘维尔型方程的一个特例, 因此可以运用施图姆–刘维尔特征值问题的一般理论, 来求解此特征值问题. 由 3.2.3 小节施图姆–刘维尔特征值的定理 1 知, 存在无限多个分立的实数特征值, 它们构成一个单调递增数列, 即

$$\lambda_1 \leqslant \lambda_2 \leqslant \lambda_3 \leqslant \lambda_4 \leqslant \cdots \leqslant \lambda_n \leqslant \lambda_{n+1} \leqslant \cdots$$

相应于这无穷多个特征值有无穷多个特征函数

$$J_\nu(k_1 x), \quad J_\nu(k_2 x), \quad J_\nu(k_3 x), \quad \cdots$$

它们构成特征函数族.

特征值 $k_n$ 的数值要由边界条件 (4.7.5) 来确定.

$$\alpha k_n J_\nu'(k_n R) + \beta J_\nu(k_n R) = 0 \tag{4.7.9}$$

由此边界条件, 得到无数个特征值 $k_n$. 从小到大排列为

$$0 < k_1 < k_2 < \cdots < k_n < \cdots$$

现在已经模糊地把 $\lambda_n$ 或者 $k_n$ 都称为特征值. 反正它们是一一对应的.

由于贝塞尔函数的形式的复杂性, 一般不大容易从式 (4.7.9) 解析地得到特征值, 而是经常用数值方法解出此超越方程的无穷多个单根来.

因为 $\lambda_n = k_n^2$, 方程的解式 (4.7.8) 写成以下形式:

$$y_n(x) = A_n J_\nu(k_n x) \tag{4.7.10}$$

这一求特征值的步骤就是 3.2.3 小节中叙述的步骤. 求特征值的表达式就是式 (3.2.31) 或者式 (3.2.32).

### 4.7.2　特征函数族的性质

1. 贝塞尔函数的正交性

根据施图姆–刘维尔的理论, 不同特征值的特征函数 $J_\nu(k_n x)$ 在区间 $[0, R]$ 上带权 $\rho(x) = x$ 正交, 即

$$\int_0^R J_\nu(k_n x) J_\nu(k_m x) x \mathrm{d}x = 0, \quad n \neq m \tag{4.7.11}$$

利用式 (4.2.18), 在其中令 $z_1 = k_n, z_2 = k_m, a = R$, 得到

$$\int_0^R x J_\nu(k_n x) J_\nu(k_m x) \mathrm{d}x = -\frac{R}{k_n^2 - k_m^2} \left[ J_\nu(k_m x) k_n J_\nu'(k_n x) - J_\nu(k_n x) k_m J_\nu'(k_m x) \right]_{x=R} \tag{4.7.12}$$

第一类边界条件

$$J_\nu(k_n R) = J_\nu(k_m R) = 0$$

和第二类边界条件

$$J_\nu'(k_n R) = J_\nu'(k_m R) = 0$$

这两种情况, 都得到式 (4.7.11). 对于第三类边界条件

$$\alpha k_n J_\nu'(k_n R) + \beta J_\nu(k_n R) = 0$$

必然同时有 $\alpha k_m J_\nu'(k_m R) + \beta J_\nu(k_m R) = 0$. 系数 $\alpha$ 和 $\beta$ 有非零解的条件是: 系数行列式一定为零: $J_\nu(k_m R) k_n J_\nu'(k_n R) - J_\nu(k_n R) k_m J_\nu'(k_m R) = 0$. 因此, 对于三类边界条件, 式 (4.7.12) 右边总为零. 式 (4.7.12) 得证.

这在 3.2.3 小节定理 3 的普遍情况下已经证明过了. 此处对于贝塞尔函数的具体情况再证明一遍.

2. 特征函数的模平方的计算

计算特征函数 $J_\nu(k_n x)$ 的模的平方.

$$N_n^2 = \int_0^R J_\nu^2(k_n x) x \mathrm{d}x \tag{4.7.13}$$

应明确, 特征值和模都是相对于 $\nu$ 阶贝塞尔函数来说的. 仔细地写明应该是 $N_{\nu,n}^2 = \int_0^R J_\nu^2(k_{\nu,n} x) x \mathrm{d}x$. 本节忽略了特征值和模的暗含的指标 $\nu$.

现在已知 $J_\nu(k_n x)$ 是贝塞尔方程 (4.7.3) 的解.

$$\frac{\mathrm{d}}{\mathrm{d}x}\left(x\frac{\mathrm{d}}{\mathrm{d}x}J_\nu(k_n x)\right) + \left(k_n^2 x - \frac{\nu^2}{x}\right) J_\nu(k_n x) = 0$$

在此式两边乘以 $x\dfrac{\mathrm{d}}{\mathrm{d}x}J_\nu(k_n x)$, 得

$$\left[x\frac{\mathrm{d}}{\mathrm{d}x}J_\nu(k_n x)\right]\left\{\frac{\mathrm{d}}{\mathrm{d}x}\left(x\frac{\mathrm{d}}{\mathrm{d}x}J_\nu(k_n x)\right) + \left(k_n^2 x - \frac{\nu^2}{x}\right) J_\nu(k_n x)\right\} = 0$$

此式两边对 $x$ 从 0 到 $R$ 积分, 得

$$\begin{aligned}
&\frac{1}{2}\left[x\frac{\mathrm{d}}{\mathrm{d}x}J_\nu(k_n x)\right]^2\Big|_0^R + \int_0^R (k_n^2 x^2 - \nu^2) J_\nu(k_n x)\frac{\mathrm{d}}{\mathrm{d}x}J_\nu(k_n x)\mathrm{d}x \\
=&\frac{1}{2}\left[R\frac{\mathrm{d}}{\mathrm{d}R}J_\nu(k_n R)\right]^2 + \frac{1}{2}\int_0^R (k_n^2 x^2 - \nu^2)\frac{\mathrm{d}}{\mathrm{d}x}J_\nu^2(k_n x)\mathrm{d}x = 0
\end{aligned}$$

对第二项再用分部积分法, 可得

$$\begin{aligned}
&\frac{1}{2}\left[R\frac{\mathrm{d}}{\mathrm{d}R}J_\nu(k_n R)\right]^2 + (k_n^2 x^2 - \nu^2) J_\nu^2(k_n x)|_0^R - k_n^2\int_0^R x J_\nu^2(k_n x)\mathrm{d}x \\
=&\frac{1}{2}\left[R\frac{\mathrm{d}}{\mathrm{d}R}J_\nu(k_n R)\right]^2 + \frac{1}{2}(k_n^2 R^2 - \nu^2) J_\nu^2(k_n R) + \frac{1}{2}\nu^2 J_\nu^2(0) - k_n^2 N_n^2 = 0
\end{aligned}$$

设 $\nu$ 是大于 0 的实数, 则 $J_\nu(0) = 0$. 当 $\nu = 0$ 时 $\nu J_\nu(0) = 0$. 故 $\nu \geqslant 0$ 时, 有

$$\begin{aligned}
N_n^2 =&\frac{R^2}{2k_n^2}\left[\frac{\mathrm{d}}{\mathrm{d}R}J_\nu(k_n R)\right]^2 + \left(R^2 - \frac{\nu^2}{k_n^2}\right) J_\nu^2(k_n R) \\
=&\frac{R^2}{2}[J_\nu'(k_n R)]^2 + \left(R^2 - \frac{\nu^2}{k_n^2}\right) J_\nu^2(k_n R)
\end{aligned} \tag{4.7.14}$$

下面针对式 (4.7.5) 的三类线性齐次边界条件, 分别计算 $N_n^2$ 的具体数值.

(1) 第一类边界条件 $J_\nu(k_n R) = 0$

$$N_n^2 = \frac{R^2}{2}[J_\nu'(k_n R)]^2$$

可利用递推公式 $J'_\nu(x) = \dfrac{\nu}{x}J_\nu(x) - J_{\nu+1}(x)$.

$$N_n^2 = \frac{R^2}{2}\left[\frac{\nu}{k_nR}J_\nu(k_nR) - J_{\nu+1}(k_nR)\right]^2 = \frac{R^2}{2}[J_{\nu+1}(k_nR)]^2 \tag{4.7.15}$$

特别地, 当 $\nu = 0$ 时, 有

$$N_{0,n}^2 = \frac{R^2}{2}[J_1(k_{0,n}R)]^2 \tag{4.7.16}$$

(2) 第二类边界条件 $J'_\nu(k_nR) = 0$

$$N_n^2 = \left(R^2 - \frac{v^2}{k_n^2}\right)J_\nu^2(k_nR) \tag{4.7.17}$$

特别地, 当 $\nu = 0$ 时, 有

$$N_{0,n}^2 = R^2 J_0^2(k_{0,n}R) \tag{4.7.18}$$

(3) 第三类边界条件 $\alpha k_n J'_\nu(k_nR) + \beta J_\nu(k_nR) = 0$
此边界条件意味着

$$J'_\nu(k_nR) = -\frac{\beta}{\alpha k_n}J_\nu(k_nR)$$

代入式 (4.7.14), 有

$$\begin{aligned} N_n^2 =& \frac{R^2}{2}\left[\frac{\beta}{\alpha k_n}J_\nu(k_nR)\right]^2 + \left(R^2 - \frac{\nu^2}{k_n^2}\right)J_\nu^2(k_nR) \\ =& \left[\left(\frac{\beta^2}{2\alpha^2 k_n^2} + 1\right)R^2 - \frac{\nu^2}{k_n^2}\right]J_\nu^2(k_nR) \end{aligned} \tag{4.7.19}$$

特别地, 当 $\nu = 0$ 时, 有

$$N_{0,n}^2 = \left(\frac{\beta^2}{2\alpha^2 k_{0,n}^2} + 1\right)R^2 J_0^2(k_{0,n}R) \tag{4.7.20}$$

3. 傅里叶–贝塞尔级数

根据施图姆–刘维尔理论, 函数系 $\{J_\nu(k_nx)\}$ 是一正交完备系. 在 $(0, R)$ 上的函数 $f(x)$ 可展开成**傅里叶–贝塞尔级数**

$$f(x) = \sum_{n=1}^{\infty} c_n J_\nu(k_nx) \tag{4.7.21}$$

其中展开系数如下:

$$c_n = \frac{1}{N_n^2}\int_0^R f(x)J_\nu(k_nx)x\mathrm{d}x \tag{4.7.22}$$

关于傅里叶–贝塞尔级数的收敛性, 已一般地叙述于 3.2.3 节施图姆–刘维尔型方程 4 个定理中的定理 4. 下面是一个应用范围更广的定理.

**定理** 若函数 $f(x)$ 在区间 $(0,R)$ 上逐段光滑, 且积分 $\int_0^R \sqrt{x}|f(x)|\mathrm{d}x$ 的值有限, 那么傅里叶–贝塞尔级数 (4.7.21) 收敛于 $\frac{1}{2}[f(x+0^+)+f(x-0^+)]$. 级数 (4.7.21) 中的 $k_n$ 是 $J_\nu(k_nR)=0$ 的根.

注意, 此定理适用于第一类齐次边界条件 (4.7.5a) 的情况. 这也是最为常见的情况.

**例** 设 $\mu_m,(m=1,2,3,\cdots)$ 是 $J_0(x)$ 的正零点, 将函数 $f(x)=1,(0\leqslant x\leqslant 1)$ 展成 $J_0(\mu_m x)$ 的傅里叶–贝塞尔级数.

**解** 由方程 (4.7.3) 知, 在此情形下 $R=1,\nu=0$. 由式 (4.7.21), 设

$$1=\sum_{m=1}^{\infty} c_m J_0(\mu_m x)$$

其中系数 $c_m$ 由式 (4.7.22) 计算

$$c_m=\frac{1}{N_m^2}\int_0^1 J_0(\mu_m x)x\mathrm{d}x \tag{4.7.23}$$

现在的边界条件是第一类边界条件. 因而 $N_m^2$ 由式 (4.7.16) 得

$$N_m^2=\frac{1}{2}[J_1(\mu_m)]^2 \tag{4.7.24}$$

利用贝塞尔函数的递推公式 $\frac{\mathrm{d}}{\mathrm{d}x}[xJ_1(x)]=xJ_0(x)$.

$$\int_0^1 xJ_0(\mu_m x)\mathrm{d}x=\left[\frac{xJ_1(\mu_m x)}{\mu_m}\right]_{x=0}^{x=1}=\frac{1}{\mu_m}J_1(\mu_m) \tag{4.7.25}$$

把式 (4.7.25) 和式 (4.7.24) 代入式 (4.7.23)

$$c_m=\frac{2}{[J_1(\mu_m)]^2}\int_0^1 1\cdot J_0(\mu_m x)x\mathrm{d}x=\frac{2}{\mu_m J_1(\mu_m)}$$

从而函数 $f(x)=1,(0\leqslant x\leqslant 1)$ 的傅里叶–贝塞尔级数为

$$1=\sum_{m=1}^{\infty}\frac{2}{\mu_m J_1(\mu_m)}J_0(\mu_m x),\quad 0\leqslant x\leqslant 1$$

### 4.7.3　球贝塞尔方程的特征值问题

设有施图姆–刘维尔型方程

$$\frac{\mathrm{d}}{\mathrm{d}x}\left(r^2\frac{\mathrm{d}R}{\mathrm{d}r}\right)+(k^2r^2-l(l+1))R=0,\quad 0\leqslant r\leqslant r_0 \tag{4.7.26}$$

$R(r)$ 在 $r=0$ 处有自然边界条件, 在 $r=r_0$ 处满足第一类、第二类或第三类边界条件. 将方程 (4.7.26) 的第一项展开, 得

$$r^2\frac{\mathrm{d}^2R}{\mathrm{d}r^2}+2r\frac{\mathrm{d}R}{\mathrm{d}r}+(k^2r^2-l(l+1))R=0$$

令 $x=kr$, 就变成球贝塞尔方程

$$x^2\frac{\mathrm{d}^2y(x)}{\mathrm{d}x^2}+2x\frac{\mathrm{d}y(x)}{\mathrm{d}x}+(x^2-l(l+1))y(x)=0$$

其中 $y(x)=R\left(\dfrac{x}{k}\right)$. 所以, 方程 (4.7.26) 的通解为

$$R(r)=Aj_l(kr)+By_l(kr)$$

因 $y_l(kr\to 0)\to\infty$, 为了得到物理上有意义的解, 加上自然边界条件 $R(0)<\infty$, 故取 $B=0$. 得到

$$R(r)=Aj_l(kr)$$

再由所给边界条件, 就能决定特征值 $k_n^2$. 相应的特征函数系 $\{j_l(k_nr)\}$ 构成 $(0,r_0)$ 上的带权 $\rho(r)=r^2$ 的完备正交函数系. 函数 $j_l(k_nr)$ 的模的平方如下:

$$N_n^2=\int_0^{r_0}j_l^2(k_nr)r^2\mathrm{d}r=\int_0^{r_0}\frac{\pi}{2k_nr}J_{l+1/2}^2(k_nr)r^2\mathrm{d}r=\frac{\pi}{2k_n}\int_0^{r_0}J_{l+1/2}^2(k_nr)r\mathrm{d}r$$

这实际上化成贝塞尔函数的模的计算.

一个二次可微函数 $f(r)$, 若在 $r=0$ 有限, 在 $r=r_0$ 满足齐次边界条件, 可按相应的球贝塞尔函数展开:

$$f(r)=\sum_{m=1}^{\infty}c_mj_l(k_mr)$$

其中系数

$$c_n=\frac{1}{N_n^2}\int_0^{r_0}f(r)j_l(k_nr)r^2\mathrm{d}r$$

对于其他形式的实变量贝塞尔函数, 例如, 变型贝塞尔函数等的讨论, 与上面是类似的. 读者可以仿照本节以上内容逐条研讨.

## 习　　题

1. 仿照 4.1.1 小节的步骤, 用幂级数法求解勒让德方程.

2. 将 $\nu$ 阶贝塞尔方程乘以 $J_\nu'$, 再积分, 证明:

$$\int_0^z uJ_\nu^2(u)\mathrm{d}u = \frac{1}{2}z^2[J_\nu^2(z) + J_{\nu+1}^2(z)] - \nu z J_\nu(z)J_{\nu+1}(z)$$

3. 证明:

$$\begin{vmatrix} J_\nu(z) & J_{\nu-1}(z) \\ Y_\nu(z) & Y_{\nu-1}(z) \end{vmatrix} = \begin{vmatrix} J_\nu(z) & J_\nu'(z) \\ Y_\nu(z) & Y_\nu'(z) \end{vmatrix} = \frac{2}{\pi z}$$

4. 利用朗斯基行列式 (4.2.19) 或式 (4.2.20) 完成积分 $\displaystyle\int \frac{\mathrm{d}z}{z[J_\nu(z)]^2}$.

5. 利用上一题的结果, 完成以下积分:

(1) $\displaystyle\int \frac{\mathrm{d}z}{zJ_\nu(z)Y_\nu(z)}$.

(2) $\displaystyle\int \frac{\mathrm{d}z}{z[Y_\nu(z)]^2}$.

(3) $\displaystyle\int \frac{\mathrm{d}z}{z[J_\nu^2(z) + Y_\nu^2(z)]}$.

6. 证明下列等式:

(1) $J_2 = J_0'' - z^{-1}J_0'$.

(2) $z^2 J_n'' = (n^2 - n - z^2)J_n + zJ_{n+1}$.

(3) $4J_n'' = J_{n-2} - 2J_n + J_{n+2}$.

(4) $2J_0'' = J_2 - J_0$.

7. 证明: $\displaystyle\int zJ_0(z)\mathrm{d}z = zJ_1(z) + C$

$$\int z^n J_0(z)\mathrm{d}z = z^n J_1(z) + (n-1)z^{n-1}J_0(z) - (n-1)^2\int z^{n-2}J_0(z)\mathrm{d}z, \quad n \geqslant 2.$$

并计算 $\displaystyle\int z^3 J_0(z)\mathrm{d}z$ 和 $\displaystyle\int z^4 J_0(z)\mathrm{d}z$.

8. 证明下列不定积分:

(1) $\displaystyle\int J_1(z)\mathrm{d}z = -J_0(z) + C$.

(2) $\displaystyle\int zJ_1(z)\mathrm{d}z = -zJ_0(z) + \int J_0(z)\mathrm{d}z$.

(3) $\displaystyle\int z^2 J_1(z)\mathrm{d}z = 2zJ_1(z) - z^2 J_0(z) + C$.

(4) $\displaystyle\int \frac{1}{z^2}J_2(z)\mathrm{d}z = -\frac{1}{3}\left(\frac{2}{z^2} - 1\right)J_1(z) + \frac{1}{3z}J_0(z) + \frac{1}{3}\int J_0(z)\mathrm{d}z$.

(5) $\displaystyle\int z^2 J_2(z)\mathrm{d}z = -z^2 J_1'(z) - 3zJ_0(z) + 3\int J_0(z)\mathrm{d}z$.

(6) $\displaystyle\int z^3 J_3(z)\mathrm{d}z = -z^3 J_2(z) + 5\int z^2 J_1(z)\mathrm{d}z$. 然后可继续积分得到最后答案.

(7) 计算 $\int J_3(z)\mathrm{d}z$(提示：利用 $z^{-2}J_3=-(z^{-2}J_2)'$ 和 $z^{-1}J_2=-(z^{-1}J_1)'$ 并分部积分).

(8) $\int J_0(z)\cos z\mathrm{d}z = zJ_0(z)\cos z + zJ_1(z)\sin z + C.$

(9) $\int J_0(z)\sin z\mathrm{d}z = zJ_0(z)\sin z - zJ_1(z)\cos z + C.$

9. 证明：

$$
\begin{aligned}
&Y_{-\nu}(z)=\sin\nu\pi J_\nu(z)+\cos\nu\pi Y_\nu(z)\\
&Y_\nu(z\mathrm{e}^{\mathrm{i}m\pi})=\mathrm{e}^{-\mathrm{i}m\pi}Y_\nu(z)+2\mathrm{i}\sin m\nu\pi\cot\nu\pi J_\nu(z)\\
&Y_{-\nu}(z\mathrm{e}^{\mathrm{i}m\pi})=\mathrm{e}^{-\mathrm{i}m\pi}Y_{-\nu}(z)+2\mathrm{i}\sin m\nu\pi\csc\nu\pi J_\nu(z),\ m\text{为偶数}
\end{aligned}
$$

10. 证明：$z=2\sum\limits_{n=0}^{\infty}(2n+1)J_{2n+1}(z)$, $z^2=2\sum\limits_{n=0}^{\infty}(2n)^2J_{2n}(z)$.

11. 证明：

(1) $z\cos z=2\sum\limits_{n=1}^{\infty}(-1)^n(2n+1)^2J_{2n+1}(z)$.

(2) $z\sin z=2\sum\limits_{n=0}^{\infty}(-1)^{n+1}(2n)^2J_{2n}(z)$.

12. 证明：

$$
\begin{aligned}
&[1+(-1)^n]J_n(z)=\frac{2}{\pi}\int_0^{\pi}\cos(z\sin\varphi)\cos(n\varphi)\mathrm{d}\varphi\\
&[1-(-1)^n]J_n(z)=\frac{2}{\pi}\int_0^{\pi}\sin(z\sin\varphi)\sin(n\varphi)\mathrm{d}\varphi
\end{aligned}
$$

并说明：

$$
\begin{aligned}
&J_{2n}(z)=\frac{1}{\pi}\int_0^{2\pi}\cos(z\sin\varphi)\cos(2n\varphi)\mathrm{d}\varphi\\
&J_{2n+1}(z)=\frac{1}{\pi}\int_0^{2\pi}\sin(z\sin\varphi)\sin((2n+1)\varphi)\mathrm{d}\varphi
\end{aligned}
$$

13. 证明：当 $z=x$ 为实数时,

(1) $\sum\limits_{n=0}^{\infty}J_{2n+1}(x)=\frac{1}{2}\int_0^x J_0(t)\mathrm{d}t$.

(2) 当 $\nu$ 是大于 0 的实数, $\sum\limits_{n=0}^{\infty}J_{\nu+2n+1}(x)=\frac{1}{2}\int_0^x J_\nu(t)\mathrm{d}t$.

14. 利用递推公式证明：

(1) $J_\nu(z)=\frac{2\nu-2}{z}J_{\nu-1}(z)-J_{\nu-2}(z)$.

(2) $J_3(z)+3J_0'(z)+4J_0'''(z)=0$.

15. 证明：$\int J_0(x)\sin x\mathrm{d}x = xJ_0(x)\sin x - xJ_1(x)\cos x$.

16. 证明：$J_n(2\sqrt{z})=(-1)^n z^{n/2}\frac{\mathrm{d}^n}{\mathrm{d}z^n}J_0(2\sqrt{z})$.

17. 运用式 (4.2.8) 证明：

$$
\begin{aligned}
(1)\quad (z+h)^{-\nu/2}J_\nu(\sqrt{z+h})&=\sum_{m=0}^{\infty}\frac{h^m}{m!}\frac{\mathrm{d}^m}{\mathrm{d}z^m}\left(z^{-\nu/2}J_\nu(\sqrt{z})\right)\\
&=\sum_{m=0}^{\infty}\frac{(-1)^m h^m}{2^m m!}z^{-(\nu+m)/2}J_{\nu+m}\left(\sqrt{z}\right),\quad |h|<|z|
\end{aligned}
$$

(2) $$(z+h)^{-\nu/2}J_\nu(\sqrt{z+h})=\sum_{m=0}^{\infty}\frac{h^m}{m!}\frac{\mathrm{d}^m}{\mathrm{d}z^m}(z^{\nu/2}J_\nu(\sqrt{z}))$$
$$=\sum_{m=0}^{\infty}\frac{h^m}{2^m m!}z^{(\nu-m)/2}J_{\nu-m}(\sqrt{z}),\quad |h|<|z|$$

18. 证明：$\int_0^\pi \cos(z\cos\varphi)\mathrm{d}\varphi=\int_0^\pi \cos(z\sin\varphi)\mathrm{d}\varphi$.

19. 利用式 (4.3.23), 写出 $J_n(z)$ 的积分表达式. 再利用式 (4.3.18) 证明：

$$\int_0^\pi \sin(z\sin\varphi)\sin(2m\varphi)\mathrm{d}\varphi=0,\quad \int_0^\pi \cos(z\sin\varphi)\cos(2m+1)\varphi\mathrm{d}\varphi=0$$

20. 证明：$J_0(z)=\dfrac{1}{\pi}\displaystyle\int_{-1}^{1}\frac{\cos(zt)}{\sqrt{1-t^2}}\mathrm{d}t$.

21. 给出 $J_{\pm7/2}(z)$ 的表达式. 当 $|z|\gg1$ 时的近似下列关系如何？

22. 计算朗斯基行列式 $J_\nu(x)H_{\nu-1}^{(2)}(x)-J_{\nu-1}(x)H_\nu^{(2)}(x)$.

23. 证明：

$$H_\nu^{(1)}(z\mathrm{e}^{\mathrm{i}m\pi})=\frac{\sin(1-m)\nu\pi}{\sin\nu\pi}H_\nu^{(1)}(z)-\mathrm{e}^{-\mathrm{i}\nu\pi}\frac{\sin m\nu\pi}{\sin\nu\pi}H_\nu^{(2)}(z)$$
$$H_\nu^{(2)}(z\mathrm{e}^{\mathrm{i}m\pi})=\frac{\sin(1+m)\nu\pi}{\sin\nu\pi}H_\nu^{(2)}(z)+\mathrm{e}^{\mathrm{i}\nu\pi}\frac{\sin m\nu\pi}{\sin\nu\pi}H_\nu^{(1)}(z)$$

24. 柱函数可以统一地用 $Z_\nu(z)$ 来表示. 证明：柱函数一定满足贝塞尔方程.

25. 证明：

$$I_\nu(z\mathrm{e}^{\mathrm{i}m\pi})=\mathrm{e}^{\mathrm{i}m\nu\pi}I_\nu(z)$$
$$K_\nu(z\mathrm{e}^{\mathrm{i}m\pi})=\mathrm{e}^{-\mathrm{i}m\nu\pi}K_\nu(z)-\mathrm{i}\pi\frac{\sin m\nu\pi}{\sin\nu\pi}I_\nu(z)$$

26. 利用 12 题的结果给出 $I_n(z)$ 的积分表达式.

27. 证明：$h_n^{(1)}(-z)=(-1)^n h_n^{(2)}(z)$, $h_n^{(2)}(-z)=(-1)^n h_n^{(1)}(z)$.

28. 证明：

$$H_0^{(1,2)}(\mathrm{i}z)=I_0(z)\mp\mathrm{i}\frac{2}{\pi}K_0(z)$$

29. 由整数阶虚变量贝塞尔函数的母函数关系 $\exp\left(\dfrac{z}{2}\left(t+\dfrac{1}{t}\right)\right)=\displaystyle\sum_{n=-\infty}^{\infty}I_n(z)t^n$, 证明：

(1) $\mathrm{e}^{z\cos\varphi}=I_0(z)+\displaystyle\sum_{n=1}^{\infty}I_n(z)2\cos n\varphi$.

(2) $\mathrm{e}^{-z\sin\varphi}=I_0(z)+\displaystyle\sum_{n=1}^{\infty}(-1)^nI_{2n}(z)2\cos 2n\varphi+\sum_{n=0}^{\infty}(-1)^nI_{2n+1}(z)2\sin(2n+1)\varphi$.

30. 证明：

(1) $\cosh(z\cos\varphi)=I_0(z)+2\displaystyle\sum_{n=1}^{\infty}I_{2n}(z)\cos 2n\varphi$.

(2) $\sinh(z\cos\varphi)=2\displaystyle\sum_{n=1}^{\infty}I_{2n+1}(z)\cos(2n+1)\varphi$.

(3) $\cosh(z\sin\varphi)=I_0(z)+2\displaystyle\sum_{n=1}^{\infty}(-1)^nI_{2n}(z)\cos 2n\varphi$.

(4) $\sinh(z\sin\varphi)=2\sum\limits_{n=0}^{\infty}(-1)^n I_{2n+1}(z)\sin(2n+1)\varphi$.

31. 证明：$I_0(z)=\dfrac{1}{\pi}\int_0^{\pi}\cosh(z\cos\varphi)\mathrm{d}\varphi=\dfrac{1}{\pi}\int_0^{\pi}\cosh(z\sin\varphi)\mathrm{d}\varphi$.

32. 证明：$\cosh z=I_0(z)+2\sum\limits_{n=1}^{\infty}(-1)^n I_{2n}(z)$, $\sinh z=2\sum\limits_{n=0}^{\infty}I_{2n+1}(z)$.

33. 证明：

(1) $I_{n+1/2}(z)=\sqrt{\dfrac{2}{\pi \mathrm{i} z}}z^{n+1}\left(\dfrac{1}{z}\dfrac{\mathrm{d}}{\mathrm{d}z}\right)^n\dfrac{\sinh z}{z}$.

(2) $K_{n+1/2}(z)=(-1)^n\sqrt{\dfrac{\pi}{2z}}z^{n+1}\left(\dfrac{1}{z}\dfrac{\mathrm{d}}{\mathrm{d}z}\right)^n\dfrac{\mathrm{e}^{-z}}{z}$.

34. 证明：$I_0(z)=\dfrac{1}{\pi}\int_{-1}^{1}\dfrac{\mathrm{e}^{-zt}}{\sqrt{1-t^2}}\mathrm{d}t$.

35. 证明：

(1) $I_{1/2}(z)=\sqrt{\dfrac{2}{\pi z}}\sinh z$, $I_{-1/2}(z)=\sqrt{\dfrac{2}{\pi z}}\cosh z$.

(2) $K_{1/2}(z)=K_{-1/2}(z)=\sqrt{\dfrac{\pi}{2z}}\mathrm{e}^{-z}$.

36. 当 $n$ 是整数时，证明下列各式：

(1) $\dfrac{1}{z^n}J_n(z)=(-2)^n\dfrac{\mathrm{d}^n}{\mathrm{d}(z^2)^n}J_0(z)$.

(2) $\dfrac{1}{z^n}H_n(z)=(-2)^n\dfrac{\mathrm{d}^n}{\mathrm{d}(z^2)^n}H_0(z)$.

(3) $\dfrac{1}{z^{n+1/2}}J_{n+1/2}(z)=(-2)^n\sqrt{\dfrac{2}{\pi}}\dfrac{\mathrm{d}^n}{\mathrm{d}(z^2)^n}\left(\dfrac{\sin z}{z}\right)$.

(4) $\dfrac{1}{z^{n+1/2}}H^{(1)}_{n+1/2}(z)=-\mathrm{i}(-2)^n\sqrt{\dfrac{2}{\pi}}\dfrac{\mathrm{d}^n}{\mathrm{d}(z^2)^n}\left(\dfrac{\mathrm{e}^{\mathrm{i}z}}{z}\right)$.

(5) $\dfrac{1}{z^{n+1/2}}J_{-n-1/2}(z)=2^n\sqrt{\dfrac{2}{\pi}}\dfrac{\mathrm{d}^n}{\mathrm{d}(z^2)^n}\left(\dfrac{\cos z}{z}\right)$.

(6) $\dfrac{1}{z^{n+1/2}}H^{(1)}_{-n-1/2}(z)=-\mathrm{i}2^n\sqrt{\dfrac{2}{\pi}}\dfrac{\mathrm{d}^n}{\mathrm{d}(z^2)^n}\left(\dfrac{\mathrm{e}^{\mathrm{i}z}}{z}\right)$.

37. 贝塞尔方程是式 (4.1.1)，球贝塞尔方程是式 (4.5.11)．它们之间的区别是，一次导数项的系数分别是 1 和 2．后者通过一个变换，可以变成前者 $w(z)=u(z)/\sqrt{z}$，见式 (4.5.12)，解为半整数阶贝塞尔函数．假如现在一次导数项的系数为任意正整数 $n$，那么，能否找到一个变换，将方程变换为贝塞尔方程？原方程的解是什么形式？显然，这个一般的情况应该自然地包括了 $n$=2，也就是球贝塞尔方程的特例 [20,21]．

38. 证明：$w(z)=\sqrt{z}J_{3/2}(z)$ 是方程 $z^2w''(z)+(z^2-2)w(z)=0$ 的一个解．

39. 试证明 $w(z)=zJ_\nu(z)$ 是方程 $z^2w''(z)-zw'(z)+(1+z^2-\nu^2)w(z)=0$ 的一个解．

40. 有微分方程 $w''(z)+a\mathrm{e}^{mz}w(z)=0$．试用变量代换 $u=\mathrm{e}^{mz/2}$ 将此方程化为贝塞尔方程．写出此贝塞尔方程的通解．写出原方程的通解．

41. 有微分方程 $w''(z)+k^2z^2w(z)=0$．是用函数代换 $f(z)=w(z)/\sqrt{z}$ 和变量代换 $u=z^2$ 将此方程化为贝塞尔方程．写出此贝塞尔方程的通解．写出原方程的通解．

42. 将以下微分方程按提示作变换化为贝塞尔方程, 从而得到其通解. 在变换过程中, 若出现多值函数, 则必须遵守有关单值分支的规定.

(1) $zw''(z)+w'(z)+\dfrac{1}{4}w(z)=0, u=\sqrt{z}$.

(2) $z^2w''(z)+zw'(z)+4(z^4-k^2)w(z)=0, u=z^2$.

(3) $z^2w''(z)+zw'(z)-\left(z+\dfrac{m^2}{4}\right)w(z)=0, u=2\mathrm{i}z$.

(4) $zw''(z)-w'(z)+zw(z)=0, w(z)=zf(z)$.

(5) $zw''(z)+(1+2n)w'(z)+zw(z)=0, w(z)=z^{-n}f(z)$.

(6) $z^2w''(z)+(z-2z^2\tan z)w'(z)-(m^2+z\tan z)w(z)=0, w(z)=\dfrac{1}{\cos z}f(z)$.

(7) $z^2w''(z)+(z+2z^2\tan z)w'(z)-(m^2-z\cot z)w(z)=0, w(z)=\dfrac{1}{\sin z}f(z)$.

(8) $w''(z)+k^2zw(z)=0, w(z)=\sqrt{z}f(z), u=\dfrac{2k}{3}z^{3/2}$.

(9) $z^2w''(z)+\dfrac{1}{4}\left(z+\dfrac{3}{4}\right)w(z)=0, w(z)=\sqrt{z}f(z), u=\sqrt{z}$.

(10) $z^2w''(z)-3zw'(z)+4(z^4-3)w(z)=0, w(z)=z^2f(z), u=z^2$.

43. 设 $k_n$ 是 $J_0(2k_n)=0$ 的正实根, 把函数 $f(x)=\begin{cases}1, & 0<x<1\\ 1/2, & x=1\\ 0, & 1<x<2\end{cases}$ 展开成贝塞尔函数 $J_0(k_nx)$ 的级数.

44. 设 $k_n$ 是 $J_1(k_n)=0$ 的正实根, 把函数 $f(x)=x\ (0<x<1)$ 展开成贝塞尔函数 $J_1(k_nx)$ 的级数.

45. 设 $k_n$ 是 $J_1(k_n)=0$ 的正实根, 把函数 $f(x)=x^3\ (0<x<1)$ 展开成贝塞尔函数 $J_1(k_nx)$ 的级数.

46. 若 $f(x)=\sum\limits_{n=1}^{\infty}A_nJ_0(k_nx)$, 其中 $J_0(k_n)=0(n=1,2,3,\cdots)$. 证明:

$$\int_0^1 xf^2(x)\mathrm{d}x=\frac{1}{2}\sum_{n=1}^{\infty}A_n^2J_1^2(k_n)$$

47. 若$1=\sum\limits_{n=1}^{\infty}\dfrac{2}{k_nJ_1(k_n)}J_0(k_nx)$ 及上题, 证明: $\sum\limits_{n=1}^{\infty}\dfrac{1}{k_n^2}=\dfrac{1}{4}$, 其中 $J_0(k_n)=0(n=1,2,3,\cdots)$.

48. 设 $\mu_m(m=1,2,3,\cdots)$ 是 $J_0(x)$ 的正零点, 将函数 $f(x)=1-x^2(0\leqslant x\leqslant 1)$ 展成 $J_0(\mu_mx)$ 的傅里叶–贝塞尔级数.

49. 求解以下柱对称波动方程的定解问题.

$$\begin{cases} \dfrac{\partial^2}{\partial t^2}u(t,r,\varphi) = a^2\left[\dfrac{\partial^2}{\partial r^2} + \dfrac{1}{r}\dfrac{\partial}{\partial r} + \dfrac{1}{r^2}\dfrac{\partial^2}{\partial \varphi^2}\right]u(t,r,\varphi), \quad r \leqslant R, t > 0 \\ \dfrac{\partial}{\partial r}u(t,r,\varphi)|_{r=R} = 0, \quad u(t,r,\varphi)|_{r=0} < \infty \\ u(t,r,\varphi)|_{t=0} = 0, \quad \dfrac{\partial}{\partial t}u(t,r,\varphi)|_{t=0} = 1 - \dfrac{r^2}{L^2} \end{cases}$$

50. 有一均匀圆柱, 半径为 $R$, 高为 $L$. 柱侧绝热而上下底温度保持为 $f_2(r)$ 和 $f_1(r)$. 试求柱内稳定温度分布. 这是柱坐标系内的如下定解问题:

$$\begin{cases} \left[\dfrac{\partial^2}{\partial r^2} + \dfrac{1}{r}\dfrac{\partial}{\partial r} + \dfrac{1}{r^2}\dfrac{\partial^2}{\partial \varphi^2} + \dfrac{\partial^2}{\partial z^2}\right]u(r,\varphi,z) = 0 \quad (r \leqslant R, 0 < z < L) \\ \dfrac{\partial}{\partial r}u(r,\varphi,z)|_{r=R} = 0 \\ u(r,\varphi,0) = f_1(r) \\ u(r,\varphi,L) = f_2(r) \end{cases}$$

其中微分方程是温度稳定分布应满足的拉普拉斯方程. 第一个边界条件是柱侧绝热的条件. 求解此定解问题.

51. 设有一均匀圆球, 半径为 $R$. 开始的时候, 球体各处温度均匀为 0°C. 今将球面温度保持为一定不变的 $u_0$°C. 试解此加热问题. 定解问题如下:

$$\begin{cases} u_t(t,r,\theta,\varphi) = a^2\Delta u(t,r,\theta,\varphi), \quad r \leqslant R \\ u(t,r,\theta,\varphi)|_{t=0} = 0 \\ u(t,r,\theta,\varphi)|_{r=R} = u_0 \end{cases}$$

(提示: 边界条件是非齐次的, 需要先设法化去.)

52. 圆柱冷却问题. 有一半径为 $R$ 的无限长圆柱, 横截面在 $xy$ 平面内. 已知初始温度为 $\varphi(x,y)$, 表面温度总是为 0°C. 求柱体内温度的变化. 此问题归结为二维定解问题:

$$\begin{cases} \dfrac{\partial}{\partial t}u(t,x,y) = a^2\left(\dfrac{\partial^2}{\partial x^2}u(t,x,y) + \dfrac{\partial^2}{\partial y^2}u(t,x,y)\right), x^2+y^2 \leqslant R^2, t > 0 \\ u(t,x,y)|_{t=0} = \varphi(x,y) \\ u(t,x,y)|_{x^2+y^2=R^2} = 0 \end{cases}$$

在柱坐标下, 求其级数解.

53. 有一均匀圆柱, 半径为 $R$, 高为 $L$. 柱侧有均匀分布的稳定热流流入, 热流强度为 $q$. 上下底温度保持为 0°C. 试求柱内稳定温度分布. 这是柱坐标系内的如下定解问题:

$$\begin{cases} \left[\dfrac{\partial^2}{\partial r^2} + \dfrac{1}{r}\dfrac{\partial}{\partial r} + \dfrac{1}{r^2}\dfrac{\partial^2}{\partial \varphi^2} + \dfrac{\partial^2}{\partial z^2}\right]u(r,\varphi,z) = 0, \quad r \leqslant R, 0 < z < L \\ \dfrac{\partial}{\partial r}u(r,\varphi,z)|_{r=R} = q \\ u(r,\varphi,0) = 0 \\ u(r,\varphi,L) = 0 \end{cases}$$

其中微分方程是温度稳定分布应满足的拉普拉斯方程. 第一个边界条件是柱侧存在稳流的条件. 求解此定解问题.

54. 圆柱半径为 $R$, 高为 $h$, 侧面在温度为 0°C 的自由空气中冷却. 下底温度常为 0°C. 上底温度常为 $f(r)$. 求柱内温度分布. 这是如下的定解问题:

$$\begin{cases} u_{rr}(r,z)+\dfrac{1}{r}u_r(r,z)+u_{zz}(r,z)=0 \\ u(r,z)|_{r=0}<\infty, \quad [u_r(r,z)+k(r,z)]|_{r=R}=0 \\ u(r,z)|_{z=h}=f(r), \quad u(r,z)|_{z=0}=0 \end{cases}$$

55. 解下列定解问题:

(1) $$\begin{cases} u_{tt}(t,r)+2hu_t(t,r)=a^2\left[u_{rr}(t,r)+\dfrac{1}{r}u_r(t,r)\right] \\ u(t,r)|_{r=0}<\infty, \quad u(t,r)|_{r=R}=0 \\ u(t,r)|_{t=0}=\varphi(r), \quad u_t(t,r)|_{t=0}=0 \end{cases}$$

(2) $$\begin{cases} u_{rr}(r,z)+\dfrac{1}{r}u_r(r,z)+u_{zz}(r,z)=0 \\ u(r,z)|_{r=0}<\infty, \quad u(r,z)|_{r=R}=f(z) \\ u(r,z)|_{z=h}=0, \quad u(r,z)|_{z=0}=0 \end{cases}$$

并计算 $f(z)=f_0$ 为常数时的结果.

56. 半径为 $R$ 的无限长圆柱体的侧表面保持恒定温度 $u_0$, 柱内的初始温度是 0°C, 求柱内的温度分布.

57. 半径为 $R$ 的半圆形薄膜, 边缘固定, 求其特征振动.

## 附录 4A　$\Gamma(z)$ 函数的导数与 $\psi(z)$ 函数

本附录中, 简单地回顾 $\Gamma(z)$ 函数的导数与 $\psi(z)$ 函数 [15,16].

$\Gamma(z)$ 函数的定义是

$$\Gamma(z)=\int_0^\infty \mathrm{e}^{-t}t^{z-1}\mathrm{d}t, \quad \mathrm{Re}z>0 \tag{4A.1}$$

定义

$$\psi(z)=\frac{\mathrm{d}\ln\Gamma(z)}{\mathrm{d}z}=\frac{\Gamma'(z)}{\Gamma(z)} \tag{4A.2}$$

将公式 [15]

$$\Gamma(z)\Gamma(1-z)=\frac{\pi}{\sin\pi z} \tag{4A.3}$$

两边取对数

$$\ln[\Gamma(z)\Gamma(1-z)]=\ln\frac{\pi}{\sin\pi z}$$

求导

$$\frac{\Gamma'(z)}{\Gamma(z)}-\frac{\Gamma'(1-z)}{\Gamma(1-z)}=-\frac{\cos\pi z}{\sin\pi z}$$

得到

$$\psi(1-z)=\psi(z)+\cot\pi z \tag{4A.4}$$

由 $\Gamma(z)$ 函数的公式

$$\Gamma(z+n)=(z+n-1)(z+n-2)\cdots z\Gamma(z)$$

两边取对数

$$\ln\Gamma(z+n)=\sum_{m=0}^{n-1}\ln(z+m)+\ln\Gamma(z)$$

求导

$$\frac{\Gamma'(z+n)}{\Gamma(z+n)}=\sum_{m=0}^{n-1}\frac{1}{z+m}+\frac{\Gamma'(z)}{\Gamma(z)}$$

得到

$$\psi(z+n)=\psi(z)+\sum_{m=0}^{n-1}\frac{1}{z+m} \tag{4A.5}$$

特别地, 当 $n=1$ 时, 有

$$\psi(z+1)=\psi(z)+\frac{1}{z}$$

取 $z$ 为整数 $k$, 则有

$$\psi(k+1)=\psi(k)+\frac{1}{k}=\psi(k-1)+\frac{1}{k-1}+\frac{1}{k}=\cdots=\psi(1)+\sum_{j=1}^{k}\frac{1}{j}=\psi(1)+H_k \tag{4A.6}$$

现在来看 $\psi(1)$.

$$\psi(1)=\lim_{z\to1}\frac{\mathrm{d}\ln\Gamma(z)}{\mathrm{d}z}=\lim_{z\to1}\frac{\Gamma'(z)}{\Gamma(z)}$$

这一极限可由数值计算得到, 结果为

$$\psi(1)=-\gamma \tag{4A.7}$$

其中 $\gamma=0.5772157\cdots$ 是欧拉常数, 且 $\mathrm{e}^{\gamma}=1.781072\cdots$.

把式 (4A.7) 代入式 (4A.6), 得

$$\psi(k+1)=\psi(1)+\sum_{j=1}^{k}\frac{1}{j}=-\gamma+H_k$$

此式用于式 (4.1.30) 和式 (4.1.31).

# 附录 4B　第二类贝塞尔函数表达式

现在证明式 (4.1.41) 和式 (4.1.40) 是相等的. 此处将洛必达法则应用于复变函数的求导. 从式 (4.1.41) 出发, 有

$$Y_n(z)=\frac{1}{\pi}\lim_{\nu\to n}\left[\frac{\partial J_\nu(z)}{\partial\nu}-\frac{1}{\cos\nu\pi}\frac{\partial J_{-\nu}(z)}{\partial\nu}\right]=\frac{1}{\pi}\lim_{\nu\to n}\left[\frac{\partial J_\nu(z)}{\partial\nu}-(-1)^n\frac{\partial J_{-\nu}(z)}{\partial\nu}\right] \tag{4B.1}$$

式 (4B.1) 第一项的求导

$$\begin{aligned}\lim_{\nu\to n}\frac{\partial J_\nu(z)}{\partial\nu}&=\sum_{m=0}^{\infty}\frac{(-1)^m}{m!\Gamma(m+n+1)}\left(\frac{z}{2}\right)^{2m+n}\left[\ln\frac{z}{2}-\frac{\Gamma'(m+n+1)}{\Gamma(m+n+1)}\right]\\&=J_n(z)\ln\frac{z}{2}-\sum_{m=0}^{\infty}\frac{(-1)^m}{m!(m+n)!}\left(\frac{z}{2}\right)^{2m+n}\psi(m+n+1)\end{aligned} \tag{4B.2}$$

其中定义

$$\psi(z)=\frac{\Gamma'(z)}{\Gamma(z)},\quad \psi(n+1)=\psi(1)+\sum_{m=1}^{n}\frac{1}{m}=-\gamma+H_n \tag{4B.3}$$

见附录 4A. 式 (4B.1) 第二项的求导

$$\begin{aligned}&\lim_{\nu\to n}\frac{\partial J_{-\nu}(z)}{\partial\nu}\\&=\lim_{\nu\to n}\sum_{m=0}^{\infty}\frac{(-1)^m}{m!\Gamma(m-\nu+1)}\left(\frac{z}{2}\right)^{2m-\nu}\left[-\ln\frac{z}{2}+\frac{\Gamma'(m-\nu+1)}{\Gamma(m-\nu+1)}\right]\\&=-J_{-n}(z)\ln\frac{z}{2}+\lim_{\nu\to n}\sum_{m=0}^{\infty}\frac{(-1)^m}{m!\Gamma(m-\nu+1)}\left(\frac{z}{2}\right)^{2m-\nu}\frac{\Gamma'(m-\nu+1)}{\Gamma(m-\nu+1)}\end{aligned} \tag{4B.4}$$

其中第二项

$$\begin{aligned}&\lim_{\nu\to n}\sum_{m=0}^{\infty}\frac{(-1)^m}{m!\Gamma(m-\nu+1)}\left(\frac{z}{2}\right)^{2m-\nu}\frac{\Gamma'(m-\nu+1)}{\Gamma(m-\nu+1)}\\&=\sum_{m=n}^{\infty}\frac{(-1)^m}{m!\Gamma(m-n+1)}\left(\frac{z}{2}\right)^{2m-n}\frac{\Gamma'(m-n+1)}{\Gamma(m-n+1)}\\&\quad+\lim_{\nu\to n}\sum_{m=0}^{n-1}\frac{(-1)^m}{m!}\left(\frac{z}{2}\right)^{2m-\nu}\frac{\Gamma'(m-\nu+1)}{\Gamma^2(m-\nu+1)}\\&=\sum_{m=0}^{\infty}\frac{(-1)^{m+n}}{(m+n)!\Gamma(m+1)}\left(\frac{z}{2}\right)^{2(m+n)-n}\frac{\Gamma'(m+1)}{\Gamma(m+1)}\end{aligned}$$

$$
\begin{aligned}
&+\sum_{m=0}^{n-1}\frac{(-1)^m}{m!}\left(\frac{z}{2}\right)^{2m-n}\lim_{\nu\to n}\frac{\Gamma'(m-\nu+1)}{\Gamma^2(m-\nu+1)}\\
=&(-1)^n\sum_{m=0}^{\infty}\frac{(-1)^m\psi(m+1)}{(m+n)!m!}\left(\frac{z}{2}\right)^{2m+n}\\
&+\sum_{m=0}^{n-1}\frac{(-1)^m}{m!}\left(\frac{z}{2}\right)^{2m-n}\lim_{\nu\to n}\frac{\Gamma'(m-\nu+1)}{\Gamma^2(m-\nu+1)}
\end{aligned}
\tag{4B.5}
$$

其中由于 $m<n$ 时, $m-n+1$ 为负整数或 0, 而 $\psi(z)=\dfrac{\Gamma'(z)}{\Gamma(z)}$ 和 $\Gamma(z)$ 在 $z=0,-1,-2,\cdots$ 处是发散的, 所以上式中的最后一项应保留取极限符号. 现在来计算极限 $\lim\limits_{\nu\to n}\dfrac{\Gamma'(m-\nu+1)}{\Gamma^2(m-\nu+1)}(m<n)$.

由式 (4A.3) 和式 (4A.4)

$$
\begin{aligned}
\lim_{\nu\to n}\frac{\Gamma'(m-\nu+1)}{\Gamma^2(m-\nu+1)}&=\lim_{\nu\to n}\frac{\psi(m-\nu+1)}{\Gamma(m-\nu+1)}=\lim_{\nu\to n}\frac{\psi(\nu-m)+\pi\cot\pi(\nu-m)}{\pi/\Gamma(\nu-m)\sin\pi(\nu-m)}\\
&=\lim_{\nu\to n}\left[\frac{\psi(\nu-m)}{\pi}\sin\pi(\nu-m)+\cos\pi(\nu-m)\right]\Gamma(\nu-m)\\
&=(-1)^{n-m}\Gamma(n-m)=(-1)^{n-m}(n-m-1)!
\end{aligned}
\tag{4B.6}
$$

其中 $\lim\limits_{\nu\to n}\psi(\nu-m)$ 有限, 故 $\lim\limits_{\nu\to n}\psi(\nu-m)\sin\pi(\nu-m)=0$.

把式 (4B.6) 代入式 (4B.5) 再代入式 (4B.4), 有

$$
\begin{aligned}
&\lim_{\nu\to n}\frac{\partial J_{-\nu}(z)}{\partial\nu}\\
=&-J_{-n}(z)\ln\frac{z}{2}+(-1)^n\sum_{m=0}^{\infty}\frac{(-1)^m\psi(m+1)}{(m+n)!m!}\left(\frac{z}{2}\right)^{2m+n}\\
&+\sum_{m=0}^{n-1}\frac{(-1)^m}{m!}\left(\frac{z}{2}\right)^{2m-n}\lim_{\nu\to n}\frac{\Gamma'(m-\nu+1)}{\Gamma^2(m-\nu+1)}\\
=&-(-1)^nJ_n(z)\ln\frac{z}{2}+(-1)^n\sum_{m=0}^{\infty}\frac{(-1)^m\psi(m+1)}{(m+n)!m!}\left(\frac{z}{2}\right)^{2m+n}\\
&+\sum_{m=0}^{n-1}\frac{(-1)^m}{m!}\left(\frac{z}{2}\right)^{2m-n}(-1)^{n-m}(n-m-1)!\\
=&(-1)^n\left[-J_n(z)\ln\frac{z}{2}+\sum_{m=0}^{\infty}\frac{(-1)^m\psi(m+1)}{(m+n)!m!}\left(\frac{z}{2}\right)^{2m+n}\right.\\
&\left.+\sum_{m=0}^{n-1}\frac{(n-m-1)!}{m!}\left(\frac{z}{2}\right)^{2m-n}\right]
\end{aligned}
\tag{4B.7}
$$

此式与式 (4B.2) 结合, 得到

$$
\begin{aligned}
Y_n(z) =&\frac{1}{\pi}\left\{J_n(z)\ln\frac{z}{2}-\sum_{m=0}^{\infty}\frac{(-1)^m\psi(n+m+1)}{m!(m+n)!}\left(\frac{z}{2}\right)^{2m+n}\right.\\
&-(-1)^n(-1)^n\left[-J_n(z)\ln\frac{z}{2}+\sum_{m=0}^{\infty}\frac{(-1)^m\psi(m+1)}{(m+n)!m!}\left(\frac{z}{2}\right)^{2m+n}\right.\\
&\left.\left.+\sum_{m=0}^{n-1}\frac{(n-m-1)!}{m!}\left(\frac{z}{2}\right)^{2m-n}\right]\right\}\\
=&\frac{1}{\pi}\left\{2J_n(z)\ln\frac{z}{2}-\sum_{m=0}^{\infty}\frac{(-1)^m\psi(n+m+1)}{m!(m+n)!}\left(\frac{z}{2}\right)^{2m+n}\right.\\
&\left.-\sum_{m=0}^{\infty}\frac{(-1)^m\psi(m+1)}{(m+n)!m!}\left(\frac{z}{2}\right)^{2m+n}-\sum_{m=0}^{n-1}\frac{(n-m-1)!}{m!}\left(\frac{z}{2}\right)^{2m-n}\right\}\\
=&\frac{2}{\pi}J_n(z)\ln\frac{z}{2}-\frac{1}{\pi}\sum_{m=0}^{\infty}\frac{(-1)^m[\psi(m+1)+\psi(n+m+1)]}{m!(m+n)!}\left(\frac{z}{2}\right)^{2m+n}\\
&-\frac{1}{\pi}\sum_{m=0}^{n-1}\frac{(n-m-1)!}{m!}\left(\frac{z}{2}\right)^{2m-n}
\end{aligned}
$$

这正是式 (4.1.40). 当 $n=0$ 时, 自然不出现最后一项.

## 参 考 文 献


[1] 尤秉礼. 常微分方程补充教程. 北京：人民教育出版社, 1981.

[2] 叶彦谦. 常微分方程讲义. 北京：人民教育出版社, 1982.

[3] 梁昆淼. 数学物理方法. 北京：高等教育出版社, 1998.

[4] 沈施. 数学物理方法. 上海：同济京大学出版社, 2002.

[5] 潘忠诚. 数学物理方法教程. 天津：南开大学出版社, 1993.

[6] 王载舆. 数学物理方程及特殊函数. 北京：清华大学出版社, 1991.

[7] 陈才生, 李刚, 周继东, 等. 数学物理方法. 北京：北科学出版社, 2008.

[8] 刘式适, 刘式达. 特殊函数. 北京：气象出版社, 2002.

[9] Andrews L C. Special Functions for Engineers and Applied Mathematicians. New York: Mechillan Publishing Company, Adivision of Macmillan, Inc., 1985.

[10] Andrews G E, Askey R, Roy R. Special Function. Cambridge: Cambridge University Press, 2000.

[11] 刘志旺. 数学物理方程和特殊函数. 成都：成都电讯工程学院出版社, 1988.

[12] 杨应辰, 成如翼, 徐明聪. 数学物理方程特殊函数. 北京：国防工业出版社, 1991.

[13] 奚定平. 贝塞尔函数. 北京：高等教育出版社, 1998.

[14] 郭敦仁. 数学物理方法. 北京：高等教育出版社, 1993.
[15] 吴崇试. 数学物理方法. 北京：北京大学出版社, 2003.
[16] 王竹溪, 郭敦仁. 特殊函数概论. 北京：北京大学出版社, 2000.
[17] 何淑芷, 陈启流. 数学物理方法. 广州：华南理工大学出版社, 1994.
[18] Hassani S. Mathematical Physics, A Modem Introduction to Its Foundations. New York: Springer-Verlag, 1999.
[19] 杨儒贵. 高等电磁理论. 北京：高等教育出版社, 2008.
[20] 程建春. 数学物理方程及其近似方法. 北京：科学出版社, 2004.
[21] Watson G N. A Treatise on the Theory of Bessel Functions. Cambridge: The University Press, 1952.

# 第 5 章　狄拉克 $\delta$ 函数

## 5.1　$\delta$ 函数的定义与性质

### 5.1.1　$\delta$ 函数的定义

狄拉克 $\delta$ 函数的定义如下, 同时也说明了它的性质和作用.

(i)

$$\delta(x)=\begin{cases}+\infty, & x=0\\ 0, & x\neq 0\end{cases} \tag{5.1.1a}$$

$$\int_{-\infty}^{\infty}\delta(x)\mathrm{d}x=1 \tag{5.1.1b}$$

式 (5.1.1b) 有时也写成另一形式

$$\int_a^b\delta(x)\mathrm{d}x=\begin{cases}1, & 0\in(a,b)\\ 0, & 0\notin(a,b)\end{cases} \tag{5.1.1c}$$

(ii)

$$\int_{-\infty}^{\infty}f(x)\delta(x)\mathrm{d}x=f(0) \tag{5.1.2}$$

(iii)

$$\int_{-\infty}^{\infty}f(x')\delta(x'-x)\mathrm{d}x'=f(x) \tag{5.1.3}$$

在 (i) 和 (ii) 中, 奇点是在 $x$=0 处. (iii) 是奇点位于任意的 $x$ 点上, 是最一般的情况. (i) 中可以看成 $f(x)=1$ 的特例. 性质 (iii) 也被称为 $\delta$ 函数的取样性质.

式 (5.1.1a) 和式 (5.1.1b) 是狄拉克提出的 $\delta$ 函数的最原始的定义.

按照原先的经典积分理论, $\delta(x)$ 既然只在一点 $x=0$ 处不为零, 就相当于一个零函数的定义, 那么它在任意 (有限或无限) 区间上的积分应当为零, 见式 (2.1.25) 故式 (5.1.1a) 和式 (5.1.1b) 是相互冲突的. 这是因为, 通常讲的广义零函数在孤立点上的取值是有限的, 而式 (5.1.1a) 表示在孤立点上取值是无限的. 因而可以说, 狄拉克 $\delta$ 函数并不是通常意义下的函数, 无法用经典的方法对它进行代数分类和分析的运算 [1]. 然而狄拉克 $\delta$ 函数确实能反映许多经典函数不能反映的客观现象. 例如, 只有一个电源和电容而无电阻的电路在由断开到接通时电流就表现出一个 $\delta$ 函数的行为.

狄拉克 $\delta$ 函数还在以下一些事例中表现其物理意义. 在一个没有体积的几何点上放置有限的质量或者电荷量; 在传热过程中, 在杆的某处 (如一端) 的几何点上传入有限的热量; 瞬时冲击力: 在 $t=0$ 的时刻一杆受到一冲击力, 在时间长度为零的情况下获得一个有限的冲量; 等等.

为了使实际中出现的奇异性得到合理的解释, 并且能在实际应用中对其进行正确的运算, 就必须拓展函数的概念. 这就促成了广义函数的产生.

### 5.1.2　$\delta$ 函数是一个广义函数

首先, 把 $\delta$ 函数看成函数空间上的泛函.

由上述定义式可以看出, $\delta$ 函数只有在作用于某个函数的时候才真正体现出它的价值来. 这实质上是一种泛函, 第 1 章中已经定义了泛函的概念, 现在定义连续函数空间 $\varPhi$ 上的一个泛函 $\delta$ 如下:

$$\delta[\varphi(x)] = \varphi(0) \tag{5.1.4}$$

这个泛函具有线性性质

$$\delta[\alpha\varphi_1(x) + \beta\varphi_2(x)] = \alpha\delta[\varphi_1(x)] + \beta\delta[\varphi_2(x)] \tag{5.1.5}$$

证明: $\delta[\alpha\varphi_1(x) + \beta\varphi_2(x)] = \alpha\varphi_1(0) + \beta\varphi_2(0) = \alpha\delta[\varphi_1(x)] + \beta\delta[\varphi_2(x)]$.

**定义 1**　如果某函数空间 $\varPhi$ 上的泛函 $\delta$, 具有线性性质 (5.1.5), 则称 $\delta$ 为空间 $\varPhi$ 上的**线性泛函**, 空间 $\varPhi$ 上的线性泛函又称为空间 $\varPhi$ 上的**广义函数**.

现在考虑积分型的广义函数 $f$.

$$(f, \varphi) = \int_{-\infty}^{\infty} f(x)\varphi(x)\mathrm{d}x \tag{5.1.6}$$

其中 $f$ 是一给定的函数, $\varphi(x)$ 属于所考虑的函数空间 $\varPhi$, 这里还假定右端的积分存在. 写成这个形式后, 此时的 $(f, \varphi)$ 就与泛函 $f[\varphi(x)]$ 具有完全相同的含义了. 例如

$$(\delta(x), \varphi(x)) = \varphi(0) \tag{5.1.7}$$

这与式 (5.1.4) 是一样的. 显然, 由式 (5.1.6) 定义的广义函数是具有式 (5.1.5) 的线性性质的. 因此

$$f[\varphi(x)] = (f, \varphi) = \int_{-\infty}^{\infty} f(x)\varphi(x)\mathrm{d}x \tag{5.1.8}$$

在式 (5.1.6) 的定义中, 右边 $f(x)$ 是一个函数而左边的 $f$ 是一个泛函. 不同的函数 $f(x)$ 给出不同的广义函数 $f$. 据此, 可以把积分型的广义函数 $f$ 与产生它的函数 $f(x)$ 本身视为同一, 广义函数的概念就是在这个意义下把函数的概念推广了. 或者说, 在这个意义下, 作为泛函的 $f(x)$ 是一个广义函数.

其次, 把 $\delta$ 函数看成一个广义函数. $\delta(x)$ 函数作为一个广义函数, 它的特点是, 本身又可以作为一个普通函数来定义, 它的自变量与它的容许函数 $\varphi$ 的自变量相同. 在一维空间中, 如式 (5.1.1a) 那样, 尽管在原点处是不连续的, 然而其值为无穷大.

### 5.1.3 $\delta$ 函数的傅里叶变换和拉普拉斯变换

除了在奇点 $x=0$ 以外 $\delta(x)=0$, 因此, $\delta(x)$ 的行为几乎处处像一个普通函数. 对于普通函数所作的一些运算也可以用于 $\delta(x)$ 函数. 例如, 可以对 $\delta(x)$ 函数作傅里叶变换. 根据傅里叶变换的定义式, 立即有

$$F[\delta(t)]=\int_{-\infty}^{\infty}\delta(t)\mathrm{e}^{\mathrm{i}\omega t}\mathrm{d}t=1 \tag{5.1.9}$$

因此, 1 的傅里叶反变换就是 $\delta(x)$ 函数.

$$\delta(t)=\frac{1}{2\pi}\int_{-\infty}^{\infty}\mathrm{e}^{-\mathrm{i}\omega t}\mathrm{d}\omega \tag{5.1.10}$$

此式说明, $\delta(x)$ 函数可以表示成一种积分形式. 在此顺便给出 $\delta(x)$ 的另一种积分表示. 考虑积分 $\int_{-\infty}^{\infty}\frac{1}{\omega'-\omega}\frac{1}{\omega'-\omega_0}\mathrm{d}\omega'$. 当 $\omega\neq\omega_0$ 时, 它等于 $\frac{1}{\omega-\omega_0}\int_{-\infty}^{\infty}\left(\frac{1}{\omega'-\omega}-\frac{1}{\omega'-\omega_0}\right)\mathrm{d}\omega'$, 两个积分相等, 结果为零. 注意: $\int_{-\infty}^{\infty}\frac{\mathrm{d}\omega'}{\omega'-\omega}=\int_{-\infty}^{\infty}\frac{\mathrm{d}\omega'}{\omega'}=0$, 这是因为被积函数是奇函数, 积分结果为零. 当 $\omega=\omega_0$ 时, $\int_{-\infty}^{\infty}\frac{\mathrm{d}\omega'}{(\omega'-\omega)^2}=\int_{-\infty}^{\infty}\frac{\mathrm{d}\omega'}{\omega'^2}=2\int_{0}^{\infty}\frac{\mathrm{d}\omega'}{\omega'^2}=\frac{2}{\omega'}|_0^\infty=\infty$. 结合起来, 有

$$\delta(\omega-\omega_0)=\int_{-\infty}^{\infty}\frac{1}{\omega'-\omega}\frac{1}{\omega'-\omega_0}\mathrm{d}\omega' \tag{5.1.11}$$

这一公式在处理具体的物理问题时会用到.

$\delta(x)$ 函数的拉普拉斯变换. 对于这个变换要特别小心. 定义式应该为

$$L[\delta(t)]=\int_{-0^+}^{\infty}\delta(t)\mathrm{e}^{-pt}\mathrm{d}t=1 \tag{5.1.12a}$$

或者, 把 $\delta(x)$ 函数看成 $\delta(x)=\delta(x-0^+)$.

$$L[\delta(t)]=L[\delta(t-0^+)]=\int_{0}^{\infty}\delta(t-0^+)\mathrm{e}^{-pt}\mathrm{d}t=1 \tag{5.1.12b}$$

相应地, 拉普拉斯反变换是

$$L^{-1}[1]=\delta(t-0^+) \tag{5.1.12c}$$

如果积分 (5.1.12a) 取为 $L[\delta(t)]=\int_{0+}^{\infty}\delta(t)\mathrm{e}^{-pt}\mathrm{d}t=0$, 就不能与式 (5.1.12c) 构成互为拉普拉斯变换和反变换.

### 5.1.4 广义函数的导数和积分

为了保证式 (5.1.6) 右端的积分存在, 如果加在函数 $\varphi(x)$ 上条件越强, 那么对 $f(x)$ 的要求就越弱. 这样在空间 $\varPhi$ 上的广义函数就越多. 通常取 $\varPhi$ 为如下函数的全体: 它们无穷次可微并且当 $x\to\infty$ 时, 函数及其所有阶导数均以不低于 $|x|^{-N}$ 的速度趋于零, 其中 $N$ 是任意大的正数. 这种函数空间称为**空间$\boldsymbol{K}$**.

现在来看广义函数的导数. 为此, 先设 $f(x)$ 是一个普通的可微函数, 那么, 对函数 $f'(x)$ 所确定的广义函数 $f'$, 有

$$\begin{aligned}(f'(x),\varphi(x))&=\int_{-\infty}^{\infty}f'(x)\varphi(x)\mathrm{d}x\\&=f(x)\varphi(x)|_{-\infty}^{\infty}-\int_{-\infty}^{\infty}f(x)\varphi'(x)\mathrm{d}x=-(f(x),\varphi'(x))\end{aligned}\tag{5.1.13}$$

其中 $\varphi(x)\in\boldsymbol{K}$, 故有 $\varphi(\pm\infty)=0$.

由此, 可用式 (5.1.13) 作为广义函数的导数的定义. 设 $f(x)$ 是已给广义函数, 因为 $\varphi(x)\in\boldsymbol{K}$ 时, $\varphi'(x)\in\boldsymbol{K}$, 所以泛函 $(f(x),\varphi'(x))$ 是有确定意义的. 故可用下式定义广义函数

$$(f'(x),\varphi(x))=-(f(x),\varphi'(x)),\quad \varphi(x)\in\boldsymbol{K}\tag{5.1.14}$$

作为 $f(x)$ 的导数 $f'$.

上述结果是对于一维情形讨论的, 可推广至多维情形. 例如, 三维情形, 这时函数空间 $\boldsymbol{K}$ 是指对各自变量无穷次可微且在某个有限区域外为零的函数 $\varphi(x,y,z)$ 的全体. 广义函数 $f(x,y,z)$ 的导数如上类似定义. 例如

$$\begin{aligned}&\left(\frac{\partial f}{\partial x},\varphi\right)=-\left(f,\frac{\partial}{\partial x}\varphi\right)\\&\left(\frac{\partial^2 f}{\partial y^2},\varphi\right)=-\left(\frac{\partial f}{\partial y},\frac{\partial}{\partial y}\varphi\right)=\left(f,\frac{\partial^2}{\partial y^2}\varphi\right)\\&\varphi\in\boldsymbol{K}\end{aligned}$$

特别地, $\delta(x)$ 函数的导数是广义函数

$$(\delta'(x),\varphi(x))=-(\delta(x),\varphi'(x))=-\varphi'(0)$$

写成积分形式, 就是

$$\int_{-\infty}^{\infty}\delta'(x)\varphi(x)\mathrm{d}x=-\varphi'(0)$$

($\delta'(x)$ 的物理意义：静电学中的电偶极子的电荷密度就可用 $\delta'(x)$ 描述).

同样地, $\delta(x)$ 函数的二阶导数是

$$(\delta''(x), \varphi(x)) = -(\delta'(x), \varphi'(x)) = (\delta(x), \varphi''(x)) = \varphi''(0)$$

一般地

$$(\delta^{(n)}(x), \varphi(x)) = (-1)^n(\delta(x), \varphi^{(n)}(x)) = (-1)^n\varphi^{(n)}(0)$$

有了广义函数的导数的定义, 就可以理解微分方程

$$y' = \delta(x)$$

的意义了. 把方程两边都看成广义函数, 那么对任意 $\varphi(x) \in \boldsymbol{K}$, 有

$$(y', \varphi(x)) = (\delta(x), \varphi(x)) = \varphi(0)$$

阶跃函数, 也称赫维赛德函数

$$\theta(x) = \begin{cases} 0, & x < 0 \\ 1/2, & x = 0 \\ 1, & x > 0 \end{cases}$$

满足上式. 由广义函数的导数的定义

$$(\theta'(x), \varphi(x)) = -(\theta(x), \varphi'(x)) = -\int_{-0^+}^{\infty} \varphi'(x)\mathrm{d}x = \varphi(0)$$

由此, 得到 $\delta(x)$ 函数的积分是

$$\int_{-\infty}^{x} \delta(t)\mathrm{d}t = \theta(x)$$

或者

$$\int_{-\infty}^{x} \delta(t - x')\mathrm{d}t = \theta(x - x')$$

尽管几乎所有的教科书上都写着 [2~7]

$$\frac{\mathrm{d}}{\mathrm{d}x}\theta(x) = \delta(x) \tag{5.1.15}$$

这样一个等式, 作者还是要特别指出, 对函数 $\theta(x)$ 的这个导数其实还有一个无穷小量. 这与 $\theta(x)$ 和 $\delta(x)$ 这两个函数都在原点处不连续有关. 用阶跃函数的傅里叶变换可看出严格的关系式

$$\theta(t - t') = \frac{-1}{2\pi\mathrm{i}}\int_{-\infty}^{\infty} \frac{\mathrm{e}^{-\mathrm{i}\varepsilon(t-t')}}{\varepsilon + \mathrm{i}0^+}\mathrm{d}\varepsilon \tag{5.1.16a}$$

此式的证明是：$t-t'>0$ 时在下半平面补上回路，$t-t'<0$ 时在上半平面补上回路. 由式 (5.1.16a) 可以得到

$$\frac{\partial}{\partial t}\theta(t-t')=\delta(t-t')-0^{+}\theta(t-t') \tag{5.1.16b}$$

一般情况下, 式 (5.1.16b) 右边的小量是可以忽略的, 这就回到了式 (5.1.15). 但是如果式 (5.1.16b) 的右边需要除以到分母上的时候, 就应该尽量保留这一小量, 因为它表示极点的位置是偏离实轴的. 这一点在物理上有着重要的应用 [8], 不可忽视. 正如 (5.1.16a) 中分母上的无穷小量不能扔掉一样.

还要注意, 在实际应用中应该写 $\frac{\mathrm{d}}{\mathrm{d}x}(\theta(x)+c)=\delta(x)$, 其中常数 $c$ 由具体的条件而定.

对于 $\delta$ 函数的导数, 给出以下最简单又是很有用的公式.

首先

$$x\delta(x)=0 \tag{5.1.17}$$

这是因为当 $x\neq 0$ 时, 左边显然为零. 当 $x=0$ 时, 左边也为零. 这可在两边乘以函数 $\varphi(x)\in\boldsymbol{K}$ 之后作积分得证.

事实上, 容易证明 $x^{\alpha}\delta(x)=0,\alpha>0$. 因此, 当 $\alpha$ 是一个无论多么小的一个有限的正数, $x\to 0$ 时, $\delta(x)$ 总是比 $x^{-\alpha}$ 更慢地趋于无穷大.

$$[x\delta(x)]'=\delta(x)+x\delta'(x)=0$$

因此

$$x\delta'(x)=-\delta(x) \tag{5.1.18}$$

### 5.1.5　$\delta$ 函数中的定值是个复数的情况

本章一开头定义 $\delta$ 函数的时候, 主要是通过

$$\int_{-\infty}^{\infty}f(x)\delta(x-a)\mathrm{d}x=f(a) \tag{5.1.19}$$

来体现 $\delta$ 函数的作用. 此式中, 定值 $a$ 是一个实数. 若 $a=z$ 是一个复数, 该如何来定

$$\int_{-\infty}^{\infty}f(x)\delta(x-z)\mathrm{d}x \tag{5.1.20}$$

积分的结果呢?

已经知道, 如果一个函数 $f(x)$ 是任意次可导的, 那么它可作泰勒展开

$$f(x+a)=\sum_{n=0}^{\infty}\frac{a^n}{n!}f^{(n)}(x)$$

这一展开对于 $a$ 是复数也适用. 由本章第 3 题可知, $\delta$ 函数也能够像普通函数那样作泰勒展开

$$\delta(x+a)=\sum_{n=0}^{\infty}\frac{a^n}{n!}\delta^{(n)}(x) \tag{5.1.21}$$

现在将此式扩展为 $a=z$ 是复数的情况. 那么, 对于积分式 (5.1.20) 可将其中的 $\delta$ 函数按式 (5.1.21) 作泰勒展开.

$$\begin{aligned}\int_{-\infty}^{\infty}f(x)\delta(x-z)\mathrm{d}x&=\int_{-\infty}^{\infty}f(x)\sum_{n=0}^{\infty}\frac{(-z)^n}{n!}\delta^{(n)}(x)\mathrm{d}x\\&=\sum_{n=0}^{\infty}\frac{(-z)^n}{n!}(-1)^n\int_{-\infty}^{\infty}f^{(n)}(x)\delta(x)\mathrm{d}x\\&=\sum_{n=0}^{\infty}\frac{z^n}{n!}f^{(n)}(0)=f(z)\end{aligned} \tag{5.1.22}$$

其中对第 $n$ 项做了 $n$ 次分部积分. 最后结果与 $a$ 是实数的式 (5.1.19) 形式上完全一样. 由此, 可得如下傅里叶变换:

$$F[\delta(t-z)]=\int_{-\infty}^{\infty}\delta(t-z)\mathrm{e}^{\mathrm{i}\omega t}\mathrm{d}t=\mathrm{e}^{\mathrm{i}\omega z} \tag{5.1.23}$$

和傅里叶反变换

$$\delta(t-z)=\frac{1}{2\pi}\int_{-\infty}^{\infty}\mathrm{e}^{-\mathrm{i}\omega(t-z)}\mathrm{d}\omega \tag{5.1.24}$$

其中 $z$ 是复数.

按照式 (5.1.1c), 当奇点在积分路径上时, 积分才不为零. 这是奇点在实轴上的情况. 本小节的情况是, 式 (5.1.22) 和式 (5.1.24) 中的 $z$ 不在实轴上. 这时, 我们定义式 (5.1.22) ~ 式 (5.1.24) 成立. 其中, 式 (5.1.24) 已经在数学手册中明确给出 [9]. 这种情况下, 我们可以把 (5.1.22) 中的积分路经理解成这样的: 积分路径是从 $x=-\infty$ 到 $x=\infty$, 但并不是沿着整个实轴, 而是被扭曲偏离实轴而进入复平面, 使得奇点刚好在积分路径上.

## 5.2 δ 函数视为普通函数的弱收敛极限

### 5.2.1 普通函数的弱收敛的几种形式

由式 (5.1.1) 定义的 $\delta(x)$ 函数是最原始的形式. 不过, 这一形式对于一些公式的证明、计算导数、处理实验数据等不是很方便. 因此经常把 $\delta(x)$ 函数写成带一个参数的普通函数在参数趋于某一值时的极限.

令 $\delta_\alpha(x)$ 是由指标 $\alpha$ 为参数的函数集, 它具有性质:

(i)

$$\lim_{\alpha\to\alpha_0}\delta_\alpha(x)=0,\text{对于所有}x\neq 0\text{成立}. \tag{5.2.1}$$

(ii) 对于任何 $\alpha$

$$\int_{-\infty}^{\infty}\delta_\alpha(x)\mathrm{d}x=1 \tag{5.2.2}$$

始终满足.

(iii)

$$\lim_{\alpha\to\alpha_0}\int_{-\infty}^{\infty}f(x)\delta_\alpha(x)\mathrm{d}x=f(0) \tag{5.2.3a}$$

并且极限过程与积分次序可交换. 为了便于证明, 此式也可与式 (5.2.2) 结合, 写成以下形式:

$$\lim_{\alpha\to\alpha_0}\left|\int_{-\infty}^{\infty}f(x)\delta_\alpha(x)\mathrm{d}x-f(0)\right|=\lim_{\alpha\to\alpha_0}\left|\int_{-\infty}^{\infty}\delta_\alpha(x)[f(x)-f(0)]\mathrm{d}x\right|=0 \tag{5.2.3b}$$

这一性质也等价于

(iv)

$$\lim_{\alpha\to\alpha_0}\delta_\alpha(x)=+\infty,\text{当}x=0 \tag{5.2.4}$$

当 $\delta_\alpha(x)$ 满足性质 (i) 和 (ii), 并且满足 (iii) 与 (iv) 之一, 就记

$$\lim_{\alpha\to\alpha_0}\delta_\alpha(x)=\delta(x) \tag{5.2.5}$$

此时称, $\delta$ 函数为 $\delta_\alpha(x)$ 的**弱收敛极限**. 弱收敛是指, 只要以某种方式收敛即可, 不要求一致收敛、逐点收敛、平均收敛等特定的收敛形式. 也可以说只要满足式 (5.2.3b), 即为弱收敛.

以下是几种常用的 $\delta_\alpha(x)$ 函数 [2~6]:

$$\delta_c(x)\equiv\begin{cases}1/c, & |x|\leqslant c/2\\ 0, & |x|>c/2\end{cases}\quad(c\to 0^+) \tag{5.2.6}$$

$$\delta_\alpha(x)=\frac{1}{\alpha\sqrt{\pi}}\mathrm{e}^{-x^2/\alpha^2},\quad \alpha\to 0^+\quad(\text{高斯脉冲}) \tag{5.2.7a}$$

$$\delta_t(x)=\frac{1}{2a\sqrt{\pi t}}\exp\left[-\frac{x^2}{4a^2t}\right],\quad t\to 0^+\quad(\text{热传导脉冲}) \tag{5.2.7b}$$

$$\delta_\varepsilon(x)\equiv\frac{1}{\pi}\frac{\varepsilon}{\varepsilon^2+x^2},\quad \varepsilon\to 0^+ \tag{5.2.8}$$

$$\delta_\alpha(x)\equiv\frac{\sin(x/\alpha)}{\pi x},\quad \alpha\to 0^+ \tag{5.2.9a}$$

或者

$$\delta_N(x) \equiv \frac{\sin Nx}{\pi x}, \quad N \to +\infty \quad (\text{取样脉冲}) \tag{5.2.9b}$$

$$\delta_k(x) \equiv \frac{1-\cos kx}{2\pi kx^2} = \frac{\sin^2(kx/2)}{\pi kx^2}, \quad k \to +\infty \tag{5.2.10}$$

$$\delta_n(x) \equiv \begin{cases} c_n(1-x^2)^n, & 0 \leqslant |x| \leqslant 1,\ n = 1,2,3,\cdots \\ 0, & |x| > 1 \end{cases} \tag{5.2.11}$$

$$\frac{1}{2\pi}\frac{1-r^2}{1-2r\cos(\theta-\varphi)+r^2}, r \to 1 \tag{5.2.12}$$

图 5.1~ 图 5.6 是各个 $\delta_n(x)$ 函数在不同参量时的曲线形状, 其中图 5.3 称为洛伦兹线型.

以上函数, 显然都满足性质 (i). 要证明它们的弱收敛极限是 $\delta$ 函数, 只需要证明它们具有性质 (ii), 并且还满足 (iii) 与 (iv) 之一. 下面选取三个函数进行证明.

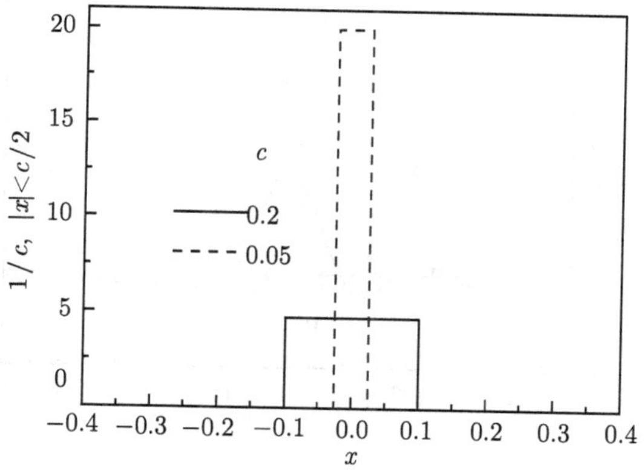


图 5.1

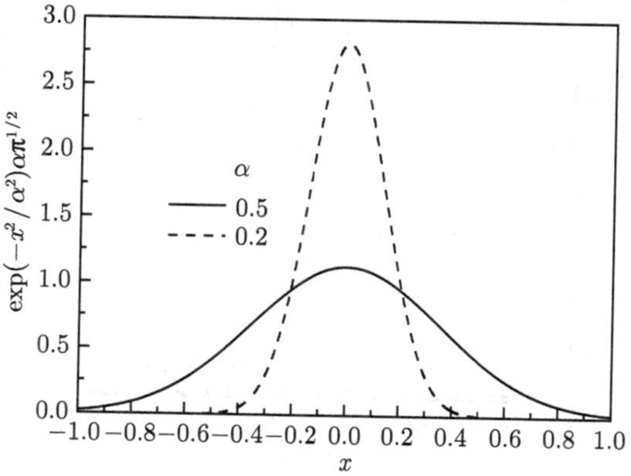


图 5.2

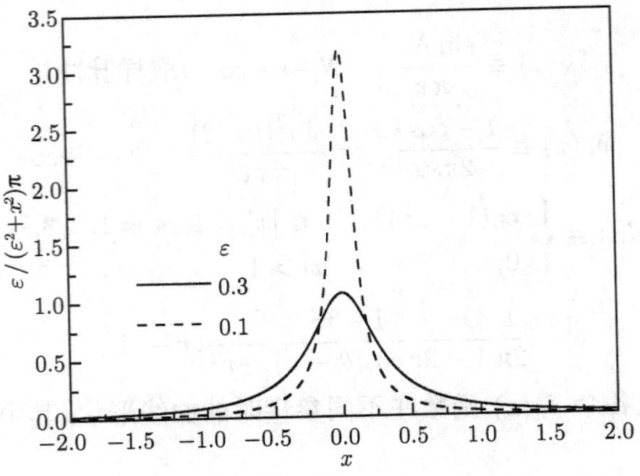


图 5.3

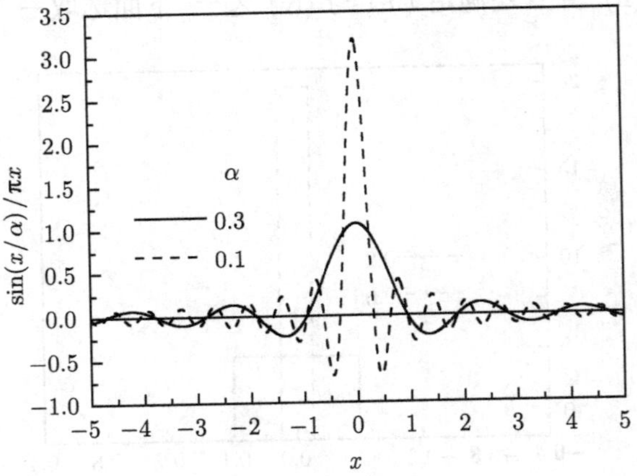


图 5.4

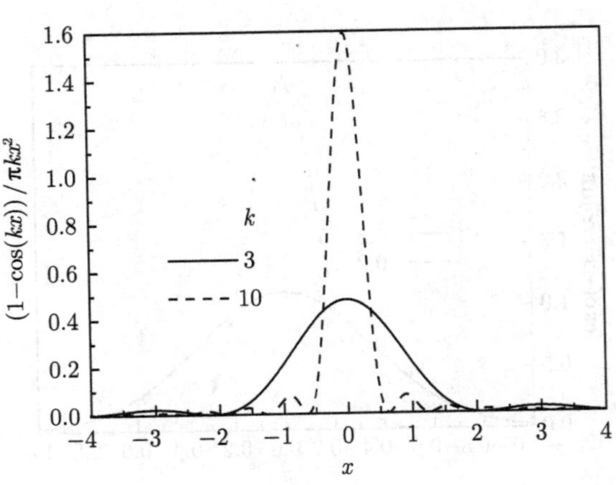


图 5.5

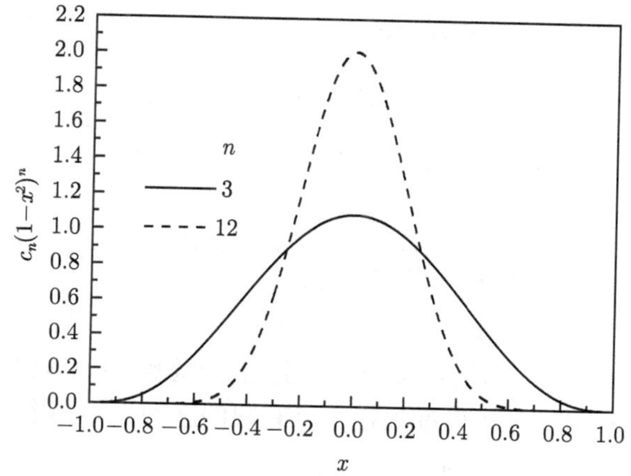


图 5.6

### 5.2.2 证明式 (5.2.7a) 的弱收敛极限是 $\delta$ 函数

首先

$$\int_{-\infty}^{\infty} \mathrm{d}x\delta_\alpha(x) = \int_{-\infty}^{\infty} \mathrm{d}x \frac{1}{\alpha\sqrt{\pi}}\mathrm{e}^{-x^2/\alpha^2} = \frac{1}{\sqrt{\pi}}\int_{-\infty}^{\infty} \mathrm{e}^{-x^2/\alpha^2}\mathrm{d}\left(\frac{x}{\alpha}\right) = 1$$

满足性质 (ii). 对于任何 $\varphi(x) \in \boldsymbol{K}$

$$\left|\int_{-\infty}^{\infty} \mathrm{d}x\delta_\alpha(x)\varphi(x) - \varphi(0)\right| = \left|\int_{-\infty}^{\infty} \mathrm{d}x\delta_\alpha(x)\varphi(x) - \int_{-\infty}^{\infty} \mathrm{d}x\delta_\alpha(x)\varphi(0)\right|$$
$$= \left|\int_{-\infty}^{\infty} \mathrm{d}x\delta_\alpha(x)[\varphi(x) - \varphi(0)]\right| \leqslant \max|\varphi'(x)| \int_{-\infty}^{\infty} \mathrm{d}x\delta_\alpha(x)|x|$$
$$= \max|\varphi'(x)| \frac{2}{\alpha\sqrt{\pi}}\int_0^{\infty} \mathrm{d}x\mathrm{e}^{-x^2/\alpha^2}x = \max|\varphi'(x)| \frac{\sqrt{\alpha}}{\sqrt{\pi}}$$

当 $\alpha \to 0^+$ 时, $\max|\varphi'(x)| \frac{\sqrt{\alpha}}{\sqrt{\pi}} \to 0$. 因而

$$\lim_{\alpha\to 0^+}\int_{-\infty}^{\infty} \mathrm{d}x\delta_\alpha(x)\varphi(x) = \varphi(0)$$

即满足性质 (iii). 因此

$$\lim_{\alpha\to 0^+}\frac{1}{\alpha\sqrt{\pi}}\mathrm{e}^{-x^2/\alpha^2} = \delta(x)$$

### 5.2.3 证明式 (5.2.9b) 的弱收敛极限是 $\delta$ 函数

对任何 $N > 0$, 有

$$\int_{-\infty}^{\infty} \mathrm{d}x\delta_N(x) = \frac{1}{\pi}\int_{-\infty}^{\infty} \mathrm{d}x\frac{\sin Nx}{x} = 1$$

满足性质 (ii). 对于任何 $\varphi(x)\in \boldsymbol{K}$, 令

$$\psi(x)=\begin{cases}\dfrac{\varphi(x)-\varphi(0)}{x}, & x\neq 0\\ \varphi'(0), & x=0\end{cases}$$

且

$$\psi'(x)=\begin{cases}\dfrac{x\varphi'(x)-\varphi(x)+\varphi(0)}{x^2}, & x\neq 0\\ \varphi''(0), & x=0\end{cases}$$

这两个函数在 $(-\infty,\infty)$ 上都是连续的. 而且, 由于函数 $\varphi(x)$ 只在一个有限的区间上不为零, 因此 $\psi(x)$ 和 $\psi'(x)$ 也都只在一个有限的区间上不为零, $\psi(x),\psi'(x)\in\boldsymbol{K}$.

$$\int_{-\infty}^{\infty}\mathrm{d}x\delta_N(x)\varphi(x)-\varphi(0)=\int_{-\infty}^{\infty}\mathrm{d}x\frac{\sin Nx}{\pi x}[\varphi(x)-\varphi(0)]=\frac{1}{\pi}\int_{-\infty}^{\infty}\mathrm{d}x\sin Nx\psi(x)$$

现在对右边做分部积分

$$\begin{aligned}\int_{-\infty}^{\infty}\mathrm{d}x\sin Nx\psi(x)&=-\frac{\cos Nx}{N}\psi(x)|_{-\infty}^{\infty}+\frac{1}{N}\int_{-\infty}^{\infty}\mathrm{d}x\cos Nx\psi'(x)\\&=\frac{1}{N}\int_{-\infty}^{\infty}\mathrm{d}x\cos Nx\psi'(x)\leqslant\frac{1}{N}\int_{-\infty}^{\infty}\mathrm{d}x\,|\cos Nx\psi'(x)|\\&\leqslant\frac{1}{N}\int_{-\infty}^{\infty}\mathrm{d}x\,|\psi'(x)|\\&=\frac{1}{N}\left[\int_{-\infty}^{-c}\mathrm{d}x\,|\psi'(x)|+\int_{-c}^{c}\mathrm{d}x\,|\psi'(x)|+\int_{c}^{\infty}\mathrm{d}x\,|\psi'(x)|\right]\end{aligned}$$

其中 $c$ 为一有限大的正数. 由于 $\psi(x)$ 和 $\psi'(x)$ 在整个区间上都是连续的. 在 $|x|\geqslant a$($a$ 为一充分大的正数) 时, 由 $\varphi(x)$ 在 $x\to\infty$ 时的行为, $\psi'(x)$ 在整个区间上总是有限的, 不为无穷大.

$$\begin{aligned}\int_{-c}^{c}\mathrm{d}x\,|\psi'(x)|\leqslant&\alpha\\\int_{c}^{\infty}\mathrm{d}x\,|\psi'(x)|=&\int_{c}^{\infty}\mathrm{d}x\left|\frac{x\varphi'(x)-\varphi(x)+\varphi(0)}{x^2}\right|\\\leqslant&\int_{c}^{\infty}\mathrm{d}x\left|\frac{x\varphi'(x)-\varphi(x)}{x^2}\right|+|\varphi(0)|\int_{c}^{\infty}\mathrm{d}x\frac{1}{x^2}\leqslant\beta\end{aligned}$$

同理, $\displaystyle\int_{-\infty}^{-c}\mathrm{d}x\,|\psi'(x)|\leqslant\gamma$. 现在的 $\alpha,\beta$ 和 $\gamma$ 都是有限的数. 综合以上各式, 得

$$\begin{aligned}&\lim_{N\to+\infty}\left[\int_{-\infty}^{\infty}\mathrm{d}x\delta_N(x)\varphi(x)-\varphi(0)\right]\\=&\lim_{N\to+\infty}\frac{1}{N}\int_{-\infty}^{\infty}\mathrm{d}x\cos Nx\psi'(x)\leqslant\lim_{N\to+\infty}\frac{1}{N}(\alpha+\beta+\gamma)=0\end{aligned}$$

满足性质 (iii). 因此

$$\lim_{N\to+\infty}\int_{-\infty}^{\infty}\mathrm{d}x\delta_N(x)\varphi(x)=\varphi(0)$$

回顾前面写出的 $\delta$ 函数的傅里叶反变换 (5.1.10). 这一积分在通常的意义下是不存在的. 对此式必须在弱收敛极限的意义下来理解. 事实上, 此积分应该理解为

$$\frac{1}{2\pi}\int_{-\infty}^{\infty}\mathrm{e}^{-\mathrm{i}\omega t}\mathrm{d}\omega=\lim_{N\to+\infty}\frac{1}{2\pi}\int_{-N}^{N}\mathrm{e}^{-\mathrm{i}\omega t}\mathrm{d}\omega=\lim_{N\to+\infty}\frac{1}{2\pi}\frac{\mathrm{e}^{\mathrm{i}Nt}-\mathrm{e}^{-\mathrm{i}Nt}}{\mathrm{i}t}=\lim_{N\to+\infty}\frac{\sin Nt}{\pi t} \tag{5.2.13}$$

### 5.2.4 证明式 (5.2.11) 的弱收敛极限是 $\delta$ 函数

这一函数已经在式 (2.4.2) 定义. 由于要求

$$\int_{-1}^{1}\delta_n(x)\mathrm{d}x=1$$

先来归一化系数 $c_n$. 为此, 作变量置换 $x=\sin\theta$, 得

$$\frac{1}{c_n}=\int_{-1}^{1}(1-x^2)^n\mathrm{d}x=2\int_{0}^{1}(1-x^2)^n\mathrm{d}x=2\int_{0}^{\pi/2}\cos^{2n+1}\theta\mathrm{d}\theta=\frac{2^{2n+1}(n!)^2}{(2n+1)!}$$

因此选取

$$c_n=\frac{(2n+1)!}{2^{2n+1}(n!)^2}$$

就满足性质 (ii). 当 $n$ 足够大时, 可使用斯特林公式

$$n!=\sqrt{2n\pi}(n/\mathrm{e})^n$$

判断

$$c_n=\frac{2n+1}{2^{2n+1}}\frac{\sqrt{4n\pi}(2n/\mathrm{e})^{2n}}{2n\pi(n/\mathrm{e})^{2n}}=\frac{2n+1}{2}\frac{1}{\sqrt{n\pi}}<\sqrt{n} \tag{5.2.14}$$

最后的不等式可从 $(\sqrt{\pi}-1)n>1/2$ 得到. 即系数 $c_n$ 随 $n$ 的增长比 $\sqrt{n}$ 要慢.

现在证明, 对于任意一个小于 1 的正数 $\gamma(0<\gamma<1)$, 有

$$\lim_{n\to+\infty}\int_{\gamma}^{1}\delta_n(x)\mathrm{d}x=0 \tag{5.2.15}$$

为此利用式 (5.2.14)

$$\int_{\gamma}^{1}\delta_n(x)\mathrm{d}x=c_n\int_{\gamma}^{1}(1-x^2)^n\mathrm{d}x\leqslant\sqrt{n}\int_{\gamma}^{1}(1-\gamma^2)^n\mathrm{d}x\leqslant\sqrt{n}(1-\gamma^2)^n$$

已经在式 (2.4.5) 证明了

$$\lim_{n\to+\infty}\sqrt{n}(1-\gamma^2)^n=0$$

故式 (5.2.15) 得证. 由此

$$\begin{aligned}\lim_{n\to+\infty}\int_{-1}^{1}\delta_n(x)\mathrm{d}x &= \lim_{n\to+\infty}\lim_{\gamma\to+0}\left[\int_{-1}^{-\gamma}\delta_n(x)\mathrm{d}x+\int_{-\gamma}^{\gamma}\delta_n(x)\mathrm{d}x+\int_{\gamma}^{1}\delta_n(x)\mathrm{d}x\right]\\ &= \lim_{n\to+\infty}\lim_{\gamma\to+0}\int_{-\gamma}^{\gamma}\delta_n(x)\mathrm{d}x = 1\end{aligned}$$

此式符合式 (5.1.1c).

有了上述的结果, 就得到

$$\begin{aligned}&\lim_{n\to+\infty}\left|\int_{-1}^{1}\varphi(x)\delta_n(x)\mathrm{d}x-\varphi(0)\right|\\ =&\left|\int_{-1}^{1}[\varphi(x)-\varphi(0)]\delta_n(x)\mathrm{d}x\right|\\ \leqslant&\lim_{n\to+\infty}\left\{\left|\int_{-1}^{-\gamma}[\varphi(x)-\varphi(0)]\delta_n(x)\mathrm{d}x\right|+\left|\int_{-\gamma}^{\gamma}[\varphi(x)-\varphi(0)]\delta_n(x)\mathrm{d}x\right|\right.\\ &\left.+\left|\int_{\gamma}^{1}[\varphi(x)-\varphi(0)]\delta_n(x)\mathrm{d}x\right|\right\}\\ \leqslant&\lim_{n\to+\infty}\lim_{\gamma\to+0}\max|\varphi(x)-\varphi(0)|\left\{\left|\int_{-1}^{-\gamma}\delta_n(x)\mathrm{d}x\right|+\left|\int_{\gamma}^{1}\delta_n(x)\mathrm{d}x\right|\right\}\\ &+\lim_{n\to+\infty}\lim_{\gamma\to+0}\left|\int_{-\gamma}^{\gamma}[\varphi(x)-\varphi(0)]\delta_n(x)\mathrm{d}x\right|\end{aligned}$$

其中 $\max|\varphi(x)|$ 是个有限的数. 由于式 (5.2.15), 上式前一项为零; 后一项当 $\gamma\to 0$ 时, 积分区间趋于零, 但是被积函数是有限的, 因而积分值为零.

$$\lim_{n\to+\infty}\left|\int_{-1}^{1}\varphi(x)\delta_n(x)\mathrm{d}x-\varphi(0)\right|\leqslant\lim_{n\to+\infty}\lim_{\gamma\to+0}\left|\int_{-\gamma}^{\gamma}[\varphi(x)-\varphi(0)]\delta_n(x)\mathrm{d}x\right|=0$$

由此证明了式 (5.2.11) 的 $\delta_n(x)$ 函数满足性质 (iii). 因此

$$\lim_{n\to\infty}\delta_n(x)=\delta(x)$$

在第 2 章中, 已经借助 $\delta_n(x)$ 函数证明多项式逼近的魏尔斯特拉斯定理.

### 5.2.5 应用举例

以上列出 $\delta$ 函数的不同的弱收敛的形式, 并不仅仅是数学表现形式的不同, 而是有着各自的应用. 例如, 已经看到 $\delta$ 函数的傅里叶变换可以理解为式 (5.2.13) 的极限, 式 (5.2.11) 的多项式形式可以用来证明多项式逼近定理. 习题 20~22 给出了其他的例子.

更为重要的是, $\delta$ 函数的不同的弱收敛的形式, 可以表现各自特定的物理意义. 以下讨论两个在物理上应用的例子.

**例 1**

$$\lim_{\eta\to 0^+}\frac{1}{x\pm \mathrm{i}\eta}=\frac{1}{x\pm \mathrm{i}0^+}=P\frac{1}{x}\mp \mathrm{i}\pi\delta(x) \tag{5.2.16}$$

**证明**

$$\frac{1}{x\pm \mathrm{i}\eta}=\frac{x\mp \mathrm{i}\eta}{x^2+\eta^2}=\frac{x}{x^2+\eta^2}\mp \mathrm{i}\pi\frac{\eta}{\pi(x^2+\eta^2)}\to P\frac{1}{x}\mp \mathrm{i}\pi\delta(x)$$

注意: $x=0$ 时, 上式无实部.

洛伦兹线型的弱收敛的形式为涉及 $\delta(x)$ 函数的实际数值计算中提供了一个方法. 在固体物理学中, 能量态密度的定义 [10] 是: 在能量 $E$ 处, 单位能量间隔内的状态数目. 它的表达式为

$$\rho(E)=\sum_n\delta(E-E_n) \tag{5.2.17}$$

其中, 对于所有的量子态求和. 例如, 对于固体中的电子, 量子态是用波矢 $\boldsymbol{k}$ 来指标的, 那么对于量子态的求和也就是对于波矢空间的第一布里渊区进行积分.

$$\rho(E)=\int \mathrm{d}\boldsymbol{k}\delta(E-E_n(\boldsymbol{k}))$$

在进行数值计算时, 当然不可能用真正的 $\delta$ 的形式. 此时就用式 (5.2.8) 来代替 $\delta$ 函数, 写成

$$\rho(E)=\int \mathrm{d}\boldsymbol{k}\frac{1}{\pi}\frac{\varepsilon}{(E-E_n(\boldsymbol{k}))^2+\varepsilon^2} \tag{5.2.18a}$$

计算时取一个合适的小量 $\varepsilon$, 计算得到的态密度曲线就是光滑的. 如果有一个峰特别突出, 这个峰的形状就是洛伦兹线型的. 这与实验得到的谱线是符合的. 例如, 穆斯堡尔谱的峰用洛伦兹线型拟合的结果是极好的.

为什么实验上的曲线是呈现洛伦兹线型的? 能级为实数表明能级的寿命是无限长的, 因为波函数中的时间因子是平面波的形式. 而实际系统中, 粒子之间总是有相互作用的, 这种相互作用使得能级的寿命实际上不是无限长的. 也就是说, 波函数中的时间因子中有一个指数衰减项, 这说明能级有一个虚部. 而洛伦兹线型表现的就是能级有一虚部, 可以把式 (5.2.18a) 写成

$$\rho(E)=-\int \mathrm{d}\boldsymbol{k}\frac{1}{\pi}\mathrm{Im}\frac{1}{E-(E_n(\boldsymbol{k})-\mathrm{i}\varepsilon)} \tag{5.2.18b}$$

能级虚部的出现使得态密度的峰呈现出一个有限的峰高和缝宽. 文献 [8] 中有用 (5.2.18) 计算态密度的实例.

在这里强调, 态密度的一般的定义式应该是

$$\rho(E)=-\frac{1}{\pi}\mathrm{Im}\sum_n\frac{1}{E-E_n} \tag{5.2.18c}$$

其中能量 $E_n$ 是复数. 当能级都是实数时, 将虚部取为无穷小, 就得到特例 $\rho(E)=\sum_n\delta(E-E_n)$.

**例 2** 一维方程

$$\left(\frac{\mathrm{i}}{c}\frac{\partial}{\partial t}+\frac{\partial^2}{\partial x^2}\right)g(x,x';t,t')=\delta(x-x')\delta(t-t') \tag{5.2.19}$$

当 $t-t'>0$ 时的解是

$$g(x,x';t,t')=-\frac{\mathrm{i}c}{\sqrt{4\pi\mathrm{i}c(t-t')}}\mathrm{e}^{\mathrm{i}(x-x')^2/4c(t-t')} \tag{5.2.20}$$

此式与式 (5.2.7b) 的形式一样, 说明当 $t\to t'$ 时在 $x'$ 处有一个 $\delta$ 型波包. 此例表明一个服从薛定谔方程的、初始时刻为 $\delta$ 形状的波包在自由空间中是怎样随时间演化的. 在 $t-t'>0$ 的时间波包不断向外扩展, 峰值不断降低, 它是以式 (5.2.7b) 的形式演化的. 最终演化为无限大空间内的一个平面波. 注意, 因为这是薛定谔方程, 得到的解是概率幅的含义, 取这个解的绝对值的平方才是概率密度的含义.

此式中的 $c$ 不具有运动速度的含义, 它是波包展宽速率, 或者峰值降低速率的含义. 当 $c$ 越大, 则峰值下降和峰宽增加得越快.

解此方程时, 已经假设了初始时刻波包的运动速度为零. 波包是在原地随时间展宽的. 如果初始时刻运动速度不为零, 而是速率 $u$, 那么在以后的时刻, 波包在以速率 $u$ 运动的同时, 按照此式展宽.

## 5.3 多维空间中的 δ 函数

### 5.3.1 直角坐标系

设在三维空间中的点 $\boldsymbol{r}_0=(x_0,y_0,z_0)$ 处, 有一单位质量的 “质点”, 则质点在空间的密度分布可以表示为

$$\delta(\boldsymbol{r}-\boldsymbol{r}_0)=\delta(x-x_0)\delta(y-y_0)\delta(z-z_0) \tag{5.3.1}$$

点源是一个整体, 它占有的空间抽象为零. 如果用积分来表示质量, 则应有

$$\iiint_\Omega\delta(\boldsymbol{r}-\boldsymbol{r}_0)\mathrm{d}V=\iiint_\Omega\delta(x-x_0)\delta(y-y_0)\delta(z-z_0)\mathrm{d}x\mathrm{d}y\mathrm{d}z=\begin{cases}0, & \boldsymbol{r}_0\notin\Omega\\ 1, & \boldsymbol{r}_0\in\Omega\end{cases} \tag{5.3.2}$$

更一般的定义是

$$\iiint\limits_{\Omega} f(\boldsymbol{r})\delta(\boldsymbol{r}-\boldsymbol{r}_0)\mathrm{d}x\mathrm{d}y\mathrm{d}z = \begin{cases} 0, & \boldsymbol{r}_0 \notin \Omega \\ f(\boldsymbol{r}_0), & \boldsymbol{r}_0 \in \Omega \end{cases} \tag{5.3.3}$$

注意, 从概念上来讲, 式 (5.3.1) 并不蕴涵沿坐标轴分解的意义. 此时只能作为一种运算性质来理解, 如下式所示:

$$\begin{aligned}
&\int_{-\infty}^{\infty} f(\boldsymbol{r})\delta(\boldsymbol{r}-\boldsymbol{r}_0)\mathrm{d}V \\
=&\int_{-\infty}^{\infty} f(x,y,z)\delta(x-x_0)\delta(y-y_0)\delta(z-z_0)\mathrm{d}x\mathrm{d}y\mathrm{d}z \\
=&\int_{-\infty}^{\infty} f(x_0,y,z)\delta(y-y_0)\delta(z-z_0)\mathrm{d}y\mathrm{d}z \\
=&\int_{-\infty}^{\infty} f(x_0,y_0,z)\delta(z-z_0)\mathrm{d}z = f(x_0,y_0,z_0) = f(\boldsymbol{r}_0)
\end{aligned}$$

这样, 就与式 (5.3.3) 的结果是一致的.

当点源正好位于原点, 即 $\boldsymbol{r}_0 = (0,0,0)$ 时, 只要将式 (5.3.1)~ 式 (5.3.3) 中的 $\boldsymbol{r}_0$ 用 (0, 0, 0) 代替即可.

二维或 $n$ 维空间的 $\delta$ 函数, 可以类似于三维的情形来定义.

多维空间中的 $\delta$ 函数有以下两条运算性质: 平移性质和相似变换. 以 $\boldsymbol{r}$ 记 $n$ 维空间 $R^n$ 中的位置向量. 平移性质是指

$$\int_{R^n} f(\boldsymbol{r})\delta(\boldsymbol{r}-\boldsymbol{r}_0)\mathrm{d}\Omega = \int_{R^n} f(\boldsymbol{r}+\boldsymbol{r}_0)\delta(\boldsymbol{r})\mathrm{d}\Omega = f(\boldsymbol{r}_0) \tag{5.3.4}$$

相似变换是指

$$\int_{R^n} f(\boldsymbol{r})\delta(a\boldsymbol{r})\mathrm{d}\Omega = \int_{R^n} f\left(\frac{\boldsymbol{r}}{a}\right)\frac{1}{|a|^n}\delta(\boldsymbol{r})\mathrm{d}\Omega \tag{5.3.5}$$

在求解数学物理方程时, 有时要选用适当的曲线坐标系. 此时应用 $\delta$ 函数时, 为了使积分中的 $\delta$ 函数能将不同的坐标轴分开运算, 类似式 (5.3.1) 那样, 必须建立适宜的 $\delta$ 函数的运算表示式 [11].

### 5.3.2 直角坐标系到曲线坐标系的变换

首先写出二维和三维空间中 $\delta$ 函数从直角坐标系到曲线坐标系的一般变换式.

1. **二维平面**

设曲线坐标系的坐标是 $(q_1,q_2)$. 在一个位矢 $\boldsymbol{r}=(q_1,q_2)=(x,y)$ 处的曲线坐标系与直角坐标系的坐标之间的关系是

$$x = x(q_1,q_2), \quad y = y(q_1,q_2)$$

雅可比行列式

$$J = \frac{\partial(x, y)}{\partial(q_1, q_2)} = \begin{vmatrix} \partial x/\partial q_1 & \partial y/\partial q_1 \\ \partial x/\partial q_2 & \partial y/\partial q_2 \end{vmatrix}$$

面积元

$$\mathrm{d}S = \mathrm{d}x\mathrm{d}y = |J|\mathrm{d}q_1\mathrm{d}q_2$$

现在有一积分

$$I = \int_{R^2} \varphi(\boldsymbol{r})\delta(x - x')\delta(y - y')\mathrm{d}x\mathrm{d}y$$

希望在曲线坐标系中的积分能写成以下形式:

$$I = \int_{R^2} \varphi(\boldsymbol{r})\delta(q_1 - q_1')\delta(q_2 - q_2')\mathrm{d}q_1\mathrm{d}q_2$$

此式不是对面积元的积分. 把它写成对面积元的积分

$$I = \int_{R^2} \varphi(\boldsymbol{r})\frac{\delta(q_1 - q_1')\delta(q_2 - q_2')}{|J|}\mathrm{d}S$$

面积元相同, 则被积函数应完全相等. 可见, 当 $J \neq 0$ 应该有

$$\delta(x - x')\delta(y - y') = \frac{\delta(q_1 - q_1')\delta(q_2 - q_2')}{|J|} \tag{5.3.6}$$

2. 三维空间

设曲线坐标系的坐标是 $(q_1, q_2, q_3)$. 在一个位矢 $\boldsymbol{r} = (q_1, q_2, q_3) = (x, y, z)$ 处的曲线坐标系与直角坐标系的坐标之间的关系是

$$x = x(q_1, q_2, q_3), \quad y = y(q_1, q_2, q_3), \quad z = z(q_1, q_2, q_3)$$

雅可比行列式

$$J = \frac{\partial(x, y, z)}{\partial(q_1, q_2, q_3)} = \begin{vmatrix} \partial x/\partial q_1 & \partial y/\partial q_1 & \partial z/\partial q_1 \\ \partial x/\partial q_2 & \partial y/\partial q_2 & \partial z/\partial q_2 \\ \partial x/\partial q_3 & \partial y/\partial q_3 & \partial z/\partial q_3 \end{vmatrix}$$

体积元

$$\mathrm{d}V = \mathrm{d}x\mathrm{d}y\mathrm{d}z = |J|\mathrm{d}q_1\mathrm{d}q_2\mathrm{d}q_3$$

现在有一积分

$$I = \int_{R^3} \varphi(\boldsymbol{r})\delta(x - x')\delta(y - y')\delta(z - z')\mathrm{d}x\mathrm{d}y\mathrm{d}z$$

希望在曲线坐标系中的积分能写成以下形式:

$$I=\int_{R^3}\varphi(\boldsymbol{r})\delta(q_1-q_1')\delta(q_2-q_2')\delta(q_3-q_3')\mathrm{d}q_1\mathrm{d}q_2\mathrm{d}q_3$$

此式不是对体积元的积分. 把它写成对体积元的积分

$$I=\int_{R^3}\varphi(\boldsymbol{r})\frac{\delta(q_1-q_1')\delta(q_2-q_2')\delta(q_3-q_3')}{|J|}\mathrm{d}V$$

体积元相同, 则被积函数应完全相等. 可见, 当 $J\neq 0$ 应该有

$$\delta(x-x')\delta(y-y')\delta(z-z')=\frac{\delta(q_1-q_1')\delta(q_2-q_2')\delta(q_3-q_3')}{|J|} \tag{5.3.7}$$

要注意的是, 式 (5.3.6) 和式 (5.3.7) 成立的条件是雅可比行列式不为零. 当 $J$ 为零时的变换式要具体分析. 下面写出具体的曲线坐标系下的变换式.

3. 平面极坐标系下 $\delta(\boldsymbol{r}-\boldsymbol{r}_0)$ 的运算表示式

此时直角坐标系的自变量 $(x,y)$ 与极坐标系的自变量 $(r,\varphi)$ 之间由关系

$$x=r\cos\varphi,\quad y=r\sin\varphi$$

确定, 并且当

$$J=\frac{\partial(x,y)}{\partial(r,\varphi)}=r\neq 0$$

时, 坐标数对 $(x,y)$ 和 $(r,\varphi)$ 之间建立了一一对应的关系. 面积元为

$$\mathrm{d}S=\mathrm{d}x\mathrm{d}y=r\mathrm{d}r\mathrm{d}\varphi$$

对照式 (5.3.6) 可知, 此时应有

$$\delta(\boldsymbol{r}-\boldsymbol{r}_0)=\frac{\delta(r-r_0)\delta(\varphi-\varphi_0)}{|J|}=\frac{\delta(r-r_0)\delta(\varphi-\varphi_0)}{r},\quad r_0>0 \tag{5.3.8}$$

对于式 (5.3.8) 在 $r_0\neq 0$ 时都是正确的. 即使 $r=0$ 也是如此, 因为根据 $\delta$ 函数的运算规则, 最终只有点源 $\boldsymbol{r}_0$ 处的坐标 $(r_0,\varphi_0)$ 起作用.

但是当 $r_0=0$ 时, $x_0=0,y_0=0$ 和 $r=0,\varphi_0=0$ 之间就不是式 (5.3.6) 那样一一对应的关系了. 式 (5.3.8) 不能直接应用, 而是要对此式右边做适当的修正.

先设点质量是均匀分布在 $r=r_0$ 的圆上, 在此圆周上, 按 $\varphi$ 的变化, 以弧度为度量基础的均匀密度分布出现了因子 $1/2\pi$. 用这个因子代替式 (5.3.8) 中由角度 $\varphi$ 所反映的在圆周上源强的集中分布因子 $\delta(\varphi-\varphi_0)$, 得到

$$\frac{\delta(r-r_0)}{r}\frac{1}{2\pi}=\frac{1}{2\pi r}\delta(r-r_0)$$

然后再令 $r_0 \to 0^+$, 得

$$\delta(\boldsymbol{r}) = \frac{1}{2\pi r}\delta(r-0^+) = \frac{1}{2\pi r}\delta(r) \tag{5.3.9}$$

此式就是当 $r_0 = 0$ 时, $\delta(\boldsymbol{r})$ 函数的极坐标表示式. 作为对此式的验证, 可以看以下积分:

$$\iint \delta(\boldsymbol{r})\mathrm{d}S = \iint \delta(x)\delta(y)\mathrm{d}x\mathrm{d}y = 1$$

$$\iint \delta(\boldsymbol{r})\mathrm{d}S = \iint \frac{1}{2\pi r}\delta(r)r\mathrm{d}r\mathrm{d}\varphi = 1$$

两者结果是一样的.

4. **三维球坐标系下 $\delta(\boldsymbol{r}-\boldsymbol{r}_0)$ 的运算表示式**

三维球坐标中的体积元是

$$\mathrm{d}V = \mathrm{d}x\mathrm{d}y\mathrm{d}z = |J|\mathrm{d}r\mathrm{d}\varphi\mathrm{d}\theta = r^2\sin\theta\mathrm{d}r\mathrm{d}\varphi\mathrm{d}\theta$$

对照式 (5.3.7) 可知

$$\begin{aligned}\delta(\boldsymbol{r}-\boldsymbol{r}_0) =& \frac{1}{|J|}\delta(r-r_0)\delta(\varphi-\varphi_0)\delta(\theta-\theta_0)\\ =& \frac{1}{r^2\sin\theta}\delta(r-r_0)\delta(\varphi-\varphi_0)\delta(\theta-\theta_0),\\ & r_0>0, 0\leqslant\varphi\leqslant 2\pi, 0\leqslant\theta\leqslant\pi\end{aligned} \tag{5.3.10}$$

由式 (5.3.10) 也看到, 式 (5.3.1) 确实不能当做 $\delta$ 函数沿坐标轴的分解.

当 $r_0 = 0$ 时, 仿照极坐标时的情形, 先设单位质量是均匀分布在 $r = r_0$ 的球上, 球具有 $4\pi$ 弧度的立体角, 因此沿 $\varphi$ 和 $\theta$ 的角度方向均匀密度分布出现了因子 $1/4\pi$. 用它来代替式 (4.3.10) 中反映角度分布的因子 $\dfrac{1}{\sin\theta}\delta(\varphi-\varphi_0)\delta(\theta-\theta_0)$, 再令 $r_0 \to 0^+$, 得到

$$\delta(\boldsymbol{r}) = \frac{1}{4\pi r^2}\delta(r) \tag{5.3.11}$$

三维柱坐标系下 $\delta(\boldsymbol{r}-\boldsymbol{r}_0)$ 的运算表示式, 直接写出结果如下:

$$\delta(\boldsymbol{r}-\boldsymbol{r}_0) = \frac{1}{r}\delta(r-r_0)\delta(\varphi-\varphi_0)\delta(z-z_0), \quad r_0>0 \tag{5.3.12}$$

$$\delta(\boldsymbol{r}) = \frac{1}{2\pi r}\delta(r)\delta(z) \tag{5.3.13}$$

## 5.4　$\delta$ 函数的广义傅里叶展开

尽管 $\delta$ 函数有一个奇异点, 但它是一个分段光滑的函数, 因此可以用许多常见的完备函数集展开. 由于施图姆–刘维尔型方程特征函数族 $\{y_n(x)\}$ 在区间 $[a,b]$ 上构成一个完备系, 因此, 常用这样的完备系来对 $\delta$ 函数作展开, 只要 $\delta(x-x_0)$ 中的 $x_0 \in [a,b]$.

设施图姆–刘维尔型方程

$$\frac{\mathrm{d}}{\mathrm{d}x}\left[p(x)\frac{\mathrm{d}y}{\mathrm{d}x}\right]+[\lambda\rho(x)-q(x)]y=0,\quad a\leqslant x\leqslant b$$

的特征函数族 $\{y_n(x)\}$ 在区间 $[a,b]$ 已经带权正交归一.

$$\int_a^b y_m^*(x)y_n(x)\rho(x)\mathrm{d}x=\delta_{mn} \tag{5.4.1}$$

那么

$$\delta(x-x_0)=\sum_n\sqrt{\rho(x_0)\rho(x)}y_n^*(x_0)y_n(x) \tag{5.4.2}$$

**证明** 设

$$\delta(x-x_0)=\sum_n c_ny_n(x)$$

两边乘以 $y_m^*(x)\rho(x)$, 在区间 $[a,b]$ 上积分. 利用式 (5.4.1), 得到

$$c_n=\int_a^b y_n^*(x)\delta(x-x_0)\rho(x)\mathrm{d}x=\rho(x_0)y_n^*(x_0)$$

因此

$$\delta(x-x_0)=\sum_n\rho(x_0)y_n^*(x_0)y_n(x) \tag{5.4.3}$$

由于 $\delta(x-x_0)$ 是一个对称的函数, 将展开式也写成关于 $x$ 和 $x_0$ 对称的形式. 为此在式 (5.4.3) 两边乘以 $\sqrt{\dfrac{\rho(x)}{\rho(x_0)}}$, 即得到式 (5.4.2). 证明完毕.

这里应注意的是, 二阶微分方程的每一个特征值都有两个线性无关的特解, 式 (5.4.3) 中满足边界条件的解 $y_n(x)$ 都是两个特解的线性组合, 组合系数由边界条件决定.

在量子力学中, 式 (5.4.2) 被称为特征函数的完备性关系, 这是量子力学中一个基本而又重要的关系式.

**例 1** 厄米方程的正交归一特征函数集是 $\dfrac{1}{\pi^{1/4}\sqrt{2^nn!}}H_n(x), n=0,1,2,\cdots$, 其中 $H_n(x)$ 是厄米多项式. 如果满足边界条件的解式中只有 $H_n(x)$ 而没有另一个线性无关的函数, 即第二类厄米函数, 那么

$$\delta(x-x_0)=\sum_{n=0}^{\infty}\frac{1}{\sqrt{\pi}2^nn!}\mathrm{e}^{-(x^2+x_0^2)/2}H_n(x_0)H_n(x)$$

**例 2** 勒让德方程的正交归一特征函数集是 $\sqrt{\dfrac{2l+1}{2}}P_l(x), l=0,1,2,\cdots$, 其中 $P_l(x)$ 是勒让德多项式. 如果满足边界条件的解式中只有 $P_l(x)$ 而没有另一个线

性无关的函数, 即第二类勒让德函数, 那么

$$\delta(x-x_0)=\sum_{l=0}^{\infty}\frac{2l+1}{2}P_l(x_0)P_l(x)$$

或者可以写成

$$\delta(\cos\theta-\cos\theta_0)=\sum_{l=0}^{\infty}\frac{2l+1}{2}P_l(\cos\theta_0)P_l(\cos\theta)$$

令 $\theta_0=0$, 并利用 $P_l(1)=1$, 见表 3.7, 可得

$$\delta(\cos\theta-1)=\sum_{l=0}^{\infty}\frac{2l+1}{2}P_l(\cos\theta)$$

**例 3**　方程 $\varPhi''(\varphi)+m^2\varPhi(\varphi)=0,\ 0\leqslant\varphi\leqslant2\pi$ 的满足周期性条件的正交归一特征函数集是 $\dfrac{1}{\sqrt{2\pi}}\mathrm{e}^{\mathrm{i}m\varphi}, m=0,\pm1,\pm2,\cdots$.

$$\delta(\varphi-\varphi_0)=\frac{1}{2\pi}\sum_{m=-\infty}^{\infty}\mathrm{e}^{\mathrm{i}m(\varphi-\varphi_0)}$$

把此式对 $m$ 的求和写成积分, 这一极限形式就是式 (5.1.10).

**例 4**　将 $\delta(x-x')$ 在区间 $\alpha\leqslant x,x'\leqslant2\pi-\alpha$ 上展开.

**解**　首先要明确在此区间上的特征函数集是什么. 为此考虑二阶微分方程

$$y''(x)+\nu^2y(x)=0,\quad x\in[\alpha,2\pi-\alpha]$$

在边界条件

$$y(\alpha)=y(2\pi-\alpha)=0$$

下的解. 方程的通解可以写成

$$y(x)=\sin\nu(x+\beta)$$

利用边界条件来求得相位 $\nu(x+\beta)$ 中的两个常数 $\nu$ 和 $\beta$. 将通解代入两端的边界条件

$$\sin\nu(\alpha+\beta)=0,\quad \sin\nu(2\pi-\alpha+\beta)=0$$

应该有

$$\nu(\alpha+\beta)=m\pi,\quad \nu(2\pi-\alpha+\beta)=n\pi$$

得到

$$2\nu(\pi+\beta)=(n+m)\pi,\quad \nu(2\pi-2\alpha)=(n-m)\pi$$

由此解出两个常数的表达式

$$\nu = \frac{(n-m)\pi}{2(\pi-\alpha)}$$
$$\beta = \frac{(n+m)\pi}{2\nu} - \pi = \frac{(n+m)(\pi-\alpha)}{n-m} - \pi = \frac{2m(\pi-\alpha)}{n-m} - \alpha = \frac{m\pi}{\nu} - \alpha$$

相位是

$$\nu(x+\beta) = \nu\left(x + \frac{m\pi}{\nu} - \alpha\right) = \nu(x-\alpha) + m\pi$$

得到方程的解为

$$y(x) = \sin[\nu(x-\alpha) + m\pi] = (-1)^m \sin\frac{n\pi(x-\alpha)}{2(\pi-\alpha)}$$

其中 $n$ 是正整数. 可以验证, 这是正交函数系.

$$\int_\alpha^{2\pi-\alpha} \sin\frac{m\pi}{2(\pi-\alpha)}(x-\alpha)\sin\frac{n\pi}{2(\pi-\alpha)}(x-\alpha)\mathrm{d}x$$
$$= \int_\alpha^{2\pi-\alpha}\left[\cos\frac{(m-n)\pi}{2(\pi-\alpha)}(x-\alpha) - \cos\frac{(m+n)\pi}{2(\pi-\alpha)}(x-\alpha)\right]\mathrm{d}x = 0$$

把函数集归一化.

$$\int_\alpha^{2\pi-\alpha}\sin^2\frac{m\pi}{2(\pi-\alpha)}(x-\alpha)\mathrm{d}x = \frac{1}{2}\int_\alpha^{2\pi-\alpha}\left[1-\cos\frac{m\pi(x-\alpha)}{\pi-\alpha}\right]\mathrm{d}x = \pi-\alpha$$

因此正交归一函数系是 $\left\{\frac{1}{\sqrt{\pi-\alpha}}\sin\frac{n\pi(x-\alpha)}{2(\pi-\alpha)}\right\}$.

函数系$\left\{\frac{1}{\sqrt{\pi-\alpha}}\sin\frac{n\pi(x-\alpha)}{2(\pi-\alpha)}\right\}$构成了区间 $[-\alpha, 2\pi-\alpha]$ 上, 在区域端点为零的正交归一完备函数系. 定义在这个区域上并且在两个端点为零的函数都可以用这一完备系展开.

应用式 (5.4.2), 得到 $\delta(x-x')$ 函数的展开式

$$\delta(x-x') = \frac{1}{\pi-\alpha}\sum_{n=1}^{\infty}\sin\frac{n\pi(x'-\alpha)}{2(\pi-\alpha)}\sin\frac{n\pi(x-\alpha)}{2(\pi-\alpha)}$$

需要说明的是, 由于 $\delta(x-x')$ 函数在区域边界上的值为零, 例 4 中选取了在区域边界上为零的完备函数集来作展开. 实际上, 可以选取完备集来展开 $\delta$ 函数时, 并不要求完备集中的每一个函数都在区域端点的值为零.

以上的展开都是利用了施图姆–刘维尔系统的特征函数的完备性. 对于非自伴的施图姆–刘维尔系统, 只要符合 3.7.3 小节定理 3 的条件, 那么非自伴的二阶微

分方程的边值问题的解集也构成完备集, $\delta$ 函数也可用此完备集展开. 展开的形式为

$$\delta(x-x_0)=\sum_n \rho(x_0)v_n^*(x_0)u_n(x) \tag{5.4.4}$$

其中 $u_n$ 和 $v_n$ 分别为边值问题和伴随边值问题的特征函数集. 例如, $\delta$ 函数用 3.7.2 小节中例 1 的本征函数集展开如下:

$$\begin{aligned}\delta(x-x_0)=&\sum_{n=1}^{\infty}\frac{2}{n^2\pi^2+\alpha^2}(\alpha\sin\mu_n x+n\pi\cos\mu_n x)(\alpha\sin\mu_n x_0+n\pi\cos\mu_n x_0)\\&+\frac{2\alpha}{\mathrm{e}^{2\alpha}-1}\mathrm{e}^{\alpha x}\mathrm{e}^{\alpha x_0}\end{aligned} \tag{5.4.5}$$

## 习　题

1. 证明式 (5.1.16).
2. 证明: $\dfrac{\mathrm{d}^2}{\mathrm{d}x^2}|x|=2\delta(x)$(提示: $|x|=x\theta(x)-x\theta(-x)$).
3. 证明: $\delta(x+a)=\displaystyle\sum_{n=0}^{\infty}\frac{a^n}{n!}\delta^{(n)}(x)$. 此式表明, $\delta$ 函数可以像普通函数那样作泰勒展开.
4. 证明: $x^2\delta'(x)=0$.
5. $\delta^{(n)}(x)$ 当 $n$ 是偶数时, 是偶函数; 当 $n$ 是奇数时, 是奇函数.
6. 证明: 设 $g(x)$ 的零点 $x_k$ 全为一阶的, 则

$$\delta[g(x)]=\sum_k\frac{\delta(x-x_k)}{|g'(x_k)|}$$

由此证明以下几个特例:

(1) $\delta(ax)=\dfrac{\delta(x)}{|a|}$.

(2) $\delta(x^2-a^2)=\dfrac{\delta(x-a)+\delta(x+a)}{2|a|}$.

(3) 当 $g(x)=(x-a)(x-b)$, $g'(x=a,b)=\pm(a-b)$.

(4) $\delta(\mathrm{e}^x-1)=\delta(x)$.

(5) $\delta(\sin x)=\displaystyle\sum_{k=-\infty}^{\infty}\delta(x-k\pi)$.

7. 利用上题的结果计算以下积分:

(1) $\displaystyle\int_{-\infty}^{\infty}\mathrm{d}x\delta(x^2-5x+6)(3x^2-7x+2)$.

(2) $\displaystyle\int_{-\infty}^{\infty}\mathrm{d}x\delta(x^2-\pi^2)\cos x$.

(3) $\displaystyle\int_{1/2}^{\infty}\mathrm{d}x\delta(\sin\pi x)\left(\frac{2}{3}\right)^x$.

(4) $\int_{-\infty}^{\infty} \mathrm{d}x\delta(\mathrm{e}^{-x^2})\ln x$.

8. 求 $\frac{\mathrm{d}}{\mathrm{d}x}\theta(x^2-1)$.

9. (1) 证明：如果空间有一个电偶极子，那么其电荷密度的分布 $\rho(\boldsymbol{r})$ 是用 $\delta$ 函数的导数来表示; (2) $\rho(x)=\frac{\mathrm{d}^2}{\mathrm{d}x^2}\delta(x^2-1)$ 代表一个什么样的电荷分布?

10. 已经在式 (5.2.13) 中证明了式 (5.1.10) 的 $\delta(t)=\frac{1}{2\pi}\int_{-\infty}^{\infty}\mathrm{e}^{-\mathrm{i}\omega t}\mathrm{d}\omega$ 可以看成式 (5.2.9b) 的 $\delta_N(x)\equiv\frac{\sin Nx}{\pi x}$ 的弱收敛极限. 证明：它也可以看成是式 (5.2.8) 的 $\delta_\varepsilon(x)\equiv\frac{1}{\pi}\frac{\varepsilon}{\varepsilon^2+x^2}$ 的弱收敛极限.

11. 计算以下拉普拉斯变换：$L[\delta(x-y)]$, $L[\delta^{(n)}(x)]$.

12. 证明极限：$\lim\limits_{\varepsilon\to 0}\frac{e^{-|x|/\varepsilon}}{2\varepsilon}=\delta(x)$, 这一弱收敛形式称为指数脉冲.

13. 证明：$\delta_\varepsilon(x)\equiv\frac{1}{\pi}\frac{\varepsilon}{\varepsilon^2+x^2}$ 在 $\varepsilon\to 0$ 的极限是 $\delta$ 函数.

14. 证明式 (5.2.12) 的函数弱收敛于 $\delta(\theta-\varphi)$. 即

$$\lim_{r\to 1}\frac{1}{2\pi}\frac{1-r^2}{1-2r\cos(\theta-\varphi)+r^2}=\delta(\theta-\varphi)$$

15. 设 $f_\alpha(x)=\frac{\sin\alpha}{2\pi(\cosh x+\cos\alpha)}$, 证明：$\lim\limits_{\alpha\to\pi^-}\int_a^b f_\alpha(x)\mathrm{d}x=\begin{cases}1, & 0\in(a,b)\\ 0, & 0\notin(a,b)\end{cases}$. 因此

$$\lim_{\alpha\to\pi^-}\frac{\sin\alpha}{2\pi(\cosh x+\cos\alpha)}=\delta(x)$$

16. 证明：$\lim\limits_{n\to\infty}\frac{1}{2}[1+\tanh(nx)]=\theta(x)$

17. 证明：$\lim\limits_{n\to\infty}\frac{2n^3x}{\sqrt{\pi}}\mathrm{e}^{-n^2x^2}=-\delta'(x)$.

18. 计算积分 $\int_0^\infty \cos ax\cos bx\mathrm{d}x$.

19. 计算下列积分：

(1) $I=\int_{-\infty}^{\infty}\mathrm{e}^{at}\sin bt\delta^{(n)}(t)\mathrm{d}t$, $n$ 分别为 0, 1 和 2.

(2) $\int_{-\infty}^{\infty}(\cos t+\sin t)\delta^{(n)}(t^3+t^2+t)\mathrm{d}t$, $n$ 分别为 0 和 1.

20. 若函数 $f(x)$ 在 $x=a$ 处是不连续的. 左右侧极限分别记为 $f(a-0^+)$ 和 $f(a+0^+)$. 那么, 利用式 (5.2.6) 证明

$$\int_{-\infty}^{\infty}f(x)\delta(x-a)\mathrm{d}x=\frac{1}{2}[f(a-0^+)+f(a+0^+)]$$

21. 函数 $\sqrt{\delta(x)}$ 是 $\delta(x)$ 函数的开根号. 由 $\delta(x)$ 函数的定义式 (5.1.1a), 显然应该有

$$\sqrt{\delta(x)}=\begin{cases}0, & x\neq 0\\ \infty, & x=0\end{cases}$$

利用式 (5.2.6) 证明: $\int_{-\infty}^{\infty}\sqrt{\delta(x)}\mathrm{d}x=0$. 利用 $\delta(x)$ 函数的弱极限的其他表达式 (5.2.7)~ 式 (5.2.11) 能否证明这一结论?

22. 利用式 (5.2.6) 证明

$$\delta(x^2)=\frac{\delta(x)}{2|x|}$$

等号右边的函数也出现在对具体物理问题的讨论中 [12,13].

23. 在球坐标系 $\boldsymbol{r}=(r,\theta,\varphi)$ 中, 设单位源强的点源位于正 $z$ 轴上距原点 $r_0$ 处. 试作出 $\delta(\boldsymbol{r}-\boldsymbol{r}_0)$ 的运算表示式 (提示: 先把单位源强均匀分布在圆周 $r=r_0,\theta=\theta_0\neq 0$ 上).

24. 在柱坐标系 $\boldsymbol{r}=(r,\varphi,z)$ 中, 设单位源强的点源位于 (1)$\boldsymbol{r}_0=(0,0,z_0)$ 处, (2) $\boldsymbol{r}_0=(0,0,0)$ 处, 试分别作出 $\delta(\boldsymbol{r}-\boldsymbol{r}_0)$ 的运算表示式.

25. 证明: $f(x)=\sum\limits_{n=-\infty}^{\infty}\delta(x-2n\pi)$ 是个周期为 $2\pi$ 的函数. 求这个函数的傅里叶变换. 并在弱收敛的意义下, 验证所得级数的和确实是 $\delta(x)$.
(提示: 可利用公式 $1+2\cos x+2\cos 2x+\cdots+2\cos nx=\dfrac{\sin[(n+1/2)x]}{\sin(x/2)}$)

26. 证明:

$$\frac{1}{\omega-\omega_0+\mathrm{i}0^+}-\frac{1}{\omega+\omega_0-\mathrm{i}0^+}=\frac{2\omega_0}{\omega^2-\omega_0^2+\mathrm{i}0^+}$$

这是在研究物理系统对外场响应, 如计算介电函数时, 所要用到的结果.

27. 求函数 $\varphi(t)=\sum\limits_{n=1}^{\infty}\dfrac{1}{n!}\delta'(t-n)$ 的傅里叶变换.

28. 证明: $\dfrac{\mathrm{d}}{\mathrm{d}x}\delta(f(x))=f'(x)\delta'(f(x))$ 和 $\delta(f(x))+f(x)\delta'(f(x))=0$, 并由此证明: 函数 $\phi(x,y)=\delta(x^2-y^2)$ 是方程 $x\dfrac{\partial\phi}{\partial x}+y\dfrac{\partial\phi}{\partial y}+2\phi=0$ 的解.

## 参 考 文 献

[1] 《现代应用数学手册》编委会. 现代应用数学手册. 现代应用分析卷. 北京: 清华大学出版社, 1998.
[2] Byron F W, Fuller R W. 物理学中的数学方法. 第一卷. 蔡纬译. 北京: 科学出版社, 1982.
[3] 吴崇试. 数学物理方法. 北京: 北京大学出版社, 2003.
[4] 程建春. 数学物理方程及其近似方法. 北京: 科学出版社, 2004.
[5] 蔡建华. 量子力学. 北京: 人民教育出版社, 1980.
[6] Hassani S. Mathematical Physics, A Modem Introduction to Its Foundations. New York: Springer-Verlag, 1999.
[7] Szekeres P. A Course in Modern Mathematical Physics. Cambridge: Cambridge University Press, 2004.
[8] 王怀玉. 凝聚态函数的格林函数理论. 北京: 科学出版社, 2008.
[9] 沈永欢, 梁在中, 许履瑚, 等. 实用数学手册. 北京: 科学出版社, 1999.

[10] Callaway J. Quantum Theory of the Solid State. New York : Academic Press, 1976.
[11] 王载舆. 数学物理方程及特殊函数. 北京: 清华大学出版社, 1991.
[12] Föbrich P, Kuntz P J. Many-boby Green's function theory of Heisenberg films. Physics Reports, 2006, 432: 223.
[13] Wang H Y. Green's Functions in Condensed Matters Physics. Beijing: Alpha Science International Itd. and Science Press, 2012.

# 第6章　格林函数

## 6.1　格林函数的基本理论

### 6.1.1　格林函数的定义

**定义 1**　设有一算符 $L(x)$, 则满足如下方程:

$$[\lambda - L(x)]G(x, x') = \delta(x - x')/\rho(x) \tag{6.1.1}$$

的解 $G(x, x')$ 称为**格林函数**.

需要对式 (6.1.1) 做一些解释. 变量 $x$($x'$ 同 $x$) 是一个笼统的代表. 它可以是时间 $t$, 这时 $x = t$, $x$ 表示 $t$ 这个时刻; 也可以是空间坐标 $\boldsymbol{r}$, 这时 $x = \boldsymbol{r}$, $x$ 代表空间中的一个点, 空间坐标可以是一维、二维和三维的; 也可以包括了空间和时间坐标, 这时 $x = (\boldsymbol{r}, t)$, $x$ 表示了一个时空点; 等. 如果变量 $x$ 中不含时间 $t$, 就称为**不含时格林函数**; 如果变量 $x$ 中含时间 $t$, 就称为**含时格林函数**.

式 (6.1.1) 右边的 $\delta$ 函数, 关于它的数学理论已经在第 5 章介绍. 当 $x$ 代表时间 $t$, 就是 $\delta(t - t')$; 当 $x = \boldsymbol{r}$, 就是 $\delta(\boldsymbol{r} - \boldsymbol{r}')$; 当 $x = (\boldsymbol{r}, t)$, 就是 $\delta(\boldsymbol{r} - \boldsymbol{r}')\delta(t - t')$. 式 (5.2.19) 给出一例, 其解为式 (5.2.20). 第 5 章已经介绍了 $\delta(\boldsymbol{r} - \boldsymbol{r}')$ 在不同坐标系下的形式.

等式左边的 $\lambda$ 是一个参量, 一般可以是一个复数. 因此, 格林函数实际上也是参变量 $\lambda$ 的函数, 不过未在 $G(x, x')$ 中显式地标出. $L(x)$ 是一个算符, 一般是一个微分算符. 当 $x = t$, $L(t)$ 就含有对时间的求导; 当 $x = \boldsymbol{r}$, $L(\boldsymbol{r})$ 就含有对空间坐标的求导; 当 $x = (\boldsymbol{r}, t)$, $L(\boldsymbol{r}, t)$ 就含有对空间和时间坐标的求导. 最常见的形式是二阶微分算子. 这时, 算子写成施图姆–刘维尔形式. 式 (6.1.1) 右边的 $\rho(x)$ 就是施图姆–刘维尔算子中的数函数. 即, 我们写下式 (6.1.1) 的时候, 已经默认了算子 $L$ 是施图姆–刘维尔形式的了.

由于 $L(x)$ 是一个微分算符, 因此 $G(x, x')$ 满足的是一个微分方程, 只是方程的右边是一个特定的函数, 即 $\delta$ 函数.

既然 $G(x, x')$ 满足的是一个微分方程, 在变量 $x$ 含空间坐标时, 就需要考虑边界条件; 在变量 $x$ 含时间坐标时, 就需要考虑初始条件. 以下把边界条件和初始条件统称为边界条件. 因此, 求解格林函数的时候, 一定要同时指明边界条件. 以后如果不特别指明边界条件, 就意味着在任意一个方向都没有限制的无界空间内求解格林函数.

无界空间内的格林函数的解, 一般称为**格林函数的基本解**.

注意, 斯图姆–刘维尔算子中的权函数对于特征函数集的正交归一化起作用. 对于形如式 (3.2.1) 的一般的二阶微分算子, 可令内积中的权函数. 以下讨论的公式中, 只要不涉及特征函数值, 都可令 $\rho(x)=1$.

尽管数学家格林在 1828 年他的第一篇论文中就给出了格林函数, 然而格林函数这个名称却是稍后黎曼给出的. 而 $\delta$ 函数则是在格林函数出现差不多 100 年之后, 才由物理学家狄拉克提出来. 在这之前, 格林函数的理论已经完善了. 数学家可以不借助 $\delta$ 函数证明格林函数的所有有关的公式, 他们也宁愿这么做, 因为 $\delta$ 函数毕竟是一个广义函数, 涉及广义函数会在数学上带来一些麻烦. 而定义式 (6.1.1) 将这两个函数直接联系起来. 这样的定义式使得格林函数的物理意义更为明了, 用此式来证明一些公式更为简洁. 这是物理学家喜欢用的方程式.

### 6.1.2 格林函数的作用和性质

1. 格林函数的作用

如果要求满足一定边界条件的非齐次微分方程

$$[\lambda-L(x)]\psi(x)=f(x) \tag{6.1.2}$$

的解 $\psi$, 可以先求出相应的齐次微分方程

$$[\lambda-L(x)]\varphi(x)=0 \tag{6.1.3}$$

的解 $\varphi(x)$ 和方程 (6.1.1) 的解 $G(x,x')$. 那么式 (6.1.2) 的解可用 $\varphi(x)$ 与 $G(x,x')$ 表示如下:

$$\psi(x)=\varphi(x)+\int\rho(x')G(x,x')f(x')\mathrm{d}x' \tag{6.1.4}$$

式 (6.1.4) 的证明: 将此式代入式 (6.1.2) 并利用方程 (6.1.3) 和式 (6.1.1), 得

$$\begin{aligned}[\lambda-L(x)]\psi(x)=&[\lambda-L(x)]\varphi(x)+[\lambda-L(x)]\int G(x,x')\rho(x')f(x')\mathrm{d}x'\\=&\int[\lambda-L(x)]G(x,x')\rho(x')f(x')\mathrm{d}x'\\=&\frac{1}{\rho(x)}\int\delta(x-x')\rho(x')f(x')\mathrm{d}x'=f(x)\end{aligned}$$

其中利用了 $\delta$ 函数的取样性质.

在 3.1.1 小节中已经提到过, 二阶非齐次常微分方程的解, 就是相应的齐次微分方程的通解加上非齐次方程的一个特解. 而式 (6.1.4) 的第一项正是齐次微分方

程的通解, 第二项是非齐次方程的一个特解. 可见, 从数学的角度来说, 格林函数主要用于求解非齐次方程的特解. 假设齐次方程的通解已经给出, 对于二阶齐次微分方程的解, 第 3 章已经给出了比较一般的理论解法. 本章给出一个求非齐次方程特解的标准方法就是, 求出格林函数, 那么方程 (6.1.2) 的特解就是式 (6.1.4) 的后一项.

在第 3 章曾经给出一个表示非齐次方程通解的公式 (3.1.18) 和式 (3.1.24). 式 (6.1.4) 的优点是, 其中的格林函数 $G(x,x')$ 有比较明确的物理意义, 并且它适用于高维的情况. 而式 (3.1.24) 只适用于一维情况.

在写出通解 (6.1.4) 的时候, 还没有考虑到边界条件. 对于具体的边界条件, 通解的表达式中会加上由于边界条件而出现的项. 后面会讨论.

凡是有一个微分方程 (6.1.2) 或者式 (6.1.3), 就有对应的格林函数所满足的方程 (6.1.1). 这时称这个格林函数就是方程 (6.1.2) 或者式 (6.1.3) 的格林函数. 它们的边界条件是否一定相同, 视具体情况而定. 如果方程 (6.1.1) 满足一定的边界条件, 就称此为满足边值问题的格林函数.

### 2. 格林函数的存在唯一性和对称性

1) 格林函数的存在唯一性

设有 $n$ 阶常微分算子

$$L(x)=\sum_{i=0}^{n}p_i(x)\frac{\mathrm{d}^i}{\mathrm{d}x^i} \tag{6.1.5}$$

其中 $p_i(x), i=0,1,2,\cdots,n$ 是连续函数. 设有如下齐次边值问题:

$$L(x)y(x)=\sum_{i=0}^{n}p_i(x)\frac{\mathrm{d}^i}{\mathrm{d}x^i}y(x)=0,\quad a<x<b \tag{6.1.6a}$$

$$\sum_{i=1}^{n}[\alpha_{k,i}y^{(i-1)}(a)+\beta_{k,i}y^{(i-1)}(b)]=0,\quad k=1,2,\cdots,n \tag{6.1.6b}$$

其中方程和边界条件都是齐次的.

与边值问题 (6.1.6a) 相应的格林函数满足的方程是

$$L(x)G(x,x')=\delta(x-x'),\quad a<x,x'<b \tag{6.1.7a}$$

$$\sum_{i=0}^{n-1}\left\{\alpha_{k,i}\left[\frac{\mathrm{d}^i}{\mathrm{d}x^i}G(x,x')\right]_{x=a}+\beta_{k,i}\left[\frac{\mathrm{d}^i}{\mathrm{d}x^i}G(x,x')\right]_{x=b}\right\}=0,\quad k=1,2,\cdots,n \tag{6.1.7b}$$

符合这一边值问题的格林函数的特点是, 在 $x=x'$ 处, $\dfrac{\mathrm{d}^{n-1}}{\mathrm{d}x^{n-1}}G(x,x')$ 是不连续的, 其他各阶导数则都是连续的.

**定理** 若齐次边值问题 (6.1.6) 没有非零解, 那么式 (6.1.7) 有且仅有一个格林函数的解 [1].

2) 格林函数的对称性

在 $\rho(x')=1$ 时, 方程右边只剩 $\delta$ 函数, 它是 $x-x'$ 的函数. 如果求解区域是无限大的, 可以有

$$\frac{\mathrm{d}}{\mathrm{d}x}=\frac{\mathrm{d}}{\mathrm{d}(x-x')} \tag{6.1.8}$$

此时如果算符 (6.1.5) 中的各 $p_i(x)$ 都是 $x-x'$ 的函数, 包括与 $x$ 无关的常数那么, 容易看到格林函数一定具有以下形式:

$$G(x,x')=G(x-x') \tag{6.1.9}$$

如果 $x=t$, $G(t,t')=G(t-t')$, 表示时间平移不变性; 如果 $x=\boldsymbol{r}$, $G(\boldsymbol{r},\boldsymbol{r}')=G(\boldsymbol{r}-\boldsymbol{r}')$, 表示空间平移不变性.

在许多情况下, 格林函数是关于变量交换对称的函数

$$G(x,x')=G(x',x) \tag{6.1.10}$$

注意, 如果求解区域不是无限大, 式 (6.1.8) 也不成立, 格林函数也就不能写成式 (6.1.9) 右边的形式.

一维情况下, 明确写出无限大区间是指

$$-\infty<x,\quad x'<\infty \tag{6.1.11}$$

对于有限区间的情况将在 6.4.1 小节算符 $L(x)$ 是施图姆–刘维尔算符的情况证明 $G^*(x_1,x_2;\lambda)=G(x_2,x_1;\lambda^*)$.

以下主要讨论二阶微分方程的格林函数.

### 6.1.3 格林函数的求解方法

有一些比较标准的求解格林函数的方法. 本小节主要介绍特征函数法 [2,3]、分段表示法 [2~4] 和傅里叶变换法 [5] 三种. 后面的各节是应用这三种方法的具体实例. 要特别注意每种方法的适用条件.

1. 特征函数法

对于一个量子力学的系统, 如果哈密顿量 $H$ 已知, 那么, 就可以求出相应的特征值和特征函数. 数学上与此对应的是二阶微分方程的施图姆–刘维尔系统, 可以求出满足一定边界条件的特征值和特征函数.

一般地, 假定算符 $L(x)$ 的特征值 $\lambda_n$ 和对应的特征函数 $\varphi_n(x)$ 已经求出, 记

$$L(x)\varphi_n(x) = \lambda_n\varphi_n(x) \tag{6.1.12}$$

其中特征函数集 $\{\varphi_n(x)\}$ 遵从齐次边界条件, 属于不同特征值的特征函数是相互正交的, 并且设特征函数集 $\{\varphi_n(x)\}$ 已经归一化. 那么, 如果格林函数满足同样的齐次边界条件, 就总是可以用这一特征函数集作如下展开:

$$G(x,x') = \sum_n c_n(x')\varphi_n(x) \tag{6.1.13}$$

为了求出展开系数 $c_n(x')$, 两边用算子 $\lambda - L(x)$ 作用之后, 得到

$$\delta(x-x') = \rho(x)\sum_n c_n(x')[\lambda - L(x)]\varphi_n(x) = \rho(x)\sum_n c_n(x')(\lambda-\lambda_n)\varphi_n(x)$$

两边乘以 $\varphi_m^*(x)$ 并对 $x$ 积分

$$\int \mathrm{d}x\varphi_m^*(x)\delta(x-x') = \sum_n c_n(x')(\lambda-\lambda_n)\int \mathrm{d}x\rho(x)\varphi_m^*(x)\varphi_n(x)$$

利用 $\{\varphi_n(x)\}$ 的正交归一性, 就求得系数的表达式

$$c_m(x') = \frac{\varphi_m^*(x')}{\lambda-\lambda_m}$$

格林函数的表达式为

$$G(x,x',\lambda) = \sum_n \frac{\varphi_n^*(x')\varphi_n(x)}{\lambda-\lambda_n} \tag{6.1.14}$$

其中参量 $\lambda$ 显式地表示出来. 如果特征值是连续谱, 那么求和就写成积分. 式 (6.1.14) 表明, 格林函数的参变量 $\lambda$ 不能等于式 (6.1.12) 的特征值 $\lambda_n$, 因为 $\lambda$ 等于特征值处, 是格林函数的一级极点. 格林函数在这样的点上没有定义.

如果 $\lambda = \lambda_m$ 是谱 $\{\lambda_n\}$ 中的某一数值, 怎么处理呢? ①若 $\lambda_n$ 是分立谱, 可定义一个广义格林函数. 将在 6.4.3 小节中介绍. ②若 $\{\lambda_n\}$ 是实连续谱, 可以让参量 $\lambda$ 在复平面的上半平面或者下半平面无限趋近实轴, 从而定义格林函数的两个侧极限, 这两个侧极限都是有物理意义的. 将在求基本解时介绍.

特征值 $\lambda_n$ 的下标只写了一个指标 $n$. 对于二维和三维情况, 应该分别有两个和三个指标, 此时式 (6.1.14) 中应对所有指标求和.

### 2. 分段表示法

此法只适用于一维情形. 分段表示法的要点是: 对于 $x > x'$ 和 $x < x'$ 的两个区域, 方程 (6.1.1) 的右边都是为零. 因而, 在这两个区域, 要求解的方程是

$$[\lambda - L(x)]\varphi(x) = 0 \tag{6.1.15}$$

求解时, 先不考虑边界条件.

以 $L(x)$ 是二阶常微分方程的施图姆–刘维尔算符

$$L(x)=-A(x)\frac{\mathrm{d}^2}{\mathrm{d}x^2}-B(x)\frac{\mathrm{d}}{\mathrm{d}x}+C(x)=\frac{1}{\rho(x)}\left[-\frac{\mathrm{d}}{\mathrm{d}x}p(x)\frac{\mathrm{d}}{\mathrm{d}x}+q(x)\right] \tag{6.1.16}$$

为例, 介绍求解式 (6.1.1) 的分段表示法.

当算符 $L(x)$ 是施图姆–刘维尔型时, 方程 (6.1.1) 成为

$$\left[\lambda\rho(x)+\frac{\mathrm{d}}{\mathrm{d}x}p(x)\frac{\mathrm{d}}{\mathrm{d}x}-q(x)\right]G(x,x')=\delta(x-x') \tag{6.1.17a}$$

相应于式 (6.1.15) 的齐次方程为

$$\left[\lambda+\frac{1}{\rho(x)}\frac{\mathrm{d}}{\mathrm{d}x}p(x)\frac{\mathrm{d}}{\mathrm{d}x}-\frac{q(x)}{\rho(x)}\right]\varphi(x)=0 \tag{6.1.17b}$$

在第 3 章中已经知道, 一定可以求出 $L(x)$ 的两个线性无关的特解 $\psi_1(x)$ 和 $\psi_2(x)$. 两个区域的格林函数都应该写成这两个特解的线性组合

$$G(x,x')=\begin{cases} c_1(x')\psi_1(x)+c_2(x')\psi_2(x), & x>x' \\ d_1(x')\psi_1(x)+d_2(x')\psi_2(x), & x<x' \end{cases} \tag{6.1.18}$$

要求格林函数在 $x=x'$ 处是连续的

$$[c_1(x')-d_1(x')]\psi_1(x')+[c_2(x')-d_2(x')]\psi_2(x')=0 \tag{6.1.19}$$

在方程 (6.1.17a) 两边对 $x$ 从 $x=x'-0^+$ 到 $x=x'+0^+$ 积分. 由于积分区域无穷小, 凡是连续函数的积分都为零. 两边积分的结果为

$$\begin{aligned}&\int_{x-0^+}^{x+0^+}\mathrm{d}x\left[\lambda\rho(x)+\frac{\mathrm{d}}{\mathrm{d}x}p(x)\frac{\mathrm{d}}{\mathrm{d}x}-q(x)\right]G(x,x')\\ =&\int_{x-0^+}^{x+0^+}\mathrm{d}x\frac{\mathrm{d}}{\mathrm{d}x}p(x)\frac{\mathrm{d}}{\mathrm{d}x}G(x,x')=\rho(x')A(x')\left[\frac{\mathrm{d}}{\mathrm{d}x}G(x,x')\right]_{x-0^+}^{x+0^+}=1\end{aligned}$$

在 $x=x'$ 的左右两侧的格林函数的表达式已经知道, 就是式 (6.1.18), 求导后代入上式, 得到

$$\rho(x')A(x')[(c_1(x')-d_1(x'))\psi_1'(x)+(c_2(x')-d_2(x'))\psi_2'(x)]=1 \tag{6.1.20}$$

式 (6.1.20) 和式 (6.1.19) 联立, 即可求得

$$c_1(x')-d_1(x')=-\frac{\psi_2(x')}{\rho(x')A(x')W(x')},\quad c_2(x')-d_2(x')=\frac{\psi_1(x')}{\rho(x')A(x')W(x')} \tag{6.1.21}$$

其中

$$W(x')=\psi_1(x')\psi_2'(x)-\psi_2(x')\psi_1'(x) \tag{6.1.22}$$

是朗斯基行列式. 已知 $\psi_1$ 和 $\psi_2$ 是线性无关的, 故朗斯基行列式不为零. 记

$$\rho(x')A(x')W(y_1(x'),y_2(x'))=A_W(x')$$

它也是非零的. 把式 (6.1.21) 代入式 (6.1.18), 总是还剩下两个参量未定, 它们要根据边界条件来定. 可以把格林函数写成以下几种表达式:

(i)

$$G(x,x')=\begin{cases}\left[d_1(x')-\dfrac{\psi_2(x')}{A_W(x')}\right]\psi_1(x)+c_2(x')\psi_2(x), & x>x'\\ d_1(x')\psi_1(x)+\left[c_2(x')-\dfrac{\psi_1(x')}{A_W(x')}\right]\psi_2(x), & x<x'\end{cases} \tag{6.1.23a}$$

特殊地, 若 $d_1(x')=c_2(x')=0$, 式 (6.1.23a) 简化为

$$G(x,x')=\begin{cases}-\dfrac{\psi_2(x')\psi_1(x)}{A_W(x')}, & x\geqslant x'\\ -\dfrac{\psi_1(x')\psi_2(x)}{A_W(x')}, & x\leqslant x'\end{cases} \tag{6.1.23b}$$

并进一步可利用阶跃函数统一写成

$$G(x,x')=-\frac{1}{A_W(x')}[\psi_2(x')\psi_1(x)\theta(x-x')+\psi_1(x')\psi_2(x)\theta(x'-x)] \tag{6.1.23c}$$

(ii)

$$G(x,x')=\begin{cases}\left[d_1(x')-\dfrac{\psi_2(x')}{A_W(x')}\right]\psi_1(x)+\left[d_2(x')+\dfrac{\psi_1(x')}{A_W(x')}\right]\psi_2(x), & x>x'\\ d_1(x')\psi_1(x)+d_2(x')\psi_2(x), & x<x'\end{cases} \tag{6.1.24a}$$

或者

$$G(x,x')=d_1(x')\psi_1(x)+d_2(x')\psi_2(x)-\frac{\psi_2(x')\psi_1(x)-\psi_1(x')\psi_2(x)}{A_W(x')}\theta(x-x') \tag{6.1.24b}$$

一旦建立了边界条件, 就可求出 $d_1(x'), d_2(x')$.

特殊地, 若 $d_1(x')=d_2(x')=0$, 式 (6.1.24b) 简化为

$$G(x,x')=-\frac{1}{A_W(x')}[\psi_2(x')\psi_1(x)-\psi_1(x')\psi_2(x)]\theta(x-x') \tag{6.1.24c}$$

(iii)

$$G(x,x')=\begin{cases} c_1(x')\psi_1(x)+c_2(x')\psi_2(x), & x>x' \\ \left[c_1(x')+\dfrac{\psi_2(x')}{A_W(x')}\right]\psi_1(x)+\left[c_2(x')-\dfrac{\psi_1(x')}{A_W(x')}\right]\psi_2(x), & x<x' \end{cases} \tag{6.1.25a}$$

或者

$$G(x,x')=c_1(x')\psi_1(x)+c_2(x')\psi_2(x)+\frac{\psi_2(x')\psi_1(x)-\psi_1(x')\psi_2(x)}{A_W(x')}\theta(x'-x) \tag{6.1.25b}$$

一旦建立了边界条件, 就可求出 $c_1(x'), c_2(x')$.

特殊地, 若 $c_1(x')=c_2(x')=0$, 式 (6.1.25b) 简化为

$$G(x,x')=\frac{1}{A_W(x')}[\psi_2(x')\psi_1(x)-\psi_1(x')\psi_2(x)]\theta(x'-x) \tag{6.1.25c}$$

将式 (6.1.14) 与式 (6.1.23~ 式 6.1.25) 诸式比较, 需要说明以下三点:

(1) $G(x,x')$ 是参变量 $\lambda$ 的函数, 因此式 (6.1.23)~ 式 (6.1.25) 诸式的分母的朗斯基行列式是含参变量 $\lambda$ 的两个线性无关解的组合.

(2) 分段表示法主要用于变量 $x$ 是一维坐标的情况, 使用了从 $x=x'$ 的左侧到右侧的积分, 如式 (6.1.20) 那样. 而特征函数法对于变量 $x$ 没有限制, $x$ 可以是 6.1.1 小节中说的任意情况, 即可以是多维坐标.

(3) 特征函数法是有一系列特征值及相应特征函数的最一般的情况. 若相应的边值问题 (6.1.12) 无非零特征函数, 就不能运用此法.

在 6.5 节中, 将介绍在二维和三维空间如何应用分段表示法.

### 3. 傅里叶变换法

如果算符 $L(x)$ 是常系数微分算符, 且求解区域是无限大的, 即式 (6.1.11) 时, 可以用傅里叶变换的方法来求解格林函数.

例如, 算符 $L(x)$ 是一维的二阶常系数微分算符, 即为如下形式:

$$L(x)=A\frac{\mathrm{d}^2}{\mathrm{d}x^2}+2B\frac{\mathrm{d}}{\mathrm{d}x}+C \tag{6.1.26}$$

此时选择权函数 $\rho(x)=1$. 下面以变量 $x$ 是时间 $t$ 为例来说明此方法. 格林函数满足的方程为

$$\left(A\frac{\mathrm{d}^2}{\mathrm{d}t^2}+2B\frac{\mathrm{d}}{\mathrm{d}t}+C\right)G(t,t')=\delta(t-t') \tag{6.1.27}$$

这时由式 (6.1.8) 知, 格林函数具有平移不变性, 即有式 (6.1.9) 形式

$$\left(A\frac{\mathrm{d}^2}{\mathrm{d}t^2}+2B\frac{\mathrm{d}}{\mathrm{d}t}+C\right)G(t-t')=\delta(t-t') \tag{6.1.28}$$

对格林函数作傅里叶变换

$$G(t-t')=\frac{1}{2\pi}\int_{-\infty}^{\infty}G(\omega)\mathrm{e}^{-\mathrm{i}\omega(t-t')}\mathrm{d}\omega \tag{6.1.29}$$

将它与 $\delta(t-t')$ 函数的傅里叶变换代入方程 (6.1.28), 得

$$(-A\omega^2-2\mathrm{i}B\omega+C)G(\omega)=1 \tag{6.1.30}$$

解得格林函数的傅里叶变换式为

$$G(\omega)=\frac{1}{-A\omega^2-2\mathrm{i}B\omega+C} \tag{6.1.31}$$

代入式 (6.1.29)

$$G(t-t')=\frac{1}{2\pi}\int_{-\infty}^{\infty}\frac{\mathrm{e}^{-\mathrm{i}\omega(t-t')}}{-A\omega^2-2\mathrm{i}B\omega+C}\mathrm{d}\omega \tag{6.1.32}$$

式 (6.1.31) 的分母正是算符 (6.1.26) 的根的判别式, 它有两个根, 设两个根分别为 $\omega_1$ 和 $\omega_2$, 且 $\omega_1\neq\omega_2$, 那么

$$-A\omega^2-2\mathrm{i}B\omega+C=-A(\omega-\omega_1)(\omega-\omega_2) \tag{6.1.33}$$

其中

$$\omega_{1,2}=(-\mathrm{i}B\pm\sqrt{AC-B^2})/A \tag{6.1.34}$$

式 (6.1.31) 可写为

$$G(\omega)=\frac{1}{\omega_2-\omega_1}\left(\frac{1}{\omega-\omega_1}-\frac{1}{\omega-\omega_2}\right) \tag{6.1.35}$$

代入式 (6.1.32), 得

$$G(t-t')=-\frac{1}{4\pi\sqrt{AC-B^2}}\int_{-\infty}^{\infty}\left(\frac{\mathrm{e}^{-\mathrm{i}\omega(t-t')}}{\omega-\omega_1}-\frac{\mathrm{e}^{-\mathrm{i}\omega(t-t')}}{\omega-\omega_2}\right)\mathrm{d}\omega \tag{6.1.36}$$

此处有两项积分, 被积函数都具有一级极点. 对于每一项, 根据一级极点 $\omega_1$ 或者 $\omega_2$ 在复 $\omega$ 平面内的位置来决定是在上半平面还是在下半平面补上无穷大积分路径构成闭合回路积分, 再利用留数定理求得积分的数值.

此外, 在静电学中, 用镜像法求解某些特殊区域静电场的格林函数是一个简捷有效的方法. 这可以看做由基本解派生出来的方法, 将在 6.6 节中介绍. 对于二维空间特殊区域内的调和方程, 可利用复变函数的保角变换法来求解格林函数. 这可看做由镜像法派生出来的方法. 限于篇幅, 本章不作介绍.

以上各种方法要注意各自的适用范围. 特征函数法没有作什么限制, 可以适用于最一般的情形. 如果一个系统没有非零的特征函数, 就只能用其他方法. 分段表示法只能适用于一维情形. 傅里叶变换法只对常系数微分方程且求解区域是无限大或半无限大的时候适用.

4. 求解非齐次方程的步骤

根据上面的叙述, 求解非齐次方程 (6.1.2) 的大致的步骤如下.

(1) 求解相应的齐次方程 (6.1.3), 得到其特征值和对应的特征函数.

(2) 求解格林函数满足的相应的方程 (6.1.1), 其中或者要用到前一步求出的特征值和特征函数, 或者要用分段表示法求解.

(3) 由式 (6.1.4) 得到非齐次方程 (6.1.2) 的通解.

### 6.1.4 格林函数的物理意义

1. 点源的场分布的含义

已知真空中静电势 $\varphi(\boldsymbol{r})$ 的分布服从泊松方程 [6]

$$\nabla^2\varphi(\boldsymbol{r}) = \rho(\boldsymbol{r})/\varepsilon_0 \tag{6.1.37}$$

其中 $\rho(\boldsymbol{r})$ 是空间电荷的分布, $\varepsilon_0$ 是真空介电常数. 如果空间只在 $\boldsymbol{r}=\boldsymbol{r}_0$ 处有一点电荷, 电量为 $q$, 那么此时的泊松方程成为

$$\nabla^2 G(\boldsymbol{r},\boldsymbol{r}') = q\delta(\boldsymbol{r}-\boldsymbol{r}')/\varepsilon_0 \tag{6.1.38}$$

式 (6.1.38) 中的 $\varepsilon_0\nabla^2/q$ 就对应于式 (6.1.1) 中的 $\lambda - L(x)$. 因而, 式 (6.1.38) 求出的格林函数表示在 $\boldsymbol{r}=\boldsymbol{r}_0$ 处的一点电荷在空间各点产生的电势. 这里, $\boldsymbol{r}_0$ 这一点是 "场源", $G(\boldsymbol{r},\boldsymbol{r}')$ 表示由于场源导致在空间各点的场的分布情况. 若 $G(\boldsymbol{r},\boldsymbol{r}')=G(\boldsymbol{r}',\boldsymbol{r})$, 则称格林函数具有场点和源点的对称性.

这一概念可推广到式 (6.1.1) 的一般情况. 格林函数 $G(x,x')$ 表示的就是在点 $x'$ 的 "场源" 导致的各点场的分布的情况. 分布的规律由算符 $L(x)$ 决定. 对于静电场的情况, 静电势分布的规律由拉普拉斯算符 $\nabla^2$ 决定.

2. 响应函数的含义

系统经常会受到一种外力或者外部的作用, 反映在方程 (6.1.2) 中, 就是右边的函数 $f(x)$ 这一项. 解式 (6.1.4) 的第二项表明了在时空 $x'$ 外力作用后, 系统在 $x$ 时空点的行为, 这反映了系统对于外部的响应. 因此, 格林函数有系统的**响应函数**的意义. 解式 (6.1.4) 的第一项则是与外部作用无关的. 有且只有在存在外部作用的时候, 格林函数才体现其意义.

如果变量 $x$ 是时间 $t$, 那么格林函数 $G(t,t')$ 表示系统从 $t'$ 时刻开始, 演化到任意 $t$ 时刻的情况. 此时, 在物理中也称格林函数为传播函数或者传播子. 此时, 由式 (6.1.4) 可以看到, 在 $t'$ 时刻外部有作用 $f(t')$ 之后在 $t$ 时刻的作用效果, 系统的总的响应行为由 $t$ 时刻之前的所有 $t'$ 外部作用 $f(t')$ 的总和来决定.

(1) 对于格林函数是式 (6.1.24c) 的形式, 只有在 $t > t'$, 即在 $t'$ 以后的时刻显出作用的效果, 因此这样的格林函数可以称为**推迟格林函数**. 后面的 6.3 节显示一例.

(2) 对于式 (6.1.25c) 形式的格林函数, 只有在 $t < t'$, 即在 $t'$ 以前的时刻显出作用的效果, 因此这样的格林函数可以称为**超前格林函数**. 在经典物理学中, 超前格林函数似乎违反常识, 不应该存在. 不过在量子力学中, 超前格林函数是可以存在的, 并且有着其特定的物理意义. 这是一种湮灭正粒子或者产生反粒子的过程.

(3) 对于式 (6.1.23a) 形式的格林函数, 则第一和第二两项分别在 $t > t'$ 和 $t < t'$ 的时刻显出作用的效果, 推迟和超前的效果都存在, 这样的格林函数可以称为**因果格林函数**.

3. 与态密度的关系

对于一个哈密顿量为 $H$ 的量子力学系统, 如果 $H$ 的特征值 $E_n$ 和对应的特征函数 $\varphi_n(\boldsymbol{r})$ 都已求出, 那么格林函数可按式 (6.1.14) 写出, 即

$$G(\boldsymbol{r}, \boldsymbol{r}', \lambda) = \sum_n \frac{\varphi_n^*(\boldsymbol{r}')\varphi_n(\boldsymbol{r})}{\lambda - E_n}$$

$H$ 是个厄米算符, 因此特征值 $\lambda_n$ 应该都是实数. 当 $\lambda = \lambda_n$ 时, 格林函数是没有定义的. 定义格林函数的侧极限

$$G^+(\boldsymbol{r}, \boldsymbol{r}'; E) = \lim_{\eta \to 0^+} G(\boldsymbol{r}, \boldsymbol{r}'; E + \mathrm{i}\eta) = G(\boldsymbol{r}, \boldsymbol{r}'; E + \mathrm{i}0^+) \tag{6.1.39a}$$

$$G^-(\boldsymbol{r}, \boldsymbol{r}'; E) = \lim_{\eta \to 0^+} G(\boldsymbol{r}, \boldsymbol{r}'; E - \mathrm{i}\eta) = G(\boldsymbol{r}, \boldsymbol{r}'; E - \mathrm{i}0^+) \tag{6.1.39b}$$

由此定义后, 利用式 (5.2.16), 有

$$\frac{1}{x \pm \mathrm{i}0^+} = P\frac{1}{x} \mp \mathrm{i}\pi\delta(x)$$

容易得到

$$G^{\pm}(\boldsymbol{r}, \boldsymbol{r}; E) = P\sum_n \frac{\varphi_n(\boldsymbol{r})\varphi_n^*(\boldsymbol{r})}{E - E_n} \mp \mathrm{i}\pi \sum_n \delta(E - E_n)\varphi_n(\boldsymbol{r})\varphi_n^*(\boldsymbol{r}) \tag{6.1.40}$$

对 $\boldsymbol{r}$ 积分, 得

$$\mathrm{Tr}G^{\pm}(E) = P\sum_n \frac{1}{E - E_n} \mp \mathrm{i}\pi \sum_n \delta(E - E_n) \tag{6.1.41}$$

态密度 $\rho(E)$ 的定义见式 (5.2.17)

$$\rho(E) = \sum_n \delta(E - E_n)$$

而量

$$\rho(\boldsymbol{r};E)=\sum_{n}\delta(E-E_n)\varphi_n(\boldsymbol{r})\varphi_n^*(\boldsymbol{r}) \tag{6.1.42}$$

则是 $\boldsymbol{r}$ 处 $\mathrm{d}\boldsymbol{r}$ 体积内的态密度, 因为

$$\rho(E)=\int\rho(\boldsymbol{r};E)\mathrm{d}\boldsymbol{r} \tag{6.1.43}$$

由式 (6.1.40)~ 式 (6.1.42) 得

$$\rho(\boldsymbol{r};E)=\mp\frac{1}{\pi}\mathrm{Im}G^{\pm}(\boldsymbol{r},\boldsymbol{r};E) \tag{6.1.44}$$

$$\rho(E)=\mp\frac{1}{\pi}\mathrm{Im}[\mathrm{Tr}G^{\pm}(E)] \tag{6.1.45}$$

对于式 (6.1.44) 与式 (6.1.45), 一般简单地说成: 态密度是格林函数的虚部. 这也正是量子力学系统中计算态密度的方法. 在第 5 章已经提到, 态密度的一般表示式应该是式 (5.2.18c), 这就与此处的式 (6.1.45) 对应相等. 式 (5.2.17) 只是式 (5.2.18b) 或者式 (6.1.41) 中能量本征值的虚部为无穷小时的特例.

4. 量子统计力学中的格林函数

量子统计力学描述由许多微观粒子所组成的系统. 对于这样的多粒子系统, 会有相应的多体格林函数的定义. 这时既然考虑的是量子力学的系统, 格林函数本身必须用算符来表达, 满足一定的对易关系, 变量 $x$ 中还可以包含自旋 $\sigma$, $x=(\boldsymbol{r},t,\sigma)$. 同时, 又要考虑到是一个热力学系统, 格林函数需要在系综中平均. 由于有粒子的产生和湮灭, 格林函数表现粒子传播的特征更为明显, 并且粒子在传播的同时还在与背景大量粒子相互作用. 相互作用的特征由系统的哈密顿量所决定. 进一步, 格林函数本身可以看做一个算符, 因而格林函数的物理意义将更为丰富. 具体内容不在此作介绍了, 有兴趣的读者可以看参考文献 [7]、[8].

本章只介绍数学物理中的格林函数. 基本上只涉及格林函数关于场源和场分布的概念. 本章以下诸节的内容可以归结为一句话: 求解出一些具体的算符 $L(x)$ 并且在指定边界条件下方程 (6.1.1) 的解, 得到格林函数的表达式.

## 6.2 拉普拉斯算子的基本解

本节考虑一个简单的情况, 式 (6.1.1) 中的算子 $L(x)$ 是拉普拉斯算子

$$L(\boldsymbol{r})=-\nabla_{\boldsymbol{r}}^2 \tag{6.2.1}$$

现在的权函数 $\rho(x)=1$. 方程

$$\nabla_{\boldsymbol{r}}^2\psi(\boldsymbol{r})=0 \tag{6.2.2}$$

称为**拉普拉斯方程**, 也称为**调和方程**. 满足调和方程的函数称为**调和函数**. 而方程

$$(\lambda+\nabla_{\boldsymbol{r}}^2)\psi(\boldsymbol{r})=0 \tag{6.2.3}$$

称为**亥姆霍兹方程**. 在亥姆霍兹方程中通常将参量写成 $\lambda=\boldsymbol{k}^2$.

对应于亥姆霍兹方程的格林函数满足的方程就是

$$(\lambda+\nabla_{\boldsymbol{r}}^2)G(\boldsymbol{r},\boldsymbol{r}';\lambda)=\delta(\boldsymbol{r}-\boldsymbol{r}') \tag{6.2.4}$$

求出格林函数之后, 令其中的参量 $\lambda\to 0$, 就得到了拉普拉斯方程对应的格林函数. 式 (6.2.4) 的求解区域 $V$ 是全空间, 边界条件是: 格林函数在无限远处应是有限值.

这里用特征函数法求解. 为此先求出拉普拉斯算子的特征函数

$$-\nabla_{\boldsymbol{r}}^2\varphi_n(\boldsymbol{r})=\lambda_n\varphi_n(\boldsymbol{r}) \tag{6.2.5}$$

也就是求解亥姆霍兹方程. 式 (6.2.5) 的特征函数是

$$\varphi_{\boldsymbol{k}}(\boldsymbol{r})=\frac{1}{\sqrt{2\pi}^d}\mathrm{e}^{\mathrm{i}\boldsymbol{k}\cdot\boldsymbol{r}} \tag{6.2.6}$$

其中 $d=1,2,3$ 分别对应于一维、二维和三维的情况. 特征值为

$$\lambda_n=\boldsymbol{k}^2 \tag{6.2.7}$$

现在矢量 $\boldsymbol{k}$ 就可用来代替特征值的下标 $n$. 可以套用式 (6.1.14) 来求得格林函数. 在计算之前, 应考虑如何求和.

式 (6.2.7) 表明特征值构成连续谱, 范围从 $0\sim+\infty$, 没有分立特征值. 每一个特征值对应于 $\pm\boldsymbol{k}$ 两个值. 每一个 $\boldsymbol{k}$ 对应一个特征函数. 物理上, 这叫做二重简并. 注意在式 (6.1.14) 中求和, 要包括所有简并的状态. 对本例的情况, 式 (6.1.14) 中对 $n$ 求和要写成对 $\boldsymbol{k}$ 的求和, 而 $\boldsymbol{k}$ 的范围是整个空间, 又 $\boldsymbol{k}$ 的变化是连续的, 因此求和要写成积分. 对于二维和三维空间, $\boldsymbol{k}$ 是一个矢量, 分别有两个和三个分量, 也就是在二维和三维空间积分. 根据这些讨论, 将求和写成如下形式:

$$G(\boldsymbol{r},\boldsymbol{r}';\lambda)=\sum_{\boldsymbol{k}}\frac{\varphi_{\boldsymbol{k}}^*(\boldsymbol{r}')\varphi_{\boldsymbol{k}}(\boldsymbol{r})}{\lambda-\boldsymbol{k}^2}=\int\frac{\mathrm{d}\boldsymbol{k}}{(2\pi)^d}\frac{\mathrm{e}^{\mathrm{i}\boldsymbol{k}\cdot(\boldsymbol{r}-\boldsymbol{r}')}}{\lambda-\boldsymbol{k}^2} \tag{6.2.8}$$

此处简记 $\mathrm{d}\boldsymbol{k}=\mathrm{d}^d\boldsymbol{k}$. 下面按照一维、二维和三维的情况分别作具体计算.

一般情况下, $\lambda$ 是个复数, 其根号记为

$$\sqrt{\lambda}=p+\mathrm{i}q \tag{6.2.9}$$

以下讨论中都设 $\mathrm{Im}\lambda>0$ 和 $p>0$. 对于其他情况, 可作类似的讨论.

### 6.2.1 三维情况

三维情况 $d$=3. 令 $\boldsymbol{\rho}=\boldsymbol{r}-\boldsymbol{r}'$, 且 $\boldsymbol{\rho}$ 与 $\boldsymbol{k}$ 之间的夹角为 $\theta$, 可直接对式 (6.2.8) 计算积分.

$$\begin{aligned}G(\boldsymbol{r},\boldsymbol{r}';\lambda)=&\frac{1}{8\pi^3}\int_0^\infty\frac{2\pi k^2\mathrm{d}k}{\lambda-k^2}\int_0^\pi\sin\theta\mathrm{d}\theta\mathrm{e}^{\mathrm{i}k\rho\cos\theta}\\=&\frac{1}{4\pi^2}\int_0^\infty\frac{k^2\mathrm{d}k}{\lambda-k^2}\frac{\mathrm{e}^{\mathrm{i}k\rho}-\mathrm{e}^{-\mathrm{i}k\rho}}{\mathrm{i}k\rho}=\frac{1}{4\mathrm{i}\pi^2\rho}\int_{-\infty}^\infty\frac{k\mathrm{e}^{\mathrm{i}k\rho}}{\lambda-k^2}\mathrm{d}k\end{aligned}$$

其中将第二个等式中的后项作 $k\to-k$ 的变换成为 $(-\infty,0)$ 区间内的积分.

$$G(\boldsymbol{r},\boldsymbol{r}';\lambda)=\frac{1}{8\mathrm{i}\pi^2\rho}\int_{-\infty}^\infty\left(\frac{\mathrm{e}^{\mathrm{i}k\rho}}{k-\sqrt{\lambda}}+\frac{\mathrm{e}^{\mathrm{i}k\rho}}{k+\sqrt{\lambda}}\right)\mathrm{d}k \tag{6.2.10}$$

现在设有一复 $k$ 平面, 式 (6.2.10) 沿着其实轴积分. 利用留数定理进行积分. 式 (6.2.10) 中的两项都只能在上半平面补上无限大半圆构成闭合回路作积分. 现在 $\sqrt{\lambda}$ 如式 (6.2.9), 则被积函数中的两项的极点位置分别在上下平面, 因而只能有一项对积分有贡献.

若 $q>0$, 则式 (6.2.10) 中第一项的极点 $\sqrt{\lambda}$ 在上半平面内, 第二项的极点 $-\sqrt{\lambda}$ 在下半平面内. 只有第一项的积分有贡献. 积分结果为

$$G(\boldsymbol{r},\boldsymbol{r}';\lambda)=-\frac{\mathrm{e}^{\mathrm{i}\sqrt{\lambda}|\boldsymbol{r}-\boldsymbol{r}'|}}{4\pi|\boldsymbol{r}-\boldsymbol{r}'|}=-\frac{\mathrm{e}^{\mathrm{i}(p+\mathrm{i}q)|\boldsymbol{r}-\boldsymbol{r}'|}}{4\pi|\boldsymbol{r}-\boldsymbol{r}'|}=-\frac{\mathrm{i}\sqrt{\lambda}}{4\pi}h_0^{(1)}(\sqrt{\lambda}|\boldsymbol{r}-\boldsymbol{r}'|),\quad q>0 \tag{6.2.11a}$$

其中最后一个等式见式 (4.5.24c), 结果就是零阶第一类球汉克尔函数.

若 $q<0$, 则式 (6.2.10) 中第二项的极点 $\sqrt{\lambda}$ 在上半平面内. 只有这一项的积分有贡献. 积分结果为

$$G(\boldsymbol{r},\boldsymbol{r}';\lambda)=-\frac{\mathrm{e}^{-\mathrm{i}\sqrt{\lambda}|\boldsymbol{r}-\boldsymbol{r}'|}}{4\pi|\boldsymbol{r}-\boldsymbol{r}'|}=-\frac{\mathrm{e}^{-\mathrm{i}(p+\mathrm{i}q)|\boldsymbol{r}-\boldsymbol{r}'|}}{4\pi|\boldsymbol{r}-\boldsymbol{r}'|}=\frac{\mathrm{i}\sqrt{\lambda}}{4\pi}h_0^{(2)}(\sqrt{\lambda}|\boldsymbol{r}-\boldsymbol{r}'|),\quad q<0 \tag{6.2.11b}$$

最后结果表示成零阶第二类球汉克尔函数, 见式 (4.5.24d).

如果 $\lambda<0$ 是个负实数, 那么只要在式 (6.2.11a) 或者式 (6.2.11b) 中令 $p=0$, 即得

$$G(\boldsymbol{r},\boldsymbol{r}';-q^2)=-\frac{\mathrm{e}^{-q|\boldsymbol{r}-\boldsymbol{r}'|}}{4\pi|\boldsymbol{r}-\boldsymbol{r}'|}=\frac{q}{4\pi}h_0^{(1)}(\mathrm{i}q|\boldsymbol{r}-\boldsymbol{r}'|),\quad q\geqslant 0 \tag{6.2.12}$$

特别是当其中 $q=0$ 即 $\lambda=0$ 时,

$$G(\boldsymbol{r},\boldsymbol{r}';0)=-\frac{1}{4\pi|\boldsymbol{r}-\boldsymbol{r}'|} \tag{6.2.13}$$

这正是三维方程

$$\nabla_{\boldsymbol{r}}^2 G(\boldsymbol{r},\boldsymbol{r}';0)=\delta(\boldsymbol{r}-\boldsymbol{r}') \tag{6.2.14}$$

的解. 满足方程 (6.2.14) 的格林函数的物理意义是: 位于 $\boldsymbol{r}'$ 的点电荷在三维空间各点产生的电势.

如果 $\lambda>0$ 是个正实数 (也即在算子 $L(\boldsymbol{r})=-\nabla_{\boldsymbol{r}}^2$ 的谱范围内), 由于式 (6.2.10) 中两项被积函数的极点都在实轴上, 无法积分, 所以格林函数没有定义. 此时, 可以利用式 (6.2.11) 的结果定义两个侧极限. 在式 (6.2.11) 中令虚部 $q$ 是个无穷小量并且在最后忽略这个无穷小量. 那么就分别得到

$$G^+(\boldsymbol{r},\boldsymbol{r}';p^2)=-\frac{\mathrm{e}^{\mathrm{i}p|\boldsymbol{r}-\boldsymbol{r}'|}}{4\pi|\boldsymbol{r}-\boldsymbol{r}'|}=-\frac{\mathrm{i}p}{4\pi}h_0^{(1)}(p|\boldsymbol{r}-\boldsymbol{r}'|),\quad p>0 \tag{6.2.15a}$$

$$G^-(\boldsymbol{r},\boldsymbol{r}';p^2)=-\frac{\mathrm{e}^{-\mathrm{i}p|\boldsymbol{r}-\boldsymbol{r}'|}}{4\pi|\boldsymbol{r}-\boldsymbol{r}'|}=\frac{\mathrm{i}p}{4\pi}h_0^{(2)}(p|\boldsymbol{r}-\boldsymbol{r}'|),\quad p>0 \tag{6.2.15b}$$

$G^+$ 表示参量 $\lambda$ 在上半平面无限趋近于正实轴的极限, $G^-$ 则表示参量 $\lambda$ 在下半平面无限趋近于正实轴的极限. 因此当 $\lambda$ 为正实数的时候, 可以选择这两式之一. 那么到底应该选择其中哪一个呢? 式 (6.2.15a) 表示从中心向外发散的球面波, 而式 (6.2.15b) 则表示从无穷远处向中心汇聚的球面波. 因此, 如果要考虑发散波, 用式 (6.2.15a); 若要考虑汇聚波, 则用式 (6.2.15b).

### 6.2.2　二维情况

二维情况 $d$=2. 令 $\boldsymbol{\rho}=\boldsymbol{r}-\boldsymbol{r}'$, 且 $\boldsymbol{\rho}$ 与 $\boldsymbol{k}$ 之间的夹角为 $\theta$, 可直接对式 (6.2.8) 计算积分.

$$G(\boldsymbol{r},\boldsymbol{r}';\lambda)=\int\frac{\mathrm{d}\boldsymbol{k}}{(2\pi)^2}\frac{\mathrm{e}^{\mathrm{i}\boldsymbol{k}\cdot(\boldsymbol{r}-\boldsymbol{r}')}}{\lambda-\boldsymbol{k}^2}=\int\frac{k\mathrm{d}\theta\mathrm{d}k}{(2\pi)^2}\frac{\mathrm{e}^{\mathrm{i}k\rho\cos\theta}}{\lambda-k^2} \tag{6.2.16}$$

平面波因子 $\mathrm{e}^{\mathrm{i}k\rho\cos\theta}$ 可以按照贝塞尔函数展开. 见式 (4.3.20b).

$$\mathrm{e}^{\mathrm{i}k\rho\cos\theta}=J_0(k\rho)+2\sum_{n=1}^{\infty}\mathrm{i}^nJ_n(k\rho)\cos n\theta$$

代入式 (6.2.16), 得到

$$\begin{aligned}G(\boldsymbol{r},\boldsymbol{r}';\lambda)=&\frac{1}{4\pi^2}\int_0^\infty\frac{k\mathrm{d}k}{\lambda-k^2}\int_0^{2\pi}\mathrm{d}\theta\left[J_0(k\rho)+2\sum_{n=1}^{\infty}i^nJ_n(k\rho)\cos n\theta\right]\\=&\frac{1}{2\pi}\int_0^\infty\mathrm{d}k\frac{kJ_0(k\rho)}{\lambda-k^2}=\frac{1}{4\pi}\int_0^\infty\mathrm{d}k\frac{k[H_0^{(1)}(k\rho)+H_0^{(2)}(k\rho)]}{\lambda-k^2}\end{aligned} \tag{6.2.17}$$

显然, 对角度积分之后, 只剩下零阶贝塞尔函数的项不为零. 再把零阶第一类贝塞尔用第三类贝塞尔函数来表达, 见式 (4.5.1).

$$J_0(z)=\frac{1}{2}[H_0^{(1)}(z)+H_0^{(2)}(z)]$$

就得到式 (6.2.17) 的最后等式. 由式 (4.5.6) 得到零阶第一类和第二类汉克尔函数之间的关系

$$H_0^{(1)}(-z) = -H_0^{(2)}(z) \tag{6.2.18}$$

可以只积分其中一项, 同时把积分区域扩展到整个实轴.

$$G(\boldsymbol{r},\boldsymbol{r}';\lambda) = \frac{1}{4\pi}\int_{-\infty}^{\infty}\mathrm{d}k\frac{kH_0^{(1)}(k\rho)}{\lambda-k^2} = -\frac{1}{8\pi}\int_{-\infty}^{\infty}\left(\frac{H_0^{(1)}(k\rho)}{k-\sqrt{\lambda}}+\frac{H_0^{(1)}(k\rho)}{k+\sqrt{\lambda}}\right)\mathrm{d}k \tag{6.2.19}$$

与三维情况一样, 利用留数定理进行积分. 先看汉克尔函数在无限远处的极限行为.

$$H_\nu^{(1)}(k\rho\to\infty) = \sqrt{\frac{2}{\pi k\rho}}\exp\left[\mathrm{i}\left(k\rho-\frac{\nu\pi}{2}-\frac{\pi}{4}\right)\right] \tag{6.2.20a}$$

$$H_\nu^{(2)}(k\rho\to\infty) = \sqrt{\frac{2}{\pi k\rho}}\exp\left[-\mathrm{i}\left(k\rho-\frac{\nu\pi}{2}-\frac{\pi}{4}\right)\right] \tag{6.2.20b}$$

可见, 式 (6.2.19) 中的两项都只能在上半平面补上无限大半圆构成闭合回路作积分. $\sqrt{\lambda}$ 如式 (6.2.9), 则被积函数中的两项的极点位置分别在上下平面, 因而只能有一项对积分有贡献.

若 $q>0$, 则式 (6.2.19) 中第一项的极点 $\sqrt{\lambda}$ 在上半平面内, 第二项的极点 $-\sqrt{\lambda}$ 在下半平面内. 只有第一项的积分有贡献. 因此

$$G(\boldsymbol{r},\boldsymbol{r}';\lambda) = -\frac{1}{8\pi}\int_{-\infty}^{\infty}\frac{H_0^{(1)}(k\rho)}{k-\sqrt{\lambda}}\mathrm{d}k = -\frac{\mathrm{i}}{4}H_0^{(1)}((p+\mathrm{i}q)\rho),\quad q>0 \tag{6.2.21a}$$

若 $q<0$, 则式 (6.2.19) 中第二项的极点 $\sqrt{\lambda}$ 在上半平面内. 只有这一项的积分有贡献. 积分结果为

$$G(\boldsymbol{r},\boldsymbol{r}';\lambda) = -\frac{1}{8\pi}\int_{-\infty}^{\infty}\frac{H_0^{(1)}(k\rho)}{k+\sqrt{\lambda}}\mathrm{d}k = -\frac{\mathrm{i}}{4}H_0^{(1)}(-(p+\mathrm{i}q)\rho),\quad q<0 \tag{6.2.21b}$$

如果 $\lambda<0$ 是个负实数, 那么只要在式 (6.2.21a) 或者式 (6.2.21b) 中令 $p=0$, 由前者得到

$$G(\boldsymbol{r},\boldsymbol{r}';-q^2) = -\frac{\mathrm{i}}{4}H_0^{(1)}(\mathrm{i}q\rho) = \frac{1}{2\pi}K_0(q\rho),\quad q\geqslant 0 \tag{6.2.22}$$

其中利用了公式 $H_\nu^{(1)}(\mathrm{i}z) = -\frac{2}{\pi}\mathrm{i}\mathrm{e}^{-\mathrm{i}\nu\pi/2}K_\nu(z)$, $K_0$ 是零阶变型第二类贝塞尔函数.

特别是当 $q=0$ 即 $\lambda=0$ 时, 利用汉克尔函数的渐近式 $H_0^{(1)}(z\to 0)\sim \mathrm{i}\frac{2}{\pi}\ln\frac{z}{2}$, 得到

$$G(\boldsymbol{r},\boldsymbol{r}';\lambda\to 0) \to -\frac{\mathrm{i}}{4}\mathrm{i}\frac{2}{\pi}\ln\frac{\sqrt{\lambda}|\boldsymbol{r}-\boldsymbol{r}'|}{2} = \frac{1}{2\pi}\left(\ln|\boldsymbol{r}-\boldsymbol{r}'|+\ln\frac{\sqrt{\lambda}}{2}\right)$$

后一项虽然是无穷大, 却是一个常数.

因此, $\lambda=0$ 时, 得到二维拉普拉斯算子的格林函数

$$G(\boldsymbol{r},\boldsymbol{r}';0)=\frac{1}{2\pi}\ln|\boldsymbol{r}-\boldsymbol{r}'|+\text{常数} \tag{6.2.23}$$

注意: 出现无穷大常数的原因, 是在式 (6.2.19) 中当 $\lambda=0$ 时, 被积函数在原点不是简单的一级极点 (思考: 为什么说 $\lambda=0$ 处不是简单的一级极点? ).

式 (6.2.23) 的格林函数满足二维空间的拉普拉斯方程 $\nabla_{\boldsymbol{r}}^2 G(\boldsymbol{r},\boldsymbol{r}';0)=\delta(\boldsymbol{r}-\boldsymbol{r}')$, 它的物理意义是: 二维空间中位于 $\boldsymbol{r}'$ 的点电荷在空间各点产生的电势.

如果 $\lambda>0$ 是个正实数 (也即在算子 $L(\boldsymbol{r})=-\nabla_{\boldsymbol{r}}^2$ 的谱范围内), 由于式 (6.2.19) 中两项被积函数的极点都在实轴上, 无法积分, 所以格林函数没有定义. 此时, 可以利用式 (6.2.21) 的结果定义两个侧极限. 在式 (6.2.21) 中令虚部 $q$ 是个无穷小量并且在最后忽略这个无穷小量. 那么就分别得到

$$G^{+}(\boldsymbol{r},\boldsymbol{r}';p^2)=-\frac{\mathrm{i}}{4}H_0^{(1)}(p\rho),\quad p>0 \tag{6.2.24a}$$

$$G^{-}(\boldsymbol{r},\boldsymbol{r}';p^2)=-\frac{\mathrm{i}}{4}H_0^{(1)}(-p\rho)=\frac{\mathrm{i}}{4}H_0^{(2)}(p\rho),\quad p>0 \tag{6.2.24b}$$

因此当 $\lambda$ 为正实数的时候, 可以选择这两式之一. $G^{+}$ 表示参量 $\lambda$ 在上半平面无限趋近于正实轴的极限, $G^{-}$ 则表示参量 $\lambda$ 在下半平面无限趋近于正实轴的极限. 由式 (6.2.20) 可知, 第一类汉克尔函数的渐进式表示了它是向无限远处去的出射波, 而第二类汉克尔函数的渐进式表示了它是从无限远处来的入射波. 因此, 当考虑从中心发出的出射波的行为时, 就用 $G^{+}$; 若考虑向中心的汇聚波的行为, 就用 $G^{-}$.

若将两个位置矢量 $\boldsymbol{r},\boldsymbol{r}'$ 的大小和方向代入式 (6.2.21), 则得到

$$G(\boldsymbol{r},\boldsymbol{r}';\lambda)=-\frac{\mathrm{i}}{4}H_0^{(1)}(\sqrt{\lambda}|\boldsymbol{r}-\boldsymbol{r}'|)=\frac{\mathrm{i}}{4}H_0^{(1)}(\sqrt{\lambda}\sqrt{r^2-2rr'\cos\theta+r'^2}) \tag{6.2.25}$$

其中 $\theta$ 是 $\boldsymbol{r},\boldsymbol{r}'$ 之间的夹角.

### 6.2.3 一维情况

一维情况 $d$=1. 容易直接对式 (6.2.8) 计算积分.

$$G(x,x';\lambda)=\frac{1}{2\pi}\int_{-\infty}^{\infty}\mathrm{d}k\frac{\mathrm{e}^{\mathrm{i}k(x-x')}}{\lambda-k^2}=-\frac{1}{4\pi\sqrt{\lambda}}\int_{-\infty}^{\infty}\mathrm{d}k\left(\frac{\mathrm{e}^{\mathrm{i}k(x-x')}}{k-\sqrt{\lambda}}-\frac{\mathrm{e}^{\mathrm{i}k(x-x')}}{k+\sqrt{\lambda}}\right) \tag{6.2.26}$$

利用留数定理进行积分.$\sqrt{\lambda}$ 如式 (6.2.9).

当 $q>0$ 时, 第一项的极点在上半平面内, 第二项的极点 $-\sqrt{\lambda}$ 在下半平面内. 积分时要注意, 当 $x-x'>0$ 时, 只能在上半平面补上无穷大半圆构成积分回路, 因

此只有第一项积分不为零; 当 $x-x'<0$ 时, 只能在下半平面补上回路积分, 只有第二项积分不为零.

$$G(x,x';\lambda)=\frac{\mathrm{e}^{\mathrm{i}(p+\mathrm{i}q)|x-x'|}}{2\mathrm{i}\sqrt{\lambda}},\quad q>0 \tag{6.2.27a}$$

当 $q<0$ 时, 积分的结果为

$$G(x,x';\lambda)=-\frac{\mathrm{e}^{-\mathrm{i}(p+\mathrm{i}q)|x-x'|}}{2\mathrm{i}\sqrt{\lambda}},\quad q<0 \tag{6.2.27b}$$

如果 $\lambda<0$ 是个负实数, 只要在式 (6.2.27a) 和式 (6.2.27b) 中令 $p=0$

$$G(x,x';-q^2)=-\frac{1}{2q}\mathrm{e}^{-q|x-x'|},\quad q>0 \tag{6.2.28}$$

特别是当 $q=0$ 即 $\lambda=0$ 时, 要特别注意. 这里关注的是格林函数随空间坐标的变化情况, 应把指数 e 对于小 $q$ 展开至一级项.

$$G(x,x',q\to 0)=-\frac{1}{2q}[(1-q|x-x'|]=\frac{1}{2}|x-x'|-\frac{1}{2q}$$

结果是

$$G(x,x';0)=\frac{1}{2}|x-x'|+\text{常数} \tag{6.2.29}$$

这就是一维拉普拉斯方程的格林函数. 与二维的情况类似, 后面一项尽管在 $\lambda\to 0$ 时趋于无穷大, 但它是与 $x$ 无关的常数. 出现无穷大常数的原因, 是在式 (6.2.26) 中当 $\lambda=0$ 时, 被积函数在原点不是简单的一级极点.

如果 $\lambda>0$ 是个正实数 (也即在算子 $L(x)=-\dfrac{\mathrm{d}^2}{\mathrm{d}x^2}$ 特征谱范围内), 由于式 (6.2.26) 中两项的极点都在实轴上, 无法积分, 所以格林函数没有定义. 此时, 可以利用式 (6.2.27) 的结果定义两个侧极限. 令其中的虚部 $q$ 是个无穷小量并且在最后忽略这个无穷小量. 那么就分别得到

$$G^{\pm}(x,x';p^2)=\pm\frac{\mathrm{e}^{\pm\mathrm{i}p|x-x'|}}{2\mathrm{i}p},\quad p>0 \tag{6.2.30}$$

因此当 $\lambda$ 为正实数的时候, 可以选择这两式之一. $G^+$ 和 $G^-$ 分别表示参量 $\lambda$ 在上半平面和下半平面无限趋近于正实轴的极限. 它们分别表示从中心向两侧和从两侧向中心传播的波, 因此也是出射波和汇聚波的概念.

由以上结果可以看出, 在均匀与各向同性的无限大空间中, 格林函数 $G(\boldsymbol{r},\boldsymbol{r}';\lambda)$ 只是其坐标差的绝对值 $\rho=|\boldsymbol{r}-\boldsymbol{r}'|$ 的函数. 首先, 从物理的角度, 由于空间均匀性和无限大, 对 $\boldsymbol{r}$ 和 $\boldsymbol{r}'$ 同时加上任意一个矢量 $\boldsymbol{A}$, 解的形式应当不变, 即 $G(\boldsymbol{r}+\boldsymbol{A},\boldsymbol{r}'+\boldsymbol{A};\lambda)=G(\boldsymbol{r},\boldsymbol{r}';\lambda)$, 所以 $G$ 只能是 $\boldsymbol{\rho}=\boldsymbol{r}-\boldsymbol{r}'$ 的函数. 其次, 由于各向同性, $\rho$ 取任何方向, $G$ 的形式应不变, 所以 $G(\boldsymbol{r},\boldsymbol{r}';\lambda)=G(\rho;\lambda)$.

请注意，式 (6.2.8) 实际上就是基本解的傅里叶变换表达式. 通过以上三小节的计算，分别得到了三维、二维和一维的坐标空间中的格林函数基本解的表达式. 在 $\boldsymbol{k}$ 空间的表达式显然就是式 (6.2.8) 中被积函数去掉 e 因子后的函数，也就是

$$G(\boldsymbol{k};\lambda) = -\frac{1}{k^2-\lambda+\mathrm{i}\varepsilon} \tag{6.2.31}$$

此处在分母上加上了一个无限小虚部，强调参量 $\lambda$ 不取在实轴上.

## 6.3　阻尼振子的格林函数

经典力学中受迫阻尼振子方程的柯西问题 [5,9]

$$\left(\frac{\mathrm{d}^2}{\mathrm{d}t^2}+2\gamma\frac{\mathrm{d}}{\mathrm{d}t}+\omega_0^2\right)\psi(t) = F(t), \quad t > t_0 \tag{6.3.1a}$$

$$\gamma > 0, \quad \omega_0 > \gamma, \quad \psi(t)|_{t=t_0} = x_0; \psi'(t)|_{t=t_0} = y_0 \tag{6.3.1b}$$

这是个一维问题，其中时间的起点是 $t_0$. 此时选择权函数 $\rho(x)=1$. 现在按照 6.1.3 小节末尾叙述的三个步骤来求解这个方程.

### 6.3.1　齐次方程的解

先求解齐次二阶常微分方程

$$-L(t)\varphi(t) = 0 \tag{6.3.2a}$$

$$\gamma > 0, \quad \omega_0 > \gamma, \quad \varphi(t)|_{t=t_0} = x_0, \quad \varphi'(t)|_{t=t_0} = y_0 \tag{6.3.2b}$$

其中算子

$$L(t) = -\left(\frac{\mathrm{d}^2}{\mathrm{d}t^2}+2\gamma\frac{\mathrm{d}}{\mathrm{d}t}+\omega_0^2\right) \tag{6.3.3}$$

是一个施图姆–刘维尔算符. 式 (6.3.2) 现在是一个常系数的二阶微分方程. 令 $\psi(t) = \mathrm{e}^{-\mathrm{i}\omega t}$ 代入式 (6.3.2)，得到特征方程

$$-\omega^2 - 2\mathrm{i}\gamma\omega + \omega_0^2 = 0 \tag{6.3.4}$$

两个特征根是

$$\omega_{1,2} = -\mathrm{i}\gamma \pm \sqrt{\omega_0^2-\gamma^2} = -\mathrm{i}\gamma \pm \alpha \tag{6.3.5}$$

其中已令 $\alpha = \sqrt{\omega_0^2-\gamma^2}$. 因此得到两个线性无关的解

$$\psi_1(t) = \mathrm{e}^{-\mathrm{i}\omega_1 t}, \quad \psi_2(t) = \mathrm{e}^{-\mathrm{i}\omega_2 t} \tag{6.3.6}$$

相应的朗斯基行列式

$$W(\psi_1,\psi_2)=\begin{vmatrix} e^{-i\omega_1 t} & e^{-i\omega_2 t} \\ -i\omega_1 e^{-i\omega_1 t} & -i\omega_2 e^{-i\omega_2 t}\end{vmatrix}=i(\omega_1-\omega_2)e^{-i(\omega_1+\omega_2)t}=2i\alpha e^{-2\gamma t}$$

算符 (6.3.3) 中函数 $A(t)=1$. 因而

$$A_W(t')=A(t')W(\psi_1(t'),\psi_2(t'))=2i\alpha e^{-2\gamma t'} \tag{6.3.7}$$

### 6.3.2 求解格林函数

定义格林函数 $G(t,t')$ 满足

$$-L(t)G(t,t')=\delta(t-t'),\quad t,t'>t_0 \tag{6.3.8a}$$

其中算符是式 (6.3.3). 由此式决定的函数 $G(t,t')$ 称为柯西问题的格林函数. 由于边界条件中非齐次的部分已归于式 (6.3.2b), 对格林函数只需选择齐次的初始条件

$$G(t_0,t')=0,\quad \left[\frac{d}{dt}G(t,t')\right]_{t=t_0}=0 \tag{6.3.8b}$$

这一形式也称为单点边界条件.

现在要求解的是一维格林函数, 可以用分段表示法求解. 按照式 (6.1.24b) 写出格林函数的表达式

$$G(t,t')=d_1(t')\psi_1(t)+d_2(t')\psi_2(t)-\frac{\psi_2(t')\psi_1(t)-\psi_1(t')\psi_2(t)}{A_W(t')}\theta(t-t') \tag{6.3.9}$$

由初始条件 (6.3.8b) 可解得 $d_1(t')=d_2(t')=0$.

$$\begin{aligned}G(t,t')&=\frac{e^{-i\omega_2 t'-i\omega_1 t}-e^{-i\omega_1 t'-i\omega_2 t}}{2i\alpha e^{-2\gamma t'}}\theta(t-t')\\&=\frac{e^{-\gamma(t-t')}}{2i\alpha}(e^{i\alpha(t-t')}-e^{-i\alpha(t-t')})\theta(t-t')\\&=-\frac{e^{-\gamma(t-t')}}{\alpha}\sin[\alpha(t-t')]\theta(t-t')\end{aligned} \tag{6.3.10}$$

最后得到

$$G(t,t')=\frac{e^{-\gamma(t-t')}}{\sqrt{\omega_0^2-\gamma^2}}\sin\left[\sqrt{\omega_0^2-\gamma^2}(t-t')\right]\theta(t-t') \tag{6.3.11}$$

对于阻尼振子的微分方程, 在初始条件 (6.3.8b) 下, 得到了格林函数只有推迟部分. 这说明实际的阻尼振子系统一旦在某一时刻 $t_0$ 启动, 只能朝着未来的方向演化. 格林函数 (6.3.11) 是变量 $t-t'$ 的函数.

此例中由于算符 (6.3.3) 是个二阶常系数微分算符, 并且求解区域是无限大空间, 尽管在现有的边界条件下, 格林函数只在 $t>t'$ 非零, 因而也可以运用傅里叶变换法来求解格林函数 [5,9].

### 6.3.3　方程的通解

现在可以写出原非齐次方程 (6.3.1) 的通解了. 齐次方程 (6.3.2) 的解应该是式 (6.3.6) 的两个线性无关解的线性组合. 由式 (6.1.4), 得到通解的形式为

$$x(t)=b_1\mathrm{e}^{-\mathrm{i}\omega_1 t}+b_2\mathrm{e}^{-\mathrm{i}\omega_2 t}+\int_{t_0}^{\infty}\frac{\mathrm{e}^{-\gamma(t-t')}}{\sqrt{\omega_0^2-\gamma^2}}\sin\left[\sqrt{\omega_0^2-\gamma^2}(t-t')\right]\theta(t-t')F(t')\mathrm{d}t' \tag{6.3.12}$$

其中系数 $b_1,b_2$ 由式 (6.3.1b) 的初始条件决定. 式 (6.3.12) 的最后一项就是方程 (6.3.1) 的特解.

当 $t<t'$ 时, 特解项为零. 因此

$$x(t<t')=b_1\mathrm{e}^{-\mathrm{i}\omega_1 t}+b_2\mathrm{e}^{-\mathrm{i}\omega_2 t} \tag{6.3.13}$$

方程 (6.3.1) 右边的函数 $F(t)$ 表示外界对系统的作用. 在这个作用发生之前, 系统只是按照齐次方程所固有的模式运动. 只有这个作用发生之后, 系统才会有相应的响应, 式 (6.3.12) 的特解项就是表示这样的响应.

现在假设一种特殊情况.

$$F(t)=F_0\mathrm{e}^{-\beta t}\theta(t)$$

并且 $t_0=0$. 在初始时刻 $x(t)|_{t=0}=0;x'(t)|_{t=0}=0$. 求得两个系数 $b_1=b_2=0$. 式 (6.3.12) 积分后得到

$$\begin{aligned}x(t)&=\int_0^{\infty}\frac{\mathrm{e}^{-\gamma(t-t')}}{\sqrt{\omega_0^2-\gamma^2}}\sin\left[\sqrt{\omega_0^2-\gamma^2}(t-t')\right]\theta(t-t')\mathrm{e}^{-\beta t'}\mathrm{d}t'\\&=\frac{F_0}{\sqrt{\omega_0^2-\gamma^2}}\frac{\sin\left[\sqrt{\omega_0^2-\gamma^2}t-\phi\right]}{\sqrt{\omega_0^2+\beta^2-2\beta\gamma}}\mathrm{e}^{-\gamma t}+\frac{F_0\mathrm{e}^{-\beta t}}{\omega_0^2+\beta^2-2\beta\gamma}\end{aligned} \tag{6.3.14}$$

其中角度 $\phi$ 由

$$\tan\phi=\frac{\sqrt{\omega_0^2-\gamma^2}}{\beta-\gamma}$$

来计算. 式 (6.3.14) 的两项都随时间而衰减. 但是衰减的原因不同. 第一项是由于振子本身是阻尼的, 第二项是由于外界的驱动力是指数衰减的.

### 6.3.4　无阻尼的情况

此时如果令阻尼趋于零, 格林函数成为

$$G(t,t')=\frac{\sin[\omega_0(t-t')]}{\omega_0}\theta(t-t') \tag{6.3.15}$$

则振子的运动方程简化成

$$x(t) = \frac{F_0 \sin(\omega_0 t - \phi)}{\omega_0 \sqrt{\omega_0^2 + \beta^2}} + \frac{F_0 \mathrm{e}^{-\beta t}}{\omega_0^2 + \beta^2}$$

足够长时间之后, 后项趋于零, 只剩下纯粹的简谐振动 $x(t) = \dfrac{F_0 \sin(\omega_0 t - \phi)}{\omega_0 \sqrt{\omega_0^2 + \beta^2}}$. 这是因为外力趋于零. 不过一段时间外力的作用产生两个效果: 一个效果是使得简谐振动的振幅变化为 $\dfrac{F_0}{\omega_0 \sqrt{\omega_0^2 + \beta^2}}$, 这是与外力的大小和外力衰减的快慢有关的; 另一个是简谐振动的相位有 $\phi = \arctan(\omega_0/\beta)$ 的移动.

注意: 当 $\gamma = 0$ 时, 由式 (6.3.15) 的特征值 $\omega_{1,2} = \pm\omega_0$ 是实数, 而且是从 $\gamma > 0$ 趋于零的, 所以是在复 $\omega$ 平面的下半平面趋于实轴的. 这样取极限的结果得到的是推迟格林函数.

### 6.3.5　边界条件对格林函数的影响

考虑无阻尼的情况. 那么, 只要在式 (6.3.3)~ 式 (6.3.9) 中令 $\gamma = 0$ 即可. 例如, 特征值 $\omega_{1,2} = \pm\omega_0$. 特征函数也由式 (6.3.6) 简化为

$$\psi_1(t) = \mathrm{e}^{\mathrm{i}\omega_0 t}, \quad \psi_2(t) = \mathrm{e}^{-\mathrm{i}\omega_0 t} \tag{6.3.16}$$

也可以选择特征函数为

$$\psi_1(t) = \sin \omega_0 t, \quad \psi_2(t) = \cos \omega_0 t \tag{6.3.17}$$

相应的朗斯基行列式

$$W(\psi_1, \psi_2) = \begin{vmatrix} \sin \omega_0 t & \cos \omega_0 t \\ \omega_0 \cos \omega_0 t & -\omega_0 \sin \omega_0 t \end{vmatrix} = -\omega_0 \tag{6.3.18}$$

并且

$$A_W(t') = A(t') W(\psi_1(t'), \psi_2(t')) = -\omega_0 \tag{6.3.19}$$

此时, 由于特征函数不是阻尼的, 没有随时间趋于无穷大而趋于零的行为, 可以保留格林函数中 $t > t'$ 和 $t < t'$ 两部分. 仍采用式 (6.1.24b) 的形式

$$\begin{aligned} G(t,t') &= d_1(t')\psi_1(t) + d_2(t')\psi_2(t) - \frac{\psi_2(t')\psi_1(t) - \psi_1(t')\psi_2(t)}{A_W(t')} \theta(t - t') \\ &= d_1(t') \sin \omega_0 t + d_2(t') \cos \omega_0 t + \frac{\sin[\omega_0(t - t')]}{\omega_0} \theta(t - t') \end{aligned} \tag{6.3.20}$$

其中, $d_1(t'), d_2(t')$ 由初始条件决定.

对于初始条件 (6.3.8b), 得到 $d_1(t')=d_2(t')=0$, 格林函数就是式 (6.3.15).

若边界条件如下:

$$G(t_0,t')=G(0,t')=0,\quad G(t_1,t')=G(1,t')=0 \tag{6.3.21}$$

这个边界条件也称为二端点边界条件. 它表明, 现在考虑的解的区域是 $0\leqslant t,t'\leqslant 1$. 先看 $t=0$ 的条件, 但此时, 只能取 $t<t'$ 的部分, 因此得

$$d_2(t')=0 \tag{6.3.22a}$$

再看 $t=1$ 的条件, 只能取 $t>t'$ 的部分, 得

$$d_1(t')\sin\omega_0+\frac{\sin[\omega_0(1-t')]}{\omega_0}=0$$

解得

$$d_1(t')=\frac{\cot\omega_0\sin\omega_0 t'-\cos\omega_0 t'}{\omega_0} \tag{6.3.22b}$$

这样就求得满足边界条件 (6.3.21) 的格林函数

$$G(t,t')=-\frac{\sin[\omega_0(1-t')]}{\omega_0\sin\omega_0}\sin\omega_0 t+\frac{\sin[\omega_0(t-t')]}{\omega_0}\theta(t-t') \tag{6.3.23}$$

可以看出, 不同的边界条件导致不同的格林函数.

式 (6.3.23) 的特例: 当 $\omega_0\to 0$ 时, 有

$$G(t,t')=-(1-t')t+(t-t')\theta(t-t') \tag{6.3.24}$$

## 6.4　二阶常微分方程的格林函数

本节考虑的是二阶微分方程的自伴施图姆–刘维尔算符

$$L(x)=-A(x)\frac{\mathrm{d}^2}{\mathrm{d}x^2}-B(x)\frac{\mathrm{d}}{\mathrm{d}x}+C(x)=\frac{1}{\rho(x)}\left[-\frac{\mathrm{d}}{\mathrm{d}x}p(x)\frac{\mathrm{d}}{\mathrm{d}x}+q(x)\right] \tag{6.4.1a}$$

且在 $[a,b]$ 上, 有

$$p(x)>0,\quad q(x)\geqslant 0,\quad \rho(x)\geqslant 0 \tag{6.4.1b}$$

并只考虑二阶常微分方程的两端边值问题, 即方程的求解区间 $[a,b]$ 是有限的, 且在两端点有确定的边界条件.

下面要频繁地提到齐次方程及其齐次边界条件, 因此这里先写下这一边值问题.

$$[\lambda-L(x)]\varphi(x)=0 \tag{6.4.2a}$$

$$B(\varphi) = 0 \tag{6.4.2b}$$

边界条件是以下两式的简写形式：

$$B_1(y) = \alpha_{1,1}y(a) + \alpha_{1,2}y'(a) + \beta_{1,1}y(b) + \beta_{1,2}y'(b) \tag{6.4.3a}$$

$$B_2(y) = \alpha_{2,1}y(a) + \alpha_{2,2}y'(a) + \beta_{2,1}y(b) + \beta_{2,2}y'(b) \tag{6.4.3b}$$

见式 (3.2.18) 和 3.8 节中的说明. 注意, 这是最一般的形式. 只有其中的一些特殊形式, 也就是系数组的一些特别的选择, 才能够使得边界条件达到自伴. 见 3.7 节的定理 2、第 2 章习题 22 和第 3 章习题 49.

这一边值问题可能是有解的, 也可能是无解的.

下面按照非齐次方程边界条件的不同情况, 结合方程 (6.4.2) 是否有解, 来分别求解的一般表达式. 在此之前, 先一般地讨论格林函数的对称性.

### 6.4.1 格林函数的对称性

对于形式伴随的施图姆–刘维尔算子, 格林函数定义为满足如下方程的函数：

$$(\lambda - L)G(x, x'; \lambda) = \delta(x - x')/\rho(x) \tag{6.4.4}$$

在格林函数中将参数 $\lambda$ 明确写出. 注意, $\lambda$ 一般是个复数. 设

$$(\lambda - L)g(x, x_1; \lambda) = \delta(x - x_1)/\rho(x) \tag{6.4.5a}$$

$$(\lambda^* - L)g(x, x_2; \lambda^*) = \delta(x - x_2)/\rho(x) \tag{6.4.5b}$$

它们满足同样的边界条件. 由伴随算子的定义, 应有

$$(g(x, x_2; \lambda^*), (\lambda - L)g(x, x_1; \lambda)) = ((\lambda^* - L)g(x, x_2; \lambda^*), g(x, x_1; \lambda)) \tag{6.4.6}$$

计算式 (6.4.6) 的两边, 分别得到

$$\begin{aligned}
&(g(x, x_2; \lambda^*), (\lambda - L)g(x, x_1; \lambda)) \\
=&\int_a^b \mathrm{d}x\rho(x)g^*(x, x_2; \lambda^*)(\lambda - L)g(x, x_1; \lambda) \\
=&g^*(x_1, x_2; \lambda^*) \\
&((\lambda^* - L)g(x, x_2; \lambda^*), g(x, x_1; \lambda)) \\
=&\int_a^b \mathrm{d}x\rho(x)[(\lambda^* - L)g(x, x_2; \lambda^*)]^* g(x, x_1; \lambda) = g(x_2, x_1; \lambda)
\end{aligned}$$

结论是, 格林函数的对称性表现为如下形式：

$$g^*(x_1, x_2; \lambda) = g(x_2, x_1; \lambda^*) \tag{6.4.7}$$

若用特征函数法求格林函数, 在参量 $\lambda$ 非特征值时, 格林函数的表达式为

$$G(x,x')=\sum_i \frac{\varphi_i^*(x')\varphi_i(x)}{\lambda-\lambda_i}$$

此式也表明了式 (6.4.7) 的对称性.

### 6.4.2 二阶微分方程边值问题的解

1. 边值问题

考虑如下边值问题:

$$[\lambda-L(x)]\psi(x)=f(x) \tag{6.4.8a}$$

$$B(\psi)=\gamma \tag{6.4.8b}$$

当 $f(x)=0$ 时, 就是齐次方程的边值问题. 而这样的边值问题, 就是特征值问题, 即满足这样的边值问题的参量只能是特征值, 解函数是特征函数.

明确写出特征值问题如下:

$$[\lambda_m-L(x)]\varphi_m(x)=0 \tag{6.4.9a}$$

$$B(\varphi_m)=\gamma \tag{6.4.9b}$$

其中 $\lambda_m$ 是特征值, 其对应的特征函数是 $\varphi_m(x)$.

若与边值问题 (6.4.8) 对应的格林函数 $G(x,x';\lambda)$ 已经求出, 由伴随算子的定义, 有下式:

$$(G(\lambda^*),(\lambda-L)\psi)-((\lambda^*-L)G(\lambda^*),\psi)=[J(\psi,G)]_a^b \tag{6.4.10}$$

其中两个内积为

$$\begin{aligned}(G(\lambda^*),(\lambda-L)\psi)&=\int_V \rho(x)G^*(x,x';\lambda^*)[\lambda-L(x)]\psi(x)\mathrm{d}x\\&=\int_a^b \rho(x)G^*(x,x';\lambda^*)f(x)\mathrm{d}x\end{aligned} \tag{6.4.11}$$

$$((\lambda^*-L)G(\lambda^*),\psi)=\int_V \rho(x)\{[\lambda^*-L(x)]G(x,x';\lambda^*)\}^*\psi(x')\mathrm{d}x=\psi(x') \tag{6.4.12}$$

结函数见式 (3.2.10). 因此, 就得到边值问题 (6.4.8) 的解的表达式

$$\begin{aligned}\psi(x')=&\int_a^b \rho(x)G^*(x,x';\lambda^*)f(x)\mathrm{d}x\\&+\left[p(x)\left\{\psi(x)\frac{\partial}{\partial x}G^*(x,x';\lambda^*)-\frac{\mathrm{d}}{\mathrm{d}x}\psi(x)G^*(x,x';\lambda^*)\right\}\right]_a^b\end{aligned} \tag{6.4.13}$$

把 $x, x'$ 交换, 利用格林函数的对称性式 (6.4.7), 得到

$$\psi(x) = \int_a^b \rho(x')G(x,x';\lambda)f(x')\mathrm{d}x + \left[p(x')\left\{\psi(x')\frac{\partial}{\partial x'}G(x,x';\lambda) - G(x,x';\lambda)\psi'(x')\right\}\right]_a^b \tag{6.4.14}$$

这里要说明的是, 第二项表示了端点处的贡献, 它就是式 (6.4.10) 的右边. 若微分算子 $L$ 是自伴的, 则式 (6.4.10) 右边的值应该为零. 若边界条件没有使得其值为零, 算子就只是形式自伴的. 本节以下只考虑自伴算子, 所以解式中没有端点的贡献. 不过现在将最一般的形式写在这里.

2. 参量 $\lambda$ 非特征值

这时如下边值问题无解:

$$[\lambda - L(x)]\varphi(x) = 0, \quad \lambda \neq \lambda_m \tag{6.4.15a}$$

$$B(\varphi) = \gamma \tag{6.4.15b}$$

为了求解 (6.4.8), 先求解相应的格林函数满足的方程

$$[\lambda - L(x)]G(x,x') = \delta(x-x')/\rho(x) \tag{6.4.16a}$$

$$B(G) = \sigma \tag{6.4.16b}$$

其中

$$\sigma = \frac{\gamma}{\displaystyle\int_a^b \rho(x')f(x')\mathrm{d}x'} \tag{6.4.17}$$

条件是 $\displaystyle\int_a^b \rho(x')f(x')\mathrm{d}x' \neq 0$. 那么式 (6.4.8) 的解为

$$\psi(x) = \int_a^b G(x,x';\lambda)\rho(x')f(x')\mathrm{d}x' \tag{6.4.18}$$

3. 参量 $\lambda$ 为某一特征值

若参量 $\lambda$ 为式 (6.4.9) 的某一特征值, 把式 (6.4.8) 的解分成两部分

$$\psi(x) = \varphi_m(x) + \xi(x) \tag{6.4.19}$$

其中 $\varphi_m(x)$ 满足式 (6.4.9), $\xi(x)$ 则满足如下边值问题:

$$[\lambda_m - L(x)]\xi(x) = f(x) \tag{6.4.20a}$$

$$B(\xi) = 0 \tag{6.4.20b}$$

为了求解式 (6.4.20), 先求解相应的格林函数满足的方程

$$[\lambda_m - L(x)]G(x, x'; \lambda_m) = \delta(x - x')/\rho(x) \tag{6.4.21a}$$

$$B(G) = 0 \tag{6.4.21b}$$

这样, 函数 $\xi(x)$ 可如下计算:

$$\xi(x) = \int_a^b G(x, x'; \lambda_m)\rho(x')f(x')\mathrm{d}x' \tag{6.4.22}$$

最后得到式 (6.4.8) 的解为

$$\psi(x) = \varphi_m(x) + \int_a^b G(x, x'; \lambda_m)\rho(x')f(x')\mathrm{d}x' \tag{6.4.23}$$

其中第一项符合非齐次边界条件 (6.4.9b), 第二项符合齐次边界条件 (6.4.20b).

此时格林函数 $G(x, x'; \lambda_m)$ 怎么求? 如果用特征函数法, 须按以下步骤进行:

与边值问题 (6.4.21) 对应的特征值问题是

$$[\kappa_n - L(x)]\chi_n(x) = 0 \tag{6.4.24a}$$

$$B(\chi_n) = 0 \tag{6.4.24b}$$

由特征函数法, 格林函数的表达式是

$$G(x, x'; \lambda_m) = \sum_n \frac{\chi_n^*(x')\chi_n(x)}{\lambda_m - \kappa_n} \tag{6.4.25}$$

此处应注意式 (6.4.21) 的格林函数应该用式 (6.4.24) 的特征函数来展开, 因为它们具有相同的齐次边界条件.

若特征值问题 (6.4.24) 没有非零解, 就只能用分段表示法求解格林函数.

当参量 $\lambda$ 恰是一个本征值的时候要特别注意. 若边界条件是齐次, 式 (6.4.25) 就不适用. 若是自然边界条件下, 即 (6.4.9b) 中的 $\gamma_1$ 和 $\gamma_2$ 至少有一个是有限的, 而不是具体的数值, 那么特征值问题 (6.4.24) 和 (6.4.9) 的求解很可能是一样的. 这时式 (6.4.25) 也可能不适用. 必须求广义格林函数.

### 6.4.3　广义格林函数

1. 半齐次边值问题

在边值问题 (6.4.8) 中, 假定了 $\gamma_1, \gamma_2$ 中至少有一个不为零, 即边界条件是非齐次的. 若是齐次边界条件, 重写边值问题如下:

$$[\lambda - L(x)]\psi(x) = f(x) \tag{6.4.26a}$$

$$B(\psi)=0 \tag{6.4.26b}$$

它也称为**半齐次边值问题**, 因为方程是非齐次的而边界条件是齐次的. 相应的齐次边值问题是如下的特征值问题.

$$[\lambda_m-L(x)]\varphi_m(x)=0 \tag{6.4.27a}$$

$$B(\varphi_m)=0 \tag{6.4.27b}$$

其中 $\lambda_m$ 和 $\varphi_m(x)$ 是特征值和对应的特征函数.

(1) 若式 (6.4.26) 中的 $\lambda$ 非式 (6.4.27) 的特征值, 求解过程就与式 (6.4.16)~ 式 (6.4.18) 相同, 只要令式 (6.4.16) 和式 (6.4.17) 中 $\gamma_{1,2}=0$. 解式就是式 (6.4.18).

(2) 若半齐次边值问题 (6.4.26) 中的参量 $\lambda$ 恰是式 (6.4.27) 的某个特征值, $\lambda=\lambda_m$.

$$[\lambda_m-L(x)]\psi(x)=f(x) \tag{6.4.28a}$$

$$B(\psi)=0 \tag{6.4.28b}$$

先来看式 (6.4.28) 有解的条件. 因为是自伴算子, 有 $(\lambda_m-L)^{\dagger}=(\lambda_m-L)$, 所以

$$(\varphi_m,(\lambda_m-L)\psi)-((\lambda_m-L)^{\dagger}\varphi_m,\psi)=(\varphi_m,f) \tag{6.4.29}$$

此式左边显然应该为零, 得到

$$(\varphi_m,f)=\int_a^b\rho(x)\varphi_m^*(x)f(x)\mathrm{d}x=0 \tag{6.4.30}$$

式 (6.4.30) 就是参数 $\lambda=\lambda_m$ 是特征值时, 非齐次方程 (6.4.28) 有解的条件. 即非齐次项 $f(x)$ 与属于 $\lambda_m$ 的特征函数 $\varphi_m(x)$ 正交. 式 (6.4.30) 称为边值问题 (6.4.28) 的**相容性条件**. 这一有解的条件就是 3.8 节中的择一定理, 相容性条件就是式 (3.8.8). 在择一定理中, 结果是函数 $f(x)$ 与齐次伴随边值问题的解正交. 此处因为是自伴算子, 直接用了齐次边值问题解.

若是非齐次的边界条件, 则不需要此条件.

为了求出式 (6.4.28) 的解, 仿照前面的做法, 先写出对应的格林函数所满足的方程应该是

$$[\lambda_m-L(x)]G(x,x')=\delta(x-x')/\rho(x) \tag{6.4.31a}$$

$$B(G)=0 \tag{6.4.31b}$$

这里希望由此求出格林函数之后, 按照式 (6.4.23) 那样求得式 (6.4.28) 的解. 可是, 满足式 (6.4.31) 的格林函数实际上是不存在的. 证明如下:

由于 $\lambda_m$ 是式 (6.4.28) 的特征值, 用式 (6.4.31a) 中的 $G(x,x')$ 和 $\delta(x-x')/\rho(x)$ 分别代替式 (6.4.28a) 中的 $\psi(x)$ 和 $f(x)$, 则式 (6.4.30) 要求

$$\int_a^b \varphi_m(x)\delta(x-x')\mathrm{d}x = \varphi_m(x') = 0 \tag{6.4.32}$$

此式显然是矛盾的, 因为特征函数 $\varphi_m(x)$ 肯定是不恒为零的.

2. *广义格林函数的定义* [3,10,11]

上述矛盾出现的原因是什么呢? 在得到式 (6.4.32) 时, 用到了式 (6.4.27) 和式 (6.4.31). 前者是前提条件, 因此, 问题出在后者. 也就是说, 在式 (6.4.27) 的情况下, 相应的格林函数满足的方程不应该由式 (6.4.31) 来定义. 或者说, 由式 (6.4.31) 定义的格林函数不存在. 应该定义格林函数满足另一个方程, 才能得到式 (6.4.28) 有非零解的表达式.

设此时的格林函数应满足以下方程:

$$[\lambda_m - L(x)]G(x,x') = \delta(x-x')/\rho(x) + c(x')\varphi_m(x), \quad a \leqslant x, x' \leqslant b \tag{6.4.33a}$$

$$B(G) = 0 \tag{6.4.33b}$$

边界条件仍然是齐次的. 下面确定其中的系数 $c(x')$. 计算如下积分:

$$\begin{aligned}&(\varphi_m, (\lambda_m - L)G) - ((\lambda_m - L)^\dagger\varphi_m, G)\\ =&(\varphi_m, \delta(x-x')/\rho + c(x')\varphi_m)\\ =&(\varphi_m, \delta(x-x')/\rho) + c(x') = 0\end{aligned}$$

其中设特征函数已经归一化. 就得到

$$c(x') = \int_a^b \varphi_m^*(x)\delta(x-x')\mathrm{d}x = -\varphi_m^*(x') \tag{6.4.34}$$

因此 $G(x,x')$ 应满足的方程就是

$$[\lambda_m - L(x)]G(x,x') = \delta(x-x')/\rho(x) - \varphi_m^*(x')\varphi_m(x), \quad a \leqslant x, x' \leqslant b \tag{6.4.35a}$$

$$B(G) = 0 \tag{6.4.35b}$$

称满足此方程的解为**广义格林函数**.

可以证明, 广义格林函数同样具有对称性式 (6.4.7).

### 3. 解的表达式

现在给出式 (6.4.28) 的解的表达式. 为此计算积分

$$I = (\psi, (\lambda_m - L)G) - ((\lambda_m - L)\psi, G) = 0$$

将左边逐项计算

$$\begin{aligned} I =&(\psi, \delta(x-x')/\rho - \varphi_m^*(x')\varphi) - (f, G) \\ =&\psi^*(x') - \varphi_m^*(x')(\psi, \varphi_m) - (f, G) = 0 \end{aligned}$$

其中 $(\psi, \varphi_m) = c$ 是个常数, $G(x, x')$ 是广义格林函数.

$$\psi^*(x') = c\varphi_m^*(x') + \int_a^b \rho(x)G(x, x')f^*(x)\mathrm{d}x$$

两边取复数, 就得到解的表达式

$$\psi(x) = c\varphi_m(x) + \int_a^b \rho(x')G^*(x', x)f(x')\mathrm{d}x'$$

因广义格林函数具有式 (6.4.7) 那样的对称性, 上式可写为

$$\psi(x) = c\varphi_m(x) + \int_a^b G(x, x')\rho(x')f(x')\mathrm{d}x' \tag{6.4.36a}$$

把算符 $[\lambda_m - L(x)]$ 作用在两边, 有

$$\begin{aligned} [\lambda_m - L(x)]\psi(x) =& \int_a^b [\delta(x-x')/\rho(x) - \varphi_m^*(x')\varphi_m(x)]\rho(x')f(x')\mathrm{d}x' \\ =&f(x) - \varphi_m(x)\int_a^b \rho(x')\varphi_m^*(x')f(x')\mathrm{d}x' \end{aligned}$$

为了得到等式 (6.4.28a), 上式右边第二项必须为零. 因此

$$\int_a^b \rho(x')\varphi_m^*(x')f(x')\mathrm{d}x' = 0 \tag{6.4.36b}$$

这是式 (6.4.28) 有解的相容性条件. 因此, 式 (6.4.28) 在 $f(x)$ 满足相容性条件 (6.4.36) 时有解式 (6.4.36a), 其中 $G(x, x')$ 是满足式 (6.4.35) 的广义格林函数.

注意式 (6.4.36a) 与式 (6.4.23) 的区别. 式 (6.4.36) 中的 $\varphi_m(x)$ 服从齐次边界条件, 因此可以有一个任意常数 $c$; 而式 (6.4.23) 中的 $\varphi_m(x)$ 服从非齐次边界条件, 因此就不能有这样的任意常数.

4. 广义格林函数的求解

对于广义格林函数满足的方程 (6.4.35), 可用特征函数法和分段表示法来求解.

1) 特征函数法

设特征值问题 (6.4.27) 的特征值 $\{\lambda_n\}$ 和相应的正交归一特征函数系 $\{\varphi_n(x)\}$ 已求出. 将广义格林函数用此函数系展开

$$G(x,x') = \sum_n c_n(x')\varphi_n(x) \tag{6.4.37}$$

代入式 (6.4.35a), 得

$$\sum_{n(n\neq m)} c_n(x')(\lambda_m - \lambda_n)\varphi_n(x) = \delta(x-x')/\rho(x) - \varphi_m^*(x')\varphi_m(x)$$

此式两边乘 $\rho(x)\varphi_l^*(x)$ 并积分, 得

$$\begin{aligned}&\int_a^b \rho(x)\varphi_l^*(x)\mathrm{d}x \sum_{n(n\neq m)} c_n(x')(\lambda_m - \lambda_n)\varphi_n(x)\\ =&\int_a^b \varphi_l^*(x)\mathrm{d}x[\delta(x-x') - \rho(x)\varphi_m^*(x')\varphi_m(x)]\end{aligned}$$

利用 $\{\varphi_n(x)\}$ 的正交归一性

$$(\lambda_m - \lambda_n)c_n(x') = \varphi_n^*(x'), \quad n\neq m$$

得到

$$c_n(x') = \frac{\varphi_n^*(x')}{\lambda_m - \lambda_n}, n\neq m \tag{6.4.38}$$

代入式 (6.4.37)

$$G(x,x') = c_m(x')\varphi_m(x) + \sum_{n(n\neq m)} \frac{\varphi_n^*(x')\varphi_n(x)}{\lambda_m - \lambda_n}$$

其中 $c_m(x')$ 是任意的. 因此广义格林函数中有一个待定的量. 利用广义格林函数的对称性条件来确定这个量. 对称性条件要求

$$c_m(x')\varphi_m(x) + \sum_{i=0,i\neq m}^{\infty} \frac{\varphi_i^*(x')\varphi_i(x)}{\lambda_m - \lambda_i} = c_m^*(x)\varphi_m^*(x') + \sum_{i=0,i\neq m}^{\infty} \frac{\varphi_i^*(x')\varphi_i(x)}{\lambda_m - \lambda_i}$$

得到

$$c_m(x')\varphi_m(x) = c_m^*(x)\varphi_m^*(x') \tag{6.4.39}$$

两边乘以 $\rho(x)\varphi_m^*(x)$, 然后对 $x$ 在 $[a,b]$ 上积分

$$c_m(x') = \varphi_m^*(x')\int_a^b \mathrm{d}x\rho(x)\varphi_m^*(x)c_m^*(x)$$

右边的积分是一个数, 记为 $d$, 得

$$c_m(x') = d\varphi_m^*(x')$$

显然, 任意非零实数 $d$ 都可以满足式 (6.4.39). 通常选择 $d=1$, 即

$$c_m(x') = \varphi_m^*(x')$$

就能满足这一对称性的要求. 因此

$$G(x,x') = \varphi_m^*(x')\varphi_m(x) + \sum_{i=0,i\neq m}^{\infty}\frac{\varphi_i^*(x')\varphi_i(x)}{\lambda_m - \lambda_i} \tag{6.4.40}$$

这就是所要求的广义格林函数的解. 此式也表明, 广义格林函数具有式 (6.4.7) 那样的对称性. 只是现在的参数 $\lambda_m$ 是特征值, 所以是实数. 对称性化简为

$$G(x,x';\lambda_m) = G^*(x',x;\lambda_m) \tag{6.4.41}$$

式 (6.4.40) 与普通格林函数的特征函数法的表达式 (6.1.14) 相比, 差别在于把属于特征值 $\lambda_m$ 的那一项分离出来, 以避免出现无穷大.

2) 分段表示法

在 $x > x'$ 和 $x < x'$ 的两侧的区域, 求解方程

$$[\lambda_m - L(x)]\zeta(x,x') = -\varphi_m(x')\varphi_m(x) \tag{6.4.42}$$

这个方程本身在

$$[\lambda_m - L(x)]\zeta(x,x') = 0 \tag{6.4.43}$$

时应该有线性无关的两个特解, 记为 $\zeta_1(x)$ 和 $\zeta_2(x)$. 另外方程 (6.4.42) 还有一个特解, 记为 $\zeta_0(x,x')$. 那么在 $x > x'$ 和 $x < x'$ 的两侧区域的格林函数都应该写成齐次方程的两个特解的线性叠加再加上非齐次方程的这个特解.

$$G(x,x') = \begin{cases} a_1(x')\zeta_1(x) + a_2(x')\zeta_2(x) + \zeta_0(x,x'), & x > x' \\ b_1(x')\zeta_1(x) + b_2(x')\zeta_2(x) + \zeta_0(x,x'), & x < x' \end{cases} \tag{6.4.44}$$

此式与式 (6.1.18) 的差别就是多了一个特解. 特解在两个区域是一样的.

要求格林函数在 $x=x'$ 处是连续的

$$[a_1(x')-b_1(x')]\zeta_1(x')+[a_2(x')-b_2(x')]\zeta_2(x')=0 \tag{6.4.45}$$

把方程 (6.4.45) 两边对 $x$ 从 $x=x'-0^+$ 到 $x=x'+0^+$ 积分. 由于积分区域是无穷小, 凡是连续函数的积分都为零. 得到

$$p_2(x')[(a_1(x')-b_1(x'))\zeta_1'(x)+(a_2(x')-b_2(x'))\zeta_2'(x)]=1 \tag{6.4.46}$$

式 (6.4.45)、式 (6.4.46) 与式 (6.1.19)、式 (6.4.20) 完全相同. 此两式联立, 即可求得

$$a_1(x')-b_1(x')=-\frac{\zeta_2(x')}{p_2(x')W(x')},\quad a_2(x')-b_2(x')=\frac{\zeta_1(x')}{p_2(x')W(x')} \tag{6.4.47}$$

其中

$$W(x')=\zeta_1(x')\zeta_2'(x)-\zeta_2(x')\zeta_1'(x) \tag{6.4.48}$$

是 $\zeta_1(x)$ 和 $\zeta_2(x)$ 的朗斯基行列式. 再加上两个边界条件 (6.4.35b), 就可定出所有的系数. 以下讨论与式 (6.1.19)~ 式 (6.1.25) 的讨论是完全一样的. 唯一的差别就是现在的广义格林函数的表达式多一个特解项.

广义格林函数是为了求解特定情况下的非齐次方程的解而引入的, 没有格林函数那么强的物理意义.

还有一点要注意, 分段表示法与特征函数法是等价的. 在特征函数法中, 已经看到, 必须用到格林函数的对称性条件式 (6.4.7), 才能把最后一个待定的量确定下来. 因此, 在分段表示法中, 也一定会用到式 (6.4.7), 才能把最后一个系数确定下来.

在求普通的格林函数和广义格林函数时, 都用到特征函数法和分段表示法. 若求解区域存在特征函数系, 这两种方法是完全等价的, 则应该可以一般地证明这两种方法的等价性. 未见到这个证明. 在不少情况下, 确实可以看到, 分段表示法的结果用特征函数系展开后, 就是采用特征函数法得到的结果.

### 6.4.4 求解二阶微分方程边值问题的实例

**例 1** 求解以下边值问题:

$$-\frac{\mathrm{d}^2}{\mathrm{d}x^2}\psi(x)=f(x),\quad 0<x<1 \tag{6.4.49a}$$

$$\left.\frac{\mathrm{d}\psi(x)}{\mathrm{d}x}\right|_{x=0}=\left.\frac{\mathrm{d}\psi(x)}{\mathrm{d}x}\right|_{x=1}=0 \tag{6.4.49b}$$

**解** 算符中的权函数 $\rho(x)=1$, $q(x)=1$. 参量 $\lambda=0$. 这是齐次边界条件的情况. 相应的齐次边值问题

$$\left(\lambda_m+\frac{\mathrm{d}^2}{\mathrm{d}x^2}\right)\varphi_m(x)=0,\quad 0<x<1 \tag{6.4.50a}$$

$$\left.\frac{\mathrm{d}\varphi_m(x)}{\mathrm{d}x}\right|_{x=0}=\left.\frac{\mathrm{d}\varphi_m(x)}{\mathrm{d}x}\right|_{x=1}=0 \tag{6.4.50b}$$

是有零特征值解的. 对应于 $\lambda_0=0$ 的两个线性无关的特征函数是 1 和 $x$.

$$\varphi_0(x)=a+bx$$

代入边界条件 (6.4.50b), 得到的解是一个任意常数 $c$. 而归一化的解是

$$\varphi_0(x)=1 \tag{6.4.51}$$

当 $\lambda_m\neq 0$ 时, 两个特解为 $\cos\sqrt{\lambda_m}x$ 和 $\sin\sqrt{\lambda_m}x$. 满足边界条件的特征值和特征函数系是

$$\varphi_0(x)=1,\quad \varphi_n(x)=\sqrt{2}\cos n\pi x,\quad \lambda_n=n^2\pi^2,\quad n=0,1,2,3,\cdots \tag{6.4.52}$$

现在 (6.4.49a) 中的参量 $\lambda=0$ 恰是一特征值. 相容性条件 (6.4.30) 要求边值问题 (6.4.49) 有解的条件是

$$\int_0^1 f(x)\mathrm{d}x=0$$

因 $\lambda=0=\lambda_0$ 是特征值, 且边界条件是齐次的, 需要求解广义格林函数. 相应的广义格林函数满足的方程是

$$-\frac{\mathrm{d}^2}{\mathrm{d}x^2}G(x,x')=\delta(x-x')-1,\quad 0<x<1 \tag{6.4.53a}$$

$$\left.\frac{\mathrm{d}G(x,x')}{\mathrm{d}x}\right|_{x=0}=\left.\frac{\mathrm{d}G(x,x')}{\mathrm{d}x}\right|_{x=1}=0 \tag{6.4.53b}$$

1. *用特征函数法求解*

套用式 (6.4.40), 立即写出广义格林函数为

$$G(x,x')=1+\frac{2}{\pi^2}\sum_{n=1}^{\infty}\frac{1}{n^2}\cos n\pi x'\cos n\pi x \tag{6.4.54}$$

2. 用分段表示法

当 $x \neq x'$ 时, 方程 (6.4.53a) 有一个特解

$$\zeta_0(x, x') = \frac{x^2}{2} \tag{6.4.55}$$

相应的齐次方程

$$-\frac{\mathrm{d}^2}{\mathrm{d}x^2}\zeta(x) = 0 \tag{6.4.56}$$

的两个线性无关解是

$$\zeta_1(x) = 1, \quad \zeta_2(x) = x \tag{6.4.57}$$

因此广义格林函数是

$$\begin{aligned} G(x, x') = & \left[c_1(x') + c_2(x')x + \frac{x^2}{2}\right]\theta(x - x') \\ & + \left[d_1(x') + d_2(x')x + \frac{x^2}{2}\right]\theta(x' - x), \quad 0 < x, x' < 1 \end{aligned} \tag{6.4.58}$$

用式 (6.1.19) 和式 (6.1.20) 的条件

$$c_1(x') - d_1(x') + [c_2(x') - d_2(x')]x' = 0 \tag{6.4.59a}$$

$$-c_2(x') + d_2(x') = 1 \tag{6.4.59b}$$

用边界条件 (6.4.53b) 得到

$$\left.\frac{\mathrm{d}G(x, x')}{\mathrm{d}x}\right|_{x=0} = d_2(x') = 0 \tag{6.4.59c}$$

$$\left.\frac{\mathrm{d}G(x, x')}{\mathrm{d}x}\right|_{x=1} = c_2(x') + 1 = 0 \tag{6.4.59d}$$

从式 (6.4.59b)~ 式 (6.4.59d) 四式中解出 $c_1(x') = d_1(x') + x'$ 后, 格林函数是

$$G(x, x') = \left[c_1(x') - x + \frac{x^2}{2}\right]\theta(x - x') + \left[c_1(x') - x' + \frac{x^2}{2}\right]\theta(x' - x) \tag{6.4.60a}$$

现在还有一个未知量 $c_1(x')$ 待定. 正像前面在介绍分段表示法求解广义格林函数时指出的, 这里不得不借助于对称性 (6.4.7) 来定这最后一个系数. 把式 (6.4.60a) 中的 $x$ 和 $x'$ 交换, 得

$$G(x', x) = \left[c_1(x) - x' + \frac{x'^2}{2}\right]\theta(x' - x) + \left[c_1(x) - x + \frac{x'^2}{2}\right]\theta(x - x') \tag{6.4.60b}$$

令 $G(x',x)=G(x,x')$, 得到

$$c_1(x')+\frac{x^2}{2}=c_1(x)+\frac{x'^2}{2}$$

只要设

$$c_1(x)=\frac{x^2}{2}$$

即可. 解出的广义格林函数为

$$G(x,x')=\left(-x+\frac{x^2+x'^2}{2}\right)\theta(x-x')+\left(-x'+\frac{x^2+x'^2}{2}\right)\theta(x'-x) \tag{6.4.61}$$

方程 (6.4.49) 的解为

$$\psi(x)=c+\int_0^1 G(x,x')f(x')\mathrm{d}x',\quad 0<x<1 \tag{6.4.62}$$

其中 $c$ 是任意常数.

**例 2** 求解以下边值问题:

$$\left[-\frac{\mathrm{d}}{\mathrm{d}x}\left(x\frac{\mathrm{d}}{\mathrm{d}x}\right)+\frac{n^2}{x}\right]\psi(x)=f(x),\quad 0<x<1 \tag{6.4.63a}$$

$$\psi(x=0)<\infty,\quad \psi(x=1)=0 \tag{6.4.63b}$$

其中 $n$ 是整数.

**解** 算符的权函数 $\rho(x)=1$, $p(x)=x, q(x)=n^2/x$. 参量 $\lambda=0$. 相应的特征值问题是

$$\left[-\frac{\mathrm{d}}{\mathrm{d}x}\left(x\frac{\mathrm{d}}{\mathrm{d}x}\right)+\frac{n^2}{x}\right]\varphi_m(x)=\lambda_m\varphi_m(x),\quad -1<x<1 \tag{6.4.64a}$$

$$\varphi(x=0)<\infty,\quad \varphi(x=1)=0 \tag{6.4.64b}$$

相应的齐次方程是

$$\left[-\frac{\mathrm{d}}{\mathrm{d}x}\left(x\frac{\mathrm{d}}{\mathrm{d}x}\right)+\frac{n^2}{x}\right]\varphi(x)=0,\quad -1<x<1 \tag{6.4.65a}$$

$$\varphi_m(x=0)<\infty,\quad \varphi_m(x=1)=0 \tag{6.4.65b}$$

相应的格林函数满足的方程是

$$\left[-\frac{\mathrm{d}}{\mathrm{d}x}\left(x\frac{\mathrm{d}}{\mathrm{d}x}\right)+\frac{n^2}{x}\right]G(x,x')=\delta(x-x'),\quad 0<x,x'<1 \tag{6.4.66a}$$

$$G(x=0)<\infty,\quad G(x=1)=0 \tag{6.4.66b}$$

现在的边界条件是非齐次的, 因此不用涉及广义格林函数.

方程 (6.4.65) 的特征值和特征函数系未知. 因此只能用分段表示法来求解格林函数.

先来求方程 (6.4.63a) 右边为零时, 也就是方程

$$\left(-x^2\frac{\mathrm{d}^2}{\mathrm{d}x^2}-x\frac{\mathrm{d}}{\mathrm{d}x}+n^2\right)\varphi(x)=0 \tag{6.4.67}$$

在各整数 $n$ 时的两个线性无关的特解. 这一方程在 $x$=0 点处是第一类奇点. $a_0=1, b_0=-n^2$, 指标方程为

$$\lambda(\lambda-1)+\lambda-n^2=\lambda^2-n^2=0$$

解出

$$\lambda=\pm n$$

它们对应的特征向量

$$A_0=\begin{pmatrix}0 & 1\\ -b_0 & 1-a_0\end{pmatrix}=\begin{pmatrix}0 & 1\\ -n^2 & 0\end{pmatrix}$$

$$\begin{pmatrix}0 & 1\\ -n^2 & 0\end{pmatrix}\begin{pmatrix}a_1\\ a_2\end{pmatrix}=\begin{pmatrix}a_2\\ -n^2a_1\end{pmatrix}=\pm n\begin{pmatrix}a_1\\ a_2\end{pmatrix},\quad \frac{a_2}{a_1}=\pm n$$

这两个特征值对应的特征向量是线性无关的. 将式 (6.4.67) 写成式 (3.6.53) 的形式可知, 此时的系数只有 $A_0$ 矩阵项. 因此, 不必用级数法求解. 当 $n\neq 0$ 时, 两个线性无关的解就是

$$\varphi_1(x)=x^n,\quad \varphi_2(x)=x^{-n}$$

当 $n=0$ 时, 两个根相重, 其中一个特解有对数项. 容易得到, 此时两个线性无关的特解为

$$\varphi_1(x)=1,\quad \varphi_2(x)=\ln x$$

当参量 $n=0,1,2,\cdots$ 时, 对应的齐次方程的通解分别是

$$\{a_0+b_0\ln x, a_1x+b_1x^{-1}, a_2x^2+b_2x^{-2},\cdots,a_nx^n+b_nx^{-n},\cdots\}$$

下面按 $n=0$ 和 $n\neq 0$ 两种情况求格林函数.

(1) 当 $n=0$ 时, 格林函数是

$$G(x,x')=[c_1(x')+c_2(x')\ln x]\theta(x-x')+[d_1(x')+d_2(x')\ln x]\theta(x'-x)$$

利用边界条件 (6.4.66b) 可知, 只有取 $c_1(x')=0, d_2(x')=0$ 才能满足边界条件.

$$G(x,x')=c_2(x')\ln x\theta(x-x')+d_1(x')\theta(x'-x)$$

利用 $x=x'$ 时格林函数连续的条件得

$$c_2(x')\ln x'=d_1(x')$$

又由 $x=x'$ 处格林函数跃变的条件得

$$-c_2(x')=1$$

因此 $n=0$ 的格林函数是

$$G(x,x')=-\ln x\theta(x-x')-\ln x'\theta(x'-x)$$

方程 (6.4.63) 的通解为

$$\psi(x)=a_1+a_2\ln x+\int_0^1 G(x,x')f(x')\mathrm{d}x',\quad 0<x<1$$

其中 $a_1, a_2$ 是任意常数. 由边界条件 (6.4.63b) 得到 $a_1=a_2=0$. 最后得

$$\psi(x)=\int_0^1 G(x,x')f(x')\mathrm{d}x',\quad 0<x<1$$

(2) 当 $n\neq 0$ 时, 格林函数是

$$G(x,x')=[c_1(x')x^n+c_2(x')x^{-n}]\theta(x-x')+[d_1(x')x^n+d_2(x')x^{-n}]\theta(x'-x)$$

利用边界条件 (6.4.66b) 可知, 只有取 $c_1(x')=-c_2(x'), d_2(x')=0$ 才能满足边界条件.

$$G(x,x')=c_1(x')(x^n-x^{-n})\theta(x-x')+d_1(x')x^n\theta(x'-x)$$

利用 $x=x'$ 时格林函数连续的条件得

$$c_1(x')(x'^n-x'^{-n})=d_1(x')x'^n$$

又由 $x=x'$ 处两侧格林函数导数的条件得

$$nc_1(x')(x'^{n-1}+x'^{-n-1})-nd_1(x')x'^{n-1}=-1/x'$$

由此两式解得

$$\begin{aligned}
&nc_1(x')x'^n+nc_1(x')x'^{-n}-nd_1(x')x'^n=-1\\
&nc_1(x')x'^n-nc_1(x')x'^{-n}-nd_1(x')x'^n=0\\
&c_1(x')=-\frac{x'^n}{2n},\quad d_1(x')=-\frac{x'^n(x'^n-x'^{-n})}{2nx'^n}=-\frac{(x'^n-x'^{-n})}{2n}
\end{aligned}$$

最后解出的格林函数为

$$G(x,x') = -\frac{x'^n}{2n}(x^n - x^{-n})\theta(x-x') - \frac{(x'^n - x'^{-n})}{2n}x^n\theta(x'-x)$$

方程 (6.4.63) 的通解为

$$\psi(x) = b_1x^n + b_2x^{-n} + \int_0^1 G(x,x')f(x')\mathrm{d}x', \quad 0<x<1$$

其中 $b_1, b_2$ 是任意常数. 由边界条件 (6.4.63b) 得到 $b_1 = b_2 = 0$. 最后得

$$\psi(x) = \int_0^1 G(x,x')f(x')\mathrm{d}x', \quad 0<x<1$$

此题不是求广义函数, 因此不需要利用对称性 $G(x,x') = G^*(x',x)$ 就能求出所有待定参量.

若原方程按如下形式多一个常数:

$$\frac{1}{x}\frac{\mathrm{d}}{\mathrm{d}x}\left(x\frac{\mathrm{d}y}{\mathrm{d}x}\right) + \left(\lambda - \frac{n^2}{x^2}\right)y = -\frac{1}{x}f(x)$$

那么, 相应的齐次方程是

$$\frac{1}{x}\frac{\mathrm{d}}{\mathrm{d}x}\left(x\frac{\mathrm{d}y}{\mathrm{d}x}\right) + \left(\lambda - \frac{n^2}{x^2}\right)y = 0$$

这是个 $n$ 阶贝塞尔方程, 特征值和特征函数系已知. $\lambda = 0$ 不是这一方程满足边界条件的特征值.

贝塞尔特征方程是

$$\frac{1}{x}\frac{\mathrm{d}}{\mathrm{d}x}\left(x\frac{\mathrm{d}\varphi_m}{\mathrm{d}x}\right) + \left(\lambda_m - \frac{n^2}{x^2}\right)\varphi_m = 0$$

$$\varphi_m(x=0) < \infty, \quad \varphi_m(x=1) = 0$$

归一化的解函数是 $\varphi_m = N_mJ_n(k_mx)$, 其中 $J_n$ 是 $n$ 阶的贝塞尔函数, $N_m$ 是归一化系数, $k_m = \sqrt{\lambda_m}$. 特征函数系是 $\{N_mJ_n(k_mx)\}$. 那么格林函数写成特征函数系的展开, 套用公式

$$G(x,x') = -\sum_{i=1}^{\infty}\frac{N_i^2}{\lambda_i}J_n(k_ix')J_n(k_ix)$$

很方便地得到了格林函数. 此例虽非齐次边界条件, 恰好也可用特征函数法.

以上例子可以看到, 在已知特征函数集的情况下, 用特征函数法给出格林函数要快捷得多. 而在特征函数系未知的情况下, 只能用分段表示法来求解.

# 6.5 高维空间的格林函数

## 6.5.1 二阶微分方程与格林函数

1. 二阶微分方程

本章的高维空间是指二维和三维空间. 在求解数学物理的偏微分方程时, 高维空间的问题总是用分离变量法化为一维问题来求解.

将微分方程求解的区域记为 $V$, 它的表面记为 $S$. 对于二维空间,$V$ 实际上是平面上的一个区域, 而 $S$ 就代表了其边界闭合线. 当说到体积分 $\int_V \mathrm{d}V$ 和面积分 $\oint_S \mathrm{d}S$ 的时候, 对于二维空间, 就分别相应于对于二维区域的面积分和其边界的线积分. 本节以下理论对于二维和三维空间都适用.

二维和三维空间中, 也只考虑最高是二次微分的微分算子, 并且写成施图姆–刘维尔算子的形式.

$$L = \frac{1}{\rho(\boldsymbol{r})}\left(-\nabla\cdot[p(\mathbf{r})\nabla] + q(\boldsymbol{r})\right) \tag{6.5.1a}$$

要求, 在求解区域 $V$ 内, $p(\boldsymbol{r}), q(\boldsymbol{r}), \rho(\boldsymbol{r})$ 这三个函数都是连续的实函数, 且满足以下条件:

$$p(\boldsymbol{r}) \geqslant 0, \quad q(\boldsymbol{r}) \geqslant 0, \quad \rho(\boldsymbol{r}) > 0 \tag{6.5.1b}$$

其中 $\rho(\boldsymbol{r})$ 是权函数. 以下积分都是指带权 $\rho(\boldsymbol{r})$ 的积分, 除非特别说明. 因此内积是

$$(f, g) = \int_V \rho(\boldsymbol{r}) f^*(\boldsymbol{r}) g(\boldsymbol{r}) \mathrm{d}V$$

只要 $\rho(\boldsymbol{r}), p(\boldsymbol{r}), q(\boldsymbol{r})$ 三个函数是实的, 式 (6.5.1) 的算子 $L$ 是形式自伴的. 这可由下式看出来:

$$\begin{aligned}(v, Lu) &= \int_V \rho v^* Lu \mathrm{d}V = \int_V v^*[-\nabla\cdot(p\nabla) + q]u\mathrm{d}V \\ &= \int_V u[-\nabla\cdot(p\nabla) + q]v^*\mathrm{d}V + \int_V \nabla\cdot(up\nabla v^* - v^* p\nabla u)\mathrm{d}V \\ &= \int_V \rho(Lv)^* u\mathrm{d}V + \oint_S [p(u\nabla v^* - v^*\nabla u)]\cdot\mathrm{d}\boldsymbol{S} \\ &=(Lv, u) + \oint_S [p(u\nabla v^* - v^*\nabla u)]\cdot\mathrm{d}\boldsymbol{S}\end{aligned} \tag{6.5.2}$$

现在高维时的结就是

$$J = \oint_S (up\nabla v - vp\nabla u)\cdot\mathrm{d}\boldsymbol{S}$$

一维情况时的对应就是式 (2.2.11). 如果对边界积分的这一项为零, 那么算符 $L(\boldsymbol{r})$ 就是自伴的了.

如此明确了算子 $L(\boldsymbol{r})$ 的形式之后, 就可以叙述二阶微分方程的边值问题和如何求解边值问题的格林函数了.

边值问题是

$$[\lambda - L(\boldsymbol{r})]\psi(\boldsymbol{r}) = f(\boldsymbol{r}), \quad \boldsymbol{r}, \boldsymbol{r}' \in V \tag{6.5.3a}$$

$$\left[\alpha\psi(\boldsymbol{r}) + \beta\frac{\partial\psi(\mathbf{r})}{\partial n}\right]_S = u(\boldsymbol{r}) \tag{6.5.3b}$$

2. 格林函数

与边值问题 (6.5.3) 相应的格林函数满足的方程如下：

$$[\lambda - L(\boldsymbol{r})]G(\boldsymbol{r}, \boldsymbol{r}') = \delta(\boldsymbol{r} - \boldsymbol{r}')/\rho(\boldsymbol{r}), \quad \boldsymbol{r}, \boldsymbol{r}' \in V \tag{6.5.4a}$$

$$\left[\alpha G(\boldsymbol{r}, \boldsymbol{r}') + \beta\frac{\partial G(\boldsymbol{r}, \boldsymbol{r}')}{\partial n}\right]_S = w(\boldsymbol{r}) \tag{6.5.4b}$$

若 $w(\boldsymbol{r}) = 0$, 则称为齐次边界条件; 否则称为非齐次边界条件. 最常见的情况是齐次边界条件.

格林函数具有如下对称性:

$$G^*(\boldsymbol{r}_1, \boldsymbol{r}_2; \lambda) = G(\boldsymbol{r}_2, \boldsymbol{r}_1; \lambda^*) \tag{6.5.5}$$

证明的步骤与 6.4.1 小节中完全相同.

高维空间求解格林函数主要是应用特征函数法和分段表示法两种方法. 特征函数法已如前述. 对于分段表示法, 在一维情况中已经给出标准步骤. 在高维空间中, 有两个或者三个变量. 此时可以在空间的一个方向上, 也就是对一个坐标采取分段表示法. 其他方向上只要求解特征函数系即可. 这一方法仍然称为分段表示法.

二维和三维空间分别有两个和三个坐标, 应该选择其中哪一个坐标来分段计算呢? 此处给出一些粗略的原则.

对于三维空间有球对称的系统, 应采用球坐标, 这时应在径向上采用分段计算. 因为球对称时角向的特征函数系很容易就求出来了. 同理, 二维空间中圆对称性的系统, 采用柱坐标, 也应在径向上采用分段计算.

采用分离变量法之后, 二维空间的特征函数实际上是两个方向上的特征函数的乘积. 如果系统在其中一个空间方向上没有非零的特征函数, 那么就肯定是在这个方向上采用分段表示法. 同理, 三维空间中, 也是在没有特征函数的方向上采用分段表示法.

如果采用直角坐标系, 其中一个方向的范围是无限长, 而其他方向是有限范围, 就选择无限长的方向作为分段计算的方向.

这些选取的原则都反映在以下实例中.

3. 二阶微分方程解的一般表达式

求解边值问题 (6.5.3) 的步骤与一维情况类似, 此处不再重复. 在这里只给出一个求解非齐次微分方程 (6.5.3a) 的一般表达式. 在式 (6.5.2) 式的左边, 将 $v, L, u$ 分别换成 $G(\lambda^*), \lambda - L, \psi$, 那么

$$
\begin{aligned}
&(G(\lambda^*), (\lambda - L)\psi) - ((\lambda^* - L)G(\lambda^*), \psi) \\
&= \oint_S [p(\boldsymbol{r})(\psi(\boldsymbol{r})\nabla G^*(\boldsymbol{r}, \boldsymbol{r}'; \lambda^*) - G^*(\boldsymbol{r}, \boldsymbol{r}'; \lambda^*)\nabla\psi(\boldsymbol{r}))] \cdot \mathrm{d}S
\end{aligned}
$$

利用式 (6.5.3a) 和式 (6.5.4a), 两个内积分别为

$$
\begin{aligned}
(G(\lambda^*), (\lambda - L)\psi) &= \int_V \rho(\boldsymbol{r})G^*(\boldsymbol{r}, \boldsymbol{r}'; \lambda^*)[\lambda - L(\boldsymbol{r})]\psi(\boldsymbol{r})\mathrm{d}\boldsymbol{r} \\
&= \int_V \rho(\boldsymbol{r})G(\boldsymbol{r}, \boldsymbol{r}'; \lambda^*)f(\boldsymbol{r})\mathrm{d}\boldsymbol{r} \\
((\lambda^* - L)G(\lambda^*), \psi) &= \int_V \rho(\boldsymbol{r})\{[\lambda^* - L(\boldsymbol{r})]G(\boldsymbol{r}, \boldsymbol{r}'; \lambda^*)\}^*\psi(\boldsymbol{r}')\mathrm{d}\boldsymbol{r} = \psi(\boldsymbol{r}')
\end{aligned}
$$

$$
\begin{aligned}
\psi(\boldsymbol{r}') = &\int_V \rho(\boldsymbol{r})G^*(\boldsymbol{r}, \boldsymbol{r}'; \lambda^*)f(\boldsymbol{r})\mathrm{d}\boldsymbol{r} \\
&- \oint_S [p(\boldsymbol{r})(\psi(\boldsymbol{r})\nabla_{\boldsymbol{r}} G^*(\boldsymbol{r}, \boldsymbol{r}'; \lambda^*) - G^*(\boldsymbol{r}, \boldsymbol{r}'; \lambda^*)\nabla\psi(\boldsymbol{r}))] \cdot \mathrm{d}S
\end{aligned}
$$

交换 $\boldsymbol{r}$ 和 $\boldsymbol{r}'$, 再利用格林函数的对称性, 得到解的一般表达式

$$
\begin{aligned}
\psi(\boldsymbol{r}) = &\int_{V'} \rho(\boldsymbol{r}')G(\boldsymbol{r}, \boldsymbol{r}'; \lambda)f(\boldsymbol{r}')\mathrm{d}\boldsymbol{r}' \\
&- \oint_{S'} [p(\boldsymbol{r}')(\psi(\boldsymbol{r}')\nabla_{\boldsymbol{r}'} G(\boldsymbol{r}, \boldsymbol{r}'; \lambda) - G(\boldsymbol{r}, \boldsymbol{r}'; \lambda)\nabla\psi(\boldsymbol{r}'))] \cdot \mathrm{d}S' \quad (6.5.6)
\end{aligned}
$$

一个函数的梯度与表面法向的点乘, 可以直接写成函数对于表面法向的导数, 所以式 (6.5.6) 也可改写成

$$
\begin{aligned}
\psi(\boldsymbol{r}) = &\int_{V'} \rho(\boldsymbol{r}')G(\boldsymbol{r}, \boldsymbol{r}'; \lambda)f(\boldsymbol{r}')\mathrm{d}\boldsymbol{r}' \\
&- \oint_{S'} [p(\boldsymbol{r}')(\psi(\boldsymbol{r}')\frac{\partial}{\partial n'} G(\boldsymbol{r}, \boldsymbol{r}'; \lambda) - G(\boldsymbol{r}, \boldsymbol{r}'; \lambda)\frac{\partial}{\partial n'}\psi(\boldsymbol{r}'))] \cdot \mathrm{d}S' \quad (6.5.7)
\end{aligned}
$$

以上推导实际上与得到式 (6.4.14) 的过程是一样的.

对于解的表达式 (6.5.6), 需要说明以下三点:

(1) 注意, 格林函数中含有参量 $\lambda$. 一般不明确写出来.

(2) 若参量 $\lambda$ 恰是某一特征值 $\lambda_m$, 就应该在式 (6.5.6) 中加上 $\lambda_m$ 的特征函数 $\varphi_m(\boldsymbol{r})$ 这一项. 一般说来, 式 (6.5.6) 这一形式总是用于系统不存在非零特征函数的情况. 即参量 $\lambda$ 不会是特征值. 此时不用考虑广义格林函数的问题.

(3) 式 (6.5.6) 中的第一项是非齐次的贡献, 第二项则是边界的贡献, 现在边界条件还未具体写出. 因此称之为解的一般表达式. 边界上的贡献见式 (6.4.14) 下的说明.

### 6.5.2 二维格林函数求解实例

1. 长方形内亥姆霍兹方程的格林函数

求如下问题的格林函数:

$$(\nabla^2+k^2)G(\boldsymbol{r},\boldsymbol{r}')=\delta(\boldsymbol{r}-\boldsymbol{r}'),\quad 0\leqslant x,x'\leqslant a;0\leqslant y,y'\leqslant b \tag{6.5.8a}$$

$$G(\boldsymbol{r},\boldsymbol{r}')|_{x=0}=G(\boldsymbol{r},\boldsymbol{r}')|_{x=a}=0,\quad G(\boldsymbol{r},\boldsymbol{r}')|_{y=0}=G(\boldsymbol{r},\boldsymbol{r}')|_{y=b}=0 \tag{6.5.8b}$$

这时的参量 $\lambda=k^2$, 算符 $L=-\nabla^2$. 相应的边值问题

$$(\nabla^2+k^2)\psi(\boldsymbol{r})=f(\boldsymbol{r}),\quad 0\leqslant x\leqslant a;0\leqslant y\leqslant b$$

$$\psi(\boldsymbol{r})|_{x=0}=\psi(\boldsymbol{r})|_{x=a}=0,\quad \psi(\boldsymbol{r})|_{y=0}=\psi(\boldsymbol{r})|_{y=b}=0$$

1) 特征函数法

求解相应的特征值问题

$$(\nabla^2+k_i^2)\varphi_i(\boldsymbol{r})=0,\quad 0\leqslant x\leqslant a;0\leqslant y\leqslant b$$

$$\varphi_i(\boldsymbol{r})|_{x=0}=\varphi_i(\boldsymbol{r})|_{x=a}=0,\quad \varphi_i(\boldsymbol{r})|_{y=0}=\varphi_i(\boldsymbol{r})|_{y=b}=0$$

用分离变量法, 令

$$\varphi_i(\boldsymbol{r})=X(x)Y(y) \tag{6.5.9}$$

$$\frac{X''(x)}{X(x)}+\frac{Y''(y)}{Y(y)}+k^2=0$$

可得到两个方向上的特征方程和边界条件如下:

$$X''(x)+X(x)k_x^2=0 \tag{6.5.10a}$$

$$X(0)=X(a)=0 \tag{6.5.10b}$$

$$Y''(y) + k_y^2 Y(y) = 0 \tag{6.5.11a}$$

$$Y(0) = Y(b) = 0 \tag{6.5.11b}$$

边界条件 (6.5.10b) 和边界条件 (6.5.11b) 由式 (6.5.8b) 得到. 求得两个方向上的归一化的特征函数和特征值各自为

$$X(x) = \sqrt{\frac{2}{a}} \sin k_x x, \quad Y(y) = \sqrt{\frac{2}{b}} \sin k_y y, \quad k_x = \frac{n\pi}{a}, \quad k_y = \frac{m\pi}{b} \tag{6.5.12}$$

其中 $m$ 和 $n$ 都是正整数. 总的特征函数和特征值是

$$\varphi_i(\boldsymbol{r}) = \varphi_{n,m}(\boldsymbol{r}) = \sqrt{\frac{4}{ab}} \sin \frac{n\pi}{a} x \sin \frac{m\pi}{b} y, \quad k_i^2 = k_x^2 + k_y^2 \tag{6.5.13}$$

因为是二维系统, 所以特征值和特征函数有两重指标.

(1) 参量 $k^2$ 不等于特征值. 则格林函数为

$$\begin{aligned} G(\boldsymbol{r}, \boldsymbol{r}') &= \sum_i \frac{\varphi_i(\boldsymbol{r}')\varphi_i(\boldsymbol{r})}{k^2 - k_i^2} = \sum_{n,m=1}^{\infty} \frac{\varphi_{n,m}(\boldsymbol{r}')\varphi_{n,m}(\boldsymbol{r})}{k^2 - k_{n,m}^2} \\ &= \frac{4}{ab} \sum_{n,m=1}^{\infty} \frac{1}{k^2 - [(n\pi/a)^2 + (m\pi/b)^2]} \\ &\quad \sin \frac{n\pi}{a} x' \sin \frac{m\pi}{b} y' \sin \frac{n\pi}{a} x \sin \frac{m\pi}{b} y \end{aligned} \tag{6.5.14}$$

(2) 参量 $k^2$ 等于某一特征值. 设

$$k^2 = \left(\frac{n_1\pi}{a}\right)^2 + \left(\frac{m_1\pi}{b}\right)^2 \tag{6.5.15}$$

因是齐次边界条件, 故必须求广义格林函数

$$\begin{aligned} &\left(\nabla^2 + \left(\frac{n_1\pi}{a}\right)^2 + \left(\frac{m_1\pi}{b}\right)^2\right) G(\boldsymbol{r}, \boldsymbol{r}') \\ =&\delta(x - x')\delta(y - y') - \frac{4}{ab} \sin \frac{n_1\pi}{a} x' \sin \frac{m_1\pi}{b} y' \sin \frac{n_1\pi}{a} x \sin \frac{m_1\pi}{b} y \end{aligned} \tag{6.5.16}$$

方程右边减去的这一项正是相应于特征值 (6.5.15) 的特征函数. 套用广义格林函数的公式, 得到

$$\begin{aligned} G(\boldsymbol{r}, \boldsymbol{r}') =& \frac{4}{ab} \sin \frac{n_1\pi}{a} x' \sin \frac{m_1\pi}{b} y' \sin \frac{n_1\pi}{a} x \sin \frac{m_1\pi}{b} y \\ &+ \frac{4ab}{\pi^2} \sum_{n=1, n\neq n_1}^{\infty} \sum_{m=1, m\neq m_1}^{\infty} \\ &\frac{\sin \frac{n\pi}{a} x' \sin \frac{m\pi}{b} y' \sin \frac{n\pi}{a} x \sin \frac{m\pi}{b} y}{b^2(n_1^2 - n^2) + a^2(m_1^2 - m^2)} \end{aligned} \tag{6.5.17}$$

2) 分段表示法

本题是直角坐标系, 两个方向都是有限范围, 并且两个方向都存在特征函数系, 如式 (6.5.10) 和式 (6.5.11) 所示. 因此, 可以任意选取一个方向作为分段计算. 不妨选取 $x$ 坐标作为分段计算的方向.

$$(\nabla^2 + k^2)G(\boldsymbol{r}, \boldsymbol{r}') = 0, \quad 0 \leqslant x \neq x' \leqslant a; 0 \leqslant y, y' \leqslant b \tag{6.5.18}$$

略去变量 $\boldsymbol{r}'$ 后, 相应的函数方程是

$$(\nabla^2 + k^2)\psi(\boldsymbol{r}) = 0$$

用分离变量法, $\psi(\boldsymbol{r}) = X(x)Y(y)$, 其中求解关于变量 $y$ 的方程, 就是式 (6.5.11). 归一化的特征函数和特征值见式 (6.5.12).

函数 $\delta(y - y')$ 用此特征系展开, 得

$$\delta(y - y') = \frac{2}{b}\sum_m \sin\frac{m\pi}{b}y' \sin\frac{m\pi}{b}y \tag{6.5.19}$$

因为 $\sin\dfrac{m\pi}{b}y$ 是一个完备系, 将格林函数用此完备系展开

$$G(\boldsymbol{r}, \boldsymbol{r}') = \frac{2}{b}\sum_m g_m(x, x') \sin\frac{m\pi}{b}y' \sin\frac{m\pi}{b}y \tag{6.5.20}$$

将式 (6.5.19) 和式 (6.5.20) 代入方程 (6.5.8a), 经过求导之后, 得到

$$\begin{aligned}&\frac{2}{b}\sum_m \left[\frac{\partial^2}{\partial x^2}g_m(x, x') + k_{xm}^2 g_m(x, x')\right] \sin\frac{m\pi}{b}y' \sin\frac{m\pi}{b}y \\ =&\delta(x - x')\frac{2}{b}\sum_m \sin\frac{m\pi}{b}y' \sin\frac{m\pi}{b}y\end{aligned}$$

此式两边始终相等的条件是下式成立:

$$\frac{\partial^2}{\partial x^2}g_m(x, x') + k_{xm}^2 g_m(x, x') = \delta(x - x') \tag{6.5.21a}$$

这是 $x$ 方向的格林函数应满足的方程, 其边界条件可由式 (6.5.8b) 得到

$$g_m(0, x') = g_m(a, x') = 0 \tag{6.5.21b}$$

现在就可以用分段表示法来求此方程了. 结果为

$$g_m(x, x') = -\frac{1}{k_{xm}\sin k_x a}[\sin k_{xm}(x' - a) \sin k_{xm}x\theta(x' - x)$$

$$+\sin k_{xm}x'\sin k_{xm}(x-a)\theta(x-x')] \tag{6.5.22}$$

将式 (6.5.22) 代入式 (6.5.20), 最后得格林函数为

$$\begin{aligned}G(\boldsymbol{r},\boldsymbol{r}')=&-\frac{2}{b}\sum_m\sin\frac{m\pi}{b}y'\sin\frac{m\pi}{b}y\frac{1}{k_{xm}a\sin k_{xm}a}\\&\times[\sin k_{xm}(x'-a)\sin k_{xm}x\theta(x-x')\\&+\sin k_{xm}x'\sin k_{xm}(x-a)\theta(x'-x)]\end{aligned} \tag{6.5.23}$$

其中

$$k_{xm}^2=k^2-\left(\frac{m\pi}{b}\right)^2 \tag{6.5.24}$$

上面的解只有在 $k^2\neq\left(\frac{n\pi}{a}\right)^2+\left(\frac{m\pi}{b}\right)^2$ 时成立.

当参量为某一特征值$k^2=\left(\frac{n_1\pi}{a}\right)^2+\left(\frac{m_1\pi}{b}\right)^2$ 时, 需要求广义格林函数. 广义格林函数满足的方程就是式 (6.5.16). 边界条件就是式 (6.5.8b). 格林函数和 $\delta$ 函数仍然用式 (6.5.20) 和式 (6.5.19) 的展开式, 代入式 (6.5.16).

$$\begin{aligned}&\left(\nabla^2+\left(\frac{n_1\pi}{a}\right)^2+\left(\frac{m_1\pi}{b}\right)^2\right)\frac{2}{b}\sum_m g_m(x,x')\sin\frac{m\pi}{b}y'\sin\frac{m\pi}{b}y\\=&\frac{2}{b}\sum_m\left(\frac{\partial^2}{\partial x^2}+k_{1m}^2\right)g_m(x,x')\sin\frac{m\pi}{b}y'\sin\frac{m\pi}{b}y\\=&\delta(x-x')\frac{2}{b}\sum_m\sin\frac{m\pi}{b}y'\sin\frac{m\pi}{b}y\\&-\frac{4}{ab}\sin\frac{n_1\pi}{a}x'\sin\frac{m_1\pi}{b}y'\sin\frac{n_1\pi}{a}x\sin\frac{m_1\pi}{b}y\end{aligned} \tag{6.5.25}$$

其中

$$k_{1m}^2=\left(\frac{n_1\pi}{a}\right)^2+\left(\frac{m_1\pi}{b}\right)^2-\left(\frac{m\pi}{b}\right)^2 \tag{6.5.26}$$

将式 (6.5.25) 两边用 $y$ 方向的第 $n$ 模式的本征函数作内积, 得到

$$\left(\frac{\partial^2}{\partial x^2}+k_{1m}^2\right)g_n(x,x')=\delta(x-x')-\frac{2}{a}\sin\frac{n_1\pi}{a}x'\sin\frac{n_1\pi}{a}x\delta_{nm_1} \tag{6.5.27}$$

当 $n\neq m_1$ 时, 有

$$\left(\frac{\partial^2}{\partial x^2}+k_{1n}^2\right)g_n(x,x')=\delta(x-x'),\quad n\neq m_1$$

与式 (6.5.21a) 同, 解式就是式 (6.5.22).

$$g_m(x,x')=-\frac{1}{k_{1m}\sin k_{1m}a}[\sin k_{1m}(x'-a)\sin k_{1m}x\theta(x-x')$$

$$+\sin k_{1m}x'\sin k_{1m}(x-a)\theta(x'-x)] \tag{6.5.28a}$$

当 $n=m_1$ 时, 由式 (6.5.27) 得到

$$\left(\frac{\partial^2}{\partial x^2}+k_{1m_1}^2\right)g_{m_1}(x,x')=\delta(x-x')-\frac{2}{a}\sin\frac{n_1\pi}{a}x'\sin\frac{n_1\pi}{a}x$$

其中刚好有 $k_{1m_1}^2=\left(\frac{n_1\pi}{a}\right)^2=k_{n_1}^2$, 见式 (6.5.26). 当 $x\neq x'$ 时, 有

$$\left(\frac{\partial^2}{\partial x^2}+k_{n_1}^2\right)g_{m_1}(x,x')=-\frac{2}{a}\sin k_{n_1}x'\sin k_{n_1}x$$

齐次方程的两个特解为

$$\zeta_1(x)=\sin k_{n_1}x,\quad \zeta_2(x)=\cos k_{n_1}x$$

用式 (3.1.24) 求非齐次方程的特解. 朗斯基行列式为

$$W=k_{n_1}\begin{vmatrix}\sin k_{n_1}x & \cos k_{n_1}x\\ \cos k_{n_1}x & -\sin k_{n_1}x\end{vmatrix}=-k_{n_1}$$

先不考虑因子 $\frac{2}{a}\sin k_{n_1}x'$, 特解就是

$$\begin{aligned}\zeta_0(x)&=-\sin k_{n_1}x\int\frac{\cos k_{n_1}x}{k_{n_1}}\sin k_{n_1}x\mathrm{d}x+\cos k_{n_1}x\int\frac{\sin k_{n_1}x}{k_{n_1}}\sin k_{n_1}x\mathrm{d}x\\&=-\sin k_{n_1}x\int\sin k_{n_1}x\cos k_{n_1}x\mathrm{d}x+\cos k_{n_1}x\int\sin^2 k_{n_1}x\mathrm{d}x\\&=\frac{1}{k_{n_1}}\left[-\frac{1}{2k_{n_1}}\sin k_{n_1}x\sin^2 k_{n_1}x+\cos k_{n_1}x\frac{2k_{n_1}x-\sin 2k_{n_1}x}{4k_{n_1}}\right]\\&=\frac{1}{2k_{n_1}^2}[-\sin k_{n_1}x+k_{n_1}x\cos k_{n_1}x]\end{aligned}$$

将因子 $\frac{2}{a}\sin k_{n_1}x'$ 乘回来, 所以特解是

$$\zeta_0(x,x')=\frac{\sin k_{n_1}x'}{ak_{n_1}^2}[-\sin k_{n_1}x+k_{n_1}x\cos k_{n_1}x]$$

可以写成

$$\zeta_0(x,x')=u(x)\sin k_{n_1}x'$$

其中

$$u(x)=\frac{1}{ak_{n_1}^2}[-\sin k_{n_1}x+k_{n_1}x\cos k_{n_1}x]$$

它在边界上的值为

$$u(0) = 0, \quad u(a) = (-1)^{n_1}/k_{n_1}$$

现在的广义格林函数就是式 (6.4.44)

$$g_{m_1}(x, x') = \begin{cases} a_1(x')\zeta_1(x) + a_2(x')\zeta_2(x) + \zeta_0(x, x'), & x > x' \\ b_1(x')\zeta_1(x) + b_2(x')\zeta_2(x) + \zeta_0(x, x'), & x < x' \end{cases}$$

系数按照式 (6.4.47) 求得

$$a_1(x') - b_1(x') = -\frac{\zeta_2(x')}{p_2(x')W(x')} = \frac{\cos k_{n_1} x}{k_{n_1}}$$
$$a_2(x') - b_2(x') = \frac{\zeta_1(x')}{p_2(x')W(x')} = -\frac{\sin k_{n_1} x}{k_{n_1}}$$

再利用格林函数的边界条件 (6.5.8b), 在 $x = a$ 和 $x = 0$ 处分别得到

$$(-1)^{n_1} a_2(x') + \frac{(-1)^{n_1}}{k_{n_1}} \sin k_{n_1} x' = 0$$
$$b_2(x') = 0$$

因此, 得到的格林函数是

$$g_{m_1}(x, x') = \begin{cases} a_1(x') \sin k_{n_1} x - \dfrac{1}{k_{n_1}} \sin k_{n_1} x' \cos k_{n_1} x + \zeta_0(x, x'), & x > x' \\ \left[a_1(x') - \dfrac{\cos k_{n_1} x'}{k_{n_1}}\right] \sin k_{n_1} x + \zeta_0(x, x'), & x < x' \end{cases}$$

还有一个因子有待确定. 这需要用到广义格林函数的对称性. 令 $g_{m_1}(x', x) = g_{m_1}(x, x')$, 得到

$$a_1(x') \sin k_{n_1} x - \frac{1}{k_{n_1}} \sin k_{n_1} x' \cos k_{n_1} x + \zeta_0(x, x')$$
$$= \left[a_1(x) - \frac{\cos k_{n_1} x}{k_{n_1}}\right] \sin k_{n_1} x' + \zeta_0(x', x)$$

化简之后

$$a_1(x') \sin k_{n_1} x + u(x) \sin k_{n_1} x' = a_1(x) \sin k_{n_1} x' + u(x') \sin k_{n_1} x$$

显然, 符合此式的解是

$$a_1(x) = u(x)$$

这样, 就得到广义格林函数的表达式

$$g_{m_1}(x, x') = \begin{cases} u(x') \sin k_{n_1} x + u(x) \sin k_{n_1} x' - \dfrac{1}{k_{n_1}} \sin k_{n_1} x' \cos k_{n_1} x, & x > x' \\ u(x') \sin k_{n_1} x + u(x) \sin k_{n_1} x' - \dfrac{\cos k_{n_1} x'}{k_{n_1}} \sin k_{n_1} x, & x < x' \end{cases} \tag{6.5.28b}$$

最后得到 $k^2 = \left(\frac{n_1\pi}{a}\right)^2 + \left(\frac{m_1\pi}{b}\right)^2$ 时的式 (6.5.8) 的广义格林函数解

$$G(\boldsymbol{r},\boldsymbol{r}') = \frac{2}{b}\sum_m g_m(x,x')\sin\frac{m\pi}{b}y'\sin\frac{m\pi}{b}y \tag{6.5.29}$$

其中, 当 $m \neq m_1$ 时, $g_m(x,x')$ 是式 (6.5.28), $g_{m_1}(x,x')$ 项则是式 (6.5.29).

本例也可以对 $y$ 方向分段求解. 由于本例系统的简单性, 只要在边值问题 (6.5.8) 中将 $x$ 和 $y$ 交换, $a$ 和 $b$ 交换, 边值问题的形式不变. 在一个正确的解式中作这样的交换得到的解式也一定是正确的. 例如, 在特征函数法的结果中作这样的交换, 解式不变. 因此, 只要将解式 (6.5.20) 中 $x$ 和 $y$ 交换, $a$ 和 $b$ 交换, 就得到对 $y$ 分段的解. 例如, 在式 (6.5.23) 中作这样的交换, 就得到

$$\begin{aligned}G(\boldsymbol{r},\boldsymbol{r}') =& -\frac{2}{a}\sum_m \sin\frac{m\pi}{a}x'\sin\frac{m\pi}{a}x\frac{1}{k_{ym}b\sin k_{ym}b}\\&\times[\sin k_{ym}(y'-b)\sin k_{ym}y\theta(y-y') + \sin k_{ym}y'\sin k_{ym}(y-b)\theta(y'-y)]\end{aligned}$$

2. 圆内亥姆霍兹方程的格林函数

求解满足如下边值问题的格林函数:

$$(\nabla^2 + k^2)G(\boldsymbol{r},\boldsymbol{r}') = \delta(\boldsymbol{r}-\boldsymbol{r}');\ r,\ r' < a \tag{6.5.30a}$$

$$G(\boldsymbol{r},\boldsymbol{r}')|_{r=0} < \infty, \quad G(\boldsymbol{r},\boldsymbol{r}')|_{r=a} = 0 \tag{6.5.30b}$$

当参量 $\lambda=k^2$ 为零时, 就是拉普拉斯方程的格林函数.

相应的边值问题是

$$(\nabla^2 + k^2)\psi(\boldsymbol{r}) = f(\boldsymbol{r})$$

$$\psi(\boldsymbol{r})|_{r=0} < \infty, \quad \psi(\boldsymbol{r})|_{r=a} = 0$$

既然是圆内问题, 就采用极坐标. 极坐标的拉普拉斯算符和 $\delta$ 函数的形式分别是

$$\nabla^2 = \frac{1}{r}\frac{\partial}{\partial r}\left(r\frac{\partial}{\partial r}\right) + \frac{1}{r^2}\frac{\partial^2}{\partial^2\theta} \tag{6.5.31}$$

$$\delta(\boldsymbol{r}-\boldsymbol{r}') = \frac{\delta(r-r')\delta(\theta-\theta')}{r} \tag{6.5.32}$$

1) 特征函数法

本题的边界条件可采用特征函数法. 求解相应的特征值问题

$$(\nabla^2 + k_i^2)\varphi_i(\boldsymbol{r}) = 0$$

$$\varphi_i(\boldsymbol{r})|_{r=0} < \infty, \quad \varphi_i(\boldsymbol{r})|_{r=a} = 0$$

柱坐标下的方程是

$$\frac{1}{r}\frac{\partial}{\partial r}\left(r\frac{\partial}{\partial r}\right)\varphi_m(\boldsymbol{r})+\frac{1}{r^2}\frac{\partial^2}{\partial^2\theta}\varphi_m(\boldsymbol{r})+k_m^2\varphi_m(\boldsymbol{r})=0 \tag{6.5.33}$$

用分离变量法求解此方程. 令 $\varphi_i(\boldsymbol{r})=R(r)\Theta(\theta)$, 得到

$$\frac{r}{R(r)}\frac{\partial}{\partial r}\left(r\frac{\partial R(r)}{\partial r}\right)+k_i^2r^2=-\frac{1}{\Theta(\theta)}\frac{\partial^2\Theta(\theta)}{\partial^2\theta}=\gamma$$

角向函数因子满足的方程是

$$\Theta''(\theta)+\gamma\Theta(\theta)=0 \tag{6.5.34}$$

在角向上由于函数的单值性, 只能用周期性边界条件. 得到解为

$$\Theta(\theta)=\mathrm{e}^{\mathrm{i}m\theta} \tag{6.5.35}$$

其中 $\gamma=m^2$, $m$ 是整数.

径向方程

$$r\frac{\partial}{\partial r}\left(r\frac{\partial R(r)}{\partial r}\right)+(k_i^2r^2-m^2)R(r)=0 \tag{6.5.36a}$$

边界条件应该是

$$R(0)<\infty,\quad R(a)=0$$

令

$$kr=\rho$$

得到

$$\rho^2\frac{\partial^2R(\rho)}{\partial^2\rho}+\rho\frac{\partial R(\rho)}{\partial\rho}+(\rho^2-m^2)R(\rho)=0 \tag{6.5.36b}$$

这是 $m$ 阶贝塞尔方程. 其通解为第一类和第二类贝塞尔函数的线性组合

$$R(kr)=AJ_m(kr)+BY_m(kr) \tag{6.5.37}$$

符合边界条件的解是

$$B=0,\quad J_m(k_{m,n}a)=0 \tag{6.5.38}$$

设 $J_m(k_{m,n}r)$ 在 $[0,a]$ 上的归一化系数是 $N_{m,n}$, 则

$$N_{m,n}^2=\int_0^a J_m^2(k_{m,n}r)r\mathrm{d}r$$

需要计算解函数的归一化系数. 现在边界上采用了第一类边界条件, 所以归一化系数的公式就是式 (4.7.15)

$$N_{m,n}^2=\frac{a^2}{2}[J_m'(k_{m,n}a)]^2=\frac{a^2}{2}[J_{m+1}(k_{m,n}a)]^2 \tag{6.5.39}$$

归一化的特征函数是

$$\varphi_i(\boldsymbol{r})=\varphi_{m,n}(\boldsymbol{r})=\frac{J_m(k_{m,n}r)}{N_{m,n}}\frac{\mathrm{e}^{\mathrm{i}m\theta}}{\sqrt{2\pi}} \tag{6.5.40}$$

特征值由式 (6.5.38) 决定. 特征函数和特征值都具有两个指标.

(1) 参量 $k$ 不等于特征值. 则格林函数为

$$\begin{aligned}G(\boldsymbol{r},\boldsymbol{r}')=&\sum_{n=1}^{\infty}\sum_{m=-\infty}^{\infty}\frac{\varphi_{m,n}^*(\boldsymbol{r}')\varphi_{m,n}(\boldsymbol{r})}{k^2-k_{m,n}^2}\\=&\frac{1}{2\pi}\sum_{n=1}^{\infty}\sum_{m=-\infty}^{\infty}\frac{J_m(k_{m,n}r')J_m(k_{m,n}r)}{(k^2-k_{m,n}^2)N_{m,n}^2}\mathrm{e}^{\mathrm{i}m(\theta-\theta')}\end{aligned} \tag{6.5.41}$$

(2) 参量 $k$ 等于某一特征值. 此时, 由于边界条件 (6.5.30b) 是非齐次的, 可用 6.4.2 小节的办法, 即求解具有齐次边界条件的特征值问题 (6.4.24). 可是当把边界条件 (6.5.30b) 改成齐次的之后发现, 径向方程 (6.5.36) 在 $m$=0 时没有符合边界条件的非零特征函数解; 当 $m\neq 0$ 时, 在齐次边界下得到的特征函数与自然边界条件下得到的特征函数是相同的. 这是一个特殊情况. 因而, 此时只能求解原非齐次边界条件下的广义格林函数.

若 $k^2=k_{m1,n1}^2$, 则容易写出广义格林函数为

$$\begin{aligned}G(\boldsymbol{r},\boldsymbol{r}')=&\frac{J_{m1}(k_{m1,n1}r')}{2\pi N_{m1,n1}^2}J_{m1}(k_{m1,n1}r)\mathrm{e}^{\mathrm{i}m_1(\theta-\theta')}\\&+\frac{1}{2\pi}\sum_{n=1,n\neq n_1}^{\infty}\sum_{m=-\infty,m\neq m_1}^{\infty}\frac{J_m(k_{m,n}r')J_m(k_{m,n}r)}{(k_{n1,m1}^2-k_{n,m}^2)N_{m,n}^2}\mathrm{e}^{\mathrm{i}m(\theta-\theta')}\end{aligned} \tag{6.5.42}$$

2) 分段表示法

在柱坐标下, 式 (6.5.30a) 写成

$$\left(\frac{1}{r}\frac{\partial}{\partial r}\left(r\frac{\partial}{\partial r}\right)+\frac{1}{r^2}\frac{\partial^2}{\partial^2\theta}+k^2\right)G(\boldsymbol{r},\boldsymbol{r}')=\frac{\delta(r-r')\delta(\theta-\theta')}{r} \tag{6.5.43}$$

现选择在径向做分段计算. 当 $r\neq r'$ 时, 有

$$\left(\frac{1}{r}\frac{\partial}{\partial r}\left(r\frac{\partial}{\partial r}\right)+\frac{1}{r^2}\frac{\partial^2}{\partial^2\theta}+k^2\right)G(\boldsymbol{r},\boldsymbol{r}')=0,\quad r\neq r'<a;0\leqslant\theta<2\pi$$

略去变量 $\boldsymbol{r}'$ 后, 相应的函数方程是

$$\left(\frac{1}{r}\frac{\partial}{\partial r}\left(r\frac{\partial}{\partial r}\right)+\frac{1}{r^2}\frac{\partial^2}{\partial^2\theta}+k^2\right)\psi(\boldsymbol{r})=0$$

此方程的形式与式 (6.5.33) 同. 进行分离变量之后, 只求解角向的特征方程. 归一化的特征函数和特征值见式 (6.5.35). 因此, $\delta$ 函数的角向因子可用此特征函数系展开.

$$\delta(\theta-\theta')=\sum_{m=-\infty}^{\infty}\mathrm{e}^{\mathrm{i}m(\theta-\theta')} \tag{6.5.44}$$

格林函数作如下展开:

$$G(\boldsymbol{r},\boldsymbol{r}')=\sum_{m=-\infty}^{\infty}g_m(r,r')\mathrm{e}^{\mathrm{i}m(\theta-\theta')} \tag{6.5.45}$$

将式 (6.5.44) 和式 (6.5.45) 代入式 (6.5.43), 得

$$\sum_{m=-\infty}^{\infty}\left[\frac{1}{r}\frac{\partial}{\partial r}\left(r\frac{\partial}{\partial r}\right)+\left(k^2-\frac{m^2}{r^2}\right)\right]g_m(r,r')\mathrm{e}^{\mathrm{i}m(\theta-\theta')}=\frac{\delta(r-r')}{r}\sum_{m=-\infty}^{\infty}\mathrm{e}^{\mathrm{i}m(\theta-\theta')}$$

经过算符作用之后, 方程两边相等的条件是下式成立:

$$\left[\frac{1}{r}\frac{\partial}{\partial r}\left(r\frac{\partial}{\partial r}\right)+\left(k^2-\frac{m^2}{r^2}\right)\right]g_m(r,r')=\frac{\delta(r-r')}{r} \tag{6.5.46}$$

满足此方程的 $g_m(r,r')$ 也叫做径向格林函数. 相应的边界条件从式 (6.5.30b) 得到

$$g_m(0,r')<\infty,\quad g_m(a,r')=0 \tag{6.5.47}$$

从式 (6.5.46) 得到格林函数的跃变条件为

$$\left[r\frac{\partial}{\partial r}g_m(r,r')\right]_{r=r'+0^+}-\left[r\frac{\partial}{\partial r}g_m(r,r')\right]_{r=r'+0^+}=1 \tag{6.5.48}$$

现在可用分段表示法来求解径向格林函数的方程 (6.5.46). 当 $r\neq r'$ 时, 有

$$\left[\frac{1}{r}\frac{\partial}{\partial r}\left(r\frac{\partial}{\partial r}\right)+\left(k^2-\frac{m^2}{r^2}\right)\right]g_m(r,r')=0 \tag{6.5.49}$$

这是 $m$ 阶贝塞尔方程. 其通解为第一类和第二类贝塞尔函数的线性组合

$$g_m(r,r')=\begin{cases}a_1(r')J_m(kr)+a_2(r')Y_m(kr), & r<r'\\ b_1(r')J_m(kr)+b_2(r')Y_m(kr), & r>r'\end{cases} \tag{6.5.50}$$

根据连续性和跃变条件

$$[a_1(r') - b_1(r')]J_m(kr') + [a_2(r') - b_2(r')]Y_m(kr') = 0$$
$$[a_1(r') - b_1(r')]J'_m(kr') + [a_2(r') - b_2(r')]Y'_m(kr') = 1/r'$$

令 $c_i(r') = a_i(r') - b_i(r'), i = 1, 2$, 得

$$c_1(r')J_m(kr') + c_2(r')Y_m(kr') = 0$$
$$c_1(r')J'_m(kr') + c_2(r')Y'_m(kr') = 1/r'$$

其中的系数行列式

$$\begin{vmatrix} J_m(kr') & Y_m(kr') \\ J'_m(kr') & Y'_m(kr') \end{vmatrix} = \frac{2}{\pi kr'}$$

结合上两式解得

$$c_1(r') = a_1(r') - b_1(r') = -\frac{\pi k}{2}Y_m(kr'), \quad c_2(r') = a_2(r') - b_2(r') = \frac{\pi k}{2}J_m(kr') \tag{6.5.51}$$

由边界条件 (6.5.47), 可从式 (6.5.50) 得

$$a_2(r') = 0, \quad b_1(r')J_m(ka) + b_2(r')Y_m(ka) = 0 \tag{6.5.52}$$

结合式 (6.5.51) 解得

$$b_2(r') = -\frac{\pi k}{2}J_m(kr'), \quad b_1(r') = \frac{\pi k}{2}\frac{Y_m(ka)}{J_m(ka)}J_m(kr')$$
$$a_1(r') = \frac{\pi k}{2}\frac{Y_m(ka)J_m(kr') - J_m(ka)Y_m(kr')}{J_m(ka)}$$

因此径向格林函数是

$$g_m(r, r') = \frac{\pi k}{2}\left[\frac{Y_m(ka)J_m(kr') - J_m(ka)Y_m(kr')}{J_m(ka)}J_m(kr)\theta(r' - r)\right.$$
$$\left. + \frac{Y_m(ka)J_m(kr) - J_m(ka)Y_m(kr)}{J_m(ka)}J_m(kr')\theta(r - r')\right] \tag{6.5.53}$$

代入式 (6.5.45), 得到总的格林函数

$$G(\boldsymbol{r}, \boldsymbol{r}') = \frac{\pi k}{2}\sum_{m=-\infty}^{\infty} \mathrm{e}^{\mathrm{i}m(\theta-\theta')}\left[\frac{Y_m(ka)J_m(kr') - J_m(ka)Y_m(kr')}{J_m(ka)}J_m(kr)\theta(r' - r)\right.$$
$$\left. + \frac{Y_m(ka)J_m(kr) - J_m(ka)Y_m(kr)}{J_m(ka)}J_m(kr')\theta(r - r')\right] \tag{6.5.54}$$

当数值 $k$ 恰好满足 $J_m(ka) = 0$ 时, 这一解式不适用. 这时需求解相应的广义格林函数.

### 3. 电磁波受到理想导体劈的散射 [12]

这是从无穷远处入射的平面波受到尖端处于原点的理想导体劈的散射. 如图 6.1 所示, 劈尖的半角是 $\alpha$. 以劈尖的角平分线作为 $x$ 轴. 入射的是偏振方向为 $z$ 方向的电场. 由于劈尖是理想导体, 根据电磁场的边界条件, 在劈尖表面的电场值为零.

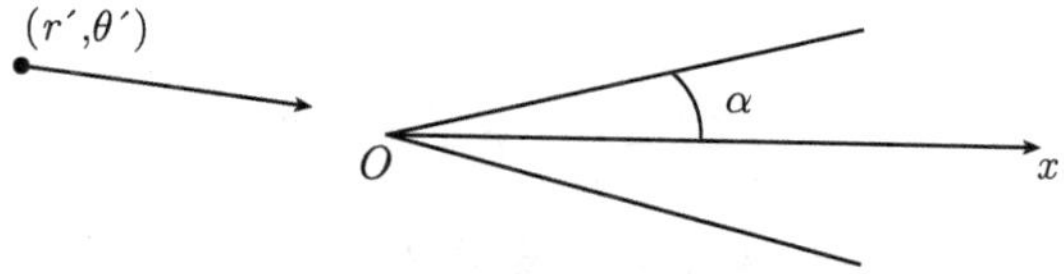


图 6.1

求解的思路是, 先考虑空间一点 $(r',\theta')$ 处的点源在劈尖以外各点产生的场. 当 $r'\to\infty$ 时就成为从无穷远处以 $\theta'$ 角度入射的平面波受到劈尖散射之后在空间各点产生的场. 因此先求解满足如下边值问题的格林函数:

$$(\nabla^2+k^2)G(\boldsymbol{r},\boldsymbol{r}')=\delta(\boldsymbol{r}-\boldsymbol{r}');\quad \alpha<\theta<2\pi-\alpha \tag{6.5.55a}$$

$$G(\boldsymbol{r},\boldsymbol{r}')|_{r=0}<\infty,\quad G(\boldsymbol{r},\boldsymbol{r}')|_{\theta=\alpha,2\pi-\alpha}=0 \tag{6.5.55b}$$

极坐标的拉普拉斯算符和 $\delta$ 函数的形式分别是

$$\left(\frac{1}{r}\frac{\partial}{\partial r}\left(r\frac{\partial}{\partial r}\right)+\frac{1}{r^2}\frac{\partial^2}{\partial\theta^2}+k^2\right)G(\boldsymbol{r},\boldsymbol{r}')=\frac{\delta(r-r')\delta(\theta-\theta')}{r};\quad \alpha<\theta<2\pi-\alpha \tag{6.5.56}$$

用分段表示法求解. 选择在径向分段.

1) 求角向特征函数系

当 $r\neq r'$ 时, 式 (6.5.56) 成为

$$\left(\frac{1}{r}\frac{\partial}{\partial r}\left(r\frac{\partial}{\partial r}\right)+\frac{1}{r^2}\frac{\partial^2}{\partial\theta^2}+k^2\right)G(\boldsymbol{r},\boldsymbol{r}')=0,\quad \alpha<\theta<2\pi-\alpha, r\neq r'$$

略去变量 $\boldsymbol{r}'$ 后, 相应的函数方程是

$$\left(\frac{1}{r}\frac{\partial}{\partial r}\left(r\frac{\partial}{\partial r}\right)+\frac{1}{r^2}\frac{\partial^2}{\partial\theta^2}+k^2\right)\psi(\boldsymbol{r})=0$$

进行分离变量之后, 只求解角向的特征方程

$$\Theta''(\theta)+\gamma\Theta(\theta)=0 \tag{6.5.57a}$$

边界条件为

$$\Theta(\alpha)=\Theta(2\pi-\alpha)=0 \tag{6.5.57b}$$

边值问题 (6.5.57) 的解已经在 5.4 节的例 4 中求出. 正交归一的函数系是

$$\left\{\frac{1}{\sqrt{\pi-\alpha}}\sin\frac{n\pi(\theta-\alpha)}{2(\pi-\alpha)}\right\} \tag{6.5.58}$$

其中 $n$ 是正整数. 特征值是

$$\gamma_n=\nu^2 \tag{6.5.59}$$

其中令

$$\nu=\frac{n\pi}{2(\pi-\alpha)},\quad n=1,2,3,\cdots \tag{6.5.60}$$

因此, $\delta$ 函数的角向因子可用此特征函数系展开

$$\delta(\theta-\theta')=\frac{1}{\pi-\alpha}\sum_{\nu}^{\infty}\sin\nu(\theta'-\alpha)\sin\nu(\theta-\alpha) \tag{6.5.61}$$

格林函数作如下展开:

$$G(\boldsymbol{r},\boldsymbol{r}')=\sum_{\nu}^{\infty}g_\nu(r,r')\frac{1}{\pi-\alpha}\sin\nu(\theta'-\alpha)\sin\nu(\theta-\alpha) \tag{6.5.62}$$

2) 求径向格林函数

将式 (6.5.61) 和代 (6.5.62) 代入式 (6.5.56), 得

$$\sum_{\nu}^{\infty}\left(\frac{\partial}{\partial r}\left(r\frac{\partial}{\partial r}\right)-\frac{1}{r}\nu^2+rk^2\right)g_\nu(r,r')\sin\nu(\theta'-\alpha)\sin\nu(\theta-\alpha)$$
$$=\delta(r-r')\sum_{\nu}^{\infty}\sin\nu(\theta'-\alpha)\sin\nu(\theta-\alpha)$$

经过算符作用之后, 方程两边相等的条件是下式成立:

$$\left(\frac{\partial}{\partial r}\left(r\frac{\partial}{\partial r}\right)-\frac{1}{r}\nu^2+rk^2\right)g_\nu(r,r')=\delta(r-r') \tag{6.5.63}$$

这是径向格林函数 $g_\nu(r,r')$ 应满足的方程. 用分段表示法求解.

当 $r\neq r'$ 时, 有

$$\left[r\frac{\partial}{\partial r}\left(r\frac{\partial}{\partial r}\right)+\left(k^2r^2-\nu^2\right)\right]g_\nu(r,r')=0$$

令

$$kr=\rho$$

得到

$$\left[\rho^2\frac{\partial^2}{\partial^2\rho}+\rho\frac{\partial}{\partial\rho}+(\rho^2-\nu^2)\right]g_\nu(r,r')=0$$

这是 $\nu$ 阶贝塞尔方程. 其通解可以为第一类和第二类, 也可以是第一类和第三类贝塞尔函数的线性组合. 经过验证, 发现写成第一类贝塞尔函数和第二类汉克尔函数的线性组合是比较方便的. 要注意的是, 现在的 $\nu$ 不是整数.

$$g_\nu(r,r')=\begin{cases} a_1(r')J_\nu(kr)+a_2(r')H_\nu^{(2)}(kr), & r<r' \\ b_1(r')J_\nu(kr)+b_2(r')H_\nu^{(2)}(kr), & r>r' \end{cases} \tag{6.5.64}$$

根据连续性和跃变条件

$$[a_1(r')-b_1(r')]J_\nu(kr')+[a_2(r')-b_2(r')]H_\nu^{(2)}(kr')=0$$
$$[a_1(r')-b_1(r')]J_\nu'(kr')+[a_2(r')-b_2(r')]H_\nu^{(2)'}(kr')=1/r'$$

令 $c_i(r')=a_i(r')-b_i(r'), i=1,2$, 得

$$c_1(r')J_\nu(kr')+c_2(r')H_\nu^{(2)}(kr')=0$$
$$c_1(r')J_\nu'(kr')+c_2(r')H_\nu^{(2)'}(kr')=1/kr'$$

其中的系数行列式

$$\begin{vmatrix} J_\nu(kr') & H_\nu^{(2)}(kr') \\ J_\nu'(kr') & H_\nu^{(2)'}(kr') \end{vmatrix}=J_\nu(kr')H_\nu^{(2)'}(kr')-J_\nu'(kr')H_\nu^{(2)}(kr')=\frac{2\mathrm{i}}{\pi kr'}$$

解得

$$c_1(r')=a_1(r')-b_1(r')=-\frac{\pi k}{2\mathrm{i}}H_\nu^{(2)}(kr'),\quad c_2(r')=a_2(r')-b_2(r')=\frac{\pi k}{2\mathrm{i}}J_\nu(kr') \tag{6.5.65}$$

由边界条件

$$g_\nu(0,r')<\infty$$

得到

$$a_2(r')=0$$

$$g_\nu(r,r')=\begin{cases} a_1(r')J_\nu(kr), & r<r' \\ b_1(r')J_\nu(kr)+\dfrac{\mathrm{i}\pi k}{2}J_\nu(kr')H_\nu^{(2)}(kr), & r>r' \end{cases}$$

由于无穷远处的边界条件没有给定, 所以需要利用格林函数的对称性. 容易看出, 当取

$$b_1(r')=0$$

时, 有

$$g_\nu(r,r')=\frac{\mathrm{i}\pi k}{2}\begin{cases} H_\nu^{(2)}(kr')J_\nu(kr), & r<r' \\ J_\nu(kr')H_\nu^{(2)}(kr), & r>r' \end{cases} \tag{6.5.66}$$

3) 总的格林函数

将式 (6.5.66) 代入式 (6.5.62) 就得到总的格林函数

$$G(\boldsymbol{r},\boldsymbol{r}')=\frac{\mathrm{i}\pi k}{2(\pi-\alpha)}\sum_{\nu}^{\infty}\sin\nu(\theta'-\alpha)\sin\nu(\theta-\alpha)\begin{cases}H_{\nu}^{(2)}(kr')J_{\nu}(kr), & r<r'\\ J_{\nu}(kr')H_{\nu}^{(2)}(kr), & r>r'\end{cases} \tag{6.5.67}$$

最后说明为什么在式 (6.5.64) 中取第一类贝塞尔函数和第二类汉克尔函数的线性组合. 考虑 $r'\to\infty$ 时, 源趋于无穷远, 应该得到一个无穷大空间中的解, 二维空间这样的解已经求得为

$$G^{+}(\boldsymbol{r},\boldsymbol{r}';k^2)=-\frac{\mathrm{i}}{4}H_0^{(1)}(k|\boldsymbol{r}-\boldsymbol{r}'|) \tag{6.5.68a}$$

$$G^{-}(\boldsymbol{r},\boldsymbol{r}';k^2)=\frac{\mathrm{i}}{4}H_0^{(2)}(k|\boldsymbol{r}-\boldsymbol{r}'|) \tag{6.5.68b}$$

其中 $G^{+}$ 是中心发出的出射波, $G^{-}$ 是向中心的汇聚波. 现在 $r'\to\infty$, 考虑的是从无穷远处入射的波, 所以应该取 $G^{-}$.

利用汉克尔函数的渐进式

$$H_{\nu}^{(2)}(k\rho\to\infty)=\sqrt{\frac{2}{\pi k\rho}}\exp\left[-\mathrm{i}\left(k\rho-\frac{\nu\pi}{2}-\frac{\pi}{4}\right)\right] \tag{6.5.69}$$

当 $r'\to\infty$ 时, 有

$$|\boldsymbol{r}-\boldsymbol{r}'|\to r'-r\cos(\theta'-\theta) \tag{6.5.70}$$

因此

$$H_0^{(2)}(k\rho\to\infty)\to\sqrt{\frac{2\mathrm{i}}{\pi kr'}}\mathrm{e}^{-\mathrm{i}k[r'-r\cos(\theta'-\theta)]}=\sqrt{\frac{2\mathrm{i}}{\pi kr'}}\mathrm{e}^{-\mathrm{i}kr'}\mathrm{e}^{\mathrm{i}kr\cos(\theta'-\theta)}$$

格林函数的渐近行为是

$$G^{-}(\boldsymbol{r},\boldsymbol{r}'\to\infty)=\frac{\mathrm{i}}{4}\sqrt{\frac{2\mathrm{i}}{\pi kr'}}\mathrm{e}^{-\mathrm{i}kr'}\mathrm{e}^{\mathrm{i}kr\cos(\theta'-\theta)} \tag{6.5.71}$$

考虑格林函数 $g_{\nu}(r,r')$ 中 $r<r'$ 的部分

$$G(\boldsymbol{r},\boldsymbol{r}')=\frac{\mathrm{i}\pi k}{2(\pi-\alpha)}\sum_{\nu}^{\infty}\sin\nu(\theta'-\alpha)\sin\nu(\theta-\alpha)H_{\nu}^{(2)}(kr')J_{\nu}(kr),\quad r<r' \tag{6.5.72}$$

当 $r'\to\infty$, 汉克尔函数用式 (6.5.69) 的渐近式

$$H_{\nu}^{(2)}(kr'\to\infty)=\sqrt{\frac{2\mathrm{i}}{\pi kr'}}\mathrm{i}^{\nu}\mathrm{e}^{-\mathrm{i}kr'}$$

代入式 (6.5.72)

$$G(\boldsymbol{r},\boldsymbol{r}'\to\infty)=\frac{\mathrm{i}\pi k}{2(\pi-\alpha)}\sqrt{\frac{2\mathrm{i}}{\pi kr'}}\mathrm{e}^{-\mathrm{i}kr'}\sum_{\nu}^{\infty}\mathrm{i}^{\nu}\sin\nu(\theta'-\alpha)\sin\nu(\theta-\alpha)J_{\nu}(kr) \quad (6.5.73)$$

式 (6.5.71) 和式 (6.5.73) 应相等, 易见, 此两式随 $r'\to\infty$ 时的渐近行为是一样的. 都是 $\mathrm{e}^{-\mathrm{i}kr'}/\sqrt{r'}$ 的行为. 这就是为什么在式 (6.5.64) 中取第二类汉克尔函数做线性组合. 若用第二类贝塞尔函数, 则渐近行为有所不同, 不能与式 (6.5.71) 匹配.

因为式 (6.5.71) 和式 (6.5.73) 应相等, 得到如下展开式:

$$\mathrm{e}^{\mathrm{i}kr\cos(\theta'-\theta)}=\frac{2\pi k}{\pi-\alpha}\sum_{\nu}^{\infty}\mathrm{i}^{\nu}\sin\nu(\theta'-\alpha)\sin\nu(\theta-\alpha)J_{\nu}(kr) \quad (6.5.74)$$

其中 $\nu$ 的取值见式 (6.5.60). 这是平面波在劈尖以外区域的展开式.

4) 半无限大理想金属板对电磁波的散射

当图 6.1 中劈尖的半角 $\alpha$ 等于零时, 不是劈尖消失了, 而是成为一个位于正 $x$ 轴的半无穷大薄板. 这是因为在求解角向的特征函数系时用的边界条件是式 (6.5.57b), 而不是周期性边界条件. 在式 (6.5.57) 和式 (6.5.60) 中令 $\alpha=0$

$$G(\boldsymbol{r},\boldsymbol{r}')=\frac{\mathrm{i}k}{2}\sum_{n=1}^{\infty}\sin\left(\frac{n}{2}\theta'\right)\sin\left(\frac{n}{2}\theta\right)\begin{cases}H_{\nu}^{(2)}(kr')J_{\nu}(kr), & r<r'\\ J_{\nu}(kr')H_{\nu}^{(2)}(kr), & r>r'\end{cases} \quad (6.5.75)$$

这就是半无限大理想金属板以外区域的格林函数.

### 6.5.3 三维格林函数求解实例

球内问题拉普拉斯方程

$$\nabla^2G(\boldsymbol{r},\boldsymbol{r}')=\delta(\boldsymbol{r}-\boldsymbol{r}');r,\quad r<a \quad (6.5.76\text{a})$$

$$G(\boldsymbol{r},\boldsymbol{r}')|_{r=0}<\infty,\quad G(\boldsymbol{r},\boldsymbol{r}')|_{r=a}=0 \quad (6.5.76\text{b})$$

既然是球对称的问题, 就用球坐标. 拉普拉斯算符和 $\delta$ 函数的形式是

$$\nabla^2=\frac{1}{r^2}\frac{\partial}{\partial r}\left(r^2\frac{\partial}{\partial r}\right)+\frac{1}{r^2\sin\theta}\frac{\partial}{\partial\theta}\left(\sin\theta\frac{\partial}{\partial\theta}\right)+\frac{1}{r^2\sin^2\theta}\frac{\partial^2}{\partial\varphi^2}$$

$$\delta(\boldsymbol{r}-\boldsymbol{r}')=\frac{\delta(r-r')\delta(\varphi-\varphi')\delta(\theta-\theta')}{r^2\sin\theta}$$

先求解拉普拉斯方程在边界条件 (6.5.76b) 下的特征值问题. 令

$$\psi(r)=R(r)\Theta(\theta)\Phi(\varphi)$$

$$\frac{1}{R}\frac{\mathrm{d}}{\mathrm{d}r}\left(r^2\frac{\mathrm{d}R}{\mathrm{d}r}\right)+\frac{1}{\Theta\sin\theta}\frac{\mathrm{d}}{\mathrm{d}\theta}\left(\sin\theta\frac{\mathrm{d}\Theta}{\mathrm{d}\theta}\right)+\frac{1}{\Phi\sin^2\theta}\frac{\mathrm{d}^2\Phi}{\mathrm{d}\varphi^2}=0$$

此式分解成以下两式：

$$\frac{1}{R}\frac{\mathrm{d}}{\mathrm{d}r}\left(r^2\frac{\mathrm{d}R}{\mathrm{d}r}\right)=\gamma \tag{6.5.77}$$

$$\frac{1}{\Theta\sin\theta}\frac{\mathrm{d}}{\mathrm{d}\theta}\left(\sin\theta\frac{\mathrm{d}\Theta}{\mathrm{d}\theta}\right)+\frac{1}{\Phi\sin^2\theta}\frac{\mathrm{d}^2\Phi}{\mathrm{d}\varphi^2}=-\gamma \tag{6.5.78}$$

式 (6.5.78) 是球谐函数满足的方程. 规一化的解为球谐函数

$$Y_l^m(\theta,\varphi)=\Theta(\theta)\Phi(\varphi)=P_l^m(\cos\theta)\mathrm{e}^{im\varphi} \tag{6.5.79}$$

它是连带勒让德函数 $\Theta(\theta)=P_l^m(\cos\theta)$ 和 $\Phi(\varphi)=\mathrm{e}^{im\varphi}$ 的乘积. 特征值为

$$\gamma=l(l+1),\quad l=0,1,2,\cdots,\quad m=0,\pm1,\pm2,\cdots,\pm l$$

把这一特征值代入径向方程 (6.5.77), 得

$$r^2\frac{\mathrm{d}^2R}{\mathrm{d}r^2}+2r\frac{\mathrm{d}R}{\mathrm{d}r}-l(l+1)R=0$$

由式 (6.5.76b), 径向方程应满足的边界条件是

$$R(0)<\infty,\quad R(a)=0,\quad G(\boldsymbol{r},\boldsymbol{r}')|_{r=a}=0$$

此方程的通解为

$$R(r)=Ar^l+\frac{B}{r^{l+1}}$$

由边界条件知, $A=0,B=0$. 因此, 本问题不存在特征函数系. 原因是在贝塞尔方程中的参量为零, 不是特征值. 只能用分段表示法求解.

由于沿径向是没有特征函数的, 因此考虑在径向采用分段表示法.

$$(\nabla^2+k^2)G(\boldsymbol{r},\boldsymbol{r}')=\frac{\delta(r-r')\delta(\varphi-\varphi')\delta(\theta-\theta')}{r^2\sin\theta},\quad r,r'<a,0\leqslant\varphi\leqslant2\pi,0\leqslant\theta\leqslant\pi \tag{6.5.80}$$

当 $r\neq r'$ 时, 方程为

$$(\nabla^2+k^2)G(\boldsymbol{r},\boldsymbol{r}')=0,\quad r\neq r'<a,0\leqslant\varphi\leqslant2\pi,0\leqslant\theta\leqslant\pi$$

经过分离变量之后, 角向的方程就是式 (6.5.78). 归一化的特征函数就是球谐函数式 (6.5.79). 因此有

$$\delta(\theta-\theta')\delta(\varphi-\varphi')=\sum_{l=0}^{\infty}\sum_{m=-l}^{l}\sin\theta Y_l^{m*}(\theta',\varphi')Y_l^m(\theta,\varphi) \tag{6.5.81}$$

此处不能漏掉权重函数 $\sin\theta$. 将格林函数也用此特征函数系展开

$$G(\boldsymbol{r},\boldsymbol{r}')=\sum_{l=0}^{\infty}\sum_{m=-l}^{l}Y_l^{m*}(\theta',\varphi')Y_l^m(\theta,\varphi)g(r,r') \tag{6.5.82}$$

将式 (6.5.81) 和式 (6.5.82) 代入式 (6.5.80)

$$\begin{aligned}&\sum_{l=0}^{\infty}\sum_{m=-l}^{l}\sin\theta Y_l^{m*}(\theta',\varphi')Y_l^m(\theta,\varphi)\left[\frac{\partial}{\partial r}\left(r^2\frac{\partial}{\partial r}\right)-l(l+1)\right]g(r,r')\\ =&\delta(r-r')\sum_{l=0}^{\infty}\sum_{m=-l}^{l}\sin\theta Y_l^{m*}(\theta',\varphi')Y_l^m(\theta,\varphi)\end{aligned}$$

经过算符的作用, 等式成立的条件是

$$\left[\frac{\partial}{\partial r}\left(r^2\frac{\partial}{\partial r}\right)-l(l+1)\right]g(r,r')=\delta(r-r') \tag{6.5.83}$$

此处的 $g(r,r')$ 是球坐标下的径向格林函数. 边界条件为

$$g(0,r')<\infty,\quad g(a,r')=0 \tag{6.5.84}$$

跃变条件

$$\left[r^2\frac{\partial}{\partial r}g(r,r')\right]_{r=r'+0^+}-\left[r^2\frac{\partial}{\partial r}g(r,r')\right]_{r=r'-0^+}=1 \tag{6.5.85}$$

径向格林函数方程的分段解为

$$g(r,r')=\begin{cases}a_1(r')r^l+a_2(r')r^{-l-1}, & r<r'\\ b_1(r')r^l+b_2(r')r^{-l-1}, & r>r'\end{cases} \tag{6.5.86}$$

由连续条件和跃变条件

$$\begin{aligned}&[a_1(r')-b_1(r')]r'^l+[a_2(r')-b_2(r')]r'^{-l-1}=0\\ &[a_1(r')-b_1(r')]lr'^{l-1}-(l+1)[a_2(r')-b_2(r')]r'^{-l-2}=1/r'^2\end{aligned}$$

令 $c_i(r')=a_i(r')-b_i(r'),i=1,2$, 得到

$$\begin{aligned}&c_1(r')r'^l+c_2(r')r'^{-l-1}=0\\ &lc_1(r')r'^{l-1}-(l+1)c_2(r')r'^{-l-2}=1/r'^2\end{aligned}$$

解得

$$\begin{cases}c_1(r')=a_1(r')-b_1(r')=\dfrac{r'^2}{2l+1}\dfrac{r'^{-l-1}}{r'^2}=\dfrac{r'^{-l-1}}{2l+1}\\ c_2(r')=a_2(r')-b_2(r')=-\dfrac{r'^2}{2l+1}\dfrac{r'^l}{r'^2}=-\dfrac{r'^l}{2l+1}\end{cases} \tag{6.5.87}$$

由边界条件 (6.5.84) 得到

$$a_2(r') = 0, \quad b_1(r')a^l + b_2(r')a^{-l-1} = 0$$

代入式 (6.5.87) 解出

$$b_2(r') = \frac{r'^l}{2l+1}, \quad b_1(r') = -\frac{r'^l}{2l+1}a^{-2l-1}, \quad a_1(r') = r'^l\frac{r'^{-2l-1} - a^{-2l-1}}{2l+1}$$

得到径向格林函数为

$$g(r, r') = \frac{r'^{-2l-1} - a^{-2l-1}}{2l+1}r'^l r^l\theta(r'-r) + \frac{r^{-2l-1} - a^{-2l-1}}{2l+1}r'^l r^l\theta(r-r') \tag{6.5.88}$$

代入式 (6.5.82) 得总的格林函数为

$$\begin{aligned} G(\boldsymbol{r}, \boldsymbol{r}') = & \sum_{l=0}^{\infty}\sum_{m=-l}^{l} Y_l^{m^*}(\theta', \varphi')Y_l^m(\theta, \varphi) \\ & \times \left[\frac{r'^{-2l-1} - a^{-2l-1}}{2l+1}r'^l r^l\theta(r'-r)\right. \\ & \left. + \frac{r^{-2l-1} - a^{-2l-1}}{2l+1}r'^l r^l\theta(r-r')\right] \end{aligned} \tag{6.5.89}$$

本题的特点是, 在径向不存在特征函数系, 而在另外两个方向上是存在特征函数系的.

### 6.5.4　光的小孔衍射

1. 无限远处表面对解的贡献

二阶微分方程解的一般表达式见式 (6.5.6). 其中第二项显得复杂, 需要分别知道待求的函数和格林函数在区域边界处的值, 以及在边界处的法向导数的值.

有时区域的表面可以分为几个区域, 不同区域上的边界条件不同, 每一个区域有着特定的性质, 这时式 (6.5.6) 对表面的积分就分为几个积分. 例如, 如果表面分成两个区域, 记为 $S_1$ 和 $S_2$, 那么式 (6.5.7) 中对表面的积分应写成

$$\begin{aligned} \psi(\boldsymbol{r}) = & \int_{V'} f(\boldsymbol{r}')G(\boldsymbol{r}', \boldsymbol{r})\mathrm{d}\boldsymbol{r}' \\ & + \left(\int_{S_1'}\mathrm{d}S_1' + \int_{S_2'}\mathrm{d}S_2'\right)p(\boldsymbol{r}')\left[\psi(\boldsymbol{r}')\frac{\partial}{\partial n'}G(\boldsymbol{r}', \boldsymbol{r})\right. \\ & \left. - G(\boldsymbol{r}', \boldsymbol{r})\frac{\partial}{\partial n'}\psi(\boldsymbol{r}')\right] \end{aligned} \tag{6.5.90}$$

有一种情况可以预先给出结论, 即如果有一个表面是在无限远处, 记为 $S_\infty$, 此时若算子是拉普拉斯算子

$$L(\boldsymbol{r}) = -\nabla^2$$

那么, 在这个无穷大表面上的以下积分结果为零:

$$\int_{S_\infty} \mathrm{d}S_\infty \left[\psi(\boldsymbol{r}')\frac{\partial}{\partial n'}G(\boldsymbol{r}',\boldsymbol{r}) - G(\boldsymbol{r}',\boldsymbol{r})\frac{\partial}{\partial n'}\psi(\boldsymbol{r}')\right] = 0 \tag{6.5.91}$$

证明如下: 现在式 (6.5.91) 积分的点 $\boldsymbol{r}'$ 是在无穷远处. 从 $r$ 至 $\boldsymbol{r}'$ 的距离是无限大的, 因此涉及 $\boldsymbol{r}$ 至 $\boldsymbol{r}'$ 的距离的函数都可以看做在无限大空间中的函数. 积分 (6.5.91) 中的格林函数和函数 $\psi(\boldsymbol{r}')$ 都可以如此来考虑.

在无穷大空间中, $r$ 处的点源在 $\boldsymbol{r}'$ 处产生的格林函数见式 (6.2.11) 和式 (6.2.15)

$$G(\boldsymbol{r}',\boldsymbol{r};k) = -\frac{\mathrm{e}^{\mathrm{i}k|\boldsymbol{r}'-\boldsymbol{r}|}}{4\pi|\boldsymbol{r}'-\boldsymbol{r}|}, \quad \mathrm{Im}k \geqslant 0 \tag{6.5.92}$$

其中 $k$ 与参量 $\lambda$ 的关系为: $k=\sqrt{\lambda}$. 点源在远处产生的波就是球面波.

函数 $\psi(\boldsymbol{r})$ 是方程

$$(\lambda+\nabla^2)\psi(\boldsymbol{r}) = f(\boldsymbol{r})$$

的解. 解 $\psi(\boldsymbol{r}')$ 是由源 $f(\boldsymbol{r})$ 导致的, 而 $f(\boldsymbol{r})$ 是分布在一有限区域内的. 只要 $\boldsymbol{r}$ 离 $\boldsymbol{r}'$ 的分布区域足够远, 总是可以将 $f(\boldsymbol{r}')$ 的源区当做一个点源. 远处的 $\psi(\boldsymbol{r})$ 可以写成一个球面波的形式

$$\psi(\boldsymbol{r}) \sim g(\theta,\varphi)\frac{\mathrm{e}^{\mathrm{i}k_f r}}{r} \tag{6.5.93}$$

其中 $g(\theta,\varphi)$ 是一个角向分布因子, 它与源 $f(\boldsymbol{r})$ 的分布形式有关. 波矢 $k_f$ 本来是一个矢量, 它的方向与衍射区域的结构和观察点有关, 不过, 它的大小就是 $k$, 即 $k_f = k$.

既然这一块表面是在无穷远处, 那么就可以设它是一个半径为 $R$ 的球面的一部分, 然后令 $R$ 趋于无穷大. 现在计算式 (6.5.91) 的被积函数中 $G(\boldsymbol{r}',\boldsymbol{r})$ 和 $\psi(\boldsymbol{r}')$ 在这个表面处的法向导数.

$$\frac{\partial}{\partial r'}G(\boldsymbol{r}',\boldsymbol{r}) = -\mathrm{i}k\frac{\mathrm{e}^{\mathrm{i}k|\boldsymbol{r}'-\boldsymbol{r}|}}{4\pi|\boldsymbol{r}'-\boldsymbol{r}|} + \frac{\mathrm{e}^{\mathrm{i}k|\boldsymbol{r}'-\boldsymbol{r}|}}{4\pi|\boldsymbol{r}'-\boldsymbol{r}|^2}$$

$$\frac{\partial}{\partial r'}\psi(\boldsymbol{r}') = g(\theta',\varphi')\left[\mathrm{i}k_f\frac{\mathrm{e}^{\mathrm{i}k_f r'}}{r'} - \frac{\mathrm{e}^{\mathrm{i}k_f r'}}{r'^2}\right]$$

并由此算得

$$\psi(\boldsymbol{r}')\frac{\partial}{\partial n'}G(\boldsymbol{r}',\boldsymbol{r}) - G(\boldsymbol{r}',\boldsymbol{r})\frac{\partial}{\partial n'}\psi(\boldsymbol{r}')$$

$$=g(\theta',\varphi')\frac{\mathrm{e}^{\mathrm{i}k_f r'}\mathrm{e}^{\mathrm{i}k|\boldsymbol{r}'-\boldsymbol{r}|}}{4\pi}\left(\frac{1}{r'|\boldsymbol{r}'-\boldsymbol{r}|^2}-\frac{1}{r'^2|\boldsymbol{r}'-\boldsymbol{r}|}\right) \tag{6.5.94}$$

当 $r'=R$ 很大时, 有

$$\psi(\boldsymbol{r}')\frac{\partial}{\partial n'}G(\boldsymbol{r}',\boldsymbol{r})-G(\boldsymbol{r}',\boldsymbol{r})\frac{\partial}{\partial n'}\psi(\boldsymbol{r}')\sim g(\theta',\varphi')\frac{\mathrm{e}^{\mathrm{i}k_f r'}\mathrm{e}^{\mathrm{i}k|\boldsymbol{r}'-\boldsymbol{r}|}}{4\pi R^3} \tag{6.5.95}$$

而面积元 $\mathrm{d}S=R^2\sin\theta\mathrm{d}\theta\mathrm{d}\varphi$. 因此, 在这部分边界上, 有

$$\int_{S_\infty}\left[\psi(\boldsymbol{r}')\frac{\partial}{\partial r'}G(\boldsymbol{r}',\boldsymbol{r})-G(\boldsymbol{r}',\boldsymbol{r})\frac{\partial}{\partial r'}\psi(\boldsymbol{r}')\right]_{r'=R}\mathrm{d}S_\infty\sim\frac{1}{R}\to 0$$

所以, 对于拉普拉斯算符, 遇到式 (6.5.91) 这样的面积分, 结果为零.

下面给出的光的小孔衍射的例子就是区域的表面分成几个部分, 其中有无穷远处表面的情况.

2. 小孔衍射的公式 [5]

电磁场满足的方程是

$$\nabla^2\psi(\boldsymbol{r})+k^2\psi(\boldsymbol{r})=0 \tag{6.5.96}$$

其中参量 $\lambda=k^2$. 光是从无穷远处射来的平面波, 在有限范围内没有光源, 所以 $f(\boldsymbol{r})=0$.

求解的公式是式 (6.5.6), 因无源, 所以

$$\psi(\boldsymbol{r})=\int_{S'}\left[\psi(\boldsymbol{r}')\frac{\partial}{\partial n'}G(\boldsymbol{r}',\boldsymbol{r})-G(\boldsymbol{r}',\boldsymbol{r})\frac{\partial}{\partial n'}\psi(\boldsymbol{r}')\right]\mathrm{d}S' \tag{6.5.97}$$

只剩下对区域表面积这一项积分. 首先要认清楚求解的区域及其边界.

求解的区域如图 6.2 所示. 就是图中 $z>0$ 的半无穷大区域. 透光的小孔用阴影表示. 小孔内的一点是原点. 在整个 $xy$ 平面上, 除了小孔之外都是不透光的. 先以原点为球心, 做一个半径为 $R$(非常大) 的球面. 然后再令 $R$ 趋于无穷大. 整个边界由 I 、II 、III三部分组成. I 是小孔, II 是 $z=0^+$ 的 $xy$ 平面的上除小孔以外的区域, III是半径为 $R$ 的半球面. 因为表面显得比较怪异, 故分为三个区域, 所以可以断定, 具有这种边界的区域, 是没有特征函数的. 下面具体讨论这三部分边界的边界条件.

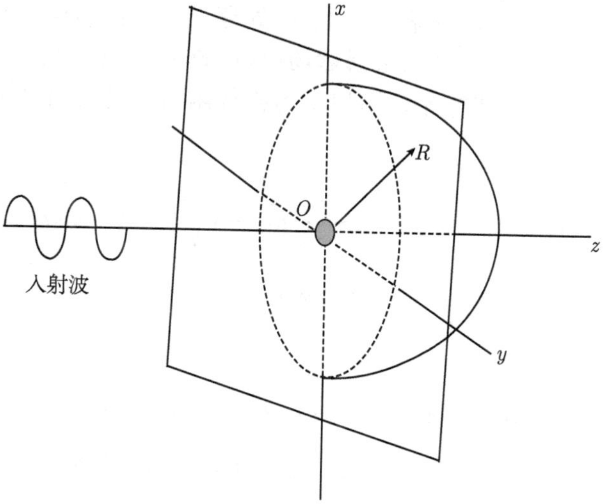


图 6.2

在边界II, 由于正好被屏幕挡住, 可以认为在其上的场强为零. 因此, 就没有对区域II的积分这一项. 区域III是无穷远处的表面, 现在的算符是拉普拉斯算符, 由式 (6.5.97), 这一区域上的积分也为零. 最后就只剩下在小孔处的积分了.

$$\psi(\boldsymbol{r}) = \int_{孔} \left[\psi(\boldsymbol{r}')\frac{\partial}{\partial n'}G(\boldsymbol{r}',\boldsymbol{r}) - G(\boldsymbol{r}',\boldsymbol{r})\frac{\partial}{\partial n'}\psi(\boldsymbol{r}')\right] \cdot \mathrm{d}S' \tag{6.5.98}$$

对于小孔处的 $\psi$ 仍然是待求的, 它出现在式 (6.5.98) 的被积函数中. 因此对于小孔处的电磁波要做合理的近似. 可以这样来考虑, 虽然从 $z=-\infty$ 的远处入射而来的是平面波, 在小空处 $\psi(\boldsymbol{r}')$ 应该是偏离平面波的. 但是我们认为偏离平面波不厉害. 作为一级近似, 可以认为被积函数中小孔处的场就是平面波.

$$\psi(\boldsymbol{r}') = \mathrm{e}^{-\mathrm{i}\boldsymbol{k}_i\cdot\boldsymbol{r}'}$$

代入式 (6.5.98)

$$\psi(\boldsymbol{r}) = \int \left[-\mathrm{e}^{-\mathrm{i}\boldsymbol{k}_i\cdot\boldsymbol{r}'}\frac{\partial}{\partial z'}G(\boldsymbol{r}',\boldsymbol{r}) + G(\boldsymbol{r}',\boldsymbol{r})\frac{\partial}{\partial z'}\mathrm{e}^{-\mathrm{i}\boldsymbol{k}_i\cdot\boldsymbol{r}'}\right] \mathrm{d}S' \tag{6.5.99}$$

小孔的外法向就在 $-z$ 的方向, 所以可写成 $\dfrac{\partial}{\partial n'} = -\dfrac{\partial}{\partial z'}$. 入射波是沿 $+z$ 方向的, 因此 $\boldsymbol{k}_i = k_i\boldsymbol{z}$. 而在小孔处, $\boldsymbol{r}' = x'\boldsymbol{x}+y'\boldsymbol{y}$. 故在小孔处, 总有 $\boldsymbol{k}_i\cdot\boldsymbol{r}'=0$. 式 (6.5.99) 计算的结果就是

$$\psi(\boldsymbol{r}) = \int \left[-\frac{\partial}{\partial z'}G(\boldsymbol{r}',\boldsymbol{r}) + \mathrm{i}k_i G(\boldsymbol{r}',\boldsymbol{r})\right] \mathrm{d}S' \tag{6.5.100}$$

最后看其中的 $G(\boldsymbol{r}',\boldsymbol{r})$. 它表示小孔 $r'$ 处有一点源在场点 $r$ 处产生的场. 点 $r$ 和 $r'$ 之间的夹角为 $\alpha$. 此处只考虑远场衍射, 即观察点 $r$ 距离小孔很远, 也即 $r$ 的数值很大: $r \gg r'$. 这时, 不但可以认为格林函数就是式 (6.5.92), 而且可以做 $r \gg r'$ 的近似式.

$$\begin{aligned}|\boldsymbol{r}'-\boldsymbol{r}| &= \sqrt{r'^2+r^2-2rr'\cos\alpha} = r\sqrt{1-2\frac{r'}{r}\cos\alpha+\frac{r'^2}{r^2}}\\ &= r\left(1-\frac{r'}{r}\cos\alpha\right) = r-r'\cos\alpha\end{aligned}$$

其中

$$\cos\alpha = \cos\theta\cos\theta' + \sin\theta\sin\theta'\cos(\varphi-\varphi')$$

在式 (6.5.92) 的分母上, 取 $|\boldsymbol{r}'-\boldsymbol{r}| \approx r$. 在式 (6.5.92) 的指数上, 取

$$k_i|\boldsymbol{r}'-\boldsymbol{r}| = k_i r - k_i r'\cos\theta = k_i r - \boldsymbol{k}_f\cdot\boldsymbol{r}'$$

其中 $\boldsymbol{k}_f$ 是从原点指向观察点的波矢, 也就是衍射波的波矢. 波矢的大小不变, 即 $|\boldsymbol{k}_f| = |\boldsymbol{k}_i|$. 注意到

$$k_f\cdot r' = k_i r'\cos\alpha = k_x x' + k_y y' + k_z z'$$

那么,

$$G(\boldsymbol{r}',\boldsymbol{r};k) = -\frac{\mathrm{e}^{\mathrm{i}k_i r}}{4\pi r}\mathrm{e}^{-\mathrm{i}\boldsymbol{k}_f\cdot\boldsymbol{r}'},\quad \frac{\partial}{\partial z'}G(\boldsymbol{r}',\boldsymbol{r};k) = \mathrm{i}k_f\cos\theta\frac{\mathrm{e}^{\mathrm{i}k_i r}}{4\pi r}\mathrm{e}^{-\mathrm{i}\boldsymbol{k}_f\cdot\boldsymbol{r}'}$$

把这些结果代入式 (6.5.100), 就得到

$$\begin{aligned}\psi(\boldsymbol{r}) &= \int\left[-\mathrm{i}k_f\frac{\mathrm{e}^{\mathrm{i}k_i r}}{4\pi r}\mathrm{e}^{-\mathrm{i}\boldsymbol{k}_f\cdot\boldsymbol{r}'} - \mathrm{i}k_i\cos\theta\frac{\mathrm{e}^{\mathrm{i}k_i r}}{4\pi r}\mathrm{e}^{-\mathrm{i}\boldsymbol{k}_f\cdot\boldsymbol{r}'}\right]\mathrm{d}S'\\ &= -\mathrm{i}k_i\frac{\mathrm{e}^{\mathrm{i}k_i r}}{4\pi r}(1+\cos\theta)\int \mathrm{e}^{-\mathrm{i}\boldsymbol{k}_f\cdot\boldsymbol{r}'}\mathrm{d}S' \qquad (6.5.101)\end{aligned}$$

最后的积分取决于小孔的形状.

小孔处各源点的位矢是

$$\boldsymbol{r}' = (r',\theta'=\pi/2,\varphi')$$

因此

$$\cos\alpha = \sin\theta\cos(\varphi-\varphi'), \boldsymbol{k}_f\cdot\boldsymbol{r}' = k_x x' + k_y y' \qquad (6.5.102)$$

可以先从式 (6.5.101) 得到几个与小孔的具体形状无关的普遍结论.

考虑 $\theta=0$ 的正前方的衍射. 这时由式 (6.5.102) 可得到 $\boldsymbol{k}_f\cdot\boldsymbol{r}'=0$. 式 (6.5.101) 容易算得结果为

$$\psi(r,\theta=0,\varphi)=-\mathrm{i}k_iS\frac{\mathrm{e}^{\mathrm{i}k_ir}}{2\pi r}=-\mathrm{i}S\frac{\mathrm{e}^{\mathrm{i}k_ir}}{\lambda r} \tag{6.5.103}$$

此处 $S$ 是小孔的面积, $\lambda=2\pi/k_i$ 是光的波长. 当波长远小于孔的线度时, 正前方的场很强.

令 $I_0$ 是每秒钟射到屏上每单位面积的光子数, 那么在位矢 $\boldsymbol{r}$ 处每秒进入立体角 $\mathrm{d}\Omega$ 的光子数是

$$I(\theta,\varphi)=I_0|\psi(\boldsymbol{r})|^2r^2\mathrm{d}\Omega$$

$$|\psi(\boldsymbol{r})|^2r^2\mathrm{d}\Omega=\frac{k_f^2}{16\pi^2}(1+\cos\theta)^2\left[\int\mathrm{e}^{-\mathrm{i}\boldsymbol{k}_f\cdot\boldsymbol{r}'}\mathrm{d}S\right]^2\sin\theta\mathrm{d}\theta\mathrm{d}\varphi$$

3. 方孔衍射

小孔是边长为 $a$ 的方孔.

$$\int\mathrm{e}^{-\mathrm{i}\boldsymbol{k}_f\cdot\boldsymbol{r}'}\mathrm{d}S=\int_{-a/2}^{a/2}\mathrm{e}^{-\mathrm{i}k_xx'}\mathrm{d}x'\int_{-a/2}^{a/2}\mathrm{e}^{-\mathrm{i}k_yy'}\mathrm{d}y'=\frac{1}{k_xk_y}\sin\frac{k_xa}{2}\sin\frac{k_ya}{2}$$

代入式 (6.5.101), 得到

$$\psi(\boldsymbol{r})=-\frac{\mathrm{i}k_i}{\pi k_xk_y}\frac{\mathrm{e}^{\mathrm{i}k_ir}}{r}(1+\cos\theta)\sin\frac{k_xa}{2}\sin\frac{k_ya}{2} \tag{6.5.104}$$

正前方, $k_x=k_y=0$, 因此, $\psi(r,\theta=0,\varphi)=-\dfrac{\mathrm{i}k_i}{2\pi}\dfrac{\mathrm{e}^{\mathrm{i}k_ir}}{r}S$, 与式 (6.5.103) 完全相同.

当波长小时, 式 (6.5.104) 所表示的 $\psi(\boldsymbol{r})$ 在屏幕处的值 $\psi(r,\theta=\pi/2,\varphi)$ 是相对较小的. 这与前面做的假设一致. 在估计 (6.5.97) 的积分时假设了边界 II 上 $\psi$ 的值为零.

4. 圆孔衍射

小孔是半径为 $a$ 的圆孔.

$$\int\mathrm{e}^{-\mathrm{i}\boldsymbol{k}_f\cdot\boldsymbol{r}'}\mathrm{d}S'=\int_0^a r'\mathrm{d}r'\int_0^{2\pi}\mathrm{e}^{-\mathrm{i}k_ir'\sin\theta\cos(\varphi-\varphi')}\mathrm{d}\varphi'$$

积分具有对于 $z$ 轴的旋转不变性. 令 $u=k_ir'\sin\theta$

$$\begin{aligned}\int\mathrm{e}^{-\mathrm{i}\boldsymbol{k}_f\cdot\boldsymbol{r}'}\mathrm{d}S&=\frac{1}{k_i^2\sin^2\theta}\int_0^{k_ia\sin\theta}u\mathrm{d}u\int_0^{2\pi}\mathrm{e}^{-\mathrm{i}u\cos\varphi}\mathrm{d}\varphi\\&=\frac{1}{k_i^2\sin^2\theta}\int_0^{k_ia\sin\theta}u\mathrm{d}u\int_0^{2\pi}\left[J_0(u)+\sum_{n=1}^{\infty}\mathrm{i}^nJ_n(u)2\cos n\varphi\right]\mathrm{d}\varphi\end{aligned}$$

$$=\frac{1}{k_i^2\sin^2\theta}\int_0^{k_i a\sin\theta}u\mathrm{d}u\int_0^{2\pi}J_0(u)\mathrm{d}\varphi=\frac{2\pi a}{k_i\sin\theta}J_1(k_i a\sin\theta)$$

其中用到平面波按贝塞尔函数的展开公式 (4.3.20b) 和贝塞尔函数的递推公式 $uJ_0(u)=[uJ_1(u)]'$.

$$\boldsymbol{k}_f\cdot\boldsymbol{r}'=k_f r'\cos\alpha=k_f r'\sin\theta\cos(\varphi-\varphi')$$

代入式 (6.5.101)

$$\psi(\boldsymbol{r})=-\mathrm{i}\frac{a\mathrm{e}^{\mathrm{i}k_i r}}{2r}\frac{1+\cos\theta}{\sin\theta}J_1(k_i a\sin\theta) \tag{6.5.105}$$

贝塞尔函数的渐近式是：当 $x\to 0$ 时, $J_1(x)\to x/2$. 因此, 在正前方 $\theta=0$, $\psi(\boldsymbol{r})=-\mathrm{i}\frac{\mathrm{e}^{\mathrm{i}k_i r}}{r}\frac{S}{\lambda}$, 与式 (6.5.103) 完全相同.

当 $x$ 增大时, 贝塞尔函数 $J_1(x)$ 随宗量的增大而衰减, 因此当波长小时, 式 (6.5.105) 所表示的 $\psi(\boldsymbol{r})$ 在屏幕处的值 $\psi(r,\theta=0,\varphi)$ 是相对较小的.

贝塞尔函数是随宗量的增大而衰减振荡的. 因此, 假如在圆孔后面距离比圆孔半径大很多的地方挂一个屏, 那么挂屏上的场强将呈现许多圆环. 中心的圆环最亮, 从中心出发往外, 在贝塞尔函数通过第一个零点处呈现暗环, 然后又是亮环、暗环等.

5. 屏的衍射

现在考虑小屏衍射. 即在图 6.2 中, 阴影部分表示屏, 遮挡了入射光. 而 $xy$ 平面上除阴影部分都是透光的. 为了区别于小孔衍射的 $\psi(\boldsymbol{r})$, 把此处的小屏衍射的场记为 $\psi_{\mathrm{c}}(\boldsymbol{r})$. 求解区域和三部分边界仍如图 6.2 所示. 只是现在边界 I 处的场强为零; 在边界 II 处的场就是入射平面波 $\mathrm{e}^{-\mathrm{i}\boldsymbol{k}_i\cdot\boldsymbol{r}'}j$. 在边界III处; 除了小屏产生的衍射在远处呈现球面波 $f(\theta',\varphi')\frac{\mathrm{e}^{\mathrm{i}k_i r'}}{r'}$ 这一部分之外, 还应加上入射的平面波 $\mathrm{e}^{-\mathrm{i}\boldsymbol{k}_i\cdot\boldsymbol{r}'}$ 这一部分. 因此波函数应写为

$$\psi_{\mathrm{cIII}}(\boldsymbol{r}')=\mathrm{e}^{-\mathrm{i}\boldsymbol{k}_i\cdot\boldsymbol{r}'}+f(\theta',\varphi')\frac{\mathrm{e}^{\mathrm{i}k_i r'}}{r'} \tag{6.5.106}$$

代入得 (6.5.98), 得

$$\begin{aligned}\psi_c(\boldsymbol{r})=&\int_{\mathrm{II}}\left[\mathrm{e}^{-\mathrm{i}\boldsymbol{k}_i\cdot\boldsymbol{r}'}\frac{\partial}{\partial n'}G(\boldsymbol{r}',\boldsymbol{r})-G(\boldsymbol{r}',\boldsymbol{r})\frac{\partial}{\partial n'}\mathrm{e}^{-\mathrm{i}\boldsymbol{k}_i\cdot\boldsymbol{r}'}\right]\mathrm{d}S'\\&+\int_{\mathrm{III}}\left[\left(\mathrm{e}^{-\mathrm{i}\boldsymbol{k}_i\cdot\boldsymbol{r}'}+f(\theta',\varphi')\frac{\mathrm{e}^{\mathrm{i}k_i r'}}{r'}\right)\frac{\partial}{\partial r'}G(\boldsymbol{r}',\boldsymbol{r})\right.\\&\left.-G(\boldsymbol{r}',\boldsymbol{r})\frac{\partial}{\partial r'}\left(\mathrm{e}^{-\mathrm{i}\boldsymbol{k}_i\cdot\boldsymbol{r}'}+f(\theta',\varphi')\frac{\mathrm{e}^{\mathrm{i}k_i r'}}{r'}\right)\right]_{r'=R}\mathrm{d}S'\end{aligned}$$

$$= \int_{\mathrm{II}\ +\ \mathrm{III}} \left[ \mathrm{e}^{-\mathrm{i}\boldsymbol{k}_i\cdot\boldsymbol{r}'} \frac{\partial}{\partial n'} G(\boldsymbol{r}', \boldsymbol{r}) - G(\boldsymbol{r}', \boldsymbol{r}) \frac{\partial}{\partial n'} \mathrm{e}^{-\mathrm{i}\boldsymbol{k}_i\cdot\boldsymbol{r}'} \right] \mathrm{d}S'$$
$$+ \int_{\mathrm{III}} f(\theta', \varphi') \left[ \frac{\mathrm{e}^{\mathrm{i}k_i r'}}{r'} \frac{\partial}{\partial r'} G(\boldsymbol{r}', \boldsymbol{r}) - G(\boldsymbol{r}', \boldsymbol{r}) \frac{\partial}{\partial r'} \frac{\mathrm{e}^{\mathrm{i}k_i r'}}{r'} \right]_{r'=R} \mathrm{d}S'$$

在边界III处的格林函数应该与式 (6.5.92) 相同, 因而上式后一项的积分如式 (6.5.91), 结果为零.

$$\psi_{\mathrm{c}}(\boldsymbol{r}) = \oint_{S'} \left[ \mathrm{e}^{-\mathrm{i}\boldsymbol{k}_i\cdot\boldsymbol{r}'} \frac{\partial}{\partial n'} G(\boldsymbol{r}', \boldsymbol{r}) - G(\boldsymbol{r}', \boldsymbol{r}) \frac{\partial}{\partial n'} \mathrm{e}^{-\mathrm{i}\boldsymbol{k}_i\cdot\boldsymbol{r}'} \right] \mathrm{d}S'$$
$$- \int_{\text{孔}} \left[ \mathrm{e}^{-\mathrm{i}\boldsymbol{k}_i\cdot\boldsymbol{r}'} \frac{\partial}{\partial n'} G(\boldsymbol{r}', \boldsymbol{r}) - G(\boldsymbol{r}', \boldsymbol{r}) \frac{\partial}{\partial n'} \mathrm{e}^{-\mathrm{i}\boldsymbol{k}_i\cdot\boldsymbol{r}'} \right] \mathrm{d}S'$$

后一项正是小孔衍射的式 (6.5.98) 或者式 (6.5.99). 对于第一项可利用如下关系:

$$\oint_{S'} [\mathrm{e}^{-\mathrm{i}\boldsymbol{k}_i\cdot\boldsymbol{r}'} \nabla' G(\boldsymbol{r}', \boldsymbol{r}) - G(\boldsymbol{r}', \boldsymbol{r}) \nabla' \mathrm{e}^{-\mathrm{i}\boldsymbol{k}_i\cdot\boldsymbol{r}'}] \cdot \mathrm{d}\boldsymbol{S}'$$
$$= \int_{V'} [\mathrm{e}^{-\mathrm{i}\boldsymbol{k}_i\cdot\boldsymbol{r}'} \nabla'^2 G(\boldsymbol{r}', \boldsymbol{r}) - G(\boldsymbol{r}', \boldsymbol{r}) \nabla'^2 \mathrm{e}^{-\mathrm{i}\boldsymbol{k}_i\cdot\boldsymbol{r}'}] \mathrm{d}V'$$
$$= \int_{V'} [\mathrm{e}^{-\mathrm{i}\boldsymbol{k}_i\cdot\boldsymbol{r}'} (-k_i^2 G(\boldsymbol{r}', \boldsymbol{r}) + \delta(\boldsymbol{r}' - \boldsymbol{r})) + G(\boldsymbol{r}', \boldsymbol{r}) k_i^2 \mathrm{e}^{-\mathrm{i}\boldsymbol{k}_i\cdot\boldsymbol{r}'}] \mathrm{d}V' = \mathrm{e}^{-\mathrm{i}\boldsymbol{k}_i\cdot\boldsymbol{r}}$$

即

$$\psi(\boldsymbol{r}) + \psi_{\mathrm{c}}(\boldsymbol{r}) = \mathrm{e}^{-\mathrm{i}\boldsymbol{k}_i\cdot\boldsymbol{r}} \tag{6.5.107}$$

结论是: 一个小孔衍射的场与一个相同形状的小屏衍射的场的叠加, 等于入射平面波. 这一结论称为**巴比涅原理**.

现在已知小孔衍射的场是式 (6.5.101), 因此, 小屏衍射的场就是

$$\psi_c(\boldsymbol{r}) = \mathrm{e}^{-\mathrm{i}\boldsymbol{k}_i\cdot\boldsymbol{r}} + \mathrm{i}k_i \frac{\mathrm{e}^{\mathrm{i}k_i r}}{4\pi r}(1 + \cos\theta) \int \mathrm{e}^{-\mathrm{i}\boldsymbol{k}_f\cdot\boldsymbol{r}'} \mathrm{d}S'$$

写成式 (6.5.106) 的形式后, 得到

$$f(\theta, \varphi) = \frac{\mathrm{i}k_i}{4\pi}(1 + \cos\theta) \int \mathrm{e}^{-\mathrm{i}\boldsymbol{k}_f\cdot\boldsymbol{r}'} \mathrm{d}S' \tag{6.5.108}$$

现在利用小屏衍射的结果, 把散射的角向分布因子 $f(\theta, \varphi)$ 给计算出来了. 特别是对于圆屏衍射, 已求得式 (6.5.105)

$$f(\theta, \varphi) = \mathrm{i}\frac{a}{2} \frac{1 + \cos\theta}{\sin\theta} J_1(k_i a \sin\theta)$$

### 6.5.5　三维空间中粒子散射的问题

在量子力学中, 一个微观粒子的行为用波函数 $\psi(\boldsymbol{r})$ 来描述. 波函数表示了粒子在空间各点分布的概率, 它满足以下方程:

$$-\frac{\hbar^2}{2m}\nabla_{\boldsymbol{r}}^2\psi(\boldsymbol{r})+V(\boldsymbol{r})\psi(\boldsymbol{r})=E\psi(\boldsymbol{r}) \tag{6.5.109}$$

此式称为薛定谔方程. 方程左边第一项对应于粒子运动的动能, 第二项对应于势能, 右边则对应于总能量. $E$ 就代表粒子的总能量, 这是一个常数.

式 (6.5.109)是参量 $\lambda=E$, 算符 $L(\boldsymbol{r})=-\dfrac{\hbar^2}{2m}\nabla_{\boldsymbol{r}}^2+V(\boldsymbol{r})$ 这样一个齐次二阶微分方程. 但是由于势能项 $V(\boldsymbol{r})$ 可能具有复杂性, 相应的特征值问题经常不容易求出. 为此将式 (6.5.109) 改写成如下形式:

$$\left(\nabla_{\boldsymbol{r}}^2+\frac{2m}{\hbar^2}E\right)\psi(\boldsymbol{r})=\frac{2m}{\hbar^2}V(\boldsymbol{r})\psi(\boldsymbol{r}) \tag{6.5.110}$$

写成这一形式之后, 就变成了

$$\lambda=\frac{2m}{\hbar^2}E \tag{6.5.111}$$

算符

$$L(\boldsymbol{r})=-\nabla_{\boldsymbol{r}}^2 \tag{6.5.112}$$

非齐次项

$$f(\boldsymbol{r})=\frac{2m}{\hbar^2}V(\boldsymbol{r})\psi(\boldsymbol{r}) \tag{6.5.113}$$

是一个非齐次二阶常微分方程. 为求解此非齐次方程, 可先求解相应的齐次方程

$$\left(\nabla_{\boldsymbol{r}}^2+\frac{2m}{\hbar^2}E\right)\varphi(\boldsymbol{r})=0 \tag{6.5.114}$$

相应的格林函数满足的方程是

$$\left(\nabla_{\boldsymbol{r}}^2+\frac{2m}{\hbar^2}E\right)G(\boldsymbol{r},\boldsymbol{r}')=\delta(\boldsymbol{r}-\boldsymbol{r}') \tag{6.5.115}$$

现在的求解区域是无限大空间. 式 (6.5.114) 的解是平面波, 见式 (6.2.6). 式 (6.5.115) 的解已经在 6.2 节中仔细讨论过. 三维空间中的格林函数就是式 (6.2.11) 或式 (6.5.92).

式 (6.5.110) 的通解由一般表达式 (6.5.7) 给出, 结果为

$$\psi(\boldsymbol{r})=\varphi(\boldsymbol{r})-\frac{2m}{\hbar^2}\int G(\boldsymbol{r},\boldsymbol{r}')V(\boldsymbol{r}')\psi(\boldsymbol{r}')\mathrm{d}^3\boldsymbol{r}' \tag{6.5.116}$$

其中加上了齐次方程的解这一项. 此式的第二项就是式 (6.5.7) 的第一项, 是非齐次项式 (6.5.113) 导致的贡献. 式 (6.5.7) 的第二项为零, 这是因为现在的算符是拉普拉斯算符 (6.5.112), 在无界空间的表面上, 前面已经证明式 (6.5.91) 成立.

尽管这里是按照解的一般表达式写出式 (6.5.116) 的, 但是并没有真正求出解, 被积函数中仍然包含了待求函数 $\psi(\boldsymbol{r})$. 这是因为把式 (6.5.109) 写成式 (6.5.110) 之后, 非齐次项 $f(\boldsymbol{r})$ 中实际上是包含了待求函数 $\psi(\boldsymbol{r})$ 的, 见式 (6.5.113). 因此, 式 (6.5.116) 只是将原微分方程写成了积分方程的形式, 它与原方程 (6.5.109) 等价. 如何求解积分方程, 将在第 8 章中介绍.

本小节介绍的粒子散射的问题, 是由齐次方程的解加上格林函数得到非齐次方程的解的一个典型的例子.

方程 (6.5.114) 表示粒子在没有势场的无限大空间中运动, 波函数是一个平面波的行为. 式 (6.5.110) 中 $V(\boldsymbol{r})$ 表示存在一个势场. 现在设势场的中心在原点, 并且离远点越远, 势场越弱, 如点电荷的库仑势和亚原子核粒子的汤川势就属于这类情况. 这样, 粒子在远处是一个平面波的行为, 朝着原点入射, 当它越靠近原点, 就感受到越强的势场作用, 经过这样的作用后, 粒子离开原点向远处运动. 这个过程就是粒子受到势场的散射. 粒子的整个行为就是方程 (6.5.110) 的通解.

将式 (6.2.6) 和式 (6.2.11) 式代入式 (6.5.116), 就得到

$$\psi(\boldsymbol{r}) = \frac{\mathrm{e}^{\mathrm{i}\boldsymbol{k}\cdot\boldsymbol{r}}}{\sqrt{2\pi}^3} - \frac{2m}{\hbar^2}\int \frac{\mathrm{e}^{\mathrm{i}\sqrt{\lambda}|\boldsymbol{r}-\boldsymbol{r}'|}}{4\pi|\boldsymbol{r}-\boldsymbol{r}'|}V(\boldsymbol{r}')\psi(\boldsymbol{r}')\mathrm{d}^3\boldsymbol{r}' \tag{6.5.117}$$

注意, 式中两项的指数上的波矢写成不同的符号. 在弹性散射时, 散射后粒子的能量没有变化, 因此令 $q = \sqrt{\lambda}$, 得

$$k = \sqrt{\lambda} = \sqrt{\frac{2m}{\hbar^2}E} \tag{6.5.118}$$

但是 $\boldsymbol{k}$ 和 $\boldsymbol{q}$ 可能方向不同. 对于非弹性散射的情况, 这两个波矢的大小也可能不同.

一旦给定了势场 $V(\boldsymbol{r})$ 的具体形式, 就可以运用积分方程的理论进行求解.

## 6.6 镜像法求解格林函数

### 6.6.1 镜像法的基本理论

1. 镜像法的基本思想

如果格林函数满足的边值问题中, 算符是拉普拉斯算符, 参量 $\lambda = 0$, 服从第一

类边界条件, 那么边值问题如下:

$$\nabla^2 G(\boldsymbol{r},\boldsymbol{r}') = \delta(\boldsymbol{r}-\boldsymbol{r}') \quad \boldsymbol{r},\boldsymbol{r}' \in V \tag{6.6.1a}$$

$$G(\boldsymbol{r},\boldsymbol{r}')|_S = 0 \tag{6.6.1b}$$

其中对于区域 $V$ 及其边界 $S$ 还没有具体规定.

现在讨论的情况是, 区域 $V$ 是一个比较特殊的区域, 它可能具有一定的简单性, 也可能是一个更大的具有某种对称性的区域中的一部分. 本节内容介绍的是, 对于在这样的特殊区域中求解满足方程 (6.6.1) 的格林函数, 可以采用一种称为**镜像法**的方法.

已经求出了在无穷大空间中的格林函数的表达式, 记为 $G_\infty(\boldsymbol{r},\boldsymbol{r}')$, 这是在 $\boldsymbol{r}'$ 处的一个点源在空间各点 $\boldsymbol{r}$ 产生的场. 先假定把 $G_\infty(\boldsymbol{r},\boldsymbol{r}')$ 作为式 (6.6.1) 的解. 但是除非 $V$ 是无穷大空间, 否则 $G_\infty(\boldsymbol{r},\boldsymbol{r}')$ 是不满足边界条件的. 为了使格林函数还要满足边界条件, 把 $G(\boldsymbol{r},\boldsymbol{r}')$ 写成两部分之和:

$$G(\boldsymbol{r},\boldsymbol{r}') = G_\infty(\boldsymbol{r},\boldsymbol{r}') + G_{\mathrm{m}}(\boldsymbol{r},\boldsymbol{r}') \tag{6.6.2}$$

其中 $G_{\mathrm{m}}(\boldsymbol{r},\boldsymbol{r}')$ 满足齐次方程

$$\nabla^2 G_{\mathrm{m}}(\boldsymbol{r},\boldsymbol{r}') = 0, \boldsymbol{r},\boldsymbol{r}' \in V \tag{6.6.3}$$

并且使得式 (6.6.2) 的格林函数满足边界条件

$$[G_\infty(\boldsymbol{r},\boldsymbol{r}') + G_{\mathrm{m}}(\boldsymbol{r},\boldsymbol{r}')]|_S = 0 \tag{6.6.4}$$

既然 $G_\infty(\boldsymbol{r},\boldsymbol{r}')$ 已知, 关键问题就是找出合适的 $G_{\mathrm{m}}(\boldsymbol{r},\boldsymbol{r}')$ 的表达式.

首先, 最容易想到的 $G_{\mathrm{m}}(\boldsymbol{r},\boldsymbol{r}')$ 的最简单的表达式就是和 $G_\infty(\boldsymbol{r},\boldsymbol{r}')$ 的形式相同. 只不过点源的位置肯定不是在 $\boldsymbol{r}'$ 处. 假定这个位置与 $\boldsymbol{r}'$ 之差为 $\boldsymbol{r}_0$. 也就是说

$$G_{\mathrm{m}}(\boldsymbol{r},\boldsymbol{r}') = C_1 G_\infty(\boldsymbol{r},\boldsymbol{r}'+\boldsymbol{r}_0) + C_2 = C_1 G_\infty(\boldsymbol{r},\boldsymbol{r}'') + C_2 \tag{6.6.5}$$

注意, 有可能会乘上一个常数和加上一个常数项, 仍然满足式 (6.6.3).

其次, 由于 $G_{\mathrm{m}}(\boldsymbol{r},\boldsymbol{r}')$ 应该满足式 (6.6.3), 所以源点 $\boldsymbol{r}'+\boldsymbol{r}_0$ 应不在区域 $V$ 内

$$\boldsymbol{r}'' = \boldsymbol{r}' + \boldsymbol{r}_0 \notin V \tag{6.6.6}$$

现在 $V$ 是无穷大空间的一部分. 除 $V$ 以外的部分记为 $V_{\mathrm{m}}$, 那么应该有 $\boldsymbol{r}'+\boldsymbol{r}_0 \in V_{\mathrm{m}}$. 因此归结为, 找一个适合的 $\boldsymbol{r}_0$, 使得式 (6.6.3)、式 (6.6.5) 和式 (6.6.6) 满足.

$V_{\mathrm{m}}$ 内 $\boldsymbol{r}''$ 处的点源, 称为 $\boldsymbol{r}'$ 的**镜像点**, 因此这一方法称为镜像法. 从以上叙述过程可知, 不需要具体求解方程 (6.6.1), 因为格林函数的表达式已知, 只需要找到

合适的位矢 $\boldsymbol{r}_0$ 即可. 因此这是一个非常简单的方法. 注意, 镜像点只能在 $V_{\mathrm{m}}$ 内, 而不能在 $V$ 的边界上.

由式 (6.6.4) 看出, 在边界上, $G_{\mathrm{m}}(\boldsymbol{r},\boldsymbol{r}')$ 和 $G_\infty(\boldsymbol{r},\boldsymbol{r}')$ 的符号应相反. 由于 $G_\infty(\boldsymbol{r},\boldsymbol{r}')$ 是在 $\boldsymbol{r}'$ 处的一个正点电荷在空间产生的场, 镜像处的电荷应该是一个负的点电荷产生的场才能满足边界上总场为零的条件. 因此从静电场的角度来考虑选择镜像的位置是有益的. 这一方法也常被称为**电像法**. 以下总是把 $\boldsymbol{r}'$ 的点源看做一个正的单位点电荷, 而把镜像点看成一个负的点电荷.

先把二维和三维空间中的一般公式列出如下.

**2. 二维空间**

二维无限大空间的格林函数已求出, 见式 (6.2.23).

$$G_\infty(\boldsymbol{r},\boldsymbol{r}') = \frac{1}{2\pi}\ln|\boldsymbol{r}-\boldsymbol{r}'| \tag{6.6.7}$$

在直角坐标系和极坐标系中的表示如下:

$$G_\infty(\boldsymbol{r},\boldsymbol{r}') = \frac{1}{2\pi}\ln\sqrt{(x-x')^2+(y-y')^2} = \frac{1}{4\pi}\ln[(x-x')^2+(y-y')^2] \tag{6.6.8a}$$

$$G_\infty(\boldsymbol{r},\boldsymbol{r}') = \frac{1}{4\pi}\ln[r^2+r'^2-2rr'\cos(\theta-\theta')] \tag{6.6.8b}$$

此时如果有一个镜像点, 总的格林函数就是

$$\begin{aligned}G(\boldsymbol{r},\boldsymbol{r}') &= \frac{1}{2\pi}\ln|\boldsymbol{r}-\boldsymbol{r}'| + \frac{C_1}{2\pi}\ln|\boldsymbol{r}-(\boldsymbol{r}'+\boldsymbol{r}_0)| + C_2 \\ &= \frac{1}{2\pi}\ln\frac{c|\boldsymbol{r}-\boldsymbol{r}'|}{|\boldsymbol{r}-(\boldsymbol{r}'+\boldsymbol{r}_0)|^{-C_1}}\end{aligned} \tag{6.6.9}$$

若常数项 $C_2$ 不为零, 可以归入对数中的一个因子 $c$.

**3. 三维空间**

三维无限大空间的格林函数的表达式见式 (6.2.13).

$$G_\infty(\boldsymbol{r},\boldsymbol{r}') = -\frac{1}{4\pi|\boldsymbol{r}-\boldsymbol{r}'|} \tag{6.6.10}$$

三种坐标系中的表达形式如下:

直角坐标系

$$G_\infty(\boldsymbol{r},\boldsymbol{r}') = -\frac{1}{4\pi\sqrt{(x-x')^2+(y-y')^2+(z-z')^2}} \tag{6.6.11a}$$

柱坐标系

$$G_\infty(\boldsymbol{r},\boldsymbol{r}') = -\frac{1}{4\pi\sqrt{r^2+r'^2-2rr'\cos(\theta-\theta')+(z-z')^2}} \tag{6.6.11b}$$

球坐标系

$$G_\infty(\boldsymbol{r},\boldsymbol{r}')=-\frac{1}{4\pi\sqrt{r^2+r'^2-2rr'\cos\gamma}}\tag{6.6.11c}$$

其中 $\gamma$ 是位矢 $\boldsymbol{r}$ 和 $\boldsymbol{r}'$ 之间的夹角, 有

$$\cos\gamma=\cos\theta\cos\theta'+\sin\theta\sin\theta'\cos(\varphi-\varphi')\tag{6.6.12}$$

此时如果有一个镜像点, 总的格林函数就是

$$G(\boldsymbol{r},\boldsymbol{r}')=-\frac{1}{4\pi|\boldsymbol{r}-\boldsymbol{r}'|}-\frac{C_1}{4\pi|\boldsymbol{r}-(\boldsymbol{r}'+\boldsymbol{r}_0)|}+C_2\tag{6.6.13}$$

4. 多镜像点的情况

很多场合下, 选择一个镜像点只能使得总的格林函数在边界中的一部分区域内满足条件, 这种场合就不得不选择更多的镜像点, 使得在整个边界都满足边界条件. 即 $G_\mathrm{m}(\boldsymbol{r},\boldsymbol{r}')$ 包含了不止一项. 写成以下形式:

$$G_\mathrm{m}(\boldsymbol{r},\boldsymbol{r}')=\sum_i\left[C_{1i}G_\infty(\boldsymbol{r},\boldsymbol{r}'+\boldsymbol{r}_{0i})+C_{2i}\right]\tag{6.6.14}$$

各 $\boldsymbol{r}_{0i}$ 点的位置和各常数 $C_i$ 要由边界条件来决定.

一旦满足式 (6.6.1) 的格林函数求出之后, 如下边值问题的解就很容易求出.

$$\nabla^2\psi(\boldsymbol{r})=f(\boldsymbol{r}),\quad \boldsymbol{r}\in V\tag{6.6.15a}$$

$$\psi(\boldsymbol{r})|_S=u(\boldsymbol{r})\tag{6.6.15b}$$

此边值问题的解可由式 (6.5.7) 得到

$$\psi(\boldsymbol{r})=\int_{V'}f(\boldsymbol{r}')G(\boldsymbol{r}',\boldsymbol{r})\mathrm{d}\boldsymbol{r}'-\int_{S'}u(\boldsymbol{r}')\frac{\partial}{\partial n'}G(\boldsymbol{r}',\boldsymbol{r})\mathrm{d}S'\tag{6.6.16}$$

### 6.6.2　二维空间实例

基本公式已在式 (6.6.7)~ 式 (6.6.9) 列出. 一般地, 如果只有一个镜像点, 则选择式 (6.6.5) 中 $C_1=-1$.

1. 上半平面内的格林函数

边值问题如下:

$$\nabla^2G(\boldsymbol{r},\boldsymbol{r}')=\delta(\boldsymbol{r}-\boldsymbol{r}'),\quad -\infty<x,x'<\infty,0<y,y'<\infty\tag{6.6.17a}$$

$$G(\boldsymbol{r},\boldsymbol{r}')|_{y=0}=0\tag{6.6.17b}$$

这时的边界条件是, 在 $x$ 轴上格林函数值为零.

总的格林函数的表达式应该是式 (6.6.9), 在直角坐标系中表达. 利用边界条件 (6.6.17b), 应有

$$\frac{1}{2\pi}\ln\frac{c\sqrt{(x-x')^2+y'^2}}{\sqrt{(x-x'-x_0)^2+(y'+y_0)^2}}=0$$

即要求

$$c[(x-x')^2+y'^2]=(x-x'-x_0)^2+(y'+y_0)^2 \tag{6.6.18}$$

注意, 其中 $x$ 是一个变量. 令两边 $x^2$ 项的系数相等, 得 $c=1$, 代入式 (6.6.18), 只能取 $x_0=0, y_0=-2y'$. 即, 若上半平面内的源点在 $(x',y')$ 处, 那么, 镜像点应该是在下半平面的 $(x',-y')$ 处. 镜像点上是负的单位点电荷.

整个平面关于 $x$ 轴具有反演对称性. 在被 $x$ 轴分成两半之后, 镜像点与原点是互为反演对称的点.

最后可将总的格林函数写成

$$G(\boldsymbol{r},\boldsymbol{r}')=G_\infty(\boldsymbol{r},\boldsymbol{r}')-G_\infty(\boldsymbol{r},\boldsymbol{r}'+\boldsymbol{r}_0)=\frac{1}{4\pi}\ln\frac{(x-x')^2+(y-y')^2}{(x-x')^2+(y+y')^2} \tag{6.6.19}$$

其中 $\boldsymbol{r}_0=(0,-2y')$.

### 2. 第一象限内的格林函数

边值问题如下:

$$\nabla^2 G(\boldsymbol{r},\boldsymbol{r}')=\delta(\boldsymbol{r}-\boldsymbol{r}'),\quad 0<x,x',y,y'<\infty \tag{6.6.20a}$$

$$G(\boldsymbol{r},\boldsymbol{r}')|_{x=0}=G(\boldsymbol{r},\boldsymbol{r}')|_{y=0}=0 \tag{6.6.20b}$$

这时的边界条件是, 在正半 $x$ 轴和正半 $y$ 轴上格林函数值为零.

二维无限大空间的格林函数是式 (6.6.7). 从上例已经知道, 在下半平面的 $\boldsymbol{r}_1=(x',-y')$ 处加上一个负的单位点电荷之后, 可以满足 $G(\boldsymbol{r},\boldsymbol{r}')|_{y=0}=0$ 的边界条件, 但还不能满足在正半 $y$ 轴上的边界条件, 因而必须再增加其他的镜像点以满足 $G(\boldsymbol{r},\boldsymbol{r}')|_{x=0}=0$ 的条件. 既然在镜像点 $\boldsymbol{r}_1=(x',-y')$ 处的负的点电荷与 $\boldsymbol{r}'=(x',y')$ 处的正的点电荷产生的场能够使得 $x$ 轴上的总的场为零, 那么容易想到, 在 $\boldsymbol{r}_2=(-x',y')$ 处的负的点电荷与 $\boldsymbol{r}'$ 处的正的点电荷产生的场能够使得 $y$ 轴上的总的场为零. 不过现在由于 $\boldsymbol{r}_1$ 处有一个负电荷存在, $\boldsymbol{r}_1$ 和 $\boldsymbol{r}_2$ 两个负电荷合成的场不能满足边界条件, 可以在 $\boldsymbol{r}_3=(-x',-y')$ 处加上一个正电荷, 这样合成的总的场就完全满足边界条件 (6.6.20b) 了, 即总的格林函数如下:

$$G(\boldsymbol{r},\boldsymbol{r}')=G_\infty(\boldsymbol{r},\boldsymbol{r}')-G_\infty(\boldsymbol{r},\boldsymbol{r}_1')-G_\infty(\boldsymbol{r},\boldsymbol{r}_2')+G_\infty(\boldsymbol{r},\boldsymbol{r}_3') \tag{6.6.21a}$$

其中

$$\boldsymbol{r}_1 = (x', -y'), \quad \boldsymbol{r}_2 = (-x', y'), \quad \boldsymbol{r}_3 = (-x', -y') \tag{6.6.21b}$$

格林函数的确切表达式为

$$G(\boldsymbol{r}, \boldsymbol{r}') = \frac{1}{4\pi} \ln \frac{[(x-x')^2 + (y-y')^2][(x+x')^2 + (y+y')^2]}{[(x-x')^2 + (y+y')^2][(x+x')^2 + (y-y')^2]} \tag{6.6.22}$$

由于式 (6.6.21a) 右边后三项的源都不在第一象限内, 因此总的格林函数 $G(\boldsymbol{r}, \boldsymbol{r}')$ 满足方程 (6.6.20a). 容易验证 $G(\boldsymbol{r}, \boldsymbol{r}')$ 也是满足边界条件 (6.6.20b) 的.

现在镜像点不止一个, 式 (6.6.21a) 具有式 (6.6.14) 的形式. 整个平面可以用 $x$ 轴和 $y$ 轴分成四个象限, 这四个象限中的点关于 $x$ 轴和 $y$ 轴构成对称的点. 本例中的源点和镜像点就是关于 $x$ 轴和 $y$ 轴构成对称的点.

### 3. 圆内的格林函数

现在的求解区域是圆心在原点, 半径为 $R$ 的圆.

$$\nabla^2 G(\boldsymbol{r}, \boldsymbol{r}') = \delta(\boldsymbol{r} - \boldsymbol{r}'), \quad 0 < r, r' < \infty \tag{6.6.23a}$$

$$G(\boldsymbol{r}, \boldsymbol{r}')|_{r=R} = 0 \tag{6.6.23b}$$

由于是圆内问题, 用极坐标系. 源点在 $\boldsymbol{r}'$ 处, 见图 6.3. 那么从对称性考虑, 镜像点 $\boldsymbol{r}''$ 应该在位矢 $\boldsymbol{r}'$ 的延长线上, 只是在圆外.

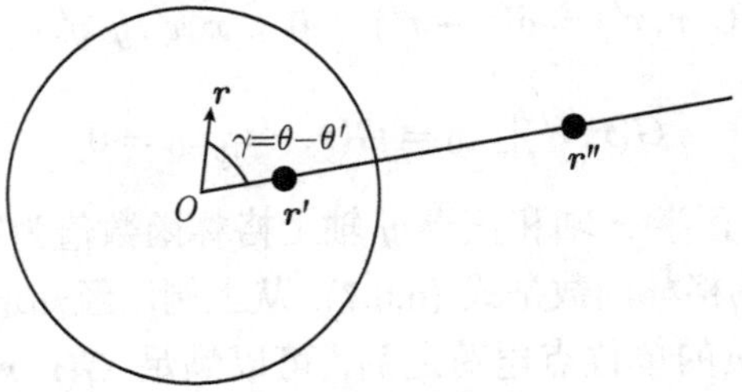


图 6.3　圆内格林函数的镜像点

总的格林函数是式 (6.6.9), 用极坐标写出如下:

$$G(\boldsymbol{r}, \boldsymbol{r}') = \frac{1}{4\pi} \ln \frac{c^2[r^2 + r'^2 - 2rr'\cos(\theta - \theta')]}{[r^2 + r''^2 - 2rr''\cos(\theta - \theta')]} \tag{6.6.24}$$

由边界条件 (6.6.23b), 应有

$$\frac{1}{4\pi} \ln \frac{c^2[R^2 + r'^2 - 2Rr'\cos(\theta - \theta')]}{[R^2 + r''^2 - 2Rr''\cos(\theta - \theta')]} = 0$$

也就是

$$c^2(R^2+r'^2-2Rr'\cos(\theta-\theta'))=R^2+r''^2-2Rr''\cos(\theta-\theta') \tag{6.6.25}$$

因为角度 $\theta-\theta'$ 是个变量, 所以要求两边 $\cos(\theta-\theta')$ 前的系数相等, 常数项也应相等. 因此得

$$c^2r'=r'' \tag{6.6.26}$$

和

$$c^2(R^2+r'^2)=R^2+r''^2 \tag{6.6.27}$$

由此两式解出

$$c=\frac{R}{r'},\quad r''=\frac{R^2}{r'} \tag{6.6.28}$$

代入式 (6.6.24), 得到圆内的格林函数为

$$G(\boldsymbol{r},\boldsymbol{r}')=\frac{1}{4\pi}\ln\frac{R^2(r^2+r'^2-2rr'\cos(\theta-\theta'))}{r'^2(r^2+R^4/r'^2-2R^2r\cos(\theta-\theta')/r')} \tag{6.6.29}$$

容易验证, 格林函数具有对称性 $G(\boldsymbol{r},\boldsymbol{r}')=G(\boldsymbol{r}',\boldsymbol{r})$. 现在镜像点电荷的大小是 $R/r'$, 大于单位电荷. 镜像点的位置 $r''=R^2/r'>r'$, 在圆外. $r'$ 越小, 镜像点的位置就越远, 且镜像点的电荷就越大. 特别是当 $r'=0$ 的时候, 有

$$G(\boldsymbol{r},0)=\frac{1}{4\pi}\ln\frac{r^2}{R^2}=\frac{1}{2\pi}\ln\frac{r}{R} \tag{6.6.30}$$

这时的镜像点在无限远处.

式 (6.6.29) 应与前面 6.5.3 小节边值问题 (6.5.30) 用分段表示法求得的结果相同. 此处的表达式更为简洁. 但式 (6.6.30) 不满足式 (6.5.30b) 的边界条件.

**例 1** 求圆内二维拉普拉斯方程第一类边值问题

$$\nabla^2\psi(\boldsymbol{r})=0,\quad r<R,\quad \psi(\boldsymbol{r})|_{r=R}=u(\theta) \tag{6.6.31}$$

的解.

**解** 圆内的格林函数已求出为式 (6.6.29). 套用式 (6.6.16) 先求出格林函数在边界也就是圆周上的法向导数

$$\left.\frac{\partial G(\boldsymbol{r},\boldsymbol{r}')}{\partial n'}\right|_{r'=R}=-\left.\frac{\partial G(\boldsymbol{r},\boldsymbol{r}')}{\partial r'}\right|_{r'=R}=-\frac{1}{2\pi R}\frac{R^2-r^2}{R^2+r^2-2Rr\cos(\theta-\theta')}$$

于是有

$$\psi(\boldsymbol{r})=-\int_{S'}u(\boldsymbol{r}')\frac{\partial}{\partial n'}G(\boldsymbol{r}',\boldsymbol{r})\mathrm{d}S'=-\oint_{r'=R}u(\theta')\frac{\partial}{\partial n'}G(\boldsymbol{r}',\boldsymbol{r})\mathrm{d}S'$$

$$=\frac{1}{2\pi}\int_0^{2\pi}\frac{(R^2-r^2)u(\theta')\mathrm{d}\theta'}{R^2+r^2-2Rr\cos(\theta-\theta')} \tag{6.6.32}$$

式 (6.6.32) 称为**平面泊松公式**. 若取原点位置, 则

$$\psi(0)=\frac{1}{2\pi}\int_0^{2\pi}u(\theta')\mathrm{d}\theta'=\frac{1}{2\pi R}\oint_{r=R}u(\boldsymbol{r})\mathrm{d}l \tag{6.6.33}$$

此式表明, 二维空间中调和函数在圆心处的数值等于它在圆周上的平均值.

4. 带内的格林函数

求解区域是如图 6.4 的带形区域. 边值问题如下:

$$\nabla^2 G(\boldsymbol{r},\boldsymbol{r}')=\delta(\boldsymbol{r}-\boldsymbol{r}'),\quad 0<x,x'<\infty, 0<y,y'<d \tag{6.6.34a}$$

$$G(\boldsymbol{r},\boldsymbol{r}')|_{y=0}=G(\boldsymbol{r},\boldsymbol{r}')|_{y=d}=0 \tag{6.6.34b}$$

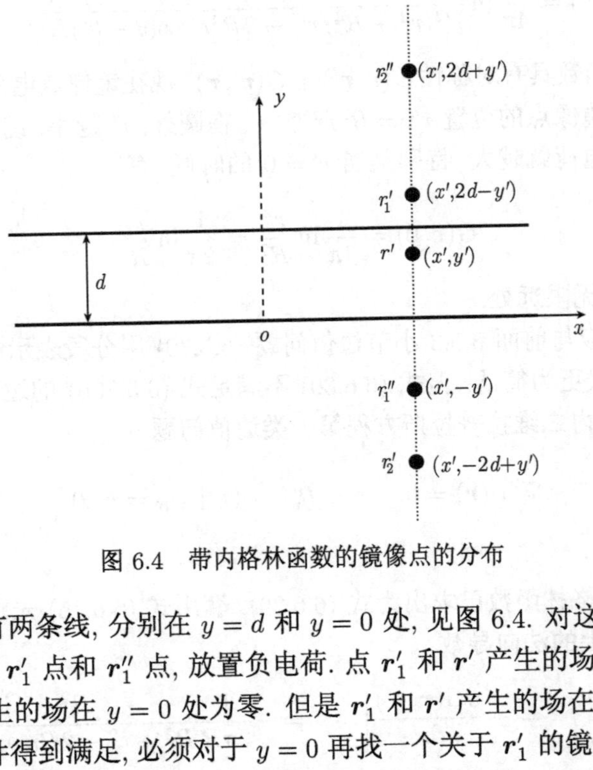


图 6.4　带内格林函数的镜像点的分布

现在边界有两条线, 分别在 $y=d$ 和 $y=0$ 处, 见图 6.4. 对这两条边界线分别取镜像点, 得到 $\boldsymbol{r}_1'$ 点和 $\boldsymbol{r}_1''$ 点, 放置负电荷. 点 $\boldsymbol{r}_1'$ 和 $\boldsymbol{r}'$ 产生的场在 $y=d$ 处为零, 点 $\boldsymbol{r}_1''$ 和 $\boldsymbol{r}'$ 产生的场在 $y=0$ 处为零. 但是 $\boldsymbol{r}_1'$ 和 $\boldsymbol{r}'$ 产生的场在 $y=0$ 处不为零, 为了使边界条件得到满足, 必须对于 $y=0$ 再找一个关于 $\boldsymbol{r}_1'$ 的镜像点, 就是 $\boldsymbol{r}_2'$ 点, 放置正电荷. 这样就满足了在 $y=0$ 处的场为零, 可是此时 $y=d$ 处的总场又不为零, 因此要关于 $y=d$ 再找一个 $\boldsymbol{r}_2'$ 的镜像点, 如此等等一直下去. 对于点 $\boldsymbol{r}_1''$ 作同样的考虑.

这样就在带形区域以外得到一系列的点，如图 6.4 所示. 其中带一撇的都是关于 $y=d$ 的边界得到的镜像点, 带两撇的都是关于 $y=0$ 的边界得到的镜像点. 容易总结出这一系列点的位置的规律: 凡是带偶数下标的, 它们的位置都是在 $2nd+y'$ 处, 其中 $n=0$ 的那个点是在带形区域内, 这些点上都带正电荷; 带奇数下标的位置都是在 $2nd-y'$ 处, 都带负电荷.

于是得到格林函数的表达式为

$$
\begin{aligned}
&G(\boldsymbol{r},\boldsymbol{r}')=G_\infty(\boldsymbol{r},\boldsymbol{r}')\\
&+\sum_{i=1}^{\infty}G_\infty(\boldsymbol{r},\boldsymbol{r}'_{2i})-\sum_{i=1}^{\infty}G_\infty(\boldsymbol{r},\boldsymbol{r}'_{2i+1})+\sum_{i=1}^{\infty}G_\infty(\boldsymbol{r},\boldsymbol{r}''_{2i})-\sum_{i=0}^{\infty}G_\infty(\boldsymbol{r},\boldsymbol{r}''_{2i+1})\\
=&\frac{1}{4\pi}\sum_{n=-\infty}^{\infty}[\ln\{(x-x')^2+[y-(2nd+y')]^2\}-\ln\{(x-x')^2+[y-(2nd-y')]^2\}]\\
=&\frac{1}{4\pi}\sum_{n=-\infty}^{\infty}\ln\frac{(x-x')^2+[y-(2nd+y')]^2}{(x-x')^2+[y-(2nd-y')]^2}
\end{aligned}
\tag{6.6.35}
$$

### 6.6.3 三维空间实例

基本公式已在式 (6.6.10)~ 式 (6.6.13) 列出. 一般地, 选择式 (6.6.5) 中 $C_2=0$. 下面计算球内格林函数.

区域为半径为 $R$, 球心在原点的球 [13].

$$\nabla^2 G(\boldsymbol{r},\boldsymbol{r}')=\delta(\boldsymbol{r}-\boldsymbol{r}'),\quad 0<r,r'<\infty \tag{6.6.36a}$$

$$G(\boldsymbol{r},\boldsymbol{r}')|_{r=R}=0 \tag{6.6.36b}$$

由于是球内问题, 用球坐标系. 源点在 $\boldsymbol{r}'$ 处, 那么从对称性考虑, 镜像点 $\boldsymbol{r}''$ 应该在位矢 $\boldsymbol{r}'$ 的延长线上, 只是在球外. 这一点与二维情况是类似的, 见图 6.3.

总的格林函数是式 (6.6.13), 用球坐标写出如下:

$$G(\boldsymbol{r},\boldsymbol{r}')=-\frac{1}{4\pi}\frac{1}{\sqrt{r^2+r'^2-2rr'\cos\gamma}}-\frac{1}{4\pi}\frac{C_1}{\sqrt{r^2+r''^2-2rr''\cos\gamma}} \tag{6.6.37}$$

由边界条件 (6.6.36b), 应有

$$\frac{1}{\sqrt{R^2+r'^2-2rr'\cos\gamma}}+\frac{C_1}{\sqrt{R^2+r''^2-2Rr''\cos\gamma}}=0 \tag{6.6.38a}$$

也就是

$$C_1^2(R^2+r'^2-2Rr'\cos\gamma)=R^2+r''^2-2Rr''\cos\gamma \tag{6.6.38b}$$

此式与式 (6.6.25) 一样. 得到的两个表达式与式 (6.6.26) 和式 (6.6.27) 也就一样. 因此解出

$$C_1 = -\frac{R}{r'}, \quad r'' = \frac{R^2}{r'} \tag{6.6.39}$$

其中 $C_1$ 应该取负值才能满足式 (6.6.38a). 将式 (6.6.39) 代入式 (6.6.37), 得到球内的格林函数为

$$G(\boldsymbol{r}, \boldsymbol{r}') = -\frac{1}{4\pi\sqrt{r^2 + r'^2 - 2rr'\cos\gamma}} + \frac{R}{4\pi r'\sqrt{r^2 + R^4/r'^2 - 2Rr\cos\gamma/r'}} \tag{6.6.40}$$

容易验证, 格林函数具有对称性 $G(\boldsymbol{r}, \boldsymbol{r}') = G(\boldsymbol{r}', \boldsymbol{r})$. 现在镜像点电荷的大小是 $a/r'$, 大于单位电荷. 镜像点的位置 $r'' = a^2/r' > r'$, 在圆外.

式 (6.6.39) 应与前面边值问题 (6.5.76) 用分段表示法求得的结果相同. 此处的表达式更为简洁.

注意三维和二维情况的不同之处. 三维情况 (6.6.5) 中的常数 $C_1$ 的值就是镜像点电荷的大小. 而二维情况中式 (6.6.5) 中的常数 $C_2$ 的值与镜像点电荷的大小有关.

**例 2**　球内二维拉普拉斯方程第一类边值问题

$$\nabla^2\psi(\boldsymbol{r}) = 0, \quad r < R; \quad \psi(\boldsymbol{r})|_{r=R} = u(\theta, \varphi) \tag{6.6.41}$$

的解.

**解**　球内的格林函数已求出为式 (6.6.40). 套用式 (6.6.16). 先求出格林函数在区域边界也就是球面上的法向导数

$$\left.\frac{\partial G(\boldsymbol{r}, \boldsymbol{r}')}{\partial n'}\right|_{r'=a} = \left.\frac{\partial G(\boldsymbol{r}, \boldsymbol{r}')}{\partial r'}\right|_{r'=a} = -\frac{R}{4\pi}\frac{(R^2 - r^2)}{(R^2 + r^2 - 2Rr\cos\gamma)^{3/2}}$$

于是有

$$\begin{aligned}\psi(\boldsymbol{r}) &= -\int_{S'} u(\boldsymbol{r}')\frac{\partial}{\partial n'}G(\boldsymbol{r}', \boldsymbol{r})\mathrm{d}S' = -\oint_{r'=R} u(\theta', \varphi')\frac{\partial}{\partial n'}G(\boldsymbol{r}', \boldsymbol{r})\mathrm{d}S' \\ &= \frac{R}{4\pi}\int_0^{2\pi}\int_0^{\pi}\frac{(R^2 - r^2)u(\theta', \varphi')\sin\theta'\mathrm{d}\theta'\mathrm{d}\varphi'}{(R^2 + r^2 - 2Rr\cos\gamma)^{3/2}}\end{aligned} \tag{6.6.42}$$

式 (6.6.42) 称为**球面泊松公式**. 若取球心的位置, 则

$$\psi(\boldsymbol{r}) = \frac{1}{4\pi}\int_0^{2\pi}\int_0^{\pi} u(\theta', \varphi')\sin\theta'\mathrm{d}\theta'\mathrm{d}\varphi' = \frac{1}{4\pi R^2}\oint_{r=R} u(\boldsymbol{r})\mathrm{d}S \tag{6.6.43}$$

此式表明, 三维空间中调和函数在球心处的数值等于它在球面上的平均值[14].

## 6.7 一阶微分方程的格林函数

对于自伴算子, 可以如 6.4.1 小节一样证明, 格林函数具有式 (6.4.7) 那样的对称性.

### 6.7.1 非齐次方程边值问题

带参量 $\lambda$ 的一阶微分方程的边值问题的一般形式如下:

$$\left[\lambda - p(x)\frac{\mathrm{d}}{\mathrm{d}x} - q(x)\right]\psi(x) = f(x), \quad a \leqslant x \leqslant b \tag{6.7.1a}$$

$$\alpha\psi(a) + \beta\psi(b) = \gamma \tag{6.7.1b}$$

设在区间 $[a,b]$ 上, $p(x) \neq 0$.

仿照二阶微分方程的情况, 将边值问题 (6.7.1) 分成两部分.

$$\psi(x) = \varphi(x) + \xi(x) \tag{6.7.2}$$

其中函数 $\varphi(x)$ 满足带非齐次边界条件的齐次方程, $\xi(x)$ 满足带齐次边界条件的非齐次方程.

### 6.7.2 齐次方程边值问题

函数 $\varphi(x)$ 满足的边值问题如下:

$$\left[\lambda - p(x)\frac{\mathrm{d}}{\mathrm{d}x} - q(x)\right]\varphi(x) = 0, \quad a \leqslant x \leqslant b \tag{6.7.3a}$$

$$\alpha\varphi(a) + \beta\varphi(b) = \gamma \tag{6.7.3b}$$

容易得到其解为

$$\varphi(x) = C\exp\left[\int_a^x \frac{\lambda - q(x_1)}{p(x_1)}\mathrm{d}x_1\right] \tag{6.7.4}$$

由边界条件, 得到

$$\alpha C + \beta C\exp\left[\int_a^b \frac{\lambda - q(x_1)}{p(x_1)}\mathrm{d}x_1\right] = \gamma$$

因此, 常数 $C$ 为

$$C = \gamma\left\{\alpha + \beta\exp\left[\int_a^b \frac{\lambda - q(x_1)}{p(x_1)}\mathrm{d}x_1\right]\right\}^{-1}$$

当 $\gamma=0$ 时, $C=0$, 即一阶齐次微分方程只有在非齐次边界条件下才有解. 得到式 (6.7.3) 的解为

$$\varphi(x)=\gamma\left\{\alpha+\beta\exp\left[\int_a^b\frac{\lambda-q(x_1)}{p(x_1)}\mathrm{d}x_1\right]\right\}^{-1}\exp\left[\int_a^x\frac{\lambda-q(x_2)}{p(x_2)}\mathrm{d}x_2\right] \tag{6.7.5}$$

例如, 当 $p(x)=-\mathrm{i}, q(x)=0$ 时, $\varphi(x)=\dfrac{\gamma e^{\mathrm{i}\lambda(x-a)}}{\alpha+\beta e^{\mathrm{i}\lambda(b-a)}}$.

### 6.7.3　非齐次方程与格林函数

函数 $\xi(x)$ 满足的边值问题如下:

$$\left[\lambda-p(x)\frac{\mathrm{d}}{\mathrm{d}x}-q(x)\right]\xi(x)=f(x),\quad a\leqslant x\leqslant b \tag{6.7.6a}$$

$$\alpha\xi(a)+\beta\xi(b)=0 \tag{6.7.6b}$$

与边值问题 (6.7.6) 相应的是满足如下微分方程和齐次边界条件的格林函数:

$$\left[\lambda-p(x)\frac{\mathrm{d}}{\mathrm{d}x}-q(x)\right]G(x,x')=\delta(x-x'),\quad a\neq x,x'\leqslant b \tag{6.7.7a}$$

$$\alpha G(a,x')+\beta G(b,x')=0 \tag{6.7.7b}$$

一旦格林函数解出之后

$$\xi(x)=\int_a^b G(x,x')f(x')\mathrm{d}x' \tag{6.7.8}$$

还是用分段表示法来解格林函数. 只不过要注意, 现在的跃变条件是

$$-G(x'+0^+,x')+G(x'-0^+,x')=\frac{1}{p(x)} \tag{6.7.9}$$

此时的格林函数本身是不连续的.

当 $x\neq x'$ 时, 方程

$$\left[\lambda-p(x)\frac{\mathrm{d}}{\mathrm{d}x}-q(x)\right]G(x,x')=0$$

的解如式 (6.7.4).

$$G(x,x')=\begin{cases}A(x')\exp\left[\displaystyle\int_a^x\frac{\lambda-q(y)}{p(y)}\mathrm{d}y\right], & x<x'\\ B(x')\exp\left[-\displaystyle\int_x^b\frac{\lambda-q(y)}{p(y)}\mathrm{d}y\right], & x>x'\end{cases}$$

由跃变条件 (6.7.9)

$$A(x')\exp\left[\int_a^{x'}\frac{\lambda-q(y)}{p(y)}\mathrm{d}y\right]-B(x')\exp\left[-\int_{x'}^{b}\frac{\lambda-q(y)}{p(y)}\mathrm{d}y\right]=\frac{1}{p(x')}$$

再用边界条件 (6.7.7b)

$$\alpha A(x')+\beta B(x')=0$$

由此两式解得

$$\varDelta=\alpha\exp\left[-\int_{x'}^{b}\frac{\lambda-q(y)}{p(y)}\mathrm{d}y\right]+\beta\exp\left[\int_a^{x'}\frac{\lambda-q(y)}{p(y)}\mathrm{d}y\right]$$

$$A(x')=\frac{\beta}{\varDelta p(x')},\quad B(x')=-\frac{\alpha}{\varDelta p(x')}$$

得到格林函数是

$$G(x,x')=\frac{1}{\varDelta p(x')}\begin{cases}\beta\exp\left[\displaystyle\int_a^{x}\frac{\lambda-q(y)}{p(y)}\mathrm{d}y\right], & x<x'\\ -\alpha\exp\left[-\displaystyle\int_{x}^{b}\frac{\lambda-q(y)}{p(y)}\mathrm{d}y\right], & x>x'\end{cases}\tag{6.7.10}$$

若算子是自伴的, 按照式 (2.2.22), 要求 $p(x)$ 是纯虚数, $q(x)$ 是实数. 取最简单的情况, 即 $p(x)=-\mathrm{i}, q(x)=0$. 那么

$$\varDelta=\alpha\mathrm{e}^{\mathrm{i}\lambda(x'-b)}+\beta\mathrm{e}^{\mathrm{i}\lambda(x'-a)}$$

格林函数为

$$G(x,x';\lambda)=\mathrm{i}\mathrm{e}^{\mathrm{i}\lambda x}\frac{\beta\mathrm{e}^{\mathrm{i}\lambda a}\theta(x'-x)-\alpha\mathrm{e}^{-\mathrm{i}\lambda b}\theta(x-x')}{\mathrm{e}^{\mathrm{i}\lambda x'}(\alpha\mathrm{e}^{-\mathrm{i}\lambda b}+\beta\mathrm{e}^{-\mathrm{i}\lambda a})}$$

### 6.7.4 边值问题的通解

边值问题 (6.7.1) 的解就是

$$\psi(x)=\varphi(x)+\int_a^b G(x,x')f(x')\mathrm{d}x'\tag{6.7.11}$$

其中 $\varphi(x)$ 和 $G(x,x')$ 分别是式 (6.7.5) 和式 (6.7.10).

式 (6.7.11) 是边值问题 (6.7.1) 的标准的求解公式. 假如式 (6.7.1) 扩展成如下的形式:

$$\left[\lambda-\frac{\mathrm{d}}{\mathrm{d}x}-q(x)\right]y(x)=f(x,y(x)),\quad a\leqslant x\leqslant b\tag{6.7.12a}$$

$$\alpha y(a) + \beta y(b) = \gamma \tag{6.7.12b}$$

其中非齐次项中含有待求函数 $y(x)$, 那么解式仍然是式 (6.7.11).

$$y(x) = \varphi(x) + \int_a^b G(x, x')f(x', y(x'))\mathrm{d}x' \tag{6.7.13}$$

只不过现在式 (6.7.13) 的被积函数中有待求函数 $y(x)$, 所以这是一个积分方程.

## 6.8 非自伴微分方程的格林函数

### 6.8.1 伴随格林函数

6.1 节中的定理 1 表明, 齐次边界条件的格林函数总是存在且唯一的, 与算子是否自伴无关. 因此, 总是可以求解格林函数的. 最一般的方法就是分段表示法.

若要用特征函数法来求解, 就要求解二阶微分方程的边值问题, 以得到一完备的函数集.

若非自伴的二阶微分方程的边界问题符合 3.7 节中定理 3 的条件, 则边值问题的解构成求解区间上的一完备集. 此区间上的分段连续函数可用此完备集展开. 相应地, 格林函数也可用此完备集展开. 设特征方程是

$$L(x)u_n(x) = \lambda_n u_n(x) \tag{6.8.1}$$

其伴随特征方程是

$$L^\dagger(x)v_n(x) = \lambda_n^* v_n(x) \tag{6.8.2}$$

其中用了 2.2 节的定理 8, 这两个特征方程的特征值一一对应互为复共轭. 它们的属于不同特征值的特征函数之间有正交性.

$$(v_m, u_n) = \delta_{mn} \tag{6.8.3}$$

假设特征函数都已经归一化. 事实上, 现在只考虑施图姆–刘维尔算子, 所以有 $v_n(x) = u_n^*(x)$, 见 3.7 节中定理 1.

把格林函数按照特征函数集展开.

$$G(x, x') = \sum_n c_n(x')u_n(x) \tag{6.8.4}$$

为了求出展开系数 $c_n(x')$, 两边用算子 $\lambda - L(x)$ 作用之后, 得到

$$\delta(x - x') = \rho(x)\sum_n c_n(x')[\lambda - L(x)]u_n(x) = \rho(x)\sum_n c_n(x')(\lambda - \lambda_n)u_n(x)$$

两边乘以 $v_m^*(x)$ 并对 $x$ 积分

$$\int \mathrm{d}x v_m^*(x)\delta(x-x') = \sum_n c_n(x')(\lambda-\lambda_n)\int \mathrm{d}x\rho(x)v_m^*(x)u_n(x)$$

利用双正交性 (6.8.3), 就求得系数的表达式

$$c_m(x') = \frac{v_m^*(x')}{\lambda-\lambda_m}$$

格林函数的表达式为

$$G(x,x',\lambda) = \sum_n \frac{v_n^*(x')u_n(x)}{\lambda-\lambda_n} \tag{6.8.5}$$

格林函数的对称性可如 6.4.1 小节来寻找. 格林函数 $G$ 和伴随格林函数 $Q$ 满足的方程分别是

$$(\lambda-L)G(x,x_1) = \delta(x-x_1)/\rho(x) \tag{6.8.6}$$

$$(\lambda^*-L^\dagger)Q(x,x_2;\lambda^*) = \delta(x-x_2)/\rho(x) \tag{6.8.7}$$

对于施图姆–刘维尔算子来说, 伴随算子的权函数没有变化, 见 3.7 节定理 1. 根据式 (2.2.11)

$$(Q(\lambda^*),(\lambda-L^\dagger)G(\lambda)) - ((\lambda-L^\dagger)Q(\lambda^*),G(\lambda)) = [J(G,Q)]_a^b = 0 \tag{6.8.8}$$

那么, 从格林函数 $G$ 满足的边界条件, 就可以得到 $Q$ 满足的边界条件.

用与 6.4.1 小节同样的方法可以得到

$$Q^*(x_1,x_2;\lambda) = G(x_2,x_1;\lambda^*) \tag{6.8.9}$$

此式可与式 (6.4.7) 对照.

由此, 可以写出式 (6.8.6) 的伴随格林函数是

$$Q(x,x',\lambda) = G^*(x',x,\lambda^*) = \sum_n \frac{v_n(x)u_n^*(x')}{\lambda-\lambda_n^*} \tag{6.8.10}$$

例如, 3.7.2 小节中例 1 的格林函数用本征函数集展开如下:

$$G(x,x',\lambda) = \frac{1}{\lambda+\alpha^2}\frac{2\alpha}{\mathrm{e}^{2\alpha}-1}\mathrm{e}^{\alpha x}\mathrm{e}^{\alpha x'}$$
$$+\sum_{n=1}^{\infty}\frac{1}{\lambda-n^2\pi^2}\frac{2}{n^2\pi^2+\alpha^2}(\alpha\sin\mu_n x+n\pi\cos\mu_n x)(\alpha\sin\mu_n x'+n\pi\cos\mu_n x')$$

### 6.8.2　非齐次微分方程的解

若有非齐次方程

$$[\lambda - L(x)]\psi(x) = f(x), \quad a < x < b \tag{6.8.11}$$

可以利用格林函数求出它的解. 仿照式 (6.4.10)~ 式 (6.4.14) 的步骤, 得

$$(Q(\lambda^*), (\lambda - L)\psi) - \big((\lambda^* - L^+)Q(\lambda^*), \psi\big) = [J(\psi, G)]_a^b \tag{6.8.12}$$

其中两个内积为

$$\begin{aligned}(Q(\lambda^*), (\lambda - L)\psi) &= \int_V \rho(x)Q^*(x, x'; \lambda^*)[\lambda - L(x)]\psi(x)\mathrm{d}x \\ &= \int_a^b \rho(x)Q^*(x, x'; \lambda^*)f(x)\mathrm{d}x\end{aligned} \tag{6.8.13}$$

$$\big((\lambda^* - L^\dagger)Q(\lambda^*), \psi\big) = \int_V \rho(x)\{[\lambda^* - L^\dagger(x)]Q(x, x'; \lambda^*)\}^*\psi(x')]\mathrm{d}x = \psi(x') \tag{6.8.14}$$

式中分别用到了式 (6.8.11) 和式 (6.8.7). 结函数见式 (3.2.10). 因此, 就得到方程 (6.8.11) 解的表达式

$$\begin{aligned}\psi(x') = &\int_a^b \rho(x)Q^*(x, x'; \lambda^*)f(x)\mathrm{d}x \\ &+ \left[p(x)\left\{\psi(x)\frac{\partial}{\partial x}Q^*(x, x'; \lambda^*) - \psi'(x)Q^*(x, x'; \lambda^*)\right\}\right]_a^b\end{aligned} \tag{6.8.15}$$

把 $x, x'$ 交换, 利用格林函数的对称性式 (6.8.10), 得到

$$\begin{aligned}\psi(x) = &\int_a^b \rho(x')G(x, x'; \lambda)f(x')\mathrm{d}x' \\ &+ \left[p(x')\left\{\psi(x')\frac{\partial}{\partial x'}G(x, x'; \lambda) - \psi'(x')G(x, x'; \lambda)\right\}\right]_a^b\end{aligned} \tag{6.8.16}$$

式 (6.8.15) 是用伴随格林函数表示的解, 而式 (6.8.16), 则是用格林函数表示的解. 后者实际上与式 (6.4.14) 的形式完全一样.

既然有了式 (6.8.16), 看上去就不需要用到伴随格林函数式 (6.8.15) 了. 在通常的情况下确实如此. 但是, 至少有一种情况必须用到式 (6.8.15), 即在式 (6.8.16) 中, 是需要用到格林函数及其导数在两个端点的数值的. 如果方程的边界条件只给出了一个端点, 例如, $x = a$ 处的值, 即只给出了初始条件, 在 $x = b$ 处的值未知, 那么, 就不能用式 (6.8.16) 了. 见第 2 章习题 18. 这时, 利用式 (6.8.8) 可以得到伴随格林函数在两个端点的值, 从而可以用式 (6.8.15) 来求解.

## 习　题

1. (1) 求 $\frac{\mathrm{d}^2}{\mathrm{d}x^2}G(x,x')=\delta(x-x'),0<t,t'<1;G(0,x')=G(1,x')=0$ 的解. 它应该就是式 (6.3.24).

(2) 求 $\left(\frac{\mathrm{d}^2}{\mathrm{d}x^2}+\lambda\right)G(x,x')=\delta(x-x'),0<t,t'<1;G(0,x')=G(1,x')=0$ 的解. 当 $\lambda=0$ 时, 就回到 (1) 的解.

2. 对于三阶微分算符

$$L(x)=\frac{\mathrm{d}^3}{\mathrm{d}x^3}+f_2(x)\frac{\mathrm{d}^2}{\mathrm{d}x^2}+f_1(x)\frac{\mathrm{d}}{\mathrm{d}x}+f_0(x)$$

用分段表示法求解格林函数, 并从结果推断 $n$ 阶微分算符的格林函数的表达式.

3. 求满足如下边值问题的格林函数:

$$\left(\frac{\mathrm{d}^2}{\mathrm{d}x^2}+k^2\right)G(x,x')=\delta(x-x'),\quad 0<x,x'<\infty$$

$$G(x=0)=1,\quad G(x\to\infty)\sim \mathrm{e}^{\mathrm{i}kx}$$

这是半无限长导线上的电压 (或电流) 满足的一维亥姆霍兹方程的格林函数.

4. 求以下边值问题的格林函数:

(1) $\left(\frac{\mathrm{d}^2}{\mathrm{d}x^2}+\lambda^2\right)G(x,x')=\delta(x-x'),\quad 0<x,x'<\pi.$

$\left[\frac{\mathrm{d}}{\mathrm{d}x}G(x,x')\right]_{x=0}=0,\quad \left[\frac{\mathrm{d}}{\mathrm{d}x}G(x,x')\right]_{x=\pi}=0$

(2) $\frac{\mathrm{d}^2}{\mathrm{d}x^2}G(x,x')=\delta(x-x'),\quad 0<x,x'<1$

$G(0,x')+G(1,x')=0,\quad \left[\frac{\mathrm{d}}{\mathrm{d}x}G(x,x')\right]_{x=0}+\left[\frac{\mathrm{d}}{\mathrm{d}x}G(x,x')\right]_{x=1}=0$

(3) $\left(\frac{\mathrm{d}^2}{\mathrm{d}x^2}+1\right)G(x,x')=\delta(x-x'),\quad 0<x,x'<1$

$G(0,x')=G(1,x'),\quad \left[\frac{\mathrm{d}}{\mathrm{d}x}G(x,x')\right]_{x=0}=\left[\frac{\mathrm{d}}{\mathrm{d}x}G(x,x')\right]_{x=1}$

(4) $\left(\frac{\mathrm{d}^2}{\mathrm{d}x^2}-k^2\right)G(x,x')=\delta(x-x'),\quad 0<x,x'<1$

$G(0,x')=\left[\frac{\mathrm{d}}{\mathrm{d}x}G(x,x')\right]_{x=0},\quad G(1,x')=\left[\frac{\mathrm{d}}{\mathrm{d}x}G(x,x')\right]_{x=1}$

(5) $\frac{\mathrm{d}^3}{\mathrm{d}x^3}G(x,x')=\delta(x-x'),\quad 0<x,x'<1$

$G(0,x')=G(1,x')=0,\quad \left[\frac{\mathrm{d}}{\mathrm{d}x}G(x,x')\right]_{x=0}=\left[\frac{\mathrm{d}}{\mathrm{d}x}G(x,x')\right]_{x=1}$

5. 求以下边值问题的格林函数:

(1) $\left(\frac{\mathrm{d}^2}{\mathrm{d}x^2}-1\right)G(x,x')=\delta(x-x')$, 当 $|x|\to\infty$ 时, 格林函数的值有限.

(2) $\left(\frac{\mathrm{d}^2}{\mathrm{d}x^2}-1\right)G(x,x')=\delta(x-x'),G(-a,x')=G(a,x')=0$, 当 $a\to\infty$ 时, 解应趋于

(1) 的结果.

6. 证明格林函数的围线积分公式:

$$\frac{1}{2\pi i}\oint_C \mathrm{d}\lambda G(x,x',\lambda)=\delta(x-x')$$

其中积分回路 $C$ 包含格林函数 $G(x,x',\lambda)$ 的所有一级极点.

7. 将通解的表达式 (6.3.12) 代入式 (6.3.1) 验证是否满足此方程.

8. 对于阻尼振子, 用傅里叶变换法求解格林函数.

9. 由式 (6.1.14), 格林函数在特征值处似乎一定是一级极点. 其实并不尽然. 考虑以下二阶微分方程的边值:

$$\left(\frac{\mathrm{d}^2}{\mathrm{d}x^2}+\lambda^2\right)y(x)=0,\quad y(0)=0,\quad y'(0)+y'(\pi)=0$$

求出其特征函数和特征值. 求出满足同样边值问题的格林函数. 此题的格林函数在特征值处是二级极点. 不过本章只考虑格林函数在特征值处是一级极点的情况.

10. 在 6.2 节中用特征函数法求出了拉普拉斯算子格林函数的基本解. 请用分段表示法求拉普拉斯算子格林函数的基本解. 用球坐标系, 可得到一维、二维、三维空间的统一的径向方程, 得到格林函数的统一的表达式. 并依此方法, 求出四维空间中的基本解.

11. 若要使广义格林函数具有对称性 (6.4.7), 应该满足什么样的条件?

12. 求解式 (6.5.21) 的格林函数, 即获得表达式 (6.5.22).

13. 将分段表示法的结果 (6.5.22) 用特征函数系展开, 比较结果 (6.5.22) 与特征函数法的结果 (6.5.14) 是否相同.

14. 将式 (6.5.54) 中的径向格林函数展开, 可否得到式 (6.5.41)?

15. 试证明, 存在特征函数集时, 求解格林函数的特征函数法和分段表示法这两种方法是等价的.

16. 对于边值问题 (6.5.30), 是否可以在角向上进行分段求解? 若行, 试求解之.

17. 对于圆内的亥姆霍兹方程边值问题 (6.5.30), 用分段表示法求解当参数 $k$ 恰好为特征值时的广义格林函数的解.

18. 用分段表示法求球内亥姆霍兹方程的格林函数

$$\nabla^2 G(\boldsymbol{r},\boldsymbol{r}')=\delta(\boldsymbol{r}-\boldsymbol{r}'),\quad r,r'<a$$

$$G(\boldsymbol{r},\boldsymbol{r}')|_{r=0}<\infty,\quad G(\boldsymbol{r},\boldsymbol{r}')|_{r=a}=0$$

19. 二维长方形内如下边值问题:

$$(\nabla^2+k^2)G(\boldsymbol{r},\boldsymbol{r}')=\delta(\boldsymbol{r}-\boldsymbol{r}'),\quad 0\leqslant x,x'\leqslant a;0\leqslant y,y'\leqslant b$$

$$\left[\frac{\partial}{\partial x}G(\boldsymbol{r},\boldsymbol{r}')\right]\bigg|_{x=0}=\left[\frac{\partial}{\partial x}G(\boldsymbol{r},\boldsymbol{r}')\right]\bigg|_{x=a}=0,\quad \left[\frac{\partial}{\partial y}G(\boldsymbol{r},\boldsymbol{r}')\right]\bigg|_{y=0}=\left[\frac{\partial}{\partial y}G(\boldsymbol{r},\boldsymbol{r}')\right]\bigg|_{y=b}=0$$

20. 求解环形区域的格林函数

$$\nabla^2 G(\boldsymbol{r},\boldsymbol{r}')=\delta(\boldsymbol{r}-\boldsymbol{r}');\quad a<r,r<b$$

$$G(\boldsymbol{r},\boldsymbol{r}')|_{r=a}=G(\boldsymbol{r},\boldsymbol{r}')|_{r=b}=0$$

21. 已经计算了理想导体劈的散射 (6.5.67), 其中的边界条件是, 在劈尖表面上格林函数的值为零. 这实际上是振动方向与平面垂直的电场受劈尖散射的分布. 现在将边界条件修改如下:

$$(\nabla^2+k^2)G(\boldsymbol{r},\boldsymbol{r}')=\delta(\boldsymbol{r}-\boldsymbol{r}');\quad \alpha<\theta<2\pi-\alpha$$
$$G(\boldsymbol{r},\boldsymbol{r}')|_{r=0}<\infty,\quad \left[\frac{\partial}{\partial\theta}G(\boldsymbol{r},\boldsymbol{r}')\right]_{\theta=\alpha,2\pi-\alpha}=0$$

请求解这一格林函数.

22. 用镜像法求三维空间的格林函数, 满足方程

$$\nabla^2G(\boldsymbol{r},\boldsymbol{r}')=\delta(\boldsymbol{r}-\boldsymbol{r}'),\quad \boldsymbol{r},\boldsymbol{r}'\in V,\quad G(\boldsymbol{r},\boldsymbol{r}')|_S=0$$

其中区域 $V$ 如下:

(1) 第一卦限 $0<x,x',y,y',z,z'<\infty$.

(2) 半球内 $0<r,r'<R;z,z'>0$.

(3) 四分之一球内 $0<r,r'<R;y,y',z,z'>0$.

(4) 八分之一球内 $0<r,r'<R;x,x',y,y',z,z'>0$.

23. 求解圆内边值问题, $\nabla^2\psi(\boldsymbol{r})=f(\boldsymbol{r});r<R;\psi(\boldsymbol{r})|_{r=R}=u(\theta)$, 其中函数 $f(\boldsymbol{r})$ 和 $u(\theta)$ 如下:

(1) $f(\boldsymbol{r})=-4,\quad u(\theta)=0$.

(2) $f(\boldsymbol{r})=0,\quad u(\theta)=a\cos\theta$.

(3) $f(\boldsymbol{r})=-r^2\sin\theta\cos\theta,\quad u(\theta)=0$.

24. 求解上半平面的如下边值问题:

$$\nabla^2\psi(\boldsymbol{r})=0;-\infty<x<\infty;0<y<\infty;\psi(x,0)=\begin{cases}0, & x<0\\ u_0, & x\geqslant 0\end{cases}$$

25. 求解单位球内边值问题, $\nabla^2\psi(\boldsymbol{r})=0;r<1;\psi(\boldsymbol{r})|_{r=1}=1+3\cos 2\theta$.

26. 求解边值问题, $\nabla^2\psi(\boldsymbol{r})=(4r^2-6)\mathrm{e}^{-r^2};\ \lim\limits_{r\to\infty}\psi(\boldsymbol{r})=0$. 解答: $\psi(\boldsymbol{r})=\mathrm{e}^{-r^2}$.

27. 求解三维上半空间中的边值问题,

$$\nabla^2\psi(\boldsymbol{r})=f(\boldsymbol{r});-\infty<x,y<\infty;0<z<\infty;\psi(\boldsymbol{r})|_{z=0}=u(x,y)$$

其中函数 $f(\boldsymbol{r})$ 和 $u(x,y)$ 如下:

(1) 函数 $f(\boldsymbol{r})$ 和 $u(x,y)$ 都连续同时有界.

(2) $f(\boldsymbol{r})=0,u(x,y)=\cos x\cos y$.

(3) $f(\boldsymbol{r})=\mathrm{e}^{-z}\sin x\cos y,u(x,y)=0$.

(4) $f(\boldsymbol{r})=0,u(x,y)=\theta(y-x)$.

28. $RC$ 电路中, 电动势是 $E$, $C$ 两端的电压是 $u$, 电路中的电流是 $i$. 电动势 $E$、电阻 $R$ 和电容 $C$ 是常量. 电压 $u$、电流 $i$ 和电容极板上的电荷量 $q$ 是随时间而变化的. 在此回路中

有关系式：$-E+iR+u=0$; 电流就是电容极板上电量的变化率：$i=\dfrac{\mathrm{d}q}{\mathrm{d}t}$; 电容上的电压与电量的关系为 $u=\dfrac{q}{C}$; 由以上三式得到

$$R\frac{\mathrm{d}q}{\mathrm{d}t}+\frac{q}{C}-E=0$$

设初始条件：当 $t=0$ 时, $q=0$. 用 6.7 节的方法求解.

29. 已经算得一阶微分方程齐次边界条件的格林函数是式 (6.7.10). 取形式自体算子的最简单情况：$p(x)=-i$, $q(x)=0$. 当边界条件 (6.7.6b) 中的参数满足什么条件时, 格林函数具有式 (6.4.7) 的对称性?

## 参考文献


[1] 沈以淡. 积分方程. 北京：北京理工大学出版社, 2002.

[2] Hanson G W, Yakolev A B. Operator Theory for Electromagnetics-An Introduction. Berlin: Spriger-Verlag, 2002.

[3] Stakgold I. Green's Functions and Boundary Value Problems. New York: John Wiley &Sons, 1979.

[4] 周希朗. 电磁理论中的应用数学基础. 南京：东南大学出版社, 2006.

[5] Byron F W, Fuller R W. 物理学中的数学方法. 第二卷. 蔡纬译. 北京：科学出版社, 1982.

[6] 郭硕鸿. 电动力学. 北京：高等教育出版社, 2008.

[7] 王怀玉. 凝聚态物理学的格林函数理论. 北京：科学出版社, 2008.

[8] Wang H Y. Green's Functions in Condensed Matter Physics. Beijing: Alpha Science International Ltd. and Science Press, 2012.

[9] 王一平, 陈逢时, 傅德民. 数学物理方法. 北京：电子工业出版社, 2005.

[10] Roach G F. Green's Functions. London: Cambridge University Press, 1982.

[11] 程建春. 数学物理方程及其近似方法. 北京：科学出版社, 2004.

[12] Harrington R F. 正弦电磁场. 孟侃译. 上海：上海科学技术出版社, 1964.

[13] 潘忠诚. 数学物理方法教程. 天津：南开大学出版社, 1993.

[14] 王寿生, 李久五. 数学物理方法. 西安：西北工业大学出版社, 1992.

# 第 7 章　范　　数

对于实数和复数, 由于定义了它们的绝对值 (模), 可用模来表示其大小从而带来许多方便. 在希尔伯特空间中, 可以定义内积, 但是, 并不是所有的元素都能够定义内积的. 把模或者向量内积的概念进行推广, 对于向量、矩阵甚至算子, 引入在某种意义上表示其 "大小" 的纯量, 这就是范数的概念. 内积与角度有关, 而范数只与长度有关, 与角度无关. 或者说, 可以把范数就理解为一种长度. 不过, 相对于长度而言, 范数的概念要普遍得多. 本章介绍向量、矩阵和算子的范数. 向量范数和矩阵范数在矩阵分析中占有重要的地位, 算子范数在泛函分析中占有重要的地位. 而且, 有了算子范数的概念, 便于对各种算子进行理论分析. 本章最后介绍的全连续算子, 在求解积分方程的理论中是有用的.

## 7.1　巴拿赫空间

### 7.1.1　巴拿赫空间

1. *范数三公理*

先来回顾关于向量的模的两个例子.

**例 1**　已经知道, 平面向量 $\boldsymbol{x} = a\boldsymbol{i} + b\boldsymbol{j}$ 的模是用量 $\sqrt{a^2+b^2}$ 来描述的. 如果用 $\|\boldsymbol{x}\|$ 来表示 $\boldsymbol{x}$ 的模, 那么 $\|\boldsymbol{x}\|$ 具有下面三条性质:

(1) 若 $\boldsymbol{x} \neq 0$, 则 $\|\boldsymbol{x}\| > 0$; 当且仅当 $\boldsymbol{x} = 0$ 时, 有 $\|\boldsymbol{x}\| = 0$.

(2) $\|k\boldsymbol{x}\| = |k|\,\|\boldsymbol{x}\|$, $k$ 为任意实数.

(3) 对于任意平面向量 $\boldsymbol{x}$ 和 $\boldsymbol{y}$, 有三角不等式

$$\|\boldsymbol{x}+\boldsymbol{y}\| \leqslant \|\boldsymbol{x}\| + \|\boldsymbol{y}\|$$

**例 2**　由线性代数知, $n$ 维欧氏空间中向量的模定义为

$$\|\boldsymbol{x}\| = (\boldsymbol{x}, \boldsymbol{x})^{1/2}$$

用 $\theta$ 表示零向量. 这样定义的模也具有下面三条性质:

(1) 若 $\boldsymbol{x} \neq \theta$, 则 $\|\boldsymbol{x}\| > 0$; 当且仅当 $\boldsymbol{x} = \theta$ 时, $\|\theta\| = 0$.

(2) 对任意实数 $k$ 和任意向量 $x$, 有

$$\|k\boldsymbol{x}\| = |k|\|\boldsymbol{x}\|$$

(3) 对任意向量 $\boldsymbol{x}$ 和 $\boldsymbol{y}$, 有

$$\|\boldsymbol{x}+\boldsymbol{y}\| \leqslant \|\boldsymbol{x}\|+\|\boldsymbol{y}\|$$

对于一般的线性空间, 引入满足上述三条性质的纯量 (或函数), 用它来描述向量的大小, 并称之为范数.

**定义 1** 设 $K$ 为一数域 (等于 $R$ 或 $C$), $V$ 是 $K$ 上的向量空间. 如果对于 $V$ 中的任何一个元, 指定一个正的实数, 记做 $\|f\|$, 它满足以下关系:

(1) 三角不等式, 对于所有 $f, g \in V$

$$\|f+g\| \leqslant \|f\|+\|g\| \tag{7.1.1}$$

(2) 非负性, 当且仅当 $f \equiv 0$ 时

$$\|f\|=0 \tag{7.1.2}$$

(3) 齐次性, 对于数域 $K$ 中的任何纯量 $a$

$$\|af\|=|a| \cdot \|f\| \tag{7.1.3}$$

则称 $\|f\|$ 为 $f$ 的**范数**. 这三个条件称为**范数三公理**, 也就是范数所应具有的三个性质. 能够定义范数的空间称为**赋范空间**. 能够定义范数的向量空间称为**赋范向量空间**. 当 $K=R$ 或 $C$ 时, 分别称 $V$ 为**实赋范向量空间**或**复赋范向量空间**.

注意, 这些条件只是定义范数所必须满足的条件, 或者说, 这是范数概念的定义, 并不是范数的数值的具体定义. 如果用某种方法定义了一种关系, 它满足这些条件, 那么, 这种关系就可以成为范数了.

现在说明距离、范数和内积这三个概念之间的关系. 在这三个概念中, 距离概念的外延最大, 范数次之, 内积概念的外延最小.

距离和范数的关系是, 任何元素的集合都可以定义距离的概念. 如果一个空间有零元素 $\theta$ 存在, 并且此空间具有线性结构, 就是一个线性空间, 见第 2 章 2.1 节关于线性空间的定义. 在线性空间中可以定义范数. 如果定义了一种范数, 就可以相应地定义一种距离. 反之则不一定.

一种根据距离来定义范数的方式是, 若元素 $f$ 和 $g$ 之间的距离 $\rho(f, g)$ 已经定义了, 在有些情况下, 可以据此定义元素 $f$ 的范数为

$$\|f\|=\rho(f, \theta) \tag{7.1.4}$$

由这一定义可以看到, 一定要有了零向量之后才能定义范数. 反之, 一旦定义了范数 $\|f\|$ 之后, 总是可以定义距离如下:

$$\rho(f, g)=\|f-g\| \tag{7.1.5}$$

范数和内积的关系是, 一个线性空间可以只有范数而没有内积. 定义了内积的空间一定是已经定义了范数的. 因此, 如果定义了向量 $f$ 和 $g$ 之间的内积 $(f,g)$, 总是可以相应地定义一种范数

$$\|f\| = \sqrt{(f,f)} \tag{7.1.6}$$

反之则不一定.

一种根据范数来定义内积的方式是, 若任一元素 $f$ 的范数 $\|f\|$ 已经定义了, 并且范数符合平行四边形公式, 那么可以据此定义内积如下 (见习题 1): 在实内积空间中, 可以定义向量 $f$ 和 $g$ 之间的内积 $(f,g)$ 为

$$(f,g) = \frac{1}{4}\left(\|f+g\|^2 - \|f-g\|^2\right) \tag{7.1.7}$$

在复内积空间中, 可以定义向量 $f$ 和 $g$ 之间的内积 $(f,g)$ 为

$$(f,g) = \frac{1}{4}\left(\|f+g\|^2 - \|f-g\|^2 + \mathrm{i}\,\|\mathrm{i}f+g\|^2 - \mathrm{i}\,\|\mathrm{i}f-g\|^2\right) \tag{7.1.8}$$

**定义 2** 设 $V$ 是数域 $K$ 上的赋范向量空间.$V$ 中任意两个元 $f$ 和 $g$ 之间的距离可以按照式 (7.1.5) 定义为这两个元的差值的范数. 如果 $V$ 关于距离 $\rho(f,g)$ 是完备的, 则称 $V$ 是 $K$ 上的**巴拿赫空间**. 当 $K=R$ 或 $C$ 时, 分别称 $V$ 为**实巴拿赫空间**或**复巴拿赫空间**.

一般, 简单地称完备的赋范向量空间就是**巴拿赫空间**. 下面用 $B$ 表示巴拿赫空间.

注意, 巴拿赫空间可以没有内积. 因此, 巴拿赫空间的外延比希尔伯特空间的外延大. 定义了内积之后一定可以定义范数. 因而, 任何一个希尔伯特空间都是巴拿赫空间.

当距离就是用范数来定义的时候, 就说空间关于距离是完备性的, 可以等价地说空间关于范数是完备性的. 有的文献上定义的希尔伯特空间关于范数是完备的[1]. 希尔伯特空间定义的另一个表述是, 定义了内积的完备的赋范线性空间.

**例 3** 在有理数向量空间中, 选择数列

$$S_n = \sum_{m=1}^{n} \frac{1}{m^2}$$

它是有理数的柯西序列, 是可赋范的. 可定义任何一个元的绝对值作为其范数, 这样定义的范数满足范数三公理. 并可定义两个元之差的范数作为这两个元之间的距离. 由此, 上述有理数的柯西序列是有极限的, 但是极限 $\lim\limits_{n\to\infty} S_n = \lim\limits_{n\to\infty}\sum\limits_{m=1}^{n}\frac{1}{m^2} \to \frac{\pi^2}{6}$ 是个无理数, 不在有理数向量空间之内. 因此, 有理数向量空间不是一个完备的

赋范空间, 即它不是一个巴拿赫空间.

**例 4**　在区间 $[a,b]$ 上的光滑连续函数组成空间, 记做 $C_1[a,b]$. 光滑连续表示函数至少是一次可导的. 对于这个空间, 一种定义范数的方法是

$$\|f(x)\| = \max_{x\in[a,b]} |f(x)| \tag{7.1.9}$$

容易证明, 由此定义的范数满足范数三公理. 因此这是一个赋范空间. 由于闭区间上收敛的光滑连续函数序列在闭区间上也是一致收敛的, 因此它的极限函数也是光滑连续函数, 故 $C_1[a,b]$ 是一个巴拿赫空间.

要注意的是, 在区间 $[a,b]$ 上的连续函数组成的空间 $C[a,b]$ 是不完备的. 在第 2 章习题 3 已经给出了一个这样的例子. 因此, 如果在闭区间 $[a,b]$ 上的连续函数不光滑, 不能构成巴拿赫空间.

**例 5**　由长度为 $n$ 的实数组成的向量空间 $R^n$, 对于向量空间中的元素 $x=(x_1,x_2,\cdots,x_n)\in R^n$, 定义范数

$$\|x\| = \left(\sum_{i=1}^{n} x_i^2\right)^{1/2}$$

由长度为 $n$ 的复数组成的向量空间 $C^n$, 对于向量空间中的元素 $z=(z_1,z_2,\cdots,z_n)\in C^n$, 定义范数

$$\|z\| = \left(\sum_{i=1}^{n} |z_i|^2\right)^{1/2}$$

按此定义范数之后, $R^n$ 是实巴拿赫空间, $C^n$ 是复巴拿赫空间.

在进一步定义具体的范数之前, 先介绍两个不等式.

### 7.1.2　赫尔德不等式

**定理 1**　设

$$p>1,\quad q=\frac{p}{p-1} \tag{7.1.10}$$

则

$$\sum_{k=1}^{n} a_k b_k \leqslant \left(\sum_{k=1}^{n} a_k^p\right)^{1/p}\left(\sum_{k=1}^{n} b_k^q\right)^{1/q} \tag{7.1.11}$$

其中 $a_k, b_k \geqslant 0$. 本节以后的 $p$ 和 $q$ 总是指式 (7.1.10). 式 (7.1.11) 称为**赫尔德不等式**.

**证明**　先来证明: 如果 $u$ 和 $v$ 均非负, 则总有

$$uv \leqslant \frac{u^p}{p} + \frac{v^q}{q} \tag{7.1.12}$$

考虑函数 $v = u^{p-1}$, 不失一般性, 考虑如图 7.1 所示的图形. 定义以下两个积分:

$$S_1 = \int_0^u U^{p-1}\mathrm{d}U = \frac{1}{p}u^p$$

$$S_2 = \int_0^v V^{\frac{1}{p-1}}\mathrm{d}V = \left(\frac{1}{p-1}+1\right)^{-1} v^{\frac{1}{p-1}+1} = \frac{1}{q}v^q$$

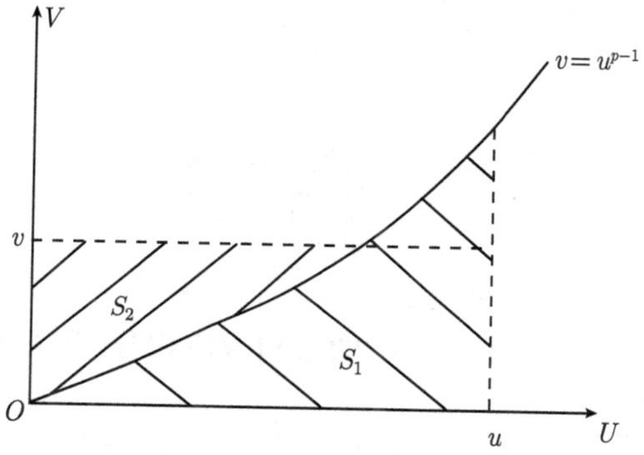


图 7.1

$S_1 + S_2 \geqslant uv$,且等号只在$v = u^{p-1}$时成立. 于是

$$uv \leqslant \frac{u^p}{p} + \frac{v^q}{q}$$

这就是式 (7.1.12). 式 (7.1.10) 意味着

$$\frac{1}{p} + \frac{1}{q} = 1 \tag{7.1.13}$$

现在, 如果 $u$ 和 $v$ 各为某一向量的分量 $u_k$ 和 $v_k$, 并且使得

$$\sum_{k=1}^{n} u_k^p = 1, \quad \sum_{k=1}^{n} v_k^q = 1 \tag{7.1.14}$$

那么在式 (7.1.12) 两边作求和 $\sum\limits_{k=1}^{n}$, 就可得

$$\sum_{k=1}^{n} u_k v_k \leqslant \frac{1}{p} + \frac{1}{q} = 1 \tag{7.1.15}$$

令

$$u_k = \frac{a_k}{\left(\sum\limits_{j=1}^{n} a_j^p\right)^{1/p}}, \quad v_k = \frac{b_k}{\left(\sum\limits_{j=1}^{n} b_j^q\right)^{1/q}}$$

显然, 这样定义的 $u_k$ 和 $v_k$ 是符合式 (7.1.14) 的, 因此由式 (7.1.15) 得到

$$\sum_{k=1}^{n} \frac{a_k}{\left(\sum_{j=1}^{n} a_j^p\right)^{1/p}} \frac{b_k}{\left(\sum_{j=1}^{n} b_j^q\right)^{1/q}} \leqslant 1$$

于是得到赫尔德不等式 (7.1.11). 证明完毕.

特别地, 令 $p = q = 2$, 代入式 (7.1.11), 有

$$\sum_{k=1}^{n} a_k b_k \leqslant \sqrt{\sum_{k=1}^{n} a_k^2}\sqrt{\sum_{k=1}^{n} b_k^2} \tag{7.1.16}$$

这就是 2.1.2 小节例 17 的柯西不等式.

可以把式 (7.1.14) 和式 (7.1.15) 中的求和改成积分. 即如果

$$\int u^p(x)\mathrm{d}x = 1, \quad \int v^q(x)\mathrm{d}x = 1 \tag{7.1.17}$$

那么在式 (7.1.12) 两边作积分 $\int \mathrm{d}x$, 就可得

$$\int u(x)v(x)\mathrm{d}x \leqslant 1 \tag{7.1.18}$$

现在令

$$u(x) = \frac{f(x)}{\left(\int f^p(x)\mathrm{d}x\right)^{1/p}}, \quad v(x) = \frac{g(x)}{\left(\int g^q(x)\mathrm{d}x\right)^{1/q}}$$

其中 $f(x) > 0, g(x) > 0$. 这样定义的 $u$ 和 $v$ 是符合式 (7.1.17) 的, 因此由式 (7.1.18) 得到

$$\int \mathrm{d}x \frac{f(x)}{\left(\int f^p(x)\mathrm{d}x\right)^{1/p}} \frac{g(x)}{\left(\int g^q(x)\mathrm{d}x\right)^{1/q}} \leqslant 1$$

由此便得到积分形式的赫尔德不等式

$$\int f(x)g(x)\mathrm{d}x \leqslant \left(\int f^p(x)\mathrm{d}x\right)^{1/p} \left(\int g^q(x)\mathrm{d}x\right)^{1/q} \tag{7.1.19}$$

在本章习题中, 证明了加权赫尔德不等式.

要特别强调的是, 以上不等式只能适用于 $p > 1$, 不能用于 $p$=1.

### 7.1.3 闵可夫斯基不等式

**定理 2** 对任何 $p \geqslant 1$, 有

$$\left(\sum_{i=1}^{n}|a_i+b_i|^p\right)^{1/p} \leqslant \left(\sum_{i=1}^{n}|a_i|^p\right)^{1/p} + \left(\sum_{i=1}^{n}|b_i|^p\right)^{1/p} \tag{7.1.20}$$

此式称为**闵可夫斯基不等式**.

**证明** 对于 $p=1$, 不等式是显然的. 下面证明 $p>1$ 的情况. 以 $q=p/(p-1)$ 代入下式:

$$\sum_{i=1}^{n}|a_i+b_i|^p = \sum_{i=1}^{n}|a_i+b_i|\,|a_i+b_i|^{p-1}$$

等式右边有

$$\sum_{i=1}^{n}|a_i+b_i|\,|a_i+b_i|^{p/q} \leqslant \sum_{i=1}^{n}|a_i|\,|a_i+b_i|^{p/q} + \sum_{i=1}^{n}|b_i|\,|a_i+b_i|^{p/q}$$

由赫尔德不等式, 得

$$\begin{aligned}\sum_{i=1}^{n}|a_i+b_i|^p \leqslant& \left(\sum_{i=1}^{n}|a_i|^p\right)^{1/p}\left(\sum_{i=1}^{n}|a_i+b_i|^p\right)^{1/q} \\ &+\left(\sum_{i=1}^{n}|b_i|^p\right)^{1/p}\left(\sum_{i=1}^{n}|a_i+b_i|^p\right)^{1/q} \\ =&\left[\left(\sum_{i=1}^{n}|a_i|^p\right)^{1/p}+\left(\sum_{i=1}^{n}|b_i|^p\right)^{1/p}\right]\left(\sum_{i=1}^{n}|a_i+b_i|^p\right)^{1/q}\end{aligned}$$

两边除以 $\left(\sum\limits_{i=1}^{n}|a_i+b_i|^p\right)^{1/q}$, 注意到式 (7.1.13), 即得到式 (7.1.20). 证明完毕.

积分形式的闵可夫斯基不等式是

$$\left(\int|f(x)+g(x)|^p\mathrm{d}x\right)^{1/p} \leqslant \left(\int|f(x)|^p\mathrm{d}x\right)^{1/p} + \left(\int|g(x)|^p\mathrm{d}x\right)^{1/p} \tag{7.1.21}$$

在本章习题中, 证明了加权闵可夫斯基不等式.

赫尔德不等式和闵可夫斯基不等式还有一些推广的形式[2].

**例 6** $L_p$ 空间定义为由函数 $f(x)$ 构成的向量空间. 这个空间中的所有元 $f(x)$ 满足条件

$$\int_D|f(x)|^p\mathrm{d}x<\infty$$

其中 $D$ 是实轴的某个子集 (并不必须有限). 这个空间的一种范数由

$$\|f\| = \left[\int_D |f(x)|^p \mathrm{d}x\right]^{1/p} \tag{7.1.22}$$

给出. 可以证明这一范数的定义满足范数三公理. $L_p$ 空间也称为 $p$ 次可积空间, 它是完备的, 因此是一个巴拿赫空间.

## 7.2 向量范数

### 7.2.1 向量范数

闵可夫斯基不等式的形式正好与范数的三角不等式是相同的. 因此, 由闵可夫斯基不等式可以引入常用的 $p$ 范数的概念[3].

**定义 1** 设 $\boldsymbol{x} = (x_1, x_2, \cdots, x_n)$, 对任意 $p \geqslant 1$, 称量

$$\left(\sum_{i=1}^{n} |x_i|^p\right)^{1/p} \tag{7.2.1}$$

为向量 $\boldsymbol{x}$ 的 **$p$范数**, 记做 $\|\boldsymbol{x}\|_p$.

易知, $\|\boldsymbol{x}\|_p$ 满足非负性和齐次性条件. 由式 (7.1.20), 又有 $\|\boldsymbol{x}+\boldsymbol{y}\|_p \leqslant \|\boldsymbol{x}\|_p + \|\boldsymbol{y}\|_p$. 因此, $\|\boldsymbol{x}\|_p$ 满足范数的三条性质.

常用的 $p$ 范数有下面三种:

(1) 1 范数 $\|\boldsymbol{x}\|_1$, 即 $p = 1$, 这时

$$\|\boldsymbol{x}\|_1 = |x_1| + |x_2| + \cdots + |x_n|$$

(2) 2 范数 $\|\boldsymbol{x}\|_2$, 即 $p = 2$, 这就是 7.1.1 小节例 5 中定义的欧氏空间中的向量范数, 称为欧氏范数.

(3) $\infty$ 范数 $\|\boldsymbol{x}\|_\infty$, 即

$$\|\boldsymbol{x}\|_\infty = \lim_{p\to\infty} \|\boldsymbol{x}\|_p = \lim_{p\to\infty} \left(|x_1|^p + |x_2|^p + \cdots + |x_n|^p\right)^{1/p}$$

**命题 1** $\|\boldsymbol{x}\|_\infty = \max\limits_i |x_i|$

**证明** 令 $\alpha = \max\limits_i |x_i|$, $\beta_i = \left|\dfrac{x_i}{\alpha}\right| \leqslant 1 (i = 1, 2, \cdots, n)$. 于是

$$\|\boldsymbol{x}\|_p = \left(\sum_{i=1}^{n} |x_i|^p\right)^{1/p} = \left(\sum_{i=1}^{n} (\beta_i\alpha)^p\right)^{1/p} = \alpha\left(\sum_{i=1}^{n} \beta_i^p\right)^{1/p}$$

在 $\beta_1,\beta_2,\cdots,\beta_n$ 中至少有一个等于 1, 故

$$1 \leqslant \left(\sum_{i=1}^{n}\beta_i^p\right)^{1/p} \leqslant n^{1/p}$$

因为 $\lim\limits_{p\to\infty} n^{1/p}=1$, 故

$$\lim_{p\to\infty}\left(\sum_{i=1}^{n}\beta_i^p\right)^{1/p}=1$$

因此

$$\|\boldsymbol{x}\|_\infty=\lim_{p\to\infty}\|\boldsymbol{x}\|_p=\alpha=\max_i|x_i|$$

证明完毕.

以上证明简洁写为如下过程:

$$\begin{aligned}\|\boldsymbol{x}\|_\infty&=\lim_{p\to\infty}\|\boldsymbol{x}\|_p=\lim_{p\to\infty}\left[\alpha^p\left(\frac{|x_1|^p}{\alpha^p}+\frac{|x_2|^p}{\alpha^p}+\cdots+\frac{|x_n|^p}{\alpha^p}\right)\right]^{1/p}\\&=\alpha\lim_{p\to\infty}\left(\frac{|x_1|^p}{\alpha^p}+\frac{|x_2|^p}{\alpha^p}+\cdots+\frac{|x_n|^p}{\alpha^p}\right)^{1/p}\\&=\alpha(0+0+\cdots+1+\cdots+0)^{1/p}=\alpha\end{aligned}$$

注意, 即使 $\boldsymbol{x}=(x_1,x_2,\cdots,x_n)$ 的分量中, 有 $k$ 个元素符合 $\alpha=\max\limits_i|x_i|$, 仍然有 $\|\boldsymbol{x}\|_\infty=\alpha$.

与有限维向量空间相仿, 对于连续函数空间可同样定义 $p$ 范数的概念. 设有 $L_p(1\leqslant p<\infty)$ 空间, 即 $p$ 次可积空间, 它定义为由函数 $f(x)\in C[a,b]$ 构成的向量空间. 这个空间中的所有元 $f(x)$ 满足条件

$$\int_a^b|f(x)|^p\mathrm{d}x<\infty \tag{7.2.2}$$

**定义 2** 对于 $f(x)\in C[a,b]$, 且满足式 (7.2.2), 则

$$\|f\|_p=\left[\int_a^b|f(x)|^p\mathrm{d}x\right]^{1/p}<\infty \tag{7.2.3}$$

称为函数 $f(x)$ 的 ***p*范数**, 也称**赫尔德范数**[4].

$$\|f\|_\infty=\max_{x\in[a,b]}|f(x)|$$

称为 $C[a,b]$ 上的**一致范数**或者**切比雪夫范数**[5].

显然, 一致范数与有限维数域空间中向量的 $\infty$ 范数是相对应的. 因此也称为函数 $f(x)$ 的 $\infty$ **范数**[6]. 它也就是式 (7.2.3) 中取 $p=\infty$ 的特例.

式 (7.2.3) 的另外两个特例是 1 范数

$$\|f\|_1=\int_a^b |f(x)|\mathrm{d}x$$

和 2 范数

$$\|f\|_2=\left[\int_a^b |f(x)|^2\mathrm{d}x\right]^{1/2}$$

容易证明, 由式 (7.2.3) 定义的函数的范数满足范数三公理. $L_p$ 空间也称为 $p$ 次可积空间, 它是完备的, 因此是一个巴拿赫空间.

范数 $\|\boldsymbol{x}\|_a$ 是变量 $x_1,x_2,\cdots,x_n$ 的函数, 记为

$$\|\boldsymbol{x}\|_a=\varphi(x_1,x_2,\cdots,x_n) \tag{7.2.4}$$

**定理 1**　向量 $\boldsymbol{x}=(x_1,x_2,\cdots,x_n)$ 的范数 $\|\boldsymbol{x}\|_a=\varphi(x_1,x_2,\cdots,x_n)$ 是 $x_1,x_2,\cdots,x_n$ 的连续函数.

**证明**　设 $\boldsymbol{e}_1,\boldsymbol{e}_2,\cdots,\boldsymbol{e}_n$ 是空间 $V$ 的一组基底, 则对任意 $\boldsymbol{x}\in V$, 有

$$\boldsymbol{x}=x_1\boldsymbol{e}_1+x_2\boldsymbol{e}_2+\cdots+x_n\boldsymbol{e}_n \tag{7.2.5}$$

和

$$\boldsymbol{x}'=x_1'\boldsymbol{e}_1+x_2'\boldsymbol{e}_2+\cdots+x_n'\boldsymbol{e}_n$$

向量 $\boldsymbol{x}'$ 的范数就是

$$\|\boldsymbol{x}'\|_a=\varphi(x_1',x_2',\cdots,x_n')$$

那么

$$\begin{aligned}&|\varphi(x_1',x_2',\cdots,x_n')-\varphi(x_1,x_2,\cdots,x_n)|\\=&\left|\|\boldsymbol{x}'\|_a-\|\boldsymbol{x}\|_a\right|\leqslant\|\boldsymbol{x}'-\boldsymbol{x}\|_a\\=&\|(x_1'-x_1)\boldsymbol{e}_1+(x_2'-x_2)\boldsymbol{e}_2+\cdots+(x_n'-x_n)\boldsymbol{e}_n\|_a\\\leqslant&|x_1'-x_1|\,\|\boldsymbol{e}_1\|_a+|x_2'-x_2|\,\|\boldsymbol{e}_2\|_a+\cdots+|x_n'-x_n|\,\|\boldsymbol{e}_n\|_a\end{aligned}$$

因为 $\|\boldsymbol{e}_i\|_a$ 是常数, 所以当 $|x_i'-x_i|$ 充分小时, 有

$$|\varphi(x_1',x_2',\cdots,x_n')-\varphi(x_1,x_2,\cdots,x_n)|<\delta$$

这就证明了 $\varphi(x_1,x_2,\cdots,x_n)$ 是 $x_1,x_2,\cdots,x_n$ 的连续函数. 证明完毕.

最后给出带权范数的形式

$$\|\boldsymbol{x}\|_p = \left(\sum_{i=1}^{n} w_i\,|x_i\,|^p\right)^{1/p}$$

和

$$\|f\|_p = \left[\int_a^b \rho(x)|f(x)|^p \mathrm{d}x\right]^{1/p}$$

其中权都是大于零的.

### 7.2.2 向量范数的等价性

在一个有限维线性空间中, 可以引进各种范数, 按照不同法则规定的向量范数, 其大小一般不等. 例如, 对向量 $x = (1, 1, \cdots, 1)$, 有

$$\|\boldsymbol{x}\|_2 = \sqrt{n}, \quad \|\boldsymbol{x}\|_1 = n, \quad \|\boldsymbol{x}\|_\infty = 1$$

虽然不同的范数可能有不同的数值, 但是这些范数之间仍有着重要的关系. 例如, 在考虑向量序列收敛性问题时, 它们就表现出了明显的一致性, 这种性质称为范数的等价性.

**定理 2** 设 $V$ 是 $n$ 维线性空间, $\|\boldsymbol{x}\|_a$ 和 $\|\boldsymbol{x}\|_b$ 为任意两种向量范数 (不限于 $p$ 范数), 则总存在正数 $c_1$、$c_2$ 对一切 $x \in V$, 恒有

$$c_1 \|\boldsymbol{x}\|_b \leqslant \|\boldsymbol{x}\|_a \leqslant c_2 \|\boldsymbol{x}\|_b \tag{7.2.6}$$

**证明** 先来证明形如式 (7.2.6) 的关系具有传递性. 设任意两种范数 $\|\boldsymbol{x}\|_a$、$\|\boldsymbol{x}\|_b$ 都和一个固定的范数, 如 $\|\boldsymbol{x}\|_2$, 满足形如式 (7.2.6) 的关系, 即存在 $c_1'$、$c_2'$ 及 $c_1''$、$c_2''$, 使

$$c_1' \|\boldsymbol{x}\|_2 \leqslant \|\boldsymbol{x}\|_a \leqslant c_2' \|\boldsymbol{x}\|_2$$
$$c_1'' \|\boldsymbol{x}\|_b \leqslant \|\boldsymbol{x}\|_2 \leqslant c_2'' \|\boldsymbol{x}\|_b$$

于是有

$$c_1' c_1'' \|\boldsymbol{x}\|_b \leqslant \|\boldsymbol{x}\|_a \leqslant c_2' c_2'' \|\boldsymbol{x}\|_b$$

这样, 只须对 $b = 2$ 证明关系式 (7.2.6) 即可.

已知向量 $\boldsymbol{x}$ 可在一组基底上表达为式 (7.2.5) 的形式, 它的范数写成式 (7.2.4). 定理 1 表明, 函数 $\varphi(x_1, x_2, \cdots, x_n)$ 是变量 $x_1, x_2, \cdots, x_n$ 的连续函数. 根据连续函数的性质, 在有界闭集

$$|x_1|^2 + |x_2|^2 + \cdots + |x_n|^2 = 1 \tag{7.2.7}$$

上, 函数 $\varphi(x_1, x_2, \cdots, x_n)$ 可达最大值 $M$ 和最小值 $m$. 因为在式 (7.2.6) 中 $x_i$ 不全为零, 因此 $m > 0$. 记

$$d = \sqrt{\sum |x_i|^2}$$

由此定义的 $d$ 正是 2 范数. 则向量 $\boldsymbol{y} = \dfrac{x_1}{d}\boldsymbol{e}_1 + \dfrac{x_2}{d}\boldsymbol{e}_2 + \cdots + \dfrac{x_n}{d}\boldsymbol{e}_n$ 的分量满足

$$\left|\frac{x_1}{d}\right|^2 + \left|\frac{x_2}{d}\right|^2 + \cdots + \left|\frac{x_n}{d}\right|^2 = 1$$

于是有

$$0 < m \leqslant \|\boldsymbol{y}\|_a = \varphi\left(\frac{x_1}{d}, \frac{x_2}{d}, \cdots, \frac{x_n}{d}\right) \leqslant M$$

但 $\boldsymbol{y} = \boldsymbol{x}/d$, 故

$$md \leqslant \|\boldsymbol{x}\|_a \leqslant Md$$

即

$$m\|\boldsymbol{x}\|_2 \leqslant \|\boldsymbol{x}\|_a \leqslant M\|\boldsymbol{x}\|_2$$

证明完毕.

**定义 3**　称关系式 (7.2.6) 为向量范数的**等价关系**, 称满足式 (7.2.6) 的向量范数是**等价**的.

由此可以推知, 第 2 章中定义的集合中元素之间的距离也有类似的等价关系.

## 7.3 矩阵范数

### 7.3.1 矩阵范数

1. 矩阵的诱导范数

在这一节, 进一步把范数的概念推广到 $m \times n$ 矩阵上.

**定义 1**　设 $A \in F^{m\times n}$($F$ 是实数域 $R$ 或复数域 $C$) 是任一个 $m \times n$ 矩阵, 按照某个法则在 $F^{m\times n}$ 上规定 $A$ 的一个实函数, 记做 $\|A\|$, 此函数具有下述性质:

(i) 非负性. 若 $A \neq 0$, 则 $\|A\| > 0, \|\theta\| = 0$.

(ii) 齐次性. 对任意纯量 $k$, $\|kA\| = |k|\,\|A\|$.

(iii) 三角不等式. 对任意 $A, B \in F^{m\times n}, \|A + B\| \leqslant \|A\| + \|B\|$.

则称 $\|A\|$ 为矩阵 $A$ 的**范数**.

在矩阵理论和应用中, 矩阵的乘法占有特殊重要的地位, 矩阵和向量常以乘积的形式出现. 因此, 在讨论矩阵范数时, 应考虑矩阵作用后的向量范数与矩阵范数及原向量范数的协调. 为此, 有下面的定义.

**定义 2**(范数相容性) 设在 $F^{m\times n},F^{n\times p},F^{m\times p}$ 上定义了三种范数 $\|\cdot\|_{m\times n}$, $\|\cdot\|_{n\times p}$, $\|\cdot\|_{m\times p}$, 对任意的矩阵 $A\in F^{m\times n}$, $B\in F^{n\times p}$, 恒有

$$\|AB\|_{m\times p}\leqslant\|A\|_{m\times n}\|B\|_{n\times p} \tag{7.3.1}$$

则称范数 $\|\cdot\|_{m\times n}$, $\|\cdot\|_{n\times p}$ 和 $\|\cdot\|_{m\times p}$ 是**相容**的.

如果 $p=1$, 这时 $B$ 是 $n$ 维列向量, 式 (7.3.1) 就可写成

$$\|A\boldsymbol{x}\|_{m\times 1}\leqslant\|A\|_{m\times n}\|\boldsymbol{x}\|_{n\times 1}$$

或写成

$$\|A\boldsymbol{x}\|_{\alpha}\leqslant\|A\|_{m\times n}\|\boldsymbol{x}\|_{\beta}$$

其中 $\|\cdot\|_{\alpha}$ 和 $\|\cdot\|_{\beta}$ 表示 $R^m$ 和 $R^n$ 中的两种向量范数.

为了在矩阵分析的讨论中不致产生困难, 本书所指的矩阵范数通常总是相容的.

下面讨论几种具体的矩阵范数. 总是设 $\boldsymbol{x}\in R^m,\boldsymbol{y}\in R^n$ 在相应的 $m$ 维和 $n$ 维线性空间中规定了向量的某种范数 $\|\boldsymbol{x}\|_{\alpha}$ 和 $\|\boldsymbol{y}\|_{\beta}$.

**定义 3** 设 $A\in F^{m\times n}$, 规定矩阵 $A$ 的范数如下[7]:

$$\|A\|_{\beta}=\max_{\boldsymbol{x}\neq 0}\frac{\|A\boldsymbol{x}\|_{\beta}}{\|\boldsymbol{x}\|_{\beta}}=\max_{\|\boldsymbol{x}\|_{\beta}=1}\|A\boldsymbol{x}\|_{\beta} \tag{7.3.2}$$

即矩阵 $A$ 的范数取自 $\|\boldsymbol{x}\|_{\beta}=1$ 时, 所有向量范数 $\|A\boldsymbol{x}\|_{\beta}$ 的最大值. 由式 (7.3.2) 定义的矩阵范数 $\|A\|_{\beta}$ 称为**诱导范数**. 它表示矩阵范数 $\|\cdot\|_{\beta}$ 由向量范数 $\|\cdot\|_{\beta}$ 导出.

由式 (7.3.2) 定义的矩阵范数, 满足定义 1 的三条性质和相容性条件. 事实上, $\|\theta\|=0$, 且 $A\neq 0$ 时, $\|A\|>0$. 又

$$\|kA\|=\max_{\|\boldsymbol{x}\|_{\beta}=1}\|kA\boldsymbol{x}\|_{\beta}=|k|\max_{\|\boldsymbol{x}\|_{\beta}=1}\|A\boldsymbol{x}\|_{\beta}=|k|\,\|A\|$$

再有, 对 $A,B\in F^{m\times n}$, 有

$$\|A+B\|=\max_{\|\boldsymbol{x}\|_{\beta}=1}\|(A+B)\boldsymbol{x}\|_{\beta}\leqslant\max_{\|\boldsymbol{x}\|_{\beta}=1}\|A\boldsymbol{x}\|_{\beta}+\max_{\|\boldsymbol{x}\|_{\beta}=1}\|B\boldsymbol{x}\|_{\beta}=\|A\|+\|B\|$$

一般来说, 有

$$\|A\boldsymbol{x}\|_{\beta}\leqslant\|A\|\,\|\boldsymbol{x}\|_{\alpha}$$

即矩阵范数 $\|A\|$ 与向量范数 $\|\boldsymbol{x}\|_{\alpha}$、$\|\boldsymbol{y}\|_{\beta}$ 相容.

当 $\|\boldsymbol{x}\|_{\beta}$ 分别取 $\|\boldsymbol{x}\|_1$, $\|\boldsymbol{x}\|_2$ 以及 $\|\boldsymbol{x}\|_{\infty}$ 时, 得到了三种矩阵范数, 分别记为 $\|A\|_1,\|A\|_2,\|A\|_{\infty}$.

**定理 1** 设 $A \in F^{m\times n}$, 则

(i)
$$\|A\|_1 = \max_j \left(\sum_{i=1}^m |a_{ij}|\right), \quad j=1,2,\cdots,n \tag{7.3.3}$$

(ii)
$$\|A\|_2 = \max_j \left(\lambda_j(A^+A)\right)^{1/2} \tag{7.3.4}$$

其中 $\lambda_j(A^+A)$ 表示矩阵 $A^+A$ 的第 $j$ 个特征值.

(iii)
$$\|A\|_\infty = \max_i \left(\sum_{j=1}^n |a_{ij}|\right), \quad i=1,2,\cdots,m \tag{7.3.5}$$

**证明** (i) 令 $w = \max_j \left(\sum_{i=1}^m |a_{ij}|\right) \quad j=1,2,\cdots,n$

设 $\boldsymbol{x} = (x_1, x_2, \cdots, x_n)^{\mathrm{T}}$, 且 $\|\boldsymbol{x}\|_1 = 1$. 又设 $A = [\alpha_1, \alpha_2, \cdots, \alpha_n]$, 则有

$$w = \max_j \|\alpha_j\|_1$$

于是

$$\begin{aligned}\|A\boldsymbol{x}\|_1 &= \|x_1\alpha_1 + x_2\alpha_2 + \cdots + x_n\alpha_n\|_1 \\ &\leqslant |x_1|\,\|\alpha_1\|_1 + |x_2|\,\|\alpha_2\|_1 + \cdots + |x_n|\,\|\alpha_n\|_1 \\ &\leqslant (|x_1| + |x_2| + \cdots + |x_n|)\,w = \|\boldsymbol{x}\|_1 w = w\end{aligned}$$

现在把 $\|\alpha_j\|_1$ 明确写出为

$$\|\alpha_j\|_1 = \sum_{i=1}^m |a_{ij}|$$

如果第 $r$ 列的 $\|\alpha_r\|_1$ 最大, 就取 $\boldsymbol{x}_r = (0, 0, \cdots, 1_{(r)}, 0, \cdots, 0)^{\mathrm{T}}$. 则 $\|\boldsymbol{x}_r\| = 1$, 且

$$\|A\boldsymbol{x}_r\|_1 = \sum_{i=1}^m |a_{ir}| = \max_j \|\alpha_j\|_1 = w$$

所以

$$\|A\|_1 = \sum_{i=1}^m |a_{ir}| = \max_j \left(\sum_{i=1}^m |a_{ij}|\right), \quad j=1,2,\cdots,n$$

(ii) 若 $A \in F^{n\times n}, B \in F^{n\times p}$, 因为对任意 $\boldsymbol{y} \in R^p$, 有

$$\|AB\boldsymbol{y}\|_2 \leqslant \|A\|_2\,\|B\boldsymbol{y}\|_2 \leqslant \|A\|_2\,\|B\|_2\,\|\boldsymbol{y}\|_2$$

此式对于任意 $\|\boldsymbol{y}\|_2$ 都是成立的. 两边取 $\|\boldsymbol{y}\|_2 \to 1$ 的极限

$$\|AB\|_2 = \max_{\|\boldsymbol{y}\|_2=1} \|AB\boldsymbol{y}\|_2 \leqslant \max_{\|\boldsymbol{y}\|_2=1} \|A\|_2 \|B\|_2 \|\boldsymbol{y}\|_2 = \|A\|_2 \|B\|_2$$

故有

$$\|AB\|_2 \leqslant \|A\|_2 \|B\|_2 \tag{7.3.6}$$

即矩阵范数 $\|\cdot\|_2$ 是相容的.

由向量范数 $\|\boldsymbol{x}\|_2$ 的定义知

$$\|A\boldsymbol{x}\|_2 = (A\boldsymbol{x}, A\boldsymbol{x})^{1/2} = (\boldsymbol{x}, A^+A\boldsymbol{x})^{1/2}$$

因为 $A^+A$ 是正定或半正定矩阵, 所以 $A^+A$ 的 $n$ 个特征值非负, 于是

$$\|A\boldsymbol{x}\|_2 = \max_{\|\boldsymbol{x}\|_2=1} (A\boldsymbol{x}, A\boldsymbol{x})^{1/2} = \max_{\|\boldsymbol{x}\|_2=1} (\boldsymbol{x}, A^+A\boldsymbol{x})^{1/2} = \max_i \left(\lambda_i(A^+A)\right)^{1/2}$$

(iii) 令 $w = \max\limits_i \left(\sum\limits_{j=1}^n |a_{ij}|\right) (i = 1, 2, \cdots, m)$. 对任意的 $x \in R^n$, 有

$$\|A\boldsymbol{x}\|_\infty = \max_{1\leqslant i\leqslant m} \left|\sum_{j=1}^n |a_{ij}x_j|\right| \leqslant \max_{1\leqslant i\leqslant m} \left(\sum_{j=1}^n |a_{ij}|\right) \|\boldsymbol{x}\|_\infty = w \|\boldsymbol{x}\|_\infty$$

此式对于任意 $\|\boldsymbol{x}\|_\infty$ 都成立. 两边取 $\|\boldsymbol{x}\|_\infty \to 1$ 的极限. 则有 $\|A\|_\infty \leqslant w$. 现在假定矩阵 $A$ 的第 $r$ 行的各列矩阵元的绝对值之和最大.

$$\max_{1\leqslant i\leqslant m} \sum_{j=1}^n |a_{ij}| = \sum_{j=1}^n |a_{rj}|$$

取 $\boldsymbol{x}$ 是如下的向量:

$$\boldsymbol{x} = \left(\frac{a_{r1}^*}{|a_{r1}|}, \frac{a_{r2}^*}{|a_{r2}|}, \cdots, \frac{a_{rn}^*}{|a_{rn}|}\right)^{\mathrm{T}}$$

其中 $a_{rj}^*$ 是 $a_{rj}$ 的复共轭. 则 $\|\boldsymbol{x}\|_\infty = 1$. 在向量 $A\boldsymbol{x}$ 的 $m$ 个分量中, 显然第 $r$ 个分量的绝对值最大. 结果就是

$$\|A\boldsymbol{x}\|_\infty = \sum_{j=1}^n |a_{rj}| = \max_{1\leqslant i\leqslant m} \sum_{j=1}^n |a_{rj}| = w$$

证明完毕.

范数 $\|A\|_1$ 称为**列和范数**, $\|A\|_\infty$ 称为**行和范数**, $\|A\|_2$ 称为**谱范数**. 关于谱范数在下一小节将做进一步的讨论.

**命题 1**　单位矩阵的诱导范数总是等于 1, 即 $\|I\|_\beta = 1$.

直接从定义式 (7.3.2) 得到

$$\|I\|_\beta = \max_{\boldsymbol{x}\neq 0} \frac{\|I\boldsymbol{x}\|_\beta}{\|\boldsymbol{x}\|_\beta} = \max_{\boldsymbol{x}\neq 0} \frac{\|x\|_\beta}{\|x\|_\beta} = 1$$

$$\|I\|_\beta = \max_{\|\boldsymbol{x}\|_\beta = 1} \|I\boldsymbol{x}\|_\beta = \max_{\|\boldsymbol{x}\|_\beta = 1} \|\boldsymbol{x}\|_\beta = 1$$

注意, 诱导范数是范数中的一类, 还可以定义除了诱导范数之外的其他范数. 单位矩阵的诱导范数总是 1, 但是其他的范数不见得是 1. 例如, 定义一个矩阵 $A$ 的范数是 $\|A\| = 2\|A\|_\beta$, 其中 $\|A\|_\beta$ 是诱导范数, 则这样定义的范数是满足范数三公理的. 可是在这样的定义下, 单位矩阵的范数不是 1.

2. 矩阵的弗罗贝尼乌斯范数

除了上面讨论的三种矩阵范数以外, 还有一种常用的矩阵范数, 叫做弗罗贝尼乌斯范数.

**定义 4**　设 $A \in F^{m\times n}$, 由下式定义的范数:

$$\|A\|_{\mathrm{F}} = \left(\sum_{i=1}^{m}\sum_{j=1}^{n} |a_{ij}|^2\right)^{1/2} \tag{7.3.7}$$

叫做矩阵的**弗罗贝尼乌斯范数**, 简称 **F 范数**.

当 $A = \boldsymbol{x} \in F^{m\times 1}$ 时, $\|A\|_{\mathrm{F}} = \|\boldsymbol{x}\|_2$, 所以弗罗贝尼乌斯范数是向量范数 $\|\boldsymbol{x}\|_2$ 的一个自然推广. 范数 $\|A\|_{\mathrm{F}}$ 实际上是把 $A$ 看做 $F^{m\times n}$ 中的向量而建立的向量范数. 可以把矩阵 $A$ 写成行向量组成的矩阵

$$A = \begin{bmatrix} A_1 \\ A_2 \\ \vdots \\ A_m \end{bmatrix}$$

也可以写成是由列向量组成的矩阵

$$A = [B_1, B_2, \cdots, B_n]$$

那么, 矩阵 $A$ 的 F 范数的平方就是行向量的 2 范数的平方之和, 也等于列向量的 2 范数的平方之和, 即

$$\|A\|_{\mathrm{F}}^2 = \sum_{i=1}^{m} \|A_i\|_2^2 = \sum_{j=1}^{n} \|B_j\|_2^2$$

由式 (7.3.7) 定义的矩阵范数显然满足定义 1 的条件. 下面证明范数 $\|A\|_{\mathrm{F}}$ 满足相容性.

考虑两个矩阵 $A$ 与 $B$. 前者是 $m\times n$ 的, 写成行向量组成的形式. 后者是 $n\times k$ 的. 它们的乘积 $C=AB$ 可以写成列向量的形式, $C=\begin{bmatrix}C_1\\C_2\\\vdots\\C_m\end{bmatrix}$, 其中第 $i$ 行的矩阵元是: $C_i=[c_{i1},c_{i2},\cdots,c_{ik}]$. 向量 $C_i$ 的 2 范数的平方是

$$\begin{aligned}\|C_i\|_2^2| &= \sum_{p=1}^{k}|c_{ip}|^2=\sum_{p=1}^{k}\left|\sum_{j=1}^{n}a_{ij}b_{jp}\right|^2\\ &\leqslant \sum_{p=1}^{k}\sum_{j=1}^{n}|a_{ij}|^2\sum_{j=1}^{n}|b_{jp}|^2=\sum_{j=1}^{n}|a_{ij}|^2\sum_{p=1}^{k}\sum_{j=1}^{n}|b_{jp}|^2=\|A_i\|_{\mathrm{F}}^2\|B\|_{\mathrm{F}}^2\end{aligned}$$

其中用到了赫尔德不等式. 这样就得到了 $C$ 矩阵的 F 范数的平方

$$\|AB\|_{\mathrm{F}}^2|=\|C\|_{\mathrm{F}}^2|=\sum_{i=1}^{m}\|C_i\|_2^2\leqslant\sum_{i=1}^{m}\|A_i\|_{\mathrm{F}}^2\|B\|_{\mathrm{F}}^2=\|A\|_{\mathrm{F}}^2\|B\|_{\mathrm{F}}^2 \tag{7.3.8}$$

对照式 (7.3.1), 可知弗罗贝尼乌斯范数满足相容性条件. 可以验证, $\|A\|_{\mathrm{F}}$ 与 $\|\boldsymbol{x}\|_2$ 相容.

**定理 2** 设 $A\in C^{m\times n}$,$U$ 和 $V$ 分别为 $m$ 阶和 $n$ 阶酉矩阵, 则

$$\|UAV\|_{\mathrm{F}}=\|A\|_{\mathrm{F}} \tag{7.3.9}$$

**证明** 令 $A=[A_1,A_2,\cdots,A_n]$, 其中 $A_i$ 为 $A$ 的第 $i$ 列, 则

$$\|A\|_{\mathrm{F}}^2=\|A_1\|_2^2+\|A_2\|_2^2+\cdots+\|A_n\|_2^2$$

由 $\|UA_i\|_2^2=\left\|A_i^+U^+UA_i\right\|_2=\|A_i\|_2^2$, 有 $\|UA\|_{\mathrm{F}}^2=\|A\|_{\mathrm{F}}^2$, 又 $\|A\|_{\mathrm{F}}^2=\|A^+\|_{\mathrm{F}}^2$, 于是

$$\|UAV\|_{\mathrm{F}}^2=\left\|V^+A^+U^+\right\|_{\mathrm{F}}^2=\left\|A^+U^+\right\|_{\mathrm{F}}^2=\|UA\|_{\mathrm{F}}^2=\|A\|_{\mathrm{F}}^2$$

证明完毕.

最后, 应该指出, 和向量范数一样, 对于矩阵范数也有等价性定理如下:

**定理 3** 设 $\|\cdot\|_a$ 和 $\|\cdot\|_b$ 为两种矩阵范数, 则总存在正数 $c_1>0,c_2>0$, 对所有矩阵恒有

$$c_1\|A\|_b\leqslant\|A\|_a\leqslant c_2\|A\|_b$$

应该指出, 尽管弗罗贝尼乌斯范数是 2 范数的一个推广, 但它不是由向量的范数诱导而得到的范数, 因此不属于诱导范数.

### 7.3.2 矩阵的谱范数和谱半径

1. 矩阵的谱范数

由前一小节定义的矩阵范数 $\|A\|_2$ 称为谱范数, 它是矩阵分析和系统理论中很有用的一种矩阵范数. 由式 (7.3.2), 谱范数可以写为

$$\|A\|_2 = \max_{\boldsymbol{x}\neq 0} \frac{\|A\boldsymbol{x}\|_2}{\|\boldsymbol{x}\|_2}$$

它的几何意义是变换后向量的长 $\|A\boldsymbol{x}\|_2$ 与原向量长 $\|\boldsymbol{x}\|_2$ 之比的最大值.

下面讨论谱范数的性质.

**定理 4**　设 $A \in C^{m\times n}$, 则

(i) $\max\limits_{\|\boldsymbol{x}\|_2=\|\boldsymbol{y}\|_2=1} |\boldsymbol{y}^+ A\boldsymbol{x}| = \|A\|_2 , \boldsymbol{x} \in F^n, \boldsymbol{y} \in F^m$.

(ii) $\|A^+\|_2 = \|A\|_2$.

(iii) $\|A^+A\|_2 = \|A\|_2^2$.

**证明**　(i) 对 $\|\boldsymbol{x}\|_2 = \|\boldsymbol{y}\|_2 = 1$, 有

$$\max_{\|x\|_2=\|y\|_2=1} \left|\boldsymbol{y}^+ A\boldsymbol{x}\right| \leqslant \max_{\|x\|_2=\|y\|_2=1} \|\boldsymbol{y}\|_2 \|A\boldsymbol{x}\|_2 = \max_{\|x\|_2=1} \|Ax\|_2 = \|A\|_2$$

此处第一个不等号是利用了施瓦兹不等式. 现在我们来找不等式左边的最大值. 为此, 令 $\boldsymbol{y} = Ax/\|A\boldsymbol{x}\|_2$, 显然 $\|\boldsymbol{y}\|_2 = 1$, 并且使 $\|Ax\| = \|A\| \neq 0$ 就有

$$\left|\boldsymbol{y}^+ A\boldsymbol{x}\right| = \frac{\|A\boldsymbol{x}\|_2^2}{\|A\boldsymbol{x}\|_2} = \|A\boldsymbol{x}\|_2 = \|A\|_2 \tag{7.3.10}$$

$$\text{(ii) } \|A\|_2 = \max_{\|\boldsymbol{x}\|_2=\|\boldsymbol{y}\|_2=1} \left|\boldsymbol{y}^+ A\boldsymbol{x}\right| = \max_{\|\boldsymbol{x}\|_2=\|\boldsymbol{y}\|_2=1} \left|\boldsymbol{x}^+ A^+ \boldsymbol{y}\right| = \left\|A^+\right\|_2 \tag{7.3.11}$$

其中用到性质 (i).

(iii) 由范数相容性式 (7.3.6), 有 $\|A^+A\|_2 \leqslant \|A^+\|_2 \|A\|_2 , \|A^+\|_2 = \|A\|_2$, 知

$$\left\|A^+A\right\|_2 \leqslant \|A\|_2^2$$

但实际上, 令 $\|\boldsymbol{x}\|_2 = 1$, $\max\limits_{\|\boldsymbol{x}\|_2=1} \|A\boldsymbol{x}\|_2 = \|A\|_2$, 于是, 根据性质 (i), 有

$$\left\|A^+A\right\|_2 = \max_{\|\boldsymbol{x}\|_2=1} \left|\boldsymbol{x}^+ A^+ A\boldsymbol{x}\right| = \max_{\|\boldsymbol{x}\|_2=1} \|A\boldsymbol{x}\|_2^2 = \|A\|_2^2 \tag{7.3.12}$$

证明完毕.

**定理 5** 设 $A \in C^{m\times n}$, $U \in C^{m\times m}$, $V \in C^{n\times n}$, 且 $U^+U = I_m, V^+V = I_n$, 则

$$\|UAV\|_2 = \|A\|_2 \tag{7.3.13}$$

**证明** 令 $\boldsymbol{v} = V\boldsymbol{x}, \boldsymbol{u} = U^+\boldsymbol{y}$, 则 $\|\boldsymbol{x}\|_2 = 1$ 当且仅当 $\|\boldsymbol{v}\|_2 = 1$; 因为

$$\|\boldsymbol{v}\|_2^2 = \|V\boldsymbol{x}\|_2^2 = \left|\boldsymbol{x}^+V^+V\boldsymbol{x}\right| = \left|\boldsymbol{x}^+\boldsymbol{x}\right| = \|\boldsymbol{x}\|_2^2$$

同理, $\|\boldsymbol{y}\|_2 = 1$ 当且仅当 $\|\boldsymbol{u}\|_2 = 1$. 于是, 由性质 (i), 得

$$\|A\|_2 = \max_{\|\boldsymbol{x}\|_2=\|\boldsymbol{y}\|_2=1} \left|\boldsymbol{y}^+A\boldsymbol{x}\right| = \max_{\|\boldsymbol{v}\|_2=\|\boldsymbol{u}\|_2=1} \left|\boldsymbol{u}^+UAV\boldsymbol{v}\right| = \|UAV\|_2$$

证明完毕.

式 (7.3.13) 和式 (7.3.9) 表明, 矩阵的谱范数和弗罗贝尼乌斯范数在这一点上的性质是相同的.

**定理 6** 若 $\|A\|_2 < 1$, 则 $I - A$ 为非奇异, 且

$$\left\|(I-A)^{-1}\right\|_2 \leqslant (1 - \|A\|_2)^{-1} \tag{7.3.14}$$

**证明** 设 $\boldsymbol{x}$ 为任一非零向量, 则

$$\|(I-A)\boldsymbol{x}\|_2 = \|\boldsymbol{x}-A\boldsymbol{x}\|_2 \geqslant \|\boldsymbol{x}\|_2-\|A\boldsymbol{x}\|_2 \geqslant \|\boldsymbol{x}\|_2-\|A\|_2\|\boldsymbol{x}\|_2 = \Big(1-\|A\|_2\Big)\|\boldsymbol{x}\|_2 > 0$$

于是, 若 $\boldsymbol{x} \neq 0$, 则 $(I - A)\boldsymbol{x} \neq 0$, 从而方程

$$(I - A)\boldsymbol{x} = 0$$

无非零解, 故矩阵 $I - A$ 非奇异.

因为 $I - A$ 非奇异, 故有

$$I = (I - A)(I - A)^{-1} = (I - A)^{-1} - A(I - A)^{-1}$$

于是

$$(I - A)^{-1} = I + A(I - A)^{-1}$$

从而

$$\left\|(I - A)^{-1}\right\|_2 \leqslant \|I\|_2 + \|A\|_2 \left\|(I - A)^{-1}\right\|_2 = 1 + \|A\|_2 \left\|(I - A)^{-1}\right\|_2$$

即

$$\left\|(I - A)^{-1}\right\|_2 \leqslant \frac{1}{1 - \|A\|_2}$$

证明完毕.

2. 矩阵的谱半径

下面引入谱半径的概念.

**定义 5**　设 $A \in F^{n\times n}, \lambda_1, \lambda_2, \cdots, \lambda_n$ 为 $A$ 的特征值, 称

$$\rho(A) = \max_i (|\lambda_i|, i = 1, 2, \cdots, n)$$

为 $A$ 的**谱半径**.

谱半径 $\rho(A)$ 在几何上表示复 $\lambda$ 平面上以原点为圆心、能包含 $A$ 的全部特征值的圆的半径的最小值.

**定理 7**　对任意矩阵 $A \in F^{n\times n}$, 总有

$$\rho(A) \leqslant \|A\|_2 \tag{7.3.15}$$

**证明**　设 $\lambda_1, \lambda_2, \cdots, \lambda_n$ 为 $A$ 的特征值, 不妨设 $|\lambda_k| = \rho(A)$. 令 $x_k$ 为 $A$ 对应于 $\lambda_k$ 的特征向量, 则有

$$\|A\|_2 \|\boldsymbol{x}_k\|_2 \geqslant \|A\boldsymbol{x}_k\|_2 = |\lambda_k| \|\boldsymbol{x}_k\|_2 = \rho(A) \|\boldsymbol{x}_k\|_2$$

两边除以 $\|\boldsymbol{x}_k\|_2$, 于是 $\rho(A) \leqslant \|A\|_2$. 证明完毕.

这一定理明确说明, 一个矩阵的特征值的绝对值肯定小于等于这个矩阵的谱范数. 注意与式 (7.3.4) 的区别, 式 (7.3.4) 表示的是矩阵 $A^+A$ 的本征值中最大者的根号.

特别地, 如果 $A$ 为正规矩阵, 即 $A^+A = AA^+$, 则有下面的推论成立.

**推论 1**　设 $A \in F^{n\times n}$, 且 $A$ 为正规矩阵, 则

$$\|A\|_2 = \rho(A) \tag{7.3.16}$$

即正规矩阵的本征值的绝对值中最大者正好等于这个矩阵的谱范数.

**证明**　由于 $A$ 是正规的, 故有 $U, U^+U = I$, 使

$$U^+AU = \mathrm{diag}\,[\lambda_1, \lambda_2, \cdots, \lambda_n]$$

于是, 由式 (7.3.13),

$$\|A\|_2 = \|\mathrm{diag}[\lambda_1, \lambda_2, \cdots, \lambda_n]\|_2$$

设特征值 $\lambda_j$ 的归一化特征向量是 $\boldsymbol{x} = (x_1, x_2, \cdots, x_n)$, 则

$$A\boldsymbol{x} = \lambda_j \boldsymbol{x}$$

因 $\boldsymbol{x}$ 是归一化的, 有 $|\boldsymbol{x}|^2=\sum\limits_{i=1}^{n}|x_i|^2=1$, 故

$$\begin{aligned}\|A\|_2&=\max_{\|\boldsymbol{x}\|_2=1}\|A\boldsymbol{x}\|_2=\max_j\left[\sum_{i=1}^{n}|\lambda_j x_i|^2\right]^{1/2}\\&=\max_j\left[|\lambda_j|^2\sum_{i=1}^{n}|x_i|^2\right]^{1/2}=\max_j|\lambda_j|=\rho(A)\end{aligned}$$

最后的等式正是谱半径的定义, 于是式 (7.3.16) 得证. 证明完毕.

### 7.3.3 矩阵测度

1. 矩阵测度的定义

矩阵测度是和矩阵范数有密切关系的一个量, 它也是矩阵分析和系统理论中经常用到的概念.

**定义 6** 设矩阵 $A\in F^{n\times n}$, 称由下式确定的纯量 $\mu(A)$:

$$\mu(A)=\lim_{h\to 0^+}\frac{\|I_n+hA\|-1}{h} \tag{7.3.17}$$

为矩阵 $A$ 的**测度**, 其中 $\|I_n+hA\|$ 是由某向量范数诱导的矩阵范数.

本小节所提到的矩阵范数都是指诱导范数.

因为 $\|I\|=1$, 所以式 (7.3.17) 意味着矩阵范数 $\|\cdot\|$ 在点 $I$ 上沿 $A$ 的方向导数. 由定义, 测度由范数决定. 而不同的范数定义得到的诱导范数的值是不同的. 相应地, 得到的测度也就不同.

**例 1** 已知向量 $x$ 和矩阵 $A$ 的 1 范数分别是 $\|\boldsymbol{x}\|_1=\sum\limits_{i=1}^{n}|x_i|$ 和 $\|A\|_1=\max\limits_j\sum\limits_{i=1}^{n}|a_{ij}|$, 那么有

$$\mu_1(A)=\max_j\left\{\mathrm{Re}(a_{jj})+\sum_{i=1,i\neq j}^{n}|a_{ij}|\right\} \tag{7.3.18}$$

这是因为

$$\|I+hA\|_1=\max_j\sum_{i=1}^{n}|\delta_{ij}+ha_{ij}|=\max_j\left\{|1+ha_{jj}|+\sum_{i=1,i\neq j}^{n}|ha_{ij}|\right\}$$

其中 $i=j$ 时 $\delta_{ij}=1$, $i\neq j$ 时 $\delta_{ij}=0$.

对于足够小的 $h>0$, 有

$$
\begin{aligned}
|1+ha_{jj}| &= \sqrt{(1+h\mathrm{Re}a_{jj})^2+(h\mathrm{Im}a_{jj})^2} \\
&= \sqrt{1+2h\mathrm{Re}a_{jj}+|ha_{jj}|^2} = 1+h\mathrm{Re}a_{jj}+O(h)
\end{aligned}
$$

当 $h\to 0^+$ 时 $O(h)/h\to 0$. 因此

$$
\|I+hA\|_1 = \max_j \left\{ 1+h\mathrm{Re}(a_{jj})+O(h)+\sum_{i=1,i\neq j}^{n}|ha_{ij}| \right\}
$$

于是

$$
\mu_1(A) = \lim_{h\to 0^+}\frac{\|I_n+hA\|_1-1}{h} = \max_j\left\{\mathrm{Re}(a_{jj})+\sum_{i=1,i\neq j}^{n}|a_{ij}|\right\}
$$

在式 (7.3.18) 中, $\mu_1(A)$ 的下标 1 表示是由矩阵的 1 范数计算得到的测度.

同样, 对于向量范数 $\|\boldsymbol{x}\|_\infty = \max\limits_i |x_i|$, 有

$$
\|A\|_\infty = \max_i \sum_{j=1}^{n}|a_{ij}|
$$

$$
\mu_\infty(A) = \max_i \left\{\mathrm{Re}(a_{ii})+\sum_{j=1,j\neq i}^{n}|a_{ij}|\right\} \tag{7.3.19}
$$

2. 矩阵测度的性质

下面讨论矩阵测度的性质.

**命题 2**　$\mu(0)=0, \mu(I_n)=1, \mu(-I_n)=-1$.

**证明**　$\mu(0)=0$ 是显然的, 但需要指出 $\mu(A)=0$ 并不意味着 $A=0$. 例如, $A=\begin{pmatrix}0&0\\1&0\end{pmatrix}$, 则 $\|I+hA\|_2=\|I\|_2=1$, 故 $\mu_2(A)=0$.

现在证明后两个等式, $\mu(I_n)=1, \mu(-I_n)=-1$.

因为矩阵范数 $\|I_n+hA\|$ 为某向量范数的诱导范数, $\|I_n\|=1$, 于是

$$
\mu(I_n) = \lim_{h\to 0^+}\frac{\|I_n+hI_n\|-1}{h} = \lim_{h\to 0^+}\frac{(1+h)\|I_n\|-1}{h} = 1
$$

$$
\mu(-I_n) = \lim_{h\to 0^+}\frac{\|I_n-hI_n\|-1}{h} = \lim_{h\to 0^+}\frac{(1-h)\|I_n\|-1}{h} = -1
$$

证明完毕.

命题 2 表明, 由于 $A$ 的形式不同, $\mu(A)$ 可能取负值.

**命题 3** $-\|A\| \leqslant -|\mu(A)| \leqslant |\mu(A)| \leqslant \|A\|,\quad \forall A \in F^{n\times n}$.

**证明** 按范数定义的三角不等式有

$$\left|\frac{\|I+hA\|-1}{h}\right| \leqslant \left|\frac{\|I\|+\|hA\|-1}{h}\right| = \|A\|$$

当 $h \to 0^{\dagger}$ 时, 有 $|u(A)| \leqslant \|A\|$. 再两边取负号, 则原命题得证. 证明完毕.

命题 3 表明, 范数和测度之间的大小关系: 测度的绝对值不可能大于范数.

**命题 4** $\mu(kA) = k\mu(A), \mu(A+kI) = \mu(A)+k$, 其中 $k$ 为非负实数, $\forall A \in F^{n\times n}$.

**证明** 按定义 6, 有

$$\mu(kA) = \lim_{h\to 0^+} \frac{\|I+h(kA)\|-1}{h} = \lim_{h\to 0^+} k\frac{\|I+hkA\|-1}{hk} = k\mu(A)$$

这是 $\mu(kA) = k\mu(A)$ 的结果. 对于 $\mu(A+kI) = \mu(A)+k$, 先由

$$\frac{1}{1+hk} = 1 - \frac{hk}{1+hk}$$

得到

$$\begin{aligned}\mu(A+kI) &= \lim_{h\to 0^+} \frac{\|I+hA+hkI\|-1}{h} = \lim_{h\to 0^+} \frac{(1+hk)\,\|I+hA/(1+hk)\|-1}{h} \\ &= \lim_{h\to 0^+} \frac{\|I+hA/(1+hk)\|-1/(1+hk)}{h/(1+hk)} \\ &= \lim_{h\to 0^+} \frac{\|I+hA/(1+hk)\|-1}{h/(1+hk)} + k = \mu(A)+k\end{aligned}$$

证明完毕.

命题 4 表明了一个矩阵乘以 $k \geqslant 0$ 倍或者加上单位矩阵的 $k \geqslant 0$ 倍之后的测度的值.

**命题 5** $\mu(A+B) \leqslant \mu(A)+\mu(B),\quad \forall A \in F^{m\times n}, B \in F^{m\times n}$.

**证明** 因为

$$\begin{aligned}\frac{\|I+h(A+B)\|-1}{h} &= \frac{\|(I+2hA)+(I+2hB)\|-2}{2h} \\ &\leqslant \frac{\|I+2hA\|-1}{2h} + \frac{\|I+2hB\|-1}{2h}\end{aligned}$$

故有

$$\mu(A+B) \leqslant \mu(A)+\mu(B)$$

证明完毕.

命题 5 表明, 测度满足三角不等式.

**命题 6**　设 $\lambda_1, \lambda_2, \cdots, \lambda_n$ 为 $A$ 的特征值, 则

$$-\mu(-A) \leqslant \mathrm{Re}\lambda_i(A) \leqslant \mu(A), \qquad i = 1, 2, \cdots, n$$

**证明**　设矩阵 $A$ 对应于特征值 $\lambda_i$ 的特征向量为 $\boldsymbol{x}$, 并且 $\|\boldsymbol{x}\| = 1$, 则按矩阵范数定义, 有

$$\frac{\|I + hA\| \cdot \|\boldsymbol{x}\| - 1}{h} \geqslant \frac{\|\boldsymbol{x} + hA\boldsymbol{x}\| - 1}{h} = \frac{\|\boldsymbol{x} + h\lambda_i \boldsymbol{x}\| - 1}{h} = \frac{|1 + h\lambda_i| \, \|\boldsymbol{x}\| - 1}{h}$$
$$= \frac{|1 + h\lambda_i| - 1}{h} = \frac{h\mathrm{Re}\,(\lambda_i) + O(h)}{h}$$

于是

$$\mu(A) \geqslant \mathrm{Re}(\lambda_i) \tag{7.3.20}$$

再由

$$\frac{\|I - hA\| \cdot \|\boldsymbol{x}\| - 1}{h} \geqslant \frac{\|\boldsymbol{x} - hA\boldsymbol{x}\| - 1}{h} = \frac{|1 - h\lambda_i| - 1}{h} = \frac{-h\mathrm{Re}(\lambda_i) + O(h)}{h}$$

得到

$$-\frac{\|\|I - hA\| \cdot \|\boldsymbol{x}\|\| - 1}{h} \leqslant \mathrm{Re}(\lambda_i) - \frac{O(h)}{h}$$

于是

$$-\mu(-A) \leqslant \mathrm{Re}(\lambda_i) \tag{7.3.21}$$

由式 (7.3.20) 和式 (7.3.21), 有

$$-\mu(-A) \leqslant \mathrm{Re}\lambda_i(A) \leqslant \mu(A)$$

证明完毕.

**命题 7**　对任意向量 $\boldsymbol{x} \in F^n$ 和矩阵 $A \in F^{n \times n}$, 有

$$\|A\boldsymbol{x}\| \geqslant \max\{-\mu(-A), -\mu(A)\} \, \|\boldsymbol{x}\| \tag{7.3.22}$$

**证明**

$$-\mu(A)\|\boldsymbol{x}\| = -\frac{\|I + hA\| - 1}{h}\|\boldsymbol{x}\| = \frac{\|\boldsymbol{x}\| - \|I + hA\|\|\boldsymbol{x}\|}{h} \leqslant \frac{\|\boldsymbol{x}\| - \|(I + hA)\boldsymbol{x}\|}{h}$$
$$\leqslant \frac{\|\boldsymbol{x} - (I + hA)\boldsymbol{x}\|}{h} = \frac{\|(I + hA)\boldsymbol{x} - \boldsymbol{x}\|}{h} = \|A\boldsymbol{x}\|$$

其中第一个不等号用到范数的相容性, 第二个不等号用的是范数的三角不等式, 最后再用范数总是一个正数的性质. 于是得到 $\|A\boldsymbol{x}\| \geqslant -\mu(A) \, \|\boldsymbol{x}\|$.

$$\|A\boldsymbol{x}\| = \frac{\|(I - hA)\boldsymbol{x} - \boldsymbol{x}\|}{h} \geqslant \frac{1 - \|I - hA\|}{h} \, \|\boldsymbol{x}\|$$

因而

$$\|A\boldsymbol{x}\| \geqslant -\mu(-A)\,\|\boldsymbol{x}\|$$

故得

$$\|A\boldsymbol{x}\| \geqslant \max\{-\mu(-A),\ \ -\mu(A)\}\,\|\boldsymbol{x}\|$$

证明完毕.

**定理 8** 对于由任意 $A \in C^{n\times n}$ 和任意向量范数导出的矩阵 $p$ 范数, $\mu(A)$ 存在.

**证明** 对于 $0<\varepsilon<1$ 的实数 $\varepsilon$, 有

$$\begin{aligned}\frac{\|(I+\varepsilon hA)\|-1}{\varepsilon h} &= \frac{\|\varepsilon(I+hA)+(1-\varepsilon)I\|-1}{\varepsilon h} \leqslant \frac{\|\varepsilon(I+hA)\|+\|(1-\varepsilon)I\|-1}{\varepsilon h}\\ &= \frac{\|\varepsilon(I+hA)\|+(1-\varepsilon)-1}{\varepsilon h} = \frac{\|I+hA\|-1}{h}\end{aligned}$$

因此, 函数 $f(h)\triangleq\{\|I+hA\|-1\}/h$ 在 $h>0$ 处连续, 在 $h\to 0^+$ 时减小, 而且 $f(h)\geqslant -\|A\|$(命题 3), 因此, $\lim\limits_{h\to 0^+} f(h)=\mu(A)$. 证明完毕.

# 7.4 算子范数

## 7.4.1 算子的范数

### 1. 有界线性算子

已经在 2.2 节中定义了算子的概念. 其中定义 1 和定义 2 是对任意的集合来说的; 定义 3 的线性变换是在内积空间中定义的, 只要把其中的内积空间换成赋范空间, 就是定义了赋范空间中的线性变换.

对于任意一个算子 $T$, 总会遇到需要一般地界定它的大小的问题, 因而需要引入**算子范数**的概念. 算子的范数, 就是要用某种长度的概念来度量算子的大小. 可是, 对于一般的算子定义其范数是不容易的. 下面只对有界线性算子来定义其范数. 为此先定义有界线性算子的概念.

**定义 1** 设 $V$ 和 $U$ 是同一域 $K$ 上的两个赋范线性空间, $T$ 是 $V$ 到 $U$ 的算子, 若算子 $T$ 满足以下两个条件:

(i) 对所有 $f,g\in V$, 有 $T(f+g)=Tf+Tg$ (7.4.1)

(ii) 对所有 $f\in V$, 所有纯量 $\alpha\in K$, 有 $T(\alpha f)=\alpha Tf$ (7.4.2)

则称 $T$ 为 $V$ 到 $U$ 的**线性算子**或者**线性变换**. 如果一个算子 $T$ 满足 (i)、(ii) 两条, 还满足

(iii) 对 $f, g \in V$, 与每个 $\varepsilon > 0$, 存在 $\delta > 0$, 使当 $\|f - g\| < \varepsilon$ 时,

$$\|Tf - Tg\| < \delta \tag{7.4.3}$$

则称 $T$ 为 $V$ 到 $U$ 的**连续线性算子**. 条件 (iii) 刻画了算子 $T$ 作用结果的连续性, 简称为算子 $T$ 的连续性. 如果一个算子 $T$ 满足 (i)、(ii) 两条, 还满足

(iv) 存在一个常数 $M$, 使对于所有的 $f \in V$, 有

$$\|Tf\| \leqslant M\|f\| \tag{7.4.4}$$

则称 $T$ 为 $V$ 到 $U$ 的**有界线性变换**或者**有界线性算子**. 条件 (iv) 刻画了算子 $T$ 作用结果的有界性, 简称为算子 $T$ 的有界性.

可以把有界线性算子的这个性质与函数的连续性作一个类比. 算子 $T$ 是作用在向量 $f$ 上的. 如果把向量看成函数概念中的自变量, 而算子看成函数, 则可写出 $Tf = T(f)$. 函数的连续性要求, 当自变量的变化充分小时, 函数值的差能够任意小. 有界线性算子正是具有这样的性质. 当然, 现在所说函数值的差任意小, 实际上是指函数值的差的范数任意小.

**定理 1**　赋范空间 $V$ 到赋范空间 $U$ 的线性算子为连续的, 其充分必要条件是: 存在一个常数 $M$, 使对于所有的 $f \in V$, $\|Tf\| \leqslant M\|f\|$.

这一定理表明, 对赋范空间之间的线性算子来说, 条件 (7.4.3) 和条件 (7.4.4) 是互为充分必要的. 或者说, 有界性和连续性是等价的. 因此以下可以只称有界算子或者连续算子.

**例 1**　对于线性积分算子 $K$

$$Kf \equiv \int_a^b k(x,y)f(y)\mathrm{d}y \tag{7.4.5}$$

如果函数 $f$ 和 $k$ 是闭区间 $[a,b]$ 上的有界函数, 那么, 算子 $K$ 就是**有界线性积分算子**或者**连续线性积分算子**.

令 $B(V,U)$ 是 $V$ 到 $U$ 的一切连续线性算子构成的集. 对于任意两个元 $S, T \in B(V,U)$ 和数域 $K$ 中的纯量 $\alpha$, 令 $S + T$ 为由 $(S+T)f = Sf + Tf$确定的线性算子, $\alpha S$ 为由 $(\alpha S)f = \alpha Sf$ 确定的线性算子, 则 $B(V,U)$ 关于这样定义的加法和纯量乘法成为 $K$ 上的一个线性空间, 即有界线性变换的集合可以构成一个线性空间. 在这个线性空间中的元都是连续线性算子. 注意, 与前面讲的由向量组成的空间不同, 现在组成这个空间的元素都是线性变换. 如果该空间中的元素都是可以定义范数的, 就是赋范空间; 如果是可以定义内积的, 就是内积空间.

2. 有界线性算子的范数

下面对有界线性算子定义一个范数.

**定义 2** 设 $V$ 是一个赋范向量空间, $T$ 是作用于 $V$ 上的一个有界线性变换, 对于所有的 $f\in V$, 满足

$$\|Tf\|\leqslant M\|f\| \tag{7.4.6}$$

对于不同 $f$, $M$ 的数值可能是不同的. 把其中最小的 $M$ 记为 $T_M$, 并将 $T_M$ 定义为 $T$ 的**范数**, 记作 $\|T\|=T_M$. 即如果有式 (7.4.6), 那么

$$\|T\|=T_M\leqslant M \tag{7.4.7}$$

由这个定义

$$\|Tf\|\leqslant\|T\|\,\|f\| \tag{7.4.8}$$

容易证明, 由此定义的范数满足范数三公理. 例如

$$\|(T_1+T_2)f\|=\|T_1f+T_2f\|\leqslant\|T_1f\|+\|T_2f\|\leqslant(\|T_1\|+\|T_2\|)\,\|f\|$$

对于所有 $f$ 都成立, 而算子 $(T_1+T_2)$ 的范数 $\|T_1+T_2\|=M$ 是满足 $\|(T_1+T_2)f\|\leqslant M\|f\|$ 的最小的 $M$. 故有 $M\leqslant\|T_1\|+\|T_2\|$, 即

$$\|T_1+T_2\|\leqslant\|T_1\|+\|T_2\|$$

满足三角不等式. 容易证明另外两条公理也满足.

有界线性算子的范数还有一个性质: 由式 (7.4.8), 还得到两个有界线性变换 $T_1$ 和 $T_2$ 乘积的范数与范数的乘积之间的不等式. 把 $T_1$ 作用在任何函数 $f$ 上之后, 将 $T_1f$ 看做一个函数. 那么, 反复运用式 (7.4.6), 得到

$$\|T_2T_1f\|\leqslant\|T_2\|\cdot\|T_1f\|\leqslant\|T_2\|\cdot\|T_1\|\,\|f\| \tag{7.4.9a}$$

由此, 乘积 $T_2T_1$ 的范数一定是小于等于 $\|T_2\|\cdot\|T_1\|$ 的, 即

$$\|T_2T_1\|\leqslant\|T_2\|\cdot\|T_1\| \tag{7.4.9b}$$

这说明由此定义的算子的范数是满足相容性条件的. 此式的一个特例是

$$\|T^n\|\leqslant\|T\|^n \tag{7.4.10}$$

由式 (7.4.6) 的定义, 还是难以立即找到算子 $T$ 的范数. 但是, 如果对于某一向量 $f$, 有 $\|Tf\|=m\|f\|$, 那么 $\|T\|\geqslant m$, 这是因为 $\|Tf\|\leqslant\|T\|\,\|f\|$. 这对于确定有界线性算子的范数是有帮助的.

有了关于算子范数的定义, 就可以比较明确地从数学上来表示线性算子的连续性了: 当 $\|f-g\|\to 0$ 时, $\|Kf-Kg\|=\|K(f-g)\|\leqslant\|K\|\,\|f-g\|\leqslant M\|f-g\|\to 0$.

3. 赋范线性变换空间的完备性

定义了有界线性算子的范数之后, 从赋范线性空间 $V$ 到 $U$ 的一切有界线性变换集合构成的空间 $B(V,U)$ 是一个赋范线性空间. 那么这个空间是否为完备的呢? 有以下的定理进行说明.

**定理 2**　如果 $V$ 和 $U$ 是巴拿赫空间, 从 $V$ 到 $U$ 的一切有界线性变换集合构成的空间 $B(V,U)$ 关于定义 2 所定义的范数是一个巴拿赫空间.

可以把这一结论简单地说成: 巴拿赫空间中一切有界线性变换的集合也是一个巴拿赫空间.

**定义 3**　设 $V$ 和 $U$ 是两个巴拿赫空间. 若存在 $V$ 到 $U$ 的有界线性变换 $T$, 对于 $f\in V, u\in U$, 有 $Tf=u$, 且 $\|u\|=\|Tf\|=\|f\|$, 则称这两个巴拿赫空间是**同构**的. $V$ 和 $U$ 同构记做 $V\cong U$.

**定理 3**　当

$$\frac{1}{p}+\frac{1}{q}=1,\quad p\geqslant 1\quad (当p=1时理解为q=+\infty) \tag{7.4.11}$$

时

$$(L_p[a,b])^*\cong L_q[a,b] \tag{7.4.12}$$

即在式 (7.4.11) 的条件下, $p$ 次可积空间的对偶空间 (对偶空间的概念见后) 与 $q$ 次可积空间是同构的.

下面定义巴拿赫空间中序列的收敛性的概念.

**定义 4**　设 $V$ 是巴拿赫空间, $\{f_n\}$ 是 $V$ 中的序列. 若存在 $f\in V$, 使得

$$\lim_{n\to\infty}\|f_n-f\|=0 \tag{7.4.13}$$

则称 $\{f_n\}$**强收敛**于 $f$. 如果存在 $f\in V$, 使对每一个 $g\in V^*$, 有

$$\lim_{n\to\infty}g(f_n)=g(f) \tag{7.4.14}$$

则称 $\{f_n\}$**弱收敛**于 $f$.

把式 (7.4.13)、式 (7.4.14) 与式 (7.4.3) 对照, 式 (7.4.13) 对应于函数自变量的连续性, 而式 (7.4.14) 对应于函数的连续性. 对照函数的连续性的有关理论, 容易理解以下定理.

**定理 4**　强收敛一定蕴涵弱收敛, 反之则不然.

进一步, 定义有界线性算子的收敛性.

**定义 5**　设 $V$ 是巴拿赫空间, $\{T_n\}$ 是 $B(V,V)$ 中的序列, 若存在 $T\in B(V,V)$, 使得

$$\lim_{n\to\infty}\|T_n-T\|=0\quad 或记为\ \|T_n-T\|\to 0 \tag{7.4.15}$$

则称 $\{T_n\}$**一致收敛**或者**依范数收敛**于 $T$. 设存在 $T \in B(V,V)$, 对于每一个 $f \in V$, 若序列 $\{T_n f\}$ 在 $V$ 中强收敛于 $Tf$, 即

$$\lim_{n\to\infty}\|T_n f - Tf\| = 0 \quad \text{或记为} \ \|T_n f\| \to \|Tf\| \tag{7.4.16}$$

则称 $\{T_n\}$**强收敛**于 $T$. 若序列 $\{T_n f\}$ 在 $V$ 中弱收敛于 $Tf$, 则称 $\{T_n\}$**弱收敛**于 $T$.

注意, 式 (7.4.15) 是与 $f$ 无关的, 即对于任意 $f$, 此式都成立, 才能叫做依范数收敛. 如果把向量 $f$ 看成函数概念中的自变量, 而把算子看成函数, $Tf = T(f)$. 式 (7.4.15) 表示, 无论 "自变量 $f$" 是什么, 算子序列 $\{T_n\}$ 都依范数收敛于 $T$. 这与第 2 章讲的函数的一致收敛的概念是类似的. 而式 (7.4.16) 是算子作用到某一具体 $f$ 上之后的效果. 这与第 2 章讲的函数的逐点收敛的概念是类似的. 可以说, 依范数收敛和强收敛的概念, 是把函数的一致收敛和逐点收敛的概念推广到巴拿赫空间. 在函数空间中, 收敛性用绝对值来判别. 在巴拿赫空间中, 收敛性用范数来判别.

既然函数的一致收敛性比逐点收敛是更强的要求, 容易理解, 依范数收敛是比强收敛更强的要求. 因此有以下定理.

**定理 5** 对于 $X$ 到 $X$ 的算子序列, 一致收敛蕴涵强收敛, 强收敛蕴涵弱收敛. 但反之不然.

后面将以投影算子为例说明, 依范数收敛是比强收敛更强的要求.

### 7.4.2 伴随算子

算子作用在原像上, 得到的像也称为算子的值. 算子的值是某种空间中的元素.

**定义 6** 算子的值为实数或者复数时, 称为**泛函**. 巴拿赫空间 $V$ 到 $U$ 的有界线性变换, 且当空间 $U$ 为实数或复数空间时, 称为 $V$ 上的**连续线性泛函**或者**有界线性泛函**. $V$ 上的一切连续线性泛函构成的巴拿赫空间 $B(V,U)$, 称为 $V$ 的**对偶空间**或者**共轭空间**, 记做 $V^*$ 或者 $V'$.

可以从这样几个例子来理解对偶空间: 对于 $n$ 维欧几里得空间 ($n$ 维实列向量空间)$E$, 如果列向量 $\boldsymbol{y} \in E$, 那么一切 $\boldsymbol{x} = \boldsymbol{y}^{\mathrm{T}}$, 即所有 $\boldsymbol{y}$ 的转置得到的行向量构成的 $n$ 维实行向量空间 $E^*$ 就是 $E$ 的对偶空间; 对于 $n$ 维复列向量空间 $U$, 如果列向量 $\boldsymbol{y} \in U$, 那么一切 $\boldsymbol{x} = \boldsymbol{y}^{+}$, 即所有 $\boldsymbol{y}$ 的转置共轭得到的行向量构成的 $n$ 维复行向量空间 $U^*$ 就是 $U$ 的对偶空间; 对于 $m \times n$ 维实矩阵空间 $R_{m\times n}$, 如果矩阵 $A \in R_{m\times n}$, 那么一切 $B = A^{\mathrm{T}}$, 即所有 $A$ 的转置得到的矩阵构成的空间 $R_{n\times m}$ 就是 $R_{m\times n}$ 的对偶空间 $R^*_{m\times n}$; 对于 $m \times n$ 维复矩阵空间 $C_{m\times n}$, 如果矩阵 $A \in C_{m\times n}$, 那么一切 $B = A^{+}$, 即所有 $A$ 的转置共轭得到的矩阵构成的空间 $C_{n\times m}$ 就是 $C_{m\times n}$ 的对偶空间 $C^*_{m\times n}$. 在从一个空间得到它的对偶空间的过程中, 实际上是对其中的每一个向量都进行了一个操作, 也就是进行了一个线性变换.

有了对偶空间的这个概念, 就可以进一步理解内积的定义 $(g, f)$: 它是在空间 $V$ 中的一个向量 $f$ 与在 $V$ 的共轭空间 $V^*$ 中的一个向量 $g$ 共同以某种方式构成的一个纯量.

在第 2 章定义伴随算子的时候, 是根据内积定义的. 现在要在赋范空间内给予更为一般的定义.

由定义 4, 巴拿赫空间 $V$ 到 $U$ 的有界线性变换, 称为 $V$ 上的连续线性泛函或者有界线性泛函. 有界连续算子 $T$ 作用在元 $f$ 上, 记为 $T(f)$, 它的效果, 记为 $F(f)$.$T(f)$ 和 $F(f)$ 的差别是: 当强调算子的作用时, 写成 $T(f)$, 这是一个算子; 当强调算子作用的效果时, 写成 $F(f)$, 相当于是 $f$ 的函数. 对于 $F(f)$, 可以将元 $f$ 看成自变量, 在希尔伯特空间中, 元 $f$ 本身可以是一个函数. 因此, $F(f)$ 正是第 1 章中讲过的泛函的含义.

在讲到通过有界线性算子 $T$ 的作用产生一个泛函的时候, 并没有定义泛函的具体的形式. 内积可以是泛函的一种形式. 在第 5 章中已经用到了这种形式, 见式 (5.1.6).

**定理 6** 对于赋范空间 $X$ 上的每个连续线性泛函 $F$, 存在唯一的 $g_T \in X$, 使对每个 $f \in X$, 有 $F(f) = (f, g_T)$, 并且 $\|F\| = \|g_T\|$.

注意, 其中的 $(f, g_T)$ 表示泛函, 内积是其特例. 当然, 因为内积的具体形式相对简单, 在具体举例时往往采用内积的形式.

此定理表明, 一个赋范空间上的每一个连续线性泛函 $F$, 它作用在元 $f$ 上的效果, 就是 $f$ 与这个空间中一个特定的元 $g_T$ 形成的泛函, 对于每一个 $f$ 都是如此. 并且, $F$ 的范数与 $g_T$ 的范数相等.

**定义 7** 设 $X$ 是希尔伯特空间, $T$ 是 $X$ 到 $X$ 的连续线性算子. 对于每一个固定的 $g \in V$, 作 $Tf$ 与 $g$ 的泛函, $f \in X$, 将结果记为 $F_g(f)$, 则

$$F_g(f) = (Tf, g)$$

由此定义的 $F_g(f)$是$X$上的连续线性泛函. 由定理 6, 存在$u \in X$, 使得对一切 $f \in X$, 有 $F_g(f) = (f, u)$. 现在令 $u = T^*g$, 则 $T^*$ 也是 $X$ 到 $X$ 的连续线性算子. 称 $T^*$ 是 $T$ 的**伴随算子或共轭算子**. 联系 $T$ 与 $T^*$ 的基本关系是: 对任何 $f, g \in X$, 有

$$(Tf, g) = (f, T^*g) \tag{7.4.17}$$

有了前面关于共轭空间的概念, 对于伴随算子就比较容易理解了. 式 (7.4.17) 显然表明, 如果向量 $f$ 属于空间 $V$, 那么向量 $g$ 是属于对偶空间 $V^*$ 的. 一个向量 $f$ 被线性算子 $T$ 作用之后, 得到的向量与 $g$ 做的泛函, 等于 $f$ 与伴随算子 $T^*$ 作用在 $g$ 上之后得到的向量做的泛函. 可见, 若算子 $T$ 作用在空间 $V$ 中的向量上, 则

伴随算子 $T^*$ 是作用在对偶空间的向量上的. 正因为如此, 对偶空间又称共轭空间, 伴随算子又称共轭算子.

**例 2** 对于 $n$ 维欧几里得空间 $E$, 列向量用 $\boldsymbol{x}$ 表示, 共轭空间内的行向量 $x^{\mathrm{T}}$ 组成空间 $E^*$. 式 (7.4.17) 在本例中的表示就是

$$(Bx)^{\mathrm{T}}y = x^{\mathrm{T}}B^{\mathrm{T}}y \tag{7.4.18}$$

**例 3** 对于 $n$ 维酉空间 $U$, 酉空间 $U$ 的共轭空间 $U^*$ 由所有行向量 $x^+$ 组成. 式 (7.4.17) 在本例中的表示就是

$$(Ax)^+y = x^+A^+y \tag{7.4.19}$$

例 2 和例 3 与 2.2 节中的例 2 和例 3 一样. 只是这里增加了对共轭空间的理解.

**定理 7** 设 $X$ 是希尔伯特空间, $T$ 是 $X$ 到 $X$ 的连续线性算子. 那么, $\|T^*\| = \|T\|$.

**证明** 将向量的内积定义为范数的平方, 利用范数的相容性, 有

$$\|Tx\|^2 = (Tx, Tx) = (T^*Tx, x) \leqslant \|T^*Tx\|\,\|x\| \leqslant \|T^*\|\,\|Tx\|\,\|x\|$$

其中第一个不等号是用了施瓦茨不等式. 这就得到 $\|Tx\| \leqslant \|T^*\|\,\|x\|$. 又由式 (7.4.8), $\|Tx\| \leqslant \|T\|\,\|x\|$. 可见 $\|T^*\| \geqslant \|T\|$. 将 $T$ 换成 $T^*$, 则可得到 $\|T^*\| \leqslant \|T\|$, 因此, 必有 $\|T^*\| = \|T\|$.

此定理表明, 连续线性算子 $T$ 与它的伴随算子的范数总是相等的. 例如, 幺正矩阵与它的转置矩阵的范数是相等的, 酉矩阵与它的转置共轭矩阵的范数是相等的.

**定义 8** 设 $X$ 是希尔伯特空间, $T$ 是 $X$ 到 $X$ 的连续线性算子. 若对于任何 $x \in X$, 有

$$\|Tx\| = \|x\| \tag{7.4.20}$$

则称 $T$ 是**保范变换**. 算子 $T$ 就称为**保范算子**, 或者称算子 $T$ 是**保范**的.

显然, 保范变换这一定义是对第 2 章中等距变换定义的扩展. 虽然式 (7.4.20) 与式 (2.2.31) 形式一样, 但现在是在范数的意义上定义的. 总之, 保范变换保持向量的范数不变.

保范变换的定义式 (7.4.20) 蕴涵以下两个等式:

$$T^*T = TT^* = I \tag{7.4.21}$$

$$(Tf, Tg) = (f, g) \tag{7.4.22}$$

**证明**　定义一个向量与自身的内积的根号作为这个向量的范数. 那么

$$\|Tx\|^2 = (Tx, Tx) = (T^*Tx, x) = \|x\|^2 = (x, x)$$

因此必有式 (7.4.21). 另外根据伴随算子的定义, 易得 $(Tf, Tg) = (T^*Tf, g) = (f, g)$, 这就是式 (7.4.22). 式 (7.4.20)~ 式 (7.4.22) 是两两相互等价的.

对逆算子、正规算子、自伴算子等概念的定义与第 2 章中的一样, 只要把内积理解为泛函即可. 此处不再重复.

由式 (7.4.21) 看到, 保范算子一定存在逆. 逆算子就是伴随算子, 且也是保范的.

**定理 8**　设 $T$ 是希尔伯特空间 $X$ 到自身的连续线性算子, 则 $T$ 是正规算子的充分必要条件是: 对每一个 $x \in X$, 有 $\|T^*x\| = \|Tx\|$.

### 7.4.3　投影算子

**定义 9**　对 $V$ 中任一正交归一的向量集合 $\{\phi_i\}$, 算子 $P_n$ 作用到 $V$ 中任一函数 $f$ 上的效果是

$$P_n f \equiv \sum_{i=1}^{n} (\phi_i, f)\phi_i \tag{7.4.23}$$

那么, 称 $P_n$ 是投影到由集合 $\{\phi_i\}$ 的前 $n$ 个元组成的 $V$ 的子空间上的**投影算子**.

**定义 10**　一个算子 $K$ 如果满足条件

$$K^2 = K \tag{7.4.24}$$

则称算子 $K$ 是**等幂**的, 或者称 $K$ 具有**幂等性**.

关于投影算子有以下定理.

**定理 9**　希尔伯特空间 $X$ 到自身的连续线性算子 $T$ 为投影算子的充分必要条件是 $T$ 为自伴算子且是等幂的, 即 $T^2 = TT = T$.

这一定理说明了投影算子的两个性质:

(i) $P_n$ 是厄米算子. 由定义式 (7.4.23) 显而易见, 对于所有 $f, g \in H$, $(f, P_n g) = (P_n f, g)$.$P_n$ 是厄米算子.

(ii) $P_n$ 是等幂的.

**命题 1**　投影算子 $P_n$ 的范数是 1.

**证明**　首先证明投影算子 $P_n$ 的范数满足

$$\|P_n\| \leqslant 1 \tag{7.4.25}$$

为此考察 $P_n$ 的范数

$$\|P_n f\| = (P_n f, P_n f)^{1/2} = (f, P_n f)^{1/2} = \left[\sum_{i=1}^{n} (f, \phi_i)(\phi_i, f)\right]^{1/2} \leqslant \|f\| \tag{7.4.26}$$

最后用到贝塞尔不等式. 则有, 对于所有 $f$, $\|P_n f\| \leqslant \|f\|$, 因此 $\|P_n\| \leqslant 1$.

对于算子 $(I-P_n)$, 同样可证

$$\|I-P_n\| \leqslant 1 \tag{7.4.27}$$

下面进一步证明, 式 (7.4.25) 和式 (7.4.27) 中的不等号可以去掉, 只剩下等号. 证明如下:

至少存在一个 $f$, 满足 $\|P_n f\| = \|f\|$. 事实上, 每当 $f=\phi_1,\phi_2,\cdots,\phi_n$ 时, 都有 $\|P_n f\| = \|f\|$ . 例如, 当 $f=\phi_i, 1\leqslant i\leqslant n$ 时, 有

$$P_n f = \sum_{j=1}^{n}(\phi_j,\phi_i)\phi_j = \sum_{j=1}^{n}\delta_{ij}\phi_j = \phi_i = f$$

可见, 至少有一个 $f$, 使得 $\|P_n f\| = \|f\|$. 同时应该有 $\|f\| = \|P_n f\| \leqslant \|P_n\|\,\|f\|$. 可见, 此时有 $\|P_n\| \geqslant 1$. 结合式 (7.4.25) 可得

$$\|P_n\| = 1 \tag{7.4.28}$$

类似地, 有

$$\|I-P_n\| = 1 \tag{7.4.29}$$

因此, 投影算子的范数是 1. 证明完毕.

当 $n\to\infty$ 时, 式 (7.4.26) 中的不等号可写成等号. 这就是完备性关系. 由式 (7.4.23), 可以用投影算子来表示这一完备性关系

$$\lim_{n\to\infty}(f,P_n f) = \sum_{i=1}^{\infty}(f,\phi_n)(\phi_n,f) = (f,f) \tag{7.4.30}$$

**命题 2** 投影算子序列 $\{P_n\}$ 强收敛于单位算子 $I$.

**证明** 利用式 (7.4.23) 和投影算子的等幂性, 有

$$\begin{aligned}\|P_n f - If\| &= (P_n f - f, P_n f - f)^{1/2}\\ &= [(P_n f, P_n f) - (P_n f, f) - (f, P_n f) + (f,f)]^{1/2}\\ &= [(f,P_n f) - 2(f,P_n f) + (f,f)]^{1/2} = [(f,f)-(f,P_n f)]^{1/2}\end{aligned}$$

由式 (7.4.30) 知

$$\lim_{n\to\infty}\|P_n f - If\| = 0$$

对照式 (7.4.16) 知, 序列$\{P_n\}$强收敛于 $I$. 证明完毕.

另一种证明方法[8] 是, 因为对于所有 $f \in V$, 有式 (7.4.23) 成立, 由于

$$\|P_n f\| = (P_n f, P_n f)^{1/2} = (f, P_n^2 f)^{1/2} = (f, P_n f)^{1/2}$$

所以 $\lim\limits_{n\to\infty} \|P_n f\| = (f, f)^{1/2} = \|If\|$, 因此 $P_n$ 趋于 $I$. 并且, 按照式 (7.4.16) 知, 序列$\{P_n\}$强收敛于 $I$.

**命题 3** 投影算子序列 $\{P_n\}$ 并不依范数收敛于 $I$.

**证明** 如果序列 $\{P_n\}$ 按范数收敛于 $I$, 那么, 给定任意 $\varepsilon$, 必存在一个 $N$, 使只要 $n \geqslant N$, 对于所有 $f \in V$ 就都有 $\|(P_n - I)f\| \leqslant \varepsilon \|f\|$, 即 $N$ 与 $f$ 是无关的. 但是, 事实上, 对于任何给定的 $N$, 总可以选出某些函数 $h \in V$, 如 $h = \phi_{N+1}$, 使得 $(P_N - I)h = (P_N - I)\phi_{N+1} = -\phi_{N+1}$. 这时, $\|(P_N - I)h\| = \|h\|$, 所以序列 $\{P_n\}$ 并不按范数收敛于 $I$. 证明完毕.

以上两个命题说明, $P_n$ 的范数是 1, 但是序列 $\{P_n\}$ 并不按范数收敛于 $I$. 从表面上看来, 这两个命题似乎是矛盾的: 既然这个算子本身的范数就是 1, 为什么还不能按范数收敛于单位算符?

实际上, 这两个命题不矛盾. 为了解释这一点, 由范数的三角不等式

$$||P_n|| - ||I|| \leqslant ||P_n - I||$$

左边等于零并不能推出右边趋于零. 事实上, 由式 (7.4.29), 右边是 1. 这个问题的关键在于, 依范数收敛指的是 $||P_n - I|| \to 0$, 而不是 $||P_n|| \to ||I||$.

由此可见, 按范数收敛是比强收敛更强的要求.

设在空间 $X$ 中, 投影算子 $P_{X_1}$ 将 $X$ 中的向量投影到 $X$ 的子空间 $X_1$, 投影算子 $P_{X_2}$ 将 $X$ 中的向量投影到 $X$ 的子空间 $X_2$. 为明确起见, 将这两个投影算子分别记为 $P_{X_1}$ 和 $P_{X_2}$.

**定义 11** 设 $P_{X_1}$ 和 $P_{X_2}$ 是同一空间中的两个投影算子. 若 $P_{X_1}P_{X_2} = \theta$, 则称 $P_{X_1}$ 和 $P_{X_2}$ 是**正交**的; 若 $P_{X_1}P_{X_2} = P_{X_2}$, 则称 $P_{X_2}$ 是 $P_{X_1}$ 的**部分**.

此处的 $\theta$ 既表示零向量, 也表示零算子. 零算子作用在任意向量上得到零向量. 由于投影算子是自伴的, 当 $P_{X_1}P_{X_2} = \theta$ 时, 必有 $P_{X_1}P_{X_2} = (P_{X_2}P_{X_1})^\dagger = \theta$.

由 $P_{X_1}P_{X_2} = P_{X_2}$, 必有 $P_{X_2}P_{X_1} = P_{X_2}$.

$P_{X_1}$和$P_{X_2}$这两个投影算子的和、积与差之后仍为投影算子的充要条件如下[9]:

**定理 10** (i) $P_{X_1}$ 与 $P_{X_2}$ 之和为投影算子的充要条件是 $P_{X_1}$ 与 $P_{X_2}$ 正交. 此时

$$P_{X_1} + P_{X_2} = P_{X_1+X_2}$$

投影算子 $P_{X_1+X_2}$ 将 $X$ 中的向量投影到 $X$ 的子空间 $X_1$ 与 $X_2$ 的直和空间.

(ii) $P_{X_1}$ 与 $P_{X_2}$ 之积为投影算子的充要条件是 $P_{X_1}$ 与 $P_{X_2}$ 可交换. 此时

$$P_{X_1}P_{X_2} = P_{X_1 \cap X_2}$$

投影算子 $P_{X_1 \cap X_2}$ 将 $X$ 中的向量投影到 $X$ 的子空间 $X_1$ 与 $X_2$ 的交集.

(iii) $P_{X_1}$ 与 $P_{X_2}$ 之差 $P_{X_1} - P_{X_2}$ 为投影算子的充要条件是 $P_{X_2}$ 是 $P_{X_1}$ 的部分. 此时投影算子 $P_{X_1} - P_{X_2}$ 将 $X$ 中的向量投影到子空间 $X_1$ 中去掉 $X_2$ 之后剩下的子空间.

## 7.5 全连续算子

### 7.5.1 线性积分变换用有限秩线性积分变换逼近

如式 (7.4.5) 那样定义线性积分算子如下:

$$Kf = \int_a^b k(x,y)f(y)\mathrm{d}y, \quad x \in [a,b] \tag{7.5.1}$$

其中积分核可以是一般的二元函数, 因而一般的积分可能是困难的. 如果积分核是比较简单的形式, 如多项式, 积分就会容易得多. 已在第 2 章中介绍了魏尔斯特拉斯多项式逼近定理, 任何一个在闭区间上连续的一元函数是可以用一个多项式来逼近的. 对于二元函数, 也可以做这样的多项式逼近. 下面不加证明地叙述以下定理.

**定理 1** 将平面上 $x, y \in [a,b]$ 的闭区间记为区间 $Q$. 若 $k(x,y)$ 在区间 $Q$ 上连续, 则存在一个形如

$$P_N(x,y) = \sum_{m,n=0}^{N} C_{mn}x^m y^n \tag{7.5.2}$$

的多项式序列 $P_N(x,y)$, 它在区间 $Q$ 上一致地 $\lim\limits_{N\to\infty} P_N(x,y) = k(x,y)$.

可以用式 (7.5.2) 作为积分核构成线性积分算子.

**定义 1** 若一线性积分算子 $K_F$ 的作用形式为

$$K_N f = \int_a^b P_N(x,y)f(y)\mathrm{d}y, \quad x \in [a,b] \tag{7.5.3}$$

积分核是式 (7.5.2) 的形式, 则称 $P_N(x,y)$ 为**有限秩核**, $K_N$ 为**有限秩核线性积分算子**或者**有限秩线性变换**.

这里希望用式 (7.5.3) 的有限秩核来代替式 (7.5.1) 中一般的核进行积分计算. 尽管在区间 $Q$ 上 $P_N(x,y)$ 可以任意逼近 $k(x,y)$, 可是由式 (7.5.3) 定义的 $K_N$ 是否能够任意地逼近式 (7.5.1) 定义的 $K$ 呢? 为此有以下定理.

**定理 2**　希尔伯特空间的任何形如式 (7.5.1) 的线性变换 $K$, 如果它的核 $k(x,y)$ 作为两个变量的函数是连续且平方可积的, 它就可以用一个形如式 (7.5.3) 的有限秩线性变换 $K_N$ 按范数来任意地逼近.

**证明**　对于函数定义在有限区间和无限区间两种情况分别证明.

(i) 希尔伯特空间中的函数是定义在有限区间 $Q$ 上的, 这时由定理 1, $k(x,y)$ 能够用一个多项式一致地逼近, 换句话说, 给定任何 $\delta$ , 就存在一个多项式 $P_N(x,y)$, 其中 $N$ 依赖于 $\delta$, 使得对于所有 $x$ 和 $y$, 有

$$|k(x,y) - P_N(x,y)| < \delta$$

因此

$$\int_a^b \mathrm{d}x \int_a^b \mathrm{d}y |k(x,y) - P_N(x,y)|^2 \leqslant |\delta(b-a)|^2$$

从而, 对于预先给定的 $\varepsilon$, 可以找到一个 $N$, 由它给出 $\delta$ 能使

$$\|K - K_N\| < \varepsilon$$

(ii) 希尔伯特空间中的函数是在无穷区间上定义的, 只需要把核 $k(x,y)$ 截去一部分, 使对于处在某个有限区间 $Q$ 以外的所有 $x$ 和 $y$, 它都等于零. 这样的核称为 $k_Q$, 而相应的线性变换称为 $K_Q$. 假如把在 $xy$ 平面上区间 $Q$ 的补集记做 $C(Q)$, 那么就有

$$\|K - K_Q\| < \int_{-\infty}^{\infty} \mathrm{d}x \int_{-\infty}^{\infty} \mathrm{d}y |k(x,y) - k_Q(x,y)|^2 = \int \mathrm{d}x \int_{C(Q)} \mathrm{d}y |k(x,y)|^2 \quad (7.5.4)$$

但是 $k(x,y)$ 是平方可积的, 所以必然能够选择一个合适的区间 $Q$, 使在这个区间以外, 式 (7.5.4) 最右边的积分为任意小. 因而使得

$$\|K - K_Q\| < \varepsilon/2$$

既然 $K_Q$ 是在有限区间 $Q$ 上作用的, 由 (i) 的结论知, 能够找到一个有限秩线性变换 $K_N$, 使得

$$\|K_Q - K_N\| < \varepsilon/2$$

因此, 只要选择适当的 $N$, 就有

$$\|K - K_N\| \leqslant \|K - K_Q\| + \|K_Q - K_N\| < \varepsilon$$

证明完毕.

此定理的条件可以放宽至适用于任何平方可积的核函数 $k(x,y)$, 即只要求核函数 $k(x,y)$ 是平方可积的, 不要求 $k(x,y)$ 是连续的和有界的.

这样放宽条件之后, 就会碰到核函数在某些点上不连续或者趋于无穷的情况. 例如, 在 $L_2[0,1]$ 空间中, 核为

$$k(x,y)=\frac{1}{\sqrt{x+y}}$$

的线性算子, 它是平方可积的, 但是在 $x=0,y=0$ 点是趋于无穷的. 对于这一问题的处理是, 采用定理 2 的证明中步骤 (ii) 的做法, 对核做截断. 选取一个足够大的 $L$, 使得每当 $|k(x,y)|\geqslant L$ 时, 就把 $k(x,y)$ 截去, 即命它为零. 而截断之后的核函数 $k_L(x,y)$ 可代替 $k(x,y)$, 误差可以忽略. 也就是说, 积分

$$I_L=\int \mathrm{d}x\int \mathrm{d}y|k(x,y)-k_L(x,y)|^2$$

的值可以取得任意小.

以上叙述也可以换一个说法. 如果把区间 $L_2[0,1]$ 中 $|k(x,y)|\geqslant L$ 的区间记为 $D_L$, $I_L$ 也可以写成

$$I_L=\iint_{D_L}\mathrm{d}x\mathrm{d}y|k(x,y)|^2$$

当 $L$ 足够大时, $I_L$ 是否能够任意小? 由于 $k(x,y)$ 是平方可积的, 故对于任何 $I_L$, $I_L$ 的值总是有限的. 只要 $L$ 足够大, 使 $I_L$ 任意小, 那么积分值 $I_L$ 也可以任意小.

由此可见, 尽管没有连续性和有界性的限制, 平方可积本身保证了: $|k(x,y)|^2$ 在一个区间上的积分值, 当区间任意小时, 积分值可以趋于任意小. 不满足这一点的核函数不在定理 2 的条件范围之内. 例如, 狄拉克 $\delta$ 函数就不能作为平方可积的核函数.

为把对于积分核的讨论开拓到比有限秩核更广的范围, 下面引入全连续算子的概念.

### 7.5.2 全连续算子

1. 全连续算子的定义和性质

**定义 2** 设 $X$ 和 $Y$ 是赋范线性空间, $T$ 是 $X$ 到 $Y$ 中的一个线性算子, 假如 $T$ 把 $X$ 中任意有界的向量序列 $\{f_n\}$ (即这些向量的范数都小于某固定常数) 变换成 $Y$ 中的一个序列 $\{Tf_n\}$, 其中包含按范数收敛的一个子序列, 则称 $T$ 为**全连续算子**或者**紧算子**.

定义全连续算子的意义在于: 在 7.4.1 小节中定义的普通的连续变换只能维持关于收敛序列的现状: 假如 $\{f_n\}$ 是收敛的, 且 $K$ 是连续变换, 那么 $\{Kf_n\}$ 也是收敛的. 而全连续算子 $T$ 作用后的 $\{Tf_n\}$ 总是收敛的, 即使原来的 $\{f_n\}$ 可能是

不收敛的. 也就是说, 一个全连续变换迫使序列变得收敛. 由于全连续算子应该具有这样的效果, 它比一般的有界算子有更强的要求. 全连续算子是有界算子中的一部分.

**例 1**　设 $k(x,y)$ 是 $x,y\in[a,b]$ 的连续函数, 由

$$Kf=\int_a^b k(x,y)f(y)\mathrm{d}y,\quad x\in[a,b] \tag{7.5.5}$$

定义的线性积分算子 $K$ 是 $C[a,b]\to C[a,b]$ 的全连续算子[9].

**例 2**　设式 (7.5.5) 中的核函数 $k(x,y)$ 是平方可积的, 即

$$\int_a^b \mathrm{d}x\int_a^b \mathrm{d}y|k(x,y)|^2<\infty$$

则当把式 (7.5.5) 定义的 $K$ 看做希尔伯特空间 $L_2[a,b]$ 到自身的线性算子时, 它也是全连续算子[9].

**例 3**　微分算子 $D_x=-\mathrm{i}\dfrac{\mathrm{d}}{\mathrm{d}x}$ 作用在 $L_2[0,1]$ 上. 已知 $\{f_n=\mathrm{e}^{inx}\}$ 是一有界序列, 但是 $\{D_xf_n=n\mathrm{e}^{inx}\}$ 不包含一个收敛的子序列. 因此, $D_x$ 不是全连续算子.

不属于全连续算子的算子是很多的. 单位算子也不是全连续算子[8].

全连续算子有如下性质[8]:

(i) 有限维向量空间中, 所有算子都是全连续的. 由于这个事实, 在有限维向量空间中, 就不需要全连续算子这样的定义了.

(ii) 任何有限个全连续变换之和是全连续的.

(iii) 任何有限秩算子是全连续的. 例如, 由式 (7.5.3) 定义的有限秩线性积分算子就是如此. 一个有限秩算子其实就是有限个全连续算子之和. 因此这一点可以看做是与 (ii) 等价的.

(iv) 两个全连续变换之积是全连续的. 若 $K_1$ 和 $K_2$ 都是全连续算子, 则 $K=K_1K_2$ 也是全连续的.

(v) 一个全连续变换和一个有界变换的乘积是全连续的. 若 $K$ 是全连续算子, $A$ 是有界算子, 则 $KA$ 和 $AK$ 都是全连续的. 由于其中的 $A$ 是有界的而不是全连续的, 这一性质的条件比 (iv) 要放宽. 可以简单证明如下:

全连续算子 $K$ 是指: 对于 $\{f_n\}$ 且 $\|f_n\|<C$, $\{Kf_n\}$ 一定有一个收敛的子序列. 现在 $A$ 是有界的, 因此对于序列 $\{Af_n\}=\{g_n\}$ 来说, $\|Af_n\|\leqslant\|A\|\|f_n\|<MC=D$. 此时对于 $\{g_n\}$ 且 $\|g_n\|<D$, $\{Kg_n\}=\{KAf_n\}$ 一定有一个收敛子序列. 因此 $KA$ 是全连续的. 又普通的有界变换 $A$ 是维持关于收敛序列的现状的: 假如 $\{Kf_n\}$ 是收敛的, 则有界变换 $A$ 作用后的序列 $\{AKf_n\}$ 也是收敛的. 因此 $AK$ 是全连续的.

(vi) 一个全连续算子的伴随算子也是全连续的[9].

(vii) 任何全连续算子序列的一致收敛极限也是一个全连续算子. 这一性质叙述为定理 3.

**定理 3** 假如对于所有 $i$, $K_i$ 是全连续变换, 并且当 $i \to \infty$ 时, $\|K_i - K\| \to 0$, 那么 $K$ 也是全连续的.

**证明** 设 $\{f_n\}$ 是函数的任一有界序列. 因为 $K_1$ 是全连续的, 所以可以从 $\{f_n\}$ 中选出一个有界的子序列 $\{f_{n_1}^{(1)}\}$, 使 $\{K_1 f_{n_1}^{(1)}\}$ 按范数收敛. 又因为 $K_2$ 是全连续的, 也可以从 $\{f_n\}$ 中选出一个有界的子序列 $\{f_{n_2}^{(2)}\}$, 使 $\{K_2 f_{n_2}^{(2)}\}$ 按范数收敛. 可以无限地继续这个过程: 因为 $K_i$ 是全连续的, 所以可以从 $\{f_n\}$ 中选出一个有界的子序列 $\{f_{n_i}^{(i)}\}$, 使 $\{K_i f_{n_i}^{(i)}\}$ 按范数收敛. 由此最后得到一个序列 $\{\phi_m\}$, 使得对于所有 $K_i$, $\{K_i \phi_m\}$ 按范数收敛. 现在考虑

$$K\phi_n - K\phi_m = K\phi_n - K_i\phi_n + K_i\phi_n - K_i\phi_m + K_i\phi_m - K\phi_m$$

由范数的三角不等式

$$\begin{aligned}\|K\phi_n - K\phi_m\| &\leqslant \|K\phi_n - K_i\phi_n\| + \|K_i\phi_n - K_i\phi_m\| + \|K_i\phi_m - K\phi_m\| \\ &\leqslant \|K - K_i\|\,\|\phi_n\| + \|K_i(\phi_n - \phi_m)\| + \|K_i - K\|\,\|\phi_m\|\end{aligned}$$

因为 $\phi_m$ 是有界的, 所以

$$\|K\phi_n - K\phi_m\| \leqslant C\,\|K - K_i\|\,\|\phi_n\| + \|K_i\|\,\|\phi_n - \phi_m\|$$

其中 $C$ 是有限常数. 因为 $\|K_i - K\| \to 0$, 所以能够选某个充分大的 $i$, 使

$$\|K_i - K\| < \varepsilon/2C$$

同时, 当 $n, m > N$ 时, $\|K_i\|\,\|\phi_n - \phi_m\| < \varepsilon/2$. 因此当 $n, m > N$ 时, 有

$$\|K\phi_n - K\phi_m\| < \varepsilon$$

因此序列 $\{K\phi_m\}$ 是收敛的. 可见全连续算子变换 $\{K_i\}$ 的极限 $K$ 也是全连续算子变换. 证明完毕.

此定理表明: 任何一个算子, 如果它能够用一个有限秩算子的序列按范数来逼近, 它就是全连续的. 逆定理也成立: 任何全连续算子可以用一个有限秩算子的序列按范数任意地逼近.

### 2. 全连续算子的一种分解方法

下面叙述的定理 4 在求解积分方程的理论中是非常有用的.

**定理 4** 设 $\{\phi_n\}$ 是希尔伯特空间 $H$ 中的一组正交归一基, 而 $K$ 是作用于 $H$ 的一个全连续算子. 假如把投影到由 $\{\phi_1, \phi_2, \cdots, \phi_n\}$ 所生成的 $H$ 的子空间上的算子记做 $P_N$, 并定义 $K_N = P_N K P_N$, 那么当 $N$ 趋于无穷时, 算子 $K_N$ 按范数趋于 $K$.

**证明** 要证明的是, 当 $N \to \infty$ 时,

$$\|K - K_N\| \to 0 \tag{7.5.6}$$

为此把算子 $K - K_N$ 分成如下两部分:

$$\begin{aligned} K - K_N = K - P_N K P_N &= K - P_N K + P_N K - P_N K P_N \\ &= (I - P_N)K + P_N K(I - P_N) \end{aligned} \tag{7.5.7}$$

两边直接取范数是得不到所需要的结果的, 因为已知投影算子的范数是 1, 即

$$\|P_N\| = \|I - P_N\| = 1 \tag{7.5.8}$$

所以

$$\|K - K_N\| \leqslant \|I - P_N\| \|K\| + \|P_N\| \|K\| \|I - P_N\| = 2\|K\|$$

算子 $K$ 本身的范数是不为零的, 所以从此式看不出算子 $K_N$ 会趋于零.

把式 (7.5.7) 两边作用在有界向量序列 $\{f_n\}$ 上. 对于每一个 $N = n$, 则

$$\|(K - K_n)f_n\| \leqslant \|(I - P_n)Kf_n\| + \|P_n K(I - P_n)f_n\| \tag{7.5.9}$$

现要证明, 当 $n \to \infty$ 时, 式 (7.5.9) 右边是趋于零的.

现在构造序列: $g_n = \dfrac{f_n}{\|f_n\|}$, 那么序列 $\{g_n\}$ 是有界序列, $\|g_n\| = 1$. 在式 (7.5.9) 两边除以 $\|f_n\|$, 得到

$$\begin{aligned} \|(K - K_n)g_n\| &\leqslant \|(I - P_n)Kg_n\| + \|P_n\| \|K(I - P_n)g_n\| \\ &= \|(I - P_n)Kg_n\| + \|K(I - P_n)g_n\| \end{aligned} \tag{7.5.10}$$

则证明式 (7.5.10) 右边趋于零与证明式 (7.5.9) 右边趋于零是等价的.

$I - P_n$是有界的, 因此序列$\{h_n = (I - P_n)g_n\}$也是有界的. 因为$K$ 是全连续算子, 序列 $\{Kg_n\}$ 和 $\{Kh_n\}$ 中各有一个按范数收敛的子序列, 分别记为 $\{K\tilde{g}_n\}$ 和 $\{K\tilde{h}_n\}$, 它们的收敛极限分别记为 $\xi$ 和 $\eta$ 且 $\xi, \eta \in H$.

对式 (7.5.10) 的子序列

$$\|(K - K_m)\tilde{g}_m\| \leqslant \|(I - P_m)K\tilde{g}_m\| + \|K(I - P_m)\tilde{g}_m\| \tag{7.5.11}$$

的右边进行估值. 右边的第一项为

$$(I-P_m)K\tilde{g}_m=(I-P_m)(K\tilde{g}_m-\xi)+(\xi-P_m\xi)$$

因为 $K\tilde{g}_m$ 是按范数收敛于 $\xi$ 的, 即 $\|K\tilde{g}_m-\xi\|\to 0.P_m\xi$ 也是按范数收敛于 $\xi$ 的, 即 $\|P_m\xi-\xi\|\to 0$. 因而

$$\|(I-P_m)K\tilde{g}_m\|\leqslant\|I-P_m\|\,\|(K\tilde{g}_m-\xi)\|+\|\xi-P_m\xi\|\to 0 \tag{7.5.12}$$

再看式 (7.5.11) 右边的第二项, $K(I-P_m)\tilde{g}_m$ 是按范数收敛于 $\eta$ 的. 由施瓦茨不等式

$$\left|\left((I-P_m)K^+\eta,\tilde{g}_m\right)\right|\leqslant\left\|(I-P_m)K^+\eta\right\|\|\tilde{g}_m\|=\left\|(I-P_m)K^+\eta\right\|$$

计算 $\eta$ 的范数为

$$\begin{aligned}\|\eta\|^2=(\eta,\eta)&=\lim_{m\to\infty}|(\eta,K(I-P_m)\tilde{g}_m)|\\&=\lim_{m\to\infty}\left|((I-P_m)K^+\eta,\tilde{g}_m)\right|\leqslant\lim_{m\to\infty}\left\|(I-P_m)K^+\eta\right\|\to 0\end{aligned} \tag{7.5.13}$$

其中用到算子 $I-P_n$ 的自伴性. 因为 $K^+\eta$ 是一个固定的向量, $\lim\limits_{m\to\infty}P_m=I$, 所以当 $m\to\infty$ 时, $\|(I-P_m)K^+\eta\|\to 0$. 由式 (7.5.13) 知, $\eta$ 只能是一个零向量.$K(I-P_m)\tilde{g}_m$ 是按范数收敛于零的. 即

$$\|K(I-P_m)\tilde{g}_m\|\to 0 \tag{7.5.14}$$

把式 (7.5.12) 和式 (7.5.14) 代入式 (7.5.11), 得到, 当 $m\to\infty$ 时, 有

$$\|(K-K_m)\tilde{g}_m\|\to 0 \tag{7.5.15}$$

现在用反证法, 如果式 (7.5.6) 不成立, 那么存在一个与 $n$ 无关的正实数 $a$, 当 $n>N$ 时, 对所有 $g_n$, 应该有

$$\|(K-K_n)g_n\|\geqslant a\,\|g_n\| \tag{7.5.16}$$

因 $\{\tilde{g}_m\}$ 是 $\{g_n\}$ 的一个子序列, 式 (7.5.16) 与式 (7.5.15) 矛盾. 结论是, 式 (7.5.6) 成立. 证明完毕.

现在可以把任意一个全连续算子写成

$$K=K_N+K-K_N \tag{7.5.17}$$

的形式. 它的范数为

$$\|K\|\leqslant\|K_N\|+\|K-K_N\|$$

其中 $K_N = P_N K P_N$ 是一个有限秩算子. 定理 4 表明, $\|K - K_N\| \to 0$, 即当 $N$ 足够大时, $K - K_N$ 足够小, 因此这是一个小算子. 可见, 任意一个全连续算子可分解成一个有限秩算子 $K_N$ 与一个小算子 $K - K_N$ 之和. 这一性质对于求解积分方程是非常有用的.

## 习　　题

1. 证明式 (7.1.7) 和式 (7.1.8) 成立, 即从等式右边可以得到左边. (提示: 这两式定义本身说明: $(f,f) = \|f\|^2$)

2. 证明: 式 (7.1.22) 定义的范数满足范数三公理.

3. 积分形式的赫尔德不等式的一种证明.

(1) 证明: 当 $0 < \alpha < 1$ 时, 函数 $f(z) = z^\alpha - \alpha z - \beta$ 在 $z = 1$ 取极大值, 并在 $\beta = 1 - \alpha$ 时, 这个极大值为零. 因此当 $\alpha < 1$ 和 $\beta = 1 - \alpha$ 时, $z^\alpha \leqslant \alpha z + \beta$.

(2) 进行变量置换 $z = x/y$, 证明: 当 $\alpha \leqslant 1$ 和 $\beta = 1 - \alpha$ 时, $x^\alpha y^\beta \leqslant \alpha x + \beta y$.

(3) 现在设 $|f(x)|^p$ 和 $|g(x)|^q$ 都是可积函数, $1/p + 1/q = 1$. 利用 (2) 的结论证明$|fg| \leqslant \dfrac{1}{p}|f|^p + \dfrac{1}{q}|g|^q$, 所以 $|fg|$ 也是可积的.

(4) 假如 $|f(x)|^p$ 和 $|g(x)|^q$ 都是可积的, 那么利用 (3) 的结论证明:

$$\left|\int f(x)g(x)\mathrm{d}x\right| \leqslant \left[\int |f(x)|^p \mathrm{d}x\right]^{1/p} \left[\int |g(x)|^q \mathrm{d}x\right]^{1/q}$$

4. 积分形式的闵可夫斯基不等式的一种证明.

(1) 证明: $|f+g|^p \leqslant 2^p[|f|^p + |g|^p]$, 因此, 假如 $f$ 和 $g$ 都是 $p$ 次可积的, 那么 $f+g$ 也是 $p$ 次可积的.

(2) 证明: 对于 $p > 1$ 和 $1/p + 1/q = 1$, 有

$$\int \left|f(x) + g(x)\right|^p \mathrm{d}x \leqslant \int |f(x)||f(x)+g(x)|^{p-1}\mathrm{d}x + \int |g(x)||f(x)+g(x)|^{p-1}\mathrm{d}x$$

如果函数 $f$ 和 $g$ 都是 $p$ 次可积的, 即属于 $L_p$, 那么函数 $|f+g|^{p-1}$ 也是 $q$ 次可积的, 属于 $L_q$.

(3) 将赫尔德不等式用于 (2) 中两边的积分上, 证明闵可夫斯基不等式.

5. 加权赫尔德不等式.

(1) 在 2.1.2 小节中, 定义了加权内积的概念. 现在假设在 $n$ 维向量空间中有 $\gamma_i(i = 1,2,\cdots,n)$ 是一组给定的正数, 将它作为权. 考虑如何将式 (7.1.14) 作适当的修改, 并重新定义 $u$ 和 $v$, 以此得到加权赫尔德不等式

$$\sum_{k=1}^{n} \gamma_k a_k b_k < \left(\sum_{k=1}^{n} \gamma_k a_k^p\right)^{1/p} \left(\sum_{k=1}^{n} \gamma_k b_k^q\right)^{1/q}$$

(2) 在 2.1.2 小节中的例 14 还引入了积分形式的加权内积的概念. 现在假设在函数空间

中有权函数 $\rho(x) \geqslant 0$, 证明如下积分形式的加权赫尔德不等式:

$$\int f(x)g(x)\rho(x)\mathrm{d}x \leqslant \left(\int f^p(x)\rho(x)\mathrm{d}x\right)^{1/p}\left(\int g^q(x)\rho(x)\mathrm{d}x\right)^{1/q}$$

6. 证明加权闵可夫斯基不等式

$$\left(\sum_{i=1}^n |a_i+b_i|^p\gamma_i\right)^{1/p} \leqslant \left(\sum_{i=1}^n \gamma_i\,|a_i|^p\right)^{1/p} + \left(\sum_{i=1}^n \gamma_i\,|b_i|^p\right)^{1/p}$$

其积分形式为

$$\left(\int |f(x)+g(x)|^p\rho(x)\mathrm{d}x\right)^{1/p} \leqslant \left(\int |f(x)|^p\rho(x)\mathrm{d}x\right)^{1/p} + \left(\int |g(x)|^p\rho(x)\mathrm{d}x\right)^{1/p}$$

7. 证明: (1) $\|\boldsymbol{x}-\boldsymbol{y}\| \geqslant \|\boldsymbol{x}\| - \|\boldsymbol{y}\|$.

(2) $\|A-B\| \geqslant \|A\| - \|B\|$.

8. 设 $A=(a_{ij})_{n\times n}$ 是正定对称矩阵, 证明: 不论 $x_1,x_2,\cdots,x_n$ 和 $y_1,y_2,\cdots,y_n$ 是何实数, 恒有不等式

$$\left(\sum a_{ij}x_iy_j\right)^2 \leqslant \left(\sum a_{ij}x_ix_j\right)\left(\sum a_{ij}y_iy_j\right)$$

9. 对于由 $n$ 个分量组成的向量 $\boldsymbol{x}=(x_1,x_2,\cdots,x_n)$, 证明如下等价关系:

(1) $\|\boldsymbol{x}\|_\infty \leqslant \|\boldsymbol{x}\|_1 \leqslant n\,\|\boldsymbol{x}\|_\infty$.

(2) $\dfrac{1}{\sqrt{n}}\,\|\boldsymbol{x}\|_2 \leqslant \|\boldsymbol{x}\|_\infty \leqslant n\,\|\boldsymbol{x}\|_2$.

(3) $\|\boldsymbol{x}\|_2 \leqslant \|\boldsymbol{x}\|_1 \leqslant \sqrt{n}\,\|\boldsymbol{x}\|_2$.

10. 设 $f(x)=(x-1/2)^3$, $x\in[0,1]$, 求 $\|f\|_1, \|f\|_2, \|f\|_\infty$.

11. 设 $A=(a_{ij})_{n\times n}$, $\|A\|$ 是向量范数诱导的矩阵范数, 证明 $\|A\| \geqslant |a_{ij}|$.

12. 设 $\|A\|$ 是诱导范数, $\det A \neq 0$. 证明:

(1) $\|A^{-1}\| \geqslant \|A\|^{-1}$.

(2) $\|A^{-1}\|^{-1} = \min\limits_{\boldsymbol{x}\neq 0}\dfrac{\|A\boldsymbol{x}\|}{\|\boldsymbol{x}\|}$.

13. 验证: $\|A\|_{\mathrm{F}}$ 与 $\|\boldsymbol{x}\|_2$ 相容.

14. 证明: $\|A\|_2 \leqslant \|A\|_{\mathrm{F}}$.

15. 计算下列矩阵的行范数, 列范数, 谱范数和 F 范数.

(1) $A=\begin{pmatrix} 3 & -1 & 1 \\ 1 & 1 & 1 \\ 2 & 1 & -1 \end{pmatrix}$.

(2) $A=\begin{pmatrix} 0 & a \\ -a & 0 \end{pmatrix}$, $a$ 是实数.

16. 设 $A=\begin{pmatrix} 1 & 2 & 0 \\ -2 & 1 & 0 \\ 0 & 0 & 2 \end{pmatrix}$, 求 $\rho(A)$.

17. 证明下列不等式:

(1) $\max\{\mu(A)-\mu(-B),\ -\mu(-A)+\mu(B)\}\leqslant\mu(A+B)$.

(2) $|\mu(A)-\mu(B)|\leqslant\max\{|\mu(A-B)|,|\mu(B-A)|\}$.

18. 证明: $\mu(A-B)\geqslant\mu(A)-\mu(B)$.

19. 证明下列不等式:

(1) $\|A^{-1}\|^{-1}\geqslant\max\{-\mu(-A),-\mu(A)\},\det A\neq 0$.

(2) $\|I+hA^{-1}\|^{-1}\geqslant 1-h\mu(-A)\geqslant 1-h\|A\|,h\geqslant 0$.

20. 证明: $\mu_\infty(A)=\max\limits_i\left\{\mathrm{Re}(a_{ii})+\sum\limits_{j=1,j\neq i}^{n}|a_{ij}|\right\}$.

21. 若 $k$ 是负实数, 则 7.3.3 小节中的命题 4 应做如何修改?

22. 证明巴拿赫空间上有界线性变换的连续性与线性性质.

(1) 设 $F$ 是巴拿赫空间 $B$ 上的有界线性泛函. 假设在 $B$ 内有一个序列 $\{f_n\}$, 它按范数趋于 $f\in B$. 证明 $F(f_n)\to F(f)$, 即 $F$ 是连续的.

(2) 设 $f\in L_p$ 和 $1/p+1/q=1$, 那么在 $L_q$ 上定义为

$$F(g)=(f,g)=\int f^*(x)g(x)\mathrm{d}x,\quad g\in L_q$$

的泛函是有界线性泛函.

23. 在 7.4.1 小节中已经定义了有界线性泛函的范数.

(1) 证明: 对于在 $L_q$ 上按照$F(g)=(f,g)=\displaystyle\int f^*(x)g(x)\mathrm{d}x$ 定义的泛函 $F$, 其中 $f\in L_p$, $1/p+1/q=1$, 有 $\|F\|\leqslant\|f\|$, 这里 $f$ 的范数是相应于 $L_p$ 的, 即

$$\|f\|=\left[\int|f(x)|^p\mathrm{d}x\right]^{1/p}$$

(2) 假如 $f\in L_p$, 那么 $g=\dfrac{1}{f^*}|f|^{p/q+1}$ 属于 $L_q(1/p+1/q=1)$, 证明: (i) $|F(g)|=|(f,g)|=\|f\|^p$; (ii) $\|f\|\,\|g\|=\|f\|^p$. 因此 $|F(g)|=\|f\|\,\|g\|$, 所以 $\|F\|\geqslant\|f\|$. 将 (i) 和 (ii) 结合起来, 得到 $\|F\|=\|f\|$.

24. 由投影算子的定义式 (7.4.23) 证明投影算子是自伴的和等幂的.

25. 证明 7.4 节中的定理 10. 再证明: 如果 $P_{X_2}P_{X_1}=P_{X_1}P_{X_2}$, 那么 $P_{X_1}+P_{X_2}-P_{X_1}P_{X_2}$ 是投影算子. 这个投影算子将 $X$ 中的向量投影到 $X$ 的一个什么子空间?

## 参 考 文 献


[1] 沈永欢, 梁在中, 许履瑚, 等. 实用数学手册. 北京: 科学出版社, 1999.

[2] 匡继昌. 常用不等式. 济南: 山东科学技术出版社, 2004.

[3] 王朝瑞, 史荣昌. 矩阵分析. 北京: 北京理工大学出版社, 1989.

[4] Mason J C, Handscomb D C. Chebyshev Polynomials. New York: Chapman & Hall/CRC, 2003.

[5] 蒋尔雄, 赵风光, 苏仰锋. 数值逼近. 上海：复旦大学出版社, 2008.
[6] 张晓丹, 等. 应用计算方法教程. 北京：机械工业出版社, 2008.
[7] 《现代应用数学手册》编委会. 现代应用数学手册. 现代应用分析卷. 北京：清华大学出版社, 2006.
[8] Byron F W, Fuller R W. 物理学中的数学方法. 第二卷. 蔡纬译. 北京：科学出版社, 1982.
[9] 刘斯铁尔尼克, 索伯列夫. 泛函分析概要. 杨从仁译. 北京：科学出版社, 1985.

# 第 8 章 积 分 方 程

## 8.1 积分方程的基础理论

### 8.1.1 积分方程的定义和分类

1. 积分方程的定义和分类

首先叙述积分方程的定义和分类[1].

**定义 1** 对含有未知函数进行积分的方程称为**积分方程**. 若积分方程中, 只出现未知函数的一次项, 则称为**线性积分方程**; 否则称为**非线性积分方程**.

本章以下除非特别说明, 把未知的函数都记为 $f$, 其他的函数则都是已知的.

**例 1** 以下几个方程都属于积分方程:

$$\int_0^1 f(y)\cos y\mathrm{d}y = 1 \tag{8.1.1}$$

$$\int_0^y f(x)x^4\mathrm{d}x + \sin x = f(y) \tag{8.1.2}$$

$$\int_1^y f^2(x)\mathrm{e}^x\mathrm{d}x = f(y) \tag{8.1.3}$$

例 1 中, 式 (8.1.1) 和式 (8.1.2) 是线性积分方程, 式 (8.1.3) 是非线性积分方程. 显然, 比较而言, 线性积分方程更容易求解.

给出积分方程分类.

**定义 2** 形如

$$\int_a^b k(x,y)f(y)\mathrm{d}y + g(x) = 0 \tag{8.1.4}$$

$$\lambda\int_a^b k(x,y)f(y)\mathrm{d}y + g(x) = f(x) \tag{8.1.5}$$

$$\lambda\int_a^b k(x,y)f(y)\mathrm{d}y + g(x) = a(x)f(x) \tag{8.1.6}$$

的方程称为**弗雷德霍姆积分方程**. 式 (8.1.4)$\sim$ 式 (8.1.6) 分别称为**第一类、第二类和第三类弗雷德霍姆积分方程**. 显然, 弗雷德霍姆积分方程都是线性积分方程.

第一种方程一般不易求解, 只能求解一些特例. 有一个特例是大家所熟悉的

$$g(x)=\frac{1}{\sqrt{2\pi}}\int_{-\infty}^{\infty}\mathrm{e}^{\mathrm{i}xy}f(y)\mathrm{d}y \tag{8.1.7}$$

这正是未知函数的傅里叶变换. 作傅里叶反变换就可求得未知函数的解

$$f(y)=\frac{1}{\sqrt{2\pi}}\int_{-\infty}^{\infty}\mathrm{e}^{-\mathrm{i}yx}g(x)\mathrm{d}x \tag{8.1.8}$$

其他的例子有拉普拉斯变换与反变换, 汉克尔变换与反变换, 梅林变换与反变换等.

**定义 3** 形如

$$\int_a^x k(x,y)f(y)\mathrm{d}y+g(x)=0 \tag{8.1.9}$$

$$\lambda\int_a^x k(x,y)f(y)\mathrm{d}y+g(x)=f(x) \tag{8.1.10}$$

$$\lambda\int_a^x k(x,y)f(y)\mathrm{d}y+g(x)=q(x)f(x) \tag{8.1.11}$$

的方程分别称为**第一类、第二类和第三类沃尔泰拉积分方程**.

沃尔泰拉积分方程也都是线性积分方程. 一般地, 非线性的沃尔泰拉积分方程应有如下形式:

$$f(x)=g(x)+\int_a^x h(x,y,f(y))\mathrm{d}y \tag{8.1.12}$$

**定义 4** 上述线性积分方程中, $k(x,y)$ 称为积分方程的**核**, 也称为**基本核**或**积分核**. 在第二类和第三类积分方程中, 函数 $g(x)$ 称为方程的**自由项**. 如果 $g(x)$ 不恒等于零, 那么方程称为**非齐次**的; 如果 $g(x)$ 处处为零, 那么方程为**齐次**的.

在第一类沃尔泰拉积分方程 (8.1.9) 中, 若 $k(x,x)\neq 0$, $k(x,y)$ 和 $g(x)$ 是连续的, 则方程可变换成第二类沃尔泰拉积分方程 (8.1.10) 的形式. 为此将方程 (8.1.9) 两边对 $x$ 求导数, 且除以 $k(x,x)$, 得到

$$f(x)+\int_a^x \frac{k_x(x,y)}{k(x,x)}f(y)\mathrm{d}y=\frac{g'(x)}{k(x,x)}$$

这就是方程 (8.1.10) 的形式. 其中 $k_x(x,y)$ 的下标 $x$ 表示对 $x$ 求偏导.

本章主要研究形如式 (8.1.5) 的第二类弗雷德霍姆积分方程, 包括非齐次和齐次积分方程的求解. 也会讨论形如式 (8.1.10) 的第二类沃尔泰拉积分方程. 8.3 节是专门讨论非线性沃尔泰拉方程 (8.1.12) 的求解技术的.

积分方程有许多实际的应用[2~5].

2. 核函数的分类

以下是根据核函数的性质定义的一些概念.

**定义 5**　若核 $k(x,y)$ 在 $a \leqslant x,y \leqslant b$ 上是连续的, 则称之为**连续核**. 若 $k(x,y)$ 是平方可积的, 即

$$\int_a^b \mathrm{d}x\rho(x)\int_a^b \mathrm{d}y\,|k(x,y)|^2\,\rho(y) < \infty \tag{8.1.13}$$

则称 $k(x,y)$ 是**平方可积核**, 简称 $L_2$**核**, 其中将权函数明确写出, 见式 (2.1.24).

本章以下所提到的核, 如不特别说明, 都是指 $L_2$ 核.

**定义 6**　若核函数 $k(x,y)$ 满足

$$k(x,y) = k^*(y,x)$$

则称之为**厄米核**, 也称为**共轭核**. 通常记 $k^*(y,x) = k^+(x,y)$. 若核是实的, 上式就简化为 $k(x,y) = k(y,x)$, 称之为**对称核**.

**定义 7**　若核 $k(x,y)$ 可写成以下形式:

$$k(x,y) = \sum_{i=1}^{n} \varphi_i(x)\chi_i^*(y) \tag{8.1.14}$$

则称 $k(x,y)$ 为**退化核**, 或者**可分离核**, 式 (8.1.14) 中的 $n$ 称为核 $k(x,y)$ 的**秩**. 因而此时的核也称为有限秩核. 当 $n=1$ 时, 式 (8.1.14) 简化为

$$k(x,y) = \varphi(x)\chi^*(y) \tag{8.1.15}$$

本章以下把式 (8.1.14) 中 $n \neq 1$ 的情况称为**有限秩核**, 把最简单的情况式 (8.1.15) 称为**可分核**[3], 两者总称为**退化核**.

**定义 8**　若核具有形式

$$k(x,y) = k(x-y)$$

则称相应的积分方程为**卷积型积分方程**.

当求解区域 $[a,b]$ 是整个实轴或者特殊的区域时, 可以用积分变换法来求解卷积型积分方程.

### 8.1.2　积分方程与微分方程的关系

不少求解微分方程的问题可以化为求解积分方程的问题, 有些积分方程的问题则可以化为求解微分方程的问题.

1. 微分方程初值问题与积分方程的关系

考虑如下二阶微分方程的初值问题:

$$\begin{cases} y''+p(x)y'+q(x)y=f(x) \\ y(a)=\alpha, \quad y'(a)=\beta \end{cases} \tag{8.1.16}$$

其中 $p(x),q(x),f(x)$ 是 $[a,b]$ 上的连续函数, 并且 $p(x)$ 在 $[a,b]$ 上有连续导数.

对这一微分方程从 $a$ 到 $x$ 积分, 并利用初值条件，有

$$y'(x)-\beta=-p(x)y(x)+p(a)\alpha-\int_a^x [q(t)-p'(t)]y(t)\mathrm{d}t+\int_a^x f(t)\mathrm{d}t$$

其中对关于 $y'$ 的项做了分部积分. 将此式再积分一次, 利用如下分部积分:

$$\begin{aligned} \int_a^x \mathrm{d}u\int_a^u f(t)\mathrm{d}t &= \left[u\int_a^u f(t)\mathrm{d}t\right]_a^x-\int_a^x u\mathrm{d}u\frac{\mathrm{d}}{\mathrm{d}u}\int_a^u f(t)\mathrm{d}t \\ &= x\int_a^x f(t)\mathrm{d}t-\int_a^x uf(u)\mathrm{d}u=\int_a^x (x-t)f(t)\mathrm{d}t \end{aligned}$$

就得到

$$y(x)=g(x)+\int_a^x k(x,t)y(t)\mathrm{d}t \tag{8.1.17}$$

其中

$$k(x,t)=(t-x)[q(t)-p'(t)]-p(t) \tag{8.1.18a}$$

$$g(x)=\int_a^x (x-t)f(t)\mathrm{d}t+[p(a)\alpha+\beta](x-a)+\alpha \tag{8.1.18b}$$

式 (8.1.17) 与式 (8.1.10) 的形式相同. 反之, 将式 (8.1.17) 微分两次, 即可得到式 (8.1.16). 因此, 初值问题 (8.1.16) 与第二类沃尔泰拉积分方程 (8.1.10) 等价.

2. 微分方程边值问题与积分方程的关系

考虑如下二阶微分方程的两点边值问题:

$$\begin{cases} y''+p(x)y'+q(x)y=f(x) \\ y(a)=\alpha, y(b)=\beta \end{cases} \tag{8.1.19}$$

在一定的条件下, 边值问题 (8.1.19) 可等价于一个第二类弗雷德霍姆积分方程.

**例 2** 对于下列二阶微分方程的边值问题:

$$\frac{\mathrm{d}^2 f}{\mathrm{d}x^2}+\lambda f=0 \tag{8.1.20a}$$

$$f(0)=0, \quad f(1)=0 \tag{8.1.20b}$$

其中 $\lambda$ 是参数. 这一微分方程可以转化为以下积分方程:

$$f(x)=\lambda\int_0^1 k(x,u)f(u)\mathrm{d}u \tag{8.1.21a}$$

$$k(x,u)=u(1-x)\theta(x-u)+x(1-u)\theta(u-x),\quad 0\leqslant x,u\leqslant 1 \tag{8.1.21b}$$

积分方程 (8.1.21) 和微分方程的边值问题 (8.1.20) 是完全等价的. 可以进行验证, 只要将核函数 $k(x,u)$ 对 $x$ 求导两次, 得

$$\frac{\partial^2}{\partial x^2}k(x,u)=-2\delta(x-u)-(x-u)\delta'(x-u)$$

利用 $\delta(x)$ 函数的性质: $\delta(x)$ 函数是偶函数, $\delta'(x)$ 是奇函数, $\delta'(x)f(x)=-\delta(x)f'(x)$, $(x-u)\delta'(x-u)=-\delta(x-u)$, 因此

$$\frac{\partial^2}{\partial x^2}k(x,u)=-2\delta(x-u)+\delta(x-u)=-\delta(x-u) \tag{8.1.22}$$

代入式 (8.1.21a) 可知满足式 (8.1.20a). 并且, 本例中的 $k(x,y)$ 实际上就是满足方程 (8.1.22) 的格林函数.

本例中的 (8.1.20a) 式无非齐次项, 所以转变为 (8.1.21a) 是第一类费雷德霍姆积分方程. 若 (8.1.20a) 式加上非齐次项, 就转变为第二类弗雷德霍姆积分方程.

式 (8.1.21b) 的核属于可分核, 且是对称核, 也是平方可积核. 注意核 (8.1.21b) 的形式, 方程 (8.1.21a) 实质上是一个沃尔泰拉方程.

二阶微分方程 (8.1.20a) 的特点是不出现 $y$ 的一阶导数项. 更一般地, 形如

$$\frac{\mathrm{d}^2 f}{\mathrm{d}x^2}=\varphi(x,f(x)),\quad a\leqslant x\leqslant b \tag{8.1.23}$$

的二阶微分方程等价于如下沃尔泰拉积分方程:

$$f(x)=A+Bx+\int_a^x (x-u)\varphi(u,f(u))\mathrm{d}u \tag{8.1.24}$$

其中系数 $A$ 和 $B$ 由边界条件或者初值条件所决定. 见习题 2.

3. *沃尔泰拉型积分方程化成微分方程*

对于沃尔泰拉型积分方程 (8.1.9)~ 方程 (8.1.12), 两边对 $x$ 求导, 可以把积分方程变成微分方程. 在原方程中令 $x=a$ 可得一初始条件. 当核是一些比较特殊的形式时, 这样的求解是比较简单的.

**例 3**　求解非线性积分方程

$$f(x)=\lambda\int_0^x [1+f^2(y)]\mathrm{d}y$$

**解**　两边对 $x$ 求导, 得到

$$f'(x)=\lambda[1+f^2(x)]$$

初始条件是: $f(0)=0$. 解得

$$f(x)=\tan(\lambda x)$$

### 8.1.3 关于齐次积分方程的理论

与微分方程类似, 可以先想办法找到齐次方程的解, 然后再找相应的非齐次方程的解就比较容易了.

1. 雷德霍姆齐次积分方程

对于第二类弗雷德霍姆齐次积分方程, 已经总结出下面一些结论. 特别是对于厄米核, 已经有比较清晰的理论.

**定义 9** 对于第二类弗雷德霍姆齐次积分方程

$$f(x)=\lambda\int_a^b \mathrm{d}y k(x,y)f(y) \tag{8.1.25}$$

若 $\lambda=\lambda_0$ 时, 方程具有不恒等于零的解, 则称 $\lambda_0$ 为**方程的特征值**, 也称之为**属于核$k(x,y)$的特征值**. 而对于

$$f(x)=\lambda_0\int_a^b \mathrm{d}y k(x,y)f(y)$$

的一切不恒等于零的解都称为属于 $\lambda_0$ 的**特征函数**.

以下提到的特征值, 都是相对于式 (8.1.25) 这样的齐次方程而言的, 也就是属于核 $k(x,y)$ 的.

以下提到的核函数、特征值、特征函数, 都是指非零的, 提到核函数与其他函数的变量, 都是在 $[a,b]$ 区间内. 例如, $k(x,y)$ 中的变量是 $a\leqslant x,y\leqslant b$.

**定义 10** 若 $\lambda=\lambda_i$ 是 $k(x,y)$ 的一个特征值, 属于 $\lambda_i$ 的线性无关的特征函数有 $f_{i,1}(x),f_{i,2}(x),\cdots,f_{i,m}(x)$, 则称 $\lambda_i$ 是 $m$**重简并**的, $m$ 称为特征值 $\lambda_i$ 的**秩,** 也称为 $\lambda_i$ 的**简并度**.

**定理 1** 在 $\lambda$ 平面的任意有限区域内, 核 $k(x,y)$ 只存在有限个特征值.

**定理 2** 每一个特征值至少有一个属于它的特征函数, 属于一个特征值的且是线性无关的特征函数的个数是有限的.

**证明** 设 $\lambda_i$ 是 $k(x,y)$ 的一个特征值, 属于 $\lambda_i$ 的线性无关的归一化特征函数有 $f_{i,1}(x),f_{i,2}(x),\cdots,f_{i,m}(x)$. 并设所有特征函数都已经归一化. 对于其中第 $j$ 个特征函数的特征方程是

$$f_{i,j}(x)=\lambda_i\int_a^b \mathrm{d}y k(x,y)f_{i,j}(y)$$

改写成

$$a_j=\frac{f_{i,j}(x)}{\lambda_i}=\int_a^b \mathrm{d}y k(x,y)f_{i,j}(y)$$

对于此式的理解是：把 $x$ 固定后, $k(x,y)$ 看做 $y$ 的函数, 将它用 $\lambda_i$ 的特征函数 $f_{i,j}(x)$ 展开, 那么展开系数就是 $a_j$. 现在利用贝塞尔不等式 (2.1.15), 应有

$$\sum_{j=1}^{m}\left|\frac{f_{i,j}(x)}{\lambda_i}\right|^2 \leqslant \int_a^b \mathrm{d}y\,|k(x,y)|^2\,\rho(y) \tag{8.1.26}$$

已设特征函数是归一化的. 两边再对 $x$ 积分, 得到

$$\frac{m}{|\lambda_i|^2} \leqslant \int_a^b \mathrm{d}x \int_a^b \mathrm{d}y\,|k(x,y)|^2\,\rho(y)\rho(x) \tag{8.1.27}$$

因已知 $k(x,y)$ 是个 $L_2$ 核, 右边的积分有限. 因此秩 $m$ 有限[4,5]. 证明完毕.

**定理 3** 若 $\lambda_0$ 是 $k(x,y)$ 的特征值, 则 $\lambda_0$ 的复共轭 $\lambda_0^*$ 就是属于 $k^*(y,x)$ 的特征值, 即 $\lambda_0^*$ 满足方程

$$f(x) = \lambda_0^* \int_a^b \mathrm{d}y k^*(y,x) f(y)\rho(y)$$

并且, 属于 $\lambda_0^*$ 的线性无关的特征函数的个数, 与属于 $\lambda_0$ 的线性无关的特征函数的个数是相同的.

以上三个定理都是弗雷德霍姆给出的, 也称为弗雷德霍姆第一、第二、第三定理[5,6]. 这三个定理中, $k(x,y)$ 都是 $L_2$ 核.

以下定理是与厄米核有关的.

**定理 4** 若核 $k(x,y)$ 是 $L_2$ 核且是厄米的, 那么该核至少存在一特征值[6].

若核不是厄米的, 则无此定理.

**定理 5** 若方程 (8.1.25) 的核是厄米的, 则

(i) 特征值是实数.

(ii) 属于不同特征值的特征函数是正交的.

**证明** (i) 设 $\lambda_i$ 是特征值, $f_i(x)$ 是属于 $\lambda_i$ 的特征函数. 那么, 可写出特征值方程

$$f_i(x) = \lambda_i \int_a^b \mathrm{d}y k(x,y) f_i(y)\rho(y) = \lambda_i (k^*, f_1) \tag{8.1.28}$$

两边乘以 $f_i^*(x)$ 并积分

$$\int_a^b |f_i(x)|^2 \rho(x)\mathrm{d}x = \lambda_i \int_a^b \mathrm{d}x \int_a^b \mathrm{d}y k(x,y) f_i(y)\rho(y) f_i^*(x)\rho(x)$$

两边取复共轭, 注意核是厄米的, 得

$$\int_a^b |f_i(x)|^2 \rho(x)\mathrm{d}x = \lambda_i^* \int_a^b \mathrm{d}x \int_a^b \mathrm{d}y k^*(x,y) f_i^*(y)\rho(y) f_i(x)\rho(x)$$

$$= \lambda_i^* \int_a^b \mathrm{d}x \int_a^b \mathrm{d}y k(x,y) f_i^*(x)\rho(x) f_i(y)\rho(y)$$

后一步是将被积函数中的 $x$ 和 $y$ 交换. 这两式相减得

$$(\lambda_i - \lambda_i^*) \int_a^b \mathrm{d}x \int_a^b \mathrm{d}y k(x,y) f_i^*(x) f_i(y)\rho(x)\rho(y) = 0$$

由于积分不恒等于零, 因此

$$\lambda_i - \lambda_i^* = 0$$

所以特征值是实数.

(ii) 设特征函数 $f_i(x)$ 的特征方程如式 (8.1.28). 另一特征值 $\lambda_j$ 的特征方程的复共轭的形式是

$$f_j = \lambda_j (k^*, f_j) \tag{8.1.29}$$

将式 (8.1.28) 乘以 $\lambda_j f_j^*(x)$ 并积分, 式 (8.1.29) 乘以 $\lambda_i f_i(x)$ 并积分, 然后两式相减, 便得

$$(\lambda_i - \lambda_j)(f_i, f_j) = 0$$

由于 $\lambda_i \neq \lambda_j$, 故

$$\int_a^b \mathrm{d}x f_i(x) f_j^*(x) = 0$$

所以属于不同特征值的特征函数是相互正交的. 证明完毕.

这一定理实际上是 2.2 节定理 7 的推论在积分算子形式下的具体化.

不同的特征值可以有不同的秩. 每一个特征值的秩到底是多少, 与核的具体形式有关. 每个对应于 $\lambda_0$ 的特征函数都可以表示成 $f_1(x), f_2(x), \cdots, f_m(x)$ 的线性组合. 这 $m$ 个特征函数可以相互正交化.

对于一个核 $k(x,y)$ 的一切特征值, 可以按照它们的绝对值不减次序排列成如下次序:

$$\lambda_1, \lambda_2, \cdots, \lambda_k, \cdots \quad |\lambda_1| \leqslant |\lambda_2| \leqslant \cdots |\lambda_k| \leqslant \cdots \tag{8.1.30}$$

简记为序列 $\{\lambda_i\}$. 任何特征值在序列 $\{\lambda_i\}$ 中出现的次数等于它的秩. 一切特征函数可以按相应的次序排成序列

$$\{f_i(x)\}, \quad i = 1, 2, \cdots \tag{8.1.31}$$

假定所有特征函数都已归一化. 并假定属于同一个特征值的线性无关函数都已经相互正交化.

**定义 11**　式 (8.1.30) 的序列 $\{\lambda_i\}$ 和式 (8.1.31) 的特征函数序列 $\{f_i(x)\}$ 分别称为核 $k(x,y)$ 的**特征值序列和特征函数系**, 简称 $\{\lambda_i\}$ 和 $\{f_i(x)\}$ 为 $k(x,y)$ 的**特征系**.

用与证明定理 2 同样的方法可以证明, 如果 $\{\lambda_i\}$ 和 $\{f_i(x)\}$ 为核 $k(x,y)$ 的特征值序列和特征函数系, 那么

$$\sum_{i=1}^{\infty}\left|\frac{f_i(x)}{\lambda_i}\right|^2 \leqslant \int_a^b \mathrm{d}y\,|k(x,y)|^2 \tag{8.1.32}$$

两边对 $x$ 积分, 得到

$$\sum_{i=1}^{\infty}\frac{1}{|\lambda_i|^2} \leqslant \int_a^b \mathrm{d}x\int_a^b \mathrm{d}y\,|k(x,y)|^2 \tag{8.1.33}$$

实际上, 式 (8.1.26) 左边只是式 (8.1.32) 左边的一部分, 式 (8.1.27) 左边只是式 (8.1.33) 左边的一部分. 因而, 证明了式 (8.1.32) 和式 (8.1.33), 就自然包含了式 (8.1.26) 和式 (8.1.27).

**定理 6**(核的特征函数系展开)　若核 $k(x,y)$ 是 $L_2$ 核且是厄米的, $\{\lambda_i\}$ 和 $\{\psi_i(x)\}$ 分别是核的特征值和特征函数系, 那么, 核可以做下述展开:

$$k(x,y) = \sum_{i=1}^{\infty}\frac{\psi_i(x)\psi_i^*(y)}{\lambda_i} \tag{8.1.34}$$

展开式平均收敛于 $k(x,y)$, 此式可与式 (6.1.34) 对照.

**证明**　如果 $\lambda_i$ 和 $\psi_i(x)$ 是 $k(x,y)$ 的一个特征值及对应的特征函数, 那么有式 (8.1.28). 现在把 $k(x,y)$ 用它的特征函数系展开:

$$k(x,y) = \sum_{i=1}^{\infty} c_i(x)\psi_i^*(y)$$

展开系数应该是

$$c_i(x) = \int_a^b k(x,y)\psi_i(y)\mathrm{d}y = \frac{\psi_i(x)}{\lambda_i}$$

因此, 核就写成了式 (8.1.34) 的形式. 证明完毕.

从式 (8.1.34) 也可看出, 若核是厄米的, 则特征值一定是实数.

**定理 7**　厄米核若是非退化的, 其特征值就有可数无穷多个.

**定理 8**　厄米核是退化的充要条件是, 它仅有有限个特征值.

在定理 6 的证明过程中, 可以得到, 若核是退化的, 则核就可以写成

$$k(x,y) = \sum_{i=1}^{m}\frac{\psi_i(x)\psi_j^*(y)}{\lambda_i} \tag{8.1.35}$$

即右边的求和项数成为有限的[7].

2. 沃尔泰拉齐次积分方程

第二类和第三类沃尔泰拉齐次积分方程可以写成如下形式:

$$f(x) = \lambda \int_a^x k(x,y)f(y)\mathrm{d}y \tag{8.1.36}$$

方程 (8.1.36) 对于任何 $\lambda$ 值都没有非零解, 因此沃尔泰拉齐次积分方程没有特征值. 这一结论将在 8.2.2 小节末尾自然而然地得到.

# 8.2 线性积分方程的迭代技术

## 8.2.1 弗雷德霍姆线性积分方程

1. 用算子表示第二类弗雷德霍姆积分方程

把式 (8.1.5) 改写为算子形式:

$$f = g + \lambda K f \tag{8.2.1}$$

此处定义了一个算子 $K$. 当 $K$ 作用在一个函数 $f$ 上时, 是指以下运算:

$$Kf \equiv \int_a^b k(x,y)f(y)\rho(y)\mathrm{d}y = (k,f) \tag{8.2.2}$$

已在 7.4.1 小节的例 1 中知, 它是一个线性算子. 若核 $k(x,y)$ 是厄米的, 则算子 $K$ 也是厄米的. 在式 (8.2.2) 中, 我们把算子的作用效果写成了带权内积的形式, 其中权函数可以看成是从上一节中的核函数中分出来的一个因子. 本节以下写的内积, 都具有式 (8.2.2) 的含义, 并且总是设权函数在积分区间上不为负.

当写成算子形式之后, 原来所说的核 $k(x,y)$ 的特征值 $\lambda_0$, 现在就可直接说成是算子 $K$ 的特征值. 这样特征值的角色就更加明显了.

把式 (8.2.1) 改写为

$$(I - \lambda K)f = g \tag{8.2.3}$$

其中 $I$ 也是一个算子, 它的作用效果为

$$If = (I, f) \tag{8.2.4}$$

它实质上并没有改变函数 $f(y)$. 在这个意义上, $I$ 可称为单位算子. 其中的核函数应该是 $k(x,y) = \delta(x-y)/\rho(y)$.

如果能够计算 $(I - \lambda K)^{-1}$, 则

$$f = (I - \lambda K)^{-1} g \tag{8.2.5}$$

这时就得到了解.

2. 诺伊曼级数及其收敛条件

注意, 式 (8.2.5) 是形式上的写法. 但是, 形式上的写法也会带来某种好处. 在第 7 章中, 可以用定义算子的范数来刻画算子的大小. 如果 $\lambda K$ 是某种意义下的“小”的算子, 则

$$(I-\lambda K)^{-1}=I+\lambda K+\lambda^2K^2+\cdots \tag{8.2.6}$$

已经要求: 当 $K$ 作用在 $V$ 中的任何元素上时, 产生 $V$ 中的另一个元素, 并且满足

$$K^2=KK,\quad K^3=KK^2 \tag{8.2.7}$$

于是, 当级数

$$f=g+\lambda Kg+\lambda^2K^2g+\lambda^3K^3g+\cdots \tag{8.2.8}$$

收敛时, 它就是式 (8.2.1) 的解. 按照算子 $K$ 的定义式 (8.2.2) 可把式 (8.2.8) 明确写成如下形式:

$$f(x)=g(x)+\lambda(k,g)+\lambda^2(k,(k,g))+\cdots \tag{8.2.9}$$

或者写成

$$f(x)=g_0(x)+\lambda g_1(x)+\lambda^2g_2(x)+\lambda^3g_3(x)+\cdots \tag{8.2.10}$$

其中

$$g_0(x)=g(x) \tag{8.2.11}$$

且

$$g_n(x)=(k,g_{n-1})=Kg_{n-1} \tag{8.2.12}$$

级数 (8.2.8) 看上去似乎从 (8.2.6) 的算子展开得到的, 其实是从 (8.2.1) 通过反复迭代得到的. 所以这一方法称为迭代法. 下面我们集中讨论这个级数的收敛性问题.

**定义 1**　令 $k_1(x,x_1)=k(x,x_1)$

$$k_n(x,x_1)=(k,k_{n-1}),\quad (n=2,3,\cdots) \tag{8.2.13}$$

称由此定义的各核函数为**叠核**, $k_n(x,x_1)$ 称为 $k(x,x_1)$ 的 $n$**次叠核**. 相应地, $k(x,x_1)$ 称为**基本核**.

若 $k(x,y)$ 是厄米的, 则它的 $n$ 次叠核 $k_n(x,y)$ 也是厄米的.

利用叠核, 可将式 (8.2.12) 表示为

$$g_n(x)=(k_n,g) \tag{8.2.14}$$

记

$$R(x,y;\lambda)=\sum_{n=0}^{\infty}k_{n+1}(x,y)\lambda^n \tag{8.2.15}$$

则方程 (8.1.5) 可写成

$$f(x)=g(x)+\lambda(R,g) \tag{8.2.16}$$

**定义 2** 级数 $\sum_{n=0}^{\infty}k_{n+1}(x,y)\lambda^n$称为**诺伊曼级数**, 其和函数 $R(x,y;\lambda)$ 称为积分方程 (8.1.5) 的**预解核**.

预解核满足下面两个积分方程:

$$R(x,y;\lambda)=k(x,y)+\lambda\int_a^b \mathrm{d}x_1 k(x,x_1)R(x_1,y;\lambda)\rho(x_1) \tag{8.2.17a}$$

$$R(x,y;\lambda)=k(x,y)+\lambda\int_a^b \mathrm{d}x_1 k(x_1,y)R(x,x_1;\lambda)\rho(x_1) \tag{8.2.17b}$$

当预解核存在时, 方程 (8.1.5) 的解就由式 (8.2.16) 给出.

诺伊曼级数是由数学家给出的名称, 物理学上则称为**玻恩级数**, 后一称呼是因为玻恩在研究量子力学的高能粒子受势场散射时得到了这一展开级数.

显然, 有解的条件是, 级数 (8.2.8) 必须是收敛的. 下面研究级数 (8.2.8) 的收敛性.

设定如下两个条件: 要求当 $x$ 和 $y$ 在 $[a,b]$ 中时 $|k(x,y)|$ 是有界的

$$\max_{x,y\in[a,b]}|k(x,y)|\rho(y)=M \tag{8.2.18}$$

并且积分

$$\int_a^b |g(x)|\mathrm{d}x=C \tag{8.2.19}$$

存在.

如果关于 $k(x,y)$ 和 $g(x)$ 的条件 (8.2.18) 和条件 (8.2.19) 成立, 那么就可证明: 加上下面的条件式 (8.2.24) 之后 $\lim\limits_{N\to\infty}\sum_{n=0}^{N}g_n(x)\lambda^n$ 是一致收敛于函数 $f(x)$ 的. 下面先用归纳法证明, $\{g_n(x)\lambda^n\}$ 各项绝对值之和小于一个等比级数. 即当 $n\geqslant 1$ 时, 有

$$|g_n(x)|\leqslant CM[M(b-a)]^{n-1} \tag{8.2.20}$$

**证明** 当 $n=1$ 时, 有

$$|g_1(x)| \leqslant \int_a^b |k(x,y)g(y)|\rho(y)\mathrm{d}y$$
$$\leqslant \int_a^b |k(x,y)|\cdot|g(y)|\rho(y)\mathrm{d}y \leqslant M\int_a^b |g(y)|\mathrm{d}y \leqslant MC \tag{8.2.21}$$

假设当 $n=m-1$ 时式 (8.2.20) 成立, 那么对于 $n=m$, 有

$$|g_m(x)| \leqslant \int_a^b |k(x,y)g_{m-1}(y)|\rho(y)\mathrm{d}y$$
$$\leqslant MC[M(b-a)]^{m-2}\int_a^b |k(x,y)|\rho(y)\mathrm{d}y \leqslant MC[M(b-a)]^{m-1} \tag{8.2.22}$$

于是式 (8.2.20) 得证. 由此得到

$$\left|f(x)-\sum_{n=0}^{N} g_n(x)\lambda^n\right| \leqslant |g_{N+1}(x)\lambda^{N+1}|+|g_{N+2}(x)\lambda^{N+2}|+\cdots$$
$$\leqslant MC|\lambda|\sum_{m=N}^{\infty}[M(b-a)]^m\lambda^m$$
$$\leqslant MC[|\lambda|M(b-a)]^N\sum_{m=0}^{\infty}[|\lambda|M(b-a)]^m \tag{8.2.23}$$

假如

$$|\lambda|M(b-a)<1 \tag{8.2.24}$$

则

$$\left|f(x)-\sum_{n=0}^{N} g_n(x)\lambda^n\right| \leqslant \frac{MC[|\lambda|M(b-a)]^N}{1-|\lambda|M(b-a)} \tag{8.2.25}$$

因此, 当 $N$ 趋于无穷时, $\sum\limits_{n=0}^{N} g_n(x)\lambda^n$ 一致收敛于函数 $f(x)$. 收敛的速度与 $\lambda M(b-a)$ 的数值大小有关. 还可以看到, 条件 (8.2.19) 得到的 $C$ 的数值, 只是保证了式 (8.2.25) 右边是一个有限项, 对于收敛的速度没有影响.

假如对于所有 $y$, $k(x,y)$ 关于 $x$ 是连续的, 且 $g(x)$ 是连续的, 那么每一项由式 (8.2.12) 决定的 $g_n(x)$ 都是连续的, 于是它的一致收敛和式也是连续的. 从而可以得到

$$(I-\lambda K)f = f-\lambda Kf = \sum_{n=0}^{\infty} g_n(x)\lambda^n - \lambda K\sum_{n=0}^{\infty} g_n(x)\lambda^n$$
$$= g_0+\lambda g_1+\lambda^2 g_2+\cdots-\lambda K(g_0+\lambda g_1+\lambda^2 g_2+\cdots) \tag{8.2.26}$$

结合式 (8.2.8)~ 式 (8.2.11), 得到

$$(I - \lambda K)f = g_0 = g \tag{8.2.27}$$

于是诺伊曼级数给出了问题的解. 由于级数 $\sum_{n=0}^{N} g_n(x)\lambda^n$ 是随着 $N$ 的不断增大逐步逼近解函数 $f(x)$ 的, 上述迭代解法也称为**逐次逼近法**[8].

由以上可以看出, 要使诺伊曼级数收敛于方程的解, 前提是有三个条件式 (8.2.18)、式 (8.2.19) 和式 (8.2.24) 成立. 但是最后一个条件 (8.2.24) 中 $\lambda M < (b-a)^{-1}$ 并不是任何情况下都是必须的. 有些情况下取消这个限制, 诺伊曼级数仍可以收敛于方程的解. 例如, 假定核函数恰好有 $k(x,y) = \xi(x)\eta(y)$ 的形式, 并且 $\int_a^b \xi(x)\eta(x)\rho(x)\mathrm{d}x = 0$. 将此条件代入式 (8.2.9) 可知

$$\begin{aligned}
f(x) =& g(x) + \lambda \int_a^b \rho(x')\mathrm{d}x'\xi(x)\eta(x')g(x') \\
&+ \lambda^2 \int_a^b \rho(x')\mathrm{d}x' \int_a^b \rho(x')\mathrm{d}x''\xi(x)\eta(x')\xi(x')\eta(x'')g(x'') + \cdots \\
=& g(x) + \lambda \int_a^b \xi(x)\eta(x')g(x')\rho(x')\mathrm{d}x'
\end{aligned}$$

其中 $g_2(x) = 0$, 因而对于 $\lambda M(b-a)$ 的任何数值, 级数总是绝对收敛的.

### 3. 有界线性变换下方程的解

现在用估计算子范数的办法对上述结论做更严格的证明.

考虑巴拿赫空间 $V$ 上的算子方程

$$f = g + \lambda K f, \quad g \in V \tag{8.2.28}$$

其中 $K$ 是有界线性变换. 此处的算子 $K$ 也可以是一个一般的有界线性变换, 不限于积分算子. 由第 7 章可知, 可以用范数刻画一个算子的大小. 如果方程 (8.2.28) 中算子 $K$ 的范数满足如下条件:

$$\|\lambda K\| < 1 \tag{8.2.29}$$

就可以通过迭代构造序列

$$f_n = \sum_{m=0}^{n} \lambda^m K^m g \tag{8.2.30}$$

按式 (8.2.8) 来求解.

**定理 1** 方程 (8.2.28) 在条件 (8.2.29) 下有解 $f = \lim_{n\to\infty} \sum_{m=0}^{n} \lambda^m K^m g$, 且是唯一解.

**证明**　第一步, 证明 $\lim\limits_{n\to\infty}\sum\limits_{m=0}^{n}\lambda^m K^m g$ 是解. 为此, 先证明由式 (8.2.30) 构造的序列 $\{f_n\}$ 是一个柯西序列. 因为 $\nu>\mu$ 时, 有

$$\begin{aligned}\|f_\nu - f_\mu\| &= \left\|\sum_{m=\mu+1}^{\nu}\lambda^m K^m g\right\| \leqslant \sum_{m=\mu+1}^{\nu}\|\lambda^m K^m\|\,\|g\| \leqslant \|g\|\,\|\lambda K\|^{\mu+1}\sum_{m=0}^{\nu-\mu-1}\|\lambda K\|^m \\ &\leqslant \|g\|\,\|\lambda K\|^{\mu+1}\sum_{m=0}^{\infty}\|\lambda K\|^m = \|g\|\,\|\lambda K\|^{\mu+1}(1-\|\lambda K\|)^{-1}\end{aligned} \tag{8.2.31}$$

由于 $(1-\|\lambda K\|)^{-1}$ 是有限数, 所以把 $\mu$ 选得足够大, 则 $\|f_\nu - f_\mu\|$ 可以小于任何预先给定的数. 因此 $\{f_n\}$ 是一个柯西序列.

又因空间 $V$ 是完备的, 所以 $f_n\to f$, 由有界线性算子的连续性, 得 $Kf_n\to Kf$. 但是

$$\lambda K f_n = \lambda K\sum_{m=0}^{n}\lambda^m K^m g = \sum_{m=1}^{n+1}\lambda^m K^m g = \sum_{m=0}^{n+1}\lambda^m K^m g - g = f_{n+1} - g$$

因此 $(f_{n+1}-g)\to\lambda Kf$. 其柯西序列的极限就是 $f-g=\lambda Kf$. 由此证明了 $f$ 是原方程式 (8.2.28) 的解.

第二步, 证明解的唯一性. 假设有两个不同的解 $f_1$ 和 $f_2$, 即

$$f_1 = g+\lambda K f_1,\quad f_2 = g+\lambda K f_2$$

可得

$$\|f_1-f_2\| = \|\lambda K(f_1-f_2)\| \leqslant \|\lambda K\|\cdot\|f_1-f_2\|$$

因为 $\|\lambda K\|<1$, 所以 $\|f_1-f_2\|=0$. 由式 (8.2.30) 知, $f_1$ 和 $f_2$ 是恒等的. 因此解是唯一的. 证明完毕.

这一定理只是说明当 $\|\lambda K\|<1$ 时级数 (8.2.30) 是收敛的. 没有说 $\|\lambda K\|>1$ 时级数 (8.2.30) 一定发散. 因此 $\|\lambda K\|<1$ 是充分条件而不是必要条件.

实际计算时, 如果 $\|\lambda K\|$ 足够小, 只要取级数 (8.2.30) 的前面很少几项即可满足解的精度要求.

将以上结论应用于一个特别重要的情形：平方可积空间. 核 $k(x,y)$ 是一个 $L_2$ 核.

$$\int\rho(x)\mathrm{d}x\int\rho(y)\mathrm{d}y\,|k(x,y)|^2<\infty \tag{8.2.32}$$

设函数 $f$ 属于平方可积空间 $L_2$, $f\in L_2$, 即

$$\int|f(y)|^2\rho(y)\mathrm{d}y<\infty \tag{8.2.33}$$

现在证明, 由式 (8.2.2) 定义的积分算子 $K$ 是把 $L_2$ 中的任何一个元映射到 $L_2$ 中的一个元的变换, 只要条件 (8.2.32) 和 (8.2.33) 满足. 由施瓦茨不等式 (2.1.8) 可知

$$|(k,f)|^2 \leqslant (k,k)(f,f) \tag{8.2.34}$$

所以

$$|Kf|^2 = |(k,f)|^2 \leqslant \int |k(x,y)|^2 \rho(y)\mathrm{d}y \int |f(y)|^2\rho(y)\mathrm{d}y$$

两边乘以 $\rho(x)$ 再对 $x$ 积分, 得

$$\int |Kf|^2 \rho(x)\mathrm{d}x \leqslant \int \rho(x)\mathrm{d}x \int \rho(y)\mathrm{d}y\, |k(x,y)|^2 \int |f(y)|^2 \rho(y)\mathrm{d}y < \infty$$

其中用到条件 (8.2.32) 和 (8.2.33). 可见, 函数 $Kf$ 也是平方可积的, 即 $Kf \in L_2$.

算子 $K$ 的范数可作如下定义：一个函数 $f$ 的范数的定义按照式 (7.2.3) 的赫尔德范数进行, 并且取 2 范数

$$\|f\| = \left[\int |f(y)|^2\rho(y)\mathrm{d}y\right]^{1/2}$$

由此范数的定义, $Kf$ 的范数就应该是

$$\begin{aligned}\|Kf\|^2 &= \int \rho(x)\mathrm{d}x\, |Kf|^2 \\ &\leqslant \int \rho(x)\mathrm{d}x \int \rho(y)\mathrm{d}y\, |k(x,y)|^2 \int \rho(y)\mathrm{d}y\, |f(y)|^2 \\ &= \int \rho(x)\mathrm{d}x \int \rho(y)\mathrm{d}y\, |k(x,y)|^2\, \|f\|^2\end{aligned} \tag{8.2.35}$$

其中用到式 (8.2.34). 由算子范数的定义式 (7.4.6), 可知式 (8.2.35) 给出了 $K$ 的范数的上限, 即

$$\|K\| \leqslant \left[\int \rho(x)\mathrm{d}x \int \rho(y)\mathrm{d}y\, |k(x,y)|^2\right]^{1/2} \tag{8.2.36}$$

如果要满足式 (8.2.29), 就要求

$$|\lambda|^2 \int \rho(x)\mathrm{d}x \int \rho(y)\mathrm{d}y\, |k(x,y)|^2 < 1 \tag{8.2.37}$$

满足此式, 则诺伊曼级数就是收敛的, 就可以运用级数展开法求积分方程的解.

4. 微观粒子受到有心势散射的问题

现在针对一个具体的例子, 讨论如何正确地估计积分算子的范数, 以便寻找积分方程的解.

在量子力学中, 一个微观粒子的波函数满足以下薛定谔方程:

$$-\frac{\hbar^2}{2m}\nabla_{\boldsymbol{r}}^2\psi(\boldsymbol{r})+V(\boldsymbol{r})\psi(\boldsymbol{r})=E\psi(\boldsymbol{r}) \tag{8.2.38a}$$

式 (8.2.38a) 可改写成如下形式:

$$\left(\nabla_{\boldsymbol{r}}^2+\frac{2m}{\hbar^2}E\right)\psi(\boldsymbol{r})=\frac{2m}{\hbar^2}V(\boldsymbol{r})\psi(\boldsymbol{r}) \tag{8.2.38b}$$

相应的齐次方程为

$$\left(\nabla_{\boldsymbol{r}}^2+\frac{2m}{\hbar^2}E\right)\varphi(\boldsymbol{r})=0 \tag{8.2.38c}$$

如果一个格林函数满足的方程是

$$\left(\nabla_{\boldsymbol{r}}^2+\frac{2m}{\hbar^2}E\right)G(\boldsymbol{r},\boldsymbol{r}')=\delta(\boldsymbol{r}-\boldsymbol{r}') \tag{8.2.38d}$$

那么方程 (8.2.38b) 的解就可以写成如下形式:

$$\psi(\boldsymbol{r})=\varphi(\boldsymbol{r})+\int G_0(\boldsymbol{r},\boldsymbol{r}',E)V(\boldsymbol{r}')\psi(\boldsymbol{r}')\mathrm{d}\boldsymbol{r}' \tag{8.2.38e}$$

积分方程 (8.2.38e) 与微分方程 (8.2.38b) 完全等价, 都是描述了三维空间中一个粒子在势场 $V(\boldsymbol{r})$ 中运动的情况. 式 (8.2.38d) 的格林函数的解已知为

$$G_0(\boldsymbol{r},\boldsymbol{r}',E)=-\frac{m}{2\pi\hbar^2}\frac{\mathrm{e}^{\mathrm{i}q|\boldsymbol{r}-\boldsymbol{r}'|}}{|\boldsymbol{r}-\boldsymbol{r}'|} \tag{8.2.39}$$

其中定义了

$$q=\sqrt{2mE/\hbar^2} \tag{8.2.40}$$

式 (8.2.38c) 的解 $\varphi(\boldsymbol{r})$ 表示粒子在无势场的自由空间中的运动. 对于束缚态 $(E<0)$, $\varphi(\boldsymbol{r})\equiv 0$, 这时式 (8.2.40) 的 $q$ 取正虚部; 而对于散射情形 $(E\geqslant 0)$, 有

$$\varphi(\boldsymbol{r})=\frac{1}{(2\pi)^{3/2}}\mathrm{e}^{\mathrm{i}\boldsymbol{q}\cdot\boldsymbol{r}}$$

式 (8.2.38e) 明确写成

$$\psi(\boldsymbol{r})=\frac{1}{(2\pi)^{3/2}}\mathrm{e}^{\mathrm{i}\boldsymbol{q}\cdot\boldsymbol{r}}-\int\frac{m}{2\pi\hbar^2}\frac{\mathrm{e}^{\mathrm{i}q|\boldsymbol{r}-\boldsymbol{r}'|}}{|\boldsymbol{r}-\boldsymbol{r}'|}V(\boldsymbol{r}')\psi(\boldsymbol{r}')\mathrm{d}\boldsymbol{r}' \tag{8.2.41}$$

此时 $\mathrm{Im}q=0$. 方程 (8.2.41) 称为**李普曼–许温格方程**, 它表示一个自由粒子从无穷远处向势场附近运动, 并且受到势场散射的情况. 以上诸式是简单复述已在 6.5.5 小节中介绍过的内容.

积分方程 (8.2.41) 是第二类弗雷德霍姆积分方程, 其中的积分核为

$$k(\boldsymbol{r},\boldsymbol{r}',E)=G_0(\boldsymbol{r},\boldsymbol{r}',E)V(\boldsymbol{r}') \tag{8.2.42}$$

现在算子 $K$ 的定义是

$$K\psi(\boldsymbol{r})=\int G_0(\boldsymbol{r},\boldsymbol{r}',E)V(\boldsymbol{r}')\psi(\boldsymbol{r}')\mathrm{d}\boldsymbol{r}' \tag{8.2.43}$$

现在要估计这个算子的范数的上限, 以确定在什么情况下积分方程 (8.2.38e) 是可以用级数展开法来求解的.

根据式 (8.2.36), 算子 $K$ 的范数的上限应该是

$$\|K\|^2\leqslant\int\mathrm{d}\boldsymbol{r}\int\mathrm{d}\boldsymbol{r}'|k(\boldsymbol{r},\boldsymbol{r}',E)|^2=\int\mathrm{d}\boldsymbol{r}\int\mathrm{d}\boldsymbol{r}'|G_0(\boldsymbol{r},\boldsymbol{r}',E)V(\boldsymbol{r}')|^2 \tag{8.2.44}$$

把式 (8.2.39) 代入. 先把 $q$ 的实部和虚部分开, 即 $q=\mathrm{Re}q+\mathrm{i}\,\mathrm{Im}q$, 则

$$\|K\|^2\leqslant\left(\frac{m}{2\pi\hbar^2}\right)^2\int\mathrm{d}\boldsymbol{r}\int\mathrm{d}\boldsymbol{r}'\frac{\mathrm{e}^{-2\mathrm{Im}q|\boldsymbol{r}-\boldsymbol{r}'|}}{|\boldsymbol{r}-\boldsymbol{r}'|^2}\left|V(\boldsymbol{r}')\right|^2 \tag{8.2.45}$$

积分的体积元是

$$\mathrm{d}\boldsymbol{r}\equiv r^2\sin\theta\mathrm{d}r\mathrm{d}\theta\mathrm{d}\varphi$$

令 $\boldsymbol{r}=\boldsymbol{\rho}+\boldsymbol{r}'$, 积分成为

$$\int\mathrm{d}\rho\int\mathrm{d}\boldsymbol{r}'\frac{\mathrm{e}^{-2\rho\mathrm{Im}q}}{\rho^2}\left|V(\boldsymbol{r}')\right|^2=4\pi\int_0^\infty\mathrm{d}\rho\frac{\rho^2\mathrm{e}^{-2\rho\mathrm{Im}q}}{\rho^2}\int\mathrm{d}\boldsymbol{r}\left|V(\boldsymbol{r})\right|^2=4\pi\frac{1}{2\mathrm{Im}q}\int\mathrm{d}\boldsymbol{r}\left|V(\boldsymbol{r})\right|^2$$

因此

$$\|K\|^2\leqslant\frac{m^2}{2\pi\hbar^4\mathrm{Im}q}\int\left|V(\boldsymbol{r})\right|^2\mathrm{d}\boldsymbol{r} \tag{8.2.46}$$

对于 $\mathrm{Im}q\neq0$, 它是有限的. 这对应于 $E<0$ 的情形. 也就是说, 对于束缚态的问题, 是完全可以求解薛定谔积分方程 (8.2.38e) 的. 或者说, 对于 $\mathrm{Im}q\neq0$ 这个积分方程总是可以求解的. 如果其中的一些参量, 如 $m$、$q$ 等, 选择的合适, 就可以采用前面介绍的迭代解法.

式 (8.2.46) 表示, 当 $\mathrm{Im}q=0$, 即为能量 $E>0$ 的散射问题时, 算子 $K$ 的范数没有上限, 因而原积分方程无法求解. 然而, 已经知道, 散射问题其实是可以求解的, 而且散射问题是非常有意义的课题. 对于散射问题, 至少在某些条件下, 用迭代法求解原积分方程是可以的, 而不是像式 (8.2.46) 显示的那样不能求解.

那么为什么会出现式 (8.2.46) 的结果呢？我们来回顾积分算子的定义式 (8.2.2)，其中有一个权函数 $\rho(x)$. 当积分算子式 (8.2.43) 中的核函数定义为式 (8.2.42) 时，我们已经选择了权函数 $\rho(x) = 1$. 实际上，权函数的选择可以有一定的任意性. 选择不同的权函数，得到的范数值会不同. 在以上计算中，权函数为 1. 这样做的时候，就把 $K$ 的范数的上限估计得过分了.

解决的办法是，在刚才的积分核中选择一个因子作为权函数. 这相当于重新定义积分核. 用新的积分核估算出来的范数的上限就没有式 (8.2.46) 这么大了.

现在重新定义积分核

$$k_\rho(\boldsymbol{r}, \boldsymbol{r}', E) = G_0(\boldsymbol{r}, \boldsymbol{r}', E) \tag{8.2.47}$$

相应地，选择权函数如下：

$$\rho(\boldsymbol{r}) \equiv V(\boldsymbol{r}) \tag{8.2.48}$$

要求在整个空间内 $V(\boldsymbol{r})$ 可以为零，但不能改变符号. 这样一来，式 (8.2.43) 就写成如下形式：

$$K\psi(\boldsymbol{r}) = \int G_0(\boldsymbol{r}, \boldsymbol{r}', E)\psi(\boldsymbol{r}')\rho(\boldsymbol{r}')\mathrm{d}\boldsymbol{r} \tag{8.2.49}$$

由此式，算子并没有变化，但是核函数有了变化. 我们来估计这个新算子的范数的上限. 按照式 (8.2.36)，

$$\begin{aligned}\|K\|^2 &\leqslant \int \rho(\boldsymbol{r})\mathrm{d}\boldsymbol{r} \int \rho(\boldsymbol{r}')\mathrm{d}\boldsymbol{r}' \left|G_0(\boldsymbol{r}, \boldsymbol{r}', E)\right|^2 \\ &= \left(\frac{m}{2\pi\hbar^2}\right)^2 \int \mathrm{d}\boldsymbol{r} \int \mathrm{d}\boldsymbol{r}' V(\boldsymbol{r})V(\boldsymbol{r}')\frac{\mathrm{e}^{-2\mathrm{Im}q|\boldsymbol{r}-\boldsymbol{r}'|}}{|\boldsymbol{r}-\boldsymbol{r}'|^2}\end{aligned} \tag{8.2.50}$$

如果是有心势，那么 $V(\boldsymbol{r}) = V(r)$ 做具体的计算时，可作如下积分变换：令 $s = r + r', t = r - r', u = |\boldsymbol{r} - \boldsymbol{r}'|$，以及 $\mathrm{d}\boldsymbol{r}\mathrm{d}\boldsymbol{r}' = \pi^2(s^2 - t^2)u\mathrm{d}s\mathrm{d}t\mathrm{d}u$，可得

$$\|K\|^2 \leqslant \left(\frac{m}{2\hbar^2}\right)^2 \int_0^\infty \mathrm{d}s \int_0^s \mathrm{d}u \int_{-u}^u \mathrm{d}t(s^2 - t^2)\frac{\mathrm{e}^{-2u\mathrm{Im}q}}{u}V(r)V(r') \tag{8.2.51}$$

举例来说，对于汤川势 $V(r) = g^2\mathrm{e}^{-\mu r}/r$，可以计算得

$$\|K\| \leqslant \left[\frac{2}{1 + 2\mathrm{Im}(q/\mu)}\right]^{1/2}\frac{mg^2}{\mu\hbar^2} \tag{8.2.52}$$

当 $E > 0$ 时，$\|K\| \leqslant \sqrt{2}\dfrac{mg^2}{\mu\hbar^2}$. 当 $g$ 足够小时，使得 $\|K\| < 1$，就可以进行积分方程 (8.2.38e) 的迭代求解.

积分 (8.2.50) 的结果与式 (8.2.45) 是不同的. 这是改变积分核之后的结果. 因此, 同一个积分可以选择不同的积分核. 本例的要点是将式 (8.2.45) 的积分换成了式 (8.2.50) 的积分. 这种重新定义积分核, 或者说, 重新定义权函数的方法, 称为**权函数方法**.

### 8.2.2 第二类沃尔泰拉线性积分方程

现在来看沃尔泰拉型积分方程 (8.1.10). 此时算子 $K$ 的作用与式 (8.2.2) 稍有不同. 应该是

$$Kf = \int_a^x k(x,y)f(y)\rho(y)\mathrm{d}y$$

这一算子仍然满足线性性质. 它的核 $k(x,y)$ 在满足条件 (8.2.18) 之后, 任何情况下都不需要 $\lambda M < (b-a)^{-1}$ 的限制了. 如果

$$f(x) = \tilde{g}_0(x) + \lambda\tilde{g}_1(x) + \lambda^2\tilde{g}_2(x) + \cdots \tag{8.2.53}$$

其中

$$\tilde{g}_0(x) \equiv g(x) \tag{8.2.54}$$

且

$$\tilde{g}_n(x) = \int_a^x k(x,y)\tilde{g}_{n-1}(y)\rho(y)\mathrm{d}y, \quad a \leqslant x \leqslant b \tag{8.2.55}$$

当 $n=1$ 时, 有

$$\begin{aligned}|\tilde{g}_1(x)| &\leqslant \int_a^x |k(x,y)\tilde{g}_0(y)|\,\rho(y)\mathrm{d}y \leqslant \int_a^x |k(x,y)|\,|\tilde{g}_0(y)|\,\rho(y)\mathrm{d}y \\ &\leqslant M\int_a^b |\tilde{g}_0(y)|\,\mathrm{d}y = MC\end{aligned}$$

此处把积分上限扩展至 $b$, 并用到式 (8.2.18) 和式 (8.2.19). 从 $n=2$ 开始, 就不需要扩展积分上限了.

$$|\tilde{g}_2(x)| \leqslant \int_a^x |k(x,y)|\,|\tilde{g}_1(y)|\,\rho(y)\mathrm{d}y \leqslant M\int_a^x |\tilde{g}_1(y)|\,\mathrm{d}y \leqslant M\int_a^x MC\mathrm{d}y = MC[M(x-a)]$$

容易证明, 当 $n \geqslant 2$ 时, 有

$$\begin{aligned}|\tilde{g}_n(x)| &\leqslant \int_a^x |k(x,y)||\tilde{g}_{n-1}(y)|\rho(y)\mathrm{d}y \leqslant M\int_a^x |\tilde{g}_{n-1}(y)|\mathrm{d}y \\ &\leqslant M\int_a^x MC\frac{[M(y-a)]^{n-2}}{(n-2)!}\mathrm{d}y = MC\frac{[M(y-a)]^{n-1}}{(n-1)!}\end{aligned} \tag{8.2.56}$$

因此, 当 $\lambda M(b-a)$ 取任意值时, 诺伊曼级数都是收敛的, 即诺伊曼级数总是给出沃尔泰拉方程的解.

只要将式 (8.2.13) 中的积分上限 $b$ 改成 $x$, 就得到沃尔泰拉积分方程的叠核. 预解核的形式仍然是式 (8.2.15). 将式 (8.2.17) 中的积分上限 $b$ 改成 $x$, 就得到用预解核表示的沃尔泰拉积分方程.

式 (8.2.56) 表明, 积分方程 (8.1.10) 的诺伊曼级数总是收敛的, 即诺伊曼级数总是给出沃尔泰拉方程的解. 而这个级数是从式 (8.2.54) 开始迭代的. 当 $g(x)=0$ 时, 这个级数只能是零. 因而, 相应的齐次方程

$$f(x)=\lambda\int_a^x k(x,y)f(y)\rho(y)\mathrm{d}y$$

没有非零解. 这就是 8.1.3 小节末尾已经给出的结论: 沃尔泰拉齐次积分方程没有特征值.

本小节的推证过程归结为以下定理[5]:

**定理 2** 第二类沃尔泰拉非齐次积分方程在式 (8.2.18) 和式 (8.2.19) 的条件下, 对于一切 $\lambda$ 值, 形如式 (8.2.53) 的近似解序列是一致收敛的, 它的极限函数就是方程的解, 并且解是唯一的.

对于解的唯一性, 很容易证明: 设 $f_1(x)$ 和 $f_2(x)$ 都是方程的解, 那么 $f_1(x)-f_2(x)$ 满足第二类沃尔泰拉齐次积分方程, 这个方程只有零解.

## 8.3 非线性方程的迭代技术

本节考虑非线性的沃尔泰拉积分方程

$$f(x)=g(x)+\int_a^x h(x,y,f(y))\mathrm{d}y \tag{8.3.1}$$

的求解问题. 在一定的条件下, 有类似于前面处理线性问题的迭代方法.

### 8.3.1 迭代步骤

设

$$f_0(x)=g(x) \tag{8.3.2}$$

逐次迭代得

$$f_n(x)=g(x)+\int_a^x h(x,y,f_{n-1}(y))\mathrm{d}y \tag{8.3.3}$$

若是线性方程的特例, 即 $h(x,y,f(y))=k(x,y)f(y)$, 则式 (8.3.3) 化简为

$$f_n=\sum_{m=0}^{n}K^m g$$

这是式 (8.2.30) 的形式.

对于一般的非线性方程, 如果希望用式 (8.3.3) 的方式进行迭代求解, 就要考虑在什么条件下这样的迭代是收敛的.

已知基本条件是：当

$$|f(y)-g(y)| \leqslant \Delta, \quad y \in [a,b] \tag{8.3.4}$$

时, 则在方形区域

$$a \leqslant x \leqslant b, \quad a \leqslant y \leqslant b \tag{8.3.5}$$

中, 有

$$|h(x,y,f(y))| \leqslant M \tag{8.3.6}$$

现在进行一次迭代. 从式 (8.3.2) 出发, 可得

$$f_1(x) = g(x) + \int_a^x h(x,y,f_0(y))\mathrm{d}y = g(x) + \int_a^x h(x,y,g(y))\mathrm{d}y$$

因为

$$|f_0(y)-g(y)| = 0 < \Delta \tag{8.3.7}$$

所以可以推得

$$|f_1(x)-g(x)| = |f_1(x)-f_0(x)| \leqslant \int_a^x |h(x,y,f_0(y))|\mathrm{d}y \leqslant M(x-a) \tag{8.3.8}$$

下一步, 需要考虑

$$|f_1(y)-g(y)| \leqslant \Delta, \quad y \in [a,b] \tag{8.3.9}$$

是否成立. 由式 (8.3.8) 知, 当 $\Delta = M(y-a)$, 或者当 $y = \Delta/M + a$ 时, 式 (8.3.9) 是成立的. 事实上, 因为 $y$ 的积分上限是 $x$, $a \leqslant y \leqslant x$, 当 $x \leqslant \Delta/M + a$ 时, 式 (8.3.9) 也成立

$$|f_1(x)-f_0(x)| \leqslant \int_a^{\Delta/M+a} |h(x,y,f_0(y))|\mathrm{d}y \leqslant \Delta \tag{8.3.10}$$

因此, 当 $y \leqslant \Delta/M + a$ 时, 式 (8.3.9) 也成立.

限制变量范围, 使得

$$a \leqslant x \leqslant (\Delta/M) + a, \quad a \leqslant y \leqslant (\Delta/M) + a \tag{8.3.11}$$

在这个区域内, 式 (8.3.10) 总是成立的. 如果 $\Delta/M + a \geqslant b$, 式 (8.3.11) 与式 (8.3.5) 没有矛盾, 也就没有必要设式 (8.3.11) 的限制.

在满足式 (8.3.9) 的条件下, 考虑

$$f_2(x) \equiv g(x) + \int_a^x h(x,y,f_1(y))\mathrm{d}y$$

既然在 $a \leqslant x \leqslant (\Delta/M)+a$ 时, 有 $|f_1(x)-g(x)| \leqslant \Delta$, 那么

$$|f_2(x)-g(x)| = \int_a^x h(x,y,f_1(y))\mathrm{d}y \leqslant M(x-a) \leqslant \Delta \tag{8.3.12}$$

对于第 $n$ 步迭代式 (8.3.3), 由于式 (8.3.6) 满足, 总有

$$|f_n(x)-g(x)| \leqslant \int_a^x |h(x,y,f_{n-1}(y))|\mathrm{d}y \leqslant M(x-a) \leqslant \Delta \tag{8.3.13}$$

也就是说, 第 $n$ 次迭代的结果与 $g(x)$ 的差是在一个确定的范围内.

要得到方程的解, 还要考虑这样迭代的结果是否收敛. 这要求, 当 $n$ 足够大时, $f_n$ 和 $f_{n-1}$ 要非常接近.

### 8.3.2　利普希茨条件

现在加上一个条件: 存在某个有限数 $N$, 使每当

$$|\phi(y)-g(y)| \leqslant \Delta, \quad |\psi(y)-g(y)| \leqslant \Delta \tag{8.3.14}$$

时, 有

$$|h(x,y,\phi(y))-h(x,y,\psi(y))| \leqslant N\,|\phi(y)-\psi(y)| \tag{8.3.15}$$

这个要求称为**利普希茨条件**.

对于目前的情况, 把利普希茨条件写成如下更为明确的形式. 就是, 每当

$$|f_n(y)-g(y)| \leqslant \Delta, \quad |f_{n-1}(y)-g(y)| \leqslant \Delta \tag{8.3.16}$$

时, 应有

$$|h(x,y,f_n(y))-h(x,y,f_{n-1}(y))| \leqslant N\,|f_n(y)-f_{n-1}(y)| \tag{8.3.17}$$

因为有式 (8.3.9) 和式 (8.3.7), $|f_1(y)-g(y)| \leqslant \Delta$ 和 $|f_0(y)-g(y)| = 0 < \Delta$. 由利普希茨条件得到

$$|f_2(x)-f_1(x)| \leqslant N\int_a^x |f_1(y)-f_0(y)|\,\mathrm{d}y$$

但是 $|f_1(y)-f_0(y)| = |f_1(y)-g_0(y)| \leqslant \Delta$, 所以

$$|f_2(x)-f_1(x)| \leqslant N\Delta(x-a)$$

又因为式 (8.3.13), $|f_2(x)-g(x)| \leqslant \Delta$, 所以

$$|f_3(x)-f_2(x)| \leqslant N\int_a^x |f_2(y)-f_1(y)|\,\mathrm{d}y \leqslant N\int_a^x N\Delta(y-a)\mathrm{d}y = \frac{1}{2!}\Delta N^2(x-a)^2$$

如此进行下去. 在第 $n$ 步时, 因为 $|f_n(x)-g(x)|\leqslant \varDelta$, 可得

$$\begin{aligned}|f_n(x)-f_{n-1}(x)|&\leqslant N\int_a^x |f_{n-1}(y)-f_{n-2}(y)|\,\mathrm{d}y\\&\leqslant N\int_a^x \frac{\varDelta N^{n-2}(y-a)^{n-2}}{(n-2)!}\mathrm{d}y=\frac{\varDelta N^{n-1}(x-a)^{n-1}}{(n-1)!}\end{aligned}$$

此式可改写成

$$|f_n(x)-f_{n-1}(x)|\leqslant \frac{\varDelta}{(n-1)!}\left(\frac{\varDelta N}{M}\right)^{n-1} \tag{8.3.18}$$

因此对于所有 $x\in[a,(\varDelta/M)+a]$, 当 $n\to\infty$ 时, $|f_n(x)-f_{n-1}(x)|$ 一致趋于零.

最后证明 $f_n(x)$ 趋于方程 (8.3.1) 的解. 令

$$f_\nu(x)=f_0(x)+\sum_{n=1}^{\nu}[f_n(x)-f_{n-1}(x)]$$

当 $x\in[a,(\varDelta/M)+a]$ 时, 和式中的每一项由式 (8.3.18) 控制. 因此当 $\nu\to\infty$ 时, $f_\nu(x)$ 收敛于一个函数 $f_\infty(x)$, 即

$$\lim_{\nu\to\infty} f_\nu(x)=f_\infty(x) \tag{8.3.19}$$

这个函数 $f_\infty(x)$ 就是方程 (8.3.1) 的解. 证明如下:

$$\begin{aligned}f_\nu(x)&=g(x)+\int_a^x h(x,y,f_{\nu-1}(y))\mathrm{d}y\\&=g(x)+\int_a^x h(x,y,f(y))\mathrm{d}y+\int_a^x [h(x,y,f_{\nu-1}(y))-h(x,y,f(y))]\mathrm{d}y\end{aligned}$$

当 $\nu\to\infty$ 时, 左边取极限就是式 (8.3.19)

$$f_\infty(x)=g(x)+\int_a^x h(x,y,f(y))\mathrm{d}y+\lim_{\nu\to\infty}R_\nu$$

其中

$$R_\nu=\int_a^x [h(x,y,f_{\nu-1}(y))-h(x,y,f(y))]\mathrm{d}y$$

运用利普希茨条件得到

$$\begin{aligned}|R_\nu|&\leqslant N\int_a^x |f_{\nu-1}(y)-f(y)|\,\mathrm{d}y\leqslant N\varDelta\sum_{n=\nu}^{\infty}\frac{N^{n-1}}{(n-1)!}\int_a^x (y-a)^{n-1}\mathrm{d}y\\&\leqslant \varDelta\sum_{n=\nu}^{\infty}\frac{N^n(x-a)^n}{n!}\leqslant \varDelta\sum_{n=\nu}^{\infty}\left(\frac{N\varDelta}{M}\right)^n\frac{1}{n!}\end{aligned}$$

当 $\nu \to \infty$ 时, 它一致趋于零. 因此

$$f_\infty(x) = g(x) + \int_a^x h(x, y, f(y))\mathrm{d}y$$

即式 (8.3.19) 得到的函数的确是方程的解, 故 $f_\infty(x) = f(x)$.

从上面的求解过程可以看出, 问题的关键在于求出满足假设的条件: ①迭代条件 (8.3.4)~ 式 (8.3.6), 即每当 $|f(y) - g(y)| \leqslant \Delta$ 时, 有 $|h(x, y, f(y))| \leqslant M$. ②收敛条件, 即利普希茨条件: 每当 $|\phi(y) - g(y)| \leqslant \Delta$, 以及 $|\psi(y) - g(y)| \leqslant \Delta$ 时, $|h(x, y, \phi(y)) - h(x, y, \psi(y))| \leqslant N |\phi(y) - \psi(y)|$. 要预先给定 $\Delta$、$M$ 与 $N$, 其中收敛区域由 $\Delta/M$ 控制, 收敛速度与 $\Delta/M$ 和利普希茨条件中的常数 $N$ 有关. 由式 (8.3.18) 知, $\Delta/M$ 和 $N$ 的数值越小, 收敛速度越快.

### 8.3.3　利用收缩的概念

利用 2.2.1 小节中定理 1 和收缩的概念叙述本节以上的内容, 会显得相当简洁. 将式 (8.3.1) 右边看成一个算子 $T$ 作用在 $f$ 上的结果

$$Tf(x) = g(x) + \int_a^x h(x, y, f(y))\mathrm{d}y \tag{8.3.20}$$

那么, 式 (8.3.1) 就是

$$f(x) = Tf(x)$$

这正是式 (2.2.3) 的形式. 容易得到

$$\begin{aligned}|Tf - Tp| &= \left|\int_a^x h(x, y, f(y))\mathrm{d}y - \int_a^x h(x, y, p(y))\mathrm{d}y\right| \\ &\leqslant \int_a^x \mathrm{d}y\, |h(x, y, f(y)) - h(x, y, p(y))|\end{aligned}$$

运用利普希茨条件 (8.3.15)

$$|Tf - Tp| \leqslant \int_a^x \mathrm{d}y N |f - p| \leqslant N(x - a) \max_{a \leqslant x, y \leqslant b} |f - p|$$

在 $x \in [a, b]$ 上不等式都成立. 定义距离 $\rho(f, p) = \max\limits_{a \leqslant x, y \leqslant b} |f - p|$, 那么

$$\rho(Tf, Tp) \leqslant N(x - a)\rho(f, p)$$

当 $N(x - a) \leqslant N(b - a) < 1$ 时, 由式 (8.3.20) 定义的算子 $T$ 就是一个收缩. 若此条件不满足, 可以将算子再作用一次, 并利用利普希茨条件, 得到

$$\rho(T^2 f, T^2 p) \leqslant \int_a^x \mathrm{d}y N |Tf - Tp| \leqslant N \int_a^x \mathrm{d}y N(y - a) \leqslant N^2 \frac{(x - a)^2}{2} \rho(f, p)$$

不断如此进行, 可得到

$$\rho(T^m f, T^m p) \leqslant N^m \frac{(x-a)^m}{m!}\rho(f,p) \leqslant N^m \frac{(b-a)^m}{m!}\rho(f,p)$$

可见, 只要选择 $m$ 足够大, 总可以使

$$N^m \frac{(b-a)^m}{m!} < 1$$

从而算子 $T^m$ 是一个收缩. 可见, 只要利普希茨条件 (8.3.15) 得到满足, 非线性的沃尔泰拉积分方程总是可以利用迭代法求得收敛解.

### 8.3.4 弹簧的非谐振动

**例** 非简谐的弹簧所约束的质点, 势能是

$$V(x) = \frac{1}{2}kx^2 + \frac{1}{3}ax^3$$

其中 $a$ 是一个小的正常数. 运动方程 $m\ddot{x} + kx + ax^2 = 0$, 或者

$$\ddot{x} + \omega_0^2 x = -\varepsilon x^2$$

其中

$$\omega_0^2 = k/m, \quad \varepsilon = a/m > 0$$

算子 $\dfrac{\mathrm{d}^2}{\mathrm{d}t^2} + \omega_0^2$ 在单点边界条件下的格林函数见式 (6.3.15)

$$G(t,t') = \frac{1}{\omega_0}\sin[\omega_0(t-t')]\theta(t-t')$$

初始时刻 $t=0$ 时的边界条件是

$$x(0) = x_0 > 0, \quad \dot{x}(0) = 0$$

没有非线性项时的解为 $x_0 \cos\omega_0 t$. 可得存在非线性项时的解

$$x(t) = x_0\cos\omega_0 t - \int_0^t \frac{1}{\omega_0}\sin\omega_0(t-t')\varepsilon x^2(t')\mathrm{d}t'$$

可参看式 (6.3.12) 或者式 (6.1.4).

现在设 $\varDelta = x_0$. 迭代条件要求

$$|x(t) - x_0\cos\omega_0 t| < x_0 \tag{8.3.21}$$

对于此题, 有

$$h(t,t',x(t')) = -\frac{\varepsilon}{\omega_0}\sin\omega_0(t-t')x^2(t')$$

显然

$$|h(t,t',x(t'))| \leqslant \frac{\varepsilon}{\omega_0}x^2(t') \tag{8.3.22}$$

对照式 (8.3.6), $M = 4\varepsilon x_0^2/\omega_0$. 将式 (8.3.22) 改写成如下形式:

$$\begin{aligned}|h(t,t',x(t'))| &\leqslant (\varepsilon/\omega_0)[x(t') - x_0\cos\omega_0 t' + x_0\cos\omega_0 t']^2\\ &\leqslant (\varepsilon/\omega_0)[|x(t') - x_0\cos\omega_0 t'| + x_0|\cos\omega_0 t'|]^2\end{aligned}$$

对于满足式 (8.3.21) 的所有时间变量, 有

$$|h(t,t',x(t'))| < 4\varepsilon x_0^2/\omega_0$$

利用式 (8.3.22) 得到

$$|h(t,t',x(t')) - h(t,t',\xi(t'))| \leqslant (\varepsilon/\omega_0)|x(t') + \xi(t')|\cdot|x(t') - \xi(t')|$$

此式改写成如下形式:

$$\begin{aligned}&|h(t,t',x(t')) - h(t,t',\xi(t'))|\\ &\leqslant(\varepsilon/\omega_0)\,|x(t') - x_0\cos\omega_0 t' + \xi(t') - x_0\cos\omega_0 t' + 2x_0\cos\omega_0 t'|\cdot|x(t') - \xi(t')|\end{aligned}$$

对于满足 $|x(t') - x_0\cos\omega_0 t'| \leqslant x_0$ 和 $|\xi(t') - x_0\cos\omega_0 t'| \leqslant x_0$ 的所有 $t$ 和 $t\prime$, 有

$$|h(t,t',x(t')) - h(t,t',\xi(t'))| \leqslant (4\varepsilon x_0/\omega_0)\,|x(t') - \xi(t')|$$

对照利普希茨条件 (8.3.15), $N = 4\varepsilon x_0/\omega_0$. 因此得到了迭代求解收敛的三个控制参量

$$\varDelta = x_0, \quad M = 4\varepsilon x_0^2/\omega_0, \quad N = 4\varepsilon x_0/\omega_0$$

令 $\delta = \varepsilon x_0/\omega_0^2$. 下面进行迭代, 令 $x_0(t) = x_0\cos\omega_0 t$, 可得

$$x_1(t) = x_0\cos\omega_0 t - \frac{\varepsilon}{\omega_0}\int_0^t \sin\omega_0(t-t')x_0^2(t')\mathrm{d}t' \tag{8.3.23a}$$

从而得到

$$x_1(t) = x_0\left[\cos\omega_0 t + \delta\left(\frac{1}{6}\cos 2\omega_0 t + \frac{1}{3}\cos\omega_0 t - \frac{1}{2}\right)\right] \tag{8.3.23b}$$

$$\begin{aligned}x_2(t) =& x_0\left[\cos\omega_0 t + \delta\left(\frac{1}{6}\cos 2\omega_0 t + \frac{1}{3}\cos\omega_0 t - \frac{1}{2}\right)\right]\\ &+ x_0\left[\delta^2 A + \delta^3 B + \omega_0 t\left(\frac{5}{12}\delta^2\sin\omega_0 t + \frac{5}{36}\delta^3\sin\omega_0 t\right)\right]\end{aligned} \tag{8.3.23c}$$

# 8.4 退化核的弗雷德霍姆线性积分方程

本节讨论退化核的第二类弗雷德霍姆积分方程的求解.

## 8.4.1 可分核

可分核的形式已由式 (8.1.15) 定义. 重写如下:

$$k(x,y)=\lambda\phi(x)\psi^*(y) \tag{8.4.1}$$

为简单起见, 假设 $\phi$ 和 $\psi$ 是希尔伯特空间中的函数, 并且 $k(x,y)$ 是 $L_2$ 核.

$$\int |k_s(x,y)|^2\,\mathrm{d}x\mathrm{d}y<1 \tag{8.4.2}$$

此条件就是式 (8.2.37), 因此满足式 (8.2.29) ,$\|K\|\leqslant 1$. 故诺伊曼级数是收敛的.

1. 非齐次方程的解

方程

$$f(x)=g(x)+\int k(x,y)f(y)\mathrm{d}y=g(x)+\lambda\int\phi(x)\psi^*(y)f(y)\mathrm{d}y \tag{8.4.3}$$

的迭代解是

$$f(x)=g(x)+\int \mathrm{d}y_1 k(x,y_1)g(y_1)+\int\mathrm{d}y_1\int\mathrm{d}y_2 k(x,y_1)k(y_1,y_2)g(y_2)+\cdots$$

由于式 (8.4.2), $k(x,y)$ 作为一个两变量的函数是平方可积的, 因此 $\phi$ 和 $\psi$ 这两个单变量的函数也是平方可积的.

$$\begin{aligned}f(x)=&g(x)+\lambda\int\mathrm{d}y_1\phi(x)\psi^*(y_1)g(y_1)\\&+\lambda^2\int\mathrm{d}y_1\int\mathrm{d}y_2\phi(x)\psi^*(y_1)\phi(y_1)\psi^*(y_2)g(y_2)+\cdots\end{aligned}$$

令

$$(\psi,\phi)=\int\mathrm{d}y\psi^*(y)\phi(y)$$

那么

$$\begin{aligned}f(x)&=g(x)+\lambda\phi(x)(\psi,g)+\lambda^2\phi(x)(\psi,\phi)(\psi,g)+\lambda^3\phi(x)(\psi,\phi)^2(\psi,g)+\cdots\\&=g(x)+\lambda\phi(x)(\psi,g)\sum_{n=0}^{\infty}\lambda^n(\psi,\phi)^n\end{aligned} \tag{8.4.4}$$

只要

$$|\lambda(\psi,\phi)|<1 \tag{8.4.5}$$

式 (8.4.4) 中的级数就是收敛的.

实际上, 由于有式 (8.4.2), 式 (8.4.5) 已经满足. 证明如下: 式 (8.4.2) 表明

$$|\lambda|^2\int|\phi(x)|^2\mathrm{d}x\int|\psi(y)|^2\,\mathrm{d}y<1$$

由施瓦茨不等式, 有

$$|(\psi,\phi)|\leqslant[(\phi,\phi)(\psi,\psi)]^{1/2}$$

把以上两式结合起来, 有

$$|\lambda(\psi,\phi)|\leqslant[|\lambda|^2(\phi,\phi)(\psi,\psi)]^{1/2}=\left[|\lambda|^2\int|\phi(x)|^2\mathrm{d}x\int|\psi(y)|^2\mathrm{d}y\right]^{1/2}<1$$

既然满足收敛条件 (8.4.5), 式 (8.4.4) 就可以求和, 且结果为

$$f(x)=g(x)+\lambda\frac{(\psi,g)}{1-\lambda(\psi,\phi)}\phi(x) \tag{8.4.6}$$

这是一个封闭形式的解. 此式是在式 (8.4.5) 的条件下得到的. 其实这个条件可以放宽. 一般地. 可以把原方程写成如下形式:

$$f(x)=g(x)+\lambda\int\phi(x)\psi^*(y)f(y)\mathrm{d}y=g(x)+\lambda\phi(x)(\psi,f) \tag{8.4.7}$$

然后两边用 $\psi$ 作内积, 得

$$(\psi,f)=(\psi,g)+\lambda(\psi,\phi)(\psi,f) \tag{8.4.8}$$

当

$$\lambda(\psi,\phi)\neq 1 \tag{8.4.9}$$

时, 可解得

$$(\psi,f)=\frac{(\psi,g)}{1-\lambda(\psi,\phi)} \tag{8.4.10}$$

将式 (8.4.10) 代回式 (8.4.7), 即式 (8.4.6). 因此得到此解的条件是仅要求式 (8.4.9) 成立.

当 $\lambda(\psi,\phi)=1$ 时, 也不是一定没有解. 由式 (8.4.6) 知, 如果此时

$$(\psi,g)=0 \tag{8.4.11}$$

那么式 (8.4.6) 右边有一个零比零型, 可以得到一个有限的数. 因此解为

$$f(x)=g(x)+B\phi(x) \tag{8.4.12}$$

其中 $B$ 为任意常数. 容易证明, 在式 (8.4.11) 的条件下, 式 (8.4.12) 确实满足式 (8.4.8).

2. 齐次方程的解

解式 (8.4.6) 不适用于齐次方程. 如果

$$g(x) = 0 \tag{8.4.13}$$

那么看上去式 (8.4.6) 的解恒为零了. 但是作为一个齐次方程, 实际上还是可能有解的. 由式 (8.4.8) 知, 在式 (8.4.13) 出现时, 应该有

$$(\psi, f) = \lambda(\psi, \phi)(\psi, f) \tag{8.4.14}$$

此时, 当

$$\lambda(\psi, \phi) = 1 \tag{8.4.15}$$

时, $(\psi, f)$ 可以有非零解, 并且可以为任意常数. 此时方程 (8.4.7) 的解为

$$f(x) = A\phi(x) \tag{8.4.16}$$

其中 $A$ 可以是任意常数.

考虑一个有趣的事实, 齐次方程特征解存在的条件 (8.4.15) 恰恰就是使非齐次方程解不存在的条件. 这一事实暗示, 诺伊曼级数的发散是与齐次方程的解的出现有着某种联系的.

式 (8.4.12) 和式 (8.4.16) 都是在 $\lambda(\psi, \phi) = 1$ 的条件下得到的, 式 (8.4.16) 是式 (8.4.12) 在 $g(x) = 0$ 时的特例. 当 $\lambda(\psi, \phi) \neq 1$ 且 $g(x) = 0$ 时, 由式 (8.4.6) 或者式 (8.4.14) 知, 没有非零解.

总而言之, 可分核总是使积分方程有极简单的封闭形式的解. 如式 (8.4.6)、式 (8.4.12)、式 (8.4.16). 把这些结果归于五种类型, 列于表 8.1.

**表 8.1　在可分核 $k(x, y) = \lambda\phi(x)\psi^*(y)$ 时第二类弗雷德霍姆积分方程有解的条件及相应的解的表达式**

| 方程 | 类型 | 条件 | 解 $f(x)$ 的表达式 |
|---|---|---|---|
| 非齐次方程 | I | $\lambda(\psi, \phi) \neq 1$ | $g(x) + \lambda\dfrac{(\psi, g)\phi(x)}{1 - \lambda(\psi, \phi)}$ |
| | II | $\lambda(\psi, \phi) = 1, \quad (\psi, g) \neq 0$ | 无解 |
| | III | $\lambda(\psi, \phi) = 1, \quad (\psi, g) = 0$ | $g(x) + B\phi(x)$ |
| 齐次方程 | IV | $\lambda(\psi, \phi) \neq 1$ | 0 |
| | V | $\lambda(\psi, \phi) = 1$ | $A\phi(x)$ |

注: $A$ 和 $B$ 是任意常数

3. 微观粒子受到非定域势散射的问题

把以上可分核的讨论应用于非定域势薛定谔方程的问题. 对于单粒子问题, 粒子受到的是定域势, 相应的薛定谔方程的形式是式 (8.2.38a). 对于多体问题, 微观

粒子一般受到非定域势的作用, 相应的薛定谔方程的形式是

$$-\frac{\hbar^2}{2m}\nabla^2\psi+\int U(\boldsymbol{r},\boldsymbol{r}')\psi(\boldsymbol{r}')\mathrm{d}r'=E\psi(\boldsymbol{r}) \tag{8.4.17}$$

第 1 章中提到的多电子系统的哈特利–福克自洽方程组就是如此, 如式 (1.7.54).

可以完全仿照 (8.2.38) 各式的步骤, 将方程 (8.4.17) 的解写成如下形式:

$$\psi(\boldsymbol{r})=\frac{1}{(2\pi)^{3/2}}\mathrm{e}^{\mathrm{i}\boldsymbol{k}\cdot\boldsymbol{r}}-\frac{m}{2\pi\hbar^2}\iint\frac{\mathrm{e}^{\mathrm{i}k|\boldsymbol{r}-\boldsymbol{r}'|}}{|\boldsymbol{r}-\boldsymbol{r}'|}U(\boldsymbol{r}',\boldsymbol{r}'')\psi(\boldsymbol{r}'')\mathrm{d}\boldsymbol{r}'\mathrm{d}\boldsymbol{r}'' \tag{8.4.18}$$

这是一个积分方程. 而式 (8.4.17) 则是一个积分微分方程, 这两个方程完全是等价的. 式 (8.4.18) 与式 (8.2.41) 实质上是相同的, 就是关于散射的李普曼–许温格方程.

现在作傅里叶变换, 讨论动量空间中的李普曼–许温格是什么样子的方程. 先把式 (8.4.18) 第二项被积函数中的各个因子都写成傅里叶变换的形式.

首先, 非局域势的傅里叶变换为

$$U(\boldsymbol{p}',\boldsymbol{p}'')=\iint\mathrm{e}^{-\mathrm{i}\boldsymbol{p}'\cdot\boldsymbol{r}'}\mathrm{e}^{-\mathrm{i}\boldsymbol{p}''\cdot\boldsymbol{r}''}U(\boldsymbol{r}',\boldsymbol{r}'')\mathrm{d}\boldsymbol{r}'\mathrm{d}\boldsymbol{r}'' \tag{8.4.19}$$

那么

$$\begin{aligned}
&\int U(\boldsymbol{r}',\boldsymbol{r}'')\psi(\boldsymbol{r}'')\mathrm{d}\boldsymbol{r}''\\
=&\int\frac{1}{(2\pi)^6}\iint\mathrm{e}^{\mathrm{i}\boldsymbol{p}'\cdot\boldsymbol{r}'}\mathrm{e}^{\mathrm{i}\boldsymbol{p}''\cdot\boldsymbol{r}''}U(\boldsymbol{p}',\boldsymbol{p}'')\mathrm{d}\boldsymbol{p}'\mathrm{d}\boldsymbol{p}''\psi(\boldsymbol{r}'')\mathrm{d}\boldsymbol{r}''\\
=&\frac{1}{(2\pi)^6}\iint\mathrm{e}^{\mathrm{i}\boldsymbol{p}'\cdot\boldsymbol{r}'}U(\boldsymbol{p}',\boldsymbol{p}'')\mathrm{d}\boldsymbol{p}'\mathrm{d}\boldsymbol{p}''\psi(-\boldsymbol{p}'')
\end{aligned} \tag{8.4.20}$$

然后, 利用格林函数的傅里叶变换 (6.2.31), 则式 (8.4.18) 的第二项成为

$$\begin{aligned}
&-\frac{m}{2\pi\hbar^2}\iint\frac{\mathrm{e}^{\mathrm{i}q|\boldsymbol{r}-\boldsymbol{r}'|}}{|\boldsymbol{r}-\boldsymbol{r}'|}U(\boldsymbol{r}',\boldsymbol{r}'')\psi(\boldsymbol{r}'')\mathrm{d}\boldsymbol{r}'\mathrm{d}\boldsymbol{r}''\\
=&-\frac{2m}{\hbar^2}\frac{1}{(2\pi)^3}\iint\frac{\mathrm{e}^{\mathrm{i}\boldsymbol{q}_1\cdot(\boldsymbol{r}-\boldsymbol{r}')}\mathrm{d}\boldsymbol{q}_1}{q_1^2-q^2+\mathrm{i}\varepsilon}\frac{1}{(2\pi)^6}\iint\mathrm{e}^{\mathrm{i}\boldsymbol{p}'\cdot\boldsymbol{r}'}U(\boldsymbol{p}',\boldsymbol{p}'')\mathrm{d}\boldsymbol{p}'\mathrm{d}\boldsymbol{p}''\psi(-\boldsymbol{p}'')\mathrm{d}\boldsymbol{r}'\\
=&-\frac{2m}{\hbar^2}\frac{1}{(2\pi)^6}\iint\frac{\mathrm{e}^{\mathrm{i}\boldsymbol{q}_1\cdot\boldsymbol{r}}\mathrm{d}\boldsymbol{q}_1}{q_1^2-q^2+\mathrm{i}\varepsilon}U(\boldsymbol{q}_1,-\boldsymbol{p}'')\mathrm{d}\boldsymbol{p}''\psi(\boldsymbol{p}'')
\end{aligned}$$

这样, 对坐标的积分变成了对动量的积分. 由此, 式 (8.4.18) 的傅里叶变换为

$$\psi(\boldsymbol{p})=\int \mathrm{d}\boldsymbol{r}\psi(\boldsymbol{r})\mathrm{e}^{-\mathrm{i}\boldsymbol{p}\cdot\boldsymbol{r}}$$

$$=\int \mathrm{d}\boldsymbol{r}\frac{\mathrm{e}^{\mathrm{i}(\boldsymbol{k}-\boldsymbol{p})\cdot\boldsymbol{r}}}{(2\pi)^{3/2}}+\frac{2m}{\hbar^2}\int \mathrm{d}\boldsymbol{r}\mathrm{e}^{-\mathrm{i}\boldsymbol{p}\cdot\boldsymbol{r}}\frac{1}{(2\pi)^6}\iint \frac{\mathrm{e}^{\mathrm{i}\boldsymbol{q}_1\cdot\boldsymbol{r}}\mathrm{d}\boldsymbol{q}_1}{q_1^2-q^2+\mathrm{i}\varepsilon}U(\boldsymbol{q}_1,-\boldsymbol{p}'')\mathrm{d}\boldsymbol{p}''\psi(\boldsymbol{p}'')$$

$$=\frac{\delta(\boldsymbol{k}-\boldsymbol{p})}{(2\pi)^{3/2}}+\frac{2m}{\hbar^2}\frac{1}{(2\pi)^6}\iint \frac{\delta(\boldsymbol{p}-\boldsymbol{q}_1)\mathrm{d}\boldsymbol{q}_1}{q_1^2-q^2+\mathrm{i}\varepsilon}U(\boldsymbol{q}_1,-\boldsymbol{p}'')\mathrm{d}\boldsymbol{p}''\psi(\boldsymbol{p}'')$$

就得到

$$\psi(\boldsymbol{p})=\frac{\delta(\boldsymbol{k}-\boldsymbol{p})}{(2\pi)^{3/2}}+\frac{2m}{\hbar^2}\frac{1}{(2\pi)^3}\int \frac{U(\boldsymbol{p},-\boldsymbol{p}_1)}{p^2-q^2+\mathrm{i}\varepsilon}\psi(\boldsymbol{p}_1)\mathrm{d}\boldsymbol{p}_1 \tag{8.4.21}$$

这就是动量空间中的李普曼–许温格方程.

现在考虑这样一个物理过程：粒子以波矢 $\boldsymbol{k}$ 从无穷远处入射，受到势场散射之后运动到远处. 入射的粒子是平面波，这正是式 (8.4.18) 的第一项. 向无穷远处的运动，应该呈现球面波的行为. 也就是说，从 $\boldsymbol{p}$ 方向的很远处看，散射波，也就是式 (8.4.18) 的第二项，应该具有 $\dfrac{\mathrm{e}^{\mathrm{i}\boldsymbol{p}\cdot\boldsymbol{r}}}{r}$ 的行为. 总的波函数是入射波和散射波的叠加. 此时，可以将式 (8.4.18) 写成

$$\psi(\boldsymbol{r})=\frac{1}{(2\pi)^{3/2}}\mathrm{e}^{\mathrm{i}\boldsymbol{p}\cdot\boldsymbol{r}}+f(\boldsymbol{k},\boldsymbol{p})\frac{\mathrm{e}^{\mathrm{i}\boldsymbol{k}\cdot\boldsymbol{r}}}{r} \tag{8.4.22}$$

的形式. 其中散射波前的因子称为散射振幅，它是与入射波矢和散射波矢有关的. 它的平方是散射概率，这是一个实验上可测量的量，因此是一个重要的物理量. 这里希望能够求解出散射振幅. 式 (8.4.22) 与光受到小屏衍射的式 (6.5.106) 在形式上是一样的，式 (6.5.106) 中散射振幅可根据式 (6.5.108) 计算，而量子力学中的粒子受到的相互作用与光有所不同.

以上是根据物理考虑写出式 (8.4.22) 的，实际上也可以由式 (8.4.18) 推导出来. 现在考虑散射到很远处、势能已经不起作用的情况. 也就是说式 (8.4.18) 中的 $r$ 远大于对 $\boldsymbol{r}'$ 积分不为零的区域. 这时，可做如下近似：

$$|\boldsymbol{r}-\boldsymbol{r}'|=\sqrt{r^2-2\boldsymbol{r}\cdot\boldsymbol{r}'+r'^2}=r\left[1-\frac{2\boldsymbol{r}\cdot\boldsymbol{r}'}{r^2}+\frac{r'^2}{r^2}\right]^{1/2}$$

由于 $r\gg r'$，第二项开始都是小量. 在格林函数的分母中，只保留第一项. 而在指数中，保留至第二项

$$|\boldsymbol{r}-\boldsymbol{r}'|\approx 1-\boldsymbol{n}\cdot\boldsymbol{r}'$$

其中 $\boldsymbol{n}$ 是 $\boldsymbol{r}$ 方向上的单位向量. 由此近似，式 (8.4.18) 可写成如下形式：

$$\psi(\boldsymbol{r})=\frac{\mathrm{e}^{\mathrm{i}\boldsymbol{k}\cdot\boldsymbol{r}}}{(2\pi)^{3/2}}-\frac{m}{2\pi\hbar^2}\frac{\mathrm{e}^{\mathrm{i}qr}}{r}\iint\mathrm{e}^{-\mathrm{i}\boldsymbol{q}\cdot\boldsymbol{r}'}U(\boldsymbol{r}',\boldsymbol{r}'')\psi(\boldsymbol{r}'')\mathrm{d}\boldsymbol{r}'\mathrm{d}\boldsymbol{r}'' \tag{8.4.23}$$

其中在指数上已令 $q\boldsymbol{n}=\boldsymbol{q}$. 这是从位矢为 $\boldsymbol{r}$ 的观察点看到的散射波矢. 这个波矢的方向随观察点变化而不同. 这就是为什么在式 (8.4.18) 中两项指数上的波矢要写成不同的符号. 定义

$$f(\boldsymbol{k},\boldsymbol{q})=-\frac{m}{2\pi\hbar^2}\iint\mathrm{e}^{-\mathrm{i}\boldsymbol{q}\cdot\boldsymbol{r}'}U(\boldsymbol{r}',\boldsymbol{r}'')\psi(\boldsymbol{r}'')\mathrm{d}\boldsymbol{r}'\mathrm{d}\boldsymbol{r}'' \tag{8.4.24}$$

那么, 式 (8.4.23) 就是式 (8.4.22) 的形式. 式 (8.4.24) 表明, 散射振幅 $f(\boldsymbol{k},\boldsymbol{q})$ 是函数 $-\dfrac{m}{2\pi\hbar^2}\displaystyle\int U(\boldsymbol{r}',\boldsymbol{r}'')\psi(\boldsymbol{r}'')\mathrm{d}\boldsymbol{r}''$ 的傅里叶变换.

为了求出散射振幅, 就必须写出它所满足的方程. 为此, 先利用前面的傅里叶变换, 将散射振幅完全写成动量空间中的形式. 将式 (8.4.19) 代入式 (8.4.24)

$$\begin{aligned}f(\boldsymbol{k},\boldsymbol{q})&=-\frac{m}{2\pi\hbar^2}\int\frac{1}{(2\pi)^6}\iint\mathrm{e}^{-\mathrm{i}\boldsymbol{q}\cdot\boldsymbol{r}'}\mathrm{e}^{\mathrm{i}\boldsymbol{p}'\cdot\boldsymbol{r}'}U(\boldsymbol{p}',-\boldsymbol{p}'')\mathrm{d}\boldsymbol{p}'\mathrm{d}\boldsymbol{p}''\psi(\boldsymbol{p}'')\mathrm{d}\boldsymbol{r}'\\&=-\frac{m}{2\pi\hbar^2}\frac{1}{(2\pi)^6}\iint U(\boldsymbol{p}',-\boldsymbol{p}'')\mathrm{d}\boldsymbol{p}'\mathrm{d}\boldsymbol{p}''\psi(\boldsymbol{p}'')\delta(\boldsymbol{p}'-\boldsymbol{q})\\&=-\frac{m}{2\pi\hbar^2}\frac{1}{(2\pi)^3}\int U(\boldsymbol{q},-\boldsymbol{p}'')\psi(\boldsymbol{p}'')\mathrm{d}\boldsymbol{p}''\end{aligned} \tag{8.4.25}$$

由此表达式, 动量空间中的李普曼–许温格方程 (8.4.21) 简化成

$$\psi(\boldsymbol{p})=\frac{\delta(\boldsymbol{k}-\boldsymbol{p})}{(2\pi)^{3/2}}+4\pi\frac{f(\boldsymbol{k},\boldsymbol{p})}{p^2-q^2+\mathrm{i}\varepsilon} \tag{8.4.26}$$

在式 (8.4.26) 两边乘以 $-\dfrac{m}{2\pi\hbar^2}\dfrac{1}{(2\pi)^3}U(\boldsymbol{k},-\boldsymbol{p})$ 并对 $p$ 积分, 得到[9]

$$f(\boldsymbol{k},\boldsymbol{q})=-\frac{m}{2\pi\hbar^2}\frac{U(\boldsymbol{q},-\boldsymbol{k})}{(2\pi)^{3/2}}-\frac{2m}{\hbar^2}\frac{1}{(2\pi)^3}\int\mathrm{d}\boldsymbol{p}\frac{U(\boldsymbol{q},-\boldsymbol{p})}{p^2-q^2+\mathrm{i}\varepsilon}f(\boldsymbol{k},\boldsymbol{p}) \tag{8.4.27}$$

对于弹性散射, 根据动量守恒, 粒子的入射波矢 $\boldsymbol{k}$ 和散射波矢 $\boldsymbol{p}$ 的大小是相等的, 即

$$|\boldsymbol{k}|=|\boldsymbol{p}|=\left(\frac{2mE}{\hbar^2}\right)^{1/2} \tag{8.4.28}$$

对于一般的非定域势, 式 (8.4.27) 是不容易求解的. 现在只考虑一种简单的情况, 即非定域势是可分的.

$$U(\boldsymbol{r},\boldsymbol{r}')=-g^2v(\boldsymbol{r})v(\boldsymbol{r}') \tag{8.4.29}$$

则其傅里叶变换也是可分的形式

$$U(\boldsymbol{k},\boldsymbol{p})=-g^2v(\boldsymbol{k})v(\boldsymbol{p}) \tag{8.4.30}$$

这时式 (8.4.27) 成为

$$f(\boldsymbol{q})=\frac{m}{2\pi\hbar^2}\frac{v(\boldsymbol{q})v(-\boldsymbol{k})}{(2\pi)^{3/2}}+\frac{2m}{\hbar^2}\frac{1}{(2\pi)^3}\int v(\boldsymbol{q})\frac{v(-\boldsymbol{p})}{p^2-q^2+\mathrm{i}\varepsilon}f(\boldsymbol{p})\mathrm{d}\boldsymbol{p} \tag{8.4.31}$$

现在可以看到, 当势场如式 (8.4.29) 这样可分的时候, 积分方程 (8.4.18) 并不是可分核类型的. 但是其傅里叶变换后的积分方程 (8.4.31) 中的积分核则是可分核的形式. 这时, 也可利用可分核的求解公式.

现在做下述对应:

$$x\to\boldsymbol{q},\quad y\to\boldsymbol{p},\quad f(x)\to f(\boldsymbol{q}),\quad g(x)\to\frac{mg^2}{2\pi\hbar^2}\frac{v(\boldsymbol{q})v(-\boldsymbol{k})}{(2\pi)^{3/2}}$$

$$\phi(x)\to v(\boldsymbol{q}),\quad \psi\to\frac{v(-\boldsymbol{p})}{p^2-q^2+\mathrm{i}\varepsilon}$$

做这样的对应之后, 由于积分核具有式 (8.4.16) 的形式. 因此, 仍然可以利用表 8.1 中的求解公式, 再令 $\tau=\dfrac{4\pi mg^2}{\hbar^2},\lambda=\dfrac{2mg^2}{\hbar^2}=\dfrac{\tau}{2\pi}$, 那么, 式 (8.4.31) 就与式 (8.4.3) 的形式, 或者与式 (8.4.7) 的形式一样了. 注意其中的内积是含有权 $1/(2\pi)^3$ 的积分. 按照式 (8.4.6) 写出解的表达式

$$\begin{aligned}f(\boldsymbol{q})=&\frac{\tau}{8\pi^2(2\pi)^{3/2}}v(\boldsymbol{q})v(-\boldsymbol{k})\\&+\lambda\frac{\dfrac{1}{(2\pi)^3}\displaystyle\int\frac{v(-\boldsymbol{p})}{p^2-q^2+\mathrm{i}\varepsilon}\frac{\tau}{8\pi^2(2\pi)^{3/2}}v(\boldsymbol{p})v(-\boldsymbol{k})\mathrm{d}\boldsymbol{p}}{1-\lambda\dfrac{1}{(2\pi)^3}\displaystyle\int\frac{v(-\boldsymbol{p})}{p^2-q^2+\mathrm{i}\varepsilon}v(\boldsymbol{p})\mathrm{d}\boldsymbol{p}}v(\boldsymbol{q})\end{aligned} \tag{8.4.32}$$

定义

$$I=\frac{1}{(2\pi)^3}\int\frac{v(\boldsymbol{p})v(-\boldsymbol{p})\mathrm{d}\boldsymbol{p}}{p^2-(q-\mathrm{i}\varepsilon)^2} \tag{8.4.33}$$

之后, 式 (8.4.32) 写成

$$f(\boldsymbol{q})=\frac{\tau}{8\pi^2(2\pi)^{3/2}}v(\boldsymbol{q})v(-\boldsymbol{k})\left(1+\frac{\lambda I}{1-\lambda I}\right)=\frac{\tau}{8\pi^2(2\pi)^{3/2}}\frac{v(\boldsymbol{q})v(-\boldsymbol{k})}{1-\lambda I} \tag{8.4.34}$$

这就是最后得到的散射振幅的解.

**例** 设

$$v(\boldsymbol{r})=\mathrm{e}^{-\mu r}/r \tag{8.4.35}$$

这是核物理中的汤川势, 也是金属中电子气的库仑屏蔽势. 首先要计算出其傅里叶分量. 实际上这个傅里叶分量在前面已经计算出来了. 式 (8.4.35) 与式 (6.2.11a), 即三维空间中的格林函数的形式是一样的. 它的傅里叶变换式就是式 (6.2.31). 在式 (6.2.11a) 中令 $\lambda = -\mu^2$, 就能立即写出式 (8.4.35) 的傅里叶变换为

$$v(\boldsymbol{q}) = \frac{4\pi}{q^2 + \mu^2} \tag{8.4.36}$$

这个形式只与波矢的大小有关, 而与波矢的方向无关. 预示最后的散射振幅也只与波矢的大小有关而与波矢的方向无关. 代入式 (8.4.33), 得

$$\begin{aligned} I &= \frac{1}{(2\pi)^3}\int_0^\infty \frac{4\pi q^2 \mathrm{d}q}{q^2 - (p - \mathrm{i}\varepsilon)^2}\left(\frac{4\pi}{q^2 + \mu^2}\right)^2 \\ &= 4\int_{-\infty}^\infty \frac{q^2 \mathrm{d}q}{(q - p + \mathrm{i}\varepsilon)(q + p - \mathrm{i}\varepsilon)}\frac{1}{(q - \mathrm{i}\mu)^2(q + \mathrm{i}\mu)^2} \end{aligned}$$

在上半平面补上闭合回路. 最终计算得到的结果是

$$I = -\frac{2\pi}{\mu(p + \mathrm{i}\mu)^2}$$

再代入式 (8.4.34)

$$\begin{aligned} f(\boldsymbol{k}) &= \frac{\tau}{8\pi^2(2\pi)^{3/2}}\frac{1}{1 + \lambda\dfrac{2\pi}{\mu(p + \mathrm{i}\mu)^2}}\frac{4\pi}{k^2 + \mu^2}\frac{4\pi}{p^2 + \mu^2} \\ &= \frac{1}{(2\pi)^{3/2}}\frac{2\tau}{1 + \lambda\dfrac{2\pi}{\mu}\dfrac{(p - \mathrm{i}\mu)^2}{(p^2 + \mu^2)^2}}\frac{1}{(p^2 + \mu^2)^2} \end{aligned}$$

最后写成

$$f(\boldsymbol{k}, \boldsymbol{p}) = f(E) = \frac{1}{(2\pi)^{3/2}}\frac{2\tau}{(p^2 + \mu^2)^2 + \tau(p - \mathrm{i}\mu)^2/\mu}$$

其中利用了式 (8.4.28), 此时的 $f(\boldsymbol{k}, \boldsymbol{p})$ 值依赖于 $\boldsymbol{k}$ 或者 $\boldsymbol{p}$ 的大小, 即现在散射振幅只与入射和出射波矢的大小有关, 因此在最后的表达式中, 干脆把散射振幅写成依赖于能量 $f(E)$ 的形式.

### 8.4.2　有限秩核

#### 1. 有限秩核的线性方程组

有限秩核已由式 (8.1.14) 定义. 一个有限秩核的积分算子 $K_F$ 作用到巴拿赫空间 $V$ 中任意向量 $f$ 上之后, 具有下面的形式:

$$K_F f \equiv \sum_{n=1}^{N} \phi_n(\psi_n, f) \tag{8.4.37}$$

此式表明，算子的作用是把函数 $f$ 投影到有限个基函数上. 这样，算子的运算可以化为有限维矩阵的运算.

式 (8.4.37) 中 $(\psi_n, f)$ 原则上可以不是内积，而是某种普遍的线性变换. 不过这里遇到的情况，一般就是内积. 如果 $(\psi_n, f)$ 就是内积，那么式 (8.4.37) 就成为

$$K_F f = \int \mathrm{d}x \sum_{n=1}^{N} \phi_n \psi_n(x) f(x) \tag{8.4.38}$$

将 $V$ 的对偶空间内的向量记为 $\tilde{f}$. $K_F$ 的伴随算子记为 $K_F^+$，它是作用在向量 $\tilde{f}$ 上的. $K_F^+$ 作用在向量 $\tilde{f}$ 上的效果是

$$K_F^+ \tilde{f} \equiv \sum_{n=1}^{N} \psi_n (\phi_n, \tilde{f}) \tag{8.4.39}$$

考虑方程组

$$f - \lambda K_F f = g \tag{8.4.40}$$

**定义** 称方程

$$\tilde{h} - \lambda^* K_F^+ \tilde{h} = 0 \tag{8.4.41}$$

为式 (8.4.40) 的齐次共轭方程，或者齐次伴随方程. 其中 $f$, $g$ 是空间 $V$ 中的向量，而 $\tilde{h}$ 是 $V$ 的对偶空间中的向量. 式 (8.4.40) 和式 (8.4.41) 可由式 (8.4.37) 和式 (8.4.39) 重写成如下形式：

$$f = g + \lambda \sum_{n=1}^{N} \phi_n (\psi_n, f) \tag{8.4.42}$$

$$\tilde{h} - \lambda^* \sum_{n=1}^{N} \psi_n (\phi_n, \tilde{h}) = 0 \tag{8.4.43}$$

以下做法类似于可分核的情形. 仿照式 (8.4.8)，在式 (8.4.42) 两边用 $\psi_m$ 构成内积，得

$$(\psi_m, f) = (\psi_m, g) + \lambda \sum_{n=1}^{N} (\psi_m, \phi_n)(\psi_n, f) \tag{8.4.44}$$

令

$$\alpha_{mn} \equiv (\psi_m, \phi_n), \quad a_n \equiv (\psi_n, f), \quad b_m \equiv (\psi_m, g) \tag{8.4.45}$$

式 (8.4.44) 就简写为

$$a_m - \lambda \sum_{n=1}^{N} \alpha_{mn} a_n = b_m \tag{8.4.46}$$

同理，对式 (8.4.43) 的两边用 $\phi_m$ 构成内积，得到的方程是

$$\tilde{a}_m - \lambda^* \sum_{n=1}^{N} \alpha_{nm}^* \tilde{a}_n = 0 \tag{8.4.47}$$

其中

$$\tilde{a}_n \equiv (\phi_n, \tilde{h}) \tag{8.4.48}$$

式 (8.4.46) 和式 (8.4.47) 用矩阵写出来, 就是

$$(I - \lambda M)a = b \tag{8.4.49}$$

$$(I - \lambda M)^+ \tilde{a} = 0 \tag{8.4.50}$$

把方程组 (8.4.40) 和方程组 (8.4.41) 转化成求解线性方程组 (8.4.49) 和线性方程组 (8.4.50) 的问题[10].

式 (8.4.49) 和式 (8.4.50) 与式 (2.2.35) 和式 (2.2.37) 的形式完全一样, 都是线性代数方程组, 因此可以完全套用求解线性代数方程组的择一定理. 该定理应用于目前的情况, 若 $\lambda$ 是矩阵 $M$ 的特征值, 当且仅当对于齐次伴随方程的所有解 $\tilde{a}$, 有

$$(b, \tilde{a}) = \sum_{n=1}^{N} b_n^* \tilde{a}_n = 0 \tag{8.4.51}$$

成立时, 方程 (8.4.47) 有解, 相应地, 式 (8.4.40) 也仅在这些条件下有解.

式 (8.4.51) 要求

$$\sum_{n=1}^{N} (g, \psi_n)(\phi_n, \tilde{h}) = \left( g, \sum_{n=1}^{N} \psi_n (\phi_n, \tilde{h}) \right) = 0 \tag{8.4.52}$$

结合式 (8.4.39), 把其中的 $f$ 换写成 $h$, 式 (8.4.52) 就是指

$$(g, K_F^+ \tilde{h}) = 0 \tag{8.4.53}$$

由定理知, 假如 $\tilde{h} \neq 0$, 由式 (8.4.41) 可得 $\lambda^* K_F^+ \tilde{h} = \tilde{h}$. 因此对于满足 $\tilde{h} - \lambda^* K_F^+ \tilde{h} = 0$ 的所有 $\tilde{h}$, 如果有 $(g, \tilde{h}) = 0$, 那么方程 (8.4.40) 的解存在.

注意: 如果 $(I - \lambda M)^+ \tilde{a} = 0$ 没有解, 那么 $(I - \lambda M)^{-1}$ 存在, 则方程 $(I - \lambda A)a = b$ 有唯一解; 假如方程 $\tilde{h} - \lambda^* K_F^+ \tilde{h} = 0$ 没有解, 则方程 $f - \lambda K_F f = g$ 有唯一解.

上述内容总结为定理 1:

**定理 1** 假如 $K_F$ 是有限秩线性变换, 而 $\tilde{h}_i$ 满足齐次伴随方程 $\lambda^* K_F^+ \tilde{h}_i = \tilde{h}_i$, 那么, 当且仅当对于所有 $i$, $(g, \tilde{h}_i) = 0$ 成立时, 方程 $f = g + \lambda K_F f$ 才有解. 假如齐次伴随方程没有解, 那么非齐次方程的解是唯一的. 由同样的讨论, 对于 $K_F^+$ 也有相似的结论.

**推论 1** 假如 $K_F$ 是有限秩算子, 那么当且仅当对于齐次方程 $\lambda K_F h_i = h_i$ 的任意解 $h_i$, $(\tilde{g}, h_i) = 0$ 成立时, 方程 $\tilde{f} = \tilde{g} + \lambda^* K_F^+ \tilde{f}$ 才有解, 那么非齐次伴随方程的解是唯一的.

**推论 2** 方程 $\lambda K_F h_i = h_i$ 和 $\lambda^* K_F^+ \tilde{h}_i = \tilde{h}_i$ 有相同数目的线性无关解.

定理 1 和它的两个推论, 常常被称为**弗雷德霍姆择一定理**. 称 "择一" 是指有选择的余地: 或是非齐次方程 $(I - \lambda K)f = g$ 有唯一解, 或是齐次伴随方程至少有一个解. 需要说明的是, 现在的这个定理是在有限秩核的情况下的定理. 对于一般的核, 弗雷德霍姆定理有更为一般的形式[5], 叙述如下:

设 $\lambda_0$ 是核 $k(x, y)$ 的一个特征值, 则非齐次方程

$$\lambda_0 \int_a^b k(x, y) f(y) \rho(y) \mathrm{d}y + g(x) = f(x)$$

有解的充分必要条件为, 这一方程的自由项 $g(x)$ 与伴随齐次方程

$$\lambda_0^* \int_a^b k^*(y, x) f(y) \rho(y) \mathrm{d}y = f(x)$$

的一切特征函数正交.

在这一定理中, 不要求核是退化的.

下面叙述在有限秩核的情况下如何把解求出来.

2. 预解算子

假如$f - \lambda K_F f = g$的唯一解存在, 则由$(I - \lambda M)a = b$可得 $a = (I - \lambda M)^{-1} b$ 或

$$a_n \equiv (\psi_n, f) \equiv \sum_{m=1}^{N} [(I - \lambda M)^{-1}]_{nm} b_m = \sum_{m=1}^{N} [(I - \lambda M)^{-1}]_{nm} (\psi_m, g)$$

代入式 (8.4.42), 得到

$$f = g + \lambda \sum_{n=1}^{N} \sum_{m=1}^{N} \phi_n [(I - \lambda M)^{-1}]_{nm} (\psi_m, g) \tag{8.4.54}$$

当方程 $\lambda^* K_F^+ \tilde{h} = \tilde{h}$ 没有解, 或等价地, 当 $(I - \lambda M)^+ \tilde{a} = 0$ 没有解时, 式 (8.5.54) 就是所求的解.

定义一个新的算子 $R_{K_F}$

$$R_{K_F} f \equiv \sum_{n=1}^{N} \sum_{m=1}^{N} [(I - \lambda M)^{-1}]_{mn} \phi_m (\psi_n, f) \tag{8.4.55}$$

如此, 式 (8.4.54) 就写成

$$f = g + \lambda R_{K_F} g = (I + \lambda R_{K_F}) g \tag{8.4.56}$$

算子 $R_{K_F}$ 称为相应于 $K_F$ 的预解算子. 由 $R_{K_F}$ 的定义式 (8.4.55), 只要 $(I-\lambda M)^{-1}$ 存在, 预解算子就存在. 因为 $\det(I-\lambda A)$ 是 $\lambda$ 的 $N$ 次多项式, 所以它有 $N$ 个根 (不必都是单根). 此时, 除了符合 $\det(I-\lambda A)=0$ 的有限个 $\lambda$ 的值, $R_{K_F}$ 在整个 $\lambda$ 复平面上都是解析的. 因此 $R_{K_F}$ 是个亚纯函数. 亚纯函数的定义是: 除了有限个极点外, 它是处处解析的. 在 $R_{K_F}$ 的极点位置上, 方程 $\lambda K_F h=h$ 有解, 或等价地, 方程 $\lambda^* K_F^+\tilde{h}=\tilde{h}$ 有解.

3. 求解步骤

现在可以写出有限秩核弗雷德霍姆积分方程 (8.4.40) 的求解过程了. 为清楚起见, 把前面有关的方程重写如下:

方程 (8.4.42) 与相应的齐次伴随方程 (8.4.43) 如下:

$$f=g+\lambda\sum_{n=1}^{N}\phi_n(\psi_n,f) \tag{8.4.57}$$

$$\tilde{h}-\lambda^*\sum_{n=1}^{N}\psi_n(\phi_n,\tilde{h})=0 \tag{8.4.58}$$

记

$$\alpha_{mn}\equiv(\psi_m,\phi_n),\quad b_m\equiv(\psi_m,g),\quad a_n\equiv(\psi_n,f),\quad \tilde{a}_n\equiv(\phi_n,\tilde{h}) \tag{8.4.59}$$

注意: 其中的 $\alpha_{mn}$ 和 $b_m$ 是可以由原方程计算得到的; 而 $a_n$ 和 $\tilde{a}_n$ 包含未知函数 $f$, 因此是待求的量. $a_n\equiv(\psi_n,f)$ 和 $\tilde{a}_n\equiv(\phi_n,\tilde{h})$ 分别可由方程组 (8.4.49) 和 (8.4.50) 求出.

$$(I-\lambda M)a=b \tag{8.4.60}$$

$$(I-\lambda M)^+\tilde{a}=0 \tag{8.4.61}$$

其中 $(M)_{mn}=\alpha_{mn}$. 在实数空间中, 式 (8.4.61) 可简单地写成

$$(I-\lambda M)a=0 \tag{8.4.62}$$

(1) 由原方程计算 $\alpha_{mn}, b_m$, 并计算 $\det(I-\lambda M)=0$, 得到特征值 $\lambda_i(i=1,2,\cdots,N_\beta\leqslant N)$, 其中可能有重根.

此处要说明的一点是, 在积分方程中讲的特征值是由方程 $\det(I-\lambda M)=0$ 计算得到的, 这与线性代数中讲的特征值略有区别. 在线性代数中, 一个矩阵 $M$ 的特征值是由方程 $\det(\lambda I-M)=0$ 计算得到的. 两者的特征值互为倒数.

(2) 对于 $\lambda\neq\lambda_i(i=1,2,\cdots,N_\beta)$, 非齐次方程 (8.4.60) 有唯一解, 而齐次伴随方程 (8.4.61) 无非零解.

解出 $a$, 代入式 (8.4.57) 得到解 $f$. 这种情况与表 8.1 中的类型 I 相对应. 对于齐次方程 $g=0$, 则函数 $f$ 只能为零, 这与表 8.1 中的类型IV相对应.

若考虑用级数展开法求解, 就要估计 $|\lambda|$ 的上限. 前面介绍了两种估计 $|\lambda|$ 上限的方法:

一是条件 (8.2.18) 和式 (8.2.24)

$$\max_{x,y\in[a,b]}|k(x,y)|\rho(x)=M,\quad |\lambda|<1/M(b-a) \tag{8.4.63}$$

二是在平方可积空间内的条件 (8.2.37)

$$|\lambda|^2\int\rho(x)\mathrm{d}x\int\rho(y)\mathrm{d}y\,|k(x,y)|^2<1 \tag{8.4.64}$$

只要条件 (8.4.63) 和条件 (8.4.64) 满足之一, 就可以用 8.2.1 小节介绍的诺伊曼级数展开求解. 一般说来, 由条件 (8.4.64) 得到的 $|\lambda|$ 的上限比由条件 (8.4.63) 得到的数值要大.

齐次方程和以 $\lambda$ 为特征值的非齐次方程都不能用级数展开法求解.

(3) 当 $\lambda$ 就是特征值时, 设第 $i$ 个特征值 $\lambda_i$ 是 $k_i$ 重简并的, 即 $\lambda_i$ 有 $k_i$ 个特征向量, 记为 $\varphi_{i,j}(j=1,2,\cdots,k_i)$. 对于每一个 $\lambda_i$, 由式 (8.4.61) 可求出 $k_i$ 个 $\tilde{a}$. 每一个 $\tilde{a}$ 代入式 (8.4.58) 求出一个 $\tilde{h}$, 每一个 $\tilde{h}$ 实际上就是对应于特征值 $\lambda_i$ 的特征函数 $\varphi_{i,j}$. 当 $g=0$, 取 $\varphi_{i,j}$ 的转置共轭就是齐次方程 $f-\lambda K_F f=0$ 的解. 这与表 8.1 中的类型V相对应.

对于 $g\neq 0$ 的非齐次方程, 就要运用弗雷德霍姆择一定理中 $(g,\varphi_{i,j})=0$ 的条件. 对于特征值 $\lambda_i$, 先计算 $(g,\varphi_{i,j})(j=1,2,\cdots,k_i)$. 分成两种情况:

一是若至少有一个 $\varphi_{i,j}$, $(g,\varphi_{i,j})\neq 0$, 那么对应于这个特征值 $\lambda_i$ 的方程 (8.4.57) 无解. 这与表 8.1 中的类型II相对应.

二是如果对所有 $\varphi_{i,j}$, 有 $(g,\varphi_{i,j})=0(j=1,2,\cdots,k_i)$, 那么, 对于特征值 $\lambda_i$, 存在解 $f(x)=g(x)+\sum\limits_{j=1}^{k_i}A_j\varphi_{i,j}(x)$, 其中 $A_j(j=1,2,\cdots,k_i)$ 是任意常数. 这与表 8.1 中的类型III相对应.

**例 2** 求解积分方程

$$f(x)=x+\lambda\int_0^{\pi}\frac{\sin(x+x')}{\pi}f(x')\mathrm{d}x' \tag{8.4.65}$$

**解** 用上面叙述的标准步骤来求解. 将方程 (8.4.65) 展开成以下形式:

$$f(x)=x+\lambda\frac{\sin x}{\sqrt{\pi}}\int_0^{\pi}\frac{\cos x'}{\sqrt{\pi}}f(x')\mathrm{d}x'+\lambda\frac{\cos x}{\sqrt{\pi}}\int_0^{\pi}\frac{\sin x'}{\sqrt{\pi}}f(x')\mathrm{d}x' \tag{8.4.66a}$$

与式 (8.4.57) 对照, 显然有 $g(x)=x$, $N=2$, 且

$$\{\phi_n\}=\frac{1}{\sqrt{\pi}}\{\sin x,\cos x\},\quad \{\psi_n\}=\frac{1}{\sqrt{\pi}}\{\cos x,\sin x\}$$

(1) 令

$$a=\begin{pmatrix}a_1\\a_2\end{pmatrix}=\begin{pmatrix}(\psi_1,f)\\(\psi_2,f)\end{pmatrix}=\frac{1}{\sqrt{\pi}}\int_0^{\pi}f(x')\begin{pmatrix}\cos x'\\\sin x'\end{pmatrix}\mathrm{d}x'$$

$$\begin{aligned}b=\begin{pmatrix}b_1\\b_2\end{pmatrix}&=\begin{pmatrix}(\psi_1,g)\\(\psi_2,g)\end{pmatrix}=\frac{1}{\sqrt{\pi}}\int_0^{\pi}x\begin{pmatrix}\cos x\\\sin x\end{pmatrix}\mathrm{d}x\\&=\frac{1}{\sqrt{\pi}}\begin{pmatrix}(x\sin x+\cos x)_0^{\pi}\\(-x\cos x+\sin x)_0^{\pi}\end{pmatrix}=\frac{1}{\sqrt{\pi}}\begin{pmatrix}-2\\\pi\end{pmatrix}\end{aligned}$$

$$M=\begin{pmatrix}(\psi_1,\phi_1)&(\psi_1,\phi_2)\\(\psi_2,\phi_1)&(\psi_2,\phi_2)\end{pmatrix}=\frac{1}{\pi}\int_0^{\pi}\mathrm{d}x\begin{pmatrix}\cos x\sin x&\cos^2 x\\\sin^2 x&\sin x\cos x\end{pmatrix}=\frac{1}{2}\begin{pmatrix}0&1\\1&0\end{pmatrix}$$

在这样的系数定义下, 式 (8.4.66a) 写成

$$f(x)=x+a_1\lambda\frac{\sin x}{\sqrt{\pi}}+a_2\lambda\frac{\cos x}{\sqrt{\pi}}\tag{8.4.66b}$$

对式 (8.4.66b) 两边分别用 $\psi_1$ 和 $\psi_2$ 作内积, 就得到

$$a_1=b_1+\frac{\lambda}{2}a_2,\quad a_2=b_2+\frac{\lambda}{2}a_1$$

写成式 (8.4.60) 的矩阵形式, 可求得

$$I-\lambda M=\begin{pmatrix}1&-\lambda/2\\-\lambda/2&1\end{pmatrix},\quad \det(I-\lambda M)=1-\lambda^2/4,\quad \text{特征值}\quad \lambda=\pm 2$$

(2) 当 $\lambda\neq\pm 2$ 时

① 由

$$a=(I-\lambda M)^{-1}b=\frac{1}{1-\lambda^2/4}\begin{pmatrix}1&\lambda/2\\\lambda/2&1\end{pmatrix}\frac{1}{\sqrt{\pi}}\begin{pmatrix}-2\\\pi\end{pmatrix}$$

解得

$$a_1=\frac{2}{\sqrt{\pi}}\frac{\pi\lambda-4}{4-\lambda^2},\quad a_2=\frac{4}{\sqrt{\pi}}\frac{\pi-\lambda}{4-\lambda^2}$$

将它们代入方程 (8.4.66b), 得到解

$$f(x)=x+2\lambda\frac{\pi\lambda-4}{\pi(4-\lambda^2)}\sin x+4\lambda\frac{\pi-\lambda}{\pi(4-\lambda^2)}\cos x \tag{8.4.67}$$

② 级数解法. 如果要用诺伊曼级数的方式来求解, 就对原方程做反复迭代如下:

$$f(x)=x+\lambda\int_0^\pi \mathrm{d}x'k(x,x')x'+\lambda^2\int_0^\pi \mathrm{d}x'\int_0^\pi \mathrm{d}x''k(x,x')k(x',x'')x''+\cdots \tag{8.4.68}$$

其中核函数是 $k(x,x')=\dfrac{1}{\pi}\sin(x+x')$.

收敛性判据: 对照式 (8.4.63), $|k(x,x')|\leqslant 1/\pi$, 得到 $|\lambda|<1$ 时可以采用级数展开法.

另一方面, 由式 (8.4.64), 可算得

$$\frac{|\lambda|}{\pi}\left[\int_0^\pi\int_0^\pi \sin^2(x+x')\mathrm{d}x\mathrm{d}x'\right]^{1/2}=\frac{|\lambda|}{\sqrt{2}}<1 \tag{8.4.69}$$

即 $|\lambda|<\sqrt{2}$ 时, 级数收敛.

由此例可见, 由条件 (8.4.64) 得到的 $|\lambda|$ 的上限比由条件 (8.4.63) 得到的数值确实要大.

这时可做迭代:

$$f_0(x)=x \tag{8.4.70a}$$

$$f_1(x)=x+\lambda\left(\cos x-\frac{2}{\pi}\sin x\right) \tag{8.4.70b}$$

$$f_2(x)=x+\lambda\left(\cos x-\frac{2}{\pi}\sin x\right)+\lambda^2\left(\frac{1}{2}\sin x-\frac{1}{\pi}\cos x\right) \tag{8.4.70c}$$

······

图 8.1 给出在 $\lambda=1$ 情形下, 精确解与迭代解的比较. 显然, $\lambda=1$ 时, $f_2(x)$ 已是精确解的很好近似.

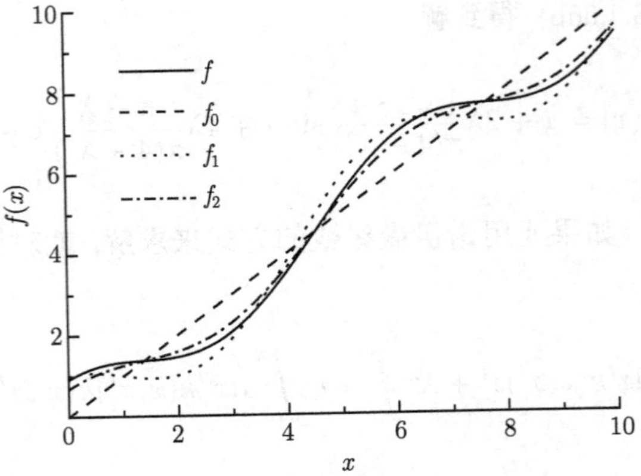


图 8.1　参数 $\lambda = 1$ 时, 函数 $f(x)$ 的精确解与前三个诺伊曼迭代式 $f_0(x), f_1(x), f_2(x)$ 的比较

应该说明的是, 式 (8.4.67) 是对任意 $\lambda \neq \pm 2$ 成立的精确解, 而式 (8.4.68) 或者式 (8.4.70) 只是对 $|\lambda| < \sqrt{2}$ 适用的近似解.

(3) 齐次特征方程. 这时式 (8.4.66b) 写成

$$f_i(x) = a_1 \lambda_i \frac{\sin x}{\sqrt{\pi}} + a_2 \lambda_i \frac{\cos x}{\sqrt{\pi}} \tag{8.4.71}$$

其中 $\lambda = \lambda_i$ 是矩阵 $M$ 的特征值.

当 $\lambda = \pm 2$ 时, $\det(I - \lambda M) = 0$. 这时的特征值方程没有重根, 每一个特征值的秩都是 1, 即 $\lambda = 2$ 和 $\lambda = -2$ 都只有一个特征函数. 由齐次线性代数方程组

$$\begin{pmatrix} 1 & -\lambda_i/2 \\ -\lambda_i/2 & 1 \end{pmatrix} \begin{pmatrix} a_{i,1} \\ a_{i,2} \end{pmatrix} = \begin{pmatrix} 0 \\ 0 \end{pmatrix}$$

求得

$$\lambda_1 = 2, \quad a = \begin{pmatrix} 1 \\ 1 \end{pmatrix}, \quad \lambda_2 = -2, \quad a = \begin{pmatrix} 1 \\ -1 \end{pmatrix}$$

代入式 (8.4.71), 得到两个特征函数分别是

$$\begin{cases} f_+(x) = A_+(\sin x + \cos x) \\ f_-(x) = A_-(\sin x - \cos x) \end{cases} \tag{8.4.72}$$

归一化的函数是

$$f_+(x) = \sqrt{\frac{2}{\pi}} \sin\left(x + \frac{\pi}{4}\right), \quad f_-(x) = \sqrt{\frac{2}{\pi}} \sin\left(x - \frac{\pi}{4}\right)$$

齐次方程

$$f(x) = \pm 2 \int_0^{\pi} \frac{\sin(x + x')}{\pi} f(x') \mathrm{d}x' \tag{8.4.73}$$

的解分别是式 (8.4.72) 的两个特征函数.

若本题中式 (8.4.65) 的自由项 $g(x) = x \neq 0$, 则

$$f(x) = x \pm 2\int_0^{\pi} \frac{\sin(x+x')}{\pi} f(x')\mathrm{d}x' = x \pm \lambda_i \left(a_1 \frac{\sin x}{\sqrt{\pi}} + a_2 \frac{\cos x}{\sqrt{\pi}}\right) \tag{8.4.74}$$

容易计算 $(g, f_+) \neq 0$, $(g, f_-) \neq 0$, 因此, 当 $\lambda = \pm 2$ 时方程 (8.4.74) 均无解.

以上主要介绍了在两种情况下求解积分方程. 一种情况是线性积分算子 $K$ 的范数小到可以用级数展开法来求解; 另一种情况是退化核的线性积分算子, 可以运用弗雷德霍姆定理来通过求解有限维矩阵来求得被积函数. 退化核的情况, 除了表 8.1 中的类型 II, 总是存在封闭形式的解.

实际遇到的积分算子当然不总是能够写成这两种形式的. 在许多物理和工程问题中, 算子既不是 "小" 到足以使简单的玻恩近似成立, 也不能简单地归在有限秩算子的范围内. 然而, 上面两种情况的研究对于实际问题还是有帮助的, 这可由第 7 章最后一个定理看出来. 该定理表明: 任何一个全连续变换可以写成一个有限秩算子 $K_N = P_N K P_N$ 与一个小算子 $K - K_N$ 的和. 因此, 对于后者可以运用迭代技术, 而前者可以化成有限维矩阵来处理[3].

### 8.4.3 核按特征系的展开

一般情况下, 核不是退化的. 但是如果可以求出 $k(x,y)$ 的特征函数系, 那么 $k(x,y)$ 就可用特征函数系展开 (这已由 8.1 节的定理 6 证明了).

$$k(x,y) = \sum_{i=1}^{\infty} \frac{f_i(y) f_i^*(x)}{\lambda_i} \tag{8.4.75}$$

这时 $k(x,y)$ 就显现为退化核的特性. 这与前面退化核的不同之处在于, 退化核是按照某一函数系展开的. 而此处这个函数系恰好就是核的特征函数系.

对于第一类弗雷德霍姆积分方程

$$g(x) = \int_a^b k(x,y) f(y)\mathrm{d}y \tag{8.4.76}$$

有定理 2:

**定理 2**(施密特–皮卡定理) 若核 $k(x,y)$ 是厄米的, $\{\lambda_i\}$ 和 $\{f_i(x)\}$ 为其特征系, 则方程 (8.4.76) 有解的充要条件是下列级数

$$\sum_{i=1}^{\infty} |\lambda_i g_i|^2, \quad g_i = (f_i, g)$$

收敛. 若 $\{f_i(x)\}$ 还是完备的, 则方程 (8.4.76) 有如下唯一解:

$$f(x) = \sum_{i=1}^{\infty} \lambda_i g_i f_i(x) \tag{8.4.77}$$

式 (8.4.77) 容易证明. 只要将式 (8.4.75) 代入方程 (8.4.76)

$$g(x)=\int_a^b\sum_{i=1}^{\infty}\frac{f_i(y)f_i^*(x)}{\lambda_i}f(y)\mathrm{d}y$$

两边乘以 $f_k(x)$, 并对 $x$ 积分. 利用特征函数系的正交归一性, 得

$$g_k=\int_a^b f_k^*(x)g(x)\mathrm{d}x=\int_a^b\frac{f_k^*(y)}{\lambda_k}f(y)\mathrm{d}y \tag{8.4.78}$$

因 $\{f_i(x)\}$ 是完备的, 设

$$f(x)=\sum_{i=1}^{\infty}c_if_i(x)$$

代入式 (8.4.78), 得

$$g_k=\int_a^b\frac{f_k^*(y)}{\lambda_k}\sum_{j=1}^{\infty}c_jf_j(y)\mathrm{d}y=\frac{c_k}{\lambda_k} \tag{8.4.79}$$

因此

$$c_k=\lambda_kg_k \tag{8.4.80}$$

就得到了方程的解式 (8.4.77).

需要注意的是, 如果 $k(x,y)$ 的特征函数系是完备的, 那么就得到了方程的唯一解. 若不是完备的, 意味着方程的一个解是用不完备的几个特征函数展开的. 完备系中的其他特征函数可以与核正交. 例如, 设已经求得 $f(x)$ 是方程 (8.4.75) 的一个解. 若函数 $\varphi(x)$ 与核 $k(x,y)$ 正交, 即

$$\int_a^b k(x,y)\varphi(y)\mathrm{d}y=0$$

那么显然, $f(x)+\varphi(x)$ 也是方程的一个解. 这是第一类弗雷德霍姆积分方程的特点. 第二类弗雷德霍姆积分方程就无此特点. 下面来看例 3.

**例 3**　求解方程

$$\int_{-\pi}^{\pi}\sin(x+y)f(y)\mathrm{d}y=3\sin x+2\cos x$$

**解**　把核展开, 得

$$k(x,y)=\sin(x+y)=\sin x\cos y+\cos x\sin y$$

此核与式 (8.4.76) 对照, 显然有 $N=2$, 且

$$\{\phi_n\}=\{\sin x,\cos x\},\quad \{\psi_n\}=\{\cos x,\sin x\}$$

令

$$M=\begin{pmatrix}(\psi_1,\phi_1) & (\psi_1,\phi_2)\\ (\psi_2,\phi_1) & (\psi_2,\phi_2)\end{pmatrix}=\int_{-\pi}^{\pi}\mathrm{d}x\begin{pmatrix}\cos x\sin x & \cos^2 x\\ \sin^2 x & \sin x\cos x\end{pmatrix}=\pi\begin{pmatrix}0 & 1\\ 1 & 0\end{pmatrix}$$

特征方程是

$$\det(I-\lambda M)=1-\lambda^2\pi^2$$

由此求出特征值 $\lambda=\pm 1/\pi$.

注意：本例核的形式看上去与例 2 是相同的. 即使核的形式相同, 若积分区域不同, 则特征值的数值也会不同. 求特征函数

$$\begin{pmatrix}0 & 1\\ 1 & 0\end{pmatrix}\begin{pmatrix}1\\ 1\end{pmatrix}=\begin{pmatrix}1\\ 1\end{pmatrix},\quad \begin{pmatrix}0 & 1\\ 1 & 0\end{pmatrix}\begin{pmatrix}1\\ -1\end{pmatrix}=-\begin{pmatrix}1\\ -1\end{pmatrix}$$

特征函数系就是：$\{\sin x+\cos x,\sin x-\cos x\}$. 它们不是归一化的. 归一化的特征函数系是 $\{\psi_1,\psi_2\}=\dfrac{1}{\sqrt{2\pi}}\{\sin x+\cos x,\sin x-\cos x\}$

核函数按照特征函数系的展开就是

$$k(x,y)=\frac{1}{2}(\sin x+\cos x)(\sin y+\cos y)-\frac{1}{2}(\sin x-\cos x)(\sin y-\cos y)$$

由式 (8.4.78) 算得

$$g_1=\frac{1}{2\pi}\int_{-\pi}^{\pi}(\sin y+\cos y)(3\sin y+2\cos y)\mathrm{d}y=\frac{5}{2}$$
$$g_2=\frac{1}{2\pi}\int_{-\pi}^{\pi}(\sin y-\cos y)(3\sin y+2\cos y)\mathrm{d}y=\frac{1}{2}$$

现在把 $f(x)$ 的一个解写成特征函数系的线性组合, 即令

$$f_0(x)=c_1\psi_1+c_2\psi_2$$

系数可由式 (8.4.80) 算得 $c_1=\dfrac{5}{2\pi},c_2=-\dfrac{1}{2\pi}$. 求得一个解

$$f_0(x)=\frac{5}{2\pi}(\sin x+\cos x)-\frac{1}{2\pi}(\sin x-\cos x)=\frac{2}{\pi}\sin x+\frac{3}{\pi}\cos x$$

现在核的特征函数系 $\{\psi_1,\psi_2\}$ 不是整个完备系, $f_0(x)$ 只是由 $\{\psi_1,\psi_2\}$ 展开, 真正的完备系是 $\{\sin nx\pm\cos nx\}$. 因此, 函数

$$\psi(x)=a_0+\sum_{j=2}^{\infty}(a_n\sin nx+b_n\cos nx)$$

与核正交, 即

$$\int_{-\pi}^{\pi} \sin(x+y)\psi(y)\mathrm{d}y = 0$$

这里各系数 $a_0, a_n, b_n (n = 2, 3, \cdots)$ 是任意常数. 所以, 原方程的解为

$$f(x) = \frac{2}{\pi}\sin x + \frac{3}{\pi}\cos x + \psi(x)$$

随着系数 $a_0, a_n, b_n (n = 2, 3, \cdots)$ 的任意选取, 满足原方程的解有无穷多个.

## 8.5 卷积型积分方程的求解

### 8.5.1 弗雷德霍姆卷积型积分方程

对于弗雷德霍姆卷积型积分方程, 当求解区域 $[a, b]$ 是整个实轴时, 可以用傅里叶变换的方法来求解.

首先简短回顾傅里叶变换的公式. 傅里叶变换和逆变换的公式是

$$Q(q) = \int_{-\infty}^{\infty} f(x)\mathrm{e}^{-\mathrm{i}qx}\mathrm{d}q \tag{8.5.1}$$

和

$$f(x) = \frac{1}{2\pi}\int_{-\infty}^{\infty} Q(q)\mathrm{e}^{\mathrm{i}qx}\mathrm{d}q \tag{8.5.2}$$

用一个线性积分算子 $F$ 来表示傅里叶变换, 那么

$$Q = F[f], \quad f = F^{-1}[Q] \tag{8.5.3}$$

若函数 $f(x)$ 是以下形式:

$$f(x) = \int_{-\infty}^{\infty} f_1(x - x_1)f_2(x_1)\mathrm{d}x_1 \tag{8.5.4}$$

简记为 $f = f_1 * f_2$. 卷积具有性质 $f_1 * f_2 = f_2 * f_1$.

卷积的傅里叶变换公式是

$$F[f_1 * f_2] = F[f_1] \cdot F[f_2] \tag{8.5.5}$$

这一公式称为卷积定理. 傅里叶变换和逆变换的具体公式有表可查.

1. 第二类弗雷德霍姆卷积型积分方程

此时的卷积方程为

$$\int_{-\infty}^{\infty} k(x-y)f(y)\mathrm{d}y + g(x) = f(x) \tag{8.5.6}$$

对两边作傅里叶变换. 记

$$Q = F[f], \quad G = F[g], \quad K = F[k] \tag{8.5.7}$$

变换的结果为

$$K(q)Q(q) + G(q) = Q(q) \tag{8.5.8}$$

当 $1 - K(q) \neq 0$ 时, 由此解得

$$Q(q) = \frac{G(q)}{1 - K(q)} \tag{8.5.9}$$

然后作傅里叶反变换, 得到解函数

$$f(x) = F^{-1}[Q(k)] = \frac{1}{2\pi}\int_{-\infty}^{\infty} \frac{G(k)}{1-K(k)}\mathrm{e}^{\mathrm{i}kx}\mathrm{d}k \tag{8.5.10}$$

2. 第一类弗雷德霍姆卷积型积分方程

此时的卷积方程为

$$\int_{-\infty}^{\infty} k(x-y)f(y)\mathrm{d}y = g(x) \tag{8.5.11}$$

对两边作傅里叶变换. 变换的结果为

$$K(q)Q(q) = G(q) \tag{8.5.12}$$

当 $K(q) \neq 0$ 时, 由此解得

$$Q(q) = \frac{G(q)}{K(q)} \tag{8.5.13}$$

然后作傅里叶反变换, 得到

$$f(x) = F^{-1}[Q(q)] = \frac{1}{2\pi}\int_{-\infty}^{\infty} \frac{G(q)}{K(q)}\mathrm{e}^{\mathrm{i}qx}\mathrm{d}q \tag{8.5.14}$$

此外, 当核正好是正弦函数或者余弦函数, 而求解区域 $[a,b]$ 是正半轴时, 可以用傅里叶正弦变换或者傅里叶余弦变换求解[7]. 具体的公式有表可查[4].

**例 1**　当式 (8.5.11) 中的核函数恰好是费米分布函数

$$k(x) = \frac{1}{\mathrm{e}^x + 1} \tag{8.5.15}$$

时, 求函数 $f(x)$ 的表达式.

**解**　首先要计算核函数的傅里叶变换

$$K(\omega) = \int_{-\infty}^{\infty} \frac{\mathrm{e}^{\mathrm{i}x\omega}}{\mathrm{e}^x + 1}\mathrm{d}x \tag{8.5.16}$$

在上半平面补上回路积分. 一级极点在 $x = (2n+1)\pi\mathrm{i}$ 处, 因此

$$K(\omega) = 2\pi\mathrm{i}\sum_{n=0}^{\infty} \mathrm{e}^{\mathrm{i}\omega(2n+1)\pi\mathrm{i}} = 2\pi\mathrm{i}\frac{\mathrm{e}^{-\omega\pi}}{1-\mathrm{e}^{-\omega 2\pi}} = \frac{\pi\mathrm{i}}{\sinh\omega\pi} \tag{8.5.17}$$

原方程的解为

$$\begin{aligned} f(x) &= \frac{1}{2\pi}\int_{-\infty}^{\infty} \frac{G(\omega)}{K(\omega)}\mathrm{e}^{-\mathrm{i}x\omega}\mathrm{d}\omega = \frac{1}{2\pi}\int_{-\infty}^{\infty} \frac{\sinh\omega\pi}{\pi\mathrm{i}}\mathrm{e}^{-\mathrm{i}x\omega}\int_{-\infty}^{\infty} g(x')\mathrm{e}^{\mathrm{i}x'\omega}\mathrm{d}x'\mathrm{d}\omega \\ &= \frac{1}{2\pi\mathrm{i}}\int_{-\infty}^{\infty} g(x')\mathrm{d}x'\frac{1}{2\pi}\int_{-\infty}^{\infty} \mathrm{e}^{\mathrm{i}(x'-x)\omega}\sinh\omega\pi\mathrm{d}\omega \end{aligned} \tag{8.5.18}$$

其中 $G(\omega)$ 是 $g(x)$ 的傅里叶变换式. 最后一步中的积分是双曲正弦函数的傅里叶变换. 可由数学手册查得此傅里叶变换

$$\frac{1}{2\pi}\int_{-\infty}^{\infty} \mathrm{e}^{\mathrm{i}(x'-x)\omega}\sinh\omega\pi\mathrm{d}\omega = \delta(x'-x-\mathrm{i}\pi) - \delta(x'-x+\mathrm{i}\pi) \tag{8.5.19}$$

因此

$$\begin{aligned} f(x) &= \frac{1}{2\pi\mathrm{i}}\int_{-\infty}^{\infty} g(x')\mathrm{d}x'[\delta(x'-x-\mathrm{i}\pi) - \delta(x'-x+\mathrm{i}\pi)] \\ &= \frac{1}{2\pi\mathrm{i}}[g(x+\mathrm{i}\pi) - g(x-\mathrm{i}\pi)] \end{aligned} \tag{8.5.20}$$

其中利用了式 (5.1.24). 最后的表达式可以写成更为简洁的形式

$$\frac{1}{2\pi\mathrm{i}}[g(x+\mathrm{i}\pi) - g(x-\mathrm{i}\pi)] = -\frac{1}{\pi}\mathrm{Im}g(x-\mathrm{i}\pi) \tag{8.5.21}$$

对于给定的函数 $g$, 立即可写出待求函数 $f$.

### 8.5.2　沃尔泰拉卷积型积分方程

对于沃尔泰拉型积分方程, 当积分下限是 $a = 0$ 时, 可以用拉普拉斯变换求解. 首先简短回顾拉普拉斯变换的公式. 拉普拉斯变换的公式是

$$Q(p) = \int_0^{\infty} f(x)\mathrm{e}^{-px}\mathrm{d}x \tag{8.5.22}$$

用一个线性积分算子 $L$ 表示拉普拉斯变换, 那么

$$Q = L[f] \tag{8.5.23}$$

这是由本函数 $f$ 求出像函数 $Q$ 的变换公式. 由像函数求出本函数的逆变换记为

$$f = L^{-1}[Q] \tag{8.5.24}$$

若函数 $f(x)$ 是以下形式:

$$f(x) = \int_0^x f_1(x - x_1) f_2(x_1) \mathrm{d}x_1 \tag{8.5.25}$$

简记为 $f = f_1 * f_2$. 卷积具有性质 $f_1 * f_2 = f_2 * f_1$.

卷积的拉普拉斯变换公式是

$$L[f_1 * f_2] = L[f_1] \cdot L[f_2] \tag{8.5.26}$$

这一公式也称为卷积定理. 拉普拉斯变换和逆变换的具体公式有表可查[4].

1. 第二类沃尔泰拉卷积型积分方程

此时的卷积方程为

$$\int_0^x k(x - y) f(y) \mathrm{d}y + g(x) = f(x) \tag{8.5.27}$$

对两边作拉普拉斯变换. 记

$$Q = L[f], \quad G = L[g], \quad K = L[k] \tag{8.5.28}$$

变换的结果为

$$K(p)Q(p) + G(p) = Q(p) \tag{8.5.29}$$

当 $1 - K(p) \neq 0$ 时, 由此解得

$$Q(p) = \frac{G(p)}{1 - K(p)} \tag{8.5.30}$$

然后作拉普拉斯反变换, 得到

$$f(x) = L^{-1}[Q(p)] \tag{8.5.31}$$

**例 2** 求解

$$f(x) = \sin x + 2 \int_0^x \cos(x - y) f(y) \mathrm{d}y$$

**解** 按照式 (8.5.28) 作拉普拉斯变换, 有

$$G(p) = L[\sin x] = \frac{1}{p^2+1}, \quad K(p) = L[2\cos(x)] = \frac{2p}{p^2+1}$$

套用式 (8.5.30), 得

$$Q(p) = \frac{1/(p^2+1)}{1-2p/(p^2+1)} = \frac{1}{(p-1)^2}$$

再查拉普拉斯逆变换表, 有公式

$$L[x^n] = \frac{n!}{p^{n+1}}, \quad L^{-1}\left[\frac{n!}{p^{n+1}}\right] = x^n, \quad L^{-1}[Q(p-\alpha)] = \mathrm{e}^{\alpha x} L^{-1}[Q(p)] \tag{8.5.32}$$

得到原方程的解

$$f(x) = L^{-1}\left[\frac{1}{(p-1)^2}\right] = x\mathrm{e}^x$$

2. 第一类沃尔泰拉卷积型积分方程

此时的卷积方程为

$$\int_0^x k(x-y)f(y)\mathrm{d}y = g(x) \tag{8.5.33}$$

对两边作拉普拉斯变换, 变换的结果为

$$K(p)Q(p) = G(p) \tag{8.5.34}$$

当 $K(p) \neq 0$ 时, 由此解得

$$Q(p) = \frac{G(p)}{K(p)} \tag{8.5.35}$$

然后再按式 (8.5.31) 得到解函数.

**例 3** 求解

$$x^3 = \int_0^x \left[1 - 4(x-y) + \frac{3}{2}(x-y)^2\right] f(y)\mathrm{d}y$$

**解** 对方程两边作拉普拉斯变换. 利用拉普拉斯变换公式 (8.5.32), 得到

$$G(p) = \frac{3!}{p^4}, \quad K(p) = \frac{1}{p} - \frac{4}{p^2} + \frac{3}{p^3} = \frac{p^2-4p+3}{p^3}$$

代入式 (8.5.35)

$$\begin{aligned} Q(p) &= \frac{6}{p^4}\frac{p^3}{p^2-4p+3} = \frac{6}{p(p-1)(p-3)} \\ &= \frac{3}{p}\left(\frac{1}{p-3} - \frac{1}{p-1}\right) = \frac{1}{p-3} - \frac{3}{p-1} + \frac{2}{p} \end{aligned}$$

拉普拉斯逆变换的结果仍参照式 (8.5.32) 得

$$f(x)=L^{-1}\left[\frac{1}{p-3}-\frac{3}{p-1}+\frac{2}{p}\right]=\mathrm{e}^{3x}-3\mathrm{e}^{x}+2$$

**例 4** 求解积分方程

$$x^{\alpha}=\int_{0}^{x}(x-y)^{\beta}f(y)\mathrm{d}y,\quad \alpha\geqslant 0,\beta>-1$$

**解** 对方程两边作拉普拉斯变换

$$L[x^{\alpha}]=L[x^{\beta}]Q(p)$$

当 $\alpha$ 非整数时, 有如下一对拉普拉斯变换与逆变换:

$$L[x^{\alpha}]=\frac{\Gamma(\alpha+1)}{p^{\alpha+1}},\quad L^{-1}\left[\frac{1}{p^{\alpha}}\right]=\frac{x^{\alpha-1}}{\Gamma(\alpha)}$$

因此

$$\frac{\Gamma(\alpha+1)}{p^{\alpha+1}}=\frac{\Gamma(\beta+1)}{p^{\beta+1}}Q(p)$$

解得

$$Q(p)=\frac{\Gamma(\alpha+1)}{\Gamma(\beta+1)p^{\alpha-\beta}}$$

由逆变换得到原方程解

$$f(x)=L^{-1}[Q(p)]=\frac{\Gamma(\alpha+1)}{\Gamma(\beta+1)}L^{-1}\left[\frac{1}{p^{\alpha-\beta}}\right]=\frac{\Gamma(\alpha+1)}{\Gamma(\beta+1)\Gamma(\alpha-\beta)}x^{\alpha-\beta-1}$$

### 3. 非线性沃尔泰拉卷积型积分方程

对于下述特殊的卷积方程:

$$\lambda\int_{0}^{x}f(x-y)f(y)\mathrm{d}y+g(x)=f(x) \tag{8.5.36}$$

也可以用拉普拉斯变换求解. 因为尽管这个方程是非线性的, 积分项却恰好是卷积的形式. 对此式两边作拉普拉斯变换, 得到

$$\lambda Q(p)Q(p)+G(p)=Q(p)$$

于是

$$\lambda Q(p)Q(p)-Q(p)+G(p)=0 \tag{8.5.37}$$

解得

$$Q(p)=\frac{1}{2\lambda}\left[1\pm\sqrt{1-4\lambda G(p)}\right] \tag{8.5.38}$$

然后作逆变换 $f(x)=L^{-1}[Q(p)]$, 得到原方程的解.

**例 5** 求解下述积分方程:

$$\lambda\int_0^x f(x-y)f(y)\mathrm{d}y=\frac{x^3}{6}$$

**解** 两边作拉普拉斯变换的结果是

$$\lambda Q^2(p)=\frac{1}{p^4}$$

因此

$$Q(p)=\pm\frac{1}{\sqrt{\lambda}p^2}$$

逆变换之后得到解为

$$f(x)=\pm\frac{x}{\sqrt{\lambda}}$$

## 8.6 多项式类型的积分方程

### 8.6.1 只含多项式的弗雷德霍姆积分方程的解法

在弗雷德霍姆积分方程中, 如果核 $k(x,y)$ 与自由项 $g(x)$ 都是 $x$ 的多项式, 那么可以设待求函数也是 $x$ 的多项式, 代入方程后比较系数, 求得解[4]. 例如, 若第二类弗雷德霍姆积分方程可写成如下形式:

$$\lambda\int_a^b\sum_{i=1}^{n}\varphi_i(y)x^i f^k(y)\mathrm{d}y+\sum_{i=1}^{m}a_j x^j=f(x),\quad m\geqslant n \tag{8.6.1}$$

则可设

$$f(x)=\sum_{i=1}^{m}b_i x^l$$

代入方程, 比较两边系数, 得到各 $b_i$ 的数值. 这是非线性方程中的一个特殊的形式, 当 $k=1$, 就回到线性积分方程.

**例 1** 求解积分方程

$$60\int_0^1 xyf^2(y)\mathrm{d}y+1+20x-x^2=f(x)$$

**解** 观察方程, 可以设: $f(x)=a+bx+cx^2$. 将这个等式代入原方程, 积分后比较两边的系数, 易得

$$a=1,\quad c=-1$$

$$b-60\left(\frac{1}{2}+\frac{2}{3}b+\frac{1}{4}b^2-\frac{1}{2}-\frac{2}{5}b+\frac{1}{6}\right)=20,\quad b=(-1+7i)/2$$

因此原方程的解为：$f(x)=1+(-1+7i)/2x-x^2$.

方程 (8.6.1) 还可以扩展为下述形式：

$$\lambda\int_a^b\sum_{i=1}^n\varphi_i(y)x^if^k(y)\mathrm{d}y+\sum_{i=1}^m a_jx^j=f^l(x) \tag{8.6.2}$$

只要 $m,n,k,l$ 这些参数适当, 仍可以用类似的方法求解.

**例 2** $\lambda\int_0^1 xyf(y)\mathrm{d}y+1+x^2=f^2(x)$

**解** 可设 $f(x)$ 具有如下形式：$f(x)=a+bx$. 代入原方程后, 比较各项的系数

$$a^2=1,\quad b^2=1,\quad \lambda=\frac{2ab}{a/2+b/3}$$

得到四个特征值及对应的解的表达式见表 8.2.

**表 8.2 例 2 中四个解函数的参数及对应的特征值**

| $a$ | $b$ | $\lambda$ | $f(x)$ |
|---|---|---|---|
| 1 | 1 | 12/5 | $1+x$ |
| 1 | −1 | 12 | $1-x$ |
| −1 | 1 | −12 | $-1+x$ |
| −1 | −1 | −12/5 | $-1-x$ |

### 8.6.2 母函数法

在第 3 章已经知道, 二阶线性常微分方程的多项式解集 $\{Q_n(x)\}$ 在区域 $[a,,b]$ 上是完备系和带权 $\rho(x)$ 正交的. 各种情况下的求解区域, 相应的权函数和多项式的级数表达式已经在表 3.1 和表 3.2 中给出. 又知道, 这样的解集具有母函数关系. 在表 3.5 和表 3.6 中列出了一些母函数关系. 下面假定 $\{Q_n(x)\}$ 已经归一化.

在第一类弗雷德霍姆积分方程

$$\int_a^b k(x,y)f(y)\mathrm{d}y=g(x) \tag{8.6.3}$$

中, 如果求解区域正好是上述二阶常微分方程的求解区域, 核 $k(x,y)$ 正好是该区域上的解集的母函数 $G(x,y)$ 乘以相应的权函数 $\rho(y)$, 即

$$k(x,y)=G(x,y)\rho(y) \tag{8.6.4}$$

那么就可以用下列母函数法来求解.

根据母函数关系, $G(x,y)$ 可展开成如下形式:

$$G(x,y)=\sum_{n=0}^{\infty}c_nQ_n(y)x^n \tag{8.6.5}$$

其中系数 $c_n$ 的引入是为了同时包括表 3.5 和表 3.6 中的普生成函数和指生成函数两种情况, 甚至还可以是其他情况. 既然 $\{Q_n(x)\}$ 是完备系, 那么就可以把待求函数 $f(y)$ 按如下展开:

$$f(y)=\sum_{k=0}^{\infty}a_kQ_k(y) \tag{8.6.6}$$

把式 (8.6.4)~ 式 (8.6.6) 都代入方程 (8.6.3)

$$\int_a^b\sum_{n=0}^{\infty}c_nQ_n(y)x^n\rho(y)\sum_{k=0}^{\infty}a_kQ_k^*(y)\mathrm{d}y=\sum_{n=0}^{\infty}c_na_nN_nx^n=g(x) \tag{8.6.7}$$

左边已对 $y$ 积分, 其中

$$N_n=\int_a^bQ_n(y)Q_n^*(y)\rho(y)\mathrm{d}y \tag{8.6.8}$$

将右边作泰勒展开, 得

$$g(x)=\sum_{n=0}^{\infty}\frac{1}{n!}g^{(n)}(0)x^n \tag{8.6.9}$$

比较两边同次幂的系数, 即可得到展开系数

$$a_n=\frac{1}{n!c_nN_n}g^{(n)}(0) \tag{8.6.10}$$

**例 3**　求下列方程的解:

$$\int_{-1}^{1}\frac{f(y)}{\sqrt{1-2xy+x^2}}\mathrm{d}y=x+1$$

**解**　核是勒让德多项式 $\{P_n(x)\}$ 的母函数, 权函数为 1, 区域也正好是 $\{P_n(x)\}$ 适用的区域. 已知

$$N_n=\int_{-1}^{1}P_n(y)P_n^*(y)\mathrm{d}y=\frac{2}{2n+1}$$

因此, 由式 (8.6.7) 知

$$\sum_{n=0}^{\infty}\frac{2a_n}{2n+1}x^n=x+1$$

此题的 $g(x)$ 已经自动呈多项式的形式. 比较两边同次幂的系数, 可知

$$a_0=\frac{1}{2},\quad a_1=\frac{3}{2},\quad a_n=0,\quad n\geqslant 2$$

因此, 由式 (8.6.6) 得到解为

$$f(x) = \frac{1}{2}P_0(x) + \frac{3}{2}P_1(x) = \frac{1}{2} + \frac{3}{2}x$$

**例 4**　求下列方程的解:

$$\int_0^\infty \frac{1}{1-x}\exp\left(-\frac{xy}{1-x}\right)\mathrm{e}^{-y}f(y)\mathrm{d}y = 1-x, \quad |x|<1$$

**解**　这是拉盖尔多项式的母函数和权函数. 已知

$$N_n = \int_{-1}^1 \mathrm{e}^{-y}L_n(y)L_n^*(y)\mathrm{d}y = (n!)^2$$

母函数关系为

$$\frac{1}{1-t}\exp\left(-\frac{xt}{1-t}\right) = \sum_{n=0}^\infty \frac{L_n(x)}{n!}t^n$$

代入式 (8.6.7) 知

$$\sum_{n=0}^\infty \frac{1}{n!}a_n(n!)^2x^n = 1-x$$

比较两边同次幂的系数, 可知

$$a_0 = 1, \quad a_1 = -1, \quad a_n = 0, \quad n \geqslant 2$$

因此原积分方程的解为

$$f(x) = L_0(x) - L_1(x) = 1-(1-x) = x$$

## 习　题

1. 证明式 (8.1.21) 是满足式 (8.1.20) 的边界条件的, 对式 (8.1.21) 求两次导得到式 (8.1.20). 反之, 如何从式 (8.1.20) 得到式 (8.1.21)?

2. 沃尔泰拉积分方程 (8.1.24) 与二阶微分方程 (8.1.23) 是等价的. 其中系数 $A$ 和 $B$ 由边界条件或者初始条件决定. 请对于下列条件确定各自的系数 $A$ 和 $B$.

(1) $f(a) = \alpha, f(b) = \beta$.

(2) $f(a) = \alpha, f'(a) = \beta$.

(3) $f(b) = \alpha, f'(b) = \beta$.

3. 证明式 (8.2.56). 并证明当 $N$ 趋于无穷时, $\sum\limits_{n=0}^N \lambda^n \tilde{g}_n(x)$ 一致收敛于式 (8.1.10) 的解 $f(x)$.

4. 验证以下沃尔泰拉积分方程的解.

(1) 验证：$f(x) = 1 - x$ 是积分方程 $\int_0^x \mathrm{d}y\mathrm{e}^{x-y}f(y) = x$ 的解.

(2) 验证：$f(x) = \dfrac{1}{\pi\sqrt{x}}$ 是积分方程 $\int_0^x \dfrac{f(y)}{\sqrt{x-y}}\mathrm{d}y = 1$ 的解.

5. 把以下微分方程的定解问题化为对应的积分方程.

(1) $y'' + y = \cos x, y(0) = 0, y'(0) = 1$.

(2) $y'' + (1 + x^2)y = \cos x, y(0) = 0, y'(0) = 2$.

(3) $y'' + 4y = \varphi(x), 0 < x < \pi/2, y(0) = 0, y(\pi/2) = 0$.

6. 把以下积分方程化为微分方程, 再求解.

(1) $x - \int_0^x \mathrm{d}y\mathrm{e}^{x-y}f(y) = f(x)$.

(2) $\int_0^x \mathrm{d}y\mathrm{e}^{x-y}f(y) = x$.

(3) $1 + 2\int_0^x \dfrac{2y+1}{(2x+1)^2}f(y)\mathrm{d}y = f(x)$.

7. 证明：若 $k(x, y)$ 是厄米的, 则它的 $n$ 次叠核 $k_n(x, y)$ 也是厄米的.

8. 用迭代法求解下列积分方程.

(1) $f(x) = 1 + \lambda\int_0^\infty \mathrm{d}y\mathrm{e}^{-(x+y)}f(y) = 1 + \lambda\mathrm{e}^{-x}(\mathrm{e}^{-y}, f)$.

(2) $f(x) = 1 + \lambda\int_0^x \mathrm{d}yf(y)$.

$\lambda$ 取何值, 迭代法收敛?

9. 用迭代法求解下列积分方程.

(1) $f(x) = \dfrac{5}{6}x + \dfrac{1}{2}\int_0^1 \mathrm{d}yf(y)xy$.

(2) $f(x) = \mathrm{e}^x - \dfrac{1}{2}\mathrm{e} + \dfrac{1}{2} + \dfrac{1}{2}\int_0^1 \mathrm{d}yf(y)$.

(3) $f(x) = 1 + \int_0^x \mathrm{d}yf(y)(y - x)$.

(4) $f(x) = x + \int_0^x \mathrm{d}yf(y)(y - x)$.

10. 求解如下积分方程.

(1) $f(x) = \sin x - \dfrac{1}{4}x + \dfrac{1}{4}\int_0^{\pi/2} \mathrm{d}yf(y)xy$.

(2) $f(x) = 1 - 2x - 4x^2 + \int_0^x \mathrm{d}yf(y)[3 + 6(x-y) - 4(x-y)^2]$.

11. 在式 (8.2.38e) 两边乘以 $[V(\boldsymbol{r})]^{1/2}$, 假设 $V(\boldsymbol{r})$ 不为负. 证明：如果定义

$$\tilde{\psi}(\boldsymbol{r}) = [V(\boldsymbol{r})]^{1/2}\psi(\boldsymbol{r}), \quad \tilde{\varphi}(\boldsymbol{r}) = [V(\boldsymbol{r})]^{1/2}\varphi(\boldsymbol{r})$$

和 $\tilde{\boldsymbol{k}}(\boldsymbol{r},\boldsymbol{r}',E)=[V(\boldsymbol{r})]^{1/2}G_0(\boldsymbol{r},\boldsymbol{r}',E)[V(\boldsymbol{r}')]^{1/2}$, 那么

$$\tilde{\psi}(\boldsymbol{r})=\tilde{\varphi}(\boldsymbol{r})+\int\tilde{k}(\boldsymbol{r},\boldsymbol{r}',E)\tilde{\psi}(\boldsymbol{r}')\mathrm{d}\boldsymbol{r}'$$

把核为 $\tilde{\boldsymbol{k}}(\boldsymbol{r},\boldsymbol{r}',E)$ 的线性积分算子称为 $\tilde{K}$, 证明: $\tilde{K}$ 的范数和由权函数方法得到的式 (8.2.38e) 的积分算子的范数相同. 也证明, 假如对 $\tilde{\psi}(\boldsymbol{r})$ 的方程进行迭代, $[V(\boldsymbol{r})]^{1/2}$ 在计算中实际上从未出现, 即除了乘以一个因子 $[V(\boldsymbol{r})]^{1/2}$ 外, 解是 $\tilde{\psi}(\boldsymbol{r})$ 的通常的玻恩级数.

12. 当 $V(\boldsymbol{r})=V_0\mathrm{e}^{-\mu r}$ 时, 估计李普曼–许温格方程的核的范数. 按照这个估计, $V_0$ 在取什么值的时候, 玻恩级数收敛?

13. 对于具有 $\delta$ 势的一维薛定谔方程 $-\dfrac{\hbar^2}{2m}\dfrac{\mathrm{d}^2}{\mathrm{d}x^2}\psi(x)-V_0\delta(x)\psi(x)=E\psi(x)$,

(1) 当 $V_0>0$ 时, 证明: 不管 $V_0$ 的值多大, 在这个势场中有且仅有一个束缚态, 并确定这个束缚态的能量和波函数.

(2) 当 $V_0<0$, 具有正能量 $E$ 的一个粒子从远处入射时, 其中有多大部分穿透势垒? 多大部分被粒子反射?

14. 利用权函数方法, 证明在一维情形下, 只要 $\dfrac{1}{\hbar v}\displaystyle\int_{-\infty}^{\infty}V(x)\mathrm{d}x<1$, 其中 $V(x)$ 是势, 那么李普曼–许温格方程的迭代式是收敛的.

15. 证明: 如果 $V(\boldsymbol{r})$ 随 $\boldsymbol{r}$ 而改变符号, 那么在权函数方法中应该把式 (8.2.48) 改写成 $\rho(\boldsymbol{r})=|V(\boldsymbol{r})|$. 利用这个权函数对李普曼–许温格积分算子的范数给出一个估值.

16. (1) 在一维李普曼–许温格方程中, 利用定义 $\psi(x)=\mathrm{e}^{\mathrm{i}kx}\phi(x)$, 证明 $\phi(x)$ 满足积分方程

$$\phi(x)=1-\frac{\mathrm{i}m}{\hbar^2k}\int_{-\infty}^{x}V(x')\phi(x')\mathrm{d}x'-\frac{\mathrm{i}m}{\hbar^2k}\mathrm{e}^{-2\mathrm{i}kx}\int_{x}^{\infty}\mathrm{e}^{2\mathrm{i}kx'}V(x')\phi(x')\mathrm{d}x'$$

(2) 说明当 $k$ 很大, 也就是入射粒子的能量很大时, 上式右边最后一项可忽略.

(3) 忽略最后一项而得到的 $\phi(x)$ 称为 $\phi_E(x)$, 试证明它满足微分方程

$$\frac{\mathrm{d}}{\mathrm{d}x}\phi_E(x)=-\frac{\mathrm{i}m}{\hbar^2k}V(x)\phi_E(x)$$

而边界条件为 $\phi_E(-\infty)=1$. 由此证明: $\phi_E(x)=\exp\left\{-\dfrac{\mathrm{i}m}{\hbar^2k}\displaystyle\int_{-\infty}^{x}V(x')\mathrm{d}x'\right\}$. 这个近似称为程函近似, 在三维情形下它的推广结果在分析某些高能散射问题中被证明是有用的.

(4) 当 $V(x)=\begin{cases}V_0,|x|\leqslant a/2\\0,|x|>a/2\end{cases}$ 时, 证明 (1) 中的方程的最后一项在 $k\to\infty$ 时确实是小的. 在积分中由 (3) 给出的 $\phi_E(x)$ 代替 $\phi(x)$ 进行计算, 得到的积分是简单的, 证明: 这一项的数值小于 $\dfrac{1}{2}\left|\dfrac{E}{V_0}-\dfrac{1}{4}\right|^{-1}$, 所以当 $E\gg V_0$ 时这一项是小的.

17. 编程计算式 (8.3.23a)、式 (8.3.23b)、式 (8.3.23c) 的 $x_0(t)$、$x_1(t)$、$x_2(t)$, 并画出曲线.

18. 在非线性的沃尔泰拉积分方程中, 将积分上限 $x$ 代之以区间的上限 $b$, 就得到非线性的弗雷德霍姆积分方程. 已经在 8.3.3 小节利用收缩算子的概念叙述了非线性的沃尔泰拉积分方程迭代求解的条件. 请用同样的形式, 叙述非线性的弗雷德霍姆积分方程迭代求解的条件.

19. 证明在式 (8.4.11) 的条件下, 式 (8.4.12) 就是方程 (8.4.3) 的解.

20. 考虑阻尼谐振子的方程 $\dfrac{\mathrm{d}^2}{\mathrm{d}t^2}x(t)+2\gamma\dfrac{\mathrm{d}}{\mathrm{d}t}x(t)+\omega_0^2x(t)=0$,

(1) 证明: 假如 $x(0)=x_0, \dot{x}(0)=0$, 那么 $x(t)$ 满足积分方程

$$x(t)=x_0\cos\omega_0 t+\frac{2\gamma}{\omega_0}x_0\sin\omega_0 t-2\gamma\int_0^t \mathrm{d}t'\cos[\omega_0(t-t')]x(t')$$

(2) 将这个方程迭代几次, 证明所得的结果与把精确解展开到相应的阶的结果一致.

21. 对于具有形式 $-g^2v(r)v(r'), v(r)=\mathrm{e}^{-\mu r}/r$ 的可分势的薛定谔方程, 求它的唯一束缚态解. 证明: 当且仅当 $g^2>\hbar^2\mu^3/4\pi m$ 时, 其中 $m$ 是束缚粒子的质量, 束缚态才存在. 同时证明束缚态的能量是 $E_B=-\dfrac{1}{2m}\left[\left(\dfrac{4\pi mg^2}{\mu\hbar^2}\right)^{1/2}-\mu\right]$. 束缚态的波函数是什么?

22. 考虑量 $f^s(E)=\dfrac{2\tau}{(q_i^2+\mu^2)^2+(q_i-\mathrm{i}\mu)^2/\mu}$, 其中 $\tau=4\pi mg^2/\hbar^2$, $q_i=\sqrt{2mE/\hbar^2}$. 证明: 若 $E$ 是复数, 那么 $f^s(E)$ 是在沿着正实 $E$ 轴割开的两叶黎曼面上的单值函数. 证明: $f^s(E)$ 作为 $E$ 的函数, 除了在第一叶上 $E=-\mu^2\hbar^2/2m$ 处有一个二级极点, 在第二叶上 $E=-(\sqrt{\tau/\mu}+\mu)^2\hbar^2/2m$ 处有一个一级极点, 还有一个束缚态极点, 它可以在第一叶或第二叶上. 假如 $\sqrt{\tau/\mu}<\mu$, 则这个束缚态在第二叶上, $E=-\left(\sqrt{\tau/\mu}-\mu\right)^2\hbar^2/2m$. 假如 $\sqrt{\tau/\mu}>\mu$, 则这个束缚态在第一叶上, $E=-\left(\mu-\sqrt{\tau/\mu}\right)^2\hbar^2/2m$. 这个 $E$ 值恰好是题 21 中确定的束缚态的能量. 因此, 当 $g^2$ 的值降到产生一个束缚态所需要的临界值以下时, 束缚态的效应并不是从散射振幅中不可思议地消失的, 束缚态相应的极点只是从第一叶 (物理叶) 移到了第二叶上.

23. 证明式 (8.4.69).

24. 求下列可分核积分方程的解.

(1) $f(x)=2x-\pi+4\displaystyle\int_0^{\pi/2}\sin^2 xf(y)\mathrm{d}y$.

(2) $f(x)=1+\lambda\displaystyle\int_0^1\cos(q\ln y)f(y)\mathrm{d}y$.

(3) $f(x)=\sin x+\lambda\displaystyle\int_0^{\pi/2}\sin x\cos yf(y)\mathrm{d}y$.

(4) $f(x)=\dfrac{1}{\sqrt{1-x^2}}+\lambda\displaystyle\int_0^1\cos^{-1}xf(y)\mathrm{d}y$.

(5) $f(x)=x+\lambda\displaystyle\int_0^{2\pi}\sin x|\pi-y|f(y)\mathrm{d}y$.

25. 分别取 $\lambda=-3, 1.8$ 按照式 (8.4.70) 数值计算到 $f_2(x)$, 画出曲线. 你认为这两个 $\lambda$ 值的迭代结果是否收敛?

26. 求解积分方程 $f(x)=\sin x+\cos x+\lambda\displaystyle\int_0^{\pi}\frac{\sin(x+x')}{\pi}f(x')\mathrm{d}x'$.

27. 求解方程

(1) $f(x)=x+\lambda\int_0^{\infty}\mathrm{e}^{-(x+y)}f(y)\mathrm{d}y$.

(2) $f(x)=x+\frac{\lambda}{\pi}\int_0^{\pi/2}\mathrm{d}y\cos(x+y)f(y)$.

28. 积分方程 $f(x)=x+(\lambda/\pi)\int_0^{\pi}x'\sin(x+x')f(x')\mathrm{d}x', x\in[0,\pi]$.

(1) 考虑用级数展开法求解. 为此先要估计能够使级数收敛的 $\lambda$ 值的上限.

① 用 $\max\limits_{x,y\in[a,b]}|k(x,y)|=M$, $\lambda<1/M(b-a)$ 的条件, 估计 $\lambda$ 值的上限.

② 用估计积分算子的范数的上限的办法, 估计 $\lambda$ 值的上限. 注意选取适当的核函数和积分元, 使得到的 $\lambda$ 值的上限尽可能地大.

③ 迭代求解至二级项.

(2) 求严格解.$\lambda$ 值是特征值和不是特征值的情况都要考虑到. 齐次方程解的情况如何?

29. 考虑积分方程 $f(x)=1+4\int_0^{1/2}\mathrm{d}y\sqrt{1-xy}f(y)$. 对核分别作以下有限秩近似:

(1) $\sqrt{1-xy}\approx 1$, 计算得到 $f_1(x)$.

(2) $\sqrt{1-xy}\approx 1-\frac{1}{2}xy$, 计算得到 $f_2(x)$.

(3) $\sqrt{1-xy}\approx 1-\frac{1}{2}xy-\frac{1}{8}x^2y^2$, 计算得到 $f_3(x)$.

并将所得函数 $f_1(x)$, $f_2(x)$, $f_3(x)$ 进行比较.

30. 算子 $K_F$ 和 $R_{K_F}$ 的定义为$K_Ff\equiv\sum\limits_{n=1}^{N}\phi_n(\psi_n,f)$ 和 $R_{K_F}f\equiv\sum\limits_{n=1}^{N}\sum\limits_{m=1}^{N}[(I-\lambda A)^{-1}]_{nm}\cdot\phi_n(\psi_m,f)$

证明: $(1-\lambda K_F)(1+\lambda R_{K_F})=I$.

31. 三个算子 $K$, $K_N$ 和 $P_N$ 的定义式如下: $Kf\equiv\int_a^b k(x,y)f(y)\mathrm{d}y$,$K_Nf\equiv\sum\limits_{m,n=1}^{N}(\phi_n,f)(\phi_n\phi_m^*,k)(\phi_m,f)$, $P_Nf\equiv\sum\limits_{n=1}^{N}(\phi_n,f)\phi_n$, 证明: $P_NKP_N=K_N$.

32. 证明式 (8.5.19) 和式 (8.5.21).

33. 用拉普拉斯变换求解第二类沃尔泰拉积分方程.

(1) $x\mathrm{e}^{2x}-\int_0^x\mathrm{e}^{2(x-y)}f(y)\mathrm{d}y=f(x)$.

(2) $1+x+\int_0^x\mathrm{e}^{-n(x-y)}f(y)\mathrm{d}y=f(x)$.

(3) $\sin x-\int_0^x\sinh(x-y)f(y)\mathrm{d}y=f(x)$.

(4) $1+\int_0^x\sin(x-y)\cos(x-y)f(y)\mathrm{d}y=f(x)$.

(5) $1-2x-4x^2+\int_0^x [3+6(x-y)-4(x-y)^2]f(y)\mathrm{d}y = f(x)$.

(6) $1+x\cos x-\sin x+\int_0^x (x-y)\sin(x-y)f(y)\mathrm{d}y = f(x)$.

(7) $\frac{1}{\sqrt{x}}\mathrm{e}^{-a/4x}+\int_0^x \frac{f(y)}{\sqrt{x-y}}\mathrm{d}y = f(x)$.

34. 用拉普拉斯变换求解第一类沃尔泰拉积分方程.

(1) $\int_0^x \mathrm{e}^{-(x-y)}f(y)\mathrm{d}y = \mathrm{e}^{-x}+x-1$.

(2) $\int_0^x \cos(x-y)f(y)\mathrm{d}y = x\sin x$.

(3) $\int_0^x (x-y)f(y)\mathrm{d}y = \cosh x-1$.

(4) $\int_0^x \sqrt{x-y}f(y)\mathrm{d}y = x^2\sqrt{x}$.

(5) $\int_0^x (x-y)\sin(x-y)f(y)\mathrm{d}y = \sin^2 x$.

35. 证明: 对任意 $g(x)$, 积分方程

$$f(x) = \int_0^x \sin(x-y)f(y)\mathrm{d}y + g(x)$$

的解为

$$f(x) = \int_0^x (x-y)g(y)\mathrm{d}y + g(x).$$

36. 证明积分方程

$$f(x) = a+bx+\int_0^x \mathrm{d}y f(y)[c+d(x-y)]$$

有解 $f(x) = A\mathrm{e}^{\alpha x}+B\mathrm{e}^{\beta x}$, 其中 $A, B, \alpha, \beta$ 依赖于 $a, b, c, d$.

37. 求解下列卷积型沃尔泰拉积分方程.

(1) $\int_0^x f(x-y)f(y)\mathrm{d}y = A^2x^\alpha$.

(2) $\int_0^x f(x-y)f(y)\mathrm{d}y = A^2\mathrm{e}^{\beta x}$.

(3) $\int_0^x f(x-y)f(y)\mathrm{d}y = A^2x^\alpha\mathrm{e}^{\beta x}$.

(4) $\int_0^x f(x-y)f(y)\mathrm{d}y = A\sin\alpha x$.

(5) $\int_0^x f(x-y)f(y)\mathrm{d}y = A\mathrm{e}^{\beta x}\sin\alpha x$.

38. 证明非线性积分方程

$$2f(x) = \int_0^x f(x-y)f(y)\mathrm{d}y + g(x)$$

的解的拉普拉斯变换为 $Q(p)=\dfrac{G(p)}{1+\sqrt{1-G(p)}}$, 其中 $Q(p)=[f(x)], G(p)=L[g(x)]$.

(1) 证明：当 $g(x)=\sin x$ 时, 原方程的解为 $f(x)=J_1(x)$.

(2) 当 $g(x)=-\mathrm{sinh}x$ 时, 原方程的解是什么?

39. 求解以下多项式类型的积分方程：

(1) $\displaystyle\int_{-1}^{1}(xy+x^2y^2)f^2(y)\mathrm{d}y=f(x)$.

(2) $\displaystyle\int_{-1}^{1}x^2y^2f^3(y)\mathrm{d}y=f(x)$.

40. 用母函数法求解下列积分方程：

(1) $\displaystyle\int_{0}^{\infty}\frac{1}{1-x}\exp\left(-\frac{xy}{1-x}\right)\mathrm{e}^{-y}f(y)\mathrm{d}y=2-x^2$.

(2) $\displaystyle\int_{-1}^{1}\frac{f(y)}{\sqrt{1-2xy+x^2}}\mathrm{d}y=2x^3-2x$.

(3) $\displaystyle\int_{-1}^{1}\frac{f(y)}{\sqrt{1-2xy+x^2}}\mathrm{d}y=\frac{1}{1-x}$.

## 参 考 文 献

[1] 《现代应用数学手册》编委会. 现代应用数学手册. 现代应用分析卷. 北京：清华大学出版社, 2006.

[2] 路见可, 钟寿国. 积分方程论. 武汉：武汉大学出版社, 2008.

[3] Byron F W, Fuller R W. 物理学中的数学方法. 第二卷. 蔡纬译. 北京：科学出版社, 1982.

[4] 李星. 积分方程. 北京：科学出版社, 2008.

[5] 陈传璋, 侯宗义, 李明忠. 积分方程论及其应用. 上海：上海科学技术出版社, 1987.

[6] 张石生. 积分方程. 重庆：重庆大学出版社, 1988.

[7] 沈以淡. 积分方程. 北京：北京理工大学出版社, 2002.

[8] 姚家宁. 积分方程. 重庆：重庆大学出版社, 1986.

[9] 王怀玉. 凝聚态函数的格林函数理论. 北京：科学出版社, 2008.

[10] Byron F W, Fuller R W. 物理学中的数学方法. 第一卷. 熊家炯, 曹小平译. 北京：科学出版社, 1982.

# 第 9 章　数论在物理逆问题中的应用

## 9.1　陈–莫比乌斯变换

### 9.1.1　引言

1. *物理逆问题的表述*

物理学的基本定律总是以方程的形式在数学上表达出来. 例如, 经典力学中的牛顿运动方程, 量子力学中的薛定谔方程, 等等. 这样的方程给出了系统的物理量组之间的关系, 支配着物理系统的运动. 原则上, 从已知的一组物理量可以求出另一组未知的物理量. 例如, 已知质点的受力情况, 就应该可以求出质点的运动轨迹, 即质点运动路径及其与时间的关系. 后者是可以从实验上测量的. 又例如, 在量子力学中, 势场已知的话, 原则上可以由方程求出一个粒子受到这个势场作用后的散射振幅. 后者也是实验上可测量的物理量.

在考虑问题时, 一般根据基本的物理规律, 从系统的内禀物理量出发, 导出一些实验上可测的量, 并由此来验证理论是否正确. 一个典型的例子是计算晶格比热. 在晶格振动理论中, 由声子态密度可求得晶格比热. 反过来从比热求态密度的工作却很难做. 可是比热能够从实验上测得. 这样, 很需要有一个从比热到态密度的逆变换, 或者称为反演, 以求得态密度. 这个例子表明, 实际需要解决的问题经常是反方向进行的.

如果根据物理规律, 从一组物理量 $A$ 可以求出物理量 $B$, 那么从物理量 $B$ 反过来求物理量 $A$ 的问题就称为**反问题**, 或者称为**逆问题**. 这是逆问题的一般表述. 在各个领域内, 逆问题有着各自具体的表述[1~4].

在动力学系统中, 就是要根据质点的运动规律求出它所受到的作用力[2]. 一个最著名的例子是, 开普勒总结出了太阳系中行星围绕太阳运动的三大规律, 牛顿据此推导出了行星受到的应该是一个平方反比的吸引力. 也就是说, 力学中解决的第一个问题就是一个逆问题. 在量子力学系统中, 需要从实验上测量的粒子的散射振幅, 来反推它的势场的分布[3,4]. 逆问题在实际工程中有很多应用[5].

可见, 逆问题的出现源于实际的需要. 物理量 $A$ 经常是内禀物理量, 不容易从实验上测量, 而物理量 $B$ 则是实验上可测量的量.

从数学形式上, 两组物理量 $A$ 和 $B$ 之间表现为变换与反变换的形式, 其数学形式有简有繁. 例如, 最简单的就是傅里叶变换. 通过数学上已知的变换和反变换公式, 可较容易地实现由一组量求出另一组量.

逆问题就是要探求逆过程所需要的数学关系. 对于晶格比热逆问题来说, 就是要找出用比热表达声子态密度的显式. 人们已经对各种具体的逆问题, 提出了很多解决的方法[1,5~9]. 解决反演问题的一个重要手段就是依赖数学中的变换和反变换, 如傅里叶变换、拉普拉斯变换、汉克尔变换、梅林变换等. 第 8 章介绍的求解积分方程就是逆问题的求解方法之一. 但物理公式并不总是恰好能符合或能凑成这些变换形式的, 所以需要寻找新的变换.

陈难先在逆问题上做出了开创性的工作[10~12]. 他另辟蹊径, 从数论中寻找数学工具, 首次成功地将数论的理论应用于物理学中的逆问题, 其中最主要的是把数论中的莫比乌斯变换加以改造, 使之适合于连续变量的情形.

2. 物理学中整数的作用

在经典物理学中, 考虑的物理量基本上都是连续变量. 可是进入量子物理学之后, 整数的问题突出起来. 或者说分立数值的问题突出起来了. 主要有以下一些表现.

处于稳定状态的微观粒子的能量是处于一定的能级上的, 能级是分立的, 也就是说, 相邻的能级之间有一定的间隔. 粒子的存在和运动的状态满足薛定谔方程, 这是一个二阶微分方程. 根据第 3 章的内容知道, 二阶微分方程的本征值是分立的, 可顺序从小到大排列的. 这个本征值就是粒子的能级位置.

束缚的稳定系统的能量本征值是分立的. 对于由大量微观粒子组成的系统也是如此. 例如, 固体中的电子组成能带, 在每一个能带内, 能级本质上是分立的, 只是足够密, 因而在实际计算时按照连续能谱计算. 连续谱可以看做分立值足够密时的极限情况.

由于能级是分立的, 能量的吸收和发射都是一份一份的能量子. 电磁场是由光子组成的. 这说明从本质上, 能量的分布是不连续的. 只是在长波长时, 波的特性才表现得更为明显.

近来快速发展的量子信息和量子通信是借助系统的微观状态及其变化实现信息的存储、转化和传递. 在量子信息和量子通信的理论中, 也需要应用数论的知识. 例如, 量子傅里叶变换所需要的同余式的知识, 和在量子编码中需要的大数的质因子分解等[13,14].

这些现象说明, 描写微观世界的物理量有必要借助数论的知识. 由于数论只是研究自变量为自然数的情况, 以前没有人想到在物理学中也会有用武之地. 陈难先的工作向人们表明, 数论在物理学、材料学等领域中, 也有着很大的应用价值.

### 9.1.2 莫比乌斯变换

1. 数论的一些基本概念和定理

首先介绍数论中的几个基本概念和定理.

**定义 1**　对任一正整数 $n$ 有确定值的函数 $f(n)$ 称为**数论函数**.

对于正整数, 存在如下定理.

**定理 1**　任一正整数可表示成若干素数的幂次的乘积

$$n = p_1^{r_1} p_2^{r_2} p_3^{r_3} \cdots p_s^{r_s} = \prod_{i=1}^{s} p_i^{r_i} \tag{9.1.1}$$

并且其表达式是唯一的[15]. 式 (9.1.1) 中的各因子都是素数, 且各不相同, 各指数都是自然数.

记 $(m,n)$ 表示正整数 $m$ 和 $n$ 的最大公约数, $[m,n]$ 表示正整数 $m$ 和 $n$ 的最小公倍数. 有

$$[m,n](m,n) = mn$$

**定义 2**　若对任意正整数 $m$ 和 $n$, 都有 $f(m)f(n) = f(mn)$, 则称数论函数 $f(n)$ 为**完全积性函数**. 若 $(m,n) = 1$, 即 $m$ 和 $n$ 除 1 之外无公约数时, 有 $f(m)f(n) = f(mn)$, 则称数论函数 $f(n)$ 为**积性函数**.

积性函数具有以下性质:

(i) 若 $f(n)$ 为非零积性函数, 则 $f(1) = 1$.

(ii) 若 $f(n)$ 为积性函数, 则

$$f([m,n])f((m,n)) = f(m)f(n)$$

(iii) 若 $g(n)$ 和 $h(n)$ 都为积性函数, 则 $g(n)h(n)$ 仍为积性函数, 且

$$f(n) = \sum_{d/n} g(d)h\left(\frac{n}{d}\right) = \sum_{d/n} g\left(\frac{n}{d}\right)h(d)$$

也为积性函数, 其中 $d/n$ 表示对指标 $d$ 求和, $d$ 遍及$n$的所有整数因子, 包括 1 和$n$.

一个典型的完全积性函数是: $f(n) = n^a$, 其中 $a$ 可以是任意复数.

涉及对所有因子的求和, 容易证明以下公式:

$$\sum_{d/n} f(d) = \sum_{(n/d)/n} f(n/d) \tag{9.1.2}$$

显然, $d$ 涉及 $n$ 的所有因子, $n/d$ 也涉及 $n$ 的所有因子.

**定义 3** 数论函数

$$\mu(n)=\begin{cases}1, & n=1\\(-1)^r, & n\text{可写成}r\text{个不同的质因子的乘积}\\0, & n\text{为其他}\end{cases}\tag{9.1.3}$$

称为**莫比乌斯函数**$\mu(d)$.

表 9.1 列出莫比乌斯函数的一些函数值.

**表 9.1 默比乌斯函数的一些函数值**

| $n$ | 1 | 2 | 3 | 4 | 5 | 6 | 7 | 8 | 9 | 10 |
|---|---|---|---|---|---|---|---|---|---|---|
| $\mu(n)$ | 1 | −1 | −1 | 0 | −1 | 1 | −1 | 0 | 0 | 1 |
| $n$ | 11 | 12 | 13 | 14 | 15 | 16 | 17 | 18 | 19 | 20 |
| $\mu(n)$ | −1 | 0 | −1 | 1 | 1 | 0 | −1 | 0 | −1 | 0 |
| $n$ | 21 | 22 | 23 | 24 | 25 | 26 | 27 | 28 | 29 | 30 |
| $\mu(n)$ | 1 | 1 | −1 | 0 | 0 | 1 | 0 | 0 | −1 | −1 |

对于莫比乌斯函数存在以下定理.

**定理 2** 莫比乌斯函数是一个积性函数.

**证明** 当 $(m,n)=1$ 时, 可以把 $m$ 和 $n$ 分别表示为

$$n=p_1^{r_1}p_2^{r_2}p_3^{r_3}\cdots p_s^{r_s},\quad m=q_1^{u_1}q_2^{u_2}q_3^{u_3}\cdots q_t^{u_t}\tag{9.1.4a}$$

其中各 $p$ 与各 $q$ 都互不相同. 这时, 如果 $n$ 的因子中有一个指数大于 1, 如 $r_i>1$, 就有 $\mu(n)=\mu(p_1^{r_1}p_2^{r_2}p_3^{r_3}\cdots p_s^{r_s})=0$, 因而

$$\mu(n)\mu(m)=0=\mu(p_1^{r_1}p_2^{r_2}p_3^{r_3}\cdots p_s^{r_s}m)$$

如果式 (9.1.4a) 中的所有指数都是 1, 即

$$n=p_1p_2p_3\cdots p_s,\quad m=q_1q_2q_3\cdots q_t\tag{9.1.4b}$$

$$\mu(n)\mu(m)=(-1)^s(-1)^t=(-1)^{s+t}=\mu(nm)$$

所以, 当 $(m,n)=1$ 时, 总有

$$\mu(n)\mu(m)=\mu(nm)\tag{9.1.5}$$

如果式 (9.1.4b) 中 $p_i$ 和 $q_j$ 有一对是相同的, 如 $p_1=q_1$, 那么, 这时 $\mu(n)=(-1)^s,\mu(m)=(-1)^t$, 可是 $\mu(nm)=\mu(p_1^2p_2p_3\cdots p_sq_2q_3\cdots q_t)=0$. 导致 $\mu(n)\mu(m)\neq\mu(nm)$. 所以, $\mu(n)$ 非完全积性函数. 证明完毕.

由求和的规定, 以下公式是显然的:

$$\sum_{n/k}\delta_{n,1}=1 \tag{9.1.6}$$

**定理 3**

$$\sum_{n/k}\mu(n)=\delta_{k,1}=\begin{cases}1, & k=1\\ 0, & k\text{为其他自然数}\end{cases} \tag{9.1.7}$$

**证明**　当 $k=1$ 时, 式 (9.1.7) 中的求和只有 $k=1$ 一项, 由定义式 (9.1.3), 结果是显然的. 当 $k\neq 1$ 时, 已知任一正整数都可以表示成式 (9.1.1) 的形式, 即 $k$ 包含了 $p_1,p_2,\cdots,p_s$ 一共 $s$ 个不同的素数因子. 式 (9.1.7) 的求和只要考虑所有含不同素数因子的乘积的项

$$\sum_{n/k}\mu(n)=\mu(1)+\sum_{i=1}^{s}\mu(p_i)+\sum_{i,j=1,i\neq j}^{s}\mu(p_ip_j)+\cdots+\mu(p_1p_2\cdots p_s) \tag{9.1.8}$$

其他的项, 如果有的话, 一定至少包含某一个素数因子的大于 1 的幂次, 如 $p_i^2$, 这样的项都为零. 在式 (9.1.8) 的右边, 第一个求和中有 $s$ 项, 每一项的值都是 $-1$. 第二个求和有 $\mathrm{C}_s^2$ 项, 这是从 $s$ 个素数中取 2 个不同的数的组合数. 每一项的值都是 1. 第三个求和显然有 $\mathrm{C}_s^3$ 项, 等等. 显然, 结果应为

$$\sum_{n/k}\mu(n)=1+(-1)\mathrm{C}_s^1+(-1)^2\mathrm{C}_s^2+\cdots+(-1)^s\mathrm{C}_s^s=\sum_{i=0}^{s}(-1)^i\mathrm{C}_s^i=(1-1)^s=0$$

证明完毕.

2. 莫比乌斯变换

**定理 4**　设函数 $F(n)$ 和 $f(n)$ 是数论函数, 若

$$F(n)=\sum_{d/n}f(d)=\sum_{(n/k)/n}f(d=n/k)=\sum_{k/n}f(n/k) \tag{9.1.9}$$

则

$$f(n)=\sum_{d/n}\mu(d)F(n/d) \tag{9.1.10}$$

反之亦然, 称 $F(n)$ 是 $f(n)$ 的**莫比乌斯变换**, $f(n)$ 是 $F(n)$ 的**莫比乌斯逆变换**.

**证明**　由式 (9.1.9) 可推出式 (9.1.10). 从式 (9.1.10) 右端出发, 把式 (9.1.9) 代入, 得

$$\sum_{d/n}\mu(d)F(n/d)=\sum_{d/n}\mu(d)\sum_{k/\frac{n}{d}}f(k)=\sum_{d/n}\mu(d)\sum_{kd/n}f(k)=\sum_{kd/n}\mu(d)f(k)$$

$$=\sum_{k/n}f(k)\sum_{kd/n}\mu(d)=\sum_{k/n}f(k)\sum_{d/\frac{n}{k}}\mu(d)=\sum_{k/n}f(k)\delta_{n/k,1}=f(n)$$

这就是式 (9.1.10) 左端. 反过来, 由式 (9.1.10) 可推出式 (9.1.9). 从式 (9.1.9) 右端出发, 将式 (9.1.10) 代入, 得

$$\begin{aligned}\sum_{d/n}f(d)&=\sum_{d/n}f\left(\frac{n}{d}\right)=\sum_{d/n}\sum_{k/\frac{n}{d}}\mu(k)F\left(\frac{n}{dk}\right)\\&=\sum_{d/n}\sum_{kd/n}\mu(k)F\left(\frac{n}{dk}\right)=\sum_{kd/n}\mu(k)F\left(\frac{n}{dk}\right)\\&=\sum_{k/n}F(k)\sum_{kd/n}\mu\left(\frac{n}{dk}\right)=\sum_{k/n}F(k)\sum_{d/\frac{n}{k}}\mu\left(\frac{n}{dk}\right)\\&=\sum_{k/n}F(k)\delta_{n/k,1}=F(n)\end{aligned}$$

这就是式 (9.1.9) 左端. 证明完毕.

可以看到: 由式 (9.1.9) 证明式 (9.1.10), 需要用到式 (9.1.7). 一旦证明了定理 4 之后, 可以看出, 定理 3 恰是定理 4 的一个特例, 即式 (9.1.7) 表明函数 $\delta_{k,1}$ 是函数 1 的逆变换. 正变换显然是式 (9.1.6).

莫比乌斯变换是一个基本的也是重要的变换. 以下定理 5 和定理 6 是它的简单推广[16].

**定理 5** 设函数 $F(n)$、$f(n)$ 和 $r(n)$ 是数论函数, 且 $r(n)$ 是完全积性函数. 若

$$F(n)=\sum_{d/n}r(d)f\left(\frac{n}{d}\right)\tag{9.1.11}$$

则

$$f(n)=\sum_{d/n}r(d)\mu(d)F(n/d)\tag{9.1.12}$$

反之亦然, 称此两式是一种推广的莫比乌斯变换和逆变换.

**证明** 这里只证明由式 (9.1.11) 可以推得式 (9.1.12)

$$\begin{aligned}\sum_{d/n}r(d)\mu(d)F(n/d)&=\sum_{d/n}r(d)\mu(d)\sum_{k/\frac{n}{d}}r(k)f\left(\frac{n}{kd}\right)\\&=\sum_{kd/n}r(kd)\mu(d)f\left(\frac{n}{kd}\right)=\sum_{m/n,d/m}r(m)\mu(d)f\left(\frac{n}{m}\right)\\&=\sum_{m/n}r(m)f\left(\frac{n}{m}\right)\sum_{d/m}\mu(d)\end{aligned}$$

$$= \sum_{m/n} r(m) f\left(\frac{n}{m}\right) \delta_{m,1} = r(1) f(n) = f(n) \tag{9.1.13}$$

证明完毕.

式 (9.1.13) 要求

$$\sum_{m/n,d/m} r(m)\mu(d) f\left(\frac{n}{m}\right) = f(n)$$

即要求

$$\sum_{d/m} r(m)\mu(d) = \delta_{m,1} \tag{9.1.14}$$

可见, 所有完全积性函数都满足式 (9.1.14). 此式是显然的, 因为

$$\sum_{d/m} r(m)\mu(d) = r(m)\sum_{d/m}\mu(d) = r(m)\delta_{m,1} = r(1)\delta_{m,1} = \delta_{m,1}$$

将此式写在这里是为了和下面的式 (9.1.17) 作对照.

**定理 6** 设函数 $F(n)$、$f(n)$ 和 $s(n)$ 是数论函数. 若

$$F(n) = \sum_{d/n} s(d) f\left(\frac{n}{d}\right) \tag{9.1.15}$$

则

$$f(n) = \sum_{d/n} J(d) F(n/d) \tag{9.1.16}$$

其中

$$\sum_{d/n} J(d) s\left(\frac{n}{d}\right) = \delta_{n,1} \tag{9.1.17}$$

**证明** 将式 (9.1.15) 代入式 (9.1.16) 右边

$$\sum_{d/n} J(d) F(n/d) = \sum_{d/n} J(d) \sum_{k/\frac{n}{d}} s(k) f\left(\frac{n}{kd}\right)$$
$$= \sum_{d/n}\sum_{kd/n} J(d) s(k) f\left(\frac{n}{kd}\right) = \sum_{m/n} f\left(\frac{n}{m}\right)\delta_{m,1} = f(n)$$

从式 (9.1.16) 易得式 (9.1.15). 证明完毕.

定理 5 和定理 6 的区别在于前者中的 $r(n)$ 是完全积性函数, 而后者中的 $s(n)$ 无此要求. 可以将式 (9.1.17) 与式 (9.1.14) 作对照. 显然, 如果 $s(n)$ 是个完全积性函数, 那么一定有: $J(d) = \mu(d)$.

### 9.1.3 陈–莫比乌斯变换

1. 陈–莫比乌斯变换

现在把莫比乌斯函变换作一些改造[10]. 主要是在概念上, 不将 $n$ 理解为一个自然数, 而是看成 $n$ 个等间隔. 由此, 将数论函数 $F(n)$ 和 $f(n)$ 代之以普通函数 $A(\omega)$ 和 $B(\omega)$, 其中 $\omega$ 是连续变量, 将 $\omega$ 理解为分成 $n$ 等分的. 然后令 $n\to\infty$, 就实现了分立变量到连续变量的过渡: $F(n)\to A(\omega)$ 和 $f(n/d)\to B(\omega/d)$. 由于 $n$ 是无穷大的, 任何自然数都是其因子, 因此式 (9.1.9) 中对 $d/n$ 的求和就应代之以 1 至 $\infty$ 的所有自然数求和, 即

$$A(\omega)=\sum_{n=1}^{\infty}B(\omega/n) \tag{9.1.18}$$

其反变换为

$$B(\omega)=\sum_{n=1}^{\infty}\mu(n)A(\omega/n) \tag{9.1.19}$$

式 (9.1.18) 和式 (9.1.19) 就是陈–莫比乌斯反演公式.

把陈难先的证明简述如下: 若式 (9.1.19) 成立, 则

$$\begin{aligned}\sum_{n=1}^{\infty}B(\omega/n)&=\sum_{n=1}^{\infty}\sum_{m=1}^{\infty}\mu(m)A(\omega/mn)\\&=\sum_{k=1}^{\infty}\sum_{m/k}^{\infty}\mu(m)A(\omega/k)=\sum_{k=1}^{\infty}\delta_{k,1}A(\omega/k)=A(\omega)\end{aligned}$$

此即式 (9.1.18). 若式 (9.1.18) 成立, 则

$$\begin{aligned}\sum_{n=1}^{\infty}\mu(n)A(\omega/n)&=\sum_{n=1}^{\infty}\mu(n)\sum_{m=1}^{\infty}B(\omega/mn)\\&=\sum_{k=1}^{\infty}\sum_{n/k}^{\infty}\mu(n)B(\omega/k)=\sum_{k=1}^{\infty}\delta_{k,1}B(\omega/k)=B(\omega)\end{aligned}$$

此即式 (9.1.19).

陈难先对莫比乌斯变换做了上述推广之后, Hughes 等[17] 提出还可以用梅林变换和黎曼 $\zeta$ 函数给予更为一般的证明. 陈难先的研究结果发表之后, 很快就引起了数学家的注意[18].

正像莫比乌斯变换有其推广的形式一样, 陈–莫比乌斯变换也有其推广的形式, 即

$$A(\omega)=\sum_{n=1}^{\infty}B(n\omega) \tag{9.1.20}$$

其反变换为

$$B(\omega) = \sum_{n=1}^{\infty} \mu(n) A(n\omega) \tag{9.1.21}$$

式 (9.1.18) 和式 (9.1.19) 这一对公式在等式右端的自变量是除以 $n$ 的, 而式 (9.1.20) 和式 (9.1.21) 这一对公式在等式右端的自变量是乘以 $n$ 的. 可见两种情况都是成立的.

此处只简单叙述这一变换. 在晶格能量反演一节中, 将借助自变量放大算子的概念, 推导出这一对变换.

首先从数论的观点证明这一对变换. 若式 (9.1.21) 成立, 则

$$\sum_{n=1}^{\infty} B(n\omega) = \sum_{n=1}^{\infty}\sum_{m=1}^{\infty} \mu(m) A(mn\omega) = \sum_{k=1}^{\infty}\sum_{m/k}^{\infty} \mu(m) A(k\omega) = \sum_{k=1}^{\infty} \delta_{k,1} A(k\omega) = A(\omega)$$

此即式 (9.1.20). 若式 (9.1.20) 成立, 则

$$\begin{aligned}\sum_{n=1}^{\infty} \mu(n) A(n\omega) &= \sum_{n=1}^{\infty} \mu(n) \sum_{m=1}^{\infty} B(mn\omega) \\ &= \sum_{k=1}^{\infty}\sum_{n/k}^{\infty} \mu(n) B(k\omega) = \sum_{k=1}^{\infty} \delta_{k,1} B(k\omega) = B(\omega)\end{aligned}$$

此即式 (9.1.21).

在式 (9.1.18)~ 式 (9.1.21) 中, 假定了等式右边的求和是收敛的. 本章以下的等式, 总是假定求和一定是收敛的.

利用附录 9A 可以证明, 更一般的变换和逆变换公式呈以下形式[19]:

$$A(x) = \sum_{n=1}^{\infty} B(n^{\alpha} x)$$

和

$$B(x) = \sum_{n=1}^{\infty} \mu(n) A(n^{\alpha} x)$$

其中 $\alpha$ 可以是任意复数. 由此, 式 (9.1.18) 至式 (9.1.21) 的这两对变换只不过分别是 $\alpha = -1$ 和 $\alpha = 1$ 的特例而已. 文献 [19] 列出了一些变换函数对 $A$ 和 $B$ 的表达式.

陈–莫比乌斯定理在量子场论、凝聚态物理、天体物理、材料设计理论、遥感技术等方面得到广泛应用, 其中最早的应用是陈难先做的. 本章的介绍只给出个别例子, 并且本章以下介绍的所有基本公式都是陈难先首先推导得到的.

2. 黑体辐射的逆问题

此处先初步给一个应用陈–莫比乌斯变换的例子[10].

对远处恒星射来的光线, 一般只能接受到某频率附近单位频率间隔内的总能量, 即辐射出射度 $W(\nu)$, 它是频率的函数. 由统计力学可以推导出它的表达式如下:

$$W(\nu)=\frac{2h\nu^3}{c^2}\int_0^{\infty}\frac{a(T)}{\mathrm{e}^{h\nu/k_{\mathrm{B}}T}-1}\mathrm{d}T \tag{9.1.22}$$

其中 $a(T)$ 是随温度变化的能量密度. 现在期望由测得的总能量反推计算出黑体随温度的分布 $a(T)$. 下面就来实现这样的反变换. 令 $u=\dfrac{h}{k_{\mathrm{B}}T}$, 有

$$\begin{aligned}W(\nu)&=\frac{2h\nu^3}{c^2}\int_{\infty}^{0}\frac{a(h/k_{\mathrm{B}}u)}{\mathrm{e}^{u\nu}-1}\mathrm{d}\frac{h}{k_{\mathrm{B}}u}=\frac{2h^2\nu^3}{k_{\mathrm{B}}c^2}\sum_{n=1}^{\infty}\int_0^{\infty}\frac{a(h/k_{\mathrm{B}}u)}{u^2}\mathrm{e}^{-nu\nu}\mathrm{d}u\\&=\frac{2h^2\nu^3}{k_{\mathrm{B}}c^2}\int_0^{\infty}\frac{1}{x}\sum_{n=1}^{\infty}\frac{na(nh/k_{\mathrm{B}}x)}{x}\mathrm{e}^{-x\nu}\mathrm{d}x=\frac{2h^2\nu^3}{k_{\mathrm{B}}c^2}\int_0^{\infty}\frac{1}{x}G(x)\mathrm{e}^{-x\nu}\mathrm{d}x\end{aligned} \tag{9.1.23}$$

其中

$$\sum_{n=1}^{\infty}\frac{na(nh/k_{\mathrm{B}}x)}{x}=G(x) \tag{9.1.24}$$

将式 (9.1.24) 和式 (9.1.18) 比较, 作对应

$$G(\omega)\to A(\omega)\quad 和\quad \frac{a(h/k_{\mathrm{B}}x)}{x}\to B(\omega) \tag{9.1.25}$$

可知式 (9.1.24) 的逆变换是

$$a(h/k_{\mathrm{B}}x)=x\sum_{n=1}^{\infty}\mu(n)G\left(\frac{x}{n}\right) \tag{9.1.26}$$

式 (9.1.23) 的反演是

$$G(x)=xL^{-1}\left[\frac{k_{\mathrm{B}}c^2}{2h^2\nu^3}W(\nu)\right]=\frac{k_{\mathrm{B}}c^2}{2h^2}xL^{-1}\left[\frac{W(\nu)}{\nu^3}\right] \tag{9.1.27}$$

代入式 (9.1.26), 得

$$a(h/k_{\mathrm{B}}u)=\frac{h}{k_{\mathrm{B}}u}\sum_{n=1}^{\infty}\mu(n)\frac{k_{\mathrm{B}}c^2}{2h^2}\frac{x}{n}L^{-1}\left[\frac{W(\nu)}{\nu^3}\right]$$

因此, 式 (9.1.22) 的逆变换就是

$$a(T)=\frac{k_{\mathrm{B}}c^2}{2h^2}T^2\sum_{n=1}^{\infty}\frac{\mu(n)}{n}L^{-1}\left[\frac{W(\nu)}{\nu^3}\right] \tag{9.1.28}$$

等式右边的拉普拉斯反变换做完之后, 应将自变量 $x$ 写成

$$x = \frac{u}{n} = \frac{h}{nk_B T}$$

这样, 就实现了需要的逆变换. 其中的关键步骤就是利用了陈–莫比乌斯变换. 从实验上测量得到 $W(\nu)$, 可以通过式 (9.1.28) 计算实验上无法直接测量的 $a(T)$, 从而验证理论模型的正确性.

## 9.2　晶体中声子态密度的逆问题

### 9.2.1　逆变换公式

按照晶格振动理论, 晶格振动的比热随温度 $T$ 的变化[20] 是

$$C_{\mathrm{V}}(T) = \frac{\partial E(T)}{\partial T} = rk_{\mathrm{B}} \int_0^\infty \left(\frac{h\nu}{k_{\mathrm{B}}T}\right)^2 \frac{\mathrm{e}^{h\nu/k_{\mathrm{B}}T}}{(\mathrm{e}^{h\nu/k_{\mathrm{B}}T} - 1)^2} g(\nu)\mathrm{d}\nu \tag{9.2.1}$$

其中 $r$ 是每个晶胞中的原子数, $h$ 和 $k_{\mathrm{B}}$ 分别是普朗克常量和玻尔兹曼常量, $g(\nu)$ 是声子随晶格振动频率 $\nu$ 变化的态密度. 积分遍及晶体中所有可能的振动频率. 晶体中总的声子模式数是 $3N$ 个, 所以有下列归一化的条件:

$$\int_0^\infty g(\nu)\mathrm{d}\nu = 3N \tag{9.2.2a}$$

实际的声子谱是有一个频率上限的, 记为 $\nu_m$. 这个上限一般说来是与温度有关的, 因此式 (9.2.2a) 也可写成

$$\int_0^{\nu_m(T)} g(\nu)\mathrm{d}\nu = 3N \tag{9.2.2b}$$

声子态密度 $g(\nu)$ 是一个系统的内禀物理量, 由它可以求出比热. 可是它随频率的分布并未预先知道. 相反, 比热 $C_{\mathrm{V}}(T)$ 却是可以从实验上测量出来. 因此, 实际上要做的事情是由实验上得到的 $C_{\mathrm{V}}(T)$ 求出 $g(\nu)$, 然后由此计算得到总能量, 再计算物态方程等.

在固体物理中, 常根据振动频率的上限定义一个德拜温度[20]

$$\Theta_{\mathrm{D}}(T) = h\nu_m(T)/k_{\mathrm{B}} \tag{9.2.3}$$

这是一个用温度的单位表示频率上限的特征量. 频率上限 $\nu_m$ 和德拜温度一般是温度的函数.

现在从 $C_{\mathrm{V}}(T)$ 反推, 求 $g(\nu)$ 的表达式. 令 $u = h/k_{\mathrm{B}}T$, 式 (9.2.1) 成为

$$C_{\mathrm{V}}(T) = rk_{\mathrm{B}} \int_0^\infty \frac{(u\nu)^2 \mathrm{e}^{-u\nu}}{(1 - \mathrm{e}^{-u\nu})^2} g(\nu)\mathrm{d}\nu$$

由于 $u\nu > 1$, $\mathrm{e}^{-u\nu} < 1$, 可作泰勒展开

$$C_{\mathrm{V}}(h/k_{\mathrm{B}}u) = rk_{\mathrm{B}}\sum_{n=1}^{\infty}\int_0^{\infty} n(u\nu)^2\mathrm{e}^{-nu\nu}g(\nu)\mathrm{d}\nu \tag{9.2.4}$$

令 $\omega = n\nu$, 那么

$$\begin{aligned}C_{\mathrm{V}}(h/k_{\mathrm{B}}u) &= rk_{\mathrm{B}}\sum_{n=1}^{\infty}\int_0^{\infty}\left(u\frac{\omega}{n}\right)^2\mathrm{e}^{-u\omega}g\left(\frac{\omega}{n}\right)\mathrm{d}\omega \\ &= rk_{\mathrm{B}}u^2\int_0^{\infty}\mathrm{e}^{-u\omega}\sum_{n=1}^{\infty}\left(\frac{\omega}{n}\right)^2 g\left(\frac{\omega}{n}\right)\mathrm{d}\omega = rk_{\mathrm{B}}u^2 L[G(\omega)]\end{aligned} \tag{9.2.5}$$

其中 $L[\cdot]$ 表示拉普拉斯变换.

$$L[f(\omega)] = \int_0^{\infty}\mathrm{e}^{-u\omega}f(\omega)\mathrm{d}\omega = F(u) \tag{9.2.6a}$$

反变换就是

$$L^{-1}[F(u)] = f(\omega) \tag{9.2.6b}$$

此处是把 $\omega/n$ 写成 $\omega$ 作拉普拉斯变换的. 式 (9.2.5) 中的函数 $G$ 的定义是

$$G(\omega) = \sum_{n=1}^{\infty}\left(\frac{\omega}{n}\right)^2 g\left(\frac{\omega}{n}\right) \tag{9.2.7}$$

将式 (9.2.7) 和式 (9.1.18) 对照, 作对应

$$G(\omega) \to A(\omega) \quad 和 \quad \omega^2 g(\omega) \to B(\omega)$$

可知式 (9.2.7) 的反演是

$$g(\omega) = \frac{1}{\omega^2}\sum_{n=1}^{\infty}\mu(n)G\left(\frac{\omega}{n}\right) \tag{9.2.8}$$

将式 (9.2.8) 代入式 (9.2.5), 得到

$$g(\nu) = \frac{1}{rk_{\mathrm{B}}\nu^2}\sum_{n=1}^{\infty}\mu(n)L_n^{-1}\left[\frac{C_{\mathrm{V}}(h/k_{\mathrm{B}}u)}{u^2}\right] \tag{9.2.9}$$

其中, 记

$$L_n^{-1}[F(u)] = f\left(\frac{\omega}{n}\right) \tag{9.2.10}$$

即拉普拉斯反变换之后, 将 $\omega$ 用 $\omega/n$ 代回.

以上利用的是变换式 (9.1.18), 也可以利用变换式 (9.1.20). 为此, 把式 (9.2.4) 写成

$$\frac{C_{\mathrm{V}}(h/k_{\mathrm{B}}u)}{rk_{\mathrm{B}}u}=\sum_{n=1}^{\infty}nu\int_{0}^{\infty}\mathrm{e}^{-nu\nu}\nu^{2}g(\nu)\mathrm{d}\nu=\sum_{n=1}^{\infty}nuL_{n}[\nu^{2}g(\nu)] \tag{9.2.11}$$

与式 (9.1.20) 比较, 现在要作的对应是 $A(u)\to\dfrac{C_{\mathrm{V}}(h/k_{\mathrm{B}}u)}{rk_{\mathrm{B}}u}, B(nu)\to nuL_{n}[\nu^{2}g(\nu)]$. 然后利用式 (9.1.21) 的反变换, 得到

$$uL[\nu^{2}g(\nu)]=\sum_{n=1}^{\infty}\mu(n)\frac{C_{\mathrm{V}}(h/k_{\mathrm{B}}nu)}{rk_{\mathrm{B}}nu} \tag{9.2.12}$$

然后两边除以 $u$ 再作拉普拉斯反变换

$$g(\nu)=\frac{1}{rk_{\mathrm{B}}\nu^{2}}\sum_{n=1}^{\infty}\mu(n)L^{-1}\left[\frac{C_{\mathrm{V}}(h/k_{\mathrm{B}}nu)}{nu^{2}}\right] \tag{9.2.13}$$

式 (9.2.13) 与式 (9.2.9) 的形式上有点差别, 实质是一样的.

由此, 运用陈–莫比乌斯变换, 巧妙地得到了从 $C_{\mathrm{V}}(T)$ 求出的 $g(\nu)$ 的一般表达式. 只要知道了比热 $C_{\mathrm{V}}(T)$ 随温度变化的具体形式, 就可以求得声子态密度随频率变化的函数关系. 具体运用式 (9.2.9) 还是式 (9.2.13), 可选择其中方便的一个. 下面分别讨论低温近似和高温近似.

### 9.2.2 低温近似

1. 低温近似的逆变换公式

温度趋于零, 即 $T\to 0$ 时, 由实验上知道

$$C_{\mathrm{V}}(T)=a_{3}T^{3}+a_{5}T^{5}+a_{7}T^{7}+\cdots=\sum_{n=1}a_{2n+1}T^{2n+1} \tag{9.2.14}$$

即比热按温度的展开式中只有奇次项, 第一项是温度的三次方. 其中各系数 $a_{2n+1}$ 假定已从实验上测得. 式 (9.2.14) 写成以下形式:

$$C_{\mathrm{V}}\left(\frac{h}{k_{\mathrm{B}}u}\right)=\sum_{n=1}a_{2n+1}\left(\frac{h}{k_{\mathrm{B}}u}\right)^{2n+1} \tag{9.2.15}$$

代入式 (9.2.9), 得

$$g(\nu)=\frac{1}{rk_{\mathrm{B}}\nu^{2}}\sum_{n=1}^{\infty}\mu(n)L_{n}^{-1}\left[\frac{1}{u^{2}}\sum_{m=1}a_{2m+1}\left(\frac{h}{k_{\mathrm{B}}u}\right)^{2m+1}\right]$$

$$
\begin{aligned}
&= \frac{1}{rk_{\mathrm{B}}\nu^2}\sum_{m=1} a_{2m+1}\left(\frac{h}{k_{\mathrm{B}}}\right)^{2m+1}\sum_{n=1}^{\infty}\mu(n)\frac{(\nu/n)^{2m+2}}{(2m+2)!} \\
&= \frac{1}{rk_{\mathrm{B}}\nu}\sum_{m=1}\frac{a_{2m+1}}{(2m+2)!}\left(\frac{h\nu}{k_{\mathrm{B}}}\right)^{2m+1}\sum_{n=1}^{\infty}\frac{\mu(n)}{n^{2m+2}}
\end{aligned}
$$

附录 9A 中已经给出下列两式:

$$
\sum_{n=1}^{\infty}\frac{\mu(n)}{n^{2m}} = \frac{1}{\zeta(2m)} \tag{9.2.16}
$$

和

$$
\zeta(2m) = (-1)^{m+1}\frac{(2\pi)^{2m}}{2(2m)!}B_{2m}
$$

其中 $\zeta(x)$ 是黎曼 $\zeta$ 函数. 由此得到

$$
g(\nu) = \frac{2}{rk_{\mathrm{B}}^2\nu}\sum_{m=1} a_{2m+1}\frac{(-1)^{m+1}(h\nu/k_{\mathrm{B}})^{2m+1}}{(2\pi)^{2m+2}B_{2m+2}} = \sum_{m=1} A_{2m}\nu^{2m} \tag{9.2.17}
$$

可知, 声子态密度随频率的展开式中只有偶次项, 最低是二次项.

由声子谱的归一化关系 (9.2.2), 原则上可以求出频率上限 $\nu_m$. 例如, 若只取最低次的平方一项

$$
g(\nu) = -\frac{2}{rk_{\mathrm{B}}^2\nu}a_3\frac{(h\nu/k_{\mathrm{B}})^3}{(2\pi)^4 B_4} = \frac{15a_3h^3}{4\pi^4 rk_{\mathrm{B}}^5}\nu^2 \tag{9.2.18}
$$

则由归一化条件 (9.2.2) 得到

$$
\frac{5a_3h^3}{4\pi^4k_{\mathrm{B}}^4}\nu_m^3 = 3Nr = 3r\frac{R}{k_{\mathrm{B}}} \tag{9.2.19}
$$

其中 $R$ 是气体常数. 因此

$$
\nu_m = \left(\frac{12\pi Rr}{5a_3}\right)^{1/3}\frac{\pi k_{\mathrm{B}}}{h}
$$

由此算得德拜温度

$$
\Theta_{\mathrm{D}} = \left(\frac{12\pi Rr}{5a_3}\right)^{1/3}\pi \tag{9.2.20}
$$

式 (9.2.14) 中温度的各次幂项系数是不随温度变化的. 在作拉普拉斯反变换时, 已经对温度积分掉了. 因而此理论得到的德拜温度与温度无关.

2. 德拜温度随温度的变化

回顾晶格振动的德拜模型的内容, 当固体比热正比于温度的三次方的时候, 德拜温度与实际温度有关[20]. 也就是说, 比热随温度的变化应该是

$$C_{\mathrm{V}}(T) = b_3(T)T^3 \tag{9.2.21}$$

的形式. 如果实验测量比热的表达式为 (9.2.14), 那么就应该按照式 (9.2.21) 来拟合. 例如, 如果实验测量得到了如下最低三项的结果:

$$C_{\mathrm{V}}(T) = a_3T^3 + a_5T^5 + a_7T^7 \tag{9.2.22}$$

那么, 凑成式 (9.2.21) 的形式, 就应该有

$$b_3(T) = a_3 + a_5T^2 + a_7T^4 \tag{9.2.23}$$

在作拉普拉斯反变换的时候, 把 $b_3(T)$ 还当做常数来处理. 这时, 反演得到的频谱是

$$\begin{aligned} g(\nu) &= \frac{1}{rk_{\mathrm{B}}^2\nu^2}\sum_{n=1}^{\infty}\mu(n)L_n^{-1}\left[\frac{1}{u^2}b_3(T)\left(\frac{h}{k_{\mathrm{B}}u}\right)^3\right] \\ &= \frac{b_3(T)}{rk_{\mathrm{B}}^2\nu^2}\left(\frac{h}{k_{\mathrm{B}}}\right)^3\sum_{n=1}^{\infty}\mu(n)L_n^{-1}\left[\frac{1}{u^5}\right] = \frac{b_3(T)h^3}{rk_{\mathrm{B}}^5}\frac{\nu^2}{4!}\sum_{n=1}^{\infty}\frac{\mu(n)}{n^4} \end{aligned}$$

根据附录 9A 计算

$$\sum_{n=1}^{\infty}\frac{\mu(n)}{n^4} = \frac{1}{\zeta(4)} = -\frac{2\cdot 4!}{(2\pi)^4B_4} = \frac{15\times 4!}{4\pi^4}$$

得到频谱是

$$g(\nu) = \frac{15b_3(T)h^3}{4\pi^4rk_{\mathrm{B}}^5}\nu^2 \tag{9.2.24}$$

可见, 只要比热随温度变化是三次方的形式, 如式 (9.2.21) 那样, 频谱就一定是随频率的二次方变化的.

现在得到的态密度的形式与式 (9.2.17) 中只取第一项的结果式 (9.2.18) 完全一样. 只要把前面的系数 $a_3$ 换成现在的 $b_3(T)$, 即式 (9.2.23). 德拜温度就是

$$\Theta_{\mathrm{D}}(T) = \left[\frac{12\pi Rr}{5(a_3 + a_5T^2 + a_7T^4)}\right]^{1/3}\pi \tag{9.2.25}$$

德拜温度随温度的变化关系在此式中体现出来. 当温度趋于零时, 德拜温度趋于一个常数, 它就是式 (9.2.20).

由此可知, 根据陈–莫比乌斯反演方法, 可以得到由实验测得的系数计算德拜温度随温度变化的简洁的方法.

### 9.2.3 高温近似

1. 高温展开的逆变换公式

现在看高温展开. 已知温度趋于无穷大时, 比热趋于一个常量, 随温度的变换关系呈如下形式[21]:

$$C_V(T) = b_0 - b_2T^{-2} + b_4T^{-4} - b_6T^{-6} + \cdots \tag{9.2.26}$$

改写成

$$C_V\left(\frac{h}{k_Bnu}\right) = \sum_{m=0} b_{2m}\left(\frac{k_Bnu}{h}\right)^{2m} \tag{9.2.27}$$

代入式 (9.2.13), 得

$$\begin{aligned}g(\nu) &= \frac{1}{rk_B\nu^2}\sum_{n=1}^{\infty}\mu(n)L^{-1}\left[\frac{1}{nu^2}\sum_{m=0} b_{2m}\left(\frac{k_Bnu}{h}\right)^{2m}\right]\\ &= \frac{1}{rk_B\nu^2}\sum_{m=0} b_{2m}\left(\frac{k_B}{h}\right)^{2m}\frac{1}{\zeta(1-2m)}L^{-1}[u^{2m-2}]\end{aligned}$$

作拉普拉斯反变换的结果如下:

$$L^{-1}[u^{-2}] = \nu, \quad L^{-1}[u^m] = \delta^{(m)}(\nu), \quad m \geqslant 0$$

因此

$$g(\nu) = \frac{b_0}{rk_B\nu^2}\frac{\nu}{\zeta(1)} + \frac{1}{rk_B\nu^2}\sum_{m=1} b_{2m}\left(\frac{k_B}{h}\right)^{2m}\frac{\delta^{(2m-2)}(\nu)}{\zeta(1-2m)} \tag{9.2.28}$$

此处用到式 (9.2.16) 和附录式 (9A.5)

$$\zeta(1-2m) = -B_{2m}/2m, \quad m \geqslant 1$$

因 $\zeta(1) \to \infty$, 第一项为零. 最后得到

$$g(\nu) = \frac{1}{rk_B\nu^2}\sum_{m=1}\frac{b_{2m}}{\zeta(1-2m)}\left(\frac{k_B}{h}\right)^{2m}\delta^{(2m-2)}(\nu) \tag{9.2.29}$$

由此可见, 式 (9.2.26) 中比热的常数项对于声子频谱没有贡献. 因此以下讨论不涉及式 (9.2.26) 中的常数项.

比热的测量结果式 (9.2.26) 中不能只取 $b_2$ 这一项, 否则从式 (9.2.29) 得到

$$g(\nu) = \frac{b_1}{rk_B\nu^2\zeta(-1)}\left(\frac{k_B}{h}\right)^2\delta(\nu)$$

频率只能为零且 $g(0)$ 的数值为无穷大.

2. 爱因斯坦单峰近似

首先假定式 (9.2.26) 中的各系数恰好是

$$b_{2m} = b\left(\frac{h}{k_{\mathrm{B}}}\nu_{\mathrm{E}}\right)^{2m}\frac{\zeta(1-2m)}{(2m-2)!} \tag{9.2.30}$$

代入式 (9.2.29), 就得到

$$\begin{aligned} g(\nu) &= \frac{b}{rk_{\mathrm{B}}\nu^2}\left(\frac{h}{k_{\mathrm{B}}}\nu_{\mathrm{E}}\right)^2\sum_{m=1}\frac{\nu_{\mathrm{E}}^{2m-2}}{(2m-2)!}\delta^{(2m-2)}(\nu) \\ &= \frac{bh^2\nu_{\mathrm{E}}^2}{rk_{\mathrm{B}}^3\nu^2}\sum_{m=0}\frac{\nu_{\mathrm{E}}^{2m}}{(2m)!}\delta^{(2m)}(\nu) = \frac{bh^2\nu_{\mathrm{E}}^2}{rk_{\mathrm{B}}^3\nu^2}\delta(\nu-\nu_{\mathrm{E}}) = \frac{bh^2}{rk_{\mathrm{B}}^3}\delta(\nu-\nu_{\mathrm{E}}) \end{aligned} \tag{9.2.31}$$

式 (9.2.31) 表明, 格点只有一个振动频率. 这就是爱因斯坦单峰近似. 对于光学支振动, 这是一个比较好的近似.

当然, 实际上不可能测量得到式 (9.2.26) 中的无穷多项. 设比热的表达式只有前两项

$$C_{\mathrm{V}}(T) = -b_2T^{-2} + b_4T^{-4}$$

此时由式 (9.2.29), 得

$$\begin{aligned} g(\nu) &= \frac{1}{rk_{\mathrm{B}}\nu^2}\left[-\frac{b_2}{\zeta(-1)}\left(\frac{k_{\mathrm{B}}}{h}\right)^2\delta(\nu) + \frac{b_4}{\zeta(-3)}\left(\frac{k_{\mathrm{B}}}{h}\right)^4\delta^{(2)}(\nu)\right] \\ &= -\frac{b_2}{rk_{\mathrm{B}}\nu^2\zeta(-1)}\left[\delta(\nu) - \frac{\zeta(-1)}{\zeta(-3)}\frac{b_4}{b_2}\left(\frac{k_{\mathrm{B}}}{h}\right)^2\delta^{(2)}(\nu)\right] \end{aligned}$$

其中 $\zeta(-1) = -\dfrac{1}{12}, \zeta(-3) = \dfrac{1}{120}$. 令

$$\nu_{\mathrm{E}} = \frac{k_{\mathrm{B}}}{h}\sqrt{\frac{20b_4}{b_2}} \tag{9.2.32}$$

那么, 就把频谱写成

$$g(\nu) = \frac{12b_2}{rk_{\mathrm{B}}\nu^2}[\delta(\nu) + \nu_{\mathrm{E}}^2\delta^{(2)}(\nu)] \approx \frac{12b_2}{rk_{\mathrm{B}}\nu^2}\delta(\nu-\nu_{\mathrm{E}}) = \frac{12b_2}{rk_{\mathrm{B}}\nu_{\mathrm{E}}^2}\delta(\nu-\nu_{\mathrm{E}}) \tag{9.2.33}$$

最后做了近似. 在这样的近似下, 爱因斯坦频率由式 (9.2.32) 通过测量得到的系数来表达.

3. 双峰近似

如果比热测量的结果有前四项

$$C_{\mathrm{V}}(T) = -b_2T^{-2} + b_4T^{-4} + b_6T^{-6} + b_8T^{-8}$$

那么, 仿照式 (9.2.33) 的近似, 可以认为频谱是两个孤立的峰. 推导步骤如下:

此时式 (9.2.29) 保留前四项.

$$
\begin{aligned}
g(\nu) =& \frac{1}{rk_{\mathrm{B}}\nu^2}\left[-\frac{b_2}{\zeta(-1)}\left(\frac{k_{\mathrm{B}}}{h}\right)^2\delta(\nu)+\frac{b_4}{\zeta(-3)}\left(\frac{k_{\mathrm{B}}}{h}\right)^4\delta^{(2)}(\nu)\right.\\
&\left.-\frac{b_6}{\zeta(-5)}\left(\frac{k_{\mathrm{B}}}{h}\right)^6\delta^{(4)}(\nu)-\frac{b_8}{\zeta(-7)}\left(\frac{k_{\mathrm{B}}}{h}\right)^8\delta^{(6)}(\nu)\right]\\
=& \frac{12b_2}{k\nu^2}\left(\frac{k_{\mathrm{B}}}{h}\right)^2\left[\delta(\nu)+10\frac{b_4}{b_2}\left(\frac{k_{\mathrm{B}}}{h}\right)^2\delta^{(2)}(\nu)\right.\\
&\left.+21\frac{b_6}{b_2}\left(\frac{k_{\mathrm{B}}}{h}\right)^4\delta^{(4)}(\nu)+20\frac{b_8}{b_2}\left(\frac{k_{\mathrm{B}}}{h}\right)^8\delta^{(6)}(\nu)\right]\\
=& \frac{12b_2}{k\nu^2}\left(\frac{k_{\mathrm{B}}}{h}\right)^2\left\{B_1\left[\delta(\nu)+\frac{1}{2}\nu_1^2\delta^{(2)}(\nu)+\frac{1}{4!}\nu_1^4\delta^{(4)}(\nu)+\frac{1}{6!}\nu_1^6\delta^{(6)}(\nu)\right]\right.\\
&\left.+B_2\left[\delta(\nu)+\frac{1}{2}\nu_2^2\delta^{(2)}(\nu)+\frac{1}{4!}\nu_2^4\delta^{(4)}(\nu)+\frac{1}{6!}\nu_2^6\delta^{(6)}(\nu)\right]\right\}\\
\approx& \frac{12b_2}{k\nu^2}\left(\frac{k_{\mathrm{B}}}{h}\right)^2\left[B_1\delta(\nu-\nu_1)+B_2\delta(\nu-\nu_2)\right]\\
=& \frac{12b_2}{k\nu_1^2}\left(\frac{k_{\mathrm{B}}}{h}\right)^2B_1\delta(\nu-\nu_1)+\frac{12b_2}{k\nu_2^2}\left(\frac{k_{\mathrm{B}}}{h}\right)^2B_2\delta(\nu-\nu_2)
\end{aligned}
$$

因此, 在这样的近似下, 声子态密度是由两个孤立的峰组成. 其中两个频率的数值是 $\nu_1$ 和 $\nu_2$, 各自的强度是 $B_1$ 和 $B_2$. 这四个数值由以下等式决定:

$$
B_1+B_2=1, B_1\frac{1}{2}\nu_1^2+B_2\frac{1}{2}\nu_2^2=10\frac{b_4}{b_2}\left(\frac{k_{\mathrm{B}}}{h}\right)^2
$$

$$
B_1\frac{1}{4!}\nu_1^4+B_2\frac{1}{4!}\nu_2^4=21\frac{b_6}{b_2}\left(\frac{k_{\mathrm{B}}}{h}\right)^4
$$

$$
B_1\frac{1}{6!}\nu_1^6+B_2\frac{1}{6!}\nu_2^6=20\frac{b_8}{b_2}\left(\frac{k_{\mathrm{B}}}{h}\right)^6
$$

一般需要数值求解.

## 9.3 晶体内原子间相互作用势的逆问题

一个晶体是由排列在格点上的原子组成的, 原子之间有相互作用势能, 这种相互作用就是晶格振动的来源. 整个晶格的总相互作用能是所有原子之间相互作用能之和. 最简单的情况是, 假定一对原子之间相互作用能的大小与第三个原子的存在无关. 这是一种经典的模型, 把原子设为一个几何点, 不考虑原子上电荷分布对相互作用能的影响. 这样的原子间相互作用势简称为**原子间对势**. 它是原子之间的距离 $r$ 的函数, 记为 $\varPhi(r)$. 现在只考虑理想晶体. 晶体具有平移周期性. 周期晶体中的总能量是可以用第一性原理计算出来的[22]. 此处的逆问题是, 从对势的求和得到总能量. 应用数论的公式, 主要是陈–莫比乌斯变换反过来将对势用总能量来表达[16].

本节只考虑最简单的晶格, 每个晶胞中只有一个原子的布拉维格子[20].

### 9.3.1　一维情况

一维晶格的原子排布情况如图 9.1 所示.

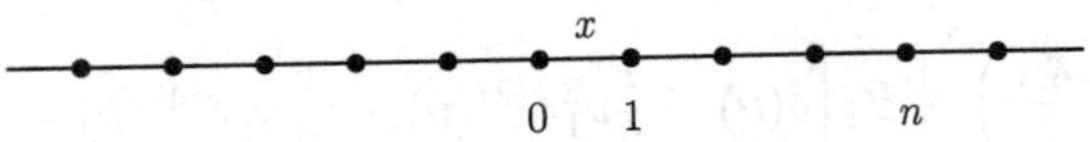


图 9.1　一维晶格的原子排布

1. 总能量与原子对势之间的相互变换式

最近邻原子之间的距离设为 $x$. 任意两个原子之间的距离一定是最近邻距离 $x$ 的正整数倍. 设原子之间的对势为 $\varPhi$, 整个晶体的总能量可用 $\varPhi$ 作如下表达:

$$E(x) = \frac{1}{2}\sum_{n\neq 0}\varPhi(nx) = \sum_{n=1}^{\infty}\varPhi(nx) \tag{9.3.1}$$

由于是布拉维格子, 故只需计算平均每一个原子与晶体中所有其他原子的相互作用能. 需要注意的是, 一个原子和所有其他原子的相互作用, 与整个晶体中平均每一个原子与其他原子的相互作用, 两者是不一样的. 不过可以知道, 前者是后者的二倍.

当最近邻距离 $x$ 变化时, 总能量也随 $x$ 变化. 因此 $E(x)$ 是 $x$ 的函数. 现在的问题是: 将 $\varPhi(x)$ 反过来用 $E(x)$ 来表达.

定义一个自变量放大算子 $T_n$. 它的作用是使自变量扩大至 $n$ 倍, $x \to nx$, 即

$$T_n\varPhi(x) = \varPhi(nx) \tag{9.3.2}$$

这个算子的性质是: 如果连续两个算子作用

$$T_mT_n\varPhi(x) = T_m\varPhi(nx) = \varPhi(mnx)$$

则

$$T_mT_n = T_{mn} \tag{9.3.3}$$

此式表明, 一维周期格子中的自变量放大操作是一个完全积性函数.

利用自变量放大算子的定义, 式 (9.3.1) 就写成

$$E(x)=\sum_{n=1}^{\infty}T_n\Phi(x) \tag{9.3.4}$$

现在$\sum\limits_{n=1}^{\infty}T_n$ 是一个作用在$\Phi(x)$上的算子. 形式上, 总是可以把一个逆算子$\left[\sum\limits_{n=1}^{\infty}T_n\right]^{-1}$作用在式 (9.3.4) 两边, 写成

$$\Phi(x)=\left[\sum_{n=1}^{\infty}T_n\right]^{-1}E(x) \tag{9.3.5}$$

注意到 $T_n$ 中的 $n$ 是一个正整数, 运用本章的第一个定理式 (9.1.1). 这一定理使得所有正整数的总和可以写成如下形式:

$$\begin{aligned}\sum_{n=1}^{\infty}n&=\sum_{n=1}^{\infty}\prod_{i=1}^{s}p_i^{r_i}\\&=(1+p_1+p_1^2+p_1^3+\cdots)(1+p_2+p_2^2+p_2^3+\cdots)(1+p_3+p_3^2+p_3^3+\cdots)\cdots\end{aligned} \tag{9.3.6a}$$

容易看出, 式 (9.3.6a) 右边相乘开的结果, 就是所有可能的正整数. 把每一个括号进行求和, 得

$$\sum_{n=1}^{\infty}n=\prod_{i=1}^{\infty}(1+p_i+p_i^2+p_i^3+\cdots)=\prod_{i=1}^{\infty}\frac{1}{1-p_i} \tag{9.3.6b}$$

取倒数. 得

$$\begin{aligned}\left[\sum_{n=1}^{\infty}n\right]^{-1}&=\left[\prod_{i=1}^{\infty}\frac{1}{1-p_i}\right]^{-1}=\prod_{i=1}^{\infty}(1-p_i)=(1-p_1)(1-p_2)(1-p_3)\cdots\\&=1-p_1-p_2\cdots+p_1p_2+p_1p_3+\cdots=1+\sum_{\{p_1p_2\cdots p_s\}}(-1)^s p_1p_2\cdots p_s\end{aligned} \tag{9.3.7a}$$

式 (9.3.7a) 最后一个等式中的求和项中, 任何一组乘积 $p_1p_2\cdots p_s$ 中的每一个 $p_i$ 都是不相同的. 如果有奇数个因子, 就必须取负号; 偶数个因子, 就取正号. 如果把有相同素数因子的项也包括进来, 那样的项应该乘以一个零. 因此, 可以把式 (9.3.7a) 写成以下形式:

$$\left[\sum_{n=1}^{\infty}n\right]^{-1}=1+\sum_{\{p_1p_2\cdots p_s\}}(-1)^s p_1p_2\cdots p_s=\sum_{n=1}^{\infty}\mu(n)n \tag{9.3.7b}$$

其中 $\mu(n)$ 是莫比乌斯函数. 现在求和中包括所有的正整数,当然也包含了乘积中有相同素数因子的情况, 但是对于这种情况, 莫比乌斯函数的值自然为零. 因而, 式 (9.3.7b) 和式 (9.3.7a) 的结果是完全相同的.

注意到, 式 (9.3.5) 右边的算符 $\left[\sum_{n=1}^{\infty} T_n\right]^{-1}$ 与式 (9.3.7) 左边的算符 $\left[\sum_{n=1}^{\infty} n\right]^{-1}$ 具有相同的形式, 因此, 仿照后者, 可以把算符 $\left[\sum_{n=1}^{\infty} T_n\right]^{-1}$ 写成如下形式:

$$\begin{aligned}\left[\sum_{n=1}^{\infty} T_n\right]^{-1} &= \left[\prod_{i=1}^{\infty}(1+T_{p_i}+T_{p_i}^2+T_{p_i}^3+\cdots)\right]^{-1} = \left[\prod_{p_i=1}^{\infty}\frac{1}{1-T_{p_i}}\right]^{-1}\\ &= \prod_{p_i=1}^{\infty}(1-T_{p_i}) = 1-T_{p_1}-T_{p_2}-T_{p_3}-\cdots+T_{p_1}T_{p_2}+T_{p_1}T_{p_3}+\cdots\\ &= 1+\sum_{\{p_1p_2\cdots p_s\}}(-1)^s T_{p_1p_2\cdots p_s} = \sum_{n=1}^{\infty}\mu(n)T_n \end{aligned} \tag{9.3.8}$$

应明确式 (9.3.7) 和式 (9.3.8) 这两式的区别. 第一, 前者纯粹是自然数的运算, $p_i^2$ 表示两个 $p_i$ 相乘; 后者则是表示自变量放大整数倍的操作, $T_{p_i}^2$ 表示连续两次 $T_{p_i}$ 的操作. 第二, 式 (9.3.8) 中的算符 $T_n$ 表示了物理上实际可施行的操作, 所有可施行的操作之总和还是一个可施行的操作, 在这个意义上, 完全可以认为, 算符 $\sum_{n=1}^{\infty} T_n$ 是收敛的. 一个实际可施行的操作的逆操作也是可施行的. 因此, 式 (9.3.8) 两边也都是收敛的, 即其收敛性由物理实际所保证, 只不过借助了数论中公式的形式. 而对于式 (9.3.6), 其求和是不收敛的. 但是首先, 对于任意多的有限项, 结果总是基本正确的; 其次, 直觉上不收敛的求和不一定没有结果 (见本章附录 A 最后的评述). 事实上, 式 (9.3.6) 的求和就是附录 A 中的黎曼 $\zeta$ 函数 $\zeta(-1)$. 式 (9.3.7b) 正是式 (9A.7) 中 $x=-1$ 时的特例.

由式 (9.3.8) 的结果, 就可以把式 (9.3.5) 写成

$$\varPhi(x) = \sum_{n=1}^{\infty}\mu(n)T_nE(x) = \sum_{n=1}^{\infty}\mu(n)E(nx) \tag{9.3.9}$$

如此, 就成功地写出了式 (9.3.1) 的逆变换. 如果可以通过某种方法计算出一个系统的总能量 $E(x)$ 作为原子间最近邻距离 $x$ 的函数的话, 就可以通过式 (9.3.9) 求出两个原子间的对势 $\varPhi(x)$.

既然式 (9.3.9) 的左边总是有限的, 那么右边的每一项也总是有限的. 式 (9.3.1) 的求和也就一定是有限的.

式 (9.3.1) 和式 (9.3.9) 这一对变换, 也正是式 (9.1.20) 和式 (9.1.21) 这一对变换.

2. 变换公式的一种检验

以上推导借鉴了数论中的无穷求和与无穷乘积, 这在数学上的收敛性是需要研究的, 但是相对应的物理操作则是确定收敛的. 希望对用此种借鉴方式得到的变换公式 (9.3.1) 和式 (9.3.9) 做一个具体的检验. 为此注意到, 在这两个公式中, 如果对势 $\Phi(x)$ 的自变量扩大为 $m$ 倍, 写成 $\Phi(mx)$, 那么总能量 $E(x)$ 也就相应地写成总能量 $E(mx)$. 因而可以写出以下两个矩阵:

$$\begin{pmatrix} 1 & 1 & 1 & 1 & 1 & 1 & \cdots \\ 0 & 1 & 0 & 1 & 0 & 1 & \cdots \\ 0 & 0 & 1 & 0 & 0 & 1 & \cdots \\ 0 & 0 & 0 & 1 & 0 & 0 & \cdots \\ 0 & 0 & 0 & 0 & 1 & 0 & \cdots \\ 0 & 0 & 0 & 0 & 0 & 1 & \cdots \\ \vdots & \vdots & \vdots & \vdots & \vdots & \vdots & \ddots \end{pmatrix} \begin{pmatrix} \Phi(x) \\ \Phi(2x) \\ \Phi(3x) \\ \Phi(4x) \\ \Phi(5x) \\ \Phi(6x) \\ \vdots \end{pmatrix} = \begin{pmatrix} E(x) \\ E(2x) \\ E(3x) \\ E(4x) \\ E(5x) \\ E(6x) \\ \vdots \end{pmatrix} \tag{9.3.10a}$$

和

$$\begin{pmatrix} \mu(1) & \mu(2) & \mu(3) & \mu(4) & \mu(5) & \mu(6) & \cdots \\ 0 & \mu(1) & 0 & \mu(2) & 0 & \mu(3) & \cdots \\ 0 & 0 & \mu(1) & 0 & 0 & \mu(2) & \cdots \\ 0 & 0 & 0 & \mu(1) & 0 & 0 & \cdots \\ 0 & 0 & 0 & 0 & \mu(1) & 0 & \cdots \\ 0 & 0 & 0 & 0 & 0 & \mu(1) & \cdots \\ \vdots & \vdots & \vdots & \vdots & \vdots & \vdots & \ddots \end{pmatrix} \begin{pmatrix} E(x) \\ E(2x) \\ E(3x) \\ E(4x) \\ E(5x) \\ E(6x) \\ \vdots \end{pmatrix} = \begin{pmatrix} \Phi(x) \\ \Phi(2x) \\ \Phi(3x) \\ \Phi(4x) \\ \Phi(5x) \\ \Phi(6x) \\ \vdots \end{pmatrix} \tag{9.3.10b}$$

定义两个向量 $\Phi = (\Phi(x), \Phi(2x), \Phi(3x), \cdots)^{\mathrm{T}}, E = (E(x), E(2x), E(3x), \cdots)^{\mathrm{T}}$. 那么式 (9.3.10a) 和式 (9.3.10b) 写成

$$U\Phi = E \tag{9.3.11a}$$

和

$$VE = \Phi \tag{9.3.11b}$$

显然, 矩阵 $U$ 和 $V$ 应互为逆矩阵

$$UV = VU = I \tag{9.3.12}$$

把此式两边的非对角元写出来, 应该有

$$\mu(1)=1,\quad \mu(1)+\mu(2)=0,\quad \mu(1)+\mu(3)=0,\quad \mu(1)+\mu(2)+\mu(4)=0,\quad \cdots$$

这些正是在式 (9.1.7) 中取 $k=1,2,3,4,\cdots$ 的结果. 因此, 从一个侧面验证了式 (9.3.1) 和式 (9.3.9) 这一对变换公式是正确.

### 9.3.2　二维情况

1. 对势逆变换的公式

二维晶格的原子排布情况如图 9.2 所示.

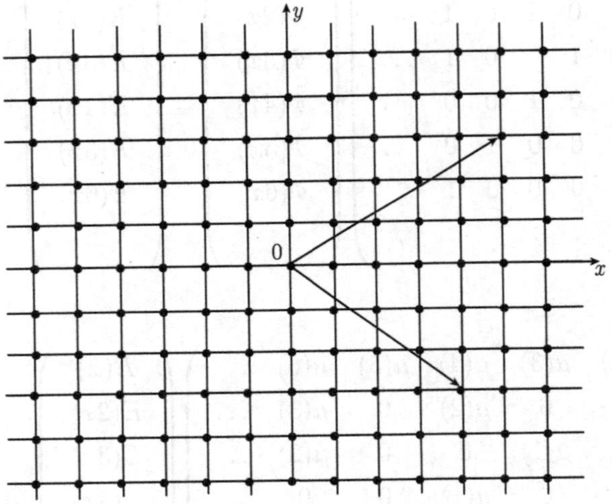


图 9.2　二维晶格的原子排布

现在坐标是二维的, 比一维情况复杂了. 为简单起见, 假定是个正方格子, 即设两个坐标轴方向上原子间最近邻距离是一样的, 都是 $x$. 即使这样, 任意两个原子之间的距离不见得一定是最近邻距离的整数倍.

用一对指标 $(i,j)$ 标记每个格点. 这需要一个二维的数组. 恰好, 二维离散格点是个可数集, 因此, 可以按某种方式排序, 只用一个指标 $n$ 就可以标记二维点阵中的每一个格点. 任意两个原子之间的距离用 $b(n)x$ 表示. 显然, 应该有

$$b(n)=\sqrt{i^2+j^2}\tag{9.3.13}$$

其中 $i$ 和 $j$ 都是自然数.

由于是布拉维格子, 故只需计算位于原点的原子与晶体中所有其他原子的相互

作用能的总和. 写成如下形式:

$$E(x) = \sum_{n=1}^{\infty} r(n)\varPhi(b(n)x) \tag{9.3.14}$$

其中 $n$ 可以作为第 $n$ 近邻的指标, 与原点的距离为 $b(n)x$. 具有相同距离的原子的数目记为 $r(n)$, 可以称之为第 $n$ 近邻的配位数. 式 (9.3.14) 的求和涉及所有可能的原子间的距离.

一维情况所使用的数论的公式现在已经不适用. 现有如下欧拉定理.

**定理 1**(欧拉定理)　$b(n)$ 相对于乘法是封闭的.

$$b(m)b(n) = b(k) \tag{9.3.15}$$

**证明**　$$\begin{aligned}(i_1^2+j_1^2)(i_2^2+j_2^2) &= i_1^2i_2^2+i_1^2j_2^2+j_1^2i_2^2+j_1^2j_2^2+2i_1i_2j_1j_2-2i_1i_2j_1j_2\\ &= (i_1i_2+j_1j_2)^2+(i_1j_2-i_2j_1)^2\end{aligned}$$

证明完毕.

这一定理表明, 如果正方点阵中在与原子 A 距离为 $b(n)x$ 处有一个原子 B, 在与原子 B 的距离 $b(m)x$ 处有一原子 C, 那么, 在与原子 A 距离为 $b(m)b(n)x$ 处必有一个原子 (不一定就是 C), 是正方点阵中的格点之一. 例如, $(i_1,j_1)=(1,1),(i_2,j_2)=(1,0)$, 则 $(i_1^2+j_1^2)(i_2^2+j_2^2)=2=1^2+1^2$.

**定义 1**　若关于一个集合规定了某种运算称为乘法, 集合中两个元素相乘, 得到的结果仍然是这个集合中的一个元素, 就称集合关于这个乘法是**封闭**的, 也称该集合具有**乘法封闭性**.

就本小节二维晶格的例子来说, 由任意两个格点之间的距离作为元素, 构成一个集合. 算术乘积作为乘法. 式 (9.3.15) 表明, 集合中两个元素的乘积的结果还是该集合中的一个元素. 因此, 式 (9.3.15) 反映了乘法封闭性.

式 (9.3.15) 还表明, 二维方格子中原子间距离是一个完全积性函数.

利用欧拉定理, 可以写出式 (9.3.14) 的反变换. 先假定这样的反变换存在. 这样的做法参考了一维的情况, 从一维的式 (9.3.1) 和式 (9.3.9) 这一对公式可以看出, 等式右边的求和是完全一样的. 式 (9.3.9) 右边有一莫比乌斯函数, 这是通过逆算符的公式推导得到的. 二维情况当然不能和一维完全一样. 先把式 (9.3.14) 的逆变换写成如下形式:

$$\varPhi(x) = \sum_{n=1}^{\infty} K(n)E(b(n)x) \tag{9.3.16}$$

其中的求和范围与式 (9.3.14) 完全一样.

式 (9.3.16) 中函数 $K(n)$ 用以下方法确定: 把式 (9.3.14) 代入式 (9.3.16), 得

$$\varPhi(x) = \sum_{n=1}^{\infty} K(n)E(b(n)x) = \sum_{n=1}^{\infty} K(n)\sum_{m=1}^{\infty} r(m)\varPhi(b(m)b(n)x)$$

$$
\begin{aligned}
&= \sum_{k=1,\, m=1, b(m)b(n)=b(k)}^{\infty} \sum^{\infty} K(n) r(m) \varPhi(b(k)x) \\
&= \sum_{k=1}^{\infty} \left\{ \sum_{b(n)|b(k)}^{\infty} K(n) r\left( b^{-1}\left[\frac{b(k)}{b(n)}\right] \right) \right\} \varPhi(b(k)x) \\
&= \sum_{k=1}^{\infty} \delta_{k1} \varPhi(b(k)x)
\end{aligned}
\tag{9.3.17}
$$

需要注意的是：欧拉定理表明，如果已知 $b(n)$ 和 $b(m)$，那么 $b(k) = b(n)b(m)$ 一定在这个晶格中，并可以找出相应的 $r(k)$. 反之，如果已知 $b(k)$ 和 $b(n)$ 是晶格中的格点，那么 $b(m) = b(k)/b(n)$ 也一定是晶格中的格点. 也就是说，式 (9.3.17) 中

$$
b^{-1}\left[\frac{b(k)}{b(n)}\right] = m \tag{9.3.18}
$$

一定要是整数. 不过，对于任意一对 $b(n)$ 和 $b(m)$，$b^{-1}[b(n)/b(m)]$ 不一定是整数. 那么，这样的项在式 (9.3.17) 中不予考虑，或者说，相应的配位数 $r$ 为零. 这就是式 (9.3.17) 中求和 $\displaystyle\sum_{b(n)|b(k)}^{\infty}$ 的含义.

由式 (9.3.17)，应得到

$$
\sum_{b(n)|b(k)}^{\infty} K(n) r\left( b^{-1}\left[\frac{b(k)}{b(n)}\right] \right) = \delta_{k1} \tag{9.3.19}
$$

此式给出了由配位数 $r(m)$ 计算 $K(n)$ 的公式.

式 (9.3.19) 可以看做对莫比乌斯变换的扩展. 原来的公式 $\displaystyle\sum_{n/k} \mu(n) = \delta_{k1}$ 对应于配位数都是 1 的情况. 一维情况下，式 (9.3.1) 右边的配位数是 1，式 (9.3.9) 右边的系数就是莫比乌斯函数. 二维情况下的式 (9.3.19) 通过不等于 1 的配位数 $r(m)$ 计算出的函数 $K(n)$ 一般不是莫比乌斯函数.

2. 系数的计算

现在说明式 (9.3.16) 中系数 $K(n)$ 的计算. 这是通过式 (9.3.19) 进行的. 为此，先要计算配位数 $r(n)$. 把二维方格子的直到第 20 近邻的 $b^2(n)$ 和 $r(n)$ 都算出，列于表 9.2.

**表 9.2 二维方格子前 20 近邻的实际格点的距离平方 $b^2(n)$ 及相应的配位数 $r(n)$**

| $n$ | 1 | 2 | 3 | 4 | 5 | 6 | 7 | 8 | 9 | 10 |
|---|---|---|---|---|---|---|---|---|---|---|
| $b^2(n)$ | 1 | 2 | 4 | 5 | 8 | 9 | 10 | 13 | 16 | 17 |
| $r(n)$ | 4 | 4 | 4 | 8 | 4 | 4 | 8 | 8 | 4 | 8 |
| $n$ | 11 | 12 | 13 | 14 | 15 | 16 | 17 | 18 | 19 | 20 |
| $b^2(n)$ | 18 | 20 | 25 | 26 | 29 | 34 | 36 | 37 | 40 | 41 |
| $r(n)$ | 4 | 8 | 12 | 8 | 8 | 8 | 4 | 8 | 8 | 8 |

由于 $b^2(n)$ 都是整数, 令 $l = b^2(n)$, 那么, 可写成 $r(n) = r[b^2(n)] = r(l)$, 其中 $r(l)$ 可以表示如下.

$$r(l) = \begin{cases} 4, & l = i^2 \text{ 或 } 2i^2 \text{ 且 } m \neq 0 \\ 8, & l = i^2 + j^2 \text{ 且 } 0 \neq |i| \neq |j| \neq 0 \\ 12, & l = i_1^2 + j_1^2 = i_2^2 + j_2^2, i_1 + \mathrm{i}j_1 \neq i_2 + \mathrm{i}j_2 \\ 0, & l \neq i^2 + j^2 \end{cases} \tag{9.3.20}$$

其中配位数是 12 的条件是整数 $l$ 可以写成两组整数平方和的形式, 即$k = i_1^2 + j_1^2 = i_2^2 + j_2^2$, 但是 $(i_1, j_1)$ 和 $(i_2, j_2)$ 不相等. 例如, $(3,4)$ 和 $(5,0)$, $(5,5)$ 和 $(1,7)$, $(5,12)$ 和 $(13,0)$, 等等.

现在求 $K(n)$. 由式 (9.3.15) 知, $b(k) = b(m)b(n)$. 当 $k$ 和 $n$ 确定后, 根据式 (9.3.15) 计算出 $b(m)$, 查表 9.2 找出相应的 $m$ 与 $r(m)$.

当 $k = 1$ 时, $b(k) = b(1) = 1$. $n = 1, r[b^{-1}(1/b(1))] = r(1) = 4$. 由 $K(1)r(1) = 1$, 得 $K(1) = 1/4$.

当 $k = 2$ 时, $b(k) = b(2) = \sqrt{2}$.

$$n = 1, \quad r[b^{-1}(\sqrt{2}/b(1))] = r[b^{-1}(\sqrt{2}/1)] = r[b^{-1}(\sqrt{2})] = r(2) = 4$$
$$n = 2, \quad r[b^{-1}(\sqrt{2}/b(2))] = r[b^{-1}(\sqrt{2}/\sqrt{2})] = r[b^{-1}(1)] = r(1) = 4$$

由 $K(1)r(2) + K(2)r(1) = 0$ 解得: $K(2) = -K(1) = -1/4$.

当 $k = 3$ 时, $b(k) = b(3) = 2$. $n = 1$, $2 = b(1)b(3)$, 因此 $m = 3$, $r(3) = 4$; $n = 2$, $2 = b(2)b(2)$, 因此 $m = 2$, $r(2) = 4$; $n = 1$, $b(3) = b(3)b(1)$, 因此 $m = 1$, $r(1) = 4$.

$$n = 1, \quad r[b^{-1}(2/b(1))] = r[b^{-1}(2/1)] = r[b^{-1}(2)] = r(3) = 4$$
$$n = 2, \quad r[b^{-1}(2/b(2))] = r[b^{-1}(2/\sqrt{2})] = r[b^{-1}(\sqrt{2})] = r(2) = 4$$
$$n = 3, \quad r[b^{-1}(2/b(3))] = r[b^{-1}(2/2)] = r[b^{-1}(1)] = r(1) = 4$$

由 $K(1)r(3) + K(2)r(2) + K(3)r(1) = 0$ 解得: $K(3) = 0$.

当 $k=4$ 时, $b(k)=b(4)=\sqrt{5}$.

$$n=1,\quad r[b^{-1}(\sqrt{5}/b(1))]=r[b^{-1}(\sqrt{5}/1)]=r[b^{-1}(\sqrt{5})]=r(4)=8$$

$$n=2,\quad r[b^{-1}(\sqrt{5}/b(2))]=r[b^{-1}(\sqrt{5}/\sqrt{2})]=0$$

$$n=3,\quad r[b^{-1}(\sqrt{5}/b(3))]=r[b^{-1}(\sqrt{5}/2)]=0$$

$$n=4,\quad r[b^{-1}(\sqrt{5}/b(4))]=r[b^{-1}(\sqrt{5}/\sqrt{5})]=r[b^{-1}(1)]=r(1)=4$$

因此, $K(1)r(4)+K(4)r(1)=0$. 解得: $K(4)=-\dfrac{K(1)r(4)}{r(1)}=-\dfrac{1}{8}$.

如此可一直依次计算. 实际上是编程用计算机计算.

3. 引入虚格点

最后, 顺便提一下. 在表 9.2 中, $b^2(n)$ 并没有涉及所有的正整数. 可以人为地把所有正整数的 $b^2(n)$ 都排入表中. 对于实际上没有的格点, 我们称之为**虚格点**, 只要令相应的配位数为零, 不会对实际的计算带来任何影响. 由此排出的各近邻的距离和配位数如表 9.3 所示. 表面上看来, 表 9.3 中的格点数目比表 9.2 中的格点数目要多, 但是因为不该出现的格点, 也就是虚格点的配位数都是零. 因此, 这两个表都反映实际的二维晶格点阵.

**表 9.3　二维方格子前 20 近邻的距离平方 $b^2(n)$ 为正整数格点 (包括虚格点) 的相应配位数 $r(n)$**

| $n$ | 1 | 2 | 3 | 4 | 5 | 6 | 7 | 8 | 9 | 10 |
|---|---|---|---|---|---|---|---|---|---|---|
| $b^2(n)$ | 1 | 2 | 3 | 4 | 5 | 6 | 7 | 8 | 9 | 10 |
| $r(n)$ | 4 | 4 | 0 | 4 | 8 | 0 | 0 | 4 | 4 | 8 |
| $n$ | 11 | 12 | 13 | 14 | 15 | 16 | 17 | 18 | 19 | 20 |
| $b^2(n)$ | 11 | 12 | 13 | 14 | 15 | 16 | 17 | 18 | 19 | 20 |
| $r(n)$ | 0 | 0 | 8 | 0 | 0 | 4 | 8 | 4 | 0 | 8 |

注: 配位数为零的格点都是人为加上的虚格点

### 9.3.3　三维情况

1. 对势逆变换的公式

现只考虑三维简立方格子, 即三个方向上的最近邻距离是相同的, 都是 $x$. 仿照二维情况, 写下位于原点的原子与晶体中所有其他原子的相互作用能的总和

$$E(x)=\sum_{n=1}^{\infty}r_0(n)\Phi(b_0(n)x) \tag{9.3.21}$$

其中 $n$ 可以作为第 $n$ 近邻的指标, 与原点的距离为 $b_0(n)x$, 相应的配位数用 $r_0(n)$

表示. 式 (9.2.21) 的求和涉及所有可能的原子间的距离. 这些都与二维的情况一样.

需要说明的是, 对于二维离散格点, 总是可以通过一定的排序方式成为可数点列, 从而可以用一个指标标记二维点阵中的所有格点. 对于三维离散格点, 不可能做到通过适当排序的方式而只用一个指标标记三维点阵中的所有格点. 可是, 在式 (9.3.21) 中确实已经只用一个指标 $n$ 标记所有的格点, 如二维情况一样的写法. 理由介绍如下.

实际进行计算时, 必然是采取数值计算的方式, 因而不可能真的把点阵求和到无限远处. 一个原子与所有其他原子的相互作用总能量一定是有限的, 即求和一定是收敛的. 因此只需要求和到某个远处的距离就终止了, 即原子团是有限大小的. 对于有限数目个原子, 总是可以把它们按一定的顺序排列, 之后只用一个指标标记它们. 只是在形式上, 式 (9.3.21) 的求和还是写到无限远.

对于三维情况, 不存在像二维那样的欧拉定理. 这时, 如果 $b(n)x$ 与 $b(m)x$ 为实际中已有的格点, 即 $[b(n)]^2$ 和 $[b(m)]^2$ 分别是三个整数的平方和的时候, 乘积 $[b(m)b(n)]^2$ 不见得一定能够写成三个整数的平方和. 这就是说, 实际的三维晶体中是没有相应于二维晶体的乘法封闭性的.

(1) 如果乘积 $[b(m)b(n)]^2$ 恰能够写成三个整数的平方和, 这就是点阵中的一个格点 $b(m)b(n) = b(k)$, 并有相应的配位数 $r(k)$.

(2) 如果乘积 $[b(m)b(n)]^2$ 不能够写成三个整数的平方和, 这时假定 $b(m)b(n) = b(k)$ 这样的 “格点” 仍然存在, 只要令相应的 “配位数”$r(k) = 0$, 那么对计算结果没有丝毫影响. 这样人为加上的 “格点” 称为 “虚格点”. 这种情况类似于表 9.3. 我们加入了一些虚构的 $[b(k)]^2$, 相应的 $r(k) = 0$.

加上虚格点之后, 可以把式 (9.3.21) 写成如下形式:

$$E(x) = \sum_{n=1}^{\infty} r_0(n)\Phi(b_0(n)x) = \sum_{n=1}^{\infty} r(n)\Phi(b(n)x) \tag{9.3.22}$$

其中求和遍及所有实际上的原子间距离 $b_0(n)x$, 再加上符合 $b_0(m)b_0(n) = b(k)$ 的所有虚格点. 相应的配位数的情况是:

如果 $b(n) \in b_0(n)$, 那么 $r(n) = r_0(n)$;

如果 $b(n) \notin b_0(n)$, 那么 $r(n) = 0$.

或者

$$r(n) = \begin{cases} r_0(b_0^{-1}[b(n)]), & b(n) \in \{b_0(n)\} \\ 0, & b(n) \notin \{b_0(n)\} \end{cases} \tag{9.3.23}$$

引入虚格点之后, 晶体中所有格点的距离就都符合二维时的式 (9.3.15) 那样的

乘法封闭性了. 因而现在可以仿照二维的情况式 (9.3.16) 写出反演公式

$$\Phi(x)=\sum_{n=1}^{\infty}K(n)E(b(n)x) \tag{9.3.24}$$

其中函数 $K(n)$ 如式 (9.3.17) 那样推导, 最后应满足的公式与式 (9.3.19) 是一样的

$$\sum_{b(d)|b(n)}^{\infty}K(n)r\left(b^{-1}\left[\frac{b(n)}{b(d)}\right]\right)=\delta_{n1} \tag{9.3.25}$$

现在应注意的是, 式 (9.3.25) 中 $r(n)$ 有可能等于 0, 如式 (9.3.23) 规定的那样.

可以完全仿照二维时的做法. 步骤如下:

(1) 先计算出第 $n$ 近邻的 $b_0(n)$ 和 $r_0(n)$, 这些是晶体中实际存在的原子.

(2) 然后用各种可能的 $b_0(m)b_0(n)=b(k)$ 相乘, 得到 $b(k)$, 如果 $b^2(k)$ 不能写成三个整数的平方和, 就是虚格点, 相应的配位数 $r(k)=0$.

(3) 再用式 (9.3.25) 计算各 $K(n)$. 最后就可以用式 (9.3.24) 计算对势了. 其中步骤 (2) 中比二维方格子多出来一些内容.

### 2. 原子对势的可能形式

两个原子之间的对势总是有限的. 而且从物理上容易知道, 当两个原子之间的距离区域无限远时, 定对势应该趋于零.

这样反演对势的时候, 假定相互作用是没有方向性的, 也就是各项同性的, 相当于是晶体中的金属键.

反演得到的是数值结果, 我们希望用一个合适的数学形式表达出来.

在固体物理中, 描述原子间相互作用势的最简单的数学表达形式是伦纳德–琼斯势[20]

$$\Phi(x)=-\frac{A}{x^6}+\frac{B}{x^{12}} \tag{9.3.26}$$

这种对势只有两个参量, 显得太简单. 当实际的相互作用比较复杂时, 用这个势作拟合的效果不是很好.

另外一个数学形式是莫尔斯势

$$\Phi(x)=D_0[\mathrm{e}^{-\gamma(x/R_0-1)}-2\mathrm{e}^{-\gamma(x/R_0-1)/2}] \tag{9.3.27}$$

它有三个参量, 可以反映相互作用的一些细节. 这是比较常用的势.

还有一种 Rahman-Stillinger-Lemberg(RSL2) 势[23] 的形式

$$\Phi(r)=D_0\mathrm{e}^{y(1-r/R_0)}+\frac{a_1}{1+\mathrm{e}^{b_1(r-c_1)}}+\frac{a_2}{1+\mathrm{e}^{b_2(r-c_2)}}+\frac{a_3}{1+\mathrm{e}^{b_3(r-c_3)}} \tag{9.3.28}$$

这一形式的参量更多, 更能够反映影响对势的更多的细节, 实际上用此形式拟合也更准确. 当晶体的结构或者组成比较复杂时, 就必须使用 RSL2 势来反演. 本章最后介绍的界面两侧的原子之间的对势 (界面的势肯定比体内的复杂) 必须使用 RSL2 势的形式.

一旦得到一种对势之后, 就可以在不同的晶体中运用. 因此这种对势的结果是有可移植性的.

根据第一性原理计算出一个晶胞的总能量; 根据前述反演公式, 得到了对势随距离变化的数值. 选择式 (9.3.27) 或式 (9.3.28) 的合适的数学形式拟合之后, 得到了参量的数值, 将这样的参量储存起来, 构成了原子势库. 以后只要用这个参量写出相应的数学形式, 就可以用于原子间对势的任何距离的计算. 陈难先小组在这方面做了大量的工作, 建立了实际应用所需要的晶体内原子间对势数据库.

还有一点需要说明, 由晶体的总能量反演得到的对势, 与自由空间中两个原子之间的对势是不一样的. 因为晶体中的对势已经把周围其他原子存在时的影响考虑进去了. 即使两者的形式一样, 其中的参数也是不一样的. 这样反演出来的对势也只能在晶体中使用, 而不能用于自由空间的情形.

3. 一些说明

针对以上介绍的固体中原子间势的反演做一些说明.

首先陈难先在此巧妙地引入了一些新的方法和概念. 新的方法就是数论公式的应用, 包括数论的变换公式、积性反演公式和表现乘法封闭性欧拉定理的运用. 新的概念是指, 第一, 将数论函数的变量连续化, 使之可以应用到实际的物理体系中; 第二, 引入了虚格点的概念, 这样, 就满足了乘法封闭性, 可以计算二维和三维情况下的对势 (这样的系统中格点之间的距离本来是不满足乘法封闭性的).

其次, 以上介绍的都是布拉维格子, 也就是一个晶胞中只有一个原子这样最简单的情况. 对于复式格子, 如体心立方和面心立方的晶格[24], 反演的思路相同. 而对于多元晶体, 情况就比较复杂了. 以 $Fe_3Al$ 为例[25], 先从单质 Fe 得到 Fe-Fe 对势, 从单质 Al 得到 Al-Al 对势. 然后在 $Fe_3Al$ 合金中减去 Fe-Fe 与 Al-Al 对势就可以得到 Fe-Al 对势. 具体推导过程比较烦琐, 就不在这里介绍了.

对于 NaCl 等一些晶体, 光是现有实际存在的晶体还不足以给出反演对势所需要的结合能曲线. 但是, 可以人为地构造虚拟的晶格[26]. 这是陈难先引入的一个新的技巧.

再次, 这一反演方法具有普适性, 既可以用于不同类型的化合物和不同类型的晶体结构, 还可以用于有稀土元素组分的晶体. 而其他研究对势的方法一般对稀土元素是很难处理的. 研究表明, 用此种方法反演出来的对势计算晶格的稳定性时, 当晶格沿径向压缩膨胀变化, 沿角向扭转形变时, 都回到了稳定的位置, 说明了势的稳定性. 当原子之间的位移在压强等因素的作用下超过一定的变化, 晶体的结构就会发生一定的变化, 因此可以由此研究晶体的相变[27]. 前面提到的对势结果的可移植性也是方法普适性的一种反映.

最后, 在反演对势的过程中是把原子看做一个几何点, 没有考虑原子的结构, 特别是原子上价电子云的分布情况, 这一方法也有一定的局限性. 不过, 对势是从总能量反演得到的. 而晶格总能量的计算是根据第一性原理进行的. 这是一种量子力学的计算, 总能量中已经把电子结构的因素考虑进去了. 因而, 反演出来的对势中, 已经部分地考虑到了电子结构的影响, 只是因为假设了对势是各项同性的, 所以这样的对势还是不能用来研究电子结构起作用时的物质的信息. 用这样的对势研究晶格的力学性质还是相当不错的.

4. 实例

现在介绍一个研究 $Nd_2Fe_{14}B$ 晶体中替代掺杂元素的实例[28]. 所需要的各种原子之间的对势已经预先得到, 采用莫尔斯势, 相应的参数的值见表 9.4. 各个对势曲线见图 9.3. 从此图中知, 原子半径越大, 原子间的平衡距离, 也就是对势达到极小值的距离越大. 这样的结果是合理的.

**表 9.4 一些原子间莫尔斯势的参量数值**

| 原子对 | $R_0$/Å | $D_0$/eV | $\gamma$ |
|---|---|---|---|
| Cr-Fe | 2.82 | 0.809 | 8.47 |
| Mn-Fe | 2.72 | 0.821 | 9.59 |
| Zr-Fe | 3.09 | 0.826 | 8.40 |
| Nb-Fe | 3.02 | 0.880 | 8.57 |
| Zr-Nd | 3.59 | 0.581 | 10.74 |
| Nb-Nd | 3.54 | 0.602 | 8.39 |
| Fe-B | 2.49 | 0.711 | 8.11 |
| V-B | 2.64 | 0.702 | 8.76 |
| Cr-B | 2.59 | 0.714 | 8.36 |
| Mn-B | 2.50 | 0.710 | 8.47 |
| Zr-B | 2.88 | 0.680 | 8.70 |
| Nb-B | 2.81 | 0.721 | 8.58 |
| Nd-B | 3.00 | 0.625 | 10.04 |
| V-V | 3.06 | 0.654 | 8.11 |
| Cr-Cr | 2.88 | 0.873 | 8.30 |
| Mn-Mn | 2.79 | 0.832 | 8.51 |
| Zr-Zr | 3.62 | 0.785 | 8.92 |
| Nb-Nb | 3.32 | 1.003 | 8.97 |
| B-B | 2.60 | 0.463 | 8.44 |

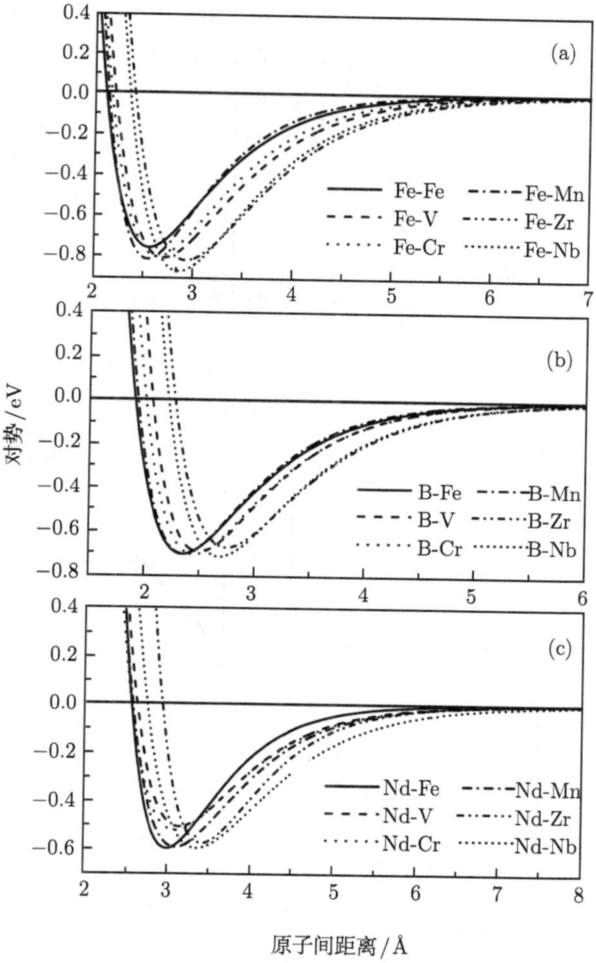


图 9.3 各原子间对势随原子间距离变化的曲线

在这个基础上, 研究 V、Cr、Mn、Cr、Nb 这 5 种元素替位掺杂 Fe 之后对于晶体的影响. 实验上也常用这几种元素对 $Nd_2Fe_{14}B$ 进行替位掺杂. 一个 $Nd_2Fe_{14}B$ 晶胞中有 6 种 Fe 晶位. 图 9.4 表示在不同晶位处掺杂替代各种元素后, 晶体体积的膨胀随掺杂量的变化曲线. 比较图 9.4(a)~(e) 这 5 个图可以看出来, 5 种替代 Fe 的 $j_2$ 晶位时, 晶格膨胀的程度最小. 这是因为 $j_2$ 晶位的空间最大. 在各种元素中, Mn 原子替代 $j_2$ 晶位后, 晶格基本上不膨胀, 原因是 Mn 的原子体积与 Fe 的原子体积最为接近. 相反, Zr 的原子体积最大, 因此 Zr 掺杂之后体积膨胀得最厉害.

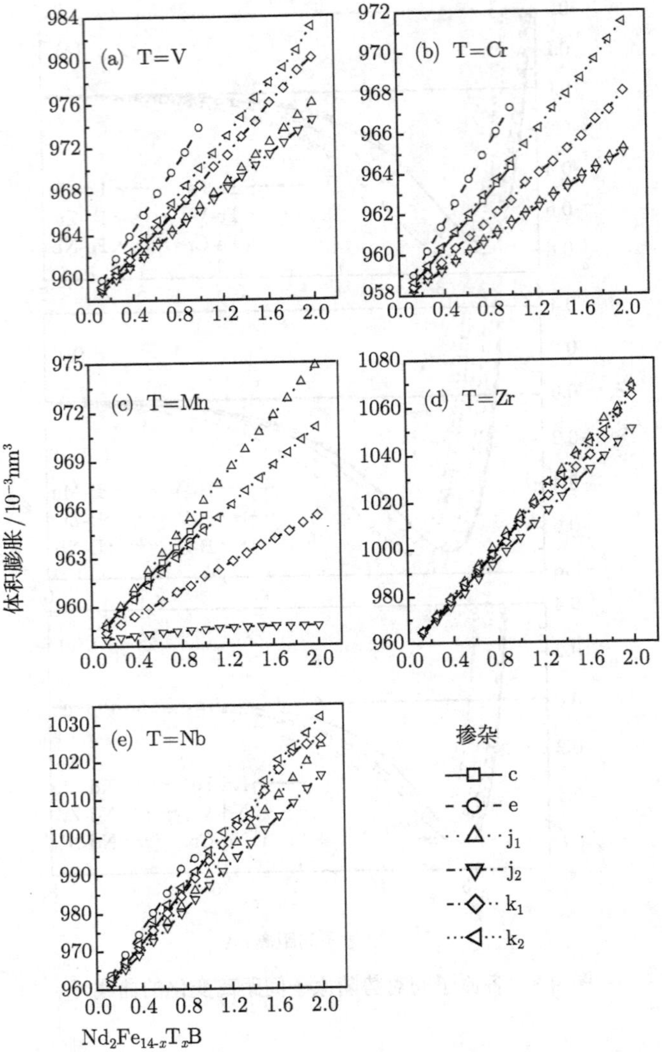


图 9.4 在不同晶位处掺杂替代各种元素后, 晶体体积的膨胀随掺杂量的变化曲线

图 9.5 是这 5 种元素替位掺杂之后, 晶胞的总的凝聚能的变化. 根据能量的变化可以判断是否可以在实验上进行这种掺杂, 如果可以, 实际替代的元素应该进入何种晶位. 例如, Zr 元素的掺杂总是使得能量增加, 因此实际上 Zr 原子很难替代掺杂; Nb 原子应该只能替代 $j_2$ 晶位; V、Cr 和 Mn 都是掺杂替代 $j_2$ 晶位时能量最低. 图 9.5(f) 中比较的结果是 Nb 的替代能量降低最大.

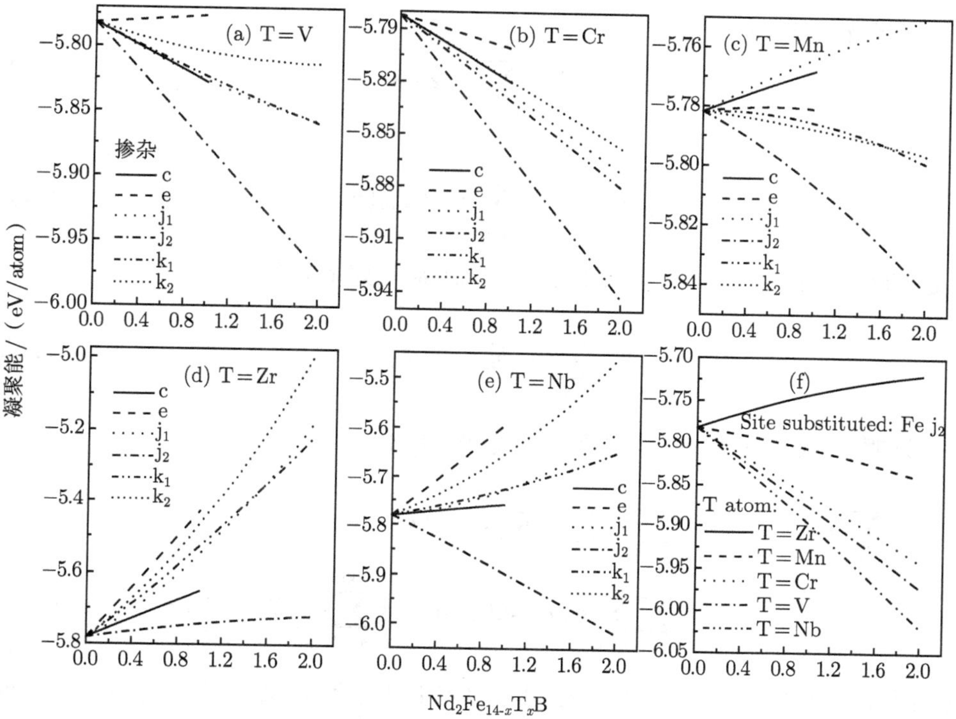

图 9.5 Nd 原子应该只能替代 $j_2$ 晶位 Zr 原子几乎不能替代掺杂. V 和 Cr 和 Mn 都是掺杂替代 $j_2$ 晶位时能量最低. 图 (f) 比较的结果是 Nb 的替代能量降低最大

## 9.4 加性莫比乌斯变换及其应用

前面的莫比乌斯变换可以称为积性莫比乌斯变换. 由前两节的例子可以看出, 积性莫比乌斯变换主要应用于玻色系统的逆问题和材料内原子对势的逆问题. 除了这种积性莫比乌斯变换, 还有一种加性莫比乌斯变换. 由于一般不容易想到加性莫比乌斯变换会有什么实际应用, 因此, 连数学手册这样的文献都极少介绍. 陈难先非常巧妙地开发了加性莫比乌斯变换在物理逆问题中的应用[29]. 事实表明, 这种变换的应用也是很广的. 本章只能给出极少几个非常简单的例子. 本节介绍加性莫比乌斯变换的公式及其在费米系统和离散信号系统逆问题中的应用; 9.5 节介绍加性莫比乌斯变换在表面原子和界面原子对势逆问题中的应用.

### 9.4.1 函数的加性莫比乌斯变换及其应用

1. 函数的加性莫比乌斯变换

函数的加性莫比乌斯变换是指如下一对变换:

**定理 1**　若

$$P_m(x) = \sum_{n=0}^{\infty} a_n Q_{n+m}(x) \tag{9.4.1}$$

则

$$Q_m(x) = \sum_{n=0}^{\infty} b_n P_{n+m}(x) \tag{9.4.2}$$

反之亦然. 其中 $a_n \neq 0$, 且数列 $\{a_n\}$ 和 $\{b_n\}$ 满足如下关系:

$$\sum_{m=0}^{n} a_m b_{n-m} = \delta_{n,0} \tag{9.4.3}$$

**证明**　从式 (9.4.2) 右端出发, 将式 (9.4.1) 代入

$$\begin{aligned}\sum_{n=0}^{\infty} b_n P_{n+m}(x) &= \sum_{n=0}^{\infty} b_n \sum_{k=0}^{\infty} a_k Q_{n+m+k}(x) \\ &= \sum_{s=0}^{\infty}\sum_{k=0}^{s} a_k b_{s-k} Q_{m+s}(x) = \sum_{s=0}^{\infty} \delta_{s,0} Q_{m+s}(x) = Q_m(x)\end{aligned} \tag{9.4.4}$$

得到式 (9.4.2) 的左端. 其中第二个等号用到第 3 章附录 3B 中为式 (3B. 1). 同理, 从式 (9.4.1) 右端出发, 将式 (9.4.2) 代入

$$\begin{aligned}\sum_{n=0}^{\infty} a_n Q_{n+m}(x) &= \sum_{n=0}^{\infty} a_n \sum_{k=0}^{\infty} b_k P_{n+m+k}(x) \\ &= \sum_{s=0}^{\infty}\sum_{n=0}^{s} a_n b_{s-n} P_{m+s}(x) = \sum_{s=0}^{\infty} \delta_{s,0} P_{m+s}(x) = P_m(x)\end{aligned} \tag{9.4.5}$$

得到式 (9.4.1) 的左端. 其中假定式 (9.4.4) 和式 (9.4.5) 中的双重求和是绝对收敛的. 证明完毕.

式 (9.4.1) 和式 (9.4.2) 定义为**加性莫比乌斯变换**和逆变换. 条件是式 (9.4.3) 必须满足.

2. 应用于费米子系统

设有一卷积积分

$$P(x) = \int_{-\infty}^{\infty} Q(y)\,\Phi(y-x)\mathrm{d}y \tag{9.4.6}$$

其中的积分核设为费米分布

$$\Phi(x) = \frac{1}{\mathrm{e}^x + 1} \tag{9.4.7}$$

且函数 $Q(y)$ 无穷次可导.

现在的问题是, 若已知函数 $P(x)$, 求解积分核为式 (9.4.7) 的第一类弗雷德霍姆积分方程 (9.4.6). 方法是应用前述的加性莫比乌斯变换.

因为 $Q(y)$ 无穷次可导, 可作泰勒展开

$$Q(y)=\sum_{n=0}^{\infty}\frac{Q^{(n)}(x)}{n!}(y-x)^n \tag{9.4.8}$$

将此式代入式 (9.4.6)

$$\begin{aligned}P(x)&=\int_{-\infty}^{\infty}\sum_{n=0}^{\infty}\frac{Q^{(n)}(x)}{n!}(y-x)^n\varPhi(y-x)\mathrm{d}y\\&=\sum_{n=0}^{\infty}\frac{1}{n!}\int_{-\infty}^{\infty}(y-x)^n\varPhi(y-x)\mathrm{d}yQ^{(n)}(x)=\sum_{n=0}^{\infty}\frac{1}{n!}\int_{-\infty}^{\infty}t^n\varPhi(t)\mathrm{d}tQ^{(n)}(x)\end{aligned}$$

如果记

$$a_n=\frac{1}{n!}\int_{-\infty}^{\infty}t^n\varPhi(t)\mathrm{d}t \tag{9.4.9}$$

那么

$$P(x)=\sum_{n=0}^{\infty}a_nQ^{(n)}(x) \tag{9.4.10}$$

式 (9.4.10) 能够成立的前提是, 积分 (9.4.9) 必须是收敛的. 可是如果函数 $\varPhi$ 是式 (9.4.7), 积分方程就是

$$P(x)=\int_{-\infty}^{\infty}\frac{Q(y)}{\mathrm{e}^{y-x}+1}\mathrm{d}y \tag{9.4.11}$$

此时的积分 $\displaystyle\int_{-\infty}^{\infty}\frac{t^n}{\mathrm{e}^t+1}\mathrm{d}t$ 是发散的. 这是因为 $t\to-\infty$ 时, 被积函数是发散的. 要获得一个收敛的积分, 必须在 $t\to\pm\infty$ 时被积函数都足够快地收敛. 为此, 在式 (9.4.6) 两边对 $x$ 求导一次, 记

$$P_1(x)=P'(x)=\int_{-\infty}^{\infty}\frac{\mathrm{e}^{y-x}}{(\mathrm{e}^{y-x}+1)^2}Q(y)\mathrm{d}y \tag{9.4.12}$$

对于积分方程 (9.4.12) 来说, 核是

$$\varPhi(x)=\frac{\mathrm{e}^x}{(\mathrm{e}^x+1)^2} \tag{9.4.13}$$

现在对式 (9.4.12) 应用从式 (9.4.8)~ 式 (9.4.10) 的步骤, 得到

$$P_1(x)=\sum_{n=0}^{\infty}a_nQ^{(n)}(x) \tag{9.4.14}$$

其中

$$a_n = \frac{1}{n!}\int_{-\infty}^{\infty}\frac{t^n \mathrm{e}^t}{(\mathrm{e}^t+1)^2}\mathrm{d}t = \frac{1}{n!}\int_{-\infty}^{\infty}\frac{t^n}{(\mathrm{e}^{t/2}+\mathrm{e}^{-t/2})^2}\mathrm{d}t \tag{9.4.15}$$

这一积分是收敛的.

由于现在的积分核 (9.4.13) 是任意次可导的, 因此函数 $P_1(x)$ 也设为任意次可导的. 对式 (9.4.14) 两边求导 $m$ 次, 有

$$P_1^{(m)}(x) = \sum_{n=0}^{\infty} a_n Q^{(n+m)}(x) \tag{9.4.16}$$

式 (9.4.16) 与式 (9.4.1) 的形式完全相同. 这样就可以利用加性莫比乌斯变换了.

应用式 (9.4.2), 立即可得

$$Q^{(m)}(x) = \sum_{n=0}^{\infty} b_n P_1^{(m+n)}(x) \tag{9.4.17}$$

特别地, 当 $m=0$ 时, 就得到

$$Q(x) = \sum_{n=0}^{\infty} b_n P_1^{(n)}(x) \tag{9.4.18}$$

由此, 得到待求函数 $Q(x)$ 的表达式. 下面的任务是, 首先来计算 $a_n$, 然后通过式 (9.4.3) 计算出系数 $b_n$.

从式 (9.4.15) 容易看出, 当 $n$ 为奇数时, 被积函数是奇函数. 因而

$$a_{2n+1} = 0 \quad (n\text{是自然整数}) \tag{9.4.19}$$

现在来计算 $a_{2n}$.

$$a_0 = \frac{1}{0!}\int_{-\infty}^{\infty}\frac{\mathrm{e}^t}{(\mathrm{e}^t+1)^2}\mathrm{d}t = 1$$

$$a_{2n} = \frac{2}{(2n)!}\int_0^{\infty}\frac{t^{2n}\mathrm{e}^t}{(\mathrm{e}^t+1)^2}\mathrm{d}t = \frac{2}{(2n)!}c_{2n}$$

单独计算积分

$$\begin{aligned}
c_k &= \int_0^{\infty}\frac{t^k\mathrm{e}^t}{(\mathrm{e}^t+1)^2}\mathrm{d}t = \int_0^{\infty} t^k \sum_{m=1}^{\infty}(-1)^{m+1} m \mathrm{e}^{-mt}\mathrm{d}t \\
&= \sum_{m=1}^{\infty}(-1)^{m+1} m \frac{\mathrm{d}^k}{\mathrm{d}m^k}(-1)^k \int_0^{\infty}\mathrm{e}^{-mt}\mathrm{d}t = -\sum_{m=1}^{\infty}(-1)^{m+k+1} m \frac{\mathrm{d}^k}{\mathrm{d}m^k}\frac{1}{m} \\
&= (-1)^{k+1}k!\sum_{m=1}^{\infty}\frac{(-1)^m}{m^k} = (-1)^{k+1}(1-2^{1-k})\zeta(k)k!
\end{aligned}$$

最后一个等号证明作为本章习题 5. 因此

$$\begin{aligned}a_{2n} &= \frac{2}{(2n)!}(1-2^{1-2n})\zeta(2n)(2n)! = 2(1-2^{1-2n})\zeta(2n)\\&= 2(1-2^{1-2n})(-1)^{n+1}\frac{(2\pi)^{2n}}{2(2n)!}B_{2n} = (-1)^{n+1}\frac{(2^{2n}-2)\pi^{2n}}{(2n)!}B_{2n}\end{aligned} \tag{9.4.20}$$

其中 $B_{2n}$ 是伯努利数, 见附录 9A. 这里写出前几个 $a_{2n}$.

$$\begin{aligned}a_2 &= \frac{\pi^2}{6}\\a_4 &= \frac{14\pi^4}{24}\frac{1}{30} = \frac{7\pi^4}{360}\\a_6 &= \frac{(32-1)\pi^6}{360}\frac{1}{42} = \frac{31\pi^6}{42\times 360}\\a_8 &= \frac{2(128-1)\pi^8}{8!}\frac{1}{30} = \frac{127\pi^8}{15\times 8!}\\a_{10} &= \frac{2(512-1)\pi^{10}}{10!}\frac{5}{66} = \frac{511\pi^{10}}{66\times 9!}\end{aligned} \tag{9.4.21}$$

利用附录 9B 的公式可以算出

$$b_0 = 1,\quad b_2 = -\frac{\pi^2}{3!},\quad b_4 = \frac{\pi^4}{5!},\quad b_6 = -\frac{\pi^6}{7!},\quad b_8 = \frac{\pi^8}{9!},\quad b_{10} = -\frac{\pi^{10}}{11!}$$

可以一般地计算出系数 $b_{2n}$ 的表达式. 在式 (9.4.15) 两边乘以 $u^n$ 再对 $n$ 求和. 限定

$$0 < u < 1$$

那么

$$\sum_{n=0}^{\infty} a_n u^n = \sum_{n=0}^{\infty}\frac{1}{n!}\int_{-\infty}^{\infty}\frac{u^n t^n \mathrm{e}^t}{(\mathrm{e}^t+1)^2}\mathrm{d}t = \int_{-\infty}^{\infty}\frac{\mathrm{e}^{ut}\mathrm{e}^t}{(\mathrm{e}^t+1)^2}\mathrm{d}t = \int_0^{\infty}\frac{z^u}{(z+1)^2}\mathrm{d}z$$

最后一步作了变量代换 $z = \mathrm{e}^t$. 现在作一次分部积分

$$\sum_{n=0}^{\infty} a_n u^n = \left.\frac{z^u}{(z+1)^2}\right|_0^{\infty} + u\int_0^{\infty}\frac{z^{u-1}}{z+1}\mathrm{d}z = \frac{\pi u}{\sin \pi u} \tag{9.4.22}$$

其中利用了定积分公式

$$\int_0^{\infty}\frac{z^{u-1}}{z+1}\mathrm{d}z = \frac{\pi}{\sin \pi u} \tag{9.4.23}$$

可见, 函数 $\dfrac{\pi u}{\sin \pi u}$ 是数列 $\{a_n\}$ 的母函数. 再考虑如下乘积:

$$\sum_{n=0}^{\infty} a_n u^n \sum_{m=0}^{\infty} b_m u^m = \sum_{k=0}^{\infty}\sum_{n=0}^{k} a_n u^n b_{k-n} u^{k-n}$$

$$= \sum_{k=0}^{\infty} u^k \sum_{n=0}^{k} a_n b_{k-n} = \sum_{n=0}^{\infty} u^n \delta_{n,0} = u^0 = 1$$

其中用到式 (9.4.3). 这说明, 数列 $\{b_n\}$ 的母函数就是数列 $\{a_n\}$ 的母函数的倒数, 即

$$\sum_{n=0}^{\infty} b_n u^n = \frac{1}{\sum\limits_{n=0}^{\infty} a_n u^n} = \frac{\sin \pi u}{\pi u}$$

将此式右边作泰勒展开

$$\frac{\sin \pi u}{\pi u} = \sum_{n=0}^{\infty} \frac{(-1)^n \pi^{2n}}{(2n+1)!} u^{2n}$$

因而

$$b_{2n} = \frac{(-1)^n \pi^{2n}}{(2n+1)!}, \quad b_{2n+1} = 0, \quad n = 0, 1, 2, \cdots \tag{9.4.24}$$

这就得到了数列 $\{b_n\}$ 的表达式. 代入式 (9.4.18), 可知

$$Q(x) = \sum_{n=0}^{\infty} \frac{(-1)^n \pi^{2n}}{(2n+1)!} P_1^{(2n)}(x) = \sum_{n=0}^{\infty} \frac{(-1)^n \pi^{2n}}{(2n+1)!} P^{(2n+1)}(x) \tag{9.4.25}$$

容易看出, 式 (9.4.25) 的右端就是下面这个函数的虚部

$$\begin{aligned} P(x - \mathrm{i}\pi) &= \sum_{n=0}^{\infty} \frac{(-\mathrm{i}\pi)^n}{n!} P^{(n)}(x) \\ &= \sum_{n=0}^{\infty} \frac{(-1)^n \pi^{2n}}{(2n)!} P^{(2n)}(x) - \mathrm{i} \sum_{n=0}^{\infty} \frac{(-1)^n \pi^{2n+1}}{(2n+1)!} P^{(2n+1)}(x) \end{aligned}$$

因此, 最后得到积分方程 (9.4.11) 的解

$$Q(x) = -\frac{1}{\pi} \mathrm{Im} P(x - \mathrm{i}\pi) \tag{9.4.26}$$

本例的解其实已经在 8.5.1 小节例 1 中得到了. 此处运用加性莫比乌斯变换得到了同样的结果, 说明这是一个正确的方法, 可以运用于反演问题.

3. 固体中的电子态密度

固体中, 电子系统的费米能 $E_{\mathrm{F}}$ 随温度 $T$ 变化. 单位体积内的电子数目由以下积分表示[20]:

$$n(E_{\mathrm{F}}, T) = \int_0^{\infty} \frac{\rho(E, T)}{\mathrm{e}^{(E - E_{\mathrm{F}})/k_{\mathrm{B}} T} + 1} \mathrm{d}E \tag{9.4.27a}$$

其中 $\rho(E)$ 是电子的能态密度. 当 $E_{\mathrm{F}}$ 远大于 $k_{\mathrm{B}}T$ 时, 可以把积分下限扩展到无限远, 即

$$n(E_{\mathrm{F}},T)=\int_{-\infty}^{\infty}\frac{\rho(E,T)}{\mathrm{e}^{(E-E_{\mathrm{F}})/k_{\mathrm{B}}T}+1}\mathrm{d}E \tag{9.4.27b}$$

令

$$y=\frac{E}{k_{\mathrm{B}}T},\quad x=\frac{E_{\mathrm{F}}}{k_{\mathrm{B}}T},\quad Q(y)=k_{\mathrm{B}}T\rho(k_{\mathrm{B}}Ty) \tag{9.4.28}$$

那么, 积分式就成为式 (9.4.11) 的形式.

如果已经从实验上测得电子数密度随温度的变化, 态密度就可以由式 (9.4.25) 求得.

$$k_{\mathrm{B}}T\rho(k_{\mathrm{B}}Tx,T)=\sum_{m=0}^{\infty}\frac{(-1)^m\pi^{2m}}{(2m+1)!}\frac{\partial^{2m+1}}{\partial x^{2m+1}}n(x,T)$$

把式 (9.4.28) 的变量代回, 就得到

$$\rho(E_{\mathrm{F}},T)=\sum_{m=0}^{\infty}\frac{(-1)^m(\pi k_{\mathrm{B}}T)^{2m}}{(2m+1)!}\frac{\partial^{2m+1}}{\partial E_{\mathrm{F}}^{2m+1}}n(E_{\mathrm{F}},T) \tag{9.4.29}$$

若只取最初的两项, 就是

$$\rho(E_{\mathrm{F}},T)=\frac{\partial}{\partial E_{\mathrm{F}}}n(E_{\mathrm{F}},T)-\frac{\pi^2}{6}(k_{\mathrm{B}}T)^2\frac{\partial^3}{\partial E_{\mathrm{F}}^3}n(E_{\mathrm{F}},T)$$

这是已知电子数随费米能级的变化求态密度的表达式.

4. $\delta$ 函数用费米分布的展开式

若在式 (9.4.11) 中, $Q(y)=\delta(y-x_0)$, 那么 $P(x)=\dfrac{1}{\mathrm{e}^{x_0-x}+1}$. 代入式 (9.4.25), 就得到 $\delta$ 函数用费米分布的展开式[30]:

$$\delta(x-x_0)=\sum_{m=0}^{\infty}\frac{(-1)^m\pi^{2m}}{(2m+1)!}\frac{\partial^{2m+1}}{\partial x^{2m+1}}\frac{1}{\mathrm{e}^{x_0-x}+1} \tag{9.4.30}$$

### 9.4.2 数列的加性莫比乌斯变换及其应用

1. 数列的加性莫比乌斯变换

数列的加性莫比乌斯变换是指如下一对变换.

**定理 2** 若

$$g_n=\sum_{m=0}^{n}a_mf_{n-m} \tag{9.4.31}$$

则

$$f_n=\sum_{m=0}^{n}b_mg_{n-m} \tag{9.4.32}$$

反之亦然. 其中 $a_n \neq 0$, 且数列 $\{a_n\}$ 和 $\{b_n\}$ 满足如下关系:

$$\sum_{m=0}^{n} a_m b_{n-m} = \delta_{n,0} \tag{9.4.33}$$

**证明**　从式 (9.4.32) 右端出发, 将式 (9.4.31) 代入

$$\begin{aligned}\sum_{m=0}^{n} b_m g_{n-m} &= \sum_{m=0}^{n} b_m \sum_{k=0}^{n-m} a_k f_{n-m-k} \\ &= \sum_{s=0}^{n}\sum_{m=0}^{s} a_m b_{s-m} f_{n-s} = \sum_{s=0}^{\infty} \delta_{s,0} f_{n-s} = f_n\end{aligned} \tag{9.4.34}$$

得到式 (9.4.32) 的左端. 同理, 从式 (9.4.31) 右端出发, 将式 (9.4.32) 代入

$$\begin{aligned}\sum_{m=0}^{n} a_m f_{n-m} &= \sum_{m=0}^{n} a_m \sum_{k=0}^{n-m} b_k g_{n-m-k} \\ &= \sum_{s=0}^{\infty}\sum_{m=0}^{s} a_m b_{s-m} g_{n-s} = \sum_{s=0}^{\infty} \delta_{s,0} g_{n-s} = g_n\end{aligned} \tag{9.4.35}$$

得到式 (9.4.31) 的左端. 证明完毕.

式 (9.4.31) 和式 (9.4.32) 定义为加性莫比乌斯变换和逆变换. 条件是式 (9.4.33) 必须满足.

2. 应用于离散变量系统

设有一系列输入信号 $\{x_n\}$ 和输出信号 $\{y_n\}$

$$x_n = y_n = 0, \quad n < 0 \tag{9.4.36}$$

这两组信号之间的关系为

$$\sum_{m=0}^{n} a_m y_{n-m} = \sum_{m=0}^{n} b_m x_{n-m} \tag{9.4.37}$$

其中根据系统的特性, 系数 $\{a_n\}$ 和 $\{b_n\}$ 是已知的. 在式 (9.4.37) 中, 输出信号是作为隐函数出现的. 我们的目的是要将 $\{y_n\}$ 作为一个显函数用输入信号 $\{x_n\}$ 表达.

因为 $\{a_n\}$ 和 $\{b_n\}$ 是已知的, 利用附录 9B 的公式, 容易通过倒易系数的关系

$$\sum_{m=0}^{n} a_m c_{n-m} = \delta_{n,0} \tag{9.4.38}$$

求出数列 $\{c_n\}$. 令求和式 (9.4.37) 的结果为

$$w_n = \sum_{m=0}^{n} a_m y_{n-m} = \sum_{m=0}^{n} b_m x_{n-m}$$

就可根据式 (9.4.32) 写出

$$y_n = \sum_{m=0}^{n} c_m w_{n-m} = \sum_{m=0}^{n} c_m \sum_{k=0}^{n-m} b_k x_{n-m-k} = \sum_{s=0}^{n}\sum_{k=0}^{s} c_{s-k} b_k x_{n-s}$$

现在令

$$h_s = \sum_{k=0}^{s} c_{s-k} b_k \tag{9.4.39}$$

那么

$$y_n = \sum_{s=0}^{n} h_s x_{n-s} \tag{9.4.40}$$

这就是所要求的显式.

现举一具体例子说明上述公式的应用.

**例** 已知输出和输入信号之间的关系为

$$y_n + 0.2y_{n-1} - 0.24y_{n-2} = x_n + x_{n-1} \tag{9.4.41}$$

且

$$x_n = \begin{cases} 1, & n \geqslant 0, \\ 0, & n < 0 \end{cases}$$

计算数列 $\{y_n\}$ 的前几个数值.

将此式与式 (9.4.37) 对照, 可知

$$a_0 = 1, \quad a_1 = 0.2, \quad a_2 = -0.24, \quad a_m = 0, \quad m > 2$$
$$b_0 = 1, \quad b_1 = 1, \quad b_m = 0, \quad m > 1$$

**第一步** 按照式 (9.4.38) 算出 $\{c_n\}$:

| $n$ | 0 | 1 | 2 | 3 | 4 | … |
|---|---|---|---|---|---|---|
| $c_n$ | 1 | 0.2 | 0.28 | −0.104 | 0. 88 | … |

**第二步** 按照式 (9.4.39) 算出 $\{h_n\}$:

| $n$ | 0 | 1 | 2 | 3 | 4 | … |
|---|---|---|---|---|---|---|
| $h_n$ | 1 | 0.8 | 0.08 | 0.176 | −0.016 | … |

**第三步**　按照式 (9.4.40) 算出 $\{y_n\}$:

| $n$ | 0 | 1 | 2 | 3 | 4 | ⋯ |
|---|---|---|---|---|---|---|
| $y_n$ | 1 | 1.8 | 1.88 | 2.056 | 2.04 | ⋯ |

反过来, 也可以由已知输出信号反推输入信号. 步骤如下：通过倒易系数的关系

$$\sum_{m=0}^{n} b_m d_{n-m} = \delta_{n,0} \tag{9.4.42}$$

求出数列 $\{d_n\}$. 根据式 (9.4.32), 写出

$$x_n = \sum_{m=0}^{n} d_m w_{n-m} = \sum_{m=0}^{n} d_m \sum_{k=0}^{n-m} a_k y_{n-m-k} = \sum_{s=0}^{n}\sum_{k=0}^{s} d_{s-k} a_k y_{n-s}$$

令

$$g_s = \sum_{k=0}^{s} d_{s-k} a_k \tag{9.4.43}$$

那么

$$x_n = \sum_{s=0}^{n} h_s y_{n-s} \tag{9.4.44}$$

这样, 输入信号就由输出信号显式表达.

可见, 利用加性莫比乌斯变换进行信号处理是非常方便的.

## 9.5　与表面和界面有关的对势反演问题

利用加性莫比乌斯变换, 可以计算表面和界面的原子间对势. 本节介绍只有单质的最简单情况.

### 9.5.1　孤立原子与半无限大晶体内原子的对势

考虑一个半无穷大的晶体, 在 $xy$ 方向上无限大, 而在 $z$ 方向上只有在 $z>0$ 处才有格点. 将这一半无穷大晶体称为基底. 这时, 表面以外如果有一个原子, 称为孤立原子. 孤立原子与基底之间的相互作用情况, 与晶体内的情况是有所不同的. 下面以简单立方晶体的 (001) 表面为例介绍这种对势的反演方法.

设有一简单立方晶体, 原子间最近邻距离为 $a$, 表面为 (001) 方向, 在 $z<0$ 处是真空. 现在假定表面以外的一个原子的位置是：在 $xy$ 平面上的原点处, 离表面距离为 $z$. 则这个原子与整个基底之间的总的相互作用能由下式表示：

$$E(z) = \sum_{k=0}^{\infty}\sum_{i,j=-\infty}^{\infty} \Phi\left(\sqrt{(z+ka)^2+(i^2+j^2)a^2}\right) \tag{9.5.1}$$

这个总能量是孤立原子与基底表面之间的距离 $z$ 的函数. 其中 $\Phi$ 表示孤立原子与基底内的一个原子之间的对势, 它是这两个原子之间距离的函数. 设式 (9.5.1) 左边的总能量可以通过某种方法 (如第一性原理计算) 得到. 注意, 式 (9.5.1) 的求和式中对势的自变量与式 (9.3.1)、式 (9.3.14)、式 (9.3.21) 中的形式有区别, 所以不能用 9.3 节中的反演公式. 以下利用函数的加性莫比乌斯变换, 即 9.4 节中的定理 1, 来反演出对势函数 $\Phi$.

令

$$H(z) = \sum_{i,j=-\infty}^{\infty} \Phi\left(\sqrt{z^2 + (i^2 + j^2)a^2}\right) \tag{9.5.2}$$

表示表面层的一个原子与距离为 $z$ 处的一层原子的总能量. 那么有

$$E(z) = \sum_{k=0}^{\infty} H(z + ka) \tag{9.5.3}$$

即孤立原子与基底的相互作用总能量就是它和基底的各层原子的能量值总和. 下面先通过式 (9.5.3) 求出 $H(z)$, 然后由式 (9.5.2) 求出 $\Phi(r)$.

由式 (9.5.3) 易得

$$E(z) - E(z+a) = \sum_{k=0}^{\infty} H(z + ka) - \sum_{k=0}^{\infty} H(z + (k+1)a) = H(z) \tag{9.5.4}$$

而为了求解式 (9.5.2), 首先把它写成

$$H(z) = \sum_{l=0}^{\infty} h(l)\Phi\left(\sqrt{z^2 + la^2}\right) \tag{9.5.5}$$

其中系数 $h(l)$ 定义为

$$h(l) = \begin{cases} 1, & l = 0 \\ 4, & l = i^2 \text{或} 2i^2 \text{且} m \neq 0 \\ 8, & l = i^2 + j^2 \text{且} 0 \neq |i| \neq |j| \neq 0 \\ 12, & l = i_1^2 + j_1^2 = i_2^2 + j_2^2, i_1 + \mathrm{i}j_1 \neq i_2 + \mathrm{i}j_2 \\ 0, & l \neq i^2 + j^2 \end{cases} \tag{9.5.6}$$

这与式 (9.3.20) 是类似的.

现在将式 (9.5.5) 与式 (9.4.1) 对照, 可知其属于后者中取 $m = 0$ 的情况. 因此, 相应的逆变换应该是

$$\Phi(z) = \sum_{n=0}^{\infty} g(n) H\left(\sqrt{z^2 + na^2}\right) \tag{9.5.7}$$

其中

$$\sum_{k=0}^{m} h(k)g(m-k) = \delta_{m,0} \tag{9.5.8}$$

由式 (9.5.8) 容易证明式 (9.5.7), 即

$$\begin{aligned}\sum_{n=0}^{\infty} g(n)H\left(\sqrt{z^2+na^2}\right) &= \sum_{n=0}^{\infty} g(k)\sum_{k=0}^{\infty} h(k)\Phi\left(\sqrt{z^2+na^2+ka^2}\right)\\ &= \sum_{m=0}^{\infty}\left(\sum_{k=0}^{m} h(k)g(m-k)\right)\Phi\left(\sqrt{z^2+ma^2}\right)\\ &= \sum_{m=0}^{\infty}\delta_{m,0}\Phi\left(\sqrt{z^2+ma^2}\right) = \Phi(z)\end{aligned}$$

把式 (9.5.4) 代入式 (9.5.7), 就得到

$$\Phi(z) = \sum_{n=0}^{\infty} g(n)\left[E(\sqrt{z^2+na^2}) - E(\sqrt{z^2+na^2}+a)\right] \tag{9.5.9}$$

这样就通过反演求出了 $\Phi(z)$.

这样的对势求出之后, 就可以把它应用于分子动力学, 计算孤立原子或者原子团在晶体表面附近的行为. 例如, 计算表明, 一个钯原子从远处打到 MgO 晶体表面上时的行为与钯原子的能量大小有关: 当能量低时, 钯原子将驻留在晶体表面的 O 原子附近; 当能量高到合适的数值时, 钯原子将从表面反弹离开表面不再回来; 继续提高钯原子能量, 钯原子将打入晶体内, 替代式地占据第二层中一个 Mg 原子的位置, 同时将一个 Mg 原子挤出晶体表面. 又如, 由五个 Pb 原子构成的原子团打到 MgO 晶体上时, 由于与基底的相互作用, 原子团会散开, 附着于表面, 不再保持原子团的整体. 然而, 如果是 13 个 Pb 原子构成的正二十面体原子团以相同的速度打到 MgO 晶体上时, 原子团将在表面上滚动, 并始终保持原子团作为一个整体不散开. 这样的微观行为, 在没有得到对势反演的公式之前, 是无法计算预言的. 这说明了对势反演的重要意义.

### 9.5.2 晶体表面原子弛豫

晶体表面层的原子所处的环境与体内的原子差别甚大, 它们只受到一侧的原子的作用. 这种环境上的差别导致了表面原子的弛豫, 即表面原子与第二层原子之间的距离与体材料内的最近邻距离是不同的. 这种距离上的弛豫可以从实验上观察到. 相应地, 表面原子层与其他层原子之间的对势与体材料肯定是有差别的. 因此, 对于这样的对势, 反演的公式与体内对势的反演方式就有差别. 求出这样的对势之后, 可以用来计算表面层原子弛豫的大小, 与实验比较.

现在把除了表面一层的半无穷大晶体称为基底. 表面原子层称为覆盖层. 要求的是覆盖层内的一个原子与基底中一个原子之间的对势. 下面以简单立方晶体的 (001) 表面为例介绍这种对势的反演方法.

设有一简单立方晶体, 原子间最近邻距离为 $a$, 表面为 (001) 方向, 见图 9.6. 设覆盖层与第二层原子间的距离为 $z$. 因覆盖层中每个原胞只有一个原子, 由于 $xy$ 平面内的周期性, 我们只需计算覆盖层中的一个原子与整个基底之间的总的相互作用能. 这个原子选择为处于 $xy$ 平面上原点处, 那么它与整个基地之间的总的作用能是

$$E(z)=\sum_{k=0}^{\infty}\sum_{i,j=-\infty}^{\infty}\Phi\left(\sqrt{(z+ka)^2+(i^2+j^2)a^2}\right) \tag{9.5.10}$$

这个总能量是表面层原子与第二层原子之间的距离 $z$ 的函数. 其中 $\Phi$ 表示表面层内的原子与基底内的一个原子之间的对势, 它是这两个原子之间距离的函数.

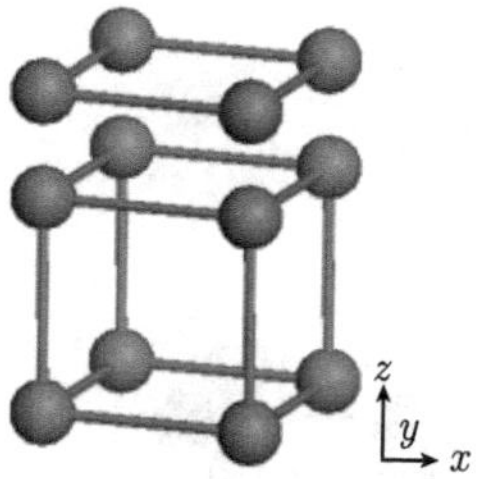


图 9.6 简单立方晶体 (001) 表面

图中原子间连线只是为了便于观察, 并不表示实际化学键. 表面层的原子与第二层原子之间的距离为 $z$

可以看到, 式 (9.5.10) 与式 (9.5.1) 形式上恰好是完全一样的. 因为这两式都是表示基底外在 $xy$ 平面上原点处并与基底表面距离为 $z$ 的一个原子与整个基底的相互作用能. 但这并不表示这两式真的完全一样. 式 (9.5.1) 中, 基底外的这个原子是孤立的, 而式 (9.5.10) 中, 基底外的这个原子是二维晶格内的一个原子. 因此, 计算得到此两式的左边的总能量是不相同的, 反演出来的对势也不一样.

既然式 (9.5.10) 与式 (9.5.1) 形式上完全相同, 反演的过程也就完全一样了, 只要依照式 (9.5.2)~ 式 (9.5.9) 进行即可. 注意, 这两种情况下, 尽管公式完全相同, 计算得到的总能量和反演出的对势的数值是不一样的.

这样的对势求出之后, 计算半无限大体系的总能量, 其中表面层原子与基底之间的距离可以变化. 在能量最低点, 就可以算出表面层原子的弛豫的量.

### 9.5.3 界面原子间作用势的逆问题

考虑两种单质的界面. 以最简单的情况为例. 设两种单质都是晶格常数为 $a$ 的简单立方, 并且它们的界面都是 (001) 方向, 见图 9.7. 界面之间的距离为 $z$. 上下

两种单质都是半无限大的. 上面白色的晶格代表单质 A, 下面黑色的晶格代表单质 B. 在单质 A 中取一个原胞, 就是在垂直于 $z$ 轴的平面内取二维方格子中的一个原胞, 在 $z$ 方向延伸到无穷远处, 计算这个原胞中的原子和单质 B 的总的相互作用能. 在图 9.7 的情况下, 就是取单质 A 中的沿 $z$ 方向的一个半无限长原子链与单质 B 的总相互作用能量, 即

$$E(z) = \sum_{l_+, l_-=0}^{\infty} \sum_{i,j=-\infty}^{\infty} \Phi\left(\sqrt{(z + l_+a + l_-a)^2 + i^2a^2 + j^2a^2}\right) \tag{9.5.11}$$

其中 $l_+$ 和 $l_-$ 分别指在单质 A 内和在单质 B 内沿 $z$ 方向求和. 这个总能量是两种单质之间的距离 $z$ 的函数. $\Phi$ 表示单质 A 内的一个原子与单质 B 内的一个原子之间的对势, 它是这两个原子之间距离的函数. 与式 (9.5.1) 比较, 式 (9.5.11) 只是多了在正 $z$ 方向的求和. 因此, 由总能量反演出对势 $\Phi$ 的步骤与前面式 (9.5.1)~ 式 (9.5.9) 是类似的.

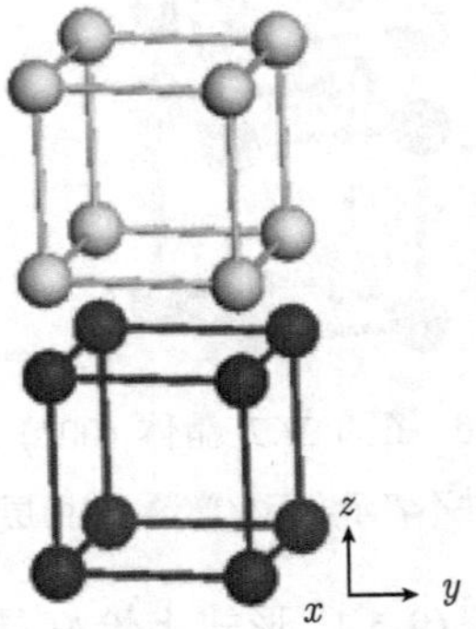


图 9.7　简单立方/简单立方界面

上面白色的晶格代表单质 A, 下面黑色的晶格代表单质 B

首先令

$$H(z) = \sum_{i,j=-\infty}^{\infty} \Phi\left(\sqrt{z^2 + (i^2 + j^2)a^2}\right) \tag{9.5.12}$$

式 (9.5.12) 是单质 A 中的一个原子与距离为 $z$ 处的单质 B 的一层原子的相互作用总能量. 显然总能量 $E(z)$ 可以写成如下形式:

$$E(z) = \sum_{l_+, l_-=0}^{\infty} H(z + l_+a + l_-a) \tag{9.5.13}$$

由此可得

$$E(z) - E(z + a)$$

$$= \sum_{l_+,l_-=0}^{\infty} H(z+l_+a+l_-a) - \sum_{l_+,l_-=0}^{\infty} H(z+l_+a+(l_-+1)a) = \sum_{l_+=0}^{\infty} H(z+l_+a) \tag{9.5.14}$$

同理可得

$$E(z+a) - E((z+a)+a) = \sum_{l_+=0}^{\infty} H(z+(l_++1)a) \tag{9.5.15}$$

结合式 (9.5.14) 和式 (9.5.15), 就可以得到

$$H(z) = E(z) - 2E(z+a) + E(z+2a) \tag{9.5.16}$$

下面只要由式 (9.5.12) 反演出对势 $\Phi$. 由于式 (9.5.12) 与式 (9.5.2) 完全相同, 因此反演的步骤也就完全相同. 式 (9.5.5)~ 式 (9.5.8) 完全可以照搬而来. 反演之后得到的是

$$\Phi(z) = \sum_{n=0}^{\infty} g(n) H\left(\sqrt{z^2+na^2}\right) \tag{9.5.17}$$

其中系数 $g(n)$ 通过式 (9.5.6) 和式 (9.5.8) 计算. 最后把式 (9.5.16) 代入式 (9.5.17), 就可以得到

$$\Phi(z) = \sum_{n=0}^{\infty} g(n)\left[E\left(\sqrt{z^2+na^2}\right) - 2E\left(\sqrt{z^2+na^2}+a\right) + E\left(\sqrt{z^2+na^2}+2a\right)\right] \tag{9.5.18}$$

这样就完成了简单立方/简单立方界面原子间对势的反演.

可以看到, 反演的关键是首先想到一个巧妙的办法, 利用加性莫比乌斯变换的公式. 一旦方法想出来之后, 具体的操作步骤并不困难.

对于化合物与单质、化合物与化合物之间的界面对势的计算, 原则上步骤都是相同的. 只是要考虑不同原子之间的对势, 公式显得更为冗长.

一旦界面对势计算出来之后, 可以用于分子动力学的计算, 从而得到界面处原子的实际构型, 并可以进一步研究界面附近缺陷. 例如, 位错的构型、运动等.

最后来看一个研究界面的实例[23].

金属 Pd 与离子型化合物 MgO 在 (001) 方向上构成一个 Pd/MgO(001) 界面, 如图 9.8 (a) 所示. 现在需要计算界面两侧之间 Pd 原子与 O 原子的对势 $\Phi_{\text{Pd-O}}$ 和 Pd 原子与 Mg 原子的对势 $\Phi_{\text{Pd-Mg}}$. 在 Pd 的一侧内的对势由金属 Pd 体材料反演得到. 在 MgO 一侧内的对势 $\Phi_{\text{Mg-Mg}}$、$\Phi_{\text{O-O}}$ 和 $\Phi_{\text{O-Mg}}$ 则由 MgO 体材料反演得到.

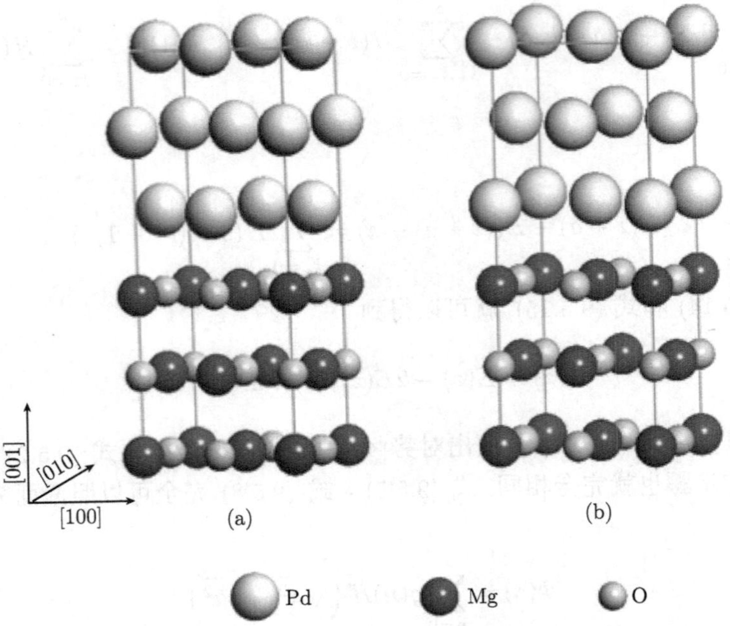


图 9.8　Pd/MgO(001) 界面的两种设计构型

(a) Pd 原子位于 O 原子上方, 这是接近真实的晶体; (b) Pd 原子位于 Mg 原子上方, 这是虚构的晶体

由于 Pd 是金属原子, 它只能形成正离子, 因此在实际的界面上, 它应该是位于阴离子 O 离子的上方, 即图 9.8 (a) 所示的构型. 可是, 只有这一个构型, 不足以求出 $\Phi_{\text{Pd-O}}$ 和 $\Phi_{\text{Pd-Mg}}$ 这两种对势. 这时, 利用前面提到过的虚晶格的技巧, 就是再人为地构造另外一个 Pd/MgO(001) 界面的构型, 把 Pd 原子置于 Mg 原子上方, 如图 9.8 (b) 所示. 因为在晶体中, Pd 和 Mg 都应该呈现正离子的行为, 所以图 9.8(b) 这种构型是不稳定的, 也就是实际上不存在的. 这正是为什么称之为虚晶体的原因. 但是从这种构型可以计算相应的晶体总能量的曲线. 与从图 9. 8(a) 的构型得到的总能量曲线结合, 就可以根据界面的反演公式得到所要求的对势 $\Phi_{\text{Pd-O}}$ 和 $\Phi_{\text{Pd-Mg}}$.

反演得到的对势 $\Phi_{\text{Pd-O}}$ 和 $\Phi_{\text{Pd-Mg}}$ 随原子间距离变化的曲线见图 9.9. 然后用式 (9.3.15) 形式的 RSL2 势进行拟合, 拟合得到的参数列于表 9.5.

图 9.8(a) 所示的构型仍然属于理想情况, 因为 Pd 和 MgO 体材料各自的晶格常数是不同的. 而在图 9.8 (a) 中已设为相同. 不过既然界面对势已经求得, 将此界面对势应用于分子动力学方法使界面弛豫, 就可以得到界面的真正构型. 在真正的构型中, Pd 一侧和 MgO 一侧的晶格常数确实是不一样的. 两者之间有错位. 图 9.8 (a) 和图 9.8(b) 一样, 都是为了求界面对势所采取的中间步骤.

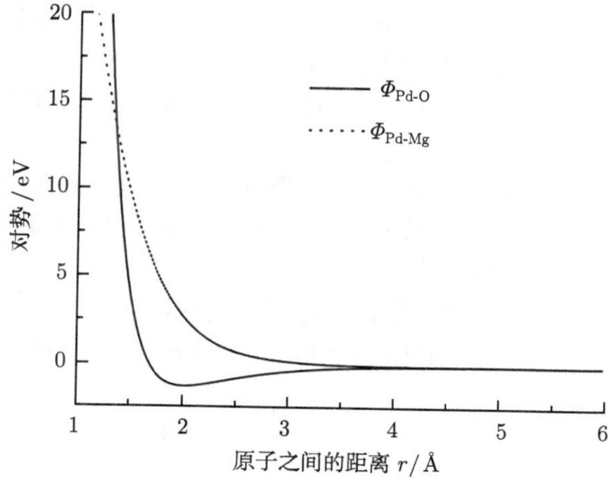


图 9.9　反演之后得到的界面两侧的原子之间的对势

**表 9.5　界面对势 $\Phi_{Pd-O}$ 和 $\Phi_{Pd-Mg}$ 在 RSL2 势形式下的参数**

| 原子对 | 参量数值 | | |
|---|---|---|---|
| | 单位：kcal/mol | 单位：$Å^{-1}$ | 单位：Å |
| **Pd − Mg** $y = 2.8209$ | $D_0$=594.7397 | | $R_0$=1.0000 |
| | $a_1$=163.0979 | $b_1$=3.5808 | $c_1$=1.5548 |
| | $a_2 = -133.8143$ | $b_2$=2.7741 | $c_2$=0.6426 |
| | $a_3$=2.9821 | $b_3$=4.2962 | $c_3$=3.0629 |
| **Pd − O** $y = 2.5470$ | $D_0$=5704.9818 | | $R_0$=1.0000 |
| | $a_1 = -4705.3553$ | $b_1$=3.3548 | $c_1$=1.1077 |
| | $a_2 = -862.3565$ | $b_2$=2.2658 | $c_2$=1.5894 |
| | $a_3$=0.3272 | $b_3$=2.8849 | $c_3$=4.9511 |

注：$y$ 是无纲量的

在实际的界面生长中，一定会出现各种缺陷. 有了界面的对势，就可以从理论上研究这些缺陷对界面构型的影响. 例如，如果出现位错的，那么位错如何分布、位错密度应该有多大、位错芯是处于什么样的位置可以使得体系的能量尽可能得低、位错如何运动等. 有兴趣的读者可以参考文献 [23]. 除了应用数论反演公式，人们还没有什么其他合适的理论方法来研究界面位错这样的复杂体系的细节.

本章介绍的一些具体事例确实反映出数论公式在物理逆问题中有着巨大的应用价值.

## 习　题

1. 请举出几个积性或者完全积性函数的例子.

2. 在声子频谱的爱因斯坦近似下, $g(\nu) \propto \delta(\nu - \nu_{\mathrm{E}})$. 代入声子比热的表达式验证：比热具有式 (9.2.26) 的形式, 且系数由式 (9.2.30) 表示.

在高温下, 做双峰近似：$g(\nu) = A_1\delta(\nu - \nu_1) + A_2\delta(\nu - \nu_2)$. 代入比热的表达式, 求出高温展开时的各系数的表达式.

3. (1) 高温近似下, 比热的测量值如果只保留前三项而不是前四项, 也可以做双峰近似, 不过此时是三个等式定四个参数, 结果不唯一. 可以再人为地附加一个条件, 如令两个峰的强度是相同的, 即 $B_1 = B_2$. 可定出三个参数.

(2) 证明：如果高温近似下比热只有前两项, 将得不到双峰结构.

4. 证明欧拉定理的一般形式：对于任意整数 $i, j$ 和自然数 $m, n$, 有

$$(i_1^{2n} + j_1^{2n})(i_2^{2m} + j_2^{2m}) = k^2 + l^2$$

$k$ 和 $l$ 的数值是什么?

5. 证明：$-\sum_{m=1}^{\infty} \dfrac{(-1)^m}{m^k} = (1 - 2^{1-k})\zeta(k)$.

6. 积分 $\int_0^{\infty} \dfrac{x^s e^x}{(e^x + 1)^2} dx$, 计算当 $s = 2, 2.5, 3, 3.5, 4$ 时的数值.

(提示：积分后遇到 $\sum_{n=1}^{\infty} \dfrac{(-1)^{n+1}}{n^s} = \left(1 - \dfrac{1}{2^{s-1}}\right)\zeta(s)$, 其中 $\zeta(s) = \sum_{n=1}^{\infty} \dfrac{1}{n^s}$ 是黎曼 $\zeta$ 函数)

7. 证明式 (9.4.23)：$\int_0^{\infty} \dfrac{z^{u-1}}{z+1} dz = \dfrac{u}{\sin \pi u}$.

8. 已知 $y_n + 0.2y_{n-1} - 0.24y_{n-2} = x_n + x_{n-1}$, 且 $y_n = \begin{cases} 1, & n \geqslant 0 \\ 0, & n < 0, \end{cases}$ 计算数列 $\{x_n\}$ 的前 5 个数值.

9. 仿照 9.5.1 小节的方法, 推导以下晶体表面原子弛豫的原子对势反演公式：

(1) 面心立方 (001) 表面.

(2) 体心立方 (001) 表面.

(3) 面心立方 (011) 表面.

(4) 体心立方 (011) 表面.

(5) 六角晶体 (0001) 表面.

(6) 面心立方 (111) 表面.

(7) 体心立方 (111) 表面.

10. 仿照 9.5.2 小节的办法, 推导以下晶体单质界面的原子对势反演公式. 假定上下两种单质的晶格常数相同.

(1) 面心立方 (001)/简立方 (001) 界面.

(2) 面心立方 (001)/体心立方 (001) 界面.

(3) 面心立方 (001)/面心立方 (001) 界面.

(4) 体心立方 (001)/简立方 (001) 界面.

(5) 体心立方 (001)/体立方 (001) 界面.

11. 试推导以下化合物/单质晶体界面的原子对势反演公式. 其中 CsCl 和 NaCl 只是分别表示 AB 型化合物的两种构型. 假定上下两种晶体在 $xy$ 平面内最近邻原子之间的距离是相同的.

(1) CsCl(001)/简立方 (001) 界面.

(2) CsCl(001)/面心立方 (001) 界面.

(3) CsCl(001)/体心立方 (001) 界面.

(4) NaCl(001)/简立方 (001) 界面.

(5) NaCl(001)/面心立方 (001) 界面.

(6) NaCl(001)/体心立方 (001) 界面.

12. 试推导以下化合物/化合物晶体界面的原子对势反演公式. 其中 CsCl 和 NaCl 只是分别表示 AB 型化合物的两种构型. 假定上下两种晶体的晶格常数是相同的.

(1) CsCl(001)/CsCl(001) 界面.

(2) CsCl(001)/NaCl(001) 界面.

# 附录 9A　黎曼 $\zeta$ 函数的数值

黎曼 $\zeta$ 函数的定义是

$$\zeta(x) = \sum_{n=1}^{\infty} \frac{1}{n^x} \tag{9A.1}$$

本书只讨论自变量 $x$ 是实数的情况.

显然, 当 $x > 1$ 是正实数时, 式 (9A.1) 的求和是绝对收敛的, 且 $x$ 的值越大, 函数值越小. 以下列出一些黎曼 $\zeta$ 函数在 $x > 1$ 时的函数值[30,31]:

$$\begin{aligned}
&\zeta\left(\frac{3}{2}\right) \approx 2.612, \quad \zeta(2) = \frac{\pi^2}{6}, \quad \zeta\left(\frac{5}{2}\right) \approx 1.341, \quad \zeta(3) \approx 1.202 \\
&\zeta(4) = \frac{\pi^4}{90}, \quad \zeta(6) = \frac{\pi^6}{945}
\end{aligned} \tag{9A.2}$$

当 $x$ 是偶数, 即 $x = 2m$ 时, 黎曼 $\zeta$ 函数的值的求和结果如下:

$$\zeta(2m) = (-1)^{m+1} \frac{(2\pi)^{2m}}{2(2m)!} B_{2m} \tag{9A.3}$$

其中 $B_{2m}$ 是伯努利数. 伯努利数的母函数关系是

$$\frac{x}{e^x - 1} = \sum_{n=1}^{\infty} \frac{B_n}{n!} x^n$$

具有大于 1 的奇数下标的伯努利数等于零

$$B_{2k+1} = 0, \quad k = 1, 2, 3, \cdots$$

列出一些伯努利数如下：

$$B_0=\frac{1}{6},\quad B_1=-\frac{1}{2},\quad B_2=\frac{1}{6},\quad B_4=-\frac{1}{30},\quad B_6=\frac{1}{42},\quad B_8=-\frac{1}{30},\quad B_{10}=\frac{5}{66} \tag{9A.4}$$

当 $x=2,4,6$ 时, $\zeta(2),\zeta(4),\zeta(6)$ 的值已经列于式 (9A.2) 中.

当 $x\leqslant 1$ 时, 式 (9A.1) 的求和应该是发散的. 但是按照操作的含义理解, 把求和当做是收敛的. 按照常归的求和形式进行求和计算, 可得到以下公式:

$$\zeta(1-2m)=-\frac{B_{2m}}{2m},\quad m\geqslant 1 \tag{9A.5}$$

以下列出一些具体结果:

$$\begin{aligned}&\zeta(1)=\infty,\quad \zeta(0)=-\frac{1}{2},\quad \zeta(-1)=-\frac{1}{12},\quad \zeta(-3)=\frac{1}{120}\\&\zeta(-5)=-\frac{1}{252},\quad \zeta(-7)=\frac{1}{240},\quad \zeta(-9)=-\frac{1}{132}\end{aligned} \tag{9A.6}$$

黎曼 $\zeta$ 函数的一些数值可以查看文献 [31].

黎曼 $\zeta$ 函数的自变量并不限于正整数, 因此它不符合数论函数的定义, 不是一个数论函数. 可是它总是与数论函数有着相当密切的联系. 以下是它和莫比乌斯函数之间的关系.

黎曼 $\zeta$ 函数的倒数

$$\frac{1}{\zeta(x)}=\sum_{n=1}^{\infty}\frac{\mu(n)}{n^x} \tag{9A.7}$$

其中 $\mu(n)$ 是莫比乌斯函数. 此式表现了黎曼 $\zeta$ 函数与莫比乌斯函数之间的关系. 可以验证此式:

$$\begin{aligned}\zeta(x)\sum_{n=1}^{\infty}\frac{\mu(n)}{n^x}&=\sum_{m=1}^{\infty}\frac{1}{m^x}\sum_{n=1}^{\infty}\frac{\mu(n)}{n^x}=\sum_{m,n=1}^{\infty}\frac{\mu(n)}{(mn)^x}\\&=\sum_{k=1}^{\infty}\frac{1}{k^x}\sum_{n/k}^{\infty}\mu(n)=\sum_{k=1}^{\infty}\frac{1}{k^x}\delta_{k,1}=1\end{aligned}$$

式 (9A.7) 的一般性证明. 首先来计算求和 $\sum\limits_{n=1}^{\infty}n^x$, 其中 $x$ 是任意实数, 有

$$\sum_{n=1}^{\infty}n^x=\sum_{n=1}^{\infty}\prod_{i=1}^{s}(p_i^{r_i})^x=\sum_{n=1}^{\infty}\prod_{i=1}^{s}(p_i^x)^{r_i}$$

与式 (9.3.6) 对照, 只要把式 (9.3.6) 中的 $n$ 换成 $n^x$, $p_i$ 换成 $p_i^x$ 即可得到

$$\sum_{n=1}^{\infty}n^x=(1+p_1^x+p_1^{2x}+p_1^{3x}+\cdots)(1+p_2^x+p_2^{2x}+p_2^{3x}+\cdots)$$

$$\begin{aligned}&\times(1+p_3^x+p_3^{2x}+p_3^{3x}+\cdots)\cdots\\=&\prod_{i=1}^{\infty}(1+p_i^x+(p_i^x)^2+(p_i^x)^3+\cdots)=\prod_{i=1}^{\infty}\frac{1}{1-p_i^x}\end{aligned}$$

取倒数, 得

$$\begin{aligned}\left[\sum_{n=1}^{\infty}n^x\right]^{-1}&=\prod_{i=1}^{\infty}(1-p_i^x)=(1-p_1^x)(1-p_2^x)(1-p_3^x)\cdots\\&=1-p_1^x-p_2^x\cdots+(p_1p_2)^x+(p_1p_3)^x+\cdots\\&=1+\sum_{\{p_1p_2\cdots p_s\}}(-1)^s(p_1p_2\cdots p_s)^x\\&=\sum_{n=1}^{\infty}\mu(n)n^x\end{aligned}$$

当 $x$ 是负数时, 写成式 (9A.7) 的形式. 故式 (9A.7) 得证.

最后指出, 式 (9A.7) 完全可以扩展至

$$\frac{1}{\zeta(\alpha)}=\sum_{n=1}^{\infty}\frac{\mu(n)}{n^{\alpha}}$$

的形式, 其中 $\alpha$ 可以是任意复数.

最后, 要对式 (9A.6) 列出的一些结果做一个评述. 看上去, 这些求和应该是不收敛的. 因此, 严格说来, 是写不出这些结果的. 但是看上去不收敛的求和一定是没有结果的吗? 不一定. 数学上, 收敛依赖于收敛的路径. 有结果的求和, 是因为找到一个能够收敛的路径. 而且, 这种求和在物理上是有应用的. 事实上, 在 9.2.3 小节中, 利用这些数学上看来不合理的结果, 得到了合理的物理上的结果. 这样的求和结果一定有着其数学上和物理上的深刻的原因, 还有待探索.

# 附录 9B 倒易系数的计算

此处的倒易系数是指两数列 $a_n$ 和 $b_n$ 满足以下关系:

$$\sum_{m=0}^{n}a_mb_{n-m}=\delta_{n,0}\tag{9B.1}$$

那么, 可以从其中一个数列求出另一个数列. 对于 $n=0,1,2,\cdots$ 依次列出关系如下:

$$a_0b_0=1,\quad a_0b_1+a_1b_0=0,\quad a_0b_2+a_1b_1+a_2b_0=0,\quad\ldots\tag{9B.2}$$

写成矩阵形式, 令

$$A=\begin{pmatrix} a_0 & a_1 & a_2 & a_3 & \cdots \\ 0 & a_0 & a_1 & a_2 & \cdots \\ 0 & 0 & a_0 & a_1 & \cdots \\ 0 & 0 & 0 & a_0 & \cdots \\ \vdots & \vdots & \vdots & \vdots & \ddots \end{pmatrix},\quad B=\begin{pmatrix} b_0 & b_1 & b_2 & b_3 & \cdots \\ 0 & b_0 & b_1 & b_2 & \cdots \\ 0 & 0 & b_0 & b_1 & \cdots \\ 0 & 0 & 0 & b_0 & \cdots \\ \vdots & \vdots & \vdots & \vdots & \ddots \end{pmatrix} \tag{9B.3}$$

那么

$$AB=BA=I \tag{9B.4}$$

此时用矩阵写出

$$\begin{pmatrix} a_0 & a_1 & a_2 & a_3 & \cdots \\ 0 & a_0 & a_1 & a_2 & \cdots \\ 0 & 0 & a_0 & a_1 & \cdots \\ 0 & 0 & 0 & a_0 & \cdots \\ \vdots & \vdots & \vdots & \vdots & \ddots \end{pmatrix}\begin{pmatrix} b_0 & b_1 & b_2 & b_3 & \cdots \\ 0 & b_0 & b_1 & b_2 & \cdots \\ 0 & 0 & b_0 & b_1 & \cdots \\ 0 & 0 & 0 & b_0 & \cdots \\ \vdots & \vdots & \vdots & \vdots & \ddots \end{pmatrix}=\begin{pmatrix} 1 & 0 & 0 & 0 & \cdots \\ 0 & 1 & 0 & 0 & \cdots \\ 0 & 0 & 1 & 0 & \cdots \\ 0 & 0 & 0 & 1 & \cdots \\ \vdots & \vdots & \vdots & \vdots & \ddots \end{pmatrix} \tag{9B.5}$$

式 (9.3.10) 的矩阵是式 (9B.3) 的满足式 (9B.5) 的一个特例.

依次解出 $b_n$, 得

$$b_0=\frac{1}{a_0},\quad b_1=-\frac{a_1}{a_0^2},\quad b_2=-\frac{1}{a_0}(a_1b_1+a_2b_0)=-\frac{1}{a_0}\left(-\frac{a_1^2}{a_0^2}+\frac{a_2}{a_0}\right),\quad \cdots \tag{9B.6}$$

当 $n\geqslant 1$ 时, 因为

$$a_0b_n+\sum_{m=1}^{n}a_mb_{n-m}=0$$

所以

$$b_n=-\frac{1}{a_0}\sum_{m=1}^{n}a_mb_{n-m} \tag{9B.7}$$

## 参 考 文 献


[1] 肖庭延, 于慎根, 王彦飞. 反问题的数值解法. 北京: 科学出版社, 2003.

[2] 梅凤翔. 动力学逆问题. 北京: 国防工业出版社, 2009.

[3] 查丹 K, 萨巴蒂尔 P C. 量子散射理论的逆问题. 张天元译. 北京：科学出版社, 1989.

[4] 扎哈罗夫, 马纳科夫, 诺维科夫, 等. 孤子理论 (逆问题方法). 彭启才译. 北京：科学出版社, 1985.

[5] 黄光远, 刘小军. 数学物理反问题. 济南: 山东科学技术出版社, 1993.
[6] 徐定华. 数学物理中反问题与边值问题的积分方程方法. 上海: 上海大学出版社, 2003.
[7] 王彦飞. 反演问题的计算方法及其应用. 北京: 高等教育出版社, 2007.
[8] 田立平. 数学物理方程及其反问题研究. 北京: 机械工业出版社, 2010.
[9] 徐定华. 数学物理方程中反问题与边值问题的积分方程方法. 上海: 上海大学出版社, 2003.
[10] Chen N X. Modified Möbius inverse formula and its applications in physics. Phys Rev Lett, 1990, 64: 1193.
[11] Maddox J. Möbius and problems of inversion. Nature, 1990, 344: 377.
[12] 王怀玉．物理学反演问题的新进展. 烟台大学学报, 1994, 1: 68.
[13] 尼尔森 M, 庄 I L. 量子计算和量子信息. 赵千川译. 北京: 清华大学出版社, 2004.
[14] 佐川弘幸, 吉田宣章. 量子信息论. 宋鹤山, 宋天译. 大连: 大连理工大学出版社, 2007.
[15] 陈肇曾. 数论初步. 北京：高等教育出版社, 1996.
[16] Chen N X. Möbius Inversion in Physics. Singapore: World Scientific, 2010.
[17] Hughes B D, Frankel N. Chen's inversion formula. Phys Rev A, 1990, 42 (6)：3643.
[18] 潘承洞, 潘成彪. 初等数论. 北京：北京大学出版社, 2003.
[19] Millane R P. Möbius transform pairs. J Math Phys, 1993, 34(2): 875.
[20] 黄昆, 韩汝琦. 固体物理学. 北京：高等教育出版社, 1988.
[21] Chen N X, Rong E Q. Unified solution of the inverse capacity problem. Phys Rev E, 1998, 57(2): 1302.
[22] 谢希德, 陆栋. 固体能带理论. 上海：复旦大学出版社, 1998.
[23] Long Y, Chen N X, Wang H Y. Theoretical investigations of misfit dislocation in Pd/MgO(001) interface. J Phys：Condens Matter, 2005, 17: 6149.
[24] Chen N X, Chen Z D, Wei Y C. Multidimensional inverse lattice problem and a uniformly sampled arithmetic Fourier transform. Phys Rev E, 1997, 55: R5.
[25] Chen N X, Ge X J, Zhang W Q, et al. Atomistic analysis of the field-ion microscopy image of $Fe_3Al$. Phys Rev B, 1998, 57(22): 14203.
[26] Zhang S, Chen N X. Ab initio interionic potentials for NaCl by multiple lattice inversion. Phys Rev B, 2002, 66(6): 064106.
[27] Cai J, Chen N X, Wang H Y. Atomistic study of the pressure-induced phase-transition mechanism in GaAs by Möbius inversion potentials. J of Phys and Chem of Solids, 2007, 68: 445.
[28] Wang H Y, Zhao F A, Chen N X, et al. Theoretical investigation on the phase stability of $Nd_2Fe_{14}B$ and site preference of V, Cr, Mn, Zr and Nb. J Magn Magn Mater, 2005, 295(3): 219.
[29] Chen N X, Liu G. A new solution to inverse fermion system problem. Progress in Natural Science, 2003, 13(6): 15.

[30] Chen N X. Unified expression for Fermi and Bose distributions. Phys Rev A, 1992, 46(4):3538.
[31] 费特 A L, 瓦立克 J D. 多粒子系统的量子理论. 陈俊文, 孙景李, 梁昆淼译. 北京：科学出版社, 1984.

# 第 10 章　任意维空间的基本方程

尽管现实世界是三维空间, 但是在物理学的研究中, 不得不涉及更高维数空间的问题. 例如, 在统计物理中, 需要研究 $N$ 个微观粒子在相空间中的运动, 这就不可避免地要建立高维空间中的坐标系并计算体积[1,2]. 众所周知, 在狭义相对论中, 三维空间和一维时间必须结合在一起构成四维时空, 才能对物体的高速运动给予正确的描述. 另外, 通过对高维空间的研究, 可以了解低维空间中的一些物理问题. 如由准周期结构描述的准晶材料缺乏周期性, 因此, 数学处理会显得比较困难. 但是, 它可以看成高维空间中的周期结构在低维空间投影形成的结果. 一、二、三维的准周期结构可分别看成二、四、六维空间中的周期结构投影的结果[3,4]. 对于周期结构的物理性质, 已经有相当成熟的研究方法. 有了这种投影关系, 人们就可以比较方便地研究准周期的问题了. 例如, 借助这种投影理论, 可以利用 X 光衍射测定准晶的结构, 也就是确定准晶体中原子的准确位置.

本章介绍有关高维空间中求解方程的一些基本的知识, 并且给出一个例子, 说明一个空间中的质量如何从高一维的空间理解.

## 10.1　任意维欧几里得空间

### 10.1.1　直角坐标系与球坐标系

1. $N$ 维空间的正交曲线坐标系

最一般的曲线坐标系中, $N$ 个坐标用 $q_i(i=1,2,3,\cdots,N)$ 表示. 那么, **线元**的定义是

$$\mathrm{d}l_i = h_i \mathrm{d}q_i,\quad i=1,2,3,\cdots,N \tag{10.1.1}$$

其中 $h_i$ 称为第 $i$ 维坐标的**权重系数**. 线元平方的表达式是

$$\mathrm{d}l^2 = \sum_{i=1}^{N} h_i^2 \mathrm{d}q_i^2 \tag{10.1.2}$$

**体积元**的定义是

$$\mathrm{d}V = \prod_{i=1}^{N} h_i \mathrm{d}q_i \tag{10.1.3}$$

本章前五节只考虑线元权重 $h_i > 0(i = 1, 2, 3, \cdots, N)$ 的情况. 表 10.1 中列出了三维空间中直角坐标、柱坐标、球坐标和抛物线坐标及相应的权重系数.

**表 10.1　三维空间中四种坐标系及相应的坐标权重系数**

| 坐标系 | 直角 | 柱坐标 | 球坐标 | 抛物线 |
|---|---|---|---|---|
| $q_1$ | $x$ | $r$ | $r$ | $\xi$ |
| $q_2$ | $y$ | $\theta$ | $\theta$ | $\eta$ |
| $q_3$ | $z$ | $z$ | $\varphi$ | $\varphi$ |
| $h_1$ | 1 | 1 | 1 | $\sqrt{\xi^2+\eta^2}$ |
| $h_2$ | 1 | $r$ | $r$ | $\sqrt{\xi^2+\eta^2}$ |
| $h_3$ | 1 | 1 | $r\sin\theta$ | $\xi\eta$ |

$N$ 维空间中的位矢可以表示如下:

$$\boldsymbol{r} = x_1\boldsymbol{e}_1 + x_2\boldsymbol{e}_2 + \cdots + x_N\boldsymbol{e}_N = \sum_{i=1}^{N} x_i\boldsymbol{e}_i \tag{10.1.4}$$

其中 $\boldsymbol{e}_i$ 是每个坐标轴上的单位基矢. 当说到正交曲线坐标系时, 就意味着

$$\boldsymbol{e}_i \cdot \boldsymbol{e}_j = \boldsymbol{\delta}_{ij} \tag{10.1.5}$$

坐标分量则由一组数$\{x_i\}$给出. 位矢的长度平方为

$$r^2 = |\boldsymbol{r}|^2 = \boldsymbol{r}\cdot\boldsymbol{r} = \sum_{i=1}^{N} x_i^2 \tag{10.1.6}$$

式 (10.1.4)~ 式 (10.1.6) 已经被包括在表 2.2 中.

2. 直角坐标系

从表 10.1 可以知道, 一般情况下, 线元权重是坐标的函数 $h_i = h_i(q_1, q_2, \cdots, q_N)$. 若所有坐标的线元权重都与坐标无关, 就称此坐标系为直角坐标系. 显然, 此时可以通过坐标单位长度的变化, 将所有 $h_i$ 都变为 1. 因此, 在直角坐标系中, 各坐标的权重系数为

$$h_i = 1, \quad i = 1, 2, 3, \cdots, N \tag{10.1.7}$$

线元的平方, 由定义式 (10.1.2) 和线元权重系数 (10.1.7), 为

$$\mathrm{d}l^2 = \sum_{i=1}^{N} \mathrm{d}x_i^2 \tag{10.1.8}$$

体积元, 由定义式 (10.1.3) 和线元权重系数 (10.1.7), 为

$$\mathrm{d}^N\boldsymbol{r} = \prod_{i=1}^{N} \mathrm{d}x_i \tag{10.1.9}$$

边长为 $a$ 的 $N$ 维 "立方体" 的体积为 $V=a^N$. $N$ 维空间中的直角坐标系是二维和三维空间直角坐标系的自然推广.

3. **球坐标系**

现在来建立球坐标系. 仍然仿照二维和三维空间的情况. 除了位矢长度 $r$ 之外, 另外 $N-1$ 个自由度都用角度来表示. 直角坐标系中的分量用球坐标系的自由度表达如下:

$$\begin{cases} x_1=r\cos\theta_1 \\ x_2=r\sin\theta_1\cos\theta_2 \\ x_3=r\sin\theta_1\sin\theta_2\cos\theta_3 \\ \cdots\cdots \\ x_{N-1}=r\sin\theta_1\cdots\sin\theta_{N-2}\cos\theta_{N-1} \\ x_N=r\sin\theta_1\cdots\sin\theta_{N-2}\sin\theta_{N-1} \end{cases} \tag{10.1.10}$$

其中各自由度的范围是

$$r>0;\quad 0\leqslant\theta_i\leqslant\pi,\quad 1\leqslant i\leqslant N-2,\quad 0\leqslant\theta_{N-1}\leqslant 2\pi,\quad N\geqslant 3 \tag{10.1.11}$$

即前 $N-2$ 个角度的变化范围是 $[0,\pi]$, 最后一个角度的变化范围是 $[0,2\pi]$.

现在考虑坐标的权重. 已知直角坐标系中线元平方的表达式为式 (10.1.8). 将式 (10.1.10) 代入式 (10.1.8), 则可写成式 (10.1.2) 的形式. 从而得到各坐标的权重为

$$\begin{aligned}&(h_1,h_2,h_3,h_4,\cdots,h_{N-1},h_{N-2})\\ =&(1,r,r\sin\theta_1,r\sin\theta_1\sin\theta_2,\cdots,r\sin\theta_1\sin\theta_2\cdots\sin\theta_{N-3},r\sin\theta_1\sin\theta_2\cdots\sin\theta_{N-2})\end{aligned} \tag{10.1.12}$$

直角坐标系与球坐标系之间的雅可比行列式为

$$J=\frac{\partial(x_1,x_2,\cdots,x_N)}{\partial(r,\theta_1,\cdots,\theta_{N-1})}=r^{N-1}\sin^{N-2}\theta_1\sin^{N-3}\theta_2\cdots\sin\theta_{N-2}=\prod_{i=1}^{N}h_i \tag{10.1.13}$$

体积元, 由定义式 (10.1.3) 和线元权重系数 (10.1.12), 为

$$\mathrm{d}V=r^{N-1}\sin^{N-2}\theta_1\sin^{N-3}\theta_2\cdots\sin\theta_{N-2}\mathrm{d}r\mathrm{d}\theta_1\mathrm{d}\theta_2\cdots\mathrm{d}\theta_{N-2}\mathrm{d}\theta_{N-1} \tag{10.1.14}$$

现在计算半径为 $R$ 的 $N$ 维球的体积. 为此, 先计算如下积分:

$$I_k=\int_0^{\pi}\sin^k\theta\mathrm{d}\theta=-\int_0^{\pi}\sin^{k-1}\theta\mathrm{d}\cos\theta$$

$$= (k-1)\int_0^{\pi} \sin^{k-2}\theta \mathrm{d}\theta - (k-1)\int_0^{\pi} \sin^{k}\theta \mathrm{d}\theta \tag{10.1.15a}$$

分部积分之后, 容易得到

$$I_k = (k-1)\int_0^{\pi} \sin^{k-2}\theta \mathrm{d}\theta - (k-1)\int_0^{\pi} \sin^{k}\theta \mathrm{d}\theta \tag{10.1.15b}$$

因此, 得到递推关系

$$I_k = \frac{k-1}{k} I_{k-2} \tag{10.1.15c}$$

当 $k$ 为偶数

$$I_k = \frac{k-1}{n}\frac{k-3}{k-2}\cdots\frac{1}{2}\int_0^{\pi} \mathrm{d}\theta = \frac{(k-1)!!}{k!!}\pi \tag{10.1.16a}$$

当 $k$ 为奇数

$$I_k = \frac{k-1}{n}\frac{k-3}{k-2}\cdots\frac{2}{3}\int_0^{\pi} \sin\theta \mathrm{d}\theta = \frac{(k-1)!!}{k!!}2 \tag{10.1.16b}$$

半径为 $R$ 的球的体积为

$$\begin{aligned} V &= \int_0^{R} r^{N-1}\mathrm{d}r \int_0^{\pi} \sin^{N-2}\theta_1 \mathrm{d}\theta_1 \int_0^{\pi} \sin^{N-3}\theta_2 \mathrm{d}\theta_2 \cdots \int_0^{\pi} \sin\theta_{N-2}\mathrm{d}\theta_{n-2} \int_0^{2\pi} \mathrm{d}\theta_{N-1} \\ &= 2\pi\frac{R^N}{N}\prod_{i=1}^{N-2}\int_0^{\pi} \sin^{N-1-i}\theta_i \mathrm{d}\theta_i \end{aligned} \tag{10.1.17}$$

利用式 (10.1.16), 对于 $N$ 是偶数和奇数, 可得到统一的表达式

$$\prod_{i=1}^{n-2}\int_0^{\pi} \sin^{N-1-i}\theta_i \mathrm{d}\theta_i = \frac{\pi^{N/2-1}}{\Gamma(N/2)} \tag{10.1.18}$$

因此, 半径为 $R$ 的球的体积是

$$V = \frac{2\pi^{N/2}R^N}{N\Gamma(N/2)} \tag{10.1.19}$$

在文献 [5]、[6] 中有计算这一体积的另一种方法.

计算半径为 $R$ 的 $N$ 维球的表面积 $S$, 只要在式 (10.1.17) 中去掉沿径向的积分即可. 因此球的表面积是

$$S = \frac{2\pi^{N/2}R^{N-1}}{\Gamma(N/2)} \tag{10.1.20}$$

同时, 由此也可知道, 半径为 $r$ 的 $N$ 维球表面的面积元为

$$\begin{aligned} \mathrm{d}S &= r^{N-1}\sin^{N-2}\theta_1 \sin^{N-3}\theta_2 \cdots \sin\theta_{N-2}\mathrm{d}r\mathrm{d}\theta_1\mathrm{d}\theta_2\cdots\mathrm{d}\theta_{N-2}\mathrm{d}\theta_{N-1} \\ &= \prod_{i=1}^{N-2} h_i \mathrm{d}\theta_i \end{aligned} \tag{10.1.21}$$

### 10.1.2 梯度、散度和拉普拉斯算子

1. 标量场梯度

**标量场的梯度:** 对标量场 $\psi(\boldsymbol{r})$ 的微分得到的一个向量. 定义式: 每一个分量的定义为

$$\nabla_i\psi = \lim_{\mathrm{d}l_i\to 0}\frac{\psi(q_i+\mathrm{d}q_i)-\psi(q_i)}{\mathrm{d}l_i} = \frac{1}{h_i}\frac{\partial\psi}{\partial q_i} \tag{10.1.22}$$

整个向量为

$$\nabla\psi = \sum_{i=1}^{N}\frac{1}{h_i}\frac{\partial\psi}{\partial q_i}\boldsymbol{e}_i \tag{10.1.23}$$

它的几何含义与三维空间中的一样, 标量场 $\psi$ 中某点的 $\nabla\psi$ 的方向为该点处 $\psi$ 改变率最大的方向, $\nabla\psi$ 的方向垂直于等值面; $\nabla\psi$ 的大小等于在这个方向上的改变率.

有此定义式, 在直角坐标系中, 应用线元权重系数 (10.1.7), 梯度算符的表达式就是

$$\nabla\psi = \sum_{i=1}^{N}\frac{\partial\psi}{\partial x_i}\boldsymbol{e}_i \tag{10.1.24}$$

在球坐标系中, 应用线元权重系数 (10.1.12), 梯度算符的表达式是

$$\begin{aligned}\nabla\psi =& \frac{\partial\psi}{\partial r}\boldsymbol{e}_r + \frac{1}{r}\frac{\partial\psi}{\partial\theta_1}\boldsymbol{e}_{\theta_1} + \frac{1}{r\sin\theta_1}\frac{\partial\psi}{\partial\theta_2}\boldsymbol{e}_{\theta_2} + \frac{1}{r\sin\theta_1\sin\theta_2}\frac{\partial\psi}{\partial\theta_3}\boldsymbol{e}_{\theta_3}\\ &+\cdots+\frac{1}{r\sin\theta_1\sin\theta_2\cdots\sin\theta_{N-3}}\frac{\partial\psi}{\partial\theta_{N-2}}\boldsymbol{e}_{\theta_{N-2}}\\ &+\frac{1}{r\sin\theta_1\sin\theta_2\cdots\sin\theta_{N-2}}\frac{\partial\psi}{\partial\theta_{N-1}}\boldsymbol{e}_{\theta_{N-1}}\end{aligned} \tag{10.1.25}$$

2. 向量场的散度

**向量场的散度:** 对向量场 $\boldsymbol{W}$ 的微分得到的一个标量. 不依赖坐标系的定义式

$$\nabla\cdot\boldsymbol{W} = \lim_{\Delta V\to 0}\frac{1}{\Delta V}\int_{\sigma}\boldsymbol{W}\cdot\mathrm{d}\boldsymbol{s}$$

以三维空间为例, 上式中通过位于 $q_1=a_1$ 和 $q_1=a_1+\delta q_1$ 的两个面元的积分之差

$$\begin{aligned}&\int_{a_2}^{a_2+\delta q_2}\mathrm{d}q_2\int_{a_3}^{a_3+\delta q_3}\mathrm{d}q_3 h_2(a_1+\delta q_1,q_2,q_3)h_3(a_1+\delta q_1,a_2,a_3)W_1(a_1+\delta q_1,q_2,q_3)\\ &-\int_{a_2}^{a_2+\delta q_2}\mathrm{d}q_2\int_{a_3}^{a_3+\delta q_3}\mathrm{d}q_3 h_2(a_1,q_2,q_3)h_3(a_1,a_2,a_3)W_1(a_1,q_2,q_3)\\ =&\left[\frac{\partial}{\partial q_1}(W_1h_2h_3)\right]_{q_i=a_i}\delta q_1\delta q_2\delta q_3\end{aligned}$$

另外, 体积元 $\mathrm{d}V = h_1h_2h_3\delta q_1\delta q_2\delta q_3$. 于是可以得到

$$\nabla\cdot\boldsymbol{W} = \frac{1}{h_1h_2h_3}\left[\frac{\partial(h_2h_3W_1)}{\partial q_1} + \frac{\partial(h_3h_1W_2)}{\partial q_2} + \frac{\partial(h_1h_2W_3)}{\partial q_3}\right]$$

在 $N$ 维空间中, 散度的形式为

$$\begin{aligned}\nabla\cdot\boldsymbol{W} =& \frac{1}{\prod\limits_{i=1}^{N} h_i}\left[\frac{\partial}{\partial q_1}\left(\frac{W_1}{h_1}\prod_{i=1}^{N} h_i\right) + \frac{\partial}{\partial q_2}\left(\frac{W_2}{h_2}\prod_{i=1}^{N} h_i\right)\right.\\ &\left. + \cdots + \frac{\partial}{\partial q_N}\left(\frac{W_N}{h_N}\prod_{i=1}^{N} h_i\right)\right]\\ =& \frac{1}{\prod\limits_{i=1}^{N} h_i}\sum_{j=1}^{N}\frac{\partial}{\partial q_j}\left(\frac{W_j}{h_j}\prod_{l=1}^{N} h_l\right)\end{aligned} \tag{10.1.26}$$

应注意的是, 各权重系数 $h_i$ 中可能含有坐标, 所以不能随便移到微分符号之外.

在直角坐标系中, 线坐标权重系数是式 (10.1.7), 所以散度算符作用的结果为

$$\nabla\cdot\boldsymbol{W} = \sum_{j=1}^{N}\frac{\partial W_j}{\partial x_j} \tag{10.1.27}$$

将坐标权重系数 (10.1.12) 代入式 (10.1.26), 就可以得到球坐标系中的散度算符作用的结果.

3. 拉普拉斯算符

**拉普拉斯算符**的定义是: $\Delta = \nabla^2 = \nabla\cdot\nabla$. 它作用在一个标量函数 $\psi$ 上之后, 为 $\Delta\psi = \nabla^2\psi = \nabla\cdot\nabla\psi$. 对于其中的 $\nabla\psi$, 可应用式 (10.1.23). 对于 $\nabla\cdot$ 的作用, 则应用式 (10.1.26). 因此, 结合式 (10.1.23) 和式 (10.1.26), 得到 $\nabla^2\psi$ 的表达式为

$$\nabla^2\psi = \frac{1}{\prod\limits_{i=1}^{N} h_i}\sum_{j=1}^{N}\frac{\partial}{\partial q_j}\left[\left(\frac{1}{h_j^2}\prod_{l=1}^{N} h_l\right)\frac{\partial\psi}{\partial q_j}\right] \tag{10.1.28}$$

在直角坐标系中, 由于线元权重系数式 (10.1.7) 特别简单, 立即可写出

$$\nabla^2 = \sum_{i=1}^{n}\frac{\partial^2}{\partial x_i^2} \tag{10.1.29}$$

球坐标系的坐标权重系数是式 (10.1.12), 由此写出拉普拉斯算子[5] 为

$$\begin{aligned}\nabla^2\psi =&\frac{1}{r^{N-1}}\frac{\partial}{\partial r}\left(r^{N-1}\frac{\partial\psi}{\partial r}\right)+\frac{1}{r^2\sin^{N-2}\theta_1}\frac{\partial}{\partial\theta_1}\left(\sin^{N-2}\theta_1\frac{\partial\psi}{\partial\theta_1}\right)\\&+\frac{1}{(r\sin\theta_1)^2\sin^{N-3}\theta_2}\frac{\partial}{\partial\theta_2}\left(\sin^{N-3}\theta_2\frac{\partial\psi}{\partial\theta_2}\right)\\&+\frac{1}{(r\sin\theta_1\sin\theta_2)^2\sin^{N-4}\theta_3}\frac{\partial}{\partial\theta_3}\left(\sin^{N-3}\theta_3\frac{\partial\psi}{\partial\theta_3}\right)+\cdots\\&+\frac{1}{(r\sin\theta_1\cdots\sin\theta_{N-3})^2\sin\theta_{N-2}}\frac{\partial}{\partial\theta_{N-2}}\left(\sin\theta_{N-2}\frac{\partial\psi}{\partial\theta_{N-2}}\right)\\&+\frac{1}{(r\sin\theta_1\cdots\sin\theta_{N-2})^2}\frac{\partial^2\psi}{\partial\theta_{N-1}^2}\end{aligned}\tag{10.1.30}$$

为了强调径向部分和角向部分是分开的, 把式 (10.1.30) 写成如下形式:

$$\nabla^2\psi=\frac{1}{r^{N-1}}\frac{\partial}{\partial r}\left(r^{N-1}\frac{\partial\psi}{\partial r}\right)+\frac{1}{r^2}L_N^2(\theta)\psi\tag{10.1.31}$$

其中 $L_N^2(\theta)$ 是式 (10.1.30) 中对角度求导的部分, 即

$$\begin{aligned}L_N^2(\theta)=&\frac{1}{\sin^{N-2}\theta_1}\frac{\partial}{\partial\theta_1}\left(\sin^{N-2}\theta_1\frac{\partial}{\partial\theta_1}\right)\\&+\frac{1}{(\sin\theta_1)^2\sin^{N-3}\theta_2}\frac{\partial}{\partial\theta_2}\left(\sin^{N-3}\theta_2\frac{\partial}{\partial\theta_2}\right)\\&+\frac{1}{(\sin\theta_1\sin\theta_2)^2\sin^{N-4}\theta_3}\frac{\partial}{\partial\theta_3}\left(\sin^{N-3}\theta_3\frac{\partial}{\partial\theta_3}\right)+\cdots\\&+\frac{1}{(\sin\theta_1\cdots\sin\theta_{N-3})^2\sin\theta_{N-2}}\frac{\partial}{\partial\theta_{N-2}}\left(\sin\theta_{N-2}\frac{\partial}{\partial\theta_{N-2}}\right)\\&+\frac{1}{(\sin\theta_1\cdots\sin\theta_{N-2})^2}\frac{\partial^2}{\partial\theta_{N-1}^2}\end{aligned}\tag{10.1.32}$$

## 10.2 拉普拉斯方程和亥姆霍兹方程的格林函数

本节推导无限大空间中拉普拉斯方程和亥姆霍兹方程的格林函数, 也就是这两个方程的基本解. 边界条件是, 在无限远处, 格林函数的值必须是有限的.

### 10.2.1 拉普拉斯方程的格林函数

格林函数满足的方程为

$$\nabla_{\boldsymbol{r}}^2G(\boldsymbol{r},\boldsymbol{r}')=\delta(\boldsymbol{r}-\boldsymbol{r}')\tag{10.2.1}$$

无穷大空间具有均匀性, 均匀性包括平移不变性和各向同性. 因此

$$G(\boldsymbol{r},\boldsymbol{r}')=G(\boldsymbol{r}-\boldsymbol{r}')=G(|\boldsymbol{r}-\boldsymbol{r}'|)=G(\rho) \tag{10.2.2}$$

其中

$$\rho=\left(\sum_{i=1}^{N}(x_i-x_i')^2\right)^{1/2} \tag{10.2.3}$$

在球坐标系中, 容易由式 (10.1.10) 写出

$$\begin{aligned}|\boldsymbol{r}-\boldsymbol{r}'|^2=&r^2+r'^2-2rr'(\cos\theta_1\cos\theta_1'+\sin\theta_1\cos\theta_2\sin\theta_1'\cos\theta_2'\\&+\sin\theta_1\sin\theta_2\cos\theta_3\sin\theta_1'\sin\theta_2'\cos\theta_3'\\&+\cdots+\sin\theta_1\cdots\sin\theta_{n-2}\sin\theta_1'\cdots\sin\theta_{n-2}'\cos(\theta_{n-1}-\theta_{n-1}'))\\=&r^2+r'^2-2rr'\cos\gamma\end{aligned}$$

其中 $\gamma$ 是矢径 $\boldsymbol{r}$ 和 $\boldsymbol{r}'$ 之间的夹角. 这与二维和三维空间中的物理意义一样.

平移不变性体现为格林函数只是两个位置矢量之差的函数. 各向同性体现为格林函数只是其宗量的绝对值的函数, 即与角向无关. 由于这两个特点, 在球坐标系中求解更为方便些. 根据式 (10.2.2), 式 (10.2.1) 中的 $\nabla_{\boldsymbol{r}}^2=\nabla_\rho^2$, 即式 (10.2.1) 可写成

$$\nabla_\rho^2 G(\rho)=\delta(\rho) \tag{10.2.4}$$

现在用拉普拉斯算子的形式 (10.1.31), 因格林函数不含角度, 式 (10.2.4) 就简化为

$$\frac{1}{\rho^{N-1}}\frac{\mathrm{d}}{\mathrm{d}\rho}\left[\rho^{N-1}\frac{\mathrm{d}}{\mathrm{d}\rho}G(\rho)\right]=\delta(\rho) \tag{10.2.5}$$

由于现在 $\rho\geqslant 0$, 第 6 章中介绍的分段表示法在此简化为 $\rho>0$ 的求解和对 $\rho=0$ 的情况的处理. 当 $\rho>0$ 时, 式 (10.2.5) 简化为

$$\frac{1}{\rho^{N-1}}\frac{\mathrm{d}}{\mathrm{d}\rho}\left[\rho^{N-1}\frac{\mathrm{d}}{\mathrm{d}\rho}G(\rho)\right]=0,\quad N\geqslant 1 \tag{10.2.6}$$

此式对 $N\geqslant 1$ 的情况有效. 当 $N\geqslant 3$ 时, 此式的解为

$$G(\rho)=\frac{C}{\rho^{N-2}},\quad N\geqslant 3 \tag{10.2.7}$$

其中 $C$ 是个待定常数. 容易给出在 $n=1,2$ 时式 (10.2.6) 的解. 现在由 $\rho=0$ 处的条件决定常数 $C$. 在式 (10.2.5) 两边对以 $\rho=0$ 为球心, $\gamma$ 为半径的无穷小球作积分. 积分完之后再令 $\gamma\to 0$. 对式 (10.2.5) 右边的积分显然为 1. 左边积分的结果为

$$\int_0^\gamma\rho^{N-1}\mathrm{d}\rho\prod_{i=1}^{N-2}\int_0^\pi\sin^{N-1-i}\theta_i\mathrm{d}\theta_i\int_0^{2\pi}\mathrm{d}\theta_{N-1}\frac{1}{\rho^{N-1}}\frac{\mathrm{d}}{\mathrm{d}\rho}\left[\rho^{N-1}\frac{\mathrm{d}}{\mathrm{d}\rho}G(\rho)\right]$$

$$=\gamma^{N-1}\left[\frac{\mathrm{d}}{\mathrm{d}\rho}\frac{C}{\rho^{N-2}}\right]_{\gamma=\rho}\frac{2\pi^{N/2}}{\Gamma(N/2)}=-C(N-2)\frac{2\pi^{N/2}}{\Gamma(N/2)}=1 \tag{10.2.8}$$

其中已用到式 (10.1.18). 由此式得到系数 $C$ 为

$$C=-\frac{\Gamma(N/2)}{2\pi^{N/2}(N-2)} \tag{10.2.9}$$

所以格林函数是

$$G(\rho)=-\frac{\Gamma(N/2)}{2\pi^{N/2}(N-2)\rho^{N-2}} \tag{10.2.10}$$

容易验证, 在三维空间, 此结果回到式 (6.2.13). 在四维空间, 当 $N=4$ 时, 则有

$$G(\rho)=-\frac{\Gamma(2)}{2\pi^2 2\rho^2}=-\frac{1}{4\pi^2|\boldsymbol{r}-\boldsymbol{r}'|^2}$$

将式 (10.2.3) 代入就是直角坐标系中的表达式.

### 10.2.2 亥姆霍兹方程的格林函数

此时格林函数满足的方程为

$$(\nabla_{\boldsymbol{r}}^2+k^2)G(\boldsymbol{r},\boldsymbol{r}')=\delta(\boldsymbol{r}-\boldsymbol{r}') \tag{10.2.11}$$

此方程左边增加的一项是常数. 因而, 仍然可以利用无穷大空间的均匀性. 也就是说, 格林函数仍然具有式 (10.2.2) 的性质. 式 (10.2.11) 可相应写成

$$(\nabla_{\rho}^2+k^2)G(\rho)=\delta(\rho) \tag{10.2.12}$$

用拉普拉斯算子的形式 (10.1.31), 此式就简化为

$$\frac{1}{\rho^{N-1}}\frac{\mathrm{d}}{\mathrm{d}\rho}\left[\rho^{N-1}\frac{\mathrm{d}}{\mathrm{d}\rho}G(\rho)\right]+k^2G(\rho)=\delta(\rho) \tag{10.2.13}$$

还是利用上一小节方法求解. 当 $\rho>0$ 时, 式 (10.2.13) 成为

$$\left(\rho^2\frac{\mathrm{d}^2}{\mathrm{d}\rho^2}+(N-1)\rho\frac{\mathrm{d}}{\mathrm{d}\rho}+k^2\rho^2\right)G(\rho)=0 \tag{10.2.14}$$

这个方程接近于贝塞尔方程. 由 4.5.2 小节知道, 当一次导数项前的系数是 2 时, 可以通过令 $G(\rho)=u(\rho)/\sqrt{\rho}$ 变成函数 $u(\rho)$ 所满足的贝塞尔方程. 现在方程 (10.2.14) 中, 一次导数项的系数是 $N-1$, 可以通过变换

$$G(\rho)=\frac{1}{R^{N/2-1}}Z_{N/2-1}(k\rho) \tag{10.2.15}$$

化为 $Z_{N/2-1}(k\rho)$ 所满足的贝塞尔方程, 其中 $Z_\nu$ 表示 $\nu$ 阶柱函数. 考虑无穷远处的行为, 不能为无穷大. 因此选择 $Z_\nu$ 为汉克尔函数. 它们在无穷远处的渐近式为式 (4.5.10)

$$H_\nu^{(1)}(z\to\infty)\sim\sqrt{\frac{2}{\pi z}}\mathrm{e}^{\mathrm{i}\left(z-\frac{\nu\pi}{2}-\frac{\pi}{4}\right)}$$
$$H_\nu^{(2)}(z\to\infty)\sim\sqrt{\frac{2}{\pi z}}\mathrm{e}^{-\mathrm{i}\left(z-\frac{\nu\pi}{2}-\frac{\pi}{4}\right)},\quad \nu\neq 0$$

若选取其中向外发散的波, 则解为

$$G(\rho)=\frac{A}{\rho^{N/2-1}}H_{N/2-1}^{(1)}(k\rho) \tag{10.2.16}$$

现在来确定系数 $A$. 仍利用与前面同样的方法, 在式 (10.2.13) 两边对以 $\rho=0$ 为球心, $\gamma$ 为半径的无穷小球作积分, 得

$$\frac{2\pi^{N/2}}{\Gamma(N/2)}\int_0^\gamma\rho^{N-1}\mathrm{d}\rho\left[\frac{1}{\rho^{N-1}}\frac{\mathrm{d}}{\mathrm{d}\rho}\left(\rho^{N-1}\frac{\mathrm{d}}{\mathrm{d}\rho}\right)+k^2\right]\frac{A}{\rho^{N/2-1}}H_{N/2-1}^{(1)}(k\rho)=1 \tag{10.2.17}$$

其中已对角向进行积分. 对于径向积分, 由于 $\gamma$ 无穷小, 汉克尔函数可用渐近式 (4.5.10c), 即

$$H_\nu^{(1)}(x\to 0)\sim -\mathrm{i}\frac{\Gamma(\nu)}{\pi}\left(\frac{2}{x}\right)^\nu \tag{10.2.18}$$

利用此式, 式 (10.2.17) 就简化成

$$-\mathrm{i}\frac{4\pi^{N/2-1}A}{N-2}\left(\frac{2}{k}\right)^{N/2-1}\left[\int_0^\gamma\frac{\mathrm{d}}{\mathrm{d}\rho}\left(\rho^{N-1}\frac{\mathrm{d}}{\mathrm{d}\rho}\frac{1}{\rho^{N-2}}\right)\mathrm{d}\rho+k^2\int_0^\gamma\rho\mathrm{d}\rho\right]=1 \tag{10.2.19}$$

这两个积分容易求出. 第一个积分为

$$\int_0^\gamma\frac{\mathrm{d}}{\mathrm{d}\rho}\left(\rho^{N-1}\frac{\mathrm{d}}{\mathrm{d}\rho}\frac{1}{\rho^{N-2}}\right)\mathrm{d}\rho=\left[\rho^{N-1}\frac{\mathrm{d}}{\mathrm{d}\rho}\frac{1}{\rho^{N-2}}\right]_{\rho=\gamma}=-(N-2)$$

第二个积分为

$$\int_0^\gamma\rho\mathrm{d}\rho=\frac{1}{2}\left[\rho^2\right]_{\rho=\gamma}\to 0$$

积分之后, 要令 $\gamma\to 0$, 因此这一项的结果为零. 式 (10.2.19) 算得的结果就是

$$\mathrm{i}4\pi^{N/2-1}A\left(\frac{2}{k}\right)^{N/2-1}=1$$

积分常数是

$$A=-\mathrm{i}\frac{1}{4}\left(\frac{k}{2\pi}\right)^{N/2-1} \tag{10.2.20}$$

代入式 (10.2.16) 得

$$G(\rho)=-\mathrm{i}\frac{1}{4}\left(\frac{k}{2\pi\rho}\right)^{N/2-1}H_{N/2-1}^{(1)}(k\rho) \tag{10.2.21}$$

这就是无限大空间亥姆霍兹方程的格林函数. 利用式 (10.2.18) 可知, 当 $k$=0 时, 式 (10.2.21) 就回到拉普拉斯方程的解式 (10.2.10).

当 $N=1,2,3$ 时, 解 (10.2.21) 就回到式 (6.2.27b)、式 (6.2.21b) 和式 (6.2.11b). 在这里写出 $N$=4 的表达式为

$$G(\rho)=-\mathrm{i}\frac{1}{4}\left(\frac{k}{2\pi\rho}\right)^{4/2-1}H_{4/2-1}^{(1)}(k\rho)=-\mathrm{i}\frac{k}{8\pi\rho}H_1^{(1)}(k|\boldsymbol{r}-\boldsymbol{r}'|)$$

## 10.3 有心势下的径向方程

### 10.3.1 高维空间有心势下的径向方程

设有高维空间中的薛定谔方程, 它的形式与三维空间一样

$$(-\nabla^2+V(\boldsymbol{r}))\psi(\boldsymbol{r})=E\psi(\boldsymbol{r}) \tag{10.3.1}$$

此式的左边是动能加势能, $V(\boldsymbol{r})$ 是势能. 假定是有心势 $V(\boldsymbol{r})$, 即势能与位矢 $\boldsymbol{r}$ 的方向无关. 将本征值问题写为

$$\left[-\frac{1}{r^{N-1}}\frac{\partial}{\partial r}\left(r^{N-1}\frac{\partial}{\partial r}\right)-\frac{1}{r^2}L_N^2(\theta)+V(\boldsymbol{r})\right]\psi(\boldsymbol{r})=E\psi(\boldsymbol{r}) \tag{10.3.2}$$

其中拉普拉斯算子已用式 (10.1.31) 的形式代入. 类比于三维以下空间的情况, 称 $E$ 是能量, 并且称 $E<0$ 或者能量低于势垒高度的解 $\psi(\boldsymbol{r})$ 为束缚态.

用分离变量法. 令

$$\psi(\boldsymbol{r})=R(\boldsymbol{r})\zeta(\theta) \tag{10.3.3}$$

为径向和角向两个因子的乘积. 因此, 分离变量之后, 得到两个本征方程分别为

$$L_N^2(\theta)\zeta(\theta)+\lambda\zeta(\theta)=0 \tag{10.3.4}$$

$$\frac{1}{R(r)}\frac{1}{r^{N-3}}\frac{\partial}{\partial r}\left(r^{N-1}\frac{\partial}{\partial r}\right)R(r)-V(r)r^2+Er^2=\lambda \tag{10.3.5}$$

式 (10.3.4) 是角动量的本征方程, 将在 10.4 节讨论. 此处只是先指出, $N$ 维空间的 $\lambda$ 的特征值是

$$\lambda=l(l+N-2),\quad l=0,1,2,3,\cdots \tag{10.3.6}$$

本节只讨论径向方程的解. 将式 (10.3.6) 代入式 (10.3.5), 则径向方程为

$$\left[\frac{\mathrm{d}^2}{\mathrm{d}r^2}+\frac{N-1}{r}\frac{\mathrm{d}}{\mathrm{d}r}-V(r)+E-\frac{l(l+N-2)}{r^2}\right]R(r)=0 \tag{10.3.7}$$

这相当于一个半壁无限高势垒的一维运动[6].

可以先做一个变换除去一阶导数项, 令

$$R=\frac{u}{r^{(N-1)/2}} \tag{10.3.8}$$

方程 (10.3.7) 就简化为

$$u''+\left(E-V(r)-\frac{\alpha}{r^2}\right)u=0 \tag{10.3.9}$$

其中

$$\alpha=l(l+N-2)+\frac{(N-3)(N-1)}{4} \tag{10.3.10a}$$

$$4\alpha=4l^2+4l(N-2)+(N-2)^2-1=(2l+N-2)^2-1 \tag{10.3.10b}$$

有些势能的形式从式 (10.3.9) 出发求解是非常方便的. 以下为简便起见, 称函数 $u$ 亦是径向函数. 因为只要除以 $r^{(N-1)/2}$, 就得到真正的径向函数. 以下我们来求解一些具体的势能 $V(r)$ 的形式下径向函数的解.

以下若不特别说明, 求得的是解的束缚态. 要求径向波函数是归一化的

$$\int_0^\infty r^{N-1}|R|^2\mathrm{d}r=1 \tag{10.3.11}$$

这一积分相应于要求边界条件

$$[r^{(N-1)/2}R]_{r\to\infty}\to 0,\quad [r^{(N-1)/2}R]_{r\to 0}\to \text{有限} \tag{10.3.12}$$

### 10.3.2 亥姆霍兹方程

此时, $V(r)=0$. 令 $E=k^2$. 因无势能, 能量 $E>0$. 相应地, 式 (10.3.9) 成为

$$u''+\left(k^2-\frac{\alpha}{r^2}\right)u=0 \tag{10.3.13}$$

作变换

$$u(r)=r^{1/2}p(r) \tag{10.3.14}$$

代入式 (10.3.13) 之后, 得到如下方程:

$$r^2p''+rp'+\left(k^2r^2-\left(l+\frac{N}{2}-1\right)^2\right)p=0 \tag{10.3.15}$$

其中用到式 (10.3.10). 这是 $l+\dfrac{N}{2}-1$ 阶贝塞尔方程. 解为

$$p(r)=J_{l+N/2-1}(kr)$$

从而

$$u(r)=r^{1/2}J_{l+N/2-1}(kr) \tag{10.3.16}$$

由式 (10.3.16) 和式 (10.3.8), 径向函数是

$$R(r)=\frac{J_{l+N/2-1}(kr)}{r^{N/2-1}} \tag{10.3.17}$$

这个解的形式表明, 在奇数维空间, 分子是半整数阶贝塞尔函数; 在偶数维空间, 分子则是整数阶贝塞尔函数. 在 $\nu>0$ 时, 当 $r\to 0$ 时, 有

$$J_\nu(r)\to\frac{1}{\Gamma(\nu+1)}\left(\frac{r}{2}\right)^\nu$$

因此, 在原点处, 波函数的值为零. 当 $r\to\infty$ 时, 式 (10.3.17) 显然是趋于零的. 因而是符合式 (10.3.12) 的边界条件的.

式 (10.3.1.3) 的另一个线性无关解是第二类贝塞尔函数. 由于要求在 $r\to 0$ 时解函数应有限, 故第二类贝塞尔函数不出现在解中.

### 10.3.3 无限深球方势阱

此时的势能是

$$V(r)=\begin{cases}0, & r<a\\ \infty, & r>a\end{cases} \tag{10.3.18}$$

此种情况下, 仍然令 $E=k^2$ 求解. 尽管能量看上去是正的, 但因为势垒无限高, 所以解函数永远是束缚态. 当 $r<a$ 时, 方程就是式 (10.3.13), 解就是式 (10.3.17), 第一类贝塞尔函数

$$R(r)=\frac{C}{r^{N/2-1}}J_{l+N/2-1}(kr) \tag{10.3.19}$$

当 $r>a$ 时, 由于势能无限大, 解函数为零. 但是要求在 $r=a$ 处, 径向函数为零, 故

$$J_{l+N/2-1}(k_ja)=0,\quad j=1,2,3,\cdots \tag{10.3.20}$$

即解应写成

$$R_j(r)=\frac{C_j}{r^{N/2-1}}J_{l+N/2-1}(k_jr) \tag{10.3.21}$$

再由归一化条件 (10.3.11) 计算常数 $C_j$.

### 10.3.4　有限深球方势阱

此时的势能为

$$V(r) = \begin{cases} 0, & r < a \\ V_0, & r > a \end{cases} \tag{10.3.22}$$

与式 (10.3.18) 唯一的不同之处是, 此处的势垒高度是有限的. 因势能在 $r = a$ 处不连续, 需要按照 $r < a$ 和 $r > a$ 来分段求解式 (10.3.9).

当 $r < a$ 时, 方程与解和 10.3.3 小节的情况相同. 方程是式 (10.3.13). 解式就是式 (10.3.19)

$$R(r) = \frac{C}{r^{N/2-1}} J_{l+N/2-1}(kr), \quad r < a \tag{10.3.23}$$

当 $r > a$ 时, 方程为

$$u'' + \left(k^2 - V_0 - \frac{\alpha}{r^2}\right) u = 0 \tag{10.3.24}$$

这时, 要分 $E > V_0$ 和 $E < V_0$ 两种情况来讨论.

(i) $E > V_0$, 令

$$E - V_0 = q^2 \tag{10.3.25}$$

只要在式 (10.3.13) 中把 $k$ 用 $q$ 代替. 相应地, 解式也就是在式 (10.3.17) 中用 $q$ 代替 $k$, 有

$$R(r) = \frac{1}{r^{N/2-1}} [A J_{l+N/2-1}(qr) + B Y_{l+N/2-1}(qr)] = \frac{A H^{(1)}_{l+N/2-1}(qr)}{r^{N/2-1}}, \quad r > a \tag{10.3.26}$$

式 (10.3.26) 中, 由于不取 $r \to 0$, 因此解中可以有第二类贝塞尔函数这一项. 第二个等式选择为第一类汉克尔函数, 也就是人为地选择的解函数是当 $r \to \infty$ 时, 向外扩展的衰减波.

在 $r = a$ 处, 径向函数及其导数应该连续. 因此

$$C_j J_{l+n/2-1}(k_j a) = A_j H^{(1)}_{l+N/2-1}(q_j a), \quad j = 1, 2, 3, \quad \cdots \tag{10.3.27}$$

$$C_j k_j \left[\frac{\mathrm{d}}{\mathrm{d}r} \frac{J_{l+N/2-1}(k_j r)}{r^{N/2-1}}\right]_{r=a} = A_j \left[\frac{\mathrm{d}}{\mathrm{d}r} \frac{H^{(1)}_{l+N/2-1}(q_j r)}{r^{N/2-1}}\right]_{r=a}, \quad j = 1, 2, 3, \cdots \tag{10.3.28}$$

再加上径向函数归一化的条件. 此三式决定特征值

$$k_j^2 - V_0 = q_j^2 \tag{10.3.29}$$

和常数 $C_j$ 与 $A_j$ 的取值.

(ii) $E < V_0$, 这是束缚态的情况. 令

$$V_0 - E = \kappa^2 \tag{10.3.30}$$

方程 (10.3.24) 就变为

$$u'' + \left(-\kappa^2 - \frac{\alpha}{r^2}\right)u = 0 \tag{10.3.31}$$

既然在式 (10.3.13) 中用 $q$ 代替 $k$ 得到的解是式 (10.3.26), 用 $\mathrm{i}\kappa$ 代替 $k$ 就可得到式 (10.3.31) 的解为

$$R(r) = \frac{AH^{(1)}_{l+N/2-1}(\mathrm{i}\kappa r)}{r^{N/2-1}}, \quad r > a \tag{10.3.32}$$

这是虚宗量的第一类汉克尔函数. 实际上, 方程 (10.3.31) 正是一个虚宗量的贝塞尔方程.

在 $r = a$ 处, 径向函数及其导数应该连续. 因此

$$C_j J_{l+N/2-1}(k_j a) = A_j H^{(1)}_{m+N/2-1}(\mathrm{i}\kappa_j a), \quad j = 1, 2, 3, \cdots \tag{10.3.33}$$

$$C_j k_j \left[\frac{\mathrm{d}}{\mathrm{d}r}\frac{J_{l+N/2-1}(k_j r)}{r^{N/2-1}}\right]_{r=a} = A_j \left[\frac{\mathrm{d}}{\mathrm{d}r}\frac{H^{(1)}_{l+N/2-1}(\mathrm{i}\kappa_j r)}{r^{N/2-1}}\right]_{r=a}, \quad j = 1, 2, 3, \cdots \tag{10.3.34}$$

再加上径向函数归一化的条件. 此三式决定特征值

$$V_0 - k_j^2 = \kappa_j^2 \tag{10.3.35}$$

和常数 $C_j$ 与 $A_j$ 的取值.

### 10.3.5 库仑势

势能与径向距离的一次方成反比

$$V(r) = -\frac{\chi}{r} \tag{10.3.36}$$

方程 (10.3.9) 成为

$$u'' + \left(E + \frac{\chi}{r} - \frac{\alpha}{r^2}\right)u = 0 \tag{10.3.37}$$

由于多了一个反比于变量一次方的项, 方程显得复杂了, 解不再是贝塞尔函数了. 不过式 (10.3.37) 与氢原子的径向方程的形式一样[6,7], 求解过程也一样.

设 $E$ <0. 令

$$E = -\frac{\alpha^2}{4}, \quad n = \frac{\chi}{\alpha}, \quad \rho = \alpha r \tag{10.3.38}$$

和

$$u(\rho) = \mathrm{e}^{-\rho/2}F(\rho) \tag{10.3.39}$$

可得到函数 $F(\rho)$ 所满足的方程

$$F'' - F' + \left(\frac{n}{\rho} - \frac{\alpha}{\rho^2}\right)F = 0 \tag{10.3.40}$$

在 $\rho = 0$ 处是第一类奇点. 从它的指标方程来计算它的两个指标. 由 3.7.2 小节的理论, 有

$$c_0 = 0, \quad d_0 = -\alpha$$

写出零级系数矩阵

$$A_0 = \begin{pmatrix} 0 & 1 \\ \alpha & 1 \end{pmatrix} \tag{10.3.41}$$

指标方程为

$$s(s-1) - \alpha = 0$$

两个根就是

$$s_1 = l + \frac{N-1}{2}, \quad s_2 = -\left(l + \frac{N-3}{2}\right) \tag{10.3.42}$$

这两个值一正一负. 为满足 $r$=0 处波函数有限的条件, 只能取其中的正值. 再令

$$F(\rho) = \rho^{l+(N-1)/2}L(\rho) \tag{10.3.43}$$

那么, 得到 $L(\rho)$ 应满足的方程

$$\rho L'' + (2l + N - 1 - \rho)L' + \left[n - \left(l + \frac{N-1}{2}\right)\right]L = 0 \tag{10.3.44}$$

这是个合流超几何方程. 可写成如下形式:

$$\rho L'' + (\mu + 1 - \rho)L' + n_r L = 0 \tag{10.3.45}$$

其中

$$\mu = 2l + N - 2, \quad n_r = n - \frac{N-1}{2} - l \tag{10.3.46}$$

方程 (10.3.45) 的解函数是合流超几何函数, 其形式为

$$F(\mu, n_r, \rho) = \sum_{k=0}^{\infty} \frac{(\mu)_k}{k!(n_r)_k}\rho^k \tag{10.3.47}$$

其中采用了高斯符号, 见式 (3.3.16).

若只考虑束缚态, 那么要求 $r\to\infty$ 时, 函数值应该趋于零, 这就要求 $n_r$ 是正整数. 这一情况下的式 (10.3.45) 称为广义拉盖尔方程, 见式 (3.4.1), 其解为广义拉盖尔多项式, 记为

$$L_{n_r}^{\mu}(\rho)=\sum_{k=0}^{\infty}\frac{(\mu)_k}{k!(n_r)_k}\rho^k \tag{10.3.48}$$

其中的 $\mu$ 总是正整数, 见式 (10.3.46). 并由式 (10.3.48) 得

$$n=n_r+\frac{N-1}{2}+l=\frac{\chi}{\alpha}=\frac{\chi}{2\sqrt{-E}} \tag{10.3.49}$$

所以

$$E=-\frac{\chi^2}{4(n_r+l+(N-1)/2)^2}=-\frac{\chi^2}{4n^2} \tag{10.3.50}$$

要注意的是, 由于要求 $n_r$ 是正数, 因此对于奇数维空间, $n$ 是正整数; 而对于偶数维空间, $n$ 只能是半奇数. 要求 $n$ 有一个最小值:

$$n\geqslant\frac{N-1}{2}$$

例如, 对于五维空间, 量子数 $n$ 只能从 2 开始; 对于四维空间, 量子数 $n$ 只能从 3/2 开始.

径向函数由式 (10.3.39) 和式 (10.3.43) 得

$$u(r)=Cr^{l+(N-1)/2}\mathrm{e}^{-\alpha r/2}L_{n-l-(N-1)/2}^{2l+N-2}(\alpha r) \tag{10.3.51}$$

再由式 (10.3.8), 得到

$$R(r)=Cr^l\mathrm{e}^{-\alpha r/2}L_{n_r}^{\mu}(\alpha r) \tag{10.3.52}$$

其中 $n_r$ 和 $\mu$ 的数值见式 (10.3.46).

### 10.3.6 谐振子势

势能与径向距离的二次方成正比

$$V(r)=\chi^2r^2 \tag{10.3.53}$$

方程式 (10.3.9) 成为

$$u''+\left(E-\chi^2r^2-\frac{\alpha}{r^2}\right)u=0 \tag{10.3.54}$$

这一方程的形式与三维空间中谐振子的一样[6]. 令

$$u(r)=\mathrm{e}^{-\chi r^2/2}F(r) \tag{10.3.55}$$

那么函数 $F(r)$ 所满足的方程是

$$F'' - 2\chi r F' + \left(F - \chi - \frac{\alpha}{r^2}\right)F = 0 \tag{10.3.56}$$

显然, $r = 0$ 处是方程的第一类奇点. 写出它的零级系数矩阵, 与式 (10.3.41) 式完全相同. 因此, 特征值也选择式 (10.3.42) 中的正值. 再令

$$F(r) = r^{l+(N-1)/2} f(r) \tag{10.3.57a}$$

和

$$\xi = \chi r^2 \tag{10.3.57b}$$

得到函数 $f(\xi)$ 满足的方程

$$\xi f'' + \left(\frac{2l+N}{2} - \xi\right) f' + \left(-\frac{2l+N}{4} + \frac{E}{4\chi}\right) f = 0 \tag{10.3.58}$$

式 (10.3.58) 与式 (10.3.45) 的形式一样, 是个合流超几何方程. 记

$$n_r = \frac{E}{4\chi} - \frac{2l+N}{4}, \quad \mu = l + \frac{N}{2} - 1 \tag{10.3.59}$$

参照式 (10.3.45)$\sim$ 式 (10.3.48) 的讨论可知, 束缚态要求 $n_r$ 是正整数. 解函数是如下广义拉盖尔多项式:

$$L^{\mu}_{n_r}(\rho) = \sum_{k=0}^{\infty} \frac{(\mu)_k}{k!(n_r)_k} \rho^k \tag{10.3.60}$$

由式 (10.3.59), 对于偶数维空间, $\mu$ 是整数; 对于奇数维空间, $\mu$ 是半整数.

能量可能取到的数值由式 (10.3.59) 决定

$$E = (4n + 2l + N)\chi \tag{10.3.61}$$

仿照三维的情况, 写成

$$\chi = \frac{\mu\omega}{\hbar}, \quad E = \frac{2\mu}{\hbar^2}\varepsilon$$

那么能量的表达式就是

$$\varepsilon = \left(2n + l + \frac{N}{2}\right)\hbar\omega \tag{10.3.62}$$

其中包含了零点能 $\varepsilon_0 = N\hbar\omega/2$. 空间的维数越高, 零点能越高.

结合式 (10.3.55)、式 (10.3.57)、式 (10.3.60) 诸式, 得到径向函数为

$$R(r) = Cr^l \mathrm{e}^{-\chi r^2/2} L^{l+N/2-1}_{n_r}(\chi r^2) \tag{10.3.63}$$

### 10.3.7 两项负幂次分子势

$$V(r)=\frac{A}{r^2}-\frac{B}{r},\quad A>0,B>0 \tag{10.3.64}$$

这一势能[8] 的特点是：当 $r\to 0$ 时，是无限排斥势；当 $r\to\infty$ 时，势能趋于零. 在这之间是吸引势. 势能有极小点，因此可以存在束缚态.

对于式 (10.3.64) 的势能，径向方程 (10.3.9) 就成为

$$u''+\left(E+\frac{B}{r}-\frac{\alpha+A}{r^2}\right)u=0 \tag{10.3.65}$$

式 (10.3.65) 可与氢原子势的径向方程 (10.3.37) 相对照. 现在令

$$\beta=\alpha+A \tag{10.3.66}$$

和

$$4\beta+1=(2h+N-2)^2 \tag{10.3.67}$$

那么

$$u''+\left(E+\frac{B}{r}-\frac{\beta}{r^2}\right)u=0 \tag{10.3.68}$$

这一方程就与式 (10.3.37) 的形式完全一样了. 只要将式 (10.3.37) 中的 $\chi$ 换成 $B$，$\alpha$ 换成 $\beta$，也就是在式 (10.3.50) 中将 $l$ 换成 $h$ 即可. 只是现在的 $h$ 不一定是个正整数. 与式 (10.3.38) 相应的是

$$E=-\frac{\beta^2}{4},\quad n=\frac{B}{\beta},\quad \rho=\beta r \tag{10.3.69}$$

以下做法与 10.3.5 小节中的完全一样. 束缚态的解函数仍然具有式 (10.3.51) 的形式

$$R(r)=Cr^h\mathrm{e}^{-\beta r/2}L_{n_r}^{\mu}(\beta r) \tag{10.3.70}$$

注意其中各参量的替换，如 $l$ 换成 $h$，$\alpha$ 换成 $\beta$. 最后得到的能量的表达式见式 (10.3.49) 和式 (10.3.50). 方程有解的条件为

$$n=n_r+\frac{N-1}{2}+h=\frac{B}{\beta}=\frac{B}{2\sqrt{-E}} \tag{10.3.71}$$

所以

$$E=-\frac{B^2}{4(n_r+h+(N-1)/2)^2}=-\frac{B^2}{4n^2} \tag{10.3.72}$$

注意，现在的 $h$ 不是整数，所以 $n$ 也就不是整数或者半整数，但是只能以整数递增.

由式 (10.3.66) 和式 (10.3.67)，$h$ 的数值应取为

$$h=\frac{1}{2}\left(\sqrt{4(\alpha+A)+1}-N+2\right)=\frac{1}{2}\left(\sqrt{(2l+N-2)^2+4A}-N+2\right) \tag{10.3.73}$$

### 10.3.8 正负幂次分子势

势能的形式是

$$V(r) = \frac{A}{r^2} + Br^2, \quad A > 0, B > 0 \tag{10.3.74}$$

这一势能[8] 的特点是: 当 $r \to 0$ 和 $r \to \infty$ 时, 都是无限大排斥势. 因此在有限距离处有极小值, 也就是一个势阱, 因此可以存在束缚态.

对于式 (10.3.74) 的势能, 径向方程 (10.3.9) 就成为

$$u'' + \left(E - Br^2 - \frac{\alpha + A}{r^2}\right)u = 0 \tag{10.3.75}$$

这个方程的形式与谐振子势的径向方程 (10.3.54) 一样. 仍然按照式 (10.3.66) 和式 (10.3.67) 定义 $\beta$, 在式 (10.3.75) 中作

$$B \to \chi^2, \quad \beta \to \alpha \tag{10.3.76}$$

的替换, 就得到式 (10.3.54). 完全按照 10.3.6 小节中的讨论, 仿照式 (10.3.63), 束缚态的解函数是

$$R(r) = Cr^h \mathrm{e}^{-\sqrt{B}r^2/2} L_{n_r}^{h+N/2-1}(\sqrt{B}r^2) \tag{10.3.77}$$

其中 $n_r$ 和 $h$ 的数值分别由式 (10.3.71) 和式 (10.3.6.73) 决定.

能级的表达式可参照式 (10.3.61), 应该是

$$E = (4n + 2h + N)\sqrt{B} \tag{10.3.78}$$

### 10.3.9 指数衰减吸引势

此种势能随距离指数衰减

$$V(r) = -C\mathrm{e}^{-r/a} \tag{10.3.79}$$

对于这一势能, 径向方程 (10.3.9) 就成为

$$u'' + \left(E + C\mathrm{e}^{-r/a} - \frac{\alpha}{r^2}\right)u = 0 \tag{10.3.80}$$

只考虑这个方程在 $\alpha = 0$ 时的解. 那么, 由式 (10.3.10), $l$ 的取值只能是

$$4\alpha = (2l + N - 2)^2 - 1 = 0$$
$$l = \frac{-N + 1}{2} + 1$$

三维空间就是 $l$=0. 在高维空间没有符合条件的正的 $l$ 的数值, 可以定义一个新的变量 $\xi = \mathrm{e}^{-r/2a}$ 来求解[9].

### 10.3.10 径向方程具有解析解的条件

以上是针对一些有心势能的具体形式, 给出了本征能级和本征函数的表达式. 此处设有心势, 但不给出其具体形式, 讨论径向方程在什么情况下可以得到解析解. 为此, 先设径向函数是下列形式[10]:

$$u(r) = Cz^{(a+1)/2}\mathrm{e}^{-z/2}L_n^a(z)/\sqrt{z'} \tag{10.3.81}$$

其中

$$z = z(r) \tag{10.3.82}$$

是 $z$ 的函数, $L_n^a(z)$ 是连带拉盖尔函数. 下面计算函数 $u(r)$ 对 $r$ 的两阶导数. 经过整理, 得到

$$u'' + u\left[-\frac{1}{4}z'^2 + \frac{n+a+1}{2}\frac{z'^2}{z} - \frac{a^2-1}{4}\left(\frac{z'}{z}\right)^2 - \frac{3z''^2}{4z'^2} + \frac{z'''}{2z'}\right] = 0 \tag{10.3.83}$$

其中已经利用了连带拉盖尔函数满足的方程

$$zL_n^{a''} + (a+1-z)L_n^{a'} + nL_n^a = 0 \tag{10.3.84}$$

式 (10.3.83) 就是径向函数 $u(r)$ 所应满足的方程, 即它应该就是式 (10.3.9). 将这两式相比知道, 式 (10.3.83) 中, 应该有一个常数项, 表示能量 $E$; 有一个反比于 $r^2$ 的项, 是角动量项. 若这一项不出现, 说明只能适用于角动量量子数 $l$=0 的情况. 剩下的与 $r$ 有关的项则是势能项. 什么样的势能项可解析求解此方程还必须明确函数 $z(r)$ 的形式.

(1) 设 $z(r)$ 的形式为

$$z(r) = br^\mu \tag{10.3.85}$$

那么, 式 (10.3.83) 就成为

$$u'' + u\left[-\frac{1}{4}b^2\mu^2r^{2\mu-2} + \frac{n+a+1}{2}b^2\mu^2r^{\mu-2} - \frac{a^2\mu^2-1}{4r^2}\right] = 0 \tag{10.3.86}$$

此式中, 反比于 $r^2$ 的项自动出现了.

还应该要求出现常数项. 这条件只有在两种情况下才能满足: $\mu$=1, 2.

若 $\mu$=1, 则势能项反比于 $r$, 径向函数的解可由式 (10.3.81) 和式 (10.3.85) 且取 $\mu$=1 得到,

$$u(r) = Cr^{(a+1)/2}\mathrm{e}^{-br/2}L_n^a(br)$$

这就是库仑势的情况. 见式 (10.3.51). 而方程 (10.3.86) 则对应于式 (10.3.37).

若 $\mu$=2, 则势能项正比于 $r^2$, 径向函数的解可由式 (10.3.81) 和式 (10.3.85) 且取 $\mu$=2 得到,

$$u(r)=Cr^{a+1/2}\mathrm{e}^{-br^2/2}L_n^a(br^2)$$

这就是简谐振子势的情况, 见式 (10.3.63). 而方程 (10.3.86) 则对应于式 (10.3.54).

(2) 设 $z(r)$ 的形式为

$$z(r)=b\mathrm{e}^{-r/d} \tag{10.3.87}$$

那么可得到如下方程:

$$u''+u\left(-\frac{b}{4d^2}\mathrm{e}^{-2r/d}+\frac{2n+a+1}{2}\frac{b}{d^2}\mathrm{e}^{-r/d}-\frac{a^2}{4d^2}\right)=0 \tag{10.3.88}$$

式 (10.3.88) 中不出现反比于 $r^2$ 的项, 所以是式 (10.3.9) 中 $\alpha=0$ 的情况, 即只适用于三维空间中角动量 $l$=0 的情况. 不过自动出现一常数项. 式中, 常数 $a$ 需要调整, 使得 $(2n+a+1)/2$ 与 $n$ 和 $a$ 无关. 那么, 常数项就含有量子数 $n$. 式 (10.3.88) 中除了常数之外的两项就是势能项. 这个势函数可以写成如下形式:

$$V(r)=D\mathrm{e}^{2(r_0-r)/d}-2D\mathrm{e}^{(r_0-r)/d} \tag{10.3.89}$$

势函数 (10.3.89) 称为莫尔斯势. 这是分子势中的一种. 在第 9 章讲原子间的对势时就提到过这种势, 见式 (9.3.27).

径向函数的形式是

$$u(r)=Cb\mathrm{e}^{-ar/2d}\exp(-b\mathrm{e}^{-r/d}/2)L_n^a(b\mathrm{e}^{-r/d}) \tag{10.3.90}$$

## 10.4　角向方程的解

10.3 节求解了径向方程. 本节求解角向方程, 也就是式 (10.3.4).

$$L_N^2(\theta)\zeta(\theta)+\lambda\zeta(\theta)=0 \tag{10.4.1}$$

算符 $L_N^2(\theta)$ 称为总角动量平方算符.

对于二维和三维空间, 角向方程的特征值和特征函数都已经在数学物理方法和量子力学的教科书中介绍得很清楚了. 在本书 3.4.2 小节做了简短的回顾.

对于二维空间, $N$=2, 有一个角度变量. 将这个变量设为 $\varphi$. 由式 (10.1.30) 和式 (10.1.31) 知

$$L_2^2(\varphi)=\frac{\partial^2}{\partial\varphi^2} \tag{10.4.2}$$

角度 $\varphi$ 的变化范围是 $[0,\ 2\pi]$. 采用周期性边界条件. 那么式 (10.4.1) 就成为式 (3.4.44). 特征值的取值也由式 (10.4.2) 决定. 角动量平方的可能取值是：$L_2^2 = m^2, m = 0, 1, 2, \cdots$.

对于三维空间, $N$=3, 有两个角度变量. 将这两个变量命名为 $\varphi$ 和 $\theta$, 它们的变化范围分别为 $[0,\ 2\pi]$ 和 $[0,\ \pi]$. 则由式 (10.1.30) 和式 (10.1.31), 角动量平方算符是

$$L_3^2(\theta,\varphi) = \frac{1}{\sin\theta}\frac{\partial}{\partial\theta}\left(\sin\theta\frac{\partial}{\partial\theta}\right) + \frac{1}{\sin^2\theta}\frac{\partial^2}{\partial\varphi^2} \tag{10.4.3}$$

那么, 此时的式 (10.4.1) 就成为式 (3.4.43). 分离变量之后, 对于 $\theta$ 角度的方程就是一个连带勒让德方程 (3.4.46). 特征值的取值由式 (3.4.47b) 决定. 角动量平方的可能取值是：$L_3^2 = l(l+1), l = 0, 1, 2, \cdots$. 一旦 $l$ 的值确定, 那么, 在以角度 $\varphi$ 为标记的子空间上的量子数的可能的取值就是：$m = 0, \pm1, \pm2, \cdots, \pm l$. 这就是两个量子数之间的关系. 后者体现了总角动量在以角度 $\varphi$ 标记的子空间上的投影分量.

在以上对于二维和三维空间简短回顾的基础上, 下面讨论更高维空间的情况.

### 10.4.1 四维空间

1. 三个角度满足的方程

当 $N$=4 时, 有三个角度变量. $N$ 维空间中半径为 $R$ 的球的体积已经在式 (10.1.19) 中求出. 四维空间的结果明确写出如下:

$$\int_0^R \mathrm{d}r \int_0^\pi r\mathrm{d}\theta_1 \int_0^\pi rs_1\mathrm{d}\theta_2 \int_0^{2\pi} rs_1s_2\mathrm{d}\theta_3 = \frac{\pi^2R^4}{2} \tag{10.4.4}$$

由式 (10.1.30) 和式 (10.1.31), 此时角动量平方算符的表达式为

$$\begin{aligned} L_4^2(\theta) = {} & \frac{1}{\sin^2\theta_1}\frac{\partial}{\partial\theta_1}\left(\sin^2\theta_1\frac{\partial}{\partial\theta_1}\right) + \frac{1}{\sin^2\theta_1\sin\theta_2}\frac{\partial}{\partial\theta_2}\left(\sin\theta_2\frac{\partial}{\partial\theta_2}\right) \\ & + \frac{1}{\sin^2\theta_1\sin^2\theta_2}\frac{\partial^2}{\partial\theta_3^2} \end{aligned} \tag{10.4.5}$$

为了避免繁复的符号, 以后的表达式中都采用如下简写:

$$s_i = \sin\theta_i, \quad c_i = \cos\theta_i \tag{10.4.6}$$

例如, $s_1 = \sin\theta_1, s_1^2 = \sin^2\theta_1, c_1 = \cos\theta_1$ 等. 角向方程 (10.4.1) 在这样的简写形式下为

$$\left[\frac{1}{s_1^2}\frac{\partial}{\partial\theta_1}\left(s_1^2\frac{\partial}{\partial\theta_1}\right) + \frac{1}{s_1^2s_2}\frac{\partial}{\partial\theta_2}\left(s_2\frac{\partial}{\partial\theta_2}\right) + \frac{1}{s_1^2s_2^2}\frac{\partial^2}{\partial\theta_3^2}\right]\zeta(\theta_1,\theta_2,\theta_3) = -\lambda_1\zeta(\theta_1,\theta_2,\theta_3) \tag{10.4.7}$$

显然, 这一方程是可以用分离变量法求解的. 令

$$\zeta(\theta_1,\theta_2,\theta_3)=\zeta_1(\theta_1)\zeta_2(\theta_2)\zeta_3(\theta_3) \tag{10.4.8}$$

如此可得到关于 $\theta_1$ 的方程

$$\frac{\partial}{\partial\theta_1}\left(s_1^2\frac{\partial}{\partial\theta_1}\right)\zeta_1(\theta_1)+(\lambda_1 s_1^2-\lambda_2)\zeta_1(\theta_1)=0 \tag{10.4.9}$$

和关于 $\theta_2$ 和 $\theta_3$ 的方程

$$\frac{1}{\zeta_2(\theta_2)s_2}\frac{\partial}{\partial\theta_2}\left(s_2\frac{\partial}{\partial\theta_2}\right)\zeta_2(\theta_2)+\frac{1}{\zeta_3(\theta_3)s_2^2}\frac{\partial^2}{\partial\theta_3^2}\zeta_3(\theta_3)+\lambda_2=0 \tag{10.4.10a}$$

首先看方程 (10.4.10a). 对于 $\theta_2$ 和 $\theta_3$ 角, 它们的变化范围分别是 $[0,\pi]$ 和 $[0,2\pi]$, 见式 (10.1.11). 这与 3.4.2 小节中的角度 $(\theta,\varphi)$ 相同, 采用同样的边界条件. 因此, 方程 (10.4.9) 与式 (3.4.43) 完全相同. 角度 $\theta_3$ 满足的方程就是式 (3.4.44), 特征值是 $m^2$. 角度 $\theta_2$ 满足的方程是式 (3.4.45), 也就是连带勒让德方程 (3.4.46), 将它重写如下:

$$(1-x^2)\frac{\mathrm{d}^2p}{\mathrm{d}x^2}-2x\frac{\mathrm{d}p}{\mathrm{d}x}+\left(\lambda_2-\frac{m^2}{1-x^2}\right)p=0 \tag{10.4.10b}$$

特征值如式 (3.4.47b), 为

$$\lambda_2=l(l+1),\quad l=0,1,2,\cdots,\quad m=0,\pm1,\pm2,\cdots,\pm l \tag{10.4.11}$$

现在来看式 (10.4.9). 作变换

$$\cos\theta_1=x$$

之后, 方程变为

$$(1-x^2)y''(x)-3xy'(x)+\left[\lambda_1-\frac{l(l+1)}{1-x^2}\right]y(x)=0 \tag{10.4.12}$$

其中已将 $\lambda_2$ 的表达式 (10.4.11) 代入. 式 (10.4.12) 与通常的连带勒让德方程 (10.4.10b) 相比, 差别在于: 一次导数项的系数由 2 变成了 3; 最后一项分子上的 $m^2$ 变成了 $l(l+1)$. 为了求解此方程, 需先研究更为一般的方程.

2. 连带盖根鲍尔方程

首先写出**盖根鲍尔方程**[10] 如下:

$$(1-x^2)y''-2(\alpha+1)xy'+\beta(\beta+2\alpha+1)y=0 \tag{10.4.13}$$

其中两个参数 $\alpha$ 和 $\beta$ 原则上都可以是复数. 这一方程的求解区间是 $[-1, 1]$. 它的解称为**盖根鲍尔函数**[10]. 这里只考虑 $\beta = n$, $n$ 是自然数的情况.

$$(1-x^2)y'' - 2(\alpha+1)xy' + n(n+2\alpha+1)y = 0, \quad n = 0, 1, 2, 3, \cdots \tag{10.4.14}$$

这一方程有两个我们已经熟悉的特例.

第一个特例是, 当 $\alpha = 0$, 方程就成为勒让德方程, 见表 3.1 和式 (3.4.24). 第二个特例是, 当 $\alpha = -1/2$, 方程就成为切比雪夫方程, 见表 3.1 和式 (3.4.49). 作为第二个特例的延伸, 当 $\alpha = m - 1/2$, 其中 $m$ 是正整数, 方程就成为连带切比雪夫方程, 见式 (3.4.65).

若 $\alpha$ 是上述特例之外的一般的实数, 那么, 解就是 3.3.1 小节提到的指标为 $\alpha$ 的超球多项式, 也称为**盖根鲍尔多项式**, 记为 $G_n^\alpha(x)$ 或者 $G_n(x, \alpha)$. 它的级数表达式见表 3.2, 微商表达式见表 3.3, 母函数见表 3.5. 对盖根鲍尔方程和盖根鲍尔多项式的比较详细的介绍可参看文献 [5]、[10]、[11].

现在对盖根鲍尔方程 (10.4.14) 求导 $k$ 次. 然后令

$$w(x) = (1-x^2)^{k/2} y^{(k)}(x) \tag{10.4.15}$$

那么, 就可得到函数 $w(x)$ 满足的方程为

$$(1-x^2)w^{(2)} - 2(\alpha+1)xw^{(1)} + n(n+2\alpha+1)w - \frac{k(k+2\alpha)}{1-x^2}w = 0 \tag{10.4.16}$$

这个方程称为**连带盖根鲍尔方程**. 由式 (10.4.14) 得到式 (10.4.16) 的步骤, 与 3.4.2 小节中由勒让德方程 (3.4.24) 得到连带勒让德方程 (3.4.34) 的步骤是相同的.

连带盖根鲍尔方程的解记为 $Q_n^{(k)}(x, \alpha)$. 既然盖根鲍尔方程 (10.4.14) 的解是盖根鲍尔多项式 $G_n^\alpha(x)$, 那么, 由式 (10.4.15), $Q_n^{(k)}(x, \alpha)$ 的表达式为

$$w(x) = Q_n^{(k)}(x, \alpha) = (1-x^2)^{k/2} \frac{\mathrm{d}^k}{\mathrm{d}x^k} G_n^\alpha(x)$$

将表 3.3 中 $G_n^\alpha(x)$ 的微商表达式代入, 可得到

$$Q_n^{(k)}(x, \alpha) = (1-x^2)^{k/2} \frac{\mathrm{d}^k}{\mathrm{d}x^k} \frac{1}{(1-x^2)^\alpha} \frac{\mathrm{d}^n}{\mathrm{d}x^n} (1-x^2)^{n+\alpha}$$

此式称为**连带盖根鲍尔多项式**. 其中忽略了起到归一化作用的常数因子.

另一方面, 我们将方程 (10.4.14) 求导 $k$ 次, 并令

$$z(x) = y^{(k)}(x)$$

则得到如下方程:

$$(1-x^2)z' - 2(\alpha+k+1)xz' + (n-k)(n-k+2(\alpha+k)+1)z = 0 \tag{10.4.17a}$$

由于方程(10.4.14) 的解为$G_n(x,\alpha)$, 因此, 方程(10.4.17a) 的解为$G_{n-k}(x,\alpha+k)$, 即 $G_k^{(k)}(x,\alpha)=G_{n-k}(x,\alpha+k)$. 此式也可以从盖根鲍尔多项式的母函数关系得到. 这说明, 盖根鲍尔多项式 $G_n(x,\alpha)$ 的 $k$ 次导数仍然是一个盖根鲍尔多项式, 只是最高次项从 $n$ 次降到了 $n-k$ 次. 由此还可看到, 此处 $k$ 只能是不大于 $n$ 的正整数. 因此, 方程 (10.4.17a) 的解就是

$$w(x)=(1-x^2)^{k/2}G_{n-k}(x,\alpha+k) \tag{10.4.17b}$$

当 $\alpha=0$, 即回到连带勒让德多项式.

3. 四维空间中的角动量

有了对连带盖根鲍尔方程的了解, 就可以知道式 (10.4.12) 的特征值和解. 在式 (10.4.16) 中, 令 $\alpha=1/2$, 则一次导数项的系数为 3. 对比之下, 可知式 (10.4.9) 的特征值应取

$$\begin{aligned}\lambda_1&=n(n+2),\quad n=0,1,2,3,\cdots\\ \lambda_2&=k(k+1),\quad k=0,1,2,\cdots,n\end{aligned} \tag{10.4.18a}$$

特征函数是

$$\zeta_1(\theta_1)=Q_n^{(k)}\left(\cos\theta_1,\frac{3}{2}\right) \tag{10.4.18b}$$

其中 $\lambda_2$ 的表达式看上去和式 (10.4.11) 相同, 但是由以上讨论可知, $k$ 的数值的上限是 $n$.

把三个特征值写在一起

$$\begin{cases}\lambda_1=n(n+2),\quad n=0,1,2,3,\cdots\\ \lambda_2=k(k+1),\quad k=0,1,2,\cdots,n\\ \lambda_3=m,m=0,\quad \pm1,\pm2,\cdots,\pm k\end{cases} \tag{10.4.19}$$

参照三维空间中角动量的物理含义, 现在可以由式 (10.4.19) 对四维空间的角动量作如下解释: 在四维角向空间 $(\theta_1,\theta_2,\theta_3)$ 中, 总角动量平方的取值为 $n(n+2),n=0,1,2,3,\cdots$; 它在 $(\theta_2,\theta_3)$ 子空间有一个投影分量, 这个投影分量的平方只能取值为 $k(k+1),k=0,1,2,\cdots,n$; 这个投影分量在 $\theta_3$ 子空间又可以有一个投影分量, 取值为 $0,\pm1,\pm2,\cdots,\pm k$.

现在可以由式 (10.4.8) 写出总的特征函数 $\zeta(\theta_1,\theta_2,\theta_3)=\zeta_1(\theta_1)\zeta_2(\theta_2)\zeta_3(\theta_3)$. 因为式 (10.4.10b) 与式 (3.4.43) 是完全相同的, 所以函数 $\zeta_2(\theta_2)\zeta_3(\theta_3)$ 就是球函数 (3.4.48). 结合式 (10.4.18b), 可知

$$\zeta_{nkm}(\theta_1,\theta_2,\theta_3)=Q_n^{(k)}\left(\cos\theta_1,\frac{1}{2}\right)P_k^m(\cos\theta_2)\mathrm{e}^{\mathrm{i}m\theta_3} \tag{10.4.20a}$$

其中下标写出了角动量各量子数. 勒让德函数也可以写成参数 $\alpha=0$ 的连带盖根鲍尔多项式的形式

$$P_k^m(\cos\phi)=Q_k^{(m)}(\cos\phi,0)$$

四维空间中, 任何球坐标系三角度的函数可以表示为特征函数 (10.4.20a) 的线性组合.

$$\psi(\theta_1,\theta_2,\theta_3)=\sum_{n=0}^{\infty}\sum_{k=0}^{n}\sum_{m=-k}^{k}A_{nkm}\zeta_{nkm}(\theta_1,\theta_2,\theta_3) \tag{10.4.20b}$$

最后, 根据式 (10.4.19) 计算, 当 $n$ 固定时, 可取的状态数有多少. 显然, 对于一个 $k$ 值, $m$ 可取 $2k+1$ 个值. 因此, 总的状态数为

$$M=\sum_{k=0}^{n}(2k+1)=(n+1)^2 \tag{10.4.21}$$

### 10.4.2 五维空间

五维空间中, 总角动量平方算符是

$$\begin{aligned}L_5^2(\theta)=&\frac{1}{s_1^3}\frac{\partial}{\partial\theta_1}\left(s_1^3\frac{\partial}{\partial\theta_1}\right)+\frac{1}{s_1^2s_2^2}\frac{\partial}{\partial\theta_2}\left(s_2^2\frac{\partial}{\partial\theta_2}\right)\\&+\frac{1}{s_1^2s_2^2s_3}\frac{\partial}{\partial\theta_3}\left(s_3\frac{\partial}{\partial\theta_3}\right)+\frac{1}{s_1^2s_2^2s_3^2}\frac{\partial^2}{\partial\theta_4^2}\end{aligned} \tag{10.4.22}$$

其特征方程是

$$L_5^2(\theta)\zeta(\theta_1,\theta_2,\theta_3,\theta_4)=-\lambda_1\zeta(\theta_1,\theta_2,\theta_3,\theta_4) \tag{10.4.23}$$

令 $\zeta(\theta_1,\theta_2,\theta_3,\theta_4)=\zeta_1(\theta_1)\xi(\theta_2,\theta_3,\theta_4)$, 那么, 得到这两个函数因子分别满足的方程

$$\frac{\partial}{\partial\theta_1}\left(s_1^3\frac{\partial}{\partial\theta_1}\right)\zeta_1(\theta_1)+(\lambda_1s_1^2-\lambda_2)s_1\zeta_1(\theta_1)=0 \tag{10.4.24}$$

和

$$\begin{aligned}&\left[\frac{1}{s_2^2}\frac{\partial}{\partial\theta_2}\left(s_2^2\frac{\partial}{\partial\theta_2}\right)+\frac{1}{s_2^2s_3}\frac{\partial}{\partial\theta_3}\left(s_3\frac{\partial}{\partial\theta_3}\right)+\frac{1}{s_2^2s_3^2}\frac{\partial^2}{\partial\theta_4^2}\right]\xi(\theta_2,\theta_3,\theta_4)\\&+\lambda_2\xi(\theta_2,\theta_3,\theta_4)=0\end{aligned} \tag{10.4.25}$$

式 (10.4.25) 与式 (10.4.7) 完全相同. 此方程在上一小节已经讨论得很清楚了. 特征值是按照式 (10.4.19) 取值的. 此处的 $\lambda_2$ 就是式 (10.4.7) 和式 (10.4.18a) 中的 $\lambda_1$, 写成

$$\lambda_2=l_2(l_2+2),\quad l_2=0,1,2,\cdots \tag{10.4.26}$$

对于式 (10.4.24), 作变换 $\cos\theta_1 = x$ 后, 方程变为

$$(1-x^2)y''(x) - 4xy'(x) + \left(\lambda_1 - \frac{l_2(l_2+2)}{1-x^2}\right)y = 0 \tag{10.4.27}$$

此方程与式 (10.4.16) 对照, 可知是属于 $\alpha = 1$ 的情况. 所以, 式 (10.4.24) 的解为

$$\zeta_1(\theta_1) = Q_n^{(k)}(\cos\theta_1, 1) \tag{10.4.28}$$

相应地, 特征值 $\lambda_1$ 应取为 $\lambda_1 = l_1(l_1+3)$ 的形式. 结合式 (10.4.19), 把所有特征值列于下:

$$\begin{cases} \lambda_1 = l_1(l_1+3), & l_1 = 0,1,2,\cdots \\ \lambda_2 = l_2(l_2+2), & l_2 = 0,1,2,3,\cdots,l_1 \\ \lambda_3 = l_3(l_3+1), & l_3 = 0,1,2,\cdots,l_2 \\ \lambda_4 = l_4, & l_4 = 0,\pm1,\pm2,\cdots,\pm l_3 \end{cases} \tag{10.4.29}$$

与四维空间中角动量的情况雷同, 由式 (10.4.29) 对五维空间的角动量作如下解释: 在五维角向空间 $(\theta_1,\theta_2,\theta_3,\theta_4)$ 中, 总角动量平方的取值是 $l_1(l_1+2), l_1 = 0,1,2,3,\cdots$; 它在 $(\theta_2,\theta_3,\theta_4)$ 子空间有一个投影分量, 这个投影分量的平方只能取值为 $l_2(l_2+1), l_2 = 0,1,2,\cdots,l_1$; 然后在 $(\theta_3,\theta_4)$ 子空间有一个投影分量, 它的平方只能取值为 $l_3(l_3+1), l_3 = 0,1,2,\cdots,l_2$; 最后, 这个投影分量在 $\theta_4$ 子空间又可以有一个投影分量, 取值为 $0,\pm1,\pm2,\cdots,\pm l_3$.

总的特征函数是式 (10.4.28) 和式 (10.4.20a) 的乘积

$$\zeta_{l_1l_2l_3l_4}(\theta_1,\theta_2,\theta_3,\theta_4) = Q_{l_1}^{(l_2)}(\cos\theta_1,1)Q_{l_2}^{(l_3)}\left(\cos\theta_2,\frac{1}{2}\right)Q_{l_3}^{(l_4)}(\cos\theta_3,0)\mathrm{e}^{\mathrm{i}l_4\theta_4} \tag{10.4.30}$$

五维空间中, 任何球坐标系四角度的函数可以表示为特征函数 (10.4.30) 的线性组合

$$\psi(\theta_1,\theta_2,\theta_3,\theta_4) = \sum_{l_1=0}^{\infty}\sum_{l_2=0}^{l_1}\sum_{l_3=0}^{l_2}\sum_{l_4=-l_3}^{l_3} A_{l_1l_2l_3l_4}\zeta_{l_1l_2l_3l_4}(\theta_1,\theta_2,\theta_3,\theta_4)$$

### 10.4.3　*N* 维空间

对于六维空间, 做法是完全类似的. 六维空间总角动量平方算符的特征方程是

$$L_6^2(\theta)\zeta(\theta_1,\theta_2,\theta_3,\theta_4,\theta_5) = -\lambda_1\zeta(\theta_1,\theta_2,\theta_3,\theta_4,\theta_5) \tag{10.4.31}$$

作 $\zeta(\theta_1,\theta_2,\theta_3,\theta_4,\theta_5) = \zeta_1(\theta_1)\xi(\theta_2,\theta_3,\theta_4,\theta_5)$ 的分离变量之后, 得到 $\xi(\theta_2,\theta_3,\theta_4,\theta_5)$ 满足的方程与式 (10.4.23) 是完全一样的. 而 $\zeta_1(\theta_1)$ 满足的方程在经过 $\cos\theta_1 = x$

的变换后, 成为

$$(1-x^2)y''(x)-5xy'(x)+\left(\lambda_1-\frac{l_2(l_2+3)}{1-x^2}\right)y=0 \tag{10.4.32}$$

这是 $\alpha=3/2$ 的连带盖根鲍尔方程. 其特征值显然应该取 $\lambda_1=l_1(l_1+4)$. 解函数则为

$$\zeta_1(\theta_1)=Q_{l_1}^{(l_2)}\left(\cos\theta_1,\frac{3}{2}\right) \tag{10.4.33}$$

结合式 (10.4.29), 整套特征值应为

$$\begin{cases}\lambda_1=l_1(l_1+4), & l_1=0,1,2,\cdots\\ \lambda_2=l_2(l_2+3), & l_2=0,1,2,3,\cdots,l_1\\ \lambda_3=l_3(l_3+2), & l_3=0,1,2,\cdots,l_2\\ \lambda_4=l_4(l_4+1), & l_4=0,1,2,\cdots,l_3\\ \lambda_5=l_5, \quad l_5=0,\pm1,\pm2,\cdots,\pm l_4\end{cases} \tag{10.4.34}$$

其物理意义也可仿照五维空间的情况叙述.

由以上讨论, 容易归纳出 $N$ 维空间的情况. 在 $N$ 维空间中, 有 $N-1$ 个角度, 其变化范围已在式 (10.1.11) 中归定. 在总角动量平方算符的特征方程

$$L_N^2(\theta)\zeta(\theta_1,\theta_2,\cdots,\theta_N)=-\lambda_1\zeta(\theta_1,\theta_2,\cdots,\theta_N) \tag{10.4.35}$$

中, 作分离变量 $\zeta(\theta_1,\theta_2,\cdots,\theta_N)=\zeta_1(\theta_1)\xi(\theta_2,\theta_3,\cdots,\theta_N)$, 那么函数 $\xi(\theta_2,\theta_3,\cdots,\theta_N)$ 正是满足 $N-1$ 维空间总角动量平方算符的特征方程的特征函数. 而函数 $\zeta_1(\theta_1)$ 满足的方程是

$$\frac{\partial}{\partial\theta_1}\left(s_1^{N-2}\frac{\partial}{\partial\theta_1}\right)\zeta_1(\theta_1)+(\lambda_1 s_1^2-\lambda_2)s_1^{N-4}\zeta_1(\theta_1)=0 \tag{10.4.36}$$

其中 $\lambda_2=l_2(l_2+N-3)$ 是 $N-1$ 维空间总角动量平方算符的特征方程的特征值. 经过 $\cos\theta_1=x$ 的变换后, 得到方程

$$(1-x^2)y''(x)-(N-1)xy'(x)+\left(\lambda_1-\frac{l_2(l_2+N-3)}{1-x^2}\right)y=0 \tag{10.4.37}$$

这是 $\alpha=(N-3)/2$ 的连带盖根鲍尔方程, 特征值只能取 $\lambda_1=l_1(l_1+N-2)$. 特征函数是

$$\zeta_1(\theta_1)=Q_{l_1}^{(l_2)}\left(\cos\theta_1,\frac{N-3}{2}\right) \tag{10.4.38}$$

把全套特征值都写出来, 应该是

$$\left\{\begin{array}{l}\lambda_1=l_1(l_1+N-2),\quad l_1=0,1,2,\cdots\\ \lambda_2=l_2(l_2+N-3),\quad l_2=0,1,2,3,\cdots,l_1\\ \lambda_3=l_3(l_3+N-4),\quad l_3=0,1,2,\cdots,l_2\\ \cdots\cdots\\ \lambda_{N-2}=l_{N-2}(l_{N-2}+1),\quad l_{N-2}=0,1,2,\cdots,l_{N-3}\\ \lambda_{N-1}=l_{N-1}^2,\quad l_{N-1}=0,\pm1,\pm2,\cdots,\pm l_{N-2}\end{array}\right. \tag{10.4.39}$$

总角动量在各子空间中的依次投影的关系如五维空间中的一样. 总的特征函数是

$$\begin{aligned}&\zeta_{l_1l_2\cdots l_{N-1}}(\theta_1,\theta_2,\cdots,\theta_N)\\ =&Q_{l_1}^{(l_2)}\left(\cos\theta_1,\frac{N-3}{2}\right)Q_{l_2}^{(l_3)}\left(\cos\theta_2,\frac{N-5}{2}\right)\cdots\\ &Q_{l_{N-3}}^{(l_{N-2})}\left(\cos\theta_{N-3},\frac{1}{2}\right)Q_{l_{N-2}}^{(l_{N-1})}(\cos\theta_{N-2},0)\mathrm{e}^{\mathrm{i}l_{N-1}\theta_{N-1}}\end{aligned}$$

其中 $N\geqslant 3$.

最后, 指出角向方程的另外一种物理意义: 如果在拉普拉斯方程中, 径向距离的大小保持不变, 固定为 $R$, 那么, 拉普拉斯方程就简化为

$$\nabla^2\varphi=\frac{1}{R^2}L_N^2(\theta)\varphi=0 \tag{10.4.40}$$

这是 $N$ 维空间中超球面上的拉普拉斯方程. 这个方程看上去完全用角度来表示, 但实际上体现了 $N-1$ 维空间的方程. 只是这个 $N-1$ 维空间是 $N$ 维空间中的超球面. 以下把 $N$ 维空间中去掉径向这一维之后的 $N-1$ 个角度组成的子空间称为 $N-1$ 维角度空间. 如果在式 (10.4.40) 中加上常数项, 就成为超球面上的亥姆霍兹方程

$$\left[\frac{1}{R^2}L_N^2(\theta)+A\right]\varphi=0 \tag{10.4.41}$$

这个 $N-1$ 维超球面上的亥姆霍兹方程中常数的物理意义就是 $N$ 维空间中角动量平方的含义, 因为这个方程实际上是由 $N$ 维空间中的拉普拉斯方程经过角向和径向的分离变量得到的.

当半径 $R$ 固定不变后, 式 (10.4.41) 有 $N-1$ 个角向变量. 如果用直角坐标系表示半径不变的特点, 表达式为

$$R^2=\sum_{i=1}^{N}x_i^2 \tag{10.4.42}$$

注意, 在这个表达式中, 仍然有 $N$ 个坐标变量, 只不过现在这 $N$ 个坐标的变化范围受到式 (10.4.42) 的制约. 因此, $N$ 维空间中的一个 $N-1$ 维子空间可能在一个坐标系中是 $N-1$ 个坐标变量. 而在另一个坐标系中, 可能仍然表现为 $N$ 个坐标变量, 只是要施加一个限制条件.

以最熟悉的三维空间为例, 拉普拉斯方程是式 (3.4.40). 经过角向和径向的分离变量, 得到了半径为 $R$ 的球面上的特征方程 (3.4.43). 它正是式 (10.4.37) 中 $N=3$ 的情况. 这个三维空间中的一个半径为 $R$ 的球面是一个二维子空间. 在球坐标系中, 这个子空间有两个角变量坐标. 可是如果用直角坐标系表示, 则写成

$$R^2 = x^2 + y^2 + z^2 \tag{10.4.43}$$

其中有三个坐标变量, 但是它们的变化范围受到此条件的限制.

因此, $N$ 维空间中的角动量平方算符也就是此空间中 $N-1$ 维超球面, 或者 $N-1$ 维角度空间上的拉普拉斯算符.

从这个角度来看角动量平方算符, 对理解一些非欧几里得空间的方程是有好处的.

### 10.4.4 总角动量的线性无关分量

在量子力学中, 三维欧几里得空间中的角动量 $\boldsymbol{J}$ 有三个分量: $\boldsymbol{J}=(J_1, J_2, J_3)$. 这三个分量是如下定义[7] 的:

$$J_1 = x_2\frac{\partial}{\partial x_3} - x_3\frac{\partial}{\partial x_2}, \quad J_2 = x_3\frac{\partial}{\partial x_1} - x_1\frac{\partial}{\partial x_3}, \quad J_3 = x_1\frac{\partial}{\partial x_2} - x_2\frac{\partial}{\partial x_1} \tag{10.4.44}$$

在量子力学中, 对一个方向上的坐标分量的求导就代表了这个方向上的动量分量. 因此定义式 (10.4.44) 是任取一对坐标动量分量反对称交换得到的一个角动量分量. 利用三维空间中直角坐标系和球坐标系之间的变换式 (10.1.10), 将式 (10.4.44) 用球坐标的形式表示出来, 然后计算这三个角动量分量的平方和, 结果正好是式 (10.1.32) 中 $N$=3 的情况

$$J_1^2 + J_2^2 + J_3^2 = \boldsymbol{J}^2 = L_3^2 \tag{10.4.45}$$

具体的表达式正是式 (10.4.3).

定义任意两个算符 $A$ 和 $B$ 的对易子为 $[A,B]=AB-BA$. 若对易子为零, 则称这两个算符是对易的, 否则就称为不对易的. 由式 (10.4.44) 定义的三个角动量分量都是算符, 它们之间是不对易的, 所以它们不能拥有共同的本征函数. 不过, 因为 $J_3$ 与 $L_3^2$ 是对易的, 所以 $(L_3^2, J_3)$ 有共同的本征函数. 这组共同的本征函数就是式 (10.4.3) 的解, 也就是人们熟知的球谐函数, 见式 (3.4.48).

由式 (10.4.44) 定义的三个角动量分量是线性无关的, 它们的平方和就是三维空间总角动量算符的平方. 那么是不是可以认为 $N$ 维空间中的角动量的分量就是 $N$ 个呢? 不能这样认为. 来看最简单的二维空间的情况. 这个空间有 $xy$ 两个坐标, 所以只能定义一个角动量, 即式 (10.4.44) 中的 $J_3$. 也就是说, 二维空间中并没有两个角动量分量, 而是只有一个. 这个角动量分量的平方就是式 (10.1.32) 中 $N$=2 的情况, 即 $J_3 = L_2$. 事实上, 在式 (10.4.3) 的右边, 第二项是 $L_2^2$, 两项之和是 $L_3^2$. 因而, 三维空间中是 $(L_3^2, L_2)$, 这一组算符具有共同的本征函数.

再看四维空间的情况. 四维空间中, 可以定义六个角动量分量 [12]: 除了式 (10.4.44) 的三个, 还有如下三个:

$$J_4 = x_4\frac{\partial}{\partial x_1} - x_1\frac{\partial}{\partial x_4},\quad J_5 = x_4\frac{\partial}{\partial x_2} - x_2\frac{\partial}{\partial x_4},\quad J_6 = x_4\frac{\partial}{\partial x_3} - x_3\frac{\partial}{\partial x_4} \tag{10.4.46}$$

这六个角动量分量的平方和正好是式 (10.1.32) 中 $N$=4 的情况. 通过坐标变换式 (10.1.10) 可以计算得到

$$J_1^2 + J_2^2 + J_3^2 + J_4^2 + J_5^2 + J_6^2 = \boldsymbol{J}^2 = L_4^2 \tag{10.4.47}$$

具体的表达式正是式 (10.4.5). 经过计算可知, $(L_3^2, J_1^2 + J_2^2 + J_3^2, J_3)$, 也就是 $(L_4^2, L_3^2, L_2)$ 这三个算符之间是相互对易的, 所以它们有共同本征函数. 这正是式 (10.4.5) 的本征函数, 已在前面求出来了, 正是式 (10.4.20a). 事实上, 在式 (10.4.5) 的右边, 第三项是 $L_2^2$ 乘以一个含角度 $(\theta_1, \theta_2)$ 的因子, 后两项之和是 $L_3^2$ 乘以一个含角度 $\theta_1$ 的因子, 所有三项之和是 $L_4^2$. 由于式 (10.4.44) 和式 (10.4.46) 定义的两个角动量分量之间是线性无关的, 所以三维欧几里得空间中有 6 个线性无关的角动量分量. 从式 (10.4.46) 可以看到, 比三维空间新增加的三个分量, 就是用第四个空间坐标分量 $x_4$ 和动量依次和前三个坐标分量 $(x_1, x_2, x_3)$ 和相应动量分别作反对称交换后得到的三个量. 注意, 四维空间中的 6 个角动量分量中, 有些是相互对易的. 容易看出来: $[J_4, J_1] = 0, [J_5, J_2] = 0, [J_6, J_3] = 0$.

对四维空间的讨论, 很容易推广到五维空间中. 将五维空间的第五个坐标分量 $x_5$ 和动量与前四个坐标分量和相应动量依次作反对称交换, 得到四个新的角动量分量

$$\begin{aligned} J_7 &= x_5\frac{\partial}{\partial x_1} - x_1\frac{\partial}{\partial x_5},\quad J_8 = x_5\frac{\partial}{\partial x_2} - x_2\frac{\partial}{\partial x_5}, \\ J_9 &= x_5\frac{\partial}{\partial x_3} - x_3\frac{\partial}{\partial x_5}, J_{10} = x_5\frac{\partial}{\partial x_4} - x_4\frac{\partial}{\partial x_5} \end{aligned} \tag{10.4.48}$$

因此在五维空间中, 总角动量有式 (10.4.44)、式 (10.4.46) 和式 (10.4.48) 所表示的 10 个分量. 这 10 个分量的平方和就是五维空间总角动量的平方和

$$\sum_{i=1}^{10} J_i^2 = \boldsymbol{J}^2 = L_5^2 \tag{10.4.49}$$

具体的表达式就是式 (10.4.22). 这 10 个分量之间是线性无关的. $(L_5^2, L_4^2, L_3^2, L_2)$ 这一组算符是有共同本征函数的, 就是式 (10.4.30). 在式 (10.4.22) 的右边, 第四项是 $L_2^2$ 乘以一个含角度 $(\theta_1, \theta_2, \theta_3)$ 的因子, 前两项之和是 $L_3^2$ 乘以一个含角度 $(\theta_1, \theta_2)$ 的因子, 后两项之和是 $L_4^2$ 乘以一个含角度 $\theta_1$ 的因子, 所有四项之和是 $L_5^2$.

对于六维和更高维空间的推广是很容易的. 容易计算出 $N$ 维欧几里得空间中总角动量所具有的线性独立的分量个数. 在 $N$ 个坐标动量中分两种任取一对进行反对称交换可得到一个角动量分量. 因而, 总的角动量分量的个数是 $N$ 个对象中任取 2 个的组合数

$$M_{-}\{N\} = \mathrm{C}_N^2 = \frac{1}{2}N(N-1) \tag{10.4.50}$$

这些分量的平方和就是总角动量的算符的平方

$$\sum_{i=1}^{N(N-1)/2} J_i^2 = \boldsymbol{J}^2 = L_N^2 \tag{10.4.51}$$

一组算符 $(L_N^2, L_{N-1}^2, \cdots, L_3^2, L_2)$ 具有共同的本征函数, 如式 (10.4.40) 所示.

以上给出了 $N$ 维空间中角动量分量的定义. 下面我们试着来解释它们的几何意义.

由以上定义可以看到, 任意一对坐标之间构成了一个角动量分量. 一对坐标构成一个表面. 角动量的分量沿这个面的法向. 所以我们来看表面的个数和角动量分量的个数之间的关系. $N$ 维超立方体有

$$K_N = 2^{N-3}N(N-1) \tag{10.4.52}$$

个表面. 表面的数目与角动量分量数目之比为

$$\frac{K_N}{M_N} = 2^{N-2} \tag{10.4.53}$$

下面来看这个比值的含义.

在二维空间中, 只有一个表面, 因此只有一个角动量分量.

在三维空间中, 有 6 个表面, 不过只有 3 个角动量分量. 在三维空间中, 6 个面可以分为三组, 两个相对的面为一组. 这一组面的法向实际上是反平行的, 所以只能对应于一个角动量的分量. 因此, 6 个面对应于三个角动量分量. 这就是式 (10.4.53) 中 $K_3/M_3 = 2$ 的含义.

在四维空间中, 有 6 个角动量分量, 但是有 24 个面. 这说明, 4 个面构成一组, 它们对应于同一个角动量分量. 例如, 式 (10.4.44) 中 $l_3$ 这个分量, 它是由坐标为 $x_1$ 和 $x_2$ 构成的, 本身可以有正反两个方向, 对应于一对表面. 构成这一对表面时, 不包含另外两维的坐标, 因此, 这一对表面的法向与另外两个坐标 $x_3$ 和 $x_4$ 的选择无关. 但是 $x_3 = 0$ 和 $x_4 = 0$ 显然分别是两个不同的表面. 那么, $x_3 = 0$ 处坐标 $x_1$ 和 $x_2$ 构成一对法向相反的表面, 在 $x_4 = 0$ 处坐标 $x_1$ 和 $x_2$ 构成一对法向相反的表面. 这 4 个表面的法向都是平行的. 因此, 这 4 个表面对应于一个角动量分量, 这就是式 (10.4.53) 中 $K_4/M_4 = 2^2$ 的含义.

## 10.5 赝球坐标系

### 10.5.1 四维空间赝球坐标系

在 10.1 节, 已经给出了 $N$ 维空间中直角坐标系到球坐标系之间的变换归则 (10.1.10) 和各个角度的变化范围 (10.1.11). 实际上, 在一定的维数空间内, 还可能存在另一种球坐标系.

对于四维空间定义另一种球坐标系, 仍然是一个径向与三个角度 $(\phi_1, \phi_2, \phi_3)$. 直角坐标系到这种球坐标系的变换是如下定义的:

$$x_1 = rs_1c_2, \quad x_2 = rs_1s_2, \quad x_3 = rc_1c_3, \quad x_4 = rc_1s_3 \tag{10.5.1}$$

此处仍然采用式 (10.4.6) 归定的简写符号, 只是将那里的角度 $\theta$ 换成了此处的 $\phi$, 如 $s_i = \sin\phi_i, c_i = \cos\phi_i$. 在这一变换下, 容易得到线元平方的表达式是

$$\mathrm{d}l^2 = \mathrm{d}x_1^2 + \mathrm{d}x_2^2 + \mathrm{d}x_3^2 + \mathrm{d}x_4^2 = \mathrm{d}r^2 + r^2\mathrm{d}\phi_1^2 + r^2s_1^2\mathrm{d}\phi_2^2 + r^2c_1^2\mathrm{d}\phi_3^2 \tag{10.5.2}$$

这个球坐标系中的线元平方表达式显然与变换 (10.1.10) 得到的是不同的. 姑且将变换 (10.5.1) 定义的球坐标系称为**赝球坐标系**.

将式 (10.5.2) 与式 (10.1.2) 对照, 可知线元平方表达式中没有交叉项, 因此仍然是正交曲线坐标系. 同时也就知道, 相应于四个坐标 $(r, \phi_1, \phi_2, \phi_3)$ 的权重分别为 $(h_1, h_2, h_3, h_4) = (1, r, rs_1, rc_1)$. 再由式 (10.1.3) 写出体积元

$$\mathrm{d}V = r^3s_1c_1\mathrm{d}r\mathrm{d}\phi_1\mathrm{d}\phi_2\mathrm{d}\phi_3 \tag{10.5.3}$$

如何来确定三个角度的取值范围呢? 为此我们来计算半径为 $R$ 的球的体积. 既然是一个径向和三个角度, 那么半径为 $R$ 的体积应该与球坐标系中算出的式 (10.4.4) 的结果相同. 由式 (10.5.3) 的体积元, 算得

$$\int_0^R \mathrm{d}r \int_0^{\pi/2} r\mathrm{d}\phi_1 \int_0^{2\pi} rs_1\mathrm{d}\phi_2 \int_0^{2\pi} rc_1\mathrm{d}\phi_3 = \frac{R^4}{4}2\pi\cdot 2\pi \int_0^{\pi/2} s_1c_1\mathrm{d}\phi_1 = \frac{\pi^2R^4}{2} \tag{10.5.4}$$

由于球的体积已经给定, 我们选择各个角度的范围来符合积分的结果. 由此, 三个角度的取值范围分别是

$$\phi_1\colon [0, \pi/2], \quad \phi_2\colon [0, 2\pi], \quad \phi_3\colon [0, 2\pi] \tag{10.5.5}$$

由此例可以看到, 有一个角度的范围扩大一倍, 就有另外一个角度缩小一半. 作者猜测, 总的角度是需要守恒的, 称之为总角度守恒. 总角度守恒是指: 所有角度乘积为一不变值. $N$ 维空间中的球坐标系中, 有 $N-1$ 个角度变量, 其中一个的变化范围是 $2\pi$, $N-2$ 个角度的变化范围是 $\pi$, 所以, 总的角度守恒是 $2\pi^{N-1}$.

下面写出赝球坐标系中的梯度、散度和拉普拉斯算子.

梯度算子由式 (10.1.23) 写出为

$$\nabla\psi = \frac{\partial\psi}{\partial r}\boldsymbol{e}_r + \frac{1}{r}\frac{\partial\psi}{\partial\phi_1}\boldsymbol{e}_{\phi_1} + \frac{1}{rs_1}\frac{\partial\psi}{\partial\phi_2}\boldsymbol{e}_{\phi_2} + \frac{1}{rc_1}\frac{\partial\psi}{\partial\phi_3}\boldsymbol{e}_{\phi_3} \tag{10.5.6}$$

散度算子由式 (10.1.26) 写出为

$$\nabla\cdot\boldsymbol{W} = \frac{1}{r^3}\frac{\partial}{\partial r}(r^3V_1) + \frac{1}{rs_1c_1}\frac{\partial}{\partial\phi_1}(s_1c_1V_2) + \frac{1}{rs_1}\frac{\partial V_3}{\partial\phi_2} + \frac{1}{rc_1}\frac{\partial V_4}{\partial\phi_3} \tag{10.5.7}$$

拉普拉斯算子由式 (10.1.28) 写出为

$$\nabla^2 = \frac{1}{r^3}\frac{\partial}{\partial r}\left(r^3\frac{\partial}{\partial r}\right) + \frac{1}{r^2s_1c_1}\frac{\partial}{\partial\phi_1}\left(s_1c_1\frac{\partial}{\partial\phi_1}\right) + \frac{1}{r^2s_1^2}\frac{\partial^2}{\partial\phi_2^2} + \frac{1}{r^2c_1^2}\frac{\partial^2}{\partial\phi_3^2} \tag{10.5.8}$$

### 10.5.2 拉普拉斯方程的解

求赝球坐标系中拉普拉斯方程的解.

$$\left[\frac{1}{r^3}\frac{\partial}{\partial r}\left(r^3\frac{\partial}{\partial r}\right) + \frac{1}{r^2s_1c_1}\frac{\partial}{\partial\phi_1}\left(s_1c_1\frac{\partial}{\partial\phi_1}\right) + \frac{1}{r^2s_1^2}\frac{\partial^2}{\partial\phi_2^2} + \frac{1}{r^2c_1^2}\frac{\partial^2}{\partial\phi_3^2}\right]\psi(\boldsymbol{r}) = 0 \tag{10.5.9a}$$

作分离变量

$$\psi(\boldsymbol{r}) = R(\boldsymbol{r})\zeta(\phi) \tag{10.5.9b}$$

径向方程与球坐标系中的一样. 角向方程

$$\left[\frac{1}{s_1c_1}\frac{\partial}{\partial\phi_1}\left(s_1c_1\frac{\partial}{\partial\phi_1}\right) + \frac{1}{s_1^2}\frac{\partial^2}{\partial\phi_2^2} + \frac{1}{c_1^2}\frac{\partial^2}{\partial\phi_3^2}\right]\zeta(\phi) = -\lambda_1\zeta(\phi) \tag{10.5.10}$$

作分离变量 $\zeta(\phi) = \zeta_1(\phi_1)\zeta_2(\phi_2)\zeta_3(\phi_3)$ 之后, 对于角度 $\phi_2$ 和 $\phi_3$ 得到如下方程:

$$\zeta_2''(\phi_2) + l_2^2\zeta_2(\phi_2) = 0 \tag{10.5.11a}$$

$$\zeta_3''(\phi_3) + l_3^2\zeta_3(\phi_3) = 0 \tag{10.5.11b}$$

角度的取值范围见式 (10.5.5), 采用周期性边界条件. 因此特征函数是

$$\zeta_2(\phi_2) = \exp(\mathrm{i}l_2\phi_2), \quad \zeta_3(\phi_3) = \exp(\mathrm{i}l_3\phi_3) \tag{10.5.12a}$$

特征值是

$$l_2, l_3 = 0, \pm 1, \pm 2, \cdots \tag{10.5.12b}$$

得到 $\phi_1$ 的方程为

$$\zeta_1''(\phi_1) + \frac{c_1^2 - s_1^2}{s_1 c_1}\zeta_1'(\phi_1) + \left(\lambda_1 - \frac{l_2^2}{c_1^2} - \frac{l_3^2}{s_1^2}\right)\zeta_1(\phi_1) = 0 \tag{10.5.13}$$

为了找出此方程的特征值和特征函数, 作以下变换:

$$\zeta_1 = \cos^{l_2}\phi_1 \sin^{l_3}\phi_1 f(\eta), \quad \eta = \sin^2\phi_1 \tag{10.5.14}$$

那么, 可得到函数 $f(\eta)$ 应满足的方程为

$$\begin{aligned} &\eta(1-\eta)f''(\eta) + [l_3 + 1 - (l_2 + l_3 + 2)\eta]f'(\eta) \\ &+ \frac{1}{4}[\lambda_1 - (l_2 + l_3 + 1)^2 + 1]f(\eta) = 0 \end{aligned} \tag{10.5.15}$$

将此方程与式 (10A.1) 超几何方程对照

$$\eta(1-\eta)F''(\eta) + [c - (a + b + 1)\eta]F'(\eta) - abF(\eta) = 0 \tag{10.5.16}$$

知

$$c = l_3 + 1, \quad a + b = l_2 + l_3 + 1, \quad ab = -\frac{1}{4}[\lambda_1 - (l_2 + l_3 + 1)^2 + 1] \tag{10.5.17a}$$

从中可解出

$$a = \frac{1}{2}(l_2 + l_3 + 1 + \sqrt{1 + \lambda_1}), \quad b = \frac{1}{2}(l_2 + l_3 + 1 - \sqrt{1 + \lambda_1}) \tag{10.5.17b}$$

式 (10.5.16) 的两个线性无关解由式 (10A.2) 给出,

$$f_1(z) = F(a, b, |c|, \eta) \tag{10.5.18a}$$

和

$$f_2(z) = \eta^{-l_3}F(a - l_3, b - l_3, |2 - c|, \eta) \tag{10.5.18b}$$

其中超几何函数为

$$F(a, b, |c|z) = 1 + \frac{ab}{c}z + \frac{a(a+1)b(b+1)}{2!c(c+1)}z^2 + \cdots + \frac{(a)_n(b)_n}{n!(c)_n}z^n + \cdots \tag{10.5.19}$$

现在角度 $\phi_1$ 的变化范围是 $[0,\pi/2]$, 见式 (10.5.5). 因此 $\eta$ 的变化范围是 [0, 1], 见式 (10.5.14).

在 $\eta=1$ 处, 解有限的条件是

$$a=-n_r \tag{10.5.20}$$

其中 $n_r$ 是自然数, 这个条件保证了式 (10.5.18a) 只包含有限项. 考察式 (10.5.18b), 当 $l_3$ 为正时, 因子 $\eta^{-l_3}$ 使得 $\eta=0$ 处发散. 当 $l_3$ 为负时, $a-l_3=|l_3|-n_r$ 可为正. 因而抛弃通解中式 (10.5.18b) 这一项, 只保留式 (10.5.18a) 的解.

将条件 (10.5.20) 代入式 (10.5.18) 可得到 $\lambda_1$ 的数值

$$\lambda_1=(l_2+l_3+2n_r)(l_2+l_3+2n_r+2) \tag{10.5.21}$$

令

$$l_1=l_2+l_3+2n_r \tag{10.5.22}$$

那么方程 (10.5.15) 的解就是

$$f(\eta)=F(-n_r,b,|c|,\eta)=F\left(-\frac{1}{2}(l_1-l_2-l_3),\frac{1}{2}(l_1+l_2+l_3)+1,|l_3+1|,\eta\right) \tag{10.5.23}$$

现在依照式 (10.5.21) 把全套特征值写成

$$\lambda_1=l_1(l_1+2) \tag{10.5.24a}$$

$$l_2,l_3=0,\pm1,\pm2,\cdots,\pm l_1 \tag{10.5.24b}$$

现在角动量的状况是, 总角动量平方的取值与球坐标系的一样, 见式 (10.4.19). 然后总角动量在 $\phi_2$ 和 $\phi_3$ 角度子空间中可以同时都有投影. 这两个角度子空间是平权的. 而在球坐标系中, 总角动量一定是先有分量投影到 $(\phi_2,\phi_3)$ 子空间中, 然后这个子空间中又有分量投影到 $\phi_3$ 子空间中. 投影必须是向低一维的子空间依次进行. 式 (10.5.22) 有两个表现, 一是明确了 $l_2,l_3$ 的取值有界限, 二是表明 $l_1$ 与 $l_2+l_3$ 之差是个偶数.

现在来看当 $l_1$ 固定之后可能取的总的状态数. 由式 (10.5.24b), 显然, $l_2$ 和 $l_3$ 的取值情况是完全相同的. 粗看起来, 似乎它们都可以取 $2l_1+1$ 个数值, 但是由于 $l_1$ 与 $l_2+l_3$ 之差是个偶数, 等价地可以看成, $l_2$ 和 $l_3$ 都分别可以从 $-l_1$ 取到 $l_1$, 但只能间隔为 2 来取数, 也就是说, 只能取到 $l_1+1$ 个数. 因此, 总的状态数就是 $(l_1+1)^2$. 这与式 (10.4.21) 完全一样.

总的特征函数是式 (10.5.12a) 和式 (10.5.14) 的结合, 即

$$\zeta_{l_1l_2l_3}(\phi_1,\phi_2,\phi_3)=F\left(-\frac{1}{2}(l_1-l_2-l_3),\frac{1}{2}(l_1+l_2+l_3)+1,|l_3+1|\sin^2\phi_1\right)$$

$$\times \cos^{l_2}\phi_1 \sin^{l_3}\phi_1 \exp(\mathrm{i}l_2\phi_2)\exp(\mathrm{i}l_3\phi_3) \tag{10.5.25}$$

在群论中, 四维空间中的角动量可以看成两个三维空间的角动量的直积[12]. 这一关系很可能是赝球坐标系的反映. 在球坐标系中不能明确地看出这一点.

### 10.5.3　五维和六维空间

对五维和六维空间, 我们只给出坐标变换和结论, 具体建立方程和求解留给读者自己演习.

1. *五维空间*

五维空间中直角坐标系 $(x_1, x_2, x_3, x_4, x_5)$ 到赝球坐标系 $(r, \phi_1, \phi_2, \phi_3, \phi_4)$ 的变换为

$$x_1 = rc_1, \quad x_2 = rs_1c_2c_3, \quad x_3 = rs_1c_2s_3, \quad x_4 = rs_1s_2c_4, \quad x_5 = rs_1s_2s_4 \tag{10.5.26}$$

按照式 (10.1.2) 写出线元平方的表达式之后, 可得到线元的权重是

$$(h_1, h_2, h_3, h_4, h_5) = (1, r, rs_1, rs_1c_2, rs_1s_2) \tag{10.5.27}$$

各角度的变化范围是

$$\phi_1\colon [0, \pi], \quad \phi_2\colon [0, \pi/2], \quad \phi_3\colon [0, 2\pi], \quad \phi_4\colon [0, 2\pi] \tag{10.5.28}$$

有了线元权重和角度变化范围, 可由式 (10.1.13) 写出直角坐标系与此处的赝球坐标系之间的雅可比行列式, 计算出半径为 $R$ 的球的体积. 并可依照 10.1.2 小节的公式写出梯度、散度和拉普拉斯算子的表达式.

求解拉普拉斯方程. 经过分离变量后发现, 径向函数和关于角度 $\phi_1$ 的特征方程都与五维球坐标系中的径向方程和角度 $\theta_1$ 的方程完全相同. 因此角动量平方的特征值是 $l_1 = l_2(l_2 + 2)$. 而关于 $(\phi_2,\phi_3,\phi_4)$ 的特征方程则与四维赝球坐标系中的式 (10.5.9) 相同. 由此知道, 四角度空间 $(\phi_1,\phi_2,\phi_3,\phi_4)$ 中有一个 $(\phi_2,\phi_3,\phi_4)$ 的三角度子空间. 总角动量首先投影到这个三维角度子空间中, 其归则与五维球坐标系中的一样. 然后在 $(\phi_2,\phi_3,\phi_4)$ 子空间中, 角动量是按照赝球坐标系的规则 (10.5.24) 投影的.

2. *六维空间*

六维空间中直角坐标系 $(x_1, x_2, x_3, x_4, x_5, x_6)$ 到赝球坐标系 $(r, \phi_1, \phi_2, \phi_3, \phi_4, \phi_5)$ 的变换为

$$x_1 = rc_1, \quad x_2 = rs_1c_2, \quad x_3 = rs_1s_2c_3c_4, \quad x_4 = rs_1s_2c_3s_4,$$

$$x_5 = rs_1s_2s_3c_5, \quad x_6 = rs_1s_2s_3s_5 \tag{10.5.29}$$

按照式 (10.1.2) 写出线元平方的表达式之后, 可得到线元的权重是

$$(h_1, h_2, h_3, h_4, h_5, h_6) = (1, r, rs_1, rs_1s_2, rs_1s_2c_3, rs_1s_2s_3) \tag{10.5.30}$$

各角度的变化范围是

$$\phi_1\colon [0,\pi], \quad \phi_2\colon [0,\pi], \quad \phi_3\colon [0,\pi/2], \quad \phi_4\colon [0,2\pi], \quad \phi_5\colon [0,2\pi] \tag{10.5.31}$$

与五维空间中的情形类似, 可写出直角坐标系与这个赝球坐标系之间的雅可比行列式, 计算出半径为 $R$ 的球的体积. 依照 10.1.2 小节的公式写出梯度、散度和拉普拉斯算子的表达式.

求解拉普拉斯方程. 经过分离变量后发现, 径向函数和关于角度 $\phi_1$ 和 $\phi_2$ 的特征方程都与六维球坐标系中的完全相同. 因此角动量平方的特征值分别是式 (10.4.34) 中的 $\lambda_1$ 和 $\lambda_2$. 而关于 $(\phi_3,\phi_4,\phi_5)$ 的特征方程则与四维赝球坐标系中的式 (10.5.10) 相同. 由此知道, 五角度空间 $(\phi_1, \phi_2, \phi_3, \phi_4, \phi_5)$ 中有一个 $(\phi_2, \phi_3, \phi_4, \phi_5)$ 四角度子空间, 其中又有一个 $(\phi_3, \phi_4, \phi_5)$ 的三角度子空间. 总角动量平方的取值是式 (10.4.32) 中的 $\lambda_1$. 它首先投影到 $(\phi_2, \phi_3, \phi_4, \phi_5)$ 四角度子空间, 这一分量的平方的取值是式 (10.4.34) 中的 $\lambda_2$. 其规则与五维球坐标系中的一样. 然后在 $(\phi_3, \phi_4, \phi_5)$ 子空间中, 角动量是按照赝球坐标系的规则 (10.5.24) 投影的.

## 10.6 非欧几里得空间

### 10.6.1 度规张量

在正交曲线坐标系中, 已经定义了线元平方的表达式是式 (10.1.2). 一般地, 若线元的平方写成如下形式:

$$\mathrm{d}l^2 = \sum_{i,j=1}^{N} g_{ij}\mathrm{d}q_i\mathrm{d}q_j \tag{10.6.1}$$

则称矩阵 $g$ 为此 $N$ 维空间中的**度规张量**或者简称**度规**[13]. 在正交曲线坐标系中, 度规张量刚好是对角矩阵

$$g_{ij} = g_i\delta_{ij} \tag{10.6.2}$$

以下总是只讨论正交曲线坐标系的情况, 即度规张量是对角的.

式 (10.1.2) 定义的情况是一个更为特殊的例子, 即每个对角矩阵元就是相应坐标的权重的平方

$$g_{ij} = h_i^2\delta_{ij} \tag{10.6.3}$$

显然, $N$ 维空间中的度规张量是 $N$ 阶的.

以下给出一些度规张量的实例. 因为都是对角矩阵, 所以只写出对角元.

二维空间中, 直角坐标系的坐标是 $(x,y)$, 度规张量是

$$g_{11}=g_{22}=1 \tag{10.6.4}$$

极坐标系的坐标是 $(r,\theta)$, 度规张量是

$$g_{11}=1,\quad g_{22}=r \tag{10.6.5}$$

三维空间中, 直角坐标系的坐标是 $(x,y,z)$, 度规张量是

$$g_{11}=g_{22}=g_{33}=1 \tag{10.6.6}$$

柱坐标系的坐标是 $(r,\theta,z)$, 度规张量是

$$g_{11}=g_{33}=1,\quad g_{22}=r \tag{10.6.7}$$

球坐标系的坐标是 $(r,\theta,\varphi)$, 度规张量是

$$g_{11}=1,\quad g_{22}=r,\quad g_{33}=r\sin\theta \tag{10.6.8}$$

四维空间中, 直角坐标系的坐标是 $(x_1,x_2,x_3,x_4)$, 度规张量是

$$g_{11}=g_{22}=g_{33}=g_{44}=1 \tag{10.6.9}$$

球坐标系的坐标是 $(r,\theta_1,\theta_2,\theta_3)$, 度规张量是

$$g_{11}=1,\quad g_{22}=r,\quad g_{33}=r\sin\theta_1,\quad g_{44}=r\sin\theta_1\sin\theta_2 \tag{10.6.10}$$

赝球坐标系的坐标是 $(r,\phi_1,\phi_2,\phi_3)$, 度规张量是

$$g_{11}=1,\quad g_{22}=r,\quad g_{33}=r\sin\theta_1,\quad g_{44}=r\sin\theta_1 \tag{10.6.11}$$

狭义相对论中, 空间和时间是不能截然分开的, 它们组成一个四维矢量. 这个四维矢量通过洛伦兹变换来反映不同的匀速运动参照系. 所以, 应该把时空总地看成一个四维空间. 在这个四维空间中, 坐标为 $(x,y,z,ct)$. 其中已经把时间乘以真空中的光速, 以使得四个坐标具有同样的量纲. 这样写出坐标的时候, 时间坐标仍然与三维空间的坐标是有区别的. 但是我们已经知道, 由于这四个坐标在不同匀速运动参照系之间的转换是通过洛伦兹变换实现的, 这使得时间和空间的坐标互相渗

透, 无法截然区分. 因此, 我们宁愿把狭义相对论中的四个坐标写成 $(x_1, x_2, x_3, x_4)$ 的形式. 选择坐标线元平方的表达式为[13]

$$\mathrm{d}l^2 = \mathrm{d}x_1^2 + \mathrm{d}x_2^2 + \mathrm{d}x_3^2 - \mathrm{d}x_4^2 \tag{10.6.12}$$

可见, 这个空间中的度规为

$$g_{11} = g_{22} = g_{33} = 1, \quad g_{44} = -1 \tag{10.6.13}$$

从狭义相对论知道, 四维线元的平方不因这个空间中的坐标系的变换而变换[13]. 所以, 这是一个空间的不变量.

所有空间中的线元的平方都是不变量. 这就是为什么要通过这个量来定义度规张量的基本原因. 一个空间的不变量总是极为重要的量, 这个不变量应该能够反映这个空间的某些基本性质.

以上例子表明, 一个空间中可以建立不同的坐标系, 度规张量的矩阵元是随着坐标系的选择而变化的. 例如, 三维空间中的式 (10.6.6)~ 式 (10.6.8), 四维空间中的式 (10.6.9)~ 式 (10.6.11).

一般情况下, 度规张量的矩阵元与坐标有关, 所以也称度规张量为**度规张量场**或者**度规场**[13].

如果一个空间总能够通过坐标变换使得度规张量成为单位矩阵, 并且, 此时每个坐标的取值范围都是 $[-\infty, \infty]$, 那么这样的空间称为**欧几里得空间**. 以上例子中, 式 (10.6.4)~ 式 (10.6.11) 的度规张量反映的空间都是欧几里得空间, 而狭义相对论时空则不是. 在讨论式 (10.4.50) 时提到的保持径向不变的超球面空间, 或者称角向空间, 也是非欧几里得空间.

若对角度规张量的矩阵元都是正号, 则总是可以通过坐标变换将度规张量变换成单位矩阵. 因此, 欧几里得空间的特点是: 对角度规张量的矩阵元都是正号.

若将度规张量中所有矩阵元都反号, 并不改变空间的特点. 因此对于一个度规张量和它乘以 $-1$ 的结果是同一种情况, 不必加以区分.

若度规的对角元都是正号, 则称为**黎曼度规**. 若有一个为正号, 其他都为负号, 称为**洛伦兹度规**[13]. 狭义相对论四维时空的度规就是洛伦兹的, 也可称为**闵可夫斯基度规**. 由闵可夫斯基度规描述的空间称为**闵可夫斯基空间**.

若度规张量中的元并不是所有矩阵符号相同, 那么空间就是非欧几里得的. 例如, 狭义相对论四维时空就属于闵可夫斯基空间.

本章一开始已经规定了线元的平方的表达式是式 (10.1.2). 这个表达式只适用于欧几里得空间. 对于非欧几里得空间, 由于度规张量的矩阵元可能有负号, 故应

该把式 (10.1.2) 的定义扩展为如下形式:

$$\mathrm{d}l^2 = \sum_{i=1}^{N} \eta_i h_i^2 \mathrm{d}q_i^2 \tag{10.6.14}$$

其中 $\eta_i$ 是 $+1$ 或者 $-1$. 例如, 式 (10.6.4)~ 式 (10.6.11) 中, 都有 $\eta_i = 1$. 在式 (10.6.13) 中, $\eta_1 = \eta_2 = \eta_3 = 1, \eta_4 = -1$.

把式 (10.6.14) 中 $\{\eta_i\}$ 这一组系数称为**度规权重**. 度规权重只能是 $+1$ 或者 $-1$. 在前两节涉及的欧几里得空间中, 度规权重都是 $+1$. 进一步, 度规权重也就是这个空间中两个矢量作内积时的权重, 即若有两个向量 $\boldsymbol{x}$ 和 $\boldsymbol{y}$, 在正交曲线坐标系中的分量分别为 $(x_1, x_2, \cdots, x_N)$ 和 $(y_1, y_2, \cdots, y_N)$, 那么这两个向量的点乘就应定义为

$$\boldsymbol{x} \cdot \boldsymbol{y} = \sum_{i=1}^{N} \eta_i x_i y_i \tag{10.6.15}$$

如式 (2.1.5) 定义的那样. 由此可知, 式 (10.6.14) 实际上是分量为 $h_i \mathrm{d}q_i$ 的向量与自身的内积.

现在我们来看梯度、散度和拉普拉斯算符的定义. 梯度的算符仍如式 (10.1.23) 的定义. 但是散度 (10.1.26) 是两个向量的点乘的形式, 因此应包括内积的权重系数 $\{\eta_i\}$. 所以, 散度改写成

$$\nabla \cdot \boldsymbol{W} = \frac{1}{\prod\limits_{i=1}^{N} h_i} \sum_{j=1}^{N} \eta_j \frac{\partial}{\partial q_j} \left( \frac{W_j}{h_j} \prod_{l=1}^{N} h_l \right) \tag{10.6.16}$$

拉普拉斯算符 $\Delta = \nabla^2 = \nabla \cdot \nabla$ 也是两个向量的内积, 因此也要加上权重 $\eta_i$. 如此, 式 (10.1.28) 应改写为

$$\nabla^2 = \frac{1}{\prod\limits_{i=1}^{N} h_i} \sum_{j=1}^{N} \eta_j \frac{\partial}{\partial q_j} \left[ \left( \frac{1}{h_j^2} \prod_{l=1}^{N} h_l \right) \frac{\partial}{\partial q_j} \right] \tag{10.6.17}$$

拉普拉斯方程为

$$\nabla^2 \psi = 0 \tag{10.6.18}$$

亥姆霍兹方程为

$$\nabla^2 \psi + k^2 \psi = 0 \tag{10.6.19}$$

现在的度规张量的对角元可以是负的, 就立即出现了一个新的特点. 因为对于式 (10.1.2) 规定的线元的平方不可能是负值, 若线元的平方为零, 就意味着每个坐

标分量的变化量都为零, 也就是说, 这时坐标是不能变动的. 而由式 (10.6.14) 确定的线元是可以为负值或者零的. 我们来看

$$dl^2 = \sum_{i=1}^{N} \eta_i h_i^2 dq_i^2 = 0 \tag{10.6.20}$$

的情况, 这时式 (10.6.14) 中的每个坐标分量都可以变动, 只不过变动时要受到 $dl^2 = 0$ 的限制. 这就和讨论式 (10.4.40) 时的情况有类似之处. 式 (10.6.20) 实际上定义了一个 $N-1$ 维子空间.

以下以五维闵可夫斯基空间为例, 说明拉普拉斯方程的解.

### 10.6.2 五维闵可夫斯基空间和四维德西特空间

1. **五维闵可夫斯基空间**

闵可夫斯基坐标设为 $(x_0, x_1, x_2, x_3, x_4)$, 在这样的坐标系中, 线元平方是

$$ds^2 = dx_0^2 - dx_1^2 - dx_2^2 - dx_3^2 - dx_4^2 \tag{10.6.21}$$

按照文献上的习惯[14], 把指标写成 0 至 4, 而不是通常的 1 至 5. 此式的度规张量为

$$g = \begin{pmatrix} 1 & & & & \\ & -1 & & & \\ & & -1 & & \\ & & & -1 & \\ & & & & -1 \end{pmatrix} \tag{10.6.22}$$

把 $(x_0, x_1, x_2, x_3, x_4)$ 这一组坐标仍然称为直角坐标系. 这是因为, 所有坐标权重都与坐标无关, 除了符号, 所有坐标的权重都是 1. 当然, 与欧几里得空间中的直角坐标含义有所区别, 因为现在的度规权重不都是正 1.

现在来定义这个空间中的一组赝球坐标系. 由 $(r, \phi_0, \phi_1, \phi_2, \phi_3)$ 这五个坐标表示. 直角坐标系到赝球坐标系的变换如下[14]:

$$\begin{aligned} x_0 &= r\sinh\phi_0 \\ x_1 &= r\cosh\phi_0\cos\phi_1\cos\phi_2 \\ x_2 &= r\cosh\phi_0\cos\phi_1\sin\phi_2 \\ x_3 &= r\cosh\phi_0\sin\theta_1\cos\phi_3 \\ x_4 &= r\cosh\phi_0\sin\phi_1\sin\phi_3 \end{aligned} \tag{10.6.23}$$

将式 (10.6.23) 代入式 (10.6.21), 可写出赝球坐标系下线元平方为

$$ds^2 = -dr^2 + r^2 d\phi_0^2 - r^2\cosh^2\phi_0 d\phi_1^2$$

$$-r^2\cosh^2\phi_0\cos^2\phi_1\mathrm{d}\phi_2^2-r^2\cosh^2\phi_0\sin^2\phi_1\mathrm{d}\phi_3^2 \tag{10.6.24}$$

由此可见, 在赝球坐标系中的度规张量为

$$g=-\begin{pmatrix}1&&&&\\&-r^2&&&\\&&r^2\cosh^2\phi_0&&\\&&&r^2\cosh^2\phi_0\cos^2\phi_1&\\&&&&r^2\cosh^2\phi_0\sin^2\phi_1\end{pmatrix} \tag{10.6.25}$$

线元的权重为

$$(h_0,h_1,h_2,h_3,h_4)=(1,r,r\cosh\phi_0,r\cosh\phi_0\cos\phi_1,r\cosh\phi_0\sin\phi_1) \tag{10.6.26}$$

可以看到, 这一变换与五维欧几里得空间中直角坐标系到赝球坐标系的变换式 (10.5.26) 有相近之处, 线元权重则与式 (10.5.27) 有相近之处. 只是角度的含义有所不同. $\phi_0$ 的范围是 $[-\infty,\infty]$, 角度 $(\phi_1,\phi_2,\phi_3)$ 的取值为[14]

$$\phi_1\colon[0,\pi/2],\quad \phi_2\colon[0,2\pi],\quad \phi_3\colon[0,2\pi] \tag{10.6.27}$$

而坐标 $\phi_0$ 则不是真正的角度, 它的取值范围是 $[-\infty,\infty]$. 注意, 后三个角度的取值范围与四维欧几里得空间赝球坐标系中三个角度的取值范围是相同的, 见式 (10.5.5).

2. 拉普拉斯方程

按照式 (10.6.17) 写出这个空间赝球坐标系中的拉普拉斯方程

$$\begin{aligned}\nabla^2\psi=&-\frac{1}{r^4}\frac{\partial}{\partial r}\left(r^4\frac{\partial}{\partial r}\right)\psi+\frac{1}{r^2\cosh^3\phi_0}\frac{\partial}{\partial\phi_0}\left(\cosh^3\phi_0\frac{\partial}{\partial\phi_0}\right)\psi\\&-\frac{1}{r^2\cosh^2\phi_0\sin\phi_1\cos\phi_1}\frac{\partial}{\partial\phi_1}(\sin\phi_1\cos\phi_1)\frac{\partial}{\partial\phi_1}\psi\\&-\frac{1}{r^2\cosh^2\phi_0\cos^2\phi_1}\frac{\partial^2\psi}{\partial\phi_2^2}-\frac{1}{r^2\cosh^2\phi_0\sin^2\phi_1}\frac{\partial^2\psi}{\partial\phi_3^2}=0\end{aligned} \tag{10.6.28}$$

将式 (10.6.28) 与式 (10.1.30) 对照, 坐标 $r$ 显然含有径向的含义. 现在用分离变量

$$\psi(\boldsymbol{r})=R(r)\zeta(\phi_0,\phi_1,\phi_2,\phi_3) \tag{10.6.29}$$

得到径向和角向的方程分别为

$$\frac{1}{r^2}\frac{\partial}{\partial r}\left(r^4\frac{\partial}{\partial r}\right)R(r)-\lambda R(r)=0 \tag{10.6.30}$$

和

$$\left[\frac{1}{\cosh^3\phi_0}\frac{\partial}{\partial\phi_0}\left(\cosh^3\phi_0\frac{\partial}{\partial\phi_0}\right)-\frac{1}{\cosh^2\phi_0\sin\phi_1\cos\phi_1}\frac{\partial}{\partial\phi_1}(\sin\phi_1\cos\phi_1)\frac{\partial}{\partial\phi_1}\right.$$
$$\left.-\frac{1}{\cosh^2\phi_0\cos^2\phi_1}\frac{\partial^2}{\partial\phi_2^2}-\frac{1}{\cosh^2\phi_0\sin^2\phi_1}\frac{\partial^2}{\partial\phi_3^2}\right]\zeta+\lambda\zeta=0 \quad (10.6.31)$$

角向的这个方程有特定的物理意义. 下面仔细讨论.

3. 德西特空间

五维闵可夫斯基空间中的角向方程 (10.6.31), 就是去掉径向 $r$ 之后的四维子空间的亥姆霍兹方程. 这一点, 已经在式 (10.4.41) 的讨论中提到了. 事实上, 如果选择半径 $\rho$ 固定的超曲面

$$-x_0^2+x_1^2+x_2^2+x_3^2+x_4^2=\rho^2 \quad (10.6.32)$$

那么, 在这个子空间中的线元就是式 (10.6.24) 中令 $\mathrm{d}r^2=0$ 的结果 (因为 $r$=$\rho$ 不变).

$$\mathrm{d}s^2=[-\mathrm{d}\phi_0^2+\cosh^2\phi_0\mathrm{d}\phi_1^2+\cosh^2\phi_0\cos^2\phi_1\mathrm{d}\phi_2^2+\cosh^2\phi_0\sin^2\phi_1\mathrm{d}\phi_3^2]\rho^2 \quad (10.6.33)$$

在五维闵可夫斯基空间中由式 (10.6.32) 定义的四维子空间称为**德西特空间**或者**德西特时空**[15]. 因为爱因斯坦宇宙学方程的对称性最高的解与德西特时空有着密切的联系, 德西特空间对宇宙学有比较重要的意义.

德西特时空中的四个坐标是 $(\phi_0,\phi_1,\phi_2,\phi_3)$. 线元平方是式 (10.6.33). 参照式 (10.6.20), 可立即得到坐标权重为

$$(h_1,h_2,h_3,h_4)=(\rho,\rho\cosh\phi_0,\rho\cosh\phi_0\cos\phi_1,\rho\cosh\phi_0\sin\phi_1) \quad (10.6.34)$$

度规张量为

$$g=\rho^2\begin{pmatrix}1 & & & \\ & -\cosh^2\phi_0 & & \\ & & -\cosh^2\phi_0\cos^2\phi_1 & \\ & & & -\cosh^2\phi_0\sin^2\phi_1\end{pmatrix} \quad (10.6.35)$$

依照式 (10.6.17) 写出拉普拉斯算符为

$$\begin{aligned}\nabla^2=&\frac{1}{\rho^2\cosh^3\phi_0}\frac{\partial}{\partial\phi_0}\left(\cosh^3\phi_0\frac{\partial}{\partial\phi_0}\right)\\&-\frac{1}{\rho^2\cosh^2\phi_0\sin\phi_1\cos\phi_1}\frac{\partial}{\partial\phi_1}(\sin\phi_1\cos\phi_1)\frac{\partial}{\partial\phi_1}\end{aligned}$$

$$-\frac{1}{\rho^2\cosh^2\phi_0\cos^2\phi_1}\frac{\partial^2}{\partial\phi_2^2}-\frac{1}{\rho^2\cosh^2\phi_0\sin^2\phi_1}\frac{\partial^2}{\partial\phi_3^2} \tag{10.6.36}$$

此空间的亥姆霍兹方程就是

$$\frac{1}{\rho^2}\left[\frac{1}{\cosh^3\phi_0}\frac{\partial}{\partial\phi_0}\left(\cosh^3\phi_0\frac{\partial}{\partial\phi_0}\right)-\frac{1}{\cosh^2\phi_0\sin\phi_1\cos\phi_1}\frac{\partial}{\partial\phi_1}(\sin\phi_1\cos\phi_1)\frac{\partial}{\partial\phi_1}\right.$$
$$\left.-\frac{1}{\cosh^2\phi_0\cos^2\phi_1}\frac{\partial^2}{\partial\phi_2^2}-\frac{1}{\cosh^2\phi_0\sin^2\phi_1}\frac{\partial^2}{\partial\phi_3^2}\right]\zeta+\gamma\zeta=0 \tag{10.6.37}$$

它实质上就是式 (10.6.31). 此两式中 $\lambda$(或者差一个 $\rho^2$ 常数因子) 就是五维空间中“角动量平方” 的含义. 这与式 (10.4.41) 之后的讨论类似.

还是用分离变量法求解式 (10.6.37). 令

$$\zeta(\phi_0,\phi_1,\phi_2,\phi_3)=\zeta_0(\phi_0)\zeta_1(\phi_1)\zeta_2(\phi_2)\zeta_3(\phi_3) \tag{10.6.38}$$

得到函数 $\zeta_1(\phi_1)\zeta_2(\phi_2)\zeta_3(\phi_3)$ 满足的方程为

$$\left[\frac{1}{\sin\phi_1\cos\phi_1}\frac{\partial}{\partial\phi_1}(\sin\phi_1\cos\phi_1)\frac{\partial}{\partial\phi_1}+\frac{1}{\cos^2\phi_1}\frac{\partial^2}{\partial\phi_2^2}+\frac{1}{\sin^2\phi_1}\frac{\partial^2}{\partial\phi_3^2}\right]\zeta_1\zeta_2\zeta_3+\lambda_1\zeta_1\zeta_2\zeta_3=0 \tag{10.6.39}$$

这一方程与四维欧几里得空间赝球坐标系中角向方程 (10.5.10) 完全相同. 因此, 可立即按照式 (10.5.22) 和式 (10.5.24) 写出特征值

$$\lambda_1=l_1(l_1+2) \tag{10.6.40a}$$

$$l_2,l_3=0,\pm1,\pm2,\cdots,\pm l_1 \tag{10.6.40b}$$

$$l_1=l_2+l_3+2n_r \tag{10.6.40c}$$

在这三维角向空间中, 角动量投影的情况, 见式 (10.5.24) 以下的讨论. 按照式 (10.5.25) 写出特征函数

$$\zeta_{l_1l_2l_3}(\phi_1,\phi_2,\phi_3)=F\left(-\frac{1}{2}(l_1-l_2-l_3),\frac{1}{2}(l_1+l_2+l_3)+1,|l_3+1|\sin^2\phi_1\right)$$
$$\times\cos^{l_2}\phi_1\sin^{l_3}\phi_1\exp(\mathrm{i}l_2\phi_2)\exp(\mathrm{i}l_3\phi_3) \tag{10.6.41}$$

由式 (10.6.37) 分离变量之后得到关于 $\phi_0$ 的方程是

$$\frac{1}{\cosh^3\phi_0}\frac{\partial}{\partial\phi_0}\left(\cosh^3\phi_0\frac{\partial}{\partial\phi_0}\right)\zeta_0(\phi_0)+\left[\frac{l_1(l_1+2)}{\cosh^2\phi_0}-\gamma\rho^2\right]\zeta_0(\phi_0)=0 \tag{10.6.42}$$

它与式 (10.5.9a) 中分离变量之后径向方程的形式相同, 只是那里的变量 $r$ 在此处变成了 $\cosh\phi_0$, 对 $r$ 的求导变成了对 $\phi_0$ 的求导. 这种差别的原因在于坐标权重的不同. 我们仍然称此为径向方程. 令

$$\zeta_0(\phi_0)=\cosh^{l_1}\phi_0\xi(x),\quad x=-\sinh^2\phi_0 \tag{10.6.43}$$

那么 $\xi(x)$ 满足的方程是

$$x(1-x)\xi''+\left[\frac{1}{2}-\left(l_1+\frac{5}{2}\right)x\right]\xi'-\frac{1}{4}[l_1(l_1+3)-\gamma\rho^2]\xi=0 \tag{10.6.44}$$

对照附录超几何方程式 (10A.1), 有

$$c=\frac{1}{2},\quad a+b=l_1+\frac{3}{2},\quad ab=\frac{1}{4}[l_1(l_1+3)-\gamma\rho^2] \tag{10.6.45}$$

由此解得

$$a=\frac{1}{2}\left[l_1+\frac{3}{2}\pm\left(\frac{9}{4}+\lambda\rho^2\right)^{1/2}\right],\quad b=\frac{1}{2}\left[l_1+\frac{3}{2}\mp\left(\frac{9}{4}+\lambda\rho^2\right)^{1/2}\right] \tag{10.6.46}$$

方程 (10.6.45) 的两个线性无关解为

$$\xi_1(x)=F\left(\frac{1}{2}\left[l_1+\frac{3}{2}\pm\left(\frac{9}{4}+\lambda\rho^2\right)^{1/2}\right],\frac{1}{2}\left[l_1+\frac{3}{2}\mp\left(\frac{9}{4}+\gamma\rho^2\right)^{1/2}\right],\frac{1}{2},x\right) \tag{10.6.47a}$$

和

$$\xi_2(x)=\sqrt{x}F\left(\frac{1}{2}\left[l_1+\frac{5}{2}\pm\left(\frac{9}{4}+\gamma\rho^2\right)^{1/2}\right],\frac{1}{2}\left[l_1+\frac{5}{2}\mp\left(\frac{9}{4}+\gamma\rho^2\right)^{1/2}\right],\frac{3}{2},x\right) \tag{10.6.47b}$$

仍然按照本章附录的讨论, 为了在方程的解的这两个级数表达式中只保留有限项, 就必须令

$$a=-n_s \tag{10.6.48}$$

其中 $n_s$ 是自然数, 那么, 结合式 (10.6.46) 可解得

$$\gamma\rho^2=(2n_s-l_1)(2n_s-l_1-3) \tag{10.6.49}$$

令

$$l_0=2n_s-l_1-3 \tag{10.6.50}$$

就将式 (10.6.49) 重新写成

$$\gamma\rho^2=l_0(l_0+3) \tag{10.6.51}$$

方程 (10.6.42) 的解应该是式 (10.6.47a) 和式 (10.6.47b) 的线性组合. 现在要注意的是, $x$ 的变化范围由式 (10.6.43) 归定, 为 $[-\infty,0]$. 因此, 方程 (10.6.44) 已经从 $[0,1]$ 延拓到除了正半实轴之外的整个复平面[11].

四维德西特空间亥姆霍兹方程 (10.6.37) 的总的特征函数 $\zeta(-\sin^2\phi_0,\lambda)$ 是式 (10.6.41) 和式 (10.6.43) 的结合

$$
\begin{aligned}
\zeta(\phi_0,\phi_1,\phi_2,\phi_3) = &\cosh^{l_1}\phi_0\xi(-\sin^2\phi_0,\gamma)\\
&\times F(-\frac{1}{2}(l_1-l_2-l_3),\frac{1}{2}(l_1+l_2+l_3)+1,|l_3+1|\sin^2\phi_1)\\
&\times \cos^{l_2}\phi_1\sin^{l_3}\phi_1\exp(\mathrm{i}l_2\phi_2)\exp(\mathrm{i}l_3\phi_3)
\end{aligned}
\tag{10.6.52}
$$

其中将 $\lambda$ 这个参量明确写出.

现在来回顾, 在拉普拉斯算子 (10.1.30) 中, 固定径向 $r$ 大小不变, 那么其余的部分就是总角动量平方算符. 或者, 在 10.4 节已经指出的, $N$ 维欧几里得空间中的拉普拉斯方程分离变量去掉径向部分之后, 就是这个空间总角动量平方算符的特征方程, 即式 (10.4.1). 其中特征值具有明确的含义, 就是总角动量的平方.

现在五维闵可夫斯基空间中的拉普拉斯方程 (10.6.28) 经过式 (10.6.29) 的分离变量去掉径向部分后, 得到的 "角向方程" 式 (10.6.31), 可以类比地看做这个空间的 "角向空间" 的总角动量算符平方的特征函数. 相应地, 其特征值具有总角动量平方的地位. 由于与欧几里得空间的角动量还是有区别的, 我们称式 (10.6.31) 为赝角动量平方的特征方程.

回顾在四维欧几里得空间中, 描述三角度子空间既可以用球坐标, 也可以用赝球坐标系. 分别见 10.4.1 小节和 10.5.1 小节. 在德西特空间中, 除了坐标 $\phi_0$, 其余三个角度其实就是赝球坐标, 见式 (10.6.27). 那么对于这三个角度是否可以同样采用球坐标系? 即将式 (10.6.23) 改变成如下变换:

$$
\begin{cases}
x_0 = r\sinh\theta_0\\
x_1 = r\cosh\theta_0\cos\theta_1\\
x_2 = r\cosh\theta_0\sin\theta_1\cos\theta_2\\
x_3 = r\cosh\theta_0\sin\theta_1\sin\theta_2\cos\theta_3\\
x_4 = r\cosh\theta_0\sin\theta_1\sin\theta_2\sin\theta_3
\end{cases}
\tag{10.6.53}
$$

其中三个角度的变化范围分别是

$$
\theta_1\colon [0,\pi],\quad \theta_2\colon [0,\pi],\quad \theta_3\colon [0,2\pi] \tag{10.6.54}
$$

请读者自己验证.

4. 德西特空间中的质量的含义

在量子力学中, 一个自由粒子满足的运动方程是薛定谔方程. 但是在相对论量子力学中, 一个无自旋的自由粒子应满足克莱因–戈尔登方程[6]

$$
\left(-\frac{1}{c^2}\frac{\partial^2}{\partial t^2}+\nabla^2\right)\psi = m^2c^2 \tag{10.6.55}
$$

其中已令普朗克常量 $\hbar = 1$. 此式中的参数 $m$ 的物理意义很明确, 就是粒子的质量. 算符 $\nabla^2$ 是三维空间中的拉普拉斯算符. 参数 $c$ 是真空中的光速, 它其实就是为了满足量纲而必须具有的普适常量因子. 前面已经提到过, 应该把时空总的看成一个四维时空, 并且把四维坐标 $(x, y, z, ct)$ 写成更一般的形式 $(x_1, x_2, x_3, x_4)$. 而线元的平方就是式 (10.6.12). 在这个四维时空中, 度规权重是一正三负

$$\eta_1 = \eta_2 = \eta_3 = -1, \eta_4 = 1 \tag{10.6.56}$$

式 (10.6.55) 的左边实际上就是四维时空中考虑到度规权重式 (10.6.56) 之后的拉普拉斯算子. 由于式 (10.6.55) 中时间导数项的度规权重是 1, 可以称度规权重是 1 的坐标为 "类时" 的. 相应地, 度规权重为 $-1$ 的坐标称为是 "类空" 的. 这是从人们生活的世界是三维空间坐标和一维时间坐标而来的.

现在来看德西特空间, 它的度规权重也是一正三负. 因而, 这个四维时空中, 可以看成三维类空坐标和一维类时坐标. 完全可以仿照式 (10.6.55) 写出德西特空间中的克莱因–戈尔登方程[14].

$$\nabla^2\psi + m^2\psi = 0 \tag{10.6.57}$$

其中的拉普拉斯算子是式 (10.6.36). 现在式 (10.6.57) 左边的第二项的含义就是德西特四维时空中自由粒子的质量的平方, 略去了普适常量因子 (不一定是光速, 要根据量纲来定). 那么可以立即看到, 式 (10.6.57) 正是式 (10.6.37). 也就是说, 四维德西特空间中赝角动量的平方正比于这个空间的自由粒子的质量平方的负值, 即

$$\lambda \propto -m^2 \tag{10.6.58}$$

而求解方程 (10.6.44) 得到的特征值如式 (10.6.51) 所示. 因而

$$m \propto \mathrm{i}\sqrt{l_0(l_0+3)} \tag{10.6.59}$$

这就立即得到关于德西特空间中自由粒子质量的两个结论：一是质量是个虚数, 二是质量只能取分立值. 为什么会出现这种现象？原因就是德西特空间中的克莱因–戈尔登方程就是高一维空间的闵可夫斯基空间中拉普拉斯方程的角向部分.

式 (10.6.58) 这一结果已经在文献 [14] 中通过群论的方法得到了. 通过本节的方法得到的这个同样的结果, 使得我们可以比较容易地理解这一结果的物理原因. 德西特空间中自由粒子质量的平方, 就是五维闵可夫斯基空间中赝角动量平方的负值. 可以简单地说成：在这样的空间中, 质量起源于角动量. 因而, 德西特空间中的质量是一个量子数, 只能取分立值, 而不是一个单纯的参量. 此处讲的质量的起源, 并不是真正的质量的来源. 质量的来源要从基本粒子物理来得到. 这儿只是从几何的角度对于质量的一种认识.

既然质量的表达式中有量子数, 就有一个计算简并度的问题. 现在来考察这个问题. 注意式 (10.6.59) 是一个简写的形式, 真正的形式应该是将式 (10.6.50) 的

$l_0 = 2n_s - l_1 - 3$ 代回. 写成

$$m \propto \mathrm{i}\sqrt{(2n_s - l_1)(2n_s - l_1 - 3)} \tag{10.6.60}$$

可见, $n_s$ 是一个基本的量子数, 因为它决定了方程 (10.6.44) 是否有合理的解. 已知 $l_1 \geqslant 0$, $2n_s \geqslant 3$. 因此, $n_s$ 所能取的值是 $n_s = 2, 3, 4, \cdots$. 现在所说的简并度实际上有两方面的含义. 首先来看 $n_s$ 和 $l_1$ 固定后的情况. 这时, 质量的数值就固定了, 但是由式 (10.6.40) 可知, $l_2$ 和 $l_3$ 还可以取不同的数值. 总的简并度是 $(l_1+1)^2$. 当质量给定之后, 粒子还可以处于不同状态. 这些状态起源于角向子空间的本征方程, 也就是角动量平方算子的本征方程 (10.6.39). 这与欧几里得空间中求解一个亥姆霍兹方程自动会分解出角向方程, 从而得到角动量的不同的数值的情况是一样的, 粒子的角动量可以取在空间不同方向, 但是质量不变. 当 $n_s$ 固定时, $l_1$ 可取的数值是 $l_1 = 0, 1, 2, \cdots, 2n_s - 3$, 共有 $2n_s - 2$ 个数值. 相应地, 质量也只能取到 $2n_s - 2$ 个数值. 这就是说, 同一个量子数 $n_s$, 质量可以取不同的数值. 由分离变量 (10.6.38) 可知, 方程 (10.6.42) 相当于一个径向方程, 其解就是径向波函数. 一个径向波函数确定之后, 粒子的质量可以取若干个不同的数值. 换言之, 不同质量的粒子可以有同样的径向波函数. 当 $n_s$ 固定后, 粒子质量的不同体现为 $l_1$ 数值的不同, 也就是说, 粒子的角动量的数值受到了限制. $l_1$ 的数值反映了总角动量的大小. 从式 (10.6.60) 可以看到, 质量越大, 总角动量的数值越小, 相应地, 角向的简并度也就越小. 径向波函数确定之后, 粒子的质量与它的角动量密切相关, 这种情况在欧几里得空间中似乎不会出现. 最后, 当径向量子数 $n_s$ 固定时, 总的简并度是

$$\sum_{l_1=0}^{2n_s-3} (l_1+1)^2 = \frac{1}{3}(2n_s-3)(n_s-1)(4n_s-5) \tag{10.6.61}$$

通过此例可以看到, 要理解一个空间中的物理量, 从高一维的空间出发, 可能看得更清楚. 这算是 “居高临下” 的优势吧.

本章只考虑了任意维空间中最基本的方程, 主要是拉普拉斯方程和亥姆霍兹方程. 对于任意维空间中的经典分子动力学的一些考虑可见文献 [16].

## 习　题

1. 在求解亥姆霍兹径向方程的时候, 解由式 (10.3.17) 表示. 姑且称函数

$$R_{N,l}(z) = \frac{Z_{l+N/2-1}(z)}{z^{N/2-1}} \tag{1}$$

为 $N$ 维空间的 $l$ 阶球贝塞尔函数, 其中分子 $Z$ 是第 4 章介绍的柱函数. 对于三维空间 $N=3$ 时, 这样定义的 $R_{N,l}(z) = R_{3,l}(z)$ 就回到第 4 章定义的球贝塞尔函数, 见式 (4.5.13). 第 4 章

中已经表明, 整数阶的球贝塞尔函数 $R_{3,l}(z)$ 可以用初等函数表示. 对于其他的 $N$, 由式 (1) 定义的整数阶 $R_{N,l}(z)$ 是否可以用初等函数表示呢? 是否可以推导 $R_{N,l}(z)$ 的递推关系?

2. 证明: 当 $N=1,2,3$ 时, 解式 (10.2.21) 就回到式 (6.2.27b)、式 (6.2.21b) 和式 (6.2.11b).

3. 求出两项负幂次分子势能 (10.3.64) 的极值点 $r_0$ 的值和势能在此点的值 $V(r_0)$. $V(r_0)$ 是正的还是负的? 画出 $A=1, B=2$ 时的势能曲线.

4. 求出正负幂次分子势能 (10.3.74) 的极值点 $r_0$ 的值和势能在此点的值 $V(r_0)$. $V(r_0)$ 是正的还是负的? 画出 $A=1, B=1$ 时的势能曲线.

5. 在 $\alpha=0$ 时求解方程 (10.3.80).

6. 由式 (10.3.81) 得到式 (10.3.83).

7. 若将式 (10.3.88) 中的势能写成式 (10.3.89) 的形式, 那么 $D$ 应是什么表达式? 式 (10.3.88) 中的 $a$ 的表达式应是什么? 假定 $r_0$ 为已知量.

8. 证明: 对方程 (10.4.14) 求导 $k$ 次, 经过式 (10.4.15) 的变换之后, 可得到式 (10.4.16).

9. 已知连带盖根鲍尔方程 (10.4.16) 的一个解是连带盖根鲍尔多项式 (10.4.17). 尝试求出此方程的另一个线性无关解. 尝试建立连带盖根鲍尔多项式的递推关系.

10. 已经计算出四维空间球坐标系中, $l_1$ 的值固定时的状态数如式 (10.4.21) 表示. 计算五维空间球坐标系中, $l_1$ 的值固定时, 所可能取的状态数; 计算六维空间球坐标系中, $l_1$ 的值固定时, 所可能取的状态数.

11. 利用变换 (10.5.14), 由方程 (10.5.13) 推得方程 (10.5.15).

12. 设有三维空间中的两粒子格林函数满足如下亥姆霍兹方程[10]:

$$(\nabla_{\boldsymbol{r}_1}^2+\nabla_{\boldsymbol{r}_2}^2+k^2)G(\boldsymbol{r}_1,\boldsymbol{r}_1';\boldsymbol{r}_2,\boldsymbol{r}_2')=\delta(\boldsymbol{r}_1-\boldsymbol{r}_1')\delta(\boldsymbol{r}_2-\boldsymbol{r}_2')$$

若选择 $\boldsymbol{R}=\boldsymbol{r}_1+\boldsymbol{r}_2$ 与 $z$ 轴的夹角为 $2\alpha$, 那么, 分离变量之后, 可得到角度 $\alpha$ 的函数 $\rho(\alpha)$ 满足如下方程:

$$\frac{1}{\sin^2\alpha\cos^2\alpha}\frac{\mathrm{d}}{\mathrm{d}\alpha}\left[\sin^2\alpha\cos^2\alpha\frac{\mathrm{d}}{\mathrm{d}\alpha}\rho(\alpha)\right]+\left[\lambda-\frac{l_1(l_1+1)}{\cos^2\alpha}-\frac{l_2(l_2+1)}{\sin^2\alpha}\right]\rho(\alpha)=0$$

请用如式 (10.5.14) 的变换求出这个方程的解函数与特征值 $\lambda$ 的表达式.

13. 对于由式 (10.5.26) 定义的五维赝球坐标系, 证明线元权重的表达式 (10.5.27), 计算半径为 $R$ 的球的体积, 由式 (10.1.13) 写出直角坐标系与赝球坐标系之间的雅可比行列式, 依照 10.1.2 小节的公式写出梯度、散度和拉普拉斯算子的表达式. 对于解拉普拉斯方程进行分离变量求解, 得到关于各个角度的特征方程及其特征值的表达式.

14. 对于由式 (10.5.29) 定义的六维赝球坐标系, 证明线元权重的表达式 (10.5.30), 计算半径为 $R$ 的球的体积, 写出直角坐标系与赝球坐标系之间的雅克比行列式, 写出梯度、散度和拉普拉斯算子的表达式. 对于解拉普拉斯方程进行分离变量求解, 得到关于各个角度的特征方程及其特征值的表达式.

15. 已经讨论了从四维到六维空间中的赝球坐标系, 但是可以看到, 实际上这些空间中的赝球坐标系只有一个, 就是四维空间中的以式 (10.5.1) 定义的坐标系. 五维和六维空间中, 都只是其中有一个三角度子空间是赝球坐标系. 在五维和六维空间中, 还可能存在其他的赝球坐标系吗? 在更高维的空间中, 是否会有新的赝球坐标系?

16. 证明式 (10.6.24).

17. 将式 (10.6.53) 定义的坐标代入式 (10.6.21) 计算线元的平方, 验证是否为正交曲线坐标系.

## 附录 10A　超几何方程与超几何函数

二阶常微分方程

$$z(1-z)w''(z)+(c-(a+b+1)z)w'(z)-abw(z)=0 \tag{10A.1}$$

称为**超几何方程**[10,11,17]. 它具有 $a, b, c$ 三个参量. 这个方程的两个线性无关解为

$$w_1(z)=F(a,b,|c|,z) \tag{10A.2a}$$

和

$$w_2(z)=z^{1-c}F(1+a-c,1+b-c,|2-c|,z) \tag{10A.2b}$$

其中函数 $F$ 在 $z=0$ 附近展开时的表达式为

$$F(a,b,c,z)=1+\frac{ab}{c}z+\frac{a(a+1)b(b+1)}{2!c(c+1)}z^2+\cdots+\frac{(a)_n(b)_n}{n!(c)_n}z^n+\cdots \tag{10A.3}$$

这一展开表达式称为**超几何级数**. 这个级数的收敛半径是 1. 在 $|z|<1$ 的圆内是一个解析函数. 将它解析延拓到除 $|z|<1$ 和 $|z|<1$ 之外的整个复平面之后, 称为超几何函数.

方程 (10A.1) 的一般解就是式 (10A.2a) 和式 (10A.2b) 的线性组合.

列出一些超几何函数最基本的性质如下:

由 (10A.3) 容易得到在 $z=0$ 处的值为

$$F(a,b,c,0)=1$$

方程 (10A.1) 关于 $a$ 和 $b$ 交换是对称的. 因此解函数必然也有此性质, 即

$$F(a,b,c,z)=F(b,a,c,z)$$

一般情况下, 级数 (10A.3) 有无限多项. 因此对于有限的 $z$ 值, 级数就很可能是发散的. 当

$$a=-n \tag{10A.4}$$

是非正整数时, 有

$$F(-n,b,c,z)=1-\frac{nb}{c}z+\frac{n(n+1)b(b+1)}{2!c(c+1)}z^2-\cdots+(-1)^n\frac{(b)_n}{(c)_n}z^n \tag{10A.5}$$

其中有 $n+1$ 项. 这就保证了对任何有限的 $z$ 值, 解是有限的. 这一级数称为雅可比级数, 也就是第 3 章提到的雅可比多项式. 一般地, 雅可比多项式按如下定义:

$$J_n^{(r,s)}(z) = F(-n, n+r, s, z) \tag{10A.6}$$

雅可比多项式的一些公式见表 3.1～ 表 3.3、表 3.6、表 3.7.

## 参 考 文 献

[1] Greiner W, Neise L, Stöcker H. Thermodynamic and Statistical Mechanics. Berlin: Springer-Verlag New York Inc., 1995.

[2] 汪志诚. 热力学 · 统计物理 (第三版). 北京：高等教育出版社, 2003.

[3] Janot C. Quasicrystals: A Primer. Oxford: Oxford University Press, 1994.

[4] 周公度, 郭可信. 晶体和准晶体的衍射. 北京：北京大学出版社, 1999.

[5] Erdélyi A. 高级超越函数第二册. 张致中译. 上海：上海科学技术出版社, 1958; Staff of the Bateman Manuscript Project, Director: Arthur Erdélyi, Higher Transcendental Functions. Vol. 2. McGraw-Hill Book Co. Inc. , 1953.

[6] 曾谨言. 量子力学. 上册. 北京：科学出版社, 1981.

[7] 周世勋. 量子力学. 北京：高等教育出版社, 1979.

[8] Landau L D, Lifshitz E M. Quantum Mechanics: Non-Relativistic Theory. Oxford：Pergmon Press, 1977.

[9] Ter Haar D. Problems in Quantum Mechanics. London：Jnfosearch Limited, 1960; 量子力学习题集. 王正清, 刘弘度译. 北京：人民教育出版社, 1963.

[10] Morse P M, Feshbach H. Methods of Theoretical Physics. New York：McGraw-Hill Book Company, Inc.,1953.

[11] 王竹溪, 郭敦仁. 特殊函数概论. 北京: 北京大学出版社, 2000.

[12] 怀邦 B G. 典型群及其在物理学上的应用. 冯承天, 金元望, 张民生, 等译. 北京：科学出版社, 1982.

[13] 梁灿斌, 周彬. 微分几何与广义相对论入门. 上册. 北京：科学出版社, 2006.

[14] Zhou B, Zhou Z H. Smooth solutions and discrete imaginary mass of the Klein-Gordon equation in the de sitter background, arxiv: 1112. 6192 [hep-th].

[15] 梁灿斌, 周彬. 微分几何与广义相对论入门. 下册. 北京：科学出版社, 2009.

[16] 王怀玉. 非三维空间的经典气体. 物理与工程, 2005, **15**(4)：21.

# 外国人名英汉对照表

Babinet 巴比涅
Banach 巴拿赫
Balmer 巴耳末
Bernoulli J. 约翰 · 伯努利
Bessel 贝塞尔
Boltzmann 玻尔兹曼
Born 玻恩
Bravais 布拉维
Cauchy 柯西
Chebyshev 切比雪夫
Coulomb 库仑
Debye 德拜
De Sitter 德西特
Dirac 狄拉克
Dirichlet 狄利克雷
Einstein 爱因斯坦
Euclid 欧几里得
Eular 欧拉
Fermat 费马
Fermi 费米
Fisher 费希尔
Fock 福克
Fourier 傅里叶
Fredholm 弗雷德霍姆
Frobenius 弗罗贝尼乌斯
Fuchs 富克斯
Gauss 高斯
Gegenbauer 盖根鲍尔
Gibbs 吉布斯
Ginzburg 金兹堡
Gorden 戈尔登
Goursat 古尔萨
Gram 格拉姆
Green 格林
Hadmard 海德蒙德
Hamilton 哈密顿
Hankel 汉克尔
Hartree 哈特里
Heaviside 赫维赛德
Heisenberg 海森伯
Helmholtz 亥姆霍兹
Hermite 厄米
Hilbert 希尔伯特
Hölder 赫尔德
L'Hospital 洛必达
Jacobi 雅可比
Jones 琼斯
Kepler 开普勒
Klein 克莱因
Kohn 科恩
Lagrange 拉格朗日
Laguerre 拉盖尔
Landau 朗道
Laplace 拉普拉斯
Laurent 罗朗
Legendre 勒让德
Lennard 伦纳德
Liouville 刘维尔
Lippmann 李普曼
Lipschitz 利普希茨
Lorentz 洛伦兹
Maxwell 麦克斯韦
Mellin 梅林
Minkowski 闵可夫斯基

Möbius 莫比乌斯
Morse 莫尔斯
Mossbauer 穆斯堡尔
Neumann 诺伊曼
Newton 牛顿
Parseval 帕塞瓦尔
Pauli 泡利
Picard 皮卡
Planck 普朗克
Poisson 泊松
Riesz 里斯
Riemann 黎曼
Ritz 里茨
Rodriguez 洛巨格
Rolle 罗尔
Schlöfli 希里夫利
Schmidt 施密特
Schrödinger 薛定谔
Schwartz 施瓦茨
Schwinger 许温格
Sham L. J. 沈吕九
Slater 斯莱特
Sonine 索宁
Stirling 斯特林
Sturm 施图姆
Taylor 泰勒
Thomas 托马斯
Volterra 沃尔泰拉
Weierstrass 魏尔斯特拉斯
Weber 韦伯
Wronski 朗斯基
Yukawa 汤川

# 索　　引

# 《现代物理基础丛书》已出版书目

（按出版时间排序）

| | | |
|---|---|---|
| 1. 现代声学理论基础 | 马大猷 著 | 2004.03 |
| 2. 物理学家用微分几何 (第二版) | 侯伯元, 侯伯宇 著 | 2004.08 |
| 3. 数学物理方程及其近似方法 | 程建春 编著 | 2004.08 |
| 4. 计算物理学 | 马文淦 编著 | 2005.05 |
| 5. 相互作用的规范理论 (第二版) | 戴元本 著 | 2005.07 |
| 6. 理论力学 | 张建树, 等 编著 | 2005.08 |
| 7. 微分几何入门与广义相对论 (上册 · 第二版) | 梁灿彬, 周彬 著 | 2006.01 |
| 8. 物理学中的群论 (第二版) | 马中骐 著 | 2006.02 |
| 9. 辐射和光场的量子统计 | 曹昌祺 著 | 2006.03 |
| 10. 实验物理中的概率和统计 (第二版) | 朱永生 著 | 2006.04 |
| 11. 声学理论与工程应用 | 朱海潮, 等 编著 | 2006.05 |
| 12. 高等原子分子物理学 (第二版) | 徐克尊 著 | 2006.08 |
| 13. 大气声学 (第二版) | 杨训仁, 陈宇 著 | 2007.06 |
| 14. 输运理论 (第二版) | 黄祖洽 著 | 2008.01 |
| 15. 量子统计力学 (第二版) | 张先蔚 编著 | 2008.02 |
| 16. 凝聚态物理的格林函数理论 | 王怀玉 著 | 2008.05 |
| 17. 激光光散射谱学 | 张明生 著 | 2008.05 |
| 18. 量子非阿贝尔规范场论 | 曹昌祺 著 | 2008.07 |
| 19. 狭义相对论 (第二版) | 刘 辽, 等 编著 | 2008.07 |
| 20. 经典黑洞与量子黑洞 | 王永久 著 | 2008.08 |
| 21. 路径积分与量子物理导引 | 侯伯元, 等 著 | 2008.09 |
| 22. 量子光学导论 | 谭维翰 著 | 2009.01 |
| 23. 全息干涉计量——原理和方法 | 熊秉衡, 李俊昌 编著 | 2009.01 |
| 24. 实验数据多元统计分析 | 朱永生 编著 | 2009.02 |
| 25. 微分几何入门与广义相对论(中册 · 第二版) | 梁灿彬, 周彬 著 | 2009.03 |
| 26. 中子引发轻核反应的统计理论 | 张竞上 著 | 2009.03 |
| 27. 工程电磁理论 | 张善杰 著 | 2009.08 |
| 28. 微分几何入门与广义相对论(下册 · 第二版) | 梁灿彬, 周彬 著 | 2009.08 |
| 29. 经典电动力学 | 曹昌祺 著 | 2009.08 |
| 30. 经典宇宙和量子宇宙 | 王永久 著 | 2010.04 |

| | | |
|---|---|---|
| 31. 高等结构动力学(第二版) | 李东旭 著 | 2010.09 |
| 32. 粉末衍射法测定晶体结构(第二版·上、下册) | 梁敬魁 编著 | 2011.03 |
| 33. 量子计算与量子信息原理 | Giuliano Benenti 等 著 | |
| ——第一卷：基本概念 | 王文阁, 李保文 译 | 2011.03 |
| 34. 近代晶体学(第二版) | 张克从 著 | 2011.05 |
| 35. 引力理论(上、下册) | 王永久 著 | 2011.06 |
| 36. 低温等离子体 | B. M. 弗尔曼, И. M. 扎什京 编著 | |
| ——等离子体的产生、工艺、问题及前景 | 邱励俭 译 | 2011.06 |
| 37. 量子物理新进展 | 梁九卿，韦联福 著 | 2011.08 |
| 38. 电磁波理论 | 葛德彪，魏 兵 著 | 2011.08 |
| 39. 激光光谱学 | W. 戴姆特瑞德 著 | |
| ——第1卷：基础理论 | 姬 扬 译 | 2012.02 |
| 40. 激光光谱学 | W. 戴姆特瑞德 著 | |
| ——第2卷：实验技术 | 姬 扬 译 | 2012.03 |
| 41. 量子光学导论(第二版) | 谭维翰 著 | 2012.05 |
| 42. 中子衍射技术及其应用 | 姜传海, 杨传铮 编著 | 2012.06 |
| 43. 凝聚态、电磁学和引力中的多值场论 | H. 克莱纳特 著 | |
| | 姜 颖 译 | 2012.06 |
| 44. 反常统计动力学导论 | 包景东 著 | 2012.06 |
| 45. 实验数据分析(上册) | 朱永生 著 | 2012.06 |
| 46. 实验数据分析(下册) | 朱永生 著 | 2012.06 |
| 47. 有机固体物理 | 解士杰, 等 著 | 2012.09 |
| 48. 磁性物理 | 金汉民 著 | 2013.01 |
| 49. 自旋电子学 | 翟宏如, 等 编著 | 2013.01 |
| 50. 同步辐射光源及其应用(上册) | 麦振洪, 等 著 | 2013.03 |
| 51. 同步辐射光源及其应用(下册) | 麦振洪, 等 著 | 2013.03 |
| 52. 高等量子力学 | 汪克林 著 | 2013.03 |
| 53. 量子多体理论与运动模式动力学 | 王顺金 著 | 2013.03 |
| 54. 薄膜生长（第二版） | 吴自勤, 等 著 | 2013.03 |
| 55. **物理学中的数学物理方法** | 王怀玉 著 | 2013.03 |